吐鲁番葡萄标准体系

上册

刘丽媛 主编

中国财富出版社有限公司

图书在版编目（CIP）数据

吐鲁番葡萄标准体系. 上册 / 刘丽媛主编. —北京：中国财富出版社有限公司，2022.9
ISBN 978-7-5047-7771-3

Ⅰ. ①吐…　Ⅱ. ①刘…　Ⅲ. ①葡萄-质量管理-标准体系-吐鲁番市　Ⅳ. ①S663.1-65

中国版本图书馆 CIP 数据核字（2022）第 174258 号

策划编辑	李　伟	责任编辑	邢有涛　张天穹	版权编辑	李　洋
责任印制	尚立业	责任校对	杨小静　孙丽丽	责任发行	黄旭亮

出版发行	中国财富出版社有限公司		
社　　址	北京市丰台区南四环西路 188 号 5 区 20 楼	邮政编码	100070
电　　话	010-52227588 转 2098（发行部）		010-52227588 转 321（总编室）
	010-52227566（24 小时读者服务）		010-52227588 转 305（质检部）
网　　址	http：//www.cfpress.com.cn	排　版	宝蕾元
经　　销	新华书店	印　刷	宝蕾元仁浩（天津）印刷有限公司
书　　号	ISBN 978-7-5047-7771-3/S·0053		
开　　本	880mm×1230mm　1/16	版　次	2023 年 8 月第 1 版
印　　张	85.25	印　次	2023 年 8 月第 1 次印刷
字　　数	2521 千字	定　价	469.00 元（全 2 册）

版权所有·侵权必究·印装差错·负责调换

编委会

编委会主任：薛智林

编　　　委：王　遥　刘丽媛　任红松　许山根

主　　　编：刘丽媛

副 主 编：周　慧　王　婷　南立军　赵现华　武云龙　吾尔尼沙·卡得尔

编写人员：韩泽云　吴玉华　谢　辉　张　雯　王春燕　孟建祖　吴久赟
　　　　　　古亚汗·沙塔尔　王　磊　阿迪力·阿不都古力　徐彦兵
　　　　　　周黎明　罗闻芙　马　玲　阿依先木·哈力克　张晓燕
　　　　　　古丽扎提·吐尔逊　刘志强　郭宇欢　王新丽　王　琼
　　　　　　李万倩　张　伟　罗　燕　马秀丽　李红艳　柯宏英

编者的话

吐鲁番葡萄有着悠久的历史，承载着厚重的文化底蕴。千百年来，由于吐鲁番特殊的地理环境和荒漠的气候条件，造就了无与伦比的、具有原产地域特征的吐鲁番葡萄及其附产品。吐鲁番是我国最主要的葡萄及其制品生产基地，葡萄产业一直是我市农业农村发展的支柱产业，同时第一、第二、第三产业融合发展是我市葡萄产业发展的新方向。近年来，在吐鲁番市委、市政府的高度重视和支持下，吐鲁番葡萄产业发展迅速，现已形成规模庞大的产业集群。目前，全市葡萄种植面积达57万亩，年产120万吨，农民人均收入中葡萄收入5179元，占农民人均纯收入的31.64%。

目前，随着吐鲁番葡萄产业迅速发展，国内新技术、新工艺、新设备、新材料大量涌现，迫切需要对我市葡萄相关技术及产业标准进行整理、补充和完善。因此，建立科学的葡萄标准体系十分重要。为此，吐鲁番市林果业技术推广服务中心组织了研究和编制《吐鲁番葡萄标准体系》的工作，于2019年1月提出标准体系立项申请、编制标准体系规划，2019年2月经吐鲁番市市场监督管理局批准立项。根据吐鲁番市葡萄产业发展特点，吐鲁番市林果业技术推广服务中心通过对葡萄及其相关制品标准体系的编制、收集、整理，梳理出涉及葡萄产品的国家、行业和地方标准，建立起我市葡萄产品行业的信息库，2020年6月下旬组织有关专家审定并于2020年7月15日通过发布。

经专家反复论证、讨论审定后一致认为：建立吐鲁番葡萄标准体系是一项促进我市葡萄产业标准化进程、科学指导我市葡萄产业持续发展的十分重要而又基础性的工作，对健全我市葡萄全产业链质量安全管控具有重要意义。《吐鲁番葡萄标准体系》的内容较全面，系统地反映了吐鲁番葡萄行业发展对标准的需求；整个体系的章节构成合理，内容充实可靠、系统完整、技术先进，能够指导果农和企业提高葡萄产品质量水平，具有较强的可操作性和创新性，对促进吐鲁番葡萄产业结构调整、实现产业提质增效、加快葡萄产业标准化进程、提高葡萄产业生产力水平具有重要的指导意义。

新编制的《吐鲁番葡萄标准体系》是融合近年来所有与葡萄相关的国家标准、行业标准、地方标准等按其内在联系形成的科学有机整体，是目前和今后一定时期内葡萄产业发展、标准制修订和管理工作的基本依据。该标准体系分为定义描述、建园、栽培管理、加工储运、检验检测及进出口标准，共六大部分，覆盖国家标准44个、行业标准40个、地方标准37个，共计121个标准组成。

该体系主要具备以下3个特点：

1. 完备性。主要反映了涉及葡萄产业的具体性和个性，也体现了对标准化对象葡萄产业的管理精度，是标准体系适应现实多样性的一个重要方面。体系内的各项标准在内容方面衔接一致，各标准按葡萄产业发展链条的形式排列起来，各种标准互相补充、互相依存，共同构成一个完整整体。

2. 逻辑性。该标准体系所有标准按照一定的结构进行逻辑组合，而不是杂乱无序的堆积，体系内每一部分都呈现不同的层次结构，有利于了解每一部分中标准的全貌，同时也是葡萄标准化研究领域的重要参考。

3. 动态性。该标准体系具有一定的灵活性与弹性，体系内的所有标准均采用最新的、现行有效的标准，并且该体系随着时间的推移和条件的改变将不断发展更新，从而指导标准化工作，提高标准化工作的科学性、全面性、系统性和预见性。

《吐鲁番葡萄标准体系》汇编适用于吐鲁番葡萄产业销售、加工、检验、检测等单位，可作为有关部门开展技术培训的教材。为确保该体系的整体性和连续性，部分引用标准在原文内容不改变的前提下，标准格式及页码进行了适当调整。此项体系的完成仅仅是我市葡萄产业标准化进步发展的一个阶段，由于产业的发展是一个变化的过程，体系中有些内容还需要进一步完善，如在标准化工作中如何更好地服务果农和企业以及国内外葡萄产业最新发展趋势掌握得还不够等。因此，我们愿意与国内外同行加强交流，在葡萄产业标准化工作中不断研究、不断完善、不断发展，以此进一步推动我市葡萄产业转型升级、加速葡萄产业发展、加快现代葡萄产业体系构建。

2020 年 7 月 23 日

目 录

DB 6521/T 231—2020 吐鲁番葡萄标准体系总则 ··· 1

第一部分 定义描述

DB 65/T 3780—2015 地理标志产品 吐鲁番葡萄酒 ··· 11
NY 469—2001 葡萄苗木 ·· 19
NY/T 704—2003 无核白葡萄 ·· 27
NY/T 705—2003 无核葡萄干 ·· 36
NY/T 1322—2007 农作物种质资源鉴定技术规程 葡萄 ··· 44
NY/T 2023—2011 农作物优异种质资源评价规范 葡萄 ··· 58
NY/T 2563—2014 植物新品种特异性、一致性和稳定性测试指南 葡萄 ············ 76
NY/T 2636—2014 温带水果分类和编码 ·· 106
NY/T 274—2014 代替 NY/T 274—2004 绿色食品 葡萄酒 ································ 116
NY/T 434—2016 代替 NY/T 434—2007 绿色食品 果蔬汁饮料 ························ 125
NY/T 2932—2016 葡萄种质资源描述规范 ·· 132
NY/T 2904—2016 葡萄埋藤机 质量评价技术规范 ·· 150
NY/T 1508—2017 代替 NY/T 1508—2007 绿色食品 果酒 ································ 160
SB/T 10710—2012 酒类产品流通术语 ·· 168
GB/T 19970—2005 无核白葡萄 ·· 174
GB 15037—2006 代替 GB/T 15037—1994 葡萄酒 ·· 181
GB/T 19585—2008 代替 GB/T 19585—2004 地理标志产品 吐鲁番葡萄 ········ 192
GB/T 19586—2008 代替 GB 19586—2004 地理标志产品 吐鲁番葡萄干 ········ 208
GB/T 22478—2008 葡萄籽油 ·· 217
GB/T 23351—2009/ISO 7563：1998 新鲜水果和蔬菜 词汇 ································ 225
GB/T 24691—2009 果蔬清洗剂 ·· 239
GB 2758—2012 食品安全国家标准 发酵酒及其配制酒 ······································ 261
GB/T 31121—2014 果蔬汁类及其饮料 ·· 265

第二部分 建 园

DBN 6521/T 169—2017 吐鲁番葡萄改良式棚架搭建技术规程 ·························· 281
DBN 6521/T 201—2019 新建葡萄园技术规程 ·· 286
DBN 6521/T 202—2019 无核白葡萄育苗技术规程 ·· 292
DB 6521/T 232—2020 葡萄架水泥立柱质量技术要求 ·· 297
NY/T 857—2004 葡萄产地环境技术条件 ·· 303

1

NY/T 391—2013 代替 NY/T 391—2000 绿色食品 产地环境质量	310
NY/T 2379—2013 葡萄苗木繁育技术规程	320
NY/T 1843—2010 葡萄无病毒母本树和苗木	325
NY/T 2378—2013 葡萄苗木脱毒技术规范	333
SN/T 2960—2011 水果蔬菜和繁殖材料处理技术要求	340

第三部分　栽培管理

DBN 6521/T 207—2019 吐鲁番有机葡萄生产技术规程	357
DBN 6521/T 178—2018 吐鲁番葡萄"三改、两控、一优化"栽培技术标准	364
DB 6521/T 233—2020 优质高效鲜食无核白葡萄生产技术规程	371
DBN 6521/T 111—2015 吐鲁番地区酿酒葡萄栽培技术规程	377
DBN 6521/T 203—2019 吐鲁番葡萄越冬防寒及出土技术规范	385
DBN 6521/T 204—2019 吐鲁番葡萄水肥管理技术规程	389
DBN 6521/ T 205—2019 植物生长调节剂赤霉素的使用规程	393
DBN 6521/ T 206—2019 吐鲁番葡萄主要病虫害及其防治规程	397
DB 6521/T 234—2020 绿色食品　鲜食无核白葡萄生产技术规程	404
DB 6521/T 079—2012 绿色食品　无核白鸡心葡萄生产技术规程	410
DBN 6521/T 190—2018 绿色食品　无核白鸡心（制干）葡萄栽培技术规程	417
DBN 6521/T 179—2018 绿色食品　波尔莱特葡萄生产技术规程	422
DBN 6521/T 189—2018 绿色食品　波尔莱特（制干）葡萄栽培技术规程	428
DBN 6521/T 193—2019 绿色食品　火焰无核葡萄露地栽培技术规程	433
DBN 6521/T 194—2019 绿色食品　火焰无核葡萄一年两熟日光温室栽培技术规程	438
DB 6521/T 078—2012 绿色食品　克瑞森无核葡萄生产技术规程	444
DBN 6521/T 209—2020 绿色食品　美人指鲜食葡萄栽培技术规程	451
DBN 6521/T 212—2020 绿色食品　红旗特早玫瑰葡萄日光温室栽培技术规程	456
DB 6521/T 235—2020 绿色食品　吐鲁番无核紫葡萄优质高产生产技术规程	462
DB 6521/T 236—2020 绿色食品　吐鲁番无核紫葡萄肥水管理技术规程	470
DB 6521/T 237—2020 绿色食品　吐鲁番无核紫葡萄架式与整形技术规程	474
DB 6521/T 238—2020 绿色食品　吐鲁番无核紫葡萄病虫害防治技术规程	479
DB 6521/T 239—2020 绿色食品　吐鲁番无核紫葡萄植物生长调节剂 GA$_3$ 使用技术规程	484
DBN 6521/T 096—2014 设施葡萄促早栽培技术规程	487
DBN 6521/T 097—2014 设施葡萄促早栽培（三棚一膜）技术规程	492
DBN 6521/T 098—2014 设施葡萄促早栽培优果技术规程	496
DBN 6521/T 099—2014 设施葡萄促早栽培篱架整形修剪技术规程	501
DBN 6521/T 100—2014 设施葡萄促早栽培棚架整形修剪技术规程	506
DBN 6521/T 211—2020 日光温室葡萄邻苯二甲酸酯污染综合防控技术规范	511
DBN 6521/T 188—2018 绿色食品　火焰无核葡萄一年两熟栽培技术规程	516

DBN 6521/T 195—2019　绿色食品　火焰无核葡萄日光温室栽培技术规程 …………………………………… 522
NY/T 5088—2002　无公害食品　鲜食葡萄生产技术规程………………………………………………… 527
NY/T 1998—2011　水果套袋技术规程　鲜食葡萄…………………………………………………………… 534
NY/T 1464.12—2007　农药田间药效试验准则第12部分：杀菌剂防治葡萄白粉病………………… 539
NY/T 1464.13—2007　农药田间药效试验准则第13部分：杀菌剂防治葡萄炭疽病………………… 545
NY/T 2682—2015　酿酒葡萄生产技术规程…………………………………………………………………… 551
NY/T 394—2013 代替 NY/T 394—2000　绿色食品　肥料使用准则 ……………………………………… 559
NY/T 393—2013 代替 NY/T 393—2000　绿色食品　农药使用准则 ……………………………………… 566
GB/T 17980.121—2004　农药田间药效试验准则（二）第121部分：杀菌剂防治葡萄白腐病…… 575
GB/T 17980.122—2004　农药田间药效试验准则（二）第122部分：杀菌剂防治葡萄霜霉病…… 580
GB/T 17980.123—2004　农药田间药效试验准则（二）第123部分：杀菌剂防治葡萄黑痘病…… 586
GB/T 17980.143—2004　农药田间药效试验准则（二）第143部分：葡萄生长调节剂试验………… 592

DB

吐 鲁 番 市 地 方 标 准

DB 6521/T 231—2020

吐鲁番葡萄标准体系总则

2020 - 06 - 20 发布　　　　　　　　　　　　　　2020 - 07 - 15 实施

吐鲁番市市场监督管理局　发布

前 言

本标准根据 GB/T 1.1—2009《标准化工作导则 第 1 部分：标准的结构和编写》进行编写。

本标准由吐鲁番市林果业技术推广服务中心提出。

本标准由吐鲁番市林业和草原局归口。

本标准由吐鲁番市林果业技术推广服务中心负责起草。

本标准主要起草人：刘丽媛、吾尔尼沙·卡得尔、周慧、王春燕、韩泽云、武云龙、王婷、罗闻芙、古亚汗·沙塔尔、阿迪力·阿不都古力、吴玉华。

吐鲁番葡萄标准体系总则

1 范围

本标准规定了吐鲁番葡萄标准体系编制的基本原则，体系内容和工作程序。

本标准适用于吐鲁番葡萄标准体系的建立和评价。

2 基本原则

2.1 本标准体系是围绕林果产业发展，以吐鲁番葡萄产品质量标准为主的林果业标准体系。

2.2 本标准体系是以吐鲁番葡萄作为综合标准化对象，以影响葡萄产品品质的相关要素形成的体系。

2.3 本标准体系以提高葡萄产品质量水平为目的。本标准体系的实施对培育吐鲁番葡萄品牌，指导吐鲁番葡萄的标准化生产，促进葡萄产业化发展具有积极的推动作用。

2.4 本标准体系坚持以先进性、系统性、连续性不断制定、修订、完善的准则，有计划、有组织地进行体系建设。

2.5 本标准体系的建立由国家标准行业标准和地方标准相互配套，坚持以生产实践和新技术推广相结合的原则。

3 体系内容

3.1 本标准体系分为定义描述、建园、栽培管理、加工储运、检验检测及进出口标准，共六大部分，121个标准组成。

3.2 第一部分定义描述

该部分主要收集了葡萄、葡萄苗木、葡萄干、葡萄酒及其附产品的定义综述等，共有23个标准组成，其中国家标准9个，行业标准13个，地方标准1个。

3.3 第二部分建园

该部分主要收集了葡萄的建园、育苗技术规程及产地环境要求等，共由10个标准组成，其中行业标准6个，地方标准4个。

3.4 第三部分栽培管理

该部分主要收集了有关葡萄栽培管理的标准有42个，其中国家标准4个，行业标准7个，地方标准31个。

3.5 第四部分加工储运

该部分主要收集了葡萄及其制品包装、冷藏及物流运输标准，共由 19 个标准组成，其中国家标准 11 个，行业标准 7 个，地方标准 1 个。

3.6 第五部分检验检测

该部分主要收集了葡萄苗木病毒、农药残留检测等标准，共由 23 个标准组成，其中国家标准 19 个，行业标准 4 个。

3.7 第六部分进出口

该部分主要收集了进口、出口水果及苗木标准，共由 4 个标准组成，其中国家标准 1 个，行业标准 3 个。

4 工作程序

4.1 规划阶段

4.1.1 2019 年 1 月由吐鲁番市林果业技术推广服务中心提出标准体系立项申请，编制标准体系规划。

4.1.2 2019 年 2 月吐鲁番市市场监督管理局批准立项。

4.1.3 本标准体系由吐鲁番市市场监督管理局管理。

4.1.4 标准体系建设由吐鲁番市林果业技术推广服务中心承担。

4.2 建设阶段

4.2.1 2019 年 3—12 月由承担单位制定标准体系工作计划，分工起草标准草案。

4.2.2 2020 年 3 月承担单位组织有关专家对标准草案进行初审，修改后形成讨论稿。

4.2.3 2020 年 3—6 月承担单位组织科研小组深入生产基地，进行新标准的现场验证。

4.2.4 2020 年 6 月中旬承担单位在现场验证基础上对标准讨论稿进行修改，形成送审稿。

4.2.5 2020 年 6 月下旬吐鲁番市林果业技术推广服务中心组织有关专家对所有新标准进行审定。

4.3 贯彻阶段

4.3.1 本标准体系由吐鲁番市林业和草原部门组织实施。

4.3.2 本标准体系发布后，有关部门做好宣传工作。

4.3.3 本标准体系由吐鲁番市林业和草原部门组织相关部门评价和验收。

5 标准明细表

序号	类别	标准代号	标准名称
1		DB 65/T 3780—2015	地理标志产品　吐鲁番葡萄酒
2		NY 469	葡萄苗木
3		NY/T 704	无核白葡萄
4		NY/T 705	无核葡萄干
5		NY/T 1322	农作物种质资源鉴定技术规程　葡萄
6		NY/T 2023	农作物优异种质资源评价规范　葡萄
7		NY/T 2563	植物新品种特异性、一致性和稳定性测试指南　葡萄
8		NY/T 2636	温带水果分类和编码
9		NY/T 274	绿色食品　葡萄酒
10		NY/T 434	绿色食品　果蔬汁饮料
11	定义描述	NY/T 2904	葡萄埋藤机　质量评价技术规范
12		NY/T 1508	绿色食品　果酒
13		NY/T 2932	葡萄种质资源描述规范
14		SB/T 10710	酒类产品流通术语
15		GB/T 19970	无核白葡萄
16		GB/T 15037	葡萄酒
17		GB/T 19585	地理标志产品　吐鲁番葡萄
18		GB/T 19586	地理标志产品　吐鲁番葡萄干
19		GB/T 22478	葡萄籽油
20		GB/T 23351	新鲜水果和蔬菜　词汇
21		GB/T 24691	果蔬清洗剂
22		GB 2758	食品安全国家标准发酵酒及其配制酒
23		GB/T 31121	果蔬汁类及其饮料
24		DBN 6521/T 169	吐鲁番葡萄改良式棚架搭建技术规程
25		DBN 6521/T 201	新建葡萄园技术规程
26		DBN 6521/T 202	无核白葡萄育苗技术规程
27		DB 6521/T 232	葡萄架水泥立柱质量技术要求
28	建园	NY/T 857	葡萄产地环境技术条件
29		NY/T 391	绿色食品　产地环境质量
30		NY/T 2379	葡萄苗木繁育技术规程
31		NY/T 1843	葡萄无病毒母本树和苗木
32		NY/T 2378	葡萄苗木脱毒技术规范
33		SN/T 2960	水果蔬菜和繁殖材料处理技术指标

(续表)

序号	类别	标准代号	标准名称
34		DBN 6521/T 207	吐鲁番有机葡萄生产技术规程
35		DBN 6521/T 178	吐鲁番葡萄"三改、两控、一优化"栽培技术规程
36		DB 6521/T 233	优质高效鲜食无核白葡萄生产技术规程
37		DBN 6521/T 111	吐鲁番地区酿酒葡萄栽培技术规程
38		DBN 6521/T 203	吐鲁番葡萄越冬防寒及出土技术规范
39		DBN 6521/T 204	吐鲁番葡萄水肥管理技术规程
40		DBN 6521/T 205	植物生长调节剂赤霉素的使用规程
41		DBN 6521/T 206	吐鲁番葡萄主要病虫害及其防治规程
42		DB 6521/T 234	绿色食品 鲜食无核白葡萄生产技术规程
43		DB 6521/T 079	绿色食品 无核白鸡心葡萄生产技术规程
44		DBN 6521/T 190	绿色食品 无核白鸡心（制干）葡萄栽培技术规程
45		DBN 6521/T 178	绿色食品 波尔莱特葡萄生产技术规程
46		DBN 6521/T 189	绿色食品 波尔莱特（制干）葡萄栽培技术规程
47		DBN 6521/T 193	绿色食品 火焰无核葡萄露地栽培技术规程
48		DBN 6521/T 188	绿色食品 火焰无核葡萄一年两熟栽培技术规程
49	栽培管理	DB 6521/T 078	绿色食品 克瑞森无核葡萄生产技术规程
50		DBN 6521/T 209	绿色食品 美人指鲜食葡萄栽培技术规程
51		DBN 6521/T 212	绿色食品 红旗特早玫瑰葡萄栽培技术规程
52		DB 6521/T 235	绿色食品 吐鲁番无核紫葡萄优质高产生产技术规程
53		DB 6521/T 236	绿色食品 吐鲁番无核紫葡萄肥水管理技术规程
54		DB 6521/T 237	绿色食品 吐鲁番无核紫葡萄架式与整形技术规程
55		DB 6521/T 238	绿色食品 吐鲁番无核紫葡萄病虫害防治技术规程
56		DB 6521/T 239	绿色食品 吐鲁番无核紫葡萄植物生长调节剂 GA_3 使用技术规程
57		DBN 6521/T 096	设施葡萄促早栽培技术规程
58		DBN 6521/T 097	设施葡萄促早栽培（三棚一膜）技术规程
59		DBN 6521/T 098	设施葡萄促早栽培优果技术规程
60		DBN 6521/T 099	设施葡萄促早栽培篱架整形修剪技术规程
61		DBN 6521/T 100	设施葡萄促早栽培棚架整形修剪技术规程
62		DBN 6521/T 211	日光温室葡萄邻苯二甲酸酯污染综合防控技术规范
63		DBN 6521/T 194	绿色食品 火焰无核葡萄一年两熟日光温室栽培技术规程
64		DBN 6521/T 195	绿色食品 火焰无核葡萄日光温室栽培技术规程
65		NY/T 5088	无公害食品 鲜食葡萄生产技术规程
66		NY/T 1998	水果套袋技术规程 鲜食葡萄
67		NY/T 1464.12	农药田间药效试验准则 第12部分：杀菌剂防治葡萄白粉病

(续表)

序号	类别	标准代号	标准名称
68	栽培管理	NY/T 1464.13	农药田间药效试验准则 第13部分：杀菌剂防治葡萄炭疽病
69		NY/T 2682	酿酒葡萄生产技术规程
70		NY/T 394	绿色食品 肥料使用准则
71		NY/T 393	绿色食品 农药使用准则
72		GB/T 17980.121	农药田间药效试验准则（二）第121部分：杀菌剂防治葡萄白腐病
73		GB/T 17980.122	农药田间药效试验准则（二）第122部分：杀菌剂防治葡萄霜霉病
74		GB/T 17980.123	农药田间药效试验准则（二）第123部分：杀菌剂防治葡萄黑痘病
75		GB/T 17980.143	农药田间药效试验准则（二）第143部分：葡萄生长调节剂试验
76	加工储运	DB 6521/T 240	绿色食品 无核白鲜食葡萄采摘、包装、运输与贮存
77		NY/T 3026	鲜食浆果类水果采后预冷保鲜技术规程
78		SB/T 10894	预包装鲜食葡萄流通规范
79		RB/T 167—2018	有机葡萄酒加工技术规范
80		T/CCCMHPIE 1.19	植物提取物葡萄籽提取物（葡萄籽低聚原花青素）
81		GB/T 16862	鲜食葡萄冷藏技术
82		GB/T 18525.4	枸杞干 葡萄干辐照杀虫工艺
83		GB/T 23543	葡萄酒企业良好生产规范
84		GB/T 23778	酒类及其他食品包装用软木塞
85		GB/T 25393	葡萄栽培和葡萄酒酿制设备 葡萄收获机 试验方法
86		GB/T 25394	葡萄栽培和葡萄酒酿制设备 果浆泵 试验方法
87		GB/T 25395—2010/ISO 5703：1979	葡萄栽培和葡萄酒酿制设备葡萄压榨机试验方法
88		GB/T 28843	食品冷链物流追溯管理要求
89		SB/T 10711	葡萄酒原酒流通技术规范
90		SB/T 10712	葡萄酒运输、贮存技术规范
91		SB/T 11000	酒类行业流通服务规范
92		GB/T 31280	品牌价值 评价酒、饮料和精制茶制造业
93		GB/T 33129	新鲜水果、蔬菜包装和冷链运输通用操作规程
94		GB/T 36759	葡萄酒生产追溯实施指南
95	检验检测	NY/T 1762	农产品质量安全追溯操作规程 水果
96		NY/T 2377	葡萄病毒检测技术规范
97		SN/T 3554	葡萄粉蚧检疫鉴定方法
98		SN/T 1366	葡萄根瘤蚜的检疫鉴定方法
99		GB 10468	水果和蔬菜产品pH值的测定方法
100		GB 14891.5	辐照新鲜水果、蔬菜类卫生标准

(续表)

序号	类别	标准代号	标准名称
101	检验检测	GB 16325	干果食品卫生标准
102		GB/T 15038	葡萄酒、果酒通用分析方法
103		GB/T 5009.49	发酵酒及其配制酒卫生标准的分析方法
104		GB/T 23380	水果、蔬菜中多菌灵残留的测定高效液相色谱法
105		GB 23200.8	食品安全国家标准 水果和蔬菜中500种农药及相关化学品残留量的测定气相色谱－质谱法
106		GB 23200.7	食品安全国家标准 蜂蜜、果汁和果酒中497种农药及相关化学品残留量的测定气相色谱－质谱法
107		GB 23200.14	食品安全国家标准 果蔬汁和果酒中512种农药及相关化学品残留量的测定液相色谱－质谱法
108		GB 23200.17	食品安全国家标准 水果蔬菜中噻菌灵残留量的测定液相色谱法
109		GB 23200.19	食品安全国家标准 水果和蔬菜中阿维菌素残留量的测定液相色谱法
110		GB 23200.21	食品安全国家标准 水果中赤霉酸残留量的测定液相色谱－质谱质谱法
111		GB 23200.25	食品安全国家标准 水果中噁草酮残留量的检测方法
112		GB 5009.7	食品安全国家标准 食品中还原糖的测定
113		GB 5009.8	食品安全国家标准 食品中果糖、葡萄糖、蔗糖、麦芽糖、乳糖的测定
114		GB 5009.266	食品安全国家标准 食品中甲醇的测定
115		GB 8951	食品安全国家标准 蒸馏酒及其配制酒生产卫生规范
116		GB 12696	食品安全国家标准 发酵酒及其配制酒生产卫生规范
117		GB 2761	食品安全国家标准 食品中真菌毒素限量
118	进出口	SN/T 1886—2007	进出口水果和蔬菜预包装指南
119		SN/T 2455—2010	进出境水果检验检疫规程
120		SN/T 4069—2014	输华水果检疫风险考察评估指南
121		GB/T 20496—2006	进口葡萄苗木疫情监测规程

第一部分 定义描述

ICS 67.160.10
X 62

DB65

新疆维吾尔自治区地方标准

DB 65/T 3780—2015

地理标志产品 吐鲁番葡萄酒

Product of geographical indication—Turpan Wines

2015-09-15 发布　　　　　　　　　　　　　　2015-10-15 实施

新疆维吾尔自治区质量技术监督局　发 布

前 言

本标准根据 GB/T 1.1—2009《标准化工作导则 第 1 部分：标准的结构和编写》要求，依据《地理标志产品保护规定》及 GB/T 17924—2008《地理标志产品标准通用要求》制定。

本标准由吐鲁番市质量技术监督局提出。

本标准由新疆维吾尔自治区质量技术监督局归口。

本标准由吐鲁番市驼铃酒业有限公司、吐鲁番楼兰酒业有限公司、新疆吐鲁番新葡王酒业有限公司、西北农林科技大学葡萄酒学院、吐鲁番市葡萄酒发展局起草。

本标准主要起草人：李华、王华、陈宜斌、马建平、许山根、史东春、张海军、刘秀海。

地理标志产品　吐鲁番葡萄酒

1　范围

本标准规定了吐鲁番葡萄酒的术语和定义、地理标志产品保护范围、产品分类、要求、试验方法、检验规则及标志、包装、运输、贮存。

本标准适用于国家质量监督检验检疫行政部门批准的地理标志产品　吐鲁番葡萄酒。

2　规范性引用文件

下列文件对于本文件的应用是必不可少的。凡是注日期的引用文件，仅所注日期的版本适用于本文件。凡是不注日期的引用文件，其最新版本（包括所有的修改单）适用于本文件。

GB/T 191　包装储运图示标志
GB 2758　食品安全国家标准　发酵酒及其配制酒
GB 5749　生活饮用水卫生标准本标准
GB 7718　食品安全国家标准　预包装食品标签通则
GB 10344　预包装饮料酒标签通则
GB 13736　食品添加剂山梨酸钾
GB 15037　葡萄酒
GB/T 15038　葡萄酒、果酒通用分析方法
GB/T 17204　饮料酒术语和分类
GB/T 19585　地理标志产品 吐鲁番葡萄
NY/T 391　绿色食品 产地环境质量
NY/T 393　绿色食品 农药使用准则
NY/T 394　绿色食品 肥料使用准则
JJF 1070　定量包装商品净含量计量检验规则
中华人民共和国国家经济贸易委员会公告二〇〇二年第81号公布《中国葡萄酿酒技术规范》
国家质量监督检验检疫总局令［2005］第75号《定量包装商品计量监督管理办法》

3　术语和定义

GB 15037、GB/T 17204 确立的以及下列术语和定义适用于本文件。

吐鲁番葡萄酒　Turpan Wines

用吐鲁番葡萄酒地理标志产品保护区域范围内生产的酿酒葡萄，在规定的保护范围内，经发酵酿制而成的并且工艺要求和质量要求达到本标准规定的葡萄酒。

4 地理标志产品保护范围

吐鲁番葡萄酒地理标志产品保护范围限于国家质量监督检验检疫行政主管部门根据《地理标志产品保护规定》批准保护的范围，保护范围为新疆维吾尔自治区吐鲁番市二堡乡、三堡乡、艾丁湖乡、亚尔乡、葡萄乡、红柳河园艺场、胜金乡、恰特喀勒乡、七泉湖镇、大河沿镇、兵团农三师221团，鄯善县七克台镇、辟展乡、迪坎乡、达浪坎乡、吐峪沟乡、鲁克沁镇、连木沁镇、东巴扎乡，托克逊县郭勒布依乡、博斯坦乡、夏乡、伊拉湖乡、阿乐惠镇、库米什镇，共25个乡镇、农场、团现辖行政区域。

5 产品分类

按色泽分类

分为红葡萄酒、白葡萄酒两种。

6 要求

6.1 产地要求

6.1.1 日照：年日照时数2 912.3h~3 062.5h，年日照百分率65%~69%。

6.1.2 气温：年气温11.7℃~14.4℃，全年大于等于10℃的积温4 598.8℃~5 480.0℃，8月、9月大于等于10℃的积温大于等于1 000℃，无霜期205d~236d。

6.1.3 降水：年降水量8.8mm~27.6mm。

6.1.4 水：天山冰雪融化水形成的地表水和地下水。

6.1.5 空气相对湿度：空气相对湿度值为：年平均42%~44%，8—9月平均35%~40%。

6.1.6 土壤：土壤系灌耕土、灌淤土、风沙土、潮土和经过改良的棕色荒漠土，土壤通透性良好，含盐量低于0.3%，土壤呈中性略偏碱性。

6.2 葡萄生长环境

应符合GB/T 19585、NY/T 391的规定。

6.3 原料要求

6.3.1 葡萄生产要求：农药应符合NY/T 393的规定；肥料应符合NY/T 394的规定。一级葡萄盛果期产量不超过500kg/666.7 km^2；二级葡萄盛果期产量不超过800kg/666.7 km^2。

6.3.2 品种要求

6.3.2.1 酿造红葡萄酒的品种：赤霞珠（Cabernet Sauvignon）、西拉（Syrah）、梅鹿辄（Merlot）。

6.3.2.2 酿造白葡萄酒的品种：霞多丽（Chardonnay）、雷司令（Riesling）。

6.4 生产工艺要求

应符合中华人民共和国国家经济贸易委员会二〇〇二年第81号公告规定。

7 技术要求

7.1 原料要求

7.1.1 酿造发酵酒的红葡萄含糖量应≥205g/L，酿造发酵酒的白葡萄含糖量应≥205g/L；果皮着色均匀，果粒新鲜、洁净、无病虫害果、霉烂果、裂果、生青果、僵果。无农药污染。

7.1.2 原料水：应符合 GB 5749 的规定。

7.1.3 山梨酸或山梨酸钾：应符合 GB 13736 的规定。

7.2 感官要求

应符合表1规定。

表1 感官要求

项目		要求	
		红葡萄酒	白葡萄酒
外观	色泽	紫红、深红、深宝石红	近似无色、微黄带绿、浅禾秆黄、金黄色、琥珀色
	澄清程度	澄清透明，有光泽，无明显悬浮物（使用软木塞封口的酒允许有少量软木渣，装瓶超过1年的葡萄酒允许有少量沉淀）	
香气与滋味	香气	香气浓郁，纯正，具有品种典型特点	
	滋味	醇厚、平衡协调、柔顺、有较强结构感	口感圆润，清爽、协调

7.3 理化指标

应符合表2规定。

表2 理化指标

项目		要求
酒精度[a]（20℃）（体积分数），（%vol）		≥11.0
总糖[d]（以葡萄糖计），（g/L）	干型葡萄酒[b,c]	≤4.0
挥发酸（以乙酸计），（g/L）	干型葡萄酒	≤1.2
柠檬酸，（g/L）	干型葡萄酒	≤1.0
干浸出物，（g/L）	干白葡萄酒	≥17.0
	干红葡萄酒	≥20.0
甲醇，（mg/L）	白葡萄酒	≤250
	红葡萄酒	≤400
铁，（mg/L）		≤8.0

(续表)

项目	要求
铜，（mg/L）	≤1.0
苯甲酸或苯甲酸钠（以苯甲酸计），（mg/L）	≤50
山梨酸或山梨酸钾（以山梨酸计），（mg/L）	≤200

注：总酸不作要求，以实测值表示（以酒石酸计）
    [a] 酒精度标签标示值与实测值不得超过±1.0%（体积分数）。
    [b] 当总糖与总酸（以酒石酸计）的差值小于或等于2.0 g/L，含糖最高为9.0 g/L。
    [c] 当总糖与总酸（以酒石酸计）的差值小于或等于2.0 g/L，含糖最高为18.0 g/L。
    [d] 低泡葡萄酒总糖的要求同平静葡萄酒。

7.4 卫生要求

应符合 GB 2758 的规定。

7.5 净含量

按国家质量监督检验检疫总局令［2005］第75号执行。

8 试验方法

8.1 感官指标

按 GB/T 15038 规定执行。

8.2 理化指标

按 GB/T 15308 规定执行。

8.3 卫生要求

按 GB 2758 规定执行。

8.4 净含量

按 JJF 1070 规定方法检验。

9 检验规则

9.1 组批

同一生产期内所生产的、同一类别、同一品质且经包装出厂的、规格相同的产品为同一批。

9.2 抽样方式和数量

按 GB 15037 规定执行。

9.3 检验分类

9.3.1 出厂检验

9.3.1.1 每批产品出厂前，应由生产厂的质量检验部门按本标准规定逐批检验，检验合格后，厂家签署质量合格证明 9.3 的并粘贴吐鲁番葡萄酒地理标志产品保护专用标志方可出厂。产品质量检验合格证明（合格证）可以放在包装箱内，或放在独立的包装盒内，也可以在标签上或包装箱外打印"合格"或"检验合格"字样。

9.3.1.2 出厂检验项目

发酵葡萄酒检验项目：感官要求、酒精度、总糖、挥发酸、干浸出物、总二氧化硫、净含量和标签。

9.3.2 型式检验

一般情况下，同一类产品的型式检验每半年进行一次，有下列情况之一者，亦应进行：

a) 改变原、辅材料；
b) 改变关键工艺；
c) 停产 3 个月以上，重新恢复生产时；
d) 出厂检验结果有较大波动时；
e) 国家质量监督检验机构按有关规定需要抽检时。

检验项目为 7.2~7.5 项目。

9.4 判定规则

9.4.1 发酵酒葡萄酒：

9.4.1.1 不合格分类

9.4.1.1.1 A 类不合格：感官要求、酒精度、干浸出物、挥发酸、甲醇、柠檬酸、防腐剂、卫生要求、净含量、标签。

9.4.1.1.2 B 类不合格：干浸出物、铁、铜。

9.4.1.2 检验结果有两项以下（含两项）不合格项目时，应重新自同批产品中抽取两倍量样品对不合格项目进行复检，以复检结果为准；

9.4.1.3 复检结果中如有以下三种情况之一时，则判该批产品不合格：

a) 一项以上 A 类不合格；
b) 一项 B 类超过规定值的 50% 以上；
c) 两项 B 类不合格。

9.4.1.4 当供需双方对检验结果有异议时，可由相关各方协商解决，或委托有关单位进行仲裁检验，以仲裁检验结果为准。

10 标志、包装、运输及贮存

10.1 标志、标签

10.1.1 标签按 GB 10344、GB 7718 规定执行。

10.1.2 标签上若标注葡萄酒的年份、品种、产地，应符合 GB 15037 规定。

10.1.3 获得批准的生产企业，可在其产品外包装上使用地理标志产品专用标志。

10.1.4 包装储运图示标志应符合 GB/T 191 的规定。

10.2 包装

10.2.1 包装材料应采用符合食品卫生要求的包装材料，但不得使用塑料包装材料，不得使用回收玻璃酒瓶。起泡葡萄酒的包装材料应符合相应的耐压要求。包装容器应整齐、清洁，封装严密，无漏气、漏酒现象。

10.2.2 外包装应使用合格的瓦楞纸箱或具有相同功能的其他包装，箱内有防震、防撞的间隔材料。

11 运输、贮存

11.1 用软木塞封装的酒，在贮运时应"倒放"或"卧放"。
11.2 运输和贮存时应保持清洁、避免强烈振荡、日晒、雨淋，防止冰冻，装卸时应轻拿轻放。
11.3 贮存地点应阴凉、干燥、通风良好，严防日晒、雨淋，严禁火种。
11.4 成品不得与潮湿地面直接接触，不得与有毒、有害、有异味、有腐蚀性物品同贮、同运。
11.5 运输温度宜保持在5℃~35℃，贮存温度宜保持在5℃~25℃。
11.6 按上述条件运输、贮存的葡萄酒不应发生混浊、酸败现象。

B 21

中华人民共和国农业行业标准

NY 469—2001

葡萄苗木

Grape nursery stock

2001－09－27 发布　　　　　　　　2001－11－01 实施

中华人民共和国农业部　发 布

前 言

本标准的附录 A 和附录 B 都是标准的附录。

本标准由农业部市场与经济信息司提出。

本标准起草单位：中国农业科学院郑州果树研究所、天津市农科院林果所、北京农学院等。

本标准主要起草人：孔庆山、刘崇怀、潘兴、修德仁、晁无疾、刘俊、刘捍中、杨承时、吴德展。

葡萄苗木

1 范围

本标准规定了葡萄苗木的质量标准、判定规则、检验方法、起苗、贮苗和包装。

本标准适用于一年生自根和嫁接葡萄苗木。

2 引用标准

下列标准所包含的条文，通过在本标准中引用而构成为本标准的条文。本标准出版时，所示版本均为有效。所有标准都会被修订，使用本标准的各方应探讨使用下列标准最新版本的可能性。

GB 9847—1988 苹果苗木

SB/T 10332—2000 大白菜

3 定义

本标准采用下列定义。

3.1 接穗

用于嫁接繁殖的当年生新梢（绿枝嫁接）或一年生成熟枝条（硬枝嫁接）。

3.2 自根苗

利用插条经扦插或通过组培获得的苗木。

3.3 嫁接苗

利用接穗经嫁接培育成的非自根性苗木。

3.4 侧根数量

葡萄苗木地下部从插条（或砧木插条）上直接生长出的侧根数。

3.5 侧根粗度

侧根距基部1.5cm处的粗度。

3.6 侧根长度

侧根基部至先端的距离。

3.7 枝干高度

根颈至剪口处的枝条长度。

3.8 枝干粗度

根颈以上5cm处（扦插苗）或接口上第二节中间处（嫁接苗）的粗度（枝条直径）。

3.9 接口高度

根颈（地面处）至嫁接口的距离。

3.10 检疫对象

国家检疫部门规定的危险性病虫害。

4 质量标准

4.1 自根苗的质量标准

自根苗的质量标准见表1。

表1　　　　　　　　　　　自根苗质量标准

项目		级别		
		一级	二级	三级
品种纯度		≥98%		
根系	侧根数量	≥5	≥4	≥4
	侧根粗度，cm	≥0.3	≥0.2	≥0.2
	侧根长度，cm	≥20	≥15	≤15
	侧根分布	均匀　舒展		
枝干	成熟度	木质化		
	枝干高度，cm	20		
	枝干粗度，cm	≥0.8	≥0.6	≥0.5
根皮与枝皮		无新损伤		
芽眼数		≥5	≥5	≥5
病虫危害情况		无检疫对象		

4.2 嫁接苗的质量标准

嫁接苗的质量标准见表2。

表2　　　　　　　　　　　　　　　　嫁接苗质量标准

项目			级别		
			一级	二级	三级
品种与砧木纯度			≥98%		
根系	侧根数量		≥5	≥4	≥4
	侧根粗度，cm		≥0.4	≥0.3	≥0.2
	侧根长度，cm		≥20		
	侧根分布		均匀　舒展		
枝干	成熟度		充分成熟		
	枝干高度，cm		≥30		
	接口高度，cm		10~15		
	粗度	硬枝嫁接，cm	≥0.8	≥0.6	≥0.5
		绿枝嫁接，cm	≥0.6	≥0.5	≥0.4
	嫁接愈合程度		愈合良好		
根皮与枝皮			无新损伤		
接穗品种芽眼数			≥5	≥5	≥3
砧木萌蘖			完全清除		
病虫危害情况			无检疫对象		

5　检测方法与检验规则

5.1　检测苗木的质量与数量，采用随机抽样法。按 GB 9847 规定执行。

5.2　砧木或品种的纯度：苗木生产过程中，育苗单位应在生长季节依据砧木或品种的植物学特征进行纯度鉴定和去杂，除萌（嫁接苗），并对一般病虫害加以防治。

5.3　侧根数量：目测，计数。

5.4　侧根粗度、枝干粗度：用游标卡尺测量直径。

5.5　侧根长度、枝干长度、接口高度：用尺测量。

5.6　接口部愈合程度：外部目测或对接合部纵剖观测。

5.7　芽眼数：目测，计数。

5.8　病虫危害、机械损伤：目测。

5.9　检疫：植物检疫部门取样检疫。

5.10　每批苗木抽样检验时对不合格等级标准的苗木的各项目进行记录，如果一株苗木同时有几种缺陷，则选择一种主要缺陷，按一株不合格品计算。计算不合格百分率。各单项百分率之和为总不合格百分率。按 SB/T 10332 计算。

6　等级判定规则

6.1　各级苗木标准允许的不合格苗木只能是邻级，不能是隔级苗木。

6.2 一级苗的总不合格百分率不能超过5%，单项不合格百分率不能超过2%；二级、三级苗的总不合格百分率不能超过10%，单项不合格百分率不能超过5%。不合乎容许度范围的降为邻级，不够三级的视为等外品。

7 起苗、贮苗、出圃、包装

7.1 起苗

秋季至土壤封冻前起苗。土壤过干时应浇水后起苗，起苗应在苗木两侧距离20 cm以外处下锹。起苗时亦应避免对地上部分枝干造成机械损伤。起苗后立即根据苗木质量要求对苗木进行修整和分级，捆扎成捆，并及时按品种分别进行贮存。

7.2 贮苗

苗木在贮存期间不能受冻、失水、霉变。

7.3 出圃

7.3.1 苗木出圃应随有苗木生产许可证、苗木标签和苗木质量检验证书。
7.3.2 标签样式见附录A。
7.3.3 葡萄苗木质量检验证书见附录B。

7.4 包装

远途运苗，在运输前应用麻袋、尼龙编织袋、纸箱等材料包装苗木。每捆20株。包内要填充保湿材料，以防失水，并包以塑料膜。每包装单位应附有苗木标签，以便识别。

附录 A
（标准的附录）
葡萄苗木标签

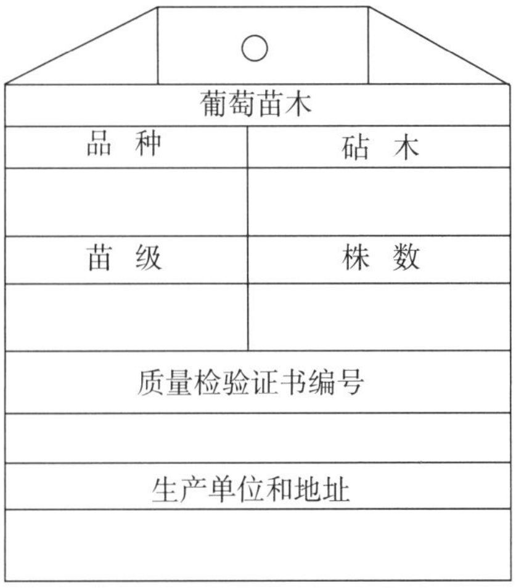

葡萄苗木	
品　种	砧　木
苗　级	株　数
质量检验证书编号	
生产单位和地址	

图 A.1

附录 B
（标准的附录）
葡萄苗木质量检验证书

葡萄苗木质量检验证书存根

编号：_____

品种/砧木：_____

株数：_____　　其中一级：_____　　二级：_____　　三级：_____

起苗木日期：_____　　包装日期：_____　　发苗日期：_____

育苗单位：_____　　用苗单位：_____

检验单位：_____　　检验人：_____　　签证日期：_____

〜〜〜〜〜〜〜〜〜〜〜〜〜〜〜〜〜〜〜〜〜〜〜〜〜〜〜〜〜〜〜〜〜〜〜〜〜〜

葡萄苗木质量检验证书

编号：_____

品种/砧木：_____

株数：_____　　其中一级：_____　　二级：_____　　三级：_____

起苗木日期：_____　　包装日期：_____　　发苗日期：_____

品种来源：_____　　砧木来源：_____

育苗单位：_____　　用苗单位：_____

检验意见：_____

检验单位：_____　　检验人：_____　　签发日期：_____

ICS 67.080.10
B 31

中华人民共和国农业行业标准

NY/T 704—2003

无核白葡萄

Thompson seedless

2003-12-01 发布　　　　　　　　　　　　　2004-03-01 实施

中华人民共和国农业部　发 布

前 言

本标准由中华人民共和国农业部提出并归口。

本标准起草单位：新疆生产建设兵团农业建设第十三师、农业部农产品质量监督检验测试中心（乌鲁木齐）。

本标准主要起草人：游玺剑、师昕、龚安家、海东升、沈自云、崔永峰、王海燕、乔坤云。

无核白葡萄

1 范围

本标准规定了无核白葡萄鲜果的术语和定义、要求、试验方法、检验规则、标志、包装、运输和贮存。

本标准适用于无核白葡萄鲜果。

2 规范性引用文件

下列文件中的条款通过本标准的引用而成为本标准的条款。凡是注日期的引用文件，其随后所有的修改单（不包括勘误的内容）或修订版均不适用于本标准，然而，鼓励根据本标准达成协议的各方研究是否可使用这些文件的最新版本。凡是不注日期的引用文件，其最新版本适用于本标准。

GB/T 5009.11　食品中总砷及有机砷的测定

GB/T 5009.17　食品中总汞及有机汞的测定

GB/T 5009.19　食品中六六六、滴滴涕残留量的测定

GB/T 5009.105　黄瓜中百菌清残留量的测定

GB/T 5009.126　植物性食品中三唑酮残留量的测定

GB/T 8855　新鲜水果和蔬菜的取样方法（GB/T 8855—1988，eqv ISO 874：1980）

GB/T 12293　水果、蔬菜制品　可滴定酸度的测定（GB/T 12293—1990，neq ISO 750：1981）

GB/T 12295　水果、蔬菜制品　可溶性固形物含量的测定　折射仪法（GB/T 12295—1990，neq ISO 2173：1978）

3 术语和定义

下列术语和定义适用于本标准。

3.1 整齐度

果穗和果粒在形状、大小、色泽等方面的一致程度。

3.2 紧密度

果穗的紧密程度。

3.3 肉质

果肉的质地。

3.4 穗形完整

果穗外观均匀、无残缺。

3.5 新鲜洁净

果皮不皱缩，果面无泥沙、鸟粪、虫体、药液痕迹等污物。

3.6 病果

有明显或较明显病害特征的果实。在这里主要指下列五种病果：日灼果、水罐子果、裂果、病斑果和石葡萄。

3.6.1 日灼果

亦称晒伤果或日烧果。由于受强日光照射致使果实表面形成变色斑块的果实。

3.6.2 水罐子果

发生水罐子病（亦称转色病）的果实，是由于营养不良和叶果比小而造成果肉呈水状、果实变软变酸、不能正常成熟或正常转色的果实。

3.6.3 裂果

由于白粉病或成熟期遇雨或肥水不匀造成果皮、果肉裂口现象的果实。

3.6.4 病斑果

由于病源侵害造成果实表皮或果肉组织或损伤（斑块、斑点）或留下病源污物的果实。如白粉病造成无核白葡萄表皮灰褐色条纹、斑块或斑点。

3.6.5 石葡萄（僵果）

白粉病或其他生理病害引起的果粒不能正常生长而僵化硬质变酸的葡萄。

3.7 虫果

被虫蛀或虫食或带有虫体的果实。

3.8 药斑

喷洒农药留在果实上的斑痕，包括可清洗的药液痕迹和由药物造成果实组织损伤而留下的不可清洗的斑点和斑痕。

3.9 风疤

果粒发育时期受擦伤愈合后留下的痕迹。

3.10 缺陷果实

由于自然因素或人为机械的作用，对果实的外观、肉质及风味造成较明显破坏的病果（病斑、日灼、裂口、水罐子、僵果）、虫果、药斑果、风疤果和压伤果。

3.11 成熟适度

果实已充分发育至品种固有的大小、色泽及风味，达到可采收的成熟度。

4 要求

4.1 外观

外观指标应符合表1规定。

表1　无核白葡萄鲜果等级质量外观指标

项目	优等品	一等品	二等品
果面	新鲜洁净		
穗形	完整		
色泽	正常、均匀		
整齐度	整齐	比较整齐	比较整齐
紧密度	适中	紧密、适中	紧密、适中
缺陷果实率/（％）	≤3	≤5	≤5
其中：腐烂果	0	0	0
水罐子果	0	0	0
脱粒/（％）	≤4	≤6	≤10

4.2 理化指标

理化指标应符合表2规定。

表2　无核白葡萄鲜果等级质量理化指标

项目	优等品	一等品	二等品
果粒质量/g	≥4	≥3	≥1.6
小果粒率/（％）	≤10	≤10	≤10
果穗质量/g	≥500	≥350	≥200
小果穗率/（％）	≤10	≤10	≤10
肉质	脆	脆	脆
可溶性固形物含量/（％）	≥22	≥20	≥18
总酸含量/（％）	≤0.7	≤0.8	≤0.9
固酸比	≥30	≥25	≥20

4.3 卫生指标

各等级卫生指标均应符合表3规定。

表 3　　无核白葡萄质量卫生指标　　单位：mg/kg

项目	符合
汞（以 Hg 计）	≤0.01
砷（以 As 计）	≤0.5
六六六（BHE）	≤0.2
滴滴涕（DDT）	≤0.1
百菌清（chlorothalonil）	≤1
三唑酮（triadimefon）	≤0.2

注：三唑酮的商品名为粉锈宁。

5　试验方法

5.1　外观检验

5.1.1　果面、穗形、色泽

采用感官评定。

5.1.2　整齐度

采用感官评定。

整齐——单穗、单粒的质量与其平均值偏差≤10%，形状和色泽方面一致；

比较整齐——单穗、单粒的质量与其平均值偏差≤20%，形状和色泽方面较为一致；

不整齐——单穗、单粒的质量与其平均值偏差≥20%，形状和色泽方面不一致。

5.1.3　紧密度

采用感官评定。

极紧密——果粒之间很挤，果粒发生变形；

紧密——果粒之间较挤，但果粒不变形；

适中——果穗平放时，形状稍有改变；

松散——果穗平放时，显著变形；

极松散——果穗平放时，所有分枝都处于一个平面。

5.1.4　果实缺陷

采用感官评定。

5.1.5　不合格果率

不合格果质量占检验总果质量的百分率，按式（1）计算，计算结果保留一位小数。同一粒果上兼有两项或两项以上不同缺陷及损伤时，在计算总不合格果质量时不可重复计算。

$$X_1(\%) = \frac{m_1}{m_2} \times 100 \quad\cdots\cdots\cdots\cdots（1）$$

式中：

X_1——不合格果率，%；

m_1——不合格果质量，单位为克（g）；

m_2——检验总果质量，单位为克（g）。

5.2 理化检验

5.2.1 果粒质量、果穗质量

果粒质量采用感量为 0.1 g 的天平称量，取 50 粒平均值；果穗质量采用感量为 20 g 的秤称量，取 10 穗平均值。

5.2.2 肉质检验

用双刃薄钢刀片切片鉴定，以能切成片即为脆肉质。

5.2.3 可溶性固形物

按 GB/T 12295 的规定执行。

5.2.4 总酸量

按 GB/T 12293 的规定执行。

5.2.5 固酸比

固酸比为可溶性固形物与总酸量之比，按式（2）计算，计算结果保留小数点后一位数。

$$X_2 = \frac{s}{a} \quad \cdots\cdots\cdots\cdots\cdots\cdots\cdots\cdots\cdots\cdots\cdots\cdots\cdots\cdots\cdots（2）$$

式中：

X_2——固酸比；

s——可溶性固形物含量,%；

a——总酸含量,%。

5.3 卫生指标检验

5.3.1 砷

按 GB/T 5009.11 的规定执行。

5.3.2 汞

按 GB/T 5009.17 的规定执行。

5.3.3 六六六、滴滴涕

按 GB/T 5009.19 的规定执行。

5.3.4 百菌清

按 GB/T 5009.105 的规定执行。

5.3.5 三唑酮

按 GB/T 5009.126 的规定执行。

6 检验规则

6.1 检验分类

6.1.1 型式检验

型式检验是对产品进行全面考核，即对本标准规定的全部要求（指标）进行检验。有下列情况之一者应进行型式检验。

a) 因人为或自然条件使生产环境发生较大变化；

b) 前后两次抽样检验结果差异较大；

c）国家质量监督机构或行业主管部门提出型式检验要求。

6.1.2 交收检验

每批产品交收前，生产单位都应进行交收检验。交收检验内容包括外观、标志及包装，检验合格并附合格证的产品方可交收。

6.2 组批规则

同等级、同一批销售的果实作为一个检验批次。

6.3 抽样

按 GB/T 8855 的规定执行。

6.4 判定准则

6.4.1 凡是符合本标准规定要求的，则判定为合格产品。各等级允许有5%的容许度，但应达到下一等级的要求。二等品不允许有腐烂果和水罐子果。

6.4.2 卫生指标有一项不合格或检出禁用农药，则该批次产品不合格。

6.4.3 复检：按本标准检验，理化指标如有一项检验不合格，应另取一份样品复检，若仍不合格，则判定该批产品不合格；若复检合格，则应再取一份样品作第二次复检，以第二次复检结果为准。

外观指标和卫生指标不得复检。

7 标志

在包装箱内或外应清晰、完整、准确地标明下列标识。

a）名称；
b）等级；
c）产品标准；
d）商标；
e）毛重/净重；
f）产地；
g）生产企业名称；
h）详细地址；
i）生产者名称或编码；
j）包装日期。

8 包装、运输和贮存

8.1 包装

8.1.1 包装材料

采用结构坚固、耐挤压、无异味和符合卫生标准的塑料制品箱或袋、木箱、泡沫塑料箱包装，箱内无尖锐突起。箱体呈扁平状，高度应以不超过三层葡萄为宜。

8.1.2 衬垫物

包装箱内可衬垫具有一定韧性,抗潮并符合卫生标准的白纸或保鲜纸。

8.1.3 装果

8.1.3.1 采摘后和装果运输前应注意防雨,果实表面有水不得装箱。

8.1.3.2 果穗分层整齐排列,并注意勿使穗轴折断。同一包装内应装同一等级的果实。

8.1.3.3 同一批次的包装净含量应一致,果品净含量应与标识相符。

8.2 运输

运输时要注意防雨防晒,不应与有毒、有害、有腐蚀性、有异味以及不洁物混合装运。

8.3 贮存

暂时贮存应于阴凉、通风处,不应与有毒、有害、有腐蚀性、有异味以及不洁物混贮;长期贮存应先预冷,贮存温度为(-1 ± 1)℃,湿度为90%~95%。

ICS 67.080.10
X 24

中华人民共和国农业行业标准

NY/T 705—2003

无核葡萄干

Seedless raisins

2003-12-01 发布　　　　　　　　　　2004-03-01 实施

中华人民共和国农业部　发布

前 言

本标准对应于 Codex Stan 67：1981《无核葡萄干法规标准》。本标准与 Codex Stan 67：1981 的一致性程度为非等效，主要差异如下：

——增加了分级指标，增加了重金属污染、生物学要求、农药残留限量指标；

——水分指标严于 Codex Stan 67：1981。

本标准由中华人民共和国农业部提出并归口。

本标准起草单位：农业部食品质量监督检验测试中心（石河子）、新疆农垦科学院特产开发研究所、新疆生产建设兵团农业建设第十三师。

本标准主要起草人：罗小玲、李冀新、张莉、刘树蓉、李建国。

◎ 吐鲁番葡萄标准体系

无核葡萄干

1 范围

本标准规定了无核葡萄干的术语和定义、要求、试验方法、检验规则、标志、包装、运输和贮存。本标准适用于以无核葡萄为原料，经自然干燥或人工干燥而制成的无核葡萄干。

2 规范性引用文件

下列文件中的条款通过本标准的引用而成为本标准的条款。凡是注日期的引用文件，其随后所有的修改单（不包括勘误的内容）或修订版均不适用于本标准，然而，鼓励根据本标准达成协议的各方研究是否可使用这些文件的最新版本。凡是不注日期的引用文件，其最新版本适用于本标准。

GB/T 4789.4 食品卫生微生物学检验 沙门氏菌检验

GB/T 4789.10 食品卫生微生物学检验 金黄色葡萄球菌检验

GB/T 4789.11 食品卫生微生物学检验 溶血性链球菌检验

GB/T 5009.3 食品中水分的测定

GB/T 5009.11 食品中总砷及有机砷的测定

GB/T 5009.12 食品中铅的测定

GB/T 5009.15 食品中镉的测定

GB/T 5009.17 食品中总汞及有机汞的测定

GB/T 5009.34 食品中亚硫酸盐的测定

GB/T 5009.126 植物性食品中三唑酮残留量的测定

GB 7718 食品标签通用标准

GB/T 8855 新鲜水果和蔬菜的取样方法（GB/T 8855—1988，eqv ISO 874：1980）

3 术语和定义

下列术语和定义适用于本标准。

3.1 饱满度 replete rate

葡萄干颗粒饱满的程度。

3.2 绿色果粒 green berry

主色调为绿色或黄绿色的果粒。

3.3 黄色果粒 yellow berry

主色调为黄色的果粒。

3.4 劣质果粒 bum berry

霉烂、破损、褐色或黑褐色、渗糖和干瘪的果粒。

3.5 褐色果粒 brown berry

主色调为褐色或黑褐色的果粒。

3.6 渗糖果粒 juice leaking berry

果内糖汁外渗或被其他果粒渗出的糖汁污染的果粒。

3.7 霉烂果粒 rotten berry

部分或全部发霉腐败的果粒。

3.8 破损果粒 broken berry

由机械损伤造成的破损果粒。

3.9 干瘪果粒 wizened berry

明显小而干瘪的果粒。

3.10 虫蛀果粒 insect berry

被虫蛀食的果粒。

3.11 杂质 impurity

葡萄穗轴、果梗、石砾、土粒、尘土、干花蕾和枯枝败叶等非可食部分的统称。

3.12 主色调 main colour

样品除去劣质果粒后呈现的总体颜色。

4 要求

4.1 等级

无核葡萄干分为特级、一级、二级和三级四个等级。产品等级应符合表1的规定。

表1　　　　　　　　　　　无核葡萄干等级要求

项目	特级	一级	二级	三级
外观	果粒饱满，具有本品固有的风味，无异味，质地柔软，大小均匀整齐，色泽一致，无虫蛀果粒		果粒较饱满，具有本品固有的风味，无异味，质地较柔软，大小基本均匀整齐，色泽基本一致，无虫蛀果粒	

(续表)

项目	特级	一级	二级	三级
主色调	翠绿色	绿色	黄绿色	黄绿色
杂质/（%）	≤0.3	≤0.5	≤1.0	≤1.5
劣质果率/（%）	≤2.0	≤5.0	≤7.5	≤10.0

注：果粒主色调仅适用于绿色葡萄干。

4.2 理化

水分≤15%。

4.3 卫生

卫生指标应符合表2的规定。

表2　　　　　　　　　　　　　无核葡萄干卫生指标　　　　　　　　　　　　单位：mg/kg

项目	指标
二氧化硫（以 SO_2 计）	≤1 500
砷（以 As 计）	≤0.5
铅（以 Pb 计）	≤0.5
汞（以 Hg 计）	≤0.01
镉（以 Cd 计）	≤0.3
三唑酮（triadimefon）	≤0.5
沙门氏菌	不得检出
葡萄球菌	不得检出
溶血性链球菌	不得检出

注1：二氧化硫指标仅适用于熏硫法制成的金黄色葡萄干。
注2：三唑酮即粉锈宁。

5 试验方法

5.1 外观和颜色

均匀度和色泽采用目测方法进行检验，风味及口味采用鼻嗅和口尝方法进行检验。

5.2 等级检测

5.2.1 杂质

用感量0.01 g的天平随机称取样品100g左右，记录其质量为 m_1，将样品置于洁净的台面上，拣出试样中各类杂质，称量，记为 m_2 杂质含量按式（1）计算，结果以三次测定的平均值计，保留一位小数。

$$X_1 = \frac{m_2}{m_1} \quad \cdots\cdots\cdots\cdots\cdots\cdots\cdots\cdots\cdots\cdots\cdots\cdots\cdots\cdots (1)$$

式中：

X_1——样品中杂质含量，%；

m_1——样品质量，单位为克（g）；

m_2——样品中杂质质量，单位为克（g）。

5.2.2 劣质果率

用感量为0.01 g的天平随机称取100 g左右样品，记录其质量为 m_3，从中挑选出劣质果粒并称量，记为 m_4，劣质果率按式（2）计算，结果以三次测定的平均值计，保留一位小数。

$$X_2 = \frac{m_4}{m_3} \quad \cdots\cdots\cdots\cdots\cdots\cdots\cdots\cdots\cdots\cdots\cdots\cdots\cdots\cdots (2)$$

式中：

X_2——劣质果率，%；

m_3——样品质量，单位为克（g）；

m_4——样品中劣质果质量，单位为克（g）。

5.3 理化指标检测

水分按GB/T 5009.3的规定执行。

5.4 卫生指标检测

5.4.1 二氧化硫

按GB/T 5009.34的规定执行。

5.4.2 砷

按GB/T 5009.11的规定执行。

5.4.3 铅

按GB/T 5009.12的规定执行。

5.4.4 汞

按GB/T 5009.17的规定执行。

5.4.5 镉

按GB/T 5009.15的规定执行。

5.4.6 三唑酮

按GB/T 5009.126的规定执行。

5.4.7 沙门氏菌

按GB/T 4789.4的规定执行。

5.4.8 葡萄球菌

按GB/T 4789.10的规定执行。

5.4.9 溶血性链球菌

按GB/T 4789.11的规定执行。

6 检验规则

6.1 检验分类

6.1.1 型式检验

型式检验是对产品进行全项检验。有下列情形之一时应进行型式检验：

a) 人为或自然因素使生产环境发生较大变化时；
b) 国家质量监督机构或主管部门提出型式检验要求时；
c) 前后两次抽样检验结果差异较大时。

6.1.2 交收检验

每批产品交收前，生产单位都应进行交收检验。交收检验的内容包括等级要求、水分、标志和包装。

6.2 组批

同等级、同一批交售、调运、销售的葡萄干为一个组批。

6.3 抽样

按 GB T 8855 中的有关规定执行。

6.4 判定规则

6.4.1 每批受检样品抽样检验时，对有缺陷的样品做记录，不合格百分率按有缺陷的果重计算。每批受检样品的平均不合格率不应超过 5%。

6.4.2 限度范围：每批受检样品，不合格率按其所检单位（如每箱、每袋）的平均值计算，其值不得超过所规定限度。

同一批次某件样品不合格品百分率超过规定的限度时，为避免不合格率变异幅度太大，规定如下：规定限度总计不超过 10%，则任何包装不合格品百分率的上限不得超过 15%。

6.4.3 水分指标不合格，可加倍抽样复检，若仍不合格，则判该批产品不合格。

6.4.4 标志未示等级的，按最低等级进行判定。

6.4.5 卫生要求中有一项不合格，或检出水果上有禁止使用的农药，则判该批产品为不合格产品，并且不得复检。

7 标志

产品标志应符合 GB 7718 的规定。

8 包装、运输和贮存

8.1 包装

8.1.1 无核葡萄干的包装（箱、袋）应牢固，内外壁平整。包装容器保持干燥、清洁、无污染。

8.1.2 每批无核葡萄干其包装规格、单位净含量应一致。

8.1.3 包装检验规则：逐件称量抽取的样品，每件的净含量不应低于包装标识的净含量。

8.2 运输

运输工具应清洁、无污染，不应与有毒、有害物品混装、混运。运输过程中应防止雨淋，装卸车时不应抛甩。

8.3 贮存

产品应在低温（最好在0℃左右）、干燥、通风良好的条件下贮存并避免阳光直晒，堆垛应离墙、离地不少于20cm，应有防鼠、防虫措施，不得与易燃、腐蚀、有毒、有害物品共同存放。

ICS 65.020.20
B 04

中华人民共和国农业行业标准

NY/T 1322—2007

农作物种质资源鉴定技术规程 葡萄

Technical Code for Evaluating Germplasm Resources—Grape (*Vitis* L.)

2007-04-17 发布　　　　　　　　　　　　2007-07-01 实施

中华人民共和国农业部　发布

前　言

本标准由中华人民共和国农业部提出并归口。

本标准起草单位：中国农业科学院郑州果树研究所、中国农业科学院特产研究所、山西省农业科学院果树研究所、中国农业科学院农业质量标准与检测技术研究所。

本标准起草人：刘崇怀、郭景南、潘兴、樊秀彩、沈育杰、杨义明、陈俊、马小河、钱永忠。

农作物种质资源鉴定技术规程 葡萄

1 范围

本标准规定了葡萄属（Vitis L.）种质资源鉴定的技术要求和方法。
本标准适用于葡萄属（Vitis L.）种质资源的植物学特征、生物学特性和果实性状的鉴定。

2 规范性引用文件

下列文件中的条款通过本标准的引用而成为本标准的条款。凡是注日期的引用文件，其随后所有的修改单（不包括勘误的内容）或修订版均不适用于本标准，然而，鼓励根据本标准达成协议的各方研究是否可使用这些文件的最新版本。凡是不注日期的引用文件，其最新版本适用于本标准。

GB/T 12295　水果、蔬菜制品　可溶性固形物含量的测定——折射仪法
GB/T 6194　水果、蔬菜可溶性糖测定方法
GB/T 12293　水果、蔬菜制品　可滴定酸度的测定

3 鉴定条件

3.1 样本采集

应在稳定结果树龄期的正常生长植株上采集样本。

3.2 鉴定内容

鉴定内容见表1。

表1　　　　　　　　　　　葡萄种质资源鉴定内容

性状	鉴定项目
植物学特征	嫩梢梢尖开合、嫩梢梢尖绒毛着色程度、嫩梢梢尖绒毛密度、新梢姿态、新梢节间直立绒毛密度、新梢卷须分布、新梢节间背侧颜色、新梢节间腹侧颜色、成熟枝条表面形状、成熟枝条颜色、幼叶上表面颜色、幼叶上表面光泽、幼叶下表面主脉上绒毛密度、幼叶下表面主脉间绒毛密度、成龄叶形状、成龄叶叶柄长/中脉长、成龄叶横截面形状、成龄叶裂片数、成龄叶上裂刻深度、成龄叶上裂片开叠类型、成龄叶上裂刻基部形状、成龄叶叶柄洼开叠类型、成龄叶叶柄洼基部形状、成龄叶锯齿形状、成龄叶表面泡状凸起、成龄叶下表面绒毛密度、成龄叶上表面主脉着色程度、花器类型
生物学特性	萌芽率、副梢结实力、结果枝百分率、每结果枝花序数、第一结果枝在结果母枝上位置、植株生长势、萌芽始期、开花始期、浆果始熟期、浆果生理完熟期

(续表)

性状	鉴定项目
果实性状	果穗基本形状、果穗歧肩、果穗副穗、单穗重量、果穗长度、果穗宽度、穗梗长、果穗紧密度、全株果穗成熟一致性、全穗果粒成熟一致性、全穗果粒整齐度、浆果成熟期落粒性、果粒形状、果粒重量、果粒纵径、果粒横径、果梗长度、果粉厚度、果粒皮色、果皮厚度、果皮韧度、果皮涩味、果汁色泽、果肉香味、果肉质地、可溶性固形物含量、果实含糖量、果实含酸量、出汁率、种子发育状况、每浆果种子粒数、种子长度、种子百粒重、种脐

4 鉴定方法

4.1 植物学特征

4.1.1 嫩梢梢尖开合

在花序显露至开花期，按图1以最大相似原则，确定第1片展开幼叶以上的梢尖开合程度，分为闭合、半开张、开张。

闭合　　　　半开张　　　　开张

图1　梢尖开合

4.1.2 嫩梢梢尖绒毛着色程度

在花序显露期，观察嫩梢梢尖绒毛着色程度。梢尖开张者，观察包括第2片展开幼叶在内的顶端梢尖；梢尖闭合到半开张者，观察第1片展开幼叶在内的顶端梢尖。用标准比色卡（英国皇家园艺学会标准比色卡），按最大相似原则确定绒毛着色程度，分为无（或极浅）、浅、中、深、极深。

4.1.3 嫩梢梢尖绒毛密度

在花序显露至开花期，随机选取典型新梢。梢尖充分开张者，观察包括第2片展开幼叶在内的顶端梢尖；梢尖闭合到半开张者，观察第1片展开幼叶在内的顶端梢尖。按最大相似原则确定绒毛密度，分为无（或极疏）、疏、中、密、极密。

4.1.4 新梢姿态

花前观察供鉴定的所有植株的未引缚新梢的生长姿态。按图2以最大相似原则，确定新梢姿态。新梢姿态分为直立、半直立、近似水平、半下垂、下垂。

图2　新梢姿态

4.1.5 新梢节间直立绒毛密度

在花序显露至花期，按图3用放大镜观察新梢中部节间上直立绒毛密度，确定新梢节间直立绒毛密度，分为无（或极疏）、疏、中、密、极密。

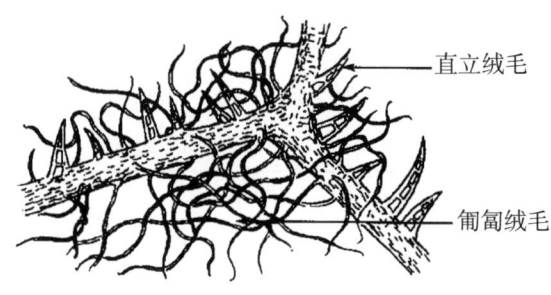

图3 绒毛类型

4.1.6 新梢卷须分布

在花期至幼果期，观察新梢中部卷须或花序的最大连续节位数。按图4确定新梢卷须的数量。分为小于（或等于）2个、大于（或等于）3个。

图4 新梢卷须的分布

4.1.7 新梢节间背侧颜色

在花期，按图5的所示部位观察新梢中部节间背侧颜色，分为绿、绿带红色条纹、红。

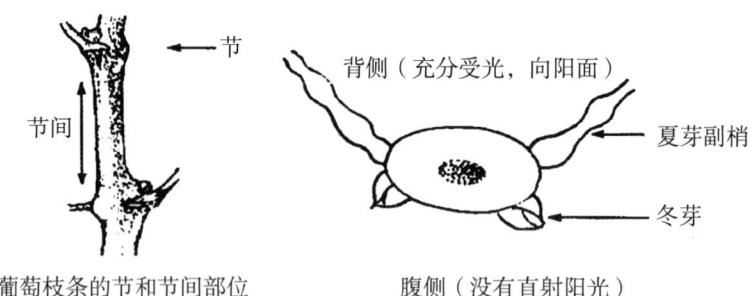

图5 葡萄节间背腹侧位置

4.1.8 新梢节间腹侧颜色

在花期，按图5观察新梢中部节间腹侧颜色，分为绿、绿带红色条纹、红。

4.1.9 成熟枝条表面形状

落叶后，按图6以最大相似原则，观察确定成熟枝条中部节间表面形态，分为光滑、罗纹、条纹、棱。

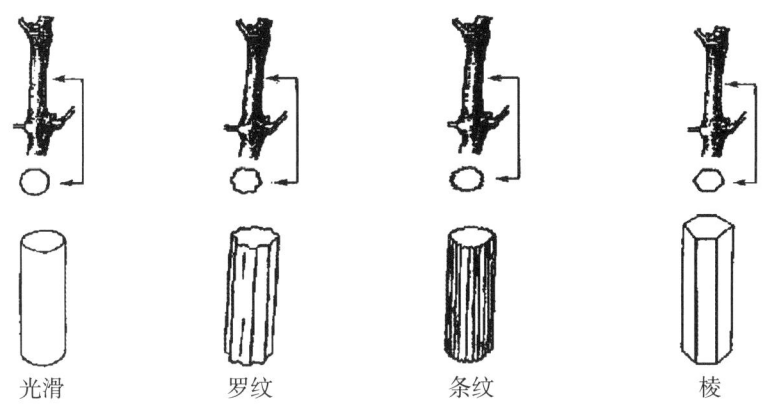

图 6 成熟枝条表面形态

4.1.10 成熟枝条颜色

落叶后,用标准比色卡以最大相似原则,确定成熟枝条中部节间表面颜色,分为黄、黄褐、暗褐、红褐、紫红。

4.1.11 幼叶上表面颜色

嫩梢 5 片叶时,用标准比色卡以最大相似原则,确定幼叶上表面颜色。梢尖闭合到半开张者,观察梢尖第 2 片展开幼叶梢尖半开张到全开张者,观察梢尖第 4 片展开幼叶。幼叶上表面颜色分为黄绿、绿色带有黄斑、红棕、酒红。

4.1.12 幼叶上表面光泽

嫩梢 5 片叶时,观察嫩梢梢尖 1～3 片叶上表面光泽,分为无、有。

4.1.13 幼叶下表面主脉上绒毛密度

开花前,观察幼叶下表面主脉。梢尖闭合到半开张者,观察梢尖第 2 片展开幼叶;梢尖半开张到全开张者,观察梢尖第 4 个展开幼叶。分为无(或极疏)、疏、中、密、极密。

4.1.14 幼叶下表面主脉间绒毛密度

用 4.1.13 样本。幼叶下表面主脉间绒毛密度,分为无(或极疏)、疏、中、密、极密。

4.1.15 成龄叶形状

幼果期至浆果成熟始期,按图 7 以最大相似原则,确定新梢中部的成龄叶形状。

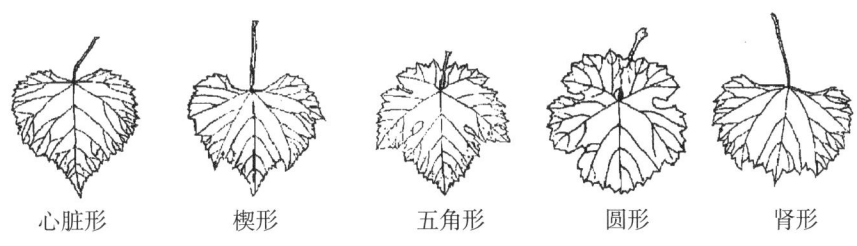

图 7 成龄叶形状

4.1.16 成龄叶叶柄长/中脉长

幼果期至浆果成熟始期,选取具有代表性的成龄叶片 10 片,按图 8 测量新梢中部叶叶柄、中脉长度,并计算叶柄长/中脉长。结果以平均值表示,精确至 0.1。

4.1.17 成龄叶横截面形状

幼果期至浆果成熟始期,观察新梢中部成龄叶。按图 9 以最大相似原则,确定横截面形状。

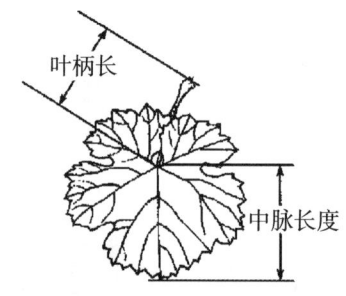

图8 叶柄和中脉的测量位置

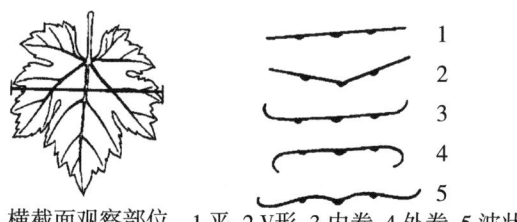

横截面观察部位　1.平　2.V形　3.内卷　4.外卷　5.波状

图9 成龄叶横截面形状

4.1.18 成龄叶裂片数

幼果期至浆果成熟始期，按图10观察确定新梢中部成龄叶裂片数，分为全缘、三裂、五裂、七裂、多于七裂。

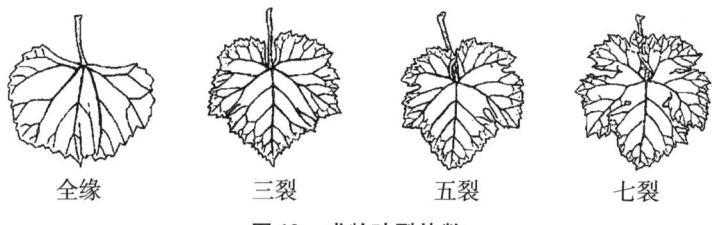

图10 成龄叶裂片数

4.1.19 成龄叶上裂刻深度

幼果期至浆果成熟始期，按图11观察新梢中部的成龄叶上裂刻深度。将上侧裂片向主脉基点方向折叠，裂片尖端达不到裂片基部至主脉基点距离一半的为极浅；超过一半的为浅；达到者为中；超过裂刻基部至基点距离，但不足两倍者为深；超过裂刻基部至基点距离两倍以上者为极深。

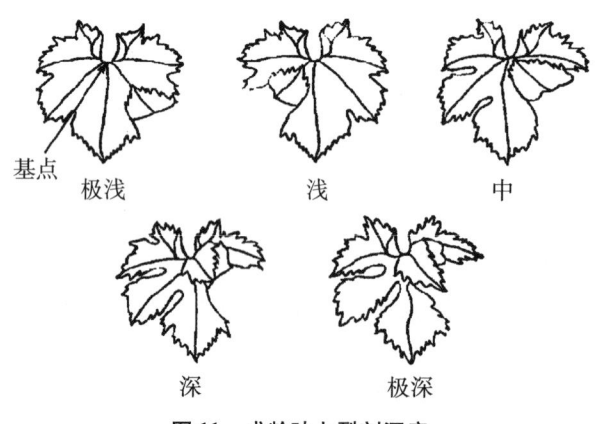

图11 成龄叶上裂刻深度

4.1.20 成龄叶上裂片开叠类型
幼果期至浆果成熟始期，按图12以最大相似原则，观察确定新梢中部的成龄叶上裂片开叠类型。

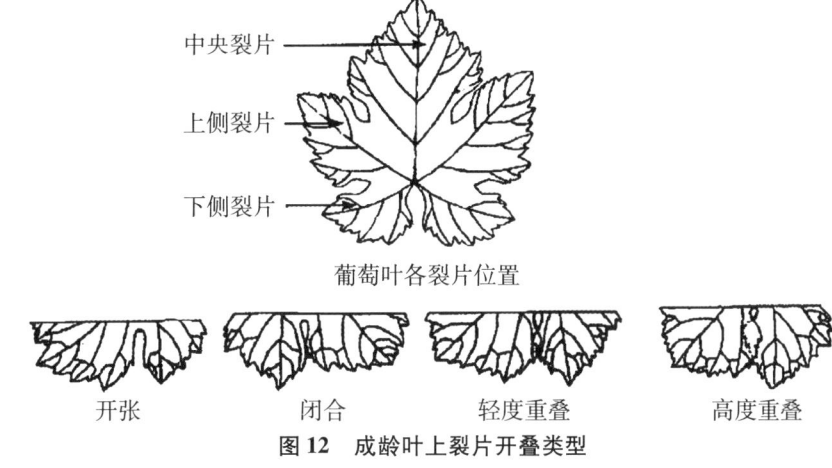

图12 成龄叶上裂片开叠类型

4.1.21 成龄叶上裂刻基部形状
幼果至浆果成熟始期，按图13以最大相似原则，观察新梢中部成龄叶上裂刻基部形状，分为U形、V形。

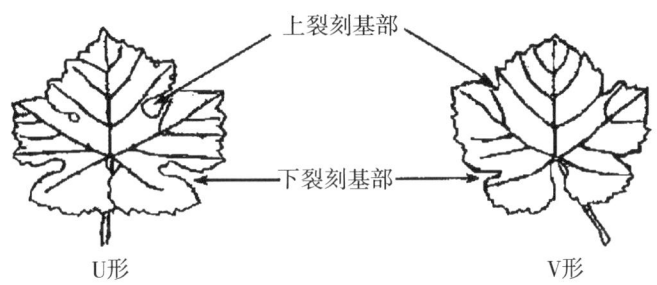

图13 成龄叶上下裂刻基部形状

4.1.22 成龄叶叶柄洼开叠类型
幼果至浆果成熟始期，观察新梢中部成龄叶。按图14以最大相似原则，确定叶柄洼开叠类型，分为极开张、开张、半开张、轻度开张、闭合、轻度重叠、中度重叠、高度重叠、极度重叠。

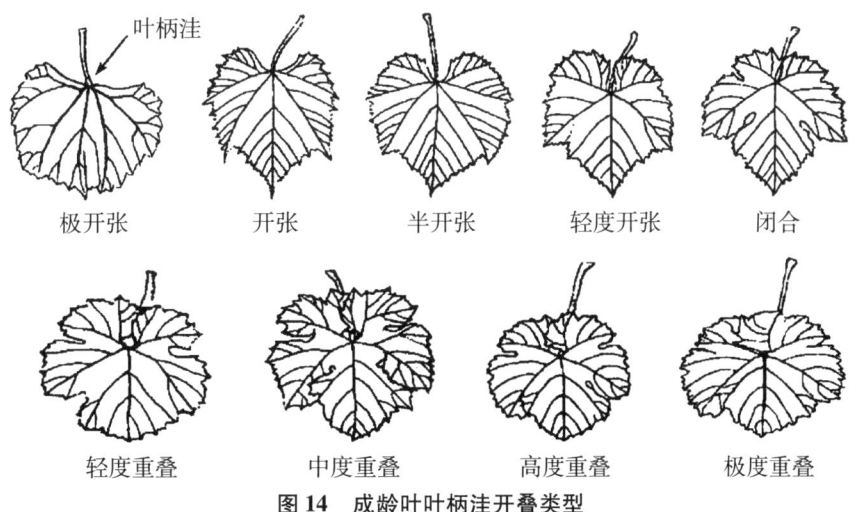

图14 成龄叶叶柄洼开叠类型

51

4.1.23 成龄叶叶柄洼基部形状

幼果期至浆果成熟始期，按图15以最大相似原则，观察确定新梢中部成龄叶叶柄洼基部形状，分为U形、V形。

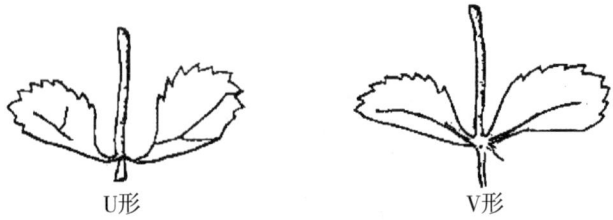

图15 成龄叶叶柄洼基部形状

4.1.24 成龄叶锯齿形状

幼果期至浆果成熟始期，观察新梢中部的成龄叶片。按图16的观察部位，以最大相似原则，确定锯齿两侧形状，分为两侧凹、两侧直、两侧凸起、一侧凹一侧凸、两侧直和两侧凸起混合型。

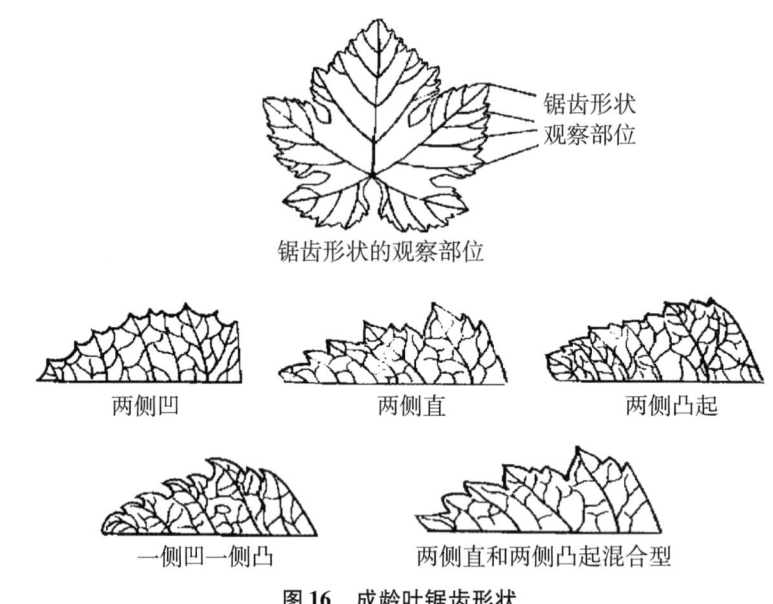

图16 成龄叶锯齿形状

4.1.25 成龄叶表面泡状凸起

幼果期至浆果成熟始期，观察新梢中部成龄叶表面泡状凸起状况，分为无（或极弱）、弱、中、强、极强。

4.1.26 成龄叶下表面绒毛密度

幼果期至浆果成熟始期，观察确定新梢中部的成熟叶片下表面绒毛密度状况，分为无（或极疏）、疏、中、密、极密。

4.1.27 成龄叶上表面主脉着色程度

幼果期至浆果成熟始期，观察新梢中部成龄叶上表面主脉着色程度，分为无（或极弱）、弱、中、强、极强。

4.1.28 花器类型

开花期观察花器官。按图17确定花器类型，分为雄花、两性花、雌能花。

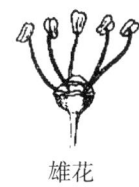 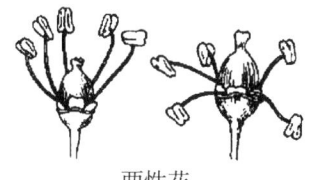 

雄花　　　　　　　两性花　　　　　　雌能花

图 17　花器类型

4.2　生物学特性

4.2.1　萌芽率

抹芽定枝前，调查结果母枝的芽眼萌发情况。随机调查 3 株树上的所有结果母枝，计算芽眼总数、萌发芽眼数，计算萌芽率［萌芽率（%）＝萌发芽眼数/芽眼总数×100%］，结果以平均值表示，精确到 0.1。

4.2.2　副梢结实力

副梢花序开花期，按图 18 观察确定 3 棵植株夏芽副梢的结实能力，分为弱、中、强。

图 18　葡萄的副梢

4.2.3　结果枝百分率

花序显露期，随机选择 3 株植株，观察记录所有结果母枝的结果枝和新梢总数，计算结果枝百分率［结果枝百分率（%）＝结果枝总数/新梢总数×100%］，结果以平均值表示，精确到 0.1。

4.2.4　每结果枝花序数

开花期，随机调查植株不同部位的 10 个结果枝，观察记录花序总数和结果枝总数，计算结果枝上的平均花序数（每结果枝的花序数＝花序总数/结果枝总数）。结果以平均值表示，精确到 0.1。

4.2.5　第一结果枝在结果母枝上位置

在花序显露期，随机选择 10 个结果母枝，观察记录第一结果枝在结果母枝上着生的节位。以最大相似原则确定结果枝着生节位数。

4.2.6　植株生长势

在开花期，观察植株生长势，分为弱、中、强。

4.2.7　萌芽始期

在萌芽（芽眼的鳞片开始分开，绒毛覆盖层破裂，露出绒球）始期，按图 19 观察 3 棵植株萌芽状况，记录约 5% 芽眼萌发的时间。表示方法为"年月日"。

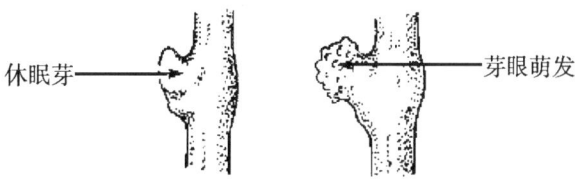

图 19　葡萄萌芽始期（绒毛期）

4.2.8 开花始期

在开花始期，观察 3 棵植株开花情况，记录约 5%花朵开放（花帽脱落）的时间。表示方法为"年月日"。

4.2.9 浆果始熟期

果实膨大后期，观察 3 棵植株开始成熟的时间（有色品种 5%的浆果开始显色为成熟始期；无色品种 5%的浆果的绿色开始减褪或果实变软时为成熟始期）。表示方法为"年月日"。

4.2.10 浆果生理完熟期

成熟期，观察 3 棵植株果实生理成熟情况。当浆果已充分显露该品种的典型色泽、风味和芳香时，每隔 2 d 测定可溶性固形物含量 1 次，连续测定，直至固形物不再增加，且种子变褐（极早熟和无核种质除外）时，记录约 95%浆果生理成熟的时间。表示方法为"年月日"。

4.3 果实性状

4.3.1 果穗基本形状

按图 20 以最大相似原则，观察确定成熟果穗的基本形状，分为圆柱形、圆锥形、分枝形。

图 20　果穗基本形状示意图

4.3.2 果穗歧肩

按图 21 以最大相似原则，观察确定成熟果穗的歧肩类型，分为无歧肩、单歧肩、双歧肩、多歧肩（超过两个歧肩）。

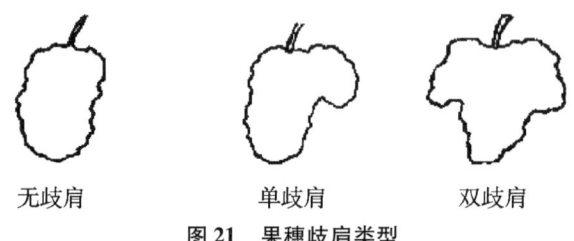

图 21　果穗歧肩类型

4.3.3 果穗副穗

按图 22 观察成熟果穗上副穗状况，分为无副穗、有副穗。

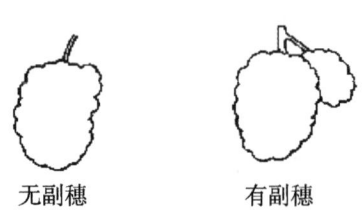

图 22　果穗副梢

4.3.4 单穗重量

选取充分成熟的典型果穗10个,称取质量数(g),结果以平均值表示,精确到0.1。

4.3.5 果穗长度

用4.3.4的样本,按图23测量果穗长度(cm),结果以平均值表示,精确到0.1。

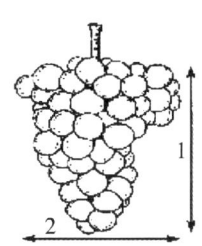

1. 果穗长度 2. 果穗宽度(不包括副穗)

图23　果穗长、宽的测量方法

4.3.6 果穗宽度

用4.3.4的样本,按图23测量果穗宽度(cm),结果以平均值表示,精确到0.1。

4.3.7 穗梗长

用4.3.4的样本,测量果穗在果枝上的着生点至果穗第一分枝处的穗梗长度(cm),结果以平均值表示,精确到0.1。

4.3.8 果穗紧密度

用4.3.4的样本。将果穗放到一平面上,观察果穗形状,确定果穗紧密程度,分为极松(果穗平放时,所有分枝几乎处于一个平面上)、松(果穗平放时,其形状显明改变)、中(果穗平放时,其形状稍有改变)、紧(果穗平放时,其形状不改变)、极紧(果穗平放时,其形状不改变,果粒因相互挤压而变形)。

4.3.9 全株果穗成熟一致性

在成熟期,观察记录小区植株果穗成熟的一致性,分为一致(穗与穗之间果皮色泽基本一致)、不一致(穗与穗之间果皮色泽不一致,且具有不成熟特征果皮色泽的果穗超过10%)。

4.3.10 全穗果粒成熟一致性

用4.3.4的样本,观察果皮颜色,确定果粒成熟的一致性,分为一致(粒与粒之间果皮色泽基本一致)、不一致(粒与粒之间果皮色泽不一致,且具有不成熟特征果皮色泽的果粒超过10%)。

4.3.11 全穗果粒整齐度

用4.3.4的样本,观察全穗果粒的大小和形状确定果粒的整齐度,分为整齐、不整齐、有小青粒。

4.3.12 浆果成熟期落粒性

用4.3.4的样本,观察施以外力(如手提果梗轻轻晃动)后浆果脱落的严重程度,分为不落粒、落粒轻、落粒重。

4.3.13 果粒形状

用4.3.4的样本,按图24以最大相似原则,观察确定果粒形状。

4.3.14 果粒重量

用4.3.4的样本,从每个果穗中部分别选取有代表性的果粒3粒,共称取30个果粒的总质量(g),结果以平均值表示,精确到0.1。

4.3.15 果粒纵径

用4.3.14的样本,剪掉果柄,按图25,将果粒纵向排列在有刻度的槽内,读取总长度(cm),结

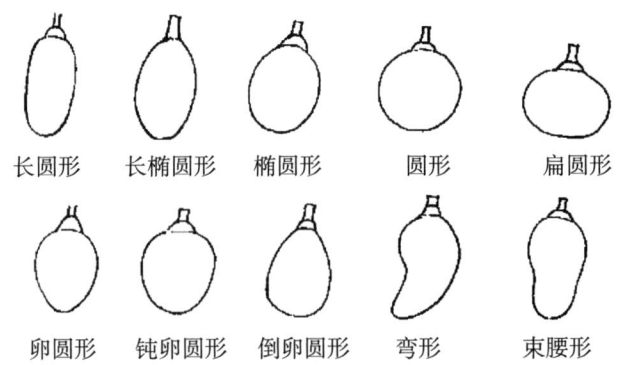

图 24 果粒形状

果以平均值表示，精确到0.1。

4.3.16 果粒横径

用4.3.14的样本，按图25将果粒横向排列在有刻度的槽内，读取总长度（cm），结果以平均值表示，精确到0.1。

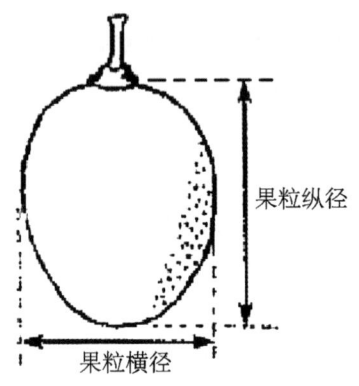

图 25 果粒纵径和横径

4.3.17 果梗长度

用4.3.4的样本，分别从每穗果中部选取有代表性的果粒3粒，测量果梗长度（cm），结果以平均值表示，精确到0.1。

4.3.18 果粉厚度

用4.3.4的样本，观察果粉多少，分为薄、中、厚。

4.3.19 果粒皮色

用4.3.4的样本，抹去果粉，用标准比色卡观察果皮色泽，分为黄绿~绿黄、粉红、红、紫红~红紫、蓝黑。

4.3.20 果皮厚度

用4.3.4的样本，品尝感觉果皮厚度，分为薄、中、厚。

4.3.21 果皮韧度

用4.3.4的样本，品尝感觉果皮韧度，分为脆、较韧、韧。

4.3.22 果皮涩味

用4.3.4的样本，品尝感觉成熟果粒的果皮涩味，分为无涩味、稍有涩味、有涩味。

4.3.23 果汁色泽
抽取4.3.4的样本中的3个果穗，挤压出汁液，观察果汁色泽，分为无、浅、中、深、极深。

4.3.24 果肉香味
用4.3.4的样本，品尝感觉果肉香味，分为无、玫瑰香味、草莓香味、狐臭味、青草味、其他。

4.3.25 果肉质地
用4.3.4的样本，品尝感觉果肉质地，分为溶质、软、较脆、脆、有肉囊。

4.3.26 可溶性固形物含量
用4.3.4的样本，从果穗中部分别选取有代表性果粒5粒，按GB/T 12295执行。

4.3.27 果实含糖量
用4.3.4的样本，从果穗中分别选取有代表性果粒10粒，按GB/T 6194执行。

4.3.28 果实含酸量
用4.3.4的样本，从果穗中分别选取有代表性果粒20粒，按GB/T 12293执行。

4.3.29 出汁率
用4.3.4的样本，剪取果粒，剪掉果梗，称取样品200 g～500 g，用挤压过滤或压榨过滤的方式提取汁液，称其汁液重量（g），计算出汁率［出汁率（％）＝汁液质量数/样品质量数×100％］，精确至小数点后一位。

4.3.30 种子发育状况
用4.3.4的样本，随机调查30个果粒，观察种子发育状况，分为无籽、有软种皮、胚或胚乳发育不充分、种子充分发育。

4.3.31 每浆果种子粒数
用4.3.4的样本，随机调查30个果粒，计数每浆果种子粒数，表述为 $n_1 \sim n_2$ (n)，其中 n_1 为该种质每浆果内最少种子粒数，n_2 为每浆果的最多种子粒数，n 为大多数浆果的种子粒数。

4.3.32 种子长度
用4.3.4的样本，随机选取种子30粒，洗净凉干，按图26测量干种子长度（mm），结果以平均值表示，精确到0.1。

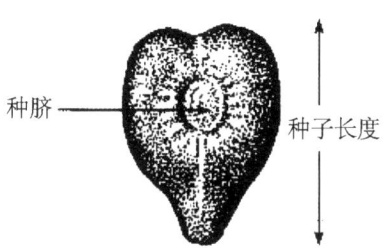

图26 种子长度和种脐

4.3.33 种子百粒重
用4.3.4的样本，随即选择100粒种子，称取质量（g），精确到0.1。

4.3.34 种脐
用4.3.32的样本中30粒干种子，按图26观察种脐状况，分为不明显、明显。

ICS 65.020.20
B 05

中华人民共和国农业行业标准

NY/T 2023—2011

农作物优异种质资源评价规范 葡萄

Evaluating standards for elite and rare germplasm resources—
Grape (*Vitis* L.)

2011-09-01 发布　　　　　　　　　　　　　　　　2011-12-01 实施

中华人民共和国农业部　发布

前　言

本标准按照 GB/T 1.1—2009 给出的规则起草。

本标准由中华人民共和国农业部种植业管理司提出。

本标准由全国果品标准化研究委员会（SAC/TC 510）归口。

本标准起草单位：中国农业科学院茶叶研究所、中国农业科学院郑州果树研究所、中国农业科学院特产研究所、山西省农业科学院果树研究所。

本标准主要起草人：刘崇怀、樊秀彩、孙海生、江用文、沈育杰、陈俊、熊兴平。

农作物优异种质资源评价规范 葡萄

1 范围

本标准规定了葡萄属（*Vitis* L.）优异种质资源评价的术语定义、技术要求、鉴定方法和判定。
本标准适用于葡萄优异种质资源评价。

2 规范性引用文件

下列文件对于本文件的应用是必不可少的。凡是注日期的引用文件，仅所注日期的版本适用于本文件。凡是不注日期的引用文件，其最新版本（包括所有的修改单）适用于本文件。
GB/T 12456　食品中总酸的测定
NY/T 1322　农作物种质资源鉴定技术规程　葡萄

3 术语与定义

NY/T 1322 中界定的以及下列术语和定义适用于本文件。

3.1 优良种质资源　elite germplasm resources

主要农艺性状表现好且具有重要价值的种质资源。

3.2 特异种质资源　rare germplasm resources

性状表现特殊、稀有的种质资源。

3.3 优异种质资源　elite and rare germplasm resources

优良种质资源和特异种质资源的总称。

4 技术要求

4.1 样本采集

按 NY/T 1322 的规定执行。

4.2 鉴定数据

每个性状至少应在同一地点进行 3 年的重复鉴定。性状观测值取其 3 年平均值进行判定。

4.3 指标

4.3.1 优良种质资源指标
优良种质资源指标见表1。

表1　　　　　　　　　　　　　　　优良种质资源指标

序号	性状	指标
1	全穗果粒大小整齐度	整齐（维多利亚）
2	全穗果粒成熟一致性	一致（维多利亚）
3	可溶性固形物含量	酿酒种质＞21.0%（赤霞珠）
		鲜食种质＞16.0%（巨峰）
4	果肉香型	玫瑰香味（玫瑰香）
		草莓香味（红富士）
5	果梗与果粒分离难易	难（红地球）
6	单穗重	450g～650g（维多利亚）
7	单粒重	有核种质＞9.0g（红富士）
		无核种质＞4.0 g（克瑞森无核）
8	葡萄白腐病抗性	中抗及以上（DI≤30）
9	葡萄霜霉病抗性	中抗及以上（DI≤30）
10	葡萄黑痘病抗性	中抗及以上（DI≤30）
11	葡萄炭疽病抗性	中抗及以上（DI≤30）

注：指标中提供的参照种质是为了方便标准使用，不代表对该种质的认可和推荐，任何可以得到与参照种质相同结果的种质均可作为参照样品。

4.3.2 特异种质资源指标
特异种质资源指标见表2。

表2　　　　　　　　　　　　　　　特异种质资源指标

序号	性状	指标
1	叶型	复叶（变叶葡萄0958）
2	成龄叶形状	菱形（菱叶葡萄0944）
		狭叶形（狭叶葡萄1186）
3	枝条皮刺	有（塘尾葡萄）
4	花器类型	两性花（塘尾葡萄）
5	果实发育期	≤60 d（莎巴珍珠）
		＞140 d（圣诞玫瑰）
6	染色体倍数	非整倍体（高尾）
		四倍体（四倍体山葡萄）

(续表)

序号	性状	指标
7	单穗重	>900 g（里扎马特）
8	果粒形状	卵圆形（黑鸡心）
		弯形（金手指）
		束腰形（瓶儿）
9	幼果颜色	红（谢花红）
10	果实颜色	白（白果刺葡萄）
11	果实可滴定酸含量	≥3.0%（山葡萄76042）
12	果汁色泽	极深（烟73）
13	葡萄白腐病抗性	高抗（DI≤5）
14	葡萄霜霉病抗性	高抗（DI≤5）
15	葡萄黑痘病抗性	高抗（DI≤5）
16	葡萄炭疽病抗性	高抗（DI≤5）

注1：花器类型、染色体倍数中的四倍体、果实颜色的鉴定范围为野生种质；
注2：指标中提供的参照种质是为了方便标准使用，不代表对该种质的认可和推荐，任何可以得到与参照种质相同结果的种质均可作为参照样品。

5 鉴定方法

5.1 全穗果粒大小整齐度

按 NY/T 1322 的规定执行。

5.2 全穗果粒成熟一致性

按 NY/T 1322 的规定执行。

5.3 可溶性固形物含量

按 NY/T 1322 的规定执行。

5.4 果肉香型

按 NY/T 1322 的规定执行。

5.5 果梗与果粒分离难易

浆果生理完熟期，选择3株正常结果的植株，每株随机选择3穗充分成熟的果穗，每穗取中部带果梗果粒10粒，混合后，随机选择30粒，用读数式拉力计测量果梗与果肉分离所需的力度，取其平均值，单位为N。力度小于参照种质玫瑰香的为易；力度介于参照种质玫瑰香和红地球之间的为中，力度等于大于参照种质红地球的为难。

5.6 单穗重

按 NY/T 1322 的规定执行。

5.7 单粒重

按 NY/T 1322 的规定执行。

5.8 葡萄白腐病抗性

参照附录 B 执行。

5.9 葡萄霜霉病抗性

参照附录 C 执行。

5.10 葡萄黑痘病抗性

参照附录 D 执行。

5.11 葡萄炭疽病抗性

参照附录 E 执行。

5.12 叶型

开花始期至浆果始熟期,选择3株正常生长的植株,每株随机选择10个新梢,每个新梢随机选择中部1个正常生长的成龄叶,按图1以最大相似原则,确定每个成龄叶叶型。全部鉴定叶片中存在1片以上(含1片)复叶的即为复叶型种质。

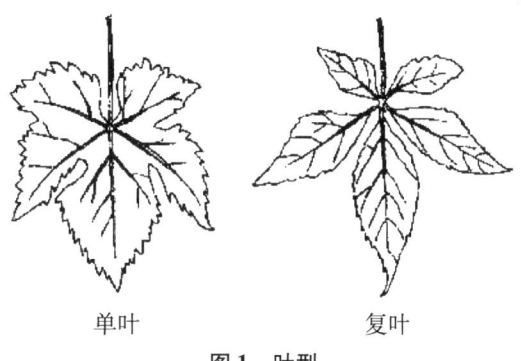

图 1 叶型

单叶　　复叶

5.13 成龄叶形状

开花始期至浆果始熟期,选择3株正常生长的植株,每株随机选择10个新梢,每个新梢随机选择中部1个正常生长的成龄叶,按图2以最大相似原则,确定每个成龄叶片形状。以分布频率最高的指标判定该种质。

5.14 枝条皮刺

开花始期至浆果始熟期,选择3株正常生长的植株,每株随机选择10个新梢,按图3以最大相似

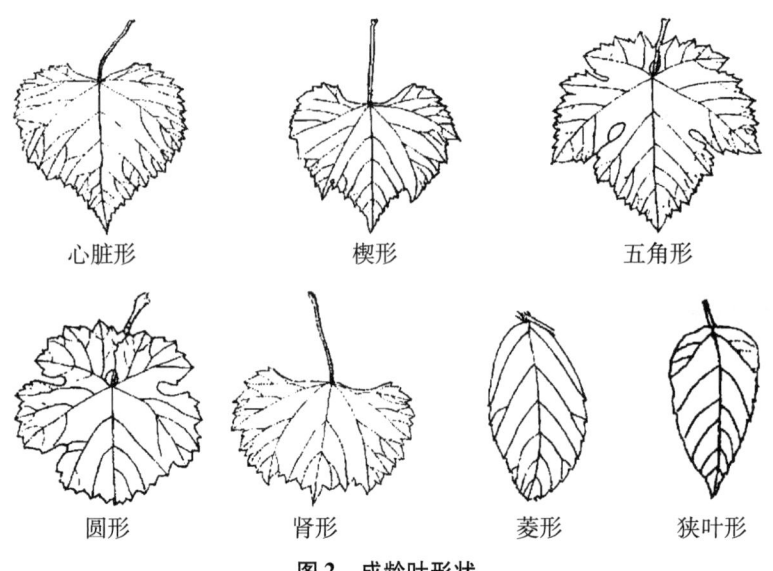

图 2　成龄叶形状

原则，肉眼观察新梢中部节间，确定每个新梢有无皮刺。全部鉴定新梢中存在 1 个以上（含 1 个）有皮刺新梢的即为有皮刺型种质。

图 3　枝条皮刺

5.15　花器类型

按 NY/T 1322 的规定执行。

5.16　果实发育期

选择 3 株正常结果的植株，观测开花始期至浆果生理完熟期的天数，单位为 d。

5.17　染色体倍数

参照附录 A 执行。

5.18　果粒形状

按 NY/T 1322 的规定执行。

5.19　幼果颜色

生理落果后 15d，选择 3 株正常结果的植株，每株随机选择 3 个果穗，每穗取中部果粒 10 粒，混合后，随机选择 30 粒，用标准比色卡观察每个幼果的果皮色泽，分为绿、黄绿、红和其他。以分布频率最高的指标判定该种质。

5.20 果实颜色

按 NY/T1322 的规定执行。

5.21 果实可滴定酸含量

按 GB/T 12456 的规定执行。

5.22 果汁色泽

按 NY/T 1322 的规定执行。

6 判定

6.1 优良种质资源

符合表 1 中全穗果粒整齐度、全穗果粒成熟一致性、可溶性固形物和其他任意 1 项以上（含 1 项）指标的种质资源为优良种质资源。

6.2 特异种质资源判定

符合表 2 中任何 1 项以上（含 1 项）指标的种质资源为特异种质资源。

附录 A
（资料性附录）
葡萄染色体倍数鉴定

A.1 范围

本附录适用于葡萄种质资源染色体倍数的鉴定。

A.2 试剂与材料

A.2.1 试剂和溶液的配制

A.2.1.1 试剂

A.2.1.1.1 酶剂

纤维素酶、果胶酶。

A.2.1.1.2 化学试剂

无水乙酸、丙酸、氯化钾、甲醇、对二氯苯、水合三氯乙醛。

A.2.1.1.3 染色剂

苏木精、铁矾。

A.2.1.2 溶液的配制

A.2.1.2.1 混合酶液

3.5%混合酶液：称取纤维素酶、果胶酶各0.7g，加入20mL蒸馏水，4℃冰箱内保存。

A.2.1.2.2 预处理液

称取5g对二氯苯结晶放入棕色试剂瓶中，加入40℃～45℃蒸馏水100mL，振荡5min，静置冷却后在10℃～20℃条件下存放。

A.2.1.2.3 固定液

按照无水乙酸：甲醇=1：3的体积比配制，现配现用。

A.2.1.2.4 染色液

A液：称取2g苏木精溶于100mL 50%丙酸中；

B液：称取0.5g铁矾溶于100mL 50%丙酸中。

将A液和B液按照1：1体积比混合，每5mL混合液中加入2g水合三氯乙醛，存放1d后使用，用后放入冰箱内低温保存。

A.2.1.2.5 低渗液

称取5.59g的氯化钾溶于1 000mL的蒸馏水中。

A.2.2 材料

5mm～10mm葡萄幼嫩根尖。

A.3 仪器

A.3.1 显微镜：100～1 000倍数。

A.3.2 数码相机：1 000万像素。

A.3.3 电子天平：精确到0.01g。

A.3.4 恒温培养箱。

A.3.5 普通冰箱。

A.4 采样

春季根系生长高峰期，挖取正在生长的白嫩、完整幼根，保湿带回实验室，冲洗干净后，截取前端5mm~10mm的根尖。

A.5 分析步骤

A.5.1 预处理

将采集的材料立即投入预处理液中，常温下处理2h~4h。

A.5.2 前低渗

预处理结束后，将材料剪切成1mm左右的薄片，用低渗液处理30min。

A.5.3 前固定

前低渗处理结束后，将材料用蒸馏水冲洗3次~5次，用新配制的固定液固定30min以上。

A.5.4 酶解

前固定结束后，用蒸馏水将材料冲洗干净，放入装有混合酶液的1.5 mL离心管中，在25℃恒温下酶解2h~4h。

A.5.5 后低渗

吸去酶液，用蒸馏水将材料冲洗干净，并在蒸馏水中停留10min。

A.5.6 再固定

吸去蒸馏水，注入固定液再固定30min。

A.5.7 染色

将材料用蒸馏水冲洗后在染色液中染色2h以上。

A.5.8 压片和镜检

取一小块材料放在载玻片上，用镊子捣碎，滴少许染色液，盖上盖玻片，然后用木制小棒敲打盖玻片，将组织分散成雾状，用吸水纸吸去多余的染色液，酒精灯上干燥后，显微镜观测拍照。

A.6 结果表示

真葡萄亚属（*Euvitis* Planch.）四倍体染色体条数为$2n-4x=76$；圆叶葡萄亚属（*Muscadinia* Planch.）四倍体染色体条数为$2n=4x=80$；细胞染色体条数是一倍体的非整倍数为非整倍体。

附录 B
（资料性附录）
葡萄白腐病 [*Coniella diplodiella* (Speg.) Petrak & Sydow] 抗性鉴定

B.1 范围

本附录适用于葡萄种质资源白腐病 [*Coniella diplodiella* (Speg.) Petrak & Sydow] 抗性的鉴定。

B.2 仪器

B.2.1 显微镜：100~1 000 倍数。
B.2.2 血球计数板。
B.2.3 生化培养箱。
B.2.4 普通冰箱。

B.3 菌种采集和保存

果实成熟期，采集严重发病果穗，用组织分离法分离病菌，马铃薯葡萄糖琼脂培养基（PDA）培养和扩繁，经致病性验证后，冰箱低温继代培养保存。

B.4 步骤

B.4.1 接种液制备

菌种转接到 PDA 培养基，在 22℃±1℃ 弱光培养 7d~10d，菌落上可见棕黄色黏液，即为分生孢子，用移液器吸取，血球计数板计数后，用蒸馏水制备成浓度为 2×10^5 个孢子/mL 的孢子悬浮液。

B.4.2 接种方法

果实始熟期后，选择生长正常的植株 6 株，每株选择无病害果穗 10 穗，采用针刺法对果穗中上部 1/3 果粒的果蒂部进行接种，接种深度不少于 2mm，接种浓度为 2×10^5 个孢子/mL，接种后套袋。

B.5 结果计算

B.5.1 葡萄白腐病分级

接种 12d 后调查结果，按表 B.1 对病情进行分级。

表 B.1 葡萄白腐病病情分级标准

病级	0	1	2	3	4	5
每果穗的病果率，%	0	<10	10~25	26~50	51~75	>75

B.5.2 病情指数

病情指数以 DI 表示，按式（B.1）计算：

$$DI = \frac{\sum(s_i n_i)}{5N} \times 100 \quad\quad\quad\quad (B.1)$$

式中：

s_i——发病级别；

n_i——相应发病级别的果穗数，单位为个；

N——调查总果穗数，单位为个。

计算结果精确到小数点后 1 位。

B.6 评价标准

依据病情指数，按表 B.2 标准确定其抗性水平。

表 B.2　　　　　　　　　　葡萄白腐病抗性鉴定评价标准

抗病级别	高抗（HR）	抗（R）	中抗（MR）	感（S）	高感（HS）
病情指数（DI）	$DI \leq 5$	$5 < DI \leq 15$	$15 < DI \leq 30$	$30 < DI \leq 50$	$50 < DI$

附录C
（资料性附录）
葡萄霜霉病 [*Plasmopara viticola* (Berk. & Curtis.) Berlet de Toni] 抗性鉴定

C.1 范围

本附录适用于葡萄种质资源霜霉病 [*Plasmopara viticola* (Berk. & Curtis.) Berlet de Toni] 的抗性鉴定。

C.2 仪器

C.2.1 显微镜：100~1 000倍数。

C.2.2 血球计数板。

C.2.3 生化培养箱。

C.3 采样

秋季采集严重发病的葡萄叶片，保湿带回实验室。

C.4 步骤

C.4.1 接种液制备

用蒸馏水冲洗下发病叶片背面的白色霜状物，血球计数板计数后，用蒸馏水制备成浓度为 8×10^4 个游动孢子囊/mL的孢子囊悬浮液。

C.4.2 接种方法

采集新梢顶端无病、成龄叶20片，用直径1.5cm打孔器取100个叶盘，采用叶盘背面喷雾接种，在温度20℃~24℃、相对湿度85%以上、黑暗条件下培养。

C.5 结果计算

C.5.1 葡萄霜霉病分级

接种9d后调查结果，按表C.1对病情进行分级。

表C.1　　　　　　　　　葡萄霜霉病病情分级标准

病级	0	1	2	3	4	5
病斑面积占叶盘面积的百分率，%	0	<10	10~30	31~60	61~80	>80

C.5.2 病情指数

病情指数以 DI 表示，按式（C.1）计算：

$$DI = \frac{\sum (s_i n_{i2})}{5N_2} \times 100 \quad\cdots\cdots\cdots\cdots\cdots\cdots（C.1）$$

式中：

s_i——发病级别；

n_{i2}——相应发病级别的叶盘数,单位为个;
N_2——调查总叶盘数,单位为个。

计算结果精确到小数点后 1 位。

C.6 评价标准

依据病情指数,按表 C.2 标准确定其抗性水平。

表 C.2　　　　　　　　　葡萄霜霉病抗性鉴定评价标准

抗病级别	高抗(HR)	抗(R)	中抗(MR)	感(S)	高感(HS)
病情指数(DI)	$DI \leqslant 5$	$5 < DI \leqslant 15$	$15 < DI \leqslant 30$	$30 < DI \leqslant 50$	$50 < DI$

附录 D
（资料性附录）
葡萄黑痘病（*Sphaceloma ampelinum* de Bary.）抗性鉴定

D.1 范围

本附录适用于葡萄种质资源黑痘病（*Sphaceloma ampelinum* de Bary.）的抗性鉴定。

D.2 仪器

D.2.1 显微镜：100~1 000倍数。
D.2.2 血球计数板。
D.2.3 生化培养箱。
D.2.4 普通冰箱。

D.3 菌种采集和保存

春季采集严重发病的新梢和叶片，室内24℃保湿3 d~5 d，用组织分离法分离病菌，马铃薯葡萄糖琼脂培养基（PDA）培养和扩繁，经致病性验证后，冰箱低温继代培养保存。

D.4 步骤

D.4.1 接种液制备

菌种转接到PDA培养基，24℃保湿培养15d后，显微镜观测，发现分生孢子后，用接种环轻轻摩擦菌落表面，再用蒸馏水冲洗接种环获取分生孢子，经血球计数板计数后，制备成浓度为1×10^4个/mL的分生孢子悬浮液。

D.4.2 接种方法

春季选取10株生长健壮的容器苗，每株选择无病害新梢2个，于傍晚进行喷雾接种，接种后套袋保湿3d，20℃~28℃条件下培养。

D.5 结果计算

D.5.1 葡萄黑痘病分级

接种12d后调查新梢所有叶片的病斑面积，按表D.1对病情进行分级。

表 D.1　　葡萄黑痘病病情分级标准

病级	0	1	2	3	4	5
病斑面积占叶片面积的百分率,%	0	<5	5~25	26~50	51~75	>75

D.5.2 病情指数

病情指数以 *DI* 表示，按式（D.1）计算：

$$DI = \frac{\sum(s_i n_{i3})}{5N_3} \times 100 \quad\cdots\cdots\cdots\cdots\cdots\cdots\cdots\cdots\cdots\cdots (D.1)$$

式中：

s_i——发病级别；

n_{i3}——相应发病级别的叶片数，单位为个；

N_3——调查总叶片数，单位为个。

计算结果精确到小数点后 1 位。

D.6 评价标准

依据病情指数，按表 D.2 标准确定其抗性水平。

表 D.2　　　　　　　　　　　　葡萄黑痘病抗性鉴定评价标准

抗病级别	高抗（HR）	抗（R）	中抗（MR）	感（S）	高感（HS）
病情指数（DI）	$DI \leq 5$	$5 < DI \leq 15$	$15 < DI \leq 30$	$30 < DI \leq 50$	$50 < DI$

附录 E
（资料性附录）
葡萄炭疽病 [*Collectotrichum gloeosporioides* (Penzig) Penz. & Sacc.] 抗性鉴定

E.1 范围

本附录适用于葡萄种质资源炭疽病 [*Collectotrichum gloeosporioides* (Penzig) Penz. & Sacc.] 的抗性鉴定。

E.2 仪器

E.2.1 显微镜：100~1 000 倍数。

E.2.2 血球计数板。

E.3 材料

生理落果后，用防治炭疽病的药液浸蘸果穗，药液晾干后套袋。

E.4 采样

果实成熟期，采集发病葡萄果实。

E.5 步骤

E.5.1 接种液制备

发病果实在 28℃ 保湿遮阴培养 1d~3d，用蒸馏水冲洗下果实表面橘红色黏稠状物质，获取分生孢子，经血球计数板计数后，制备成浓度为 2×10^7 个孢子/mL 的分生孢子悬浮液。

E.5.2 接种方法

果实始熟期后，选择 6 株生长正常的植株，每株选择无病害果穗 10 穗，采用喷雾接种，接种后套袋。

E.6 结果计算

E.6.1 葡萄炭疽病分级

接种 10d 后调查结果，按表 E.1 对病情进行分级。

表 E.1　　　　　　　　　　　　　　　　葡萄炭疽病病情分级

病级	0	1	2	3	4	5
每果穗的病果率,%	0	<5	5~15	16~30	31~50	>50

E.6.2 病情指数

病情指数以 *DI* 表示，按式（E.1）计算：

$$DI = \frac{\sum (s_i n_i)}{5N} \times 100 \quad \cdots\cdots\cdots\cdots\cdots\cdots\cdots\cdots\cdots (E.1)$$

式中：

s_i——发病级别；

n_i——相应发病级别的果穗数，单位为个；

N——调查总果穗数，单位为个。

计算结果精确到小数点后1位。

E.7 评价标准

依据病情指数，按表E.2标准确定其抗性水平。

表 E.2　　　　　　　　　　葡萄炭疽病抗性鉴定评价标准

抗病级别	高抗（HR）	抗（R）	中抗（MR）	感（S）	高感（HS）
病情指数（DI）	$DI \leq 5$	$5 < DI \leq 15$	$15 < DI \leq 30$	$30 < DI \leq 40$	$40 < DI$

ICS 65.020.20
B 05

中华人民共和国农业行业标准

NY/T 2563—2014

植物新品种特异性、一致性和稳定性
测试指南　葡萄

Guidelines for the conduct of tests for distinctness, uniformity and stability—
Grapevine (*Vitis* L.)
(UPOV：TG/50/9, Guidelines for the conduct of tests for distinctness,
uniformity and stability—Grapevine, NEQ)

2014-03-24 发布　　　　　　　　　　2014-06-01 实施

中华人民共和国农业部　发布

前 言

本标准按照 GB/T 1.1—2009 给出的规则起草。

本标准使用重新起草法修改采用了国际植物新品种保护联盟（UPOV）指南 "TG/50/9, Guidelines for the conduct of tests for distinctness, uniformity and stability—Grapevine"。

本标准对应于 UPOV 指南 TG/50/9，与 TG/50/9 的一致性程度为非等效。

本标准与 UPOV 指南 TG/50/9 相比存在技术性差异，主要差异如下：

——增加了"成龄叶：叶柄洼受叶脉限制类型""成龄叶：下裂片开叠类型""成龄叶：横截面形状""果穗：形状""果穗：歧肩""果粒：重量""果粒：果皮涩味"7 个性状。

——修改了"果粒：颜色""果粒：香味""花序：花器类型""成龄叶：叶柄洼开叠类型""成龄叶：上裂片开叠类型""果粒：果肉硬度"6 个性状。

本标准由农业部种子管理局提出。

本标准由全国植物新品种测试标准化技术委员会（SAC/TC 277）归口。

本标准起草单位：中国农业科学院郑州果树研究所、山西省农业科学院果树研究所、农业部科技发展中心、延庆县果品服务中心。

本标准主要起草人：刘崇怀、樊秀彩、孙海生、张颖、姜建福、马小河、堵苑苑、郭景南、李文军。

植物新品种特异性、一致性和稳定性测试指南　葡萄

1　范围

本标准规定了葡萄新品种特异性、一致性和稳定性测试的技术要求和结果判定的一般原则。
本标准适用于葡萄属（*Vitis* L.）新品种特异性、一致性和稳定性测试和结果判定。

2　规范性引用文件

下列文件对于本文件的应用是必不可少的。凡是注日期的引用文件，仅注日期的版本适用于本文件。凡是不注日期的引用文件，其最新版本（包括所有的修改单）适用于本文件。
GB/T 19557.1　植物新品种特异性、一致性和稳定性测试指南　总则
NY/T 469　葡萄苗木

3　术语和定义

GB/T 19557.1　界定的以及下列术语和定义适用于本文件。

3.1　群体测量　single measurement of a group of plants or parts of plants

对一批植株或植株的某器官或部位进行测量，获得一个群体记录。

3.2　个体测量　measurement of a number of individual plants or parts of plants

对一批植株或植株的某器官或部位进行逐个测量，获得一组个体记录。

3.3　群体目测　visual assessment by a single observation of a group of plants or parts of plants

对一批植株或植株的某器官或部位进行目测，获得一个群体记录。

3.4　个体目测　visual assessment by observation of individual plants or parts of plants

对一批植株或植株的某器官或部位进行逐个目测，获得一组个体记录。

4　符号

下列符号适用于本文件：
MG：群体测量。
MS：个体测量。
VG：群体目测。

VS：个体目测。

QL：质量性状。

QN：数量性状。

PQ：假质量性状。

（*）：标注性状为 UPOV 用于统一品种描述所需要的重要性状，除非受环境条件限制性状的表达状态无法测试，所有 UPOV 成员都应使用这些性状。

（a）~（f）：标注内容在 B.2 中进行了详细解释。

（+）：标注内容在 B.3 中进行了详细解释。

_ ：本文件中下画线是特别提示测试性状的适用范围。

5 繁殖材料的要求

5.1 繁殖材料以插条或自根苗木形式提供。

5.2 提交的自根苗数量不少于 10 株，或插条不少于 50 芽。

5.3 提交的繁殖材料应枝条健壮，芽眼饱满，无病虫侵害。苗木质量需符合 NY/T 469 中规定的一级苗木要求。

5.4 提交的繁殖材料不应进行任何影响品种性状正常表达的处理。如果已处理，应提供处理的详细说明。

5.5 提交的繁殖材料应符合中国植物检疫的有关规定。

6 测试方法

6.1 测试周期

测试周期至少为 2 个正常生长结果周期。

6.2 测试地点

测试通常在同一个地点进行。如果某些性状在该地点不能充分表达，可在其他符合条件的地点对其进行观测。

6.3 田间试验

6.3.1 试验设计

申请品种和近似品种相邻种植。如果需要嫁接，申请品种和近似品种应用的砧木应该一致。采用适宜的株行距和相同的整形方式。

6.3.2 田间管理

可按当地田间生产管理方式进行。

6.4 性状观测

6.4.1 观测时期

性状观测应按照表 A.1 和表 A.2 列出的生育阶段进行。生育阶段描述见表 B.1。

6.4.2 观测方法

性状观测应按照表 A.1 和表 A.2 规定的观测方法（VG、VS、MG、MS）进行。具体观测方法见 B.2 和 B.3。

6.4.3 观测数量

除非另有说明，个体观测性状（VS、MS）植株取样数量不少 10 个，在观测植株的器官或部位时，每个植株取样数量应为 1 个。群体观测性状（VG、MG）应观测整个小区或规定大小的混合样本。

6.5 附加测试

必要时，可选用本文件未列出的性状进行附加测试。

7 特异性、一致性和稳定性结果的判定

7.1 总体原则

特异性、一致性和稳定性的判定按照 GBT 19557.1 确定的原则进行。

7.2 特异性的判定

申请品种应明显区别于所有已知品种。在测试中，当申请品种至少在一个性状上与近似品种具有明显且可重现的差异时，即可判定申请品种具备特异性。

7.3 一致性的判定

对于测试品种，一致性判定时，采用 1% 的群体标准和至少 95% 的接受概率。当样本大小为 10 株时，最多可以允许有 1 个异型株。

7.4 稳定性的判定

如果一个品种具备一致性，则可认为该品种具备稳定性。一般不对稳定性进行测试。

8 性状表

根据测试需要，将性状分为基本性状、选测性状，基本性状是测试中必须使用的性状。葡萄基本性状见表 A.1，选测性状见表 A.2。

8.1 概述

性状表列出了性状名称、表达类型、表达状态及相应的代码和标准品种、观测时期和方法等内容。

8.2 表达类型

根据性状表达方式，将性状分为质量性状、假质量性状和数量性状 3 种类型。

8.3 表达状态和相应代码

8.3.1 每个性状划分为一系列表达状态，以便于定义性状和规范描述；每个表达状态赋予一个相应的数字代码，以便于数据记录、处理和品种描述的建立与交流。

8.3.2 对于质量性状和假质量性状，所有的表达状态都应当在测试指南中列出；对于数量性状，为了缩小性状表的长度，偶数代码的表达状态可以不列出，偶数代码的表达状态可描述为前一个表达状态到后一个表达状态的形式。

8.4 标准品种

性状表中列出部分性状有关表达状态可参考的标准品种，以助于确定相关性状的不同表达状态和校正环境因素引起的差异。

9 分组性状

对测试品种应进行分组。适于分组的性状应为不变异或变异极小，而且这些性状的差异明显，在全部收集的品种中应该均匀分布。根据欧亚种、美洲种、欧美杂种或其他种进行分类；然后根据下列性状分组：

a) 成龄叶：裂片数（表 A.1 中性状 11）。
b) 浆果始熟期（表 A.1 中性状 19）。
c) 果粒：形状（表 A.1 中性状 24）。
d) 果粒：颜色（表 A.1 中性状 25）。
e) 果粒：香型（表 A.1 中性状 27）。
f) 果粒：种子（表 A.1 中性状 28）。
g) 幼叶：背面主脉上直立绒毛密度（表 A.1 中性状 30）。

10 技术问卷

申请人应按附录 C 给出的格式填写技术问卷。

附录 A
（规范性附录）
葡萄性状表

A.1 葡萄基本性状

见表 A.1。

表 A.1　　　　　　　　　　　　葡萄基本性状表

序号	性状	观测时期和方法	表达状态	标准品种	代码
1	萌芽始期 QN (*) (+)	05~09 MG	极早 早 中 晚 极晚	莎巴珍珠 白沙斯拉 雷司令 灰比诺 白玉霓	1 3 5 7 9
2	嫩梢：梢尖开合程度 QN (*) (a) (+)	14~16 VG	闭合 轻度闭合 半开张 半开张到开张 开张	河岸葡萄 5BB 无核白	1 2 3 4 5
3	嫩梢：梢尖匍匐绒毛密度 QN (*) (a)	14~16 VG	无或极疏 疏 中 密 极密	无核白 莎巴珍珠 灰比诺 红富士 红港	1 3 5 7 9
4	嫩梢：梢尖匍匐绒毛花青甙显色强度 QN (*) (a) (+)	14~16 VG	无或极弱 弱 中 强 极强	无核白 雷司令 巨峰 红港 康可	1 3 5 7 9
5	幼叶：正面颜色 PQ (*) (b) (+)	14~16 VG	黄绿色 绿色 绿色带有红色斑 浅红褐色 深红褐色 紫红色	莎巴珍珠 Silvaner 雷司令 5BB 白沙斯拉 塘尾葡萄	1 2 3 4 5 6

(续表)

序号	性状	观测时期和方法	表达状态	标准品种	代码
6	幼叶：背面主脉间匍匐绒毛密度 QN (*) (b)	14～16 VG	无或极疏	洛特沙地葡萄	1
			疏	莎巴珍珠	3
			中	巨峰	5
			密	一品香	7
			极密	康可	9
7	新梢：节间腹侧颜色 PQ (*) (C)	60～69 VG	绿色	昆诺无核	1
			绿色带红条纹	玫瑰香	2
			红色	郑果25号	3
8	花序：花器类型 QL (*) (+)	61～68 VG	雄花	洛特沙地葡萄	1
			雌能花	巧吾斯	2
			两性花	玫瑰香	3
9	成龄叶：大小 QN (*) (d) (+)	75～77 VG/MS	极小	洛特沙地葡萄	1
			小	绯红	3
			中	郑果25号	5
			大	醉金香	7
			极大	香悦	9
10	成龄叶：形状 PQ (*) (d) (+)	75～77 VG	心形	玫瑰香	1
			近三角形	普利亚特	2
			近五角形	白沙斯拉	3
			近圆形	法国蓝	4
			肾形	洛特沙地葡萄	5
11	成龄叶：裂片数 QN (*) (d) (+)	75～77 VG	无	洛特沙地葡萄	1
			三裂	康可	2
			五裂	白沙斯拉	3
			七裂	赤霞珠	4
			多于七裂	夏夫拉尼	5
12	成龄叶：叶柄洼开叠类型 QN (*) (d) (+)	75～77 VC	极开张	洛特沙地葡萄	1
			开张	普利亚特	2
			半开张	白雅	3
			闭合	白沙斯拉	4
			轻度重叠	亚历山大	5
			中度重叠	夏夫拉尼	6
			高度重叠	白夏尼	7

（续表）

序号	性状	观测时期和方法	表达状态	标准品种	代码
13	成龄叶：锯齿长度 QN （*） （d） （+）	75～77 VG/MS	短	雷司令	1
			中	白沙斯拉	3
			长	贝达	5
14	成龄叶：锯齿长度/锯齿宽度之比 QN （*） （d） （+）	75～77 VG/MS	极小	一品香	1
			小	郑果25号	3
			中	巧吾斯	5
			大	绯红	7
			极大	白雅	9
15	成龄叶：锯齿形状 PQ （*） （d） （+）	75～77 VG	两侧凸	白香蕉	1
			两侧直	郑州早红	2
			两侧凹	普利亚特	3
			一侧凸起一侧凹	白雅	4
			两侧直与两侧凸起混合型	巨峰	5
16	成龄叶：正面主脉上花青甙显色强度 QN （*） （d） （+）	75～77 VG	无或极弱	贵人香	1
			弱	亚历山大	3
			中	雷司令	5
			强	洛特沙地葡萄	7
			极强	白雅	9
17	成龄叶：背面主脉间匍匐绒毛密度 QN （*） （d）	75～77 VG	无或极疏	洛特沙地葡萄	1
			疏	黑比诺	3
			中	雷司令	5
			密	红富士	7
			极密	康可	9
18	成龄叶：背面主脉上直立绒毛密度 QN （*） （d）	75～77 VG	无或极疏	洛特沙地葡萄	1
			疏	莎巴珍珠	3
			中	奥托玫瑰	5
			密	普利亚特	7
			极密	菱叶葡萄	9

(续表)

序号	性状	观测时期和方法	表达状态	标准品种	代码
19	浆果始熟期 QN （*） （+）	81 MG	极早	莎巴珍珠	1
			早	绯红	3
			中	巨峰	5
			晚	红地球	7
			极晚	秋黑	9
20	果穗：大小 QN （*） (e) （+）	89 VG/MS	极小	山葡萄	1
			小	贵人香	3
			中	玫瑰香	5
			大	红地球	7
			极大	里扎马特	9
21	果穗：紧密度 QN （*） (e) （+）	89 VG	极松	甲州三尺	1
			松	绯红	3
			中	玫瑰香	5
			紧	白雅	7
			极紧	贵人香	9
22	果穗：穗梗长度 QN （*） (e) （+）	89 VG/MS	极短	黑比诺	1
			短	玫瑰香	3
			中	亚历山大	5
			长	红富士	7
			极长	峰寿	9
23	果粒：大小 QN （*） (f) （+）	89 VG/MS	极小	索索葡萄	1
			小	雷司令	3
			中	玫瑰香	5
			大	绯红	7
			极大	巨峰	9
24	果粒：形状 PQ （*） (f) （+）	89 VG	圆柱形	里扎马特	1
			长椭圆形	保尔加尔	2
			椭圆形	巨峰	3
			圆形	巴柯	4
			扁圆形	昆诺无核	5
			卵圆形	红鸡心	6
			钝卵圆形		7
			倒卵圆形	红富士	8
			弯形	驴奶	9
			束腰形	瓶儿	10

(续表)

序号	性状	观测时期和方法	表达状态	标准品种	代码
25	果粒：颜色 PQ (*) (f)	89 VG	绿色		1
			黄绿色	莎巴珍珠	2
			黄色		3
			粉红色	红富士	4
			红色	红港	5
			暗红色	灰比诺	6
			紫黑色	巨峰	7
			蓝黑色	法国蓝	8
26	果粒：果肉花青甙显色强度 QN (*) (f) (+)	89 VG	无或极弱		1
			弱		3
			中		5
			强		7
			极强		9
27	果粒：香型 PQ (*) (f)	89 VG	无	白雅	1
			玫瑰香型	玫瑰香	2
			草莓香型	红富士	3
			狐香型	康可	4
			青草型	赤霞珠	5
			其他		6
28	果粒：种子 QL (*) (f) (+)	89 VG	无	黑柯林斯	1
			败育类型Ⅰ	无核白	2
			败育类型Ⅱ	昆诺无核	3
			正常	红地球	4

A.2 葡萄选测性状

见表A.2。

表A.2　　　　　　　　　　葡萄选测性状表

序号	性状	观测时期和方法	表达状态	标准品种	代码
29	嫩梢：梢尖直立绒毛密度 QN (a)	14~16 VG	无或极疏	洛特沙地葡萄	1
			疏	3309C	2
			中		3
			密	普利亚特	4
			极密	秋葡萄	5

(续表)

序号	性状	观测时期和方法	表达状态	标准品种	代码
30	幼叶：背面主脉上直立绒毛密度 QN （b）	14~16 VG	无或极疏	洛特沙地葡萄	1
			疏	莎巴珍珠	2
			中	贝达	3
			密	普利亚特	4
			极密	秋葡萄	5
31	新梢：姿态 PQ （C） （+）	60~69 VG	直立	白羽	1
			半直立	奥托玫瑰	2
			水平	黑比诺	3
			半下垂	贝达	4
			下垂	3309C	5
32	新梢：节间背侧颜色 PQ （c） （+）	60~69 VG	绿色	昆诺无核	1
			绿带红条带	埃里求凡	2
			红色	郑果25号	3
33	新梢：节腹侧颜色 PQ （c）	60~69 VG	绿色	菱叶葡萄	1
			绿带红条带	Salt creek	2
			红色	洛特沙地葡萄	3
34	新梢：节背侧颜色 PQ （c）	60~69 VG	绿色	菱叶葡萄	1
			绿带红条带	Salt creek	2
			红色	洛特沙地葡萄	3
35	新梢：节间直立绒毛密度 QN （c）	60~69 VG	无或极疏	3309C	1
			疏		2
			中	雷司令	3
			密	普利亚特	4
			极密	菱叶葡萄	5
36	新梢：卷须长度 QN （c）	60~73 VG	极短	莎巴珍珠	1
			短	红地球	3
			中	黑比诺	5
			长	白沙斯拉	7
			极长	布拉基达希	9
37	成龄叶：叶柄长度/中脉长度之比 QN （d） （+）	75~77 VG	极小	洛特沙地葡萄	1
			小	白羽	2
			中	亚历山大	3
			大	歌德	4
			极大	绯红	5

(续表)

序号	性状	观测时期和方法	表达状态	标准品种	代码
38	成龄叶：叶柄洼受叶脉限制类型 QL (d) (+)	75～77 VG	不限制	玫瑰香	1
			限制	赤霞珠	2
39	成龄叶：泡状凸起 QN (d) (+)	75～77 VG	无或极弱	洛特沙地葡萄	1
			弱	白沙斯拉	3
			中	河岸葡萄	5
			强	白玉霓	7
			极强	山葡萄	9
40	成龄叶：上裂刻深度 QN (d) (+)	75～77 VG	极浅	贝达	1
			浅	白香蕉	3
			中	白玉霓	5
			深	白沙斯拉	7
			极深	夏夫拉尼	9
41	成龄叶：上裂刻裂片开叠类型 QN (d) (+)	75～77 VG	开张	康可	1
			闭合	白沙斯拉	2
			重叠	赤霞珠	3
42	成龄叶：下裂刻裂片开叠类型 QN (d)	75～77 VG	开张	柔丁香	1
			闭合	白沙斯拉	3
			重叠	赤霞珠	5
43	成龄叶：横截面形状 QN (d) (+)	75～77 VG	平	赤霞珠	1
			V形	洛特沙地葡萄	2
			内卷	一品香	3
			外卷	阿利戈特	4
			波状	玫瑰香	5
44	果穗：形状 PQ (e) (+)	89 VG	圆柱形	贵人香	1
			圆锥形	玫瑰香	2
			分枝形	巴勒斯坦	3
45	果穗：歧肩 PQ (e) (+)	89 VG	无歧肩	贵人香	1
			单歧肩	贝达	2
			双歧肩	奥坡托	3
			多歧肩	黑佳酿	4

（续表）

序号	性状	观测时期和方法	表达状态	标准品种	代码
46	果粒：重量 QN （f） （+）	89 MG	极小	索索葡萄	1
			小	雷司令	3
			中	玫瑰香	5
			大	绯红	7
			极大	巨峰	9
47	果粒：果粒与果柄分离难易程度 QN （f）	89 VG	易	红富士	1
			中	玫瑰香	2
			难	红地球	3
48	果粒：果皮厚度 QN （f）	89 VG	薄	无核白	1
			中	玫瑰香	2
			厚	巨峰	3
49	果粒：果肉质地 PQ （D）	89 VG	软	白香蕉	1
			脆	里扎马特	2
			硬	红地球	3
50	果粒：果皮涩味 QN （f）	89 VG	无或弱	白雅	1
			中		2
			强	玫瑰香	3
51	成熟枝条：主要色泽 PQ	93~99 VG	黄色	贵人香	1
			黄褐色	玫瑰香	2
			深褐色	白沙斯拉	3
			红褐色	巨峰	4
			紫色	贝达	5

附录 B
（规范性附录）
葡萄性状表的解释

B.1 葡萄生育阶段

见表 B.1。

表 B.1 葡萄生育阶段表

代码	描述
主要生长阶段 0	萌芽期
00	休眠期：冬芽因品种不同而呈现出尖形到圆形，色泽为浅褐色到暗褐色，芽鳞闭合
01	芽眼开始膨大期：芽在芽鳞内开始膨大
03	芽眼膨大后期：芽膨大，但没有绒毛和露绿
05	绒毛期：可见褐色绒毛
07	芽眼萌发始期：5％的芽眼看见绿色梢尖
09	芽眼萌发：完全看见到绿色梢尖
主要生长阶段 1	叶片生长期
11	第一片叶伸出并展开
12	第二片叶展开
13	第三片叶展开
14	第四片叶展开
15	第五片叶展开
16	第六片叶展开
19	第九片叶以上的叶片展开
主要生长阶段 5	花序出现期
53	花序清晰可见
55	花序膨大，花蕾紧缩
57	花序充分伸长，花蕾分离
主要生长阶段 6	开花期
60	开始出现花帽从花托上分离
61	始花期：5％花帽脱落
63	30％花帽脱落
65	盛花期：50％花帽脱落
68	80％花帽脱落
69	落花末期

(续表)

代码	描述
主要生长阶段7	果实生长期
71	坐果期,幼果开始膨大,残留的花完全落光
73	幼果麦粒大,果穗开始下垂
75	幼果豌豆大,果穗下垂
77	封穗期
79	硬核期
主要生长阶段8	浆果成熟期
81	浆果始熟期(转色期):有色果粒开始显浅色,无色品种开始变软
83	果粒显色
85	果粒变软
89	成熟期
主要生长阶段9	生长末期
91	果实采收后,新梢充分木质化
92	叶片开始褪色
93	叶片开始脱落
95	50%叶片脱落
97	叶片完全脱落
99	越冬阶段

B.2 涉及多个性状的解释

性状表第二栏中包含下列重要性状:

(a) 嫩梢:梢尖闭合到半开张的,观察部位为第一片开张幼叶在内的顶端梢尖。梢尖开张度较大到全开张的,观察部位为展开的第二片幼叶在内的顶端梢尖。

(b) 幼叶:梢尖闭合到半开张的品种,观察梢尖第二个展开的叶片。梢尖开张度较大到全开张的品种,观察梢尖第四个展开的叶片。

(c) 新梢:对新梢的观测应在树体中部的枝条上。

(d) 成龄叶:对成龄叶的观测应在新梢的第七片至第九片叶片。

(e) 果穗:随机抽取10穗着生在中庸枝上的典型果穗。

(f) 果粒:每个果穗的中部随机抽取3个果粒,共30个果粒。

B.3 涉及单个性状的解释

性状分级和图中代码见表A.1和表A.2。

性状1 萌芽始期,当约5%的芽眼萌发时为萌芽开始期,见图B.1。

性状2 嫩梢:梢尖开合程度,见图B.2。

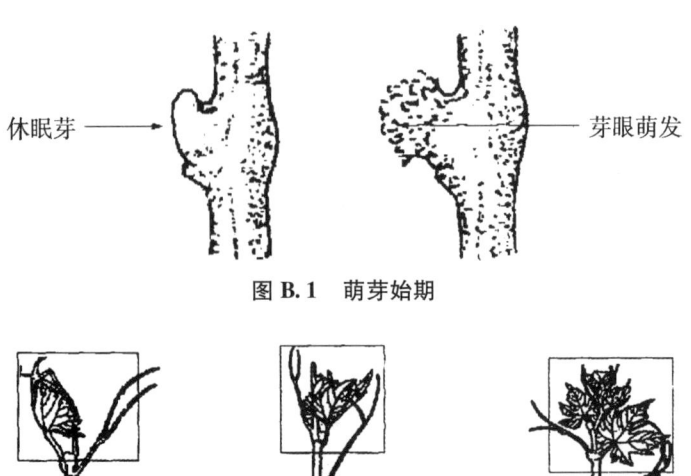

图 B.1　萌芽始期

图 B.2　嫩梢：梢尖开合程度

性状 4　嫩梢：梢尖匍匐绒毛花青甙显色强度，见图 B.3。

图 B.3　嫩梢：梢尖匍匐绒毛花青甙显色强度

性状 5　幼叶：正面颜色，见图 B.4。

图 B.4　幼叶：正面颜色

性状 8　花序：花器类型，见图 B.5。

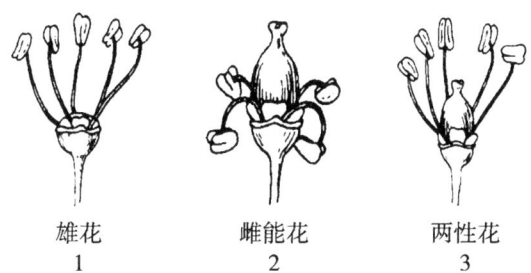

图 B.5　花序：花器类型

性状 9　成龄叶：大小，用直尺测量。计算叶片面积的平均值。精确到 0.1cm² 叶面积的计算方法：

叶面积（cm²）= 叶片长度（cm）× 叶片宽度（cm）。按表 B.2 进行分级。

表 B.2　成龄叶大小分级标准

分级	极小	小	中	大	极大
分级标准，cm²	<350.0	400.0~450.0	500.0~650.0	700.0~750.0	>800.0
代码	1	3	5	7	9

性状 10　成龄叶：形状，见图 B.6。

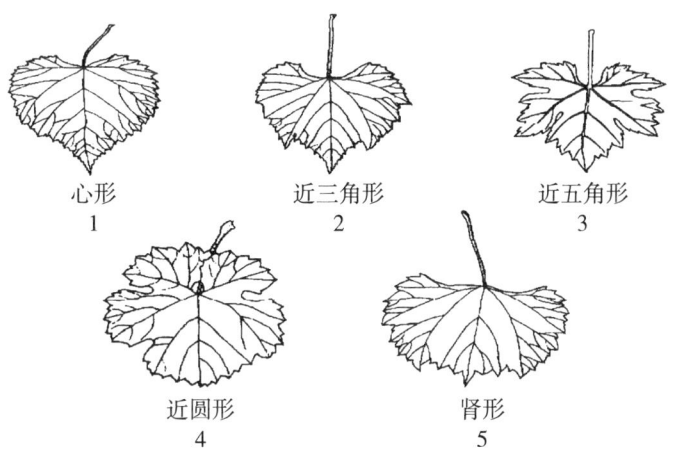

图 B.6　成龄叶：形状

性状 11　成龄叶：裂片数，见图 B.7。

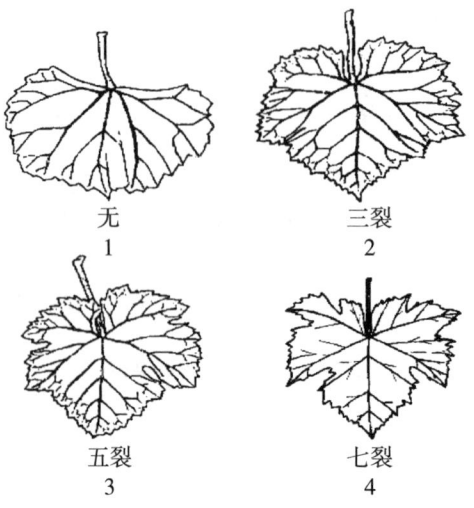

图 B.7 成龄叶：裂片数

性状 12 成龄叶：叶柄洼开叠类型，见图 B.8。

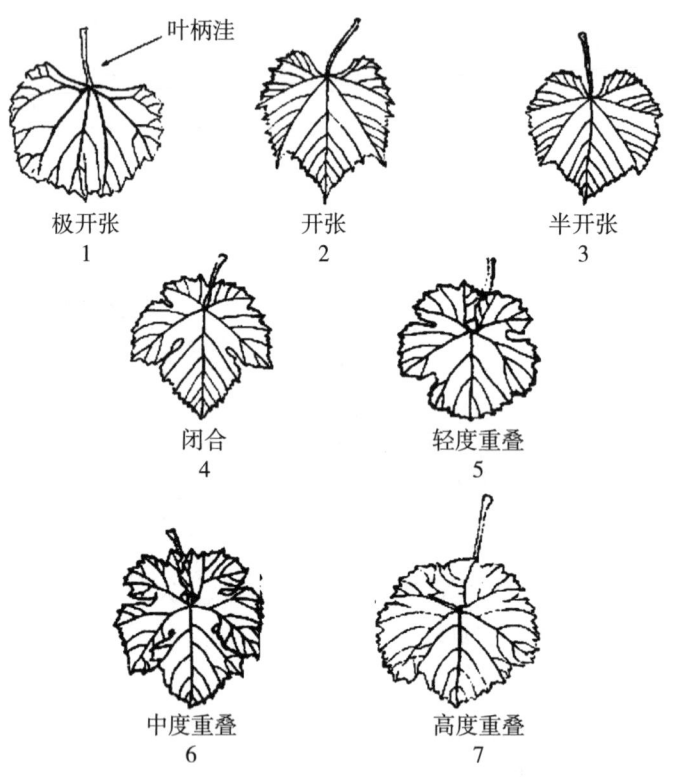

图 B.8 成龄叶：叶柄洼开叠类型

性状 13 成龄叶：锯齿长度，观察二级叶脉末端上的锯齿，每个叶片选 1 个 ~2 个典型锯齿，测量锯齿最大长度，计算平均值，精确到 0.1 cm。按照表 B.3 进行分级。

表 B.3　　成龄叶锯齿长度分级标准

分级	短	中	长
分级标准，cm	≤0.5	0.8～1.1	≥1.4
代码	1	3	5

性状 14　成龄叶：锯齿长度/锯齿宽度之比，观察二级叶脉末端上的锯齿，每个叶片选 1 个～2 个典型锯齿，测量锯齿最大长度和锯齿基部宽度，计算锯齿长度与宽度的比值，计算平均值，精确到 0.01。按照表 B.4 进行分级。

表 B.4　　成龄叶锯齿长度/锯齿宽度之比分级标准

分级	极小	小	中	大	极大
分级标准	≤0.80	0.85～0.90	0.95～1.00	1.05～1.10	≥1.20
代码	1	3	5	7	9

性状 15　成龄叶：锯齿形状，见图 B.9。

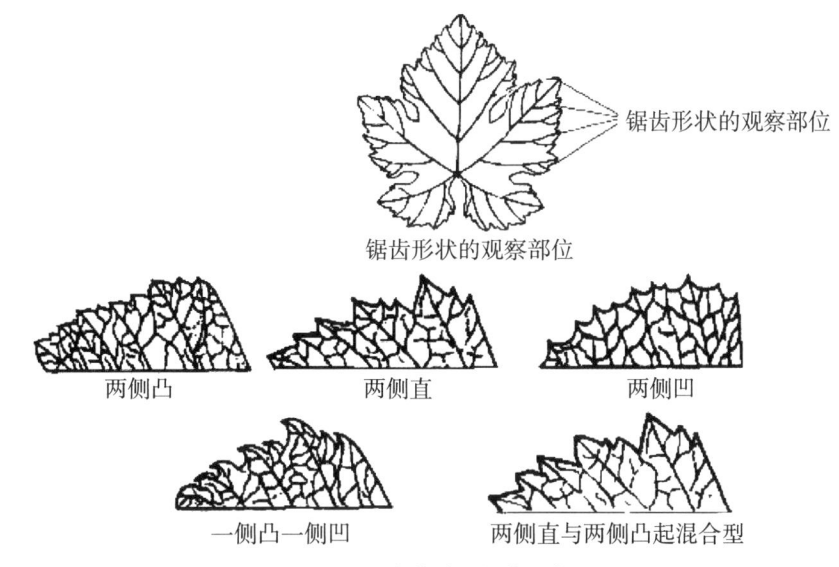

图 B.9　成龄叶：锯齿形状

性状 16　成龄叶：正面主脉上花青甙显色强度，观察叶片上表面的主要叶脉从基部到中部的花青甙显色强度。

性状 19　浆果始熟期，感官判断，有色品种果粒开始显浅色，黄色、绿色品种开始变软为果粒始熟期，5% 的果粒始熟为浆果始熟期。计算萌芽期到浆果始熟期的天数。按表 B.5 进行分级。

表 B.5　浆果始熟期分级标准

分级	极早	早	中	晚	极晚
分级标准，d	≤80	88~94	102—108	116~122	≥130
代码	1	3	5	7	9

性状 20　果穗：大小，见图 B.10。果穗大小用投影面积表示，计算平均值，精确到 1cm²。果穗大小（cm²）=穗长（cm）（不包括穗梗）×穗宽（cm）。按照表 B.6 进行分级。

表 B.6　果穗大小分级标准

分级	极小	小	中	大	极大
分级标准，cm²	≤50	150~250	350~450	550~650	≥750
代码	1	3	5	7	9

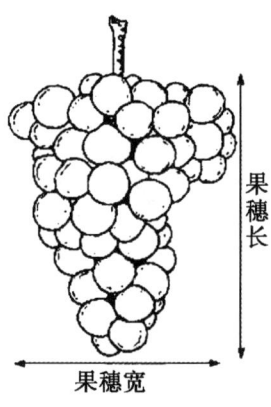

图 B.10　果穗：大小

性状 21　果穗：紧密度，将果穗放到一平面上后，观察果穗形状。按照表 B.7 进行分类。

表 B.7　果穗紧密度分类标准

分类	极松	松	中	紧	极紧
分类标准（果穗平放）	所有分枝几乎处于一个平面	其形状显著改变	其形状稍有改变	其形状不改变	其形状不改变，果粒因相互挤压而变形
代码	1	3	5	7	9

性状 22　果穗：穗梗长度，计量果穗着生点到第一分枝处（不含副穗）的穗梗长度，精确到 0.1cm。按照表 B.8 进行分级。

表 B.8　果穗穗梗长度分级标准

分级	极短	短	中	长	极长
分级标准，cm	≤3.0	4.5~5.5	6.5~7.5	8.5~9.5	≥11.0
代码	1	3	5	7	9

性状 23　果粒：大小，参照图 B.11 测量单个果粒的大小（投影面积），计算平均值，精确到 0.1 cm²。果粒大小（cm²）＝粒长（cm）×粒宽（cm）。按照表 B.9 进行分级。

表 B.9　　　　　　　　　　　　　果粒大小分级标准

分级	极小	小	中	大	极大
分级标准，cm²	≤2.0	2.5～3.0	3.5～4.5	5.5～6.5	≥7.5
代码	1	3	5	7	9

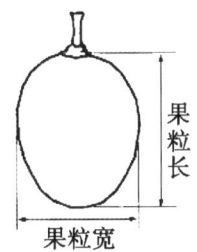

图 B.11　果粒：大小

性状 24　果粒：形状，见图 B.12。

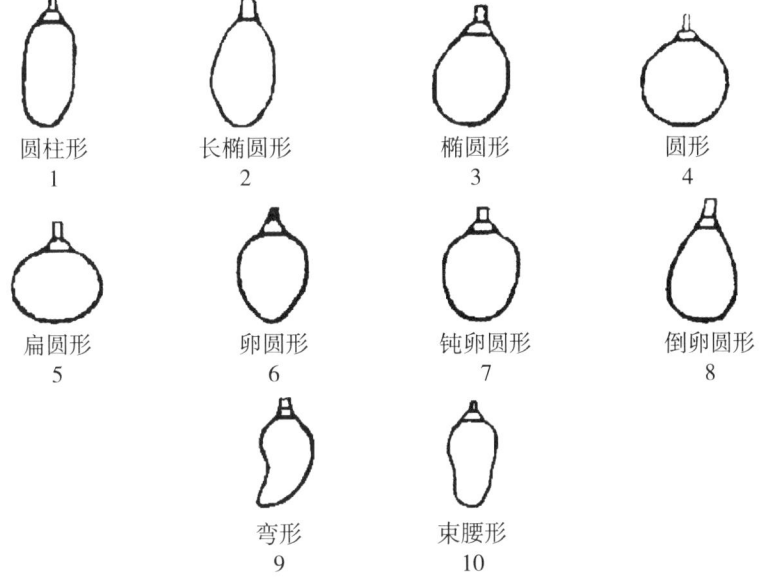

圆柱形 1　　长椭圆形 2　　椭圆形 3　　圆形 4

扁圆形 5　　卵圆形 6　　钝卵圆形 7　　倒卵圆形 8

弯形 9　　束腰形 10

图 B.12　果粒：形状

性状 26　果粒：果肉花青甙显色强度，从果粒中部横切后，观察果粒横切面果肉颜色的深浅。

性状 28　果粒：种子，感官判断：无败育现象、无种子的为无种子；有败育痕迹，但食用时感觉不到的为败育类型Ⅰ；有木栓化瘪籽的为败育类型Ⅱ；种子充分发育并表现出本品种的固有特征为正常种子。

性状 31　新梢：姿态，引绑之前观察，见图 B.13。

性状 32　新梢：节间背侧颜色，见图 B.14、图 B.15 和图 B.16。

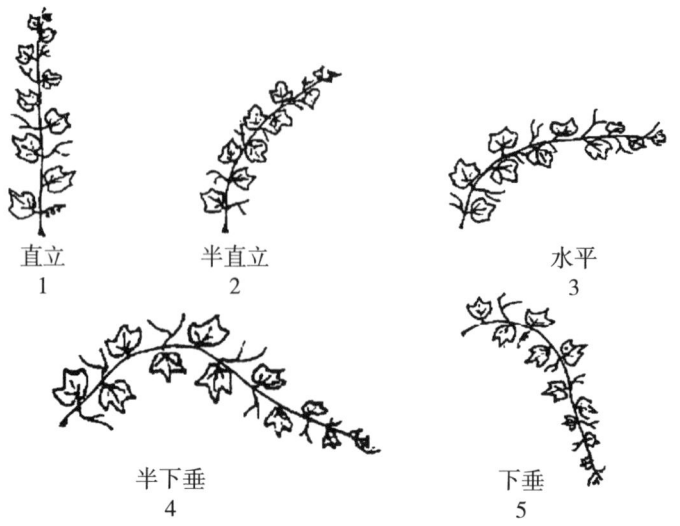

图 B.13 新梢：姿态

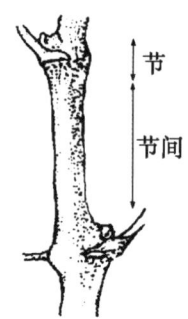

图 B.14 葡萄枝条的节和节间部位

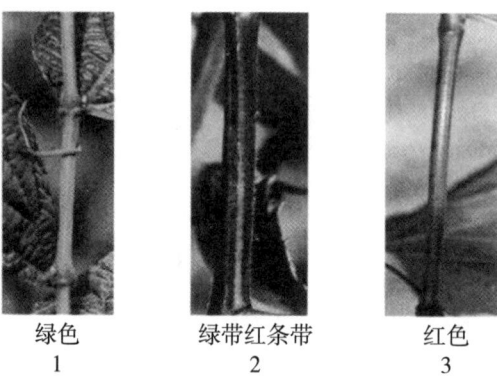

图 B.15 新梢：节间背侧颜色

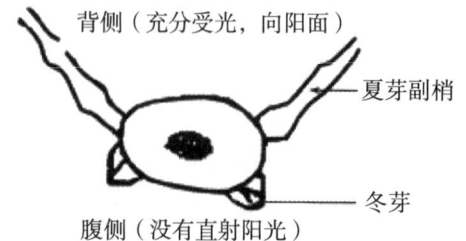

图 B.16 新梢背腹侧位置

性状 37　成龄叶：叶柄长度/中脉长度之比，计量叶柄与主脉长度的比值，求取平均值，精确到 0.01，叶柄和中脉的测量位置参照图 B.17。按照表 B.10 进行分级。

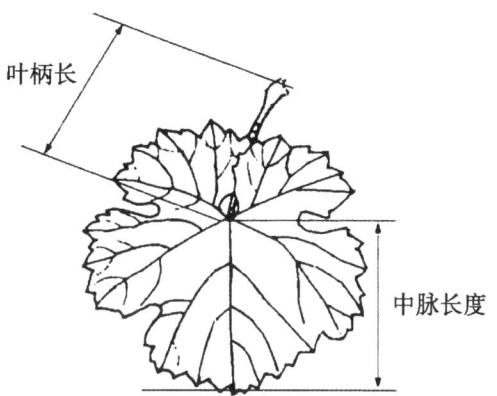

图 B.17　叶柄和中脉测量位置

表 B.10　成龄叶叶柄长度/中脉长度之比的分级标准

分级	极小	小	中	大	极大
分级标准	≤0.90	0.91~0.96	0.97~1.02	1.03~1.08	≥1.09
代码	1	2	3	4	5

性状 38　成龄叶：叶柄洼受叶脉限制类型，见图 B.18。

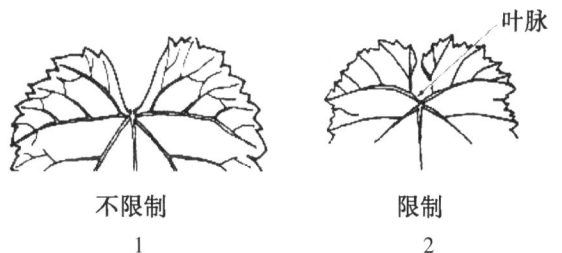

不限制　　　　　限制
　1　　　　　　2

图 B.18　成龄叶：叶柄洼受叶脉限制类型

性状 39　成龄叶：泡状凸起，见图 B.19。

无或极弱　　　弱　　　中
　1　　　　　3　　　　5

强　　极强
7　　　9

图 B.19　成龄叶：泡状凸起

性状40 成龄叶：上裂刻深度，将侧裂片向主脉基点方向折叠，裂片尖端达不到裂片基部至主脉基点距离一半的为浅；超过一半的为较浅；达到者为中；超过基点至裂刻基部距离，但不足2倍者为深；超过基点至裂刻基部2倍以上者为极深，见图B.20。

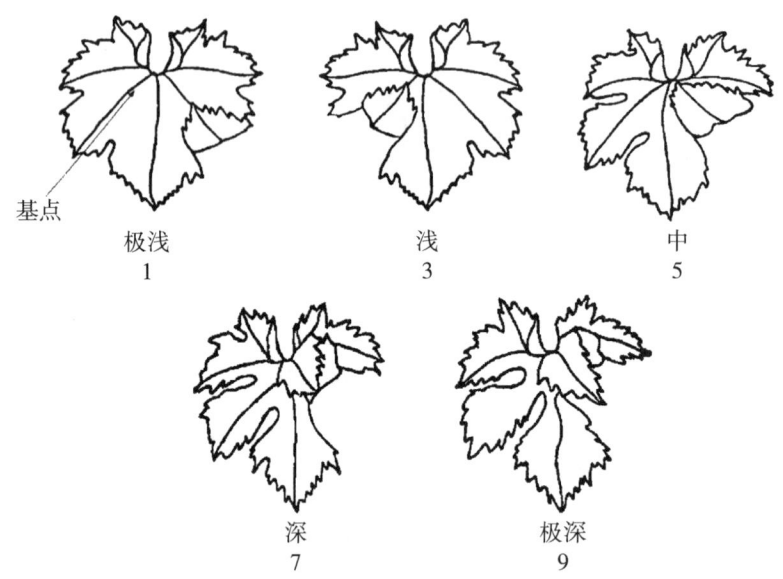

图B.20 成龄叶：上裂刻深度

性状41 成龄叶：上裂刻裂片开叠类型，见图B.21。

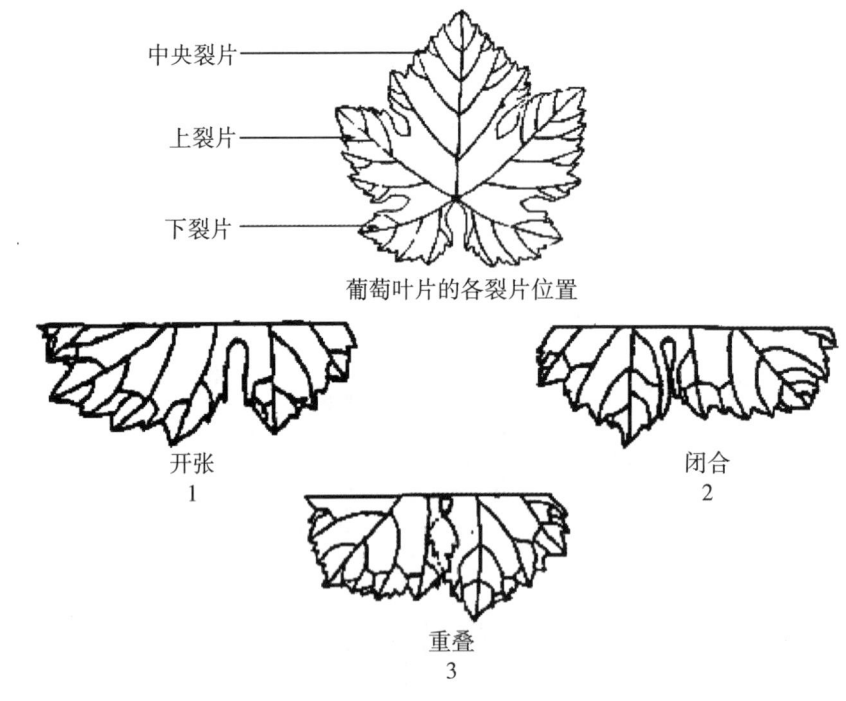

图B.21 成龄叶：上裂刻裂片开叠类型

性状43 成龄叶：横截面形状，从叶片中部横截后，观察横截面形状，见图B.22。
性状44 果穗：形状，供调查的果穗应为其自然形状，见图B.23。

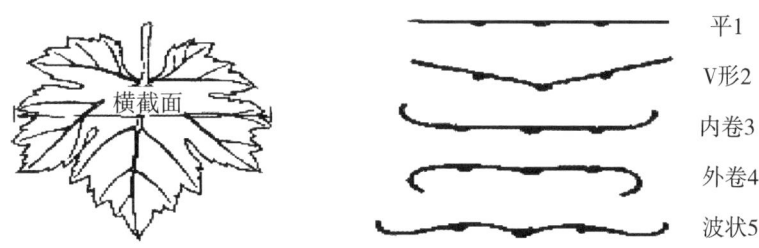

图 B.22　成龄叶：横截面形状

图 B.23　果穗：形状

性状 45　果穗：歧肩，供调查的果穗应为其自然形状，观测果穗上的歧肩数量，见图 B.24。

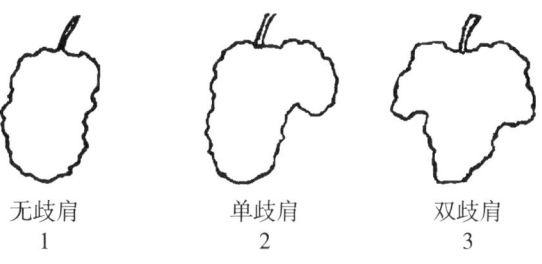

图 B.24　果穗：歧肩

性状 46　果粒：重量，测量 30 个果粒的重量，计算单个果粒的平均值，精确到 0.1g。按照表 B.11 进行分级。

表 B.11　　　　　　　　　　　　　　果粒重量分级标准

分级	极小	小	中	大	极大
分级标准，g	≤1.5	2.0～2.5	3.0～5.0	7.0～9.0	≥12.0
代码	1	3	5	7	9

性状 51　成熟枝条：主要色泽，观测一年生成熟枝条的中部颜色。

附录 C
（规范性附录）
葡萄技术问卷格式

葡萄技术问卷

| 申请号： |
| 申请日： |
| （由审批机关填写） |

（申请人或代理机构签章）

C.1 品种暂定名称

C.2 植物学分类

在相符的类型 [ ] 中打√

属名：葡萄属

欧亚种 *V. vinifera* [ ]

美洲种 *V. labrusca* [ ]

欧美杂种 *V. vinifera – V. labrusca* [ ]

其他（指出种名）_____

C.3 品种类型

C.3.1 有核鲜食品种 [ ]

C.3.2 无核鲜食品种 [ ]

C.3.3 酿酒品种 [ ]

C.3.4 砧木品种 [ ]

C.4 申请品种的具有代表性彩色照片

（品种照片粘贴处）

（如果照片较多，可另附页提供）

C.5 其他有助于辨别申请品种的信息

（如品种用途、品质和抗性，请提供详细资料）

C.6 品种种植或测试是否需要特殊条件

在相符 [ ] 中打√。

是 [ ] 否 [ ]

（如果回答是，请提供详细资料）

C.7 品种繁殖材料保存是否需要特殊条件

在相符 [ ] 中打√

是 [ ] 否 [ ]

（如果回答是，请提供详细资料）

C.8 申请品种需要指出的性状

在表 C.1 中相符的代码后 [ ] 中打√，若有测量值，请填写在表 C.1 中。

表 C.1　　　　　　　　　　申请品种需要指出的性状

序号	性状	表达状态	代码	测量值
1	嫩梢：梢尖开合程度（性状2）	闭合	1 [ ]	
		轻度闭合	2 [ ]	
		半开张	3 [ ]	
		半开张到开张	4 [ ]	
		开张	5 [ ]	
2	幼叶：正面颜色（性状5）	黄绿色	1 [ ]	
		绿色	2 [ ]	
		绿色带有红色斑	3 [ ]	
		浅红褐色	4 [ ]	
		深红褐色	5 [ ]	
		紫红色	6 [ ]	

（续表）

序号	性状	表达状态	代码	测量值
3	幼叶：背面主脉间匍匐绒毛密度（性状6）	无或极疏	1 [ ]	
		极疏到疏	2 [ ]	
		疏	3 [ ]	
		疏到中	4 [ ]	
		中	5 [ ]	
		中到密	6 [ ]	
		密	7 [ ]	
		密到极密	8 [ ]	
		极密	9 [ ]	
4	花序：花器类型（性状8）	雄花	1 [ ]	
		雌能花	2 [ ]	
		两性花	3 [ ]	
5	成龄叶：裂片数（性状11）	无	1 [ ]	
		三裂	2 [ ]	
		五裂	3 [ ]	
		七裂	4 [ ]	
		多于七裂	5 [ ]	
6	浆果始熟期（性状19）	极早	1 [ ]	
		极早到早	2 [ ]	
		早	3 [ ]	
		早到中	4 [ ]	
		中	5 [ ]	
		中到晚	6 [ ]	
		晚	7 [ ]	
		晚到极晚	8 [ ]	
		极晚	9 [ ]	
7	果粒：形状（性状24）	圆柱形	1 [ ]	
		长椭圆形	2 [ ]	
		椭圆形	3 [ ]	
		圆形	4 [ ]	
		扁圆形	5 [ ]	
		卵圆形	6 [ ]	
		钝卵圆形	7 [ ]	
		倒卵圆形	8 [ ]	

（续表）

序号	性状	表达状态	代码	测量值
7	果粒：形状（性状24）	弯形	9 [ ]	
		束腰形	10 [ ]	
8	果粒：颜色（性状25）	绿色	1 [ ]	
		黄绿色	2 [ ]	
		黄色	3 [ ]	
		粉红色	4 [ ]	
		红色	5 [ ]	
		暗红色	6 [ ]	
		紫黑色	7 [ ]	
		蓝黑色	8 [ ]	
9	果粒：果肉花青甙显色强度（性状26）	无或极弱	1 [ ]	
		极弱到弱	2 [ ]	
		弱	3 [ ]	
		弱到中	4 [ ]	
		中	5 [ ]	
		中到强	6 [ ]	
		强	7 [ ]	
		强到极强	8 [ ]	
		极强	9 [ ]	
10	果粒：香型（性状27）	无	1 [ ]	
		玫瑰香型	2 [ ]	
		草莓香型	3 [ ]	
		狐香型	4 [ ]	
		青草型	5 [ ]	
		其他	6 [ ]	
11	果粒：种子（性状28）	无	1 [ ]	
		败育类型Ⅰ	2 [ ]	
		败育类型Ⅱ	3 [ ]	
		正常	4 [ ]	

ICS 67.080.01
B 31

中华人民共和国农业行业标准

NY/T 2636—2014

温带水果分类和编码

Classification and coding for temperate fruits

2014-10-17 发布　　　　　　　　　　　　2015-01-01 实施

中华人民共和国农业部　发布

前　言

本标准按照 GB/T 1.1—2009 给出的规则起草。

本标准由农业部种植业管理司提出。

本标准由全国果品标准化技术委员会（SAC/TC 510）归口。

本标准起草单位：中国农业科学院果树研究所、农业部果品及苗木质量监督检验测试中心（兴城）。

本标准主要起草人：聂继云、李志霞、李静、毋永龙、李海飞、闫震、宣景宏。

温带水果分类和编码

1 范围

本标准规定了温带水果的分类和编码。

本标准适用于温带水果生产、贸易、物流、管理和统计，不适于温带水果的植物学或农艺学分类。

2 规范性引用文件

下列文件对于本文件的应用是必不可少的。凡是注日期的引用文件，仅注日期的版本适用于本文件。凡是不注日期的引用文件，其最新版本（包括所有的修改单）适用于本文件。

GB/T 7027　信息分类和编码的基本原则与方法

GB/T 7635.1　全国主要产品分类与代码　第1部分：可运输产品

GB/T 10113　分类与编码通用术语

3 术语和定义

GB/T 10113 界定的下列术语和定义适用于本文件。为便于使用，以下重复列出了 GB/T 10113 中的术语和定义。

3.1　线分类法　method of linear classification

将分类对象按选定的若干属性或特征，逐次地分为若干层级，每个层级又分为若干类目。同一分支的同层级类目之间构成并列关系，不同层级类目之间构成隶属关系。

3.2　编码　coding

给事物和概念赋予代码的过程。

3.3　代码　code

表示特定事物或概念的一个或一组字符。

注：这些字符可以是阿拉伯数字、拉丁字母或便于人和机器识别与处理的其他符号。

3.4　层次码　layer code

能反映编码对象为隶属关系的代码。

4 温带水果分类

采用线分类法，按果实构造将温带水果分为仁果类、核果类、浆果类、坚果类和西甜瓜类五个大类,各大类中的水果见表1,实例图片参见附录A。

5 温带水果编码

5.1 代码结构

采用层次码,代码分6个层次,依次为大部类、部类、大类、中类、小类、细类,见图1。

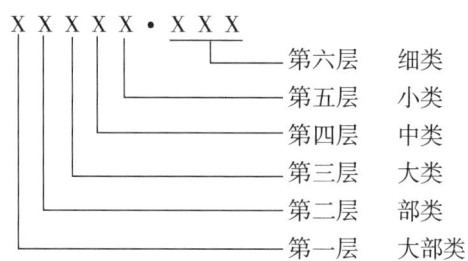

图1 温带水果代码结构示意图

5.2 编码方法

代码用8位阿拉伯数字表示。第一层至第五层各用1位数字表示,按照GB/T 7635.1中代码规定,第一层代码为0,第二层代码为1,第三层代码为3,第四层代码为4或6,第五层代码为1、2或9。第六层采用顺序码和系列顺序码,用3位数字表示,代码为010~999。

5.3 分类编码表

主要温带水果分类代码见表1。

表1 主要温带水果分类代码

序号	名称	英文名	拉丁名	代码
一、仁果类					
1	苹果	Apple	Malus domestica Borkh.	01342·011
2	梨	Pear	Pyrus spp.	01342·014
3	山楂	Hawthorn	Crataeguspinnatifida Bge.	01342·023
二、核果类					
4	桃	Peach	Amygdalus persica L.	01342·015
5	杏	Apricot	Armeniaca Mill.	01342·016
6	枣	Jujube	Zizyphus jujuba Mill.	01342·017
7	李	Plum	Prunus spp.	01342·024
8	梅	Japanese apricot	Armeniaca mume Sieb.	01342·025
9	樱桃	Cherry	Cerasus spp.	01342·026

(续表)

序号	名称	英文名	拉丁名	代码
三、浆果类				
10	柿	Persimmon	Diospyros spp.	01342·018
11	猕猴桃	Kiwifruit	Actinidia spp.	01342·027
12	石榴	Pomegranate	Punica granatum L.	01342·028
13	葡萄	Grape	Vitis L.	01342·034
14	草莓	Strawberry	Fragaria spp.	01349·011
15	穗醋栗	Current	Ribes L.	01349·012
16	树莓	Raspberry	Rubus L	01349·013
17	蓝莓	Blueberry	Vaccinium spp.	01349·014
四、坚果类				
18	核桃	Walnut	Juglans regia L.	01361·011
19	山核桃	Cathay hickory	Carya cathayensis Sarg.	01361·012
20	板栗	Chinese chestnut	Castanea mollissima Blume.	01361·013
21	榛子	Hazelnut	Corylus spp.	01361·014
22	香榧	Chinese torreya	Torreya grandis Fort.	01361·015
23	松子	Pine nut	Pinus spp.	01361·016
24	扁桃	Almond	Amygdalus communis L.	01361·018
25	银杏	Ginkgo	Ginkgo biloba L.	01361·021
五、西甜瓜类				
26	西瓜	Watermelon	Citrullus Schrad.	01341·100
27	甜瓜	Oriental sweet melon	Cucumis melo L.	01341·010

附录 A
(资料性附录)
主要温带水果图示

主要温带水果图,见图 A.1~图 A.27。

图 A.1 苹果

图 A.2 梨

图 A.3 山楂

图 A.4 桃

图 A.5 杏

图 A.6 枣

图 A.7 李

图 A.8 梅

图 A.9 樱桃

图 A.10 柿

图 A.11 猕猴桃

图 A.12 石榴

图 A.13 葡萄　　　　　图 A.14 草莓

图 A.15 穗醋栗　　　　图 A.16 树莓

图 A.17 蓝莓　　　　　图 A.18 核桃

图 A.19 山核桃　　图 A.20 板栗

图 A.21 榛子　　图 A.22 香榧

图 A.23 松子　　图 A.24 扁桃

图 A.25 银杏

图 A.26 西瓜

图 A.27 甜瓜

ICS 67.160.10
X 60

中华人民共和国农业行业标准

NY/T 274—2014
代替 NY/T 274—2004

绿色食品　葡萄酒

Green food—Wine

2014-10-17 发布　　　　　　　　　　　2015-01-01 实施

中华人民共和国农业部　发布

前　言

本标准按照 GB/T 1.1—2009 给出的规则起草。

本标准代替 NY/T 274—2004《绿色食品 葡萄酒》。与 NY/T 274—2004 相比，除编辑性修改外，主要技术变化如下：

——增加了术语和定义；

——要求中增加了所有产品中均不得添加合成着色剂、甜味剂、香精、增稠剂的要求；

——滴定酸（总酸）指标改为以实测值表示；容量偏差指标改为净含量要求；

——删除了砷、黄曲霉毒素 B_1、志贺氏菌、溶血性链球菌项目和指标；

——增加了甲醇、柠檬酸、糖精钠、环己氨基磺酸钠（甜蜜素）、乙酰磺胺酸钾（安赛蜜）、多菌灵、甲霜灵、呋喃丹、氧化乐果、合成着色剂、诱惑红项目和指标。

本标准由农业部农产品质量安全监管局提出。

本标准由中国绿色食品发展中心归口。

本标准起草单位：农业部食品质量监督检验测试中心（济南）、山东省标准化研究院。

本标准主要起草人：滕葳、李倩、柳琪、张树秋、王磊、王玉涛、丁蕊艳。

本标准的历次版本发布情况为：

——NY/T 274—2004。

绿色食品　葡萄酒

1　范围

本标准规定了绿色食品葡萄酒的术语和定义、分类、要求、检验规则、标志和标签、包装、运输和贮存。

本标准适用于经发酵等工艺酿制而成的绿色食品葡萄酒。

2　规范性引用文件

下列文件对于本文件的应用是必不可少的。凡是注日期的引用文件，仅所注日期的版本适用于本文件。凡是不注日期的引用文件，其最新版本（包括所有的修改单）适用于本文件。

GB/T 191　包装储运图示标志
GB 4789.1　食品安全国家标准　食品微生物学检验　总则
GB 4789.2　食品安全国家标准　食品微生物学检验　菌落总数测定
GB 4789.3　食品安全国家标准　食品微生物学检验　大肠菌群计数
GB 4789.4　食品安全国家标准　食品微生物学检验　沙门氏菌检验
GB 4789.10　食品安全国家标准　食品微生物学检验　金黄色葡萄球菌检验
GB 5009.12　食品安全国家标准　食品中铅的测定
GB/T 5009.28　食品中糖精钠的测定
GB/T 5009.35　食品中合成着色剂的测定
GB/T 5009.97　食品中环己氨基磺酸钠的测定
GB/T 5009.140　饮料中乙酰磺胺酸钾的测定
GB/T 5009.141　食品中诱惑红的测定
GB 7718　食品安全国家标准　预包装食品标签通则
GB 10344　预包装饮料酒标签通则
GB 12696　葡萄酒厂卫生规范
GB 15037　葡萄酒
GB/T 15038　葡萄酒、果酒通用试验方法
GB/T 23206　果蔬汁、果酒中512种农药及相关化学品残留量的测定　液相色谱-串联质谱法
GB/T 23495　食品中苯甲酸、山梨酸和糖精钠的测定　高效液相色谱法
JJF 1070　定量包装商品净含量计量检验规则
NY/T 392　绿色食品　食品添加剂使用准则
NY/T 658　绿色食品　包装通用准则
NY/T 1055　绿色食品　产品检验规则
NY/T 1056　绿色食品　贮藏运输准则

国家质量监督检验检疫总局令［2005］第 75 号《定量包装商品计量监督管理办法》
中国绿色食品商标标志设计使用规范手册

3 术语和定义

GB 15037 界定的术语和定义适用于本文件。

4 分类

4.1 按色泽分

4.1.1 白葡萄酒
4.1.2 桃红葡萄酒
4.1.3 红葡萄酒

4.2 按含糖量分

4.2.1 干葡萄酒
4.2.2 半干葡萄酒
4.2.3 半甜葡萄酒
4.2.4 甜葡萄酒

4.3 按二氧化碳含量分

4.3.1 平静葡萄酒
4.3.2 起泡葡萄酒
4.3.2.1 高泡葡萄酒
4.3.2.2 低泡葡萄酒

5 要求

5.1 原料要求

5.1.1 原料应符合绿色食品标准规定。
5.1.2 食品添加剂应符合 NY/T 392 的规定。

5.2 生产过程

应符合 GB 12696 的规定。

5.3 感官要求

应符合表 1 的规定。

表1　感官要求

项目	品种	要求	检验方法
色泽	白葡萄酒	近似无色、微黄带绿、浅黄、禾秆黄、金黄色	GB/T 15038
	红葡萄酒	紫红、深红、宝石红、红微带棕色、棕红色	
	桃红葡萄酒	桃红、淡玫瑰红、浅红色	
澄清程度		澄清、有光泽，无明显悬浮物（使用软木塞封口的酒允许有3个以下不大于1mm的软木渣，装瓶超过18个月的红葡萄酒允许有少量沉淀）	
起泡程度		起泡葡萄酒注入杯中时，应有细微的串珠状气泡升起，并有一定的持续性	
香气		具有纯正、浓郁、优雅、怡悦、和谐的果香与酒香，陈酿型的葡萄酒还应具有陈酿香。加香葡萄酒还应有和谐的芳香植物香	
滋味	干、半干葡萄酒	具有纯正、优雅、爽怡的口味和新鲜悦人的果香味，酒体丰满、完整、回味绵长	
	甜、半甜葡萄酒	具有甘甜醇厚的口味和陈酿的酒香味，酸甜协调，酒体丰满、完整、回味绵长	
	起泡葡萄酒	具有清新、优美、醇正、和谐、悦人的口味和发酵起泡酒的特有香味，有杀口力。加香葡萄酒具有醇厚、爽舒的口味和谐调的芳香植物香味，酒体丰满、完整	
典型性		具有标示的葡萄品种及产品类型应有的特征和风格	

5.4 理化指标

应符合表2的规定。

表2　理化指标

项　目			指　标	检验方法
酒精度[a]（20℃），%vol			≥8.0	GB/T 15038
总糖[d]（以葡萄糖计），g/L	平静葡萄酒 低泡葡萄酒	干葡萄酒[b]	≤4.0	
			≤9.0 ［总糖与滴定酸（以酒石酸计）的差值小于或等于2.0g/L时］	
		半干葡萄酒[c]	4.1~12.0	
			12.1~18.0 ［总糖与滴定酸（以酒石酸计）的差值小于或等于2.0g/L时］	
		半甜葡萄酒	12.1~45.0	
		甜葡萄酒	≥45.1	

(续表)

项　目			指　标	检验方法
总糖[d]（以葡萄糖计），g/L	高泡葡萄酒	天然型高泡葡萄酒	≤12.0（允许差为3.0）	GB/T 15038
		绝干型高泡葡萄酒	12.1～17.0（允许差为3.0）	
		干型高泡葡萄酒	17.1～32.0（允许差为3.0）	
		半干型高泡葡萄酒	32.1～50.0	
		甜型高泡葡萄酒	≥50.1	
干浸出物，g/L	白葡萄酒		≥16.0	
	桃红葡萄酒		≥17.0	
	红葡萄酒		≥18.0	
挥发酸（以乙酸计），g/L			≤1.0	
柠檬酸，g/L	干、半干、半甜葡萄酒		≤1.0	
	甜葡萄酒		≤2.0	
二氧化碳（20℃），MPa	低泡葡萄酒	<250mL/瓶	0.05～0.29	
		≥250mL/瓶	0.05～0.34	
	高泡葡萄酒	<250mL/瓶	≥0.30	
		≥250mL/瓶	≥0.35	
铁（以Fe计），mg/L			≤8.0	
铜（以Cu计），mg/L			≤0.5	
甲醇，mg/L	白、桃红葡萄酒		≤250	
	红葡萄酒		≤400	

注：总酸（以酒石酸计，g/L）不作要求，以实测值表示；检验方法按GB/T 15038规定执行。
　　特种葡萄酒按相应的产品标准执行。
[a] 酒精度标签标示值与实测值不得超过±1.0%（% vol）。
[b] 当总糖与总酸（以酒石酸计）的差值小于或等于2.0 g/L时，含糖最高为9.0 g/L。
[c] 当总糖与总酸（以酒石酸计）的差值小于或等于2.0g/L时，含糖最高为18.0g/L。
[d] 低泡葡萄酒总糖的要求同平静葡萄酒。

5.5　污染物、农药残留、食品添加剂和真菌毒素限量

应符合食品安全国家标准及相关规定，同时应符合表3的规定。

表3　　　　　　　　　　　　农药残留和食品添加剂限量

项　目	指　标	检验方法
多菌灵（carbendazim），mg/kg	≤0.5	GB/T 23206
甲霜灵（metalaxyl），mg/kg	≤0.5	
呋喃丹（furadan），mg/kg	不得检出（<0.002）	
氧化乐果（omethoate），mg/kg	不得检出（0.002）	

(续表)

项　　目		指　　标	检验方法
总二氧化硫，mg/L	干葡萄酒	≤200	GB/T 15038
	其他类型葡萄酒	≤250	
山梨酸，g/L		≤0.2	GB/T 23495
糖精钠，mg/L		不得检出（＜0.15）	GB/T 5009.28
环己氨基磺酸钠（甜蜜素），mg/L		不得检出（＜1.0）	GB/T 5009.97
乙酰磺氨酸钾（安赛蜜），mg/L		不得检出（＜4）	GB/T 5009.140

所有产品中均不应添加合成着色剂、甜味剂、香精、增稠剂。
如食品安全国家标准及相关国家规定中上述项目和指标有调整，且严于本标准规定，按最新国家标准及规定执行。

5.6　微生物限量

应符合表4的规定。

表4　微生物要求

项　　目	指　　标	检验方法
菌落总数，CFU/mL	≤50	GB 4789.2
大肠菌群，MPN/mL	≤3	GB 4789.2

5.7　净含量

应符合国家质量监督检验检疫总局令［2005］第75号的规定，检验方法按JJF 1070执行。

6　检验规则

申报绿色食品的产品应按照本标准中5.3~5.7以及附录A所确定的项目进行检验。其他要求应符合NY/T 1055的规定。

7　标志和标签

7.1　标志

标志使用应符合《中国绿色食品商标标志设计使用规范手册》的规定，贮运图示按GB/T 191的规定执行。

7.2　标签

标签应符合GB 7718和GB 10344的规定。

8 包装、运输和贮存

8.1 包装

包装按 NY/T 658 的规定执行。图示标志按 GB/T 191 的规定执行。

8.2 运输

按 NY/T 1056 的规定执行。产品在运输过程中应轻拿轻放,防止日晒、雨淋。运输工具应清洁卫生,不应与有毒、有害物品混运。用软木塞封口的葡萄酒,应卧放或倒放,运输温度宜保持在 5℃~35℃。

8.3 贮存

按 NY/T 1056 的规定执行。存放地点应阴凉、干燥、通风良好;严防日晒、雨淋,严禁火种。成品不得与潮湿地面直接接触;不得与有毒、有害、有腐蚀性物品同贮。贮存温度宜保持在 5℃~25℃。

附录 A
（规范性附录）
绿色食品 葡萄酒产品申报检验项目

表 A.1 规定了除 5.3~5.7 所列项目外，依据食品安全国家标准和绿色食品生产实际情况，绿色食品申报检验还应检验的项目。

表 A.1　　依据食品安全国家标准绿色食品葡萄酒产品申报检验必检项目

序号	项目		指标	检验方法
1	铅（以 Pb 计），mg/L		≤0.2	GB 5009.12
2	苯甲酸，g/L		≤0.03	GB/T 23495
3	合成着色剂[a]	新红，mg/kg	不得检出（<0.2）	GB/T 5009.35
		柠檬黄，mg/kg	不得检出（<0.16）	
		苋菜红，mg/kg	不得检出（<0.24）	
		胭脂红，mg/kg	不得检出（<0.32）	
		日落黄，mg/kg	不得检出（<0.28）	
		藓红，mg/kg	不得检出（<0.72）	
		亮蓝，mg/kg	不得检出（<1.04）	
		诱惑红，mg/kg	不得检出（<25）	GB/T 5009.141
4	肠道致病菌（沙门氏菌、金黄色葡萄球菌）[b]		0/25mL	GB 4789.4　GB 4789.10

如食品安全国家标准及相关国家规定中上述项目和指标调整，且严于本标准规定，按最新国家标准及规定执行。

[a] 着色剂具体项目视产品色泽而定。
[b] 肠道致病菌样品的分析及处理按 GB 4789.1 的规定执行，$n=5$，$c=0$，$m=0/25$ mL。

ICS 67.080.01
X 24

中华人民共和国农业行业标准

NY/T 434—2016
代替 NY/T 434—2007

绿色食品 果蔬汁饮料

Green food—Fruit and vegetable drinks

2016-10-26 发布　　　　　　　　　　　　2017-04-01 实施

中华人民共和国农业部　发布

前 言

本标准按照 GB/T 1.1—2009 给出的规则起草。

本标准代替 NY/T 434—2007《绿色食品 果蔬汁饮料》。与 NY/T 434—2007 相比，除编辑性修改外，主要技术变化如下：
——增加了果蔬汁饮料的分类；
——增加了展青霉素项目及其指标值；
——增加了赭曲霉毒素 A 项目及其指标值；
——增加了化学合成色素新红及其铝色淀、赤藓红及其铝色淀项目及其指标值；
——增加了食品添加剂阿力甜项目及其指标值；
——增加了农药残留项目吡虫啉、啶虫脒、联苯菊酯、氯氰菊酯、灭蝇胺、噻螨酮、腐霉利、甲基硫菌灵、嘧霉胺、异菌脲、2,4-滴项目及其指标值；
——修改了锡的指标值；
——删除了总汞、总砷指标；
——删除了铜、锌、铁、铜锌铁总和指标；
——删除了志贺氏菌、溶血性链球菌指标。

本标准由农业部农产品质量安全监管局提出。

本标准由中国绿色食品发展中心归口。

本标准起草单位：农业部乳品质量监督检验测试中心、山东沾化浩华果汁有限公司、中国绿色食品发展中心。

本标准主要起草人：张进、何清毅、高文瑞、孙亚范、刘亚兵、梁胜国、张志华、陈倩、李卓、程艳宇、朱青、苏希果。

本标准的历次版本发布情况为：
——NY/T 434—2000、NY/T 434—2007。

绿色食品　果蔬汁饮料

1　范围

本标准规定了绿色食品果蔬汁饮料的术语和定义、要求、检验规则、标签、包装、运输和储存。
本标准适用于绿色食品果蔬汁饮料，不适用于发酵果蔬汁饮料（包括果醋饮料）。

2　规范性引用文件

下列文件对于本文件的应用是必不可少的。凡是注日期的引用文件，仅注日期的版本适用于本文件。凡是不注日期的引用文件，其最新版本（包括所有的修改单）适用于本文件。

GB/T 191　包装储运图示标志
GB 4789.2　食品安全国家标准　食品微生物学检验　菌落总数测定
GB 4789.3　食品安全国家标准　食品微生物学检验　大肠菌群计数
GB 4789.4　食品安全国家标准　食品微生物学检验　沙门氏菌检验
GB 4789.10　食品安全国家标准　食品微生物学检验　金黄色葡萄球菌检验
GB 4789.15　食品安全国家标准　食品微生物学检验　霉菌和酵母计数
GB 4789.26　食品安全国家标准　食品微生物学检验　商业无菌检验
GB 5009.12　食品安全国家标准　食品中铅的测定
GB 5009.16　食品安全国家标准　食品中锡的测定
GB 5009.28　食品安全国家标准　食品中苯甲酸、山梨酸和糖精钠的测定
GB 5009.34　食品安全国家标准　食品中二氧化硫的测定
GB 5009.35　食品安全国家标准　食品中合成着色剂的测定
GB 5009.97　食品安全国家标准　食品中环己基氨基磺酸钠的测定
GB 5009.263　食品安全国家标准　食品中阿斯巴甜和阿力甜的测定
GB 7718　食品安全国家标准　预包装食品标签通则
GB/T 12143　饮料通用分析方法
GB/T 12456　食品中总酸的测定
GB 12695　饮料企业良好生产规范
GB/T 23379　水果、蔬菜及茶叶中吡虫啉残留的测定　高效液相色谱法
GB/T 23502　食品中赭曲霉毒素 A 的测定　免疫亲和层析净化高效液相色谱法
GB/T 31121　果蔬汁类及其饮料
JJF 1070　定量包装商品净含量计量检验规则
NY/T 391　绿色食品　产地环境质量
NY/T 392　绿色食品　食品添加剂使用准则
NY/T 422　绿色食品　食用糖

NY/T 658　绿色食品　包装通用准则

NY/T 761　蔬菜和水果中有机磷、有机氯、拟除虫菊酯和氨基甲酸酯类农药多残留的测定

NY/T 1055　绿色食品　产品检验规则

NY/T 1056　绿色食品　贮藏运输准则

NY/T 1650　苹果和山楂制品中展青霉素的测定　高效液相色谱法

NY/T 1680　蔬菜水果中多菌灵等4种苯并咪唑类农药残留量的测定　高效液相色谱法

国家质量监督检验检疫总局令［2005］第75号《定量包装商品计量监督管理办法》

3　术语和定义

GB/T 31121界定的术语和定义适用于本文件。

4　要求

4.1　原料要求

4.1.1　水果和蔬菜原料符合绿色食品要求。

4.1.2　食用糖应符合NY/T 422的要求。

4.1.3　其他辅料应符合相应绿色食品标准的要求。

4.1.4　食品添加剂应符合NY/T 392的要求。

4.1.5　加工用水应符合NY/T 391的要求。

4.2　生产过程

应符合GB 12695的规定。

4.3　感官

应符合表1的规定。

表1　感官要求

项　目	要　求	检验方法
色　泽	具有标识的该种（或几种）水果、蔬菜制成的汁液（浆）相符的色泽，或具有与添加成分相符的色泽	取50g混合均匀的样品于100ml洁净的无色透明烧杯中，置于明亮处目测其色泽、杂质，嗅其气味，品尝其滋味
滋味和气味	具有标识的该种（或几种）水果、蔬菜制成的汁液（浆）应有的滋味和气味，或具有与添加成分相符的滋味和气味；无异味	
杂　质	无肉眼可见的外来杂质	

4.4　理化指标

应符合表2的规定。

表2　　　　　　　　　　　　　　　理化指标　　　　　　　　　　　　　　　单位：g/100g

项目	指标											检验方法
	果蔬汁（浆）					浓缩果蔬汁（浆）	果蔬汁（浆）类饮料					
	原榨果汁	果汁	蔬菜汁	果（蔬菜）浆	复合果蔬汁（浆）		果蔬汁饮料	果肉（浆）饮料	复合果蔬汁饮料	果蔬汁饮料浓浆	水果饮料	
可溶性固形物	≥8.0	≥8.0	≥4.0	≥8.0（果浆）≥4.0（蔬菜浆）	≥4.0	≥12.0［浓缩果汁（浆）］≥6.0［浓缩蔬菜汁（浆）］	≥4.0	≥4.5	≥4.0	≥4.0	≥4.5	GB/T 12143
总酸（以柠檬酸计）	≥0.1	≥0.1	—	≥0.1（果浆）	—	≥0.2［浓缩果汁（浆）］	—	≥0.1	—	—	≥0.1	GB/T 12456

主原料包括水果和蔬菜的产品，项目的指标值按蔬菜原料的相应产品执行。

4.5 污染物限量、农药残留限量、食品添加剂限量和真菌毒素限量

污染物限量、农药残留限量、食品添加剂限量和真菌毒素限量应符合食品安全国家标准及相关规定，同时应符合表3的规定。

表3　　　　　　污染物、农药残留、食品添加剂和真菌毒素限量

项　目	指　标	检验方法
吡虫啉，mg/kg	≤0.1	GB/T 23379
联苯菊酯，mg/kg	≤0.05	NY/T 761
氯氰菊酯，mg/kg	≤0.01	
腐霉利，mg/kg	≤0.2	
异菌脲，mg/kg	≤0.2	
甲基硫菌灵，mg/kg	≤0.5	NY/T 1680
苯甲酸及其钠盐（以苯甲酸计），mg/kg	不得检出（＜5）	GB 5009.28
糖精钠，mg/kg	不得检出（＜5）	
环己基氨基磺酸钠和环己基氨基磺酸钙（以环己基氨基磺酸钠计），mg/kg	不得检出（＜10）	GB 5009.97
锡（以Sn计）[a]，mg/kg	≤100	GB 5009.16

(续表)

项　　目	指　　标	检验方法
新红及其铝色淀（以新红计）[b]，mg/kg	不得检出（＜0.5）	GB 5009.35
赤藓红及其铝色淀（以赤藓红计）[b]，mg/kg	不得检出（＜0.2）	
阿力甜，mg/kg	不得检出（＜2.5）	GB 5009.263
赭曲霉毒素 A[c]，μg/kg	＜20	GB/T 23502

[a] 仅适用于镀锡薄板容器包装产品。
[b] 仅适用于红色的产品。
[c] 仅适用于葡萄汁产品。

4.6 净含量

应符合国家质量监督检验检疫总局令［2005］第75号的要求，检验方法按 JJF 1070 的规定执行。

5 检验规则

申报绿色食品的产品应按照4.3~4.6以及附录A所确定的项目进行检验。每批产品交收（出厂）前，都应进行交收（出厂）检验，交收（出厂）检验内容包括包装、标志、标签、净含量、感官、可溶性固形物、总酸、微生物。其他要求按 NY/T 1055 的规定执行。

6 标签

按 GB 7718 的规定执行。

7 包装、运输和储存

7.1 包装

按 NY/T 658 的规定执行。包装储运图示标志按 GB/T 191 的规定执行。

7.2 运输和储存

按 NY/T 1056 的规定执行。

附录 A
（规范性附录）
绿色食品果蔬汁饮料产品申报检验项目

表 A.1 和表 A.2 规定了除 4.3～4.6 所列项目外，依据食品安全国家标准和绿色食品生产实际情况，绿色食品申报检验还应检验的项目。

表 A.1　　　　　　　　　　污染物和食品添加剂项目

序号	检验项目	指　标	检验方法
1	铅（以 Pb 计），mg/kg	≤0.05（果蔬汁类） ≤0.5［浓缩果蔬汁（浆）］	GB 5009.12
2	二氧化硫残留量（以 SO_2 计），mg/kg	≤10	GB 5009.34
3	苋菜红及其铝色淀（以苋菜红计）[a]，mg/kg	≤50	GB 5009.35
4	胭脂红及其铝色淀（以胭脂红计）[a]，mg/kg	≤50	
5	日落黄及其铝色淀（以日落黄计）[b]，mg/kg	≤100	
6	柠檬黄及其铝色淀（以柠檬黄计）[b]，mg/kg	≤100	
7	山梨酸及其钾盐（以山梨酸计），mg/kg	≤500	GB 5009.28
8	展青霉素[c]，μg/kg	≤50	NY/T 1650

[a] 仅适用于红色的产品。
[b] 仅适用于黄色的产品。
[c] 仅适用于苹果汁、山楂汁产品。

表 A.2　　　　　　　　　　微生物项目

序号	检验项目	采样方案及限量（若非指定均以/25g 或/25mL 表示）				检验方法
		n	c	m	M	
1	菌落总数，CFU/g	≤100				GB 4789.2
2	大肠菌群，MPN/g	<3				GB 4789.3
3	霉菌和酵母，CFU/g	≤20				GB 4789.15
4	沙门氏菌	5	0	0	—	GB 4789.4
5	金黄色葡萄球菌	5	1	100 CFU/g（mL）	1 000 CFU/g（mL）	GB 4789.10

罐头包装产品的微生物要求仅为商业无菌，检验方法接 GB 4789.26 的规定执行。
注：n 为同一批次产品应采集的样品件数；c 为最大可允许超出 m 值的样品数；m 为致病菌指标可接受水平的限量值；M 为致病菌指标的最高安全限量值。

ICS 67.080.10
B 31

中华人民共和国农业行业标准

NY/T 2932—2016

葡萄种质资源描述规范

Descriptors for grape germplasm resources

2016-10-26 发布　　　　　　　　　　　　2017-04-01 实施

中华人民共和国农业部　发布

前 言

本标准按照 GB/T 1.1—2009 给出的规则起草。

本标准由农业部种植业管理司提出。

本标准由全国果品标准化技术委员会（SAC/TC 510）归口。

本标准起草单位：中国农业科学院郑州果树研究所、中国农业科学院茶叶研究所、中国农业科学院特产研究所、山西省农业科学院果树研究所。

本标准主要起草人：刘崇怀、樊秀彩、熊兴平、马小河、江用文、杨义明、姜建福、张颖、孙海生。

葡萄种质资源描述规范

1 范围

本标准规定了葡萄属（Vitis L.）种质资源的描述内容和描述方法。

本标准适用于葡萄属种质资源的描述。

2 规范性引用文件

下列文件对于本文件的应用是必不可少的。凡是注日期的引用文件，仅注日期的版本适用于本文件。凡是不注日期的引用文件，其最新版本（包括所有的修改单）适用于本文件。

GB/T 2260 中华人民共和国行政区划代码

GB/T 2569 世界各国和地区名称代码

ISO 3166 Codes for the representation of names of countries and their subdivisions

3 描述内容

描述内容见表1。

表1 葡萄种质资源描述内容

描述类别	描述内容
基本信息	全国统一编号、引种号、采集号、种质名称、种质外文名、科名、属名、种名、原产国、原产省、原产地、海拔、经度、纬度、来源地、系谱、选育单位、育成年份、选育方法、种质类型、图像、观测地点
植物学特征	梢尖形态、梢尖绒毛着色、梢尖花青素分布、梢尖匍匐绒毛密度、梢尖直立绒毛密度
	新梢姿态、卷须分布、节上匍匐绒毛密度、节上直立绒毛密度、节间匍匐绒毛密度、节间直立绒毛密度、节间腹侧颜色，节间背侧颜色
	冬芽花青素着色、枝条表面形状、枝条表面颜色、枝条横截面形状、枝条节间长度、枝条节间粗度、枝条皮孔、枝条皮刺、枝条腺毛
	幼叶上表面颜色、幼叶花青素着色、幼叶上表面光泽、幼叶下表面脉间匍匐绒毛、幼叶下表面脉间直立绒毛、幼叶下表面主脉上匍匐绒毛、幼叶下表面主脉上直立绒毛
	叶型、叶形、叶上表面颜色、叶上表面主脉花青素着色、叶下表面主脉花青素着色、叶柄长度、中脉长度、叶宽度、叶横截面形状、裂片数、上裂刻深度、上裂刻开叠类型、上裂刻基部形状、叶柄洼开叠类型、叶柄洼基部形状、叶柄限制叶柄洼、叶柄洼锯齿、锯齿形状、锯齿长度、锯齿宽度、叶上表面泡状凸起、叶下表面脉间匍匐绒毛、叶下表面脉间直立绒毛、叶下表面主脉上匍匐绒毛、叶下表面主脉上直立绒毛、叶柄匍匐绒毛、叶柄直立绒毛、秋叶颜色、花器类型、染色体倍数性

(续表)

描述类别	描述内容
生物学特性	生长势、萌芽率、结果新梢百分率、结实系数、产量、萌芽始期、开花始期、盛花期、浆果开始生长期、浆果始熟期、浆果生理完熟期、新梢始熟期、产条能力、愈伤组织形成能力、不定根形成能力
果实形状	果穗形状、果穗歧肩、果穗副穗、穗梗长度、果穗长度、果穗宽度、穗重、果穗紧密度、果粒成熟一致性、果梗与果粒分离难易、果粒形状、果粉厚度、果皮颜色、果粒整齐度、果粒重量、果粒纵径、果粒横径、果梗长度、种子发育状态、种子粒数、种子外表横沟、种脐、百粒种子重、种子长度、种子宽度、果皮厚度、果皮涩味、果汁颜色、果肉颜色、果肉汁液多少、果肉香味类型、果肉香味程度、果肉质地、果肉硬度、可溶性固形物含量、可溶性糖含量、可滴定酸含量、出汁率
抗性性状	耐寒性、耐盐性、耐碱性、葡萄白腐病抗性、葡萄霜霉病抗性、葡萄黑痘病抗性、葡萄炭疽病抗性、葡萄白粉病抗性、葡萄根瘤蚜抗性、根结线虫抗性

4 描述方法

4.1 基本信息

4.1.1 全国统一编号

全国统一编号由"PT"加4位顺序号组成，顺序号从"0001"至"9999"，代表葡萄种质的编号。

4.1.2 引种号

指种质资源从国外引入时赋予的编号，由"年份"加"4位顺序号"组成的8位字符串。如"19940024"，前4位表示种质从国外引进的年份，后4位为顺序号，从"0001"至"9999"。

4.1.3 采集号

在野外采集时赋予的编号，一般由年份+2位省份代码+4位顺序号组成。"省（自治区、直辖市）代号"按照GB/T 2260的规定执行。

4.1.4 种质名称

国内种质的原始名称和国外引进种质的中文译名，如果有多个名称，可以放在括号内，用逗号分隔。国外引进种质如果没有中文译名，可以直接填写种质的外文名。

4.1.5 种质外文名

国外引进种质的外文名和国内种质的汉语拼音名。按照意群空一格，首字母大写，如"Zhengzhou Zao Yu"。

4.1.6 科名

葡萄种质在植物分类学上的科名。按照植物学分类，葡萄为葡萄科（*Vitaceae*）。

4.1.7 属名

葡萄种质在植物分类学上的属名。按照植物学分类，葡萄为葡萄属（*Vitis* L.）。

4.1.8 种名

葡萄种质在植物分类学上的名称。例如欧亚种为 *Vitis vinifera* L.。

4.1.9 原产国

葡萄种质原产国家名称、地区名称或国际组织名称。国家和地区名称按照ISO 3166和GB/T 2659的规定执行。如该国家已不存在，应在原国家名称前加"原"。国际组织名称用该组织的外文名缩写。

4.1.10 原产省

葡萄种质原产省份名称。国内种质原产省份名称按照GB/T 2260的规定执行，国外引进种质原产省用原产国家一级行政区的名称。

4.1.11 原产地

葡萄种质原产县、乡、村名称，县名按照GB/T 2260的规定执行。

4.1.12 海拔

葡萄种质原产地的海拔，单位为米（m）。

4.1.13 经度

葡萄种质原产地的经度，单位为度（°）和（′）分。格式为"DDDFF"，其中，"DDD"为度，"FF"为分。东经为正值，西经为负值。

4.1.14 纬度

葡萄种质原产地的纬度，单位为度（°）和分（′）。格式为"DDFF"，其中，"DD"为度，"FF"为分。北纬为正值，南纬为负值。

4.1.15 来源地

葡萄种质的来源国家、省、县或机构名称。

4.1.16 系谱

葡萄选育品种（系）的各世代亲本及亲缘关系。

4.1.17 选育单位

选育葡萄品种（系）的单位名称或个人姓名，单位名称应写全称。

4.1.18 育成年份

通过审定或正式发表的年份。

4.1.19 选育方法

选育葡萄品种（系）的育种方法，如杂交、实生选种、芽变等。

4.1.20 种质类型

葡萄种质资源的类型，分为：1. 野生资源；2. 地方品种；3. 选育品种；4. 品系；5. 其他。

4.1.21 图像

葡萄种质的图像文件名。文件名由该种质全国统一编号、连字符"-"和图像序号组成。图像格式为.jpg。如有多个图像文件，图像文件名用分号分隔。

4.1.22 观测地点

葡萄种质观测地点记录到省和县名。

4.2 植物学特征

4.2.1 梢尖形态

嫩梢梢尖幼叶与幼茎的抱合程度（见图1），分为：1. 闭合；3. 半开张；5. 全开张。

4.2.2 梢尖绒毛着色

嫩梢梢尖绒毛上的着色程度，分为：1. 无或极浅；3. 浅；5. 中；7. 深；9. 极深。

4.2.3 梢尖花青素分布

嫩梢梢尖嫩叶上花青素分布状况，分为：0. 无；1. 条带状；2. 全部覆盖。

4.2.4 梢尖匍匐绒毛密度

嫩梢梢尖嫩叶上匍匐绒毛的疏密程度，分为：1. 无或极疏；3. 疏；5. 中；7. 密；9. 极密。

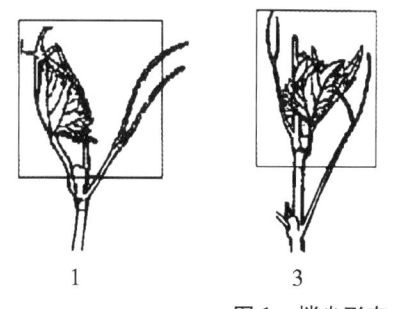

图1 梢尖形态

4.2.5 梢尖直立绒毛密度

嫩梢梢尖嫩叶上直立绒毛的疏密程度,分为:1. 无或极疏;3. 疏;5. 中;7. 密;9. 极密。

4.2.6 新梢姿态

在不引缚的情况下新梢直立或下垂的程度(见图2),分为:1. 直立;3. 半直立;5. 近似水平;7. 半下垂;9. 下垂。

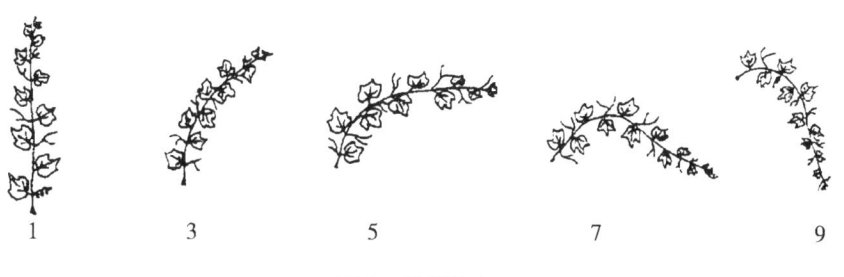

图2 新梢姿态

4.2.7 卷须分布

新梢中部节上卷须的分布情况(见图3),分别为:1. 间歇;2. 连续。

图3 卷须分布

4.2.8 节上匍匐绒毛密度

新梢中部节上匍匐绒毛的密度,分为:1. 无或极疏;3. 疏;5. 中;7. 密;9. 极密。

4.2.9 节上直立绒毛密度

新梢中部节上直立绒毛的密度,分为:1. 无或极疏;3. 疏;5. 中;7. 密;9. 极密。

4.2.10 节间匍匐绒毛密度

新梢中部节间匍匐绒毛的密度,分为:1. 无或极疏;3. 疏;5. 中;7. 密;9. 极密。

4.2.11 节间直立绒毛密度

新梢中部节间直立绒毛的密度,分为:1. 无或极疏;3. 疏;5. 中;7. 密;9. 极密。

4.2.12 节间腹侧颜色
新梢中部节间腹侧（位置见图4）着色类型，分为：1. 绿；2. 绿带红条带；3. 红。

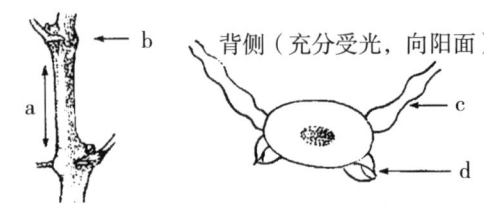

图4 葡萄节间腹侧、背侧位置

4.2.13 节间背侧颜色
新梢中部节间背侧（位置见图4）着色类型，分为：1. 绿；2. 绿带红条带；3. 红。

4.2.14 冬芽花青素着色
新梢中部冬芽（位置见图4）的着色程度，分为：1. 无或极浅；3. 浅；5. 中；7. 深；9. 极深。

4.2.15 枝条表面形状
一年生成熟枝条中部节间表面形态（见图5），分为：1. 光滑；2. 罗纹（呈肋状）；3. 条纹（有细槽）；4. 棱角。

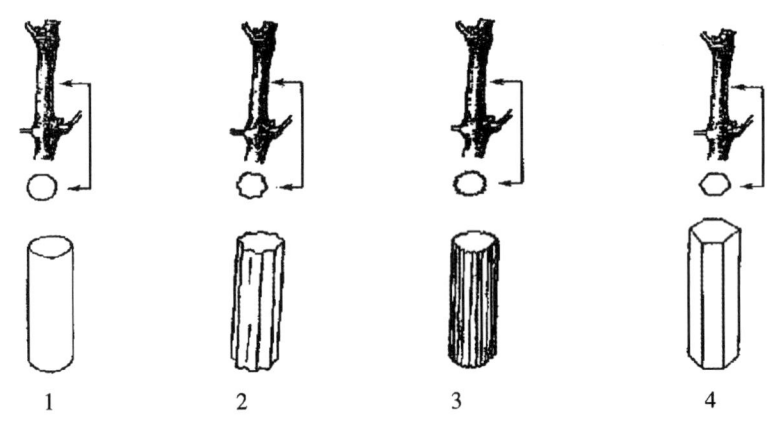

图5 枝条表面形状

4.2.16 枝条表面颜色
一年生成熟枝条中部节间表面颜色，分为：1. 黄；2. 黄褐；3. 暗褐；4. 红褐；5. 紫。

4.2.17 枝条横截面形状
一年生成熟枝条中部节间的中部横截面形状，分为：1. 近圆形；2. 椭圆形；3. 扁椭圆形。

4.2.18 枝条节间长度
一年生成熟枝条中部节与节之间的长度，单位为厘米（cm）。

4.2.19 枝条节间粗度
一年生成熟枝条中部节间的中部粗度，单位为厘米（cm）。

4.2.20 枝条皮孔
一年生成熟枝条上皮孔的有无，仅调查野生和砧木资源，分为：0. 无；1. 有。

4.2.21 枝条皮刺
一年生成熟枝条上皮刺的有无，仅调查野生和砧木资源，分为：0. 无；1. 有。

4.2.22 枝条腺毛
一年生成熟枝条上腺毛的有无，仅调查野生和砧木资源，分为：0. 无；1. 有。

4.2.23 幼叶上表面颜色
嫩梢上幼叶上表面颜色，分为：1. 黄绿；2. 绿色带有黄斑；3. 红棕色；4. 酒红色。

4.2.24 幼叶花青素着色
嫩梢上幼叶花青素着色程度，分为：1. 无或极浅；3. 浅；5. 中；7. 深；9. 极深。

4.2.25 幼叶上表面光泽
嫩梢上幼叶上表面光泽有无，分为：0. 无；1. 有。

4.2.26 幼叶下表面脉间匍匐绒毛
嫩梢上幼叶下表面主脉间匍匐绒毛的密度，分为：1. 无或极疏；3. 疏；5. 中；7. 密；9. 极密。

4.2.27 幼叶下表面脉间直立绒毛
嫩梢幼叶下表面主脉间直立绒毛的密度，分为：1. 无或极疏；3. 疏；5. 中；7. 密；9. 极密。

4.2.28 幼叶下表面主脉上匍匐绒毛
嫩梢上幼叶下表面主脉上匍匐绒毛的密度，分为：1. 无或极疏；3. 疏；5. 中；7. 密；9. 极密。

4.2.29 幼叶下表面主脉上直立绒毛
嫩梢幼叶下表面主脉上直立的绒毛，分为：1. 无或极疏；3. 疏；5. 中；7. 密；9. 极密。

4.2.30 叶型
成龄叶片的单、复性，分为：1. 单叶；2. 复叶。

4.2.31 叶形
成龄叶片的形状（见图6），分为：1. 心脏形；2. 楔形；3. 五角形；4. 近圆形；5. 肾形。

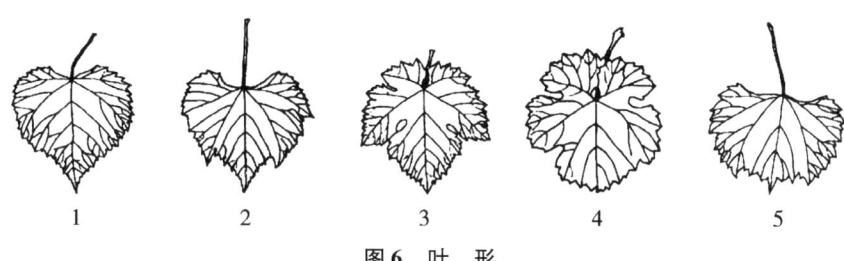

图6 叶 形

4.2.32 叶上表面颜色
成龄叶上表面的颜色，分为：1. 黄绿；3. 灰绿；5. 绿；7. 墨绿。

4.2.33 叶上表面主脉花青素着色
成龄叶上表面主要叶脉花青素着色程度，分为：1. 无或极浅；3. 浅；5. 中；7. 深；9. 极深。

4.2.34 叶下表面主脉花青素着色
成龄叶下表面主要叶脉花青素着色程度，分为：1. 无或极浅；3. 浅；5. 中；7. 深；9. 极深。

4.2.35 叶柄长度
新梢中部成龄叶叶柄的长度（见图7），单位为厘米（cm）。

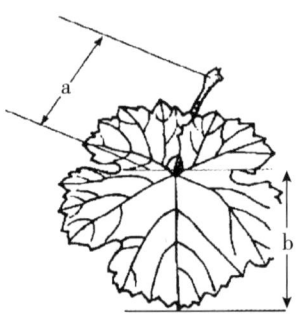

说明：
a——叶柄长度；
b——中脉长度。

图 7　叶柄长度和中脉长度

4.2.36　中脉长度
新梢中部成龄叶中脉的长度（见图7），单位为厘米（cm）。

4.2.37　叶宽度
新梢中部成龄叶中部的宽度，单位为厘米（cm）。

4.2.38　叶横截面形状
新梢中部成龄叶片横截面的形状（见图8），分为：1. 平；2. V形；3. 内卷；4. 外卷；5. 波状。

图 8　叶横截面形状

4.2.39　裂片数
新梢中部成龄叶裂片数（见图9），分为：1. 全缘；2. 三裂；3. 五裂；4. 七裂；5. 多于七裂。

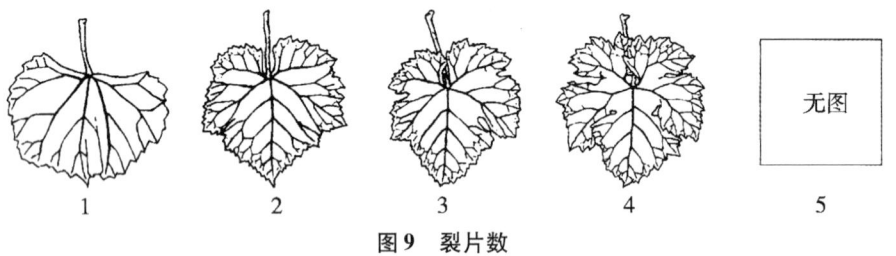

图 9　裂片数

4.2.40　上裂刻深度
新梢中部成龄上裂刻深度（见图10），分为：1. 极浅；2. 浅；3. 中；4. 深；5. 极深。

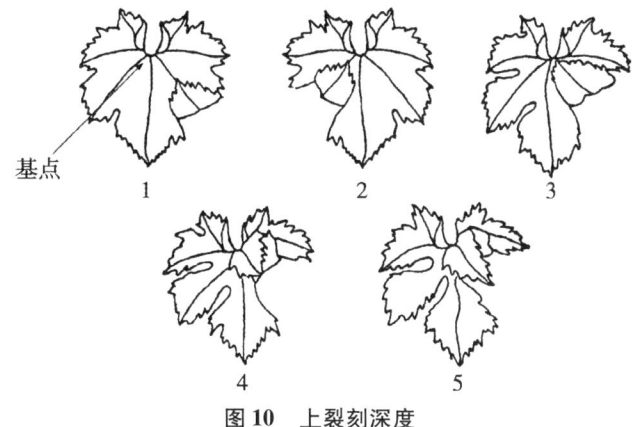

图 10 上裂刻深度

4.2.41 上裂刻开叠类型

新梢中部成龄叶上裂刻开叠类型（见图 11），分为：1. 开张；2. 闭合；3. 轻度重叠；4. 高度重叠。

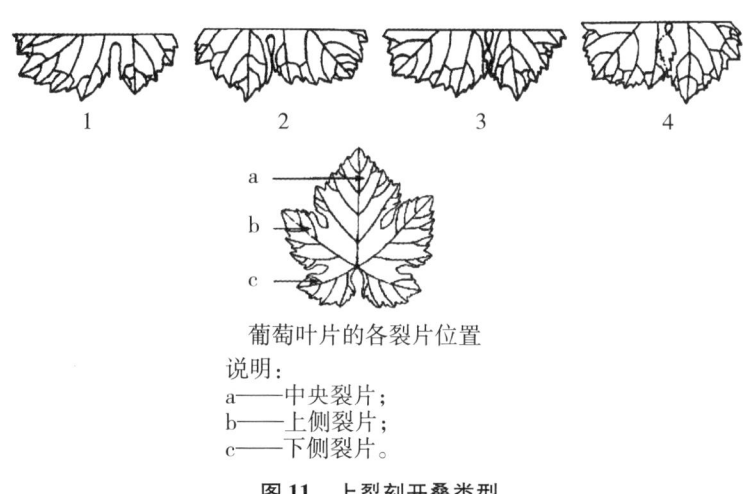

葡萄叶片的各裂片位置
说明：
a——中央裂片；
b——上侧裂片；
c——下侧裂片。

图 11 上裂刻开叠类型

4.2.42 上裂刻基部形状

新梢中部成龄叶上裂刻叶基部形状（见图 12），分为：1. U 形；2. V 形。

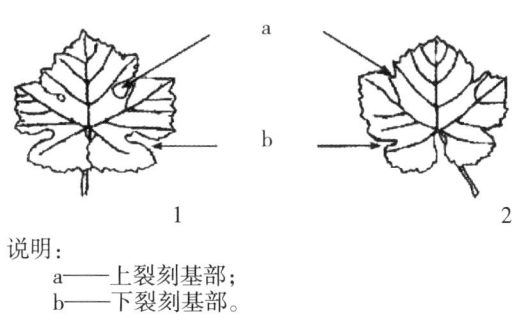

说明：
a——上裂刻基部；
b——下裂刻基部。

图 12 成龄叶片上裂刻基部形状

4.2.43 叶柄洼开叠类型

新梢中部成龄叶叶柄洼开叠类型（见图 13），分为：1. 极开张；2. 开张；3. 半开张；4. 轻度开张；5. 闭合；6. 轻度重叠；7. 中度重叠；8. 高度重叠；9. 极度重叠。

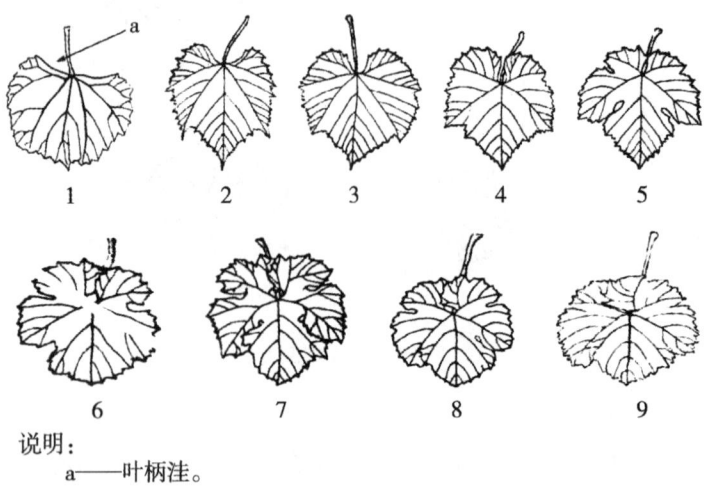

说明：
a——叶柄洼。

图 13　叶柄洼开叠类型

4.2.44　叶柄洼基部形状

新梢中部成龄叶叶柄洼基部形状（见图14），分为：1. U形；2. V形。

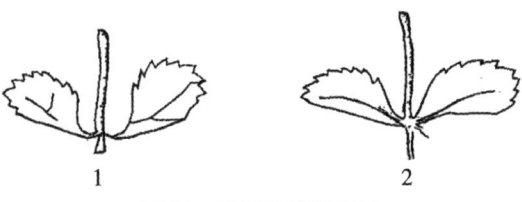

图 14　叶柄洼基部形状

4.2.45　叶脉限制叶柄洼

新梢中部成龄叶叶柄洼部分叶缘是否由叶脉限制（见图15），分为：0. 不限制；1. 限制。

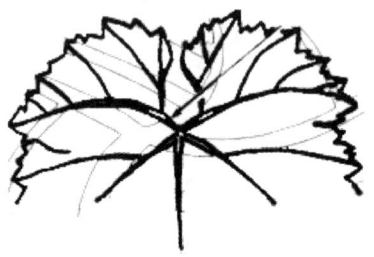

图 15　叶脉限制叶柄洼

4.2.46　叶柄洼锯齿

新梢中部成龄叶叶柄洼内锯齿的有无（见图16），分为：0. 无；1. 有。

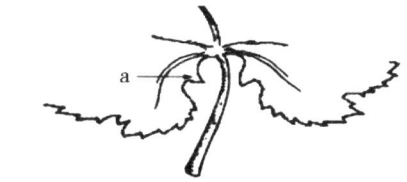

说明：
a——叶柄洼内的锯。

图16 叶柄洼锯齿

4.2.47 锯齿形状

新梢中部成龄叶主裂片的锯齿两侧形状（见图17），分为：1. 双侧凹；2. 双侧直；3. 双侧凸；4. 一侧凹一侧凸；5. 两侧直与两侧凸起皆有。

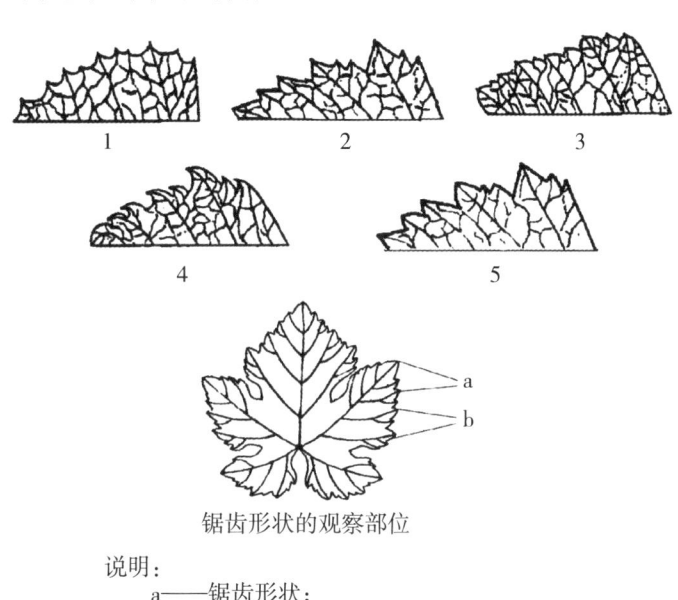

锯齿形状的观察部位

说明：
a——锯齿形状；
b——观察部位。

图17 锯齿形状

4.2.48 锯齿长度

新梢中部成龄叶主裂片上最大锯齿的长度，精确到0.01cm。

4.2.49 锯齿宽度

新梢中部成龄叶主裂片上最大锯齿的基部宽度，精确到0.01cm。

4.2.50 叶上表面泡状凸起

新梢中部成龄叶上表面泡状凸起状况，分为：1. 无或极弱；3. 弱；5. 中；7. 强；9. 极强。

4.2.51 叶下表面脉间匍匐绒毛

新梢中部成龄叶叶下表面主脉间匍匐绒毛的密度，分为：1. 无或极疏；3. 疏；5. 中；7. 密；9. 极密。

4.2.52 叶下表面脉间直立绒毛

新梢中部成龄叶主脉间直立绒毛的密度，分为：1. 无或极疏；3. 疏；5. 中；7. 密；9. 极密。

4.2.53 叶下表面主脉上匍匐绒毛
新梢中部成龄叶主脉上匍匐绒毛的密度，分为：1. 无或极疏；3. 疏；5. 中；7. 密；9. 极密。

4.2.54 叶下表面主脉上直立绒毛
新梢中部成龄叶下表面主脉上直立绒毛的密度，分为：1. 无或极稀；3. 稀；5. 中；7. 密；9. 极密。

4.2.55 叶柄匍匐绒毛
新梢中部成龄叶叶柄上匍匐绒毛的密度，分为：1. 无或极疏；3. 疏；5. 中；7. 密；9. 极密。

4.2.56 叶柄直立绒毛
新梢中部成龄叶叶柄上直立绒毛的密度，分为：1. 无或极疏；3. 疏；5. 中；7. 密；9. 极密。

4.2.57 秋叶颜色
秋季落叶前叶片的颜色，分为：1. 黄；2. 浅红；3. 红；4. 暗红；5. 红紫。

4.2.58 花器类型
花中雄蕊和雌蕊的发育状况（见图18），分为：1. 雄花；2. 两性花；3. 雌性花。

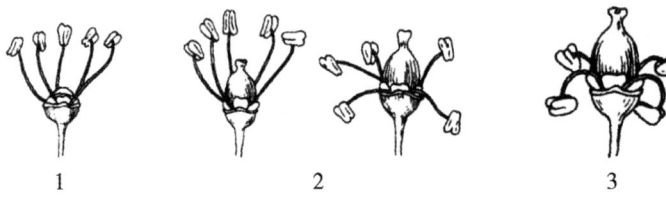

图18 花器类型

4.2.59 染色体倍数性
体细胞内染色体组数，分为：1. 二倍体（$2n=2x=38$）；2. 三倍体（$2n=3x=57$）；3. 四倍体（$2n=4x=76$）；4. 非整倍体（染色体缺失类型）。

4.3 生物学特性

4.3.1 生长势
葡萄树体生长发育的旺盛程度，玫瑰香树势为中，以此为参照，分为：1. 极弱；3. 弱；5. 中；7. 强；9. 极强。

4.3.2 萌芽率
萌芽数占总芽数的百分数，精确到0.1%。

4.3.3 结果新梢百分率
结果新梢占所有新梢的百分数，精确到0.1%。

4.3.4 结实系数
每个结果新梢上的平均果穗数，精确到0.1个。

4.3.5 产量
单位面积上资源植株所负载果实的重量，单位为千克每666.7平方米（kg/666.7 m^2）。

4.3.6 萌芽始期
约5%的芽眼的鳞片开始裂开，绒毛覆盖层破裂，漏出绒球的日期，以"年月日"表示，格式"YYYYMMDD"。

4.3.7 开花始期
约有5%花朵开放的日期,以"年月日"表示,格式"YYYYMMDD"。

4.3.8 盛花期
约有50%花朵开放的日期,以"年月日"表示,格式"YYYYMMDD"。

4.3.9 浆果开始生长期
约有95%的花朵开过的落花期为浆果开始生长期,以"年月日"表示,格式"YYYYMMDD"。

4.3.10 浆果始熟期
约有5%浆果的绿色开始减退、变软或开始有弹性的日期,以"年月日"表示,格式"YYYYMMDD"。

4.3.11 浆果生理完熟期
约有95%的果实表现出该品种固有的性状,种子变褐的日期,以"年月日"表示,格式"YYYYMMDD"。

4.3.12 新梢始熟期
约有5%的新梢基部2节~3节的表皮已木栓化,用手指不能刻伤,颜色呈黄褐色时,即表示该植株的新梢已开始成熟。以"年月日"表示,格式"YYYYMMDD"。

4.3.13 产条能力
砧木品种符合扦插要求的一年生成熟枝条生产能力,分为:1. 弱;3. 中;5. 强。

4.3.14 愈伤组织形成能力
一年生成熟枝条的愈伤组织形成能力,分为:1. 低;3. 中;5. 强。

4.3.15 不定根形成能力
一年生成熟枝条的不定根形成能力,单位为条每枝(条/枝)。

4.4 果实性状

4.4.1 果穗形状
果穗主体部分的自然形状(见图19),分为:1. 圆柱形;2. 圆锥形;3. 分枝形。

图19 果穗形状

4.4.2 果穗歧肩
歧肩是果穗在近穗梗端突出部分(见图20),分为:0. 无;1. 单歧肩;2. 双歧肩;3. 多歧肩。

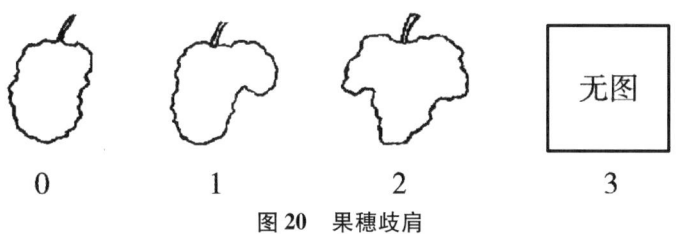

图20 果穗歧肩

4.4.3 果穗副穗
果穗上副穗的有无（见图21），分为：0. 无；1. 有。

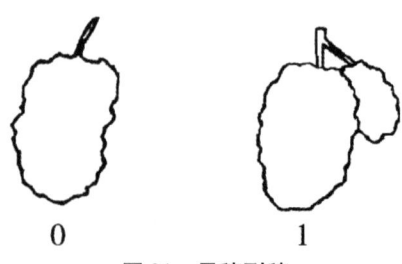

图21 果穗副穗

4.4.4 穗梗长度
从结果新梢上穗梗着生点至果穗第一分枝的长度，精确到0.1cm。

4.4.5 果穗长度
果穗的长度（见图22），精确到0.1cm。

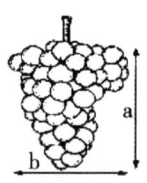

说明：
a——果穗长度；
b——果穗宽度（不包括副穗）。

图22 果穗长度和果穗宽度

4.4.6 果穗宽度
果穗的宽度（见图22），精确到0.1cm。

4.4.7 穗重
单个成熟果穗的重量精确到0.1g。

4.4.8 果穗紧密度
同一果穗上果粒之间的紧密程度，分为：1. 极疏；3. 疏；5. 中；7. 紧；9. 极紧。

4.4.9 果粒成熟一致性
同一果穗上不同果粒之间成熟度的差异，分为：1. 不一致；2. 一致。

4.4.10 果梗与果粒分离难易
度梗与果粒分离开的难易程度。分为：1. 难；2. 易。

4.4.11 果粒形状
单个成熟果粒的形状（见图23），分为：1. 长圆形；2. 长椭圆形；3. 椭圆形；4. 圆形；5. 扁圆形；6. 鸡心形；7. 钝卵圆形；8. 倒卵圆形；9. 弯形；10. 束腰形。

4.4.12 果粉厚度
成熟果粒果皮上果粉的多少，分为：1. 薄；3. 中；5. 厚。

4.4.13 果皮颜色
成熟果粒抹去果粉后的果皮颜色，分为：1. 黄绿～绿黄；2. 粉红；3. 红；4. 紫红～红紫；5. 蓝黑。

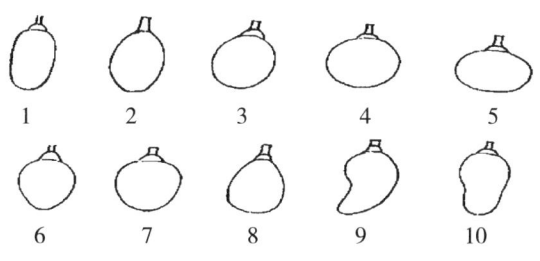

图 23 果粒形状

4.4.14 果粒整齐度

同一果穗上不同果粒之间的大小、形状和颜色的一致性,分为:1. 整齐;2. 不整齐;3. 有小青粒。

4.4.15 果粒重量

单个成熟果粒的重量,单位为克(g)。

4.4.16 果粒纵径

成熟果粒剪掉果柄的果粒纵径(见图24),精确到0.1cm。

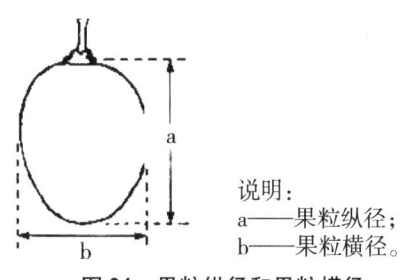

说明:
a——果粒纵径;
b——果粒横径。

图 24 果粒纵径和果粒横径

4.4.17 果粒横径

成熟果粒的横径(见图24),精确到0.1cm。

4.4.18 果梗长度

成熟果粒的果梗长度,精确到0.1cm。

4.4.19 种子发育状态

成熟果粒中种子的发育状态,分为:1. 无(无籽);2. 败育(有软种皮,胚、胚乳发育不充分);3. 残核(有木质化的种皮,胚、胚乳发育不充分);4. 种子充分发育(种子饱满,胚、胚乳发育完全)。

4.4.20 种子粒数

成熟果粒的种子粒数,表述为 $n_1 \sim n_2$ (n)。其中,n_1 为该种质果粒内最少种子粒数,n_2 为果粒内最多种子粒数,n 为大多数果粒的种子粒数。

4.4.21 种子外表横沟

成熟果粒种子外表的横沟有无,分为:0. 无;1. 有。

4.4.22 种脐

成熟期果粒种子种脐的有无或明显程度,分为:0. 不明显;1. 明显。

4.4.23 百粒种子重

充分成熟果粒的种子晾干后,100粒种子的重量,精确到0.1 g。

4.4.24 种子长度
充分成熟果粒的种子晾干后，单个种子的长度，单位为毫米（mm）。

4.4.25 种子宽度
充分成熟果粒的种子晾干后，单个种子的宽度，单位为毫米（mm）。

4.4.26 果皮厚度
成熟果粒的果皮厚度，分为：1. 薄；3. 中；5. 厚。

4.4.27 果皮涩味
成熟果粒口感果皮涩味的有无或强弱，分为：1. 弱；3. 中；5. 强。

4.4.28 果汁颜色
成熟果粒果肉汁液的颜色，分为：1. 无或极浅；3. 浅；5. 中；7. 深；9. 极深。

4.4.29 果肉颜色
成熟果粒果肉横截面颜色的深浅，分为：1. 无或极浅；3. 浅；5. 中；7. 深；9. 极深。

4.4.30 果肉汁液多少
成熟果粒果肉汁液的多少，分为：1. 少；3. 中；5. 多。

4.4.31 果肉香味类型
成熟果粒果肉香味有无及类型，分为：1. 无；2. 玫瑰香味；3. 草莓香味；4. 狐臭味；5. 青草味；6. 其他。

4.4.32 果肉香味程度
成熟果粒果肉的香味程度，分为：1. 淡；3. 中；5. 浓。

4.4.33 果肉质地
成熟果粒果肉的质地，分为：1. 溶质；2. 软；3. 较脆；4. 脆；5. 有肉囊。

4.4.34 果肉硬度
成熟果粒果肉的质地，分为：1. 软；3. 较软；5. 中；7. 较硬；9. 硬。

4.4.35 可溶性固形物含量
成熟果粒果肉的可溶性固形物的含量，精确到0.1%。

4.4.36 可溶性糖含量
成熟果粒果肉的可溶性糖含量，精确到0.1%。

4.4.37 可滴定酸含量
成熟果粒果肉的可滴定酸含量，精确到0.1%。

4.4.38 出汁率
酿酒和制汁用种质成熟果粒在压榨条件下出汁率的高低，精确到0.1%。

4.5 抗性性状

4.5.1 耐寒性
树体对低温的忍耐或抵抗能力。根据受害程度，分为：1. 极强（植株生长正常，未发生冻害）；3. 强（枝干韧皮部轻微受冻，少量枝条萌芽晚，萌芽不整齐，生长势弱）；5. 中（枝干韧皮部分变褐死亡，大部分枝条萌芽晚。萌芽不整齐，新梢瘦弱，叶片畸形黄化）；7. 弱（枝干冻害严重，部分枝条枯死）；9. 极弱（全树枯死）。

4.5.2 耐盐性
树体对盐害的忍耐或抵抗能力。根据受害程度，分为：1. 极强（植株生长正常，未表现出任何盐害症状）；3. 强（植株整体生长正常，部分叶片的叶尖、叶缘或叶脉变黄）；5. 中（植株生长势变弱，出现大面积叶片黄化）；7. 弱（植株生长停滞，部分枝条死亡，叶片焦枯）；9. 极弱（全树枯死）。

4.5.3 耐碱性

树体对高 pH 土壤的忍耐或抵抗能力。根据受害程度，分为：1. 极强（植株生长正常，未表现出任何碱害症状）；3. 强（植株整体生长正常，部分叶片出现失绿斑）；5. 中（植株生长势变弱，出现大面积叶片黄化）；7. 弱（植株生长停滞，部分枝条死亡，叶片焦枯）；9. 极弱（全树枯死）。

4.5.4 葡萄白腐病抗性

葡萄种质对白腐病［White rot，*Coniothyrium diplodiella*（Speg.）Sacc.］的抗性程度。依据病情指数，抗性分为：1. 高抗（HR）（病情指数＜5）；3. 抗病（R）（10＜病情指数＜15）；5. 中抗（MR）（20＜病情指数＜30）；7. 感病（S）（40＜病情指数≤50）；9. 高感（HS）（病情指数＞60）。

4.5.5 葡萄霜霉病抗性

葡萄种质对霜霉病［Downey mildew，*Plasmopara viticola*（Berk. & Curtis.）Berl et de Toni］的抗性程度。依据病情指数，抗性分为：1. 高抗（HR）（病情指数≤5）；3. 抗病（R）（10＜病情指数≤15）；5. 中抗（MR）（20＜病情指数≤30）；7. 感病（S）（40＜病情指数≤50）；9. 高感（HS）（病情指数＞60）。

4.5.6 葡萄黑痘病抗性

葡萄种质对黑痘病（*Sphaceloma ampelinum* de Bary.）的抗性程度。依据病情指数，抗性分为：1. 高抗（HR）（病情指数≤5）；3. 抗病（R）（10＜病情指数≤15）；5. 中抗（MR）（20＜病情指数≤30）；7. 感病（S）（35＜病情指数≤50）；9. 高感（HS）（病情指数＞60）。

4.5.7 葡萄炭疽病抗性

葡萄种质对炭疽病［*Glomerella cingulata*（ston.）Spauld. et Schrenk］的抗性程度。依据病情指数，抗性分为：1. 高抗（HR）（病情指数≤5）；3. 抗病（R）（10＜病情指数≤15）；5. 中抗（MR）（20＜病情指数≤30）；7. 感病（S）（35＜病情指数≤40）；9. 高感（HS）（病情指数＞45）。

4.5.8 葡萄白粉病抗性

葡萄种质对白粉病（Podwer mildew，*Uncinula necator* Burr.）的抗性程度。依据病情指数，抗性分为：1. 高抗（HR）（病情指数≤5）；3. 抗病（R）（10＜病情指数≤15）；5. 中抗（MR）（20＜病情指数≤30）；7. 感病（S）（40＜病情指数≤50）；9. 高感（HS）（病情指数＞60）。

4.5.9 葡萄根瘤蚜抗性

葡萄种质对根瘤蚜（*Phylloxera Vaststrix* Planchon）的抗性程度。依据葡萄根瘤蚜孵化、发育程度，抗性分为：1. 高抗（根瘤蚜接种后，卵孵化后很快死亡）；3. 抗病（根瘤蚜接种后，无法完成世代更替）；5. 中抗（根瘤蚜可以存活，但发育缓慢，龄期变长）；7. 感病（根瘤蚜可以正常生长，完成世代更替）。

4.5.10 根结线虫抗性

葡萄对根结线虫（Root – not nematodes，*Meloidogyne incognita*）的抗性程度。根据为害症状，依据病情指数，抗性分为：1. 高抗（HR）（病情指数为0）；3. 抗病（R）（10＜病情指数≤20）；5. 中抗（MR）（40＜病情指数≤60）；7. 高感（病情指数＞60）。

ICS 65.060.70
B 91

中华人民共和国农业行业标准

NY/T 2904—2016

葡萄埋藤机 质量评价技术规范

Technical specification of quality evaluation for grapevine burying machines

2016-05-23 发布　　　　　　　　　　　　2016-10-01 实施

中华人民共和国农业部　发 布

前　言

本标准按照 GB/T 1.1—2009 给出的规则起草。

本标准由农业部农业机械化管理司提出。

本标准由全国农业机械标准化技术委员会农业机械化分技术委员会（SAC/TC 201/SC 2）归口。

本标准起草单位：中国农业科学院果树研究所、山东农业大学、高密市益丰机械有限公司。

本标准主要起草人：郝志强、王海波、刘凤之、王志强、翟衡、王孝娣、张敬国。

葡萄埋藤机　质量评价技术规范

1　范围

本标准规定了圆盘取土式和旋耕取土式葡萄埋藤机的质量要求、检测方法和检验规则。

本标准适用于与拖拉机配套的圆盘取土式和旋耕取土式葡萄埋藤机（以下简称葡萄埋藤机）产品质量评定。

2　规范性引用文件

下列文件对于本文件的应用是必不可少的。凡是注日期的引用文件，仅所注日期的版本适用于本文件。凡是不注日期的引用文件，其最新版本（包括所有的修改单）适用于本文件。

GB/T 2828.11—2008　计数抽样检验程序　第11部分：小总体声称质量水平的评定程序
GB/T 5667　农业机械生产试验方法
GB/T 9480　农林拖拉机和机械、草坪和园艺动力机械　使用说明书编写规则
GB 10396　农林拖拉机和机械、草坪和园艺动力机械　安全标志和危险图形　总则
GB/T 13306　标牌
GB 23821　机械安全　防止上下肢触及危险区的安全距离
JB/T 9832.2　农林拖拉机及机具　漆膜　附着性能测定方法　压切法

3　术语和定义

下列术语和定义适用于本文件。

3.1　葡萄埋藤机　grapevine burying machine

用于取土掩埋葡萄枝蔓越冬防寒的机械。

3.2　取土能力　soil removing ability

单位时间内取抛土壤的体积。

3.3　最大抛土距离　the maximum distance of throwing soil

葡萄埋藤机出土口与靠近机组一侧且有效土壤厚度为2cm处的水平距离。

4　基本要求

4.1　质量评价所需的文件资料

对葡萄埋藤机进行质量评价所需文件资料应包括：

a) 产品规格确认表（见附录 A），并加盖企业公章；
b) 企业产品执行标准或产品制造验收技术条件；
c) 产品使用说明书；
d) 三包凭证；
e) 样机照片（正前方、正后方、前方45°各1张）。

4.2 主要技术参数核对与测量

依据产品使用说明书、标牌和其他技术文件，对样机的主要技术参数按表1的规定进行核对或测量。

表1　　　　　　　　　　　　　　核测项目与方法

序 号	项 目	方 法
1	规格型号	核对
2	结构型式	核对
3	整机配套动力范围，kW	核对
4	整机质量，kg	测量
5	外形尺寸（长×宽×高），mm	测量
6	挂接方式	核对
7	动力输入轴花键类型、齿数、公称直径（mm）、转速（r/min）	核对
8	生产率，m/h	核对

4.3 试验条件

4.3.1 试验样机应按使用说明书进行调整，配套动力应符合产品使用说明书的要求。

4.3.2 试验地块应为未耕农田，且地表应平整。土壤类型可为壤土、黏土、沙土、土壤绝对含水率在15%~25%。

4.3.3 测定区长度应不小于30m，并留有适当的稳定区。

4.4 主要仪器设备

主要仪器设备使用前应检测或校准合格，测量范围和准确度要求应不低于表2的规定。

表2　　　　　　　　　　　　　　主要仪器设备测量和准确度要求

序号	测量参数名称	测量范围	准确的要求
1	长度	0μm~200μm	1μm
		0m~5m	1mm
		0m~50m	1cm

(续表)

序号	测量参数名称		测量范围	准确的要求
2	质量	含水率样品质量	0g~200g	0.1g
		其他样品质量	0g~5 000g	1g
		整机质量	0kg~1 000kg	0.5kg
3	时间		0h~24h	0.5s/d
4	转速		0r/min~3 000r/min	1r/min

5 质量要求

5.1 性能要求

葡萄埋藤机的性能指标应符合表3的规定。

表3 性能指标

序号	项目	质量指标	对应的监测方法条款号
1	取土能力，m³/h	不低于企业明示值	6.1.1
2	覆土稳定性变异系数，%	≤15	6.1.2
3	最大抛土距离，cm	≥100	6.1.3

5.2 安全要求

5.2.1 产品设计和结构应保证操作人员按使用说明书操作和维护保养时不发生危险。

5.2.2 链轮、链条、带轮、传动带、齿轮、传动轴等外露旋转件应安装安全防护装置；正常使用中，防护装置不应产生裂缝、撕裂、永久变形、防护装置的孔、网的直径或缝隙及其安全距离应符合 GB 23821 的规定。

5.2.3 应至少包含以下安全标志内容，图形和标志应符合 GB 10396 的规定：

a）圆盘取土机构和旋耕取土机构附近应固定切割或缠绕脚的描述危险标志；

b）传动轴附近应固定缠绕危险的标志；

c）出土口附近应固定机械抛出或飞出物体冲击危险的标志。

5.3 装配质量

5.3.1 各紧固件、连接件应牢固可靠、不松动。

5.3.2 各运转件应转动灵活、平稳，不应有异样振动、异常声响及卡滞。

5.3.3 润滑及液压系统不应渗、漏油。

5.4 外观及涂漆质量

5.4.1 机器表面应平整光滑，不应有磕碰、划痕、毛刺及其他机械损伤。

5.4.2 涂漆应色泽均匀、平整光滑，无漏底、流挂、起泡、起皱、划痕。漆膜厚度应不低于 40 μm，漆膜附着力不应低于 JB/T 9832.2 中的Ⅱ级。

5.5 操作方便性

5.5.1 各操纵机构应灵活、有效。
5.5.2 各张紧、调节机构应可靠、布置合理。
5.5.3 调整、保养、更换零件应方便。

5.6 使用有效度

使用有效度应不低于93%。

5.7 使用说明书

使用说明书的编制应符合 GB/T 9480 的规定，应至少包括以下内容：
a) 明示安全标志及粘贴位置；
b) 主要用途和使用范围；
c) 主要技术参数；
d) 正确的安装与调试方法；
e) 操作说明；
f) 安全注意事项；
g) 维护和保养要求；
h) 常见故障及排除方法；
i) 产品三包内容，也可单独成册；
j) 易损件清单；
k) 附件清单；
l) 产品执行标准代号。

5.8 三包凭证

三包凭证应至少包括以下内容：
a) 产品品牌、型号规格、生产日期、购买日期和产品编号；
b) 生产者名称、联系地址和电话；
c) 已经指定销售者和修理者的，应有销售者和修理者的名称、联系地址和电话；
d) 三包项目；
e) 三包有效期；
f) 主要零部件清单；
g) 销售记录（应包括销售者、销售地点、销售日期和购机发票号码等项目）；
h) 修理记录（应包括送修时间、交货时间、送修故障、修理情况和换退货证明等项目）；
i) 不承担三包责任的情况说明。

5.9 标牌

标牌应固定在明显位置，其规格和材质应符合 GB/T 13306 的规定，应至少包括以下内容：

a) 制造厂名称、地址；
b) 产品名称及型号；
c) 主要技术参数；
d) 产品出厂编号；
e) 产品生产日期；
f) 产品执行标准编号。

6 检验方法

6.1 性能试验

6.1.1 取土能力

机组在使用说明书要求的作业速度下满负荷作业一个行程，记录机组通过整个测区的时间。在测区内均布15个小区，小区垂直于机组行走方向，宽度为1m。收集小区内的土壤，测量其体积，按式（1）计算各小区取土能力，并计算其平均值。

$$Q_i = \frac{30V_i}{t} \times 3600 \cdots\cdots\cdots\cdots\cdots\cdots\cdots\cdots\cdots (1)$$

式中：

Q_i——葡萄埋藤机在第 i 个小区作业时的取土能力，单位为立方米每小时（m³/h）；

V_i——第 i 个小区的土壤体积，单位为立方米（m³）；

t——作业通过整个测区的时间，单位为秒（s）。

6.1.2 覆土稳定性变异系数

试验与6.1.1同时进行，按式（2）、式（3）、式（4）分别计算土壤体积的均值、标准差和变异系数。

$$\bar{V} = \frac{\sum V_i}{15} \cdots\cdots\cdots\cdots\cdots\cdots\cdots\cdots\cdots (2)$$

式中：

$\bar{V}$——土壤体积的均值，单位为立方米（m³）。

$$S = \sqrt{\frac{\sum (V_i - \bar{V})^2}{14}} \cdots\cdots\cdots\cdots\cdots\cdots\cdots\cdots\cdots (3)$$

式中：

S——标准差，单位为立方米（m³）。

$$U = \frac{S}{\bar{V}} \times 100 \cdots\cdots\cdots\cdots\cdots\cdots\cdots\cdots\cdots (4)$$

式中：

U——覆土稳定性变异系数，单位为百分率（%）。

6.1.3 最大抛土距离

试验与6.1.1同时进行。试验结束后，在测区两端出土口的位置固定一线绳，沿线绳均布10个测点，测量最大抛土距离，并计算其平均值。

6.2 安全检查

按5.2的规定逐项检查，其中任一项不合格，判定安全要求不合格。

6.3 装配质量检查

按5.3的规定逐项检查,其中任一项不合格,判定整机装配质量不合格。

6.4 外观及涂漆质量检查

按5.4的规定逐项检查,其中任何一项不合格,判定外观及涂漆质量不合格。

6.5 操作方便性检查

按5.5的规定逐项检查,其中任何一项不合格,判定操作方便性不合格。

6.6 使用有效度测定

按GB/T 5667的规定进行使用有效度考核,班次作业时间应不少于120 h,使用有效度按式(5)计算。

$$K = \frac{\sum T_z}{\sum T_g + \sum T_z} \times 100 \quad\cdots\cdots\cdots\cdots\cdots\cdots\cdots\cdots\cdots (5)$$

式中:

K ——使用有效度,单位为百分率(%);
T_z——考核期间的总作业时间,单位为小时(h);
T_g——考核期间的总故障时间,单位为小时(h)。

6.7 使用说明书审查

按5.7的规定逐项检查,其中任何一项不合格,判定使用说明书不合格。

6.8 三包凭证审查

按5.8的规定逐项检查,其中任何一项不合格,判定三包凭证不合格。

6.9 标牌审查

按5.9的规定逐项检查,其中任何一项不合格,判定标牌不合格。

7 检验规则

7.1 不合格项目分类

检验项目按其对产品质量的影响程度,分为A、B两类,不合格项目分类见表4。

表4 检验项目及不合格分类表

不合格项目分类		检验项目	对应质量要求的条款号
类别	序号		
A	1	安全要求	5.2
	2	取土能力	5.1
	3	覆土稳定性变异系数	5.1
	4	最大抛土距离	5.1
B	1	装配质量	5.3
	2	外观及涂漆质量	5.4
	3	操作方便性	5.5
	4	使用有效度[a]	5.6
	5	使用说明书	5.7
	6	三包凭证	5.8
	7	标牌	5.9

[a] 在监督性检查中，可不考核使用有效度指标。

7.2 抽样方案

按 GB/T 2828.11—2008 中表 B.1 的规定制定，见表5。

表5 抽样方案

检验水平	0
声称质量水平（DQL）	1
核查总体（N）	10
样本量（n）	1
不合格品限定数（L）	0

7.3 抽样方法

根据抽样方案确定抽样基数为10台，被检样品为1台，样品在制造单位近一年内生产的合格产品中随机抽取（在用户和销售部门抽样时，不受抽样基数限制）。

7.4 判定规则

7.4.1 样品合格判定

对样品的A、B类检验项目进行逐一检验和判定，当A类不合格项目数为0、B类不合格项目数不超过1时，判定样品为合格品；否则，判定样品为不合格品。

7.4.2 综合判定

若样品为合格品（即样品的不合格品数不大于不合格品限定数），则判定为通过；若样品为不合格品（即样品的不合格品数大于不合格品限定数），则判定为不通过。

附录 A
（规范性附录）
产品规格确认表

产品规格确认表见表 A.1。

表 A.1　　　　　　　　　　　　产品规格确认表

序号	项目	单位	规格
1	规格型号	—	
2	结构型式	—	
3	配套动力	kW	
4	整机质量	kg	
5	外形尺寸（长×宽×高）	mm	
6	挂接方式	—	
7	动力输入轴花键类型、齿数、公称直径、转速	—	
8	生产率	m/h	

ICS 67.160.10
X 62

中华人民共和国农业行业标准

NY/T 1508—2017
代替 NY/T 1508—2007

绿色食品　果酒

Green food—Fruit wine

2017-06-12 发布　　　　　　　　　　　　　　　　2017-10-01 实施

中华人民共和国农业部　发布

前 言

本标准按照 GB/T 1.1—2009 给出的规则起草。

本标准代替 NY/T 1508—2007《绿色食品 果酒》。与 NY/T 1508—2007 相比，除编辑性修改外主要技术变化如下：

——修改了范围；

——修改了原料要求，增加了生产过程要求；

——修改了理化指标，删除了铁的限量规定，调整了滴定酸、挥发酸和干浸出物的限量值；将滴定酸修改为总酸；

——修改了卫生指标，删除了无机砷和黄曲霉毒素等指标，增加了甲醇、糖精钠、环己基氨基磺酸钠、乙酰磺胺酸钾、赤藓红、苋菜红、胭脂红、柠檬黄、新红、日落黄、亮蓝、诱惑红等指标；

——修改了微生物限量；

——修改了检验规则和标签；

——增加了规范性附录 A。

本标准由农业部农产品质量安全监管局提出。

本标准由中国绿色食品发展中心归口。

本标准起草单位：广东省农业科学院农产品公共监测中心、中国绿色食品发展中心、农业部蔬菜水果质量监督检验测试中心（广州）、生命果有机食品股份有限公司。

本标准主要起草人：陈岩、王富华、刘斌斌、廖若昕、耿安静、葛章春、李丽、杨慧、赵晓丽。

本标准所代替标准的历次版本发布情况为：

——NY/T 1508—2007。

绿色食品　果酒

1　范围

本标准规定了绿色食品果酒的术语和定义、分类、要求、检验规则、标签、包装、运输和储存。

本标准适用于以除葡萄以外的新鲜水果或果汁为原料，经全部或部分发酵酿制而成的果酒，不适用于浸泡、蒸馏和勾兑果酒。

2　规范性引用文件

下列文件对于本文件的应用是必不可少的。凡是注日期的引用文件，仅注日期的版本适用于本文件。凡是不注日期的引用文件，其最新版本（包括所有的修改单）适用于本文件。

GB/T 191　包装储运图示标志

GB 2758　食品安全国家标准　发酵酒及其配制酒

GB 4789.2　食品安全国家标准　食品微生物学检验　菌落总数测定

GB 4789.3　食品安全国家标准　食品微生物学检验　大肠菌群计数

GB 4789.4　食品安全国家标准　食品微生物学检验　沙门氏菌检验

GB 4789.10　食品安全国家标准　食品微生物学检验　金黄色葡萄球菌检验

GB 5009.12　食品安全国家标准　食品中铅的测定

GB 5009.28　食品安全国家标准　食品中苯甲酸、山梨酸和糖精钠的测定

GB 5009.35　食品安全国家标准　食品中合成着色剂的测定

GB 5009.97　食品安全国家标准　食品中环己基氨基磺酸钠的测定

GB/T 5009.140　饮料中乙酰磺胺酸钾的测定

GB 5009.141　食品安全国家标准　食品中诱惑红的测定

GB 5009.185　食品安全国家标准　食品中展青霉素的测定

GB 5009.225　食品安全国家标准　酒中乙醇浓度的测定

GB 5009.266　食品安全国家标准　食品中甲醇的测定

GB 5749　生活饮用水卫生标准

GB 14881　食品安全国家标准　食品生产通用卫生规范

GB/T 15038　葡萄酒、果酒通用分析方法（含第1号修改单）

GB/T 23778　酒类及其他食品包装用软木塞

JJF 1070　定量包装商品净含量计量检验规则

NY/T 392　绿色食品　食品添加剂使用准则

NY/T 658　绿色食品　包装通用准则

NY/T 1055　绿色食品　产品检验规则

NY/T 1056　绿色食品　贮藏运输准则

国家质量监督检验检疫总局令［2005］第75号《定量包装商品计量监督管理办法》

3 术语和定义

下列术语和定义适用于本文件。

果酒 fruit wine

以除葡萄以外的新鲜水果或果汁为原料，经全部或部分发酵酿制而成的发酵酒。

4 分类

4.1 干型果酒。
4.2 半干型果酒。
4.3 半甜型果酒。
4.4 甜型果酒。

5 要求

5.1 原料和辅料

5.1.1 原料应符合相关绿色食品标准的要求。
5.1.2 加工用水应符合 GB 5749 的要求。
5.1.3 食品添加剂应符合 NY/T 392 的要求。

5.2 生产过程

按照 GB 14881 的规定执行。

5.3 感官

应符合表1的要求。

表1 感官要求

项目	要求	检验方法
外观	具有本品的正常色泽，酒液清亮，无明显沉淀物、悬浮物和混浊现象；瓶装超过1年的果酒允许有少量沉淀	GB/T 15038
香气	具有原果实特有的香气，陈酒还应具有浓郁的酒香，且与果香混为一体，无突出的酒精气味，无异味	GB/T 15038
滋味	具有该产品固有的滋味，醇厚纯净而无异味，甜型酒应甜而不腻，干型酒应酸而不涩，酒体协调	
典型性	具有标示品种及产品类型的应有特征和风味	

5.4 理化指标

应符合表2的要求。

表 2　　理化指标

项目		指标	检验方法
酒精度[a]（20℃），%vol		7~18	GB 5009.225
总酸（以酒石酸计），g/L		4.0~9.0（除青梅酒外） ≤15.0（仅限青梅酒）	GB/T 15038
挥发酸（以乙酸计），g/L		≤1.0	
总糖（以葡萄糖计），g/L	干型果酒[b]	≤4.0	
	半干型果酒[c]	4.1~12.0	
	半甜型果酒	12.1~50.0	
	甜型果酒	≥50.1	
干浸出物[d]，g/L		≥12.0	

[a] 酒精度标签标示值与实测值之差不得超过±1.0%vol。
[b] 当总糖与总酸的差值≤2.0 g/L时，含糖最高为9.0 g/L。
[c] 当总糖与总酸的差值≤2.0 g/L时，含糖最高为18.0 g/L。
[d] 如已有相应国家或行业标准的果酒，其浸出物要求可按其相应规定执行。

5.5 污染物限量、食品添加剂限量

应符合食品安全国家标准及相关规定，同时应符合表3的要求。

表 3　　污染物、食品添加剂限量

项目	指标	检验方法
甲醇[a]，g/L	≤0.4	GB 5009.266
山梨酸及其钾盐（以山梨酸计），g/kg	≤0.2	GB 5009.28
苯甲酸及其钠盐（以苯甲酸计），g/kg	不得检出（＜0.005）	
糖精钠，g/kg	不得检出（＜0.005）	
环己基氨基磺酸钠和环己基氨基磺酸钙（以环己基氨基磺酸计），g/kg	不得检出（＜0.010）	GB 5009.97
乙酰磺胺酸钾，mg/kg	不得检出（＜4.0）	GB/T 5009.140
赤藓红及其铝色淀[b]（以赤藓红计），mg/kg	不得检出（＜0.2）	GB 5009.35
苋菜红及其铝色淀[b]（以苋菜红计），mg/kg	不得检出（＜0.5）	
胭脂红及其铝色淀[b]（以胭脂红计），mg/kg	不得检出（＜0.5）	
柠檬黄及其铝色淀[b]（以柠檬黄计），mg/kg	不得检出（＜0.5）	
新红及其铝色淀[b]（以新红计），mg/kg	不得检出（＜0.5）	
日落黄及其铝色淀[b]（以日落黄计），mg/kg	不得检出（＜0.5）	

(续表)

项目	指标	检验方法
亮蓝及其铝色淀[b]（以亮蓝计），mg/kg	不得检出（<0.2）	GB 5009.35
诱惑红及其铝色淀[b]（以诱惑红计），mg/kg	不得检出（<25）	GB 5009.141

[a] 按100%酒精度折算。
[b] 根据产品的颜色测定相应的色素。

5.6 微生物限量

应符合表4的要求。

表4 微生物限量

项目	指标	检验方法
菌落总数，CFU/mL	≤50	GB 4789.2
大肠菌群，MPN/mL	≤3.0	GB 4789.3

5.7 净含量

应符合国家质量监督检验检疫总局令［2005］第75号的要求。检验方法按JJF 1070的规定执行。

6 检验规则

申报绿色食品的果酒应按照本标准5.3~5.7以及附录A所确定的项目进行检验。每批产品交收（出厂）前，都应进行交收（出厂）检验，交收（出厂）检验内容包括包装、标签、净含量、感官、理化指标和微生物指标。其他要求按NY/T 1055的规定执行。

7 标签

按照GB 2758的规定执行。

8 包装、运输和储存

8.1 包装

包装材料应符合NY/T 658的要求及食品卫生标准要求和有关规定，包装容器应清洁，封装严密，无漏气、漏酒现象，使用软木塞按照GB/T 23778的规定执行。包装储运图示标志按照GB/T 191的规定执行。

8.2 运输和储存

按照NY/T 1056的规定执行。用软木塞（或替代品）封装的酒，在储运时，应"倒放"或"卧放"。运输和储存时,应保持清洁,避免强烈振荡、日晒、雨淋,防止冰冻,装卸时应轻拿轻放。存放地点应阴凉、干燥、通风良好;严防日晒、雨淋,严禁火种。成品不应与潮湿地面直接接触;不应与有毒、有害、有异味、有腐蚀性的物品同储同运。运输温度宜保持在5℃~35℃;储存温度宜保持在5℃~25℃。

附录 A
（规范性附录）
绿色食品果酒申报检验项目

表 A.1 和表 A.2 规定了除 5.3~5.7 所列项目外，依据食品安全国家标准和绿色食品果酒生产实际情况，绿色食品果酒申报检验还应检验的项目。

表 A.1　　　　　　　　　　重金属、食品添加剂和真菌毒素项目

项目	指标	检验方法
铅（以 Pb 计），mg/kg	≤0.2	GB 5009.12
总二氧化硫（以 SO_2 计），g/L	≤0.25	GB/T 15038
展青霉素[a]，μg/kg	≤50	GB 5009.185

[a] 仅限于苹果酒和山楂酒。

表 A.2　　　　　　　　　　微生物项目

项目	采样方案及限量 n	采样方案及限量 c	采样方案及限量 m	检验方法
沙门氏菌	5	0	0/25mL	GB 4789.4
金黄色葡萄球菌	5	0	0/25mL	GB 4789.10

注：n 为同一批次产品采集的样品件数；c 为最大可允许超出 m 值的样品数；m 为微生物指标的最高限量值。

ICS 67.160.10
X 61
备案号：37147−2012

SB

中华人民共和国国内贸易行业标准

SB/T 10710—2012

酒类产品流通术语

Circulate terminology for alcohol products

2012−08−01 发布　　　　　　　　　　　　　　　　2012−11−01 实施

中华人民共和国商务部　　发 布

前　言

本标准按照 GB/T 1.1—2009 给出的规则起草。

本标准由中华人民共和国商务部提出并归口。

本标准起草单位：中国食品发酵工业研究院、中国酿酒工业协会、中国酒类流通协会、宜宾五粮液集团有限公司、贵州茅台酒股份有限公司、山西杏花村汾酒集团公司、泸州老窖股份有限公司、烟台张裕葡萄酿酒股份有限公司、北京朝批商贸股份有限公司、北京市糖业烟酒公司。

本标准主要起草人：熊正河、郭新光、王延才、刘员、高杰楷、汪地强、杜小威、李记明、卢中明、孙文辉、王晖、王晓龙。

酒类产品流通术语

1 范围

本标准规定了酒类产品流通领域的相关术语和定义。

本标准适用于酒类产品流通过程及涉及酒类流通的相关领域。

2 术语和定义

下列术语和定义适用于本文件。

2.1 酒类基本术语

2.1.1 酒类产品 alcohol product

酒精度（乙醇含量）大于或等于0.5%（体积分数）的含酒精饮料，包括发酵酒、蒸馏酒、配制酒、食用酒精以及其他含有酒精成分的饮品。

注：包括无醇啤酒。

2.1.2 散装酒 bulk alcohol product

采用大包装形式进行销售（或分次销售）的酒。

2.1.3 基酒 base spirits

按照一定质量要求用于生产成品酒的酒。

2.1.4 成品酒 finished alcohol

达到产品标准要求，准备投放市场的酒。

2.1.5 商品酒 commercial alcohol

在市场上流通，具有商品属性的酒类产品的总称。

2.1.6 酒类产品流通 circulation of alcohol products

包括酒类批发、零售、储运等经营活动的总称。

2.1.7 酒类产品物流 logistics of alcohol products

酒类产品从供应地向接受地的实体流动过程。

2.1.8 酒类产品零售 alcohol product retail

以直接向最终消费者销售酒类商品的交易活动方式。

2.1.9 酒类产品批发 alcohol product wholesale

以向再销售者转售酒类商品为目的的交易活动方式。

2.1.10 酒类流通渠道 circulation channel of alcohol products

酒类产品从生产领域到达消费领域所经过的途径环节。

2.1.11 连锁经营 chain-store operations

经营同类商品或服务的若干个企业，以一定的形式组成一个联合体，在整体规划下进行专业化分工,并在分工基础上实施集中化管理,把独立的经营活动组合成整体的规模经营。连锁经营包括三种形式:直营连锁、特许经营和自由连锁。

2.1.12 电子商务 electronic commerce

利用计算机技术、网络技术和远程通信技术,实现电子化、数字化和网络化的整个商务过程。

2.1.13 召回 recall

生产者按照规定程序,对由其生产原因造成的某一批次或类别的不安全食品,通过换货、退货、补充或修正消费说明等方式,及时消除或减少质量安全危害的活动。

2.2 作业术语

2.2.1 运输包装 packing for transportation

以运输贮存为主要目的进行的包装。它具有保障产品的安全,方便储运装卸,加速交接、点验等作用。

2.2.2 配送 delivery(distribution)

在经济合理区域范围内,根据客户要求,对酒类产品进行拣选、加工、包装、分割、组配等作业,并按时送达指定地点的物流活动。

2.2.3 运输 transportation

用专用运输设备将酒类产品从一地点向另一地点运送。其中包括集货、分配、搬运、中转、装卸和分散等一系列操作。

2.2.4 仓储 warehousing

利用仓库及相关设施设备进行物品的入库、贮存、出库的活动。

2.2.5 流通加工 circulation processing

酒类产品在从生产地到消费地流通的过程中,根据需要施加贮存、包装、刷标志、拴标签等简单作业的总称。

2.3 设备术语

2.3.1 运输容器罐 transport–tank

专用于运送酒类等液体的、符合卫生及安全要求的刚性或惰性材料制成的槽罐。

2.3.2 酒桶 alcohol bucket

用于运送及贮存酒类产品的容器,不同用途的酒桶制造材料不同,但应达到食品级的要求。

2.3.3 皮囊 peltry pocket flesik

用符合食品级的惰性材料制造,具有良好密闭性的,用于酒类产品长途运输的容器。

2.3.4 酒类产品运输专用罐车 tank–truck for alcohol product

专门用于酒类产品运输的带有专用罐体的运输车辆。

2.3.5 不锈钢贮酒罐 alcohol store stainless steel tank

不锈钢制成的大容量贮酒容器。

2.3.6 葡萄酒储藏柜 wine cooler

一个有适当容积和装置的绝热箱体,用消耗电能的手段来制冷,并具有一个或多个间室用来储存葡萄酒的储藏柜。该储藏柜主要用于冷却和储存葡萄酒。

2.4 设施术语

2.4.1 流通设施　circulation establishment

具备流通相关功能和提供流通服务的场所。

2.4.2 配送中心　distribution center

从事配送酒类产品业务且具有完善信息网络的场所或组织。

2.4.3 酒库　alcohol warehouse（cellar）

用于贮存酒的场所。

2.4.3.1 原酒及基酒酒库

用于贮存原酒及基酒的场所。

2.4.3.2 成品酒酒库

用于贮存成品酒的场所。

2.5 流通信息术语

2.5.1 射频标签　RFID tag

射频识别系统中存储可识别数据的电子装置。

2.5.2 射频识读器　RFID reader

利用射频技术读取标签信息或将信息写入标签的设备。识读器读出的标签的信息通过计算机及网络系统进行管理和信息传输。

2.5.3 射频识别　radio frequency identification

利用射频信号及其空间耦合和传输特性进行非接触双向通信、实现对静止或移动物体的自动识别，并进行数据交换的一项自动识别技术。

2.5.4 射频识别系统　RFID system

由射频标签、识读器和计算机网络组成的自动识别系统。通常，识读器在一个区域发射能量形成电磁场，射频标签经过这个区域时检测到识读器的信号后发送存储的数据，识读器接收射频标签发送的信号，解码并校验数据的准确性以达到识别的目的。

2.5.5 酒类产品流通随附单　attached documents for alcohol circulation

详细记录酒类产品流通信息的单据，并附随于酒类流通的全过程。

2.5.6 电子订货系统　electronic ordering system

将酒类产品批发、零售商场所发生的订货数据输入计算机，并通过计算机通信网络连接的方式将资料传送至生产商、批发商或商品供货商处。

2.6 流通管理术语

2.6.1 酒库布局　alcohol warehouse layout

在一定区域内，对酒库的数量、规模、位置和酒库设施等各要素进行科学合理的规划。

2.6.2 安全库存　safety stock

用于缓冲不确定性因素（如大量突发性订货、交货突然延期等）而准备的产品库存数量。

2.6.3 库存管理　inventory management

对库存酒类产品所进行的计划、组织、协调与控制工作。

2.6.4 流通成本管理 circulation cost control

对酒类产品流通活动所发生的相关费用进行的计划、协调与控制工作。

2.7 产品追溯术语

2.7.1 产品标识 product identification

是粘贴、印刷、标记在包装上，用以表示食品名称、质量等级、净含量、生产者或者销售者等相关信息的文字、符号、数字、图案以及其他说明的总称。

2.7.2 追溯单元 trace unit

需要重新获得其历史、应用或位置信息的物理实体。

2.7.3 追溯深度 trace depth

酒类产品追溯系统可以向前或向后追溯信息的程度。

2.7.4 追溯广度 trace width

酒类产品追溯系统所包含的信息范围。

2.7.5 追溯精确度 trace accuracy

酒类产品追溯系统可以确定问题源头或产品某种特性的能力。

2.8 酒类流通从业人员术语

2.8.1 酒类产品流通从业人员 persons for circulation of alcohol products

在酒类产品市场流通过程中，从事酒类产品营销、采购、运输、贮存、加工和行政管理等活动的人员。

2.8.2 营销人员 spirits marketer

在酒类产品市场流通过程中，负责酒类产品销售活动的人员。

2.8.3 营业人员 shop assistant

在酒类产品销售终端，直接面向消费者的销售人员。

2.8.4 承运人员 carrier

承诺在运输合同中，通过铁路、公路、空运、海运、内河运输或上述运输的联合方式履行运输或由他人履行运输的人员。

ICS 67.080
B 31

GB

中华人民共和国国家标准

GB/T 19970—2005

无核白葡萄

Thompson seedless

2005-11-04 发布

2006-11-01 实施

中华人民共和国国家质量监督检验检疫总局
中国国家标准化管理委员会 发布

前　言

　　无核白葡萄是葡萄中的一个优质品种，主要产自新疆的吐鲁番、甘肃、内蒙古，为提高和规范无核白葡萄的品质，特制定本标准。

　　本标准由新疆维吾尔自治区质量技术监督局提出。

　　本标准由国家标准化管理委员会归口。

　　本标准主要起草单位：新疆维吾尔自治区吐鲁番地区质量技术监督局、新疆维吾尔自治区吐鲁番地区农业局。

　　本标准主要起草人：原建设、杨文菊、方海龙、张金涛、张以和、卫建国、哈里旦。

无核白葡萄

1 范围

本标准规定了无核白葡萄的定义、要求、检验方法、检验规则及标志、标签、包装、运输和贮存。本标准适用于无核白葡萄的生产、加工与交售。

2 规范性引用文件

下列文件中的条款通过本标准的引用而成为本标准的条款。凡是注日期的引用文件，其随后所有的修改单（不包括勘误的内容）或修订版均不适用于本标准，然而，鼓励根据本标准达成协议的各方，研究是否可使用这些文件的最新版本。凡是不注日期的引用文件，其最新版本适用于本标准。

GB/T 8855　新鲜水果和蔬菜的取样方法
GB/T 12293　水果、蔬菜制品　可滴定酸度的测定
GB/T 12295　水果、蔬菜制品　可溶性固形物含量的测定　折射仪法
GB 18406.2　农产品安全质量　无公害水果安全要求

3 术语和定义

下列术语和定义适用于本标准。

3.1 无核白葡萄　Thompson seedless

别名无核露。原产中亚西亚，主要用于制干的无核、绿色葡萄品种。果穗为圆锥形，中等大小；果粒为椭圆形、较小，浅黄绿色；果肉浅绿色，汁少，肉质紧密而脆；味甜，无香味，品质上等。

3.2 霉烂果粒　mildew and metamorphose fruit particle

部分或全部腐败变质、不能食用的果粒。

3.3 整齐度　uniformity degree

果穗和果粒在形状、大小等方面的一致程度，分为整齐、比较整齐和不整齐。整齐：单穗、单粒的重量与其平均值误差小于20%，形状一致或相近；比较整齐：单穗、单粒的重量与其平均值误差小于30%，形状方面相似；不整齐：单穗、单粒的重量与其平均值误差大于30%，形状不太一致或不一致。

3.4 紧密度　tightness degree

果穗的紧密程度。分为极紧、紧、适中、松、极松。极紧：果粒之间很挤，果粒发生变形；紧：

果粒之间较挤，但果粒不变形；适中：果穗平放时，果穗形状稍有改变；松：果穗平放时，果穗显著变形；极松：果穗平放时，果穗大部分分枝处于一个平面。

3.5 新鲜洁净 fresh and clean

果皮、果梗不皱缩，无污物；果粒、果梗呈新鲜状态。

3.6 异常果 abnormal fruit

由于自然因素或人为机械的作用，在外观、肉质、风味方面有较明显异常的果实。异常果包括：破损果、日灼果、水罐子果、伤疤果等。

3.7 破损果 damaged fruit

因机械损伤造成果皮、果肉发生裂口的果实。

3.8 日灼果 sunburn fruit

由于受强日光照射在果实表面形成变色斑块的果实。

3.9 水罐子果 soft disease fruit

由于营养不良而造成果肉变软并呈水状，不能正常成熟的果实。

3.10 伤疤果 fruit scar

由于机械等外界原因形成表面疤痕的果实。

3.11 色泽 colour

本品种固有颜色。

4 要求

4.1 感官指标

感官指标应符合表1规定。

表1 感官指标

项目	特级	一级	二级
果面	新鲜洁净		
口感	皮薄肉脆、酸甜适口、具有本品特有的风味、无异味		
色泽	黄绿色	黄绿色和绿黄色	
紧密度	适中	较适中	偏松、偏紧

4.2 理化指标

理化指标应符合表2规定。

表 2　理化指标

项目		特级	一级	二级
粒重/g	≥	2.5	2.0	1.5
穗重/g		400~800	≥300	≥250
可溶性固形物/（%）	≥	18	16	14
总酸含量/（%）	≤	0.6	0.8	1.0
整齐度/（%）		≤20	≥20	
异常果/（%）	≤	1	2	3
霉烂果粒		不得检出		

4.3　卫生指标

按 GB 18406.2 规定执行。

5　检验方法

5.1　感官指标

将样品放于洁净的瓷盘中，在自然光线下用肉眼观察葡萄果穗、果粒的形状、色泽、紧密度并品尝。

5.2　理化指标

5.2.1　粒重、穗重

粒重采用感量 0.1g 的天平测定，穗重采用感量 1g 的天平测定。

5.2.2　可溶性固形物

按 GB/T 12295 执行。

5.2.3　总酸量

按 GB/T 12293 执行。

5.2.4　整齐度

从试样中随机抽出果穗 20 穗、果粒 200 粒，称量计算平均值，抽出最大、最小果穗各 5 穗，最大、最小果粒各 50 粒，称量计算平均值，按式（1）计算出整齐度（X），数值以%表示。

$$X = \left(\frac{A_1}{A_2} - 1\right) \times 100 \quad\cdots\cdots\cdots\cdots\cdots\cdots\cdots\cdots\cdots\cdots\cdots\cdots\cdots (1)$$

式中：

A_1——最大、最小果穗、果粒平均值，单位为克（g）；

A_2——试样平均穗重、粒重，单位为克（g）。

5.2.5　异常果

从试样中挑选出有异常的果粒称量，按式（2）计算出异常果的百分含量（Y），数值以%表示。

$$Y = \frac{T_1}{T_2} \times 100 \quad\cdots\cdots\cdots\cdots\cdots\cdots\cdots\cdots\cdots\cdots\cdots\cdots\cdots\cdots (2)$$

式中：

T_1——异常果的总重量，单位为克（g）；

T_2——试样重量，单位为克（g）。

5.3 卫生指标

按 GB 18406.2 规定执行。

6 检验规则

6.1 组批

同一产地、同一生产技术方式、同一等级、同期采收的葡萄，每 10 000 kg 为一组批，不足 10 000 kg 视为一个组批。

6.2 抽样方法

抽样按每一批随机抽取三个检样，检样重量按 GB/T 8855 有关规定执行。其中一半样品作为制备实验室样品，另一半样品作为备样。

6.3 田间检验

产品包装前应按照本标准要求中感官指标和可溶性固形物进行质量等级检验，按等级要求分别包装并将合格证附于包装箱内。

6.4 交货验收

供需双方在交货现场按 GB/T 8855 有关规定执行。按照本标准规定的质量等级进行分级；如客户另有要求，可按交货验收协议执行。

6.5 判定规则

检验结果应符合相应等级的规定，当感官指标出现不合格项时，允许降等或重新分级。理化指标有一项不合格时，允许加倍抽样复检，如仍有不合格，则判为该批产品不合格。卫生指标若有一项不合格时，则判为该批产品不合格，不得复检。

7 标志、标签、包装、运输、贮存

7.1 标志、标签

每件（纸箱）外包装上应清晰标注以下内容：
a）产品名称；
b）重量、规格、净含量；
c）产地、产址；
d）质量等级；
e）执行标准代号。

7.2 包装

葡萄的外包装要选择轻质牢固，清洁卫生，干燥完整，无毒性，无异味，对葡萄有保护作用的木箱、塑料箱和纸箱。

7.3 运输与贮存

运输可采用预冷运输、冷藏车或冷藏集装箱等多种运输方式。

贮存场所应清洁卫生，不得与有害有毒物品混存混放。

ICS 67.160.10
X 62

中华人民共和国国家标准

GB 15037—2006
代替 GB/T 15037—1994

葡萄酒

Wines

2006-12-11 发布　　　　2008-01-01 实施

中华人民共和国国家质量监督检验检疫总局
中国国家标准化管理委员会　发布

前 言

本标准的第3章、5.2、5.3、5.4和8.1、8.2为强制性条款，其他为推荐性条款。

本标准适用于实施日期之后生产的葡萄酒。

本标准的定义部分非等效采用了《国际葡萄与葡萄酒组织（OIV）法规》（2003年版）。

本标准是对GB/T 15037—1994《葡萄酒》的修订。

本标准代替GB/T 15037—1994。

本标准与GB/T 15037—1994相比主要变化如下：

1）定义的描述，参照《国际葡萄与葡萄酒组织（OIV）法规》（2003年版）和《中国葡萄酿酒技术规范》进行了适当的修改。增加了特种葡萄酒——利口葡萄酒、冰葡萄酒、贵腐葡萄酒、产膜葡萄酒、低醇葡萄酒、脱醇葡萄酒和山葡萄酒的定义；

2）产品分类，除保留GB/T 15037—1994中按色泽和二氧化碳含量分类外，还增加了按含糖量进行分类；

3）要求：

——游离二氧化硫和总二氧化硫指标按GB 2758—2005《发酵酒卫生标准》执行；

——总酸不作要求，以实测值表示，以便葡萄酒类型的判定；

——增加了柠檬酸、铜、甲醇、防腐剂限量指标；其中苯甲酸在发酵过程中可自然产生，并非人工添加，因此规定了上限；

——规定不得添加"合成着色剂""甜味剂""香精"和"增稠剂"；

4）增加了净含量要求；

5）检验规则中，对抽样表及其有关条款进行了修改；

6）为便于对感官进行分级评价描述，特增加了附录A。

本标准的附录A为资料性附录。

本标准由中国轻工业联合会提出。

本标准由全国食品工业标准化技术委员会酿酒分技术委员会归口。

本标准负责起草单位：中国食品发酵工业研究院、烟台张裕葡萄酿酒股份有限公司、中国长城葡萄酒有限公司、中法合营王朝葡萄酿酒有限公司、国家葡萄酒质量监督检验中心、新天国际葡萄酒业股份有限公司、甘肃莫高实业发展有限公司葡萄酒分公司。

本标准主要起草人：康永璞、李记明、田雅丽、王树生、朱济义、陈勇、董新义、田栖静。

本标准所代替标准的历次版本发布情况为：

——GB/T 15037—1994。

葡萄酒

1 范围

本标准规定了葡萄酒的术语和定义、产品分类、要求、分析方法、检验规则和标志、包装、运输、贮存。

本标准适用于葡萄酒的生产、检验与销售。

2 规范性引用文件

下列文件中的条款通过本标准的引用而成为本标准的条款。凡是注日期的引用文件，其随后所有的修改单（不包括勘误的内容）或修订版均不适用于本标准，然而，鼓励根据本标准达成协议的各方研究是否可使用这些文件的最新版本。凡是不注日期的引用文件，其最新版本适用于本标准。

GB/T 191 包装储运图示标志

GB 2758 发酵酒卫生标准

GB/T 5009.29 食品中山梨酸、苯甲酸的测定

GB 10344 预包装饮料酒标签通则

GB/T 15038 葡萄酒、果酒通用分析方法

JJF 1070 定量包装商品净含量计量检验规则

国家质量监督检验检疫总局令 [2005] 第75号《定量包装商品计量监督管理办法》

3 术语和定义

下列术语和定义适况于本标准。

3.1 葡萄酒 wines

以鲜葡萄或葡萄汁为原料，经全部或部分发酵酿制而成的，含有一定酒精度的发酵酒。

3.1.1 干葡萄酒 dry wines

含糖（以葡萄糖计）小于或等于4.0 g/L的葡萄酒。或者当总糖与总酸（以酒石酸计）的差值小于或等于2.0 g/L时，含糖最高为9.0 g/L的葡萄酒。

3.1.2 半干葡萄酒 semi-dry wines

含糖大于干葡萄酒，最高为12.0 g/L的葡萄酒。或者当总糖与总酸（以酒石酸计）的差值小于或等于2.0 g/L时，含糖最高为18.0 g/L的葡萄酒。

3.1.3 半甜葡萄酒 semi-sweet wines

含糖大于半干葡萄酒，最高为45.0 g/L的葡萄酒。

3.1.4 甜葡萄酒 sweet wines

含糖大于45.0 g/L的葡萄酒。

3.1.5 平静葡萄酒 still wines

在20℃时,二氧化碳压力小于0.05 MPa的葡萄酒。

3.1.6 起泡葡萄酒 sparkling wines

在20℃时,二氧化碳压力等于或大于0.05 MPa的葡萄酒。

3.1.6.1 高泡葡萄酒 sparkling wines

在20℃时,二氧化碳(全部自然发酵产生)压力大于等于0.35 MPa(对于容量小于250 mL的瓶子二氧化碳压力等于或大于0.3 MPa)的起泡葡萄酒。

3.1.6.1.1 天然高泡葡萄酒 brut sparkling wines

酒中糖含量小于或等于12.0 g/L(允许差为3.0 g/L)的高泡葡萄酒。

3.1.6.1.2 绝干高泡葡萄酒 extra – dry sparkling wines

酒中糖含量为12.1 g/L～17.0 g/L(允许差为3.0 g/L)的高泡葡萄酒。

3.1.6.1.3 干高泡葡萄酒 dry sparkling wines

酒中糖含量为17.1 g/L～32.0 g/L(允许差为3.0 g/L)的高泡葡萄酒。

3.1.6.1.4 半干高泡葡萄酒 semi – dry sparkling wines

酒中糖含量为32.1 g/L～50.0 g/L的高泡葡萄酒。

3.1.6.1.5 甜高泡葡萄酒 sweet sparkling wines

酒中糖含量大于50.0 g/L的高泡葡萄酒。

3.1.6.2 低泡葡萄酒 semi – sparkling wines

在20℃时,二氧化碳(全部自然发酵产生)压力在0.05 MPa～0.34 MPa的起泡葡萄酒。

3.2 特种葡萄酒 special wines

用鲜葡萄或葡萄汁在采摘或酿造工艺中使用特定方法酿制而成的葡萄酒。

3.2.1 利口葡萄酒 liqueur wines

由葡萄生成总酒度为12%(体积分数)以上的葡萄酒中,加入葡萄白兰地、食用酒精或葡萄酒精以及葡萄汁、浓缩葡萄汁、含焦糖葡萄汁、白砂糖等,使其终产品酒精度为15.0%～22.0%(体积分数)的葡萄酒。

3.2.2 葡萄汽酒 carbonated wines

酒中所含二氧化碳是部分或全部由人工添加的,具有同起泡葡萄酒类似物理特性的葡萄酒。

3.2.3 冰葡萄酒 icewines

将葡萄推迟采收,当气温低于-7℃使葡萄在树枝上保持一定时间,结冰,采收,在结冰状态下压榨,发酵,酿制而成的葡萄酒(在生产过程中不允许外加糖源)。

3.2.4 贵腐葡萄酒 noble rot wines

在葡萄的成熟后期,葡萄果实感染了灰绿葡萄孢,使果实的成分发生了明显的变化,用这种葡萄酿制而成的葡萄酒。

3.2.5 产膜葡萄酒 flor or film wines

葡萄汁经过全部酒精发酵,在酒的自由表面产生一层典型的酵母膜后,可加入葡萄白兰地、葡萄酒精或食用酒精,所含酒精度等于或大于15.0%(体积分数)的葡萄酒。

3.2.6　加香葡萄酒　flavoured wines

以葡萄酒为酒基，经浸泡芳香植物或加入芳香植物的浸出液（或馏出液）而制成的葡萄酒。

3.2.7　低醇葡萄酒　low alcohol wines

采用鲜葡萄或葡萄汁经全部或部分发酵，采用特种工艺加工而成的、酒精度为1.0%～7.0%（体积分数）的葡萄酒。

3.2.8　脱醇葡萄酒　non-alcohol wines

采用鲜葡萄或葡萄汁经全部或部分发酵，采用特种工艺加工而成的、酒精度为0.5%～1.0%（体积分数）的葡萄酒。

3.2.9　山葡萄酒　$V.\ amurensis$ wines

采用鲜山葡萄（包括毛葡萄、刺葡萄、秋葡萄等野生葡萄）或山葡萄汁经过全部或部分发酵酿制而成的葡萄酒。

3.3　年份葡萄酒　vintage wines

所标注的年份是指葡萄采摘的年份，其中年份葡萄酒所占比例不低于酒含量的80%（体积分数）。

3.4　品种葡萄酒　varietal wines

用所标注的葡萄品种酿制的酒所占比例不低于酒含量的75%（体积分数）。

3.5　产地葡萄酒　origional wines

用所标注的产地葡萄酿制的酒所占比例不低于酒含量的80%（体积分数）。

注：所有产品中均不得添加合成着色剂、甜味剂、香精、增稠剂。

4　产品分类

4.1　按色泽分类

4.1.1　白葡萄酒。

4.1.2　桃红葡萄酒。

4.1.3　红葡萄酒。

4.2　按含糖量分类

4.2.1　干葡萄酒。

4.2.2　半干葡萄酒。

4.2.3　半甜葡萄酒。

4.2.4　甜葡萄酒。

4.3　按二氧化碳含量分类

4.3.1　平静葡萄酒。

4.3.2　起泡葡萄酒。

4.3.2.1　高泡葡萄酒。

4.3.2.2　低泡葡萄酒。

5 要求

5.1 感官要求[1]

应符合表1的要求。

表1 感官要求

项目			要求
外观	色泽	白葡萄酒	近似无色、微黄带绿、浅黄、禾秆黄、金黄色
		红葡萄酒	紫红、深红、宝石红、红微带棕色、棕红色
		桃红葡萄酒	桃红、淡玫瑰红、浅红色
	澄清程度		澄清,有光泽,无明显悬浮物(使用软木塞封口的酒允许有少量软木渣,装瓶超过1年的葡萄酒允许有少量沉淀)
	起泡程度		起泡葡萄酒注入杯中时,应有细微的串珠状气泡升起,并有一定的持续性
香气与滋味	香气		具有纯正、优雅、怡悦、和谐的果香与酒香,陈酿型的葡萄酒还应具有陈酿香或橡木香
	滋味	干、半干葡萄酒	具有纯正、优雅、爽怡的口味和悦人的果香味,酒体完整
		半甜、甜葡萄酒	具有甘甜醇厚的口味和陈酿的酒香味,酸甜协调,酒体丰满
		起泡葡萄酒	具有优美醇正、和谐悦人的口味和发酵起泡酒的特有香味,有杀口力
典型性			具有标示的葡萄品种及产品类型应有的特征和风格

注:感官评价可参考附录A进行。

5.2 理化要求[2]

应符合表2的要求。

表2 理化要求

项目			要求
酒精度[a](20℃)(体积分数)/(%)			≥7.0
总糖[d] (以葡萄糖计)/(g/L)	平静葡萄酒	干葡萄酒[b]	≤4.0
		半干葡萄酒[c]	4.1~12.0
		半甜葡萄酒	12.1~45.0
		甜葡萄酒	≥45.1
	高泡葡萄酒	天然型高泡葡萄酒	≤12.0(允许差为3.0)
		绝干型高泡葡萄酒	12.1~17.0(允许差为3.0)
		干型高泡葡萄酒	17.1~32.0(允许差为3.0)
		半干型高泡葡萄酒	32.1~50.0
		甜型高泡葡萄酒	≥50.1

1) 特种葡萄酒按相应的产品标准执行。
2) 特种葡萄酒按相应的产品标准执行。

(续表)

项目			要求
干浸出物/（g/L）	白葡萄酒		≥16.0
	桃红葡萄酒		≥17.0
	红葡萄酒		≥18.0
挥发酸（以乙酸计）/（g/L）			≤1.2
柠檬酸/（g/L）	干、半干、半甜葡萄酒		≤1.0
	甜葡萄酒		≤2.0
二氧化碳（20℃）/MPa	低泡葡萄酒	<250 mL/瓶	0.05～0.29
		≥250 mL/瓶	0.05～0.34
	高泡葡萄酒	<250 mL/瓶	≥0.30
		≥250 mL/瓶	≥0.35
铁/（mg/L）			≤8.0
铜/（mg/L）			≤1.0
甲醇/（mg/L）	白、桃红葡萄酒		≤250
	红葡萄酒		≤400
苯甲酸或苯甲酸钠（以苯甲酸计）/（mg/L）			≤50
山梨酸或山梨酸钾（以山梨酸计）/（mg/L）			≤200

注：总酸不作要求，以实测值表示（以酒石酸计，g/L）。
[a] 酒精度标签标示值与实测值不得超过±1.0%（体积分数）。
[b] 当总糖与总酸（以酒石酸计）的差值小于或等于2.0 g/L时，含糖最高为9.0 g/L。
[c] 当总糖与总酸（以酒石酸计）的差值小于或等于2.0g/L时，含糖最高为18.0g/L。
[d] 低泡葡萄酒总糖的要求同平静葡萄酒。

5.3 卫生要求

应符合 GB 2758 的规定。

5.4 净含量

按国家质量监督检验检疫总局令［2005］第75号执行。

6 分析方法

6.1 感官要求

按 GB/T 15038 检验。

6.2 理化要求（除苯甲酸、山梨酸外）

按 GB/T 15038 检验。

6.3 苯甲酸、山梨酸

按 GB/T 5009.29 检验。

6.4 净含量

按 JJF 1070 检验。

7 检验规则

7.1 组批

同一生产期内所生产的、同一类别、同一品质且经包装出厂的、规格相同的产品为同一批。

7.2 抽样

7.2.1 按表3抽取样本，单件包装净含量小于500 mL，总取样量不足1 500 mL时，可按比例增加抽样量。

表3　　　　　　　　　　　　　　　　抽样表

批量范围/箱	样本数/箱	单位样本数/瓶
<50	3	3
51～1 200	5	2
1 201～3 500	8	1
3 501 以上	13	1

7.2.2 采样后应立即贴上标签，注明：样品名称、品种规格、数量、制造者名称、采样时间与地点、采样人。将两瓶样品封存，保留两个月备查。其他样品立即送化验室，进行感官、理化和卫生等指标的检验。

7.3 检验分类

7.3.1 出厂检验

7.3.1.1 产品出厂前，应由生产厂的质量监督检验部门按本标准规定逐批进行检验，检验合格，并附上质量合格证明的，方可出厂。产品质量检验合格证明（合格证）可以放在包装箱内，或放在独立的包装盒内，也可以在标签上或包装箱外打印"合格"或"检验合格"字样。

7.3.1.2 检验项目：感官要求、酒精度、总糖、干浸出物、挥发酸、二氧化碳、总二氧化硫、净含量、微生物指标中的菌落总数。

7.3.2 型式检验

7.3.2.1 检验项目：本标准中全部要求项目。

7.3.2.2 一般情况下，同一类产品的型式检验每半年进行一次，有下列情况之一者，亦应进行：

a) 原辅材料有较大变化时；
b) 更改关键工艺或设备；
c) 新试制的产品或正常生产的产品停产3个月后，重新恢复生产时；
d) 出厂检验与上次型式检验结果有较大差异时；
e) 国家质量监督检验机构按有关规定需要抽检时。

7.4 判定规则

7.4.1 不合格分类

7.4.1.1 A类不合格：感官要求、酒精度、干浸出物、挥发酸、甲醇、柠檬酸、防腐剂、卫生要求、净含量、标签。

7.4.1.2 B类不合格：总糖、二氧化碳、铁、铜。

7.4.2 检验结果有两项以下（含两项）不合格项目时，应重新自同批产品中抽取两倍量样品对不合格项目进行复检，以复检结果为准。

7.4.3 复检结果中如有以下三种情况之一时，则判该批产品不合格：

a) 一项以上A类不合格；
b) 一项B类超过规定值的50%以上；
c) 两项B类不合格。

7.4.4 当供需双方对检验结果有异议时，可由相关各方协商解决，或委托有关单位进行仲裁检验，以仲裁检验结果为准。

8 标志

8.1 预包装葡萄酒标签按 GB 10344 执行，并按含糖量标注产品类型（或含糖量）。

注：单一原料的葡萄酒可不标注原料与辅料；添加防腐剂的葡萄酒应标注具体名称。

8.2 标签上若标注葡萄酒的年份、品种、产地，应符合3.3、3.4、3.5的定义。

8.3 外包装纸箱上除标明产品名称、制造者（或经销商）名称和地址外，还应标明单位包装的净含量和总数量。

8.4 包装储运图示标志应符合 GB/T 191 要求。

9 包装、运输、贮存

9.1 包装

9.1.1 包装材料应符合食品卫生要求。起泡葡萄酒的包装材料应符合相应耐压要求。

9.1.2 包装容器应清洁，封装严密，无漏酒现象。

9.1.3 外包装应使用合格的包装材料，并符合相应的标准。

9.2 运输、贮存

9.2.1 用软木塞（或替代品）封装的酒，在贮运时应"倒放"或"卧放"。

9.2.2 运输和贮存时应保持清洁、避免强烈振荡、日晒、雨淋、防止冰冻，装卸时应轻拿轻放。

9.2.3 存放地点应阴凉、干燥、通风良好；严防日晒、雨淋；严禁火种。

9.2.4 成品不得与潮湿地面直接接触；不得与有毒、有害、有异味、有腐蚀性物品同贮同运。

9.2.5 运输温度宜保持在5℃~35℃；贮存温度宜保持在5℃~25℃。

附录A
（资料性附录）
葡萄酒感官分析评价描述

表 A.1　　葡萄酒感官分级评价描述

等级	描述
优级品	具有该产品应有的色泽，自然、悦目、澄清（透明）、有光泽；具有纯正、浓郁、优雅和谐的果香（酒香），诸香协调，口感细腻、舒顺、酒体丰满、完整、回味绵长，具该产品应有的怡人的风格
优良品	具有该产有的色泽；澄清透明，无明显悬浮物，具有纯正和谐的果香（酒香），口感纯正，较舒顺，较完整，优雅，回味较长，具良好的风格
合格品	与该产品应有的色泽略有不同，缺少自然感，允许有少量沉淀，具有该产品应行的气味，无异味，口感尚平衡，欠协调、完整，无明显缺陷
不合格品	与该产品应有的色泽明显不符，严重失光或混浊，有明显异香、异味，酒体寡淡、不协调，或有其他明显的缺陷（除色泽外，只要有其中一条，则判为不合格品）
劣质品	不具备应有的特征

ICS 67.080.10
B 31

中华人民共和国国家标准

GB/T 19585—2008
代替 GB/T 19585—2004

地理标志产品 吐鲁番葡萄

Product of geographical indication—Turpan grape

2008-06-25 发布　　　　　　　　　　2008-10-01 实施

中华人民共和国国家质量监督检验检疫总局
中国国家标准化管理委员会　发布

前　言

本标准根据国家质量监督检验检疫总局令［2005］第78号《地理标志产品保护规定》及GB 17924—1999《原产地域产品通用要求》制定。

本标准代替GB 19585—2004《原产地域产品　吐鲁番葡萄》。

本标准与GB 19585—2004相比主要变化如下：

——将标准由强制性改为推荐性；

——根据国家质量监督验检疫总局颁布的《地理标志产品保护规定》，修改相关名称内容；

——增加了术语和定义"发育不良果"；

——修改了"栽培技术"中的株行距和采摘时间，规定了葡萄的单位亩产量，规定了激素的使用要求；

——提高了"理化指标"中的可溶性固形物指标，从而提高了产品品质。

本标准的附录A、附录B和附录C为规范性附录。

本标准由全国原产地域产品标准化工作组提出并归口。

本标准起草单位：吐鲁番地区质量技术监督局。

本标准主要起草人：原建设、阿扎提江·皮尔多斯、杨文菊、方海龙、张金涛、卫建国、哈里旦。

本标准所代替标准的历次版本发布情况为：

——GB 19585—2004。

地理标志产品　吐鲁番葡萄

1　范围

本标准规定了吐鲁番葡萄的地理标志产品保护范围、术语和定义、要求、试验方法、检验规则及标志、标签、包装、运输和贮存。

本标准适用于国家质量监督检验检疫行政主管部门根据《地理标志产品保护规定》批准保护的吐鲁番葡萄。

2　规范性引用文件

下列文件中的条款通过本标准的引用而成为本标准的条款。凡是注日期的引用文件，其随后所有的修改单（不包括勘误的内容）或修订版均不适用于本标准，然而，鼓励根据本标准达成协议的各方研究是否可使用这些文件的最新版本。凡是不注日期的引用文件，其最新版本适用于本标准。

GB 7718　预包装食品标签通则

GB/T 8321　（所有部分）农药合理使用准则

GB/T 8855　新鲜水果和蔬菜的取样方法

GB 18406.2　农产品安全质量　无公害水果安全质量要求

3　地理标志产品保护范围

吐鲁番葡萄的产地保护范围为国家质量监督检验检疫行政主管部门根据《地理标志产品保护规定》批准保护的范围，见附录A。

4　术语和定义

下列术语和定义适用于本标准。

4.1　吐鲁番葡萄　Turpan grape

在本标准第3章规定的范围内栽植的葡萄，以本标准栽培技术进行管理，果品质量符合本标准要求的葡萄。

4.2　整齐度　uniformity degree

果穗和果粒在形状、大小等方面的一致程度，分为整齐、比较整齐和不整齐。整齐：单穗、单粒的重量与其平均值误差小于10%，形状一致或相近；比较整齐：单穗、单粒的重量与其平均值误差小于20%，形状方面相似；不整齐：单穗、单粒的重量与其平均值误差大于20%，形状不太一致或不一致。

4.3 紧密度 tightness degree

果穗的紧密程度。分为极紧、紧、适中、松、极松。极紧：果粒之间很挤，果粒发生变形；紧：果粒之间较挤，但果粒不变形；适中：果穗平放时，形状稍有改变；松：果穗平放时，显著变形；极松：果穗平放时，大部分分枝处于一个平面。

4.4 新鲜洁净 fresh and clean

果皮、果梗不皱缩，无污物。

4.5 霉烂果粒 mildew and metamorphose fruit particle

腐败变质，不能食用的果粒。

4.6 异常果 abnormal fruit

由于自然因素或人为机械的作用，在外观、肉质、风味方面有较明显异常的果实。异常果包括：破损果、日灼果、水罐子果、伤疤果等。

4.6.1 破损果 damaged fruit
机械损伤和果皮、果肉发生破裂的果实。
4.6.2 日灼果 sunburn fruit
由于受强日光照射在果实表面形成变色斑块的果实。
4.6.3 水罐子果 soft disease fruit
由于营养不良而造成果肉变软呈水渍状，不能正常成熟的果实。
4.6.4 伤疤果 fruit scar
由于机械原因形成表面疤痕的果实。
4.6.5 发育不良果 maldevelopment fruit
由于自然或人为的原因，到成熟时仍未达到标准要求的果实。

4.7 色泽 colour

本品种固有颜色。

5 要求

5.1 栽培环境

5.1.1 日照
年日照时数2 912.3h~3 062.5h，年日照百分率65%~69%。
5.1.2 气温
年气温11.7℃~14.4℃，大于等于10℃的积温4 598.8℃~5 480.0℃，无霜期205d~236d。
5.1.3 降水
年降水量8.8mm~27.6mm。

5.1.4 水

天山冰雪融化水形成的地表水和地下水。

5.1.5 空气相对湿度

空气相对湿度42%~44%。

5.1.6 土壤

土壤系灌耕土、灌淤土、风沙土、潮土和经过改良的棕色荒漠土，土壤通透性良好，含盐量低于0.15%，土壤呈中性略偏碱。

5.2 特性

5.2.1 果树特性

a) 树势：生长势较强。
b) 枝：一年生枝较粗壮，成熟后为土黄色。
c) 叶：叶片近圆形，五裂，裂刻中深或浅，叶片上下表面光滑无茸毛。
d) 花：两性花，雄蕊较雌蕊长或等长，自花授粉结实良好。
e) 物候期：4月上、中旬萌芽，5月上、中旬开花，7月上旬果实开始成熟，8月下旬完全成熟，生长期为140d，11月进入落叶期。

5.2.2 果实特性

果穗为双歧肩长圆锥形或长圆柱形，大小中等，穗重平均300g~500g；果粒为椭圆形，无核，粒重为1.5g~3.0g；黄绿色，果粉少，皮薄肉脆，不易与果肉分离，酸甜适口，含可溶性固形物18%~23%，含酸量为0.4%~0.8%。

5.3 苗木繁育

5.3.1 插苗培育

从优良种株上选一年生3节（长度20cm）以上的成熟枝条作为插条垄插。

5.3.2 出圃苗木规格

于10月下旬至11月初出圃。出圃前4d~7d浇透水，起苗时要保护好根系。

出圃苗木规格应符合表1规定。

表1　　　　　　　　　　　　　出圃苗木规格

级别	茎粗（直径）/cm	成熟节数/节	根数（根直径≥2 mm）/条	根长/cm
一级	≥0.8	≥8	≥5	≥20
二级	≥0.6	≥5	≥4	≥15

按以上标准分级，每20株或者30株一捆，挂牌标明品种、等级、数量。

5.4 栽培技术

5.4.1 主要栽培管理技术措施

5.4.1.1 建园

选择土质疏松，排灌良好的土壤，采用小棚架，行距5m、株距1m~1.5m，每667m²定植89株~134株，春季栽植。

5.4.1.2 整形修剪

一般采用多主蔓扇形或一条龙整枝法。多主蔓扇形秋剪采用中、长梢为主的混合修剪法，长、中、短结果母枝比例为2∶2∶1，一条龙整枝以中、短梢修剪为主。夏季修剪时叶面积指数4~5。

5.4.1.3 栽培措施

为了提高无核白葡萄的品质，在栽培中实施疏花措施，控制每公顷产量不得超过37 500kg，以30 000 kg~37 500kg为宜（即亩产量不得超过2 500kg，以2 000kg~2 500kg为宜）。

5.4.1.4 激素的使用

采用激素的浓度，赤霉素≤0.15mg/kg，不得使用乙烯利和萘乙酸等生长调节剂。

5.4.1.5 肥水管理

基肥秋施，以有机肥为主；生长期施用氮、磷、钾肥；灌水实行"前促、后控、中间足"的原则，浇足冬水，保墒防寒。

5.4.2 病虫害防治

病虫害防治以预防为主，综合防治为原则。应根据预测预报及时防治，在病虫害防治中宜用物理与生物防治。农药使用严格按GB/T 8321（所有部分）执行。

5.5 采收

5.5.1 采收时间

7月中旬开始采收至9月下旬结束。

5.5.2 采收要求

采收时要求可溶性固形物含量达到16%以上，采收前停水7d~20d。

5.6 感官指标

感官指标应符合表2规定。

表2　　　　　　　　　　　　　　感官指标

项目	特级品	一级品	二级品
穗形和果形	具有本品种固有之特征		
果面	新鲜洁净		
色泽	黄绿色	黄绿色和绿黄色	
口感	皮薄肉脆、酸甜适口、具有本品种特有的风味、无异味		
整齐度	整齐	比较整齐	
紧密度	适中	紧、适中或松	
异常果	≤1%	≤2%	
霉烂果粒	不得检出		

5.7 理化指标

理化指标应符合表3的规定。

表 3　理化指标

项目		特级品	一级品	二级品
粒重/g	≥	2.5	2.0	1.5
穗重/g		500～800	≥300	≥250
可溶性固形物/%	≥	20	18	16
总酸含量/%	≤	0.6	0.7	0.8

5.8　卫生指标

按 GB 18406.2 规定执行。

6　试验方法

6.1　感官指标

6.1.1　将样品放于洁净的白色瓷盘中，在自然光线下用肉眼观察葡萄果穗的形状、颜色和果粒的均匀程度、紧密度并品尝。

6.1.2　异常果

从试样中挑选出有异常的果粒称量，按式（1）计算出异常果的百分含量：

$$X = \frac{T_1}{T_2} \times 100 \quad \cdots\cdots\cdots\cdots\cdots\cdots\cdots\cdots\cdots\cdots\cdots\cdots\cdots\cdots\cdots\cdots (1)$$

式中：

X——异常果的百分含量，%；

T_1——异常果的总质量，单位为克（g）；

T_2——试样质量，单位为克（g）。

6.2　理化指标

6.2.1　粒重、穗重

粒重采用感量 0.1g 的天平测定，穗重采用感量 1g 的天平测定。

6.2.2　可溶性固形物

按附录 B 执行。

6.2.3　总酸量

按附录 C 执行。

6.3　卫生指标

按 GB 18406.2 规定执行。

7　检验规则

7.1　组批

同一等级、同样包装、在同一贮存条件下存放的葡萄为一批。

7.2 抽样方法

在每批产品中随机抽取不少于3kg的样品为检样，取样方法按GB/T 8855执行。

7.3 检验分类

7.3.1 田间检验
产品包装前应按照本标准要求进行质量等级检验，按等级要求分别包装并将合格证附于包装箱内。

7.3.2 型式检验
有下列情况之一时应进行型式检验，型式检验项目为本标准全部技术要求：
a）每年采摘初期；
b）质量技术监督部门提出型式检验要求时。

7.3.3 交货验收
供需双方在交货现场按交售量随机抽取不少于3kg的样品，按照本标准规定的质量等级进行分级。

7.4 判定规则

检验结果应符合相应等级的规定，当感官、理化指标出现不合格项时，允许降等或重新分级。理化指标有一项不合格时，允许加倍抽样复检，如仍有不合格项，则判为该批产品不合格。卫生指标有一项不合格，则判为不合格品，不得复检。

8 标志、标签、包装、运输、贮存

8.1 标志、标签

产品标签应按GB 7718规定执行。获准使用地理标志产品专用标志的生产者，应按地理标志产品专用标志管理办法的规定在其产品上使用防伪专用标志。

8.2 包装

包装材料要保证轻质牢固，不变形，无污染，对葡萄有一定的保护作用。

8.3 运输与贮存

可采用预冷运输、冷藏车或冷藏集装箱等多种运输方式，贮存时应采用冷藏。

附录 A
（规范性附录）
吐鲁番葡萄地理标志产品保护范围图

吐鲁番葡萄地理标志产品保护范围见图 A.1。

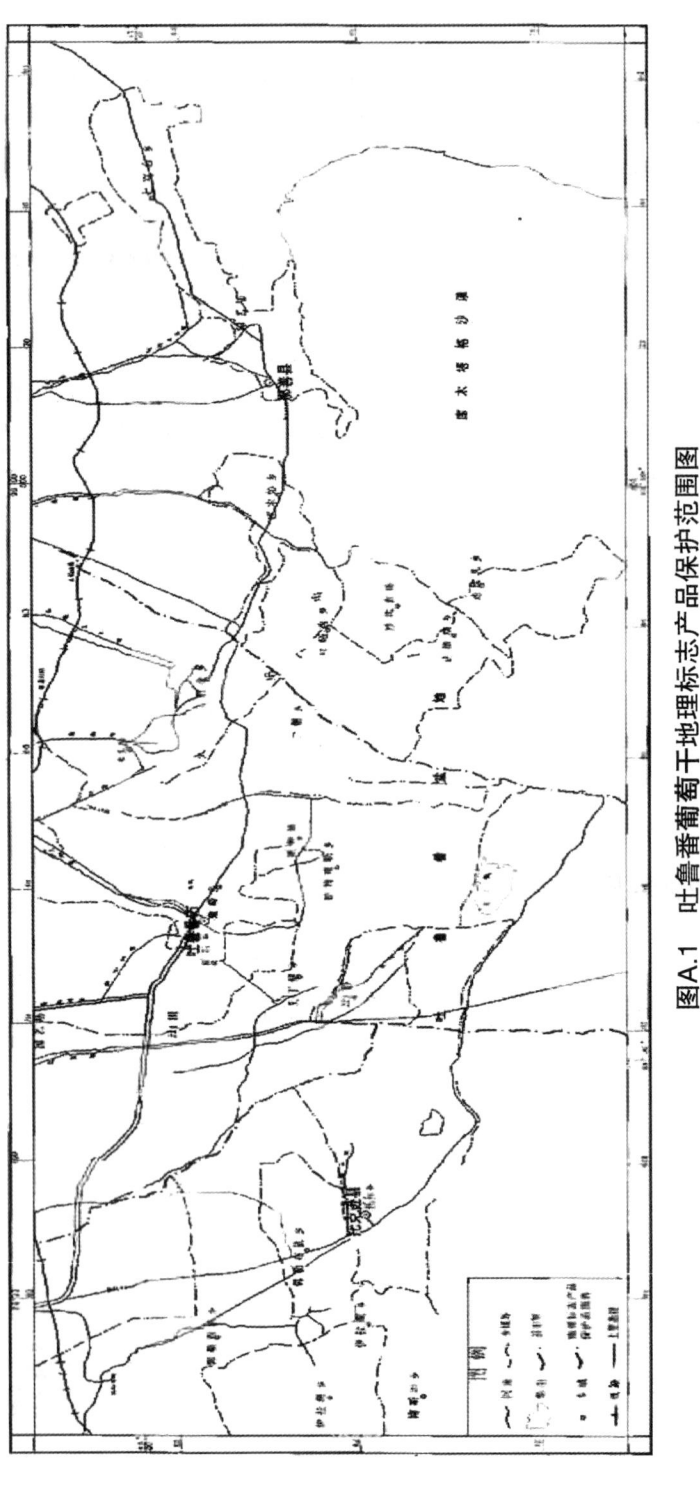

图 A.1 吐鲁番葡萄干地理标志产品保护范围图

附录 B
（规范性附录）
可溶性固形物的测定　折射仪法

B.1　范围

本附录规定了果蔬制品可溶性固形物的折射仪测定方法。

本附录适用于测定果蔬制品及新鲜果蔬可溶性固形物的含量，测定结果以蔗糖质量百分浓度表示，若制品中含有非蔗糖物质，其测定结果为近似值。

B.2　原理

在20℃用折射仪测定试样溶液的折射率，从仪器的刻度尺上直接读出可溶性固形物的含量。

B.3　仪器设备

B.3.1　折射仪：刻度尺上的最小分度值，折射率（n_D）为0.001，读数可估计至0.0003；糖量浓度最小分度值为0.5%，读数可估计至0.25%。

B.3.2　恒温水浴。

B.3.3　高速组织捣碎机：10 000 r/min～12 000 r/min。

B.3.4　架盘天平：感量0.01 g。

B.3.5　烧杯：250 mL。

B.4　测定步骤

B.4.1　样液制备

注：需加水稀释的试样，应适当减少加水量，以避免扩大测定误差。

B.4.1.1　液体制品：如澄清果汁、糖液等，试样混匀后直接用于测定，混浊制品用双层擦镜纸或纱布挤出汁液测定。

B.4.1.2　新鲜果蔬、罐藏和冷冻制品：取试样的可食部分切碎、混匀（冷冻制品应预先解冻），称取250 g，准确至0.1 g，放入高速组织捣碎机捣碎，用两层擦镜纸或纱布挤出匀浆汁液测定。

B.4.1.3　酱体制品：如果酱、果冻等，称取25 g～50 g，准确至0.01 g，放入预先称量的烧杯中，加入100 mL～150 mL蒸馏水，用玻璃棒搅匀，在电热板上加热至沸腾，轻沸2 min～3 min，放置冷却至室温，再次称量，准确至0.01 g，然后通过滤纸或布氏漏斗过滤，滤液供测定用。

B.4.1.4　干制品：把试样可食部分切碎，混匀，称取10 g～20 g，准确至0.01 g，放入称量过的烧杯，加入5～10倍蒸馏水，置沸水浴上浸提30 min，不时用玻璃棒搅动。取下烧杯，待冷却至室温，称量，准确至0.01 g，过滤。

B.4.2　测定

B.4.2.1　调节恒温水浴循环水温度在（20±0.5）℃，使水流通过折射仪的恒温器。循环水也可在15℃～25℃范围内调节，温度恒定不超过±0.5℃。

B.4.2.2　用蒸馏水校准折射仪读数，在20℃时将可溶性固形物调整至0%；温度不在20℃时，按表B.1的校正值进行校准。

表 B.1　　折射仪测定可溶性固形物温度校正

温度/℃	可溶性固形物读数/%										
	0	5	10	15	20	25	30	40	50	60	70
应减去的校正值												
15	0.27	0.29	0.31	0.33	0.34	0.35	0.37	0.38	0.39	0.40	
16	0.22	0.24	0.25	0.25	0.27	0.28	0.28	0.30	0.30	0.31	0.32
17	0.17	0.18	0.19	0.20	0.21	0.21	0.21	0.22	0.22	0.23	0.24
18	0.12	0.13	0.13	0.14	0.14	0.14	0.14	0.15	0.15	0.16	0.15
19	0.06	0.06	0.06	0.07	0.07	0.07	0.07	0.08	0.08	0.08	0.08
应加上的校正值												
21	0.06	0.07	0.07	0.07	0.07	0.08	0.08	0.08	0.08	0.08	0.08
22	0.13	0.13	0.14	0.14	0.15	0.15	0.15	0.15	0.16	0.16	0.15
23	0.19	0.20	0.21	0.22	0.22	0.23	0.23	0.23	0.24	0.24	0.24
24	0.26	0.27	0.28	0.29	0.30	0.30	0.31	0.31	0.31	0.32	0.32
25	0.33	0.35	0.36	0.37	0.38	0.39	0.40	0.40	0.40	0.40	0.40

B.4.2.3　将棱镜表面擦干后，滴加 2 滴~3 滴待测样液于棱镜中央，立即闭合上下两块棱镜，对准光源，转动消色调节旋钮，使视野分成明暗两部分，再转动棱镜旋钮，使明暗分界线适在物镜的十字交叉点上，读取刻度尺上所示百分数，并记录测定时的温度。

B.5　测定结果计算

B.5.1　温度校正

测定温度不在 20℃时，查表 B.1 将检测读数校正为 20℃标准温度下的可溶性固形物含量。

B.5.2　计算公式

未经稀释的试样，温度校正后的读数即为试样的可溶性固形物含量。稀释过的试样，可溶性固形物的含量按式（B.1）计算：

$$可溶性固形物含量（\%）= p \times \frac{m_1}{m_0} \quad\quad\quad\quad (B.1)$$

式中：

p——测定液可溶性固形物含量（质量分数），%；

m_0——稀释前试样质量，单位为克（g）；

m_1——稀释后试样质量，单位为克（g）。

B.5.3　结果表示

同一试样取两个平行样测定，以其算术平均值作为测定结果，保留一位小数。

B.5.4　允许差

两个平行样的测定结果最大允许绝对差，未经稀释的试样为 0.5%，稀释过的试样为 0.5% 乘以稀释倍数（即稀释后试样克数与稀释前试样克数的比值）。

B.6　折射率的温度校正及换算为可溶性固形物含量

如采用的折射仪不带有可溶性固形物百分数刻度，仪器校准和样液测定时，折射率的温度校正及换算为可溶性固形物含量的方法如下。

B.6.1 用蒸馏水校准折射仪读数，在20℃时，折射率调至1.333 0。温度在15℃~25℃时，按表B.2中的折射率进行校准。

表 B.2　　　　　　　　　　　　　　纯水的折射率

温度/℃	折射率	温度/℃	折射率
15	1.333 39	21	1.332 90
16	1.333 32	22	1.332 81
17	1.333 24	23	1.332 72
18	1.333 16	24	1.332 63
19	1.333 07	25	1.332 53
20	1.332 99	—	—

B.6.2 根据在20℃时检测的样液折射率读数，由表B.3查得可溶性固形物百分数。测定时温度不在20℃，需按式（B.2）先校正为20℃时的折射率 n_D^{20}：

$$n_D^{20} = n_D^t + 0.000\ 13\ (t - 20) \quad\quad\quad\quad\quad\quad (B.2)$$

式中：

t——测定时的温度，单位为摄氏度（℃）。

表 B.3　　20℃折射率与可溶性固形物换算表

折光率	可溶性固形物/%	折光率	可溶性固形物/%	折光率	可溶性固形物/%	折光率	可溶性固形物/%	折光率	可溶性固形物/%	折光率	可溶性固形物/%
1.333 0	0.0	1.354 9	14.5	1.379 3	29.0	1.406 6	43.5	1.437 3	58.0	1.471 3	72.5
1.333 7	0.5	1.355 7	15.0	1.380 2	29.5	1.407 6	44.0	1.438 5	58.5	1.473 7	73.0
1.334 4	1.0	1.356 5	15.0	1.381 1	30.0	1.408 6	44.5	1.439 6	59.0	1.472 5	73.5
1.335 1	1.5	1.357 3	16.0	1.382 0	30.5	1.409 6	45.0	1.440 7	59.5	1.474 9	74.0
1.335 9	2.0	1.358 2	16.5	1.382 9	31.0	1.410 7	45.5	1.441 8	60.0	1.476 2	74.5
1.336 7	2.5	1.359 0	17.0	1.383 8	31.5	1.411 7	46.0	1.442 9	60.5	1.477 4	75.0
1.337 3	3.0	1.359 8	17.5	1.384 7	32.0	1.412 7	46.5	1.444 1	61.0	1.478 7	75.5
1.338 1	3.5	1.360 6	18.0	1.385 6	32.5	1.413 7	47.0	1.445 3	61.5	1.479 9	76.0
1.338 8	4.0	1.361 4	18.5	1.386 5	33.0	1.414 7	47.5	1.446 4	62.0	1.481 2	76.5
1.339 5	4.5	1.362 2	19.0	1.387 4	33.5	1.415 8	48.0	1.447 5	62.5	1.482 5	77.0
1.340 3	5.0	1.363 1	19.5	1.388 3	34.0	1.416 9	48.5	1.448 6	63.0	1.483 8	77.5
1.341 1	5.5	1.363 9	20.0	1.389 3	34.5	1.417 9	49.0	1.449 7	63.5	1.485 0	78.0
1.341 8	6.0	1.364 7	20.5	1.390 2	35.0	1.418 9	49.5	1.450 9	64.0	1.486 3	78.5
1.342 5	6.5	1.365 5	21.0	1.391 1	35.5	1.420 0	50.0	1.452 1	64.5	1.487 6	79.0
1.343 3	7.0	1.366 3	21.5	1.392 0	36.0	1.421 1	50.5	1.453 2	65.0	1.488 8	79.5
1.344 1	7.5	1.367 2	22.0	1.392 9	36.5	1.422 1	51.0	1.454 4	65.5	1.490 1	80.0
1.344 8	8.0	1.368 1	22.5	1.393 9	37.0	1.423 1	51.5	1.455 5	66.0	1.491 4	80.5
1.345 6	8.5	1.368 9	23.0	1.394 9	37.5	1.424 2	52.0	1.457 0	66.5	1.492 7	81.0
1.346 4	9.0	1.369 8	23.5	1.395 8	38.0	1.425 3	52.5	1.458 1	67.0	1.494 1	81.5
1.347 1	9.5	1.370 6	24.0	1.396 8	38.5	1.426 4	53.0	1.459 3	67.5	1.495 4	82.0
1.347 9	10.0	1.371 5	24.5	1.397 8	39.0	1.427 5	53.5	1.460 5	68.0	1.496 7	82.5
1.348 7	10.5	1.372 3	25.0	1.398 7	39.5	1.428 5	54.0	1.461 6	68.5	1.498 0	83.0
1.349 4	11.0	1.373 1	25.5	1.399 7	40.0	1.429 6	54.5	1.462 8	69.0	1.499 3	83.5
1.350 2	11.5	1.374 0	26.0	1.400 7	40.5	1.430 7	55.0	1.463 9	69.5	1.500 7	84.0
1.351 0	12.0	1.374 9	26.5	1.401 6	41.0	1.431 8	55.5	1.465 1	70.0	1.502 0	84.5
1.351 8	12.5	1.375 8	27.0	1.402 6	41.5	1.432 9	56.0	1.466 3	70.5	1.503 3	85.0
1.352 6	13.0	1.376 7	27.5	1.403 6	42.0	1.434 0	56.5	1.467 6	71.0		
1.353 3	13.5	1.377 5	28.0	1.404 6	42.5	1.435 1	57.0	1.468 8	71.5		
1.354 1	14.0	1.378 4	28.5	1.405 6	43.0	1.436 2	57.5	1.470 0	72.0		

附录 C
（规范性附录）
总酸的测定

C.1 范围

本附录规定了果蔬制品可滴定酸度的两种测定方法，即电位滴定法和指示剂滴定法。

本附录适用于测定果蔬制品及新鲜果蔬的可滴定酸度。电位滴定法为仲裁法。指示剂滴定法为常规法。

指示剂滴定法不适用于浸出液颜色较深的试样。

C.2 样液制备

C.2.1 仪器

C.2.1.1 高速组织捣碎机：10 000 r/min～12 000 r/min。

C.2.1.2 架盘天平：感量0.01 g。

C.2.1.3 电热恒温水浴锅。

C.2.1.4 移液管：50 mL。

C.2.1.5 烧杯：100 mL、600 mL。

C.2.1.6 容量瓶：250 mL。

C.2.1.7 漏斗：直径7cm。

C.2.1.8 锥形瓶：250 mL。

C.2.1.9 快速滤纸：直径12.5 cm。

C.2.2 制备方法

本试验用水应是不含二氧化碳的或中性蒸馏水，可在使用前将蒸馏水煮沸、放冷，或加入酚酞指示剂用0.1 mol/L氢氧化钠溶液中和至出现微红色。

C.2.2.1 液体制品（如果汁、罐藏水果糖液、腌渍液、发酵液等）：将试样充分摇匀，用移液管吸取50 mL，放入250 mL容量瓶中，加水稀释至刻度，摇匀待测。如溶液混浊可通过滤纸过滤。

注1：含碳酸的液体制品需减压摇动3 min～4 min，以除去二氧化碳。

注2：液体试样也可称取50 g，准确至0.01 g。

C.2.2.2 酱体制品（如果酱、菜泥、果冻等）：将试样搅匀，分取一部分放入高速组织捣碎机内捣碎，称取捣匀的试样10 g～20 g，准确至0.01 g，用80℃～90℃热水洗入250 mL容量瓶，并加热水约至200 mL，放置30 min，冷却至室温，加水稀释至刻度，摇匀，通过滤纸过滤。

C.2.2.3 新鲜果蔬、整果或切块罐藏、冷冻制品：剔除试样的非可食部分（冷冻制品预先在加盖的容器中解冻），用四分法分取可食部分切碎混匀，称取250 g，准确至0.1 g，放入高速组织捣碎机内，加入等量水，捣碎1 min～2 min。每2 g匀浆折算为1 g试样，称取匀浆50 g～100 g，准确至0.1 g，用100 mL水洗入250 mL容器瓶，置75℃～80℃水浴上加热30 min，其间摇动数次，取出冷却，加水至刻度，摇匀过滤。

C.2.2.4 干制品：取试样的可食部分切碎棍匀，称取50 g，准确至0.1 g，放入高速组织捣碎机内，加入450 g水，捣碎2 min～3 min。每10 g匀浆折算为1 g试样，称取试样匀浆50 g～100 g，准确到 0.1 g，按 C.2.2.3 水浴浸提，定容过滤。

C.3 测定方法

C.3.1 电位滴定法

C.3.1.1 原理

试样浸出液用 0.1 mol/L 氢氧化钠标准溶液进行电位滴定，以 pH 8.1 为滴定终点。

C.3.1.2 试剂

C.3.1.2.1 pH 4.01 标准缓冲液（25℃）。

C.3.1.2.2 pH 9.18 标准缓冲液（25℃）。

C.3.1.2.3 氢氧化钠（GB 629）标准溶液：c（NaOH）= 0.1 mol/L，参照 GB/T 601 准确标定。

C.3.1.3 仪器

C.3.1.3.1 酸度计：用 pH 4.01 标准缓冲液校正后，测定 pH 9.18 标准缓冲液，测定误差不大于 0.05pH。

C.3.1.3.2 玻璃电极和甘汞电极。

C.3.1.3.3 磁力搅拌器。

C.3.1.3.4 搅拌棒。

C.3.1.3.5 移液管：50 mL、100 mL。

C.3.1.3.6 烧杯：100 mL、250 mL。

C.3.1.3.7 滴定管：碱式，10 mL、25 mL。

C.3.1.4 测定步骤

C.3.1.4.1 用 pH4.01 和 pH9.18 标准缓冲液按仪器说明书校正酸度计。

C.3.1.4.2 根据预测酸度，用移液管吸取 50 mL 或 100 mL 试样浸出液（见 C.2,2），放入适当大小的烧杯中，使氢氧化钠标准溶液的滴定体积不小于 5 mL。

C.3.1.4.3 将盛样液的烧杯置于磁力搅拌器上，放入搅拌棒，插入玻璃电极和甘汞电极，滴定管尖端插入样液内 0.5 cm ~ 1 cm，在不断搅拌下用氢氧化钠溶液迅速滴定至 pH 6，而后减慢滴定速度。当接近 pH 7.5 时，每次加入 0.1 mL ~ 0.2 mL，并于每次加入后记录 pH 读数和氢氧化钠溶液的总体积，继续滴定至少 pH 8.3，在 pH 8.1 ± pH 0.2 的范围内，用内插法求出滴定至 pH 8.1 所消耗的氢氧化钠溶液体积。

C.3.2 指示剂滴定法

C.3.2.1 原理

试样浸出液以酚酞为指示剂，用 0.1 mol/L 氢氧化钠标准溶液滴定。

C.3.2.2 试剂

C.3.2.2.1 氢氧化钠标准溶液：0.1 mol/L（见 C.3.1.2.3）。

C.3.2.2.2 酚酞指示剂：10 g/L 的 95%（体积分数）乙醇（GB 697）溶液。

C.3.2.3 仪器

C.3.2.3.1 移液管：50mL、100mL。

C.3.2.3.2 锥形管：150mL、250mL。

C.3.2.3.3 滴定管：碱式，10mL、25mL。

C.3.2.4 测定步骤

根据预测酸度，用移液管吸取 50 mL 或 100 mL 样液（见 C.2.2），加入酚酞指示剂 5 滴 ~ 10 滴，用氢氧化钠标准溶液滴定，至出现微红色30 s内不褪色为终点，记下所消耗的体积。

注：有些果蔬样液滴定至接近终点时出现黄褐色，这时可加入样液体积的1倍~2倍热水稀释，加入酚酞指示剂0.5 mL~1 mL，再继续滴定，使酚酞变色易于观察。

C.4 测定结果的计算

C.4.1 计算公式

C.4.1.1 试样的可滴定酸度以每100 g或100 mL中氢离子毫摩尔数表示，按式（C.1）计算：

$$可滴定酸度\ [\mathrm{mmol}/100\ \mathrm{g}\ (\mathrm{mL})] = \frac{c \times V_1}{V_0} \times \frac{250}{m\ (V)} \times 100 \quad\quad\quad (C.1)$$

式中：

c——氢氧化钠标准溶液浓度，单位为毫摩尔每克或毫摩尔每毫升[mmol/g（mmol/mL）]；

V_1——滴定时所消耗的氢氧化钠标准溶液体积，单位为毫升（mL）；

V_0——吸取滴定用的样液体积，单位为毫升（mL）；

$m\ (V)$——试样质量或体积，单位为克或毫升[g（mL）]；

250——试样浸提后定容体积，单位为毫升（mL）。

C.4.1.2 试样的可滴定酸度以某种酸的百分含量表示，按式（C.2）计算：

$$可滴定酸度（\%）= \frac{c \times V \times k}{V_0} \times \frac{250}{m\ (V)} \times 100 \quad\quad\quad (C.2)$$

式中：

k——换算为某种酸克数的系数（见表C.1）。

注：其余字母符号同式（C.1）。

表C.1　　　　　　　　　　　　　换算系数

酸的名称	换算系数	习惯用以表示的果蔬制品
苹果酸	0.067	仁果类、核果类水果
结晶柠檬酸（一结晶水）	0.070	柑橘类、浆果类水果
酒石酸	0.075	葡萄
草酸	0.045	菠菜
乳酸	0.090	盐渍、发酵制品
乙酸	0.060	醋渍制品

C.4.2 结果表示

同一试样取两个平行样测定，以其算术平均值作为测定结果。用每100 g或100 mL中氢离子毫摩尔数表示的，保留一位小数；用酸的百分含量表示的保留两位小数。

C.4.3 允许差

两个平行样的测定值相差不得大于平均值的2%。

注：报告检验结果应注明所用的测定方法。

ICS 67.080.10
X 4

中华人民共和国国家标准

GB/T 19586—2008
代替 GB 19586—2004

地理标志产品 吐鲁番葡萄干

Product of geographical indication—Turpan raisin

2008-06-25 发布　　　　　　　　　　2008-10-01 实施

中华人民共和国国家质量监督检验检疫总局
中国国家标准化管理委员会　发布

前 言

本标准根据《地理标志产品保护规定》及 GB 17924—1999《原产地域产品通用要求》制定。

本标准代替 GB 19586—2004《原产地域产品 吐鲁番葡萄干》。

本标准与 GB 19586—2004 相比主要变化如下：

——将标准由强制性改为推荐性；

——根据国家质量监督检验检疫总局颁布的《地理标志产品保护规定》，修改相关名称内容；

——增加了术者和定义"发育不良果"；

——修改补充了"晾制方法"，使其更加明确，便于操作；

——降低了"分级指标"中的杂质指标，从而提高了产品品质。

本标准的附录 A 为规范性附录。

本标准由全国原产地域产品标准化工作组提出并归口。

本标准起草单位：吐鲁番地区质量技术监督局。

本标准主要起草人：原建设、阿扎提江·皮尔多斯、杨文菊、方海龙、张金涛、卫建国、哈里旦。

本标准所代替标准的历次版本发布情况为：

——GB 19586—2004。

地理标志产品 吐鲁番葡萄干

1 范围

本标准规定了吐鲁番葡萄干的术语和定义、地理标志产品保护范围、要求、试验方法、检验规则及标志、标签、包装、运输、贮存。

本标准适用于国家质量监督检验检疫行政主管部门根据《地理标志产品保护规定》批准保护的吐鲁番葡萄干。

2 规范性引用文件

下列文件中的条款通过本标准的引用而成为本标准的条款。凡是注日期的引用文件，其随后所有的修改单（不包括勘误的内容）或修订版均不适用于本标准，然而，鼓励根据本标准达成协议的各方研究是否可使用这些文件的最新版本。凡是不注日期的引用文件，其最新版本适用于本标准。

GB/T 5009.3 食品中水分的测定

GB/T 5009.7 食品中还原糖的测定

GB 7718 预包装食品标签通则

GB 16325 干果食品卫生标准

3 术语和定义

下列术语和定义适用于本标准。

3.1 吐鲁番葡萄干 Turpan raisin

以吐鲁番原产地域范围内的葡萄为原料，按本标准晾制，质量达到本标准要求的葡萄干。

3.2 破损果粒 damaged raisin particle

外形不完整的或加工过程中机械损伤的干果粒。

3.3 霉变果粒 mildew and metamorphose raisin particle

生霉变质不能食用的干果粒。

3.4 虫蛀果粒 worm–eaten raisin particle

被虫蛀蚀的干果粒。

3.5 杂质 impurity

夹杂在葡萄干中的穗轴、果梗。

3.6 果粒色泽度 colour and lustre degree

干果粒天然绿色色泽一致的程度。

3.7 果粒饱满度 satiation degree

干果粒饱满的程度。

3.8 果粒均匀度 uniformity degree

干果粒大小均匀的程度。

4 地理标志产品保护范围

吐鲁番葡萄干的产地范围为国家质量监督检验检疫行政主管部门根据《地理标志产品保护规定》批准保护的范围，即吐鲁番地区辖区内（吐鲁番市、鄯善县、托克逊县）种植区，见附录A。

5 要求

5.1 自然环境

5.1.1 日照
年日照时数2 912.3h～3 062.5h，年日照百分率65%～69%。

5.1.2 气温
年气温11.7℃～14.4℃，全年大于等于10℃的积温4 598.8℃～5 480.0℃，8月、9月大于等于10℃的积温大于等于1 000℃。无霜期205d～236d。

5.1.3 降水
年降水量8.8mm～27.6mm。

5.1.4 空气相对湿度
空气相对湿度值为：年平均42%～44%，8月～9月平均35%～40%。

5.1.5 土壤
土壤系灌耕土、灌淤土、风沙土、潮土和经过改良的棕色荒漠土。土壤通透性良好，含盐量低于0.15%，土壤呈中性略偏碱性。

5.2 晾制

5.2.1 晾房要求
晾房应通风良好，以土坯或红砖砌成晾房。

5.2.2 晾晒方法

5.2.2.1 晾制方法
采用挂刺或帘式方法在晾房内自然晾干。

5.2.2.2 晒制方法
在地表覆盖物上，通过阳光直接晒制或机械风干。

5.2.3 分级加工

通过除梗、除杂、筛分，分级存放。

5.3 质量要求

5.3.1 分级指标

吐鲁番葡萄干分级指标应符合表1规定。

表1　　　　　　　　　　吐鲁番葡萄干分级指标

项目		特级	一级	二级	三级
外观		粒大、饱满	粒大、饱满	果粒大小较均匀	
滋味		具有本品种风味，无异味			
总糖/%	≥	70	65		
水分/%	≤	15			
果粒均匀度/%	≥	90	80	70	60
果粒色泽度/%	≥	95	90	80	70
破损果粒/%	≤	1	2	3	5
杂质/%	≤	0.1	0.3	0.5	0.8
霉变果粒		不得检出			
虫蛀果粒		不得检出			

5.3.2 卫生指标

按 GB/T 16325 规定执行。

6 试验方法

6.1 感官指标

将样品平铺在样品盘或检验台上，在室内面向自然光线下，用肉眼观察干果粒大小均匀程度和色泽度并品尝。

6.2 理化指标

6.2.1 总糖的测定

按 GB/T 5009.7 规定执行。

6.2.2 水分的测定

按 GB/T 5009.3 规定执行。

6.3 杂质

6.3.1 仪器用具

6.3.1.1 天平：感量0.1g。

6.3.1.2 金属规格套筛。

6.3.2 杂质

分别取100g试样,在天平上称量后,置于筛孔直径为0.2mm筛上。下接筛,上履筛盖,环行平筛1min,转速约60 r/min。

筛毕倒出试样,将所有筛下物收集于洁净小皿内,再捡出筛上试样中各类杂质,合并筛下物称量,按式(1)计算杂质总含量。

$$A = \frac{H}{T} \times 100 \quad \cdots\cdots\cdots\cdots\cdots\cdots\cdots\cdots\cdots\cdots\cdots\cdots\cdots\cdots\cdots\cdots (1)$$

式中:

A——杂质总含量,%;

H——筛上杂质加筛下物总质量,单位为克(g);

T——试样质量,单位为克(g)。

6.4 果粒色泽度

从试样捡出色泽相对一致的果粒合并称量,按式(2)计算果粒色泽度。

$$C = \frac{S}{T} \times 100 \quad \cdots\cdots\cdots\cdots\cdots\cdots\cdots\cdots\cdots\cdots\cdots\cdots\cdots\cdots\cdots\cdots (2)$$

式中:

C——果粒色泽度,%;

S——色泽相对一致果粒总质量,单位为克(g);

T——试样质量,单位为克(g)。

6.5 果粒均匀度

从试样中挑选出大小相对一致的果粒称量,按式(3)计算果粒均匀度。

$$D = \frac{F}{T} \times 100 \quad \cdots\cdots\cdots\cdots\cdots\cdots\cdots\cdots\cdots\cdots\cdots\cdots\cdots\cdots\cdots\cdots (3)$$

式中:

D——果粒均匀度,%;

F——大小相对一致果粒总质量,单位为克(g);

T——试样质量,单位为克(g)。

6.6 破损果粒

在检验筛上杂质的同时,从试样中捡出破损的果粒称量,按式(4)计算破损果粒含量百分比率。

$$J = \frac{E}{T} \times 100 \quad \cdots\cdots\cdots\cdots\cdots\cdots\cdots\cdots\cdots\cdots\cdots\cdots\cdots\cdots\cdots\cdots (4)$$

式中:

J——破损果粒含量,%;

E——破损果粒质量,单位为克(g);

T——试样质量,单位为克(g)。

6.7 卫生指标

按GB/T 16325规定执行。

7 检验规则

7.1 组批

同一等级、同样包装、同一贮存条件下（或标注同一生产日期的小包装产品）存放的葡萄干为一批次。

7.2 抽样量

从每批产品中随机抽取不少于1kg的样品为检样。

7.3 取样方法

在每批次葡萄干的不同部位按规定数量随机取大样，将已取的大样倾置于洁净的铺垫物上，充分混合均匀后，用四分法平分，取其中2份，1份为检样，另1份为备检样。

7.4 检验分类

7.4.1 出厂检验
产品包装前应按照本标准要求进行质量等级检验，按等级要求分别包装并将合格证附于包装箱内。

7.4.2 型式检验
有下列情况之一时应进行型式检验，型式检验项目为本标准全部技术要求：
a）每年加工初期；
b）质量技术监督部门提出型式检验要求时。

7.4.3 交货验收
供需双方在交售现场按交货量随机抽取不少于1kg的样品，按照本标准规定的质量等级进行分级。

7.5 判定

检验结果中如水分、总糖有一项指标达不到要求，则应加倍抽样进行复检，复检仍达不到要求的，则判定为等外品；在分级要求中，如有一项指标达不到要求，即按其实际等级定级；若两个以上项目达不到要求的，则按低等级定级；若等级指标达不到三级要求的，则判为等外品或进行加工整理后重新定级；凡卫生指标不合格，均判定为不合格品。

8 标志、标签、包装、运输、贮存

8.1 标志、标签

产品标签应当符合GB 7718规定。获准使用地理标志产品专用标志的生产者，应按地理标志产品专用标志管理办法的规定在其产品上使用防伪专用标志。

8.2 包装

包装物材料应符合国家关于食品包装材料和卫生要求。

8.3 运输

在运输过程中严禁日晒、雨淋、防潮、防压,运输工具应清洁卫生,不得与有毒有害物品混装混运。

8.4 贮存

在低温、干燥、弱光或无光利通风良好条件下存放,应防潮隔湿,严禁与地面直接接触;不得与易燃、腐蚀、有毒有害物品共同存放。

附录 A
（规范性附录）
吐鲁番葡萄干地理标志产品保护范围图

吐鲁番葡萄干地理标志产品保护范围见图 A.1。

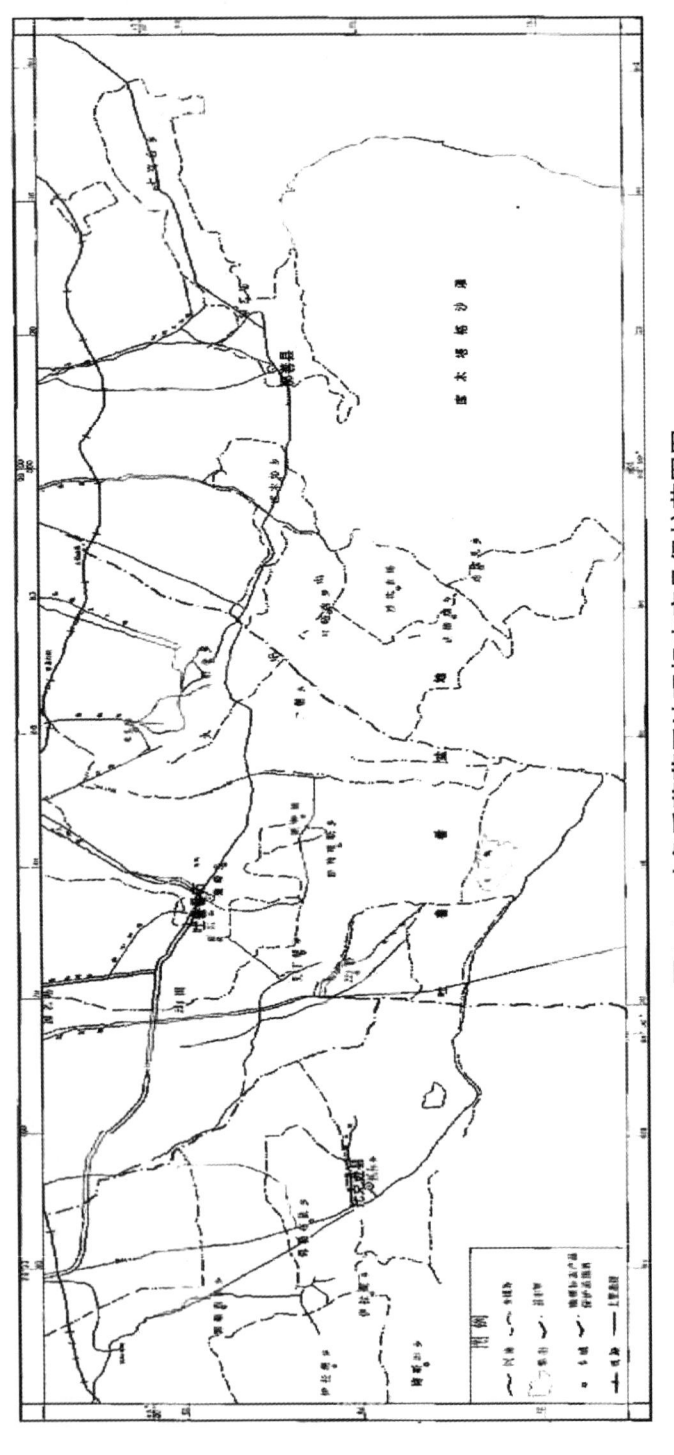

图 A.1 吐鲁番葡萄干地理标志产品保护范围图

ICS 67.200.10
X 14

中华人民共和国国家标准

GB/T 22478—2008

葡萄籽油

Grapeseed oil

2008-11-04 发布　　　　　　　　　　2009-01-20 实施

中华人民共和国国家质量监督检验检疫总局
中国国家标准化管理委员会　发布

前　言

本标准参考了国际食品法典委员会标准 CODEX STAN 210—1999（Rev.1—2001）《指定的植物油标准》的内容，葡萄籽油的技术质量要求设定、限量值和上述国际标准一致。

本标准由国家粮食局提出。

本标准由全国粮油标准化技术委员会归口。

本标准负责起草单位：国家粮食局科学研究院。

本标准参与起草单位：山东远望生物科技有限公司、河南工业大学、云南省粮油科学研究所。

本标准主要起草人：薛雅琳、张蕊、王瑛瑶、魏传亮、马传国、李林开、邵志凌、贾友苏。

葡萄籽油

1 范围

本标准规定了葡萄籽油的相关术语和定义、质量要求与卫生要求、检验方法、检验规则、标签标识以及包装、储存、运输等要求。

本标准适用于以葡萄籽为原料加工的供人食用的商品葡萄籽油。

2 规范性引用文件

下列文件中的条款通过本标准的引用而成为本标准的条款。凡是注日期的引用文件,其随后所有的修改单(不包括勘误的内容)或修订版均不适用于本标准,然而,鼓励根据本标准达成协议的各方研究是否可使用这些文件的最新版本。凡是不注日期的引用文件,其最新版本适用于本标准。

GB 2716　食用植物油卫生标准

GB/T 5009.13　食品中铜的测定

GB/T 5009.37　食用植物油卫生标准的分析方法

GB/T 5009.90　食品中铁、镁、锰的测定

GB/T 5490　粮食、油料及植物油脂检验　一般规则

GB/T 5524　动植物油脂　扦样

GB/T 5525　植物油脂　透明度、气味、滋味鉴定法

GB/T 5526　植物油脂检验　比重测定法

GB/T 5527　植物油脂检验　折光指数测定法

GB/T 5528　动植物油脂　水分及挥发物含量测定

GB/T 5530　动植物油脂　酸值和酸度测定

GB/T 5532　动植物油脂　碘值的测定

GB/T 5534　动植物油脂　皂化值的测定

GB/T 5535.1　动植物油脂　不皂化物测定　第1部分:乙醚提取法

GB/T 5535.2　动植物油脂　不皂化物测定　第2部分:己烷提取法

GB/T 5538　动植物油脂过氧化值测定

GB 7718　预包装食品标签通则

GB/T 15688　动植物油脂　不溶性杂质含量的测定

GB/T 17374　食用植物油销售包装

GB/T 17376　动植物油脂　脂肪酸甲酯制备

GB/T 17377　动植物油脂　脂肪酸甲酯的气相色谱分析

ISO 12228:1999　动植物油脂　甾醇成分及甾醇总含量的测定　气相色谱法

AOCS Cc 17-95(97)　油脂中含皂量测定　滴定法

3 术语和定义

下列术语和定义适用于本标准。

3.1 葡萄籽油　grapeseed oil

以葡萄籽为原料经加工制成的油脂产品。

3.2 折光指数　refractive index

光线从空气中射入油脂时，入射角与折射角的正弦之比值。

3.3 相对密度　relative density

在规定温度下植物油的质量与同体积20℃蒸馏水的质量之比值。

3.4 碘值　iodine value

在规定条件下与100g油脂发生加成反应所需碘的克数。

3.5 皂化值　saponification value

皂化1g油脂所需的氢氧化钾毫克数。

3.6 不皂化物　unsaponifiable matter

油脂中不与碱起作用、溶于醚、不溶于水的物质，包括甾醇、脂溶性维生素和色素等。

3.7 脂肪酸　fatty acid

脂肪族一元羧酸的总称，通式为R–COOH。

3.8 水分及挥发物　moisture and volatile matter

油脂在规定条件下加热，导致其质量损失的物质。

3.9 不溶性杂质　insoluble impurity

油脂中不溶于石油醚等有机溶剂的物质。

3.10 酸值　acid value

中和1g油脂中所含游离脂肪酸需要的氢氧化钾毫克数。

3.11 过氧化值　peroxide value

1kg油脂中过氧化物的毫摩尔数。

3.12 溶剂残留量　residual solvent content in oil

1kg油脂中残留的溶剂毫克数。

3.13 含皂量 saponified matter content

经过碱炼后的油脂中残留的皂化物的含量（以油酸钠计）。

3.14 甾醇 sterol

含羟基的环戊烷骈全氢菲类化合物的总称，以游离状态或同脂肪酸结合成酯的状态存在于生物体内。

4 质量要求与卫生要求

4.1 特征指标

4.1.1 折光指数（n^{40}）：1.467~1.477。

4.1.2 相对密度（d_{20}^{20}）：0.920~0.926。

4.1.3 碘值（I）：128 g/100 g~150g/100 g。

4.1.4 皂化值（KOH）：188mg/g~194mg/g。

4.1.5 不皂化物：≤20g/kg。

4.1.6 脂肪酸组成见表1。

表1　　　　　　　　　　葡萄籽油脂肪酸组成

脂肪酸		含量/%
豆蔻酸	$C_{14:0}$	ND~0.3
棕榈酸	$C_{16:0}$	5.5~11.0
棕榈油酸	$C_{16:1}$	ND~1.2
十七烷酸	$C_{17:0}$	ND~0.2
十七碳一烯酸	$C_{17:1}$	ND~0.1
硬脂酸	$C_{18:0}$	3.0~6.5
油酸	$C_{18:1}$	12.0~28.0
亚油酸	$C_{18:2}$	58.0~78.0
亚麻酸	$C_{18:3}$	ND~1.0
花生酸	$C_{20:0}$	ND~1.0
二十碳一烯酸	$C_{20:1}$	ND~0.3
山嵛酸	$C_{22:0}$	ND~0.5
芥酸	$C_{22:1}$	ND~0.3
木焦油酸	$C_{24:0}$	ND~0.4

注：ND 表示未检出，含量≤0.05%。

4.1.7 总甾醇含量：2 000mg/kg~7 000mg/kg。

4.1.8 各种甾醇成分含量（占总甾醇的质量分数）见表2。

表2　　　　　　　　　　　　　　葡萄籽油甾醇成分含量

甾醇成分	占总甾醇的质量分数/%
高根二醇	>2
芸苔甾醇	ND～0.2
菜籽甾醇	7.5～14.0
豆甾醇	7.5～12.0
β-谷甾醇	64.0～70.0
δ-5-燕麦甾醇	1.0～3.5
δ-7-谷甾醇	0.5～3.5
δ-7-燕麦甾醇	0.5～1.5
其他	ND～5.1

注：ND表示未检出，含量≤0.05%。

4.2 质量指标

质量指标见表3。

表3　　　　　　　　　　　　　　葡萄籽油质量指标

项目		等级		
		一级	二级	三级
色泽		淡绿色或浅黄绿色		
气味、滋味		气味、口感好	气味、口感良好	具有葡萄籽油固有的气味和滋味，无异味
透明度		澄清、透明		
水分及挥发物/%	≤	0.10		
杂质/%	≤	0.05		
酸值（以KOH计）/（mg/g）	≤	0.60	1.0	3.0
过氧化值/（mmol/kg）	≤	5.0	6.0	7.5
含皂量/%	≤	0.005	0.005	0.03
铁/（mg/kg）	≤	1.5		5.0
铜/（mg/kg）	≤	0.1		0.4
溶剂残留量/（mg/kg）	≤	50		

注：当油的溶剂残留量检出值小于10 mg/kg时，视为未检出。

4.3 卫生要求

按GB 2716和国家有关标准、规定执行。

4.4 添加剂使用限制

不得添加任何香精和香料。

4.5 真实性要求

葡萄籽油中不得掺有其他食用油和非食用油。

5 检验方法

5.1 扦样、分样：按 GB/T 5524 执行。

5.2 透明度、气味、滋味检验：按 GB/T 5525 执行。

5.3 色泽检验：按 GB/T 5009.37 执行。

5.4 相对密度：按 GB/T 5526 执行。

5.5 折光指数：按 GB/T 5527 执行。

5.6 水分及挥发物检验：按 GB/T 5528 执行。

5.7 不溶性杂质检验：按 GB/T 15688 执行。

5.8 酸值检验：按 GB/T 5530 执行。

5.9 碘值检验：按 GB/T 5532 执行。

5.10 含皂量检验：按 AOCS Cc 17-95（97）执行。

5.11 皂化值检验：按 GB/T 5534 执行。

5.12 不皂化物检验：按 GB/T 5535.1 或 GB/T 5535.2 执行。

5.13 过氧化值检验：按 GB/T 5538 执行。

5.14 溶剂残留量检验：按 GB/T 5009.37 执行。

5.15 脂肪酸组成检验：按 GB/T 17376、GB/T 17377 执行。

5.16 甾醇含量检验：按 ISO 12228：1999 执行。

5.17 铜含量检验：按 GB/T 5009.13 执行。

5.18 铁含量检验：按 GB/T 5009.90 执行。

6 检验规则

6.1 检验一般规则

按照 GB/T 5490 执行。

6.2 出厂检验

除铁、铜项目外，按 4.2 规定的项目检验。

6.3 型式检验

6.3.1 当原料、设备、工艺有较大变化时，均应进行型式检验。

6.3.2 按第 4 章的规定检验。

6.4 判定规则

6.4.1 产品未标注质量等级时，按不合格判定。

6.4.2 产品的各等级指标中有一项不合格时，即判定为不合格产品。

7 标签标识

7.1 应符合 GB 7718 的要求。

7.2 应注明产品原料的生产国名。

8 包装、储存和运输

8.1 包装

应符合 GB/T 17374 及国家的有关规定和要求。

8.2 储存

应储存于阴凉、干燥、避光处。不得与有毒有害物质一同存放。

8.3 运输

运输车辆和器具应保持清洁、卫生。运输过程中应注意安全，防止日晒、雨淋、渗漏、污染和标签脱落。不得与有毒有害物质同车运输。

参考文献

国际食品法典委员会标准 CODEX STAN 210—1999（Rev. 1—2001）《指定的植物油标准》。

ICS 67.080.01
B 31

中华人民共和国国家标准

GB/T 23351—2009/ISO 7563:1998

新鲜水果和蔬菜 词汇

Fresh fruits and vegetables—Vocabulary
(ISO 7563:1998,IDT)

2009-03-28 发布　　　　　　　　　　2009-08-01 实施

中华人民共和国国家质量监督检验检疫总局
中国国家标准化管理委员会　发布

前　言

本标准等同采用 ISO 7563：1998《新鲜水果和蔬菜 词汇》（英文版），在技术内容上与之无差异。

本标准等同翻译 ISO 7563：1998。在结构上根据 GB/T 1.1—2000《标准化工作导则　第 1 部分：标准的结构和编写规则》的规定，本标准将范围列为第 1 章，将国际标准中的通用术语作为第 2 章，将技术术语作为第 3 章，编号层次有所改变。

为便于使用，本标准还做了下列编辑性修改：

a）删除国际标准的前言。

b）本标准从英法双语出版的国际标准的版本中删除了法语文本。

c）本标准增加了中文索引，保留了原有的英文索引。

本标准由中华全国供销合作总社提出。

本标准由中华全国供销合作总社济南果品研究院归口。

本标准起草单位：中华全国供销合作总社济南果品研究院。

本标准主要起草人：丁辰、解维域、宋烨。

新鲜水果和蔬菜　词汇

1　范围

本标准界定了有关新鲜水果和蔬菜最常用的术语和定义。

2　通用术语

2.1　异常外来水分　abnormal external moisture

由于自然因素（例如：下雨）或人工处理（例如：冲洗）而残存于水果或蔬菜表面的水分。

注：从冷藏库中取出后，产品表面出现的冷凝水不视为异常外来水分。

2.2　擦伤　abrasion

由于与植株其他部分或其他个体接触摩擦而在水果或蔬菜表面造成的损伤。有时是在生长过程中造成的，但大多是采后发生的。

2.3　附着物　adherent

附着在水果或蔬菜上的外来物。

2.4　苦味　bitter

由某些物质（例如：奎宁和咖啡因）产生的基本味道。

2.5　苦痘病　bitter pit

果肉中的褐色小点，在表皮上表现为绿色或褐色凹陷区域。

注：这种缺陷应与果锈（2.46）区别开。就苹果而言，可能是由于缺乏硼或钙而造成的。

2.6　果霜　bloom

由植物分泌的、出现在某些水果（例如：李子或葡萄）表面的蜡质薄粉层。

注：果霜轻微地附着在水果表面，略微改变水果的颜色。

2.7　褐心病　brown core

水果（主要是苹果和梨）核心区域褐变。由不适宜的气体调节、急冷（比如某些苹果品种：旭）、水果衰老等原因造成。

2.8　粗糙　brusque

这个术语通常指有损伤的洋蓟，这种损伤是由于苞叶表皮霜冻引起的，可导致分离和褐变。

2.9 冷害　chilling damage

某些水果和蔬菜处于冰点以上的低温时发生的一种伤害。

注：主要影响热带和亚热带水果和蔬菜，也影响一些温带蔬菜（例如：西红柿、辣椒、黄瓜等）。

2.10 清洗　clean

用水等去除杂质、污斑或其他如泥土、虫卵、沙子以及产品处理时造成的可见残留物等外来杂质的操作。

2.11 表面覆蜡　covered with wax

果蔬表面覆有来自本身或人工涂抹的薄层蜡质。

2.12 栽培品种　cultivar
变种　variety

可以通过明显的形态、物理、细胞学、化学或其他特征来定义的栽培植物的种类，经过有性或无性繁殖后，可保持其独特特征。

注1："栽培品种"的概念与"变种"的概念在植物学上是不相同的。
　　——"栽培品种"是人工选择的结果，即使是根据经验来选择。
　　——"变种"是自然选择的结果。
　　"栽培品种"和"变种"在栽培学意义上是相同的，可能会同时使用。
注2：植物品种或种类的名称通常都用拉丁文形式，是按照植物学术语来确定的。

2.13 表皮　cuticle
外壳　shell
外皮　skin

水果或蔬菜的外表部分，其厚度和坚韧程度各不相同，用于保护可食部分。

注："表皮"通常指柔软的薄的外部类脂部分。
"外皮"通常指牢固的略厚的部分。
"外壳"通常指坚硬的、厚的、纤维质的或木质的部分。

2.14 成熟度　degree of maturity

对水果（或蔬菜）在自然生长和发育过程中所达到的状态定性或定量的评价。

2.15 卸载　depalletize

将货物卸到托盘上。

2.16 变质　deterioration
腐败　spoilage

由于各种原因造成果蔬产品质量下降至无法食用。

2.17 绒毛状　downy

该术语描述的是有柔软的、纤细绒毛的表皮。

2.18 早熟的 early

水果或蔬菜的某些栽培品种达到要求成熟度的时间早于相关水果或蔬菜品种的集中成熟时间。

2.19 果肉 flesh
浆状果肉 pulp

包括内含物在内的薄壁组织。

2.19.1 涩味 astringent
食用含有某些单宁类物质的水果时，口里味觉神经被麻痹所引起的复杂感觉。

2.19.2 坚实的 compact
致密的。

2.19.3 脆的 crunchy
食用时硬而脆。

2.19.4 含纤维的 fibrous
含有纤维或细长的坚实细胞。

2.19.5 坚硬的 firm
有较强的抗压性。

2.19.6 含石细胞的 stony
水果果肉中含有明显坚硬的砂粒状小粒。

2.19.7 玻璃体状的 vitreous
果肉有自然半透明的组织或异常外观。

2.19.8 多水的 watery
有较高含水量。

2.19.9 木质的 woody
有韧性纤维产生的木质结构。

2.20 外来气味 foreign odor and flavor

外来物品产生的气味，影响了原产品的特有气味。

2.21 不含外来杂质 free from extraneous material

果蔬产品中不含叶子、枝条、木屑、泥土、虫卵、昆虫、昆虫残片或其他类似外来物。

注：有利于产品贮存而保留的植物器官不视作外来杂质。

2.22 冻害 freezing damage

由于组织内结冰对活体产品造成的损伤。

2.23 新鲜的 fresh

描述没有干枯或衰老现象的饱满产品，其细胞没有老化。

2.24 生长缺陷 growth defect

水果或蔬菜在生长阶段发生的与该品种特征大小、形状有关的缺陷。

2.25 健康的 healthy

没有因病害侵袭而造成的病理性或生理性疾病和缺陷，不存在可能影响外观、贮存、可食性或商业价值的虫害。

2.26 不成熟的 immature

没有达到生理成熟的果实。

2.27 内部损伤 internal defect

水果或蔬菜沿切线纵向或横向切割后，检查出的果肉损伤。

2.28 多汁的 juicy

达到要求成熟度时，有丰富的细胞汁液，产生适宜的口感。

2.29 耐贮性 keeping quality

在一定持续时间内保持其质量的能力。它取决于其内在品质。

2.30 保质期 keeping time
　　 贮藏期 storage time

贮藏过程中，产品不变质所能持续的时间。

2.31 晚熟的 late

水果或蔬菜的某些栽培品种达到要求成熟度的时间晚于相关水果或蔬菜品种的集中成熟时间。

2.32 机械损伤 mechanical defect

与外界尖锐、钝头或有穿透性的物体接触而导致的损伤。

2.33 失水 moisture loss

在处理、贮藏、运输或市场销售过程中，水果和蔬菜产品的水分蒸发。

2.34 （蔬菜的）过熟 over–mature (of a vegetable)

蔬菜超过最佳食用发育阶段。

2.35 （水果的）过熟 over–ripeness (of a fruit)

水果生理发育过度成熟，导致某些水果果肉变软、产生不正常褐色和香味损失，营养和食用品质下降。

2.36 易腐的 perishable

果蔬容易腐烂、贮藏寿命较短。

2.37 （水果的）生理成熟度　physiological maturity（of a fruit）

水果达到充分发育、内含物富集的状态。如果此时采收，成熟度适宜、品质优异。

2.38 生理紊乱　physiological disorder

由于正常新陈代谢紊乱造成的植物组织损伤。例如：低温伤害、高 CO_2 伤害等。

2.39 萼洼　pistillar cavity

某些水果（例如：苹果和梨）的萼洼由下位子房发育而成，位于花萼连接点凹陷处，与果柄的连接点对生。

2.40 覆有软毛　pubescent

覆盖有纤细、柔软的毛，使水果或蔬菜呈覆有绒毛状。

2.41 质量评价　quality evaluation

通过主观或客观测试的方法对食品的品质进行评价。

2.42 网状表面　reticulated surface

表皮呈线状凸纹，有或多或少的致密网纹。例如：某些品种的甜瓜。

2.43 起棱的　ribbed

有棱线。

2.44 棱线　ribs

a）明显的凸起或隆起，沿整个或部分经线分布，是某些水果或蔬菜的品种特征。例如：甜瓜和南瓜。

b）一般对多肉的带叶蔬菜而言，指主要脉纹。例如：芹菜和白甜菜。

2.45 转熟　ripening

水果或蔬菜生理成熟与达到最高食用品质阶段之间的发育过程。

2.46 果锈　russeting
　　　皱纹　rugosity
　　　木栓化　corking

某些水果表皮上可见的木栓化组织，通常是不连续的，并且厚度不同。有些是某些品种的表皮特征，有些是一种缺陷。例如：波斯科普苹果（表皮特征）；金帅苹果（缺陷）。

2.47 灼伤 scald
表皮灼伤 surface scald
贮藏灼伤 storage scald

某些水果的表皮表面呈褐色，主要是苹果和梨。

2.48 感官特征 sensory properties

人的感觉器官对产品的气味、香味、质地和表面特征的评价。

2.49 梗洼 stalk cavity
柄洼 stem cavity

某些水果和蔬菜果柄附着点处的明显凹陷。

2.50 贮藏寿命 storage life
保存期限 keeping life

特定贮存条件下，从产品进入流通环节开始到产品质量下降至不适宜消费之间的时间。

2.51 含糖量 sugar content

能分析检测的可溶性糖含量。

2.52 甜味 sweet

某些水溶性物质（例如：蔗糖）产生的基本味道。

2.53 味道 taste

a）味觉器官由于某些水溶性物质刺激而产生的感觉。
b）味道的感觉。
c）产品的属性引起的味觉。

注："味道"这个词如果用于表示味觉、嗅觉和神经的综合感觉，则应与一个限制性词汇连用，如：霉味、树莓味、软木塞味等。

2.54 饱满 turgidity

有正常水分含量的组织的状态。

2.55 叶脉 vein

突出于叶片的棱线。通常是有分枝的或平行的。

注：这个术语不宜与水果表面相联系。

2.56 完整的 whole

最初采摘后不经切割（"修整"除外）的新鲜水果或蔬菜。

2.57 萎蔫 withering

产品的细胞逐渐失去正常的饱满度和水分的过程，表现为表面出现皱褶，失去新鲜外观。

3 技术术语

3.1 果实的催熟 accelerated ripening of fruits

通过物理或化学方法加速果实成熟的过程，比如：加热（保存在温度 20 ℃ ~28 ℃ 的房间中）、增加房间空气中氧气的浓度。

3.2 适应 acclimatized

在干燥、通风的环境中，水果或蔬菜自然去除冷凝水后的状态。

3.3 换气 air change

用等体积的新鲜空气替代空间中现有的空气。

3.4 空气交换率 air–change rate
换气率 ventilation rate

单位时间内完成的空气交换的体积。

注：单位时间通常指一个小时。

3.5 空气循环 air circulation

在密闭空间中自然或机械强制空气流通。

3.6 空气循环率 air circulation rate

单位时间内，库房里的循环空气体积除以库房体积。

3.7 环境空气 ambient air

果蔬周围的空气。

注：通常指外部空气或研究用箱体（库房）中的空气。

3.8 环境温度 ambient temperature

一个参考点或果蔬周围的温度，一般指空气温度。

3.9 托箱 box pallet

有或无盖，至少有三个固定的、可移动的或可折叠的垂直面的货箱托盘，有实体的、条板的或网孔的，一般允许堆叠。

3.10 刷洗 brushing

采用人工或机械的方法除去附着在水果或蔬菜表面的外来物的操作。

3.11 商品化处理 camouflage of goods

对大小、形状、颜色、外观、种类、品种与商品平均水平不一致的产品进行处理的过程。

3.12 快速冷却 chilling

将果蔬快速降温至冰点以上的某一温度的过程。

3.13 冷却速度 cooling rate

温度的降低值与降温所需的时间之比。

3.14 损伤 damage

由于机械或物理因素在水果或蔬菜表面、外皮上形成的刺伤、裂纹、擦伤、凹陷、创伤、灼伤或破损，也可能透入果肉中。

3.15 除霜 defrosting

去除沉积在冷却管表面的霜。

3.16 脱绿处理 degreening

去除叶绿素，使表皮由绿色变为黄色或橙色（特别是柑橘类水果）。

注：脱绿处理不一定与成熟有关，但通常用乙烯处理，也可以加速成熟（例如：香蕉）。

3.17 叉车 fork – lift truck

能装载、举高和运输货物的车辆。

3.18 货箱 freight container
　　 运输集装箱 transport container

为商品运输（一般用于联运）而设计的箱体。有相对较大的容积，通常是标准尺寸。

3.19 散装水果和蔬菜 fruits and vegetables in bulk

散放在容器内的水果和蔬菜。比如：未经包装、未按层排放。

3.20 层装水果、蔬菜 fruits and vegetables in layers

分层摆放的水果、蔬菜。可以有或无水平隔板。

3.21 集装 grouping

将发往同一目的地的包装物放在一起，但不必是同一收货人。

3.22 半冷却时间 half – cooling time

降低产品温度，使之达到产品初始温度和最终温度之间的中间温度所需的时间。

3.23 搬运 handing

商品的任何移动。

3.24 隔热 insulate

使用适宜的选择性材料，以减少热量、气体或水分的转移。

3.25 保温车 insulated truck

有保温车体的汽车或火车。

3.26 ISO 货运箱 ISO freight container

符合 ISO 货箱标准的货运箱。

3.27 批 lot

装在同一类型包装中的规定数量的同一种产品。

3.28 上光 lustring
　　　磨光 polishing
　　　涂蜡 waxing

为了改善某些水果的表面感官品质，用涂刷的方法喷涂液体蜡等增光剂的机械操作。

3.29 标志 marking

在包装或标签上给出规定的信息。

3.30 最大堆码密度 maximum stacking density

一种产品能堆码的最大密度。应考虑到特殊商品的要求。

3.31 多功能冷藏库 multipurpose cold store

在不同温度条件下贮藏各种食品的冷库。一般建在距大型销售中心较近的地方。

3.32 包装 packing

为了贮藏、运输或配送的目的，将产品放入包装容器（板条箱、纸箱、盒子等）中的过程。

3.33 包装加工厂 packing station

水果和蔬菜验收、分级、包装、冷却、贮藏和配送中心。

3.34 托盘 pallet

装卸设备（码垛车或叉车及其他合适的装卸车辆）装卸最小重量货物的平台，是货物装配、贮藏、装卸和运输的基本单元。

3.35 托盘码垛 palletize

将货物摞放到托盘上，以便于装卸、运输、堆放。

3.36 码垛车 pallet truck

用于搬运货物的升降叉车。

3.37 去皮 peeling

去除水果或蔬菜的外表面物（表皮、外皮、外壳等）。

3.38 预冷 precooling

产品在运输或进入冷库之前的快速冷却。

3.39 预包装 prepacking

包装成零售包装。

3.40 质量保证 quality assurance

确保达到要求质量的操作。

3.41 质量控制 quality control

对加工或配送阶段中的产品进行质量评价的操作。

3.42 呼吸强度 rate of respiration

对于植物，指单位时间内单位质量所消耗氧气（O_2）或放出二氧化碳（CO_2）的体积。

3.43 制冷 refrigeration

用某些方法去除物品或空间中多余热量的过程。

3.44 制冷能力 refrigerating capacity

单位时间内制冷机械从物品或空间转移的热量。

3.45 冷藏运输 refrigerated transport

将产品保持在冰点以上某一低温下的运输过程。

3.46 冷藏车 refrigerated vehicle

装备有制冷设备或有其他制冷方法的保温车辆。

3.47 升温 reheating

在冷库中贮存的货物被送往零售点之前逐步升温的过程。

3.48 修整 scissoring

用剪刀去除葡萄串上未发育的、损坏的或影响商业销售的葡萄或小葡萄串的操作。

3.49 分级 size grading

水果和蔬菜按照大小或质量分级的操作过程。

3.50 分类 sorting

按类别选择或按不同标准分选的过程,主要使产品符合标准要求。

3.51 专用冷藏库 specialized cold store

用于特殊食品的贮藏库。

3.52 堆码 stack

把包装物一个摆放在另一个上面。
3.52.1 堆码高度 stack height
允许的最大堆码高度。
3.52.2 堆垛 stacking
堆码形成的堆积物。
3.52.3 堆码密度 stacking density
产品可堆放的密度,应考虑在产品周围留有足够的自由空间以利于冷空气循环。

3.53 贮藏系数 storage factor

某种特定产品贮存到最大量时,数量和体积的比值。应考虑此种产品的订货要求。

3.54 散装贮藏 storage in bulk

未包装食品的贮藏。

3.55 气调贮藏 storage in controlled atmosphere
  CA 贮藏 CA storage

在低氧、高二氧化碳、高氮气浓度和适宜的温度条件下贮存产品。

3.56 贮藏库 store

商品存放或贮藏一段时间的地方。
注:可以被冷藏,也可以室温保存。

3.57 贮藏量 store contents

堆放在一个仓库中的食品的数量。

3.58 容许度 tolerance

达不到规定质量等级或尺寸等级要求的产品的百分数。

3.59 气调运输　transport under controlled atmosphere

产品在适宜的氧气、二氧化碳和氮气浓度以及一定的温度和相对湿度条件下的运输。

3.60 控温运输　transport under controlled temperature

产品保持在预定温度范围内的运输。

3.61 卸货　ungrouping

在不同目的地，从运输工具上卸下商品。

3.62 通风车辆　ventilated vehicle

有通风口或装有风扇的封闭式车辆。

3.63 升温间　warming room

用于从冷库取出的食品升温的房间。这种方法能避免在产品表面出现冷凝水。

ICS 71.100.40
Y 43

中华人民共和国国家标准

GB/T 24691—2009

果蔬清洗剂

Cleaning agent for fruit and vegetable

2009-11-30 发布　　　　　　　　2010-05-01 实施

中华人民共和国国家质量监督检验检疫总局
中国国家标准化管理委员会　发布

前　言

本标准的附录 A、附录 B、附录 C、附录 D、附录 E、附录 F 为规范性附录。

本标准由中国轻工业联合会提出。

本标准由全国食品用洗涤消毒产品标准化技术委员会归口。

本标准起草单位：西安开米股份有限公司、广州蓝月亮实业有限公司、国家洗涤用品质量监督检验中心（太原）、北京绿伞化学股份有限公司、广州立白企业集团有限公司、安利（中国）日用品有限公司。

本标准主要起草人：于文、张宝莲、何琼、赵新宇、金玉华、周炬、强鹏涛。

果蔬清洗剂

1 范围

本标准规定了果蔬清洗剂产品的技术要求、试验方法、检验规则和标志、包装、运输、贮存要求。本标准适用于主要以表面活性剂和助剂等配制而成，用于清洗水果和蔬菜的洗涤剂。

2 规范性引用文件

下列文件中的条款通过本标准的引用而成为本标准的条款。凡是注日期的引用文件，其随后所有的修改单（不包括勘误的内容）或修订版均不适用于本标准，然而，鼓励根据本标准达成协议的各方研究是否可使用这些文件的最新版本。凡是不注日期的引用文件，其最新版本适用于本标准。

GB/T 4789.2　食品卫生微生物学检验　菌落总数测定
GB/T 4789.3　食品卫生微生物学检验　大肠菌群计数
GB/T 6368　表面活性剂 水溶液 pH 值测定 电位法（GB/T 6368—2008，ISO 4316：1977，IDT）
GB 9985—2000　手洗餐具用洗涤剂
GB/T 13173—2008　表面活性剂洗涤剂试验方法
GB 14930.1　食品工具、设备用洗涤剂卫生标准
GB/T 15818　表面活性剂生物降解度试验方法
QB/T 2951　洗涤用品检验规则
QB/T 2952　洗涤用品标识和包装要求
JJF 1070　定量包装商品净含量计量检验规则
国家质量监督检验检疫总局令［2005］第75号《定量包装商品计量监督管理办法》

3 要求

3.1 材料要求

果蔬清洗剂产品配方中所用表面活性剂的生物降解度应不低于90%；所用材料应使果蔬清洗剂产品配方的急性经口毒性 LD_{50} 大于 5 000 mg/kg；所用防腐剂、着色剂、香精应符合 GB 14930.1 中相关的使用规定。

3.2 感官指标

3.2.1　外观：液体产品不分层，无悬浮物或沉淀；粉状产品均匀无杂质，不结块。
3.2.2　气味：无异味，符合规定香型。
3.2.3　稳定性（液体产品）：于 $-5\ ℃ \pm 2\ ℃$ 的冰箱中放置24h，取出恢复至室温时观察，无沉淀和变色现象，透明产品不混浊；$40\ ℃ \pm 1℃$ 的保温箱中放置 24 h，取出恢复至室温时观察，无异味，

无分层和变色现象，透明产品不混浊。

注：稳定性是指样品经过测试后，外观前后无明显变化。

3.3 理化指标

果蔬清洗剂的理化指标应符合表1规定。

表1　　　　　　　　　　　　　果蔬清洗剂的理化指标

项目		指标
总活性物含量/%	≥	10
pH值（25 ℃，1∶10 水溶液）		6.0～10.5
甲醇含量/（mg/kg）	≤	1 000
甲醛含量/（mg/kg）	≤	100
砷含量（1%溶液中以砷计）/（mg/kg）	≤	0.05
重金属含量（1%溶液中以铅计）/（mg/kg）	≤	1
荧光增白剂		不应检出

3.4 微生物指标

果蔬清洗剂的微生物指标应符合表2规定。

表2　　　　　　　　　　　　　果蔬清洗剂的微生物指标

项目		指标
细菌总数/（CFU/g）	≤	1 000
大肠菌群/（MPN/100 g）	≤	3

3.5 当产品标称可洗除果蔬上残留农药时，应对残留农药洗除效果进行验证。

3.6 定量包装要求

果蔬清洗剂销售包装净含量应符合国家质量监督检验检疫总局令［2005］第75号的要求。

4 试验方法

除非另有说明，在分析中仅使用确认为分析纯的试剂和蒸馏水或去离子水或相当纯度的水。

4.1 外观

取适量样品，置于干燥洁净的透明实验器皿内，在非直射光条件下进行观察，按指标要求进行评判。

4.2 气味

感官检验。

4.3 总活性物含量的测定

一般情况下，总活性物含量按 GB/T 13173—2008 中的第 7 章规定进行。当产品配方中含有不溶于乙醇的表面活性剂组分时，或客商订货合同书中规定有总活性物含量检测结果不包括水助溶剂，要求用三氯甲烷萃取法测定时，总活性物含量按 GB/T 13173—2008 中的第 7 章（B 法）规定进行。

4.4 pH 值的测定

按 GB/T 6368 的规定进行。

4.5 甲醇含量的测定（对于液体产品）

按 GB 9985—2000 附录 D 的规定配制标准溶液后，进行测定。

4.6 甲醛含量的测定（对于液体产品）

按 GB 9985—2000 附录 E 的规定进行。

4.7 砷含量的测定

按 GB 9985—2000 附录 F 的规定进行。

4.8 重金属含量的测定

按 GB 9985—2000 附录 G 的规定进行。

4.9 荧光增白剂的测定

按 GB 9985—2000 附录 C 的规定进行。

4.10 微生物检验

细菌总数和大肠菌群分别按 GB/T 4789.2 和 GB/T 4789.3 的规定进行。

4.11 表面活性剂生物降解度的测定

果蔬清洗剂产品配方中所用表面活性剂的生物降解度按 GB/T 15818 的规定进行。

4.12 净含量的测定

果蔬清洗剂销售包装净含量的检验、抽样方法及判定规则按 JJF 1070 的规定进行。

4.13 残留农药洗除效果验证

对残留农药洗除效果的验证按附录 A 进行。

4.14 清洗剂残留的测定

如需对产品使用后清洗剂残留进行定性、定量测定，测定方法可按附录 B、附录 C、附录 D、附录 E、附录 F 进行。

5 检验规则

按 QB/T 2951 执行。

出厂检验项目包括产品的感官指标、总活性物含量、pH 值及定量包装要求。

6 标志、包装、运输、贮存

6.1 标志、包装

按 QB/T 2952 执行。

产品标注适用于餐具清洗时,各指标值应同时符合餐具洗涤剂标准要求。

当配方中使用不完全溶于乙醇的表面活性剂或要求用三氯甲烷萃取法测定总活性物含量时,应注明。

6.2 运输

产品在运输时应轻装轻卸,不应倒置,避免日晒雨淋,不应在箱上踩踏和堆放重物。

6.3 贮存

6.3.1 产品应贮存在温度不高于40℃和不低于 −10℃,通风干燥且不受阳光直射的场所。

6.3.2 堆垛要采取必要的防护措施,堆垛高度要适当,避免损坏大包装。

7 保质期

在本标准规定的运输和贮存条件下,在包装完整未经启封的情况下,产品的保质期自生产之日起为十八个月以上。

附录A
（规范性附录）
果蔬清洗剂对残留农药洗除效果的验证方法

A.1 范围

本方法规定了农药乳液和蔬菜表面含农药样本的制备方法，蔬菜表面含农药样本的清洗方法和农药去除率的测定方法。

本方法适用于以表面活性剂和助剂复配的果蔬清洗剂对氯氰菊酯、残杀威农药去除率的测定。

本方法的检出范围为氯氰菊酯 $4.3\mu g/mL \sim 430.0\mu g/mL$，残杀威 $1.5\mu g/mL \sim 150.0\mu g/mL$。

A.2 引用标准

GB/T 13174 衣料用洗涤剂去污力及抗污渍再沉积能力的测定。

A.3 方法原理

制备超标数倍农药的蔬菜样品；模拟实际洗涤情况，用0.2%果蔬清洗剂溶液清洗后，用萃取、浓缩的方法获取残留农药；采用高效液相色谱测定清洗前后果蔬表面农药残留量，并计算得出残留农药去除率；与一定硬度水洗后的残留农药去除率比较，其比值为果蔬清洗剂对残留农药洗除效果的评价结果。

A.4 试剂

除非另有说明，在分析中仅使用确认的分析纯试剂和蒸馏水或去离子水或纯度相当的水（适用本标准所有附录）。

A.4.1 无水乙醇；

A.4.2 乙腈；

A.4.3 冰乙酸；

A.4.4 无水硫酸镁；

A.4.5 无水醋酸钠；

A.4.6 氯化钙（$CaCl_2$）；

A.4.7 硫酸镁（$MgSO_4 \cdot 7H_2O$）；

A.4.8 氯氰菊酯，大于95%；

A.4.9 残杀威；

A.4.10 萃取液

0.1%的冰乙酸乙腈液；

A.4.11 250mg/kg 标准硬水

称取氯化钙（A.4.6）16.7g和硫酸镁（A.4.7）24.7 g，配制10L，即为2 500mg/kg硬水。使用时取1L冲至10L即为250mg/kg硬水。

A.5 仪器

A.5.1 高效液相色谱仪；

A.5.2 电子秤，0.01g；

A.5.3 高速组织匀浆机，转速 11 000r/min～24 000r/min；

A.5.4 离心机，转速不低于 2 000r/min，离心管 50mL；

A.5.5 超声波清洗器，超声频率 30/40/50（kHz）、超声功率 180W；

A.5.6 水浴锅；

A.5.7 果蔬脱水器（图 A.1），规格外筒 ø26.5cm×17.8cm、内筒 ø24cm×13cm；

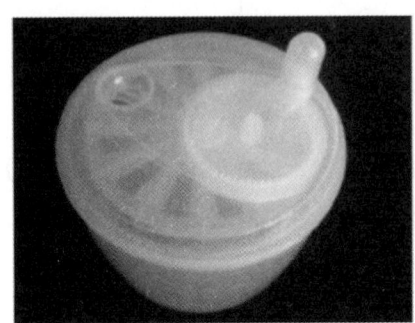 

a）果蔬脱水器外筒　　　　　　　b）果蔬脱水器内筒

图 A.1　果蔬脱水器

A.5.8 烧杯，500 mL、1 000 mL；

A.5.9 容量瓶，50 mL；

A.5.10 不锈钢桶，容量 10 L。

A.6　试样制备

A.6.1　果蔬样本

选取大小相同、无断裂，边角无开口、无损伤的甜豆角为本实验的蔬菜样本（见图 A.2）。

图 A.2　蔬菜样本（甜豆角）

A.6.2　农药乳液制备

称取 5.00g 氯氰菊酯和 2.50g 残杀威溶于 500g 无水乙醇溶液中，搅拌均匀后，用 250mg/kg 硬水定量至 5 000g，混匀，备用。农药乳液浓度为：含氯氰菊酯 0.1%、含残杀威 0.05%。

A.6.3　含农药蔬菜的制备

将甜豆角浸没于农药乳液中 20min 后取出，甩去表面残留液滴，于室温阴凉处放置 24 h。将制备好的蔬菜样品分成 3 组，未洗（未洗涤蔬菜样品表面载附的农药量以 140mg/kg～200mg/kg 为宜）、水洗、果蔬清洗剂溶液洗涤各为1组，每组2份，每份80g，备用。

A.7 清洗方法

A.7.1 水洗涤方法

洗涤温度30℃，硬水800mL（A.4.11）。

洗涤：取800mL硬水（A.4.11）加入果蔬脱水器中，同时放入一份已制备好的蔬菜（A.6.3），浸泡1min后开始匀速洗涤4min，洗涤搅拌方式为顺时针一圈，逆时针一圈，频率约为19r/mm～21r/min。

漂洗：将洗涤后的蔬菜样品放入干净的果蔬脱水器内筒中，先用1 000 mL硬水（A.4.11）冲洗一遍后弃去，再加入1 000 mL硬水（A.4.11）以上述同样的洗涤搅拌方式洗涤30s（顺时针一圈，逆时针一圈，频率约为19r/min～21r/min），弃去第二次漂洗水，再以同样方式进行第三次漂洗。

同时进行平行试验。

A.7.2 果蔬清洗剂洗涤方法

用硬水（A.4.11）配制浓度为0.2%果蔬清洗剂溶液，洗涤温度为30℃。

洗涤：在果蔬脱水器中加入浓度为0.2%果蔬清洗剂溶液800mL，同时放入一份已制备好的蔬菜（A.6.3），浸泡1min后开始匀速洗涤4min，洗涤搅拌方式为顺时针一圈，逆时针一圈，频率约为19r/min～21r/min。

漂洗：将经浸泡、洗涤后的蔬菜样品放入另一个干净的果蔬脱水器内筒中，用1 000mL硬水（A.4.11）冲洗后弃去，再加入1 000mL硬水（A.4.11），以同样的洗涤方式洗涤30s（顺时针一圈，逆时针一圈，频率为19r/min～21r/mm），弃去第二次漂洗水，以同样方式进行第三次漂洗。

同时进行平行试验。

以未洗涤蔬菜样品（A.6.3）作为清洗前残留农药量测定用样，将水洗涤后试样（A.7.1）和果蔬清洗剂溶液洗涤后试样（A.7.2）甩去表面残留液滴，于室温阴凉处放置12h，分别用于农药去除率测定。

A.8 农药去除率试验方法

A.8.1 匀浆

取1份已制备好的试样，用剪刀剪成小块，采用匀浆机匀浆至糊状，从中取出60g备用。

A.8.2 萃取

将A.8.1匀浆后的1份试样60g置于500mL烧杯中，加入100mL萃取液（A.4.10），再加入6g无水醋酸钠（A.4.5）和18g无水硫酸镁（A.4.4），用玻璃棒搅拌均匀，置于超声波清洗器（50 Hz）中，清洗3min后取出，倒出萃取清液于500mL烧杯中，以上述方法重复萃取2次，合并萃取清液。将样品残渣放入50mL离心管中，离心4min（转速为4 000r/min），将离心管中的清液合并到以上萃取清液中。

A.8.3 浓缩

将A.8.2制备的萃取清液置于（80±2）℃水浴中浓缩至5mL～8mL，将浓缩液转移到50mL容量瓶中，用萃取液（A.4.10）定容至50mL，备用。

A.8.4 仪器检测

高效液相色谱条件：

流动相：A：甲醇：水：冰乙酸＝80：20：0.1；

　　　　B：水。

色谱柱：C18 柱，4.6mm×150mm。

柱温：30℃。

波长：276 nm。

梯度：见表 A.1。

表 A.1　　　　　　　　　　　　　　　　梯度

时间/min	A/%	B/%	流速/mL/min
0	60	40	1.0
6	100	0	1.5
20	100	0	1.5
21	60	40	1.0
25	60	40	1.0

进样量：20μL。

工作站 Quest，二极管阵列检测器。

A.8.4.1　标液配制及外标法定量

精确称量0.5g（精确至0.0001g）氯氰菊酯标准品和0.25g（精确至0.0001g）残杀威标准品于100 mL容量瓶中用萃取液（A.4.10）稀释至刻度，该溶液浓度为5 000mg/mL，再根据需要将其稀释为不同浓度，即1 μg/mL～500 μg/mL。依次进样，制作工作曲线，计算出回归方程（见图 A.3～图 A.7）。

A.9　结果计算与效果评价

A.9.1　残留农药去除率的计算 [见式（A.1）～式（A.3）]

$$M = (M_0 - M_1)/M_0 \times 100 \cdots\cdots\cdots\cdots\cdots\cdots\cdots\cdots\cdots\cdots (A.1)$$

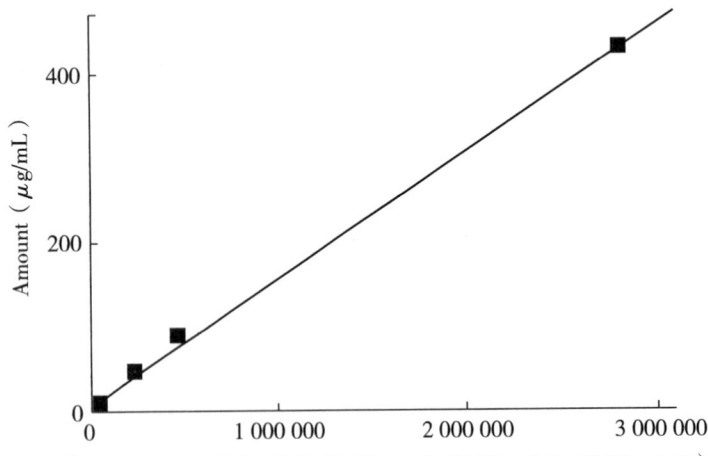

（4.249μg/mL　8.596μg/mL　42.98μg/mL　85.96μg/mL　42.98μg/mL）

回归议程：y=0.000 152 559x+3.932 57

相关系数：0.999 145

图 A.3　氯氰菊酯工作曲线

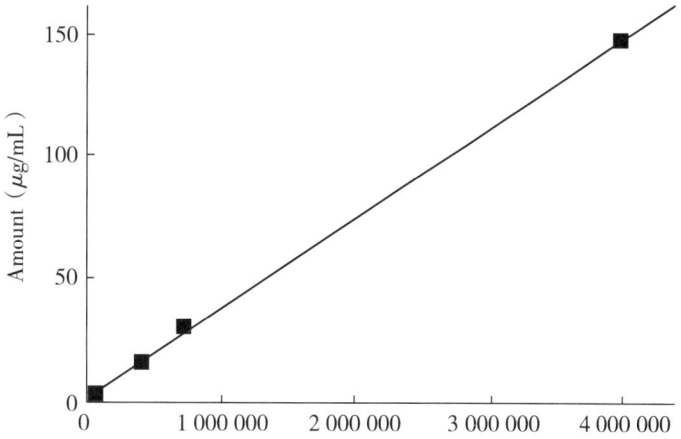

（1.478μg/mL 2.95μg/mL 14.75μg/mL 29.5μg/mL 147.5μg/mL）
回归议程：$y=3.724\,39e-005x+0.322\,733$
相关系数：0.999 789

图 A.4　残杀威工作曲线

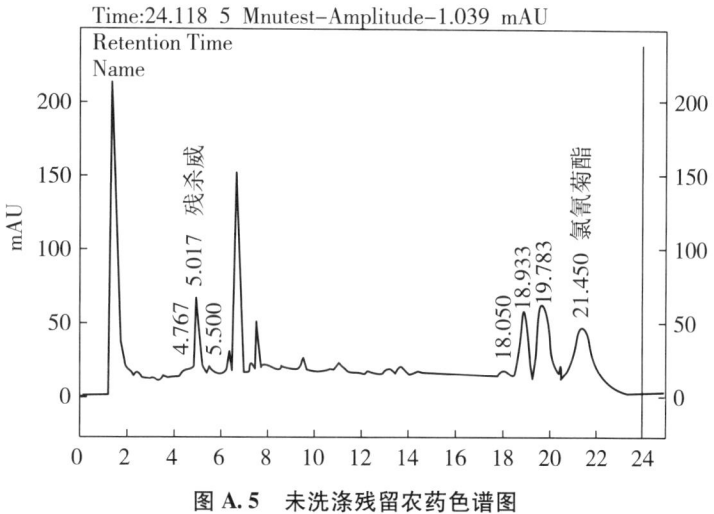

图 A.5　未洗涤残留农药色谱图

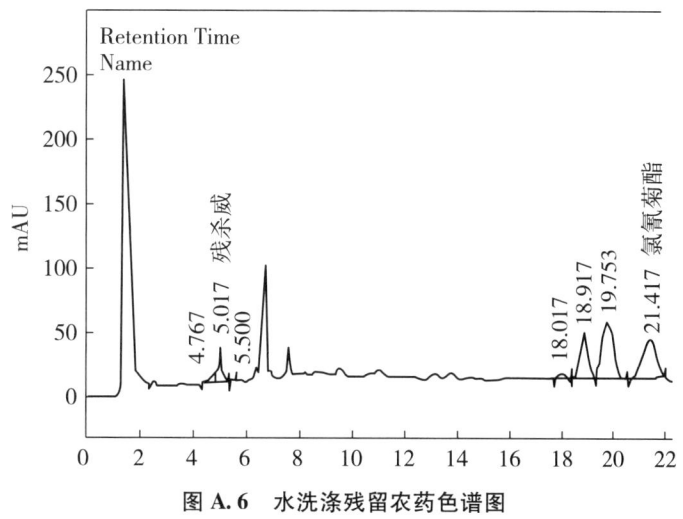

图 A.6　水洗涤残留农药色谱图

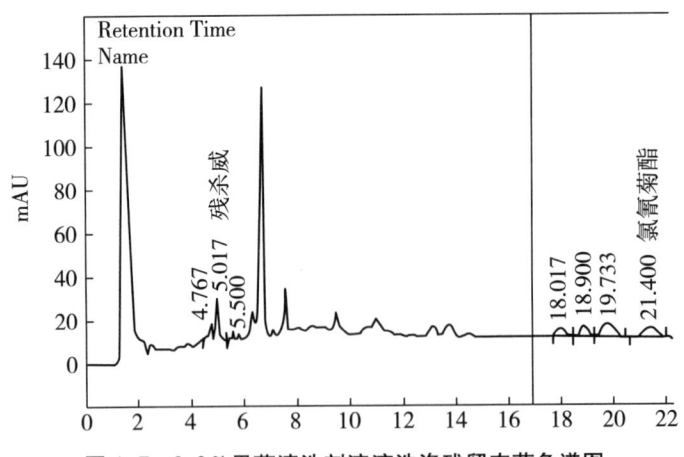

图 A.7　0.2%果蔬清洗剂溶液洗涤残留农药色谱图

式中：

M——残留农药去除率，%；

M_0——试样清洗前农药残留量，单位为毫克每千克（mg/kg）；

M_1——试样清洗后农药残留量，单位为毫克每千克（mg/kg）。

结果以算术平均值表示至小数点后一位。

在重复性条件下获得的两次独立测定结果的绝对差值不大于 3.5%，以大于 3.5% 的情况不超过 5% 为前题。

$$M_0 = \frac{c_0 V_0 \times 10^{-3}}{m_0 \times 10^{-3}} \quad \cdots\cdots\cdots\cdots\cdots\cdots\cdots\cdots\cdots\cdots\cdots\cdots\cdots\cdots\cdots\cdots （A.2）$$

式中：

c_0——未清洗试样经萃取后定容至 50mL 的残留农药浓度，单位为微克每毫升（μg/mL）；

V_0——50mL；

m_0——称取试样的质量。

$$M_1 = \frac{c_1 V_1 \times 10^{-3}}{m_1 \times 10^{-3}} \quad \cdots\cdots\cdots\cdots\cdots\cdots\cdots\cdots\cdots\cdots\cdots\cdots\cdots\cdots\cdots\cdots （A.3）$$

式中：

c_1——经清洗的试样萃取后定容至 50mL 的残留农药浓度，单位为微克每毫升（μg/mL）；

V_1——50mL；

m_1——称取试样的质量。

A.9.2　残留农药去除率比值［见式（A.4）］

$$P = \frac{M_S}{M_X} \quad \cdots\cdots\cdots\cdots\cdots\cdots\cdots\cdots\cdots\cdots\cdots\cdots\cdots\cdots\cdots\cdots （A.4）$$

式中：

P——残留农药去除率的比值；

M_S——果蔬清洗剂试样溶液对残留农药的去除率；

M_X——水对残留农药的去除率。

结果以算术平均值表示至小数点后一位。

A.9.3　果蔬清洗剂对残留农药去除效果的评价

0.2%果蔬清洗剂溶液对残留农药的洗除率与水对残留农药的洗除率之比值应为 P 大于等于 4。

附录 B
（规范性附录）
果蔬清洗剂残留量的定性测定

B.1 方法原理

由一定量的蔬菜表面所携带最终漂洗水的量，作为果蔬清洗剂残留量测定时的移取量。以阴离子表面活性剂作为代表性残留物，测定残留于漂洗液中的阴离子表面活性剂和酸性混合指示剂中的阳离子染料生成溶解于三氯甲烷中的盐，此盐使三氯甲烷层呈现由阴离子表面活性剂含量决定的由浅至深的粉红色。

B.2 试剂

B.2.1 月桂基硫酸钠标准溶液，$c = 2\text{mg/kg}$

称取月桂基硫酸钠（含量以100%计）0.1g（准确至0.001g），用水溶解并定容至100mL，用移液管移取上述溶液2.0 mL至1 000mL容量瓶中，用水溶解、混匀备用。

B.2.2 酸性混合指示剂

按GB/T 5173—1995 中4.8规定进行配制。

B.2.3 250 mg/kg 标准硬水

按GB/T 13174—2008 中7.1规定进行配制。

B.2.4 三氯甲烷

B.3 仪器

B.3.1 具塞玻璃量筒，100mL；

B.3.2 移液管，2mL、10mL、50mL；

B.3.3 容量瓶，1 000mL；

B.3.4 不锈钢镊子。

B.4 操作程序

B.4.1 准确称取4.0g果蔬清洗剂试样，用硬水（B.2.3）稀释定容至2 000mL。

B.4.2 称取绿叶蔬菜250g，均匀地浸泡于已制备好的试样溶液（4.1）中，浸泡5min，蔬菜应完全浸泡在清洗剂溶液中，每隔1min将蔬菜完全翻转1次。

B.4.3 将浸泡后的蔬菜用镊子夹出，立刻用硬水（B.2.3）连续漂洗两次，每次用硬水2 000mL，漂洗2min，每隔0.5min将蔬菜翻转1次。漂洗完两次后，第三次漂洗用硬水1 000mL，浸漂10min（尽量将蔬菜上的洗涤剂残留溶入漂洗水中），每隔1min将蔬菜翻转1次。将第三次的漂洗水保留备用。

B.4.4 用移液管移取第三次的漂洗水20.0mL（相当于250g绿叶蔬菜表面的附着量）于具塞量筒中，加三氯甲烷15.0mL，酸性混合指示剂10mL，充分振摇、静置分层备用。

B.4.5 移取浓度为2mg/kg的月桂基硫酸钠标准溶液20.0mL于具塞量筒中，加三氯甲烷15.0mL，酸性混合指示剂10.0 mL，充分振摇，静置分层备用。

B.4.6 将静置分层后的试样溶液（B.4.4）氯仿层与标准溶液（B.4.5）氯仿层进行目视比色，当试样溶液比标准溶液的粉红色相当或更浅，即可认定为残留于250mg蔬菜上的阴离子表面活性剂小于等于2.0mg/kg。

附录C
（规范性附录）
阴离子表面活性剂的测定——亚甲基蓝法
（果蔬清洗剂残留量的定量测定）

C.1 方法概要

阴离子表面活性剂与亚甲基蓝形成的络合物用三氯甲烷萃取，然后用分光光度法测定阴离子表面活性剂含量。

C.2 应用范围

本方法适用于含磺酸基和硫酸基的阴离子表面活性剂。

C.3 试剂

C.3.1 阴离子表面活性剂标准溶液

取相当于100%的参照物（按GB/T 5173测定纯度）1g（准确至0.001 g），用水溶解、转移并定容至1 000mL，混匀。此溶液阴离子表面活性剂浓度为1g/L。移取此溶液10.0mL，于1 000mL容量瓶中，加水定容，混匀，则该使用溶液阴离子表面活性剂浓度为0.01 mg/mL。

C.3.2 硫酸

C.3.3 磷酸二氢钠洗涤液

将磷酸二氢钠50 g溶于水中，加入硫酸（C.3.2）6.8mL，定容至1 000mL。

C.3.4 亚甲基蓝溶液

称取亚甲基蓝0.1g，用水溶解并稀释至100mL，移取此溶液30mL，用磷酸二氢钠洗涤液（C.3.3）稀释至1 000mL。

C.3.5 三氯甲烷

C.4 仪器

普通实验室仪器；

分光光度计，波长360nm～800nm。

C.5 作曲线的绘制

准确移取浓度为0.01mg/mL阴离子表面活性剂使用溶液（C.3.1）0mL（作为空白参比液）、3.0mL、6.0mL、9.0mL、12.0 mL、15.0 mL，分别于250 mL分液漏斗中，加水使总体积达100mL。加入亚甲基蓝溶液（C.3.4）25mL，混匀后加入三氯甲烷（C.3.5）15mL，振荡30s，静置分层；若水层中蓝色褪去，应补加亚甲基蓝溶液10mL，再振荡30s，静置10min。

将三氯甲烷层放入另一支250mL分液漏斗中（切勿将界面絮状物随三氯甲烷带出），重复萃取至三氯甲烷层无色。

在合并的三氯甲烷萃取液中加入磷酸二氢钠溶液（C.3.3）50mL，振荡30 s，静置10min，将三氯甲烷层通过洁净的脱脂棉过滤到100mL容量瓶中，加入三氯甲烷5mL于分液漏斗中，重复萃取至三氯甲烷层无色，所有的三氯甲烷层均经脱脂棉过滤至100mL容量瓶中，再以少许三氯甲烷淋洗脱脂棉，定容，混匀。

用分光光度计于波长650nm，用10mm比色池，以空白参比液做参比，测定试液的净吸光值。以表面活性剂质量（μg）横坐标，净吸光值为纵坐标，绘制工作曲线或以一元回归方程计算 $y = a + bx$。

C.6　漂洗试液中表面活性剂含量的测定

准确移取适量漂洗试液（B.4.3）于250mL分液漏斗中，加水至100mL，加入三氯甲烷5mL于分液漏斗中，重复萃取至三氯甲烷层无色，所有的三氯甲烷层均经脱脂棉过滤至100mL容量瓶中，再以少许三氯甲烷淋洗脱脂棉，定容，混匀。

以同样程序测定空白试验液。

用分光光度计于波长650nm，用10mm比色池，以空白试验液做参比，测定试液的净吸光值，由净吸光值与工作曲线或 $y = a + bx$ 计算得到表面活性剂浓度，以 $\mu g/mL$ 表示。

C.7　结果计算

阴离子表面活性剂的浓度按式（C.1）计算：

$$c_2 = \frac{M_2}{V_2} \quad\quad\quad\quad\quad\quad\quad\quad\quad (C.1)$$

式中：

c_2——阴离子表面活性剂的浓度，单位为微克每毫升（$\mu g/mL$）；

M_2——从工作曲线或计算得到的试液中阴离子表面活性剂含量，单位为微克（μg）；

V_2——移取试液体积，单位为毫升（mL）。

附录 D
（规范性附录）
乙氧基型表面活性剂的测定——硫氰酸钴法
（果蔬清洗剂残留量的定量测定）

D.1 方法概要

乙氧基型表面活性剂与硫氰酸钴所形成的络合物用三氯甲烷萃取，然后用分光光度法测定表面活性剂含量。

D.2 应用范围

本方法适用于聚氧乙烯型单链 EO 加合数 3~40，双链、三链、四链总 EO 加合数 6~60 的表面活性剂以及聚乙二醇（摩尔质量 300~1 000）、聚醚等表面活性剂。

D.3 试剂

D.3.1 乙氧基型表面活性剂标准溶液

称取相当于 100% 的参照物（按 GB/T 13173—2008 中的第 8 章测定纯度）1 g（准确至 0.001 g），用水溶解，转移并定容至 1 000 mL，混匀。此溶液表面活性剂浓度为 1 g/L。移取此溶液 25.0 mL 于 250 mL 容量瓶中，加水定容，混匀，则该使用溶液表面活性剂浓度为 0.1 mg/L。

D.3.2 硫氰酸铵

D.3.3 硝酸钴（六水合物）

D.3.4 苯

D.3.5 硫氰酸钴铵溶液

将 620 g 硫氰酸铵（D.3.2）和 280 g 硝酸钴（D.3.3）溶于少量水中，混合均匀后定容至 1 000 mL，然后分别用 30 mL 苯萃取两次后备用。

D.3.6 氯化钠

D.3.7 三氯甲烷

D.4 仪器

普通实验室仪器和紫外分光光度计，波长 200 nm~800 nm。

D.5 工作曲线的绘制

准确移取浓度为 0.1 mg/mL 表面活性剂使用溶液（D.3.1）0 mL（作为空白参比液）、5.0 mL、10.0 mL、20.0 mL、25.0 mL、30.0 mL、35 mL，分别于 250 mL 分液漏斗中，加水使总体积达 100 mL，加入硫氰酸钴铵溶液（D.3.5）15 mL，稍混匀加入 35.5 g 氯化钠（D.3.6），充分振荡 1 min，静置 15 min 后加入三氯甲烷（D.3.7）15 mL，再振荡 1 min，静置 15 min 后将三氯甲烷层放入 50 mL 容量瓶中（切勿将界面絮状物随三氯甲烷层带出），再重复萃取两次，用三氯甲烷定容，混匀。

用紫外分光光度计于波长 319 nm，用 10 mm 石英池，以空白参比液做参比，测定试液的净吸光值。以表面活性剂质量（μg）为横坐标，净吸光值为纵坐标，绘制工作曲线或以一元回归方程计算 $y =$

$a + bx$。

D.6 漂洗试液中表面活性剂含量的测定

移取适量漂洗试液（B.4.3）于250 mL分液漏斗中，加水50 mL，加入硫氰酸钴铵溶液（D.3.5）15 mL，稍混匀加入35.5 g氯化钠（D.3.6），充分振荡1 min，静置15 min后加入三氯甲烷（D.3.7）15 mL，再振荡1 min，静置15 min后将三氯甲烷层放入50 mL容量瓶中（切勿将界面絮状物随三氯甲烷层带出），再重复萃取两次，用三氯甲烷定容，混匀。

以同样程序测定空白试验液。

用紫外分光光度计于波长319 nm，用10 mm比色池，以空白试验液做参比，测定试液的净吸光值。由净吸光值与工作曲线或 $y = a + bx$ 计算得到表面活性剂浓度，以 $\mu g/mL$ 表示。

D.7 结果计算

乙氧基型表面活性剂的浓度按式（D.1）计算：

$$c_3 = \frac{M_3}{V_3} \quad\quad\quad\quad\quad\quad (D.1)$$

式中：

c_3——乙氧基型表面活性剂浓度，单位为微克每毫升（$\mu g/mL$）；

M_3——从工作曲线或计算得到的试液中乙氧基型表面活性剂含量，单位为微克（μg）；

V_3——试样移取体积，单位为毫升（mL）。

注：阴离子表面活性剂、阳离子表面活性剂、两性表面活性剂及聚乙二醇的存在，会影响分析结果的准确性，应预先分离除去。聚乙二醇的分离见GB/T 5560；其他表面活性剂的分离见GB/T 13173。

附录 E
（规范性附录）
两性离子表面活性剂的测定 金橙-2法
（果蔬清洗剂残留量的定量测定）

E.1 方法概要

两性离子表面活性剂与金橙-2在pH=1的缓冲条件下形成的络合物用三氯甲烷萃取，然后用分光光度法测定两性离子表面活性剂含量。

E.2 应用范围

本方法适用于两性离子表面活性剂，也适用于阳离子表面活性剂及二者的混合物。

E.3 试剂

E.3.1 脂肪烷基二甲基甜菜碱标准溶液

准确称取相当于100%的脂肪烷基二甲基甜菜碱（按QB/T 2344测定纯度）1.0 g（准确至0.001 g），用水溶解，转移并定容至100mL，混匀。此溶液表面活性剂浓度为1 g/L。移取此溶液10.0 mL于1 000 mL容量瓶中，加水定容，混匀，则该使用溶液表面活性剂浓度为0.01 mg/mL。

E.3.2 金橙-2

称取0.1 g金橙-2溶于10 mL水中，混匀。

E.3.3 盐酸

0.2 mol/L盐酸溶液。

E.3.4 氯化钾

0.2 mol/L氯化钾溶液。

E.3.5 缓冲溶液，pH=1

量取0.2 mol/L盐酸溶液（E.3.3）97 mL，0.2 mol/L氯化钾溶液（E.3.4）53 mL，加水50 mL摇匀备用。

E.3.6 三氯甲烷。

E.4 仪器

普通实验室仪器和分光光度计，波长360 nm~800 nm。

E.5 工作曲线的绘制

准确移取浓度为0.01 mg/mL表面活性剂使用溶液（E.3.1）0 mL（作为空白参比液）、5.0 mL、10.0 mL、15.0 mL、20.0 mL、25.0 mL、30.0 mL、35.0 mL分别于250 mL分液漏斗中，加水使体积达100 mL，加入pH=5缓冲溶液（E.3.5）10 mL，金橙-2溶液（E.3.2）3 mL，混匀后加入三氯甲烷10 mL，振荡30 s，静置10 min后放入50 mL容量瓶中（切勿将絮状物随三氯甲烷带出），重复萃取，直至三氯甲烷无色，用三氯甲烷定容，混匀。

用分光光度计于波长485 nm，用10 mm比色池，以空白参比液做参比，测定试液的净吸光值。以表面活性剂质量（μg）为横坐标，净吸光值为纵坐标，绘制工作曲线或以一元回归方程计算 $y = a + bx$。

E.6 漂洗试液中表面活性剂含量的测定

移取适量漂洗试液（B.4.3）于 250 mL 分液漏斗中，加水使体积达 100 mL，加入 pH＝5 缓冲溶液（E.3.5）10 mL，金橙－2 溶液（E.3.2）3 mL，混匀后加入三氯甲烷 10 mL，振荡 30 s，静置 10 min 后放入 50 mL 容量瓶中（切勿将絮状物随三氯甲烷带出），重复萃取，直至三氯甲烷无色，用三氯甲烷定容，混匀。

以同样程序测定空白试验液。

用分光光度计于波长 485 nm，用 10 mm 比色池，以空白试验液做参比，测定试液的净吸光值。由净吸光值与工作曲线或 $y = a + bx$ 计算得到表面活性剂浓度，以 μg/mL 表示。

E.7 结果计算

两性离子表面活性剂的浓度按式（E.1）计算：

$$c_4 = \frac{M_4}{V_4} \quad\quad\quad\quad\quad\quad\quad\quad\quad\quad\quad\quad (\text{E}.1)$$

式中：

c_4——两性离子表面活性剂浓度，单位为微克每毫升（μg/mL）；

M_4——从工作曲线或计算得到的试液中两性离子表面活性剂含量，单位为微克（μg）；

V_4——移取试液体积，单位为毫升（mL）。

附录 F
（规范性附录）
烷基糖苷类表面活性剂的测定——蒽酮法
（果蔬清洗剂残留量的定量测定）

F.1 方法概要

烷基糖苷类表面活性剂在酸性体系中水解生成的糖可与蒽酮反应，生成绿色的络合物，以分光光度法测定表面活性剂含量。

F.2 应用范围

本方法适用于烷基糖苷类和糖酯类的表面活性剂。

F.3 试剂

F.3.1 烷基糖苷标准溶液

称取相当于100%的烷基糖苷（按 GB/T 19464 测定纯度）1.0 g（准确至0.001 g），用水溶解，转移并定容至1 000 mL，混匀。此溶液表面活性剂浓度为1g/L。移取此溶液5.0mL用水稀释至100 mL，混匀，则该使用溶液表面活性剂浓度为0.05 mg/mL。

F.3.2 蒽酮

F.3.3 硫酸

F.3.4 蒽酮硫酸试剂

取0.08 g蒽酮溶于100 mL硫酸中（此溶液需保存在冰箱内，隔数日应重新更换）。

F.4 仪器

普通实验仪器和

F.4.1 分光光度计，360 nm～800 nm；

F.4.2 纳氏比色管，10 mL。

F.5 工作曲线的绘制

准确移取浓度为0.05 μg/mL 的表面活性剂（F.3.1）使用溶液 0 mL（作为空白参比液）、0.25 mL、0.50 mL、1.00 mL、1.50 mL、2.00 mL 于纳氏比色管（F.4.2）中，加水至2.0 mL，滴加5.0 mL蒽酮硫酸试剂（F.3.4）加盖置沸水浴中加热5 min后，取出立即冷却，摇匀，放置50 min后用分光光度计于波长625 nm，用10 mm比色池，以空白参比液做参比，测定试液的净吸光值。以表面活性剂质量（μg）为横坐标，净吸光值为纵坐标，绘制工作曲线或以一元回归方程计算 $y = a + bx$。

F.6 漂洗试液中表面活性剂含量的测定

适量移取漂洗试液（B.4.3）2.0 mL 于纳氏比色管（F.4.2）中，以下步骤按 F.5 中"滴加5.0 mL蒽酮硫酸试剂……摇匀"程序进行。

用同样程序测定空白试验液。

用分光光度计于波长 625 nm，用 10 mm 比色池，以空白试验液做参比，测定试液的净吸光值。由净吸光值与工作曲线或 $y = a + bx$ 计算得到表面活性剂浓度，以 $\mu g/mL$ 表示。

F.7　结果计算

烷基糖苷类表面活性剂的浓度按式（F.1）计算：

$$c_5 = \frac{M_5}{V_5} \quad\quad\quad\quad\quad\quad\quad\quad\quad\quad\quad (F.1)$$

式中：

c_5——烷基糖苷类表面活性剂浓度，单位为微克每毫升（$\mu g/mL$）；

M_5——从工作曲线或计算得到的试液中烷基糖苷类表面活性剂含量，单位为微克（μg）；

V_5——移取试液体积，单位为毫升（mL）。

参考文献

[1]　GB/T 5173—1995　《表面活性剂和洗涤剂　阴离子活性物的测定　直接两相滴定法》

[2]　GB/T 5560—2003　《非离子表面活性剂　聚乙二醇含量和非离子活性物（加成物）含量的测定 Weilbull 法》

[3]　GB/T 13173—2008　《表面活性剂　洗涤剂试验方法》

[4]　GB/T 13174—2008　《衣料用洗涤剂去污力及抗污渍再沉积能力的测定》

[5]　QB/T 2344—1997　《两性表面活性剂　脂肪烷基二甲基甜菜碱》

GB

中华人民共和国国家标准

GB 2758—2012

食品安全国家标准
发酵酒及其配制酒

2012-08-06 发布　　　　　　　　　　　　2013-02-01 实施

中华人民共和国卫生部　发布

前　言

本标准代替 GB 2758—2005《发酵酒卫生标准》。

本标准与 GB 2758—2005 相比，主要变化如下：

——修改了标准名称；

——取消了铅的限量指标；

——修改了微生物限量指标；

——增加了标签标识要求。

本标准 4.2~4.5 于 2013 年 8 月 1 日起实施。

食品安全国家标准 发酵酒及其配制酒

1 范围

本标准适用于发酵酒及其配制酒。

2 术语和定义

2.1 发酵酒

以粮谷、水果、乳类等为主要原料，经发酵或部分发酵酿制而成的饮料酒。

2.2 发酵酒的配制酒

以发酵酒为酒基，加入可食用的辅料或食品添加剂，进行调配、混合或加工制成的，已改变了其原酒基风格的饮料酒。

3 技术要求

3.1 原料要求

应符合相应的标准和有关规定。

3.2 感官要求

应符合相应产品标准的有关规定。

3.3 理化指标

理化指标应符合表1的规定。

表1 理化指标

项目	指标 啤酒	检验方法
甲醛/（mg/L） ≤	2.0	GB/T 5009.49

3.4 污染物和真菌毒素限量

3.4.1 污染物限量应符合 GB 2762 的规定。

3.4.2 真菌毒素限量应符合 GB 2761 的规定。

3.5 微生物限量

微生物限量应符合表2的规定。

表 2　　　　　　　　　　　　　　　微生物限量

项目	采样方案及限量[a]			检验方法
	n	c	m	
沙门氏菌	5	0	0/25mL	GB/T 4789.25
金黄色葡萄球菌	5	0	0/25 mL	

[a] 样品的分析及处理按 GB 4789.1 执行。

3.6 食品添加剂

食品添加剂的使用应符合 GB 2760 的规定。

4 标签

4.1 发酵酒及其配制酒标签除酒精度、原麦汁浓度、原果汁含量、警示语和保质期的标识外，应符合 GB 7718 的规定。

4.2 应以"%vol"为单位标示酒精度。

4.3 啤酒应标示原麦汁浓度，以"原麦汁浓度"为标题，以柏拉图度符号"°P"为单位。果酒（葡萄酒除外）应标示原果汁含量，在配料表中以"××%"表示。

4.4 应标示"过量饮酒有害健康"，可同时标示其他警示语。用玻璃瓶包装的啤酒应标示如"切勿撞击，防止爆瓶"等警示语。

4.5 葡萄酒和其他酒精度大于等于10%vol 的发酵酒及其配制酒可免于标示保质期。

ICS 67.160.20
X 50

中华人民共和国国家标准

GB/T 31121—2014

果蔬汁类及其饮料

Fruit & vegetable juices and fruit & vegetable beverage (nectars)

2014-09-03 发布　　　　　　　　2015-06-01 实施

中华人民共和国国家质量监督检验检疫总局
中国国家标准化管理委员会　发布

前　言

本标准按照 GB/T 1.1—2009 给出的规则起草。

本标准由中国轻工业联合会提出。

本标准由全国饮料标准化技术委员会（SAC/TC 472）归口。

本标准起草单位：中国饮料工业协会技术工作委员会、北京汇源饮料食品集团有限公司、杭州娃哈哈集团有限公司、农夫山泉股份有限公司、百事亚洲研发中心有限公司、统一企业（中国）投资有限公司、康师傅饮品投资（中国）有限公司、可口可乐饮料（上海）有限公司、烟台北方安德利果汁股份有限公司。

本标准主要起草人：王金玉、杨永兰、李绍振、翟鹏贵、周力、程缅、黄莹萍、刘元、沈康克、曲昆生。

果蔬汁类及其饮料

1 范围

本标准规定了果蔬汁类及其饮料的术语和定义、分类、技术要求、试验方法、检验规则和标志、包装、运输、贮存。

本标准适用于以水果和（或）蔬菜（包括可食的根、茎、叶、花、果实）等为原料，经加工或发酵制成的液体饮料。

2 规范性引用文件

下列文件对于本文件的应用是必不可少的。凡是注日期的引用文件，仅所注日期的版本适用于本文件。凡是不注日期的引用文件，其最新版本（包括所有的修改单）适用于本文件。

GB 2760　食品安全国家标准　食品添加剂使用标准

GB 7718　食品安全国家标准　预包装食品标签通则

GB/T 12143　饮料通用分析方法

GB 14880　食品安全国家标准　食品营养强化剂使用标准

GB 28050　食品安全国家标准　预包装食品营养标签通则

3 术语和定义

下列术语和定义适用于本文件。

水浸提　water extracted

以不宜采用机械方法直接制取汁液、浆液的干制或含水量较低的水果或蔬菜为原料，直接采用水浸泡提取汁液或经水浸泡后采用机械方法制取汁液、浆液的工艺。

4 分类

4.1 果蔬汁（浆）

以水果或蔬菜为原料，采用物理方法（机械方法、水浸提等）制成的可发酵但未发酵的汁液、浆液制品；或在浓缩果蔬汁（浆）中加入其加工过程中除去的等量水分复原制成的汁液、浆液制品。

可使用糖（包括食糖和淀粉糖）或酸味剂或食盐调整果蔬汁（浆）的口感，但不得同时使用糖（包括食糖和淀粉糖）和酸味剂，调整果蔬汁（浆）的口感。

可回添香气物质和挥发性风味成分，但这些物质或成分的获取方式必须采用物理方法，且只能来源于同一种水果或蔬菜。

可添加通过物理方法从同一种水果和（或）蔬菜中获得的纤维、囊胞（来源于柑橘属水果）、果粒、蔬菜粒。

只回添通过物理方法从同一种水果或蔬菜获得的香气物质和挥发性风味成分，和（或）通过物理方法从同一种水果和（或）蔬菜中获得的纤维、囊胞（来源于柑橘属水果）、果粒、蔬菜粒，不添加其他物质的产品可声称100%。

4.1.1 原榨果汁（非复原果汁）

以水果为原料，采用机械方法直接制成的可发酵但未发酵的、未经浓缩的汁液制品。

采用非热处理方式加工或巴氏杀菌制成的原榨果汁（非复原果汁）可称为鲜榨果汁。

4.1.2 果汁（复原果汁）

在浓缩果汁中加入其加工过程中除去的等量水分复原而成的制品。

4.1.3 蔬菜汁

以蔬菜为原料，采用物理方法制成的可发酵但未发酵的汁液制品，或在浓缩蔬菜汁中加入其加工过程中除去的等量水分复原而成的制品。

4.1.4 果浆/蔬菜浆

以水果或蔬菜为原料，采用物理方法制成的可发酵但未发酵的浆液制品，或在浓缩果浆或浓缩蔬菜浆中加入其加工过程中除去的等量水分复原而成的制品。

4.1.5 复合果蔬汁（浆）

含有不少于两种果汁（浆）或蔬菜汁（浆）、或果汁（浆）和蔬菜汁（浆）的制品。

4.2 浓缩果蔬汁（浆）

以水果或蔬菜为原料，从采用物理方法制取的果汁（浆）或蔬菜汁（浆）中除去一定量的水分制成的、加入其加工过程中除去的等量水分复原后具有果汁（浆）或蔬菜汁（浆）应有特征的制品。

可回添香气物质和挥发性风味成分，但这些物质或成分的获取方式必须采用物理方法，且只能来源于同一种水果或蔬菜。

可添加通过物理方法从同一种水果和（或）蔬菜中获得的纤维、囊胞（来源于柑橘属水果）、果粒、蔬菜粒。

含有不少于两种浓缩果汁（浆）或浓缩蔬菜汁（浆）或浓缩果汁（浆）和浓缩蔬菜汁（浆）的制品为浓缩复合果蔬汁（浆）。

4.3 果蔬汁（浆）类饮料

以果蔬汁（浆）、浓缩果蔬汁（浆）、水为原料，添加或不添加其他食品原辅料和（或）食品添加剂，经加工制成的制品。

可添加通过物理方法从水果和（或）蔬菜中获得的纤维、囊胞（来源于柑橘属水果）、果粒、蔬菜粒。

4.3.1 果蔬汁饮料

以果汁（浆）、浓缩果汁（浆）或蔬菜汁（浆）、浓缩蔬菜汁（浆）、水为原料，添加或不添加其他食品原辅料和（或）食品添加剂，经加工制成的制品。

4.3.2 果肉（浆）饮料

以果浆、浓缩果浆、水为原料，添加或不添加果汁、浓缩果汁、其他食品原辅料和（或）食品添加剂，经加工制成的制品。

4.3.3 复合果蔬汁饮料

以不少于两种果汁（浆）、浓缩果汁（浆）、蔬菜汁（浆）、浓缩蔬菜汁（浆）、水为原料，添加或不添加其他食品原辅料和（或）食品添加剂，经加工制成的制品。

4.3.4 果蔬汁饮料浓浆

以果汁（浆）、蔬菜汁（浆）、浓缩果汁（浆）或浓缩蔬菜汁（浆）中的一种或几种、水为原料，添加或不添加其他食品原辅料和（或）食品添加剂，经加工制成的，按一定比例用水稀释后方可饮用的制品。

4.3.5 发酵果蔬汁饮料

以水果或蔬菜或果蔬汁（浆）或浓缩果蔬汁（浆）经发酵后制成的汁液、水为原料，添加或不添加其他食品原辅料和（或）食品添加剂的制品。如苹果、橙、山楂、枣等经发酵后制成的饮料。

4.3.6 水果饮料

以果汁（浆）、浓缩果汁（浆）、水为原料，添加或不添加其他食品原辅料和（或）食品添加剂，经加工制成的果汁含量较低的制品。

注：果蔬汁类及其饮料分类的英文名称可参照附录A中的表A.1。

5 技术要求

5.1 原辅料要求

5.1.1 原料应新鲜、完好，并符合相关法规和国家标准等。可使用物理方法保藏的，或采用国家标准及有关法规允许的适当方法（包括采后表面处理方法）维持完好状态的水果、蔬菜或干制水果、蔬菜。

5.1.2 其他原辅料应符合相关法规和国家标准等。

5.2 感官要求

应符合表1的规定。

表1　感官要求

项目	要求
色泽	具有所标示的该种（或几种）水果、蔬菜制成的汁液（浆）相符的色泽，或具有与添加成分相符的色泽
滋味和气味	具有所标示的该种（或几种）水果、蔬菜制成的汁液（浆）应有的滋味和气味，或具有与添加成分相符的滋味和气味；无异味
组织状态	无外来杂质

5.3 理化要求

应符合表2的规定。

表 2　理化要求

产品类别	项目		指标或要求	备注
果蔬汁（浆）	果汁（浆）或蔬菜汁（浆）含量（质量分数）/%		100	至少符合一项要求
	可溶性固形物含量/%		符合附录B中表B.1和表B.2的要求	
浓缩果蔬汁（浆）	可溶性固形物的含量与原汁（浆）的可溶性固形物含量之比	≥	2	—
果汁饮料 复合果蔬汁（浆）饮料	果汁（浆）或蔬菜汁（浆）含量（质量分数）/%	≥	10	—
蔬菜汁饮料	蔬菜汁（浆）含量（质量分数）/%	≥	5	—
果肉（浆）饮料	果浆含量（质量分数）/%	≥	20	—
果蔬汁饮料浓浆	果汁（浆）或蔬菜汁（浆）含量（质量分数）/%	≥	10（按标签标示的稀释倍数稀释后）	—
发酵果蔬汁饮料	经发酵后的液体的添加量折合成果蔬汁（浆）（质量分数）/%	≥	5	—
水果饮料	果汁（浆）含量（质量分数）/%		≥5且<10	—

注1：可溶性固形物含量不含添加糖（包括食糖、淀粉糖）、蜂蜜等带入的可溶性固形物含量。
注2：果蔬汁（浆）含量没有检测方法的，按原始配料计算得出。
注3：复合果蔬汁（浆）可溶性固形物含量可通过调兑时使用的单一品种果汁（浆）和蔬菜汁（浆）的指标要求计算得出。

5.4　食品安全要求

5.4.1　食品添加剂和食品营养强化剂要求

应符合 GB 2760 和 GB 14880 的规定。

5.4.2　其他食品安全要求

应符合相应的食品安全国家标准。

6　试验方法

6.1　样品准备

浓缩果蔬汁（浆）和果蔬汁饮料浓浆产品，应按标签标示的使用或食用方法或稀释倍数加以稀释后进行检验，其中浓缩果蔬汁（浆）的可溶性固形物测定无须稀释；其他直接饮用的产品可直接进行检验。

6.2　感官检验

取约 50 mL 混合均匀的被测样品于无色透明的容器中，置于明亮处，观察其组织状态及色泽，并在室温下，嗅其气味，品尝其滋味。

6.3 理化检验

6.3.1 可溶性固形物

按 GB/T 12143 规定的方法进行检验。

6.3.2 橙、柑、橘汁及其饮料中的果汁含量

按 GB/T 12143 规定的方法进行检验。

6.3.3 其他果蔬汁（浆）及其饮料中的果蔬汁（浆）含量

按照原始配料计算，其他果蔬汁（浆）及其饮料中的果蔬汁（浆）含量的计算见式（1）：

$$P = [(W \times T_k) / (1000 \times S_L \times T_d)] \times 100\% \quad \cdots\cdots\cdots\cdots\cdots\cdots (1)$$

式中：

P——终产品所需的果蔬汁（浆）含量质量分数,%；

W——饮料中浓缩果蔬汁（浆）的添加量，单位为克每升（g/L）；

T_k—— 浓缩果蔬汁（浆）的可溶性固形物含量（以白利糖度计），°Brix；

S_L—— 终饮料产品的比重，单位为千克每升（kg/L）；

T_d—— 单一果蔬汁（浆）的可溶性固形物含量（以白利糖度计），°Brix。

7 检验规则

7.1 组批

由生产企业的质量管理部门按照其相应的规则确定产品的批次。

7.2 出厂检验

每批产品出厂时，除对感官要求进行检验外，还应对菌落总数、大肠菌群进行检验。

注：按照商业无菌要求进行质量管理的产品，也可选择进行菌落总数和大肠菌群的出厂检验。

7.3 型式检验

7.3.1 型式检验项目：本标准 5.2~5.4 规定的全部项目。

7.3.2 一般情况下，每年需要对产品进行一次型式检验。发生下列情况之一时，应进行型式检验。

——原料、工艺发生较大变化时；

——停产后重新恢复生产时；

——出厂检验结果与平常记录有较大差别时。

7.4 判定规则

7.4.1 检验结果全部合格时，判定整批产品合格。若有三项以上（含三项）不符合本标准，直接判定整批产品为不合格品。

7.4.2 检验结果中有不超过两项（含两项）不符合本标准时，可在同批产品中加倍抽样进行复检，以复检结果为准。若复检结果仍有一项不符合本标准，则判定整批产品为不合格品。

7.4.3 当供需双方对检验结果有异议时，可由有关各方协商解决，或委托有关单位进行仲裁检

验。出口产品按合同执行。

8 标志、包装、运输、贮存

8.1 标签和声称

预包装产品标签除应符合 GB 7718、GB 28050 的有关规定外，还应符合下列要求：

a）加糖（包括食糖和淀粉糖）的果蔬汁（浆）产品，应在产品名称［如××果汁（浆）］的邻近部位清晰地标明"加糖"字样。

b）果蔬汁（浆）类饮料产品，应显著标明（原）果汁（浆）总含量或（原）蔬菜汁（浆）总含量，标示位置应在"营养成分表"附近位置或与产品名称在包装物或容器的同一展示版面。

c）果蔬汁（浆）的标示规定：只有符合"声称100%"要求的产品才可以在标签的任意部位标示"100%"，否则只能在"营养成分表"附近位置标示"果蔬汁含量：100%"。

d）若产品中添加了纤维、囊胞、果粒、蔬菜粒等，应将所含（原）果蔬汁（浆）及添加物的总含量合并标示，并在后面以括号形式标示其中添加物（纤维、囊胞、果粒、蔬菜粒等）的添加量。例如某果汁饮料的果汁含量为10%，添加果粒5%，应标示为：果汁总含量为15%（其中果粒添加量为5%）。

8.2 包装

产品包装应符合相关的食品安全国家标准和有关规定，外包装箱内不应使用过度的隔板。

8.3 运输和贮存

8.3.1 产品在运输过程中应避免日晒、雨淋、重压；需冷链运输贮藏的产品，应符合产品标示的贮运条件。

8.3.2 不应与有毒、有害、有异味、易挥发、易腐蚀的物品混装、运输或贮存。

8.3.3 应在清洁、避光、干燥、通风、无虫害、无鼠害的仓库内贮存。

8.3.4 产品的封口部位不应长时间浸泡在水中，以防止造成污染。

附录 A
（资料性附录）
果蔬汁类及其饮料分类名称中英文对照表

表 A.1　　　　　　　　　　　　果蔬汁类及其饮料分类名称中英文对照表

分类中文名称	分类英文名称
果蔬汁（浆）	fruit & vegetable juice（puree）
原榨果汁（非复原果汁）	not from concentrated fruit juice
果汁（复原果汁）	fruit juice（fruit juice from concentrated）
蔬菜汁	vegetable juice
果浆/蔬菜浆	fruit puree & vegetable puree
复合果蔬汁（浆）	blended fruit & vegetable juice（puree）
浓缩果蔬汁（浆）	concentrated fruit & vegetable juice（puree）
果蔬汁（浆）类饮料	fruit & vegetable juice（puree）beverage
果蔬汁饮料	fruit & vegetable juice beverage
果肉（浆）饮料	fruit nectar
复合果蔬汁饮料	blended fruit & vegetable juice beverage
果蔬汁饮料浓浆	concentrated fruit & vegetable juice beverage
发酵果蔬汁饮料	fermented fruit & vegetable juice beverage
水果饮料	fruit beverage

附录 B
（规范性附录）
复原果蔬汁和复原果蔬浆的最小可溶性固形物要求

表 B.1　　20℃下复原果汁和复原果浆的最小可溶性固形物要求

植物学拉丁名	水果中文俗名/英文名	可溶性固形物（以°Brix 计）
Actinidia deliciosa（*A. Chev.*）*C. F. Liang & A. R. Fergoson*	猕猴桃/Kiwifruit	8.0
Ananas comosus（*L.*）*Merrill Ananas sativis L. Schult. f.*	菠萝/Pineapple	10.0
Averrhoa carambola L.	杨桃/Starfruit	7.5
Carica papaya L.	番木瓜（木瓜）/Papaya	9.0
Citrullus lanatus（*Thunb.*）*Matsum. & Nakai var. Lanatus*	西瓜/Watermelon	8.0
Citrus aurantifolia（*Christm.*）*Swingle*	来檬（青柠）/Lime	5.0
Citrus aurantium L.	酸橙[a]/Sour Orange	—
Citrus limon（*L.*）*Burm. f. Citrus limonum Rissa*	柠檬/Lemon	5.0[b]
Citrus limon（*L.*）*Burm. f. X Fortunella Swingle*	卡曼橘/Calamansi	8.0
Citrus paradisi Macfad	葡萄柚（西柚）/Grapefruit	10.0
Citrus reticulata	柑/Mandarin	11.2
Citrus reticulate Blanca	橘/Tangerine	10.0
Citrus sinensis（*L.*）	甜橙/Sweet Orange	10.0
Citrus sinensis（*L.*）	纽荷脐橙/Newhall Navel Orange	11.2
Citrus sinensis（*L.*）	哈姆林甜橙/Hamlin Sweet Orange	9.5
Coco snucifera L.	椰子水/Coconut	5.0
Crataegus pinnatifida	山楂/Hawthorn	7.5
Cucumis melo Inodorus	卡斯巴甜瓜/Casaba Melon	7.5
Cucumis melo Inodorus	蜜瓜/Honeydew Melon	10.0
Cucumis melo L.	甜瓜/Melon	8.0
Cucumis melo vars. saccharinus	哈密瓜/Hami Melon	10.0
Dimocarpus longgana Lour.	龙眼[a]（桂圆）/Longan	—
Diospyros khaki Thunb.	柿子[a]/Persimmon	—
Eribotrya japonesa	枇杷[a]/Loquat	—
Ficus carica L.	无花果/Fig	18.0
Fortunella swingle sp.	金橘/Kumquat	8.0

(续表)

植物学拉丁名	水果中文俗名/英文名	可溶性固形物（以°Brix 计）
Fragaria x. ananassa Duchense（*Fragaria chiloensis Duchesne x Fragaria virginiana Duchesne*）	草莓/Strawberry	6.3
Fructus Tamarindi Indicae Tamarindus indica L.	酸角[a]（酸豆）/Tamarind Pulp	—
Hippophae elaeguacae	沙棘/Sea Buckthorn	10.0
Hylocereus undatus	火龙果[a]/Dragon fruit	—
Litchi chinensis Sonn.	荔枝/Litchi/Lychee	11.2
Lycium chinense	枸杞[a]/Medlar	—
Malpighia punicifolia L. or Malpighia glabra L.	西印度针叶樱桃/Acerola	8.0
Malus domestica Borkh.	苹果/Apple	10.0
Malus prunifolia（*Willd.*）*Borkh. Malus sylvestris Mill.*	海棠果/Crab Apple	15.4
Mammea americana L.	曼密苹果[a]（牛油果）/American Mammea	—
Mangifera indica L	杧果[a]/Mango	—
Morus sp.	桑葚/Mulberry	10.5
Musa species including M. acuminata and M. paradisiaca but excluding other plantains	香蕉/Banana	17.0
Myrica rubra（*Lour.*）*Seb. et Zucc.*	杨梅/Chinese Bayberry, Chinese Waxmyrtle	6.0
Pasiflora edulis Sims. f. edulis Passiflora edulis Sims. f. Flavicarpa O. Def.	西番莲（百香果）/Passion Fruit	12.0
Prunus armeniaca L.	杏/Apricot	11.5
Prunus cerasifera	樱桃李/Cherry Plum	10.0
Prunus cerasus L.	黑樱桃/Morello cherry	13.0
Prunus Domestica L.	西梅/Prune	12.0
Prunus domestica L. subs p. Domestica	李/Plum	12.0
Prunus mume	梅（酸梅、乌梅）/Mei（Mune）；Japanese apricot	6.0
Prunus persica（*L.*）*Batsch var. nucipersica*（*Suckow*）*c. K. Schneid.*	油桃/Nectarine	10.5
Prunus persica（*L.*）*Batsch var. persica*	桃/Peach	9.0
Prunus pseudocerasus	樱桃/Cherry	8.0
Psidium guajava L.	番石榴/Guava	8.0
Punica granatum L.	石榴/Pomegranate	12.0 根据产区不同，要求不同： 枣庄石榴 13.0 陕西石榴 14.8

(续表)

植物学拉丁名	水果中文俗名/英文名	可溶性固形物（以°Brix计）
Pyrus communis L.	梨/Pear	10.0
Ribes nigrum L.	黑加仑/BlackCurrant	10.5
Rubus fruit cosus L.	黑莓/Blackberry	9.0
Rubus idaeus L. Rubus strigosus Michx.	红覆盆子（山莓、树莓、红悬钩子）/Red Raspberry	8.0
Rubus occidentalis L.	黑覆盆子（黑悬钩子、黑树莓）/Black Raspberry	10.0
Saccharum	甘蔗/Sugar Cane	12.0
Sanbucus nigra L.	接骨木莓/Elderberry	10.5
Solanum muricatum	人参果[a]/Sapodilla	—
Vatica astrotricha Hance	青梅/Stellatehair Vatica	6.0
Vaccinium bracteatum Thunb.	乌饭果（南烛）/Bilberry/Oriental Blueberry	11.0
Vaccinium macrocarpon Aiton Vaccinium oxy – coccos L.	蔓越莓/Cranberry	7.0
Vaccinium myrtillus L. Vaccinium corymbosum L. Vaccinium angustifolium	蓝莓/Bilberry/Blueberry	10.0
Vaccinium vitis – idaea L.	越橘/Lingonberry	10.0
Vitis Vinifera L. or hybrids thereof Vitis Labrusca or hybrids thereof	葡萄/Grape	11.0
Vitis vinifera subsp. vinifera	葡萄干用葡萄/Raisin Grape	16.0
Ziziphus jujuba var s. pinosa（Bunge）Hu	酸枣/Spine Date	8.0
Ziziphus zizyphus	枣/Jujube（Chinesedate）	14.0

注：本表未列出国内外的全部水果品种，未列入品种按相关标准或规定执行。
[a] 无数据。复原果汁的最小可溶性固形物应以生产浓缩果汁的水果的可溶物固形物表示。
[b] 柠檬也可以柠檬酸计，柠檬酸含量≥4.0%。

表 B.2　　20℃下复原蔬菜汁和复原蔬菜浆的最小可溶性固形物要求

植物学拉丁名	蔬菜中文俗名/英文名	可溶性固形物（以°Brix计）
Allium cepa L.	洋葱/Onion	7.0
Allium porrum L.	韭葱/Leek	8.0
Allium sativum L.	大蒜/Galic	3.5
Apium graveolens L. var rapaceum	块根芹/Celeriac	5.0
Apium graveolens L. var. dulce	芹菜/Celery	5.0
Asparagus officinalis L.	芦笋/Asparagus	4.0

（续表）

植物学拉丁名	蔬菜中文俗名/英文名	可溶性固形物（以°Brix 计）
Benincasa hispida Cogn.	冬瓜/Fat melon	2.0
Beta vulgaris L.	红甜菜[a]/Red beet	—
Brassica oleracea L.	甘蓝/Cabbage	8.0
Brassica oleracea L. var. cymosa	西蓝花/Broccoli	6.0
Brassica oleracea L. var. capitata L.	紫甘蓝/Purple cabbage	8.0
Brassica oleracea var. botrytis	花椰菜/Cauliflower	5.0
Brassica Oleracea var. acephala f. tricolor.	羽衣甘蓝/Kale	10.0
Caspicum annuum L.	红甜椒/Red pepper	7.5
Caspicum annuum L.	绿甜椒/Green pepper	5.0
Caspicum annuum L.	黄甜椒/Yellow pepper	7.0
Cucumissativus L.	黄瓜/Cucumber	3.5
Cucurbita maxima duschesne L.	南瓜/Pumpkin	7.0
Cucurbita pepo L.	西葫芦/Zucchini	4.0
Daucus carota L.	胡萝卜/Carrot	5.0
Daucus carota L.	紫胡萝/Purple carrot	7.5
Eleocharis dulcis	荸荠（马蹄）/Water-chestnuts	9.0
Ipomoea batatas Lam	甘薯/Sweet Potato	12.0
Lactuca satiua L.	莴苣/Lettuce	3.0
Lycopersicum esculentum L.	番茄/Tomato	4.5
Spinacia oleracea L.	菠菜/Spinach	5.0
Zingiber officinale Roscoe	生姜[a]/Ginger	—

注：本表未列出国内外的全部蔬菜品种，未列入品种按相关标准或规定执行。

[a] 无数据。复原蔬菜汁的最小可溶性固形物应以生产浓缩蔬菜汁的蔬菜的可溶性固形物表示。

GB/T 31121—2014《果蔬汁类及其饮料》国家标准第 1 号修改单

本修改单经国家标准化管理委员会于 2018 年 9 月 17 日批准，自 2019 年 10 月 1 日起实施。

一、将 4.1.1 原榨果汁（非复原果汁）和 4.1.2 果汁（复原果汁）修改为：

4.1.1 果汁

以水果为原料，采用物理方法制成的可发酵但未发酵的汁液制品，或在浓缩果汁中加入其加工过程中除去的等量水分复原而成的制品。

4.1.1.1 原榨果汁（非复原果汁）

以水果为原料，通过机械方法直接制成的为原榨果汁即非复原果汁，其中采用非热处理方式加工或巴氏杀菌制成的原榨果汁为鲜榨果汁。

4.1.1.2 复原果汁

在浓缩果汁中加入其加工过程中除去的等量水分复原而成的为复原果汁。

二、将附录 A 中表 A.1 原榨果汁（非复原果汁）和果汁（复原果汁）的分类中文名称和分类英文名称修改为：

分类中文名称	分类英文名称
果汁 ——原榨果汁（非复原果汁） ——鲜榨果汁 ——复原果汁	fruit juice ——not from concentrated fruit juice ——fresh fruit juice ——fresh fruit from concentrated ——fruit juice from concentrated

第二部分　建　园

DBN

吐鲁番市农业地方标准

DBN 6521/T 169—2017

吐鲁番葡萄改良式棚架搭建技术规程

2017-04-08 发布 2020-05-01 实施

吐鲁番市市场监督管理局 发布

前 言

本标准依据 GB/T 1.1—2009《标准化工作导则 第1部分：标准的结构和编写》和 DB65/T 2035.2—2003《标准体系工作导则 第2部分：农业标准体系框架与要求》编写。

本标准由吐鲁番市林业局归口。

本标准由吐鲁番市林业局提出。

本标准由吐鲁番市林果业技术推广服务中心负责起草。

本标准主要起草人：吴玉华、周慧、吾尔尼沙·卡得尔、周黎明、罗闻芙、王春燕、古亚汗·沙塔尔。

吐鲁番葡萄改良式棚架搭建技术规程

1 范围

本标准规定了吐鲁番葡萄改良式棚架搭建技术的架材准备、埋设水泥立柱、搭建横梁、埋设地锚、布设架面。

本标准适用吐鲁番葡萄园的架式搭建。

2 规范性引用文件

下列文件对于本文件的应用是必不可少的。凡是注日期的引用文件，仅所注日期的版本适用于本文件。凡是不注日期的引用文件，其最新版本（包括所有的修改单）适用于本文件。

GB/T 19585—2008 地理标志产品 吐鲁番葡萄

GB/T 343—94 镀锌铁丝

DB65/T 2143 葡萄架水泥支柱

3 术语和定义

下列术语和定义适用于本标准。

3.1 改良式棚架

在原有小棚架的基础上进行改良。将根柱、梢柱挪至葡萄栽种沟内或两侧，根柱地上部分提高到170 cm，梢柱地上部分提高到190 cm，立柱埋置深度不得少于50 cm，形成前高后低的架面。

3.2 边柱

每行改良式棚架中，两端用于支撑葡萄架面较粗的4根水泥立柱，分为根柱和梢柱。

3.3 中柱

每行改良式棚架中，除边柱外，用于支撑葡萄架面的水泥立柱，分为根柱和梢柱。

3.4 梢柱

改良式棚架中靠近葡萄根部的水泥立柱。

3.5 根柱

改良式棚架中靠近葡萄末梢的水泥立柱。

3.6 横梁

架设在根柱和梢柱上用于支撑葡萄架面的木头栋子（或其他材料）。

4 架材准备

4.1 水泥立柱

采用实心水泥立柱，应符合 DB65/T 2143（葡萄架水泥支柱）规定。

4.2 木头橼子

中柱规格：长度 500 cm，小头直径 6 cm 以上；边柱规格：长度 500 cm，小头直径 10 cm 以上。

4.3 镀锌铁丝

应符合 GB/T 343—94（镀锌铁丝）规定。

规格：即镀锌铁丝，14#镀锌铁丝。

4.4 地锚

规格：10 cm×10 cm×60 cm 水泥柱。

5 搭架

5.1 埋设水泥立柱

5.1.1 立柱使用规格

中柱：根柱使用 10 cm×10 cm×220 cm 的立柱；梢柱使用 10 cm×10 cm×240 cm 的立柱。

边柱：根柱使用 12 cm×12 cm×260 cm 的立柱；梢柱使用 12 cm×12 cm×280 cm 的立柱。

5.1.2 立柱栽植行的确定立柱在根柱和梢柱之间距离根据葡萄栽植行的不同来确定。

5.1.2.1 葡萄栽植行距小于 450 cm

将根柱和梢柱均挪至葡萄栽植沟内或两侧（见图1、图2）。

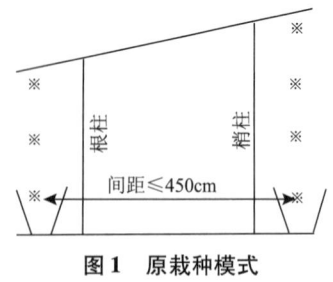
图 1 原栽种模式

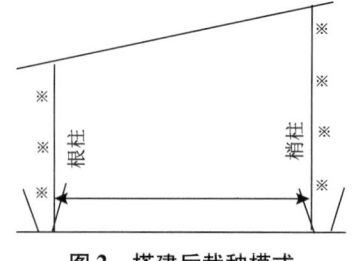
图 2 搭建后栽种模式

注：※代表葡萄；\ /代表葡萄栽种沟，沟宽 80～120 cm。

5.1.2.2 葡萄栽植行距大于 450cm

将根柱挪至栽种沟边，梢柱向行内挪移 180 cm 以上（见图3、图4）。

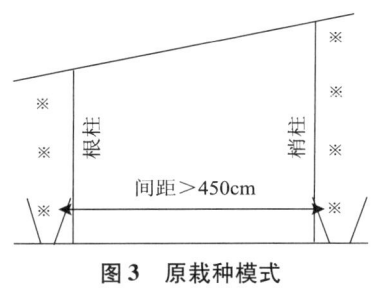
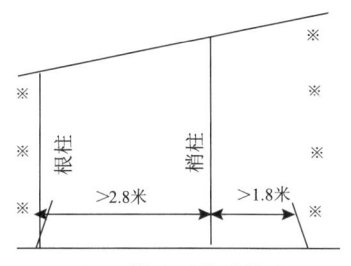

图 3　原栽种模式　　　　　　　　　图 4　搭建后栽种模式

注：※代表葡萄；\ /代表葡萄栽种沟，沟宽 80～120cm。

5.1.3　确定立柱埋设点

首先确定每行两端边柱的位置，然后以每行两个边柱为端点拉线，每 400cm 打一个点，即中柱位置。

5.1.4　挖坑

根据点位进行挖坑，坑深 50 cm。

5.1.5　埋设立柱

立柱埋深 50 cm，根柱地上部分高度 170 cm，梢柱地上部分高度 190 cm，埋设立柱时确保立柱在同一直线和水平高度。

边柱均向外倾斜 15°～35°，在垂直高度上比中柱高出 10 cm。

5.2　搭建横梁

5.2.1　边柱橡子绑在根柱和梢柱外侧，用 8# 镀锌铁丝固定。

5.2.2　中柱橡子较粗一端搭在根柱顶端，另一端搭在梢柱顶端，并用 8# 镀锌铁丝固定，构成改良式棚架的骨架。

5.3　埋设地锚

地锚埋设点距边柱 80～120cm，深度 80～120cm。地锚拉线与立柱对齐。

5.4　布设架面

横梁上每道镀锌铁丝间距不超过 50cm，铁丝与横梁交叉处用 14# 镀锌铁丝固定。

DBN

吐鲁番市农业地方标准

DBN 6521/T 201—2019

新建葡萄园技术规程

2019-11-25 发布　　　　　　　　　　2019-12-25 实施

吐鲁番市市场监督管理局　发布

前 言

本标准根据 GB/T 1.1—2009 给出的规则起草。

本标准由吐鲁番市林果业技术推广服务中心提出。

本标准由吐鲁番市林业和草原局归口。

本标准由吐鲁番市林果业技术推广服务中心、吐鲁番市质量与计量检测所负责起草。

本标准由吐鲁番市市场监督管理局发布。

本标准主要起草人:王春燕、刘丽媛、阿迪力·阿不都古力、王新丽、古亚汗·沙塔尔、徐彦兵、周黎明、王婷、武云龙、韩泽云、吾尔尼沙卡得尔、阮晓慧、罗闻芙、周慧、吴玉华、陈志强、宋钰、曲江。

新建葡萄园技术规程

1 范围

本标准规定了新建葡萄园的园地选择、综合规划、开沟定植、架式、整形与修剪、追肥、灌水、埋土防寒等技术要求。

本标准适用于吐鲁番市新建葡萄园。

2 规范性引用文件

下列文件中的条款通过本标准中引用成为本标准的条款，凡是注日期的引用文件，仅所注日期的版本适用于本标准。凡是不注日期的引用文件，其最新版本适用于本标准。

QB/T 2289.4　园艺工具　剪枝剪

DBN 6521/T 169　吐鲁番葡萄改良式棚架搭建技术规程

3 定义

3.1 摘心

摘去新梢顶部幼嫩部分。

3.2 整形与修剪

通过使植株保持一定的外观形状，并且调整其营养生长和生殖生长的关系、使其正常地生长和结果的一种技术措施。

3.3 穴施

追肥时在距离主蔓根部30cm处，挖30cm深的小坑，施肥后立刻覆土。

3.4 坑施

施基肥时在距离主蔓根部40cm以外的地点，挖长50cm、宽30cm、深40cm的坑，尽量减少伤根，施肥后用园土填平。

4 园地选择

4.1 环境

水质、空气符合绿色产品生产标准。

4.2 土壤

4.2.1 建园时应选用熟地，以沙壤土、轻沙壤土和轻黏土为宜。

4.2.2 对渗漏较重、持水力差的砾质土壤要进行土壤改良。

5 综合规划

5.1 规划

新建园地块选定后，进行园、林、路、渠综合规划。

5.2 平整土地

对凸凹不平的土地削高填低，使其成为具有适宜坡度的田面或水平田面。对坡度较大、高低不平的大块地，分片区或阶梯形小区平整。

5.3 条田设置

条田设置以6公顷左右为宜，多风区条田大小以2~3公顷为宜，方向以坡降、主风向和总体规划确定。

5.4 林带配置

主林带与主风向垂直，设8~10行，副林带设4~6行。树种以杨树、胡杨等为主。

5.5 道路、渠道配置

田间道路应置于主、副林带两侧，直接与条田相接，便于运输和田间作业。渠道应置于林带内，以便减少蒸发。

6 开沟定植

6.1 株行距

小棚架行距4.5~5 m，株距1~1.5 m。

6.2 定植沟

沟宽0.8~1.0 m，深80 cm，挖沟时，表土和心土分开堆放。沟的最底层可铺一层秸秆或粉碎后的葡萄枝条，厚度大约15 cm。每亩施腐熟有机肥4~5 m^3，先将肥料与表土拌均匀，然后回填至灌水沉实后距地表30 cm。

6.3 定植时间

春季，以火焰山为界，山南3月中上旬，山北3月中下旬。

秋季，以火焰山为界，山北10月中上旬，山南10月中下旬。

6.4 定植方法

定植前对过长的葡萄苗木根系需要进行修剪，留15~20 cm。修剪过后用兑好水的生根粉浸泡根系2~6 h。

选择晴天下午定植，定植后立即浇水，定植深度以覆盖根系上部2~4 cm、浇水不漏出根系为宜。

7 架式

小棚架搭建符合DBN6521/T 169要求。

8 整形修剪

8.1 剪枝剪

应符合QB/T 2289.4要求。

8.2 多主蔓龙干形

8.2.1 第一年

选留1个新梢作为主蔓，至1.5~2 m时摘心。并抹除植株0.5 m以下的副梢。冬剪时除先端育一个延长枝外，其余枝均进行短枝修剪。

8.2.2 第二年

每株留2~3个主蔓，在主蔓上每20~30 cm留一个结果枝组，每个结果枝组留3~4个结果枝和预备枝相互更替结果。结果枝组在主蔓上交替分布呈"非"字状。应在有机生产和常规生产区域间设置缓冲带或物理障碍物。

9 追肥

在发芽前追施氮、磷为主的肥料，花萌、果粒膨大前以磷、钾肥为主，每株穴每次施250~300 g。

10 灌水

灌水按照"前促、后控、中间足"的原则，根据土壤含水量情况灌水。花后至浆果膨大期充足供水，土壤湿度为田间最大持水量的60~70%。浆果成熟期控制灌水。入冬埋土前灌透冬灌水。

11 埋土防寒

11.1 下架

将葡萄枝蔓从架面拉下，按一个方向拢捆在一起。

11.2 覆土

采用一条龙埋土法，要求主蔓倾斜方向和机耕作业顺序保持一致。

11.3 厚度

覆土 30 cm 左右,保证埋土质量,禁用干土、碱土。

11.4 检查

冬季应经常检查埋土质量,堵塞鼠洞和防除鼠害。

DBN

吐鲁番市农业地方标准

DBN 6521/T 202—2019

无核白葡萄育苗技术规程

2019-11-25 发布　　　　　　　　　　　　2019-12-25 实施

吐鲁番市市场监督管理局　发布

前　言

本标准根据 GB/T 1.1—2009 给出的规则编写。

本标准由吐鲁番市林果业技术推广服务中心提出。

本标准由吐鲁番市林业和草原局归口。

本标准由吐鲁番市林果业技术推广服务中心、吐鲁番市质量与计量检测所负责起草。

本标准由吐鲁番市市场监督管理局发布。

本标准主要起草人：罗闻芙、韩泽云、王春燕、王新丽、周慧、刘丽媛、古亚汗·沙塔尔、武云龙、徐彦斌、周黎明、阿迪力·阿不都古力、王婷、吴玉华、吾尔尼沙·卡得尔、陈志强、宋钰、曲江。

无核白葡萄育苗技术规程

1 范围

本标准规定了无核白葡萄扦插育苗、种条的收集、种条的贮藏、嫁接育苗的技术要求。
本标准适用于吐鲁番市无核白葡萄苗木生产。

2 规范性引用文件

下列文件中的条款通过本标准中引用成为本标准的条款，凡是注日期的引用文件，仅所注日期的版本适用于本标准。凡是不注日期的引用文件，其最新版本适用于本标准。

GB 13735　聚乙烯吹塑农用地面覆盖薄膜
GB 15569　农业植物调运检疫规程
NY/T 2379　葡萄苗木繁育技术规程

3 定义

3.1 种条

优质、纯正、丰产、生长势强、无病虫害的枝条。

3.2 插条

用于扦插育苗而截取的一年生成熟枝条。

3.3 做畦

平整土地的一种方式。

3.4 接穗

在植物嫁接操作中，用来嫁接到砧木上的芽、枝等分生组织。

3.5 砧木

嫁接繁殖时承受接穗的植株。

4 种条的收集

4.1 来源

冬剪时，选择优质、纯正、丰产、生长势强，无病虫害的枝株；也可直接从春季出土后的枝蔓上剪取枝条。

4.2 方法

将充分成熟、冬芽饱满的枝条，裁剪成 50～60 cm，按 50 根或 100 根一捆，挂牌标记。

5 种条的贮藏

5.1 窖藏

专用窖或者普通贮藏窖均可。将苗木成捆平码，一层种条一层沙，并摇动种条使沙填实，堆高 150 cm 以下。顶部用沙封严，厚度为 10 cm。沙的湿度控制在 40～50%，适宜窖温 0±4 ℃。

5.2 沟藏

在干燥的地方，挖沟，深 0.8～1.4 m，长短以苗木量而定。贮藏前灌水，灌水时间视土壤情况而定。覆土时每间距 2 m 竖一草把，直通沟底，草把直径 10～15 cm，以利排热换气。初埋时覆土 10～15 cm，11 月底加土到 25～30 cm。

6 整地

6.1 苗圃地

苗圃地应选用水源充足地块，且 60 cm 土基总盐量低于 0.3%，pH≤8 的沙壤土为宜。

6.2 底肥

整地时每亩撒施 2.5 m³ 腐熟有机肥料，同时掺入每亩 15 kg 的复合氮磷肥。

6.3 起垄做畦

翻耕平地，打梗，做垄，垄底宽 60 cm、顶宽 40 cm，沟宽 40 cm，垄高 25 cm，要做到面平、土细；垄长 5～10 m 为宜，做垄后进行盖膜，地膜宽 75 cm、厚度参考 GB 13735 标准。覆膜要求拉平、压严与垄面贴紧。畦宽 3 m，长度以地形而定，深翻、耙平磨细，以备用。

7 扦插育苗

7.1 插条的处理

种条剪成上平下斜状，每根插条长 20～25 cm，有 2～3 个芽眼以上，上剪口距芽 1.5～2 cm，下剪口在近芽处。做到随剪随捆，捆时不要将插条颠倒混乱，捆好后投入水中充分浸泡约在 12 h。

7.2 扦插

当地温稳定到 20 ℃ 左右（约 4 月初）进行扦插，扦插前用 ABT 生根粉处理根部，在生根粉溶液中浸泡 0.5～2 h。株距 10 cm，每垄两行（平畦为 50 cm 行距）。扦插前，用顶部为尖形的硬物沿地膜先插种植小眼，再将种条插于其中，避免地膜覆盖剪口，要求插条上芽与土平面距离 2～3 cm。

7.3 苗圃管理

7.3.1 灌水

扦插后，要保持土壤湿润，需及时灌水，一般每10 d一次。夏季高温来临后可揭去地膜，8月以后适当控水，促进新梢成熟。

7.3.2 追肥

6月上旬、7月上旬，结合灌水每亩撒施复合肥15～20 kg。

7.3.3 除草

插条生长过程中，及时清理杂草。

7.3.4 摘心

新梢长到40～50 cm时摘心，副梢萌发后顶部留2～3个健壮副梢，其余副梢均抹除，八月下旬进行整体摘心。

7.4 出圃

于10月下旬～11月初出圃。出圃前4～7 d灌透水，起苗时要保护好根系。

8 嫁接育苗

8.1 适用

对需要利用某种抗逆性砧木（如抗寒、抗旱）或需加速繁殖特色稀有品种时，常采用嫁接繁殖方法。

8.2 嫁接种类

主要有硬枝嫁接和嫩枝嫁接两种。

8.2.1 硬枝嫁接

于3～4月间在室内进行，采用舌接法，接好后将砧穗放入愈合箱中半月左右，待接口愈后进行扦插。

8.2.2 嫩枝嫁接

用夏剪下来的嫩枝做接穗，采用劈接法嫁接在未木质化的砧木上。

9 苗木质量

按照NY/T 2379执行。

10 苗木调运

按GB 15569执行。

DB 6521/T 232—2020

吐鲁番市地方标准

葡萄架水泥立柱质量技术要求

2020-06-20 发布　　　　　2020-07-15 实施

吐鲁番市市场监督管理局　发 布

前　言

本标准根据 GB/T 1.1—2009《标准化工作导则　第 1 部分：标准的结构和编写》进行编写。

本标准由吐鲁番市林果业技术推广服务中心提出。

本标准由吐鲁番市林业和草原局归口。

本标准由吐鲁番市林果业技术推广服务中心、吐鲁番市质量与计量检测所负责起草。

本标准主要起草人：阿迪力·阿不都古力、刘丽媛、陈志强、吾尔尼沙·卡得尔、韩泽云、王婷、吴玉华。

葡萄架水泥立柱质量技术要求

1 范围

本标准规定了吐鲁番区域内葡萄搭架使用水泥立柱的质量等级、技术要求、试验方法、检验规则和标志等。

本标准适应于以水泥、砂石料、钢筋（或冷拔低碳钢丝）为原料，经浇灌而成的混凝土水泥立柱。

2 规范性引用文件

下列文件中的条款通过本标准中引用成为本标准的条款，凡是注日期的引用文件，仅所注日期的版本适用于本标准。凡是不注日期的引用文件，其最新版本（包括所有的修改单）适用于本文件。

GB 50204 混凝土结构工程施工质量验收规范

GB/T 14684 建筑用沙

GB/T 14685 建筑用卵石、碎石

3 定义

3.1 水泥立柱

以水泥、砂石料、钢筋为原料，经浇灌而成的柱体（以下简称立柱）。

3.2 冷拔丝

是钢筋经过剥壳等一系列工序生产出来的产品，是金属冷加工的一种。

4 质量等级

4.1 抗压强度为实心 C_{20}（MPa）。

4.2 强度合格的立柱，根据尺寸偏差分为一等品（A），合格品（B）两个质量等级。

4.3 制作水泥立柱、边柱所用的砂石料质量应符合 GB/T 14684 和 GB/T 14685 要求。

5 规格

5.1 立柱

立柱的外形为长方柱体，横切面长×宽为 100 mm×100 mm。吐鲁番葡萄标准化生产上常用的水泥立柱有两种高度分别为2.2 m，2.4 m。

5.2 边柱

边柱的外形为长方柱体，横切面长×宽为150 mm×150 mm。吐鲁番葡萄标准化生产上常用的水泥边柱有两种高度分别为2.6 m，2.8 m。

6 产品标记

由产品名称、规格、品种、强度等级、质量等级和标准编号组成。

标记示例：规格为100 mm×100 mm，强度等级为C_{20}，一等品立柱，其标记为：

水泥立柱 $HC_{20}A$　DB6521/T 232。

7 技术要求

7.1 尺寸偏差

尺寸允许偏差应符合表1规定。

7.2 外观质量

立柱的外观质量应符合表2规定。

7.3 抗压强度

应符合GB 50204规定要求。

表1　尺寸允许偏差

项目	指标	
	一等品	合格品
长度（mm）	±30	±50
宽度（mm）	±3	±5
高度（mm）	±3	±5
弯曲	1/750	

表2　外观质量

项目	缺陷指标
主筋	主筋要求上下两端有4根长度不超过100mm的露筋部位
孔洞	直径和深度均超过保护层厚度
裂缝	不允许
外表缺陷	允许立柱表面有小面积掉皮、起沙现象

7.4 钢筋要求

立柱每根水泥柱中用 4 根 4 mm 冷拔丝，强度为 C_{30}。

边柱每根水泥柱中用 6 根以上 4 mm 冷拔丝，强度为 C_{30}。

8 试验方法

8.1 试件状态调整

进行试验前，试件应在常温下养护 48 小时，作为状态调整。

8.2 外观质量检测

对受测立柱，目测有无主筋外露。孔洞、裂纹用精度为 0.5 mm 的钢直尺量测表面裂纹，缺棱掉角数据，并记录缺陷数量。

8.3 尺寸偏差检测

8.3.1 长度

用精度为 1 mm 的钢卷尺拉测，过立柱两端中心线，取其算术平均值为检测结果。

计算公式：

a. 每根立柱长度允许偏差 = 实测值 − 标示值

b. 长度允许偏差 $d_L = \sum_{i=0}^{n} di$，其中：$n \geq 10$

8.3.2 宽度和厚度

各距两立柱端 20 mm，平行于该立柱端；用精度为 1 mm 的钢卷尺拉测，每根立柱分别选 3~4 部位进行测量，求均值为每一根立柱的宽厚。

允许偏差计算公式：

a. 每一根立柱偏差 = 实测值 − 标示值

b. 长度允许偏差 $d_L = \sum_{i=0}^{n} di$

注：每批产品测定 $n \geq 10$

8.3.3 弯曲

通过立柱端点至立柱面拉直测线，用精度 0.5 mm 的钢直尺量测弯曲，最大值为检测结果。

8.4 抗压强度

按照 GB 50204 规定执行。

9 检验规则

9.1 检验分类

9.1.1 出厂检验

产品出厂必须进行出厂检验。经检验合格后方可出厂。出厂检验项目为 6.1、6.2 中的全项。

9.2 型式检验

按本标准技术要求规定的全部项目进行检验，一般每半年进行一次，有下列情况之一时亦应进行型式检验：

a）产品定型投产时；
b）更换主要设备时；
c）出厂检验结果与上次型式检验有较大差异时；
d）原料产地或供货商发生变化时；
e）停产半年以上恢复生产时；
f）市场监督管理局部门提出要求时。

9.3 批次

同一品种、同一班组、同一规格的产品为一批次。

9.4 抽样方法

在每一批次产品中，随机抽取10根产品为供检样。

9.5 判定

产品检验项目全部符合本标准，判定为合格产品。如有一项或一项以上不符合本标准，须在同批产品留样中取样复验不合格项目；复验后仍不符合本标准时，判定该批产品为不合格产品。

ICS 13.020.50
Z 51

中华人民共和国农业行业标准

NY/T 857—2004

葡萄产地环境技术条件

Environmental requirement for growing area of grape

2005-01-04 发布　　　　　　　　　　　2005-02-01 实施

中华人民共和国农业部　发布

前 言

本标准由中华人民共和国农业部提出并归口。

本标准起草单位：天津市农业环境保护管理监测站、天津市林果站。

本标准主要起草人：杜长城、江应松、徐震、贾兰英、田丽梅、张伟玉、成振华、冯伟、韩建华、刘艳军、马志武。

葡萄产地环境技术条件

1 范围

本标准规定了葡萄产地环境技术条件的定义，葡萄产地环境空气质量、灌溉水质量、土壤有害物成分的各项指标和各项指标的检验方法，葡萄产地选择要求的气候、土壤等生态条件。

本标准适用于我国的葡萄产地，其中土壤、气候等生态条件适用于华北地区。

2 规范性引用文件

下列文件中的条款通过本标准的引用而成为本标准的条款。凡是注日期的引用文件，其随后所有的修改单（不包括助误的内容）或修订版均不适用于本标准，然而，鼓励根据本标准达成协议的各方研究是否可使用这些文件的最新版本。凡是不注日期的引用文件，其最新版本适用于本标准。

GB 5084　农田灌溉水质标准

GB/T 5750　水质　粪大肠菌群的测定

GB/T 6920　水质　pH 的测定　玻璃电极法

GB/T 7467　水质　铬（六价）的测定　二苯碳酰二肼分光光度法

GB/T 7475　水质　铜、锌、铅、镉的测定原子吸收分光光度法

GB/T 7484　水质　氟化物的测定　离子选择电极法

GB/T 7485　水质　总砷的测定　二乙基二硫代氨基甲酸银分光光度法

GB/T 7486　水质　氰化物的测定　第二部分　氰化物的测定

GB/T 8170　数值修约规则

GB/T 11896　水质　氯化物的测定　硝酸银滴定法

GB/T 11914　水质　化学需氧量的测定　重铬酸盐法

GB/T 15262　环境空气　二氧化硫的测定　甲醛吸收—副玫瑰苯胺分光光度法

GB/T 15432　环境空气　总悬浮颗粒物的测定　重量法

GB/T 15433　环境空气　氟化物的测定　石灰滤纸·氟离子选择电极法

GB/T 15434　环境空气　氟化物的测定　滤膜·氟离子选择电极法

GB/T 15435　环境空气　二氧化氮的测定　Saltzman 法

GB/T 16488　水质　石油类的测定　红外光度法

GB/T 17134　土壤质量　总砷的测定　二乙基二硫代氨基甲酸银分光光度法

GB/T 17136　土壤质量　总汞的测定　冷原子吸收分光光度法

GB/T 17137　土壤质量　总铬的测定　火焰原子吸收分光光度法

GB/T 17138　土壤质量　铜的测定　火焰原子吸收分光光度法

GB/T 17141　土壤质量　铅、镉的测定　石墨炉原子分光光度法

NY/T 391—2000　绿色食品　产地环境技术条件

NY/T 395 农田土壤环境质量监测技术规范
NY/T 396 农田水源环境质量监测技术规范
NY/T 397 农区环境空气质量监测技术规范

3 要求

3.1 产地选择要求

葡萄产地应选择在土壤疏松，生长期气候温暖、光照充足、温度适宜且有灌溉条件的农区，还应是远离污染源，且有可持续生产能力的地区。

葡萄产地的气候条件应符合表1的规定。

表1 产地气候条件

项目	限值 极小值	限值 极大值
气温（℃）	26	45
≥10℃的年活动积温（℃）	3 000	4 500
年降水量（mm）	350	800
平均温度（℃） ≥	8	
年日照时数（h） >	2 200	

葡萄产地土壤条件指标应符合表2的规定。

表2 产地土壤条件要求

项目	限值
pH	6.5~8.0
地下水位（m） >	1
土质	沙壤土、砾石壤土

3.2 环境空气质量要求

标准状态下葡萄产地环境空气质量应符合表3的规定。

表3 环境空气质量指标

项目	限值 日平均	限值 1h平均
总悬浮颗粒物 mg/m³ ≤	0.30	—
二氧化硫 mg/m³ ≤	0.15	0.50
二氧化氮 mg/m³ ≤	0.12	0.24

(续表)

项目		限值	
		日平均	1h 平均
氟化物	≤	7 μg/m³	20 μg/m³
		1.8 μg/(dm²·d)	—

注1：日平均指任何一日的平均浓度；
注2：1h平均指任何一小时的平均浓度。

3.3 灌溉水质量要求

葡萄产地灌溉水质应符合表4的规定。

表4　　　　　灌溉水质量指标

项目	限值
pH	5.5~8.5
化学需氧量　mg/L	≤300
总砷　mg/L	≤0.1
总铅　mg/L	≤0.1
铬（六价）mg/L	≤0.1
氯化物　mg/L	≤250
氟化物　mg/L	≤2.0
氰化物　mg/L	≤0.5
石油类　mg/L	≤10
粪大肠菌群　个/L	≤10 000
蛔虫卵　个/L	≤2

3.4 土壤环境质量要求

葡萄产地土壤环境质量应符合表5的规定。

表5　　　　　土壤质量要求

项目		限值		
		pH<6.5	pH6.5~7.5	pH>7.5
镉 mg/kg	≤	0.30	0.60	1.0
汞 mg/kg	≤	0.30	0.50	1.0
砷 mg/kg	≤	40	30	25
铅 mg/kg	≤	250	300	350

(续表)

项目		限值		
		pH<6.5	pH6.5~7.5	pH>7.5
铬 mg/kg	≤	150	200	250
铜 mg/kg	≤	150	200	200

注：以上项目均按元素量计，适用于阳离子交换量>5cmoL（+）/kg 的土壤，若≤5cmoL（+）/kg，其标准值为表内数值的半数。

3.5 其他条件

葡萄产地应远离村镇生活区、畜牧饲养区、工矿区等其他污染源。

4 分析方法

4.1 环境空气质量指标

4.1.1 总悬浮颗粒的测定按照 GB/T 15432 执行。

4.1.2 二氧化硫的测定按照 GB/T 15262 执行。

4.1.3 二氧化氮的测定按照 GB/T 15435 执行。

4.1.4 氟化物的测定按照 GB/T 15433 或 GB/T 15434 执行。

4.2 灌溉水质量指标

4.2.1 pH 的测定按照 GB/T 6920 执行。

4.2.2 化学需氧量的测定按照 GB 11914 执行。

4.2.3 总砷的测定按照 GB/T 7485 执行。

4.2.4 铅的测定按照 GB/T 7475 执行。

4.2.5 六价铬的测定按照 GB/T 7467 执行。

4.2.6 氯化物的测定按照 GB/T 11896 执行。

4.2.7 氰化物的测定按照 GB/T 7486 执行。

4.2.8 氟化物的测定按照 GB/T 7484 执行。

4.2.9 石油类的测定按照 GB/T 16488 执行。

4.2.10 粪大肠菌群的测定按照 GB/T 5750 执行。

4.2.11 蛔虫卵数的测定按照 GB 5084 中的沉淀积卵法执行。

4.3 土壤环境质量指标

4.3.1 铅、镉的测定按照 GB/T 17141 执行。

4.3.2 汞的测定按照 GB/T17136 执行。

4.3.3 砷的测定按照 GB/T 17134 执行。

4.3.4 铬的测定按照 GB/T 17137 执行。

4.3.5 铜的测定按照 GB/T 17138 执行。

5 检验规则

5.1 葡萄产地必须符合 NY/T 391—2000 要求。
5.2 葡萄产地环境质量监测采样方法。
5.2.1 环境空气质量监测的采样方法按照 NY/T 397 执行。
5.2.2 灌溉水质量监测的采样方法按照 NY/T 396 执行。
5.2.3 土壤环境质量监测的采样方法按照 NY/T 395 执行。
5.3 检验结果的数据修约按照 GB/T 8170 执行。

ICS 65.020.01
B 00

中华人民共和国农业行业标准

NY/T 391—2013
代替 NY/T 391—2000

绿色食品　产地环境质量

Green food—Environmental quality for production area

2013-12-13 发布　　　　　　　　　　　　2014-04-01 实施

中华人民共和国农业部　发 布

前 言

本标准按照 GB/T 1.1—2009 给出的规则起草。

本标准代替 NY/T 391—2000《绿色食品 产地环境技术条件》，与 NY/T 391—2000 相比。除编辑性修改外主要技术变化如下：
——修改了标准中英文名称；
——修改了标准适用范围；
——增加了生态环境要求；
——删除了空气质量中氮氧化物项目，增加了二氧化氮项目；
——增加了农田灌溉水中化学需氧量、石油类项目；
——增加了渔业水质淡水和海水分类；删除了悬浮物项目，增加了活性磷酸盐项目；修订了 pH 项目；
——增加了加工用水水质、食用盐原料水质要求；
——增加了食用菌栽培基质质量要求；
——增加了土壤肥力要求；
——删除了附录 A。

本标准由农业部农产品质量安全监管局提出。

本标准由中国绿色食品发展中心归口。

本标准起草单位：中国科学院沈阳应用生态研究所、中国绿色食品发展中心。

本标准主要起草人：王莹、王颜红、李国琛、李显军、宫凤影、崔杰华、王瑜、张红。

本标准的历次版本发布情况为：
——NY/T 391—2000。

引 言

绿色食品指产自优良生态环境、按照绿色食品标准生产、实行全程质量控制并获得绿色食品标志使用权的安全、优质食用农产品及相关产品。发展绿色食品，要遵循自然规律和生态学原理，在保证农产品安全、生态安全和资源安全的前提下，合理利用农业资源，实现生态平衡、资源利用和可持续发展的长远目标。

产地环境是绿色食品生产的基本条件，NY/T 391—2000对绿色食品产地环境的空气、水、土壤等制定了明确要求，为绿色食品产地环境的选择和持续利用发挥了重要指导作用。近几年，随着生态环境的变化，环境污染重点有所转移，同时标准应用过程中也遇到一些新问题，因此有必要对NY/T 391—2000进行修订。

本次修订坚持遵循自然规律和生态学原理，强调农业经济系统和自然生态系统的有机循环。修订过程中主要依据国内外各类环境标准，结合绿色食品生产实际情况，辅以大量科学实验验证，确定不同产地环境的监测项目及限量值，并重点突出绿色食品生产对土壤肥力的要求和影响。修订后的标准将更加规范绿色食品产地环境选择和保护，满足绿色食品安全优质的要求。

绿色食品　产地环境质量

1　范围

本标准规定了绿色食品产地的术语和定义、生态环境要求、空气质量要求、水质要求、土壤质量要求。

本标准适用于绿色食品生产。

2　规范性引用文件

下列文件对于本文件的应用是必不可少的。凡是注日期的引用文件，仅所注日期的版本适用于本文件。凡是不注日期的引用文件，其最新版本（包括所有的修改单）适用于本文件。

GB/T 5750.4　生活饮用水标准检验方法　感官性状和物理指标

GB/T 5750.5　生活饮用水标准检验方法　无机非金属指标

GB/T 5750.6　生活饮用水标准检验方法　金属指标

GB/T 5750.12　生活饮用水标准检验方法　微生物指标

GB/T 6920　水质　pH 值的测定　玻璃电极法

GB/T 7467　水质　六价铬的测定　二苯碳酰二肼分光光度法

GB/T 7475　水质　铜、锌、铅、镉的测定　原子吸收分光光度法

GB/T 7484　水质　氟化物的测定　离子选择电极法

GB/T 7485　水质　总砷的测定　二乙基二硫代氨基甲酸银分光光度法

GB/T 7489　水质　溶解氧的测定　碘量法

GB 11914　水质　化学需氧量的测定　重铬酸盐法

GB/T 12763.4　海洋调查规范　第4部分：海水化学要素调查

GB/T 15432　环境空气　总悬浮颗粒物的测定　重量法

GB/T 17138　土壤质量　铜、锌的测定　火焰原子吸收分光光度法

GB/T 17141　土壤质量　铅、镉的测定　石墨炉原子吸收分光光度法

GB/T 22105.1　土壤质量　总汞、总砷、总铅的测定　原子荧光法　第1部分：土壤中总汞的测定

GB/T 22105.2　土壤质量　总汞、总砷、总铅的测定　原子荧光法　第2部分：土壤中总砷的测定

HJ 479　环境空气　氮氧化物（一氧化氮和二氧化氮）的测定　盐酸萘乙二胺分光光度法

HJ 480　环境空气　氟化物的测定　滤膜采样氟离子选择电极法

HJ 482　环境空气　二氧化硫的测定　甲醛吸收—副玫瑰苯胺分光光度法

HJ 491　土壤　总铬的测定　火焰原子吸收分光光度法

HJ 503　水质　挥发酚的测定　4-氨基安替比林分光光度法

HJ 505　水质　五日生化需氧量（BOD$_5$）的测定　稀释与接种法

HJ 597　水质　总汞的测定　冷原子吸收分光光度法

HJ 637　水质　石油类和动植物油类的测定　红外分光光度法
LY/T 1233　森林土壤有效磷的测定
LY/T 1236　森林土壤速效钾的测定
LY/T 1243　森林土壤阳离子交换量的测定
NY/T 53　土壤全氮测定法（半微量开氏法）
NY/T 1121.6　土壤检测　第6部分：土壤有机质的测定
NY/T 1377　土壤pH的测定
SL 355　水质　粪大肠菌群的测定—多管发酵法

3　术语和定义

下列术语和定义适用于本文件。

环境空气标准状态　ambient air standard state

指温度为273K，压力为101.325kPa时的环境空气状态。

4　生态环境要求

绿色食品生产应选择生态环境良好、无污染的地区，远离工矿区和公路、铁路干线，避开污染源。

应在绿色食品和常规生产区域之间设置有效的缓冲带或物理屏障，以防止绿色食品生产基地受到污染。

建立生物栖息地，保护基因多样性、物种多样性和生态系统多样性，以维持生态平衡。

应保证基地具有可持续生产能力，不对环境或周边其他生物产生污染。

5　空气质量要求

应符合表1要求。

表1　空气质量要求（标准状态）

项　目	指　标 日平均[a]	指　标 1小时[b]	检测方法
总悬浮颗粒物，mg/m³	≤0.30	—	GB/T 15432
二氧化硫，mg/m³	≤0.15	≤0.50	HJ 482
二氧化氮，mg/m³	≤0.08	≤0.20	HJ 479
氟化物，mg/m³	≤7	≤20	HJ 480

[a] 日平均指任何一月的平均指标。
[b] 1小时指任何一小时的指标。

6 水质要求

6.1 农田灌溉水质要求

农田灌溉用水，包括水培蔬菜和水生植物，应符合表2要求。

表2　　　　　　　　　　农田灌溉水质要求

项目	指标	检测方法
pH	5.5~8.5	GB/T 6920
总汞，mg/L	≤0.001	HJ 597
总镉，mg/L	≤0.005	GB/T 7475
总砷，mg/L	≤0.05	GB/T 7485
总铅，mg/L	≤0.1	GB/T 7475
六价铬，mg/L	≤0.1	GB/T 7467
氟化物，mg/L	≤2.0	GB/T 7484
化学需氧量（COD$_{cr}$），mg/L	≤60	GB 11914
石油类，mg/L	≤1.0	HJ 637
粪大肠菌群[a]，个/L	≤10 000	SL 355

[a] 灌溉蔬菜、瓜类和草本水果的地表水需测粪大肠菌群，其他情况不测粪大肠菌群。

6.2 渔业水质要求

渔业用水应符合表3要求。

表3　　　　　　　　　　渔业水质要求

项目	指标 淡水	指标 海水	检测方法
色、臭、味	不应有异色、异臭、异味		GB/T 5750.4
pH	6.5~9.0		GB/T 6920
溶解氧，mg/L	>5		GB/T 7489
生化需氧量（BOD$_5$），mg/L	≤5	≤3	HJ 505
总大肠菌群，MPN/100 mL	≤500（贝类50）		GB/T 5750.12
总汞，mg/L	≤0.000 5	≤0.000 2	HJ 597
总镉，mg/L	≤0.005		GB/T 7475
总铅，mg/L	≤0.05	≤0.005	GB/T 7475
总铜，mg/L	≤0.01		GB/T 7475

(续表)

项目	指标 淡水	指标 海水	检测方法
总砷，mg/L	≤0.05	≤0.03	GB/T 7485
六价铬，mg/L	≤0.1	≤0.01	GB/T 7467
挥发酚，mg/L	≤0.005		HJ 503
石油类，mg/L	≤0.05		HJ 637
活性磷酸盐（以P计），mg/L	—	≤0.03	GB/T 12763.4

注：水中漂浮物质需要满足水面不应出现油膜或浮沫要求。

6.3 畜禽养殖用水要求

畜禽养殖用水，包括养蜂用水，应符合表4要求。

表4　　　　畜禽养殖用水要求

项目	指标	检测方法
色度[a]	≤15，并不应呈现其他异色	GB/T 5750.4
浑浊度[a]（散射浑浊度单位），NUT	≤3	GB/T 5750.4
臭和味	不应有异臭、异味	GB/T 5750.4
肉眼可见物[a]	不应含有	GB/T 5750.4
pH	6.5~8.5	GB/T 5750.4
氟化物，mg/L	≤1.0	GB/T 5750.5
氰化物，mg/L	≤0.05	GB/T 5750.5
总砷，mg/L	≤0.05	GB/T 5750.6
总汞，mg/L	≤0.001	GB/T 5750.6
总镉，mg/L	≤0.01	GB/T 5750.6
六价铬，mg/L	≤0.05	GB/T 5750.6
总铅，mg/L	≤0.05	GB/T 5750.6
菌落总数[a]，CFU/mL	≤100	GB/T 5750.12
总大肠菌群，MPN/100mL	不得检出	GB/T 5750.12

[a] 散养模式免测该指标。

6.4 加工用水要求

加工用水包括食用菌生产用水、食用盐生产用水等，应符合表5要求。

表5　　　　　　　　　　　　　　　　加工用水要求

项目	指标	检测方法
pH	6.5～8.5	GB/T 5750.4
总汞，mg/L	≤0.001	GB/T 5750.6
总砷，mg/L	≤0.01	GB/T 5750.6
总镉，mg/L	≤0.005	GB/T 5750.6
总铅，mg/L	≤0.01	GB/T 5750.6
六价铬，mg/L	≤0.05	GB/T 5750.6
氰化物，mg/L	≤0.05	GB/T 5750.5
氟化物，mg/L	≤1.0	GB/T 5750.5
菌落总数，CFU/mL	≤100	GB/T 5750.12
总大肠菌群，MPN/100mL	不得检出	GB/T 5750.12

6.5 食用盐原料水质要求

食用盐原料水包括海水、湖盐或井矿盐天然卤水，应符合表6要求。

表6　　　　　　　　　　　　　　　　食用盐原料水质要求

项目	指标	检测方法
总汞，mg/L	≤0.001	GB/T 5750.6
总砷，mg/L	≤0.03	GB/T 5750.6
总镉，mg/L	≤0.005	GB/T 5750.6
总铅，mg/L	≤0.01	GB/T 5750.6

7 土壤质量要求

7.1 土壤环境质量要求

按土壤耕作方式的不同分为旱田和水田两大类，每类又根据土壤pH的高低分为三种情况，即pH<6.5、6.5≤pH≤7.5、pH>7.5。应符合表7要求。

表7　　　　　　　　　　　　　　　　土壤质量要求

项目	旱田 pH<6.5	旱田 6.5≤pH≤7.5	旱田 pH>7.5	水田 pH<6.5	水田 6.5≤pH≤7.5	水田 pH>7.5	检测方法
							NY/T 1377
总镉，mg/L	≤0.30	≤0.30	≤0.40	≤0.30	≤0.30	≤0.40	GB/T 17141
总汞，mg/L	≤0.25	≤0.30	≤0.35	≤0.30	≤0.40	≤0.40	GB/T 22105.1
总砷，mg/L	≤25	≤20	≤20	≤20	≤20	≤15	GB/T 22105.2

(续表)

项目	旱田			水田			检测方法
	pH<6.5	6.5≤pH≤7.5	pH>7.5	pH<6.5	6.5≤pH≤7.5	pH>7.5	NY/T 1377
总铅，mg/L	≤50	≤50	≤50	≤50	≤50	≤50	GB/T 17141
总铬，mg/L	≤120	≤120	≤120	≤120	≤120	≤120	HJ 491
总铜，mg/L	≤50	≤60	≤60	≤50	≤60	≤60	GB/T 17138

注1：果园土壤中铜限量值为旱田中铜限量值得2倍。
注2：水旱轮作得标准值取严不取宽。
注3：底泥按照水田标准执行。

7.2 土壤肥力要求

土壤肥力按照表8划分。

表8　　　　　　　　　　　土壤肥力分级指标

项目	级别	旱地	水田	菜地	园地	牧地	检测方法
有机质，g/kg	Ⅰ	>15	>25	>30	>20	>20	NY/T 1121.6
	Ⅱ	10~15	20~25	20~30	15~20	15~20	
	Ⅲ	<10	<20	<20	<15	<15	
全氮，g/kg	Ⅰ	>1.0	>1.2	>1.2	>1.0	—	NY/T 53
	Ⅱ	0.8~1.0	1.0~1.2	1.0~1.2	0.8~1.0	—	
	Ⅲ	<0.8	<1.0	<1.0	<0.8	—	
有效磷，mg/kg	Ⅰ	>10	>15	>40	>10	>10	LY/T 1233
	Ⅱ	5~10	10~15	20~40	5~10	5~10	
	Ⅲ	<5	<10	<20	<5	<5	
速效钾，mg/kg	Ⅰ	>120	>100	>150	>100	—	LY/T 1236
	Ⅱ	80~120	50~100	100~150	50~100	—	
	Ⅲ	<80	<50	<100	<50	—	
阳离子交换量，Cmol（+）/kg	Ⅰ	>20	>20	>20	>20	—	LY/T 1243
	Ⅱ	15~20	15~20	15~20	15~20	—	
	Ⅲ	<15	<15	<15	<15	—	

注：底泥、食用菌栽培基质不做土壤肥力检测。

7.3 食用菌栽培基质质量要求

土培食用菌栽培基质按7.1执行，其他栽培基质应符合表9要求。

表9 食用菌栽培基质要求

项目	指标	检测方法
总汞，mg/kg	≤0.1	GB/T 22105.1
总砷，mg/kg	≤0.8	GB/T 22105.2
总镉，mg/kg	≤0.3	GB/T 17141
总铅，mg/kg	≤35	GB/T 17141

ICS 65.020.20
B 05

中华人民共和国农业行业标准

NY/T 2379—2013

葡萄苗木繁育技术规程

Code practice of grape nursery stock

2013-09-10 发布　　　　　　　　　　　　　　　　2014-01-01 实施

中华人民共和国农业部　发布

前 言

本标准按照 GB/T 1.1—2009 给出的规则起草。

本标准由中华人民共和国农业部提出。

本标准由全国果品标准化技术委员会（SAC/TC 510）归口。

本标准起草单位：中国农业科学院果树研究所、农业部果品及苗木质量监督检验测试中心（兴城）。

本标准主要起草人：李静、聂继云、毋永龙、李海飞、徐国锋、李志霞。

葡萄苗木繁育技术规程

1 范围

本标准规定了葡萄苗木繁育技术的苗圃地选择与规划、自根苗繁育、嫁接苗繁育、苗木出圃和苗木贮藏等。

本标准适用于葡萄苗木繁育。

2 规范性引用文件

下列文件对于本文件的应用是必不可少的。凡是注日期的引用文件，仅注日期的版本适用于本文件。凡是不注日期的引用文件，其最新版本（包括所有的修改单）适用于本文件。

NY 469　葡萄苗木

NY/T 1843　葡萄无病毒母本树和苗木

NY/T 5088　无公害食品　鲜食葡萄生产技术规程

3 苗圃地选择与规划

3.1 苗圃地选择

选择无检疫性和危害性病虫害，交通便利，背风向阳，地势平坦，排水良好，地下水位在1.5 m以下，有灌溉条件，土层深厚，土壤肥沃，不能连作，苗圃区和轮作区交替培育葡萄苗木。

3.2 母本园和采穗圃的建立

按NY/T 1843要求选择无病毒、无检疫性病虫害的葡萄苗定植在母本园和采穗圃中，用于接穗和砧木种条的采集。

3.3 苗圃地整地

在繁殖区施优质有机肥，翻入耕层，耙平后起垄，灌水，待水渗下稍干时，垄和垄间沟内喷施除草剂，扣地膜。

4 自根苗繁育

4.1 硬枝扦插育苗

4.1.1 硬枝扦插种条的准备

在3.2中采集无病毒、节间短、髓部小、色泽正常、生长健壮、芽眼饱满、无病虫危害的一年生枝条作为扦插种条。种条剪成长40 cm～50 cm，每捆50枝～100枝，标明品种及采集地点，使用杀菌剂浸泡后晾干，放置在控制温湿度的条件下贮藏。

4.1.2 硬枝扦插种条的催根

春季取出扦插种条，按 2 芽 ~ 3 芽长度剪截，上端离芽眼 1.5 cm 处平剪，下端离芽眼 1 cm ~ 2 cm 处斜剪成马蹄形，将下端速蘸到催根剂中，取出，放置到温度控制在（20 ± 2）℃的电热温床或火炕上，使用锯木屑或沙埋到插条基部 1/3 处，产生愈伤组织后即可由催根床移至苗圃进行扦插。

4.1.3 硬枝扦插种条的扦插

当地温上升到 15℃ 以上时，按行、株距，破膜扎孔，将催根后的嫁接苗定植在垄上，根据土壤墒情，沟内、垄上灌透水。

4.1.4 硬枝扦插后的管理

新梢抽出 5 cm ~ 10 cm 时，选留一个粗壮枝，其余抹掉。新梢生长到 30 cm 左右时，立杆拉绳引绑新梢，副梢留 1 片叶摘心。

4.2 绿枝扦插育苗

4.2.1 绿枝扦插种条的准备

在葡萄生长季，从苗圃母本区采集半木质化的新梢，快速剪成 2 节 ~ 3 节一段，保留顶部全叶或半叶。剪后立即将基部浸入水中，扦插前，将枝条速蘸到催根剂中，取出，采用营养钵或苗床扦插育苗。

4.2.2 绿枝扦插条的定植及移栽

将催根的绿枝插条插入营养钵或苗床上，插后立即浇水，扣上塑料拱棚，并遮阴管理。棚内湿度保持在 95% 左右，温度控制在 25℃ ~ 28℃，移栽到苗圃前 5 d 左右撤掉拱棚炼苗，在 3.3 整好的苗圃地。

4.2.3 绿枝扦插苗的管理

按 4.1.4 管理。

5 嫁接苗繁育

5.1 绿枝嫁接育苗

5.1.1 绿枝嫁接砧木的准备

选择抗逆性强适应当地栽培的砧木品种，按照 4.1 的方式培育砧木。嫁接前，首先对砧木进行摘心、抠除腋芽、去掉副梢，在砧木基部留 2 个 ~ 3 个叶片，节上留 2 cm ~ 3 cm 的节间剪断，备用。

5.1.2 绿枝嫁接接穗的准备

从葡萄苗木母本园和采穗圃采集当年生、品种纯正、无病虫害、无病毒病、粗度 0.4 cm ~ 0.6 cm 半木质化的新梢作为绿枝嫁接接穗。

5.1.3 绿枝嫁接方法

将 5.1.1 中准备好的砧木用芽接或枝接方式嫁接。砧穗形成层对齐，如果砧穗粗度不一致时，至少要使砧穗形成层一侧对齐，接穗斜面刀口上露出 1 mm ~ 2 mm，以利愈合。然后用 1 cm 宽的塑料薄膜缠绕，只露出接芽缠绑。

5.1.4 绿枝嫁接后的管理

根据苗木发育和土壤墒情需要，嫁接后灌水，抹掉砧木上的萌蘖，当接芽抽出 20 cm ~ 30 cm 新梢时，选留 1 条粗壮枝，引绑在竹竿或铁线上。同时，对副梢留 1 片叶子摘心。及时灌水、施肥和摘心。

5.2 硬枝嫁接育苗

5.2.1 硬枝嫁接砧木种条的准备

按4.1.1贮藏砧木种条。嫁接前取出，成捆放入清水中浸泡12 h～24 h，然后取出剪截成长度30 cm的砧木，备用。

5.2.2 硬枝嫁接接穗的准备

按4.1.1贮藏接穗种条。嫁接前取出，成捆放入清水中浸泡12 h～24 h，然后取出剪截成接穗长度10 cm～12 cm，剪留1个饱满芽，接穗芽上部剪留2 cm～3 cm，下部剪留8 cm～9 cm的段，放入容器中用湿布盖好备用。

5.2.3 硬枝嫁接方法

5.2.3.1 人工嫁接

采用劈接或双舌接将接穗插入砧木，使砧穗形成层至少一侧对齐，接穗部分需稍微露白；用嫁接膜将接穗与砧木绑紧然后捆成捆。

5.2.3.2 机械嫁接

使用嫁接机嫁接。

5.2.4 硬枝嫁接插条的催根

将嫁接好的插条按生长方向一捆挨一捆立放在容器中，放入催根溶液浸泡。将浸泡后嫁接插条放在温度控制在25℃～28℃苗床催根，待嫁接插条嫁接口愈合并且砧木基部长出愈伤组织，经2 d～3 d低温锻炼，当地温上升到15℃以上时，入圃定植，根据土壤墒情灌水。

5.2.5 硬枝嫁接插条扦插后的管理

同4.1.4的管理。

6 苗木出圃

苗木出圃按NY 469分级存放。

7 苗木及砧穗贮藏

葡萄苗木、所用的砧木和接穗的种条的贮藏按4.1.1管理。

8 病虫害防治

苗木生长期重点防治刺吸性害虫，其他病虫害按NY/T 5088的要求防控。

ICS 65.020
B 61

中华人民共和国农业行业标准

NY/T 1843—2010

葡萄无病毒母本树和苗木

Virus–free mother plant and nursery stock of grapevine

2010-05-20 发布　　　　　　　　　　2010-09-01 实施

中华人民共和国农业部　发布

前　言

本标准的附录 A、附录 B 和附录 C 均为资料性附录。

本标准由中华人民共和国农业部种植业管理司提出并归口。

本标准起草单位：中国农业科学院果树研究所、农业部果品及苗木质量监督检验测试中心（兴城）。

本标准主要起草人：董雅凤、张尊平、刘凤之、范旭东、聂继云、李静。

葡萄无病毒母本树和苗木

1 范围

本标准规定了葡萄无病毒母本树和苗木的质量要求、检验规则、检测方法、包装和标识。

本标准适用于葡萄无病毒母本树和苗木的繁育及销售。

2 规范性引用文件

下列文件中的条款通过本标准的引用而成为本标准的条款。凡是注日期的引用文件，其随后所有的修改单（不包括勘误的内容）或修订版均不适用于本标准，然而，鼓励根据本标准达成协议的各方研究是否可使用这些文件的最新版本。凡是不注日期的引用文件，其最新版本适用于本标准。

NY 469　葡萄苗木

全国农业植物检疫性有害生物名单（农业部公告第617号，2006年3月）

3 术语和定义

下列术语和定义适用于本标准。

3.1　葡萄无病毒原种　virus-free primary source of grapevine

通过脱毒处理或无性系筛选获得、经单株检测无病毒后隔离保存的原株。

3.2　葡萄无病毒母本树　virus-free mother plant of grapevine

葡萄无病毒原种材料繁育的、用于提供品种或砧木繁殖材料的无病毒母株。

3.3　葡萄无病毒砧木　virus-free rootstock of grapevine

从无病毒砧木母本树上取得繁殖材料、经扦插或通过组培获得用于嫁接的葡萄砧木苗。

3.4　葡萄无病毒接穗　virus-free scion of grapevine

从无病毒母本树上获得的、用于嫁接繁殖的当年生新梢或一年生成熟枝条。

3.5　葡萄无病毒苗木　virus-free nursery stock of grapevine

用无病毒接穗和无病毒砧木繁育的葡萄嫁接苗，以及通过扦插、组织培养等方法繁育的葡萄自根苗。

4 要求

4.1 葡萄无病毒母本树和苗木无葡萄扇叶病毒（Grapevine fanleaf virus，GFLV）、葡萄卷叶病毒1（Grapevine leafroll associated virus 1，GLRaV-1）、葡萄卷叶病毒3（Grapevine leafroll associated virus 3，GLRaV-3）、葡萄病毒A（Grapevine virus A，GVA）和葡萄斑点病毒（Grapevine fleck virus，GFKV）。

4.2 无《全国农业植物检疫性有害生物名单》（农业部公告第617号，2006年3月）规定的检疫性有害生物。

4.3 品种纯正、生长健壮。

4.4 葡萄无病毒自根苗和嫁接苗的质量符合NY 469的规定。

5 试验方法

5.1 葡萄无病毒原种

5.1.1 葡萄无病毒原种栽培容器中保存于防虫网室或防虫温室中，每个品种5株。每株原种均有编号、来源和病毒检测记录。

5.1.2 每年生长季节观察树体状况，发现有病毒病症状的植株，立即淘汰并销毁。

5.1.3 每5年全部复检一次，带病毒植株立即淘汰并销毁。

5.1.4 病毒检测采用指示植物结合酶联免疫吸附（ELISA）或反转录聚合酶链式反应（RT-PCR）方法进行。

5.2 葡萄无病毒母本树

5.2.1 葡萄无病毒母本树栽植于没有传毒线虫、6年之内未栽植过葡萄的地块，与普通葡萄园和苗圃的距离大于60 m，修剪工具、生产工具及农机具专管专用，并定期消毒。

5.2.2 每个生长季节观察树体状况，并抽取5%～10%的母本树进行病毒检测。发现有病毒病症状的植株和检测带病毒的植株，立即淘汰并销毁。

5.2.3 病毒检测采用ELISA或RT-PCR方法进行。

5.3 葡萄无病毒苗木

5.3.1 葡萄无病毒苗木应在距离普通葡萄园或苗圃30 m以上、没有传毒线虫且在3年内未栽植过葡萄的地块进行繁殖，修剪工具、生产工具及农机具专管专用，并定期消毒。

5.3.2 采用随机取样方法抽取苗木进行病毒检测。以1万株抽检10株为基数（不足1万株以1万株计），10万株内（含10万株）每增加1万增检5株；超过10万株，每增加1万增检2株。

5.3.3 病毒检测采用ELISA或RT-PCR方法进行。

5.3.4 等级规格检验按NY 469规定执行。

6 检验规则

6.1 指示植物检测

6.1.1 葡萄扇叶病毒、葡萄卷叶病毒、葡萄病毒A和葡萄斑点病毒均可采用指示植物进行检测。

6.1.2 用绿枝嫁接、硬枝嫁接或芽接方法,将待检样品嫁接到指示植物上,每个样品重复3株。

6.1.3 生长季节定期观察指示植物的症状表现,检测用指示植物和症状表现参见附录A。

6.2 ELISA 检测

6.2.1 葡萄扇叶病毒、葡萄卷叶病毒1、葡萄卷叶病毒3、葡萄病毒A和葡萄斑点病毒可采用ELISA方法进行检测。

6.2.2 取样部位和时间参见附录B。

6.2.3 ELISA检测具体操作方法参见试剂盒使用说明。

6.2.4 RT-PCR检测。

6.2.5 葡萄扇叶病毒、葡萄卷叶病毒、葡萄病毒A和葡萄斑点病毒均可采用RT-PCR方法进行检测。

6.2.6 取样部位和时间参见附录。

6.2.7 检测程序参见附录C。

7 标识和包装

7.1 标识

7.1.1 葡萄无病毒母本树标签内容包括品种名称、砧木类型、母本树编号、病毒检测单位和检测时间、母本树培育单位。每捆挂2个标签。

7.1.2 葡萄无病毒苗木标签内容包括品种、砧木、等级、株数、生产单位和地址。每捆挂2个标签。

7.2 包装

分品种、种类（母本树、自根苗、嫁接苗）和等级,分别定量包装,每捆20~30株为宜。注意苗木保湿。包装内外附有苗木标签,不应与普通苗木混装。

附录 A
（资料性附录）
葡萄病毒在指示植物上的症状表现

表 A.1　　　　　　　　　　　　葡萄病毒在指示植物上的症状表现

病毒种类	木本指示植物	指示植物症状
葡萄扇叶病毒	沙地葡萄圣乔治（*Vitis rupestris* St. Gorge）	叶片出现褪绿斑点、呈扇形
葡萄卷叶病毒	欧洲葡萄（*Vitis vinifera*）[a]	叶片下卷，叶脉间变红
葡萄病毒 A	Kober 5BB	木质部产生茎沟槽，叶片黄斑
葡萄斑点病毒	沙地葡萄圣乔治（*Vitis rupestris* St. Gorge）	叶脉透明

[a] 指红色品种，常用的有品丽珠（Cabernet franc）、赤霞珠（Cabernet sauvingnon）、黑比诺（Pinot noir Mission）、蜜笋（Mission）、巴贝拉（Barbera）等。

附录 B
（资料性附录）
ELISA 和 RT-PCR 检测适宜时期和取样部位

表 B.1　　　　　　　　　　ELISA 和 RT-PCR 检测适宜时期和取样部位

病毒种类	ELISA 检测 适宜时期	ELISA 检测 取样部位	RT-PCR 检测 适宜时期	RT-PCR 检测 取样部位
葡萄扇叶病毒	新梢生长期	嫩叶	新梢生长期	嫩叶
葡萄卷叶病毒	休眠期	成熟枝条韧皮部	休眠期	成熟枝条韧皮部
葡萄病毒 A	休眠期	叶片、休眠枝条韧皮部	休眠期	休眠枝条韧皮部
葡萄斑点病毒	新梢生长期	嫩叶	休眠期	休眠枝条韧皮部

附录 C
（资料性附录）
RT-PCR 检测

C.1 总 RNA 提取

采用二氧化硅吸附法：（1）刮取 100 mg 枝条韧皮部组织放入塑料袋中，加入 1 mL 研磨缓冲液（4.0 mol/L 硫氰酸胍，0.2 mol/L 醋酸钠，25 mmol/L EDTA，1.0 mol/L 醋酸钾，2.5% PVP-40，2% 偏重亚硫酸钠）磨碎；（2）取 500 μL 匀浆置于 1.5 mL 消毒离心管中（先加入 150 μL 10% N-lauroylsarcosine），70℃ 保温 10 min、冰中放置 5 min 后，14 000 r/min 离心 10 min；（3）取 300 μL 上清液，加入 150 μL 100% 乙醇、300 μL 6mol/L 碘化钠、30 μL 10% 硅悬浮液（pH2.0），室温下振荡 20 min；（4）6 000 r/min 离心 1 min，弃去上清，加入 500 μL 清洗缓冲液（10.0 mmol/L Tris-HCl，pH7.5；0.5 mmol/L EDTA；50.0 mmol/L NaCl；50% 乙醇）重悬浮沉淀，6 000 r/min 离心 1 min；（5）重复步骤（4）；（6）将离心管反扣在纸巾上，室温下自然干燥后，重新悬浮于无 RNase 和 DNase 的水中，70℃ 保温 4 min；（7）13 000 r/min 离心 3 min，取上清液，保存于 -70℃ 超低温冰箱中。

C.2 合成 cDNA

5 μL 总 RNA 与 1 μL 0.1 μg/μL 随机引物 5'd（NNN NNN）3' 和 9 μL 水混合，95℃ 变性 5 min 后立即置于冰中冷却 2 min。再加入含 5 μL 5×MLV-RT 缓冲液、1.25 μL 10 mmoL/L dNTPs、0.5 μL 200 U/μL M-MLV 反转录酶和 3.25 μL 灭菌纯水的反转录混合液，经 37℃ 10min、42℃ 50min、70℃ 5 min 合成 cDNA。

C.3 PCR 扩增

PCR 反应混合液共 25 μL，包括 2.5 μL cDNA、2.5 μL 10×PCR 缓冲液、0.5 μL 10 mmol/L dNTPs、0.5 μL 10 μmol/L 互补引物、0.375 μL 2U/μL Taq DNA 聚合酶、18.125 μL 灭菌纯水。PCR 反应条件根据各组引物的退火温度及扩增产物大小设计。

C.4 结果判定

检测时设阴、阳对照，采用 1% 琼脂糖电泳分析 PCR 产物，观察到与阳性对照相同的目的条带的样品为阳性，带病毒；与阴性对照一样，未观察到目的条带的样品为阴性，无病毒。

ICS 65.020
B 16

中华人民共和国农业行业标准

NY/T 2378—2013

葡萄苗木脱毒技术规范

Technical code for the elimination of viruses from grapevine nursery stock

2013-09-10 发布　　　　　　　　　　　　　　2014-01-01 实施

中华人民共和国农业部　发布

前　言

本标准按照 GB/T 1.1—2009 给出的规则起草。

本标准由农业部种植业管理司提出。

本标准由全国果品标准化技术委员会（SAC/TC 510）归口。

本标准起草单位：中国农业科学院果树研究所、农业部果品及苗木质量监督检验测试中心（兴城）。

本标准主要起草人：董雅凤、张尊平、范旭东、任芳、刘凤之、聂继云。

葡萄苗木脱毒技术规范

1 范围

本标准规定了葡萄苗木脱毒的术语和定义，脱毒对象和脱毒方法。

本标准适用于葡萄加工品种、鲜食品种和砧木品种的脱毒。

2 规范性引用文件

下列文件对于本文件的应用是必不可少的。凡是注日期的引用文件，仅注日期的版本适用于本文件。凡是不注日期的引用文件，其最新版本（包括所有的修改单）适用于本文件。

NY/T 1843 葡萄无病毒母本树和苗木

NY/T 2377 葡萄病毒检测技术规范

3 术语和定义

下列术语和定义适用于本文件。

3.1 葡萄苗木 grapevine nursery stock

采用接穗和砧木嫁接繁育的葡萄嫁接苗，以及通过扦插、组织培养等方法繁育的葡萄自根苗。

3.2 脱毒 virus elimination

采取一定的技术措施，从感染病毒的植株得到无病毒后代植株（不含有葡萄扇叶病毒、葡萄卷叶相关病毒1、葡萄卷叶相关病毒3、葡萄病毒A和葡萄斑点病毒）的过程。

3.3 茎尖培养 shoot tip culture

将嫩梢的生长点连同叶原基，大小0.2 cm~0.3 cm的茎尖接种于试管内无菌培养基上，促其长成完整植株的过程。

3.4 葡萄试管苗 grapevine plantlet in vitro

指通过离体培养方法获得的无菌葡萄瓶苗。

3.5 热处理 heat treatment

将盆起苗或试管苗置于恒温培养箱中，于38℃恒温或38℃与32℃变温，每天光照12 h~16 h条件下生长，通过高温抑制病毒扩散，以获得无病毒茎尖的过程。

4 脱毒对象

4.1 葡萄扇叶病毒（Grapevine fanleaf virus，GFLV）。

4.2 葡萄卷叶相关病毒1（Grapevine leafroll associated virus 1，GLRaV-1）。

4.3 葡萄卷叶相关病毒3（Grapevine leafroll associated virus 3，GLRaV-3）。

4.4 葡萄病毒A（Grapevine virus A，GVA）。

4.5 葡萄斑点病毒（Grapevine fleck virus，GFKV）。

4.6 其他病毒脱除参照本标准。

5 脱毒方法

5.1 器材

超净工作台、高压灭菌锅、光照培养箱、体视显微镜、pH计、电磁炉、电冰箱、电子天平、消毒器、弯头镊子（25 cm）、解剖刀、解剖针、组织培养瓶、封口膜、培养皿、三角瓶等。

5.2 盆栽苗热处理

取待脱毒葡萄品种的盆栽苗置于温室中，苗木萌动发芽后，放入光照培养箱中。恒温热处理：在$(38±1)℃$条件下处理30 d~40 d。变温热处理：32℃和38℃每隔8 h变换一次，处理60 d。每天光照12 h以上，光照强度为5 000 lx~10 000 lx。处理结束后从该盆栽苗上剪取顶芽，进行茎尖培养，茎尖培养方法见5.4。

5.3 试管苗热处理

待脱毒试管苗转接后，于25℃~28℃继代培养10 d~15 d，置恒温培养箱中（32℃）培养1周，然后升温至$(38±1)℃$，每天光照12 h以上，光照强度1 500 lx~2 000 lx，依据不同葡萄品种特性恒温热处理30 d~40 d或变温热处理（温度为32℃和38℃每隔8 h变换一次）60 d。为防止培养基干燥，热处理期间，可加入少量灭菌的1/2 MS培养基。热处理到期后，从试管苗上剥取0.2 cm~0.3 cm茎尖进行培养。

5.4 茎尖培养

5.4.1 培养基制备：采用MS基本培养基，添加植物生长调节剂、蔗糖、琼脂等，配制培养基的具体操作程序参见附录A。

5.4.2 盆栽苗热处理后茎尖分离培养：从热处理到期的盆栽苗上，采集生长旺盛、长1 cm~2 cm的顶梢，去掉叶片，在超净工作台上进行消毒处理。先用75%酒精浸泡0.5 min，经蒸馏水冲洗后放入0.1%升汞中消毒5 min~10 min，无菌水浸洗3次~5次，取出后置于无菌培养皿上，在解剖镜下剥取0.2 cm~0.3 cm大小的茎尖，接种在分化增殖培养基上。

5.4.3 试管苗热处理后茎尖分离培养：从热处理到期的试管苗上取顶梢，在无菌培养皿上剥取0.2 cm~0.3 cm大小的茎尖，接种在分化增殖培养基上。

5.4.4 茎尖增殖：将接种的培养瓶置于25℃~28℃、光照强度1 000 lx~2 000 lx、每天光照时间12 h的组培室中培养。根据生长状况，每1个~2个月转接1次，转接时，先将试管苗基部愈伤组织切除，再切成带1个腋芽的茎段，接种在增殖培养基上。由同一个茎尖增殖得到的组培苗为一个芽系，统一编号。继代5次~6次，同一芽系的试管苗数量达到5瓶以上时，进行病毒检测。

5.4.5 病毒检测：茎尖培养获得的所有芽系均需进行病毒检测，以初步明确脱毒结果。具体检测方法见NY/T 2377。

5.4.6 生根移栽：春季，经检测不带病毒的芽系，切取带1个芽的茎段，接种到生根培养基上，在组培室培养1个月后，将培养瓶置于智能温室或日光温室中，闭瓶炼苗1周~2周。移栽前，在瓶中加少量水使培养基软化。移栽时，从瓶中取出幼苗，将试管苗根部附着的培养基洗干净，栽入装有基质（蛭石∶草炭=1∶1）的塑料营养钵中。试管苗移栽后，加盖塑料薄膜和遮阳网保湿、遮阴，保持空气相对湿度80%以上，温度控制在20℃~28℃。

5.4.7 移栽试管苗病毒检测：翌年春季和秋季，从移栽成活的试管苗上采集嫩叶和休眠枝条进行病毒检测，具体检测方法见NY/T 2377。

5.4.8 脱毒结果判定：根据试管苗和移栽成活苗的病毒检测结果判定脱毒结果，如未检测到本标准规定的脱毒对象，没有表现任何病毒病症状，且生长和结果性状符合该品种特性，则可以作为无病毒原种保存，为无病毒母本树和苗木繁育提供繁殖材料，具体要求参见NY/T 1843。

附录 A
（资料性附录）
葡萄培养基制备

A.1 常用溶液配制

除特别说明外，均用蒸馏水溶解和定容，各种母液配完后，分别用玻璃瓶贮存，并且贴上标签，注明母液号、配制倍数和日期等，置4℃冰箱保存。制备培养基用的母液和植物生长调节剂溶液配好后应尽快使用，保存期最好不超过4个月，如发现沉淀，则应丢弃。

A.1.1 MS 母液

Ⅰ号母液（溶解定容至 1 000 mL, 50×）

NH_4NO_3	82.5 g
KNO_3	95.0 g
KH_2PO_4	8.5 g

Ⅱ号母液（溶解定容至 500 mL, 100×）

H_3BO_3	310.0 mg
$MnSO_4 \cdot H_2O$	845 mg
$ZnSO_4 \cdot 7H_2O$	430.0 mg
KI	41.5 mg
$Na_2MoO_4 \cdot 2H_2O$	12.5 mg
$CuSO_4 \cdot 5H_2O$ (62.5 mg/250 mL)	5 mL
$CoCl_2 \cdot 6H_2O$ (62.5 mg/250 mL)	5 mL

Ⅲ号母液（溶解定容至 500 mL, 100×）

$CaCl_2 \cdot 2H_2O$	22.0 g

Ⅳ号母液（溶解定容至 500 mL, 100×）

$MgSO_4 \cdot 7H_2O$	18.5 g

Ⅴ号母液（溶解定容至 500 mL, 100×）

Na_2—EDTA	1.865 g
$FeSO_4 \cdot 7H_2O$	1.39 g

Ⅵ号母液（溶解定容至 500 mL, 100×）

肌醇（Myo-inositol）	5.0 g
维生素 B_6	25.0 mg
烟酸（Nicotinic acid）	25.0 mg
维生素 B_1	5.0 mg
甘氨酸	100.0 mg

A.1.2 生长调节剂

一般配成 1 mg/10 mL 的贮存溶液，IAA、GA_3、IBA、NAA 等先用少量乙醇溶解，BA 先用少量 1 mol/L 盐酸溶解，再加蒸馏水定容。

A.1.3　1.0mol/L 盐酸和 1.0mol/L NaOH（调整 pH 用）

1.0 mol/L HCl：取 8.4 mL 浓 HCl，定容至 100 mL。

1.0 mol/L NaOH：称 4 g NaOH 溶解后定容至 100 mL。

A.2　制备培养基

A.2.1　培养基种类

分化增殖培养基：1/2MS（每 1 L 取Ⅰ号母液 10 mL，取Ⅱ号、Ⅲ号、Ⅳ号、Ⅴ号、Ⅵ号母液各 5 mL）附加 GA_3 0.1 mg/L~0.5 mg/L、IBA 0.1 mg/L~0.5 mg/L、BA 0.5 mg/L~1.0 mg/L、蔗糖 30 g/L、琼脂 5g/L。

生根培养基：1/2MS（每 1 L 取Ⅰ号母液 10 mL，取Ⅱ号、Ⅲ号、Ⅳ号、Ⅴ号、Ⅵ号母液各 5 mL）附加 IBA 0.1 mg/L~0.3 mg/L（或 NAA 0.05 mg/L~0.2 mg/L、IAA 0.2 mg/L~0.5 mg/L）、蔗糖 15g/L、琼脂 5g/L。

A.2.2　培养基制备

A.2.2.1　根据所需培养基种类和数量依次吸取Ⅰ号~Ⅵ号母液，例如配 1/2 MS 培养基 2 L，则加入Ⅰ号母液 20 mL，Ⅱ号~Ⅵ号母液各 10 mL。

A.2.2.2　加入生长调节剂。例如，BA 的使用浓度为 1.0 mg/L，则配 2 L 培养基加入 20.0 mL 浓度为 1.0 mg/10 mL 的 BA 溶液。

A.2.2.3　加蒸馏水定容，充分混匀，用 1.0 mol/L 盐酸或 1.0 mol/L NaOH 调 pH 至 5.6~5.8。

A.2.2.4　稍加热，即放入琼脂，待其溶化后，加入蔗糖，充分搅拌溶解。

A.2.2.5　分装培养基。150 mL 的三角瓶，每瓶可装 40 mL~50 mL，1 L 培养基可灌 20 瓶~25 瓶。使用其他培养容器时，也应保持培养基的厚度为 1.0 cm~1.5 cm，以确保试管苗有足够的生长空间，且 1 个月~2 个月内培养基不干裂。

A.2.2.6　将三角瓶封口包扎后，放入高压灭菌锅内，121℃、1.1 kg/cm² 消毒 15 min~20 min。消毒完毕，放尽消毒锅中的热空气，立即取出平放，冷却后即可接种试管苗。

培养基制备好后，应尽快用完，若剩余，可置于冰箱冷藏室中黑暗保存（保存期不宜超过 2 周），以减缓营养物质和植物生长调节剂的分解。葡萄组培快繁时，培养基中激素的浓度和种类应根据品种和试管苗生长情况进行适度调整，以获得最佳效果。

中华人民共和国出入境检验检疫行业标准

SN/T 2960—2011

水果蔬菜和繁殖材料处理技术要求

Technical requirements for dis-infestation of fruit, vegetable and propagation materials

2011-05-31 发布

2011-12-01 实施

中华人民共和国国家质量监督检验检疫总局　发布

前　言

本标准按照 GB/T 1.1—2009 给出的规则起草。

本标准由国家认证认可监督管理委员会提出并归口。

本标准起草单位：中华人民共和国辽宁出入境检验检疫局、中国检验检疫科学院、中华人民共和国宁波出入境检验检疫局、中华人民共和国江苏出入境检验检疫局。

本标准主要起草人：姜丽、王有福、葛建军、顾建锋、粟寒、刘伟、王秀芬。

水果蔬菜和繁殖材料处理技术要求

1 范围

本标准规定了水果蔬菜和繁殖材料冷处理、热处理、溴甲烷熏蒸处理和辐照处理等除害处理技术指标。

本标准适用于进出口水果蔬菜和繁殖材料冷处理、热处理、溴甲烷熏蒸处理和辐照处理等检疫除害处理。

2 规范性引用文件

下列文件对于本文件的应用是必不可少，凡是不注日期的引用文件，仅注日期的版本适用于本文件，凡是不注日期的引用文件，其最新版（包括所有的修改单），适用于本文件。

SN/T 1123　帐幕熏蒸处理操作规程

SN/T 1124　集装箱熏蒸规程

SN/T 1143　植物检疫　简易熏蒸库熏蒸操作规程

3 术语和定义

下列术语和定义适用于本文件。

3.1 植物繁殖材料　plant propagating materials

用于繁殖的植物全株或部分，如植株、苗木、种子、砧木接穗、插条、块根、块茎、鳞茎、球茎等。

3.2 冷处理　cold treatment

按照官方认可的技术规范，对货物降温直到该货物到达并维持规定温度直至满足规定时间的过程。

3.3 出口前冷处理　pre-export cold treatment

借助冷处理设施在货物出口运输前进行冷处理。

3.4 运输途中冷处理　intransit cold treatment

借助冷藏集装箱在货物运输途中进行的冷处理。

3.5 热处理　heat treatment

按照官方认可的技术规范，对货物加热直到该货物达到并维持规定温度直至满足规定时间的过程。

3.6 蒸汽热处理 steam – heated treatment

利用热饱和水蒸气使货物的温度提高到规定的要求,并在规定的时间内使温度维持在稳定状态,通过水蒸气冷凝作用释放出来的潜热,均匀而迅速地使被处理的水果升温,使可能存在于果实内部的昆虫死亡的处理方法。主要用于控制水果中的实蝇或其他寄生性幼虫。

3.7 热水处理 hot water treatment

利用样品与有害生物耐热性的差异,选择适宜的水温和处理时间以杀死害虫而不损害处理样品的处理方法。主要用于鳞球茎、植株及植物繁殖切条上的线虫和其他有害生物以及带病种子的处理。

3.8 熏蒸 Fumigation

借助于熏蒸剂一类的化学药剂,在一定的时间和密闭空间内将有害生物杀灭的技术或方法。

3.9 辐照处理 irradiation treatment

用低剂量 γ 射线辐照新鲜水果和蔬菜,使水果蔬菜中携带或可能携带的害虫不育或不能羽化,从而达到消灭害虫的目的。

4 仪器、用具和试剂

冷处理和热处理:温度探针、标准温度计、记录仪、保温器皿、电子天平、恒温水浴箱。
熏蒸处理:熏蒸处理仪器和用具见 SN/T 1124,SN/T 1123 和 SN/T 1143,溴甲烷。
辐照处理:商业钴 60 辐照源,γ 射线计数器。

5 处理技术要素

5.1 冷处理

5.1.1 运输途中冷处理
5.1.1.1 处理设施要求
运输途中冷处理应在冷藏集装箱(俗称冷柜)中进行。冷藏集装箱应是自身(整体)制冷的运输集装箱,具有能达到和保持所需温度的制冷设备。
5.1.1.2 记录仪要求
5.1.1.2.1 温度探针和温度记录仪的组合应符合相关标准要求,能容纳所需的探针数。
5.1.1.2.2 能够记录并贮存处理过程的数据,应至少每小时记录所有探针一次,且达到对探针所要求的精度。
5.1.1.2.3 能下载并打印包含每个探针号码、时间、温度及记录仪和集装箱的识别号等信息。
5.1.1.3 装柜
货物装入冷藏集装箱之前,要低温保存。果肉温度要求在 4 ℃ 或以下。整个柜内货物包装箱堆放高度要尽可能保持同一水平状态,且不能超出冷柜内标志的红色警戒线,装货时需确保托盘底部与托盘间有等同的气流,包装箱堆叠应松散。

5.1.1.4 温度探针的校正

按附录A的方法对探针进行校正。

5.1.1.5 探针的安插

5.1.1.5.1 每个冷藏集装箱至少应安插3个果温探针和2个空间温度探针。

5.1.1.5.2 果温探针安插方法见附录B。

5.1.1.5.3 果温探针的安置位置分别是：

——一个安在集装箱内货物首排顶层中央位置；

——一个安在距冷藏集装箱门1.5 m（40 ft标准集装箱）或1 m（20ft标准集装箱）的中央，并在所装货物高度一半的位置；

——一个安在距集装箱门1.5m（40ft标准集装箱）或1 m（20 ft标准集装箱）的左侧，并在货物高度一半的位置。

5.1.1.5.4 空间温度探针分别安置在集装箱的入风口和回风口处。

5.1.1.5.5 所有探针的安插应在获得授权的检疫员的监督或指导下进行。

5.1.1.6 冷藏集装箱的封识

装好待处理货物后，由检疫员用编码封条对冷藏集装箱的门进行封识。

5.1.1.7 处理技术指标

进出口水果冷处理技术指标分别见表1和表2。

表1　　　　　　　　　　　　出口水果冷处理技术指标

序号	水果种类	输往国家	有害生物	处理技术指标*
1	荔枝	澳大利亚	实蝇 Tephritidae	≤0℃（32°F）10 d； 或≤0.56℃（33°F）11 d； 或≤1.11 ℃（34°F）12 d； 或≤1.67 ℃（35°F）14 d
2	龙眼	澳大利亚	实蝇 Tephritidae	≤0.99℃ 13d 或≤1.38℃ 18 d
3	龙眼或荔枝	澳大利亚	实蝇 Tephritidae 荔枝蒂蛀虫（Conopomorpha sinensis）	≤1 ℃ 15d 或≤1.39 ℃ 18d
4	荔枝和龙眼	美国	橘小实蝇（Bactrocera dosalis） 荔枝蒂蛀虫（Conopomorpha sinensis）	≤1 ℃ 15d 或≤1.39 ℃18d
5	鲜梨	美国		≤0.0 ℃ 10 d 或≤0.56 ℃11d； 或≤1.11 ℃12d； 或≤1.67 ℃ 14d
6	鲜梨	墨西哥	食心虫类害虫	0℃±0.5℃ 40d；
*表中的时间均为连续时间。				

表 2   进口水果冷处理技术指标

序号	产地	水果种类	有害生物	处理技术指标*
1	墨西哥、哥伦比亚	葡萄柚、红橘、李、柑橘	墨西哥实蝇（Anastrepha ludens）	≤0.56℃ 18 d； 或 ≤1.11 ℃ 20 d； 或 ≤1.66 ℃ 22 d；
2	秘鲁	葡萄	实蝇 Tephritidae	≤1.5℃ ≥19 d
3	阿根廷	苹果、杏、樱桃、葡萄、李、梨	按实蝇属（Anastrepha spp.）	≤0.0℃ 11 d； 或≤0.56℃ 13 d； 或≤1.11℃ 15 d； 或≤1.56℃ 17 d；

*表中的时间均为连续时间。

5.1.1.8　处理的启动与冷处理报告寄送

可以任何时间启动记录。但是只有所有果温探针都达到指定的温度时，才能正式开始计算处理时间。冷处理温度记录由船运公司负责下载，提交入境港口的检验检疫机构。一些海上航行可能使得冷处理在船运到达相应口岸之前就已完成，可允许在途中下载温度等记录并传送到对方国家或地区以便审核；但在对方国家或地区检验检疫部门完成温度探针再校正前，不能认为该处理有效。因此，是否在到达对方国家或地区相应口岸之前中止冷处理（如逐渐提升运输温度）是一个商业决定。如果处理未能完成的，或上述处理失败时，处理可以在抵达后完成。

5.1.1.9　结果判定

经核查，符合相应的处理技术指标要求和操作要求，加之处理后现场检疫和样品检测结果符合要求的，判定为冷处理有效。有不符合上述要求的，判定为冷处理无效。

5.1.2　设施内冷处理

5.1.2.1　处理设施要求

出口前冷处理设施需经注册（参见附录C），且具有能达到和保持所需温度的制冷设备，并配有足够数量的探针。

5.1.2.2　记录仪要求

同5.1.1.2。

5.1.2.3　探针的校正

在处理开始前，应按照附录A的方法对探针进行校正。在处理结束后，探针应按附录A的方法再校正，校正记录应备案以备审核。

5.1.2.4　货物装置

货物应按相关要求包装好，并进行预冷。货物装入处理室时应松散堆叠，并确保托盘底部与托盘间有充足的气流。

5.1.2.5　探针要求的安置

5.1.2.5.1　至少用2个探针（分别在入风口和回风口）测量室温，至少要安插以下4个探针测量鲜果的温度；

5.1.2.5.2　果温探针安插方法见附录B。

5.1.2.5.3　果温探针的位置如下：

——一个位于冷处理室中部所装货物的中心；
——一个位于冷处理室中部所装货物顶层的角落；
——一个位于所装货物中部近回风口处；
——一个位于所装货物顶层近回风口处。

5.1.2.5.4 室温探针分别安置在如风口和回风口附近处。

5.1.2.5.5 所有探针的安置应在获得授权的检疫员的监督或指导下进行。

5.1.2.6 处理技术指标

见表1。

5.1.2.7 处理及结束要求

5.1.2.7.1 可随时启动记录，当所有果温探针都达到5.1.1.7指定的温度时，处理时间才能正式开始计算。

5.1.2.7.2 当只用最小数量的探针时，如果有任何探针连续超出4h失效，则该处理无效，应重新开始。

5.1.2.7.3 如果处理记录表明各处理参数符合5.1.1.7处理技术指标要求，当地检验检疫机构可以授权结束处理。

5.1.2.8 冷处理记录的填写

下载、打印输出的温度记录要有适当的数据统计。当地检验检疫机构应在确认某处理成功之前背书上述记录和统计值，且应按对方要求，能提供上述背书的记录以供审核。

5.1.2.9 结果判定

经核查，符合相应的处理技术指标要求和操作要求，加之处理后现场检疫和样品检测结果符合要求的，判定为冷处理有效。有不符合上述要求的，判定为冷处理无效。

5.2 热处理

5.2.1 处理技术指标

水果和繁殖材料热处理技术指标分别见表3和表4。

表3　　　　　　　　鳞球茎、块根、块茎等繁殖材料热水处理技术指标

序号	繁殖材料种类	处理技术指标 水温 ℃（°F）	处理技术指标 时间 min	有害生物
1	蛇麻草地下茎	50（122）	10	美洲剑线虫 *Xipinema americanum*
		51.7（125）	5	
2	马铃薯块茎	45.5（114）	120	爪哇根结线虫 *Meloidogyne javanica*
		45～50	60	最短短体线虫 *Pratylenchus brachyurus*
3	大丽花属、芍药属、块茎（polyantkes）	47.8（118）	30	根结线虫 *Meloidogyne spp.*

表4　　　　　　　　　　　　　　　水果热处理技术指标

序号	处理类型	处理技术指标	适合处理的果实种类	有害生物
1	蒸汽热处理	逐步提高处理设施温度，使果肉中心温度在8 h内达43.3℃（110℉）；将果肉中心温度保持在43.3℃或以上并维持6 h	葡萄柚 杧果 柑橘类	墨西哥实蝇 *Anastrepha ludens*
		提高处理设施温度，使果肉在6 h内达到43.3℃（其中前2 h要迅速提温；后4 h逐渐加温）；保持果心温度43.3℃ 4 h		
		以44.4℃（112℉）饱和水蒸气，在规定时间内使果温达到约44.4℃，保持果温在44.4℃ 8.75h，然后立即冷却	番木瓜 山番木瓜	地中海实蝇 *Ceratitis capitata* 橘小实蝇 *Bactrocera dorsalis* 瓜实蝇 *Bactrocera cucuribitae*
		使荔枝果肉温度升达30℃（86℉）；在50 min内，使荔枝果肉温度从30℃上升到41℃（106℉）；让果肉温度继续上升到46.5℃（116℉）（此时库内饱和水蒸气温度在46.6℃或以上）并维持10 min（完成蒸热处理后过冰水槽降温）	荔枝	橘小实蝇
2	强制热空气处理	1）处理开始时的果肉温度需在21.1℃（77℉）或以上； 2）加热使处理室中气流温度达40℃（104℉），并维持120 min； 3）继续加热，使气流温度达到50℃（122℉），并维持90 min； 4）再加热，使气流温度达到52.2℃（126℉），维持该温度直至果心温度达47.8℃（118℉）	葡萄柚（适用于早熟和中熟品种；且直径≥9 cm、质量≥262 g）	墨西哥实蝇
		加热使处理室中的气流温度达到50 ℃。维持该温度直至果心温度达47.8 ℃时，即可结束处理（具体处理时间依据果实大小及同批处理量而定）	杧果（适用于果实直径在8 cm～14 cm；果实质量不超过700 g）	墨西哥实蝇 西印度实蝇 *Anastrepha obliqua* 暗色实蝇 *Anastrepha serpentina*

347

(续表)

序号	处理类型	处理技术指标	适合处理的果实种类	有害生物
3	热水处理	1）处理开始时的果肉温度需在21.1 ℃或以上； 2）处理的水温为46.1℃； 3）处理时间依该批最大果实的质量而定。如： —≤500 g，处理75 min； —≥500 g 和 <700 g，处理90 min； —≥700 g 和 <900 g，处理110 min； 4）在处理过程中，前5 min水温可允许降到45.4 ℃；5 min结束时，水温应恢复到46.1 ℃或以上； 5）整个过程，水温在45.4 ℃～46.1 ℃之间的时间累积不能超过10 min（75 min的处理）或15 min（90 min的处理）或20 min（110 min的处理）	杧果	地中海实蝇 按实蝇属 *Anastrepha* spp.

5.2.2　处理设施要求

热处理设施应位于相应的包装厂内，并经当地检验检疫机构注册（参见附录E）。热水处理设施应包括大容量热水加热、绝热系统和水循环系统，保证热水处理过程中水温的稳定。蒸汽热处理设施应包括热饱和蒸汽发生装置、蒸汽分配管和气体循环风扇、温度监测系统等。

5.2.3　记录仪要求

5.2.3.1　能够连接所需的探针数。

5.2.3.2　能够记录并贮存处理过程的数据，直到该数据信息得到查验和确认。

5.2.3.3　能按一定的时间间隔（如每隔2 min）记录一次所设探针的温度；记录显示的精确度为0.1 ℃。

5.2.3.4　能打印输出每个探针在各设定时间中的温度，同时打印出相应记录仪的识别号。

5.2.4　操作技术要求

5.2.4.1　探针的校正

在处理季节，应每天对探针进行校正。探针的校正方法见附录D。

5.2.4.2　探针安置要求

5.2.4.2.1　每一处理设施的探针数将依处理设施的品牌和样式而定。用筐浸处理的每个热水处理池至少安装2个温度探针，连续处理的则至少安装10个温度探针（其中3个为果温探针）。

5.2.4.2.2　果温探针的安插方法见附录B。

5.2.4.2.3　果肉探针安置时，需同时考虑上层、中层和下层果肉温度。

5.2.4.3　处理的启动与结束

5.2.4.3.1　处理样品应根据要求按质量和（或）大小分级，分别进行处理。

5.2.4.3.2　针对热水处理，处理样品应浸在处理池水面10 cm以下。

5.2.4.3.3　当温度探针和果温探针达到所需处理温度时，开始计时。

5.2.4.3.4 在规定的处理温度或以上并维持到所需的时间时,处理便可结束。

5.2.5 结果判定

经核查,符合相应的处理技术指标要求和操作要求,加之处理后现场检疫和样品检测结果符合要求的,

判定为热处理有效。有不符合上述要求的,判定为热处理无效。

5.3 熏蒸处理

5.3.1 处理技术指标

水果蔬菜和繁殖材料溴甲烷(熏蒸室或帐幕)常压熏蒸处理技术指标见表5～表7。

表5 水果溴甲烷熏蒸处理技术指标

序号	水果种类	有害生物	温度 ℃（°F）	计量 g/m³	密闭时间 h	最低浓度 g/m³ 0.5h	2h	4h	随后冷处理 温度 ℃	时间 d
1	鳄梨	地中海实蝇 (*Ceratitis capitato*) 橘小实蝇（东方果蝇） (*Bactrocera dorsalis*) 瓜（大）实蝇 (*Bactrocera cucurbitae*)	≥21.1 (70)	32	4	26	16	14		
2	葡萄柚	按实蝇属 (*Anastrepha* spp.)	21~29.5	40	2					
3	草莓	外食性害虫	≥26.7	24	2	19	14			
			21~26	32	2	26	19			
			15.5~20.5	40	2	32	24			
			10~15	48	2	38	29			
4	苹果、梨葡萄	淡褐卷蛾 (*Epiphyas* spp.)	≥10	24	2	23	20		0.55	21
			4.5~9.5	32	2	30	25			

注1:冷藏处理前应通风2h左右。

注2:熏蒸结束与冷藏处理之间,间隔不超过24 h。

表6 蔬菜溴甲烷熏蒸处理技术指标

序号	蔬菜种类	有害生物	温度 ℃	剂量 g/m³	密闭时间 h	最低浓度 g/m³ 0.5 h	2h
1	南瓜、黄瓜	外食性害虫	≥26.7	24	2	19	14
			21.1~26.1	32	2	26	19
			15.6~20.6	40	2	32	24

(续表)

序号	蔬菜种类	有害生物	温度 ℃	剂量 g/m³	密闭时间 h	最低浓度 g/m³ 0.5 h	2h
2	绿色豆荚蔬菜（四季豆、菜豆、长豇豆、豌豆、木豆和扁豆）	小卷蛾（*Cydia fabivora*）、夜小卷蛾（*Epinotia aporema*）豆荚（野）螟（*Maruca testulalis*）豆荚卷叶蛾 Le peyresia legume	≥26.5	24	2	19	14
			21～26	32	2	26	19
			15.5～20.5	40	2	32	24
			10～15	48	2	38	29
			4.5～9.5	56	2	48	38

表7　　　　　　　　　　　繁殖材料溴甲烷熏蒸处理技术指标

序号	繁殖材料种类	有害生物	温度 ℃	剂量 g/m³	密闭时间 h	最低浓度 g/m³ 0.5 h	2 h	24
1	水仙属	球茎狭跗线螨 *Steneotarsone luticeps*	32.5～35.6	48	2			
			26.7～31.7	56	2			
			21.1～26.1	64	2			
			15.6～20.6	64	2.5			
			10.0～15.0	64	3			
			4.4～9.4	64	3.5			
2	百合鳞茎	钻蛀性害虫	32.2～35.6	32	3			
			26.7～31.7	40	3			
			21.1～26.1	48	3			
			15.6～20.6	48	3.5			
			10.0～15.0	48	4			
			4.4～9.4	48	4.5			
3	棉籽	表面害虫	≥15.6	80	24	40	40	20
			4.4～15.0	96	24	48	48	24

注1：冷藏处理前应通风2 h左右。
注2：熏蒸结束与冷藏处理之间、间隔不超过24 h。
注3：装载容量50%。

5.3.2　操作技术要求

5.3.2.1　帐幕熏蒸：按SN/T 1123操作。

5.3.2.2　集装箱熏蒸：按SN/T 1123操作。

5.3.2.3　简易熏蒸库熏蒸：按SN/T 1143操作。

5.3.3 结果判定

经核查,符合相应的处理技术指标要求和操作要求,加之处理后现场检疫和样品检测结果符合要求的,判定为熏蒸处理有效。有不符合上述要求的,判定为熏蒸处理无效。

5.4 辐照处理

5.4.1 处理技术指标

处理技术指标见表8。

表8　γ射线低剂量辐照处理

序号	水果蔬菜	害虫	辐射均匀度 %	剂量 Gy
1	各种水果蔬菜	寡毛实蝇（Dacus spp.） 地中海实蝇（Ceratitis capitata）等检疫性实蝇	16~18	150~300
2	杧果	杧果象甲 (Sternochetus frigidus S. mangiferae S. olivieri)	16~18	400~700

注：具体剂量根据货物种类及其大小、外形、包装不同而定。

5.4.2 处理要求

用γ射线低剂量辐照,辐照不均匀度低于18%,剂量率10 Gy/min~30 Gy/min。处理时不需拆包。

5.4.3 结果判定

经核查,符合相应的处理技术指标要求和操作要求,加之处理后现场检疫和样品检测结果符合要求的,判定为辐照处理有效。有不符合上述要求的,判定为辐照处理无效。

附录 A
（规范性附录）
冷处理温度探针的校正

A.1 将碎冰块放入保温器皿内，然后加入洁净的水，直至冰和水的体积比约为 1∶1，制成冰水混合物。

A.2 将标准温度计（经国家标准机构校正）与待校正的探针同时插入冰水混合物中，并不断搅动冰水，当标准温度计显示的温度达到 0℃时，记录探针显示的温度。

A.3 按上述方法，重复校正 3 次。

A.4 探针读数的精确度需达到 0.1℃；同一探针至少 2 次连续的重复校正读数应一致，并以该读数为校正值，任何读数超出 0℃±0.3℃的探针都应更换。

附录 B
（规范性附录）
果温探针的安插

B.1 果温探针需安插在每批处理果实中的最大果实。
B.2 探针插入果肉的方位尽可能与果核方位平行。
B.3 探针感温部分插入果肉中心部位但不能触到果核。

附录 C
（规范性附录）
冷处理处理设施注册要求

C.1 由出口国的检验检疫机构对处理设施进行注册管理。

C.2 注册每年审核一次，且需保留或能提供以下内容的文件：

——所有设施的位置以及所有者/操作者的详细联系方式；

——设施的尺寸及容量；

——墙壁、天花板和地板的隔热类型；

——制冷压缩机及蒸发机/空气循环系统的牌子、样式、类型和容量等。

第三部分　栽培管理

DBN

吐鲁番市农业地方标准

DBN 6521/T 207—2019

吐鲁番有机葡萄生产技术规程

2019-11-25 发布　　　　　　　　　　2019-12-25 实施

吐鲁番市市场监督管理局　发布

前　言

本标准根据 GB/T 1.1—2009 给出的规则编写。

本标准由吐鲁番市林果业技术推广服务中心提出。

本标准由吐鲁番市林业和草原局归口。

本标准由吐鲁番市林果业技术推广服务中心、吐鲁番市质量与计量检测所负责起草。

本标准由吐鲁番市市场监督管理局发布。

本标准主要起草人：刘丽媛、王春燕、武云龙、吾尔尼沙·卡得尔、王新丽、韩泽云、周黎明、阮晓慧、周慧、阿迪力·阿不都古力、徐彦斌、周黎明、罗闻芙、王婷、陈志强、宋钰、曲江、吴玉华、古亚汗·沙塔尔、陈志强、宋钰、曲江。

吐鲁番有机葡萄生产技术规程

1 范围

本标准规定了吐鲁番有机葡萄生产的基地规划与建设、土壤管理和施肥、病虫草害防治、修剪和采摘等技术。

本标准适用于吐鲁番有机葡萄生产。

2 规范性引用文件

下列标准所包含的条文，通过在本标准中引用而构成为本标准的条文。本标准发布实施，所示版本均为有效。凡是不注日期的引用文件，其最新版本适用于本标准。

GB 3095　环境空气质量二级标准

GB 5084　农田灌溉用水水质符合标准

GB 15618　土壤环境质量二级标准

GB/T 19630.1　有机产品

QB/T 2289.4　园艺工具　剪枝剪

DBN 6521/T 169　吐鲁番葡萄改良式棚架搭建技术规程

3 定义

3.1 有机葡萄

指利用有机农业技术、经无工业污染种植、生产且获得有机认证机构认证而成的葡萄。

3.2 有机葡萄栽培

指在葡萄种植生产过程中不使用农药、化肥、生长调节剂、抗生素、转基因技术。着生在骨干枝上，由2个以上结果枝和营养枝组成的生长结果基本单位。

3.3 有机肥

指无公害化处理的堆肥、沤肥、厩肥、沼气肥、绿肥、饼肥及有机葡萄专用肥。葡萄着生花序、果穗的新梢。

4 建园

4.1 园地选择

葡萄园应选择采光性好、周边防风林带健全、附近无污染源及其他不利条件，交通运输便利，地形较为平整,有灌溉条件的地块。

4.2 品种选择

本地主栽葡萄品种无核白、无核紫、吐鲁番红等。

4.3 土壤

以沙壤土为宜。土层厚度 1 m 以上,pH 值低于 8.5,总盐含量低于 0.3 %,表层有机质含量不低于 1 %。

4.3.1 土壤管理

定期监测土壤肥力水平和重金属元素含量,每 2 年检测一次。根据检测结果,有针对性地采取土壤改良措施。

4.3.2 采用地面覆盖、增施有机肥等措施提高葡萄园的保土蓄水能力。

4.4 水

灌溉水符合 GB 5084 水质标准。

4.5 大气

产地大气符合 GB 3095 标准。

4.6 架式

架式符合 DBN6521/T 169 吐鲁番葡萄改良式棚架搭建技术规程

4.7 防护林

葡萄园四周种植防护林。以杨树、胡杨为主。

5 定植

5.1 定植时间

春季,以火焰山为界,山南定植时间为 3 月上中旬,山北为 3 月中下旬。
秋季,以火焰山为界,山南定植时间为 10 月中下旬,山北为 10 月上中旬。

5.2 定植沟

定植前要开挖定植沟。行距 4.5~5 m,株距 1.2~1.5 m。沟宽 0.8~1 m,深 0.4~0.6 m,沟底正中挖 40 cm×40 cm 定植穴。

5.3 定植方法

挖穴时,表土和心土分开堆放。每穴腐熟有机肥 10 kg,先将肥料与表土拌均匀,然后填入穴内,进行苗木栽植。

5.4 补植

第二年后对缺株断行严重、成活率较低的葡萄园，通过补植缺株、压蔓等措施提高苗木成活率。

6 整形修剪

剪枝剪应符合 QB/T 2289.4 要求。

6.1 整形

6.1.1 多主蔓龙干形

即每株留 3~4 个主蔓，主蔓在架面上每 20~30 cm 留一个结果枝组，每个结果枝组留 3~4 个结果枝和预备枝相互更替结果。结果枝组在主蔓上交替分布呈"非"字状。

6.2 修剪

6.2.1 夏季修剪

6.2.1.1 抹芽

花序可见时进行，抹除无头芽、三芽、弱芽，双芽、密生短枝保留一个健壮的芽，结果枝组以外的萌芽全部抹除。

6.2.1.2 除萌

主蔓基部的萌蘖除少数用作更新蔓外，其余全部在 4 月下旬至 5 月上旬除去。

6.2.1.3 摘心

结果枝在花前 3~7 d 进行摘心，从花序向上留 4~6 叶为宜。预备枝留 6~8 叶摘心，延长枝留 10~15 叶摘心。

6.2.1.4 副梢处理

结果枝上花序以下的副梢全部抹除，花序以上留 1~2 个副梢，副梢留 3~4 叶摘心，二次副梢留 1 叶摘心。预备枝和延长枝上的副梢也留 3~4 叶摘心，二次副梢全部摘除。

6.2.2 秋季修剪

秋季修剪指除主蔓作为延长枝外，其余枝条均采用以 2~4 节短梢为主的修剪方法。在架面的主蔓上每隔 20~30 cm 配置 1 个结果枝组。

7 花果管理

7.1 疏花序

每个结果枝留 1 个果穗。

7.2 修花序

开花前一周剪去花序长度五分之一左右穗尖部分，并剪去副穗。

7.3 疏果粒

果粒绿豆大小时进行，疏除坐果密集部分、僵果、表面擦伤、机械损伤果。

8 水肥管理

8.1 施肥

8.1.1 基肥

每亩施有机肥 4~5 m³，同时可配施一定数量的矿物源肥料和微生物肥料，于当年秋季穴施或开沟施入。

8.1.2 追肥

可结合葡萄生长规律进行多次，采用腐熟后的有机液肥，结合浇水随水冲施。所使用肥料必须在国家农业部登记注册并获得有机认证机构的认证。

8.1.3 叶面肥根据葡萄生长情况合理使用，但使用的叶面肥必须在国家农业部登记注册并获得有机认证机构的认证。叶面肥料在葡萄采摘前 10 d 停止使用。

8.1.4 禁止使用化学肥料和含有毒、有害物质的城市垃圾、污泥和其他物质等。

8.2 灌水

灌水按照"前促、后控、中间足"的原则，根据土壤含水量情况灌水。花后至浆果膨大期充足供水。土壤湿度为田间最大持水量的 60~70 %。浆果成熟期控制灌水。入冬埋土前灌透冬灌水。

9 病虫害防治

9.1 农业防治

9.1.1 加强栽培管理，增强树势，提高抗性，合理控制负载。

9.1.2 合理施肥，多施有机肥，适当增施磷钾肥，控制氮肥，增强树势，提高树体抗病力。

9.1.3 加强对树体的管理。及时除萌、绑蔓、摘心和摘除副梢，防止养分无谓的消耗。

9.1.4 适时灌水和中耕除草，增加土壤的通透性和降低田间湿度，创造有利树体生长发育的环境条件。

9.1.5 注意清园。生长期及时摘除病叶，剪除有病虫枝、病果，清除地面的烂果，于园外集中挖坑深埋，减少田间菌源，防止再次侵染及交叉感染。

9.1.6 在葡萄园周边定植核桃树、椿树等趋避性强的树种，能起到防风、驱虫作用。

9.2 物理防治

利用害虫的趋性，进行灯光诱杀、色板诱杀、性诱杀或糖醋液诱杀。田间每亩挂 1 个黄板或 15 亩设置一个杀虫灯，扑杀有害害虫。

9.3 生物防治

保护和利用当地葡萄园中的草蛉、瓢虫和寄生蜂等天敌昆虫，以及蜘蛛、捕食螨鸟类等有益生物，减少人为因素对天敌的伤害。重视当地病虫害天敌等生物及其栖息地的保护，增进生物多样性。

9.4 农药使用准则

允许有条件地使用生物源农药，如微生物源农药、植物源农药和动物源农药。禁止使用和混配化学合成的杀虫剂、杀菌剂、杀螨剂和植物生长调节剂。

10 除草

采用机械或人工方法防除杂草。禁止使用和混配化学合成的除草剂。

11 采收

11.1 采摘

结合品种特性，适时采收。采摘时一手托着果穗，另一手握剪刀，将果穗剪下置于专用果框内，放置时轻拿轻放，不要擦掉果粉。

11.2 包装

为了提高果实商品性，应对采回的果实进行分级包装，包装材料应符合国家卫生要求和相关规定，提倡使用可重复、可回收和可生物降解的包装材料。包装应简单，实用、设计醒目，禁止使用接触过禁用物质的包装物或容器。

12 记录控制

有机葡萄生产者应建立并保护相关记录，从而为有机生产活动可溯源提供有效的证据。记录应清晰准确，记录主要包括以病虫害防治、肥水管理、花果管理等为主的生产记录，为保持可持续生产而进行的土壤培肥记录，与产品流通相关的包装、出入库和销售记录，以及产品销售后的申请投诉记录等，记录至少保存5年。

DBN

吐 鲁 番 市 农 业 地 方 标 准

DBN 6521/T 178—2018

吐鲁番葡萄"三改、两控、一优化"栽培技术标准

2018－05－10发布　　　　　　　　　　2018－06－10实施

吐鲁番市质量技术监督局　　发　布

前　言

本标准根据 GB/T 1.1—2009《标准化工作导则　第 1 部分：标准的结构和编写》和 DB65/T 2035.2—2003《标准体系工作导则　第 2 部分：农业标准体系框架与要求》编写。

本标准由吐鲁番市林果业技术推广服务中心提出。

本标准由吐鲁番市林业局归口。

本标准由吐鲁番市林果业技术推广服务中心负责起草。

本标准主要起草人：吾尔尼沙·卡得尔、周慧、周黎明、阿得力·阿不都古力、武云龙。

吐鲁番葡萄"三改、两控、一优化"栽培技术标准

1 范围

本标准规定了吐鲁番葡萄"三改"（指改园、改架、改树）技术、"两控"技术（指控产量、控花果）和"一优化"（指优化鲜食包装）技术的要求。

本标准适用于吐鲁番市葡萄生产，及其他生态条件相似区域的葡萄生产。

2 规范性引用文件

下列文件对于本文件的应用是必不可少的。凡是注日期的引用文件，仅所注日期的版本适用于本文件。凡是不注日期的引用文件，其最新版本（包括所有的修改单）适用于本文件。

GB 4285　农药安全使用标准
NY/T 391　绿色食品　产地环境技术条件
NY/T 393　绿色食品　农药使用原则
NY/T 394　绿色食品　肥料使用准则
DB65/T 3655—2014　新疆葡萄主要有害生物综合（绿色）防治技术规程
DB65/T 2143　葡萄架水泥支柱
DB65/T 2144　吐鲁番葡萄的越冬防寒和出土规范
DB65/T 2145　葡萄肥水管理技术规程

3 定义

下列定义适用于本标准。

3.1 结果母枝

着生结果枝的枝条。

3.2 结果枝

着生花序、结果穗的新梢。

3.3 摘心

摘取新梢顶部幼嫩部分。

3.4 短梢修剪

一年生枝留1~2芽进行短截。

3.5 长梢修剪

一年生枝留3芽以上进行短截。

3.6 穴施

追肥时在距离主蔓根部20 cm处，挖20 cm深的小坑，施肥后立刻埋土。

3.7 坑施

施基肥时在距离主蔓根部50 cm以上的地点，挖40 cm×40 cm深的坑，尽量减免伤根，施肥后坑内上层20 cm用园土填平。

4 三改

指改园、改架和改树。

4.1 改园

包括改道路和改防风林。

4.1.1 改道路

根据葡萄园实际情况进行田间道路改造，小区间分支道宽4~6 m，使埋土、打药、施肥等机械能够进出作业。

4.1.2 改防风林

对缺株断行、缺边断带的林带进行补植补造，对林相不整齐的林带进行修枝整形。

4.2 改架

把葡萄低矮架式改为高棚架。

按DBN 6521/T 169—2017中的内容执行，包括架材准备、立柱使用规格、立柱栽植行的确定、确定立柱埋设点、挖坑、埋设立柱和搭建横梁。

4.3 改树

指改造树体整形方式。

4.3.1 多主蔓龙干型

每株留2~3个主蔓，主蔓在架面上每20~30 cm留一个结果枝组，每个结果枝组留3~4个结果枝和预备枝相互更替结果。结果枝组在主蔓上交替分布呈"非"字状。

4.3.2 将扇形改造成多主蔓龙干型

4.3.2.1 第一年整形

在不影响葡萄产量的基础上，春季将扇形中生长密闭、长势弱的主蔓剪除，留下2~3个粗壮的主蔓。同时，注重培养从基部萌发的枝条，成为预备枝。

夏季修剪时，将扇形结果枝组中靠外部的枝条剪除，保留离主蔓最近的结果枝。

秋季修剪时，选留并培养主蔓上的延长枝，同时进一步剪除主蔓上多余的侧枝，对留下的侧枝进行回缩。同时，对于从根部萌发的预备枝，留下1.5~1.8 m长、完全木质化的部分，其余剪除。

4.3.2.2 第二年整形

春季，结果枝组中，将生长密闭、长势弱的枝条剪除，留下 1~2 个粗壮的结果母枝。同时，将主蔓上的结果母枝尽量回缩到龙干上，形成龙干型。对于从根部萌发的预备枝，采用多主蔓龙干型整形方式进行培养。

5 两控

即控产量、控花果。

5.1 开墩

当春季气温稳定达到 10℃ 应及时出土上架绑蔓。

5.2 修剪

5.2.1 夏季修剪
5.2.1.1 抹芽
在可见到花序时进行。抹除结果枝组中的无头芽和弱芽，三芽、双芽和密生短枝芽只保留一个健壮的芽，结果枝组以外的萌芽全部抹除。
5.2.1.2 摘心
结果枝从花序向上留 4~6 叶进行摘心，营养枝留 8~10 叶摘心，延长枝留 10~15 叶摘心。
5.2.1.3 副梢处理
结果枝上花序以下的副梢全部抹除，花序以上留 1~2 个副梢，副梢留 3~4 叶摘心，二次副梢留 1~2 叶摘心。预备枝和延长枝上的副梢留 3~4 叶摘心，二次副梢全部摘除。

5.2.2 秋季修剪
除主蔓作为延长枝外，其余枝条均采用以 2~4 节短梢为主的修剪方法。在架面的主蔓上每隔 20~30 cm 配置 1 个结果母枝。每个主蔓留 30~35 个芽，15~16 个结果母枝。

5.3 花果管理

5.3.1 疏花序
每个结果枝留 1 个果穗。

5.3.2 修花序
5 月中下旬，剪去花序长度五分之一左右穗尖部分，并剪去副穗。

5.3.3 疏果粒
果粒绿豆大小时，疏除坐果密集部分、僵果、表面擦伤、机械损伤果。

5.3.4 理顺果穗
将夹在铁丝和枝条中间的果穗，顺势放成下垂状。

5.4 赤霉素的使用

5.4.1 第一次喷施
开花前一周，喷施浓度为 50~100 ppm，即 1 g 赤霉素溶解后加水 10~20 千克。

5.4.2 第二次喷施

开花后 7~10 天，喷施浓度为 100~150ppm，即 1g 赤霉素溶解后加水 7.5~10 千克。

5.4.3 赤霉素喷施要及时，在早晨或傍晚喷施，如遇下雨天要补喷。

5.5 施肥

5.5.1 催芽肥

葡萄萌芽前，结合灌水每亩穴施氮肥 10~15 千克。

5.5.2 膨大肥

葡萄果粒膨大期，结合灌水，追肥 2~3 次，每次每亩施入复合肥 20~25 千克。

5.5.3 催熟肥

7月上旬浆果开始发软、尚未着色时，把美国二铵和磷酸二氢钾以 6:1 的比例混合配好后，每亩施入 20~25 千克，施肥后及时浇水。

5.5.4 采收后施肥

葡萄采收后，每亩穴施 N、P、K 复合肥料 25 千克。施肥后及时浇水。

5.5.5 越冬肥（基肥）

秋季葡萄埋墩前，每亩坑施 2.5~3 吨充分腐熟的农家肥。

5.5.6 叶面肥

葡萄生长阶段不定期在叶背喷施氨基酸高钾肥 500~600 倍或喷施黄腐酸类肥料。

5.5.7 全年施肥量及每次施肥量可根据土壤条件、树龄、产量高低和肥料质量酌定。

5.6 灌水

全生育期灌水次数为 10~12 次，灌水定额为 800~1 000m³/亩。

5.6.1 花期前

根据土壤含水量灌 1~2 次。

5.6.2 花期

严禁灌水。

5.6.3 花期后

充足灌水，每 7~15 天轮灌 1 次。

5.6.4 浆果成熟期

控制灌水。

5.6.5 越冬期

冬灌水浇足。

5.7 清理果园

埋土前，喷施 3~5 波美度石硫合剂，可减少下一年病虫源。

5.8 埋墩

在 11 月底、土壤封冻前，将藤蔓缓慢下架，在主蔓弯曲处下方先用土或草秸做好垫枕，然后将枝蔓略微捆束，顺向轻轻放入沟内。埋土厚度在 30 cm 以上，要在距葡萄根部 50 cm 以外取土。

5.9 病虫害防治

按 GB 4285、NY/T 393、DB65/T 3655—2014 执行。

6 一优化

指优化鲜食葡萄产品包装。

6.1 产品质量标准

6.1.1 单粒重

≥3.0 克。

6.1.2 单穗重

500~800 克。

6.1.3 可溶性固形物含量

采用手持式折光仪测量,达到16%以上。

6.1.4 其他

粒黄绿色或淡绿色,色泽均匀一致;大小基本一致,颗粒较饱满,无坏裂及霉变,果肉酸甜适口,肉质较脆,无异味。

6.2 采收

当果实达到本标准6.1所示指标时,进行采收。

6.3 包装

6.3.1 包装场所遮阴、清洁,有条件者可建造能调控气温的包装间。

6.3.2 包装箱根据市场需求设计尺寸,应精致且具有一定的牢固度和通气性,图案应突出地域风情。

吐鲁番市地方标准

DB 6521/T 233—2020

优质高效鲜食无核白葡萄生产技术规程

2020-06-20 发布　　　　　　　　　　2020-07-15 实施

吐鲁番市市场监督管理局　发 布

前　言

本标准根据 GB/T 1.1—2009《标准化工作导则　第1部分：标准的结构和编写》进行编写。

本标准由吐鲁番市林果业技术推广服务中心提出。

本标准由吐鲁番市林业和草原局归口。

本标准由吐鲁番市林果业技术推广服务中心、吐鲁番市质量与计量检测所负责起草。

本标准主要起草人：吾尔尼沙·卡得尔、刘丽媛、王新丽、古亚汗·沙塔尔、韩泽云、周黎明。

优质高效鲜食无核白葡萄生产技术规程

1 范围

本标准规定了优质、高效鲜食无核白葡萄生产的葡萄园技术要求、目标产量、整形修剪、施肥、灌溉、喷施植物生长调节剂及采收等技术要求。

本标准适用于吐鲁番无核白鲜食葡萄优质高效栽培的全过程。

2 规范性引用文件

下列文件中的条款通过本标准中引用成为本标准的条款,凡是注日期的引用文件,仅所注日期的版本适用于本标准。凡是不注日期的引用文件,其最新版本(包括所有的修改单)适用于本文件。

DB65/T 205　植物生长调节剂赤霉素的使用规程

DB65/T 3655　新疆葡萄主要有害生物综合(绿色)防治技术规程

NY/T 393　绿色食品　农药使用准则

NY/T 496　肥料合理使用准则

3 定义

3.1 结果母枝

着生结果枝的枝条。

3.2 结果枝

着生花序和果穗的枝条。

3.3 预备枝

留做下一年做结果母枝的枝条。

3.4 延长枝

主蔓、侧枝、副侧枝等先端继续延长的发育枝。

3.5 摘心

摘去新梢顶部幼嫩部分。

3.6 植物生长调节剂

人工合成的具有植物激素活性的激素类物质,本规程使用的是赤霉素,以 GA_3 表示。

4 主要技术指标和要求

4.1 目标产量

每公顷产量 30 000 kg，每公顷果枝数 37 500~42 750 个，其中采收优质商品果占总产量的 60%，即每公顷产量达 18 000 kg；剩余 40% 采收可制干、酿酒、制汁。

4.2 单穗质量

穗长 28~30 cm，穗宽 17~20 cm，单穗重 600~800 g，每穗粒数 240~260 个，单粒重 2.5~3.0 g。

4.3 架式

采用改良式小棚架。参照 DBN6521/T 169 执行。

4.4 葡萄田间群体结构

每公顷无核白株数 1 665~1 845 棵，每公顷 5 年生以上的主蔓达到 4 995~5 535 个，每公顷果枝数为 82 500~105 000 个，果穗数 82 500~90 000 个，每平方米果穗数 6~8 个。

5 整形修剪

采取独龙干整形方式或多主蔓扇形整形方式。

5.1 秋季修剪

合理选留结果母枝，使每平方达到 5~7 个，每平方留芽量以 25~30 个为宜。结果母枝采用以短梢留 2~3 节为主的修剪法。

5.2 夏剪

5.2.1 抹芽

在花序可见时进行，抹除无头芽、双芽、三芽、弱芽，密生短枝保留一个健壮的作为培养蔓外，其余全都抹除。

5.2.2 合理选留结果枝

严格控制负载，正确选择预备枝，以近主蔓外选留为宜，防止结果部位外移。

5.2.3 除萌

主蔓基部的萌蘖除少数用作更新蔓外，其余全部除去。

5.2.4 摘心

在花前 3~7 d 进行摘心，从花序向上留 4~6 叶为宜。生长枝摘心，一般预备枝留 6~8 节，延长枝留 10~12 节摘心。

5.2.5 副梢处理

花序以下的副梢全部抹除，花序以上留 1~2 个副梢于 3~4 叶摘心，三次副梢留 1 叶摘心。预备枝和延长枝上的副梢也留 3~4 叶摘心，三次副梢全部摘除。

6 花序和果穗管理

6.1 疏花序

每果枝留 1 个果穗为宜。

6.2 疏花

包括掐穗尖和掐副穗。掐穗尖是掐去花序长度 1/5 左右的穗尖部分；同时要掐副穗和过于稀疏的、表现不良的若干个小穗，以上措施均应在花前一周进行。

6.3 疏果

当无核白果粒绿豆大小时进行头次疏果；黄豆大小时进行二次疏果。进行疏花疏果后的穗部结构以每粒重 2.5~3.0 g，穗重 600~800g 为宜。

7 施肥

7.1 施肥原则

按照 NY/T 496、NY/T 393 规定执行。

7.2 肥料管理

7.2.1 基肥

葡萄采收后到葡萄藤蔓下架前，施秋季基肥。每公顷施有机肥 37 500~45 000 kg 和磷酸二铵 450 kg，混匀施入。

穴施，施肥穴离主蔓基部 50 cm 以上。

7.2.2 根部追肥

7.2.2.1 膨大肥

5 月中上旬果实膨大期时，施第一次。每公顷施葡萄专用肥 225 kg，或磷酸二铵 375 kg 和硫酸钾 225 kg。

5 月下旬至 6 月初，穴施，施第二次。每公顷施氮磷钾复合肥 450 kg 和硫酸钾 225 kg。

7.2.2.2 催熟肥

6 月中下旬，穴施，浆果开始发软但尚未着色时施入。

磷酸二铵和磷酸二氢钾以 6∶1 配比混匀，每公顷施 450 kg。

7.2.2.3 采收后追肥

8 月中下旬，穴施，每公顷施磷酸二铵 300 kg。

7.2.3 叶面追肥

从 4 月底至 5 月初叶片充分展开时，直至果实膨大后，喷施叶面肥 3~5 次，浆果成熟前停止施用。

追肥以磷酸二氢钾、微生物肥、黄腐酸等肥料为主。

喷施，叶片正反均匀喷施，喷施选择在早晚天气凉爽时进行，避免高温天气喷施。

8 灌溉

8.1 葡萄生育周期内，实行"前促、后控、中间足"的配水原则。

8.2 出土至开花期灌水2~3次，每15 d左右灌一次，每次灌水量900~1 200 m³/公顷。

8.3 坐果期至浆果成熟期灌水3~4次，每10~12 d灌一次水，每次灌水量900~1 200 m³/公顷。

8.4 浆果成熟期至果实采摘期控制灌水量，灌水3~4次，每13~15 d灌一次水，以提高果实品质和枝蔓成熟老化，每次灌水量750~900 m³/公顷。

8.5 葡萄采摘后至埋土，灌2~3次水，每15~18 d灌一次水。藤蔓下架埋土前浇足冬水，保墒防寒，每公顷灌水量1 500 m³以上。

8.6 全生育期灌溉定额为12 000~15 000 m³/公顷。

9 植物生长调节剂

参照 DB65/T 205 执行。

10 采收

采收时无核白葡萄的可溶性固形物含量达到16 %（Brix）以上。

11 病虫害防治

11.1 生产过程中对病虫草鼠等防治，坚持预防为主综合防治的原则，严格控制使用化学农药。

11.2 按照 DB65/T 3655 规定执行。

11.3 农药使用须严格按照 NY/T 393 等国家（行业）标准执行。

11.4 每种合成农药在葡萄的生长期内避免重复使用。

DBN

吐鲁番市农业地方标准

DBN 6521/T 111—2015

吐鲁番地区酿酒葡萄栽培技术规程

2015-04-25 发布　　　　　　　　　　　2015-05-10 实施

吐鲁番地区质量技术监督局　发布

前　言

本标准根据 GB/T 1.1—2009《标准化工作导则　第 1 部分：标准的结构和编写》和 DB65/T 2035.2—2003《标准体系工作导则　第 2 部分：农业标准体系框架与要求》编写。

本标准由吐鲁番地区林业局归口。

本标准由吐鲁番地区林果业技术推广服务中心提出。

本标准由吐鲁番地区林果业技术推广服务中心、新疆农业科学院园艺作物研究所负责起草。

本标准主要起草人：吴玉华、潘明启、罗闻芙、徐彦斌、周黎明、古亚汗·沙塔尔、周慧、伍新宇、王春燕、阿迪力·阿不都古力、强彦生。

吐鲁番地区酿酒葡萄栽培技术规程

1 范围

本规程规定了酿酒葡萄栽培的术语和定义、建园、苗木定植、水肥管理、整形修剪、产量调控、病虫害防治、果实采收要求。

本规程适用于吐鲁番地区酿酒葡萄生产。

2 规范性引用文件

下列文件对于本文件的应用是必不可少的。凡是注日期的引用文件，仅所注日期的版本适用于本文件。凡是不注日期的引用文件，其最新版本（包括所有的修改单）适用于本文件。

GB 4285　农药安全使用标准

NY 469　葡萄苗木

NY/T 391　绿色食品　产地环境技术条件

NY/T 393　绿色食品　农药使用原则

NY/T 394　绿色食品　肥料使用准则

DB65/T 3655　新疆葡萄主要有害生物综合（绿色）防治技术规程

DB65/T 2001　酿酒葡萄

DB65/T 2141　新建葡萄园技术规程

DB65/T 2143　葡萄架水泥支柱

DB65/T 2144　吐鲁番葡萄的越冬防寒和出土规范

DB65/T 2145　葡萄肥水管理技术规程

3 术语和定义

下列定义适用于本标准。

3.1 结果母枝

着生结果枝的枝条。

3.2 结果枝

着生花序和果穗的新梢。

3.3 短梢修剪

一年生枝留1~2芽进行短截。

3.4 长梢修剪

一年生枝留 3 芽以上进行短截。

4 主要指标要求

4.1 品质指标

葡萄应在植株上自然成熟,已表现出品种固有色泽与风味,葡萄含糖量≥170g/L,果实新鲜,无破损,不含有二次果、生青果、霉烂果等,杂质含量在0.5%以内。

4.2 产量指标

按 DB65/T 2001.4.1 产量要求中的一级和二级标准执行,即确定三年生以上成龄酿酒葡萄园产量 500kg/666.7m^2~1 000kg/666.7m^2。

4.3 主栽品种

4.3.1 红色品种

赤霞珠、品丽珠、蛇龙珠、梅鹿辄(美乐)、马瑟兰、嘉年华、双红、西拉等。

4.3.2 白色品种

意斯林、霞多丽、雷司令、白诗南、艾格力、媚丽、小白玫瑰等。

4.3.3 砧木品种

可在冬季寒冷、葡萄园土壤质地为沙土条件下采用。以5BB、SO$_4$、山河系、河岸系等专用砧木、高位嫁接苗木为主。

4.4 架式

采用等行距篱架栽培。

5 园地选择和规划

5.1 环境

按 NY/T 391 执行。

5.2 土壤

建园时应选用沙壤土、轻沙壤土和轻黏土。

5.3 综合规划

按 DB 65/T 2141.5 综合规划中的内容执行,包括规划、平整土地、条田设置、林带设置和道路渠道配置。

6 开沟搭架

6.1 开沟

以南北向开沟为佳,也可根据葡萄园地势、坡降和灾害性风向等确定沟向。定植沟宽 1.0 m,深 1.0 m。在定植沟的中下部施充分腐熟有机肥 3m³/667m² ~ 4m³/667m²,磷酸二铵 20kg/667m² ~ 30kg/667m²,也可回填秸秆。回填时,保留沟深 25 cm ~ 30 cm。

6.2 覆膜与洗盐压碱

土壤盐碱含量较高时,可采用在定植沟两侧边缘铺设塑料膜的限根栽培方式,塑料膜要采用防渗膜,铺膜后压实边缘。土壤回填后先灌大水 2 次 ~ 3 次,减少土壤盐碱含量。

6.3 搭架

6.3.1 架杆

水泥柱按 DB65/T 2143 执行。也可采用木橡、钢架、合金架、镀钵角钢等。

6.3.2 架丝

架丝采用直径 1.2 mm ~ 1.4 mm 的镀钵钢丝。

6.3.3 搭架

支柱均立于沟中间或边缘。行内每隔 5 m 设立一支柱,每支柱横拉 3 道 ~ 4 道钢丝,最下一道钢丝距地面 0.5 m,架面地上高度 1.7 m ~ 1.8 m。上部 2 道 ~ 3 道钢丝可采用双钢丝,用于夹缚枝蔓。边柱要加粗,并采用锚索或顶柱方式加固。

7 苗木定植

7.1 苗木标准

按 NY469 执行。

7.2 定植时期

春季 3 月底至 4 月中旬,10 cm 土壤温度稳定在 10℃ 以上定植。

7.3 定植技术

定植前 5 天 ~ 7 天对定植沟进行灌水,沉实后整平。定植前苗木用清水浸泡 12 小时,对苗木根系进行轻剪、消毒。定植后立即灌水。苗木必须栽成一条直线。

8 树形培养

8.1 倾斜龙干树形(厂形)

采用单蔓或双蔓,行距 3.2 m ~ 4.0 m,株距 0.8 m ~ 1.0 m 的栽培模式。种植密度 167 株/666.7m² ~

260 株/666.7m²。

8.1.1 第一年整形与修剪

定植当年，苗木萌芽后边留一个或两个生长健壮的新梢，使其垂直向上生长，8月中旬主梢摘心，促进成熟。

冬季修剪时在主梢充分成熟部位进行剪截，剪口粗度0.6 cm以上。

8.1.2 第二年整形与修剪

春季葡萄出土后，将一年生枝按与地面呈小于30°的夹角，倾斜牵引到距地面50 cm的第一道钢丝后，水平绑缚到第一道钢丝，逐年形成一条多年生的蔓。主蔓水平部分作为结果部位，单主蔓长度允许重叠0.20 m，主蔓长度以与下一株葡萄碰触为止。同行内主蔓顺同一个方向倾斜。

结果部位生长量未达到要求的植株，萌芽后边留2个~4个新梢垂直沿架面生长。冬季修剪时，将顶端的一年生枝按中长梢修剪，长度到下一株葡萄枝蔓为止，其余在结果部位的新梢进行2芽~3芽短中梢修剪，做结果母枝。

8.1.3 第三年及以后整形与修剪

第三年以后葡萄进入正常结果期。春季萌芽后结果部位保留15个~30个/m结果枝。结果枝在架面均匀分布、垂直向上生长沿架面绑缚。结果枝生长到超过架面20 cm~30 cm时，进行打顶。冬季修剪时枝蔓结果部位保留8个~10个/m结果母枝，各结果母枝留2芽~3芽短中梢修剪，作为下一年的结果母枝。

8.2 爬地龙树形

可在定植沟内生草、行间覆盖条件下边用。

8.2.1 爬地龙（有主蔓）

采用近地双或单龙干（多年生枝）。种植密度为株距1.0 m，行距3.0 m~4.0 m。

8.2.1.1 第一年整形与修剪

将定植用苗剪留两芽，用引枝绳培育一（单爬地龙）或两个新梢（双爬地龙）。冬季修剪时将所培育的一年生枝剪留1.0 m（单龙）或0.5 m（双龙）固定在离地面或沟面0.2 m的第一道铁丝上埋土。

8.2.1.2 第二年整形与修剪

出土后，将由芽眼发出的新梢向上直立绑缚，使之在架面上分布均匀。高度超过架面的部分，全部剪掉。保持叶幕层厚度为0.5 m，超过部分，全部剪掉，使叶幕层成为高度为1.5 m、厚度为0.5 m的"绿篱"。在冬季修剪时，将一年生枝剪3芽埋土。将修剪枝留在架面上。

8.2.1.3 第三年及以后整形与修剪

春季出土前，将留在架面上的修剪枝清理干净。出土后，将由芽眼发出的新梢向上直立绑缚，每个结果母枝留3个新梢，使之在架树体萌动之前。

面上分布均匀。高度超过架面的部分，全部剪掉。保持叶幕层厚度为0.5 m，超过部分，全部剪掉，使叶幕层成为高度为1.5 m、厚度为0.5 m的"绿篱"。在冬季修剪时，将带两个一年生枝的部分全部剪掉，另一年生枝剪留3芽埋土。将修剪枝留在架面上。

8.2.2 爬地龙（无主蔓）

采用无主干的近地双或单臂（一年生枝）。种植密度为株距1.0 m，行距3.0 m~4.0 m。

8.2.2.1 第一年整形与修剪

将定植用苗剪留两芽，用引枝绳培育一（单爬地龙）或两个新梢（双爬地龙）。冬季修剪时将所培育的一年生枝剪留1.0 m（单龙）或0.5 m（双龙）固定在离地面或沟面0.3 m的第一道铁丝上埋土。

8.2.2.2 第二年整形与修剪

出土后，将由芽眼发出的新梢向上直立绑缚，使之在架面上分布均匀。高度超过架面的部分，全部剪掉。保持叶幕层厚度为0.5 m，超过部分，全部剪掉，使叶幕层成为高度为1.5 m、厚度为0.5 m的"绿篱"。冬季修剪时，远留离树桩最近的两个一年生枝，将里侧的一年生枝剪留两芽，外侧枝长梢修剪后，固定在离地面或沟面0.3 m的第一道铁丝上埋土。将修剪枝留在架面上。

8.2.2.3 第三年及以后整形与修剪

春季出土前，将留在架面上的修剪枝清理干净。出土后，将由芽眼发出的新梢向上直立绑缚，使之在架面上分布均匀。高度超过架面的部分，全部剪掉。保持叶幕层厚度为0.5 m，超过部分，全部剪掉。使叶幕层成为高度为1.5 m、厚度为0.5 m的"绿篱"。在冬季修剪时，将上年修剪留下的长梢全部剪掉，在上年留下的短梢上，将里侧的一年生枝剪留两芽，外侧枝长梢修剪后，固定在离地面或沟面0.3 m的第一道铁丝上埋土。将修剪枝留在架面上。

9 肥水管理

9.1 常规模式

按NY/T 394、DB65/T 2145执行。

9.2 滴灌模式

有条件的配制营养液水肥一体化系统，根据葡萄的不同生长时期的养分需求，滴灌营养液或清水。

9.2.1 灌溉制度

在萌芽前灌出土水1次，新梢生长期灌水1次浆果膨大期每5天~10天灌水1次，果实成熟期灌水1次，葡萄埋土前7天~10天灌埋土水。

9.2.2 灌水方法与灌水量

亩灌水量一般每次$20m^3$~$30m^3$，越冬水$60m^3$~$80m^3$，每年用水定额$450m^3$~$500m^3$。盐碱含量较高的地块，可在用水空闲时间加大滴水量，进行以水洗盐碱。

10 果实采收

10.1 采收期

当果实达到本标准4.1所示指标时，进行采收。

10.2 采收要求

选晴天早晨露水干后进行。不同品种要分采、分运，采收后12小时内必须运达酒厂立即加工。

11 越冬防寒和出土

按 DB65/T 2144 执行。

12 病虫害防治

按 GB 4285、NY/T 393、DB65/T 3655—2014 执行。

DBN

吐鲁番市农业地方标准

DBN 6521/T 203—2019

吐鲁番葡萄越冬防寒及出土技术规范

2019-11-25 发布　　　　　　　　　　2019-12-25 实施

吐鲁番市市场监督管理局　发 布

前　言

本标准根据 GB/T 1.1—2009 给出的规则编写。

本标准由吐鲁番市林果业技术推广服务中心提出。

本标准由吐鲁番市林业和草原局归口。

本标准由吐鲁番市林果业技术推广服务中心、吐鲁番市质量与计量检测所负责起草。

本标准由吐鲁番市市场监督管理局发布。

本标准主要起草人：吾尔尼沙·卡得尔、武云龙、王新丽、韩泽云、刘丽媛、王婷、王春燕、周慧、阮晓慧、阿迪力·阿不都古力、徐彦斌、周黎明、罗闻芙、古亚汗·沙塔尔、吴玉华、陈志强、宋钰、曲江。

吐鲁番葡萄越冬防寒及出土技术规范

1 范围

本标准规定了吐鲁番葡萄的下架、覆盖、埋土防寒和出土规范技术。
本标准适用于吐鲁番葡萄的越冬防寒及出土。

2 定义

下列术语和定义适用于本标准。

2.1 下架

葡萄埋土之前,将藤蔓从架面拉下,按一个方向理顺摆放于沟内,捆在一起。

2.2 覆盖

使用透气性好的材料如纱网盖于捆好的枝蔓上。

2.3 埋土

将捆好的藤蔓用土埋起来进行安全越冬。

2.4 出土

开春时将埋土清除覆土,掀开覆盖物,将藤蔓拉上葡萄架。

3 葡萄下架

3.1 下架时间

一般在10月底进行。

3.2 下架方法

将藤蔓缓慢下架,采用一条龙,将藤蔓按顺序理顺摆放于沟内捆在一起。

4 埋土

4.1 冬灌水

葡萄埋土之前,结合施肥灌透、灌足冬灌水。浇冬灌水在土壤临冻前完成,时间一般在10下旬左右。

4.2 埋土时间

葡萄冬灌后,视土壤墒情来决定埋土防寒时间,勿过早或过晚。一般在土壤封冻前15天左右,每年大约在11月底前完成。

4.3 埋土方法

4.3.1 人工埋土:成龄葡萄园因树龄大主蔓粗,弯曲不易,一般采用顺沟埋土。即葡萄下架后,先在主蔓根部下架弯曲处周围培30 cm土枕,防止枝蔓下架时断裂。每株用编织绳捆上2~3道,向行内同一个方向倾倒放入沟中,一株压一株如覆瓦状,并撒些毒饵以防鼠害,然后覆土。

4.3.2 机械埋土:在株行距能够进行机械化作业的葡萄园,葡萄下架、覆盖后,可使用埋土机进行埋土。机械埋土时要注意防止碰到立柱及碰伤葡萄藤蔓。

4.3.3 人工埋土和机械埋土均要求在距葡萄根部50 cm以外取土,覆土厚度30cm以上。严禁使用干土,覆盖要严实,不允许出现漏洞,确保埋土质量。

5 出土

5.1 出土条件

当春季日均温度稳定达到10 ℃应及时出土并解开覆盖物。

5.2 方法

将人工或机械扒开覆土回填原处,保持原有沟的形状,然后解开覆盖物,将藤蔓逆着下架顺序,随解随摆于葡萄架面上,应细心操作,防止碰伤芽眼。清除沟内余土,将沟修平修直。上架绑蔓后及时喷施一次3~5波美度石硫合剂。

吐鲁番市农业地方标准

DBN 6521/T 204—2019

吐鲁番葡萄水肥管理技术规程

2019-11-25 发布　　　　　2019-12-25 实施

吐鲁番市市场监督管理局　发 布

前 言

本标准根据 GB/T 1.1—2009 给出的规则编写。

本标准由吐鲁番市林果业技术推广服务中心提出。

本标准由吐鲁番市林业和草原局归口。

本标准由吐鲁番市林果业技术推广服务中心、吐鲁番市质量与计量检测所负责起草。

本标准由吐鲁番市市场监督管理局发布。

本标准主要起草人：周慧、王婷、王新丽、刘丽媛、阮晓慧、徐彦斌、周黎明、罗闻芙、阿迪力·阿不都古力、韩泽云、武云龙、古亚汗·沙塔尔、阮晓慧、王春燕、吾尔尼沙·卡得尔、吴玉华、陈志强、宋钰、曲江。

吐鲁番葡萄水肥管理技术规程

1 范围

本标准规定了吐鲁番葡萄肥料的种类、施肥时间、施肥量和施肥方法，以及灌水时间、灌水量。本标准适用于吐鲁番葡萄生产的水肥管理。

2 规范性引用文件

下列文件中的条款通过本标准中引用成为本标准的条款，凡是注日期的引用文件，仅所注日期的版本适用于本标准。凡是不注日期的引用文件，其最新版本适用于本标准。

NY/T 496 肥料合理使用准则通则

3 定义

3.1 基肥

以有机肥为主，是较长时期供给葡萄多种养分的基础肥料。

3.2 追肥

在葡萄生产期，根据葡萄生长需要补充的肥料。

3.3 复合肥

指含有两种或两种以上营养元素的化肥。

3.4 催芽肥

在葡萄萌芽前，为满足葡萄发芽生长所需而施入的肥料。

3.5 花前肥

葡萄开花前施入的肥料。

3.6 膨果肥

葡萄果实膨大期施入的肥料

3.7 月子肥

葡萄采摘后促进树体恢复追施的肥料。

4 施肥原则

按照 NY/T 496—2010《肥料合理使用准则》规定执行。

5 施肥方式

5.1 基肥

5.1.1 施肥时期：采果后，埋土前施入。有机肥为主，磷钾肥混合使用。

5.1.2 施肥量：成龄盛果期葡萄园每亩施 3~4 m³。

5.1.3 施肥方法：沟、穴施（放射状沟、环状沟、条状沟），施肥穴长、宽、高为 60×60×50 cm，要略深于根系集中分布层，肥料应施在沟穴下层，并要土、肥拌匀。

5.2 追肥

5.2.1 追肥时期

5.2.1.1 萌芽期：葡萄出土后至萌芽施入催芽肥，以氮肥为主。此期结合灌水，每亩施入氮肥 10~15 kg。

5.2.1.2 开花前期：在葡萄萌芽至开花前施入花前肥。此期结合灌水，每亩施入氮、磷复合肥 15~20 kg。

5.2.1.3 果实膨大期：在开花坐果后到果实膨大期，以磷、钾肥为主。此期结合灌水 2~3 次，每亩施入磷、钾复合肥 15~20 kg。

5.2.1.4 果实成熟期：在葡萄果粒着色前至成熟采摘前施入成熟肥。每亩施 10~15 kg。

5.2.1.5 葡萄采收后到埋土前，距离树体 50 厘米处，施入复合肥或葡萄专用肥 20~25 kg，促进树体恢复。

5.2.2 施肥量

生长期追肥，按葡萄产量确定施肥量。成龄结果树按每生产 100 kg 葡萄，需施用三要素施肥的量进行计算，施用量为：氮（全氮）1 kg，磷（五氧化二磷）0.6~0.8 kg，钾（氧化钾）1.2~1.4 kg。

6 灌水

葡萄生育周期内，实行"前促、后控、中间足"的配水原则。

葡萄萌芽期、花期田间土壤持水量在 60~70%，后期浆果膨大期田间土壤持水量保持在 50~60%。花后至浆果膨大期需充足供水，浆果成熟期需控制灌水，埋土前需要灌透水。

吐鲁番市农业地方标准

DBN 6521/T 205—2019

植物生长调节剂赤霉素的使用规程

2019-11-25 发布

2019-12-25 实施

吐鲁番市市场监督管理局　发布

前 言

本标准根据 GB/T 1.1—2009 给出的规则编写。

本标准由吐鲁番市林果业技术推广服务中心提出。

本标准由吐鲁番市林业和草原局归口。

本标准由吐鲁番市林果业技术推广服务中心、吐鲁番市质量与计量检测所负责起草。

本标准由吐鲁番市市场监督管理局发布。

本标准主要起草人：古亚汗·沙塔尔、刘丽媛、王新丽、武云龙、韩泽云、阿迪力·阿不都古力、吾尔尼沙·卡得尔、徐彦斌、周黎明、罗闻芙、王婷、周慧、王春燕、阮晓慧、吴玉华、陈志强、宋钰、曲江。

植物生长调节剂赤霉素的使用规程

1 范围

本标准规定了植物生长调节剂赤霉素的使用浓度、方法、使用时间。

本标准适用于无核白葡萄生产使用的植物生长调节剂赤霉素。

2 术语和定义

赤霉素：是一类非常重要的植物生长调节剂，能加速植物细胞的伸长、分化，促进细胞的分裂和膨大，用 GA 来表示，其有效成分为 GA_3。

3 对葡萄果实的作用

3.1 促进果实细胞分裂，并使果肉细胞伸长、增大。

3.2 增加生长素的含量，促进果实吸收营养物质。

4 喷施时间与浓度

4.1 浓度范围

50～150 mg/L。

4.2 喷施时间

4.2.1 赤霉素喷施要及时，在早晨或傍晚喷施，如遇下雨天要补喷。

4.2.2 田间气温在 35 ℃ 以上不可喷施。

4.3 喷施浓度

4.3.1 第一次在开花前一周，喷施浓度为 50～100 mg/L，即 1 g 赤霉素溶解后加水 10～20 kg。

4.3.2 第二次在开花后 7～10 d，喷施浓度为 100～150 mg/L，即 1 g 赤霉素溶解后加水 7.5～10 kg。

4.3.3 第三次在第二次喷施后 5～7 d 进行，浓度为 50 mg/L 左右，即 1 g 赤霉素溶解后加水 20 kg。

5 溶解方法

5.1 粉剂赤霉素每克加 10～15 mg 的 90 % 酒精，充分振荡至完全溶解，放置 10 分钟后稀释到所需的浓度，随配随用。

5.2 水溶性、乳油赤霉酸参照说明书使用。

6 喷施方法

对着果穗喷，喷施做到均匀，不漏喷果穗。

DBN

吐鲁番市农业地方标准

DBN 6521/T 206—2019

吐鲁番葡萄主要病虫害及其防治规程

2019-11-25 发布　　　　　　　　　　2019-12-25 实施

吐鲁番市市场监督管理局　发 布

前　言

本标准根据 GB/T 1.1—2009 给出的规则编写。

本标准由吐鲁番市林果业技术推广服务中心提出。

本标准由吐鲁番市林果业技术推广服务中心、吐鲁番市质量与计量检测所负责起草。

本标准由吐鲁番市市场监督管理局发布。

本标准主要起草人：吴玉华、周慧、王新丽、徐彦斌、王春燕、武云龙、阮晓慧、阿迪力·阿不都古力、徐彦斌、周黎明、罗闻芙、韩泽云、古亚汗·沙塔尔、吾尔尼沙·卡得尔、王婷、刘丽媛、陈志强、宋钰、曲江。

吐鲁番葡萄主要病虫害及其防治规程

1 范围

本标准规定了吐鲁番葡萄的主要病虫害、发病症状、发病规律、防治方法。

本标准适用于吐鲁番葡萄病虫害的防治。

2 规范性引用文件

下列文件中的条款通过本标准中引用成为本标准的条款，凡是注日期的引用文件，仅所注日期的版本适用于本标准。凡是不注日期的引用文件，其最新版本适用于本标准。

NY/T 393　绿色食品　农药使用准则

3 防治原则

坚持"预防为主，综合防治"的植保方针，加强葡萄综合管理，按照以农业防治为主，化学防治为辅的原则，正确掌握病虫害发生动态，科学合理使用农药，选用高效、低毒、低残留农药和生物制剂，通过综合防治技术的全面实施，在不用或少用农药的条件下，控制葡萄病虫害的发生和蔓延，保护葡萄的安全生产。

葡萄病虫害综合防治技术

3.1.1　葡萄苗木的调入

3.1.1.1　严格按照《植物检疫条例》执行。

3.1.2　综合防治方法

3.1.2.1　加强栽培管理，减少病虫发生

3.1.2.1.1　保持田间清洁，随时清除病枝、残叶、病果、病穗，集中深埋或销毁，减少病源。

3.1.2.1.2　合理控制负载。避免过度消耗树体营养，影响树势树势。及时绑蔓、摘心、除副梢，改善架面通风透光条件，可减轻危害。

3.1.2.1.3　加强肥水管理，增强树势，提高树体抵御病虫害的能力。

3.1.2.1.4　及时清除杂草，铲除病虫生存环境和越冬场所。

3.1.2.2　利用害虫生物习性，杀灭害虫

3.1.2.2.1　在葡萄整个生长期里悬挂黄板，利用害虫的趋黄性，诱杀葡萄斑叶蝉等有翅类害虫的成虫。每亩地挂20~30块。挂在葡萄架第一道铁丝上，与铁丝平行。

3.1.2.2.2　使用性诱剂，诱杀雌性成虫，能有效地降低害虫种群繁殖后代的能力。每亩用诱芯3~5个，错位悬挂。

3.1.2.2.3　在葡萄园内设置杀虫灯，利用害虫的趋光性，诱杀葡萄斑叶蝉等害虫成虫。

3.1.2.3 狠抓春秋关键防治期

3.1.2.3.1 春季在葡萄出土后、萌芽前，对全园植株喷施晶体石硫合剂进行多种病虫的预防。

3.1.2.3.2 秋季葡萄修剪后、埋土前，对全园植株喷施石硫合剂，可有效防治葡萄斑叶蝉、葡萄糖槭蚧、葡萄毛毡病、白粉病等病虫危害。

3.1.2.4 化学防治

3.1.2.4.1 参照绿色食品 农药使用准则 NY/T 393—2013。

3.1.2.4.2 葡萄整个生长期，根据病虫害预测预报，确定最佳防治时机，开展统防统治。

3.1.2.4.3 科学合理使用农药，将病虫危害控制在经济阈值以下。

3.1.2.4.3.1 正确掌握用药量。按照农药使用说明书上标明的使用倍数或亩用药量用药，不得随意增减。配药时应使用称量器具，如量筒、量杯、天平、小秤等。

3.1.2.4.3.2 交替轮换用药，正确复配、混用，避免长期使用单一农药品种，延缓病虫产生抗性。

3.1.2.4.3.3 严格执行农药安全间隔期，保证葡萄采收上市时农药残留不超标。

4 葡萄主要病虫及防治技术

4.1 病害

4.1.1 葡萄白粉病

4.1.1.1 发病条件

高温、高湿最易于发生和流行。当气温在 29～35℃时病害发展最快，干旱的夏季和温暖而潮湿、闷热的天气有利于白粉病的大发生。

4.1.1.2 发病时间

各地发生时期的早晚及发病盛期与发病条件密切相关，吐鲁番市 5 月下旬至 6 月上旬开始发病，6 月下旬至 7 月下旬为发病盛期。

4.1.1.3 发病原因

栽植过密，肥水不当，绑蔓摘心不及时，修剪轻，造成通风透光不良，过于荫蔽。

4.1.1.4 防治方法

4.1.1.4.1 加强栽培管理

4.1.1.4.1.1 改善架式通风透光条件，及时绑蔓、摘心、抹芽。

4.1.1.4.1.2 及时清园，结合冬季修剪，剪除病枝蔓，彻底清扫果园，减少菌源。

4.1.1.4.2 化学防治

春季葡萄出土后芽眼萌动前及秋季葡萄下架后埋土前使用 3～5 波美度石硫合剂喷雾（29% 石硫合剂 3～5 倍），可兼治多种病害和虫害。

4.1.2 葡萄毛毡病

4.1.2.1 发病条件

葡萄毛毡病是由一种锈壁虱寄生所致。毛毡病主要危害葡萄叶片，也危害葡萄嫩梢、幼果、卷须及花梗。叶片被害处表面凸起，背面凹陷，密生毡状绒毛，初为灰白色，最后变为暗褐色。叶表面凹凸不平，早期落叶。

4.1.2.2 发病时间

吐鲁番发病严重的葡萄园 4 月下旬开始出现病叶。

4.1.2.3 防治方法

4.1.2.3.1 加强栽培管理措施

4.1.2.3.1.1 春季4月下旬至5月初葡萄修剪期,剪除树势弱的枝条和个别有毛毡病的枝条或叶片就地掩埋,严禁带出葡萄田。

4.1.2.3.1.2 合理施肥,增强树势,提高抗病能力。

4.1.2.3.1.3 保持葡萄园的清洁,清除葡萄园的落叶,枯草。

4.1.2.3.2 化学防治

4.1.2.3.2.1 春季葡萄出土后芽眼萌动前及秋季葡萄下架后埋土前使用3~5波美度石硫合剂喷雾(29%石硫合剂3~5倍),可兼治多种病害和虫害。

4.1.2.3.2.2 葡萄毛毡病发生初期(时间:4月下旬),选择高效、低毒杀螨剂,10~15 d喷1次,连喷3次达到一定效果。

4.1.3 葡萄褐纹病(葡萄斑点病)

真菌病害,在我区大部分葡萄园都有发生,个别年份降雨较多则发病严重,一般在6月底至7月初开始发病。

4.1.3.1 发病条件

4.1.3.1.1 一般葡萄生长后期雨水较多发病较重;

4.1.3.1.2 葡萄园管理粗放,肥水不当,过于荫蔽,通风透光条件较差、结果太多,发病较重。

4.1.3.2 发病时间

葡萄斑点病在吐鲁番地区一般6月底至7月初开始发病,多由植株下部叶片开始发生,逐渐向上部叶片蔓延,因多在葡萄生长后期发病。

4.1.3.3 防治方法

4.1.3.3.1 加强田间管理

4.1.3.3.1.1 控制氮肥施用量,重施磷钾肥,补充微量元素,合理负载,逐渐增强树势,提高植株抗逆能力。

4.1.3.3.1.2 注意清洁田园,修剪后要彻底清扫枯枝落叶,集中烧毁以减少菌源。

4.1.3.3.2 化学防治

4.1.3.3.2.1 春季葡萄出土后芽眼萌动前及秋季葡萄下架后埋土前使用3~5波美度石硫合剂喷雾(29%石硫合剂3~5倍),可兼治多种病害和虫害。

4.1.3.3.2.2 抓住有利时机,在病害发生初期,选择高效、低毒杀菌剂(防治真菌病害)提前预防,10~15 d喷1次,连喷3次达到一定效果。

4.1.4 葡萄根茎癌

4.1.4.1 发病条件

4.1.4.1.1 葡萄根茎癌属细菌性病害,土壤带菌,在吐鲁番葡萄从根茎部到葡萄冠层,整株都可发病。目前全市均有发生。

4.1.4.1.2 葡萄园内卫生环境差、湿度大,出土、埋土时对葡萄树的损伤越大,发病越重。

4.1.4.1.3 埋土时的土壤湿度大,发病重。

4.1.4.2 发病时间

葡萄根茎癌5月中下旬开始发病,重病枝条的发病初期,病处嫩叶呈玫瑰红色。在茎皮的裂口处出现黄绿色或粉红色豆粒状小瘤,为增生的分生组织。

4.1.4.3 防治方法

4.1.4.3.1 加强栽培管理措施

4.1.4.3.1.1 改良土壤。测定土壤 pH 值后，因地制宜地改变土壤酸碱度，制造不利于病菌生存的环境。

4.1.4.3.1.2 尽量减少伤口。在发病地块，尽量避免人、畜机械损伤葡萄植株，并注意消灭地下害虫，减少虫伤，防止病菌从伤口侵入。

4.1.4.3.2 化学防治

4.1.4.3.2.1 春季葡萄出土后芽眼萌动前及秋季葡萄下架后埋土前使用 3～5 波美度石硫合剂喷雾（29%石硫合剂 3～5 倍），喷雾要彻底，要对葡萄架面、水泥立柱、铁丝及周围树、杂草等全部喷布，可兼治多种病害和虫害。

4.1.4.3.2.2 对已染病的植株，若轻度发生先将瘤块削去，然后用石硫合剂残渣或石灰乳涂抹伤口处；或涂 50 倍的多菌灵药液。严重发生植株进行病蔓更新。

4.1.5 虫害

4.1.5.1 葡萄斑叶蝉

4.1.5.1.1 危害特点

吐鲁番市 1 年发生 4 代，以成虫和若虫聚集在叶片背面刺吸汁液，受害叶片正面出现密集的白色小斑点，严重时白点连成大的斑块，叶片黄白色，造成早期落叶。同时，斑叶蝉排出的分泌物可污染叶片和果实，影响葡萄品质。

4.1.5.1.2 发生条件

一般架面低矮、修剪不合理、枝条疯长、架面荫蔽的葡萄园发生较严重。

4.1.5.1.3 防治技术

4.1.5.1.3.1 加强田间管理

科学施肥，合理灌溉。以施有机肥为主，化肥为辅。增施有机肥，多施农家肥、绿肥、磷钾肥，适量施用酸性氮肥，做到前促后控，防止枝条徒长，保持树体健壮，增强树体的抗逆性。

4.1.5.1.3.2 采用黄板诱杀

4.1.5.1.3.2.1 悬挂黄板从葡萄出土开始适宜于各世代斑叶蝉成虫的诱杀。

4.1.5.1.3.2.2 用专用诱杀黄板挂在葡萄架第一条拉线上，与铁丝平行，每亩地挂 20～30 块，连片葡萄园挂 20 块，单独葡萄园挂 30 块即可。

4.1.5.1.3.2.3 黄板要经常检查，一是根据诱虫情况及时清理黄板上黏附的成虫；二是春季刮风多，黄板易黏附尘土，影响成虫诱杀效果。

4.1.5.1.3.2.4 一般气温较高时黄板上的胶黏性好，诱杀效果也好，可根据诱虫情况 7～10 d 更换一次。

4.1.5.1.3.3 化学防治

4.1.5.1.3.3.1 防治时期

4.1.5.1.3.3.1.1 第一代成虫防治：5 月下旬至 6 月上旬。

4.1.5.1.3.3.1.2 秋季防治：9 月中旬至 11 下旬，秋季葡萄成熟后要尽早采收。

4.1.5.1.3.3.2 防治用药

按照 NY/T 393 执行。

4.1.5.2 葡萄糖械蚧

4.1.5.2.1 危害特点

吐鲁番市1年发生2代，以成虫和若虫在枝叶、果穗和果粒刺吸葡萄汁液危害，常常会造成葡萄树势减弱，葡萄果粒脱落或营养不良，降低葡萄的含糖量。虫体排泄出一种无色黏液，污染叶面和果实，且该黏液常招致蚂蚁吸食，并引起霉菌寄生，严重影响葡萄外观和食用。该虫有明显的好隐蔽、喜潮湿、恶阳光的生活习性。

4.1.5.2.2 发生条件

一般架势低矮、修剪不合理、枝条疯长、架面荫蔽的葡萄园发生较严重。

4.1.5.2.3 防治方法

4.1.5.2.3.1 加强栽培管理

4.1.5.2.3.1.1 科学施肥，合理灌溉。以施有机肥为主，化肥为辅。增施有机肥，多施农家肥、绿肥、磷钾肥，适量施用酸性氮肥，做到前促后控，防止枝条徒长，保持树体健壮，增强树体的抗逆性。

4.1.5.2.3.1.2 及时上架绑蔓。科学修剪，改善架面通风透光条件，创造不利于糖槭蚧发生的环境。

4.1.5.2.3.1.3 注意葡萄园卫生。及时清园，减少越冬虫源。

4.1.5.2.3.1.4 人工抹除越冬代成虫。在4月底至5月初越冬代成虫开始产卵时期，结合葡萄抹芽，人工抹除。

4.1.5.2.3.2 化学防治

4.1.5.2.3.2.1 春季葡萄出土后芽眼萌动前及秋季葡萄下架后埋土前使用3~5波美度石硫合剂喷雾（29%石硫合剂3~5倍）。

4.1.5.2.3.2.2 关键时期喷药：一般在若虫孵化出壳后到固定前为防治适期。

4.1.5.2.3.2.2.1 第1次化学防治关键期是1代若虫孵化期（5月底至6月初）。

4.1.5.2.3.2.2.2 第2次化学防治关键期是秋季葡萄采收、修剪完毕至埋土前防治（8月底至9月初）。

4.1.5.2.3.2.2.3 喷雾要彻底，要对葡萄架面椽子、水泥立柱、铁丝及周围树、杂草等全部喷布，可兼治多种病害和虫害。

4.1.5.2.3.2.2.4 按照NY/T 393—2013农药使用准则，科学合理使用农药。

4.1.5.3 白星花金龟

4.1.5.3.1 危害特点

主要以成虫危害成熟的果实为主，造成果实腐烂，失去商品性。

4.1.5.3.2 防治措施

4.1.5.3.2.1 人工捕杀

4.1.5.3.2.1.1 捕杀幼虫和卵

4.1.5.3.2.1.1.1 幼虫多数集中在未腐熟的粪堆中，春季施用时翻倒粪堆，捡拾农家肥中的幼虫和蛹，可消灭大部分幼虫和卵，降低成虫的危害基数。在危害严重的地区，对农家肥用杀虫剂喷洒，并封闭粪堆闷杀。

4.1.5.3.2.1.1.2 成虫有假死性和群聚危害性，可用塑料袋套住被害果实捕捉成虫将其杀灭。

4.1.5.3.2.2 毒饵诱杀

将西瓜或甜瓜切成两半，留部分瓜瓤，撒上杀虫剂，放在农作物和果园地四周，可有效诱杀成虫。

DB

吐 鲁 番 市 地 方 标 准

DB 6521/T 234—2020

绿色食品 鲜食无核白葡萄生产技术规程

2020－06－20 发布　　　　　　　　　　　　　　2020－07－15 实施

吐鲁番市市场监督管理局　发 布

前 言

本标准根据GB/T 1.1—2009《标准化工作导则 第1部分：标准的结构和编写》进行编写。
本标准由吐鲁番市林果业技术推广服务中心提出。
本标准由吐鲁番市林业和草原局归口。
本标准由吐鲁番市林果业技术推广服务中心、吐鲁番市质量与计量检测所负责起草。
本标准主要起草人：韩泽云、刘丽媛、陈志强、周慧、徐彦兵、武云龙。

绿色食品 鲜食无核白葡萄生产技术规程

1 范围

本标准规定了绿色食品鲜食无核白葡萄的术语和定义、无核白葡萄生产的整形修剪、施肥、灌溉、植物生长调节剂的使用、采收、农药使用要求。

本标准适用于吐鲁番绿色食品鲜食无核白葡萄的生产、栽培及田间管理。

2 规范性引用文件

下列文件中的条款通过本标准中引用成为本标准的条款，凡是注日期的引用文件，仅所注日期的版本适用于本标准。凡是不注日期的引用文件，其最新版本（包括所有的修改单）适用于本文件。

QB/T 2289.4 园艺工具 剪枝剪
QB/T 2289.6 园艺工具 手据
GB/T 8321.1 农药合理使用准则
NY/T 391 绿色食品 产地环境质量
NY/T 393 绿色食品 农药使用准则
NY/T 394 绿色食品 肥料使用准则
DBN 6521/T 169 吐鲁番葡萄改良式棚架搭架技术规程
DBN 6521/T 205 植物生长调节剂赤霉素的使用规程

3 术语和定义

下列术语和定义适用于本标准。

3.1 绿色食品

遵循可持续发展原则，按照特定生产方式生产，经专门机构认定，许可使用绿色食品标志的，无污染的安全、优质、营养类食品。

3.2 叶面积指数

单位面积土地上叶面积的层数，即叶面积指数＝叶片总面积/土地面积。

3.3 结果母枝

着生结果枝的枝条。

3.4 结果枝

着生花序和果穗的新梢。

3.5 预备枝

留做下一年做结果母枝的枝条。

3.6 延长枝

主蔓、侧枝、副侧枝等先端继续延长的发育枝。

3.7 摘心

摘去新梢顶部幼嫩部分。

3.8 除萌

对主蔓基部萌生的根蘖，不作繁殖用时及早抹除。

3.9 植物生长调节剂

是人工合成的具有和天然植物激素相似生长发育调节作用的有机化合物。本标准中的植物生长调节剂特指赤霉素 GA_3。

4 技术要求

4.1 产地环境要求

应符合 NY/T 391 的要求。

4.2 架式

应符合 DBN 6521/T 169 的要求。

4.3 葡萄田间群体结构

行距 4.5~5 m，株距 1.0~1.2 m，亩株数 120~133 棵。每公顷株数 1 800~2 000 株，每公顷留主蔓 5 400~8 000 个，每公顷结果枝数为 79 800~95 700 个，果穗数 79 800~95 700 个，平均每平方果穗 8~10 个，叶面积指数为 4~5。

5 整形修剪

采用多主蔓龙干型整形方式，即每株留 2~3 个主蔓，主蔓在架面上每 20~30 cm 留一个结果枝组，在主蔓上交替分布呈"非"字状，每个结果枝组留 3~4 个结果枝和预备枝相互更替结果。

5.1 修剪工具

应符合 QB/T 2289.4、QB/T 2289.6 的规定要求。

5.2 秋季修剪

合理选留母枝，达到 6~8 个/m²，采用中、短梢修剪，中梢 6~8 节，短梢 2~4 节。每平方米留芽量以 40 个左右为宜。

5.3 夏季修剪

5.3.1 除萌

主蔓基部的萌蘖除少数用作更新蔓外，其余全部在 4 月下旬至 5 月上旬除去。

5.3.2 抹芽

花序可见时进行，抹除无头芽、三芽、弱芽、双芽，密生短枝保留一个健壮的作为培养蔓外，其余全部抹除。

5.3.3 合理选留结果枝

严格控制树体负载，正确选择预备枝，以近主蔓外边留为宜，防止结果部位外移。

5.3.4 摘心

结果枝在花前 3~7 d 进行摘心，从花序向上留 4~6 叶为宜。预备枝留 6~8 叶摘心，延长枝留 10~15 叶摘心。

5.3.5 副梢处理

结果枝上花序以下的副梢全部抹除，花序以上留 1~2 个副梢于 3~4 叶摘心，二次副梢留 1 叶摘心。预备枝和延长枝上的副梢也留 3~4 叶摘心，二次副梢全部摘除。

6 花序和果穗的管理

6.1 疏花序

每果枝留 1 个果穗。

6.2 修花序

包开花前一周剪去花序长度 1/5 左右穗尖部分，并剪去副穗。

6.3 疏果

果粒绿豆大小时进行，疏除座果密集部分、僵果、表面擦伤、机械损伤果。

7 施肥

7.1 肥料使用准则

按照 NY/T 394 执行。

7.2 施肥方法

7.2.1 基肥

每亩施有机肥 4~5 m³，同时可配施一定数量的矿物源肥料和微生物肥料，于当年秋季穴施或开沟施入。

7.2.2 追肥

追肥在葡萄萌芽期、开花前、果粒膨大期，分别追施。实行沟施或穴施，施后覆土，以防流失，并注意尽量减免伤根。生长前期以氮肥、磷肥为主，成熟期以磷肥、钾肥为主，在开花前配合叶面肥、微生物肥追施。

8 灌溉

8.1 葡萄生育周期内，实行"前促、后控、中间足"的配水原则。
8.2 花期前后根据土壤含水量情况灌1~2次，花后至浆果膨大期要充足供水，每7~15 d轮灌一次。
8.3 浆果成熟期控制灌水，以提高果实品质和枝蔓成熟老化。
8.4 越冬前埋土后，浇足冬水，保墒防寒。

9 植物生长调节剂

参照DBN 6521/T 205执行。

10 采收

采收时，无核白浆果的可溶性固物含量需达到16 %（Brix）以上，且达到该品种固有的淡黄绿色、黄绿色等颜色。

11 病虫害防治

11.1 生产过程中对病虫草鼠鸟等防治，应坚持预防为主、综合防治的原则，严格控制使用化学农药。
11.2 农药使用须严格按照NY/T 393、GB/T 8321.1的规定执行。

DB

吐鲁番地区农业地方标准

DB 6521/T 079—2012

绿色食品　无核白鸡心葡萄生产技术规程

2012-12-01 发布　　　　　　　　　　　　　　　2012-12-10 实施

吐鲁番地区质量技术监督局　发 布

前 言

本标准根据 GB/T 1.1—2000《标准化工作导则 第 1 部分：标准的结构和编写规则》和 DB 65/T 2035.2—2003《标准体系工作导则 第 2 部分：农业标准体系框架与要求》编写。

本标准由吐鲁番地区林果业技术推广服务中心提出。

本标准由新疆维吾尔自治区林业厅归口。

本标准由吐鲁番地区林果业技术推广服务中心负责起草。

本标准主要起草人：郭至乐、吾尔尼沙·卡得尔、吴玉华、王新丽、周慧、罗闻芙。

绿色食品 无核白鸡心葡萄生产技术规程

1 范围

本标准规定了绿色食品无核白鸡心葡萄栽培技术要求的术语与定义、建园、架式、栽培管理、采收等技术要求。

本标准适用于吐鲁番绿色无核白鸡心葡萄的生产、栽培及田间管理。

2 规范性引用文件

下列文件对于本文件的应用是必不可少的。凡是注日期的引用文件，仅所注日期的版本适用于本文件。凡是不注日期的引用文件，其最新版本（包括所有的修改单）适用于本文件。

GB 6868　剪枝剪

GB 6870　手锯

NY/T 391　绿色食品　产地环境条件

NY/T 393　绿色食品　农药使用原则

NY/T 394　绿色食品　肥料使用准则

NY/T 428　绿色食品　葡萄

DB65/T 2146　植物生长调节剂 GA_3 的使用规程

DB65/T 2141　新建葡萄园技术规程

DB/T 2147　葡萄主要病虫害及其防治规程

3 术语和定义

下列术语和定义适用于本标准。

3.1 叶指数

叶面积与土地面积之比。

3.2 结果母枝

着生结果枝的枝条。

3.3 结果枝

着生花序和果穗的枝条。

3.4 预备枝

留做下一年做结果母枝的枝条。

3.5 延长枝

主蔓上着生的，用做延长主蔓留做蔓的枝条。

3.6 摘心

摘去新梢顶部幼嫩部分。

4 园地选择

产地环境要求

水质、空气、土壤应符合 NY/T 391。

5 栽植

5.1 苗木选择

按照 NY/T 469 的规定执行。

5.2 栽植时期

20cm 土壤温度稳定通过 7~10℃以上即可定植。

5.3 定植

5.3.1 开沟施肥

小棚架行距 4.5~5m，一般沟宽 0.6~0.8m，沟深 0.6~0.8m，挖坑时表土与底土分开放。之后将充分腐熟的有机肥与表土混合均匀后回填至施肥沟内，然后覆土。每公顷有机肥使用量 75 000~120 000kg。

5.3.2 挖穴定植

定植行内按株距 1~1.5m，挖穴定植。定植穴规格 0.4m×0.4m。

5.4 葡萄田间群体结构

公顷株数 1 995~2 220 株，每公顷 5 年生以上主蔓 4 440~5 985 个，每公顷果枝数为 55 995~88 800 个，果穗数 55 995~88 800 个，平均每平方米果穗 8~10 个，叶指数为 4~5。

6 架式

采用倾斜式小棚架。地面以上，根柱高 1.4~1.6m，梢柱高 1.7~1.9m，架面宽 3.5~4.5m，架面上每隔 0.4~0.5m 拉一道 8#铅丝或其他替代品。

7 整形修剪

7.1 修剪工具

修剪工具应符合 GB 6868、GB 6870 的规定要求。

7.2 短梢修剪

一年生枝上剪留 1 个~3 个节或芽眼。

7.3 中梢修剪

一年生枝上剪留 4 个~8 个节或芽眼。

7.4 长梢修剪

一年生枝上剪留 9 个~13 个节或芽眼。

8 栽培管理

8.1 除萌

主蔓基部的萌蘖除少数用作更新蔓外，其余全部在 4 月下旬至 5 月上旬除去。

8.1.1 抹芽

花序可见时进行，抹除无头芽、三芽、弱芽，双芽、密生短枝保留一个健壮的作为培养蔓外，其余全部抹除。

8.1.2 合理选留结果枝

严格控制树体负载，正确选择预备枝，以近主蔓外选留为宜，保证结果部位不外移。

8.1.3 摘心

花前 4d~7d 进行摘心，从花序向上留 4 叶~6 叶摘心。预备枝留 8 节~12 节，延长枝留 15 节~20 节摘心。

8.1.4 副梢处理

花序以下的副梢全部抹除，花序以上留 1~2 个副梢，留 3 叶~4 叶摘心，二次副梢留 1 叶摘心。预备枝和延长枝上的副梢留 3 叶~4 叶摘心，二次副梢全部摘除。

8.2 秋剪

合理选留母枝，达到 6~8 个/m^2，采用中、短梢修剪，中梢 6 节~8 节，短梢 5 节以下。每平方米留芽量 35 个。

8.2.1 幼树修剪

用中、短梢修剪。

8.2.2 结果树修剪

以中梢修剪为主，结合长梢修剪。1 m^2 留芽 8 个~10 个。剪去未成熟枝、细弱枝、病害枝、老蔓的残枝。

9 肥料管理

9.1 施肥原则

按照 NY/T 394 的规定执行。

9.2 施肥量

一般成龄葡萄每公顷施有机肥 45 000~52 500kg。

9.3 施肥方法

9.3.1 基肥
秋季追施基肥,施肥坑离主干 0.5m 以上。

9.3.2 追肥
追肥在葡萄萌芽期、开花前、果粒膨大期,分别追施。生长前期以 N 肥、P 肥为主,后期以 P 肥、K 肥为主。

9.3.3 叶面肥料
根据植物生长需要喷施叶面肥,尽量喷于叶背,避免天热时喷施。

10 水分管理

10.1 葡萄出土后灌一次萌芽水。灌溉量为 1 050~1 200m^3。

10.2 花期前后根据土壤含水量情况灌 1 次~2 次,公顷灌水量 1 200m^3~1 500m^3。花后至浆果膨大期充足供水,每 7d~15d 轮灌一次,公顷灌水量 900m^3 左右。

10.3 浆果成熟期控制灌水,以提高果实品质和枝蔓成熟老化。

10.4 越冬埋墩前,浇足冬水,保墒防寒,公顷灌水量 1 500m^3 以上。

10.5 全生育期灌溉定额为 12 000m^3/hm^2。

11 植物生长调节剂

11.1 开花后果粒绿豆大小时喷施一次植物生长调节剂 GA$_3$。喷施浓度为 80 mg/kg~100 mg/kg。

11.2 植物生长调节剂要随配随用,避免午间喷施,如遇 32℃ 以上,白天停止喷施,改在傍晚喷施。

12 采收

果粒由绿色转化为红色,并且可溶性固形物 16% 以上均可采收。

13 分级、包装、贮藏和运输

按照 NY 5086 的规定执行。

14 病虫害防治

14.1 农药使用须严格按照 DB/T 2147—2004、NY/T 393、GB/T 8321 的规定执行。

14.2 提倡生物防治和使用生物生化农药防治。生产过程中对病虫害草鼠害等有害生物防治坚持预防为主，综合防治的原则，严格控制使用化学农药。

DBN

吐 鲁 番 市 农 业 地 方 标 准

DBN 6521/T 190—2018

绿色食品 无核白鸡心（制干）葡萄栽培技术规程

2018-11-25 发布

2018-12-15 实施

吐鲁番市质量技术监督局　发 布

前　言

本标准按 GB/T 1.1—2009《标准化工作导则　第 1 部分：标准的结构和编写规则》进行编写。

本标准由新疆农业科学院吐鲁番农业科学研究所提出。

本标准归口单位：吐鲁番市农业局。

本标准起草单位：新疆农业科学院吐鲁番农业科学研究所。

本标准主要起草人：吴久赟、梁雎、日孜旺古力·阿不都热合曼、刘志刚、艾日肯·卡马力、热西旦·阿木提、雷静、刘翔宇、陈雅、吴斌、韩琛、李海峰、郭红梅。

绿色食品 无核白鸡心（制干）葡萄栽培技术规程

1 范围

本规范规定了制干用无核白鸡心葡萄栽培技术的相关术语和定义及技术方法等内容。

本规范适用于吐鲁番市无核白鸡心的生产栽培。

2 规范性引用文件

下列文件中的条款对于本文件的应用是必不可少的。凡是注明日期的引用文件，仅注日期的版本适用于本文件，凡是不注日期的引用文件，其最新版本（包括所有的修改单）适用于本文件。

GB 6868　剪枝剪

GB 6870　手锯

NY/T 391　绿色食品　产地环境技术条件

NY/T 393　绿色食品　农药使用准则

NY/T 394　绿色食品　肥料使用准则

NY/T 469　葡萄苗木

NY/T 470　鲜食葡萄

DB/T 2147　葡萄主要病虫害及其防治规程

3 术语和定义

3.1 结果枝

一年生、成熟、能开花结果的枝条。

3.2 营养枝

只长叶、不开花、结果的枝条。

3.3 产量

单位面积所产鲜果的重量。

3.4 植物生长调节剂

对植物的生长发育有调节作用的化学物质或植物激素，本技术规程中主要指赤霉素。

3.5 摘心

摘去新梢顶部幼嫩部分。

3.6 修剪

对植株的枝、干、叶、芽、根等进行剪裁、疏除的处理方法。

3.7 可溶性固形物含量

成熟期果实中可溶性固形物含量，以%表示。

4 葡萄园整体技术要求

产地环境要求

应符合 NY/T 391《绿色食品 产地环境技术条件》要求。

5 栽培管理

5.1 架式

因地制宜，以改良型小棚架为主，具体参照 DBN6521/T 169。

5.2 苗木定植

5.2.1 苗木质量
苗木质量按 NY/T 469 的规定执行。

5.2.2 苗木准备
定植前对苗木根部进行修剪，并进行消毒处理。

5.2.3 定植时间
春季定植，土壤温度＞10℃时为宜。

5.2.4 定植穴
穴长 0.6~0.8m，宽 0.6~0.8m，深 0.8m。穴内用有机肥和原土充分混匀后回填。

5.2.5 定植方法
将苗木根系在穴内分散均匀摆布，回填细土，至全部根系掩盖后提苗、踩土，再回填细土、踩土。定植后，立即充分浇水。

5.3 葡萄田间群体结构

行距 5.0~6.0m，株距 1.5~2.0m，定植 56~90 株/667m² 为宜，每株留主蔓 3 个，每主蔓留结果枝 15~20 个。

5.4 修剪

修剪工具应符合 GB 6868、GB 6870。

5.4.1 夏季修剪
葡萄萌芽后开始抹芽，开花前 3~5d 摘心；结果枝留 10~15 片叶摘心，营养枝留 10~12 片叶摘心。

5.4.2 冬季修剪

以短梢修剪为主,中长梢修剪为辅。

5.5 花序和果穗管理

每结果枝留1穗,疏除发育不健全和多余花序,果穗量为4 000～5 400个/667m²,产量控制在2 500～3 500kg/667m²为宜。

5.6 植物生长调节剂

喷施植物生长调节剂选择在生理落果期后1～2d后进行,浓度为70～90 mg/kg,间隔7～10d后再次喷施,浓度为80～100 mg/kg。药剂要现配现用,喷施时应避开下雨、刮风等天气,空气温度低于30℃时喷施为宜。

6 水肥管理

根据不同生长期实行"前促、后控、中间足"的配水原则进行合理灌溉。秋季施入基肥,施肥量2 500～3 000kg/667m²,萌芽期以氮、磷肥为主,浆果膨大期以磷、钾肥为主,适时适量喷施叶面肥。

7 病虫害防治

农药使用须严格按照NY/T 393、DB/T 2147。生产过程中提倡生物防治,坚持预防为主,防治结合的原则。

8 采收

果实可溶性固形物含量14%以上均可采收,具体参照NY/T 470的有关规定执行。

吐 鲁 番 市 农 业 地 方 标 准

DBN

DBN 6521/T 179—2018

绿色食品 波尔莱特葡萄生产技术规程

2018－10－30发布

2018－11－10实施

吐鲁番市质量技术监督局 发布

前 言

本标准根据 GB/T 1.1—2000《标准化工作导则 第 1 部分：标准的结构和编写规则》和 DB 65/T 2035.2—2003《标准体系工作导则 第 2 部分：农业标准体系框架与要求》编写。

本标准由吐鲁番市林果业技术推广服务中心提出。

本标准由吐鲁番市林业局归口。

本标准由吐鲁番市林果业技术推广服务中心负责起草。

本标准主要起草人：罗闻芙、古亚汗·沙塔尔、王春燕、韩泽云。

绿色食品 波尔莱特葡萄生产技术规程

1 范围

本标准规定了绿色食品波尔莱特葡萄栽培技术要求的术语与定义、建园、架式、栽培管理、采收等技术要求。

本标准适用于吐鲁番绿色波尔莱特葡萄的生产、栽培及田间管理。

2 规范性引用文件

下列文件对于本文件的应用是必不可少的。凡是注日期的引用文件，仅所注日期的版本适用于本文件。凡是不注日期的引用文件，其最新版本（包括所有的修改单）适用于本文件。

GB 6868　剪枝剪

GB 6870　手锯

NY/T 391　绿色食品　产地环境条件

NY/T 393　绿色食品　农药使用原则

NY/T 394　绿色食品　肥料使用准则

NY/T 428　绿色食品　葡萄

DB 65/T 2146　植物生长调节剂 GA_3 的使用规程

DB 65/T 2141　新建葡萄园技术规程

DB 65/T 3655　新疆葡萄主要有害生物综合（绿色）防治技术规程

3 术语和定义

下列术语和定义适用于本标准。

3.1 结果母枝

着生结果枝的枝条。

3.2 结果枝

着生花序和果穗的枝条。

3.3 预备枝

留做下一年做结果母枝的枝条。

3.4 延长枝

主蔓上着生的，用做延长主蔓留做蔓的枝条。

3.5 摘心年生枝

摘去新梢顶部幼嫩部分。

3.6 短梢修剪

一年生枝上剪留1~3个节或芽眼。

3.7 中梢修剪

一年生枝上剪留4~6个节或芽眼。

4 产地环境要求

水质、空气、土壤应符合NY/T 391的规定。

5 定植

5.1 苗木选择

按照NY/T 469的规定执行。

5.2 时期

土壤20cm温度稳定通过7~10℃以上即可定植。

5.3 开沟和施肥

棚架行距4.5~5m，一般沟宽0.6~0.8m，沟深0.6~0.8m，挖坑时表土与底土分开放。然后，将充分腐熟的有机肥与表土混合均匀后，回填至定植沟内。每公顷有机肥使用量45 000~60 000kg。

5.4 挖穴和定植

定植行内按株距1~1.2m，挖穴定植。定植穴规格0.4m×0.4m×0.4m。

6 田间群体结构

每公顷株数1 800~2 000株，每公顷留主蔓5 440~6 000个。每个主蔓留果穗8~10个，每公顷果穗数24 000~67 500个。每公顷产量控制在37.5~45t。

7 架式

按DBN 6521/T 169—2017中的内容执行，包括架材准备、立柱使用规格、立柱栽植行的确定、确定立柱埋设点、挖坑、埋设立柱和搭建横梁。

8 整形修剪

修剪工具

修剪工具应符合 GB 6868、GB 6870 的规定要求。

9 栽培管理

9.1 除萌

主蔓基部的萌蘖除少数用作更新蔓外,其余全部在4月下旬至5月上旬除去。

9.1.1 抹芽

花序可见时进行,抹除无头芽、三芽、弱芽,双芽、密生短枝保留一个健壮的作为培养蔓外,其余全部抹除。

9.1.2 合理选留结果枝

严格控制树体负载,正确选择预备枝,以近主蔓外选留为宜,保证结果部位不外移。

9.1.3 摘心

花前4~7d进行摘心,从花序向上留4~6叶摘心。预备枝留8~12节,延长枝留15~20节摘心。

9.1.4 副梢处理

花序以下的副梢全部抹除,花序以上留1~2个副梢,留3~4叶摘心,二次副梢留1叶摘心。预备枝和延长枝上的副梢留3~4叶摘心,二次副梢全部摘除。

9.2 秋剪

合理选留母枝,达到6~8个/m²,采用中、短梢修剪,中梢6~8节,短梢5节以下。每平方米留芽量35个。

9.2.1 幼树修剪

用中、短梢修剪。

9.2.2 结果树修剪

以中梢修剪为主,结合长梢修剪。1 m²留芽8~10个。剪去未成熟枝、细弱枝、病害枝、老蔓的残枝。

10 肥料管理

10.1 施肥原则

按照 NY/T 394 的规定执行。

10.2 施肥量

一般成龄葡萄每公顷施有机肥 45 000~52 500kg。

10.3 施肥方法

10.3.1 基肥
秋季追施基肥，施肥坑离主干0.5m以上。

10.3.2 追肥
追肥在葡萄萌芽期、开花前、果粒膨大期，分别追施。生长前期以N肥、P肥为主，后期以P肥、K肥为主。

10.3.3 叶面肥料
根据植物生长需要喷施叶面肥，尽量喷于叶背，避免天热时喷施。

11 水分管理

11.1 葡萄出土后灌一次萌芽水。灌溉量为1 050～1 200 m³。

11.2 花期前后根据土壤含水量情况灌1～2次，公顷灌水量1 200～1 500 m³。花后至浆果膨大期充足供水，每7～15d轮灌一次，公顷灌水量900m³左右。

11.3 浆果成熟期控制灌水，以提高果实品质和枝蔓成熟老化。

11.4 越冬埋墩前，浇足冬水，保墒防寒，公顷灌水量1 500m³以上。

11.5 全生育期灌溉定额为12 000m³/hm²。

12 植物生长调节剂

12.1 开花后果粒绿豆大小时喷施一次植物生长调节剂GA_3。喷施浓度为80～100mg/kg。

12.2 植物生长调节剂要随配随用，避免午间喷施，如遇32℃以上温度，白天停止喷施，改在傍晚喷施。

13 采收

果粒由绿色转化为红色，并且可溶性固形物16%以上均可采收。

14 分级、包装、贮藏和运输

按照NY 5086的规定执行。

15 病虫害防治

15.1 农药使用须严格按照DB/T 2147—2004、NY/T 393、GB/T 8321的规定执行。

15.2 提倡生物防治和使用生物生化农药防治。生产过程中对病虫害草鼠害等有害生物防治坚持预防为主，综合防治的原则，严格控制使用化学农药。

吐 鲁 番 市 农 业 地 方 标 准

DBN 6521/T 189—2018

绿色食品　波尔莱特（制干）
葡萄栽培技术规程

2018－11－25发布　　　　　　　　　　　　2018－12－15实施

吐鲁番市质量技术监督局　发 布

前　言

本标准按 GB/T 1.1—2009《标准化工作导则　第 1 部分：标准的结构和编写规则》进行编写。

本标准由新疆农业科学院吐鲁番农业科学研究所提出。

本标准归口单位：吐鲁番市农业局。

本标准起草单位：新疆农业科学院吐鲁番农业科学研究所。

本标准主要起草人：梁雎、吴久赟、雷静、刘志刚、日孜旺古力·阿不都热合曼、艾日肯·卡马力、热西旦·阿木提、郭红梅、刘翔宇、赵龙、吴斌、艾尼瓦尔·阿不都拉。

绿色食品 波尔莱特（制干）葡萄栽培技术规程

1 范围

本规范规定了制干用波尔莱特葡萄栽培技术的相关术语和定义及技术方法等内容。
本规范适用于吐鲁番市波尔莱特的生产栽培。

2 规范性引用文件

下列文件中的条款对于本文件的应用是必不可少的。凡是注明日期的引用文件，仅注日期的版本适用于本文件，凡是不注日期的引用文件，其最新版本（包括所有的修改单）适用于本文件。

GB 6868　剪枝剪
GB 6870　手锯
NY/T 391　绿色食品　产地环境技术条件
NY/T 393　绿色食品　农药使用准则
NY/T 394　绿色食品　肥料使用准则
NY/T 469　葡萄苗木
NY/T 470　鲜食葡萄
DB/T 2147　葡萄主要病虫害及其防治规程
DBN 6521/T 169　吐鲁番葡萄改良式棚架搭建技术规程

3 术语和定义

3.1 结果枝

一年生、成熟、能开花结果的枝条。

3.2 营养枝

只长叶、不开花、结果的枝条。

3.3 产量

单位面积所产鲜果的重量。

3.4 植物生长调节剂

对植物的生长发育有调节作用的化学物质或植物激素，本技术规程中主要指赤霉素。

3.5 摘心

摘去新梢顶部幼嫩部分。

3.6 可溶性固形物含量

成熟期果实中可溶性固形物含量，以%表示。

4 葡萄园整体技术要求

产地环境要求

应符合 NY/T 391《绿色食品　产地环境技术条件》要求。

5 栽培管理

5.1 架式

因地制宜，以改良型小棚架为主，具体参照 DBN6521/T 169。

5.2 苗木定植

5.2.1 苗木质量
苗木质量按 NY/T 469 的规定执行。

5.2.2 苗木准备
定植前对苗木根部进行修剪，并进行消毒处理。

5.2.3 定植时间
春季定植，土壤温度 > 10℃时为宜。

5.2.4 定植穴
穴长 0.6~0.8m，宽 0.6~0.8m，深 0.8m。穴内用有机肥和原土充分混匀后回填。

5.2.5 定植方法
将苗木根系在穴内分散均匀摆布，回填细土，至全部根系掩盖后提苗、踩土，再回填细土、踩土。定植后，立即充分浇水。

5.3 葡萄田间群体结构

行距 5.0~6.0m，株距 1.5~2.0m，定植 56~90 株/667m^2，主蔓 3 个/株，结果枝 15~20 个/主蔓。

5.4 修剪

修剪工具应符合 GB 6868、GB 6870 的规定。

5.4.1 夏剪
葡萄萌芽后开始抹芽，开花前 3~5d 摘心；结果枝留 10~15 片叶摘心，营养枝留 10~12 片叶摘心。

5.4.2 冬剪
以中短梢修剪为主，长梢修剪为辅。

5.5 花序和果穗管理

每果枝留 1~2 个果穗,果穗 4 000~5 500 个/667m²,产量控制在 2 000~3 000kg/667m² 为宜。

5.6 植物生长调节剂

喷施植物生长调节剂选择在生理落果期后 1~2d 后进行,浓度为 50~80 mg/kg,间隔 7~10d 后再次喷施,浓度为 80~100 mg/kg。药剂要现配现用,喷施时应避开下雨、刮风等天气,空气温度低于 30℃时喷施为宜。

5.7 水肥管理

根据不同生长期进行合理灌溉,实行"前促、后控、中间足"的配水原则,萌芽期、浆果膨大期和入冬前需要良好的水分供应,成熟期应控制灌水。施肥应按照 NY/T 496 规定执行,秋季施入基肥,施肥量 2 500~3 000kg/667m²,萌芽期以氮、磷肥为主,浆果膨大期以磷、钾肥为主,适时适量喷施叶面肥。

5.8 病虫害防治

农药使用须严格按照 NY/T 393、DB/T 2147 执行。生产过程中提倡生物防治,坚持预防为主,防治结合的原则。

5.9 采收

果实可溶性固形物含量 14% 以上均可采收,具体参照 NY/T 470 的有关规定执行。

吐鲁番市农业地方标准

DBN 6521/T 193—2019

DBN

绿色食品　火焰无核葡萄露地栽培技术规程

2019-05-30 发布

2019-06-15 实施

吐鲁番市市场监督管理局　发布

前 言

本规程按 GB/T 1.1—2009《标准化工作导则 第1部分：标准的结构和编写规则》进行编写。

本规程由新疆农业科学院吐鲁番农业科学研究所、吐鲁番市农业科学院、新疆葡萄工程技术研究中心、新疆吐鲁番葡萄生产力促进中心提出。

本规程归口单位：吐鲁番市林业和草原局。

本规程起草单位：新疆农业科学院吐鲁番农业科学研究所、吐鲁番市农业科学院、新疆葡萄工程技术研究中心、新疆吐鲁番葡萄生产力促进中心。

本规程主要起草人：梁雎、董胜利、郭红梅、任红松、日孜旺古力·阿不都热合曼、艾斯坎尔·买提尼牙孜、艾日肯·卡马力、热西旦·阿木提、吴久赟、赵龙、卡德·艾山、巴哈依丁·吾普尔、艾尼瓦尔·阿不都拉、雷静、廉苇佳、徐桂香。

绿色食品 火焰无核葡萄露地栽培技术规程

1 范围

本规程规定了火焰无核葡萄露地栽培技术的相关术语和定义，及建园、整形修剪、水肥管理、花果管理、采收、越冬等内容。

本规程适用于吐鲁番市火焰无核葡萄的露地栽培生产。

2 规范性引用文件

下列文件中的条款对于本文件的应用是必不可少的。凡是注明日期的引用文件，仅注日期的版本适用于本文件，凡是不注日期的引用文件，其最新版本（包括所有的修改单）适用于本文件。

NY/T 391　绿色食品　产地环境技术条件
NY/T 393　绿色食品　农药使用准则
NY/T 394　绿色食品　肥料使用准则
DB 65/T 2145　葡萄肥水管理技术规程
NY/T 469　葡萄苗木
DB 65/T 2147　葡萄主要病虫害及其防治规程
DB 65/T 3723　生态健康果园产地环境
DB 65/T 2141　新建葡萄园技术规程
DB 65/T 2144　吐鲁番葡萄的越冬防寒和出土规范
DBN 6521/T 169　吐鲁番葡萄改良式棚架搭建技术规程

3 术语和定义

3.1 结果枝

能开花结果的枝条。

3.2 营养枝

只长叶、不开花、不结果的枝条。

3.3 摘心

摘去新梢顶部幼嫩部分。

3.4 赤霉素（GA_3）

是指刺激植物细胞分化、膨大的植物生长调节剂名称，用 GA_3 表示。

3.5 可溶性固形物含量

指果汁中能溶于水的糖、酸、维生素、矿物质等，以百分率（%）表示。

4 建园

4.1 产地环境要求

应符合 NY/T 391《绿色食品 产地环境技术条件》、DB 65/T 3723《生态健康果园产地环境》、DB 65/T 2141《新建葡萄园技术规程》要求。

4.2 栽植要求

4.2.1 苗木质量

苗木质量按 NY/T 469《葡萄苗木》的规定执行。

4.2.2 苗木准备

定植前对苗木进行消毒处理，对根部修剪，并用生根粉蘸根处理。

4.2.3 定植沟

先开定植沟，沟宽 60～80cm，沟深 20～30cm，在沟内挖长宽深 40～50cm 定植坑，坑内下半部分用有机肥和心土充分混匀后回填，上半部分用熟土回填。

4.3 定植

4.3.1 定植时间

一般在春秋两季定植，多在春季定植，当地气温达到10℃以上时进行。

4.3.2 定植密度

株距 1.5m，行距 3.5～4.5m。定植密度为 98～127 株/亩为宜。

4.3.3 定植方法

将苗木根系基本触底，回填熟土至掩盖到茎秆后提苗，提苗使根系充分舒展后踩土，定植后立即浇透水。

4.4 架式

因地制宜，以改良型小棚架为主，具体参照 DBN 6521/T 169《吐鲁番葡萄改良式棚架搭建技术规程》。

5 整形修剪

第一年以快速成形和促进枝条成熟、花芽分化完全为主。多主蔓扇形整枝，定植当年每株葡萄选留 3 个粗壮新梢培养成主蔓，1.2m 以下副梢摘除，待主蔓长到架面南端，留 1～2 个副梢 2～3 片叶反复摘心，促使主蔓枝条成熟。

第二年萌芽后待新梢生长到 10～15cm 时进行抹芽，去双芽、弱芽、无头芽。花前 5～7d，从花序向上留 6～8 片叶摘心，花序以下副梢全部抹除，结果枝顶端留 1～2 副梢留 1～2 片叶反复摘心。

第三年以短梢修剪为主，抹芽、摘心、去副梢同次年。以后同第三年管理。

6 花果管理

次年每 1 果枝留 1 果穗，果粒在豆果期时剪除穗尖 1/5~1/4。亩留果穗 2 000~2 500 个，亩产量控制在 0.8~1 吨。第 3 年每 1 果枝留 1 果穗，果粒在豆果期时剪除穗尖 1/5~1/4。亩留果穗 4 000~5 000 个，亩产量控制在 1.6~2 吨。以后同第 3 年管理。

7 植物生长调节剂

7.1 赤霉素花前喷施浓度为 40~60 mg/kg。时间在果穗 10~12 cm 时进行。

7.2 赤霉素花后喷施浓度为 80~100 mg/kg。时间在花后 7~10 d 进行。

7.3 赤霉素要随配随用，喷施温度在 30℃以下，早晚喷施。

8 水肥管理

施肥应按照 NY/T 496《绿色食品 肥料使用准则》、DB 65/T 2145《葡萄肥水管理技术规程》规定执行。

9 病虫害防治

防治符合 NY/T 393《绿色食品 农药使用准则》、DB/T 2147《葡萄主要病虫害及其防治规程》要求。针对鸟害的防治，采用果穗套袋法，或防鸟网等其他方法进行预防，一般在果实着色前进行。

10 采收

在葡萄果实显现出固有颜色、形态，且可溶性固物含量达到 17%（手持式折光仪测量）以上时即可采收。

11 越冬防寒

符合 DB 65/T 2144《吐鲁番葡萄的越冬防寒和出土规范》要求。

DBN

吐 鲁 番 市 农 业 地 方 标 准

DBN 6521/T 194—2019

绿色食品 火焰无核葡萄一年两熟日光温室栽培技术规程

2019－05－30 发布　　　　　　　　　　　　　　2019－06－15 实施

吐鲁番市市场监督管理局　发 布

前　言

本规程按 GB/T 1.1—2009《标准化工作导则　第 1 部分：标准的结构和编写规则》进行编写。

本规程由新疆农业科学院吐鲁番农业科学研究所、新疆葡萄工程技术研究中心、新疆吐鲁番葡萄生产力促进中心、吐鲁番市农业科学院提出。

本规程归口单位：吐鲁番市林业和草原局。

本规程起草单位：新疆农业科学院吐鲁番农业科学研究所、吐鲁番市农业科学院、新疆葡萄工程技术研究中心、新疆吐鲁番葡萄生产力促进中心。

本规程主要起草人：梁雎、郭红梅、艾日肯·卡马力、董胜利、任红松、日孜旺古力·阿不都热合曼、赵龙、艾斯坎尔·买提尼牙孜、热西旦·阿木提、赵龙、吴久赟、卡德·艾山、巴哈依丁·吾普尔、艾尼瓦尔·阿不都拉、雷静、廉苇佳、徐桂香。

绿色食品 火焰无核葡萄一年两熟日光温室栽培技术规程

1 范围

本规程规定了火焰无核葡萄一年两熟日光温室栽培技术的相关术语和定义，及建园、架式选择、整形修剪、水肥管理、一次果管理、二次果管理、采收等内容。

本规程适用于吐鲁番市火焰无核葡萄一年两熟日光温室的栽培生产。

2 规范性引用文件

下列文件中的条款对于本文件的应用是必不可少的。凡是注明日期的引用文件，仅注日期的版本适用于本文件，凡是不注日期的引用文件，其最新版本（包括所有的修改单）适用于本文件。

NY/T 391　绿色食品　产地环境技术条件

DB 65/T 3723　生态健康果园产地环境

NY/T 393　绿色食品　农药使用准则

NY/T 394　绿色食品　肥料使用准则

NY/T 470　鲜食葡萄

DB 65/T 2145　葡萄肥水管理技术规程

DB 65/T 2147　葡萄主要病虫害及其防治规程

DBN 6521/T 169　吐鲁番葡萄改良式棚架搭建技术规程

NY/T 3223—2018　日光温室设计规范

NY/T 3024—2016　日光温室建设标准

DB 21/T 2053—2012　日光温室滴灌设备作业技术规程

3 定义

3.1 一年两熟

通过栽培管理技术使葡萄一年收获两次果实。

3.2 日光温室

符合NY/T 3223—2018《日光温室设计规范》、NY/T 3024—2016《日光温室建设标准》，南（前）面为采（透）光屋面，东西北（后）三面为保温围护墙，并有保温后屋面的单坡面型塑料薄膜温室。

3.3 需冷量

果树休眠期对低温的需要量，常以0~7.2℃的低温累积小时数表示。

3.4 结果枝

一年生、成熟、能开花结果的枝条。

3.5 可溶性固形物含量

指果汁中能溶于水的糖、酸、维生素、矿物质等，以百分率（%）表示。

4 建园

4.1 产地环境要求

应符合 NY/T 391《绿色食品　产地环境技术条件》、DB 65/T 3723《生态健康果园产地环境》。

4.2 栽植要求

4.2.1 苗木质量
苗木质量按 NY/T 469《葡萄苗木》的规定执行。

4.2.2 苗木准备
定植前对苗木进行消毒处理，对根部修剪，并用生根粉蘸根处理。

4.2.3 定植沟
先开定植沟，沟宽 1~1.2m，沟深 20~30cm，在沟内挖长宽深 40~50cm 定植坑，坑内下半部分用有机肥和心土充分混匀后回填，上半部分用熟土回填。

4.3 定植

4.3.1 定植时间
一般在春秋两季定植，多在春季定植，当地气温达到 10℃ 以上时进行。

4.3.2 定植密度
在温室东西居中定植 2 行，株距 0.6~1m，南北行距 1m，按棚跨度 10m 计算，亩定植 133~222 株。

4.3.3 定植方法
将苗木根系基本触底，回填熟土至掩盖到茎秆后提苗，使根系充分舒展后踩土，定植后立即浇透水。

4.4 架式

因地制宜，以改良型小棚架为主，以定植沟为中心，朝北南和南北方向各搭建 1 排，具体参照 DBN 6521/T 169《吐鲁番葡萄改良式棚架搭建技术规程》。

5 整形修剪

5.1 定植后修剪

第一年上半年不扣棚，按露地常规管理，以快速成形和促进枝条成熟、花芽分化完全为主。独龙干形整枝，定植当年每株葡萄选留1个粗壮新梢培养成主蔓，1.2m以下副梢摘除，待主蔓长到架面南北两端摘心，枝条顶端留1~2个副梢2~3片叶反复摘心，促使主蔓枝条成熟。

5.2 一茬果修剪

次年萌芽后待新梢生长到10~15cm时进行抹芽，去双芽、弱芽和无头芽。花前5~7d，从花序向上留6~8片叶摘心，花序以下副梢全部抹除，结果枝顶端留1~2副梢留1~2片叶反复摘心。以后同次年管理。

5.3 二茬果修剪

待第一茬果采收后20~25t树势恢复后即可修剪，一般在6月中下旬进行。把上半年的结果枝、营养枝短截，每枝留8~10个芽，枝条上的副梢全部剪除，强迫枝条顶端冬芽萌发结果。

第3年休眠期后以短梢修剪为主，抹芽、摘心、去副梢同次年。以后同第3年管理。

6 水肥管理

根据DB 21/T 2053—2012《日光温室滴灌设备作业技术规程》安装滴灌设备，实现水肥一体化。施肥按照NY/T 496《绿色食品 肥料使用准则》、DB 65/T 2145《葡萄肥水管理技术规程》执行。

7 温室环境管理

7.1 休眠期管理

定植当年11月中旬扣棚，使棚内温度控制在0~7.2℃，让葡萄休眠30天，满足葡萄需冷量。

7.2 生长期管理

次年1月初当地气温稳定增长时开始升温，前7天应该逐步升温，避免温度突增。

萌芽前后，温度在25~28℃、湿度70~80%；

花期，温度在28~30℃、湿度50~60%；

膨大期，温度在25~28℃，湿度60~70%；

成熟期，温度在25~30℃，湿度60~70%。

8 花果管理

8.1 一茬果管理

每1果枝留1果穗，果粒在豆果期时剪除穗尖1/5~1/4。亩留果穗4 000~5 000个，亩产量控制在1.6~2吨。

8.2 二茬果管理

每1果枝留1果穗，果粒在豆果期时剪除穗尖1/5~1/4。亩留果穗2 000~2 500个，亩产量控制在0.8~1吨。

9 植物生长调节剂

9.1 一茬果

9.1.1 赤霉素花前喷施浓度为 30~40 mg/kg。时间在果穗 10~12cm 时进行。

9.1.2 赤霉素花后喷施浓度为 40~50 mg/kg。时间在花后 5~7 天进行。

9.1.3 赤霉素要随配随用，喷施温度在 30℃以下，早晚喷施。

9.2 二茬果

赤霉素花后喷施浓度为 40~50 mg/kg。时间在花后 5~7 天进行。

10 病虫害防治

农药使用符合 NY/T 393《绿色食品 农药使用准则》、DB/T 2147《葡萄主要病虫害及其防治规程》。

11 采收

11.1 一茬果

采收在 5 月至 6 月中旬，在葡萄果实显现出固有颜色、形态，可溶性固物含量达到 16%（手持式折光仪测量）以上。

11.2 二茬果

采收在 9 月至 10 月中旬，在葡萄果实显现出固有颜色、形态，且可溶性固物含量达到 16%（手持式折光仪测量）以上时即可采收。

12 采后管理

棚膜收起清园，根据土壤情况适时浇水施肥，促进结果枝成熟。

DB

吐鲁番地区农业地方标准

DB 6521/T 078—2012

绿色食品 克瑞森无核葡萄生产技术规程

2012-12-01 发布　　　　　　　　　　　　2012-12-10 实施

吐鲁番地区质量技术监督局　发 布

前 言

本标准根据 GB/T 1.1—2009《标准化工作导则 第 1 部分：标准的结构和编写》和 DB65/T 2035.2—2003《标准体系工作导则 第 2 部分：农业标准体系框架与要求》编写。

本标准由新疆维吾尔自治区林业厅归口。

本标准由吐鲁番地区林果业技术推广服务中心提出。

本标准由吐鲁番地区林果业技术推广服务中心负责起草。

本标准主要起草人：竞中梅、王春燕、古亚汗·沙塔尔、王新丽、周黎明、徐彦兵。

绿色食品 克瑞森无核葡萄生产技术规程

1 范围

本标准规定了绿色食品克瑞森无核葡萄栽培技术要求的术语与定义、建园、架式、栽培管理、采收等技术要求。

本标准适用于吐鲁番绿色克瑞森无核葡萄的生产、栽培及田间管理。

2 规范性引用文件

下列文件对于本文件的应用是必不可少的。凡是注日期的引用文件，仅所注日期的版本适用于本文件。凡是不注日期的引用文件，其最新版本（包括所有的修改单）适用于本文件。

GB 6868　剪枝剪

GB 6870　手锯

NY/T 391　绿色食品　产地环境条件

NY/T 393　绿色食品　农药使用原则

NY/T 394　绿色食品　肥料使用准则

NY/T 428　绿色食品　葡萄

NY/T 469　葡萄苗木

DB/T 2147　葡萄主要病虫害及其防治规程

3 术语和定义

下列术语和定义适用于本标准。

3.1 叶指数

叶面积与土地面积之比。

3.2 结果母枝

着生结果枝的枝条。

3.3 结果枝

一年生、成熟、能开花结果的枝条。

3.4 预备枝

留做下一年做结果母枝的枝条。

3.5 延长枝

主蔓上着生的,用做延长主蔓留做蔓的枝条。

3.6 摘心

摘去新梢顶部幼嫩部分。

4 园地选择

产地环境要求

水质、空气、土壤应符合 NY/T 391。

5 栽植

5.1 苗木选择

按照 NY/T 469 的规定执行。

5.2 栽植时期

20cm 土壤温度稳定通过 7~10℃以上即可定植。

5.3 定植

5.3.1 开沟施肥

小棚架行距 4.5~5m,株距 1~1.5m,沟宽 0.6~0.8m,一般沟深 0.6~0.8m,挖坑时表土与底土分开放。之后将充分腐熟的有机肥与表土混合均匀后回填至施肥沟内,然后覆土。每公顷有机肥使用量 75 000~120 000kg。

5.3.2 挖穴定植

定植行内按株距 1~1.5m,挖穴定植。定植穴规格 0.4m×0.4m。

5.4 葡萄田间群体结构

每公顷株数 1 530~2 010 株,每公顷 5 年生以上主蔓 4 900~5 850 个,每公顷果枝数为 3 000~4 285 个,果穗数 3 000~4 285 个,平均穗重 0.350~0.500kg,每公顷产量 22 500~30 000kg,平均每平方果穗 7~9 个,叶指数为 4~5。

6 架式

采用倾斜式小棚架。地面以上,根柱高 1.4~1.6m,梢柱高 1.7~1.9m,架面宽 3.5~4.5m,架面上每隔 0.4~0.5m 拉一道 8#铅丝或其他替代品。

7 整形修剪

7.1 修剪工具

修剪工具应符合 GB 6868，GB 6870 的规定要求。

7.2 短梢修剪

一年生枝上剪留 1~3 个节或芽眼。

7.3 中梢修剪

一年生枝上剪留 4~8 个节或芽眼。

7.4 长梢修剪

一年生枝上剪留 9~13 个节或芽眼。

8 栽培管理

8.1 除萌

主蔓基部的萌蘖除少数用作更新蔓外，其余全部在 4 月下旬至 5 月上旬除去。

8.2 抹芽

花序可见时进行，抹除无头芽，三芽、弱芽，多芽、密生短枝保留一个健壮的作为培养蔓外，其余全部抹除。

8.3 合理选留结果枝

严格控制树体负载，正确选择预备枝，以近主蔓外选留为宜，保证结果部位不外移。

8.4 摘心

花前 4d~7d 进行摘心，从花序向上留 4~6 叶摘心。预备枝留 8~12 节，延长枝留 15~20 节摘心。

8.5 副梢处理

花序以下的副梢全部抹除，花序以上留 1~2 个副梢，留 3~4 叶摘心，二次副梢留 1 叶摘心。预备枝和延长枝上的副梢留 3~4 叶摘心，二次副梢全部摘除。

8.6 秋剪

合理选留母枝，达到 6~8 个/m²，采用中、短梢修剪，中梢 6~8 节，短梢 5 节以下。每平方米留芽量 40 个。

8.7 幼树修剪

采用中梢、短梢修剪。

8.8 结果树修剪

以中梢修剪为主，结合长梢修剪。1 m² 留芽 10~12 个。剪去未成熟枝、细弱枝、病害枝、老蔓的残枝。

9 肥水管理

9.1 施肥原则

按照 NY/T 394 的规定执行。

9.2 施肥量

一般成龄葡萄每公顷施有机肥 45 000~52 500kg。

9.3 施肥方法

9.3.1 基肥
秋季追施基肥，施肥坑离主干 0.5m 以上。

9.3.2 追肥
追肥在葡萄萌芽期、开花前、果粒膨大期，分别追施。生长前期以 N 肥、P 肥为主，后期以 P 肥、K 肥为主。

9.3.3 叶面肥料
根据植物生长需要喷施叶面肥，尽量喷于叶背，避免天热时喷施。

10 水分管理

10.1 葡萄出土后灌一次萌芽水。每公顷灌溉量为 1 050~1 200 m³。

10.2 花期前后根据土壤含水量情况灌 1~2 次，公顷灌水量 1 200~1 500 m³。花后至浆果膨大期充足供水，每 7~15 天轮灌一次，公顷灌水量 900m³ 左右。

10.3 浆果成熟期控制灌水，以提高果实品质和枝蔓成熟老化。

10.4 越冬埋墩前，浇足冬水，保墒防寒，公顷灌水量 1 500m³ 以上。

10.5 全生育期灌溉定额为 12 000m³/hm²。坐果后浆果膨大期加强肥水；浆果上色至成熟期控制灌水；采果后及埋墩前灌 2~3 次水。

11 采收

果粒由绿色转化为红色，并且可溶性固形物 16% 以上均可采收。

12 分级、包装、贮藏和运输

按照 NY 5086 的规定执行。

13 病虫害防治

13.1 农药使用须严格按照 DB/T 2147—2004、NY/T 393、GB/T 8321 的规定执行。

13.2 提倡生物防治和使用生物生化农药防治。生产过程中对病虫害草鼠害等有害生物防治坚持预防为主,综合防治的原则,严格控制使用化学农药。

DBN

吐鲁番市农业地方标准

DBN 6521/T 209—2020

绿色食品　美人指鲜食葡萄栽培技术规程

2020-05-30 发布　　　　　　　　　　　　　　2020-06-15 实施

吐鲁番市市场监督管理局　发布

前 言

本标准按 GB/T 1.1《标准化工作导则 第1部分：标准的结构和编写规则》进行编写。

本标准由新疆农业科学院吐鲁番农业科学研究所、吐鲁番市农业技术推广中心、高昌区农业技术推广中心。

本标准由吐鲁番市农业农村局归口。

本标准主要起草单位：新疆农业科学院吐鲁番农业科学研究所

本标准主要起草人：胡西旦·买买提、刘志刚、任红松、巴哈依丁·吾甫尔、李海峰、郭红梅、热西旦·阿木提、阿木提·库尔班、王瑞华、艾合买提·买买提、赵龙、日孜旺古丽·阿不都热合曼。

绿色食品 美人指葡萄栽培技术规程

1 范围

本标准规定了鲜食美人指葡萄栽培的建园要求、水肥管理、整形修剪、花果管理、病虫害防治、采收。

本标准适用于干旱半干旱地区美人指鲜食葡萄的生产。

2 规范性引用文件

下列文件中的条款通过本标准中引用成为本标准的条款,凡是注日期的引用文件,仅所注日期的版本适用于本标准。凡是不注日期的引用文件,其最新版本适用于本标准。

NY/T 391 绿色食品 产地环境技术条件

NY/T 469 葡萄苗木

NY/T 394 绿色食品 肥料使用准则

NY/T 393 绿色食品 农药使用原则

NY/T 470 鲜食葡萄

DBN 6521/T 169 吐鲁番葡萄改良式棚架搭建技术规程

3 建园要求

3.1 产地环境要求

应符合 NY/T 391《绿色食品 产地环境技术条件》要求。葡萄园应建在远离主干公路且无污染源的地方。土壤 pH 值为 6.0~7.5,以较肥沃的沙壤土为宜。挖沟定植,栽植地块要求灌水方便,集中连片,以便管理。

3.2 苗木定植

3.2.1 苗木质量

苗木基部直径 0.5cm 以上,无明显机械损伤,病虫害或检疫性病虫害。具体参照 NY/T 469《葡萄苗木》规定执行。

3.2.2 苗木准备

采用 1 年生苗定植,定植前对苗木根部进行修剪。

3.2.3 定植密度

栽植密度为 110 株/667m²,株行距为(1.5~2)m×(4~5)m。

3.2.4 定植时间

春栽在土壤解冻至葡萄发芽前,在 3 月中旬前后为宜,秋栽在葡萄落叶至土壤封冻前,在 10 月中旬前后为宜。

3.2.5 定植沟（穴）

开挖宽为0.8~1.2m，深为0.6~0.8m的定植沟，沟底挖50cm×50cm的定值穴，每亩施入1 500~2 000kg腐熟有机肥，与细土混合。

3.2.6 定植方法

将苗木放在定植沟上开挖定植穴中央，舒展根系，然后对苗木根系进行回填细土，同时向上轻提苗，并进行第一次踩土，再回填细土进行第二次踩土。定植后，立即浇透定植水。

3.3 架式选择

采用小棚架，具体参照DBN 6521/T 169《吐鲁番葡萄改良式棚架搭建技术规程》执行。

4 水肥管理

4.1 施肥原则

施肥原则按NY/T 394《绿色食品 肥料使用准则》执行。根据葡萄的施肥规律进行平衡施肥。

4.2 施肥时期和方法

春天萌芽期以氮肥为主，果实膨大期追以磷肥为主，果实着色期和成熟前以钾肥为主。适时适量喷施叶面肥。冬季防寒前，腐熟有机肥采用深30~40cm的沟施方法施肥。

4.3 水分管理

根据土壤情况在10~15d浇一次水。一年需要灌溉10~12次。萌芽期，果实膨大期和入冬前需要浇充足的水分，成熟期和秋季应控水。

5 整形修剪

5.1 整形

宜采用小棚架独龙干整形。

5.2 修剪

5.2.1 一年生植株

选留生长健壮，成熟度好的作为结果母枝，剪口粗度应在0.6~1.0cm以上，剪除多余枝蔓，促进树体成形。

5.2.2 多年生植株

参照前几年的修剪方式，适当调整果枝，果穗量，将产量控制在1 500kg~2 000kg/667m² 为宜。

5.3 夏季修剪

5.3.1 新梢管理

5.3.2 抹芽定梢

萌芽后每个芽眼保留1个壮梢。当花序呈现时定梢，去掉多余的发育枝和弱枝，保留健壮的结果枝和营养枝，比例1：1~2。

5.3.3 摘心

花后摘心，结果枝在花序以上留5~6叶摘心；营养枝留6~8叶摘心。

5.4 秋季修剪

5.4.1 修剪时间

秋季落叶后，在吐鲁番9月底至10月中左右。

5.4.1.1 修剪长度

结果母枝的修剪采用中梢为主的中短梢混合修剪。结果母枝需选择芽眼饱满，木质化程度高，粗0.8~1.0cm的充实枝条。

5.4.1.2 母枝剪留量

依据计划产量和树势确定母枝剪留量，成龄美人指葡萄每667m²产量控制在1 500~2 000kg为宜。

6 花果管理

6.1 疏穗

每结果枝留1穗，穗长不超过20cm，疏除过多、过小和发育不健全的花序或小穗。

6.2 花序修剪

掐去花序尖端1/5的花序尖和副穗，以使果穗紧凑美观。疏除部分过密集的小花序，使果穗更加舒展、果粒有更大的增长空间。

6.3 果穗整形

每穗留果粒70~90粒，在果粒如黄豆粒大时进行；疏去小、病、伤和过密的果粒。

7 病虫害防治

病虫害防治原则

农药使用须严格按照NY/T 393《绿色食品 农药使用原则》执行。贯彻"预防为主，综合防治"的植保方针，以农业防治、物理防治、生物防治为主，进行科学防治。

8 采收

当80%果粒表面着鲜红色，果实可溶性固形物含量16%以上可采收。采收时，果柄留2cm长，能提起整穗葡萄为限，采收应轻拿轻放。采收不宜过早或过迟，采收时应清除着色不良果和病虫果。具体按照NY/T 470《鲜食葡萄》的有关规定执行。

DBN

吐鲁番市农业地方标准

DBN 6521/T 212—2020

绿色食品 红旗特早玫瑰葡萄 日光温室栽培技术规程

2020－06－15 发布

2020－07－15 实施

吐鲁番市市场监督管理局　发 布

前 言

本标准按 GB/T 1.1—2009《标准化工作导则 第 1 部分：标准的结构和编写规则》进行编写。

本标准由新疆农业科学院吐鲁番农业科学研究所提出。

本标准由吐鲁番市林业和草原局归口。

本标准起草单位：新疆农业科学院吐鲁番农业科学研究所、新疆葡萄工程技术研究中心。

本标准主要起草人：吴久赟、徐桂香、任红松、雷静、刘志刚、李海峰、吴斌、陈雅、韩琛、梁雎、艾尼瓦尔·阿不都拉、廉苇佳、白世践、刘萍、杨宏伟、刘振涛。

绿色食品 红旗特早玫瑰葡萄日光温室栽培技术规程

1 范围

本标准规定了红旗特早玫瑰葡萄日光温室栽培技术的相关术语和定义及技术方法等内容。

本规范适用于吐鲁番市红旗特早玫瑰葡萄日光温室的生产栽培。

2 规范性引用文件

下列文件中的条款对于本文件的应用是必不可少的。凡是注明日期的引用文件，仅注日期的版本适用于本文件，凡是不注日期的引用文件，其最新版本（包括所有的修改单）适用于本文件。

GB 4285　农药安全使用标准

NY/T 391　绿色食品　产地环境技术条件

NY/T 393　绿色食品　农药使用准则

NY/T 394　绿色食品　肥料使用准则

NY/T 469　葡萄苗木

NY/T 470　鲜食葡萄

NY/T 1998　水果套袋技术规程　鲜食葡萄

DB 65/T 2147　葡萄主要病虫害及其防治规程

DB 65/T 2145　葡萄水肥管理技术规程

3 术语和定义

3.1 绿色食品

绿色食品是指产自优良生态环境、按照绿色食品标准生产、实行全程质量控制并获得绿色食品标志使用权的安全、优质食用农产品及相关产品。

3.2 日光温室

日光温室是节能日光温室的简称，由两侧山墙、维护后墙体、支撑骨架及覆盖材料组成，通过后墙体对太阳能吸收实现蓄放热，维持室内一定的温度水平，以满足作物生长的需要。

3.3 结果枝

一年生成熟能开花结果的枝条。

3.4 营养枝

只长叶不开花结果的枝条。

3.5 产量

单位面积所产鲜果的重量。

3.6 摘心

摘去新梢顶部幼嫩部分。

3.7 环境调控

通过设施控制葡萄生长环境的土壤及空气的温度、湿度等环境条件的技术。

4 葡萄园整体技术要求

4.1 产地环境要求

应符合 NY/T 391《绿色食品产地环境技术条件》要求。

4.2 日光温室葡萄栽培条件要求

采光性好、透光性强、保温性能好的日光温室。

5 栽培管理

5.1 架式

因地制宜，棚、篱架均可（本文以篱架为主）。

5.2 苗木定植

5.2.1 苗木质量

苗木质量按 NY/T 469 的规定执行。

5.2.2 苗木准备

定植前对苗木根部进行修剪，根系长度15～20 cm 为宜，并进行消毒处理，常用的消毒液为3～5 波美度石硫合剂。

5.2.3 定植时间

3月上旬定植，10cm 深土壤温度稳定在10℃时为宜。

5.2.4 定植密度

株行距为（1.2×2.5）m～（1.5×3.0）m，种植密度为150～230株/亩。

5.2.5 定植穴

穴长0.6～0.8m，宽0.6～0.8m，深0.8m。穴内用有机肥和心土充分混匀后回填。

5.2.6 定植方法

将苗木根系在穴内分散均匀摆布，回填细土，至全部根系掩盖后提苗、踩土，再回填细土、踩土。定植后，立即充分浇水。

5.3 整形修剪

5.3.1 整形
根据篱架"V"形叶幕进行整形。前期以培养枝蔓塑形为主,选留1个新梢枝蔓为主蔓,当枝蔓长至100cm时摘心,分留2个主蔓长至70~80cm时摘心,并用铁丝固定,剪除多余枝蔓,促进树体成形。

5.3.2 抹芽
葡萄发芽后,及时抹芽定芽,第一道铁丝以下全部抹除,铁丝以上的每20cm左右留1个壮芽。

5.3.3 枝蔓管理
合理选留结果枝,严格控制负载,产量1 000~1 500kg/667m² 为宜。

5.3.4 摘心
结果枝在花前3~7天进行摘心,从花序向上留6~8叶为宜,延长枝留10~15节摘心。

5.3.5 副梢处理
花序以下的副梢全部抹除,花序以上留1~2个,顶端副梢于5~7叶摘心,二次副梢留1~2叶摘心。延长枝上的副梢留3~4叶摘心,二次副梢全部摘除。

5.3.6 修剪
在主蔓上培养结果枝组,在结果枝组上选留1~2个结果母枝,抹除多余枝梢,每个果枝上留1~2个果穗,果穗以上留5~7片叶摘心。采收后15~20天修剪,选留好的结果母枝1~2个,疏除过密枝及徒长枝。冬季修剪时,根据树形进行回缩修剪。

5.4 花序和果穗管理

5.4.1 疏花疏果
每个新梢宜保留1个花序或果穗,疏除副穗。花序顶端的穗尖掐去1/5~1/4,促使果穗整齐。在果实发育期进行果穗修整,及时疏去过密小穗、未落小果粒、畸形果粒。

5.4.2 果穗套袋
在果实着色前用葡萄专用袋进行套袋,具体参照 NY/T 1998 执行。

5.5 环境调控

11月中旬扣棚进行强迫休眠,温室温度要保持在7.2℃以下休眠25~30天,白天放下棉被遮光,夜间卷起棉被降温。强迫休眠后,当根系分布层的土温达到6~6.5℃,在葡萄沟内外覆盖双面银灰色地膜,快速提高地温,升温经过15~20天。花期温度控制在28~32℃、湿度50~60%,膨大期温度控制在25~28℃,湿度60~70%。

5.6 水肥管理

水肥应按照 NY/T 496,DB65/T 2145 规定执行。根据不同生长期进行合理灌溉,实行"前促""后控""中间足"的配水原则,合理灌溉。

6 病虫鸟害综合防治

6.1 病虫害防治

农药使用须严格按照 GB 4285、NY/T 393、DB/T 2147。提倡生物防治,坚持预防为主,综合防治的原则。

6.2 鸟害防治

针对鸟害的防治，采用果穗套袋法，或防鸟网等其他方法进行预防，一般在果实着色前进行。

7 采收

果粒达到品种成熟时固有颜色时，果实可溶性固形物含量16%（Brix）以上均可采收，具体参照NY/T 470的有关规定执行。

吐 鲁 番 市 地 方 标 准

DB 6521/T 235—2020

绿色食品 吐鲁番无核紫葡萄优质高产生产技术规程

2020－06－20发布　　　　　　　　　　2020－07－15实施

吐鲁番市市场监督管理局　发 布

前 言

本标准根据GB/T 1.1—2009《标准化工作导则 第1部分：标准的结构和编写》进行编写。

本标准由吐鲁番市林果业技术推广服务中心提出。

本标准由吐鲁番市林业和草原局归口。

本标准由吐鲁番市林果业技术推广服务中心、新疆农业科学院吐鲁番农业科学研究所负责起草。

本标准主要起草人：刘丽媛、罗闻芙、任红松、王春燕、周慧、韩泽云、周黎明。

绿色食品 吐鲁番无核紫葡萄优质高产生产技术规程

1 范围

本标准规定了绿色食品吐鲁番无核紫葡萄栽培技术要求的术语与定义、栽培管理、采收、病虫害防治等技术要求。

本标准适用于绿色食品吐鲁番无核紫葡萄的生产、栽培管理及采收。

2 规范性引用文件

下列文件对于本文件的应用是必不可少的。凡是注日期的引用文件,仅所注日期的版本适用于本文件。凡是不注日期的引用文件,其最新版本(包括所有的修改单)适用于本文件。

QB/T 2289.4 园艺工具 剪枝剪
QB/T 2289.6 园艺工具 手锯
NY/T 391 绿色食品 产地环境质量
NY/T 393 绿色食品 农药使用原则
NY/T 394 绿色食品 肥料使用准则
NY/T 428 绿色食品 葡萄
NY/T 469 葡萄苗木
DBN 6521/T 169 吐鲁番葡萄改良式棚架搭建技术规程
DB 65/T 2146 植物生长调节剂 GA_3 的使用规程
DB 65/T 3655 新疆葡萄主要有害生物综合(绿色)防治技术规程

3 术语和定义

下列术语和定义适用于本标准。

3.1 结果母枝

着生结果枝的枝条。

3.2 结果枝

着生花序和果穗的枝条。

3.3 预备枝

留做下一年做结果母枝的枝条。

3.4 延长枝

主蔓、侧枝、副侧枝等先端继续延长的发育枝。

3.5 摘心

摘去新梢顶部幼嫩部分。

3.6 除萌

春季枝条萌发及时除去无用的萌发枝芽。

3.7 短梢修剪

一年生枝上剪留 2~4 个节或芽眼。

3.8 中梢修剪

一年生枝上剪留 4~6 个节或芽眼。

3.9 长梢修剪

一年生枝上剪留 8~10 个节或芽眼。

3.10 穴施

在距离葡萄根系 50 cm 处，挖 20~25 cm 深的穴，施肥后立刻埋土并及时浇水。尽量减免伤根。

3.11 植物生长调节剂

即赤霉素，指刺激植物细胞分化、膨大的植物生长调节剂名称，用来 GA_3 表示。

4 产地环境要求

水质、空气、土壤应符合 NY/T 391。

5 定植

5.1 苗木选择

按照 NY/T 469 规定执行。

5.2 时期

10cm 土壤温度稳定达到 10℃ 以上即可定植。

5.3 开沟和施肥

棚架行距 4.5~5.0 m，一般沟宽 0.6~0.8m，沟深 0.6~0.8m，挖坑时表土与底土分开放。然后，将充分腐熟的有机肥与表土混合均匀后，回填至定植沟内。每公顷有机肥使用量45~60t。

5.4 挖穴和定植

定植行内按株距1.0~1.2m，挖穴定植。定植穴规格0.4m×0.4m×0.4m。

6 田间群体结构

每公顷株数1 800~2 000株，每公顷留主蔓5 440~6 000个。每个主蔓留果穗8~10个，每公顷果穗数24 000~67 500个。每公顷产量控制在30.0~37.5 t。

7 整形修剪

7.1 架式

按DBN 6521/T 169中的内容执行，包括架材准备、立柱使用规格、立柱栽植行的确定、确定立柱埋设点、挖坑、埋设立柱和搭建横梁。

7.2 整形

7.2.1 树形培养

7.2.1.1 多主蔓扇形整形

第一年，苗木定植萌芽后，留3~4个芽短剪。

第二年，从萌芽新梢中，选3~4个壮芽，其余全部抹除。冬剪时，每个新梢上选2~3个副梢短剪，从而形成主蔓、侧蔓相结合扇形树冠。

第三年，侧蔓上选23个状枝做侧蔓，在侧蔓上选留2~3个壮枝作为结果母枝，以后每年对结果母枝进行更新修剪。

7.2.1.2 龙干形整形

第一年，苗木定植萌芽后，选留2~3个壮梢，使其垂直向上生长，8月中旬主梢摘心。冬剪时在主梢成熟部位剪截，剪口粗度0.6cm以上。

第二年，出土萌芽后，主蔓50cm以下的萌蘖全部抹去。每株留2~3个主蔓，主蔓在架面上每20~30cm留一个结果枝组，每个结果枝组留3~4个结果枝和预备枝相互更替结果。结果枝组在主蔓上交替分布呈"非"字状。

第三年，萌芽后结果枝在架面均匀分布，垂直向上生长，沿架面绑缚。延长枝生长到超过架面20~30cm时，进行打顶。

7.2.2 工具

整形工具应符合QB/T 2289.4、QB/T 2289.6的规定要求。

7.2.3 夏季修剪

7.2.3.1 除萌

主蔓基部的萌蘖除少数用做更新蔓外，其余全部在4月下旬至5月上旬除去。

7.2.3.2 抹芽

花序可见时进行，抹除无头芽、三芽、弱芽、双芽；密生短枝保留一个健壮的作为培养蔓外，其余全部抹除。

7.2.3.3 合理选留结果枝

严格控制树体负载，正确选留预备枝，以近主蔓外选留为宜，保证结果部位不外移。

7.2.3.4 摘心

花前4~7 d进行摘心，从花序向上留4~6叶摘心。预备枝留8~12节，延长枝留15~20节摘心。

7.2.3.5 副梢处理

花序以下的副梢全部抹除，花序以上留1~2个副梢，留3~4叶摘心，二次副梢留1叶摘心。预备枝和延长枝上的副梢留3~4叶摘心，二次副梢全部摘除。

7.2.4 秋季修剪

一般在10月左右进行，合理选留结果母枝，达到6~8个/m^2，采用独龙干短梢修剪。

7.2.4.1 幼树

用中、长梢修剪。

7.2.4.2 结果树

以短梢修剪为主，结合中长梢修剪。剪去未成熟枝、细弱枝、病害枝、残枝。

7.2.5 花序和果穗

7.2.5.1 疏花序

每个结果枝上留1个果穗。卷须剪除干净。

7.2.5.2 修花序

花前一周。剪去花序长度1/5左右的穗尖部分。同时，剪除副穗和过于稀疏的、表现不良的若干个小穗。

7.2.5.3 疏果

果粒绿豆大小时进行。对果穗中坐果密集部分和僵果、表面擦伤、机械损伤果进行疏除。

7.2.5.4 理顺果穗

把夹在铁丝上和枝条中间的果穗，理顺到架面下，呈自然下垂状。

8 肥料管理

8.1 施肥原则

按照NY/T 393规定执行。

8.2 肥料管理

8.2.1 基肥

在葡萄采收后到葡萄藤蔓下架前，或者早春出土后，施用均可，以埋土前施用最好。1 hm^{2}施有机肥37 500~45 000 kg和磷酸二铵450 kg，混匀施入。

穴施。施肥穴离主蔓基部50 cm以上。

8.2.2 根部追肥

8.2.2.1 膨大肥

5月中上旬果实膨大期时，施第一次。1 hm^{2}施葡萄专用肥225 kg，或磷酸二铵375 kg和硫酸钾225 kg。

5月下旬至6月初，穴施，施第二次。1 hm^{2}施氮磷钾复合肥450 kg和硫酸钾225 kg。

8.2.2.2 催熟肥

6月中下旬，穴施，浆果开始发软但尚未着色时施入。

磷酸二铵和磷酸二氢钾以6∶1配比混匀，1 hm² 施 450 kg。

8.2.2.3 采收后追肥

8月中下旬，穴施，1 hm² 施磷酸二铵 300 kg。

8.2.3 叶面追肥

从4月底至5月初叶片充分展开时，直至果实膨大后，喷施叶面肥3~5次，浆果成熟前停止施用。

追肥以磷酸二氢钾、微生物肥、黄腐酸等肥料为主。

喷施。叶片正反均匀喷施，喷施选择在早晚天气凉爽时进行，避免高温天气喷施。

9 水分管理

9.1 葡萄出土后灌一次萌芽水。灌溉量为1 hm² 灌水1 050~1 200 m³。

9.2 花期前根据土壤含水量情况灌1~2次，1 hm² 灌水量1 200~1 500 m³。

9.3 花期内严禁灌水。

9.4 花期后至浆果膨大期充足供水，每7~15d轮灌一次，1 hm² 灌水量900m³左右。

9.5 浆果成熟期控制灌水，以提高果实品质和枝蔓成熟老化。

9.6 10月下旬越冬埋土前，浇足冬水，保墒防寒，1 hm² 灌水量1 500m³ 以上。

9.7 全生育期灌溉定额为12 000m³/hm² 左右。

10 植物生长调节剂

10.1 使用浓度和使用时间

开花前一周，喷施一次植物生长调节剂 GA_3。喷施浓度为50~80mg/L。

开花后果粒绿豆大小时喷施第二次。喷施浓度为80~120mg/L。

植物生长调节剂要随配随用，避免午间喷施，如遇30 ℃以上温度，应在傍晚喷施。

10.2 喷施时间

按 DB 65/T 205 中 4.2 规定执行。

10.3 喷施方式

按 DB 65/T 205 中 5 规定执行。

10.4 溶解赤霉素的方法

按 DB 65/T 205 中 6 规定执行。

11 采收

果粒由绿色转化为紫红色，并且可溶性固形物18 %（Brix）以上均可采收。

12 感官要求、理化要求和卫生要求

按照 NY/T 428 中 4.2、4.3、4.4 规定执行。

13 包装、贮藏和运输

按照 NY/T 428 中 8 规定执行。

14 病虫害防治

按照 DB 65/T 3655 规定执行。

吐 鲁 番 市 地 方 标 准

DB 6521/T 236—2020

绿色食品 吐鲁番无核紫葡萄
肥水管理技术规程

2020－06－20 发布

2020－07－15 实施

吐鲁番市市场监督管理局 发布

前　言

本标准根据GB/T 1.1—2009《标准化工作导则　第1部分：标准的结构和编写》进行编写。

本标准由吐鲁番市林果业技术推广服务中心提出。

本标准由吐鲁番市林业和草原局归口。

本标准由吐鲁番市林果业技术推广服务中心、新疆农业科学院吐鲁番农业科学研究所、吐鲁番市林业有害生物防治检疫局起草。

本标准主要起草人：罗闻芙、刘丽媛、周黎明、王琼、孟建祖、李万倩、吴玉华、雷静。

绿色食品 吐鲁番无核紫葡萄肥水管理技术规程

1 范围

本标准规定了绿色食品无核紫葡萄肥水管理技术要求的术语与定义、栽培管理等技术要求。

本标准适用于绿色食品无核紫葡萄的水肥管理。

2 规范性引用文件

下列文件对于本文件的应用是必不可少的。凡是注日期的引用文件，仅所注日期的版本适用于本文件。凡是不注日期的引用文件，其最新版本（包括所有的修改单）适用于本文件。

NY/T 496　肥料合理使用准则

NY/T 394　绿色食品　肥料使用准则

3 术语和定义

下列术语和定义适用于本标准。

穴施：在距离葡萄根系50 cm处，挖20 cm深的坑，施肥后立刻埋土并及时浇水。尽量减免伤根。

4 施肥原则

按照NY/T 496规定执行。

5 肥料管理

5.1 施肥原则

按照NY/T 496、NY/T 394规定执行。

5.2 肥料管理

5.2.1 基肥

在葡萄采收后到葡萄藤蔓下架前，或者早春出土后，施用均可，以埋土前施用最好。1 hm² 施有机肥 37 500～45 000 kg 和磷酸二铵 450 kg，混匀施入。

穴施。施肥穴离主蔓基部50 cm 以上。

5.2.2 根部追肥

5.2.2.1 膨大肥

5月中上旬果实膨大期时，施第一次。1 hm² 施葡萄专用肥 225 kg，或磷酸二铵 375 kg 和硫酸钾

225 kg。

5月下旬至6月初，穴施，施第二次。1 hm² 施氮磷钾复合肥450 kg和硫酸钾225 kg。

5.2.2.2 催熟肥

6月中下旬，穴施，浆果开始发软但尚未着色时施入。

磷酸二铵和磷酸二氢钾以6∶1配比混匀，1 hm² 施450 kg。

5.2.2.3 采收后追肥

8月中下旬，穴施，1 hm² 施磷酸二铵300 kg。

5.2.3 叶面追肥

从4月底至5月初叶片充分展开时，直至果实膨大后，喷施叶面肥3～5次，浆果成熟前停止施用。追肥以磷酸二氢钾、微生物肥、黄腐酸等肥料为主。

喷施。叶片正反均匀喷施，喷施选择在早晚天气凉爽时进行，避免高温天气喷施。

6 水分管理

6.1 葡萄出土后灌一次萌芽水。灌溉量为1 hm² 灌水1 050～1 200 m³。

6.2 花期前根据土壤含水量情况灌1～2次，1 hm² 灌水量1 200～1 500 m³。

6.3 花期内严禁灌水。

6.4 花期后至浆果膨大期充足供水，每7～15 d轮灌一次，1 hm² 灌水量900 m³左右。

6.5 浆果成熟期控制灌水，以提高果实品质和枝蔓成熟老化。

6.6 10月下旬越冬埋土前，浇足冬水，保墒防寒，1 hm² 灌水量1 500 m³以上。

6.7 全生育期灌溉定额为12 000 m³/hm²左右。

DB

吐 鲁 番 市 地 方 标 准

DB 6521/T 237—2020

绿色食品 吐鲁番无核紫葡萄架式与整形技术规程

2020 - 06 - 20 发布　　　　　　　　　　　　　　2020 - 07 - 15 实施

吐鲁番市市场监督管理局　发 布

前　言

本标准根据 GB/T 1.1—2009《标准化工作导则　第1部分：标准的结构和编写》进行编写。

本标准由吐鲁番市林果业技术推广服务中心提出。

本标准由吐鲁番市林业和草原局归口。

本标准由吐鲁番市林果业技术推广服务中心、新疆农业科学院吐鲁番农业科学研究所、吐鲁番市林业有害生物防治检疫局负责起草。

本标准主要起草人：罗闻芙、刘丽媛、王春燕、王琼、武云龙、周慧、刘志刚。

绿色食品 吐鲁番无核紫葡萄架式与整形技术规程

1 范围

本标准规定了绿色食品无核紫葡萄架式与整形技术要求的术语与定义、栽培管理等技术要求。
本标准适用于绿色食品无核紫葡萄的架式与整形修剪管理。

2 规范性引用文件

下列文件对于本文件的应用是必不可少的。凡是注日期的引用文件，仅所注日期的版本适用于本文件。凡是不注日期的引用文件，其最新版本（包括所有的修改单）适用于本文件。
DBN 6521/T 169 吐鲁番葡萄改良式棚架搭建技术规程

3 术语和定义

下列术语和定义适用于本标准。

3.1 结果母枝

着生结果枝的枝条。

3.2 结果枝

着生花序和果穗的枝条。

3.3 预备枝

留做下一年做结果母枝的枝条。

3.4 延长枝

主蔓、侧枝、副侧枝等先端继续延长的发育枝。

3.5 摘心

摘去新梢顶部幼嫩部分。

3.6 短梢修剪

一年生枝上剪留1~3个节或芽眼。

3.7 中梢修剪

一年生枝上剪留4~6个节或芽眼。

3.8 长梢修剪

一年生枝上剪留 7~10 个节或芽眼。

4 架式

按 DBN 6521/T 169 中的内容执行,包括架材准备、立柱使用规格、立柱栽植行、立柱埋设点、挖坑、埋设立柱和搭建横梁。

5 整形

5.1 树形培养

5.1.1 龙干形整形

吐鲁番生产上常采用此整形方式。

第一年,苗木定植萌芽后,选留 2~3 个壮梢,使其垂直向上生长,8 月中旬主梢摘心。冬剪时在主梢成熟部位剪截,剪口粗度 0.6 cm 以上。

第二年,出土萌芽后,主蔓 50 cm 以下的萌蘖全部抹去。每株留 2~3 个主蔓,主蔓在架面上每 20~30 cm 留一个结果枝组,每个结果枝组留 3~4 个结果枝和预备枝相互更替结果。结果枝组在主蔓上交替分布呈"非"字状。

第三年,萌芽后结果枝在架面均匀分布,垂直向上生长,沿架面绑缚。延长枝生长到超过架面 20~30 cm 时,进行打顶。

5.1.2 多主蔓扇形整形

第一年,苗木定植萌芽后,留 3~4 个芽短剪。

第二年,从萌芽新梢中,选 3~4 个壮芽,其余全部抹除。冬剪时,每个新梢上选 2~3 个副梢短剪,从而形成主蔓、侧蔓相结合扇形树冠。

第三年,侧蔓上选 2~3 个状枝做侧蔓,在侧蔓上选留 2~3 个壮枝作为结果母枝,以后每年对结果母枝进行更新修剪。

5.2 夏季

5.2.1 除萌

主蔓基部的萌蘖除少数用做更新蔓外,其余全部在 4 月下旬至 5 月上旬除去。

5.2.2 抹芽

花序可见时进行,抹除无头芽、三芽、弱芽,双芽、密生短枝保留一个健壮的作为培养蔓外,其余全部抹除。

5.2.3 合理选留结果枝

严格控制树体负载,正确选择预备枝,以近主蔓外选留为宜,防止结果部位外移。

5.2.4 摘心

花前 4~7 d 进行摘心,从花序向上留 4~6 叶摘心。预备枝留 8~12 节,延长枝留 15~20 节摘心。

5.2.5 副梢处理

花序以下的副梢全部抹除,花序以上留 1~2 个副梢,留 3~4 叶摘心,二次副梢留 1 叶摘心。预备枝和延长枝上的副梢留 3~4 叶摘心,二次副梢全部摘除。

5.3 秋季

合理选留结果母枝,达到 6~8 个/m²,采用独龙干短梢修剪。每平方米留芽量 35 个。

5.3.1 幼树

用中、长梢修剪。

5.3.2 结果树

以短梢修剪为主,结合中长梢修剪。每平方米留芽 8~10 个。剪去未成熟枝、细弱枝、病害枝、老蔓的残枝。

5.4 花序和果穗

5.4.1 疏花序

每个结果枝上留 1 个果穗。

卷须剪除干净。

5.4.2 修花序

花前一周。

剪去花序长度 1/5 左右的穗尖部分。同时,剪除副穗和过于稀疏的、表现不良的若干小穗。

5.4.3 疏果

果粒绿豆大小时进行。

对果穗中坐果密集部分和僵果、表面擦伤、机械损伤果进行疏果。

5.4.4 理顺果穗

把夹在铁丝上和枝条中间的果穗,理顺到架面下,呈自然下垂状。

DB

吐鲁番市地方标准

DB 6521/T 238—2020

绿色食品 吐鲁番无核紫葡萄病虫害防治技术规程

2020-06-20 发布　　　　　　　　　　　　2020-07-15 实施

吐鲁番市市场监督管理局　发布

前　言

本标准根据 GB/T 1.1—2009《标准化工作导则　第 1 部分：标准的结构和编写》进行编写。

本标准由吐鲁番市林果业技术推广服务中心提出。

本标准由吐鲁番市林业和草原局归口。

本标准由吐鲁番市林果业技术推广服务中心、新疆农业科学院吐鲁番农业科学研究所、吐鲁番市林业有害生物防治检疫局负责起草。

本标准主要起草人：罗闻芙、刘丽媛、韩泽云、李万倩、孟建祖、王琼、吴久赟。

绿色食品 吐鲁番无核紫葡萄病虫害防治技术规程

1 范围

本标准规定了绿色食品无核紫葡萄病虫害防治的术语和定义、防治技术、农药使用方法。

本标准适用吐鲁番绿色食品无核紫葡萄的病虫害防治。

2 规范性引用文件

下列文件对于本文件的应用是必不可少的。凡是注日期的引用文件，仅所注日期的版本适用于本文件。凡是不注日期的引用文件，其最新版本（包括所有的修改单）适用于本文件。

GB 8321.1 农药合理使用准则（一）

GB 8321.2 农药合理使用准则（二）

GB 8321.3 农药合理使用准则（三）

GB 8321.4 农药合理使用准则（四）

GB 8321.5 农药合理使用准则（五）

GB 8321.6 农药合理使用准则（六）

3 术语和定义

下列术语和定义适用于本标准。

3.1 绿色食品

指产自优良生态环境、按照绿色食品标准生产、实行全程质量控制并获得绿色食品标志使用权的安全、优质食用农产品及相关产品。

3.2 预测预报

指定性或定量估计无核紫葡萄病虫害未来发生期、发生量、危害或流行程度，以及扩散发展趋势，提供病虫情信息和咨询的一种应用技术。

3.3 清园

指葡萄树体休眠季节，对葡萄园进行整理、清洁的一项管理措施。

4 防治原则

4.1 预防为主，防治结合。

4.2 加强病虫害的预测预报，避免盲目用药。

4.3 根据天敌发生规律，科学合理使用农药，尽量减少药物使用。

4.4 参照 GB 8321.1、GB 8321.2、GB 8321.3、GB 8321.4、GB 8321.5、GB 8321.6 执行。

5 常见病虫害

5.1 白粉病

5.1.1 发生症状

侵染葡萄的所有绿色部位，如叶片、枝梢、幼果，尤以幼嫩组织最易感病。危害后，导致果实成熟期推迟，可溶性固形物含量降低。在 30～35 ℃ 环境病害扩散快，干旱的夏季和温暖而潮湿、闷热的天气有利于白粉病的大发生。

5.1.2 发生时间

在吐鲁番市，5月下旬至6月上旬开始发病，6月下旬至7月下旬为发病盛期。

5.1.3 农业防治

加强栽培管理，多施腐熟的有机肥，适当增施磷钾肥。

适时灌水和中耕除草，及时除萌、绑蔓、摘心和除副梢。

5.1.4 化学防治

葡萄埋土下架前、出土上架后，结合清园，喷施 3～5 波美度石硫合剂。

发病初期，喷施 5% 粉锈宁 1500 倍液，每 15 d 喷一次，连喷 3 次。

5.2 霜霉病

5.2.1 发生症状

在病部表面产生白色霜霉状物。发病严重时，常造成大量落叶、落果，甚至造成植株死亡。

5.2.2 发生时间

在吐鲁番市，5月下旬至6月上旬开始发病，6月下旬至7月下旬为发病盛期。

5.2.3 农业防治

埋墩前，修剪后彻底清扫枯枝落叶，集中后统一带出田外，挖坑深埋。

萌芽后，及时摘心修剪，增强通风透光，降低园内湿度。

生长期，平衡施肥，增强树势，强化钾肥补给。

5.2.4 化学防治

埋墩前、早春开墩后，用 3～5 波美度石硫合剂，喷洒枝干。

6月上中旬，喷施 65% 代森锰锌可湿性粉剂 500 溶液，或 1∶0.7∶200 倍波尔多液，或 65% 钙镁锌可湿性粉剂 500 倍液。隔 10 d 喷 1 次，共喷 6～8 次。

病害发生初期，喷施 1.5% 多抗霉素可湿性粉剂 300～500 倍液，或 60% 噁唑菌酮和代森锰锌水分散粒剂 800～1 200 倍液，或 68% 甲霜灵和代森锰锌可湿性粉剂 400～600 倍液。喷洒叶片正、背面，每隔 5～7 d 喷施 1 次，连续喷 3～5 次。当病害得到控制后，恢复到 10 d 喷药 1 次。

病害发生中期，喷施 50% 甲呋酰胺可湿性粉剂 800～1 000 倍液，或 12.5% 噻唑菌胺可湿性粉剂 1 000 倍液，或 25% 甲霜·霜霉威可湿性粉剂 600～800 倍液。喷洒叶片正、背面，每隔 5～7 d 喷施 1 次，连续喷 3～5 次。当病害得到控制后，恢复到 10 d 喷药 1 次。

5.3 葡萄斑叶蝉

5.3.1 发生症状

以成虫、若虫群集于叶片背面刺吸汁液，使叶片产生失绿的白色小斑，造成叶片苍白、枯黄甚至脱落，引起树势早衰，果实易萎蔫、落果。其分泌物污染果面，失去商品价值，还可传播病毒。

5.3.2 发生时间

葡萄展叶后（每年4月中上旬左右）开始危害，1年发生4代。

5.3.3 物理防治

葡萄出土上架后，将黄板悬挂在葡萄架第一条铁丝上，与铁丝平行，挂20～30块/667 m^2。根据诱虫情况，视黄板黏性情况，及时更换黄板。

5.3.4 化学防治

葡萄埋土下架前、出土上架后，结合清园，喷施3～5波美度石硫合剂。

4月下旬，进行第一次药剂防治。采用啶虫脒乳油、天然除虫菊素乳油、苦参碱等药剂防治。

5月下旬至6月上旬，进行第二次药剂防治。药剂同上。

9月中下旬至10月上旬，进行第三次药剂防治。药剂同上。

5.4 白星花金龟

5.4.1 发生症状

以成虫为害成熟的果实为主，常群集为害，造成果实腐烂。也可取食幼叶、芽、花或枝蔓破皮处吸食汁液，留下分泌物，从而诱发病源。

5.4.2 发生时间

一年发生一代。5月上旬出现成虫，6月底至8月中旬发生盛期。

5.4.3 农业防治

6～8月，对没有处理的有机肥，用棚膜密封严实，阻止成虫进入内部产卵。

秋施基肥前，对有机肥进行化学灭虫灭卵处理，或人工捡拾其中幼虫及蛹并杀灭。

5.4.4 物理防治

羽化期初期，开始采用糖醋液诱杀成虫。糖醋液配制比例为白酒∶红糖∶醋∶水＝1∶3∶6∶9，每瓶150～250 mL，密度为3～5瓶/667m^2。及时更换、补充糖醋液。

吐鲁番市地方标准

DB 6521/T 239—2020

绿色食品 吐鲁番无核紫葡萄植物生长调节剂 GA₃ 使用技术规程

2020-06-20 发布

2020-07-15 实施

吐鲁番市市场监督管理局 发 布

前　言

本标准根据 GB/T 1.1—2009《标准化工作导则　第 1 部分：标准的结构和编写》进行编写。

本标准由吐鲁番市林果业技术推广服务中心提出。

本标准由吐鲁番市林业和草原局归口。

本标准由吐鲁番市林果业技术推广服务中心、新疆农业科学院吐鲁番农业科学研究所、吐鲁番市林业有害生物防治检疫局负责起草。

本标准主要起草人：古亚汗·沙塔尔、刘丽媛、罗闻芙、李万倩、孟建祖、李海峰。

绿色食品 吐鲁番无核紫葡萄植物生长调节剂 GA₃ 使用技术规程

1 范围

本标准规定了绿色食品无核紫葡萄植物生长调节剂 GA₃ 使用技术要求的术语与定义、栽培管理等技术要求。

本标准适用于绿色食品无核紫葡萄植物生长调节剂 GA₃ 的使用。

2 规范性引用文件

下列文件对于本文件的应用是必不可少的。凡是注日期的引用文件，仅所注日期的版本适用于本文件。凡是不注日期的引用文件，其最新版本（包括所有的修改单）适用于本文件。

DB 65/T 2146 植物生长调节剂 GA₃ 的使用规程

3 术语和定义

下列术语和定义适用于本标准。

GA₃：赤霉素，是指刺激植物细胞分化、膨大的植物生长调节剂名称，用 GA₃ 表示。

4 使用浓度和使用时间

4.1 开花前一周，喷施一次植物生长调节剂 GA₃。喷施浓度为 50~80 mg/kg。

4.2 开花后果粒绿豆大小时喷施第二次。喷施浓度为 80~120 mg/kg。

4.3 植物生长调节剂要随配随用，避免午间喷，如遇 30℃ 以上温度，改在傍晚喷施。

5 喷施时间

按 DB 65/T 2146 中 4.2 执行。

6 喷施方式

按 DB 65/T 2146 中 5 执行。

7 溶解赤霉素的方法

按 DB 65/T 2146 中 6 执行。

DBN

吐 鲁 番 地 区 农 业 地 方 标 准

DBN 6521/T 096—2014

设施葡萄促早栽培技术规程

2014-12-25 发布　　　　　　　　　　　　　　　　2015-01-10 实施

吐鲁番地区质量技术监督局　　发 布

前　言

本规程根据 GB/T 1.1—200《标准化工作导则　第 1 部分：标准的结构和编写》和 DB65/T 2035.2—2003《标准体系工作导则　第 2 部分：农业标准体系框架与要求》的要求进行编写。

本规程由新疆农科院吐鲁番农业科学研究所提出。

本规程起草单位：新疆农科院吐鲁番农业科学研究所负责起草。

本规程主要起草人：郭峰、吴久赟、梁雎、艾尔肯、王瑞华、刘翔宇、陈玲、艾尼瓦尔、胡西丹、雷静、热孜万古丽、王婷、卡德尔。

设施葡萄促早栽培技术规程

1 范围

本标准规定了设施葡萄促早栽培技术规程的术语与定义、架式、栽培管理、整形修剪、环境调控、优果技术等技术要求。

本标准适用于吐鲁番地区设施葡萄促早栽培的生产及管理。

2 规范性引用文件

下列文件中的条款对于本文件的应用是必不可少的。凡是注明日期的引用文件，仅注日期的版本适用于本文件，凡是不注日期的引用文件，其最新版本（包括所有的修改单）适用于本文件。

GB 4285　农药安全使用标准

GB 6868　剪枝剪

GB 6870　手锯

GB/T 18407.2　农产品安全质量　无公害水果产地环境要求

NY/T 393　绿色食品　农药使用原则

NY/T 394　绿色食品　肥料使用准则

NY/T 428　绿色食品　葡萄

DB/T 2147—2004　葡萄主要病虫害及其防治规程

3 术语和定义

下列术语和定义适用于本标准。

3.1 促早栽培

利用日光温室升温、保温等措施，促进葡萄提前发育及提早成熟的一种栽培管理方式。

3.2 休眠期

作物相对不生长的时期。

3.3 环境调控

通过设施控制葡萄生长环境的土壤及空气的温度、湿度等环境条件的技术。

3.4 优果技术

通过一些措施提高设施葡萄品质和产量的一种综合技术。

3.5 需冷量

植物自然休眠期期内有效低温的累计时数。

3.6 三棚一膜

通过在温室内搭建小拱棚和中拱棚,地面铺地膜的一种促进葡萄提早萌芽的增温、保温措施。

3.7 环割

环绕植株枝干,割去一圈的韧皮部的做法。

3.8 环剥

环绕植株枝干,剥去一定宽度的韧皮部的做法。

4 设施葡萄园地要求

4.1 产地环境要求

应符合 GB/T 18407.2 要求。

4.2 设施葡萄促早栽培的条件要求

采光性好、透光性强、保温性能好的日光温室。

5 栽培管理

5.1 品种

选择坐果率高,休眠期短,抗病性强,品质好,适合设施栽培的极早熟或早熟品种。

5.2 整修修剪

修剪工具应符合 GB 6868、GB 6870,根据不同架式进行整形修剪。

5.3 留枝、果量

花序可见时进行,抹除多余的芽,结果枝密度 8~12 个/m^2,产量 1 000~1 500kg/667m^2 为宜。

5.4 果穗管理

果粒绿豆大时,疏去小、病、伤和过密的果粒。

5.5 采收后修剪

采收后 15~20 天修剪,选留结果母枝 1~2 个,疏除过密枝及徒长枝。

6 葡萄生长期的环境调控

10月底至11月初，根据不同品种进行强迫休眠，温度控制在0~7.2℃。萌芽期通过"三棚一膜"技术让土壤温度达到>10℃，空气温度达到>10℃，相对空气湿度60%左右。生育期白天温度25~30℃，夜间温度18~20℃，相对空气湿度50%左右。

7 优果技术

7.1 花果管理

疏除过多花序、果穗，促使果穗整齐、果粒紧凑。

7.2 植物生长调节剂 GA_3 的使用

花穗Ⅱ期用 GA_3 拉长果穗，有核品种花期不使用，果粒膨大期用 GA_3 增大果粒。

7.3 环剥、环割增大果粒技术

环剥、环割部位在结果枝和结果母枝基部，宽度为0.5~1.0cm为宜。

7.4 果穗套袋

在果实着色前用葡萄专用袋进行套袋。

8 水肥管理

葡萄生育周期内，实行"前促""后控""中间足"的配水原则，合理灌溉。施肥应按照NY/T496规定执行，着色前根施硫酸钾，叶面肥适时适量喷施。

9 病虫鸟害综合防治

9.1 病虫害防治

农药使用须严格按照GB 4285、NY/T 393、DB/T 2147—2004。生产过程中提倡生物防治，坚持预防为主，防治结合的原则。

9.2 鸟害防治

针对鸟害的防治，采用果穗套袋法，或防鸟网等其他方法进行预防，一般在果实着色前进行。

10 采收

果粒达到品种成熟时固有颜色时，并且可溶性固形物14%以上均可采收。

DBN

吐鲁番地区农业地方标准

DBN 6521/T 097—2014

设施葡萄促早栽培（三棚一膜）技术规程

2014-12-25 发布　　　　　　　　　　　　2015-01-10 实施

吐鲁番地区质量技术监督局　发 布

前 言

本规程根据 GB/T 1.1—2009《标准化工作导则 第 1 部分：标准的结构和编写》和 DB65/T2035.2—2003《标准体系工作导则 第 2 部分：农业标准体系框架与要求》的要求进行编写。

本规程由新疆农科院吐鲁番农业科学研究所提出。

本规程起草单位：新疆农科院吐鲁番农业科学研究所负责起草。

本规程主要起草人：郭峰、吴久赟、梁雎、艾尔肯、王瑞华、陈玲、雷静、刘翔宇、王婷、吴斌、艾尼瓦尔、胡西丹、李海峰。

设施葡萄促早栽培（三棚一膜）技术规程

1 范围

本标准规定了设施葡萄促早栽培技术规程的术语与定义、环境调控、促早栽培、栽培管理、三棚一膜等技术要求。

本标准适用于吐鲁番地区设施葡萄促早栽培的生产及管理。

2 规范性引用文件

下列文件中的条款对于本文件的应用是必不可少的。凡是注明日期的引用文件，仅注日期的版本适用于本文件，凡是不注日期的引用文件，其最新版本（包括所有的修改单）适用于本文件。

GB 4455—2006 农业用聚乙烯吹塑棚膜

GB/T 18407.2 农产品安全质量 无公害水果产地环境要求

NY/T 428 绿色食品 葡萄

NY/T 496 肥料合理使用准则通则

DB 65/T 2145—2004 葡萄肥水管理技术规程

3 术语和定义

下列术语和定义适用于本标准。

3.1 促早栽培

利用日光温室升温、设施大棚等措施，促进葡萄提早发育、成熟的一种栽培管理方式。

3.2 环境调控

通过设施调节和控制葡萄生长环境的土壤及空气的温度、湿度等环境条件的技术。

3.3 三棚一膜

通过在温室内搭建小拱棚和中拱棚，地面铺地膜的一种促进葡萄提早萌芽的增温、保温措施。

4 设施葡萄园地要求

4.1 产地环境要求

应符合 GB/T 18407.2 要求。

4.2 设施葡萄促早栽培的条件要求

采光性好、透光性强、保温性能好的日光温室。应符合 GB 15618 要求。

5 三棚一膜增温技术

5.1 使用工具要求

棚膜选择应符合 GB 4455—2006，透光率 85% 以上，厚度 0.12~0.15mm，地膜厚度 0.01~0.03mm，拱棚膜厚度 0.03~0.08mm。

5.2 搭建方法

5.2.1 温室扣棚后，先将温室清洁干净并消毒，然后在地面铺上地膜。

5.2.2 将葡萄下架放于地膜上，尽量拉伸放平，不要损伤葡萄树体和枝条。

5.2.3 用铁丝做拱棚框架，高度为 50cm 左右，支撑要稳固，支撑点要圆滑，避免划破小拱棚膜。

5.2.4 将小棚膜覆盖在框架上，拉直后周围覆土，形成一个密闭的保温空间。

5.2.5 在小拱棚与温室之间再搭建一个棚架，高度为 1.5m 左右，然后覆膜盖土，形成一个更大的密闭增温保温空间。

5.3 搭建时间

葡萄生理休眠完成后即可搭建。

5.4 升温

进入升温期后，结合破眠剂的使用，促使葡萄提早萌芽。

6 栽培管理

参照设施葡萄促早栽培技术规程执行。

7 水肥管理

水肥应按照 NY/T 496、DB 65/T 2145—2004 规定执行。

DBN

吐 鲁 番 地 区 农 业 地 方 标 准

DBN 6521/T 098—2014

设施葡萄促早栽培优果技术规程

2014－12－25发布　　　　　　　　　　　　　　2015－01－10实施

吐鲁番地区质量技术监督局　　发 布

前 言

本规程根据 GB/T 1.1—2009《标准化工作导则 第1部分：标准的结构和编写》和 DB65/T 2035.2—2003《标准体系工作导则 第2部分：农业标准体系框架与要求》的要求进行编写。

本规程由新疆农科院吐鲁番农业科学研究所提出。

本规程起草单位：新疆农科院吐鲁番农业科学研究所负责起草。

本规程主要起草人：郭峰、吴久赟、胡西丹、梁雎、刘翔宇、王瑞华、陈玲、艾尔肯、雷静、王婷、艾尼瓦尔、韩琛。

设施葡萄促早栽培优果技术规程

1 范围

本标准规定了设施葡萄促早栽培技术规程的术语与定义、优果技术、环剥、环割、套袋等技术要求。

本标准适用于吐鲁番地区设施葡萄促早栽培的生产及管理。

2 规范性引用文件

下列文件中的条款对于本文件的应用是必不可少的。凡是注明日期的引用文件，仅注日期的版本适用于本文件，凡是不注日期的引用文件，其最新版本（包括所有的修改单）适用于本文件。

GB/T 18407.2 农产品安全质量 无公害水果产地环境要求

NY/T 393 绿色食品 农药使用原则

NY/T 394 绿色食品 肥料使用准则

NY/T 428 绿色食品 葡萄

DB 65/T 2145—2004 葡萄肥水管理技术规程

DB 65/T 2147—2004 葡萄主要病虫害及其防治规程

3 术语和定义

下列术语和定义适用于本标准。

3.1 促早栽培

利用日光温室升温、保温等措施，促进葡萄提前发育及提早成熟的一种栽培管理方式。

3.2 优果技术

通过一些措施提高设施葡萄品质和产量的一种综合技术。

3.3 植物生长调节剂

本技术规程中主要指赤霉素。

3.4 环割

环绕植株枝干，割去一圈的韧皮部。

3.5 环剥

环绕植株枝干，剥去一定宽度的韧皮部。

3.6 套袋

将葡萄果实套入葡萄专用袋内，提高果品质量的一种做法。

3.7 果穗修剪

对葡萄果穗进行整形修剪，促进果穗发育，提高果实品质的做法。

3.8 生理落果

葡萄从开花到果实成熟的发育过程中，由外力原因引起的落果现象称为生理落果。

4 设施葡萄园地要求

4.1 产地环境要求

应符合GB/T 18407.2要求。

4.2 设施葡萄促早栽培的条件要求

采光性好、透光性强、保温性能好的日光温室。

5 栽培管理

5.1 品种

选择坐果率高，休眠期短，抗病性强，品质好，适合设施栽培的极早熟或早熟品种。

5.2 拉长果穗

拉长果穗选择在花穗一期，拉长果穗效果极显著。

5.3 增大果粒

增大果粒选择在果实膨大期，能显著提高穗重、粒重等外观品质及可溶性固形物。

5.4 果穗管理

果粒绿豆大时，疏去小、病、伤和过密的果粒。

6 果穗修剪

花前疏除多余花序、副穗，果实发育期进行果穗修整，一般在花后15d左右，及时疏去过密果粒、畸形果粒等。

7 套袋

套袋时间一般选择葡萄着色前，使用葡萄专用袋较好，果实成熟后摘袋。

8 环割

8.1 环割时间

一般选择果实膨大期。

8.2 环割方法

用环割刀，绕植株枝体切割宽度为 0.1~0.3cm 的一圈韧皮部，不可切到木质部。

8.3 环割部位

在结果枝或结果母枝上均可进行环割。

9 环剥

9.1 环剥时间

一般选择果实膨大期。

9.2 环剥方法

用环剥刀，绕植株枝体剥除宽度为 0.5~1.0cm 的一圈韧皮部，不可切到木质部。

9.3 环剥部位

在较壮硕的树体上进行，选择树干基部、结果枝、结果母枝上均可进行环割。

10 水肥管理

水肥应按照 NY/T 394，DB65/T 2145—2004 规定执行。

11 病虫害防治

农药使用须严格按照 NY/T 393，DB65/T 2147—2004 的规定执行。

12 采收

果粒达到品种成熟时固有颜色时，并且可溶性固形物 14% 以上均可采收。

DBN

吐鲁番地区农业地方标准

DBN 6521/T 099—2014

设施葡萄促早栽培篱架
整形修剪技术规程

2014 – 12 – 25 发布　　　　　　　　　　　2015 – 01 – 10 实施

吐鲁番地区质量技术监督局　发布

前　言

本规程根据 GB/T 1.1—2009《标准化工作导则　第 1 部分：标准的结构和编写》和 DB65/T2035.2—2003《标准体系工作导则　第 2 部分：农业标准体系框架与要求》的要求进行编写。

本规程由新疆农科院吐鲁番农业科学研究所提出。

本规程起草单位：新疆农科院吐鲁番农业科学研究所负责起草。

本规程主要起草人：郭峰、吴久赟、艾尔肯、梁雎、刘翔宇、王瑞华、陈玲、王婷、雷静、胡西丹、艾尼瓦尔、热孜万古丽。

设施葡萄促早栽培篱架整形修剪技术规程

1 范围

本标准规定了设施葡萄促早栽培技术规程的术语与定义、架式、栽培管理、整形修剪、环境调控、优果技术等技术要求。

本标准适用于吐鲁番地区设施葡萄促早栽培的生产及管理。

2 规范性引用文件

下列文件中的条款对于本文件的应用是必不可少的。凡是注明日期的引用文件，仅注日期的版本适用于本文件，凡是不注日期的引用文件，其最新版本（包括所有的修改单）适用于本文件。

GB 6868　剪枝剪

GB 6870　手锯

NY/T 428　绿色食品　葡萄

NY/T 496　肥料合理使用准则通则

DB 65/T 2145　葡萄肥水管理技术规程

3 术语和定义

下列术语和定义适用于本标准。

3.1 促早栽培

利用日光温室升温、保温等措施，促进葡萄提前发育及提早成熟的一种栽培管理方式。

3.2 结果枝

一年生、成熟、能开花结果的枝条。

3.3 摘心

摘去新梢顶部幼嫩部分。

3.4 整形修剪

根据栽培模式对设施葡萄树形结构进行整形修剪的方式和配套技术。

4 设施葡萄促早栽培条件要求

采光性好、透光性强、保温性能好的日光温室。

5 整形

修剪工具应符合GB 6868、GB 6870，根据不同架势进行整形修剪。

5.1 "F形"

株行距1m×1.5m，选留2个枝蔓分别固定在架面上第一道和第三道铁丝，剪除多余枝蔓，整体树冠形成类似于字母"F"的形状，横蔓上每隔20~25cm培养一个结果枝组。

5.2 "V形"

株行距为1m×2.5m，培养2个主蔓，角度为30°~35°，剪除多余枝蔓，整体树冠形成类似于字母"V"的形状。主蔓50cm以上，每隔20~25cm培养一个结果枝组。

5.3 "Y形"

株行距1m×1.5m，葡萄干高40~50cm处摘心，促新梢生长，培养2个主蔓，剪除多余枝蔓，整体树冠形成类似于字母"Y"的形状，主蔓上每隔20~25cm培养一个结果枝组。

6 修剪

6.1 当年植株

根据不同整形方式进行修剪，以培养枝蔓塑形为主，不留结果植组，剪除多余枝蔓，促进树体成形。

6.2 二年生植株

春季新梢生长时，选留2个枝蔓为主蔓，当枝蔓长至80cm时摘心，促枝蔓生长，控制产量不超过500kg/667m²为宜。秋季修剪，培养主蔓，疏除过密枝及徒长枝。冬季修剪时，以树形为主，剪除多余枝蔓进行回缩。

6.3 三年生植株

春季新梢生长至10cm时，选留1~2个枝蔓作为主蔓。在主蔓上培养结果枝组，在结果枝组上选留2~3个结果母枝，抹除多余枝梢，每个果枝上留1~2个果穗，果穗以上留4~5片叶摘心，产量600~800kg/667m²为宜。采收后15~20天修剪，选留好的结果母枝1~2个，疏除过密枝及徒长枝。冬季修剪时，根据树形进行回缩修剪。

6.4 多年生植株

参照第三年的修剪方式，适当调整果枝、果穗量，注意将产量控制在1 000~1 500kg/667m²为宜。

7 栽培管理

参照设施葡萄促早栽培技术规程执行。

8 水肥管理

水肥应按照 NY/T 496，DB65/T 2145—2004 规定执行。

DBN

吐鲁番地区农业地方标准

DBN 6521/T 100—2014

设施葡萄促早栽培棚架整形修剪技术规程

2014-12-25 发布　　　　　　　　　　　　2015-01-10 实施

吐鲁番地区质量技术监督局　发布

前 言

本规程根据 GB/T 1.1—2009《标准化工作导则 第 1 部分：标准的结构和编写》和 DB65/T 2035.2—2003《标准体系工作导则 第 2 部分：农业标准体系框架与要求》的要求进行编写。

本规程的附录为规范性附录。

本规程由新疆农科院吐鲁番农业科学研究所提出。

本规程起草单位：新疆农科院吐鲁番农业科学研究所负责起草。

本规程主要起草人：郭峰、吴久赟、艾尔肯、梁睢、刘翔宇、王瑞华、陈玲、艾尼瓦尔、胡西丹、热孜万古丽、毛亮、卡德尔。

设施葡萄促早栽培棚架整形修剪技术规程

1 范围

本标准规定了设施葡萄促早栽培技术规程的术语与定义、架式、栽培管理、整形修剪、环境调控、优果技术等技术要求。

本标准适用于吐鲁番地区设施葡萄促早栽培的生产及管理。

2 规范性引用文件

下列文件中的条款对于本文件的应用是必不可少的。凡是注明日期的引用文件，仅注日期的版本适用于本文件，凡是不注日期的引用文件，其最新版本（包括所有的修改单）适用于本文件。

GB 6868　剪枝剪

GB 6870　手锯

NY/T 394　绿色食品　肥料使用准则

NY/T 428　绿色食品　葡萄

NY/T 496　肥料合理使用准则通则

DB 65/T 2145　葡萄肥水管理技术规程

3 术语和定义

下列术语和定义适用于本标准。

3.1 促早栽培

利用日光温室升温、保温等措施，促进葡萄提前发育及提早成熟的一种栽培管理方式。

3.2 结果枝

一年生、成熟、能开花结果的枝条。

3.3 摘心

摘去新梢顶部幼嫩部分。

3.4 整形修剪

根据栽培模式对设施葡萄树形结构进行整形修剪的方式和配套技术。

4 设施葡萄促早栽培条件要求

采光性好、透光性强、保温性能好的日光温室。

5 整形

修剪工具应符合 GB 6868、GB 6870，根据不同架势进行整形修剪。

5.1 "H"形

株行距 2m×1.5m，选留一条主蔓直立生长，至架面高时，摘心促新梢，选留 2 个枝蔓延伸固定于架面，到一定程度再摘心，直至新梢铺满架面，树冠形成类似于字母"H"形状。在"H"枝蔓上，每隔 20~25cm 培养一个结果枝组。

5.2 "T"形

株行距 2m×1.5m，选留一条主蔓直立生长，至架面高时，摘心促新梢，选留 2 个枝蔓以类似于字母"T"形状延伸固定枝蔓。架面上的主蔓，每隔 20~25cm 培养一个结果枝组。

5.3 独龙干形

株行距 1m×1.5m，每株留 1 个向前延伸的主蔓，形成龙干，在龙干上每隔 20~25cm 留 1 个侧蔓，培养成结果枝，即可构成独龙干架型。主蔓上，每隔 20~25cm 培养一个结果枝组。

6 修剪

6.1 当年植株

根据不同整形方式进行修剪，当年均以塑形为主，培养主蔓，剪除多余枝蔓，培养树体成形。

6.2 二年生植株

春季新梢生长时，抹除架面以下枝梢，架面上选留粗壮枝梢去掉果穗，5~7 片叶摘心，促新梢生长，培养为主蔓。在主蔓上选留 1~2 个结果枝，每个结果枝留 1 个果穗，产量 500kg/667m² 为宜。秋季修剪，选留好的 4~5 个结果枝组，疏除过密枝及徒长枝。冬季修剪时，留 2~3 个结果枝组，保持树形，剪除多余枝蔓。

6.3 三年生植株

架面以下不留枝蔓，架面上每 20~25cm 选留 1 个结果枝，结果枝上留 1~2 个果穗，5~7 片叶时摘心、去副梢，产量 600~800kg/667m² 为宜。采收后 15~20 天修剪，疏除多余枝条。冬季修剪时，每个主蔓上每 20~25cm 选留一个结果枝组，每个结果枝组上留 2~3 个芽。

6.4 多年生植株

参照第三年的修剪方式，适当调整果枝、果穗量，注意将产量控制在 1 000~1 500kg/667m² 为宜。

7 栽培管理

参照设施葡萄促早栽培技术规程执行。

8 水肥管理

水肥应按照 NY/T 496，DB65/T 2145—2004 规定执行。

吐 鲁 番 市 农 业 地 方 标 准

DBN 6521/T 211—2020

日光温室葡萄邻苯二甲酸酯污染综合防控技术规范

2020-05-30 发布

2020-06-15 实施

吐鲁番市市场监督管理局　发 布

◎ 吐鲁番葡萄标准体系

前 言

本标准按 GB/T 1.1—2009《标准化工作导则 第 1 部分：标准的结构和编写规则》进行编写。

本标准由新疆农业科学院吐鲁番农业科学研究所。

本标准由吐鲁番市农业农村局归口。

本标准主要起草单位：新疆农业科学院吐鲁番农业科学研究所。

本标准主要起草人：李海峰、任红松、刘志刚、郭红梅、胡西旦·买买提、雷静、吴久赟、韩琛、刘翔宇、陈雅、徐桂香、赵龙、廉伟佳、阿木提·库尔班、王瑞华。

日光温室葡萄邻苯二甲酸酯污染综合防控技术规范

1 范围

本标准规定了日光温室葡萄邻苯二甲酸酯的防控技术要点。

本标准适用吐鲁番日光温室葡萄邻苯二甲酸酯的防控。

2 规范性引用文件

下列文件中的条款通过本标准中引用成为本标准的条款，凡是注日期的引用文件，仅所注日期的版本适用于本标准。凡是不注日期的引用文件，其最新版本适用于本标准。

GB 4455　农业用聚乙烯吹塑棚膜

GB 9685　食品安全国家标准 食品接触材料及制品用添加剂使用标准

GB 8978　污水综合排放标准

GB 37822　挥发性有机物无组织排放控制标准

GB 202876　农用微生物菌剂

GB 38400　肥料中有毒有害物质的限量要求

HJ 662　水泥窑协同处置固体废物环境保护技术规范

NY/T 1224　农用塑料薄膜安全使用控制技术规范

DB 65 3189　聚乙烯吹塑农用地面覆盖薄膜

国家危险废物名录（环境保护部令 第39号）

3 术语和定义

下列术语和定义适用于本标准。

3.1 日光温室

日光温室是节能日光温室的简称。由两个山墙、后坡、后墙、支撑骨架、覆盖材料及操作间组成，通过后墙体对太阳能吸收实现蓄放热，维持室内一定的温度水平，以满足农作物生长的需要。

3.2 邻苯二甲酸酯

邻苯二甲酸酯（Phthalic Acid Esters，PAEs），俗称塑化剂、增塑剂，是一类重要的环境毒性有机化合物，常被应用于塑料、农药、驱虫剂等行业。

3.3 综合防控

利用农业、物理、生态、化学等多种手段预防和控制日光温室环境中邻苯二甲酸酯的含量水平。

3.4 生物质炭

以作物秸秆等农林植物废弃生物质为原料，在限氧或者无氧的条件下、400~700℃对生物质进行热裂解，产生的富碳固体物质，称为生物质炭。

3.5 邻苯二甲酸酯降解菌

指由一种或多种从自然界分离纯化，通过自然或人工选育所获得的微生物菌种（株），应用于生态环境中邻苯二甲酸酯的降解。

4 防控原则

按照"预防为主，综合防治"的原则，以物理防治和微生物防治为主，从产地污染物、农业生产投入品及栽培农艺措施等方面预防和控制日光温室土壤、水、空气中邻苯二甲酸酯，以保障葡萄产品质量安全。

5 综合防控技术

5.1 邻苯二甲酸酯预防

5.1.1 严格控制工业"三废"的排放。日光温室葡萄基地周围工业"三废"的排放应符合HJ 662、GB 8978、GB 37822的要求。环保部门应加强对污染企业生产活动的监管，企业应更新生产设备，应用新技术、新模式优化生产工艺，从而降低"三废"产生量，减少邻苯二甲酸酯的排放。

5.1.2 农用薄膜的选用及回收

5.1.2.1 农用地膜的选择符合DB65 3189的要求，厚度应不小于0.01mm，耐老化、低毒性或无毒性、可降解的树脂农膜，易于回收。

5.1.2.2 农用棚膜的选择应符合GB 4455的要求，耐老化，厚度不小于0.06mm。

5.1.2.3 鼓励与推广使用新型环保农膜或无添加邻苯二甲酸酯的农膜。

5.1.2.4 农用薄膜的回收及处理应符合NY/T 1224的要求。完成覆盖作用应及时回收，清理干净土壤中残存的薄膜碎片，禁止将农膜随意堆放在田间地头，任日晒雨淋，防止污染土壤及空气。

5.1.3 肥料的选用

5.1.3.1 所使用的无机及有机肥料中邻苯二甲酸酯总量应小于25mg/kg，限量标准应符合GB 38400的要求。

5.1.3.2 增施有机肥，减施化肥，改良温室土壤结构，提高土壤微生物活性和多样性，促进土壤中PAEs的降解，减少PAEs的积累。

5.1.4 温湿度、气体调控

葡萄生长期间，特别是在葡萄果实膨大期到成熟期，温室温度控制在20~35℃，相对湿度控制在70~75%，避免高温高湿，以延缓地膜及棚膜的老化，加强温室内空气流通，降低温室内空气中邻苯二甲酸酯的浓度，防止空气中邻苯二甲酸酯在葡萄果实中富集。

5.2 土壤治理

5.2.1 物理吸附

在土壤中添加 0.5~1% 的生物质炭,与土壤混合均匀,依靠生物质炭对有机物的吸附能力,将邻苯二甲酸酯固定在生物质炭中,降低土壤中邻苯二甲酸酯的生物可利用性及挥发性,抑制葡萄对邻苯二甲酸酯的吸收。

5.2.2 微生物降解

在土壤中添加外源邻苯二甲酸酯降解菌,通过降解菌高效的降解能力,在短时间内可将邻苯二甲酸酯降解,降解菌安全性应符合 GB 20287 相关要求。

吐 鲁 番 市 农 业 地 方 标 准

DBN 6521/T 188—2018

绿色食品 火焰无核葡萄一年两熟栽培技术规程

2018 - 11 - 25 发布

2018 - 12 - 15 实施

吐鲁番市质量技术监督局 发 布

前 言

本标准按 GB/T 1.1—2009《标准化工作导则　第 1 部分：标准的结构和编写规则》进行编写。

本标准由新疆农业科学院吐鲁番农业科学研究所和新疆葡萄工程技术研究中心提出。

本标准归口单位：吐鲁番市农业局。

本标准起草单位：新疆农业科学院吐鲁番农业科学研究所、新疆葡萄工程技术研究中心。

本标准主要起草人：梁雎、吴久赟、艾尼瓦尔·阿不都拉、日孜旺古力·阿不都热合曼、艾日肯·卡马力、热西旦·阿木提、赵龙、郭红梅、廉苇佳、徐桂香。

绿色食品 火焰无核葡萄一年两熟栽培技术规程

1 范围

本规范规定了火焰无核葡萄一年两熟栽培技术的相关术语和定义及技术方法等内容。

本规范适用于吐鲁番市火焰无核葡萄的生产栽培。

2 规范性引用文件

下列文件中的条款对于本文件的应用是必不可少的。凡是注明日期的引用文件，仅注日期的版本适用于本文件，凡是不注日期的引用文件，其最新版本（包括所有的修改单）适用于本文件。

GB 6868　剪枝剪

GB 6870　手锯

NY/T 391　绿色食品　产地环境技术条件

NY/T 393　绿色食品　农药使用准则

NY/T 394　绿色食品　肥料使用准则

NY/T 469　葡萄苗木

NY/T 470　鲜食葡萄

DB/T 2147　葡萄主要病虫害及其防治规程

DBN 6521/T 169　吐鲁番葡萄改良式棚架搭建技术规程

3 术语和定义

3.1 一年两熟

通过栽培技术管理使葡萄一年收获两次果实。

3.2 结果枝

一年生、成熟、能开花结果的枝条。

3.3 营养枝

只长叶、不开花、结果的枝条。

3.4 产量

单位面积所产鲜果的重量。

3.5 植物生长调节剂

对植物的生长发育有调节作用的化学物质或植物激素，本技术规程中主要指赤霉素。

3.6 套袋

将葡萄果实套入葡萄专用袋内，减少病虫鸟害，提高果品质量的一种做法。

3.7 生理落果

葡萄从开花到果实成熟的发育过程中，不由外力原因引起的落果现象称为生理落果。

3.8 可溶性固形物含量

成熟期果实中可溶性固形物含量，以%表示。

4 葡萄园整体技术要求

产地环境要求

应符合 NY/T 391《绿色食品　产地环境技术条件》要求。

5 栽植要求

5.1 苗木质量

苗木质量按 NY/T 469 的规定执行。

5.2 苗木准备

定植前对苗木根部进行修剪，并用进行消毒处理。

5.3 定植穴

穴长 0.6~0.8m，宽 0.6~0.8m，深 0.8m。穴内用有机肥和原土充分混匀后回填。

5.4 定植

5.4.1 定植时间
春季定植，土壤温度 >10℃时为宜。
5.4.2 定植密度
定植密度为 75~134 株/667m² 为宜。
5.4.3 定植方法
将苗木根系在穴内分散均匀摆布，回填细土，至全部根系掩盖后提苗、踩土，再回填细土、踩土。定植后，立即充分浇水。

5.5 架式

因地制宜，以改良型小棚架为主，具体参照 DBN 6521/T 169。

5.6 株行距

株距 1.0~1.5m，行距 5.0~6.0m。

6 一次果管理技术

6.1 修剪

修剪工具应符合 GB 6868、GB 6870。

6.1.1 夏季修剪

3月下旬，葡萄萌芽后开始抹芽，开花前3~5d，从花序向上留6~8片叶摘心；结果枝留12~15片叶摘心，营养枝留15片叶摘心，抹除花序以下部位的副梢，花序以上部位的副梢留1~2片叶反复摘心。

6.1.2 冬季修剪

以短梢修剪为主，中梢修剪为辅。

6.2 花序和果穗管理

每果枝留1个果穗，开花前疏除多余果穗和副穗，果穗量为4 000~5 000个/667m^2，产量控制在1 600~2 000kg/667m^{2}为宜。

6.3 植物生长调节剂

花前3~5d，果穗10~12cm时，喷施植物生长调节剂，浓度为50~100mg/kg，花后7~10d再次喷施，浓度为100~150mg/kg。药剂要现配现用，喷施时应避开下雨、刮风等天气，空气温度低于30℃时喷施为宜。

6.4 套袋

第二次喷施植物生长调节剂后，将葡萄果实套入葡萄专用袋内。

6.5 水肥管理

根据不同生长期进行合理灌溉，萌芽期、浆果膨大期需要良好的水分供应，成熟期应控制灌水。施肥应按照 NY/T 496 规定执行，结合花后浇水施磷钾肥，上色成熟前施硫酸钾，适时适量喷施叶面肥。

6.6 病虫害防治

农药使用须严格按照 NY/T 393、DB/T 2147。生产过程中提倡生物防治，坚持预防为主，防治结合的原则。

6.7 鸟害防治

针对鸟害的防治，采用果穗套袋法，或防鸟网等其他方法进行预防，一般在果实着色前进行。

6.8 采收

果粒达到品种成熟时固有颜色时，并且可溶性固形物含量15%以上均可采收。

7 二次果管理技术要点

7.1 修剪

修剪工具应符合 GB 6868、GB 6870。待第一茬果着色后，于6月中下旬进行修剪，将结果母枝和营养枝短截，留 8~10 片叶，同时剪除所有副梢。

7.2 花序和果穗管理

每果枝留 1 个果穗，疏除多余果穗和副穗，果穗量为 1 500~2 500 个/667m²，产量控制在 600~1 000kg/667m² 为宜。

7.3 植物生长调节剂

喷施植物生长调节剂选择在二次果生理落果期后进行，浓度为 50~100 mg/kg。

7.4 水肥管理

加强水肥管理，根据不同生长期进行合理灌溉。施肥应按照 NY/T 496 规定执行，结合花后浇水施磷钾肥，上色成熟前施硫酸钾，适时适量喷施叶面肥。

7.5 套袋

完成喷施植物生长调节剂后，将葡萄果实套入葡萄专用袋内。

7.6 采收

葡萄果实采收按照 NY/T 470 的有关规定执行。

7.7 采后管理

葡萄采收后，要加强水肥管理，及时浇水、施肥，以根施速效性肥料和有机肥为主，喷施叶面肥为辅。

新疆吐鲁番地区地方标准

DBN 6521/T 195—2019

绿色食品 火焰无核葡萄日光温室栽培技术规程

2019-05-30 发布

2019-06-15 实施

吐鲁番市市场监督管理局　发布

前 言

本规程按 GB/T 1.1—2009《标准化工作导则 第1部分：标准的结构和编写规则》进行编写。

本规程由新疆农业科学院吐鲁番农业科学研究所、新疆葡萄工程技术研究中心、新疆吐鲁番葡萄生产力促进中心、吐鲁番市农业科学院提出。

本规程归口单位：吐鲁番市林业和草原局。

本规程起草单位：新疆农业科学院吐鲁番农业科学研究所、吐鲁番市农业科学院、新疆葡萄工程技术研究中心、新疆吐鲁番葡萄生产力促进中心。

本规程主要起草人：梁睢、任红松、日孜旺古力·阿不都热合曼、董胜利、郭红梅、艾斯坎尔·买提尼牙孜、艾日肯·卡马力、热西旦·阿木提、吴久赟、赵龙、巴哈依丁·吾普尔、卡德·艾山、艾尼瓦尔·阿不都拉、雷静、廉苇佳、徐桂香。

绿色食品　火焰无核葡萄日光温室栽培技术规程

1　范围

本规程规定了火焰无核葡萄日光温室栽培技术的相关术语和定义，及建园、整形修剪、水肥管理、花果管理、采收等内容。

本规程适用于吐鲁番市火焰无核葡萄日光温室的栽培生产。

2　规范性引用文件

下列文件中的条款对于本文件的应用是必不可少的。凡是注明日期的引用文件，仅注日期的版本适用于本文件，凡是不注日期的引用文件，其最新版本（包括所有的修改单）适用于本文件。

NY/T 391　绿色食品　产地环境技术条件

DB 65/T 3723　生态健康果园产地环境

NY/T 393　绿色食品　农药使用准则

NY/T 394　绿色食品　肥料使用准则

NY/T 469　葡萄苗木

DB 65/T 2145　葡萄肥水管理技术规程

DB 65/T2147　葡萄主要病虫害及其防治规程

DBN 6521/T 169　吐鲁番葡萄改良式棚架搭建技术规程

NY/T 3223　日光温室设计规范

NY/T 3024　日光温室建设标准

DB 21/T 2053　日光温室滴灌设备作业技术规程

3　定义

3.1　日光温室

符合 NY/T 3223—2018《日光温室设计规范》、NY/T 3024—2016《日光温室建设标准》，南（前）面为采（透）光屋面，东西北（后）三面为保温围护墙，并有保温后屋面的单坡面型塑料薄膜温室。

3.2　需冷量

果树休眠期对低温的需要量，常以 0~7.2℃ 的低温累积小时数表示。

3.3　结果枝

一年生、成熟、能开花结果的枝条。

3.4 可溶性固形物含量

指果汁中能溶于水的糖、酸、维生素、矿物质等，以百分率（%）表示。

4 建园

4.1 产地环境要求

应符合 NY/T 391《绿色食品 产地环境技术条件》、DB 65/T 3723《生态健康果园产地环境》。

4.2 栽植要求

4.2.1 苗木质量
苗木质量按 NY/T 4699《葡萄苗木》的规定执行。

4.2.2 苗木准备
定植前对苗木进行消毒处理，对根部修剪，并用生根粉蘸根处理。

4.2.3 定植沟
先开定植沟，沟宽 1~1.2m，沟深 20~30cm，在沟内挖长宽深 40~50cm 定植坑，坑内下半部分用有机肥和心土充分混匀后回填，上半部分用熟土回填。

4.3 定植

4.3.1 定植时间
一般在春秋两季定植，多在春季定植，当地气温达到 10℃以上时进行。

4.3.2 定植密度
在温室东西居中定植 2 行，株距 0.6~1m，南北行距 1m，按棚跨度 10m 计算，亩定植约 133~222 株。

4.3.3 定植方法
将苗木根系基本触底，回填熟土至掩盖到茎秆后提苗，使根系充分舒展后踩土，定植后立即浇透水。

4.4 架式

因地制宜，以改良型小棚架为主，以定植沟为中心，朝北南和南北方向各搭建 1 排，具体参照 DBN 6521/T 169《吐鲁番葡萄改良式棚架搭建技术规程》。

5 整形修剪

第一年上半年不扣棚，按露地常规管理，以快速成形和促进枝条成熟、花芽分化完全为主。独龙干形整枝，定植当年每株葡萄选留 1 个粗壮新梢培养成主蔓，1.2m 以下副梢摘除，待主蔓长到架面南北两端摘心，枝条顶端留 1~2 个副梢 2~3 片叶反复摘心，促使主蔓枝条成熟。

翌年萌芽后待新梢生长到 10~15cm 时进行抹芽，去双芽、弱芽和无头芽。花前 5~7 天，从花序向上留 6~8 片叶摘心；花序以下副梢全部抹除，结果枝顶端留 1~2 副梢留 1~2 片叶反复摘心。

6 水肥管理

根据 DB 21/T 2053—2012《日光温室滴灌设备作业技术规程》安装滴灌设备，实现水肥一体化。施肥按照 NY/T 496《绿色食品肥料使用准则》、DB 65/T 2145《葡萄肥水管理技术规程》执行。

7 温室环境管理

7.1 休眠期管理

定植当年11月中旬扣棚，使棚内温度控制在0～7.2℃，让葡萄休眠30d，满足葡萄需冷量。

7.2 生长期管理

12月下旬至次年1月初当地气温稳定增长时开始升温，前7d应该逐步升温，避免温度突增。
萌芽前后，温度在25～28℃、湿度70～80%；
花期，温度在28～30℃、湿度50～60%；
膨大期，温度在25～28℃，湿度60～70%；
成熟期，温度在25～30℃，湿度60～70%。

8 花果管理

每1果枝留1果穗，果粒在豆果期时剪除穗尖1/5～1/4。亩留果穗4 000～5 000个，亩产量控制在1.6～2吨。

9 植物生长调节剂

9.1 赤霉素花前喷施浓度为30～40 mg/kg。时间在果穗10～12cm时进行。
9.2 赤霉素花后喷施浓度为40～50 mg/kg。时间在花后5～7d进行。
9.3 赤霉素要随配随用，喷施温度在30℃以下，早晚喷施。

10 病虫害防治

农药使用符合 NY/T 393《绿色食品 农药使用准则》、DB/T 2147《葡萄主要病虫害及其防治规程》。

11 采收

采收在5～6月中旬，在葡萄果实显现出固有颜色、形态，且可溶性固物含量达到16%（手持式折光仪测量）以上时即可采收。

12 采后管理

棚膜收起清园，根据土壤情况适时浇水施肥，促进结果枝成熟。

ICS 65.020.20
B 31

中华人民共和国农业行业标准

NY/T 5088—2002

无公害食品　鲜食葡萄生产技术规程

2002-07-25 发布　　　　　　　　　　　　　　2002-09-01 实施

中华人民共和国农业部　发布

前　言

本标准的附录 A 为规范性附录。

本标准由中华人民共和国农业部提出。

本标准起草单位：中国农业科学院郑州果树研究所、中国农业科学院植物保护研究所、北京农学院、农业部果品及苗木质量监督检验测试中心（郑州）。

本标准主要起草人：刘崇怀、孔庆山、王忠跃、周增强、潘兴、晁无疾、何为华。

无公害食品 鲜食葡萄生产技术规程

1 范围

本标准规定了无公害食品鲜食葡萄生产应采用的生产管理技术。

本标准适用于露地鲜食葡萄生产。

2 规范性引用文件

下列文件中的条款通过本标准的引用而成为本标准的条款。凡是注日期的引用文件，其随后所有的修改单（不包括勘误的内容）或修订版均不适用于本标准，然而，鼓励根据本标准达成协议的各方研究是否可使用这些文件的最新版本。凡是不注日期的引用文件，其最新版本适用于本标准。

NY/T 369 葡萄苗木

NY/T 470 鲜食葡萄

NY/T 496—2002 肥料合理使用准则 通则

NY 5086 无公害食品 鲜食葡萄

NY 5087 无公害食品 鲜食葡萄产地环境条件

中华人民共和国农业部公告 第199号（2002年5月22日）

3 要求

3.1 园地选择与规划

3.1.1 园地选择

3.1.1.1 气候条件

适宜葡萄栽培地区最暖月份的平均温度在16.6℃以上，最冷月的平均气温应该在 -1.1℃以上，年平均温度8℃~18℃；无霜期120天以上；年降水量在800 mm以内为宜，采前一个月内的降雨量不宜超过50 mm；年日照时数2 000 h以上。

3.1.1.2 环境条件

按照 NY 5087 的规定执行。

3.1.2 园地规划设计

葡萄园应根据面积、自然条件和架式等进行规划。规划的内容包括：作业区、品种选择与配置、道路、防护林、土壤改良措施、水土保持措施、排灌系统等。

3.1.3 品种选择

结合气候特点、土壤特点和品种特性（成熟期、抗逆性和采收时能达到的品质等），同时考虑市场、交通和社会经济等综合因素制定品种选择方案。

3.1.4 架式选择

埋土防寒地区多以棚架、小棚架和自由扇形篱架为主；不埋土防寒地区的优势架式有棚架、小棚架、单干双臂篱架和"高宽垂"T形架等。

3.2 建园

3.2.1 苗木质量

苗木质量按 NY/T 369 的规定执行。建议采用脱毒苗木。

3.2.2 定植时间

不埋土防寒地区从葡萄落叶后至第二年萌芽前均可栽植，但以上冻前定植（秋栽）为好；埋土防寒地区以春栽为好。

3.2.3 定植密度

单位面积上的定植株数依据品种、砧木、土壤和架式等而定，常见的栽培密度见表1。适当稀植是无公害鲜食葡萄的发展方向。

表1　　　　　　　　　　　　栽培方式及定植株数

方式	株行距/m	定植株数/667 m²
小棚架	0.5~1.0×3.0~4.0	166~444
自由扇形	1.0~2.0×2.0~2.5	333~134
单干双臂	1.0~2.0×2.0~2.5	333~134
高宽垂	1.0~2.5×2.5~3.5	76~267

3.2.4 定植

3.2.4.1 苗木消毒

定植前对苗木消毒，常用的消毒液有 3~5 度石硫合剂或 1% 硫酸铜。

3.2.4.2 挖定植坑（沟）

按 0.8 m~1.0 m 宽，0.8 m~1.0 m 深的定植坑或定植沟改土定植。

3.3 土、肥、水管理

3.3.1 土壤管理

以下几种葡萄土壤管理方法应根据品种、气候条件等因地制宜灵活运用。

3.3.1.1 生草或覆盖：提倡葡萄园种植绿肥或作物秸秆覆盖，提高土壤有机质含量。

3.3.1.2 深耕翻：一般在新梢停止生长、果实采收后，结合秋季施肥进行深耕，深耕 20cm~30cm。秋季深耕施肥后及时灌水；春季深耕较秋季深耕深度浅，春耕在土壤化冻后及早进行。

3.3.1.3 清耕：在葡萄行和株间进行多次中耕除草，经常保持土壤疏松和无杂草状态，园内清洁，病虫害少。

3.3.2 施肥

3.3.2.1 施肥的原则

按照 NY/T 496—2002 规定执行。根据葡萄的施肥规律进行平衡施肥或配方施肥。使用的商品肥料应是在农业行政主管部登记使用或免于登记的肥料。

3.3.2.2 肥料的种类
3.3.2.2.1 允许施用的肥料种类
3.3.2.2.1.1 有机肥料
包括堆肥、沤肥、厩肥、沼气肥、绿肥、作物秸秆肥、泥炭肥、饼肥、腐殖酸类肥、人畜废弃物加工而成的肥料等。

3.3.2.2.1.2 微生物肥料
包括微生物制剂和微生物处理肥料等。

3.3.2.2.1.3 化肥
包括氮肥、磷肥、钾肥、硫肥、钙肥、镁肥及复合（混）肥等。

3.3.2.2.1.4 叶面肥
包括大量元素类、微量元素类、氨基酸类、腐殖酸类肥料。

3.3.2.2.2 限制施用的肥料
限量使用氮肥。限制使用含氯复合肥。

3.3.2.3 施肥的时期和方法
葡萄一年需要多次供肥。一般于果实采收后秋施基肥，以有机肥为主，并与磷钾肥混合施用，采用深 40 cm ~ 60 cm 的沟施方法。萌芽前追肥以氮、磷为主，果实膨大期和转色期追肥以磷、钾为主。微量元素缺乏地区，依据缺素的症状增加追肥的种类或根外追肥。最后一次叶面施肥应距采收期 20 天以上。

3.3.2.4 施肥量
依据地力、树势和产量的不同，参考每产 100 kg 浆果一年需施纯氮（N）0.25 kg ~ 0.75kg、磷（P_2O_5）0.25 kg ~ 0.75 kg、钾（K_2O）0.35 kg ~ 1.1 kg 的标准测定，进行平衡施肥。

3.3.3 水分管理
萌芽期、浆果膨大期和入冬前需要良好的水分供应。成熟期应控制灌水。多雨地区地下水位较高，在雨季容易积水，需要有排水条件。

3.4 整形修剪

3.4.1 冬季修剪
根据品种特性、架式特点、树龄、产量等确定结果母枝的剪留强度及更新方式。结果母枝的剪留量为：篱架架面 8 个/m² 左右，棚架架面 6 个/m² 左右。冬剪时根据计划产量确定留芽量：留芽量 = 计划产量/（平均果穗重×萌芽率×果枝率×结实系数×成枝率）。

3.4.2 夏季修剪
在葡萄生长季的树体管理中，采用抹芽、定枝、新梢摘心、处理副梢等夏季修剪措施对树体进行控制。

3.5 花果管理

3.5.1 调节产量
通过花序整形、疏花序、疏果粒等办法调节产量。建议成龄园每 667 m² 的产量控制在 1 500kg 以内。

3.5.2 果实套袋
疏果后及早进行套袋，但需要避开雨后的高温天气，套袋时间不宜过晚。套袋前全园喷布一遍杀菌剂。红色葡萄品种采收前 10 d~20 d 需要摘袋。对容易着色和无色品种，以及着色过重的西北地区可以不摘袋，带袋采收。为了避免高温伤害，摘袋时不要将纸袋一次性摘除，先把袋底打开，逐渐将袋去除。

3.6 病虫害防治

3.6.1 病虫害防治原则

贯彻"预防为主，综合防治"的植保方针。以农业防治为基础，提倡生物防治，按照病虫害的发生规律科学使用化学防治技术。

化学防治应做到对症下药，适时用药；注重药剂的轮换使用和合理混用；按照规定的浓度、每年的使用次数和安全间隔期（最后一次用药距离果实采收的时间）要求使用。对化学农药的使用情况进行严格、准确的记录。

3.6.2 植物检疫

按照国家规定的有关植物检疫制度执行。

3.6.3 农业防治

秋冬季和初春，及时清理果园中病僵果、病虫枝条、病叶等病组织，减少果园初侵染菌源和虫源。采用果实套袋措施。合理间作，适当稀植。采用滴灌、树下铺膜等技术。加强夏季管理，避免树冠郁蔽。

3.6.4 药剂使用准则

3.6.4.1 禁止使用剧毒、高毒、高残留、有"三致"（致畸、致癌、致突变）作用和无"三证"（农药登记证、生产许可证、生产批号）的农药。禁止使用的常见农药见附录 A。

3.6.4.2 提倡使用矿物源农药、微生物和植物源农药。常用的矿物源药剂有（预制或现配）波尔多液、氢氧化铜、松脂酸铜等。

3.7 植物生长调节剂使用准则

允许赤霉素在诱导无核果、促进无核葡萄果粒膨大、拉长果穗等方面的应用。

3.8 除草剂的使用准则

禁止使用苯氧乙酸类（2,4-D、MCPA 和它们的酯类、盐类）、二苯醚类（除草醚、草枯醚）、取代苯类除草剂（五氯酚钠）除草；允许使用莠去津，或在葡萄上登记过的其他除草剂。

3.9 采收

葡萄果实的采收按照 NY/T 470 的有关规定执行。

附录 A
（规范性附录）
禁止使用的农药

六六六、滴滴涕、杀毒芬、二溴氯丙烷、杀虫脒、二溴乙烷、艾氏剂、狄氏剂、汞制剂、砷、铅类、敌枯双、氟乙酰胺、甘氟、毒鼠强、氟乙酸钠、毒鼠硅、甲胺磷、甲基对硫磷、对硫磷、久效磷、磷胺、甲拌磷、甲基异柳磷、特丁硫磷、甲基硫环磷、治螟磷、内吸磷、克百威、涕灭威、灭线磷、硫环磷、蝇毒磷、地虫硫磷、氯唑磷、苯线磷。

注：资料来源于2002年中华人民共和国农业部公告第199号。

ICS 67.080
B 31

中华人民共和国农业行业标准

NY/T 1998—2011

水果套袋技术规程 鲜食葡萄

Rules of bagging for fruit producing—Table grape

2011-09-01 发布　　　　　　　　　　　　2011-12-01 实施

中华人民共和国农业部　发布

前　言

本标准按照 GB/T 1.1—2009 给出的规则起草。

本标准由中华人民共和国农业部种植业管理司提出。

本标准由全国果品标准化技术委员会（SAC/TC 501）归口。

本标准起草单位：农业部优质农产品开发服务中心、中国农业科学院果树研究所、农业部果品及苗木质量监督检验测试中心（兴城）。

本标准主要起草人：冯岩、聂继云、孔巍、李志霞、李静、毋永龙、徐国锋、李海飞、覃兴。

水果套袋技术规程 鲜食葡萄

1 范围

本标准规定了鲜食葡萄套袋前管理、套袋、套袋后管理、除袋、果实采收等套袋栽培技术。

本标准适用于鲜食葡萄果实套袋栽培。

2 规范性引用文件

下列文件对于本文件的应用是必不可少的。凡是注日期的引用文件，仅注日期的版本适用于本文件。凡是不注日期的引用文件，其最新版本（包括所有的修改单）适用于本文件。

GB 19341 育果袋纸

3 套袋前管理

3.1 肥水管理

3.1.1 施肥

3.1.1.1 基肥

基肥在秋季果实采收后施入，施用方法通常采用沟施，沟深40 cm~60 cm。一般每667 m² 施入腐熟的优质农家肥3 000 kg~5 000 kg，并可混入适量化肥（如尿素、过磷酸钙、硫酸钾、磷酸二铵、复合肥等）。施肥后覆土灌水。

3.1.1.2 追肥

萌芽前追肥：以氮肥为主，株施尿素0.1 kg~0.2 kg或硫酸钾复合肥0.2 kg~0.5 kg。

开花前追肥：株施磷酸二铵0.1 kg~0.15 kg、硫酸钾0.15 kg~0.2 kg，或株施复合肥0.5 kg。

花期追肥：叶面喷施0.3%~0.5%尿素、0.2%~0.3%磷酸二氢钾、0.2%硼砂等。

花后追肥：落花后10 d，株施磷酸二铵0.1 kg~0.15 kg。

3.1.2 灌水

一般情况下，葡萄上架后、开花前10 d和套袋前进行灌水。施肥后应及时灌水。

3.2 枝蔓管理

3.2.1 抹芽与定枝

葡萄萌芽后，芽长到1 cm左右时进行第一次抹芽，抹去主蔓基部40 cm~50 cm以下无用的芽、结果母枝上发育不良的基节芽以及双芽和三芽中的瘦弱芽，保留粗大而扁的芽。第二次抹芽在芽长出2 cm~3cm至展叶初期进行，抹去无生长空间的瘦芽、结果母枝前端无花序和基部位置不当的芽。新梢长至10 cm~15 cm时，选留有花序的中庸健壮结果新梢，抹去过密的发育枝，使结果枝与营养枝之比，大果穗品种达到2∶1，小果穗或坐果率偏低的品种达到3∶1或4∶1。

3.2.2 新梢摘心

3.2.2.1 结果新梢摘心

新梢长势较旺、落花落果严重的品种，开花前3 d~5 d，在花序上方留5片~6片叶摘心。新梢中庸、坐果率较高的品种，初花期在花序上方留4片~5片叶摘心。长势较强、花序较大、坐果率较高、果实容易日烧的品种，开花期或花后在花序上方留7片~9片叶摘心。

3.2.2.2 营养新梢摘心

营养新梢摘心在开花期或花后进行。生长期少于150 d的地区，留8片~10片叶摘心；生长期在150d~180 d的地区，留10片~12片叶摘心；生长期在180 d以上的地区，留12片~14片叶摘心。

3.3 花序管理

3.3.1 疏花序

疏花序应在能辨别花序多少和优劣后及时进行。以每667 m²生产葡萄1 500 kg左右为目标，疏除位置不当、分布较密和发育较差的花序。粗壮枝留1~2个花序，中庸枝留1个花序，细弱枝不留花序。

3.3.2 花序修整

花序修整与花序疏剪同时进行。果穗较小、穗形较好的品种，对果穗稍加整理即可。果穗较大、副穗明显的品种，应及早除掉副穗，并掐去穗尖（占穗长的1/5~1/4）。特大的果穗还应疏除上部的2个~3个支穗。

3.4 疏果粒

疏果粒一般分两次进行，第一次在果粒绿豆粒大小时进行，第二次在果粒黄豆粒大小时进行，疏除果穗中的畸形果、小果、病虫果和过密果，使采收时果穗重量在400 g~500 g。

3.5 病虫害防治

做好果园病虫害预测预报，加强综合防治。套袋前1 d~2 d，针对主要病虫害，全园喷一遍高效、低毒杀菌剂和杀虫剂，药剂干后及时套袋。喷药后遇雨应补喷。

4 套袋

4.1 果袋选择

选用葡萄专用育果纸袋，袋口附扎丝，袋底两侧各有一个通气孔，规格与葡萄品种特性和穗形大小相适应。果袋纸张质量应符合GB 19341的规定。套袋前1 d~2 d将果袋置潮湿处，使其返潮、柔韧。

4.2 套袋时期与时间

4.2.1 套袋时期

套袋一般在花后20 d，即生理落果后进行。

4.2.2 套袋时间

葡萄套袋在晴天进行，并避开露水和高温时段。如遇连雨天，应待天晴后天气稳定2 d~3 d再行套袋。

4.3 套袋

实行全园套袋。一只手托住果袋,另一只手撑开袋口,使袋体膨起、袋底两角通气放水孔张开。手执袋口下 2 cm~3 cm 处,袋口向上套入果穗,使果柄置于果袋柄口的基部。从袋口两侧依次按"折扇"方式折叠袋口,用扎丝扎紧袋口于折叠处(从连接点处撕开,将扎丝返转 90°,沿袋口旋转 1 周,扎紧),使幼穗处于袋体中央,在袋内悬空。

5 套袋后管理

5.1 施肥

果实膨大期和成熟期追施以磷、钾肥为主的速效肥,株施磷钾复合肥 0.5 kg~1 kg;叶面喷施尿素、磷酸二铵、磷酸二氢钾或钙、镁、锰、锌等微肥。

5.2 病虫害防治

摘除病叶,剪除病虫枝。使用高效、低毒药剂防治葡萄病虫害。喷施波尔多液、钙肥等,保护叶片,增强果实耐贮性和树体抗性。

5.3 枝蔓管理

及时进行夏季修剪,调节架面叶幕,确保通风透光。新梢顶部 1 个~2 个副梢留 5 片~6 片叶摘心;中部副梢留 1 片叶摘心,同时除去副梢腋芽;下部副梢全部抹除。

6 除袋

6.1 除袋时期

黄色品种、白色品种和易着色的品种,可在果实采收前 3 d~4 d 除袋。其他品种一般在果实采收前 10 d~15 d 除袋。果实着色至成熟期昼夜温差较大的地区,可延迟除袋或不除袋,以免着色过度。果实着色至成熟期昼夜温差较小的地区,可适当提前除袋,以免果实着色不良。

6.2 除袋

除袋前,先打开果袋底部,5 d~7 d 后再将果袋全部摘除。

7 采收

果实达到适宜成熟度后采收,成熟期不一致的品种,应分期采收。采收应在晴天露水干后进行,避免对果实造成机械损伤,同时剔除烂果、病果和不饱满果粒。

ICS 65.100
B 17

NY/T 1464.12—2007

中华人民共和国农业行业标准

农药田间药效试验准则
第 12 部分：杀菌剂防治葡萄白粉病

Guidelines on efficacy evaluation of pesticides
Part 12：Fungicides against powdery mildew of grape

2007-12-18 发布　　　　　　　　　　　　2008-03-01 实施

中华人民共和国农业部　发布

前 言

NY/T 1464《农药田间药效试验准则》为系列标准，共 26 部分：
——第 1 部分：杀虫剂防治飞蝗；
——第 2 部分：杀虫剂防治水稻稻水象甲；
——第 3 部分：杀虫剂防治棉盲蝽；
——第 4 部分：杀虫剂防治梨黄粉蚜；
——第 5 部分：杀虫剂防治苹果绵蚜；
——第 6 部分：杀虫剂防治蔬菜蓟马；
——第 7 部分：杀菌剂防治烟草炭疽病；
——第 8 部分：杀菌剂防治番茄病毒病；
——第 9 部分：杀菌剂防治辣椒病毒病；
——第 10 部分：杀菌剂防治蘑菇湿泡病；
——第 11 部分：杀菌剂防治香蕉黑星病；
——第 12 部分：杀菌剂防治葡萄白粉病；
——第 13 部分：杀菌剂防治葡萄炭疽病；
——第 14 部分：杀菌剂防治水稻立枯病；
——第 15 部分：杀菌剂防治小麦赤霉病；
——第 16 部分：杀菌剂防治小麦根腐病；
——第 17 部分：除草剂防治绿豆田杂草；
——第 18 部分：除草剂防治芝麻田杂草；
——第 19 部分：除草剂防治枸杞地杂草；
——第 20 部分：除草剂防治番茄田杂草；
——第 21 部分：除草剂防治黄瓜田杂草；
——第 22 部分：除草剂防治大蒜田杂草；
——第 23 部分：除草剂防治苜蓿田杂草；
——第 24 部分：除草剂防治红小豆田杂草；
——第 25 部分：除草剂防治烟草苗床杂草；
——第 26 部分：棉花催枯剂试验。

本部分是《农药田间药效试验准则》的第 12 部分。

本部分由中华人民共和国农业部种植业管理司提出并归口。

本部分起草单位：农业部农药检定所。

本部分主要起草人：吴新平、王万立、吴桂本、朱春雨、肖斌、聂东兴、杨峻。

农药田间药效试验准则
第12部分：杀菌剂防治葡萄白粉病

1 范围

本部分规定了杀菌剂防治葡萄白粉病（Uncinula necater）田间药效试验的方法和要求。

本部分适用于杀菌剂防治葡萄白粉病的登记用田间药效小区试验及评价。其他田间药效试验参照本部分执行。

2 试验条件

2.1 试验对象、作物和品种的选择

试验对象为白粉病。

试验作物为葡萄。选用感病品种，记录品种名称。

2.2 环境条件

田间试验应选择在历年葡萄白粉病发生严重的果园进行，所有试验小区的栽培条件（土壤类型、施肥、品种、株行距等）应一致，且符合当地良好农业规范。

如果在棚室进行熏蒸剂、烟雾剂试验，每个处理应使用单个棚室或将棚室严密隔成若干个小区。

3 试验设计和安排

3.1 药剂

3.1.1 试验药剂

应注明药剂商品名或代号、中英文通用名、剂型、含量和生产厂家。试验药剂处理不少于3个剂量，或依据协议（试验委托方与试验承担方签订的试验协议）规定的用药剂量。

3.1.2 对照药剂

对照药剂应是已登记注册的并在实践中证明是有较好药效的产品。对照药剂的类型和作用方式应同试验药剂相近并使用当地常用剂量。特殊情况可视试验目的而定。

3.2 小区安排

3.2.1 小区排列

试验药剂、对照药剂和空白对照的小区处理采用随机排列，特殊情况应加以说明。

3.2.2 小区面积和重复

小区面积：15 m² ~ 50 m²（棚室不少于8m²）。

重复次数：不少于4次。

3.3 施药方式

3.3.1 使用方式
按协议要求和标签说明进行。施药应与当地良好农业规范相适应。

3.3.2 使用器械的类型
选用生产中常用器械，记录所用器械的类型和操作条件（如工作压力、喷孔口径）的全部资料。施药应保证药量准确，分布均匀。用药量偏差超过±10%的要记录。

3.3.3 施药时间和次数
按协议要求及标签说明进行。通常在病害初发生时进行第一次施药，进一步施药视病害发展情况和药剂的持效期来决定。记录施药次数和每次施药日期及作物生育期。

3.3.4 使用剂量和容量
按协议要求及标签注明的剂量使用，通常药剂中有效成分含量表示为 mg/kg。用于喷雾时，同时要记录用药倍数。

3.3.5 防治其他病虫害药剂的资料要求
如果要使用其他药剂，应选择对试验药剂和试验对象无影响的药剂，并对所有小区进行均一处理，而且要与试验药剂和对照药剂分开使用，使这些药剂的干扰控制在最小程度。记录这类药剂施用的准确数据。

4 调查、记录和测量方法

4.1 气象和土壤资料

4.1.1 气象资料
试验期间应从试验地或最近的气象站获得降雨（降雨类型和日降雨量，以 mm 表示）和温度（日平均温度、最高和最低温度，以℃表示）的资料。

整个试验期间影响试验结果的恶劣气候因素，例如严重或长期的干旱、暴雨、冰雹等均应记录。

4.1.2 土壤资料
记录土壤类型、土壤肥力、有机质含量、水分（如干、湿或涝）、土壤覆盖物（如作物残茬、塑料薄膜、杂草）等资料。

4.2 调查的类型、时间和次数

4.2.1 调查方法
每小区调查10个新梢，每梢自上而下自第5片叶开始调查，调查5片～10片叶，每片叶按病斑面积占整片叶面积的百分率分级，记录调查总叶片数、各级病叶数。

分级方法：

0级：无病斑；

1级：病斑面积占整个叶面积的5%以下；

3级：病斑面积占整个叶面积的6%～10%；

5级：病斑面积占整个叶面积的11%～20%；

7级：病斑面积占整个叶面积的21%～40%；

9级：病斑面积占整个叶面积的40%以上。

果粒发病重的年份，每小区应在不同部位随机调查20个果穗的粒数，统计果粒发病率。

4.2.2 调查时间和次数

按协议要求进行。通常施药前调查病情基数，下次施药前及末次施药后7 d~14 d调查防治效果。

4.2.3 药效计算方法

病情指数按公式（1）计算，计算结果保留小数点后两位：

$$X = \frac{\sum(N_t \times i)}{N \times 9} \times 100 \quad \cdots\cdots\cdots\cdots\cdots\cdots\cdots\cdots\cdots\cdots (1)$$

式中：

X——病情指数；

N_t——各级病叶数；

i——相对级数值；

N——调查总叶数。

若施药前进行了病情基数调查，防治效果按公式（2）计算：

$$P = \left(1 - \frac{CK_0 \times PT_1}{CK_1 \times PT_0}\right) \times 100 \quad \cdots\cdots\cdots\cdots\cdots\cdots\cdots\cdots\cdots\cdots (2)$$

式中：

P——防治效果，单位为百分数（%）；

CK_0——空白对照区施药前病情指数；

CK_1——空白对照区施药后病情指数；

PT_0——药剂处理区施药前病情指数；

PT_1——药剂处理区施药后病情指数。

若施药前未调查病情基数，防治效果按公式（3）计算：

$$P = \frac{CK_1 - PT_1}{CK_1} \times 100 \quad \cdots\cdots\cdots\cdots\cdots\cdots\cdots\cdots\cdots\cdots (3)$$

病果率按公式（4）计算：

$$D = \frac{N_d}{N} \times 100 \quad \cdots\cdots\cdots\cdots\cdots\cdots\cdots\cdots\cdots\cdots (4)$$

式中：

D——病果率，单位为百分数（%）；

N_d——病果粒数；

N——调查总果粒数。

4.3 对作物的直接影响

观察药剂对作物有无药害，如有药害要记录药害的类型和程度。此外，也要记录对作物的有益的影响（如加速成熟、增加活力等）。

按下列方式记录药害：

——如果药害能被测量或计算，要用绝对数值表示，如株高。

——其他情况下，可按下列两种方法估计药害程度和频率，要准确描述作物的药害症状（矮化、褪绿、畸形），并提供实物照片、录像等。

1）按照药害分级方法，记录每小区药害情况，以 - 、+ 、+ + 、+ + + 、+ + + +表示。

药害分级方法：

-：无药害；

+：轻度药害，不影响作物正常生长；

++：明显药害，可复原，不会造成作物减产；

+++：高度药害，影响作物正常生长，对作物产量和质量造成一定程度的损失；

++++：严重药害，作物生长受阻，作物产量和质量损失严重。

2）将药剂处理区与空白对照区比较，评价其药害的百分率。

4.4 对其他生物的影响

4.4.1 对其他病虫害的影响

对其他病虫害任何一种影响都应记录，包括有益和无益的影响。

4.4.2 对其他非靶标生物的影响

记录药剂对试验区内野生生物和有益昆虫的影响。

4.5 产品的产量和质量

按协议要求进行。

5 统计分析

应用生物学统计方法（DMRT法）对所获得的数据进行统计分析。

6 结果与报告编写

根据结果进行分析评价，写出正式试验报告。

ICS 65.100
B 17

中华人民共和国农业行业标准

NY/T 1464.13—2007

农药田间药效试验准则
第13部分：杀菌剂防治葡萄炭疽病

Guidelines on efficacy evaluation of pesticides
Part 13: Fungicides against anthracnose of grap

2007-12-18 发布　　　　　　　　　　　　2008-03-01 实施

中华人民共和国农业部　发布

前 言

NY/T 1464《农药田间药效试验准则》为系列标准，共26部分：
——第1部分：杀虫剂防治飞蝗；
——第2部分：杀虫剂防治水稻稻水象甲；
——第3部分：杀虫剂防治棉盲蝽；
——第4部分：杀虫剂防治梨黄粉蚜；
——第5部分：杀虫剂防治苹果绵蚜；
——第6部分：杀虫剂防治蔬菜蓟马；
——第7部分：杀菌剂防治烟草炭疽病；
——第8部分：杀菌剂防治番茄病毒病；
——第9部分：杀菌剂防治辣椒病毒病；
——第10部分：杀菌剂防治蘑菇湿泡病；
——第11部分：杀菌剂防治香蕉黑星病；
——第12部分：杀菌剂防治葡萄白粉病；
——第13部分：杀菌剂防治葡萄炭疽病；
——第14部分：杀菌剂防治水稻立枯病；
——第15部分：杀菌剂防治小麦赤霉病；
——第16部分：杀菌剂防治小麦根腐病；
——第17部分：除草剂防治绿豆田杂草；
——第18部分：除草剂防治芝麻田杂草；
——第19部分：除草剂防治枸杞地杂草；
——第20部分：除草剂防治番茄田杂草；
——第21部分：除草剂防治黄瓜田杂草；
——第22部分：除草剂防治大蒜田杂草；
——第23部分：除草剂防治苜蓿田杂草；
——第24部分：除草剂防治红小豆田杂草；
——第25部分：除草剂防治烟草苗床杂草；
——第26部分：棉花催枯剂试验。

本部分是《农药田间药效试验准则》的第13部分。

本部分由中华人民共和国农业部种植业管理司提出并归口。

本部分起草单位：农业部农药检定所。

本部分主要起草人：吴新平、吴桂本、王万立、杨峻、张薇、朱春雨、肖斌。

农药田间药效试验准则
第13部分：杀菌剂防治葡萄炭疽病

1 范围

本部分规定了杀菌剂防治葡萄炭疽病（*Glormerella cinguiata*）田间药效试验的方法和要求。

本部分适用于杀菌剂防治葡萄炭疽病的登记用田间药效小区试验及评价。其他田间药效试验参照本部分执行。

2 试验条件

2.1 试验对象、作物和品种的选择

试验对象为炭疽病。

试验作物为葡萄。选用感病品种，记录品种名称。

2.2 环境条件

田间试验应选择在历年葡萄炭疽病发生严重的果园进行，所有试验小区的栽培条件（土壤类型、施肥、品种、株行距等）应一致，且符合当地良好农业规范。

如果在棚室进行熏蒸剂、烟雾剂试验，每个处理应使用单个棚室或将棚室严密隔成若干个小区。

3 试验设计和安排

3.1 药剂

3.1.1 试验药剂

应注明药剂商品名或代号、中英文通用名、剂型、含量和生产厂家。试验药剂处理不少于3个剂量或依据协议（试验委托方与试验承担方签订的试验协议）规定的用药剂量。

3.1.2 对照药剂

对照药剂应是已登记注册的并在实践中证明是有较好药效的产品。对照药剂的类型和作用方式应同试验药剂相近并使用当地常用剂量。特殊情况可视试验目的而定。

3.2 小区安排

3.2.1 小区排列

试验药剂、对照药剂和空白对照的小区处理采用随机排列，特殊情况应加以说明。

3.2.2 小区面积和重复

小区面积：15 m² ~ 50 m²（棚室不少于8 m²）。

重复次数：不少于4次。

3.3 施药方式

3.3.1 使用方式
按协议要求和标签说明进行。施药应与良好农业规范相适应。

3.3.2 使用器械的类型
选用生产中常用器械,记录所用器械的类型和操作条件(如工作压力、喷孔口径)的全部资料。施药应保证药量准确,分布均匀。用药量偏差超过±10%的要记录。

3.3.3 施药时间和次数
按协议要求及标签说明进行。通常在病害发生前或初发生时进行第一次施药,进一步施药视病害发展情况和药剂的持效期来决定。记录施药次数和每次施药日期及作物生育期。

3.3.4 使用剂量和容量
按协议要求及标签注明的剂量使用,通常药剂中有效成分含量表示为 g/hm²。用于喷雾时,同时要记用药倍数。

3.3.5 防治其他病虫害药剂的资料要求
如果要使用其他药剂,应选择对试验药剂和试验对象无影响的药剂,并对所有小区进行均一处理,而且要与试验药剂和对照药剂分开使用,使这些药剂的干扰控制在最小程度,记录这类药剂施用的准确数据。

4 调查、记录和测量方法

4.1 气象和土壤资料

4.1.1 气象资料
试验期间应从试验地或最近的气象站获得降雨(降雨类型和日降雨量,以 mm 表示)和温度(日平均温度、最高和最低温度,以℃表示)的资料。

整个试验期间影响试验结果的恶劣气候因素,例如严重或长期的干旱、暴雨、冰雹等均应记录。

4.1.2 土壤资料
记录土壤类型、土壤肥力、有机质含量、水分(如干、湿或涝)、土壤覆盖物(如作物残茬、塑料薄膜、杂草)等资料。

4.2 调查的类型、时间和次数

4.2.1 调查方法
每小区随机选取不同部位果穗 20 个,调查记录每个果穗的总果粒数和病果粒数。

4.2.2 调查时间和次数
按协议要求进行。通常施药前调查病情基数,下次施药前及末次施药后 7 d~14 d 调查防治效果。

4.2.3 药效计算方法
病果率按公式(1)计算:

$$D = \frac{N_d}{N} \times 100 \quad\quad\quad\quad\quad (1)$$

式中:

D——病果率,单位为百分数(%);

N_d——病果粒数；

N——调查总果粒数。

若施药前进行了病情基数调查，防治效果按公式（2）计算：

$$P = \left(1 - \frac{CK_0 \times PT_1}{CK_1 \times PT_0}\right) \times 100 \quad \cdots\cdots\cdots\cdots\cdots\cdots\cdots\cdots\cdots\cdots \quad (2)$$

式中：

P——防治效果，单位为百分数（%）；

CK_0——空白对照区施药前病果率，单位为百分数（%）；

CK_1——空白对照区施药后病果率，单位为百分数（%）；

PT_0——药剂处理区施药前病果率，单位为百分数（%）；

PT_1——药剂处理区施药后病果率，单位为百分数（%）。

若施药前未调查病情基数，防治效果按公式（3）计算：

$$P = \frac{CK_1 - PT_1}{CK_1} \times 100 \quad \cdots\cdots\cdots\cdots\cdots\cdots\cdots\cdots\cdots\cdots \quad (3)$$

4.3 对作物的直接影响

观察药剂对作物有无药害，如有药害要记录药害的类型和程度。此外，也要记录对作物的有益的影响（如加速成熟、增加活力等）。

按下列方式记录药害：

——如果药害能被测量或计算，要用绝对数值表示，如株高。

——其他情况下，可按下列两种方法估计药害程度和频率，要准确描述作物的药害症状（矮化、褪绿、畸形），并提供实物照片、录像等。

1）按照药害分级方法，记录每小区药害情况，以 -、+、++、+++、++++表示。

药害分级方法：

-：无药害；

+：轻度药害，不影响作物正常生长；

++：明显药害，可复原，不会造成作物减产；

+++：高度药害，影响作物正常生长，对作物产量和质量造成一定程度的损失；

++++：严重药害，作物生长受阻，作物产量和质量损失严重。

2）将药剂处理区与空白对照区比较，评价其药害的百分率。

4.4 对其他生物的影响

4.4.1 对其他病虫害的影响

对其他病虫害任何一种影响都应记录，包括有益和无益的影响。

4.4.2 对其他非靶标生物的影响

记录药剂对试验区内野生生物和有益昆虫的影响。

4.5 产品的产量和质量

按协议要求进行。

5 统计分析

应用生物学统计方法（DMRT 法）对所获得的数据进行统计分析。

6 结果与报告编写

根据结果进行分析评价，写出正式试验报告。

ICS 67.080.10
B 31

中华人民共和国农业行业标准

NY/T 2682—2015

酿酒葡萄生产技术规程

Technical regulations for wine grape production

2015-02-09 发布　　　　　　　　　　　　2015-05-01 实施

中华人民共和国农业部　发布

前　言

本标准按照 GB/T 1.1—2009 给出的规则起草。

本标准由农业部种植业管理司提出。

本标准由全国果品标准化技术委员会（SAC/TC 510）归口。

本标准起草单位：烟台市农业技术推广中心、烟台市农业科学院果树分院。

本标准主要起草人：王奎良、唐美玲、于凯、曲日涛、缪玉刚、王福成。

酿酒葡萄生产技术规程

1 范围

本标准规定了酿酒葡萄生产的园地选择与规划、苗木定植、土肥水管理、整形修剪、果穗管理、埋土防寒和出土上架、病虫害防治、采收与运输等技术要求。

本标准适用于酿酒葡萄产区。

2 规范性引用文件

下列文件对于本文件的应用是必不可少的。凡是注日期的引用文件，仅注日期的版本适用于本文件。凡是不注日期的引用文件，其最新版本（包括所有的修改单）适用于本文件。

GB/T 8321（所有部分） 农药合理使用准则

GB/T 15038 葡萄酒、果酒通用分析方法

NY 469 葡萄苗木

NY/T 496 肥料合理使用准则 通则

NY/T 857 葡萄产地环境技术条件

NY/T 5088 无公害食品 鲜食葡萄生产技术规程

3 要求

3.1 园地选择与规划

3.1.1 园地选择

3.1.1.1 气候条件

年均气温8℃以上，年活动积温（≥10℃）在2 800℃以上，无霜期160 d以上，年降水量350 mm～800 mm，年日照时数2 200 h以上。

3.1.1.2 土壤条件

排水良好的砾质壤土或沙质壤土，土层厚度大于80 cm；pH 6.0～8.0；含盐量不超过3.0 g/kg。

3.1.1.3 环境条件

空气、灌溉水、土壤环境质量应符合NY/T 857的规定。

3.1.2 园地规划

根据园区面积、地形地貌和机械化管理的要求，合理设计林田水路系统，按照优质高效的原则选择适宜的栽植模式。种植小区的道路可与排灌系统统筹规划，合理布局，地势低洼的地方，排水沟渠应通畅；防风林须建在果园的迎风面，与主风向垂直，乔木和灌木搭配合理。

3.1.3 品种选择

按照适地适栽原则，根据产地生态条件和葡萄酒的产品类型，选择最适应当地栽培的优良品种组合。

3.1.4 架式选择

采用单篱架栽培。

3.2 苗木定植

3.2.1 苗木质量

苗木应符合 NY 469 的规定，宜采用无病毒嫁接苗木，寒冷地区宜采用抗寒砧木的嫁接苗。

3.2.2 定植

3.2.2.1 定植密度

根据立地条件、土壤肥力和架式确定栽培密度，适宜的行距 2 m~3.5 m，株距 0.8 m~1.2 m，每 667m² 159 株~416 株，宜选择南北行向。

3.2.2.2 定植时期

春季定植为主，一般在 10 cm 土壤温度稳定在 10℃以上时进行定植。

3.2.2.3 定植技术

定植沟宽宜为 0.8 m，深 0.8 m~1.0 m。沟底可铺 20 cm~40 cm 厚的秸秆、杂草等有机物。然后将原表土及行间表土与肥料混匀，施入填平。肥料用量一般每 667 m² 用有机肥 5 000 kg 左右，并加钙镁磷肥或过磷酸钙 50 kg。

定植前将苗木在水中浸泡，使其充分吸水后取出。苗木地上部剪留 2 个~3 个芽或 8 cm~10 cm 长，将根系剪留 5 cm~8cm。用 5 波美度石硫合剂消毒，然后蘸泥浆栽植。栽植时，舒展苗木根系，填土踏实。浇透水后培土。有条件的地区可以覆膜。栽植深度同苗圃覆土深度，或嫁接苗接口露出地面 10 cm。

3.3 土肥水管理

3.3.1 土壤管理

3.3.1.1 清耕

少雨地区在葡萄行和株间进行多次中耕除草，保持土壤疏松和无杂草。

3.3.1.2 生草和覆草

在葡萄行间人工种植鼠茅草、三叶草、黑麦草等。亦可在葡萄行间覆盖玉米秸、高粱秸、豆秧、稻草等，覆盖厚度为 15 cm~20 cm，上面压少量土。

3.3.1.3 覆地膜

沿葡萄行向覆盖地膜。采用水肥一体化浇水施肥的葡萄园，可在滴灌带铺好后，覆盖地膜。

3.3.2 施肥

3.3.2.1 施肥原则

按照 NY/T 496 的规定执行。根据葡萄的需肥规律进行平衡施肥，以有机肥为主，化肥为辅。亦可根据土壤和叶片分析结果进行营养诊断施肥。使用的商品肥料应在农业行政主管部门登记使用或免于登记的肥料。

3.3.2.2 基肥

基肥一般在秋季果实采收后施入。基肥以有机肥为主，每 667 m² 施用量 2 000 kg~3 000 kg，并与部分磷钾肥混合施用。施肥方法以沟施为主，施肥沟深度达根系集中分布区，隔年交替在植株两侧开沟施肥。

3.3.2.3 追肥

每年 3 次，第一次在萌芽前后，以氮肥为主，适量配施磷钾肥；第二次在果实膨大期，以氮磷肥为主；第三次在浆果转色期，以钾肥为主。结果树一般每生产 100 kg 葡萄需追施氮（N）0.6kg、磷

（P_2O_5）0.3 kg、钾（K_2O）0.6 kg。追肥一般在距根颈 40 cm 左右处开 10 cm 以上的浅沟，进行沟施。营养不足时可进行根外追肥，花期喷施 0.2% 硼砂溶液 1 次~2 次；果实膨大期喷施 0.3% 尿素溶液；着色期喷施 0.3% 磷酸二氢钾溶液 2 次~3 次。

3.3.3 灌水与排水

宜进行测墒灌溉，依据土壤类型、降水（气候条件）、树势和产量的不同每年灌溉 3 次~5 次。注重催芽水和封冻水。浆果采收前 30 d 停止灌水。可采用微喷、滴灌等灌溉技术。雨季及时排水。

3.4 整形修剪

3.4.1 架形及结构

单篱架，垂直形叶幕。架柱高 180 cm~200 cm，立柱间隔 6 m，其上牵引 3 道~4 道镀锌铁丝或塑钢丝，第一道丝距地面 40 cm~80 cm。

3.4.2 树形

3.4.2.1 倾斜式单龙蔓形

主蔓基部可与地面平行，以较少夹角（小于 20°）逐渐上扬到第一道丝，沿同一方向形成一条多年生臂，长度视株距而定。臂上培养 3 个~4 个结果枝组，每个结果枝组上留 1 个~2 个结果母枝。该树形适合埋土防寒地区。

3.4.2.2 单干双臂形

植株只留 1 个固定主干，一般干高 60 cm~70 cm，地势较低或平坦的果园适当增加干高，主干顶部两侧各留 1 个蔓，在第一道丝上形成固定的双臂，长度视株距而定。每个臂上培养 2 个~4 个结果枝组，每个结果枝组留 1 个~3 个结果母枝。该树形适合不埋土越冬地区。

3.4.3 整形

3.4.3.1 倾斜式单龙蔓整形

3.4.3.1.1 栽植当年，选留 1 个生长健壮的新梢，按架面垂直向上生长，当长度超过 150 cm 即摘心，摘心处保留 2 个~3 个副梢。冬季修剪时一年生枝剪口直径应大于 1 cm。

3.4.3.1.2 第二年春季萌芽前，每行葡萄按同一方向将一年生枝斜拉并绑缚于第一道丝，选留适量新梢垂直沿架面生长；冬季修剪时，将单臂顶端的一年生枝按中长梢修剪，长度不宜超过下一个植株，其余按一定距离进行短梢或中梢修剪，若为中梢修剪应在临近部位留 2 芽~3 芽的预备枝。

3.4.3.1.3 第三年春季萌芽后，选留一定量的新梢，间距 10 cm~15 cm，垂直沿架面绑缚。

3.4.3.2 单干双臂整形

3.4.3.2.1 苗木定植后，选择 1 个健壮新梢培养主干，生长到 60 cm~75 cm 时摘心，留 2 个副梢，按一年或两年培养双臂。冬季进行修剪，健壮枝条剪口直径应达到 1 cm。若枝条细弱，则适合于短截，或在靠近主干处选一个下芽短截，次年继续培养另一个臂。

3.4.3.2.2 第二年，对只有一个单臂的，继续选留另一单臂。对已形成两个臂的，抹掉臂上萌发的下芽，留上芽，间距为 10 cm~20 cm，同时去除主干上的萌蘖。新梢垂直生长至第二道丝时沿架面绑缚。冬季修剪方法为：在臂上每隔 10 cm~20 cm 留 1 个枝条进行短截（留 2 芽~4 芽）。

3.4.3.2.3 第三年生长季节要注意双臂的生长势，及时去掉双臂上的徒长枝，冬季修剪时，进行短梢修剪。

3.4.4 休眠期修剪

3.4.4.1 修剪原则

冬剪时间应在落叶后至萌芽前 1 个月进行，埋土防寒地区应在埋土前进行。根据产量和树形确定留芽量。剪截后的伤口应封蜡。

3.4.4.2 修剪方法

根据品种和架式进行短梢修剪（一年生枝保留 1 芽~3 芽）、中梢修剪（一年生枝保留 4 芽~6 芽）或长梢修剪（一年生枝保留 7 芽以上）。更新修剪采用单枝更新或双枝更新。

3.4.5 生长季修剪

3.4.5.1 抹芽

抹芽一般从萌芽至展叶初期进行。抹除畸形芽、副芽、双芽中的弱芽、病虫芽以及老蔓上的萌芽。

3.4.5.2 定梢

当留下的芽萌生的新梢长到 5 片~6 片叶时，选留一部分粗壮、花序好的新梢，去除其他新梢。一般留梢密度为每延长米架面定梢数为 12 个~15 个。

3.4.5.3 绑梢

当新梢长至 20 cm~30 cm 时，将新梢均匀分布，垂直绑到架面丝上。

3.4.5.4 主梢和副梢的管理

当主梢超过最上端丝 20 cm 时进行截顶，去掉结果部位及其以下的副梢。当叶幕厚度超过 40 cm 时，进行剪截，修剪 3 次~4 次。

3.5 果穗管理

3.5.1 产量指标

应根据栽培品种特性、土壤水肥条件和管理水平及产品质量要求不同来确定品种适宜的产量。一般每 667 m² 控制在 800 kg~1 000 kg。

3.5.2 花序管理

植株负载量过大时疏去过密、过多及细弱果枝上的花序；根据品种、长势、肥水条件确定留果穗数量，一般每个结果枝保留 1 个~2 个果穗，1 个果穗平均有 20 片叶以上。

3.6 冬季埋土防寒、出土上架及春季霜冻预防

3.6.1 埋土防寒

一般在土壤封冻前适时晚埋。将葡萄枝蔓下架，捆扎后埋土。应在距植株 80 cm~100 cm 以外的行间取土。可先在基部垫土，防止粗蔓基部压伤。埋土应拍实，不宜过干或过湿。厚度应为当地地温稳定在 -5℃ 的土层深度，宽度为 1 m 加上埋土厚度的 2 倍，沙土地葡萄园应适当加厚、加宽。

3.6.2 出土

出土一般在平均气温稳定在 10℃ 以上进行。

3.6.3 上架

一般在伤流前为宜，将主蔓均匀绑缚于架面上。

3.6.4 预防晚霜

3.6.4.1 灌水

在霜冻来临时或提前 1 d 进行全园灌水，安装喷灌设施的葡萄园可喷水灌溉。

3.6.4.2 熏烟

霜冻前点火熏烟，火堆排列方向与冷空气方向垂直，堆置点与冷空气流动方向一致，间距 12 m~15 m。

3.6.4.3 喷洒防霜剂

在霜冻前，对葡萄植株，尤其是葡萄幼龄器官喷布防霜剂 1 次~2 次。

3.6.4.4 覆膜

对于葡萄种植面积相对较小的篱架葡萄园，在霜冻前盖塑料膜。

3.7 病虫害防治

应坚持"预防为主、综合防治"的植保方针，综合应用"农业防治、生物防治、物理防治和化学防治"等措施。农药使用应符合 GB/T 8321 和 NY/T 5088 的要求。

3.7.1 农业防治

葡萄园附近不应种杨柳树，搞好果园清园工作，及时剪除病虫枝、叶、果，并清除出园，集中焚烧或挖坑深埋。秋季结合施肥深翻树盘，以消灭越冬虫体。早期架下喷施石灰杀死病残体中的病原物。

3.7.2 物理防治

根据病虫害生物学特性，采用频振式杀虫灯、黑光灯、糖醋液、性诱剂、黄板、气味物等诱杀害虫，降低虫口基数。

3.7.3 生物防治

合理选择生物农药；利用及释放天敌控制有害生物的发生；在行间或地头种植对害虫有诱集作用的植物。

3.7.4 化学防治

病虫害化学防治措施见附录 A。

3.8 采收与运输

3.8.1 果实质量要求

3.8.1.1 感官要求

葡萄果实完熟，具有品种固有的色泽、滋味和香气。

3.8.1.2 总糖

生产一般葡萄酒的葡萄总糖含量（以葡萄糖计）不低于170 g/L，生产优质葡萄酒的葡萄总糖含量（以葡萄糖计）不低于190g/L。

3.8.1.3 可滴定酸

葡萄可滴定酸（以酒石酸计）在5.0 g/L~7.0 g/L。

3.8.2 采收

3.8.2.1 采收期的确定

在葡萄成熟期前，每隔3 d~4 d测定1次葡萄含糖量、含酸量。葡萄达到果实质量标准即为果实成熟采收期。

3.8.2.2 采收要求

宜在天气晴朗的早晨露水干后或下午气温下降后进行采收。采收时将果穗从穗柄基部剪下，及时去除病虫果、二次果、生青果、霉烂果、泥浆果等，果实随采、随运。

3.8.3 运输

一般用周转箱包装，消毒后使用。装运过程中应轻搬轻放。从采收到榨汁不宜超过12 h。

附录 A
（规范性附录）
酿酒葡萄病虫害化学防治

酿酒葡萄病虫害化学防治见表 A.1。

表 A.1　　酿酒葡萄病虫害化学防治

防治时期	主要防治对象	兼治对象	防治方案
休眠期	白粉病、炭疽病	越冬的各种病虫害	3 波美度~5 波美度石硫合剂枝干喷雾
	红蜘蛛、介壳虫		
萌芽至开花前	炭疽病、黑痘病、霜霉病	穗轴褐枯病、灰霉病	3 叶~4 叶期，喷施 10% 苯醚甲环唑水分散粒剂 1 500 倍~2 000 倍液或 25% 咪鲜胺乳油 1 000 倍液，或 50% 异菌脲悬浮剂 1 000 倍液；花序分离期喷施 75% 百菌清 600 倍液，或 25% 嘧菌酯悬浮剂 1 500 倍~2 000 倍液进行预防保护
	绿盲蝽	毛毡病、介壳虫	萌芽至展叶前重点防治绿盲蝽，可选用 1% 苦皮藤素水乳剂 800 倍~1 000 倍液，或 25% 吡虫啉乳油 2 000 倍~3 000 倍液喷雾防治
落花后至幼果期	黑痘病、灰霉病、霜霉病	炭疽病、白腐病、白粉病等	发病前喷施 80% 代森锰锌可湿性粉剂 800 倍~1 500 倍液；发病初期选用 60% 唑醚·代森联水分散粒剂 1 500 倍液，或 25% 烯酰吗啉悬浮剂 1 000 倍~1 500 倍液，或 22.5% 啶氧菌酯悬浮剂 1 000 倍~1 500 倍液喷雾
	绿盲蝽、叶蝉	介壳虫	2.5% 高效氯氟氰菊酯乳油 2 500 倍液，或 25% 噻虫嗪水分散粒剂 4 000 倍~5 000 倍液喷雾
果实膨大期	霜霉病、白腐病、炭疽病、白粉病	黑痘病、灰霉病	主要喷施 1∶0.5∶200 倍波尔多液为主，也可选用 60% 唑醚·代森联水分散粒剂 1 500 倍液，或 78% 波尔多液·代森锰锌可湿性粉剂 500 倍~600 倍液，或 5% 己唑醇悬浮剂 2 000 倍~2 500 倍，或 10% 苯醚甲环唑水分散粒剂 1 500 倍~2 000 倍液，或 25% 嘧菌酯悬浮剂 1 500 倍~2 000 倍液喷雾，与波尔多液交替使用
	叶蝉	烟粉虱、斑衣蜡蝉	选用 25% 噻虫嗪水分散粒剂 4 000 倍~5 000 倍液，或 25% 吡虫啉乳油 2 000 倍~3 000 倍液喷雾
转色至成熟期	白腐病、炭疽病、霜霉病	黑霉病、灰霉病	10% 苯醚甲环唑水分散粒剂 1 500 倍液或 40% 氟硅唑乳油 6 000 倍液喷施，25% 戊唑醇水乳剂 2 000 倍液，或 50% 异菌脲可湿性粉剂 750 倍~1 500 倍液喷雾

ICS 65.080
B 10

中华人民共和国农业行业标准

NY/T 394—2013
代替 NY/T 394—2000

绿色食品 肥料使用准则

Green food—Fertilizer application guideline

2013-12-13 发布　　　　　　　　　　　　2014-04-01 实施

中华人民共和国农业部　发布

前 言

本标准按照 GB/T 1.1—2009 给出的规则起草。

本标准代替 NY/T 394—2000《绿色食品肥料使用推测》。与 NY/T 394—2000 相比，除编辑性修改外主要技术变化如下：

——增加了引言，肥料使用原则，不应使用肥料种类等内容；

——增加了可使用的肥料品种，细化了使用规定，对肥料的无害化指标进行了明确的规定，对无机肥料的用量作了规定。

本标准由农业部农产品质量安全监管局提出。

本标准由中国绿色食品发展中心归口。

本标准主要起草单位：中国农业科学院农业资源与农业区划研究所。

本标准主要起草人：孙建光、徐晶、宗彦耕。

本标准的历次版本发布情况：

——NY/T 394—2000。

引 言

绿色食品是指产自优良生态环境、按照绿色食品标准生产、实行全程质量控制并获得绿色食品标志使用权的安全、优质食用农产品及相关产品。

合理使用肥料是保障绿色食品的重要环节，同时也是保护生态环境，提升农田肥力的重要措施。绿色食品的发展对生产用肥提出了新的要求，现有标准已经不适应生产需求。本标准在原标准基础上进行了修订，对肥料使用方法做了更详细的规定。

本标准按照保护农田生态环境，促进农业持续发展，保证绿色食品安全的原则，规定优先使用有机肥料，减控化学肥料，不用可能含有安全隐患的肥料。标准的实施将对指导绿色食品生产中的肥料使用发挥作用。

绿色食品 肥料使用准则

1 范围

本标准规定了绿色食品生产中肥料使用原则、肥料种类及使用规定。

本标准适用于绿色食品的生产。

2 规范性引用文件

下列文件对于本文件的应用是必不可少的。凡是注日期的引用文件，仅注日期的版本适用于本文件。凡是不注日期的使用文件，其最新版本（包括所有的修改单）适用于本文件。

GB 20287　农用微生物菌剂

NY/T 391　绿色食品产地环境质量

NY 525　有机肥料

NY/T 798　复合微生物肥料

NY 884　生物有机肥

3 术语和定义

下列术语和定义适用于本文件。

3.1 AA 级绿色食品　AA grade green food

产地环境质量符合 NY/T 391 的要求，遵照绿色食品生产标准生产，生产过程中遵循自然规律和生态学原理，协调种植业和养殖业的平衡，不使用化学合成的肥料，农药，兽药，渔药，添加剂的物质，产品质量符合绿色食品产品标准，经专门机构许可使用绿色食品标志的产品。

3.2 A 级绿色食品　Agrade green food

产地环境质量符合 NY/T 391 的要求，遵照绿色食品生产标准生产，生产过程中遵循自然规律和生态学原理，协调种植业和养殖业的平衡，限量使用限定的化学合成生产资料，产品质量符合绿色食品产品标准，经专门机构许可使用绿色食品标准的产品。

3.3 农家肥料　farmyard manure

就地取材，主要由植物和（或）动物残体，排泄物等富含有机物的物料制作而成的肥料。包括秸秆肥、绿肥、厩肥、堆肥、沤肥、沼肥、饼肥等。

3.3.1 秸秆　stalk

以麦秸、稻草、玉米秸、豆秸、油菜秸等作物秸秆直接还田作为肥料。

3.3.2 绿肥 green manure

新鲜植物体作为肥料就地翻压还田或异地施用。主要分为豆科绿肥和非豆科绿肥两大类。

3.3.3 厩肥 barnyard manure

圈养牛、马、羊、猪、鸡、鸭等畜禽的排泄物与秸秆等垫料发酵腐熟而成的肥料。

3.3.4 堆肥 compost

动植物的残体、排泄物等为主要原料,堆制发酵腐熟而成的肥料。

3.3.5 沤肥 waterlogged compost

动植物残体,排泄物等有机物料在淹水条件下发酵腐熟而成的肥料。

3.3.6 沼肥 biogas fertilizer

动植物残体,排泄物等有机物料经沼气发酵后形成的沼液和沼渣肥料。

3.3.7 饼肥 cake fertilizer

含油较多的植物种子经压榨去油后的残渣制成的肥料。

3.4 有机肥料 organic fertilizer

主要来源植物和(或)动物,经过发酵腐熟的含碳有机物料,其功能是改善土壤肥力,提供植物营养,提高作物品质。

3.5 微生物肥料 microbial fertilizer

含有特定微生物活体的制品,应用于农农业生产,通过其中所含微生物的生命活动,增加植物养分的供应量或促进植物生长,提高产量,改善农产品品质及农业生态环境的把料。

3.6 有机-无机复混肥料 organic-inorganic compound fertilizer

含有一定量有机肥料的复混肥料。

注:其中复混肥料是指氮、磷、钾三种养分中。至少有两种养分标明量的电化学方法或掺混方法制成的肥料。

3.7 无机肥料 inorganic fertilizer

主要以无机盐形式存在、能直接植物提供矿质营养的肥料。

3.8 土壤调理剂 soil amendment

加入土壤中用于改善土壤的物理,化学和(或)生物性状的物料,功能包括改良土壤结构、降低土壤盐碱危害、调节土壤酸碱度、改善土壤水分状况,修复土壤污染等。

4 肥料使用原则

4.1 持续发展原则。绿色食品生产中所使用的肥料应对环境无不良影响,有利于保护生态环境,保持或提高土壤肥力及土壤生物活性。

4.2 安全优质原则。绿色食品生产中应使用安全、优质的肥料产品,生产安全、优质的绿色食品。肥料的使用应对作物(营养、味道、品质和植物抗性)不产生不良后果。

4.3 化肥减控原则。在保障植物营养有效供给的基础上减少化肥用量,兼顾元素之间的比例平衡,无机氮素用量不得高于当季作物需求量的一半。

4.4 有机为主原则。绿色食品生产过程中肥料种类的选取应以农家肥料、有机肥料、微生物肥料为主，化学肥料为辅。

5 可使用的肥料种类

5.1 AA级绿色食品生产可使用的肥料种类

可使用3.3、3.4、3.5规定的肥料。

5.2 A级绿色食品生产可使用的肥料种类

除5.1规定的肥料外，还可使用3.6、3.7规定的肥料及3.8土壤调理剂。

6 不应使用的肥料种类。

6.1 添加有稀土元素的肥料。
6.2 成分不明确的、有安全隐患成分的肥料。
6.3 经发酵腐熟的人畜类尿。
6.4 生活垃圾、污泥和含有害物质（如毒气，病原微生物，重金属等）的工业垃圾。
6.5 转基因品种（产品）及其副产品为原料生产的肥料。
6.6 国家法律法规规定不得使用的肥料。

7 使用规定

7.1 AA级绿色食品生产用肥料使用规定

7.1.1 应选用5.1所列肥料种类，不应使用化学合肥料。

7.1.2 可使用农肥料，但肥料的重金属限量指标应符合NY 525的要求，粪大肠菌群数、蛔虫卵死亡率应符合NY 884要求，宜使用秸秆和绿肥，配合施用有生物固氮、腐熟秸秆等功效的微生物肥料。

7.1.3 有机肥料应达到NY 525技术指标，主要以基施入，用量视地力和目标产品而定，可配施农家肥料和微生物把料。

7.1.4 微生物肥料应符合GB 20287或NY 884或NY/T 21798的要求，可与5.1所列其他肥料配合施用，用于拌种，基肥或追肥。

7.1.5 无土栽培可使用农家肥料、有机肥料和微生物肥料，掺混在基质中使用。

7.2 A级绿色食品生产用肥料使用规定

7.2.1 应选用5.2所列肥料种类。

7.2.2 农家肥料的使用按7.1.2的规定执行。耕作制度允许情况宜利用秸秆和绿肥，按照约25∶1的比例补充化学氮素。厩肥、堆肥、沤肥、沼肥、饼肥等农家肥料应完全腐熟，肥料的重金属限量指标应符合NY 525的要求。

7.2.3 有机肥料的使用按7.1.3的规定执行。可配施5.2所列其他肥料。

7.2.4　微生物肥料的使用按 7.1.4 的规定执行。可配施 5.2 所列其他肥料。

7.2.5　有机 - 无机复混肥料、无机肥料在绿色食品生产中作为辅助肥料使用，用来补充农家肥料、有机肥料、微生物肥料所含养分的不足。减控化肥用量，其中无机氮素用量按当地同种作物习惯施肥用量减半使用。

7.2.6　根据土壤障碍因素，可选用土壤调理剂改良土壤。

ICS 65.100.01
B 17

中华人民共和国农业行业标准

NY/T 393—2013
代替 NY/T 393—2000

绿色食品　农药使用准则

Green food—Guideline for application of pesticide

2013-12-13 发布　　　　　　　　　　　　　2014-04-01 实施

中华人民共和国农业部　发 布

前 言

本标准按照 GB/T 1.1—2009 给出的规则起草。

本标准代替 NY/T 393—2000《绿色食品 农药使用准则》。与 NY/T 393—2000 相比，除编辑性修改外主要技术变化如下：

——增设引言；

——修改本标准的适用范围为绿色食品生产和仓储（见第 1 章）；

——删除 6 个术语定义，同时修改了其他 2 个术语的定义（见第 3 章）；

——将原标准第 5 章悬置段中有害生物综合防治原则方面的内容单独设为一章，并修改相关内容（见第 4 章）；

——将可使用的农药种类从原准许和禁用混合制改为单纯的准许清单制，删除原第 4 章"允许使用的农药种类"、原第 5 章中有关农药选用的内容和原附录 A，设"农药选用"一章规定农药的选用原则，将"绿色食品生产允许使用的农药和其他植保产品清单"以附录的形式给出（见第 5 章和附录 A）；

——将原第 5 章的标题"使用农药"改为"农药使用规范"，增加了关于施药时机和方式方面的规定，并修改关于施药剂量（或浓度）、施药次数和安全间隔期的规定（见第 6 章）；

——增设"绿色食品农药残留要求"一章，并修改残留限量要求（见第 7 章）。

本标准由农业部农产品质量安全监督局提出。

本标准由中国绿色食品发展中心归口。

本标准起草单位：浙江省农业科学院农产品质量标准研究所、中国绿色食品发展中心、中国农业大学理学院、农业部农产品及转基因产品质量安全监督检验测试中心（杭州）。

本标准主要起草人：张志恒、王强、潘灿平、刘艳辉、陈倩、李振、于国光、袁玉伟、孙彩霞、杨桂玲、徐丽红、郑蔚然、蔡铮。

本标准的历次发布情况：

——NY/T 393—2000。

引 言

绿色食品是指产自优良生态环境、按照绿色食品标准生产、实行全程质量控制并获得绿色食品标志使用权的安全、优质食用农产品及相关产品。规范绿色食品生产中的农药使用行为，是保证绿色食品符合性的一个重要方面。

NY/T 393—2000 在绿色食品的生产和管理中发挥了重要作用。但 10 多年来，国内外在安全农药开发等方面的研究取得了很大进展，有效地促进了农药的更新换代；且农药风险评估技术方法、评估结论及使用规范等方面的相关标准法规业出现了很大变化，同时，随着绿色食品产业的发展，对绿色食品的认识趋于深化，在此过程中积累了很多实际经验。为更好地规范绿色食品生产中的农药使用，有必要对 NY/T 393—2000 进行修订。

本次修订充分遵循了绿色食品对优质安全、环境保护和可持续发展的要求，将绿色食品生产中的农药使用更严格地限于农业有害生物综合防治的需要，并采用准许清单制进一步明确允许使用的农药品种。允许使用农药清单的制定以国内外权威机构的风险评估数据和结论为依据，按照低风险原则选择农药种类，其中，化学合成农药筛选评估时采用的慢性膳食摄入风险安全系数比国际上的一般要求要提高 5 倍。

绿色食品 农药使用准则

1 范围

本标准规定了绿色食品生产和仓储中有害生物防治原则、农药选用、农药使用规范和绿色食品农药残留要求。

本标准适用于绿色食品的生产和仓储。

2 规范性引用文件

下列文件对于本文件的应用是必不可少的。凡是注日期的引用文件，仅注日期的版本适用于本文件。凡是不注日期的引用文件，其最新版本（包括所有的修改单）适用于本文件。

GB 2763 食品安全国家标准 食品中农药最大残留限量

GB/T 8321（所有部分） 农药合理使用准则

GB 12475 农药贮运、销售和使用的防毒规程

NY/T 391 绿色食品 产地环境质量

NY/T 1667（所有部分） 农药登记管理术语

3 术语和定义

NY/T 1667 界定的及下列术语和定义适用于本文件。

3.1 AA 级绿色食品 AA grade green food

产地环境质量符合 NY/T 391 的要求，遵照绿色食品生产标准生产，生产过程中遵循自然规律和生态学原理，协调种植业和养殖业的平衡，不使用化学合成的肥料、农药、兽药、渔药、添加剂等物质，产品质量符合绿色食品产品标准，经专门机构许可使用绿色食品标志的产品。

3.2 A 级绿色食品 A grade green food

产地环境质量符合 NY/T 391 的要求，遵照绿色食品生产标准生产，生产过程中遵循自然规律和生态学原理，协调种植业和养殖业的平衡，限量使用限定的化学合成生产资料，产品质量符合绿色食品产品标准，经专门机构许可使用绿色食品标志的产品。

4 有害生物防治原则

4.1 以保持和优化农业生态系统为基础，建立有利于各类天敌繁衍和不利于病虫草害滋生的环境条件，提高生物多样性，维持农业生态系统的平衡。

4.2 优先采用农业措施：如抗病虫品种、种子种苗检疫、培育壮苗、加强栽培管理、中耕除草、耕翻晒垡、清洁田园、轮作倒茬、间作套种等。

4.3 尽量利用物理和生物措施：如用灯光、色彩诱杀害虫，机械捕捉害虫，释放害虫天敌，机械或人工除草等。

4.4 必要时合理使用低风险农药。如没有足够有效的农业、物理和生物措施，在确保人员、产品和环境安全的前提下按照第5、6章的规定，配合使用低风险的农药。

5 农药选用

5.1 所选用的农药应符合相关的法律法规，并获得国家农药登记许可。

5.2 应选择对主要防治对象有效的低风险农药品种，提倡兼治和不同作用机理农药交替使用。

5.3 农药剂型宜选用悬浮剂、微囊悬浮剂、水剂、水乳剂、微乳剂、颗粒剂、水分散粒剂和可溶性粒剂等环境友好型剂型。

5.4 AA级绿色食品生产应按照附录A第A.1章的规定选用农药及其他植物保护产品。

5.5 A级绿色食品生产应按照附录A的规定，优先从表A.1中选用农药。在表A.1所列农药不能满足有害生物防治需要时，还可适量使用第A.2章所列的农药。

6 农药使用规范

6.1 应在主要防治对象的防治适期，根据有害生物的发生特点和农药特性，选择适当的施药方式，但不宜采用喷粉等风险较大的施药方式。

6.2 应按照农药产品标签或GB/T 8321和GB 12475的规定使用农药，控制施药剂量（或浓度）、施药次数和安全间隔期。

7 绿色食品农药残留要求

7.1 绿色食品生产中允许使用的农药，其残留量应不低于GB 2763的要求。

7.2 在环境中长期残留的国家明令禁用农药，其再残留量应符合GB 2763的要求。

7.3 其他农药的残留量不得超过0.01 mg/kg，并应符合GB 2763的要求。

附录 A
（规范性附录）
绿色食品生产允许使用的农药和其他植保产品清单

A.1 AA 级和 A 级绿色食品生产均允许使用的农药和其他植保产品清单见表 A.1。

表 A.1　　AA 级和 A 级绿色食品生产均允许使用的农药和其他植保产品清单

类别	组分名称	备注
I. 植物和动物来源	楝素（苦楝、印楝等提取物，如印楝素等）	杀虫
	天然除虫菊素（除虫菊科植物提取液）	杀虫
	苦参碱及氧化苦参碱（苦参等提取物）	杀虫
	蛇床子素（蛇床子提取物）	杀虫、杀菌
	小檗碱（黄连、黄柏等提取物）	杀菌
	大黄素甲醚（大黄、虎杖等提取物）	杀菌
	乙蒜素（大蒜提取物）	杀菌
	苦皮藤素（苦皮藤提取物）	杀虫
	藜芦碱（百合科藜芦属和喷嚏草属植物提取物）	杀虫
	桉油精（桉树叶提取物）	杀虫
	植物油（如薄荷油、松树油、香菜油、八角茴香油）	杀虫、杀螨、杀真菌、抑制发芽
	寡聚糖（甲壳素）	杀菌、植物生长调节
	天然诱集和杀线虫剂（如万寿菊、孔雀草、芥子油）	杀线虫
	天然酸（如食醋、木醋和竹醋等）	杀菌
	菇类蛋白多糖（菇类提取物）	杀菌
	水解蛋白质	引诱
	蜂蜡	保护嫁接和修剪伤口
	明胶	杀虫
	具有驱避作用的植物提取物（大蒜、薄荷、辣椒、花椒、薰衣草、柴胡、艾草的提取物）	驱避
	害虫天敌（如寄生蜂、瓢虫、草蛉等）	控制虫害
II. 微生物来源	真菌及真菌提取物（白僵菌、轮枝菌、木霉菌、耳霉菌、淡紫拟青霉、金龟子绿僵菌、寡雄腐霉菌等）	杀虫、杀菌、杀线虫
	细菌及细菌提取物（苏云金芽孢杆菌、枯草芽孢杆菌、蜡质芽孢杆菌、地衣芽孢杆菌、多粘类芽孢杆菌、荧光假单胞杆菌、短稳杆菌等）	杀虫、杀菌

(续表)

类别	组分名称	备注
Ⅱ. 微生物来源	病毒及病毒提取物（核型多角体病毒、质型多角体病毒、颗粒体病毒等）	杀虫
	多杀霉素、乙基多杀菌素	杀虫
	春雷霉素、多抗霉素、井冈霉素、（硫酸）链霉素、嘧啶核苷类抗菌素、宁南霉素、申嗪霉素和中生菌素	杀菌
	S-诱抗素	植物生长调节
Ⅲ. 生物化学产物	氨基寡糖素、低聚糖素、香菇多糖	防病
	几丁聚糖	防病、植物生长调节
	苄氨基嘌呤、超敏蛋白、赤霉酸、羟烯腺嘌呤、三十烷醇、乙烯利、吲哚丁酸、吲哚乙酸、芸苔素内酯	植物生长调节
Ⅳ. 矿物来源	石硫合剂	杀菌、杀虫、杀螨
	铜盐（如波尔多液、氢氧化铜等）	杀菌，每年铜使用量不能超过6kg/hm²
	氢氧化钙（石灰水）	杀菌、杀虫
	硫黄	杀菌、杀螨、驱避
	高锰酸钾	杀菌，仅用于果树
	碳酸氢钾	杀菌
	矿物油	杀虫、杀螨、杀菌
	氯化钙	仅用于治疗缺钙症
	硅藻土	杀虫
	黏土（如斑脱土、珍珠岩、蛭石、沸石等）	杀虫
	硅酸盐（硅酸钠，石英）	驱避
	硫酸铁（3价铁离子）	杀软体动物
Ⅴ. 其他	氢氧化钙	杀菌
	二氧化碳	杀虫，用于贮存设施
	过氧化物类和含氯类消毒剂（如过氧乙酸、二氧化氯、二氯异氰尿酸钠、三氯异氰尿酸等）	杀菌，用于土壤和培养基质消毒
	乙醇	杀菌
	海盐和盐水	杀菌，仅用于种子（如稻谷等）处理
	软皂（钾肥皂）	杀虫
	乙烯	催熟等
	石英砂	杀菌、杀螨、驱避
	昆虫性外激素	引诱，仅用于诱捕器和散发皿内
	磷酸氢二铵	引诱，只限于诱捕器中使用

注1：该清单每年都可能根据新的评估结果发布修改单。
注2：国家新禁用的农药自动从该清单中删除。

A.2 A级绿色食品生产允许使用的其他农药清单

当表A.1所列农药和其他植保产品不能满足有害生物防治需要时,A级绿色食品生产还可按照农药产品标签或GB/T 8321的规定使用下列农药:

a) 杀虫剂

1) S-氰戊菊酯 esfenvalerate
2) 吡丙醚 pyriproxifen
3) 吡虫啉 imidacloprid
4) 吡蚜酮 pymetrozine
5) 丙溴磷 profenofos
6) 除虫脲 diflubenzuron
7) 啶虫脒 acetamiprid
8) 毒死蜱 chlorpyrifos
9) 氟虫脲 flufenoxuron
10) 氟啶虫酰胺 flonicamid
11) 氟铃脲 hexaflumuron
12) 高效氯氰菊酯 beta-cypermethrin
13) 甲氨基阿维菌素苯甲酸盐 emamectin benzoate
14) 甲氰菊酯 fenpropathrin
15) 抗蚜威 pirimicarb
16) 联苯菊酯 bifenthrin
17) 螺虫乙酯 spirotetramat
18) 氯虫苯甲酰胺 chlorantraniliprole
19) 氯氟氰菊酯 cyhalothrin
20) 氯菊酯 permethrin
21) 氯氰菊酯 cypermethrin
22) 灭蝇胺 cyromazine
23) 灭幼脲 chlorbenzuron
24) 噻虫啉 thiacloprid
25) 噻虫嗪 thiamethoxam
26) 噻嗪酮 buprofezin
27) 辛硫磷 phoxim
28) 茚虫威 indoxacard

b) 杀螨剂

1) 苯丁锡 fenbutatin oxide
2) 喹螨醚 fenazaquin
3) 联苯肼酯 bifenazate
4) 螺螨酯 spirodiclofen
5) 噻螨酮 hexythiazox
6) 四螨嗪 clofentezine
7) 乙螨唑 etoxazole
8) 唑螨酯 fenpyroximate

c) 杀软体动物剂

四聚乙醛 metaldehyde

d) 杀菌剂

1) 吡唑醚菌酯 pyraclostrobin
2) 丙环唑 propiconazol
3) 代森联 metriam
4) 代森锰锌 mancozeb
5) 代森锌 zineb
6) 啶酰菌胺 boscalid
7) 啶氧菌酯 picoxystrobin
8) 多菌灵 carbendazim
9) 噁霉灵 hymexazol
10) 噁霜灵 oxadixyl
11) 粉唑醇 flutriafol
12) 氟吡菌胺 fluopicolide
13) 氟啶胺 fluazinam
14) 氟环唑 epoxiconazole
15) 氟菌唑 triflumizole
16) 腐霉利 procymidone
17) 咯菌腈 fludioxonil
18) 甲基立枯磷 tolclofos-methyl
19) 甲基硫菌灵 thiophanate-methyl
20) 甲霜灵 metalaxyl
21) 腈苯唑 fenbuconazole
22) 腈菌唑 myclobutanil
23) 精甲霜灵 metalaxyl-M
24) 克菌丹 captan
25) 醚菌酯 kresoxim-methyl
26) 嘧菌酯 azoxystrobin

27) 嘧霉胺 pyrimethanil
28) 氰霜唑 cyazofamid
29) 噻菌灵 thiabendazole
30) 三乙膦酸铝 fosetyl – aluminium
31) 三唑醇 triadimenol
32) 三唑酮 triadimefon
33) 双炔酰菌胺 mandipropamid

34) 霜霉威 propamocarb
35) 霜脲氰 cymoxanil
36) 萎锈灵 carboxin
37) 戊唑醇 tebuconazole
38) 烯酰吗啉 dimethomorph
39) 异菌脲 iprodione
40) 抑霉唑 imazalil

e) 熏蒸剂

1) 棉隆 dazomet
2) 威百亩 metam – sodium

f) 除草剂

1) 2 甲 4 氯 MCPA
2) 氨氯吡啶酸 picloram
3) 丙炔氟草胺 flumioxazin
4) 草铵膦 glufosinate – ammonium
5) 草甘膦 glyphosate
6) 敌草隆 diuron
7) 噁草酮 oxadiazon
8) 二甲戊灵 pendimethalin
9) 二氯吡啶酸 clopyralid
10) 二氯喹啉酸 quinclorac
11) 氟唑磺隆 flucarbazone – sodium
12) 禾草丹 thiobencarb
13) 禾草敌 molinate
14) 禾草灵 diclofop – methyl
15) 环嗪酮 hexazinone
16) 磺草酮 sulcotrione
17) 甲草胺 alachlor
18) 精吡氟禾草灵 fluazifop – P
19) 精喹禾灵 quizalofop – P
20) 绿麦隆 chlortoluron
21) 氯氟吡氧乙酸（异辛酸）fluroxypyr
22) 氯氟吡氧乙酸异辛酯 fluroxypyrmepthyl

23) 麦草畏 dicamba
24) 咪唑喹啉酸 imazaquin
25) 灭草松 bentazone
26) 氰氟草酯 cyhalofop butyl
27) 炔草酯 clodinafop – propargyl
28) 乳氟禾草灵 lactofen
29) 噻吩磺隆 thifensulfuron – methyl
30) 双氟磺草胺 florasulam
31) 甜菜安 desmedipham
32) 甜菜宁 phenmedipham
33) 西玛津 simazine
34) 烯草酮 clethodim
35) 烯禾啶 sethoxydim
36) 硝磺草酮 mesotrione
37) 野麦畏 tri – allate
38) 乙草胺 acetochlor
39) 乙氧氟草醚 oxyfluorfen
40) 异丙甲草胺 metolachlor
41) 异丙隆 isoproturon
42) 莠灭净 ametryn
43) 唑草酮 carfentrazone – ethyl
44) 仲丁灵 butralin

g) 植物生长调节剂

1) 2, 4 –滴 2, 4 – D（只允许作为植物生长调节剂使用）
2) 矮壮素 chlormequat
3) 多效唑 paclobutrazol
4) 氯吡脲 forchlorfenuron

5) 萘乙酸 1 – naphthal acetic acid
6) 噻苯隆 thidiazuron
7) 烯效唑 uniconazole

注1：该清单每年都可能根据新的评估结果发布修改单。

注2：国家新禁用的农药自动从该清单中删除。

ICS 65.100
B 17

中华人民共和国国家标准

GB/T 17980.121—2004

农药
田间药效试验准则（二）
第121部分：杀菌剂防治葡萄白腐病

Pesticide—
Guidelines for the field efficacy trials（Ⅱ）—
Part 121：Plant growth regulator trials on grape

2004-03-03 发布　　　　　　　　　　　　2004-08-01 实施

中华人民共和国国家质量监督检验检疫总局
中国国家标准化管理委员会　　发布

前　言

田间药效试验是农药登记管理工作重要内容之一，是制定农药产品标签的重要技术依据，而标签是安全、合理使用农药的唯一指南。为了规范农药田间试验方法和内容，使试验更趋科学与统一，并与国际准则接轨，使我国的药效试验报告具有国际认同性，特制定我国田间药效试验准则国家标准。该系列标准参考了欧洲及地中海植物保护组织（EPPO）田间药效试验准则及联合国粮农组织（FAO）亚太地区类似的准则，是根据我国实际情况并经过大量田间药效试验验证而制定的。

葡萄白腐病是我国葡萄上的重要病害之一，生产上经常需用杀菌剂进行防治。为确定防治葡萄白腐病药剂的最佳使用剂量，测试药剂对果树及非靶标有益生物的影响，为杀菌剂登记的药效评价和安全、合理使用技术提供依据，特制定 GB/T 17980 的本部分。

本部分是农药田间药效试验准则（二）系列标准之一，但本身是一个独立的部分。

本部分由中华人民共和国农业部提出。

本部分起草单位：农业部农药检定所。

本部分主要起草人：刘乃炽、王金友、吴新平、陈立平、李晓军、阿布都·热依木、孙光忠。

本部分由农业部农药检定所负责解释。

农 药
田间药效试验准则（二）
第121部分：杀菌剂防治葡萄白腐病

1 范围

本部分规定了杀菌剂防治葡萄白腐病（*Coniothyrium diplodiella*）田间药效小区试验的方法和要求。

本部分适用于杀菌剂防治葡萄白腐病登记用田间药效小区试验及药效评价。其他田间药效试验参照本部分执行。

2 试验条件

2.1 作物品种和试验对象的选择

试验对象为白腐病。

试验作物为葡萄，选用感病品种，记录品种名称。

2.2 环境条件

田间试验应选择在历年葡萄白腐病发生严重的葡萄园进行。所有试验小区的栽培条件（如土壤类型、施肥、品种、株行距等）应一致，且符合当地科学的农业实践（GAP）。

3 试验设计和安排

3.1 药剂

3.1.1 试验药剂

注明药剂商品名或代号、通用名、中文名、剂型含量和生产厂家，试验药剂处理应不少于三个剂量或依据协议（试验委托方与试验承担方签订的试验协议）规定的用药剂量。

3.1.2 对照药剂

对照药剂应是已登记注册的并在实践中证明是有较好药效的产品。对照药剂的类型和作用方式应同试验药剂相近并使用当地常用剂量。

3.2 小区安排

3.2.1 小区排列

试验药剂、对照药剂和空白对照的小区处理采用随机排列。特殊情况应加以说明。

3.2.2 小区的面积和重复

小区面积：8株～15株。重复次数，不少于4次重复。

3.3 施药方式

3.3.1 使用方式
按协议及标签说明进行，施药应与当地科学的农业实践相适应。

3.3.2 使用器械的类型
选用生产中常用器械，记录所用器械的类型和操作条件（如工作压力、喷孔口径）的全部资料。施药应保证药量准确，分布均匀，用药量偏差超过 ±10% 的要记录。

3.3.3 施药的时间和次数
按协议要求及标签说明进行。通常在下部果穗始见发病时第一次施药，以后视病害发展情况和药剂的持效期决定施药时间和次数。记录施药次数、施药日期及葡萄生育期。

3.3.4 使用剂量和容量
按协议要求及标签上注明的剂量使用，通常药剂中有效成分含量表示为 mg/L。同时要记录用药倍数和每公顷的药液用量（L/hm^2）。

3.3.5 防治其他病虫害药剂的资料要求
如果要使用其他药剂，应选择对试验药剂和试验对象无影响的药剂，并对所有试验小区进行均一处理，而且要与试验药剂和对照药剂分开使用，使这些药剂的干扰控制在最小程度，记录这类药剂施用的准确数据。

4 调查、记录和测量方法

4.1 气象和土壤资料

4.1.1 气象资料
试验期间应从试验地或最近的气象站获得降雨（降雨类型和日降雨量，以 mm 表示）和温度（日平均温度、最高和最低温度，以℃表示）的资料。

整个试验期间影响试验结果的恶劣气候因素，例如严重和长期干旱、暴雨、冰雹等均应记录。

4.1.2 土壤资料
记录土壤类型、土壤肥力、水分（干、湿或涝），杂草等资料。

4.2 调查方法，时间和次数

4.2.1 调查方法
每小区调查两株，每株分中、下部随机五点取样，每点调查 10 个果穗，记录总穗数、各级病穗数。分级方法：

0 级：无病斑；

1 级：病果面积占整个果穗面积的 5% 以下；

3 级：病果面积占整个果穗面积的 6%～15%；

5 级：病果面积占整个果穗面积的 16%～25%；

7 级：病果面积占整个果穗面积的 26%～50%；

9 级：病果面积占整个果穗面积的 51% 以上。

4.2.2 调查时间和次数
按协议要求进行。通常施药前调查病情基数，下次施药前及末次施药后 7 天～14 天调查防治效果，或视病害发展情况和药剂的持效期决定调查的时间、次数，记录施药次数、每次施药日期及作物生育期。

4.2.3 药效计算方法

$$病情指数 = \frac{\sum(各级病穗数 \times 相对级数值)}{调查总穗数 \times 9} \times 100 \quad\cdots\cdots\cdots\cdots\cdots\cdots\cdots\cdots (1)$$

$$防治效果（\%） = \left(1 - \frac{空白对照区药前病情指数 \times 处理区药后病情指数}{空白对照区药后病情指数 \times 处理区药前病情指数}\right) \times 100 \cdots\cdots\cdots (2)$$

$$或防治效果（施药防治基数）（\%） = \left(\frac{空白对照区病情指数 - 处理区病情指数}{空白对照区病情指数}\right) \times 100 \cdots\cdots (3)$$

4.3 对作物的其他影响

观察作物是否有药害产生，如有药害要记录药害的发生症状和程度，此外，还应记录对果树的有益影响（如促进成熟、刺激生长等）。

用下列方法记录药害：

a）如果药害能被测量或计算，要用绝对数值表示，例如株高、株重，结实形状和结实率等。

b）其他情况下，可按下列两种方法估计药害的程度和频率。

1）按照药害分级方法记录每小区的药害情况，以 -，+，+ +，+ + +，+ + + + 表示。

药害分级方法：

-：无药害；

+：轻度药害，基本不影响作物正常生长和果实的品质；

+ +：明显药害，不会造成作物减产但对果实商品价值稍有影响；

+ + +：高度药害，影响作物正常生长，对作物产量和品质都造成一定损失，一般要求补偿部分经济损失；

+ + + +：药害严重，作物生长受阻，产量和质量损失严重，必须补偿经济损失。

2）每一试验小区与空白对照相比，评价其药害的百分率。

同时，应准确描述作物药害症状（矮化、褪绿、畸形、焦枯斑、果面黑点，污斑），并提供实物照片、录像等。

4.4 对其他生物的影响

4.4.1 对其他病虫害的影响

对其他病、虫害任何一种影响都应记录。

4.4.2 对其他非靶标生物的影响

记录药剂对试验区内野生生物、有益昆虫的影响。

4.5 产品的产量和质量

记录每个小区的产量，用 kg/hm² 表示。

5 结果

试验所获得的结果应用生物统计方法进行分析（采用 DMRT 法），用正规格式写出结论报告，并对试验结果加以分析，原始资料应保存备考察验证。

ICS 65.100
B 17

中华人民共和国国家标准

GB/T 17980.122—2004

农药
田间药效试验准则（二）
第122部分：杀菌剂防治葡萄霜霉病

Pesticide—
Guidelines for the field efficacy trials（Ⅱ）—
Part 122：Fungicides againstdownymildew of grape

2004-03-03 发布　　　　　　　　　　2004-08-01 实施

中华人民共和国国家质量监督检验检疫总局
中国国家标准化管理委员会　发布

前　言

　　田间药效试验是农药登记管理工作重要内容之一，是制定农药产品标签的重要技术依据，而标签是安全、合理使用农药的唯一指南。为了规范农药田间试验方法和内容，使试验更趋科学与统一，并与国际准则接轨，使我国的药效试验报告具有国际认同性，特制定我国田间药效试验准则国家标准。该系列标准参考了欧洲及地中海植物保护组织（EPPO）田间药效试验准则及联合国粮农组织（FAO）亚太地区类似的准则，是根据我国实际情况并经过大量田间药效试验验证而制定的。

　　葡萄霜霉病是我国葡萄上的主要病害，生产上经常需用杀菌剂进行防治。为确定防治葡萄霜霉病药剂的最佳使用剂量，测试药剂对果树及非靶标有益生物的影响，为杀菌剂登记的药效评价和安全、合理使用技术提供依据，特制定 GB/T 17980 的本部分。

　　本部分是农药田间药效试验准则（二）系列标准之一，但本身是一个独立的部分。

　　本部分由中华人民共和国农业部提出。

　　本部分起草单位：农业部农药检定所。

　　本部分主要起草人：顾宝根、王金友、吴新平、刘乃炽、陈立平、彭超美、金立平。

　　本部分由农业部农药检定所负责解释。

农药
田间药效试验准则（二）
第122部分：杀菌剂防治葡萄霜霉病

1 范围

本部分规定了杀菌剂防治葡萄霜霉病（*Plasmopara viticola*）田间药效小区试验的方法和要求。

本部分适用于杀菌剂防治葡萄霜霉病登记用田间药效小区试验及药效评价。其他田间药效试验参照本部分执行。

2 试验条件

2.1 作物品种和试验对象的选择

试验对象为霜霉病。

试验作物为葡萄。选用感病品种，记录品种名称。

2.2 环境条件

田间试验应选择在历年霜霉病发生严重的葡萄园进行。所有试验小区的栽培条件（如土壤类型、施肥、品种、株行距等）应一致，且符合当地科学的农业实践（GAP）。

如果在棚室进行熏蒸剂、烟雾剂的试验，每个处理应使用单个棚室或隔离棚室。

3 试验设计和安排

3.1 药剂

3.1.1 试验药剂

注明药剂商品名或代号、通用名、中文名、剂型含量和生产厂家，试验药剂处理应不少于三个剂量或依据协议（试验委托方与试验承担方签订的试验协议）规定的用药剂量。

3.1.2 对照药剂

对照药剂应是已登记注册的并在实践中证明是有较好药效的产品。对照药剂的类型和作用方式应同试验药剂相近并使用当地常用剂量。

3.2 小区安排

3.2.1 小区排列

试验药剂、对照药剂和空白对照的小区处理采用随机排列。特殊情况应加以说明。

3.2.2 小区的面积和重复

小区面积：露地8株~15株，棚室6株~10株。

重复次数：不少于4次重复。

3.3 施药方式

3.3.1 使用方式
按协议及标签说明进行，施药应与当地科学的农业实践相适应。

3.3.2 使用器械的类型
选用生产中常用器械，记录所用器械的类型和操作条件（如工作压力、喷孔口径）的全部资料。施药应保证药量准确，分布均匀，用药量偏差超过±10%的要记录。

3.3.3 施药的时间和次数
按协议要求及标签说明进行。通常在叶片或果穗始见发病时第一次施药，以后视病害发展情况和药剂的持效期决定施药时间和次数。记录施药次数、施药日期及葡萄生育期。

3.3.4 使用剂量和容量
按协议要求及标签上注明的剂量使用，通常药剂中有效成分含量表示为 mg/L。同时要记录用药倍数和每公顷的药液用量（L/hm^2）。

3.3.5 防治其他病虫害药剂的资料要求
如果要使用其他药剂，应选择对试验药剂和试验对象无影响的药剂，并对所有试验小区进行均一处理，而且要与试验药剂和对照药剂分开使用，使这些药剂的干扰控制在最小程度，记录这类药剂施用的准确数据。

4 调查、记录和测量方法

4.1 气象和土壤资料

4.1.1 气象资料
试验期间应从试验地或最近的气象站获得降雨（降雨类型和日降雨量，以 mm 表示）和温度（日平均温度、最高和最低温度，以℃表示）的资料。

整个试验期间影响试验结果的恶劣气候因素，例如严重和长期干旱、暴雨、冰雹等均应记录。

4.1.2 土壤资料
记录土壤类型、土壤肥力，水分（干、湿或涝）、杂草等资料。

4.2 调查方法、时间和次数

4.2.1 调查方法
每小区随机调查 10 个当年抽生新蔓，自上而下调查全部叶片，按下列分级方法记录各级病叶数及总叶数。

叶片分级方法：

0 级：无病斑；

1 级：病斑面积占整个叶面积的 5% 以下；

3 级：病斑面积占整个叶面积的 6%~25%；

5 级：病斑面积占整个叶面积的 26%~50%；

7 级：病斑面积占整个叶面积的 51%~75%；

9 级：病斑面积占整个叶面积的 76% 以上。

4.2.2 调查时间和次数

按协议要求进行。通常施药前调查病情基数，下次施药前及末次施药后7天~14天调查防治效果，或视病害发展情况和药剂的持效期决定调查的时间和次数，记录施药次数、每次施药日期及作物生育期。

4.2.3 药效计量方法

$$病情指数 = \frac{\sum(各级病叶数 \times 相对级数值)}{调查总叶数 \times 9} \times 100 \quad\quad\quad (1)$$

$$病果率(\%) = \frac{病果数}{调查总果数} \times 100 \quad\quad\quad (2)$$

$$防治效果(\%) = \left(1 - \frac{空白对照区药前病情指数（病果率）\times 处理区药后病情指数（病果率）}{空白对照区药后病情指数（病果率）\times 处理区药前病情指数（病果率）}\right) \times 100 \quad\quad\quad (3)$$

$$或防治效果（施药前无基数）(\%) = \frac{(空白对照区病情指数（病果率）- 处理区病情指数（病果率）)}{空白对照区病情指数（病果率）} \times 100 \quad\quad\quad (4)$$

4.3 对作物的其他影响

观察作物是否有药害产生，有药害时要记录药害的发生症状和程度。此外，还应记录对果树的有益影响（如促进成熟、刺激生长等）。

用下列方法记录药害：

a）如果药害能被测量或计算，要用绝对数值表示，例如株高、株重、结实形状和结实率、叶（果）受害率，落叶率、落果率等。

b）其他情况下，可按下列两种方法估计药害的程度和频率：

1）按照药害分级方法记录每小区的药害情况，以 -，+，+ +，+ + +，+ + + + 表示。

药害分级方法：

-：无药害；

+：轻度药害，不影响叶片正常生长和果实品质；

+ +：明显药害，可复原，不会造成作物减产，但对少数叶片生长或果实品质稍有影响；

+ + +：高度药害，影响作物正常生长，对作物产量和品质都造成一定损失，一般要求补偿部分经济损失；

+ + + +：药害严重，作物生长受阻，产量和质量损失严重，必须补偿经济损失。

2）每一试验小区与空白对照相比，评价其药害的百分率。

同时，应准确描述作物药害症状（矮化、褪绿，畸形、焦枯斑、黑点、污斑），并提供实物照片、录像等。

4.4 对其他生物的影响

4.4.1 对其他病虫害的影响

对其他病、虫害任何一种影响都应记录。

4.4.2 对其他非靶标生物的影响

记录药剂对试验区内野生生物、有益昆虫的影响。

4.5 产品的产量和质量

记录每个小区的产量,用 kg/hm² 表示。

5 结果

试验所获得的结果应用生物统计方法进行分析(采用 DMRT 法),用正规格式写出结论报告,并对试验结果加以分析,原始资料应保存备考察验证。

ICS 65.100
B 17

GB

中华人民共和国国家标准

GB/T 17980.123—2004

农药
田间药效试验准则（二）
第 123 部分：杀菌剂防治葡萄黑痘病

Pesticide—
Guidelines for the field efficacy trials（Ⅱ）—
Part 123：Fungicides against bird's eye rot of grape

2004－03－03 发布　　　　　　　　　　　　2004－08－01 实施

中华人民共和国国家质量监督检验检疫总局
中国国家标准化管理委员会　发布

前 言

　　田间药效试验是农药登记管理工作重要内容之一，是制定农药产品标签的重要技术依据，而标签是安全、合理使用农药的唯一指南。为了规范农药田间试验方法和内容，使试验更趋科学与统一，并与国际准则接轨，使我国的药效试验报告具有国际认同性，特制定我国田间药效试验准则国家标准。该系列标准参考了欧洲及地中海植物保护组织（EPPO）田间药效试验准则及联合国粮农组织（FAO）亚太地区类似的准则，是根据我国实际情况并经过大量田间药效试验验证而制定的。

　　葡萄黑痘病是我国葡萄上的重要病害之一，生产上经常需用杀菌剂进行防治。为确定防治葡萄黑痘病药剂的最佳使用剂量，测试药剂对果树及非靶标有益生物的影响，为杀菌剂登记的药效评价和安全、合理使用技术提供依据，特制定 GB/T 17980 的本部分。

　　本部分是农药田间药效试验准则（二）系列标准之一，但本身是一个独立的部分。

　　本部分由中华人民共和国农业部提出。

　　本部分起草单位：农业部农药检定所。

　　本部分主要起草人：顾宝根、王金友、吴新平、刘乃炽、吴桂本、李美娜、汪笃栋。

　　本部分由农业部农药检定所负责解释。

农药
田间药效试验准则（二）
第 123 部分：杀菌剂防治葡萄黑痘病

1 范围

本部分规定了杀菌剂防治葡萄黑痘病（*Sphaceloma ampelinum*）间药效小区试验的方法和要求。

本部分适用于杀菌剂防治葡萄黑痘病登记用田间药效小区试验及药效评价。其他田间药效试验参照本部分执行。

2 试验条件

2.1 作物品种和试验对象的选择

试验对象为黑痘病。

试验作物为葡萄。选用感病品种，记录品种名称。

2.2 环境条件

田间试验应选择在历年黑痘病发生严重的葡萄园进行。所有试验小区的栽培条件（如土壤类型、施肥、品种、株行距等）应一致，且符合当地科学的农业实践（GAP）。

如果在温室进行熏蒸剂、烟雾剂的试验，每个处理应使用单个温室或隔离室。

3 试验设计和安排

3.1 药剂

3.1.1 试验药剂

注明药剂商品名或代号、通用名、中文名、剂型含量和生产厂家。试验药剂处理应不少于三个剂量或依据协议。试验委托方与试验承担方签订的试验协议规定的用药姑量。

3.1.2 对照药剂

对照药剂应是已登记注册的并在实践中证明是有较好药效的产品。对照药剂的类型和作用方式应同试验药剂相近并使用当地常用剂量。

3.2 小区安排

3.2.1 小区排列

试验药剂、对照药剂和空白对照的小区处理采用随机排列。特殊情况应加以说明。

3.2.2 小区的面积和重复

小区面积：露地 8 株 ~ 15 株，棚室 6 株 ~ 10 株。

重复次数：不少于4次重复。

3.3 施药方式

3.3.1 使用方式
按协议及标签说明进行，施药应与当地科学的农业实践相适应。

3.3.2 使用器械的类型
选用生产中常用器械，记录所用器械的类型和操作条件（如工作压力、喷孔口径）的全部资料。施药应保证药量准确，分布均匀，用药量偏差超过±10%的要记录。

3.3.3 施药的时间和次数
按协议要求及标签说明进行。通常在叶片或果穗始见发病时第一次施药，以后视病害发展情况和药剂的持效期决定施药时间和次数。记录施药次数、施药日期及葡萄生育期。

3.3.4 使用剂量和容量
按协议要求及标签上注明的剂量使用，通常药剂中有效成分含量表示为mg/L。同时要记录用药倍数和每公顷的药液用量（L/hm²）。

3.3.5 防治其他病虫害药剂的资料要求
如果要使用其他药剂，应选择对试验药剂和试验对象无影响的药剂，并对所有试验小区进行均一处理，而且要与试验药剂和对照药剂分开使用，使这些药剂的干扰控制在最小程度，记录这类药剂施用的准确数据。

4 调查、记录和测量方法

4.1 气象和土壤资料

4.1.1 气象资料
试验期间应从试验地或最近的气象站获得降雨（降雨类型和日降雨量，以mm表示）和温度（日平均温度、最高和最低温度，以℃表示）的资料。

整个试验期间影响试验结果的恶劣气候因素，例如严重和长期干旱、暴雨、冰雹等均应记录。

4.1.2 土壤资料
记录土壤类型、土壤肥力、水分（干、湿或涝）和杂草等资料。

4.2 调查方法、时间和次数

4.2.1 调查方法
每小区调查两株树，每株树分上、下、左、右、中五点取样，每点取2条当年生枝条（新梢），分别调查每条枝蔓上的叶片数、叶片上的病斑面积占整个叶片面积的百分率、枝蔓上的病斑数。

叶片分级方法：

0级：无病斑；

1级：病斑面积占整个叶面积的5%以下；

3级：病斑面积占整个叶面积的6%~15%；

5级：病斑面积占整个叶面积的16%~25%；

7级：病斑面积占整个叶面积的26%~50%；

9级：病斑面积占整个叶面积的51%以上。

枝蔓分级方法：

0 级：无病斑；

1 级：每条枝蔓上有病斑 1 个 ~ 2 个；

3 级：每条枝蔓上有病斑 3 个 ~ 6 个；

5 级：每条枝蔓上有病斑 7 个 ~ 15 个；

7 级：每条枝蔓上有病斑 16 个 ~ 25 个；

9 级：每条枝蔓上有病斑 26 个以上。

4.2.2 调查时间和次数

按协议要求进行。通常施药前调查病情基数，下次施药前及末次施药后 7 天 ~ 14 天调查防治效果，或视病害发展情况和药剂的持效期决定调查的时间和次数，记录施药次数、每次施药日期及作物生育期。

4.2.3 药效计算方法

$$病情指数 = \frac{\sum[各级病叶（枝蔓）数 \times 相对级数值]}{调查总叶（枝蔓）数 \times 9} \times 100 \quad\cdots\cdots\cdots\cdots (1)$$

$$防治效果(\%) = \left(1 - \frac{空白对照区药前病情指数 \times 处理区药后病情指数}{空白对照区药后病情指数 \times 处理区药前病情指数}\right) \times 100 \quad\cdots\cdots (2)$$

$$或防治效果（施药防治基数）(\%) = \left(\frac{空白对照区病情指数 - 处理区病情指数}{空白对照区病情指数}\right) \times 100 \cdots\cdots (3)$$

4.3 对作物的其他影响

观察作物是否有药害产生，如有药害要记录药害的发生症状和程度。此外，还应记录对果树的有益影响（如促进成熟、刺激生长等）。

用下列方法记录药害：

a）如果药害能被测量或计算，要用绝对数值表示，例如株高、株重、结实形状和结实率、叶（果）受害率、落叶率、落果率等。

b）其他情况下，可按下列两种方法估计药害的程度和频率：

1）按照药害分级方法记录每小区的药害情况，以 -，+，+ +，+ + +，+ + + +表示。

药害分级方法：

-：无药害；

+：轻度药害，不影响作物正常生长和果实品质；

+ +：明显药害，不会造成作物减产，但对少量叶片生长和果实品质略有影响；

+ + +：高度药害，影响作物正常生长，对作物产量和品质都造成一定损失，一般要求补偿部分经济损失；

+ + + +：药害严重，作物生长受阻，产量和质量损失严重，必须补偿经济损失。

2）每一试验小区与空白对照相比，评价其药害的百分率。

同时，应准确描述对作物的药害症状（矮化、褪绿、畸形、焦枯斑、黑点、污斑），并提供实物照片、录像等。

4.4 对其他生物的影响

4.4.1 对其他病虫害的影响

对其他病虫害任何一种影响都应记录。

4.4.2 对其他非靶标生物的影响

记录药剂对试验区内野生生物、有益昆虫的影响。

4.5 产品的产量和质量

记录每个小区的产量，用 kg/hm^2 表示。

5 结果

试验所获得的结果应用生物统计方法进行分析（采用 DMRT 法），用正规格式写出结论报告，并对试验结果加以分析，原始资料应保存备考察验证。

ICS 65.100
B 17

中华人民共和国国家标准

GB/T 17980.143—2004

农药
田间药效试验准则（二）
第143部分：葡萄生长调节剂试验

Pesticide—
Guidelines for the field efficacy trials（Ⅱ）—
Part 143：Plant growth regulator trials on grape

2004-03-03 发布　　　　　　　　　　　　2004-08-01 实施

中华人民共和国国家质量监督检验检疫总局
中国国家标准化管理委员会　发布

前　言

田间药效试验是我国农药登记管理工作的重要内容之一，是制定农药产品标签的重要技术依据，而标签是安全合理使用农药的唯一指南。为了规范农药田间药效试验方法的内容，使试验更趋科学与统一，并与国际标准接轨，使我国的药效试验报告具有国际认可性，特制定我国田间药效试验准则国家标准。该系列标准参考了欧洲及地中海植物保护组织（EPPO）田间药效试验准则及联合国粮农组织（FAO）亚太地区类似的准则，是根据我国实际情况，并经过大量的田间试验验证而制定的。

在葡萄上应用植物生长调节剂，是用化学的方法调节葡萄的生长，可提高葡萄产量。为规范植物生长调节剂在葡萄上应用的最佳使用剂量、时期、效果及对葡萄产量、主要品质的影响等技术，为葡萄生长调节剂登记用药效评价和安全合理使用技术提供依据，特制定 GB/T 17980 的本部分。

本部分是农药田间药效试验准则（二）系列标准之一，但本身是一个独立的部分。

本部分由中华人民共和国农业部提出。

本部分起草单位：农业部农药检定所。

本部分主要起草人：魏福香、贾富勤、韩德元、张佳、周喜应、张朝贤、曹坳成。

本部分由农业部农药检定所负责解释。

农药
田间药效试验准则（二）
第143部分：葡萄生长调节剂试验

1 范围

本部分规定了调节葡萄生长的植物生长调节剂田间药效小区试验的方法和基本要求。

本部分适用于调节葡萄生长（包括抑制葡萄新梢生长、提高葡萄产量和改善葡萄品质等，不包括扦插使用的药剂）的植物生长调节剂登记用田间药效小区试验及药效评价。其他田间药效试验参照本部分执行。

2 试验条件

2.1 作物和栽培品种的选择

试验地应选择在已开始结果的成株葡萄园内进行，栽培品种在当地应具有代表性。记录品种名称，试验各小区内葡萄品种、树龄及长势应均匀一致。

2.2 栽培条件

所有试验小区的耕作条件（土壤类型、施肥情况、树龄、栽培方式、株行距等）应一致，而且符合当地农业生产情况。

3 试验设计和安排

3.1 药剂

3.1.1 试验药剂

应注明药剂商品名/代号、中文名称、通用名、剂型、含量和生产厂家。使用药剂处理设高、中、低及中量的倍量四个剂量（设倍量是为了评价试验药剂对作物的安全性）或依据协议（试验委托方和试验承担方签订的协议）的用药量。

3.1.2 对照药剂

对照药剂应是登记注册的，并在实践中证明有较好药效和安全性的产品。一般情况下要求对照药剂的类型和作用方式接近于试验药剂，用药量为当地常规用量。如果试验药剂为混剂时，还应设混剂中的各单剂作对照。

3.2 小区安排

3.2.1 小区排列

试验药剂不同剂量、不同处理时间、对照药剂及空白对照等小区，采用随机区组排列。

3.2.2 小区面积和重复

小区面积：每小区至少包括 5 株葡萄，面积 20 m² ~ 40 m²。相邻小区两端留出保护株，不施药，以免干扰。

重复次数：最少 4 次重复。

3.3 施药方式

3.3.1 使用方法

根据协议上的要求进行施药。一般用喷雾法，施药应与当地的农业实践相适合。

3.3.2 施药器械类型

选择常用器械进行常规喷雾，要使药剂均匀分布到整个小区。特殊施药方法如喷果穗、涂抹果穗等采用特定的器具。

3.3.3 施药时间、方法和次数

通常施药时间和次数依据合同要求进行。可根据植物生长调节剂的品种和目的而定。

施药次数和施药日期应予记录，并记录施药时葡萄的生育期。

3.3.4 药剂使用量和用水量

根据合同上规定的推荐剂量。所用药剂的剂量以有效成分 g/hm² 或 mg/kg 表示。应说明每公顷喷液量。用水量用 L/hm² 表示。用水量可根据药剂特性或试验目的而定。

3.3.5 防治病虫草害等所使用农药的资料要求

在葡萄上需要使用其他农药时，应和试验药剂和对照药剂分开使用。应对所有小区进行均匀处理，尽可能减少对试验的干扰，给出准确的使用数据（如药剂名称、用药时期、用药量等）。

4 调查、记录和测量方法

4.1 气象和土壤资料

4.1.1 气象资料

应记录施药当日及整个试验期间的降雨［每日降雨量（mm）或降雨类型］、温度（日平均、最高和最低温度,℃）、风力、阴晴、光照和相对湿度等资料。所有数据可以在试验地记录，也可以抄录附近气象站资料。

整个试验期间影响试验结果的恶劣天气因子，如严重或长期干旱、暴雨、霜、冰雹等均应记录。

4.1.2 土壤资料

记录土壤的 pH 值、有机质含量、土壤类型及灌溉条件、施肥水平等。

4.2 田间管理

记录田间浇水、施肥等田间管理资料。

4.3 调查方法、时间和次数

4.3.1 作物安全性观察

各处理小区均应观察是否有药害产生。作物受害时，应记录小区受害株数，并应准确记录受害症状（生长抑制、褪绿、畸形等）。同时，参照一个级别，确定每小区药害级别，或将每个处理小区同不处理小区比较，进行药害百分率估计。持效期长的植物生长抑制剂，第二年还需要进行葡萄物候期的观察及着穗率调查。

4.3.1.1 对葡萄新梢生长抑制作用观察

新梢萌发后，每株随机标定10个新梢，施药后一周开始调查，每隔5天~10天定期测量新梢长度（cm）。

4.3.1.2 对产量和品质的调查

秋季采收时，测定每株产量。每株从中部随机取2穗~3穗，调查果穗大小，测量果实纵横径、百粒重，并调查大小粒现象。

大小粒分级标准：

0级 无大小粒现象；

1级 小粒占全穗的10%以下；

2级 小粒不超过全穗的40%；

3级 小粒不超过全穗的60%；

4级 小粒超过全穗的60%以上。

按下列公式计算大小粒指数：

$$葡萄大小粒指数 = \frac{\sum(穗数 \times 代表级数)}{总穗数 \times 最高代表级数(4)} \times 100$$

4.3.2 调查时间和次数

根据用药时期和试验目的，调查时间和次数有所不同。一般在葡萄新梢生长、坐果、成熟收获各时期进行调查。

第一次调查 施药处理后3天~5天内，调查试验药剂是否发生药害症状（非目的症状）。

第二次调查 植物生长抑制剂应隔5天~10天，调查一次，连续多次调查新梢、副梢生长情况。一般持续调查2个月~3个月，6月中下旬测定主蔓长度。

第三次调查 采收时测产及进行质量分析。

第四次调查 11月调查副梢数目及长度。

4.4 副作用观察

记录对非目标生物的影响。

4.5 作物产量

测产并对葡萄的主要品质进行分析。如可溶性固形物含量、含糖量、可滴定酸含量、维生素C含量等。

5 结果

数据要按适当的统计方法进行处理，对统计方法要加以说明。原始数据应保存以备考查验证。写出总结报告，并对试验结果进行分析说明，提出应用效果评价（产品特点、适宜的施药时期、用药量、施药次数、喷液量等关键应用技术、药效、药害）及经济效益评价（成本、增产、增效、品质、节约劳力等）的结论性意见。

吐鲁番葡萄标准体系

下册

刘丽媛 主编

中国财富出版社有限公司

图书在版编目（CIP）数据

吐鲁番葡萄标准体系. 下册 / 刘丽媛主编. —北京：中国财富出版社有限公司，2022.9
ISBN 978-7-5047-7771-3

Ⅰ.①吐… Ⅱ.①刘… Ⅲ.①葡萄-质量管理-标准体系-吐鲁番市 Ⅳ.①S663.1-65

中国版本图书馆 CIP 数据核字（2022）第 176556 号

策划编辑	李 伟	责任编辑	邢有涛 张天穹	版权编辑	李 洋
责任印制	尚立业	责任校对	杨小静 孙丽丽	责任发行	黄旭亮

出版发行	中国财富出版社有限公司		
社　　址	北京市丰台区南四环西路 188 号 5 区 20 楼	邮政编码	100070
电　　话	010-52227588 转 2098（发行部）		010-52227588 转 321（总编室）
	010-52227566（24 小时读者服务）		010-52227588 转 305（质检部）
网　　址	http：//www.cfpress.com.cn	排　　版	宝蕾元
经　　销	新华书店	印　　刷	宝蕾元仁浩（天津）印刷有限公司
书　　号	ISBN 978-7-5047-7771-3/S·0053		
开　　本	880mm×1230mm 1/16	版　　次	2023 年 8 月第 1 版
印　　张	85.25	印　　次	2023 年 8 月第 1 次印刷
字　　数	2521 千字	定　　价	469.00 元（全 2 册）

版权所有·侵权必究·印装差错·负责调换

目 录

第四部分 加工储运

DB 6521/T 240—2020 绿色食品无核白鲜食葡萄采摘、包装、运输与贮存 …………………… 601
NY/T 3026—2016 代替 NY/T 1199—2006 鲜食浆果类水果采后预冷保鲜技术规程 ………… 607
SB/T 10894—2012 预包装鲜食葡萄流通规范 ……………………………………………………… 616
RB/T 167—2018 有机葡萄酒加工技术规范 ………………………………………………………… 623
SW/T 1—2015 植物提取物 葡萄籽提取物 ………………………………………………………… 633
GB/T 16862—2008 代替 GB/T 16862—1997 鲜食葡萄冷藏技术 ……………………………… 646
GB/T 18525.4—2001 枸杞干 葡萄干辐照杀虫工艺 ……………………………………………… 656
GB/T 23543—2009 葡萄酒企业良好生产规范 …………………………………………………… 660
GB/T 23778—2009 酒类及其他食品包装用软木塞 ……………………………………………… 672
GB/T 25393—2010/ISO 5704：1980 葡萄栽培和葡萄酒酿制设备 葡萄收获机 试验方法 …… 683
GB/T 25394—2010/ISO 7224：1983 葡萄栽培和葡萄酒酿制设备 果浆泵 试验方法 ………… 708
GB/T 25395—2010/ISO 5703：1979 葡萄栽培和葡萄酒酿制设备 葡萄压榨机 试验方法 …… 721
GB/T 28843—2012 食品冷链物流追溯管理要求 ………………………………………………… 736
SB/T 10711—2012 葡萄酒原酒流通技术规范 …………………………………………………… 745
SB/T 10712—2012 葡萄酒运输、贮存技术规范 ………………………………………………… 753
SB/T 11000—2013 酒类行业流通服务规范 ……………………………………………………… 760
GB/T 31280—2014 品牌价值评价酒、饮料和精制茶制造业 …………………………………… 769
GB/T 33129—2016 新鲜水果、蔬菜包装和冷链运输通用操作规程 …………………………… 778
GB/T 36759—2018 葡萄酒生产追溯实施指南 …………………………………………………… 790

第五部分 检验检测

NY/T 1762—2009 农产品质量安全追溯操作规程 水果 ………………………………………… 801
NY/T 2377—2013 葡萄病毒检测技术规范 ………………………………………………………… 807
SN/T 3554—2013 葡萄粉蚧检疫鉴定方法 ………………………………………………………… 820
SN/T 1366—2004 葡萄根瘤蚜的检疫鉴定方法 …………………………………………………… 829
GB 10468—89 水果和蔬菜产品 pH 值的测定方法 ……………………………………………… 834
GB 14891.5—1997 代替 GB 9980—88 GB 14891.5—94 GB 14891.7—94 GB 14891.8—94
   ZBC 53001—84 ZBC 53003—84 ZBC 53004—84 ZBC 53006—84 辐照新鲜水果、
   蔬菜类卫生标准 ………………………………………………………………………………… 837
GB 16325—2005 代替 GB 16325—1996 干果食品卫生标准 …………………………………… 842
GB/T 15038—2006 代替 GB/T 15038—1994 葡萄酒、果酒通用分析方法 …………………… 847

GB/T 5009.49—2008 代替 GB/T 5009.49—2003　发酵酒及其配制酒卫生标准的分析方法 …………916

GB/T 23380—2009　水果、蔬菜中多菌灵残留的测定　高效液相色谱法 …………924

GB 23200.8—2016 代替 GB/T 19648—2006　食品安全国家标准　水果和蔬菜中500种农药及相关化学品残留量的测定　气相色谱-质谱法 …………930

GB 23200.7—2016 代替 GB/T 19426—2006　食品安全国家标准　蜂蜜、果汁和果酒中497种农药及相关化学品残留量的测定　气相色谱-质谱法 …………1002

GB 23200.14—2016 代替 GB/T 23206—2008　食品安全国家标准　果蔬汁和果酒中512种农药及相关化学品残留量的测定　液相色谱-质谱法 …………1088

GB 23200.17—2016 代替 NY/T 1649—2008　食品安全国家标准　水果、蔬菜中噻菌灵残留量的测定　液相色谱法 …………1192

GB 23200.19—2016 代替 SN/T 2114—2008　食品安全国家标准　水果和蔬菜中阿维菌素残留量的测定　液相色谱法 …………1200

GB 23200.21—2016 代替 SN 0350—2012　食品安全国家标准　水果中赤霉酸残留量的测定　液相色谱-质谱/质谱法 …………1210

GB 23200.25—2016 代替 SN/T 1115—2002　食品安全国家标准　水果中噁草酮残留量的检测方法 …………1221

GB 5009.7—2016　食品安全国家标准　食品中还原糖的测定 …………1231

GB 5009.8—2016　食品安全国家标准　食品中果糖、葡萄糖、蔗糖、麦芽糖、乳糖的测定 ……1251

GB 5009.266—2016　食品安全国家标准　食品中甲醇的测定 …………1262

GB 8951—2016　食品安全国家标准　蒸馏酒及其配制酒生产卫生规范 …………1268

GB/T 12696—2016　食品安全国家标准　发酵酒及其配制酒生产卫生规范 …………1274

GB 2761—2017　食品安全国家标准　食品中真菌毒素限量 …………1285

第六部分　进出口

SN/T 1886—2007　进出口水果和蔬菜预包装指南 …………1297

SN/T 2455—2010　进出境水果检验检疫规程 …………1305

SN/T 4069—2014　输华水果检疫风险考察评估指南 …………1314

GB/T 20496—2006　进口葡萄苗木疫情监测规程 …………1325

第四部分 加工储运

吐鲁番市地方标准

DB 6521/T 240—2020

绿色食品无核白鲜食葡萄
采摘、包装、运输与贮存

2020 - 06 - 20 发布　　　　　　　　　　　　　　　2020 - 07 - 15 实施

吐鲁番市市场监督管理局　发布

前　言

本标准根据 GB/T 1.1—2009《标准化工作导则　第 1 部分：标准的结构和编写》进行编写。

本标准由吐鲁番市林果业技术推广服务中心提出。

本标准由吐鲁番市林业和草原局归口。

本标准由吐鲁番市林果业技术推广服务中心、疆农业科学院吐鲁番农业科学研究所、吐鲁番市质量与计量检测所、吐鲁番市林业有害生物防治检疫局负责起草。

本标准主要起草人：武云龙、刘丽媛、王新丽、孟建祖、徐桂香、王琼。

绿色食品无核白鲜食葡萄采摘、包装、运输与贮存

1 范围

本标准规定了无核白鲜食葡萄的术语、采摘要求、标志、贮存、包装与运输技术要求。

本标准适用于无核白鲜食葡萄的采摘、包装、运输及贮存。

2 规范性引用文件

下列文件中的条款通过本标准中引用成为本标准的条款，凡是注日期的引用文件，仅所注日期的版本适用于本标准。凡是不注日期的引用文件，其最新版本（包括所有的修改单）适用于本文件。

GB 2762　食品安全国家标准　食品中污染物限量

GB 2763　食品安全国家标准　食品中农药最大残留限量

GB 7718　食品安全国家标准　预包装食品标签通则

GB 14881　食品安全国家标准　食品生产通用卫生规范

GB/T 12456　食品中总酸的测定

NY/T 704　无核白葡萄

NY/T 2637　水果和蔬菜可溶性固形物含量的测定——折射仪法

SN/T 2122　进出境植物及植物产品检疫抽样方法

3 术语和定义

外观一致：

指在任何一批果实中果粒色泽或大小出现明显的差异，以至于影响果实外观的允许数量不超过10%。

4 采收

4.1 采收要求

采收时要求浆果外观达到品种固有颜色且可溶性固形物含量达到16%（Brix）以上，避免在气温较高的中午采收，采收前停水10~15d。

采收时，根据成熟度分期分批采收。

4.2 采收方法

轻摘轻放，去除病果、腐烂果。

4.3 感官指标

感官指标应符合表1规定。

表1　感官指标

项目	指标要求
果面	新鲜洁净
色泽	具有本品的色泽，绿白、绿黄、黄白、浅绿色均为正常色泽
口感	皮薄肉脆、酸甜适口，具有本品特有的滋味、无异味
整齐度	整齐
紧密度	中等紧密或略紧
病果、虫果、腐烂果	不得检出

4.4 理化指标

理化指标应符合表2规定。

表2　理化指标

项目		特级品	一级品	二级品
粒重（g）	≥	2.5	2.5~2.0	2.0~1.5
穗重（g）	≥	500	300	250
果实厚度（mm）	≤	0.05	0.05	0.05
可溶性固形物（%）（Brix）	≥	20	18	16
总酸含量（以酒石酸计）（g/L）	≤	5	8	10

4.5 卫生标准

无核白鲜食葡萄的卫生标准应符合 GB 2762 和 GB 2763 及相关标准的规定。

5 试验方法

5.1 感官检验

将样品放在洁净的容器中，在自然光线下用肉眼观察葡萄果穗的形状、颜色和果粒的均匀程度、紧密度。

5.2 理化检验

5.2.1 粒重、穗重

按 NY/T 704 相关规定执行。

5.2.2 果皮厚度

解剖镜测量。

5.2.3 肉质检验

按 NY/T 704 相关规定执行。

5.2.4 可溶性固形物

按 NY/T 2637 规定执行。

5.2.5 总酸量

按 GB/T 12456 规定执行。

6 检验规则

6.1 检验分类

6.1.1 田间检验

产品包装前应按照本标准要求进行质量等级检验，按等级要求分别包装并将合格证附于包装箱内。

6.1.2 型式检验

型式检验是对本标准规定的全部要求（指标）进行检验。有下列情况之一时应进行型式检验。

a）每年采摘初期；

b）国家质量监督机构提出进行型式检验时。

6.1.3 验收

供需双方在交货现场按交售量随机抽取不少于 3kg 的样品，按照本标准规定的质量等级进行分级。

6.2 组批

同一等级、同样包装、同一贮存条件下，存放的无核白葡萄为一个检验批次。

6.3 抽样方法

按 SN/T 2122 规定执行。

6.4 判定规则

检验结果应符合相应等级的规定，当感官、理化指标出现不合格项时，允许降等或重新分级。理化指标有一项不合格时，允许加倍抽样复检，如仍有不合格项即判为该批产品不合格。卫生指标有一项不合格即判为不合格品，不得复检。

7 标志、标签、包装、贮存、运输

7.1 标志、标签

按 GB 7718 规定执行。

7.2 包装

7.2.1 卫生要求

包装材料或容器应符合 GB 14881 的规定执行。

7.2.2 环境要求

包装存放场所应设置冷库，露天存放仓库等设施，防雨、防晒。

包装场地应清洁干燥，无毒无害，无放射性等有害气体。

7.2.3 包装要求

包装容器材料或应结实、干净、卫生、有通气孔、不变形，箱内上、下铺垫物要有充分的保护性，穗与穗之间要用包装物隔离、挤紧，以防运输途中果穗互相摩擦而造成脱粒。常见的包装质量为3kg、5kg、10kg等，鼓励采用轻便、环保材料进行单穗或精品包装。

7.3 贮存与运输

7.3.1 贮存

应采用冷藏或气调贮藏。贮存场所应清洁，产品应分等级堆放，不得与有毒有害物品混存。冷藏温度一般为2~6℃。

7.3.2 运输

应采用冷藏车或冷藏集装箱运输。冷藏温度一般为2~6℃。

运输工具应清洁，不得与有毒有害物品混运。

ICS 67.080.10
B 31

中华人民共和国农业行业标准

NY/T 3026—2016
代替 NY/T 1199—2006

鲜食浆果类水果采后预冷保鲜技术规程

Technical code for pre-cooling and storage of
postharvest fresh berry fruits

2016-12-23 发布　　　　　　　　　　2017-04-01 实施

中华人民共和国农业部　发布

前 言

本标准按照 GB/T 1.1—2009 给出的规则起草。

本标准代替 NY/T 1199—2006《葡萄保鲜技术规范》。与 NY/T 1199—2006 相比，除编辑性修改外，主要技术变化如下：

——修订了标准范围，将范围扩大到鲜食浆果类果品；
——修订了标准规范性引用文件引导语和引用文件；
——增加了术语和定义部分；
——删除了保鲜葡萄的栽培技术要求部分；
——增加了预冷用冷库要求条款；修订了冷库的消毒、冷库的降温等条款位置；
——将采收时期和采收要求两部分修订为采收要求；
——修订葡萄果实的质量要求条款为质量要求条款，修订条款位置；
——修订采后的分级、包装、运输章为分级、包装两个条款，修订条款位置；
——删除果实的预处理条款，增加了预冷章节；
——修改温度条款的内容；修订病害防治条款的位置，修改病害防治条款的内容；
——修改湿度条款的内容；
——增加气体调节条款；
——删除二氧化硫处理条款，增加保鲜处理条款；
——增加储藏管理条款；
——修订出库果实的检测、质量标准和注意事项章节为出库章节，并修改章节内容；
——增加了附录 A "常见浆果预冷条件"；
——增加了附录 B "常见浆果储藏保鲜条件"。

本标准由农业部种植业管理司提出并归口。

本标准起草单位：农业部规划设计研究院。

本标准主要起草人：孙静、孙洁、王希卓、程勤阳、刘晓军、王萍、陈全、孙海亭、程方、沈瑾、叶俊松、庞中伟、高逢敬、郭淑珍。

本标准的历次版本发布情况为：
——NY/T 1199—2006。

鲜食浆果类水果采后预冷保鲜技术规程

1 范围

本标准规定了鲜食浆果类果品的术语和定义、基本要求、预冷和储藏。

本标准适用于葡萄、猕猴桃、草莓、蓝莓、树莓、蔓越莓、无花果、石榴、番石榴、醋栗、穗醋栗、杨桃、番木瓜、人心果等鲜食浆果类果品的采后预冷和储藏保鲜。

2 规范性引用文件

下列文件对于本文件的应用是必不可少的。凡是注日期的引用文件，仅所注日期的版本适用于本文件。凡是不注日期的引用文件，其最新版本（包括所有的修改单）适用于本文件。

GB 2762 食品安全国家标准 食品中污染物限量

GB 2763 食品安全国家标准 食品中农药最大残留限量

GB/T 8559 苹果冷藏技术

GB 50072 冷库设计规范

NY/T 658 绿色食品 包装通用准则

NY/T 1394 浆果贮运技术条件

3 术语和定义

下列术语和定义适用于本文件。

3.1 浆果 berry

由子房或子房与其他花器共同发育而成的柔软多汁的肉质果。

3.2 预冷 pre-cooling

新鲜采收的浆果，在长途运输销售或储藏之前，通过必要的装置或设施，迅速除去田间热和呼吸热，使果心温度尽快降低到适宜温度范围的操作过程。

3.3 预冷终止温度 final temperature of pre-cooling

预冷终止时，浆果果实的果心温度。

3.4 普通冷库预冷 cold room pre-cooling

利用普通高温库降温的预冷方式。

3.5 预冷库预冷 special cold room pre-cooling

利用在普通冷库隔热防潮设计的基础上,通过加大制冷量和库内风速而设计的专门冷库降温的预冷方式。

3.6 差压预冷库预冷 forced-air pre-cooling

利用专门的压差通风装置强制通风降温的预冷方式。

3.7 自发气调储藏 modified atmosphere storage

在塑料薄膜帐或袋中,通过果实自身的呼吸代谢和塑料膜选择透气性双相调节储藏环境中的氧气和二氧化碳浓度的储藏方式。

3.8 人工气调储藏 controlled atmosphere storage

在冷藏的基础上,把果品放置在密闭的气调室中,利用产品自身的呼吸作用,通过专用设备调节储藏环境中氧气和二氧化碳浓度的储藏方式。

4 基本要求

4.1 冷库要求

4.1.1 预冷用冷库设计要求

4.1.1.1 普通冷库

应满足 GB 50072 的基本要求,风速不低于 0.5 m/s,浆果类果品入库量为库容 20 % 时,应在 24 h 内将果心温度降至适宜的温度范围。

4.1.1.2 预冷库

应满足 GB 50072 的要求,风速不低于 1 m/s,浆果类果品入库量为库容 80 % 时,应在 24 h 内将果心温度降至适宜的温度范围。

4.1.1.3 差压预冷库

应满足 GB 50072 的要求,风速 0.9 m/s～1.5 m/s,空气流量不少于 0.06 m³/(kg·min),应在 6 h～8 h 内将入库浆果类果品的果心温度降至适宜的温度范围。

4.1.2 入库前准备

4.1.2.1 预冷或储藏前对制冷设备检修并调试正常。选择食品卫生法规定允许使用的消毒剂对库房、包装容器、工具等进行消毒灭菌,并及时通风换气。

4.1.2.2 入库前应提前进行空库降温,在入库前 1 d 将库温降至适宜温度。

4.2 果实要求

4.2.1 采收要求

4.2.1.1 跃变型浆果应在适宜储藏、运输的成熟期适时采收,非跃变型浆果应在适宜储藏、运输的成熟期适时晚采收,浆果类水果采收成熟度,判断依据应按照 NY/T 1394—2007 的规定执行。

4.2.1.2 采收前应至少 15 d 严格控制浇水,至少 30 d 严格控制施药。

4.2.1.3 采收应在早晨露水干后或下午气温凉爽时进行。不宜雾天、雨天、烈日暴晒下采收。

4.2.1.4　采收过程中做到轻拿轻放，尽量避免碰伤果实。如需剪采时，应采用圆头形采果剪。

4.2.1.5　对机械伤果、病虫果、落地果、残次果、腐烂果、沾地果进行单独存放、处理。

4.2.1.6　采后果实应放置阴凉处，避免受太阳光直射。

4.2.2　质量要求

用于预冷保鲜的浆果类果品应有该果品同有的色泽、形状、大小等特征。卫生指标应符合 GB 2762 和 GB 2763 的规定。

4.2.3　分级

果实采收、修整后，按产品大小、质量进行分级，相同等级集中堆放。

4.2.4　包装

4.2.4.1　根据要求，采用果盘、盒、箱、筐等进行包装。

4.2.4.2　包装材料应符合 NY/T 658 的卫生要求。

4.2.4.3　同批次预冷果实外包装箱规格应一致。

4.2.4.4　包装箱要牢固、有良好通风性能，内壁应光滑。包装内衬应有防震、减伤、调湿、调气等功能。

4.2.4.5　果实如需使用内包装，应在内包装材料上打孔，内包装的开孔需与外包装的开孔相配合；如因储藏要求内包装不能打孔，预冷时必须将内包装袋口打开。

5　预冷

5.1　入库

5.1.1　入库时间

浆果类果品采收后应及时入库预冷，采收到入库时间不宜超过 12h。

5.1.2　堆码

5.1.2.1　基本要求

小心装卸，合理安排货位及堆码方式，包装件的堆码方式应保证库内空气正常流通。货垛应按产地、品种、等级分别堆码并悬挂标牌。

5.1.2.2　普通冷库预冷和预冷库预冷堆码要求

码垛要松散，普通冷库预冷堆码密度不宜超过 125kg/m³；冷库预冷堆码密度不宜超过 200kg/m³。货垛排列方式、走向应与库内空气环流方向一致。

普通冷库预冷和预冷库预冷货位堆码要求：

a）距墙≥0.2m；

b）距顶≥1.0m；

c）距冷风机≥1.5m；

d）垛间距离≥0.3m；

e）库内通道宽≥1.2m；

f）垛底垫木（石）高度≥0.15m。

5.1.2.3　差压预冷库预冷堆码要求

果品包装箱置于差压预冷设备前，码垛要紧密，使包装箱有孔侧面垂直于进风风道，堆垛后包装箱开口应对齐。包装箱应对称摆放在风道两侧，高度相同，用油布或帆布平铺覆盖中央风道上面及末端，包装箱高度不应高于油布或帆布高度。

5.2 预冷

5.2.1 预冷温度控制

5.2.1.1 预冷时库温

不同种类浆果类果品采用普通冷库预冷、预冷库预冷和差压预冷库预冷时的库温参见附录 A。

5.2.1.2 预冷终止温度

不同种类浆果类果品冰点和预冷终止温度参见附录 A。

5.2.1.3 温度测定与记录

测量温度的仪器，误差≤0.2℃。测温点的选择符合 GB/T 8559 的要求。

5.2.2 预冷湿度控制

5.2.2.1 相对湿度值

普通冷库预冷和预冷库预冷时库内相对湿度 85%～90%。差压预冷库预冷时库内相对湿度 90%～95%。当库房内湿度低于预冷浆果的适宜湿度下限，应采取加湿措施。

5.2.2.2 湿度测定与记录

测量湿度的仪器要求误差≤5%。测湿点的选择与测温点相同。

5.3 出预冷冷库

5.3.1 果品温度降至预冷终止温度后，及时出库。

5.3.2 普通冷库和预冷库预冷果品，预冷终止后可就库储藏；差压预冷库预冷果，预冷终止后应移入普通冷库储藏，移动过程中应保持低温状态。

6 储藏

6.1 入库堆码

6.1.1 按产地、品种分库、分垛、分等级堆码，垛位不宜过大，以 200kg/m³～300kg/m³ 的密度堆码，大木箱包装、托盘堆码时，堆码密度可增加 10%～20%。

6.1.2 在冷库不同部位摆放 1 箱～2 箱观察果，以便随时观察箱内变化。

6.1.3 入库后应及时填写货位标签和平面货位图。

6.1.4 货位堆码按照 GB/T 8559 中相关规定执行。

6.2 储藏方式

根据浆果类果品的储藏特性、对气调储藏的反应和拟储藏的时间长短，决定采取冷藏、自发气调储藏或人工气调储藏方式。

6.3 保鲜技术条件

6.3.1 温度

入满库房后要求 24h 内库温达到所储产品要求的储藏温度，不同种类浆果类果品储藏温度参见附录 B。应尽量避免库温波动，如有波动，波动范围不超过 ±0.5℃。

6.3.2 湿度

不同种类浆果类果品储藏适宜的相对湿度参见附录 B，储藏过程中应防止外界热空气进入而造成库内大的湿度变化，当库房内湿度低于储藏浆果的适宜湿度下限时，应采取加湿措施。

6.3.3 气体调节

6.3.3.1 冷藏时，如有大量腐烂或熏药等特殊情况，应利用夜间或早上气温较低时对冷库进行通风换气，但应注意避免发生冻害。

6.3.3.2 不同种类浆果类果品储藏时适宜的氧气和二氧化碳浓度参见附录B。

6.3.4 保鲜处理

浆果类储藏期间，按照其储藏特性要求，选择适宜的保鲜处理方式和处理工艺，并严格遵守食品安全的相关规定。

6.4 储藏管理

6.4.1 定期检查浆果类果品储藏期间的质量变化情况，并及时处理腐烂变质果实。

6.4.2 浆果在储藏过程中主要病害的防治措施按照 NY/T 1394—2007 附录 B 执行。

6.5 出库

6.5.1 果实出库时，可一次出库或按市场需要分批出库。储藏温度在0℃左右的果品，一次全部出库上市时，应提前停止制冷机运行，使库温缓慢回升至5℃～8℃后再出库；分批出库时，应先将果实移至温度为5℃～8℃的干净场所，当果温和环境温度相近时上市。

6.5.2 气调储藏结束时，应先打开储藏间，开动风机1h～2h，待排除过高的二氧化碳、氧气含量接近大气水平时，工作人员方可不戴安全防护面具进入库内进行出库操作。

附录 A
（资料性附录）
常见浆果预冷条件

常见浆果预冷方式和预冷时库温在如 A.1 所示。

表 A.1　　　　　　　　　　　常见浆果预冷方式和预冷时库温

名称	冰点温度（℃）	预冷时库温（℃）普通冷库预冷	预冷时库温（℃）预冷库预冷	预冷时库温（℃）差压预冷库预冷	预冷终止温度（℃）
葡萄	-2.1	-1~0	-1~0	0~2	3~5
猕猴桃	-1.5	0~2	0~2	1~3	3~5
草莓	-0.8	3~5	3~5	4~6	7~9
蓝莓	-1.3	2~4	2~4	3~5	5~7
树莓	-0.9	0~2	0~2	1~3	3~5
蔓越莓	-0.9	0~2	0~2	1~3	3~5
无花果	-2.4	0~2	0~2	1~3	3~5
石榴	-3.0	5~7	5~7	6~8	10~12
番石榴	-2.4	5~10	5~10	6~11	10~15
醋栗	-1.1	0~2	0~2	1~3	3~5
穗醋栗	-1.1	0~2	0~2	1~3	3~5
杨桃	-1.2	5~7	5~7	6~8	9~10
番木瓜	-0.9	5~7	5~7	6~8	10~13
人心果	-1.1	15~18	15~18	16~19	15~18

附录 B
（资料性附录）
常见浆果储藏保鲜条件

常见浆果储藏保鲜条件如表 B.1 所示。

表 B.1　　常见浆果储藏保鲜条件

名称	适宜储藏温度（℃）	适宜储藏湿度（%）	乙烯敏感性	推荐储藏时间（d）	适宜储藏气体条件 O_2（%）	适宜储藏气体条件 CO_2（%）
葡萄	-1~0	90~95	L	30~90	2~5	1~5
猕猴桃	0~1	90~95	H	90~150	2~3	3~5
草莓	2~4	85~95	L	3~5	5~10	15~20
蓝莓	0~2	85~95	L	20~40	2~5	15~20
树莓	0±0.5	90~95	L	3~6	5~10	15~20
蔓越莓	0±0.5	90~95	L	8~16	1~2	0~5
无花果	-1~0	90~95	L	7~14	5~10	5~10
石榴	5~7	90~95	L	60~90	3~5	5~6
番石榴	5~10	90~95	M	10~20	8~10	5~6
醋栗	0±0.5	90~95	L	14~30	5~10	15~20
穗醋栗	-1~0	90	L	7~15	1~5	7~15
杨桃	5~7	85~90	M	20~30	3~6	4~6
番木瓜	7~13	8~90	M	10~20	2~5	5~8
人心果	15~18	85~90	H	30~50	2~5	5~10

注：L 代表低敏感性；M 代表中敏感性；H 代表高敏感性。

ICS 67.080.01
B 31
备案号：38557—2013

中华人民共和国国内贸易行业标准

SB/T 10894—2012

预包装鲜食葡萄流通规范

Specification of circulation for pre-packed table grape

2013-01-04 发布　　　　　　　　　　　　　　　2013-07-01 实施

中华人民共和国商务部　　发布

前　言

本标准按照 GB/T 1.1—2009 给出的规则起草。

本标准由中华人民共和国商务部提出并归口。

本标准主要起草单位：全国城市农贸中心联合会、深圳市海吉星国际农产品物流管理有限公司、深圳市农产品质量安全检验检测中心、深圳市质量技术监督局罗湖分局、哈密天山娇果业有限责任公司。

本标准主要起草人：周向阳、刘晓颖、金肇熙、郑英鹏、马增俊、纳绍平、陈存坤、李响、王晓燕、侯仰标。

预包装鲜食葡萄流通规范

1 范围

本标准规定了预包装鲜食葡萄的商品质量基本要求、商品等级、包装、标识和流通过程要求。

本标准适用于预包装国产鲜食葡萄的经营和管理。

2 规范性引用文件

下列文件对于本文件的应用是必不可少的。凡是注日期的引用文件，仅所注日期的版本适用于本文件。凡是不注日期的引用文件，其最新版本（包括所有的修改单）适用于本文件。

GB 2762　食品中污染物限量

GB 2763　食品中农药最大残留限量

GB/T 4456　包装用聚乙烯吹塑薄膜

GB/T 5737　食品塑料周转箱

GB/T 6543　运输包装用单瓦楞纸箱和双瓦楞纸箱

GB 7718—2011　食品安全国家标准预包装食品标签通则

《定量包装商品计量监督管理办法》（国家质量监督检验检疫总局令第75号）

《农产品批发市场食品安全操作规范》（商运字〔2008〕43号）

3 术语和定义

下列术语和定义适用于本文件。

3.1 预包装鲜食葡萄　pre-packed table grape

经预先定量包装，并标识相关产品信息，用于购销的鲜食葡萄。

3.2 不正常的外来水分　abnormal external moisture

指经雨淋或用水冲洗后果面残留的水分。

3.3 果梗　stalk of grape

果粒与果穗连接的短、细梗。

3.4 果霜　bloom

自然形成的果实表面的白色粉状物质。

3.5 果面缺陷 surface defect

对果实表面造成的各种损伤，包括日灼、刺伤、碰压伤、药害、裂果、雹伤等。

4 商品质量基本要求

4.1 具有本品种固有的果型、大小、色泽（含果肉、种子的颜色）、质地和风味。
4.2 具有适于市场销售的生理成熟度。
4.3 果穗、果型完整良好，无异嗅或异味、无不正常的外来水分。
4.4 主梗呈木质化或半木质化，并呈褐色或鲜绿色，不干枯、萎蔫。
4.5 污染物限量应符合 GB 2762 的有关规定，农药最大残留限量应符合 GB 2763 的有关规定。
4.6 我国法律、法规和规章另有规定的，应符合其规定。

5 商品等级

商品质量在符合第 4 章规定的前提下，同一品种的鲜葡萄依据新鲜度、完整度、果穗重量、果粒重和均匀度分为一级、二级和三级，各等级指标应符合表 1 的规定。

表1 预包装鲜食葡萄等级

指标	等级		
	一级	二级	三级
新鲜度	色泽鲜亮，果霜均匀，表皮无皱缩，果梗、果肉新鲜	色泽鲜亮，表皮无皱缩，果梗、果肉新鲜	色泽较好，表皮可有轻微皱缩，果梗、果肉较新鲜
完整度	穗形统一完整，无损伤，果霜完整、无果面缺陷	穗形完整，无损伤；同一包装件内，果粒着色度良好、果霜完整、缺陷果粒≤8%	穗形基本完整；果粒着色度较好、果霜基本完整、缺陷果粒≤8%
果穗重量	0.5kg～1.0kg	0.3kg～0.5kg	<0.3kg 或 >1.0kg
果粒重	同一包装中果粒重应≥平均值的15%	同一包装中果粒重应≥平均值	同一包装中果粒重应<平均值
均匀度	颜色、果形、果粒大小均匀	颜色、果形、枣粒大小较均匀	颜色、果形、果粒大小尚均匀

注：果粒重平均值见附录 A。

6 包装

6.1 包装材料

6.1.1 包装材料应清洁干燥，美观牢固，无毒、无害、无异味，符合 GB/T 6543、GB/T 4456 和 GB/T 5737 的规定。
6.1.2 包装物的规格应适合鲜食葡萄贮藏、运输及销售的需要。

6.2 包装要求

6.2.1 同一包装内应装入同一产地、品种、等级、色泽和成熟度的产品。

6.2.2 包装前的鲜食葡萄应经修整，新鲜、清洁、完整。宜按5kg、10kg、20kg规格包装执行。

7 标识

7.1 基本要求

按照GB 7718—2011中第3章的规定执行。

7.2 必须标示内容

7.2.1 包括产品名称、等级、净重量、产地、生产日期、生产者和（或）经销者的名称、地址和联系电话。

7.2.2 净含量

净含量标注应符合《定量包装商品计量监督管理办法》。

7.2.3 其他

国家或地方有明确特殊标示要求的，应按相关规定执行。如包装过程中使用添加剂的，属于农业转基因生物的，经过电离福射线等方式处理的，获得质量标志使用权的，均应按相关规定进行标识。

7.3 推荐标示内容

标示经国家工商管理部门注册登记的商标。

8 流通过程要求

8.1 产地采购

8.1.1 采购方宜与基地对接，实行订单采购。

8.1.2 采购方应向鲜食葡萄提供方（种植户、种植基地或产地经纪人等）索要产地证明、产品质量检验合格证明和认证证书等材料备案。产地证明应至少包含产地、数量、品种、采摘日期等内容。

8.1.3 采购的鲜食葡萄应符合第4章的规定，按第5章、第6章和第7章的规定进行分级、包装和标识。

8.1.4 采购方应做好进货记录，对每批鲜食葡萄的提供方、进货时间、品种、数量、等级、产地、采摘及包装日期等进行记录。

8.1.5 采购的鲜食葡萄宜及时运走，不能及时运走的鲜食葡萄应在适宜的温度（0℃~1℃）和湿度（相对湿度90%~95%）条件下暂存。

8.2 运输

8.2.1 运输工具应清洁、卫生、无污染、无杂物，具有防晒、防雨、通风和控温设施，可采用保温车、冷藏车等运输工具。

8.2.2 装载时应确保包装箱分批次顺序摆放，防止挤压，运输中应稳固装载，留通风空隙，不得与有毒有害物质混运。

8.2.3 装卸载时应轻搬轻放，严防机械损伤。

8.2.4 运输过程中应在不损害鲜食葡萄品质的情况下，综合考虑产地温度、运输距离、销地温度、适宜贮存温度和湿度（见 8.1.5）等因素，采取保温措施，防止温度波动过大。

8.2.5 应做到物、证相符，保留相关票据备案。

8.3 批发

8.3.1 批发商应建立购销台账，如实记录鲜食葡萄提供者、葡萄名称（品种）、产地、等级、进货时间、销售时间、价格、数量等内容，应如实记录交易双方的姓名及联系方式等。

8.3.2 采用电子交易系统的批发市场，购销商应根据系统要求做好信息的预先录入和登记工作，电子交易系统管理方应做好交易数据的定时备份和系统维护工作。

8.3.3 批发商应向批发市场和采购方提供产地证明、质量检验合格证明和购销票证等对手交易模式产生的购销票证应包含：批发商姓名、采购方姓名、鲜食葡萄名称（品种）、产地、等级、成交量、成交价格、成交时间等。电子交易模式产生的购销票证应包含：电子查询条码、批发商姓名（也可为系统生成代码）、采购者姓名（也可为系统生成代码）、产品名称、产地、等级、成交量、成交价格、成交时间等。

8.3.4 批发商和电子交易系统管理方应做好购销台账和相关证明（包括电子交易数据）的保管工作，保管期限为 2 年。

8.3.5 对于包装破损的鲜食葡萄，应查明原因，确认无安全危害时，才能上市销售；对于认定不合格的鲜食葡萄，应按《农产品批发市场食品安全操作规范》有关规定做好下架、退市、销毁等处理。

8.3.6 批发过程应注意保持适宜的温度、湿度（见 8.1.5），并快速销售。

8.4 零售

8.4.1 零售应有固定的经营场地（摊位），应挂牌销售，明确标葡萄的品种、产地、等级、价格和质量状况等信息。

8.4.2 零售时可采用透明薄膜、聚乙烯袋等小包装销售，包装材料应符合 GB/T 4456 的规定。零售标识应包括超市（市场）名称、葡萄品种、销售日期、等级、重量、价格、产地等内容。

8.4.3 零售场所宜配备葡萄陈列货架、电子条码秤、冷藏设施等，注意控制温度和湿度（见 8.1.5）。

附录 A
（资料性附录）
各品种鲜食葡萄的平均果粒重

各品种鲜食葡萄的平均果粒重见表 A.1。

表 A.1　　各品种鲜食葡萄的平均果粒重

品种	平均果粒重（g）
巨峰	10.0
京亚	5.5
藤稔	15.0
玫瑰香	4.5
瑞必尔	7.0
秋黑	7.0
里扎马特	8.0
牛奶	7.0
红地球	12.0
龙眼	5.0
京秀	6.0
绯红	9.0
无核白	5.5

ICS 03.120.20
A 00

中华人民共和国认证认可行业标准

RB/T 167—2018

有机葡萄酒加工技术规范

Technical specification for processing of organic wine

2018-03-23 发布　　　　　　　　　　　2018-10-01 实施

中国国家认证认可监督管理委员会　发布

前　言

本标准按照 GB/T 1.1—2009 给出的规则起草。

本标准由国家认证认可监督管理委员会提出并归口。

本标准起草单位：中粮集团有限公司、中粮酒业有限公司、北京五洲恒通认证有限公司。

本标准主要起草人：杨志刚、曲丽、万强、黄伟、赵雪梅、卢新军、王振、周翰舒。

有机葡萄酒加工技术规范

1 范围

本规范规定了有机葡萄酒加工企业的基本要求、卫生要求、质量管理、包装和标识、储存和运输、追溯和召回的要求。

本规范适用于有机葡萄酒加工过程的控制。

2 规范性引用文件

下列文件对于本文件的应用是必不可少的。凡是注日期的引用文件，仅所注日期的版本适用于本文件。凡是不注日期的引用文件，其最新版本（包括所有的修改单）适用于本文件。

GB 2758　食品安全国家标准　发酵酒及其配制酒

GB 2760　食品安全国家标准　食品添加剂使用标准

GB 5749　生活饮用水卫生标准

GB 7718　食品安全国家标准　预包装食品标签通则

GB 14881　食品安全国家标准　食品生产通用卫生规范

GB/T 15037　葡萄酒

GB/T 19630.2　有机产品　第2部分：加工

GB/T 19630.3　有机产品　第3部分：标识与销售

GB/T 23543　葡萄酒企业良好生产规范

3 术语和定义

下列术语和定义适用于本文件。

有机葡萄酒 organic wines

以新鲜的经过有机认证的葡萄或葡萄汁为原料，经发酵酿制而成的含有一定酒精度并获得有机产品认证的葡萄酒。

4 基本要求

4.1 配料

4.1.1 用于酿造有机葡萄酒的葡萄必须是经过认证的有机葡萄，且在终产品中所占的比例不得少于95%。

4.1.2 用于加工有机葡萄酒的葡萄汁必须是经过认证的有机葡萄汁，且在终产品中所占的比例不得少于95%。

4.1.3 为保证原料的新鲜度，运输葡萄/葡萄汁的车辆和容器需干净、无污染；葡萄运输过程中避免挤压，并就近处理；进厂的葡萄原料须在12 h内破碎和入罐；长途运输需要帐篷或其他覆盖物，防止污染，如运输时间超过8 h，建议使用控温设备，使原料温度不超过15 ℃。

4.1.4 有机葡萄/葡萄汁与常规葡萄/葡萄汁在运输过程中应有效隔离，防止交叉污染。

4.1.5 有机葡萄/葡萄汁与常规葡萄/葡萄汁在储藏过程中应有效隔离，并明确标识，避免有机产品受到污染。

4.1.6 有机葡萄/葡萄汁入厂时需做好相关记录，便于进行可追溯管理，需要记录的信息包含但不限于以下内容：采收（购）时间、基地名称、葡萄/葡萄汁品种、数量、运输车辆信息等，外购原料须保存原料的有机产品认证证书、销售证、采购票据等。

4.2 食品添加剂及加工助剂

4.2.1 加工过程中使用的食品添加剂及加工助剂应符合GB/T 19630.2要求，必要时，应使用附录A中列出的食品添加剂和加工助剂，严格按照其中的使用条件使用。

4.2.2 使用附录A以外的其他物质时，应符合GB 2760的规定，并向认证机构提交评估申请，机构根据GB/T 19630.2中附录C评估，并经国家相关主管部门批准后方可使用。

4.3 其他配料

发酵过程中使用的酵母、酶制剂不得来源于基因工程。

4.4 加工用水

加工用水水质必须符合GB 5749的相关要求。

4.5 其他要求

有机葡萄酒加工的其他条件等需符合GB/T 23543和GB 14881的要求。

4.6 环境保护

有机葡萄酒加工废弃物排放必须符合国家或地方排放标准。鼓励加工企业对生产、加工环节产生的废水、废渣等处理后进行回收利用。

5 卫生要求

设备、工具应使用符合GB/T 19630.2要求的清洁剂和消毒剂清洁消毒，空间杀菌不应使用硫黄熏蒸。

6 质量管理

6.1 总体要求

6.1.1 企业应建立相应的质量管理机构，并配备充足的具有质量管理及质量检验资质的人员及相应的检测设备，需保证人员资质及设备运转的有效性，进行全面质量管理。

6.1.2 企业应制定完备的质量管理标准，标准应涵盖如下内容：人员要求、生产环境要求、物料采购、设备使用及维护保养、生产过程控制、产品质量控制等方面内容，经质量管理机构确认后实施。

6.2 加工过程质量管理

6.2.1 加工企业宜建立并实施危害分析及关键控制点（HACCP）体系。

6.2.2 加工过程所采取的加工工艺建议参见附录B，并在其限制条件下实施。

6.2.3 加工过程中需采取措施严格控制二氧化硫添加量及残留量，红葡萄酒中允许最大使用量为100 mg/L；白葡萄酒及桃红葡萄酒中允许最大使用量为150 mg/L。可采取措施包括加强整个加工环节卫生管理以降低杂菌污染、降低半成品及成品加工过程中氧气接触的概率，半成品在陈酿、加工、灌装环节推荐使用氮气、二氧化碳等惰性气体进行保护。

6.2.4 加工过程中必须严格区分有机半成品及常规半成品，防止有机和常规半成品混杂在一起。

6.2.5 有机葡萄酒加工配备专用设备为宜，如不得不与常规加工共用设备，则必须遵循清洗、有机加工、常规加工、清洗的先后顺序。在常规加工结束后必须进行彻底清洗，并不得有清洗剂残留。

6.2.6 有机葡萄酒在进行不同批次葡萄酒调配时，不得添加常规葡萄酒。

6.2.7 加工企业应制定生产操作规程，准确记录有机原料及投入品的种类、数量、来源，应对加工关键参数如发酵温度、时间、理化检验结果及感官品评等建立记录并归档，并规定记录留存时间，负责人需定期对记录进行审核并存档。

6.2.8 在有机葡萄酒的酿造过程中，可能会对有机葡萄酒的固有品质产生不良影响或严重改变葡萄酒成分组成的工艺和技术应被禁止，不予采用。以下酿造工艺、加工过程和处理方法是被禁止的：

a) 通过冷却进行局部浓缩；
b) 通过物理方法去除二氧化硫；
c) 通过电渗析的方法来确保葡萄酒中酒石酸的稳定；
d) 对葡萄酒进行局部脱醇处理；
e) 采用阳离子交换剂的处理方法来确保葡萄酒中酒石酸的稳定。

6.3 产成品质量管理

6.3.1 应按照国家、行业或企业产品质量标准的要求，制定产成品检验项目、检验标准、抽样及检验方法。

6.3.2 与产品有机完整性有关的指标及投入品残留量需符合本规范要求，其余指标应符合GB/T 15037及GB 2758的要求。

6.3.3 应制定规范化的成品留样保存计划，每批成品按规定留样。

7 包装和标识

7.1 包装

7.1.1 有机葡萄酒的包装应简单、实用，避免过度包装。

7.1.2 有机葡萄酒包装以玻璃容器为主，严禁使用塑料瓶或其他以聚乙烯或聚吡咯烷酮等为材质制成的包装材料。

7.2 标识

7.2.1 有机葡萄酒的标识除满足GB 7718和GB/T 15037关于标识的要求外，还必须满足GB/T

19630.3 的要求。

7.2.2 在获证产品或者产品的最小销售包装上，加施中国有机产品认证标志、有机码和认证机构名称。

8 储存和运输

8.1 储存

8.1.1 有机葡萄酒在储存过程中不得受到其他物质的污染，要确保有机认证产品的完整性。

8.1.2 有机葡萄酒应单独存放。如果不得不与常规产品共同存放，必须在仓库内划出特定区域，采取必要的包装、标签等措施确保有机产品不与非认证产品混放。

8.1.3 储存仓库建议建立温湿度控制系统，产品储存温度保持在 5 ℃ ~ 25 ℃ 为宜，湿度保持在 60 % ~ 80 % 为宜。

8.1.4 成品储存区应有存量记录，成品应做进出库记录，内容应包括批号、出货时间、地点、对象、数量等，便于质量追踪。

8.1.5 仓库应经常清理，储存物品不得直接放置地面。有机产品储存场所应采取生态和物理措施去除苍蝇、老鼠、蟑螂和其他有害昆虫及其滋生条件。

8.1.6 产品出入库和库存量必须有完整的档案记录，并保留相应的单据。

8.2 运输

8.2.1 运输工具在装载有机产品前应清洗干净。

8.2.2 有机产品在运输过程中应避免与常规产品混杂和受到污染。

8.2.3 在运输和装卸过程中，外包装上的有机认证标志及有关说明不得被玷污或损毁。

8.2.4 运输和装卸过程必须有完整的档案记录，并保留相应的单据。

9 追溯和召回

9.1 企业应根据国家相关要求建立可追溯、产品召回管理办法等相关的文件，并根据企业及行业发展持续改进以保障体系的有效性。

9.2 企业应根据规定定期进行模拟产品追溯及产品召回演练，并记录归档。

9.3 企业宜建立产品信息化管理程序，确保产品质量安全信息管理。

附录 A
（规范性附录）
有机葡萄酒加工中允许使用的食品添加剂、加工助剂和其他配料

有机葡萄酒加工中允许使用的食品添加剂、加工助剂和其他配料见表 A.1、表 A.2 和表 A.3。

表 A.1　食品添加剂列表

序号	名称	使用条件
1	二氧化硫	用于红葡萄酒，最大使用量为 100 mg/L；用于白葡萄酒及桃红葡萄酒，最大使用量为 150 mg/L。最大使用量以二氧化硫残留量计
2	焦亚硫酸钾	用于红葡萄酒，最大使用量为 100 mg/L；用于白葡萄酒及桃红葡萄酒，最大使用量为 150 mg/L。最大使用量以二氧化硫残留量计
3	L（+）-酒石酸	酸度调节剂，以酒石酸计

表 A.2　加工助剂列表

序号	名称	使用条件
1	氮气	惰性气体保护
2	酒石酸氢钾	晶核、稳定剂
3	活性炭	加工助剂
4	二氧化碳	惰性气体保护
5	食用单宁	助滤剂、澄清剂
6	硅藻土	过滤助剂
7	膨润土	吸附剂、助滤剂、澄清剂
8	高岭土	澄清剂、助滤剂
9	珍珠岩	助滤剂
10	硅胶	澄清剂

表 A.3　其他配料列表

序号	名称	使用条件
1	酵母菌	按生产需要适量使用
2	果胶酶	按照发酵工艺使用
3	乳酸菌	按照发酵工艺使用

附录 B
（资料性附录）
有机葡萄酒生产加工环节加工工艺及限制条件

有机葡萄酒生产加工工艺及处理方法见表 B.1。

表 B.1　　　　　　　　　有机葡萄酒生产加工工艺及处理方法

序号	工艺及处理方法	定义	目的	规定
1	分选	挑选葡萄穗，去除生青葡萄及受损或腐烂的葡萄。根据葡萄品种及成熟程度分类	挑选出质量好的果实	去除生青果穗、粉红果穗、腐烂果穗、着色不均匀果穗等不健康果穗
2	除梗	将葡萄果粒与果梗分开，去除果梗	减少酒的损失；减少单宁含量及收敛性；减少果梗味	除梗要完整，葡萄醪中不应混有未除净的果梗
3	破碎	使果皮破裂，葡萄浆汁逸出	在浸提法酿酒的情况下，使皮渣中的可溶物在葡萄汁中很好的扩散	a）破碎应在采摘后尽快进行； b）注意防止破碎果籽及果梗。 注：在酿造白葡萄酒时，防止葡萄汁与葡萄的固体部分接触时间过长（浸提果皮的情况除外）
4	压榨	压榨葡萄或葡萄皮渣，以分离出液体部分	a）将葡萄浆汁分离出来，以便制成葡萄汁，或在没有葡萄固体物质的情况下酿酒（即酿造白葡萄酒）； b）带皮发酵后从皮渣里分离压榨酒	a）如果是鲜葡萄，应在采摘之后的最短时间内压榨，如果是破碎的葡萄，应在破碎后的最短时间内进行压榨； b）压榨应缓慢持续地进行，不应压破或压碎葡萄固体部分
5	葡萄汁二氧化硫处理	在已破碎的葡萄或葡萄汁中加入二氧化硫或焦亚硫酸钾	a）防止有害微生物繁殖； b）抗氧化； c）有利酵母的选择； d）有助于产品的澄清； e）加强溶解与浸渍作用； f）调节与控制发酵； g）制取半发酵的葡萄汁	a）应在破碎过程中或破碎结束时加入； b）确保将二氧化硫均匀的分布在破碎的葡萄及葡萄汁中

（续表）

序号	工艺及处理方法	定义	目的	规定
6	葡萄汁澄清	发酵前将悬浮的固体物质从葡萄汁中分离出去	本方法适用于酿造白葡萄酒或其他需要没有葡萄固体物质的情况下酿酒： a) 去除尘土微粒； b) 去除有机微粒以减少酚类氧化酶的活性； c) 减少有害微生物； d) 减少果胶含量，降低混浊度	澄清可采用如下几种方法： a) 静止澄清法：低温静置澄清法； b) 果胶酶法； c) 皂土（膨润土）法； d) 机械澄清法：离心澄清法
7	提高葡萄汁含糖量	在不外加糖源的前提下，通过科学的方法提高葡萄汁的含糖量	通过提高葡萄汁的含糖量以获得适量的酒精或者糖	提高葡萄汁含糖量只允许通过以下方法获得： a) 延迟采收； b) 果实采收后自然风干； c) 通过浓缩工艺去除部分水分
8	葡萄汁或葡萄酒降酸	通过物理、化学、生物等方法降低葡萄汁或葡萄酒的含酸量	制取口味协调的葡萄酒	可采用以下方法达到降酸目的： a) 物理法降酸； b) 进行苹果酸乳酸发酵
8.1	物理法降酸	物理降酸方法包括冷处理降酸和离子交换降酸	制取口味协调的葡萄酒	a) 经处理的葡萄汁或葡萄酒中的酒石酸氢钾和酒石酸钙要尽可能稳定； b) 物理法降酸可按下述方式实现： 1) 葡萄汁或葡萄酒在低温下贮存时自然进行降酸； 2) 将葡萄汁或葡萄酒在人工低温下进行处理达到降酸
9	葡萄汁或葡萄酒增酸-L（+）-酒石酸	通过添加有机酸的形式对葡萄汁或葡萄酒进行增酸	提升葡萄酒口感及质量稳定性	a) 根据葡萄汁或葡萄酒中酸的组成；增酸只能加入L（+）-酒石酸； b) 对于同一种葡萄汁或葡萄酒不得同时进行化学增酸与化学降酸
10	酒精发酵	把葡萄（葡萄汁）中的糖转化为乙醇、二氧化碳和副产物	将葡萄/葡萄汁中的糖转化为酒精，并获得香气等风味物质	a) 发酵过程中使用的酵母、酶制剂不得来源于基因工程； b) 发酵最高温度不超过30 ℃为宜

(续表)

序号	工艺及处理方法	定义	目的	规定
11	苹果酸－乳酸发酵： a）自然触发； b）添加乳酸菌； c）接种发酵的葡萄酒	苹果酸－乳酸发酵是在葡萄酒酒精发酵结束后，在乳酸菌的作用下，将苹果酸分解为乳酸和二氧化碳的过程	降酸作用，提升葡萄酒口感，提高葡萄酒质量稳定性	接种发酵的葡萄酒必须为同批次或相近批次的有机原料酿制的有机葡萄酒
12	酒精发酵中断： a）冷却法； b）过滤法； c）离心法； d）加二氧化硫法	让酵母失去发酵活性或者除去葡萄酒中酵母的方法使葡萄酒停止酒精发酵	通过终止发酵，获得目标糖度及酒精度	采用添加二氧化硫法进行酒精发酵中断的，二氧化硫残留量需满足 GB/T 19630.2 限量要求
13	原酒贮存及陈酿： a）添酒或取酒； b）倒酒； c）充惰性气体； d）陈酿		原酒在贮存过程中保持质量稳定，提高葡萄酒稳定性	a）贮存、陈酿容器可使用：不锈钢罐、水泥池、玻璃容器、橡木桶； b）倒酒时建议对管道等充惰性气体保护
14	葡萄酒的澄清： a）自然澄清法； b）机械澄清法； c）加澄清剂澄清法	葡萄酒的澄清是指自然澄清或者通过向葡萄酒中添加特定的澄清剂，净化和稳定葡萄酒酒液的过程	a）改善葡萄酒外观质量； b）提高葡萄酒质量稳定性	a）自然沉降澄清； b）过滤澄清； c）下胶澄清
15	葡萄酒冷处理： a）间歇冷冻法； b）连续冷冻法	通过低温的方法提升葡萄酒的稳定性	a）促进酒石酸盐类沉淀及胶体物质的凝聚； b）改善风味，提高稳定性	冷冻葡萄酒所用的容器必须用不锈钢材料制成，做到防腐蚀，防霉菌。冷冻间应经常清洗、消毒，保持清洁，无异味，无霉菌滋生。冷冻容器应定期消毒和清洗
16	调配	将不同批次的有机葡萄酒根据一定质量要求按一定比例进行混合的操作	获得高品质的葡萄酒	用于调配的葡萄酒必须均为有机原料酿造，且酿造管理过程执行本技术规范
17	过滤	葡萄酒在发酵结束后至灌装之前通过适当的过滤装置进行过滤	a）分阶段进行取得澄清葡萄酒； b）通过去除微生物取得葡萄酒的生物稳定	
18	灌装	将处理好的酒液装瓶或装入销售容器并进行封口的操作过程	为了使葡萄酒分装成销售的小包装并使成品酒达到市场和相关法规品质的要求	

国 际 商 务 标 准

SW/T 1—2015

植物提取物 葡萄籽提取物

Grape seeds oligomeric proanthocyanidins

2015 -11 -20 发布

2015 -12 -01 实施

中国医药保健品进出口商会 发 布

前　言

本标准由中国医药保健品进出口商会提出。

本标准由中华人民共和国商务部归口。

本标准由中国医药保健品进出口商会国际商务标准化技术委员会负责解释。

本标准起草单位：天津市尖峰天然产物研究开发有限公司、浙江天草生物科技股份有限公司、重庆骄王天然产物股份有限公司。

本标准主要起草人：吴巍、邢新锋、翟巧丽、谢国华、高伟、黄华学等。

植物提取物　葡萄籽提取物

1　范围

本标准规定了葡萄籽提取物（葡萄籽低聚原花青素）的技术要求、检验方法、检验规则和产品标志、包装、运输、贮存要求。

本标准适用于以葡萄籽为原料经提取分离制成的葡萄籽提取物（葡萄籽低聚原花青素）。

2　规范性引用文件

下列文件中的条款通过本标准的引用而成为本标准的条款。凡是注日期的引用文件，其随后所有的修改单（不包括勘误的内容）或修订版均不适用于本标准，然而，鼓励根据本标准达成协议的各方研究是否可使用这些文件的最新版本。凡是不注日期的引用文件，其最新版本适用于本标准。

GB 4789.2　食品安全国家标准　食品微生物学检验　菌落总数测定
GB 4789.4　食品安全国家标准　食品微生物学检验　沙门氏菌检验
GB 4789.15　食品安全国家标准　食品微生物学检验　霉菌和酵母计数
GB 4789.38　食品安全国家标准　食品微生物学检验　大肠埃希氏菌计数
GB 9685　食品容器、包装材料用添加剂使用卫生标准
中华人民共和国药典（2010年版）一部　附录ⅨH　水分测定法　第一法
中华人民共和国药典（2010年版）一部　附录ⅨK　灰分测定法
中华人民共和国药典（2010年版）一部　附录ⅨE　重金属检查法
中华人民共和国药典（2010年版）二部　附录ⅦP　残留溶剂测定法
保健食品检验与评价技术规范（2003年版）

3　名称、结构式、分子式和相对分子质量

葡萄籽提取物（葡萄籽低聚原花青素）由一系列有效成分组成，其名称、结构式、分子式、相对分子质量见表1。

表1　葡萄籽提取物（葡萄籽低聚原花青素）组分名称、结构式、分子式及相对分子质量

组分名称	结构式	分子式	相对分子质量
没食子酸 （Gallic acid）	（结构式图）	$C_7H_6O_5$	170.12

(续表)

组分名称	结构式	分子式	相对分子质量
原花青素 B1 (Procyanidin B1)		$C_{30}H_{26}O_{12}$	578.52
(+) - 儿茶素 [(+) - Catechin]		$C_{15}H_{14}O_6$	290.27
原花青素 B2 (Procyanidin B2)		$C_{30}H_{26}O_{12}$	578.52
(-) - 表儿茶素 [(-) - Epicatechin]		$C_{15}H_{14}O_6$	290.27
(-) - 表儿茶素 3 - O - 没食子酸酯 [(-) - Epicatechin - 3 - O - gallate]		$C_{22}H_{18}O_{18}$	442.37
低聚原花青素 (Oligomeric proanthocyanidins; n = 0 - 3)		$C_{15n}H_{14n-2(n+1)}O_{6n}$ n = 0 - 3	290.27n - 2 (n + 1) n = 0 - 3

4 技术要求

4.1 工艺要求

4.1.1 植物原料

为葡萄科葡萄属植物葡萄［Vitis vinifera L. (Fam. Vitaceae)］的种子。

4.1.2 工艺过程

用水或乙醇和水一定比例混合溶液提取，浓缩，稀释，沉淀，经大孔吸附树脂吸附、洗脱，洗脱液回收乙醇，干燥，即得。

4.2 产品要求

4.2.1 感官要求：应符合表2规定。

表2 感官要求

项目	要求	检查方法
色泽	浅棕黄色至棕褐色粉末	启开试样后，立即嗅其气和尝其味；另取试样适量置于白色瓷盘中观察其色泽、外观，并检查有无异物
气味	气微，味微而苦涩	
外观	均匀，无可见异物的粉末	

4.2.2 理化指标：应符合表3规定。

表3 理化指标

项目		指标	检验方法
鉴别		应符合规定	附录A中A.3
水分，%		≤6.0	中华人民共和国药典（2010年版）一部附录ⅨH
灰分，%		≤2.0	中华人民共和国药典（2010年版）一部附录ⅨK
儿茶素和表儿茶素，%		≤19.0	附录A中A.3
原花青素值		≥95.0	附录A中A.1
多酚含量，%		≥70.0	附录A中A.2
残留溶剂	甲醇，mg/kg	≤50	中华人民共和国药典（2010年版）二部附录ⅧP
	乙醇，mg/kg	≤1000	
重金属（以Pb计），mg/kg		≤20	中华人民共和国药典（2010年版）一部附录ⅨE

4.2.3 微生物指标要求：应符合表4的规定。

表4　　　　　　　　　　　　　　　　微生物指标

项目	指标	检验方法
细菌总数，cfu/g	<1000	GB 4789.2
霉菌及酵母菌数，cfu/g	<100	GB 4789.15
大肠埃希氏菌	不得检出	GB 4789.38
沙门氏菌	不得检出	GB 4789.4

4.2.4 其他污染物。

其他污染物限量要求，对于出口产品，应符合出口目的国相关法规的规定；对于进口产品，依据不同用途，应符合我国相关法规的规定。

5　检验方法

5.1　感官检验

按表2中规定进行检验。启开试样后，立即嗅其气和尝其味；另取试样适量置于白色瓷盘中观察其色泽、外观，并检查有无异物。

5.2　理化检验

5.2.1　鉴别

按附录A.3规定的检测方法进行测定。供试品溶液液相色谱图中应显示与USP葡萄籽低聚原花青素对照品相应保留时间处一致的色谱峰，其中应体现原花青素二聚体B1的峰，原花青素二聚体B2的峰，(-)-表儿茶素3′-O-没食子酸的峰，还有一个混合低聚原花青素形成的宽峰。

5.2.2　水分

按中华人民共和国药典（2010年版）一部附录ⅨH水分测定法第一法进行测定。

5.2.3　灰分

按中华人民共和国药典（2010年版）一部附录ⅨK灰分测定法进行测定。

5.2.4　儿茶素和表儿茶素限量

按附录A.3规定的检测方法进行测定。

5.2.5　原花青素值

按附录A.1规定的检测方法进行测定。

5.2.6　多酚含量

按附录A.2规定的检测方法进行测定。

5.2.7　残留溶剂

按中华人民共和国药典（2010年版）二部附录ⅦP残留溶剂测定法进行测定。

5.2.8　重金属

按中华人民共和国药典（2010年版）一部附录ⅨE重金属检查法进行测定。

5.3 卫生检验

5.3.1 菌落总数

按 GB 4789.2 进行测定。

5.3.2 霉菌和酵母菌

按 GB 4789.15 进行测定。

5.3.3 大肠埃希氏菌

按 GB 4789.38 进行测定。

5.3.4 沙门氏菌

按 GB 4789.4 进行测定。

6 包装、标签、运输、贮存、保质期

6.1 包装

包装材料应符合食品卫生要求。使用前应对所有包装材料进行严格的卫生检查。桶装后，应加封封口签。

6.2 标签

6.2.1 包装标志上应标注：葡萄籽提取物（葡萄籽低聚原花青素）、批号、规格、净重、毛重、产地、生产日期、保质期、贮存条件等内容。

6.2.2 外包装箱体上应标有：防潮、防晒、勿重压、朝上（朝下）等字样或标志。标志内容清晰可见，标志应粘贴牢固。

6.3 运输

6.3.1 运输工具应清洁、卫生，不得与有毒、有害、有腐蚀性或有异味的物品混装混运。

6.3.2 搬运时应轻装轻卸，运输时防止挤压、曝晒、雨淋。

6.4 贮存

6.4.1 产品不得与有毒、有害、有腐蚀性或有异味的物品混合存放。

6.4.2 产品应贮存于阴凉、干燥的仓库中。

6.5 保质期

在符合规定的贮运条件、包装完整、未经开启封口的情况下，保质期不超过 36 个月。

附录 A
（规范性附录）
检验方法

A.1 一般规定

本标准所用试剂和水，在没有注明其他要求时，均指分析纯试剂和 GB/T 6682 规定的三级水。实验中所用溶液在未注明用何种溶剂配制时，均指水溶液。

A.2 原花青素值的测定方法

A.2.1 方法提要

样品经甲醇溶解后，采用紫外－可见分光光度计法测定。

A.2.2 仪器和用具

A.2.2.1 分析天平，感量为 0.01 mg。

A.2.2.2 紫外－可见分光光度计。

A.2.2.3 超声波清洗器

A.2.2.4 顶空瓶和压盖器

A.2.3 试剂和溶液

A.2.3.1 甲醇，分析纯。

A.2.3.2 盐酸，分析纯。

A.2.3.3 正丁醇（n－BuOH），分析纯。

A.2.3.4 硫酸铁铵，分析纯。

A.2.3.5 水。

A.2.3.6 5% 盐酸－正丁醇（V/V）溶液：在一个 100mL 容量瓶中加入大约 2/3 体积的正丁醇，量取 5.0mL 盐酸加入，放冷至室温，并用正丁醇定容至刻度，摇匀。溶液可稳定保存一个月。

A.2.3.7 2% 硫酸铁铵溶液：精确称取 2.0g 硫酸铁铵，置 100mL 容量瓶中，加入 2mol/L 盐酸溶解，放冷至室温，用 2mol/L 盐酸定容至刻度，摇匀。溶液可稳定保存 6 个月。

A.2.4 操作方法

A.2.4.1 供试品溶液制备

精密称取供试品约 10mg，置于 100mL 棕色容量瓶中，加入 80mL 甲醇，超声溶解，用甲醇定容至刻度，摇匀，即得供试品溶液。

A.2.4.2 测定方法

A.2.4.2.1 精密移取下列溶液至 10mL 顶空瓶中。

A.2.4.2.1.1 1.0mL 供试品溶液。

A.2.4.2.1.2 6.0mL 5% 的盐酸－正丁醇溶液。

A.2.4.2.1.3 0.2mL 2% 硫酸铁铵溶液。

A.2.4.2.2 盖上顶空瓶的盖和垫，用压盖器（封口钳）封口，将顶空瓶放于水浴（100±2℃）锅中（瓶中试剂部分应处于水面以下），水浴 40 分钟，取出，在冷水浴（2～10℃）中迅速冷却 20 分钟。

A.2.4.2.3 试剂空白：照上述方法精密移取1mL甲醇，6mL盐酸-正丁醇和0.2mL硫酸铁铵溶液于10mL顶空瓶中，同法制备一个试剂空白。

A.2.4.2.4 用试剂空白作对照，在546nm处测定供试品溶液的吸光度 A_1。

A.2.5 结果计算

葡萄籽提取物（葡萄籽低聚原花青素）中原花青素值以 w_1 计，按公式（A.1）计算：

$$w_1 = \frac{A_1 \times 7200}{m_1 \times 275} \quad \cdots\cdots\cdots\cdots\cdots\cdots\cdots\cdots\cdots\cdots\cdots\cdots (A.1)$$

式中：

w_1——供试品中原花青素值；

A_1——供试品溶液在吸收波长546nm下的吸光度；

m_1——供试品的称样量，单位为毫克（mg）；

275——标准原花青素100的检测值。

A.3 多酚含量的测定方法

A.3.1 方法提要

样品经纯化水溶解后，采用紫外-可见分光光度计法测定，以多点回归曲线法测定多酚的含量。

A.3.2 仪器和用具

A.3.2.1 分析天平，感量为0.01mg。

A.3.2.2 紫外-可见分光光度计。

A.3.2.3 超声波清洗器。

A.3.3 试剂和溶液

A.3.3.1 无水碳酸钠，分析纯。

A.3.3.2 钨酸钠，分析纯。

A.3.3.3 钼酸钠，分析纯。

A.3.3.4 硫酸锂，分析纯。

A.3.3.5 溴酸钾，分析纯。

A.3.3.6 溴化钾，分析纯

A.3.3.7 磷酸，分析纯。

A.3.3.8 盐酸，分析纯。

A.3.3.9 水。

A.3.3.10 碳酸钠溶液：称取20.0g无水碳酸钠，用水溶解于100mL容量瓶中，超声溶解，冷却至室温，用水定容至刻度，摇匀即得。

A.3.3.11 溴滴定液：取溴酸钾3.0g与溴化钾15g，加水适量使溶解成1000mL，摇匀，即得。

A.3.3.12 福林酚试液（磷钼钨酸试液）：取钨酸钠100g、钼酸钠25g，加水700mL，85%磷酸50mL与盐酸100mL，置磨口圆底烧瓶中，缓缓加热回流10小时，放冷，再加硫酸锂150g、水50mL和溴滴定液1滴，加热煮沸15分钟，冷却，加水稀释至1000mL，滤过，滤液作为贮备液，置棕色瓶中。本贮备液（应为黄绿色）不得显绿色（如放置后变为绿色，可加溴滴定液1滴，煮沸除去多余的溴即可）。临用前取贮备液2.5mL，加水稀释至10mL，摇匀，即得。

A.3.3.13 标准品：没食子酸，CAS号149-91-5，纯度≥97.5%。

A.3.4 操作方法

A.3.4.1 标准品溶液的制备

精密称取没食子酸约10mg，置于100mL棕色容量瓶中，加入水，超声溶解，冷却至室温，用水定容至刻度，摇匀，配成的标准品溶液中没食子酸浓度约为0.1mg/mL。

A.3.4.2 供试品溶液制备

精密称取供试品20~30mg，置100mL棕色容量瓶中，加入水适量，超声使其完全溶解，冷却至室温，以水定容至刻度，摇匀即得。

A.3.4.3 测定方法

A.3.4.3.1 标准曲线测定

A.3.4.3.1.1 精密吸取标准品溶液0.20mL、0.40mL、0.60mL、0.80mL分别置于10mL的棕色容量瓶中，各加入3~4mL的水，摇匀；

A.3.4.3.1.2 加入0.5mL福林酚试液，摇匀；在1~8分钟内，各加入1.5mL Na_2CO_3 溶液，摇匀。用水定容至刻度，摇匀，分别得到没食子酸浓度约为0.002mg/mL，0.004mg/mL，0.006mg/mL，0.008mg/mL的标准品溶液，将各容量瓶置于30℃水浴中保持2小时。

A.3.4.3.1.3 同时配制空白溶液：加入3~4mL水于10mL棕色容量瓶中，照A.3.4.3.1.2方法制备空白溶液。

A.3.4.3.1.4 以空白溶液调零，于760nm（10分钟内）处测定吸光度，以吸光度为纵坐标，浓度为横坐标，绘制回归曲线，计算线性回归方程。

A.3.4.3.2 样品分析：精密吸取0.2mL供试品溶液，置10mL棕色容量瓶中，各加入3~4mL水，摇匀，照标准曲线测定项下的A.3.4.3.1.2~A.3.4.3.1.3方法制备供试品和空白溶液，以空白溶液调零，于760nm（10分钟内）处测定吸光度。

A.3.5 结果计算

A.3.5.1 根据没食子酸的线性回归方程，计算出被测定供试品溶液中的多酚浓度 C_1。

A.3.5.2 葡萄籽提取物（葡萄籽低聚原花青素）中多酚以质量分数 w_2 计，数值以%表示，按公式（A.2）计算：

$$w_2 = \frac{C_1 \times V_1 \times 50}{m_2} \times 100\% \quad\quad\quad\quad\quad (A.2)$$

式中：

w_2——供试品中多酚组分的质量分数，%；

C_1——供试品溶液中多酚组分浓度，单位为mg/mL；

V_1——供试品溶液的稀释体积，单位为毫升（mL）；

m_2——供试品的称样量，单位为毫克（mg）。

A.4 儿茶素和表儿茶素限量的测定方法

A.4.1 方法提要

样品经超声溶解后，采用高效液相色谱法测定，用外标法定量。其中儿茶素和表儿茶素含量均以儿茶素标准品计算。

A.4.2 仪器和用具

A.4.2.1 分析天平，感量为0.01mg。

A.4.2.2 超声波清洗仪。

A.4.2.3 高效液相色谱仪（附紫外检测器）。

A.4.2.4 0.45μm微孔滤膜，有机相。

A.4.3 试剂和溶液

A.4.3.1 乙腈，色谱纯。

A.4.3.2 磷酸，分析纯。

A.4.3.3 纯水，GB/T 6682规定的二级水。

A.4.3.4 溶液A：色谱纯乙腈，过0.45μm微孔滤膜。

A.4.3.5 溶液B：0.3%磷酸（精密移取3mL磷酸于1000mL容量瓶中，加水稀释至刻度，摇匀），过0.45μm微孔滤膜，即得。

A.4.3.6 溶解液：溶液A-溶液（1:9，V/V）。

A.4.3.7 （+）-儿茶素标准品：CAS号154-23-4，纯度≥97.0%。

A.4.3.8 USP葡萄籽低聚原花青素（Grape Seeds Oligomeric Proanthocyanidins）对照品，购自美国药典委员会。

A.4.4 色谱条件及系统适用性

A.4.4.1 色谱条件

a）色谱柱：Kromasil C_{18} 250×4.6mm 5μm或同类型色谱柱。

b）流动相：A相：甲溶液A；B相：溶液B。梯度条件见表A.1。

表A.1　　　　　　　　　　　梯度条件

时间（min）	0	45	65	66	85
A比例（%）	10	20	60	10	10
B比例（%）	90	80	40	90	90

c）检测波长：278nm。

d）流速：0.7mL/min。

e）温度：30℃。

A.4.4.2 系统适用性

A.4.4.2.1 色谱图比对：进样标准品溶液B，获得的液相色谱图应该和当批USP的葡萄籽低聚原花青素对照品报告上提供的参考色谱图接近。

A.4.4.2.2 进样标准溶液A，（+）-儿茶素峰的拖尾因子应小于等于2.0。

A.4.5 操作方法

A.4.5.1 标准品溶液的制备

A.4.5.1.1 标准溶液A：精密称取（+）-儿茶素标准品约12.5mg，置于25mL容量瓶中，加溶解液适量，超声溶解，以溶解液定容至刻度，配成浓度约为0.5mg/mL的标准溶液，用0.45μm微孔滤膜过滤即得。

A.4.5.1.2 标准溶液B：精密称取USP的葡萄籽低聚原花青素对照品约10mg，置于2mL棕色容量瓶中，加溶解液适量，超声溶解，以溶解液定容至刻度，摇匀，配成浓度约为5mg/mL的标准溶液，离心，取上清液，用0.45μm微孔滤膜过滤即得。

A.4.5.2 供试品溶液的制备

精密称取供试品约50mg，置于10mL容量瓶中，加溶解液适量，超声溶解，以溶解液定容至刻度，摇匀，配成浓度约为5mg/mL的样品溶液，离心，取上清液，用0.45μm微孔滤膜过滤即得供试品溶液。

A.4.5.3 测定方法

A.4.5.3.1 分别精密吸取标准溶液A、B供试品溶液10μL，依次注入高效液相色谱仪，测定，通过被用的同批USP葡萄籽低聚原花青素报告上提供的参考色谱图，确认（+）-儿茶素和（-）-表儿茶素的峰的保留时间，二者的相对保留时间大约为1.0和1.43。

A.4.5.3.2 外标法计算含量，其中（+）-儿茶素和（-）-表儿茶素均以（+）-儿茶素为标准品计算。

A.4.6 结果计算

葡萄籽提取物（葡萄籽低聚原花青素）中（+）-儿茶素和（-）-表儿茶素含量和以质量分数 w_3 计，数值以%表示，按公式（A.3）计算：

$$w_3 = \frac{A_2 \times C_2 \times V_2}{A_3 \times m_3} \times 100\% \quad\cdots\cdots\cdots\cdots\cdots\cdots\cdots\cdots\cdots\cdots (A.3)$$

式中：

w_3——供试品中（+）-儿茶素和（-）-表儿茶素的组分的质量分数和；

A_2——供试品溶液中（+）-儿茶素和（-）-表儿茶素的峰面积和；

A_3——标准品溶液A中图谱（+）-儿茶素的峰面积；

C_2——标准品溶液A中（+）-儿茶素的浓度，单位为毫克每毫升（mg/mL）；

m_3——供试品质量，单位为毫克（mg）；

V_2——供试品溶液的稀释体积，单位为毫升（mL）。

注：USP葡萄籽低聚原花青素（Grape Seeds Oligomeric Proanthocyanidins）对照品谱图及各有效成分出峰顺序参见附录B中的B.1。

附录 B
（资料性附录）

B.1 USP 葡萄籽低聚原花青素（Grape Seeds Oligomeric Proanthocyanidins）对照品液相色谱图

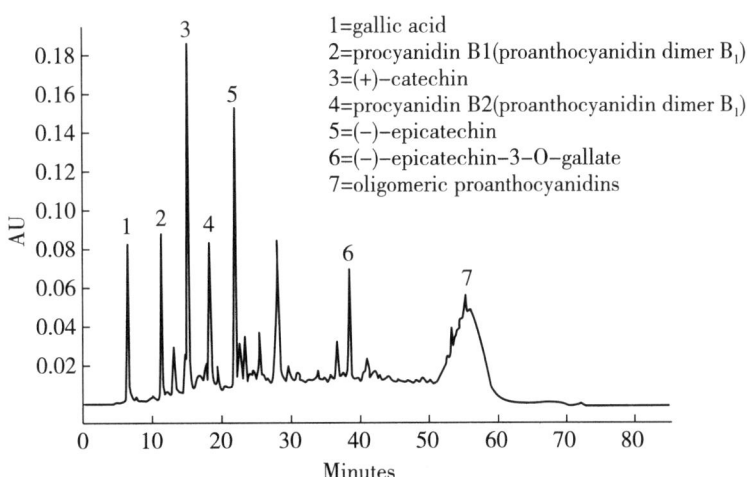

图 B.1 USP 葡萄籽低聚原花青素（Grape Seeds Oligomeric Proanthocyanidins）对照品液相色谱图
注：1—没食子酸；2—原花青素 B1；3—（+）-儿茶素；4—原花青素 B2；5—（-）-表儿茶素；6—（-）-表儿茶素 3'-O-没食子酸；7—混合低聚原花青素。

非商业性声明：上述所采用的设备、色谱柱、标准对照品等，涉及具体商业品牌、型号的，仅供参考，无商业目的，鼓励标准使用者尝试使用不同品牌、型号的设备、色谱柱及标准品。

ICS 67.080.01
B 31

中华人民共和国国家标准

GB/T 16862—2008
代替 GB/T 16862—1997

鲜食葡萄冷藏技术

Cold storage for table grapes

2008-08-07 发布　　　　　　　　　　　　2008-12-01 实施

中华人民共和国国家质量监督检验检疫总局
中国国家标准化管理委员会　发布

前　言

本标准代替 GB/T 16862—1997《鲜食葡萄冷藏技术》。

本标准与 GB/T 16862—1997 相比主要变化如下：

——对引用标准进行了调整；

——删除了原标准范围中的品种；

——调整了原标准定义中的一些内容；

——修改了原标准技术内容中的部分条款，并对章节结构进行了调整；

——删除了原标准中附录 A，将原附录 B 变为附录 C（资料性附录），并修改了其中的部分内容；

——增加了附录 A "部分葡萄品种采收时的理化指标"；

——增加了附录 B "葡萄可溶性固形物的测量方法（折光仪法）"。

本标准的附录 A、附录 B、附录 C 均为资料性附录。

本标准由中华全国供销合作总社提出。

本标准由中华全国供销合作总社济南果品研究院归口。

本标准主要起草单位：中华全国供销合作总社济南果品研究院。

本标准主要起草人：徐新明、冯建华、季向阳、郁网庆、贾连文、吕平、姜桂传。

本标准所代替标准的历次版本发布情况为：

——GB/T 16862—1997。

鲜食葡萄冷藏技术

1 范围

本标准规定了各品种鲜食葡萄冷藏的采前要求、采收要求、质量要求、包装与运输要求、防腐保鲜剂处理、贮前准备、入库堆码和冷藏管理等内容。

本标准适用于我国生产的各类鲜食葡萄果实的冷藏。

2 规范性引用文件

下列文件中的条款通过本标准的引用而成为本标准的条款。凡是注日期的引用文件,其随后所有的修改单(不包括勘误的内容)或修订版均不适用于本标准,然而,鼓励根据本标准达成协议的各方研究是否可使用这些文件的最新版本。凡是不注日期的引用文件,其最新版本适用于本标准。

GB/T 8559 苹果冷藏技术

NY 5086 无公害食品落叶浆果类果品

NY 5087 无公害食品鲜食葡萄产地环境条件

3 术语和定义

下列术语和定义适用于本标准。

3.1 生理成熟度 physiological maturity

葡萄成熟期间每隔 3 d~5 d 测定一次糖、酸、pH 值的变化,当含糖量不再增加、pH 值出现第二次上升、种子呈褐色时即达到生理成熟度。

3.2 穗梗 main stalk

果穗与枝条连接的长梗。

3.3 果梗 stalk of grape

果粒与穗轴连接的短、细梗。

3.4 果刷 grape brush

果梗与果肉相连的细长似"刷"的维管束。

3.5 预冷 precooling

采后迅速降低葡萄本身的呼吸热和田间热,使其达到冷藏的温度或接近冷藏温度的过程。

3.6 水罐子病 water berry

鲜葡萄的一种生理性病害，主要表现在果粒上，一般在果粒着色后才表现症状。有色品种发病后明显表现出着色不正常，色泽变淡；白色品种表现为果粒呈水泡状。病果糖度降低，味酸，果肉变软，果肉与果皮极易分离，成为一包酸水。用手轻捏，水滴成串溢出。主要是营养不良和生理失调所致。

3.7 日灼病 sun burn

果粒因受强烈日光照射，使受害果面出现浅褐色稍圆形斑，边缘不明显，表面稍皱缩。后凹陷呈坏死斑。

3.8 裂果 dehiscent fruit

葡萄果皮破裂的果实。

3.9 葡萄冻害 grape freezing injury

由低于葡萄冰点的低温产生的伤害。

3.10 葡萄二氧化硫伤害 grape sulfur dioxide injury

由高于葡萄所能忍受浓度的二氧化硫对葡萄所产生的伤害。

3.11 积温 accumulated temperature

一个地区一年内≥10℃的天数的温度总和。

3.12 生育期 growth period

葡萄从萌芽到果实成熟所需的天数。

4 要求

4.1 采前要求

4.1.1 选择气候凉爽、降雨量较少、昼夜温差较大的产区为基地。

4.1.2 山坡、丘陵、旱地沙壤土栽培的葡萄适于长期贮存。

4.1.3 用做贮藏的基地园要多施有机肥和磷、钾肥，有缺硼症、缺铁症、缺钾症、缺镁症、缺锌症、缺锰症及过量施用氮肥的果园生产的葡萄不适于长期贮藏。

4.1.4 采前3 d～30 d用植物生长调节剂等处理果穗。喷布乙烯利等催熟剂的果穗不适于长期贮藏。

4.1.5 单位面积产量要适宜，亩产控制在2 000kg左右。

4.1.6 花期前、后和采前10 d～15 d各喷布对防治贮藏病害有效的杀菌剂。

4.1.7 采前10 d～15 d停止灌溉，雨天要推迟采收时间。

4.1.8 其他要求可参照 NY 5087 的相关规定执行。

4.2 采收要求

4.2.1 采收成熟度
采收成熟度可依据葡萄的可溶性固形物含量、生育期、生长积温、种子的颜色或有色品种的着色深浅等综合确定。

4.2.2 采收时间
葡萄采收应在早晨露水干后或下午三时以后、气温凉爽时进行。不宜在阴天、雾天、雨天、烈日曝晒下采收。

4.2.3 采收方法
4.2.3.1 一手握采果剪,一手提起穗梗,贴近母枝处剪下,要尽量带有长的穗梗。

4.2.3.2 采收过程中做到轻拿轻放,尽量避免碰伤果穗和抹掉果实表面的果粉。

4.3 质量要求

4.3.1 感官要求
4.3.1.1 冷藏用的葡萄应具有本品种的正常果型、硬度、色泽(果肉和种子颜色)。

4.3.1.2 果穗新鲜完整,无病虫害侵染,无水罐子病,无日灼病,无机械损伤,洁净,无附着外来水分和药物残留。严禁带有水迹和病斑的果实入库。

4.3.1.3 果穗上的果粒应具有均匀适当的间隙,果穗太紧、果粒挤压变形的果穗不宜贮藏。

4.3.1.4 穗梗已木质化或半木质化,呈褐色或鲜绿色,不失水。

4.3.1.5 果穗达到生长发育的天数:每品种从盛花到果穗成熟都有一定天数记载和要求,不应过早、过晚采摘。

4.3.1.6 鲜食葡萄一般要求酸甜适度,汁液丰富,口感鲜美,具有一定的香气,而且无异味、苦味等。

4.3.1.7 鲜食葡萄一般要求果肉达到品种应有的果肉质地,抗压耐挤,果皮中厚,不易裂果;无籽或种子较少,可食率高,种子易于与果肉分离,食用方便;果粒与果梗连接牢固,装卸运输不易脱粒;采收后保鲜期长,贮藏效果好,货架寿命较长等。

4.3.2 理化要求
采收时的可溶性固形物指标和检测方法可参考附录A和附录B。

4.3.3 卫生要求
可参照NY 5086的相关规定。

4.4 包装与运输要求

4.4.1 包装容器

4.4.1.1 外包装
外包装可采用厚瓦楞纸板箱、木条箱、塑料周转箱等。箱体不宜过高并呈扁平形。

4.4.1.1.1 纸箱容重不超过8kg为宜,箱体应清洁,干燥,坚实牢固耐压,内壁平滑,箱两侧上、下有直径1.5cm的通气孔四个。

4.4.1.1.2 木条箱和塑料周转箱,容重不超过10kg,内衬包装纸,放1层~2层葡萄。

4.4.1.2 内包装
4.4.1.2.1 内包装宜采用洁白无毒、适于包装食品的0.02 mm~0.03 mm高压低密度聚乙烯塑料袋。

4.4.1.2.2 袋的长宽与箱体一致，长度要便于扎口，袋的上面、底面内铺纸便于吸湿。

4.4.2 包装场所

4.4.2.1 在野外应找树荫下或葡萄架下的阴凉处。

4.4.2.2 包装场（间）应清洁卫生、消毒杀菌。

4.4.3 包装方法

4.4.3.1 包装前对果穗上的伤粒、病粒、虫粒、裂粒、日灼粒、夹叶及过长穗尖进行剪除、整理。

4.4.3.2 装箱时先内衬塑料袋，葡萄要排列整齐，穗梗朝上，穗尖朝下，单层斜放，每箱重量要一致，装妥后扎紧塑料袋口。

4.4.3.3 装箱要紧实，以免运输中果穗、果粒窜动引起脱粒。

4.4.4 运输

4.4.4.1 尽量选择减震好的运输工具。

4.4.4.2 运输前，装车要摆实、绑紧，层间加上隔板，防止颠簸摇晃使果实受损伤。

4.4.4.3 尽量选择平坦的运输路线，尽量减少或避免运输环节产生的机械伤。

4.5 防腐保鲜剂处理

4.5.1 保鲜剂

在生产上应用较广泛的是释放二氧化硫的各种剂型保鲜剂，即亚硫酸盐或其络合物。

4.5.1.1 粉剂：将亚硫酸盐或其络合物用纸塑复合膜包装。

4.5.1.2 片剂：将亚硫酸盐或其络合物加工成片，再用纸塑复合膜包装。

4.5.2 处理方法

4.5.2.1 放药时间：一般于入贮预冷后放入药剂，扎口封袋。但在进行异地贮藏或经过较长时间的运输才能到冷库时，应采收后立即放药。

4.5.2.2 扎眼数：片剂包装的保鲜剂每包药袋上用大头针扎 2 个透眼，最多不超过 3 个透眼（即袋两面合计 4 个 ~6 个眼）。在异地贮藏或采收葡萄距冷库较远时，应扎 3 个透眼，这样可能会使受伤果粒产生不同程度药害，但为防止霉菌引起的腐烂，仍需这样做。

4.5.2.3 放药位置：由于保鲜剂释放出的二氧化硫密度比空气大，所以保鲜剂应放在葡萄箱的上层。

4.5.2.4 用量参照保鲜剂产品使用说明。

4.6 贮前准备

4.6.1 库房消毒

选择食品卫生法规定允许使用的消毒剂对库房进行消毒。

4.6.2 预冷

采后立即对葡萄进行预冷，暂不能进行预冷的，需把葡萄放置在阴凉通风处，但不得超过 24 h。预冷时将打开箱盖及包装袋，温度可在 −1 ℃ ~0 ℃。巨峰等欧美杂交品种，预冷时间过长容易引起果梗失水，因此应限定预冷时间在 12 h 左右，预冷超过 24 h，贮藏期间容易出现干梗脱粒，对欧洲种中晚熟、极晚熟品种的预冷时间，则要求果实温度接近或达到 0 ℃ 时再放药封袋。为实现快速预冷，应在葡萄入贮前 3 d 开机，空库降温至 −1 ℃。另外，入贮葡萄要分批入库，避免集中入库导致库温骤然上升和降温困难。

4.7 入库堆码

4.7.1 堆码要求应按 GB/T 8559 中的相关规定执行。入库葡萄箱要按品种和不同入库时间分等级码箱，以不超过 200 kg/m³ 的贮藏密度排列。一般纸箱依其抗压程度确定堆码高度，多为 5 层~7 层，垛间要留出通风道。入满库后应及时填写货位标签，并绘制平面货位图。

4.7.2 在冷库不同部位摆放 1 箱~2 箱观察果，扎好塑料袋后不盖箱盖，以便随时观察箱内变化。

4.8 冷藏管理

4.8.1 温度管理

4.8.1.1 葡萄多数品种的最佳贮藏温度为 −1 ℃~0 ℃。

4.8.1.2 在整个冷藏期间要保持库温稳定，波动幅度不得超过 ±0.5℃。测定方法可参照 GB/T 8559。

4.8.1.3 测温仪器的精度要求为 ±0.2℃。

4.8.2 湿度管理

4.8.2.1 贮藏期间库房内相对湿度保持在 90 %~95 %。

4.8.2.2 测湿仪器的精度要求为 ±5 %。

4.8.3 贮期通风换气

为确保库内空气新鲜，要利用夜间或早上低温时进行通风换气，但要严防库内温、湿度的波动过大。

4.8.4 质量管理

定期检查葡萄贮藏期间的质量变化情况，如发现霉变、腐烂、裂果、二氧化硫伤害、冻害等变化，要及时销售，葡萄贮期的主要病害及防治措施参见附录 C。

附录 A
（资料性附录）
部分葡萄品种采收时的理化指标

表 A.1　　　　　　　　　　　　　部分葡萄品种采收时的理化指标

品种	可溶性固形物（%）≥
里扎马特	15
巨峰	14
玫瑰香	17
保尔加尔	17
红大粒	17
牛奶	17
意大利	17
红地球	16
红鸡心	18
龙眼	16
黄金钟	16
泽香	18
吐鲁番红葡萄	19
京秀	16
藤稔	16
无核白鸡心	16

附录 B
（资料性附录）
葡萄可溶性固形物的测量方法（折光仪法）

检测前先打开照明棱盖板，用擦镜纸或脱脂棉将进光窗和折光棱镜的玻璃面擦干净，在折光棱镜上滴一滴蒸馏水或纯净水，人眼对准眼罩，旋动旋钮，使望远镜筒内看到的液面处于 0 读数。如果液面读数不在 0 处，则需旋动校正螺丝调整焦距，使液面该数处 0。然后擦干进光窗和折光棱镜上的水，开始测糖度。

（1）将被检浆果用手挤出浆汁，注入已擦干净的小型玻璃器皿内，用玻璃棒搅匀，取 1 滴汁液于折光棱镜上，将照明盖板折合紧密，眼对着眼罩观测，旋动旋钮直至液面清晰可辨，读出液面读数，即为该浆果的可溶性固形物的百分含量。打开照明盖板，用脱脂棉将附着在折光棱镜和进光窗上的汁液擦干，再滴几滴蒸馏水擦洗，直至擦干，待用。

（2）也可将葡萄汁直接挤入折光仪的折光棱镜上，得出读数。然后浆果掉一个头，再挤汁液，再测得读数。每粒浆果从不同侧面挤汁的读数，进行平均，即为该果穗的平均可溶性固形物百分含量。

一般每粒浆果果汁连续检测 2 次~3 次，一穗浆果逃取 5 粒样品检测，最后把每次所得读数相加，用所测次数去除，即得该果穗的平均可溶性固形物百分含量。

附录 C
（资料性附录）
葡萄贮藏期主要病害发生及防治措施

表 C.1　　　　　　　　　　　葡萄贮藏期主要病害发生及防治措施

病名及病原物	病害症状	发病条件	防治措施
灰霉病 *Botrytis cinerea* Pers.	侵染后果面出现褐色凹陷呈圆形病斑，使果粒明显裂纹，轻压可"脱皮"，很快整个果实软腐，长出鼠灰色霉层，果梗变黑色	病菌先侵染花柱头，呈"潜伏状态"或伤口入侵，0 ℃下10 d左右发病，-1 ℃仍缓慢生长	①花期前、后及采前喷布甲基托布津或苯莱特、特克多； ②入贮时使用葡萄防腐剂； ③库温低于-1 ℃
青霉病 *Penicillium* spp.	果粒上形成圆形或半圆形凹斑，果皮皱缩，果实软化，果肉呈透明浆状，有霉味，弯菌呈白色，后期出现青霉	采收搬运中造成的机械损伤或裂果处发病。0 ℃下贮藏仍可发病	①防止机械损伤发生； ②贮藏温度低于0 ℃； ③使用葡萄防腐剂
黑斑病 *Alternaria* spp.	侵染后在果刷内生长呈棕褐色或深褐色的坏死斑，后期罹病果粒从果穗上脱落	田间下雨，特别是采收前降雨，交链孢霉菌就侵入果梗与果实连接的纤维组织	①防止机械损伤发生； ②0 ℃以下贮藏； ③使用葡萄防腐剂
绿霉病 *Cladosporium herbarum* Link	侵染后果梗顶端或侧面产生黑色坚硬腐烂病斑，果粒侧面呈扁平状或皱状，出库几天即出现绿色的霉层	伤口侵染或在果梗末端小的裂纹处入侵（4 ℃~30 ℃发病）	①采前喷药； ②使用葡萄保鲜剂
根霉腐败病 *Rhizopusmigricans* Ehrenb.	果粒变软，果汁流出，常温下，烂果长出粗白色丝体（黑色），冷藏下，烂果呈灰色或黑色团	伤口侵入，预冷不好，库温过高引起；或粗暴装卸	①加强果园管理； ②预冷要好

ICS 65.050
X 04

中华人民共和国国家标准

GB/T 18525.4—2001

枸杞干 葡萄干辐照杀虫工艺

Code of good irradiation practice for insect disinfestation
of the fruit Chinese wolfberry and raisins

2001-12-05 发布　　　　　　　　　　　　　2002-03-01 实施

中华人民共和国国家质量监督检验检疫总局
中国国家标准化管理委员会　发布

前　言

　　枸杞干和葡萄干在生产、贮运期间，皆会受到仓储害虫的危害，影响食品品质。辐照可有效杀灭害虫。为规范辐照工艺，确保产品质量，特制定本标准。

　　本标准在技术内容上非等效采用了国际食品辐照咨询组（ICGFI）制定的《干果坚果辐照杀虫工艺规范》（ICGFI Doc. No. 20 1995）。

　　本标准由中华人民共和国农业部提出。

　　本标准由新疆农业科学院核技术生物技术研究所负责起草。

　　本标准主要起草人：张星魁、李向东、王成、王浩、邵琳。

　　本标准由新疆农业科学院核技术生物技术研究所负责解释。

枸杞干 葡萄干辐照杀虫工艺

1 范围

本标准规定了枸杞干和葡萄干辐照杀虫的工艺和要求。

本标准适用于经加工、包装的枸杞干和葡萄干的杀虫。其他干果可参照使用。

本标准不适于上述干果的防霉、杀菌。

2 引用标准

下列标准所包含的条文，通过在本标准中引用而构成为本标准的条文。本标准出版时，所示版本均为有效。所有标准都会被修订，使用本标准的各方应探讨使用下列标准最新版本的可能性。

GB/T 18524—2001 食品辐照通用技术要求

3 定义

本标准采用下列定义

3.1 枸杞干 the fruit of Chinese wolfberry

枸杞的果实（亦称枸杞子），经晾晒或除水加工成的干制品。

3.2 葡萄干 raisins

无核葡萄采摘后，在无直射光照射下晾干的干制品。

3.3 最低有效剂量 minimum effective dose

为达到辐照目的所需的辐照工艺剂量的下限值，本标准中指达到枸杞干和葡萄干杀虫目的的最低剂量。

3.4 最高耐受剂量 maximum tolerance dose

不影响被辐照产品质量的辐照工艺剂量的上限值，本标准中指不影响枸杞干和葡萄干品质的最高剂量。

4 辐照前要求

4.1 产品

产品应符合相关标准的要求。在产品筛选和分级过程中，剔除害虫的成虫和蛹。其水分含量，枸杞干＜13%，葡萄干＜12%。

4.2 包装

4.2.1 筛选后的产品应立即包装。

4.2.2 内包装必须选用食品级、耐辐照、保护性材料。

4.2.3 外包装使用瓦楞纸箱，并用胶带密封。

4.3 辐照时期

包装后应立即辐照，以防止产品中出现蛹或成虫。

5 辐照

5.1 辐照装置和管理

按照 GB/T 18524—2001 中第 4 章的规定执行。

5.2 工艺剂量

本产品辐照杀虫的最低有效剂量为 0.75 kGy，其最高耐受剂量为 3.0 kGy，工艺剂量为 0.75 kGy ~ 2.0 kGy。

6 辐照后要求

本产品贮藏在无虫源的干燥、凉爽库房内。产品在装卸和运输时，防止内外包装破损，避免害虫再入侵。

7 辐照后产品的质量

采用本工艺对枸杞干和葡萄干进行辐照后，产品中应无活虫及活虫卵，保留原产品的营养价值及功能特性。

8 标识

枸杞干和葡萄干辐照杀虫的产品标识按 GB/T 18524—2001 中第 8 章的规定执行。

9 重复照射

按照 GB/T 18524—2001 中第 7 章的规定执行，允许重复照射，累计总吸收剂量不超过 3.0 kGy。

ICS 67.160.10
X 62

中华人民共和国国家标准

GB/T 23543—2009

葡萄酒企业良好生产规范

Good manufacturing practice for wine enterprises

2009-04-14 发布　　　　2009-12-01 实施

中华人民共和国国家质量监督检验检疫总局
中国国家标准化管理委员会　发布

前 言

本标准由全国食品工业标准化技术委员会提出。

本标准由全国酿酒标准化技术委员会归口。

本标准起草单位：中国食品发酵工业研究院、中粮酒业有限公司、烟台张裕葡萄酿酒股份有限公司、中法合营王朝葡萄酿酒有限公司、青岛华东葡萄酿酒有限公司。

本标准主要起草人：熊正河、钟其顶、郭新光、杨楠、李记明、尹吉泰、夏广丽、张辉、吕振荣、张春娅、刘春生。

葡萄酒企业良好生产规范

1 范围

本标准规定了葡萄酒企业的厂区环境、厂房与设施、设备与工器具、人员管理与培训、物料控制与管理、生产过程控制、质量管理、卫生管理、成品储存与运输、文件和记录、投诉处理和产品召回以及产品信息和宣传引导等方面的基本要求。

本标准适用于葡萄酒企业的设计、建造（改扩建）、生产管理和质量管理。

2 规范性引用文件

下列文件中的条款通过本标准的引用而成为本标准的条款。凡是注日期的引用文件，其随后所有的修改单（不包括勘误的内容）或修订版均不适用于本标准，然而，鼓励根据本标准达成协议的各方研究是否可使用这些文件的最新版本。凡是不注日期的引用文件，其最新版本适用于本标准。

GB 2760 食品添加剂使用卫生标准
GB 4285 农药安全使用标准
GB 10344 预包装饮料酒标签通则
GB 15037 葡萄酒
GB/T 15091 食品工业基本术语

3 术语和定义

GB/T 15091 确立的以及下列术语和定义适用于本标准。

3.1 葡萄酒 wines

以鲜葡萄或葡萄汁为原料，经全部或部分发酵酿制而成的，含有一定酒精度的发酵酒。

4 厂区环境

4.1 工厂应建在无有害气体、烟雾、灰沙等污染物和其他危及葡萄酒生产卫生安全的地区。原酒生产场所应靠近葡萄种植区域，不应设置在易受污染区域。

4.2 厂区环境应随时保持清洁，厂区的道路应硬化，空地应绿化。

4.3 厂区内不应有不良气味、有害（毒）气体或其他有碍卫生的设施，否则应有相应的控制措施。

4.4 厂区内禁止饲养动物。

4.5 厂区应具备与生产系统相匹配的排水系统，排水道应有适当斜度，不应有严重积水、渗漏、淤泥、污秽、破损。

4.6 厂区周界应有适当防范外来污染源的设计与构筑。

4.7 生活区应与生产区域隔离。

5 厂房与设施

5.1 厂房和场地

5.1.1 厂房建筑、设备要依照葡萄酒生产工艺流程合理布局，能满足生产工艺、卫生管理、设备维修的要求，人流、物流的流向应布置合理，避免交叉污染。

5.1.2 厂房和设施应有足够空间，以便有秩序地放置设备和物料。厂房内设备与设备之间或设备与墙壁之间应留有适当的距离，便于员工通行和维修。

5.1.3 厂区应保持道路、院落和停车场清洁卫生，应配备废物处理处置设施，使其不成为葡萄酒污染源。

5.1.4 厂房应采取预防措施以防害虫和其他动物进入工作场所。灌装车间的灌装线、照明设施和天花板应有防护措施，防止异物进入酒中。

5.1.5 厂房内电源应有漏电保护装置，配电设施应能防水。

5.1.6 厂房设计及设施应符合国家消防有关规定，并安装消防设施。

5.1.7 相关生产车间应配置适当的劳动防护用品（如帽子、防滑工作鞋、工作服）。

5.2 设施的卫生与控制

5.2.1 厂房地板、墙壁、天花板易清扫，能保持清洁卫生和维修良好。

5.2.2 生产车间地面、内墙壁、屋顶应使用光滑、无毒、防水、不易脱落、易于清洗消毒的建材。顶角、墙角、地角应呈弧形，以便于冲洗、消毒。发酵、滤酒、灌装工序的墙壁和天花板应有防霉措施。

5.2.3 生产车间、仓库应有良好的通风设施，保持空气流通，温湿度适当。

5.2.4 生产车间地面应有适当的排水坡度及排水系统，排水沟应有足够的尺寸，并保持顺畅，且沟内不得设置其他管路，应防止倒虹吸。

5.2.5 所有区域都应提供充足的照明或自然光，保证照明灯的光泽不改变产品的本色，亮度满足工作场所和操作人员的正常需要。

5.2.6 厕所应设于较方便的地点，并与生产场所保持一定距离，其数量应能满足员工使用。厕所门窗不应直接开向生产车间，应采用冲水式厕所。厕所采光、排气良好。

5.2.7 葡萄酒生产企业应具有充足的水源，在葡萄酒的加工设备、用具清洗或员工卫生设施等其他需水的方面，提供适当压力的活水。

5.2.8 企业应注重环境保护，应有"三废"处理措施，"三废"的排放应符合国家或地方排放标准。

6 设备与工器具

6.1 企业应具备基本的葡萄酒生产设备和分析检测设备。

6.2 设备的选型、安装应符合生产要求，易于清洗、消毒或灭菌，便于生产操作、维修和保养，并能减少污染。

6.3 凡与葡萄汁/酒接触的设备、容器、管路等，应采用无毒、不吸水、易清洗、无异味且不与葡萄汁/酒起反应的材料制作。

6.4 设备所用的润滑剂等不得对料液或容器造成污染。

6.5 与设备连接的主要固定管道应标明管内物料名称、流向。

6.6 用于生产和检验的仪器、仪表、量具、衡器等，其适用范围和精密度应符合生产和检验要求，有明显的合格标志。

6.7 生产设备应定期维修、保养和验证，维修、保养的措施不得影响产品的质量，应有使用、维修、保养、校验记录，并由专人管理。

6.8 应保存现有设备清单及其布置的图纸。

7 人员管理与培训

7.1 总体要求

7.1.1 从事葡萄酒生产的人员应身体健康，须持有有效健康证。

7.1.2 企业应根据岗位需要配备与企业规模相适应的专业人员。

7.2 卫生管理

7.2.1 应保持良好的个人卫生，防止污染。

7.2.2 进入灌装车间前，应穿戴整洁工作服，并保持双手洁净。

7.2.3 工作期间不得有抽烟、饮食、饮酒或其他有碍生产操作的行为。

7.2.4 生产车间不得带入或存放个人生活用品。

7.2.5 制定参观人员卫生管理制度，设立参观设施，若进入生产场所应符合相应的卫生要求。

7.3 人员意识、能力、教育与培训

7.3.1 企业应建立各级人员的培训制度，以确保员工具备相应岗位所需技能水平。

7.3.2 新进人员应进行岗前培训，合格后方可上岗工作。

7.3.3 应定期对员工进行葡萄酒生产和安全理论知识培训，并对培训内容和培训效果进行评估。

7.3.4 培训应有记录，并存档。

8 物料控制与管理

8.1 物料采购和安全控制总体原则

8.1.1 与生产相关的原辅料、加工助剂、添加剂以及与产品直接接触的包装材料和容器等均应符合国家有关法规或标准的规定，国家和行业标准未涵盖到的，葡萄酒企业应建立企业内控标准。

8.1.2 企业应对物料采购和验收进行管控，坚持索证制度，必要时应配备基本的检验设备，对原辅料进行检验，保证原辅料的质量和安全。

8.1.3 应建立物料供货商评价及追踪管理制度，并制定原料及包装材料的检验验收标准和检验方法，并确保实施。

8.1.4 检验合格的物料应以"先进先用"为原则，如经长期储存，使用前应重新检验。

8.1.5 应建立文件化的物料接收程序和不合格处理程序。

8.2 葡萄原料控制与管理

要始终考虑到葡萄原料初级生产对葡萄酒的产品质量和安全性产生的重要影响，鼓励葡萄种植企业按照良好农业规范（GAP）等要求进行生产。

8.2.1 葡萄种植

8.2.1.1 葡萄栽培应在无污染的环境中进行，根据自然环境及品种特性，种植适栽品种。

8.2.1.2 葡萄种植过程中，根据土壤肥力的分析确定需要的施肥量，并以有机肥为主，化肥为辅。

8.2.1.3 葡萄病虫害防治应贯彻以综合防治为主的原则，采收前1个月不得使用杀虫剂，采摘前10天不得使用杀菌剂。葡萄农药使用应符合GB 4285的规定，使用国家允许的低毒化学杀虫剂，不得使用剧毒化学杀虫剂。

8.2.1.4 葡萄栽培中禁止使用催熟剂和着色剂，采收前1个月不能灌水。

8.2.1.5 葡萄产量：酿制优质白葡萄酒的葡萄每公顷产量不超过15 000 kg，酿制一般白葡萄酒的葡萄每公顷产量不超过20 000 kg。酿制优质红葡萄酒的葡萄每公顷产量不超过12 000 kg，酿制一般红葡萄酒的葡萄每公顷产量不超过18 000 kg。

8.2.1.6 葡萄含糖量：酿制优质白葡萄酒的葡萄含糖量不低于170 g/L，酿制一般白葡萄酒的葡萄含糖量不低于150 g/L。酿制优质红葡萄酒的葡萄含糖量不低于180 g/L，酿制一般红葡萄酒的葡萄含糖量不低于160 g/L（以葡萄糖计）。

8.2.1.7 葡萄采摘：根据葡萄成熟度确定最佳采收期，按照葡萄品种、质量等级采摘。盛装原料的容器应清洁、专用，禁止使用装过农药或其他可能对葡萄原料造成污染的容器。

8.2.1.8 应有文件记录葡萄原料品种、产地、产量和基本质量指标信息。

8.2.2 葡萄采购

8.2.2.1 采购的酿酒葡萄原料应是在无污染区域内种植和收获的产品。

8.2.2.2 采购的葡萄原料是按照葡萄种植相关技术规范执行的，并能出具相关证明。

8.2.2.3 采购时对葡萄原料的糖、酸等指标进行质量检验。

8.2.3 葡萄运输与贮藏

8.2.3.1 葡萄运输过程中注意不要挤压，基地原料就近处理，进厂的原料须在24 h内破碎完毕。长途运输需要帐篷或其他覆盖物，防止污染。

8.2.3.2 长时间运输和贮藏过程中可往葡萄里添加适量二氧化硫溶液、亚硫酸钾、无水亚硫酸钾、亚硫酸铵或亚硫酸氢铵，预防葡萄微生物污染，并起到抗氧化作用。

8.3 原酒采购

8.3.1 原酒生产企业应有相应的有效资质和生产许可证。

8.3.2 采购原酒时应按照国家有关规定或标准要求对原酒进行检验，国家和行业标准中未涵盖的指标，企业根据自身需要设定指标进行检验，检验合格的方可收购。

8.3.3 采购原酒时，需索要详细的生产过程记录材料，包括葡萄原料、添加剂、加工助剂等内容及有资质的检测机构出具的合格检验报告。

8.3.4 原酒收购使用的不锈钢罐、皮囊（食品级）和中转容器等应清洁卫生，并采取适当的措施保证运输过程中不受外界污染和防止原酒暴露空气而引起酒被氧化变坏。到酒厂后应马上采取处理措施。

8.4 加工助剂及添加剂的管理

8.4.1 葡萄酒生产过程使用的加工助剂而添加剂应符合 GB 2760 及相关法规、标准的规定。

8.4.2 加工助剂及添加剂储存时，应采取有效措施防止污染、损失。

9 生产过程控制

9.1 总体要求

9.1.1 应制定生产和卫生操作规程，由专人负责管理。生产过程应做好记录，并规定记录存留时间，负责人需定期对记录进行审核。

9.1.2 与葡萄汁/葡萄酒接触的容器、管道和工器具等应采取有效的防污染措施。

9.1.3 生产过程中添加剂的使用应双人复核、双人投料。

9.2 葡萄处理

9.2.1 葡萄处理过程中接触的容器、管道和工器具应清洁卫生，使用前后应进行清洗。

9.2.2 应去除生青、受损或腐烂的葡萄。

9.2.3 葡萄采收后应在最短的时间内破碎处理，根据工艺需要选择合适的破碎度，破碎过程中防止破碎果籽和果梗。

9.2.4 酿造白葡萄酒压榨分离葡萄浆果应在葡萄破碎后马上进行，以减少葡萄汁氧化、污染，压榨过程应采用软压取汁方式，不应压破或压碎葡萄果梗和果核。

9.2.5 酿制需浸提的葡萄酒（汁）需在除梗或除梗破碎后，采用传统带皮发酵，用机械的方法轻柔地使酒液通过皮渣层进行循环，或采用二氧化碳浸提、热浸提方法，根据酒种或品种的不同使葡萄的固体部分和液体部分保持或长或短一段时间的接触。

9.2.6 按照葡萄处理操作规程进行操作并做好记录，内容应包括葡萄原料入罐时间、品种、入罐量和采取的工艺措施、使用的添加剂和（或）加工助剂及加入量等，生产负责人或工艺管理人员应定期对记录进行检查，应有书面规定记录的留存时间。

9.3 葡萄汁处理

9.3.1 在破碎和压榨处理时添加二氧化硫或代用品，以防止微生物污染或者有利于工艺操作。所添加的二氧化硫或代用品应符合相关规定，并均匀分布在葡萄汁中。

9.3.2 澄清过程中使用的果胶酶、明胶、皂土（膨润土）等使用之前应做用量试验。

9.3.3 增糖可通过以下方法实现：果实采收后自然风干、添加浓缩葡萄汁、添加白砂糖，其中白砂糖加入量不得超过产生 2 %（体积分数）酒精的量。白砂糖的质量要求应符合相关标准的规定。

9.3.4 葡萄汁或葡萄酒酸度的调整。

9.3.4.1 降酸过程中使用的加工助剂需符合相关标准规定，由降酸葡萄汁或经过降酸处理得到的葡萄酒中的酒石酸含量应不低于 1 g/L。

9.3.4.2 增酸允许使用乳酸、苹果酸、酒石酸和柠檬酸。

9.3.5 按照葡萄汁处理操作规程进行操作并记录，包括工艺措施、使用的添加剂和（或）加工助剂、加入量、加入时间等，生产负责人或工艺管理人员应定期对记录进行检查，应有书面规定记录的留存时间。

9.4 发酵过程控制

9.4.1 对发酵车间、发酵过程中使用的仪器设备、容器进行消毒处理，确保发酵车间清洁卫生，防止杂菌生长。

9.4.2 所使用的活性干酵母应符合相关规定，菌种管理应制定严格的操作制度，菌种保存、扩大培养应按照规定严格执行。

9.4.3 酒精发酵过程中，为促进发酵或防止发酵意外中止，可以添加酵母促进剂、酵母菌皮，并适当采取通风等措施。添加的酵母促进剂应符合相关标准规定。

9.4.4 可采用自然诱发或添加乳酸菌进行苹果酸-乳酸发酵。

9.4.5 通过加热方法使发酵中止时不应引起葡萄醪液外观、颜色、香气与滋味的明显变化；过滤、离心等处理过程中使用的仪器应消毒处理，防止杂菌污染；通过添加酒精中断发酵时酒精应是葡萄蒸馏酒精或食用酒精。

9.4.6 按照葡萄酒发酵工艺规程进行操作并记录，包括菌种（酵母菌、乳酸菌）使用、工艺措施、使用的添加剂和（或）加工助剂、加入量、加入时间等，生产负责人或工艺管理人员应定期对记录进行检查，应有书面规定记录的留存时间。

9.5 原酒贮存和陈酿

9.5.1 用于原酒贮存和陈酿的水泥池、不锈钢罐、橡木桶和玻璃瓶等容器应清洁卫生，使用前应进行消毒杀菌处理。

9.5.2 应避免原酒在贮存容器中氧化，或与空气接触导致微生物繁殖。进行添酒工艺时添加的原酒应与容器中酒质相同。在隔绝空气倒酒时，容器要先用符合有关规定的惰性气体充满，可以是二氧化碳、氮气或氩气，中转设备和容器应清洁卫生，防止氧化和杂菌污染。

9.5.3 按照原酒贮存和陈酿工艺规程进行操作并记录，原酒记录应详细，可追溯。生产年份、产地和品种葡萄酒时，应确保相关信息记录齐全、准确。生产负责人或工艺管理人员应定期对记录进行检查，应有书面规定记录的留存时间。

9.6 葡萄酒后处理

9.6.1 葡萄酒澄清、过滤过程中使用的仪器设备应清洁卫生，使用前进行消毒处理。

9.6.2 葡萄酒进行冷冻、非生物稳定性处理过程中使用的加工助剂和酒中的最大残留量应符合相关规定。所用助剂使用量在使用前需做用量试验，应避免处理中的过度或不足，造成酒质量的下降。

9.6.3 进行热处理如巴氏杀菌处理时，升温和所用技术不应引起葡萄酒外观、香气和口感的明显变化。

9.6.4 按照葡萄酒后处理工艺规程进行操作并记录，包括添酒、倒酒记录、非生物稳定性、生物稳定性处理等，生产负责人或工艺管理人员应定期对记录进行检查，应有书面规定记录的留存时间。

9.7 葡萄酒过滤和灌装

9.7.1 过滤工序和灌装工序的墙壁、地面以及设备、工器具应保持清洁，避免生长霉菌和其他杂菌。

9.7.2 使用前应对包装容器及包装物进行卫生、质量严格检验，合格后方可使用。

9.7.3 每天生产前需对灌装机清洗消毒。如果连续生产超过 24 h，需定时对灌装机进行清洗、检验，防止微生物污染。

9.7.4 按照灌装工艺规程进行操作并记录，并由负责人审核、留存。

10 质量管理

10.1 总体要求

10.1.1 企业应有相应的质量管理机构和人员，进行全面质量管理。

10.1.2 应制定质量管理标准，质量管理标准应涉及：人员要求、设备使用、物料采购、生产过程控制、生产环境要求、产品分析检测等方面内容，经质量管理机构确认后实施。

10.2 检测与质量控制

10.2.1 生产企业应设与葡萄酒生产能力相适应的卫生、质量检验室，配备经专业培训、考核合格的检验人员。

10.2.2 应具备一定的检验设备，对物料、半成品和成品进行检测，精确度和灵敏度要符合有关检验要求。

10.2.3 企业质量管理部门负责葡萄酒生产全过程的质量管理和检验，独立行使质量检测权和合格判定权。

10.3 生产过程质量管理

10.3.1 鼓励葡萄酒生产企业实施危害分析及关键控制点（HACCP）管理体系，找出生产过程中的质量控制点，并制定相应控制措施。

10.3.2 应检查设备使用前是否保持清洁，并处于正常状态。

10.3.3 生产过程中若发现有检验不合格或其他异常现象时，应迅速追查原因并妥善处理。

10.4 成品质量管理

10.4.1 应按照国家、行业或企业产品质量标准的要求，制定成品检验项目、检验标准、抽样及检验方法。

10.4.2 应制定规范化的成品留样保存计划，每批成品应按规定留样。

10.4.3 每批成品须经质量部门检验，葡萄酒成品应符合 GB 15037 和其他相关标准规定，不合格品不得出厂。

10.5 仪器或设备校准

10.5.1 依据国家或行业相关计量规定对检测仪器进行定期校准，并做好记录。

10.5.2 在没有国家或行业测量设备校准方法时，企业可制定校准规范，以企业标准形式发布和实施，用以满足测量设备检修的需要。

11 卫生管理

11.1 总体要求

11.1.1 企业应设置专门的卫生管理机构及配备经培训合格的专职卫生管理人员。

11.1.2 制定企业卫生管理制度，宣传和贯彻企业卫生规章，监督、检查实际执行情况，组织卫生宣传教育工作，培训有关人员，定期组织本企业人员的健康检查和管理，确保葡萄酒企业生产卫生质量安全。

11.2 清洗和消毒工作

11.2.1 应制定有效的清洗及消毒方法和制度，以确保生产场所、设备、管路清洁卫生，防止污染。

11.2.2 使用清洗剂和消毒剂时，应采取适当措施，防止人身、产品受到污染。

11.3 除虫、灭害的管理

11.3.1 厂区应制定病虫害防治加护，包括防治方法、防治区域等，定期或在必要时进行除虫灭害工作，防治鼠、蚊、蝇、昆虫等的聚集和孳生。

11.3.2 生产场所禁止使用各种杀虫剂或其他药剂。

11.4 化学品管理

11.4.1 清洗剂、消毒剂以及其他化学物品均应有固定包装，并在明显处标示"有害品"字样，储存于专门库房或柜橱内，加锁并由专人负责保管，建立保存和使用管理制度。

11.4.2 化学品应由经培训的人员按照说明进行使用，防止污染和人身中毒。

11.4.3 除卫生和工艺需要，均不应在生产车间使用和存放可能污染产品的化学品。

11.5 卫生设施的管理

更衣室、厕所等卫生设施，应有人管理，并保持良好状态。

11.6 工作服管理

11.6.1 工作服包括工作衣、裤、发帽、鞋靴等，某些工序（种）还应配备口罩、围裙、套袖等卫生防护用品。

11.6.2 工作服应有清洗保洁制度，定期更换，保持清洁。

12 成品储存与运输

12.1 成品（预包装产品）的储存环境和运输应避免日光直射、雨淋、冰冻和撞击。进货的容器、车辆应检查，以免造成原辅料或厂区污染。

12.2 仓库应经常清理，储存物品不得直接放置地面。成品仓库应按生产日期、品名、包装形式及批号分别堆置，加以适当标示，并做记录。

12.3 每批成品应经检验，符合产品质量标准后，方可出货。

12.4 成品贮放应有存量记录，成品应做进出库记录，内容应包括批号、出货时间、地点、对象、数量等，便于质量追踪。

12.5 装卸时应轻拿轻放，严禁与有腐蚀、有毒、有害的物品一起混装。

13 文件和记录

13.1 总体要求

企业应保证所有文件和记录及时归档，记录信息真实、准确、详细。

13.2 生产管理、质量管理的各项制度和记录

13.2.1 应有厂房、设施和设备的使用、维护、保养、检修等制度和记录。

13.2.2 应有物料验收、生产操作、检验、发放、成品销售和用户投诉等制度和记录。

13.2.3 应有不合格品管理、物料退库和报废、紧急情况处理等制度和记录。

13.2.4 应有环境、厂房、设备、人员等卫生管理制度和记录。

13.2.5 应有本标准和专业技术培训等制度和记录。

13.3 生产管理文件

13.3.1 应有生产工艺规程、岗位作业指导书或标准操作规程。应对葡萄采收、酿造、陈酿、灌装和贮存等生产过程进行如实记录、检查，并详细记录异常纠偏及防止再次发生的措施。

13.3.2 应有批生产记录，内容包括：产品名称、生产批号、生产日期、操作者、复核者的签名、有关操作与设备、相关生产阶段的产品数量、物料领用发放、生产过程的控制记录及特殊问题记录。

13.4 质量管理文件

13.4.1 应有物料、中间产品和成品质量标准及其检验操作规程。

13.4.2 应有批检验记录。

13.5 文件起草、修订、审批和保管

应建立文件的起草、修订审查、批准、撤销、印制及保管的管理制度。分发、使用的文件应为批准的现行文本。已撤销和过时的文件除留档备查外，不应在工作现场出现。

13.6 制定生产管理文件和质量管理文件要求

13.6.1 文件标题应能清楚地说明文件的性质。

13.6.2 各类文件应有便于识别其文本、类别的系统编码和日期。

13.6.3 文件使用的语言应确切、易懂。

13.6.4 填写数据时应有足够的空格。

13.6.5 文件制定、审查和批准的责任应明确，并有责任人签名。

14 投诉处理和产品召回

14.1 每批成品均应有销售记录，根据销售记录能追溯每批葡萄酒售出情况，必要时应能及时全部追回。

14.2 企业应建立不良反应监察报告制度，对用户的质量投诉和不良反应应详细记录和调查处理，若出现质量安全问题时，应及时向当地质量监督管理部门报告。

14.3 应有书面文件规定何种情况下考虑召回产品,并根据危害程度,建立召回产品分类、处置及报告制度。

14.4 召回程序应规定参与评估的人员、启动召回的方法、召回通知到的对象以及召回后产品的处理方法。

14.5 应定期进行模拟召回训练,并记录存档。

14.6 鼓励企业建立产品信息化管理程序,确保产品质量安全信息管理。

15 产品信息和宣传引导

15.1 产品信息

所有的产品都应具有或提供充分的产品信息,预包装产品标签应符合 GB 10344 的有关规定,以便经营者或消费者能够安全、正确地对产品进行处理、展示、储存、使用和溯源。

15.2 对消费者的宣传引导

健康教育应包括产品安全常识,应能使消费者认识到葡萄酒产品信息的重要性,并能够按照产品说明健康消费。

ICS 79.100
A 82

中华人民共和国国家标准

GB/T 23778—2009

酒类及其他食品包装用软木塞

Cylindrical cork stoppers for alcohol and other food packaging

2009-05-18 发布　　　　　　　　　　　　2009-12-01 实施

中华人民共和国国家质量监督检验检疫总局
中国国家标准化管理委员会　发布

前　言

本标准由中国标准化研究院提出。

本标准由中国标准化研究院归口。

本标准主要起草单位：国家葡萄酒及白酒、露酒产品质量监督检验中心、烟台麒麟包装有限公司、烟台华顶包装有限公司、烟台意隆葡萄酒包装有限公司。

本标准主要起草人：朱济义、冯韶辉、赵一嵘、张燕、薛绪山、王书玲、蒋友光、邢国庆。

酒类及其他食品包装用软木塞

1 范围

本标准规定了酒类及其他食品包装用软木塞的术语和定义、产品分类、要求、试验方法、检验规则、标志、包装、运输及贮存。

本标准适用于酒类、饮料及其他食品包装容器使用的软木塞。

2 规范性引用文件

下列文件中的条款通过本标准的引用而成为本标准的条款。凡是注日期的引用文件，其随后所有的修改单（不包括勘误的内容）或修订版均不适用于本标准，然而，鼓励根据本标准达成协议的各方研究是否可使用这些文件的最新版本。凡是不注日期的引用文件，其最新版本适用于本标准。

GB/T 601　化学试剂　标准滴定溶液的制备

GB/T 2828.1　计数抽样检验程序　第1部分：按接收质量限（AQL）检索的逐批检验抽样计划（GB/T 2828.1—2003，ISO 2859—1：1999，IDT）

GB/T 4789.2　食品卫生微生物学检验　菌落总数测定

GB/T 4789.15　食品卫生微生物学检验　霉菌和酵母计数

GB/T 4789.28　食品卫生微生物学检验　染色法、培养基和试剂

3 术语和定义

下列术语和定义适用于本标准。

3.1 软木　cork

栓皮栎生长过程中，在树皮中形成的由一层层细胞组成的木栓层，当达到一定的年限和厚度时剥离下来的栓皮栎树皮。

3.2 软木塞　cylindrical cork stoppers

用整备的块状软木加工或软木颗粒聚合而成的用来封堵瓶子或其他容器的塞子。

3.3 天然塞　natural cork stoppers

用一块或两块以上软木加工成的塞子。

3.4 填充塞　filled cork stoppers

在外观质量较差的天然塞表面均匀地涂上一层用软木粉末与黏结剂制作的混合物，将表面而缺陷

与孔洞进行填充和掩盖的塞子。

3.5 贴片塞 pasted N+N cork stoppers

用聚合塞做塞体，在塞体的两端或一端粘贴1片或2片天然软木圆片的塞子。通常表示为贴片0+1软木塞、贴片0+2软木塞、贴片1+1软木塞、贴片2+2软木塞等。

3.6 聚合塞 agglomerated cork stoppers

用软木颗粒与黏结剂混合，在一定的温度和压力下，压挤而成板、棒或单体压铸后，经加工而成的塞子。

3.7 加顶塞 T-top cork stoppers

用天然软木或聚合软木做塞体，用木材、塑料、金属、玻璃、陶瓷等做顶制成的塞子。

3.8 皮孔 lenticel

在软木塞中出现的沟槽或孔洞。

4 产品分类

按材料或加工工艺不同，软木塞可分为：天然塞（含填充塞）、贴片塞、聚合塞、加顶塞。

5 要求

5.1 原材料要求

5.1.1 软木塞所用的主要原材料（软木）应满足用其生产的软木塞达到本标准所规定的技术要求。

5.1.2 生产软木塞时，应使用符合国家食品级要求的黏结剂、油墨、润滑剂（硅、蜡）等。

5.2 感官要求

5.2.1 色泽
同一批软木塞表面色泽应基本一致、柔和、无水渍痕迹。

5.2.2 气味
软木塞不应有霉味及其他异味。

5.2.3 外观质量

5.2.3.1 表面光洁，端面平整。天然塞表面允许有皮孔。

5.2.3.2 印制或火烫图判应清晰、对称、完整。

注：天然塞外观分级按照供需双方合同约定执行。

5.3 尺寸要求

应符合表1规定。

表1　尺寸要求

分类	直径允许偏差（mm）	长度允许偏差（mm）	不圆度允许偏差（mm）
天然塞	±0.5	±1.0	≤0.5
其他塞[a]	±0.4	±0.5	≤0.4
贴片塞的贴片单片厚度（mm）	≥3.5		

注：起泡酒用贴片塞的贴片单片厚度≥6.0mm。

[a] 加顶塞直径、不圆度以柱体为准。

5.4　物理特性

应符合表2规定。

表2　物理特性

项目	指标		
	天然塞	聚合塞	贴片塞
含水率[a]（%）	4.0~8.0		
拔塞力（N）	150~450		
回弹率（%）　≥	90		
密度（kg/m³）	100~220	260~320	250~330
掉渣量（mg/只）　≤	3.0	1.0	2.0
密封性能	在0.15 MPa气压条件下，保持30 min，不渗漏	在0.20 MPa气压条件下，保持3 h，不渗漏	在0.20 MPa气压条件下，保持3 h，不渗漏
聚合体结构稳定性[b]	软木塞在沸水中浸泡90 min，无软木颗粒从聚合体上分离		

[a] 加顶塞只检含水率。

[b] 只适用于聚合塞。

5.5　氧化剂残留量

氧化剂残留量不大于0.2 mg/只。

5.6　微生物指标

应符合表3规定。

表3　微生物指标

项目		指标
菌落总数（CFU/只）	≤	5
酵母（CFU/只）	≤	3
霉菌（CFU/只）	≤	5

6 试验方法

6.1 试验用水

试验用水应达到实验室用二级水要求。

6.2 感官检验

6.2.1 色泽及外观

应在光线充足的地方目测软木塞的色泽及外观质量。

6.2.2 气味

取10只软木塞分别置于10个盛有100 mL蒸馏水的密闭容器中,浸泡24 h后经鼻嗅,记录软木塞有无发霉等异味。

6.3 规格尺寸

6.3.1 直径

6.3.1.1 天然塞、聚合塞和两端贴片的贴片塞

用精度为0.02 mm的卡尺沿长度方向的中间部位正交方向测量,精确到0.1 mm。

6.3.1.2 一端贴片的贴片塞

用精度为0.02 mm的卡尺在聚合体和软木圆片之间的胶线位置测量,精确到0.1 mm。

6.3.2 长度

用精度为0.02 mm的卡尺在软木塞两个端面的中心位置测量,精确到0.1 mm。

6.3.3 不圆度

按6.3.1的要求测量软木塞的直径,最大直径减最小直径即为不圆度,精确到0.1 mm。

6.4 含水率

6.4.1 方法

取10只软木塞,用万分之一天平称量每只样品质量(m_1),放到温度为103 ℃±4 ℃的烘箱内24 h。对于贴片塞在放烘箱前应将贴片和聚合体分开。取出软木塞,在干燥器内冷却30 min称重。重新把软木塞放入烘箱中2 h,取出冷却后称重,使样品达到恒重(m_2)(连续两次称重绝对差值不超过10 mg即为恒重)。

6.4.2 结果计算

含水率按式(1)计算。

$$X = \frac{m_1 - m_2}{m_1} \times 100 \quad\cdots\cdots\cdots\cdots\cdots\cdots\cdots\cdots\cdots\cdots\cdots\cdots (1)$$

式中:

X——试样的含水率,%;

m_1——干燥前试样的质量,单位为克(g);

m_2——干燥后试样的质量,单位为克(g)。

计算10只试样的算术平均值,并精确至小数点后一位。

6.5 拔塞力

6.5.1 设备与装置

6.5.1.1 标准柱内径为 18.5 mm±0.02 mm 或与瓶塞匹配的玻璃瓶。

6.5.1.2 带有穿透性的螺旋器：

可用长度：40 mm～60 mm。

内径：3 mm～4 mm。

外径：5 mm～10 mm。

螺旋器的钢丝直径：2.7 mm～3.2 mm。

螺距：8 mm～11 mm。

6.5.1.3 拔塞仪：带有精确度为 1 N 的压力传感器，速度 0 mm/min～500 mm/min 可调。

6.5.2 试验方法

用丙酮清洗标准柱或玻璃瓶口，晾干。取软木塞 10 只，用打塞机将软木塞压入到与酒瓶瓶颈相匹配的标准柱或玻璃瓶内，静置 1 h。将螺旋器从软木塞端面的中心位置插入，把标准柱或玻璃瓶固定到拔塞仪上，连接螺旋器和拔塞仪，以 300 mm/min 的速度拔出，显示的最大数值即为拔塞力。每只软木塞的拔塞力均在标准规定的数值范围内。仲裁检验采用将软木塞压入标准柱内拔出的试验方法。

6.6 回弹率

6.6.1 方法

取软木塞 10 只，在 6.3.1 所要求的部位，用精确到 0.02 mm 的卡尺，测量软木塞压缩前的直径（d_1），然后使用压塞机将其直径压缩到原直径的 65%～70% 后，取出软木塞，停放 3 min。再在原测量位置测得压缩后的直径（d_2）。

6.6.2 结果表示

回弹率按式（2）计算。

$$T = \frac{d_2}{d_1} \times 100 \quad \cdots\cdots\cdots\cdots\cdots\cdots\cdots\cdots\cdots\cdots\cdots\cdots\cdots\cdots\cdots (2)$$

式中：

T——试样的回弹率，%；

d_2——试样压缩后的直径，单位为毫米（mm）；

d_1——试样压缩前的直径，单位为毫米（mm）。

计算 10 只试样的算术平均值，并精确至整数位。

6.7 密度

6.7.1 方法

取软木塞 10 只，在温度 20 ℃±4 ℃，湿度 60%±10% 的试验环境中放至质量恒定，用万分之一的天平称量每一只软木塞的质量（m）。

6.7.2 结果表示

密度按式（3）计算。

$$\rho = \frac{m \times 10^6}{\pi \times \left(\frac{d}{2}\right)^2 \times L} \quad \cdots\cdots\cdots\cdots\cdots\cdots\cdots\cdots\cdots\cdots (3)$$

式中：

ρ——试样的密度，单位为千克每立方米（kg/m^3）；

m——试样的质量，单位为克（g）；

d——试样的直径，单位为毫米（mm）；

L——试样的长度，单位为毫米（mm）。

计算10只试样的算术平均值，并精确至整数位。

6.8 掉渣量

6.8.1 方法

以4只软木塞作为一组，取两组平行试验。将1.2 μm滤膜放入103 ℃±4 ℃烘箱中烘干至恒重后取出，用万分之一的天平称重（m_1）。把每组软木塞放入盛有250 mL 10 %（体积分数）乙醇水溶液的500 mL锥形烧瓶中，置于振荡器（振荡频率为140 r/min～160 r/min）中振荡10 min，倒入过滤器过滤，再用50 mL 10 %（体积分数）乙醇水溶液冲洗锥形烧瓶和过滤器。将滤膜置于烘箱中烘干后取出，放入干燥器内冷却30 min，称重，使样品达到恒重（m_2）（连续两次称重不超过10 mg即为恒重）。

6.8.2 结果表示

掉渣量按式（4）计算。

$$X = \frac{m_2 - m_1}{4} \times 1\,000 \cdots\cdots\cdots\cdots\cdots\cdots\cdots\cdots\cdots\cdots (4)$$

式中：

X——试样的掉渣量，单位为毫克每只（mg/只）；

m_2——过滤后烘干至恒重的滤膜质量，单位为克（g）；

m_1——过滤前烘干至恒重的滤膜质量，单位为克（g）；

计算两组试样的算术平均值，精确至小数点后一位。

6.9 密封性能

用丙酮清洗标准柱，晾干。取软木塞10只，用打塞机将软木塞压入与酒瓶瓶颈相仿的标准柱内，静置30 min，注入3 mL～5 mL亚甲基蓝染色的10 %（体积分数）乙醇水溶液，将每个标准柱放到压力仪（压力表精确度为0.01 MPa）上，每个标准柱的底部放置一片滤纸并接触软木塞。对标准柱内的彩色溶液施加气压：天然软木塞在0.15 MPa气压下，保持30 min；聚合软木塞、贴片软木塞在0.20 MPa气压下，保持3 h。通过滤纸上的流动液体，观察软木塞有无渗漏现象。

6.10 聚合体结构稳定性

取10只聚合软木塞，完全浸泡在沸水中90 min，观察软木颗粒有无从聚合体上分离现象。

6.11 氧化剂残留量

6.11.1 原理

在酸性条件下，氧化剂残留物与碘化钾生成碘，用硫代硫酸钠标准溶液滴定生成的碘，以淀粉作为指示剂，溶液颜色由蓝色褪成无色为滴定终点，记录滴定消耗的硫代硫酸钠标准溶液的体积，通过公式计算出氧化剂残留量。

化学反应方程式：$H_2O_2 + 2H^+ + 2I^- \rightarrow I_2 + 2H_2O$

$$2S_2O_3^{2-} + I_2 \rightarrow S_4O_6^{2-} + 2I^-$$

6.11.2 试剂

6.11.2.1 硫酸溶液（1+3）：取 1 体积浓硫酸缓慢注入 3 体积水中。

6.11.2.2 碘化钾溶液：50 g/L。使用时配制。

6.11.2.3 0.02 mol/L 硫代硫酸钠标准溶液：按 GB/T 601 配制与标定 0.1 mol/L 硫代硫酸钠标准溶液，临用前准确稀释 5 倍。

6.11.2.4 5 g/L 淀粉溶液：称取 0.5 g 淀粉，加 5 mL 水使其成糊状，在搅拌下将糊状物加到 50 mL 沸腾的水中，煮沸 1 min～2 min，冷却，稀释至 100 mL。使用期为两周。

6.11.2.5 醋酸溶液（1+1）：取 1 体积冰乙酸与 1 体积水混合。

6.11.3 方法

以 4 只软木塞作为一组，取两组做平行试验。向 500 mL 具塞碘量瓶中，依次加入 25 mL 碘化钾溶液（6.11.2.2）、5 mL 硫酸溶液（6.11.2.1）、0.5 mL 淀粉溶液（6.11.2.4）、5 mL 醋酸溶液（6.11.2.5）、200 mL 的蒸馏水，然后将每组软木塞放入碘量瓶中，旋紧瓶塞，振荡 0.5 h。用 0.02 mol/L 的硫代硫酸钠标准溶液（6.11.2.3）滴定碘量瓶内溶液。溶液颜色由蓝色褪成无色，且 30 s 不变色作为滴定终点。记录消耗的硫代硫酸钠标准溶液体积（V_1）。

同时进行空白试验，操作同上。记录消耗的硫代硫酸钠标准溶液体积（V_0）。

6.11.4 结果表示

氧化剂残留量按式（5）计算。

$$X = \frac{c \times (V_1 - V_0) \times 17}{4} \quad\cdots\cdots\cdots\cdots\cdots\cdots\cdots\cdots\cdots\cdots (5)$$

式中：

X——试样的氧化剂残留量，单位为毫克每只（mg/只）；

c——硫代硫酸钠标准溶液的摩尔浓度，单位为摩尔每升（mol/L）；

V_1——测定试样时消耗的硫代硫酸钠标准溶液的体积，单位为毫升（mL）；

V_0——空白试验消耗的硫代硫酸钠标准溶液的体积，单位为毫升（mL）；

17——与 1 mmol 硫代硫酸钠相当的过氧化氢的质量，单位为毫克（mg）。

计算两组试样的算术平均值，精确至小数点后一位。

平行试验的相对误差小于 5 %。

6.12 菌落总数

6.12.1 方法

按照 GB/T 4789.2，将所使用的器皿、吸管、培养基、100 mL 生理盐水、过滤装置和直径 50 mm、0.45 μm 滤膜等试验用品高压灭菌。

以 4 只软木塞作为一组，取两组做平行试验。在无菌条件下，将每组软木塞放入盛有 100 mL 生理盐水的无菌容器中，密封。在振荡器上摇动 0.5 h，用孔隙为 0.45 μm 的无菌滤膜过滤，把滤膜放入培养皿，倒入温度为 46 ℃±1 ℃的营养琼脂培养基（培养基的配制见 GB/T 4789.28）。

待琼脂凝固后，翻转平板，置 36 ℃±1 ℃的温箱内培养 48 h±2 h。同时用 100 mL 生理盐水做空白对照。

6.12.2 菌落计数方法

做平板菌落计数时，可用肉眼观察，必要时用放大镜检查，以防遗漏。计下各平板的菌落总数，除以4只即为每只试样的菌落总数。计算两组试样的算术平均值，结果保留至整数位。

6.13 霉菌和酵母菌

6.13.1 方法

按照GB/T 4789.15，将所使用的器皿、吸管、培养基、100 mL生理盐水、过滤装置和直径50 mm，0.45 μm滤膜等试验用品高压灭菌。

以4只软木塞作为一组，取两组做平行试验。在无菌条件下，将成品软木塞放入盛有100mL生理盐水的无菌容器中，密封。在振荡器上摇动0.5 h，用孔隙为0.45 μm的无菌滤膜过滤，把滤膜放入46 ℃±1 ℃的培养基（培养基的配制见GB/T 4789.28）。

待琼脂凝固后，翻转平板，置25 ℃～28 ℃的温箱内培养。从第3天观察，共培养5天。同时用100 mL生理盐水做空白对照。

6.13.2 菌落计数方法

做平板菌落计数时，可用肉眼观察，必要时用放大镜检查，以防遗漏。分别计下各平板的霉菌数和酵母菌数，除以4只即为每只试样的菌落总数。计算两组试样的算术平均值，结果保留至整数位。

7 检验规则

7.1 出厂检验

7.1.1 产品以一批为单位进行验收，以同一原料、工艺情况下连续生产的同一品质、同一规格的软木塞为一批，每批数量不超过100万只。

7.1.2 出厂检验项目为感官要求、尺寸、含水率、密度。

7.1.3 感官要求、尺寸按GB/T 2828.1，采用正常检验一次抽样方案，取特殊检验水平S-3，按接收质量限（AQL）4.0。

抽样方案按表4规定执行。

表4 抽样方案 单位：只

批量 N	样本量 n	接收数 Ac	拒收数 Re
≤500	8	1	2
501～1 200	13	1	2
1 201～3 200	13	1	2
3 201～10 000	20	2	3
10 001～35 000	20	2	3
35 001～150 000	32	3	4
150 001～500 000	32	3	4

7.1.4 计数抽样合格的产品中，随机抽取足够的样品，进行含水率、密度的试验。

7.1.5 出厂检验判定：出厂检验项目中如有一项不合格，应从该批中加倍抽样，对不合格的项目进行复验，如仍不合格则判该批产品为不合格品。

7.2 型式检验

7.2.1 检验项目

随机抽取足够的样品进行型式检验，型式检验项目为第6章中要求的全部项目。

7.2.2 下列情况之一时应进行型式检验

a) 新产品在制成样品或批量生产、提请鉴定前进行；
b) 当工艺或主要材料上有重大变动时进行；
c) 停产一年后又重新投产时进行；
d) 上级质量检验部门提出型式检验要求时进行。

7.2.3 检验结果判定

微生物指标不合格即判为不合格；其他项目不合格时则加倍抽样进行复验，如仍不合格则判为型式检验不合格。

8 标志、包装、运输和贮存

8.1 标志

外包装上应清晰标注以下内容：产品名称、规格型号、产品类别、质量等级、数量、生产日期、产品标准号、厂名厂址、联系电话、原料的原产国以及防雨、防潮等标志（文字或图案）。

8.2 包装

8.2.1 外包装

软木塞的外包装可采用符合本品要求的并符合相应标准的瓦楞纸箱或编织袋。

8.2.2 内包装

软木塞的内包装应采用符合食品要求的聚乙烯塑料袋。软木塞装入后，聚乙烯塑料袋需抽真空，并注入二氧化硫或氮气后密封。

8.3 运输

产品的装卸应轻拿轻放，运输中应避免挤压、碰撞、曝晒、雨淋和腐蚀。

8.4 贮存

产品应存于干燥通风的库房内，避免与有毒、有异味或腐蚀性物质同室存放，底层应有隔地垫板。贮存期不超过6个月，产品宜在温度15 ℃～20 ℃，湿度40 %～70 %环境下贮存。

ICS 65.060.60
B 91

中华人民共和国国家标准

GB/T 25393—2010/ISO 5704:1980

葡萄栽培和葡萄酒酿制设备
葡萄收获机 试验方法

Equipment for vine cultivation and wine making—Grape-harvesting
machinery—Test methods
(ISO 5704:1980,IDT)

2010-11-10 发布　　　　　　　　　　　　　2011-03-01 实施

中华人民共和国国家质量监督检验检疫总局
中国国家标准化管理委员会　发布

前　言

本标准等同采用 ISO 5704:1980《葡萄栽培和葡萄酒酿制设备　葡萄收获机　试验方法》（英文版）。

为便于使用，本标准做了如下编辑性修改：

——将"本国际标准"改为"本标准"；

——用小数点代替作为小数点的逗号","；

——删除了国际标准的前言；

——对附录 I、附录 L 中的印刷错误进行了订正。

本标准的附录 A、附录 B、附录 C、附录 D、附录 E、附录 F、附录 G、附录 H、附录 I、附录 J、附录 K、附录 L 是资料性附录。

本标准由中国机械工业联合会提出。

本标准由全国农业机械标准化技术委员会（SAC/TC 201）归口。

本标准起草单位：新疆维吾尔自治区农牧业机械试验鉴定站、新疆维吾尔自治区农牧业机械管理局、新天国际葡萄酒业股份有限公司。

本标准主要起草人：张山鹰、忽晓葵、晁群勇、董新平。

引 言

葡萄收获机的试验设计是基于以下考虑：

a）主要评价以下性能：

——葡萄及所制饮料的质量；

——葡萄藤落叶的情况；

——可能影响后续剪枝作业的损害；

——葡萄藤或地上"可见的"损失；

——破碎葡萄造成的果汁损失；

b）记录工作性能的时间特性。

c）在不同地面状况、对各种植株－藤茎组合作业，观测机器的运转情况、可靠性和工作性能。

葡萄栽培和葡萄酒酿制设备 葡萄收获机 试验方法

1 范围

本标准规定了葡萄收获机的试验方法。

本标准适用于能够完成葡萄收获全过程作业的葡萄收获机。

本标准适用于收获酿酒和饮料（葡萄汁、酒精等）生产用葡萄的葡萄收获机。

2 术语和定义

下列术语和定义适用于本标准。

2.1 工作时间 operating time

2.1.1 纯工作时间 actual time

机器的工作时间。

2.1.2 附加时间 additional time

转弯和转移时间。

2.1.3 等待修复时间 idling time

等待修复和排除故障的时间。

2.1.4 作业总时间 overall time

纯工作时间、附加时间等待修复时间的总和。

2.2 作业速度 speed of travel

机器作业时通过葡萄行的长度除以纯工作时间。

2.3 作业效率 efficiency on site

纯工作时间除以作业总时间。

2.4 收获单位面积所需作业总时间 overall time per unit of area

作业总时间除以收获的面积。

2.5 生产率 output

收获葡萄的总质量除以纯工作时间。

3 试验原则

通过试验测定葡萄收获机的技术特性和收获葡萄的质量。用化学分析和感官分析等方法，对机器收获的葡萄酿制的葡萄酒与人工收获的葡萄酿制的葡萄酒的品质进行比较。

4 仪器设备

4.1 在葡萄园

必须具备以下仪器设备。

4.1.1 整机参数测量
——汇总表（见附录B、附录C）；
——转数表；
——钢卷尺。

4.1.2 时间测量
——汇总表（见附录D、附录E、附录F）；
——检测人员所用的平板绘图器；
——磁带记录仪；
——标杆；
——精密计时器；
——脉冲计数器。

4.1.3 作业质量测量
——汇总表（见附录G、附录H）；
——用于测量受损葡萄的脉冲计数器；
——已称重的桶；
——剪枝剪；
——装葡萄的容器；
——罗马天平；
——精密天平；
——地磅；
——葡萄箱及拖拉机；
——塑料袋；
——标签；
——计算器；
——随机表和平方表；
——照相机。

4.2 在酒窖
——所有正在使用的酿酒必需设备；
——酒类测量专用设备。

5 试验方法

5.1 在葡萄园

5.1.1 整机参数测量

机器静止时（停机状态），详细填写整机参数表（见附录 B）。机器空运转时，记录试验表格（见附录 C）中的有关数据，同时记录运输设备参数（见附录 F）。

5.1.2 时间测量

试验前，填写试验地调查表（见附录 D），特别要记录试验地的地面条件（土壤类型、含水率、坡度）同时绘制详细的草图注明以下内容：

——葡萄行的长度；
——每行的葡萄株数；
——行距和株距；
——地头的宽度；
——服务用道的宽度；
——试验地到酒窖的距离，标注道路轮廓和状态。

试验中，进行各类时间测量，记录任何异常的特征，填写在相关工作记录表中（见附录 E）。

机器保养中，记录清理、润滑、维修时间等。

5.1.3 作业质量测量

5.1.3.1 损失测量

对于不同的葡萄品种和栽培方法，尽可能选择一致性好的试验地进行测试，并统计葡萄的总株数 (n_t)[1]。在 95 % 概率下，估算每株葡萄平均产量，要求误差 ≤5 %。为满足此要求，用式（1）确定样本量 n。

$$n \geq 1\,764\left(\frac{s}{\bar{x}}\right)^2 \quad\cdots\cdots\cdots\cdots\cdots\cdots\cdots\cdots\cdots\cdots\cdots\cdots\cdots\cdots\cdots\cdots\cdots (1)$$

式中：

n——人工收获的样本量；

s——标准差；

$\bar{x}$——平均值。

取一个 $n_c = 100$ 株（至少 40 株）的样本，该样本应随机选择并完全由机器收获，每个葡萄藤上收获的葡萄分别称重，计算样本 n_c 平均值和标准差代入式（1）中得到 n。

然后从同一块试验地随机选取 $(n - n_c)$ 株葡萄，完全由人工收获称重。

将 n 个样本的平均值 $\bar{x}$ 和标准差 s 代入式（1）中，重复进行，直到和 s 满足式（1）。最终得到的每株葡萄产量 M_0 为：

$$M_0 = \bar{x}$$

检查 n 和 n_t 是否满足下式，

$$0.1n_t \leq n \leq 0.2n_t$$

---

[1] 鉴于此方法的目的，根据采用的种植模式，样块有可能是单一的葡萄株、长 1 m 的葡萄架或 1 m² 的葡萄园。在本标准所指样块包括单一的葡萄株。试验报告和附录应注明测试时所用地块的类型。

式中：
n_t——试验地葡萄总株数。
若上式满足，则计算比率：

$$\frac{n}{n_t} \times 100 \cdots\cdots\cdots\cdots\cdots\cdots\cdots\cdots\cdots\cdots\cdots\cdots\cdots\cdots\cdots\cdots（2）$$

并记入附录 I 的表中。

若不满足，另选一块一致性更好的试验地。

采用机器的出厂设置并经检验人员测试后，立即用机器收获试验地中剩余的葡萄进行测试。

在磅秤上称量收获的所有葡萄，计算机器收获的每株葡萄质量 M_1。

每株应收获的葡萄质量 M_0 等于

$$M_0 = M_1 + M_2 \cdots\cdots\cdots\cdots\cdots\cdots\cdots\cdots\cdots\cdots\cdots\cdots\cdots\cdots（3）$$

式中：
M_1——机器收获的每株质量；
M_2——每株葡萄不同形式的损失。

损失可分为以下几种：

a）机器收获后可直接测量的损失，由以下几部分组成：
——葡萄藤上遗留的完整的和部分的葡萄串，m_0；
——掉落到地上的完整的和不完整的葡萄串或葡萄粒，m_1。

b）不可测的损失包括因各种原因未被收集在葡萄箱里的果汁，主要是滴在地上或者喷洒到葡萄藤不同的部位、落叶或机器上，m_2。

M_1、m_0 和 m_1 可用确定 M_0 的方法准确测量：样本大小同样使用确定的方法，并随机核查一些机收的葡萄。

用下式确定 m_2：

$$m_2 = M_0 - (M_1 + m_0 + m_1 + m_3) \cdots\cdots\cdots\cdots\cdots\cdots（4）$$

式中：
m_3——遗留在葡萄藤上的梗的质量。

在机器收获期间，在出口处取 10 kg 的葡萄样本，计算以下几个百分比：
——整的或碎的葡萄串；
——整葡萄；
——整的葡萄梗；
——碎梗；
——叶；
——其他碎杂质；
——散落的葡萄汁。

5.1.3.2 脱叶情况的评价

在机器进入试验地之前和刚出试验地之后，用以下计分系统对叶的脱落进行评价：

5 = 完好无损；
4 = 轻微脱落；
3 = 中等脱落；
2 = 严重脱落；

1 = 非常严重脱落；

0 = 完全脱落。

同时，在机器进入试验地之前和刚出试验地之后，用影像记录。

5.1.3.3 损害情况统计

随机计算每公顷受损害的百株葡萄数，记录任何可能影响后续剪枝作业的损害。

5.2 在酒窖

按葡萄酒酿制方法，用机器收获的葡萄酿制 800 L 葡萄酒。

将使用同一方法（包括运输）、人工收获用于确定 M_0 的葡萄藤的方法确定为参考酿制法，比较上述葡萄酒酿制法和参考酿制法。如果从 n 株葡萄藤收获的葡萄不够酿制 800 L 葡萄酒，可从同一块地上再人工收获一部分葡萄。

在酿酒过程中，按当地适用的所有酒类指标进行测试，特别是以下几个指标：

——酒精度检验；

——总酸度；

——pH 值；

——游离酸；

——苹果酸乳酸发酵（是/否）；

——二氧化硫（游离/总）；

——干浸出物；

——金属含量（铁、铜、钠）；

——颜色（亮度、色调）；

——氧还原能力；

——氧化率；

——丹宁酸含量。

填写葡萄酒酿制表，特别是要记录在发酵过程中密度或温度的任何变化（见附录 J 及附录 K）。葡萄酒酿制结束后，要比较人工收获和机器收获两种葡萄酒的味道。

酒类测试应使用国际葡萄与葡萄酒局（OIV）所认可的试验方法；否则，应在试验报告中说明试验方法。

6 结果的表述

6.1 工作状况

——作业总时间 = 纯工作时间 + 附加时间 + 等待修复时间；

——作业速度；

——作业现场的效率；

——单位面积作业总时间；

——产量。

6.2 作业质量

——损失：总损失；

果汁损失；

——脱落：对脱落程度用 0~5 进行评价；

——受损个数：每公顷受损害的百株葡萄数；

——收获机出口处的残留。

6.3 酒类指标的测量结果

详细记录机器收获葡萄酿制的葡萄酒与人工收获葡萄酿制的参考酒样的所有指标。

注：为便于随后的比较，通常以表格形式记录所有结果。

7 试验报告

试验报告需包含以下详细内容：

a）所有的葡萄园和酒窖的形式；

b）试验结果并注明精度；

c）在本标准中未提到的特点；

d）任何可能影响试验结果的情况，特别是故障及故障延续时间。

另外，报告中还应明示以下内容：

——简单的清理和保养操作；

——安全性能。

附录 A
（资料性附录）
试验过程概述

A.1　选择试验地（填写附录 D）。

A.2　记录机器的尺寸和性能参数（填写附录 B）。

A.3　详述可用的运输工具（填写附录 F 的第一部分）。

A.4　确定葡萄总株数 n_t、样本 n 的大小和每株的平均质量 M_0（填写附录 I）。

A.5　将人工收获的葡萄运往酒窖作为参考样，如果可能将补充样一同运输。

A.6　用机器收获，记录工作时间（见附录 E）和运输的时间（见附录 F 的第二部分）。

A.7　机器收获过程中，接取样本测定作业质量（见附录 G）。

A.8　检测损失（见附录 H）。

A.9　按酿酒工艺分别用机收和人工收葡萄酿制葡萄酒完成相关的表格（见附录 J 和附录 K）。

A.10　完成总体检测结果表（见附录 L）。

附录 B
（资料性附录）
整机参数表[2]

制造厂：_____ 型号：_____ 出厂编号：_____

类型：　　卧式　　□　　　　a) 自走式的　　　　　　　□
　　　　　行间　　□　　　　b) 牵引式，使用动力输出轴　□
　　　　　　　　　　　　　　c) 牵引式，有辅助动力　　　□
　　　　　　　　　　　　　　d) 半背负式　　　　　　　　□
　　　　　　　　　　　　　　e) 背负式　　　　　　　　　□
　　　　　　　　　　　　　　f) 其他　　　　　　　　　　□

（提供机器[3]的示意图给出特性尺寸，特别是下列指标）

尺寸[3]　　——总长度：_____
　　　　　——总宽度：_____
　　　　　——总高度　最大值：_____
　　　　　　　　　　　最小值：_____
　　　　　——离地间隙：_____
　　　　　——地头转弯半径：_____
　　　　　——转弯半径：_____

质心的位置[3]　——地面以上高度：_____
　　　　　　　　　　　　　　　　　前轮　□
　　　　　　　——在垂直平面内与　　　　　的距离：_____
　　　　　　　　　　　　　　　　　后轮　□
　　　　　　　或
　　　　　　　——在水平方向与驱动轮中线平面的距离：_____

总质量[3]

底盘结构
　　　　倾斜控制　机械□　手动□
　　　　防护舱　　有□　　无□

发动机（类型 a, c）　　　　　　　拖拉机（类型 b, c, d, e, f）
制造厂和类型：_____　　　　制造厂和类型：_____
出厂编号：_____　　　　　　出厂编号：_____
　　　　　　　　　　　　　　　　履带　□　　　轮式　□

---

[2] 在适宜的方框处打勾。

[3] 当机器为背负式或半背负式时，所提供的信息（示意图、质量、尺寸等）应提及该机器应安装在合适的拖拉机上。

——发动机的最大功率：_____　　　　——发动机的最大功率：_____
——额定速度：_____　　　　　　　　——额定速度：_____
——燃料类型：汽油　□　　　　　　　　　　——燃料类型：汽油　□
　　　　　　　柴油　□　　　　　　　　　　　　　　　　　柴油　□
——缸数：_____　　　　　　　　　　——缸数：_____
——油箱容积：_____　　　　　　　　——油箱容积：_____
——冷却系统：水　□　　　　　　　　　　　——冷却系统：水　□
　　　　　　　风　□　　　　　　　　　　　　　　　　　风　□

变速箱（A 型）　　机械式□　　　组合式　□　　液压式　□
　　　　——离合器　机械式　□　　液压式　□
齿轮箱　　　　　　　液压助力　　　有　□　　　无　□
前进挡个数：_____液压冷却系统　　有　□　　　无　□
倒挡个数：_____
后轴：
差速锁　　有□　　　无□　　　变速箱（油箱）容积：_____
驱动和转向系统[4]
——履带　　　　　　　　　　　□　　　——轮式　　　　　　　　　　　　　□
——履带数：_____　　　——驱动轮的数量：_____
——尺寸：_____　　　　　　轮胎的特性：_____
　　　　　　　　　　　　　　　　　　　　　额定压力：_____
　　　　　　　　　　　　　　　　　——转向轮的数量　　前：_____
　　　　　　　　　　　　　　　　　　　　　　　　　　　后：_____
　　　　　　　　　　　　　　　　　　　　　轮胎的特性：_____
　　　　　　　　　　　　　　　　　　　　　额定压力：_____
——履带宽度：_____　　　——前轮距：_____
　　　　　　　　　　　　　　　　　　　——后轮距：_____
——履带长度：_____　　　——轴距：_____
——助力转向　　有□　　　无□
制动器　　类型：盘式□　　　鼓式□　　　其他□
　　　　　作用型式：机械式□　　液压式□　　辅助的□
照明　　　有□　　　无□
由拖拉机提供动力的情况下：
制动器　　拖拉机座位控制制动　　　　是□　　　否□
动力输出轴　力矩限制器　　　　　　　是□　　　否□
收获装置　　　　　　——作用型式：　　（摇动、振动、吸力、冲击、切割等）
　　　　　　　　　　——收获部件的类型：_____
　　　　　　　　　　——数量：_____
　　　　　　　　　　——尺寸：_____

---

[4]　当机器为背负式或半背负式时，所提供的信息（示意图、质量、尺寸等）应提及该机器应安装在合适的拖拉机上。

——驱动：	可调：	机械的□		液压的□
		是□		否□
	运行速率：	最小：_____	最大：_____	
——检查手段		有 □	无 □	
在运行中可调整		是 □	否 □	
——作物高度：		_____		
——高度调节：		_____		
——其他调节：		_____		

收集装置　　型式（一般说明）：_____

　　　　　　最大尺寸：_____

　　　　　　离地间隙：_____

　　　　　　收集部件：鱼鳞输送带□　　　尺寸：_____

　　　　　　　　　　板条输送带□　　　尺寸：_____

　　　　　　　　　　带式输送带□　　　尺寸：_____

　　　　　　　　　　　　　　　□　　　尺寸：_____

　　　　　　清洗系统：自动　□　　　　人工　　　□

　　　　　　收获辅助部件：板条输送带　□　　尺寸：_____

　　　　　　　　　　　　带式输送带　□　　尺寸：_____

　　　　　　　　　　　　螺旋输送　　□　　尺寸：_____

　　　　　　驱动：　机械式　□

　　　　　　　　　液压式　□

　　　　　　预备调整：　　是　□　　　否　□

收获清洗部件　清洗系统：　　自动　□　　人工　□

　　　　　　——分离梗：　自动　□　　人工　□

　　　　　　类型（金属网孔式、板条带式等）：_____
　　　　　　_____

　　　　　　——分离叶子：　机械□　　　气动□

　　　　　　气动时：

　　　　　　　类型（吹风机、抽风机等）：_____

　　　　　　　通风设备的数量：_____

　　　　　　驱动：　　机械□　　液压□

　　　　　　速度调整　　是□　　否□

　　　　　　运行时可调　是□　　否□

收获部件　　——有贮存装置　有□　　无□

　　　　　　桶

　　　　　　　数量：_____

　　　　　　　容积：_____

　　　　　　　倾卸高度：_____

　　　　　　　倾卸方式：　向后□　侧卸□　向前□

　　　　　　——除尘器

尺寸：＿＿＿＿＿＿＿＿＿＿
容积：＿＿＿＿＿＿＿＿＿＿
——在挂车上贮存　　是□　　否□
通过带式输送带□　板条输送带□　螺旋输送□
垂直延伸：　最小：＿＿＿＿＿＿＿最大：＿＿＿＿＿＿＿
方向：　　　左□　　右□　　　后□
横向调整：　　　是□　　　否□
机械所用材料（钢、不锈钢、塑胶、镀锡极等）
车体：＿＿＿＿＿＿＿＿＿＿＿＿＿＿＿＿＿＿＿＿＿
鳞片：＿＿＿＿＿＿＿＿＿＿＿＿＿＿＿＿＿＿＿＿＿
带子：＿＿＿＿＿＿＿＿＿＿＿＿＿＿＿＿＿＿＿＿＿
板条：＿＿＿＿＿＿＿＿＿＿＿＿＿＿＿＿＿＿＿＿＿
水槽：＿＿＿＿＿＿＿＿＿＿＿＿＿＿＿＿＿＿＿＿＿

备注：注意由制造商提供安装手册。

附录 C
（资料性附录）
试验条件表

C.1 机器设置

收获装置
——型号、数量、性能参数和工作位置：＿＿＿＿＿＿＿＿＿＿＿＿＿＿＿＿＿＿＿＿＿

——作业设置（频率、速度等）：＿＿＿＿＿＿＿＿＿＿＿＿＿＿＿＿＿＿＿＿＿＿＿＿

——试验地考察（宽度、地面以上高度、其他尺寸）：＿＿＿＿＿＿＿＿＿＿＿＿＿＿＿

收获处理部件
（所作的调整）：＿＿＿＿＿＿＿＿＿＿＿＿＿＿＿＿＿＿＿＿＿＿＿＿＿＿＿＿＿＿＿

收获清理设备
（通风机的转速，其他设置）：＿＿＿＿＿＿＿＿＿＿＿＿＿＿＿＿＿＿＿＿＿＿＿＿＿

轮胎
（额定压力）：＿＿＿＿＿＿＿＿＿＿＿＿＿＿＿＿＿＿＿＿＿＿＿＿＿＿＿＿＿＿＿＿

机器作业速度
（与附录 D 一致）：＿＿＿＿＿＿＿＿＿＿＿＿＿＿＿＿＿＿＿＿＿＿＿＿＿＿＿＿＿＿

C.2 天气条件

——风（风力、风向）：
——气温：
——湿度：

C.3 土壤条件

C.4 备注

附录 D
（资料性附录）
试验地调查表[5]

——葡萄园的基本情况

所有者：＿＿＿＿＿＿＿＿＿＿＿＿＿＿＿＿＿＿＿＿＿＿＿＿＿＿＿＿＿＿＿＿＿＿＿

试验地地址（区、县、地点名称、土地注册处的证明书等）：＿＿＿＿＿＿＿＿＿＿＿＿＿＿

葡萄酒的区域：＿＿＿＿＿＿＿＿＿＿＿＿＿＿＿＿＿＿＿＿＿＿＿＿＿＿＿＿＿＿＿

栽培方式：＿＿＿＿＿＿＿＿＿＿＿＿＿＿＿＿＿＿＿＿＿＿＿＿＿＿＿＿＿＿＿＿＿

行间距：＿＿＿＿＿＿＿＿＿＿＿＿＿＿＿＿＿＿＿＿＿＿＿＿＿＿＿＿＿＿＿＿＿＿

葡萄藤之间的距离（株距）：＿＿＿＿＿＿＿＿＿＿＿＿＿＿＿＿＿＿＿＿＿＿＿＿＿

试验地　　　　平地　　□

　　　　　　　坡地　　□　　坡度：＿＿＿＿＿＿＿＿＿＿＿＿＿＿＿＿＿＿＿＿

　　　　　　　　　　　　　　相对斜坡：＿＿＿＿＿＿＿＿＿＿＿＿＿＿＿＿＿＿

葡萄行的排列：　顺坡度方向　　□

　　　　　　　　垂直坡度方向　□

　　种植面积：＿＿＿＿＿＿＿＿＿＿＿＿＿＿＿＿＿＿＿＿＿＿＿＿＿＿＿＿＿＿

　　葡萄的品种：＿＿＿＿＿＿＿＿＿＿＿＿＿＿＿＿＿＿＿＿＿＿＿＿＿＿＿＿＿

　　培育方法：＿＿＿＿＿＿＿＿＿＿＿＿＿＿＿＿＿＿＿＿＿＿＿＿＿＿＿＿＿＿

　　生长年限：＿＿＿＿＿＿＿＿＿＿＿＿＿＿＿＿＿＿＿＿＿＿＿＿＿＿＿＿＿＿

　　葡萄藤的健康状况：＿＿＿＿＿＿＿＿＿＿＿＿＿＿＿＿＿＿＿＿＿＿＿＿＿＿

　　葡萄藤缺失的百分比：＿＿＿＿＿＿＿＿＿＿＿＿＿＿＿＿＿＿＿＿＿＿＿＿＿

　　种植密度：＿＿＿＿＿＿＿＿＿＿＿＿＿＿＿＿＿＿＿＿＿＿＿＿＿＿＿＿＿＿

——备注：＿＿＿＿＿＿＿＿＿＿＿＿＿＿＿＿＿＿＿＿＿＿＿＿＿＿＿＿＿＿＿＿＿

——草图应包括以下内容

　　a）给出酒窖位置的示意图；

　　b）试验地的比例图应详述下列内容：方位、葡萄行的数量、服务道路、中间的行车线、地头（状态、宽度）、每一行的长度（从第一株到最后一株）、行间距、葡萄藤之间距离；

　　c）葡萄架及葡萄树桩排列的成比例示意图，以及与葡萄架及所用葡萄架紧固相关的所有信息；

　　d）葡萄架果实生长区成比例草图，果串离地最低高度；

　　e）概述培育方法。

---

[5] 在适宜的方框处打勾。

附录 E
（资料性附录）
生产试验记录表

——日期：＿＿＿

——记录人：＿＿＿

——工作时间：＿＿

  开始：＿＿＿＿＿＿＿＿＿＿＿＿＿＿＿＿＿＿＿ 结束：＿＿＿＿＿＿＿＿＿＿＿＿＿＿＿＿＿＿＿

  纯工作时间，T_e：＿＿＿＿＿＿＿＿＿＿＿＿＿＿＿＿＿＿＿＿＿＿＿＿＿＿＿＿＿＿＿＿＿＿＿

  附加时间，T_a：＿＿＿＿＿＿＿＿＿＿＿＿＿＿＿＿＿＿＿＿＿＿＿＿＿＿＿＿＿＿＿＿＿＿＿＿

  卸载时间，T_v：＿＿＿＿＿＿＿＿＿＿＿＿＿ 作业总时间，T_g：＿＿＿＿＿＿＿＿＿＿＿＿＿＿

  等待修复时间，T_m：＿＿＿＿＿＿＿＿＿＿＿＿＿＿＿＿＿＿＿＿＿＿＿＿＿＿＿＿＿＿＿＿＿

——机器平均前进速度：＿＿＿＿＿＿＿＿＿＿＿＿＿＿＿＿＿＿＿＿＿＿＿＿＿＿＿＿＿＿＿＿＿＿＿

——作业效率：T_e/T_g：＿＿＿＿＿＿＿＿＿＿＿＿＿＿＿＿＿＿＿＿＿＿＿＿＿＿＿＿＿＿＿＿＿＿＿

时间记录

葡萄行		纯工作时间 t_e	附加时间（转弯和转移时间）t_a	卸载时间 t_v	必要的等待修复时间 t_{mo}	作业总时间 t_g	不必要的等待修复时间 t_{mno}	速度 l/t_e	备注
数量 n	长度 l								

作业总时间							平均有效度速度	有效度 T_e/T_g
T_e	T_a	T_v	T_{mo}	T_g	T_{mno}			

附录 F
（资料性附录）
运输情况记录表[6]

——日期：
——记录人：
——试验地到酒窖的距离：

运输工具	运输车数量		
	1	2	3
拖拉机（制造厂、型号）			
挂车（创造厂、型号）			
——牵引式	□	□	□
——半背负式，背负式	□	□	□
——箱底板尺寸			
挂车上的容器（制造厂、型号）			
——数量			
——内表面材料			
——尺寸			
——容积			
——惰性气体保护			
——气体类型			
——卸载方式			
葡萄箱（制造厂、型号）			
——牵引式			
——半牵引			
——背负式			
——内表团材料			
容积			
惰性气体保护			
气体类型			
卸载方式（翻倒、转动、自卸等）			
其他工具			

酒窖中接收设备的型号：
时间记录：
对每一辆运输车填写以下时间记录表：

---

[6] 在适宜的方框处打勾。

车号	去酒窖行程时间	等待卸载时间	卸载时间	回试验地行程时间	等待装葡萄时间	装葡萄时间	总时间	运送总重

附录 G
（资料性附录）
作业质量记录表[7]

——葡萄园状况

（按每公顷100株葡萄藤的比例，随机选取葡萄进行观测）

项目		收获前	收获后
作物的健康状况			
植被的状况	损害数		
	脱落		
固定架的状况	金属网线		
	葡萄根		
其他			

备注：_____

_____

——收获葡萄的成分

在机器出口处得到的样本 A = _____ kg 中各部分所占的质量百分比

果串或碎果束	葡萄		葡萄梗		叶子	其他碎片	葡萄汁
	整个	压碎的	整个	碎梗			

备注：_____

_____

每批酿制单独取样：　　是 □　　否 □

样本数量：

　　——在机器出口处的葡萄：

　　——运输桶中的葡萄：

　　——到达酒窖的葡萄：

---

7) 在适宜的方框处打勾。

附录 H
（资料性附录）
损失的评价

试验地葡萄总株数（附录 I）　　　$n_t =$ _____

为确定每株葡萄的质量机器收获葡萄的株数（附录 I）　　$n =$ _____

机器收获的葡萄株数　　$n_t - n =$ _____

用于检测损失的葡萄株数为 $n_{cc} = (n_t - n)$ 或按 5.1.3.1 给出的方法确定葡萄株数

$n_{cc} =$ _____

损失	总数	每株 $M_2 = \dfrac{总损失}{n_{cc}}$
收获的葡萄总质量： ——落地的 ——机器收获后挂在葡萄藤上的 ——机器未收获前挂在葡萄藤上的 ——葡萄藤上的总质量	= =	$m_1 =$ $m_0 =$
留在葡萄藤上无葡萄的梗	=	$m_3 =$

评估每个葡萄藤产量（附录 I）　　　$M_0 =$ _____

机器收获的每株葡萄的有效产量，$M_1 = \dfrac{总收获质量}{n_t - n}$　　$M_1 =$ _____

机器收获的每株葡萄的理论产量（见 5.1.3.1）　　$M_1 + m_3 =$ _____

果汁的损失（不可见）　　$m_2 = M_0 - (M_1 + m_0 + m_1 + m_3) =$ _____

附录 I
（资料性附录）
样本大小确定表

在试验地葡萄总株数 $n_t = $ _____

最初样本的葡萄株数 $n_e = 40 \sim 120$

最终样本的葡萄株数 $n = 1\,764\,(\frac{s}{\bar{x}})^2$ _____

比例 $n/n_t \times 100 = $ _____

$$\bar{x} = \frac{\sum_{i=1}^{n_c} x_i}{n_c} = \underline{\quad\quad} \quad s = \sqrt{\frac{\sum_{i=1}^{n_c} (x_i - \bar{x})^2}{n_c - 1}} = \underline{\quad\quad} \quad M_0 = \frac{\sum_{i=1}^{n} x_i}{n} = \underline{\quad\quad}$$

进阶指数 $i = 1, 2, n_c$	试验地葡萄株数	人工收获每株葡萄质量 x_i/kg	方差 $(x_i - \bar{x})^2$

如果 n 大于 n_c，用人工继续收获（$n - n_c$）株葡萄并且重复测定，最后的样本由最初样本数 n_c 与 （$n - n_c$）的和构成。

——检查

$0.10 n_t \leqslant n \leqslant 0.20 n_t$

——如果 n 大于 $0.20 n_t$，更换试验地。

附录 J
（资料性附录）
葡萄酒酿制表——机器收获[8]

——酿酒所用机器收获葡萄的量：_____
——酒类指标：_____
  酒精度检验：_____
  总酸度：_____
  pH 值：_____
  游离酸：_____
  苹果酸乳酸发酵 是□ 否□
  二氧化硫：游离：_____
       总：_____
  干浸出物：_____
  金属含量：铁：_____
      铜：_____
      钠：_____
  颜色（亮度、色调）：_____
  氧还原能力：_____
  氧化率：_____
  丹宁酸含量：_____
——发酵状态（特别是密度或温度方面的变化）：_____
_____
_____

---

[8] 在适宜的方框处打勾。

附录 K
（资料性附录）
葡萄酒酿制表——人工收获[9]

——酿酒所用葡萄的量：_____
——完全由人工收获　　是□　　否□
——酒类指标：_____
　　　酒精度检验：_____
　　　总酸度：_____
　　　pH 值：_____
　　　游离酸：_____
　　　苹果酸乳酸发酵　　是□　　否□
　　　二氧化硫：游离：_____
　　　　　　　　总：_____
　　　干浸出物：_____
　　　金属含量：铁：_____
　　　　　　　　铜：_____
　　　　　　　　钠：_____
　　　颜色（亮度、色度）：_____
　　　氧还原能力：_____
　　　氧化率：_____
　　　丹宁酸含量：_____
——发酵状态（特别是密度或温度方面的变化）：_____
_____

---

[9] 在适宜的方框处打勾。

附录L
（资料性附录）
综合报告表

——葡萄收获的综合报告

每株葡萄产量 （评估误差≤5%，概率为95%）	M_0，千克/株葡萄 （kg/hm²）	（_____）
机器收获葡萄	M_1，千克/株葡萄 $100M_1/M_0\%$	
残留在葡萄藤上的葡萄	m_0，千克/株葡萄 $100m_0/M_0\%$	
落在地上的葡萄	m_1，千克/株葡萄 $100m_1/M_0\%$	
损失的果汁（不可见损失）	m_2，千克/株葡萄 $100m_2/M_0\%$	

——时间的综合报告

作业时间	纯工作时间 T_e	附加时间 T_a	卸载时间 T_v	闲置时间 T_m	总时间 T_g
运输时间	纯工作时间 T_e'	附加时间 T_a'	卸载时间 T_v'	闲置时间 T_m'	总时间 T_g'
总收获时间（$T_g + T_g'$）					

——附加数据
  收获的总量：_____kg
  收获的总面积：_____hm²
  试验地到酒窖的距离：_____m
  机器平均前进速度：_____m/s
  收获作业效率（T_e/T_g）：_____%
  运输作业效率（T_e'/T_g'）：_____%
  单位小时生产率：_____kg/h
  单位面积收获时间：_____h/hm²
——备注_____
——酒类指标检测结果
在葡萄酒的比对测试中应记录所有重要差异。

ICS 65.060.60
B 93

中华人民共和国国家标准

GB/T 25394—2010/ISO 7224:1983

葡萄栽培和葡萄酒酿制设备
果浆泵 试验方法

Equipment for vine cultivation and wine making—
Mash pumps—methods of test
(ISO 7224:1983,IDT)

2010-11-10 发布　　　　　　　　　　　2011-03-01 实施

中华人民共和国国家质量监督检验检疫总局
中国国家标准化管理委员会　　发布

前 言

本标准等同采用 ISO 7224:1983《葡萄栽培和葡萄酒酿制设备 果浆泵 试验方法》(英文版)。

为便于使用,本标准做了如下编辑性修改:

——将"本国际标准"改为"本标准";

——用小数点"."代替作为小数点的逗号",";

删除了国际标准的前言;

——对 ISO 7224:1983 中引用的国际标准,用已被采用为我国的标准代替对应的国际标准,未被采用为我国标准的仍引用国际标准。

本标准的附录 A、附录 B、附录 C、附录 D、附录 E 和附录 F 为资料性附录。

本标准由中国机械工业联合会提出。

本标准由全国农业机械标准化技术委员会(SAC/TC 201)归口。

本标准起草单位:新疆维吾尔自治区农牧业机械试验鉴定站、新天国际葡萄酒业股份有限公司。

本标准主要起草人:张山鹰、忽晓葵、王祥明、董新平。

引 言

果浆泵作业主要包含以下操作：

——喂入葡萄物料；

——将葡萄经长管输送发酵桶、汁液分离器或压榨机，这些装置放置在不同高度的隔层；

——可能放置在惰性气体下。

——果浆泵由发动机驱动，通常为电动机。完整的电动泵组成一个泵组。

——果浆泵可喂入：

——整粒的葡萄；

——破碎的葡萄；

——无梗的葡萄；

——破碎的无梗葡萄；

——干燥的葡萄；

——加热的葡萄；

——其他。

葡萄栽培和葡萄酒酿制设备
果浆泵　试验方法

1　范围

本标准规定了葡萄果浆泵技术测试的试验方法。
本标准适用于葡萄果浆泵。

2　规范性引用文件

下列文件中的条款通过本标准的引用而成为本标准的条款。凡是注日期的引用文件，其随后所有的修改单（不包括勘误的内容）或修订版均不适用于本标准，然而，鼓励根据本标准达成协议的各方研究是否可使用这些文件的最新版本。凡是不注日期的引用文件，其最新版本适用于本标准。

GB/T 6005—2008　试验筛金属丝编织网、穿孔板和电成型薄板筛孔的基本尺寸（ISO 565：1990，MOD）

ISO 3835—2　葡萄栽培和葡萄酒酿制设备　术语　第2部分

3　术语和定义

ISO 3835—2 给出的以及下列术语和定义适用于本标准。

3.1　排量　yield

在稳定载荷和一定距离与运输方式下，单位时间内输送的葡萄的量。

3.2　泵送高度　pumping height of the pump

一定距离与运输方式下输入和输出高度的差。

3.3　泵机组功率　power of the moto-pump group

驱动电动机消耗的最大输出功率。

3.4　综合评价　overall evaluation

从物料喂入、葡萄汁、果肉、梗、皮、籽的物理化学特性和平均流量及能量消耗进行评估。

3.5　能耗　energy consumption

单位质量的物料所消耗的能量。

4 试验规则

从定性和定量两方面与一个标准泵进行比较，评价用于葡萄传送的不同泵的技术特性。

5 试验设备

5.1 机械设备

进行试验的酒窖应具备以下装置。

5.1.1 标准泵

应为附录 A 所示的活塞泵，在工作压力为 100 kPa 时，输送葡萄的能力应为 30 000 kg/h。

5.1.2 输送装置

如附录 B 中所示，输送装置应由外径为 150 mm 或 152.4 mm 的不锈钢管及以下几部分组成：

a) 将管道与标准泵及试验用泵相连的装置；
b) 1 m 长带有全通阀的水平部分、一个 50 L 的压缩空气瓶、一个甘油压力计和一个压力控制阀；
c) 130°的弯管；
d) 1.5 m 长的升运管；
e) Y 阀或等效系统；
f) 4 m 长的升运管；
g) 90°的弯管；
h) 缓慢下降的部分，装有可改变工作压力的装置（如一个瓣阀，如附录 C 所示）或等同的系统。这个装置必须满足在 60 000 kg/h 和 15 000 kg/h 时的压力变化不超过 ±10 %；
i) 带软管的连接装置。

5.1.3 标准压力计

配有减震装置和自记压力计。

5.1.4 电子读数器、电压表、电流表和所有用于测量电耗的仪器设备

5.1.5 计时器

5.1.6 天平

5.1.7 有刻度的容器

5.2 酒类专用设备

为保证试验进行，还应具备以下仪器设备。

5.2.1 容量为 100 L 的桶。

5.2.2 折射计或密度计或酒精度计。

5.2.3 一套两层滤网或筛网的不锈钢过滤器，若无不锈钢材料也可使用符合 GB/T 6005 规定的密封网。

上层：直径 40 mm 的圆孔板筛（或 40 mm 的金属网筛）；
下层：直径 10 mm 的圆孔板筛（或 10 mm 的金属网筛）。

5.2.4 温度计。

5.2.5 瓶签。

6 试验方法

通过泵的技术特性及葡萄输送的测试，对试验泵和标准泵进行比对试验。

6.1 定量测试

在100 kPa和300 kPa两种压力下，分别在试验泵和标准泵（见5.1.1）两种情况下，用相同的葡萄和5.1.2所述输送装置进行输送试验。

将标准泵支在顶部，喂入物料，加载，调节瓣阀（或等效的调节装置）使空气压缩瓶的压力调至100 kPa。

称取两份约1 000 kg的葡萄，两份葡萄应为同一地块上的相同品种，且收获方式、成熟程度及健康状况相同。

称量第一份葡萄的质量，用标准泵输送，当第一份葡萄完全离开泵时，关闭顶部的阀，断开标准泵连接试验泵。打开系统再用试验泵输送预先称量过的第二份葡萄。

将空气压缩瓶的压力调至300 kPa，用相同的方法再做一次比对试验。

重复试验（100 kPa和300 kPa）应一直使用相同的葡萄。

每次试验，填写附录D表格，记录葡萄特性、机组能耗和葡萄流动情况。

6.2 定性试验

用于此试验的葡萄应手工采摘，放置于有透气孔的篮子中，不要压实。通过泵作业后，将葡萄收集，测试葡萄物理特性。

称两份完全相同、重量至少为180 kg的葡萄，在泵作业快结束时将输送压力调节至100 kPa，用标准泵（见5.1.1）输送第一份葡萄。

停止系统，打开Y阀，用桶（见5.2.1）收集升运管中葡萄并称重，将收集的葡萄通过两层筛网（见5.2.3，放置于另外一个容量为100 L的桶内的两层筛网），上层筛网应筛选果梗，下层筛网应筛选碎梗、完整的和/或破碎的葡萄浆果。滴干一定时间，收集未过筛的葡萄颗粒，将葡萄浆果与梗分离后手工挑选出完整浆果、破碎浆果以及葡萄梗。

称量各种物质的质量，计算各种物质占总量的百分比。

将泵的输送压力调至100 kPa，在同样的条件下用试验泵输送第二份葡萄。

每次试验都应填写附录E的表格。

取葡萄汁样品，测量以下参数：

a) 20 ℃时的浓度；
b) 含糖量，单位为克每升；
c) 酸度，单位为毫克当量每升；
d) pH值；
e) 总酚；
f) 铁含量；
g) 铜含量；
h) 相对浊度。

尽可能使用国际葡萄与葡萄酒局（OIV）认可的试验方法，否则，在试验报告中应明示所用试验方法。

记录梗，皮及籽的物理特性。

可在输送压力小于100 kPa（如打开全通阀）或大于100 kPa的情况下重复进行试验。

7 结果的表述

每次试验后计算以下数据，精确到0.1：
a) 不同压力下的泵排量；
b) 在不同的输送压力下（平均），当试验开始时（水头）或恒载时的最大和最小压力；
c) 能量消耗和动力，试验过程中准确记录最大的功率消耗；
d) 综合评价（见附录F）。

8 试验报告

试验报告应包含以下内容：
a) 本标准编号；
b) 试验结果；
c) 试验中可能影响试验结果的事件；
d) 描述试验泵所需的所有信息和参数；
e) 在收获后和泵加工前对葡萄的物理和化学处理；
f) 泵的操作、保养信息和操纵设备；
g) 安全装置；
h) 生产商是否提供了使用说明书。

附录 A
（资料性附录）
标准泵机组（产量 30 000 kg/h ± 3 000 kg/h）

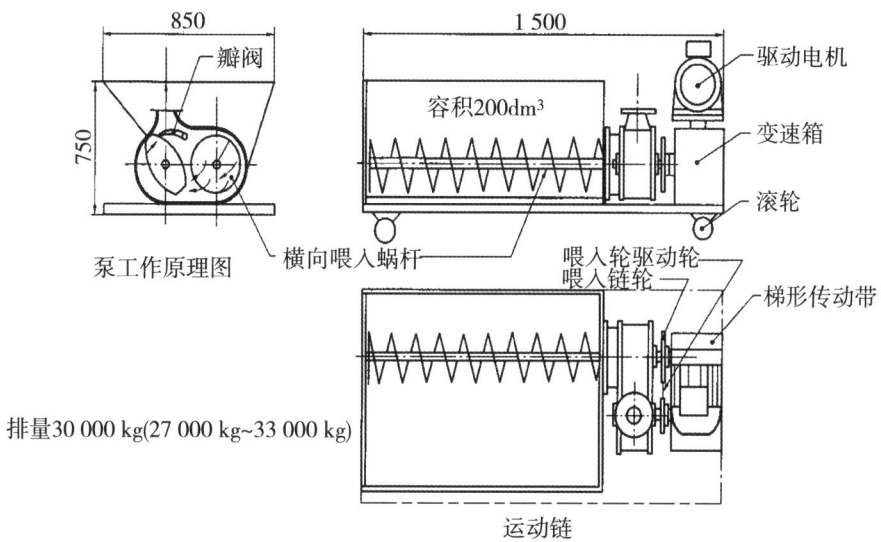

图 A.1 标准泵机组

附录 B
（资料性附录）
葡萄输送装置

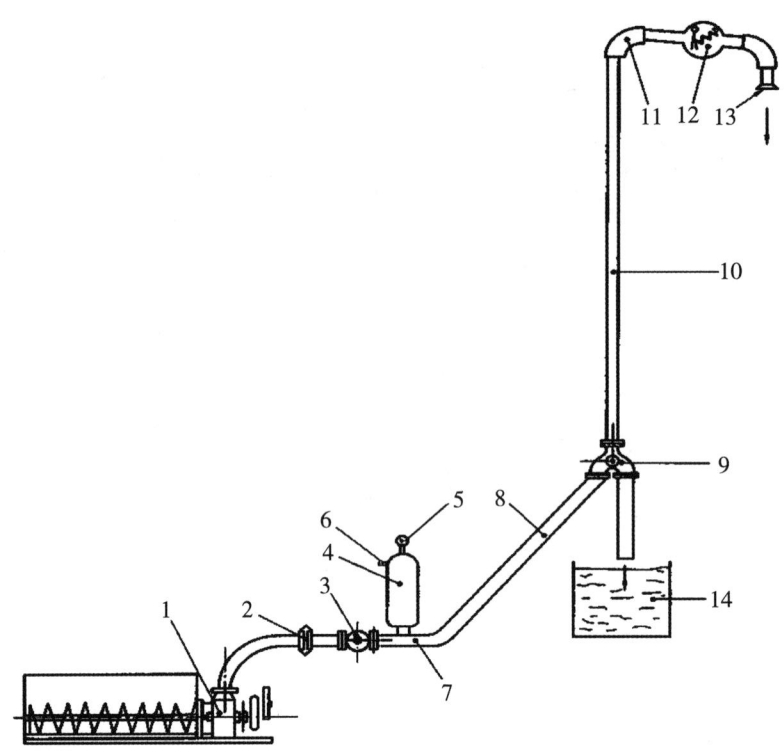

注：1—果浆泵；
2—连接装置；
3—全通阀；
4—容量为50 L的压缩空气瓶；
5—压力计；
6—调压阀；
7—130° 弯管；
8—直径为ϕ150 mm或ϕ152.4 mm，长度为150 m的不锈钢管；
9—Y阀；
10—直径为ϕ150 mm或ϕ52.4 mm，长度为4 m的不锈钢管；
11—90° 弯管；
12—瓣阀；
13—带软管的连接装置；
14—用于定性试验的葡萄收集装置。

图 B.1 葡萄输送装置

附录 C
（资料性附录）
节流阀压力调节装置

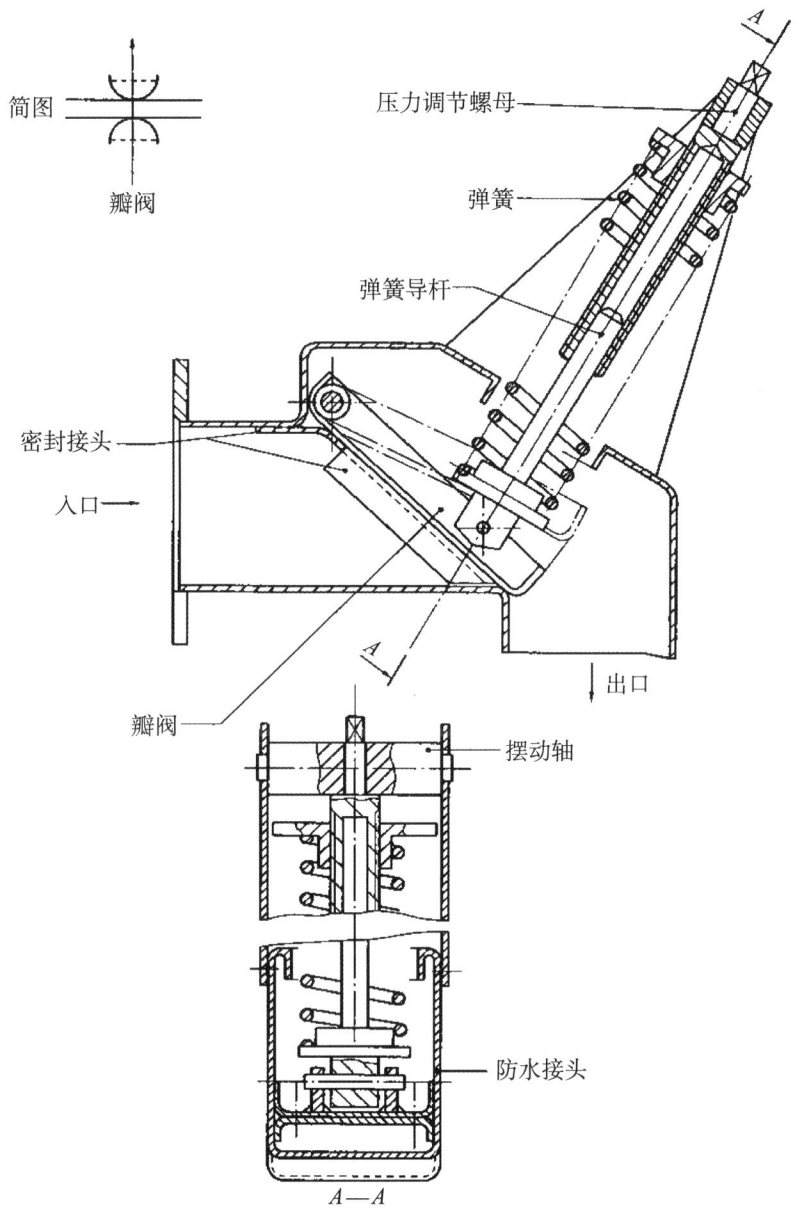

图 C.1 节流阀压力调节装置

附录 D
（资料性附录）
果浆泵定量试验记录表

表 D.1 果浆泵定量试验记录表

名称：　　　　　　　　　　　　　　　　　　　　　　　　　地点：
型号：　　　　　　　　　　　　　　　　　　　　　　　　　日期：

葡萄		泵	
产地：　　　　收获方式：		标准泵：	试验泵：
品种：　　　　运输方式：			
种植方式：　　运输距离：		特性：	特性[a]：
成熟程度：			
清洁状况：			

试验编号	泵工作时间		泵送时间	葡萄		工作压力					能量计所示无功功率和有功功率		
				输送量	温度	水锤		恒负载			开始	结束	总消耗
						最大	最小	最大	最小	平均			
初始调节压力：kPa	开始	结束	min	kg	℃	kPa	kPa	kPa	kPa	kPa	W·h/kg	W·h/kg	W·h/kg
标准泵													
试验泵													

[a] 应附使用说明书。

附录 E
（资料性附录）
果浆泵定性试验记录表

表 E.1　　　　　　　　　　　　　　　　　果浆泵定性试验记录表

名称：　　　　　　　　　　　　　　　　　　　　　　　地点：
型号：　　　　　　　　　　　　　　　　　　　　　　　日期：

葡萄				泵				试验用筛		
产地： 品种： 种植方式： 清洁状况：				标准泵： 特性：	试验泵： 特性ᵃ：			数量： 每层筛的孔眼尺寸：		

试验编号	泵工作时间		收集的葡萄		部分破碎或完整的葡萄		分离的葡萄浆果和梗			果汁质量
			质量	温度	完整浆果	破碎浆果	梗	梗	完整浆果	破碎浆果	
输送压力：kPa	开始	结束	kg	℃	kg	kg	kg	kg	kg	kg	kg
标准泵											
试验泵											

ᵃ 应附使用说明书。

附录 F
（资料性附录）
果浆泵综合评价记录表

F.1 定性试验

将定性试验结果记入表 F.1。

名称：　　　　　　　　　　地点：　　　　　　　　　　泵型号：
葡萄
产地：　　　　　　　　　　品种：　　　　　　　　　　种植方式：
清洁状况：　　　　　　　　试验用葡萄的量：　　kg　　前期处理：

表 F.1　　定性试验记录表

试验	输送压力 100 kPa		输送压力 300 kPa	
	标准泵	试验泵	标准泵	试验泵
平均排量（kg/h）				
极点压力，最大				
最小				
泵的能量消耗（W·h/kg）				

F.2 定量试验

将定性试验结果记入表 F.2。

名称：　　　　　　　　　　地点：　　　　　　　　　　泵型号：
葡萄
产地：　　　　　　　　　　品种：　　　　　　　　　　种植方式：
清洁状况：　　　　　　　　试验用葡萄的量：　　kg　　前期处理：

表 F.2　　定量试验记录表

试验	输送压力 100 kPa		输送压力 300 kPa	
	标准泵	试验泵	标准泵	试验泵
梗（%）（质量分数）				
破碎浆果（%）（质量分数）				
完整浆果（%）（质量分数）				
汁（%）（质量分数）				
密度				
含糖				
酸度				
pH				
总酚				
含铁				
含铜				
相对浊度				

ICS 65.060.60
B 93

GB

中华人民共和国国家标准

GB/T 25395—2010/ISO 5703:1979

葡萄栽培和葡萄酒酿制设备
葡萄压榨机 试验方法

Equipment for vine cultivation and wine making—
Grape presses—Methods of test

2010-11-10 发布　　　　　　　　　　　　2011-03-01 实施

中华人民共和国国家质量监督检验检疫总局
中国国家标准化管理委员会　发布

前 言

本标准等同采用 ISO 5703：1979《葡萄栽培和葡萄酒酿制设备 葡萄压榨机 试验方法》（英文版）。

本标准等同翻译 ISO 5703：1979。

为便于使用，本标准做了如下编辑性修改：

——将"本国际标准"改为"本标准"；

——用小数点"."代替作为小数点的逗号","；

——删除了国际标准的前言；

——增加了部分条款和列项的编号。

本标准的附录 A、附录 B、附录 C、附录 D 和附录 E 为资料性附录。

本标准由中国机械工业联合会提出。

本标准由全国农业机械标准化技术委员会（SAC/TC 201）归口。

本标准起草单位：新疆维吾尔自治区农牧业机械管理局、新疆维吾尔自治区农牧业机械试验鉴定站、新天国际葡萄酒业股份有限公司。

本标准主要起草人：鲁东、马惠玲、张山鹰、董新平。

引 言

压榨机作业包含以下操作过程：

——填充葡萄；

——挤压葡萄；

——榨取葡萄汁或葡萄酒；

——移除果渣。

这些操作可以是连续或不连续的，取决于压榨的不同类型。

这些主要操作可能会伴随一种辅助操作，例如：在加工操作过程中葡萄的分解。

本标准中试验用葡萄在填充压榨时有以下特征：

a）物理特征：

——是否完整无损；

——破碎的；

——去除果梗的；

——去除果梗且破碎的（在去除果梗之前或之后）；

——是否脱水（风干葡萄）；

——其他。

b）技术特征：

——发酵；

——加热；

——进行二氧化碳浸渍；

——酶处理；

——其他。

葡萄栽培和葡萄酒酿制设备 葡萄压榨机 试验方法

1 范围

本标准规定了葡萄压榨机的试验方法。

本标准适用于连续或非连续的葡萄压榨机。

2 规范性引用文件

下列文件中的条款通过本标准的引用而成为本标准的条款。凡是注日期的引用文件，其随后所有的修改单（不包括勘误的内容）或修订版均不适用于本标准，然而，鼓励根据本标准达成协议的各方研究是否可使用这些文件的最新版本。凡是不注日期的引用文件，其最新版本适用于本标准。

ISO 3835—2 葡萄栽培和葡萄酒酿制设备 词汇 第 2 部分

ISO 3835—3 葡萄栽培和葡萄酒酿制设备 词汇 第 3 部分

3 术语和定义

ISO 3835—2 和 ISO 3835—3 确立的以及下列术语和定义适用于本标准。

3.1 加工量 load

用于压榨的新鲜或已发酵葡萄的质量。

3.2 生产率 yield

对于非连续加工：加工量与所用加工时间（从开始填料到卸料结束）的比值。

对于连续加工：加工量与连续操作时间的比值。

3.3 总生产率（适用于非连续加工） overall yield (for discontinuous acting press)

加工量与所用加工时间（从开始填料到移除果渣结束）的比值。

3.4 总产量 gross output

榨取出的粗液体质量与加工量的比值。

3.5 净产量 net output

所榨取出的纯葡萄汁或纯葡萄酒的质量与加工量的比值。

3.6 综合评价 overall evaluation

通过纯葡萄汁或纯葡萄酒、不溶性颗粒和干燥葡萄果渣占加工量的百分比进行评定。

3.7 单位能耗 specific energy consumption

在生产率测试的时间内，单位加工量所吸收（消耗）的能量。

4 总则

利用标准压榨机加工获取的葡萄汁和葡萄酒，判定被测压榨机的加工技术特性，比较标准加工和试验加工获取的葡萄汁和葡萄酒质量（包括它的理化特性和感观品质）。

5 试验设备

5.1 酿酒设备

测试站应具备以下设备：
——机械排料装置、用于存储葡萄的储罐（见图D.1），储罐应具备足够的有效容量（如25 000 L左右），满足标准压榨和测试压榨，并装配有排放通道；
——计量容器；
——塑料袋（容量3 L～5 L）；
——容量1 L的可密封玻璃瓶；
——抑制发酵的产品：氟化钠、芥末香精、水杨酸镁、乙基-溴乙酸盐；
——折射计；
——密度计；
——浊度计；
——温度计；
——量筒；
——搅拌棒；
——可更换的标签；
——干燥箱；
——用于测量混浊度的仪器（浊度计、微分溶气计、色度计）。

5.2 机械和电子设备

测试站应具备测量能量消耗的必备仪器和以下设备：
——标准压榨机，应为立式液压压榨机，且压榨机技术性能应符合附录E的要求。安装时应带有控制、记录和校准压力的装置；
——一台用于分配加工葡萄的开放式料槽；
——两个计量斗；
——电度表；
——电压表；

——电流表;

——计时器;

——一台 20 000 g 的离心机。

6 试验方法

6.1 压榨

6.1.1 一般要求

6.1.1.1 在测试压榨机的压榨性能时,应与标准压榨机进行比较。

6.1.1.2 通过分配管道将葡萄输送到标准压榨和测试压榨入口上的两个计量斗。

6.1.1.3 压榨测试应使用制造商推荐的程序。

6.1.1.4 每次测试都应填写操作卡片或核对表(见附录 B 和附录 C)。在这张表卡上应填写所用葡萄的特性,包括品种、洁净度、成熟度、果汁浸出时间、发酵时间、葡萄的温度等。

6.1.1.5 最小的试验样本:存储在带机械排料装置的储罐(在加工前被分为测试压榨和标准压榨)中的整粒葡萄应能充分均匀地填入两台压榨机。

6.1.1.6 在压榨前,应将葡萄置于计量容器中进行不超过 30 min 的静态控水,在计量容器没有完全装满之前不要进行果汁浸出。控水后的葡萄应保证连续型压榨机能正常工作。

6.1.1.7 标准压榨的加工程序应包括由自动调节装置启动的足够的加压操作,以获得接近于标准压榨加工的出汁率。

6.1.2 各类葡萄的压榨

用于标准压榨加工的筛筒有效容积大约为 1 000 L。

6.1.2.1 压榨整粒葡萄(香槟酒酿制方法)

指葡萄在进行压榨加工前没有经过任何挤压和机械作用。

葡萄的最小试验样本(在压榨前被分为测试压榨和标准压榨)应能充分均匀地填入到两个压榨机中。

标准压榨的加工程序应包含以下内容:

a) 最大压力为 400 kPa 时,每 100 kg 葡萄中先榨取 50 L;

b) 最大压力为 600 kPa 时,再榨取 17 L。

6.1.2.2 已发酵的葡萄

指破碎的葡萄,不管是否除梗,都要进行发酵直至出现果汁浸出再进行压榨。也包括对破碎和除梗的葡萄进行压榨加工,这些葡萄在发酵前应进行浸泡和加热处理(热浸法),果汁浸出一部分后再进行压榨。

应使用下列加工程序进行标准压榨:

a) 正常压力为 400 kPa 时,每 100 kg 葡萄渣中先榨取 45 L(相当于大约每 100 kg 葡萄榨取 12 L);

b) 最大压力为 1 000 kPa 时,再榨取 5 L。

6.1.2.3 未发酵的葡萄

是指对全部/部分除梗或未进行除梗的葡萄进行加工,除梗前或除梗后进行破碎,然后进行压榨。

应按下列程序进行标准压榨加工:

a) 正常压力为 500 kPa 时,每 100 kg 葡萄中先榨取 30 L;

b) 最大压力为 1 000 kPa 时,再榨取 5 L。

6.1.2.4 浸渍未破碎的葡萄

指葡萄进行二氧化碳浸渍处理。

这种处理可以与发酵后葡萄的压榨结合进行。

注：当压榨用储罐处理的或加热的葡萄时，不需要采用 30 min 的静态果汁浸出处理，葡萄汁的滴出会代替这种作用[1]。

6.2 取样

粗葡萄汁或葡萄酒的各部分应分别收集，用离心分离机以 20 000 g 的加速度在 20 ℃的温度下处理 30 min，将清葡萄汁或葡萄酒与不可溶颗粒分离。获得的每一部分应单独称重。离心处理后测量葡萄汁或葡萄酒的浊度。

收集以下五种类型的葡萄汁或葡萄酒：

——从储罐中浸出的葡萄汁或葡萄酒；

——通过标准压榨得到的葡萄汁或葡萄酒；

——压榨机能收集的每部分葡萄汁或葡萄酒（在连续压榨的情况下）；

——每次压榨操作获得的葡萄汁或葡萄酒（在非连续压榨的情况下）；

——总的或平均的葡萄汁或葡萄酒。

上述样本每组收集 5 瓶，然后：

——用灭菌的蒸馏水将其中一瓶葡萄汁或葡萄酒稀释 2 倍。

——利用抑制发酵产品来稳定其余 4 瓶中的葡萄汁或葡萄酒，这些产品包括氟化钠、芥末香精、水杨酸镁和乙基–溴乙酸盐等。

在排葡萄果渣过程中取 3 份样本，每份样本重量 5kg，分别放入密封好的塑料袋中。取样时应尽可能均匀。用芥末香精稳定样本，尽快进行分析。

为保证果渣样本的均匀一致性，可采取以下预防措施：

a）非连续压榨：当排出果渣时取 3 份样本，一份在排出刚刚开始时，第二份在中途，第三份在排出结束时。

b）连续压榨：在果渣饼的整个宽度内取样 3 次，也就是从外围至果渣饼的中央。作为测试基础取样时，用两组相同的组距，重复这种操作 3 次。

6.3 分析检测

尽可能使用国际葡萄与葡萄酒局（OIV）认可的试验方法，否则，在试验报告中应明示所用试验方法。

6.3.1 对于鲜葡萄，应测定：

——树叶和各种碎片占样本质量的百分比；

——每千克新鲜葡萄中的新鲜果梗的量；

——葡萄的温度。

注：预先清洗一份代表性的葡萄样本，用来测定可能在葡萄穗上的土壤沉淀物。通过这种方式，沉淀物的质量能够通过单级沉淀来评定。

6.3.2 对于送至压榨机或存储斗里的葡萄，应测定：

---

[1] 首次压榨按国际葡萄与葡萄酒局（OIV）的规定执行。

——液态中的不可溶颗粒的干重（按体积和质量表示）；

——不可溶颗粒中的矿物质在干燥不可溶颗粒中所占百分比。

注：不可溶颗粒中的矿物质中有硅、铁、钾、钠、钙和镁离子。

6.3.3 对于葡萄汁或最终的葡萄酒应测定

——每升中分离出榨取的干物质；

——可溶颗粒物的表观体积（在用离心分离机以 20 000 g 的加速度在 20 ℃ 的温度下处理 30 min 后）；

——每升中干燥不可溶颗粒；

——不可溶颗粒中的矿物质；

——每升中的灰分；

——阳离子：钙、钾、镁、钠、铅、镍、铬、镉、铁、铜；

——总酚；

——丹宁酸含量；

——每升中的总酸毫（克）当量含量；

——pH 值；

——酒石的数量；

——酒石酸；

——苹果酸；

——密度；

——每升中的还原糖；

——每升中被还原的提取物；

——校正的挥发酸；

——总氮；

——氨态氮；

——氨基酸：精氨酸、丙胺酸、果仁糖等；

——其他物质：苯乙烯、单体氯乙烯、油类等；

——二氧化碳；

——相对混浊度。

6.3.4 品尝

所使用的方法应在试验报告中详细说明。

6.3.5 对于新鲜的果渣，应测定

——每千克中的干物质；

——每千克中的新鲜果梗；

——每千克中的干果梗；

——每千克中的葡萄果皮和可吸收的物质；

——每千克中酸的毫克当量；

——每千克中的挥发酸毫克当量；

——每千克中还原糖；

——每千克葡萄汁中的新鲜种籽量；

——密度。

6.4 在压榨前对发酵或未发酵的葡萄应定性检测

——葡萄梗的物理状况；
——葡萄皮的物理状况；
——葡萄籽的物理状况。

6.5 应记录下列读数

——所使用葡萄的质量；
——榨取的葡萄汁的体积，记录不同类别（浸出或挤压）和不同部分的量；
——葡萄汁的密度；
——在每次螺旋压榨操作或每次斜槽流出的葡萄汁的体积和密度；
——排出果渣的质量；
——对于不同操作的精密计时的测量方法；
——测量压榨过程中的不同压力（如果可能）；
——在每次螺旋压榨结束时托盘的移动（非连续加工）。

6.6 应进行下列机械测定

——当满负荷时压榨所消耗的能量；
——罐笼或螺旋的旋转速度等。

6.7 压榨室的体积

7 试验结果的表述

每次测试，计算下列各项，取精度至0.1。
——粗葡萄汁或葡萄酒的体积；
——清葡萄汁或葡萄酒的体积；
——粗葡萄汁或葡萄酒的质量；
——清葡萄汁或葡萄酒的质量；
——流出量；
——总产量；
——净产量；
——消耗的功率系数；
——综合评价（参照附录A）；
——果渣的表观密度和实际密度。

把所有不同的分析结果填入到表格中以便帮助在标准分析（标准压榨）和其他分析间进行比较。

在进行压榨前和压榨后对葡萄梗、葡萄皮和葡萄籽的物理状况进行评定，并且查找是否出现其他粗颗粒。

8 检测报告

检测报告应包含以下内容：

a）试验结果；

b）本标准中未涉及的细节或可选细节；

c）任何可能影响结果的事件（故障和操作间歇时间）；

d）所有压榨测试信息；孔的面积与筛筒总面积之间的关系，例如每米长度筛筒的内体积，收集葡萄汁用的储罐的草图及尺寸；储罐类型。

特殊说明葡萄在收获至压榨期间的所有物理和化学处理。

对于每个被测设备，都应说明以下内容：

——清洗和维护设备；

——生产商是否提供操作说明书；

——安全使用信息。

附录 A
（资料性附录）
综合评价

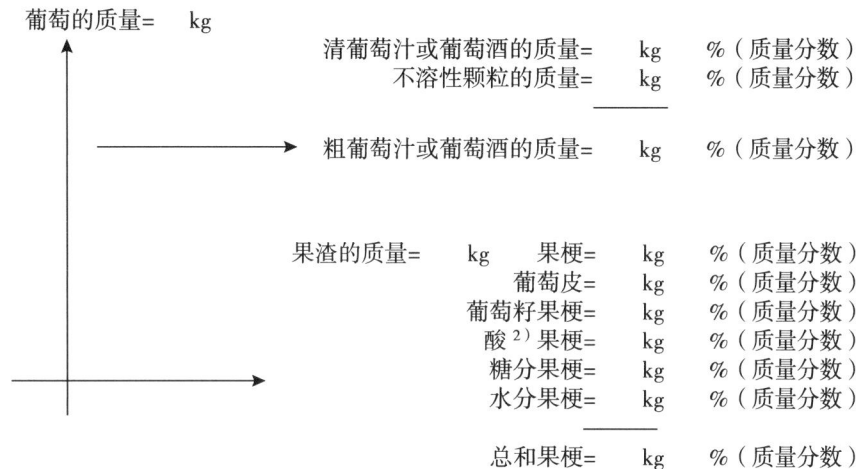

---

2)　用硫酸当量表示。

附录 B
（资料性附录）
压榨测试表

表 B.1　　　　　　　　　　　　　　　　　压榨测试表

记录人：　　　　　　测试地点：　　　　　　收集葡萄汁用的储罐的草图及尺寸

葡萄		压榨机	
原产地：　　　　　洁净度：		特性： （见生产商提供的技术形式）	容器每米高度对应的体积： 储罐类型： 内部涂层：
运输距离：　　　　浸泡时间：			
运输途径：　　　　发酵时间：			
特性：　　　　　　使用规模：			
葡萄品种：　　　　温度：			

操作号[a]	时间 开始	时间 结束	时长 min	样本	托盘之间的距离 cm	压力 kPa	葡萄汁或葡萄酒的体积 L	葡萄汁或葡萄酒的密度 kg/L	葡萄汁或葡萄酒的质量 kg	消耗能量 kW·h	评价
所用的葡萄	—	—	—	No.1 和 1a	—	—	—	—	—	—	
填充				No.2 和 2a	—	—	—	—	—	—	
预浸出				No.3 和 3a							
浸出				Na.4 和 4a	—					—	
第 1 次螺旋进入或加压				No.5 和 5a							
第 1 次螺旋退出										—	
第 2 次螺旋进入或加压				No.6 和 6a							
第 2 次螺旋退出										—	
第 3 次螺旋进入或加压				No.7 和 7a							
第 3 次螺旋退出										—	
第 4 次螺旋进入或加压				No.8 和 8a							
第 4 次螺旋退出										—	
第 5 次螺旋进入或加压				No.9 和 9a							
第 5 次螺旋退出										—	
……										—	
第 10 次螺旋进入或加压				No.10 和 10a							
第 10 次螺旋退出										—	
果渣移除				No.11	—	—	—	—	—	—	
总计											
平均葡萄汁	—	—	—	No.12 和 12a	—					—	

样本与相等体积的水稀释后的编号为：3a，4a，5a，6a，7a，8a，9a，10a，12a。
[a] 螺旋压榨用于连续压榨，挤压用于非连续压榨。

附录 C
（资料性附录）
标准压榨测试表

表 C.1　　　　　　　　　　　　　　　　　　标准压榨测试表

记录人：　　　　测试地点：　　　　收集葡萄汁用的储罐的草图及尺寸

葡萄		压榨机	
原产地： 运输距离： 运输途径： 特性： 葡萄品种：	清洁条件： 浸泡时间： 预浸出时间： 所使用的质量： 温度：	类型： 筛筒内径： 筛筒总体积： 每米长度对应的体积： 筛筒的特性：	容器体积： 每米高度对应的体积： 储罐类型： 内部涂层：

操作号	时间 开始	时间 结束	时长 min	样本	托盘之间的距离 cm	压力 kPa	葡萄汁或葡萄酒的体积 L	葡萄汁或葡萄酒的密度 kg/L	葡萄汁或葡萄酒的质量 kg	葡萄渣的质量 kg	评价
所使用的葡萄	—	—	—	No. 1R 和 1aR	—	—	—	—	—	—	
填充				No. 2R	—					—	
预浸出				No. 3R						—	
浸出				No. 4R						—	
第 1 次螺旋进入				No. 5R						—	
第 2 次螺旋进入				No. 6R						—	
…											
第 n 次螺旋进入				No. nR						—	
果渣移除				No. (n+1) R	—	—	—	—	—		
总计						—					
平均葡萄汁	—	—	—	No. (n+2) R	—	—				—	

样本与相等体积的水稀释后的编号为：3Ra，4Ra，5Ra，6Ra，nRa，(n+1) Ra，(n+2) Ra。

附录 D
（资料性附录）
非机械排料式储罐草图

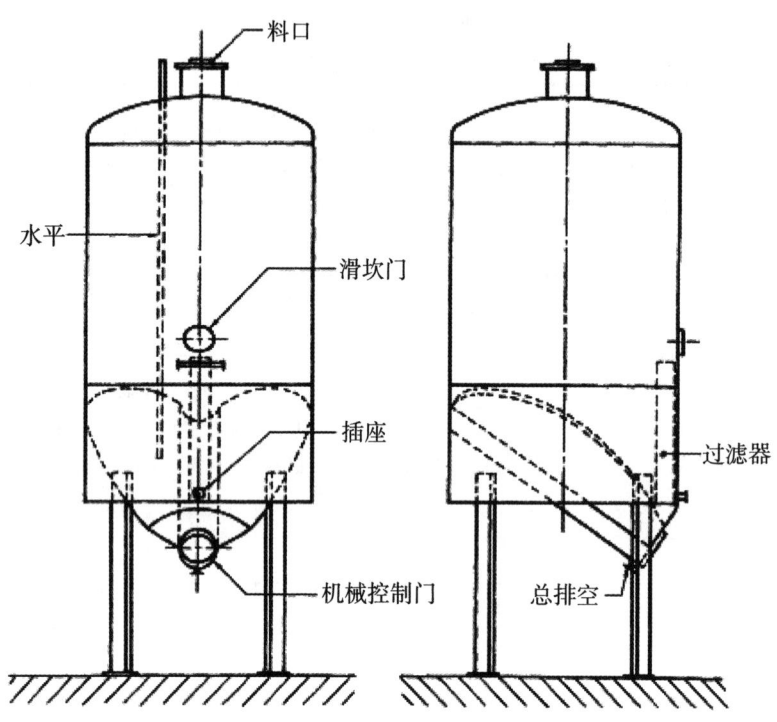

图 D.1 非机械排料式储罐草图

附录 E
（资料性附录）
直径 1 200 mm 液压压榨机说明书

压榨机组成：

一个颈部带有密封的金属框架，在其基座由一个油缸通过泵控制着压力，在其上部对立着油缸安装了一个支座，依靠它来对葡萄加压；

一个可移动的金属槽，有合适的直径用于支撑事先设计好的筛筒，去接收葡萄；

筛筒，形状像两个半圆柱，由垂直的 25mm 带刻槽的木制板条一个接一个安装形成，并且由两个金属圆环支撑。

所有与葡萄接触的地方应有保护涂层，该涂层不污染食物（不可溶的环氧树脂）。

垂直向上的压力由油缸移动来产生。

其他性能，内容如下：

——压力计的压力：25 000 kPa；
——活塞的直径：280 mm；
——活塞行程：750 mm；
——果渣上的压力：1 400 kPa；
——筛筒内径：1 200 mm；
——筛筒的工作高度：980 mm；
——筛筒的容积：1 100 L；
——筛筒的展开面积：3.7 m^2；
——孔径的面积/总面积：6 %。

ICS 67.040
X 08

中华人民共和国国家标准

GB/T 28843—2012

食品冷链物流追溯管理要求

Management requirement for traceability
in food cold chain logistics

2012-11-05 发布　　　　　　　　　　　2012-12-01 实施

中华人民共和国国家质量监督检验检疫总局
中国国家标准化管理委员会　发布

前　言

本标准按照 GB/T 1.1—2009 给出的规则起草。

本标准由全国物流标准化技术委员会（SAC/TC 269）提出并归口。

本标准起草单位：上海市标准化研究院、中国物流技术协会、英格索兰制冷设备有限公司、上海市冷冻食品行业协会、上海海洋大学、河南众品食业股份有限公司。

本标准主要起草人：王晓燕、秦玉青、刘卫战、晏绍庆、王二卫、谢晶、康俊生、金祖卫、刘芳、乐飞红。

食品冷链物流追溯管理要求

1 范围

本标准规定了食品冷链物流的追溯管理总则以及建立追溯体系、温度信息采集、追溯信息管理和实施追溯的管理要求。

本标准适用于包装食品从生产结束到销售之前的运输、仓储、装卸等冷链物流环节中的追溯管理。

2 规范性引用文件

下列文件对于本文件的应用是必不可少的。凡是注日期的引用文件，仅所注日期的版本适用于本文件。凡是不注日期的引用文件，其最新版本（包括所有的修改单）适用于本文件。

GB/T 9829—2008　水果和蔬菜　冷库中物理条件　定义和测量

GB/T 22005　饲料和食食品链的可追溯性　体系设计与实施的通用原则和某本要求（ISO 22005：2007，IDT）

3 术语和定义

下列术语和定义适用于本文件。

3.1 食品冷链物流　food cold chain logistics

采用低温控制的方式使预包装食品从生产企业成品库到销售之前始终处于所需温度范围内的物流过程，包括运输、仓储、装卸等环节。

4 追溯管理总则

4.1 冷链物流服务提供方应建立追溯体系、采集追溯信息并在必要时实施追溯。

4.2 冷链物流服务提供方在产品交接时应诚信、协作，互相配合。

4.3 食品冷链物流提供方应建立温度信息记录制度，保证物流全程食品冷链温度可追溯。

5 建立追溯体系

5.1 通用要求

5.1.1 追溯体系的设计和实施应符合 GB/T 22005 的规定，并充分满足客户需求。

5.1.2 追溯体系的设计应将食品冷链物流中的温度信息作为主要追溯内容，建立和完善全程温度监测管理和环节间交接制度，实现温度全程可追溯。

5.1.3 应配置相关的温度测量设备对环境温度和产品温度进行测量和记录。温度测量设备应通过计量检定并定期校准。

5.1.4 应制定详细的食品冷链物流温度监测作业规范，明确食品在不同物流环节的温度监测和记录要求（包括温度测量设备要求、测温点的选择、允许的温度偏差范围、温度监测方法、温度监测结果的记录），以及温度记录保存方法、保存期限等要求。

5.1.5 应制定适宜的培训、监视和审查制度，对操作人员进行必要的培训，使其能够根据检测方法对冷链物流温度进行监测和记录，完成交接确认等操作。

5.1.6 应对食品冷链物流追溯体系进行验证，确保追溯体系的记录连续、真实有效。

5.2 追溯信息

5.2.1 食品冷链物流服务提供方在物流作业过程中应及时、准确、完整地记录各物流环节的追溯信息。

5.2.2 食品冷链物流运输、仓储、装卸环节的追溯信息主要包括客户信息、产品信息、温度信息、收发货信息和交接信息，必要时可增加补充信息，见表1。

表1　　　　　　　　　　　　食品冷链物流追溯信息

信息类型	信息内容
客户信息	客户名称、服务日期
产品信息	食品名称、数量、生产批号、追溯标识、保质期
温度信息	环境温度记录、产品温度记录（采集时间和温度）、运输载体或仓库名称、运输时间和仓储时间
收发货信息	上、下环节企业或部门名称、收发货时间、收发货地点
交接信息	产品温度确认记录、交接时间、交接地点，外包装良好情况，操作人员签名
补充信息	温度测量设备和方法（包括温度测量设备的名称、精确度、测温位置、测量和记录间隔时间等）；装载前运输载体预冷温度信息（包括预冷时间、预冷温度、装车时间、作业环境温度以及开始装车后的运输载体内环境温度）；特殊情况追溯信息

5.2.3 常见温度信息采集见第6章。运输和仓储环节追溯温度信息时对环境温度记录有争议的，可通过查验产品温度记录进行追溯。

5.2.4 当食品冷链物流环节中制冷设备或温度记录设备出现异常时，应将出现异常的时间、原因、采取的措施以及采取措施后的温度记录作为特殊情况的温度追溯信息。

5.3 追溯标识

5.3.1 食品冷链物流服务提供方应全程加强食品防护，保证包装完整，并确保追溯标识清晰、完整、未经涂改。

5.3.2 食品冷链物流服务过程中需对食品另行添加包装的，其新增追溯标识应与原标识保持一致。

5.3.3 追溯标识应始终保留在产品包装上，或附在产品的托盘或随附文件上。

5.4 温度记录

5.4.1 追溯体系中的温度记录应便于与外界进行数据交换，温度记录应真实有效，不得涂改。

5.4.2 温度记录载体可以是纸质文件，也可以是电子文件。温度表示可以用数字，也可以用图表。

5.4.3 温度记录在物流作业结束后作为随附文件提交给冷链物流服务需求方。

5.4.4 运输和仓储环节内的温度信息宜采用环境温度，交接时温度信息宜采用产品温度。各环节的产品温度测量方法参见附录 A。

5.4.5 产品交接时应按以下顺序检查、测量并记录温度信息：

a）环境温度记录：检查环境温度监测记录是否符合温控要求，并记录；

b）产品表面温度：测量货物外箱表面温度或内包装表面温度，并记录；

c）产品中心温度：如产品表面温度超出可接受范围，还应测量产品中心温度，或采用双方可接受测温方式测温并记录。

6 温度信息采集

6.1 运输环节

6.1.1 产品装运前应对运输载体进行预冷，查看相关产品质量证明文件，确认承运的货物运输包装完好，测量并记录产品温度，并和上一环节操作人员签字确认。

6.1.2 运输过程中应全程连续记录运输载体内环境温度信息。运输载体的环境温度一般可用回风口温度表示运输过程中的温度，必要时以载体三分之二至四分之三处的感应器的温度记录作为辅助温度记录。

6.1.3 运输过程中需提供产品温度记录时，产品温度测量点选取参见 A.1.2。

6.1.4 运输结束时，应与下一环节的操作人员对产品温度进行测量、记录，并双方签字确认，产品温度测量点的选取参见 A.1.3。

6.1.5 运输服务完成后，根据冷链运输服务需求方要求，提供与运输时间段相吻合的温度记录。

6.1.6 运输过程中每一次转载视为不同的作业和追溯环节。转载装卸时应符合 6.3 的要求。

6.2 仓储环节

6.2.1 产品入库前，应查看相关产品质量证明文件，并与运输环节的操作人员对食品的运输温度记录、入库时间、交接产品温度进行记录并签字确认。

6.2.2 当接收食品的产品温度超出合理范围时，应详细记录当时产品温度情况，包括接收时产品温度、处理措施和时间、处理后温度以及入库时冷库温度等温度记录的补充信息。

6.2.3 冷库温度记录显示设备宜放置在冷库外便于查看和控制的地方。温度感应器应放置在最能反映产品温度或者平均温度的位置，例如感应器可放在冷库相关位置的高处。温度感应器应远离温度有波动的地方，如远离冷风机和货物进出口旁，确保温度准确记录。

6.2.4 冷库环境温度的测量记录可按 GB/T 9829 中第 3 章的要求，冷库内温度感应器的数量设置需满足温度记录的需要。

6.2.5 需提供仓储过程中的产品温度记录时，冷库产品温度的测量参见 A.1.1。

6.2.6 产品出冷库时，应与下一环节的操作人员确认冷库环境温度记录，以及交接时的产品温度并签字确认。

6.2.7 涉及分拆、包装等物流加工作业的应确保追溯标识符合 5.3 的要求，并详细记录食品名称、数量、批号、保质期、分拆和包装时的环境温度和产品温度，作为仓储环节的加工追溯信息。

6.2.8 仓储服务完成后，根据冷链仓储需求方要求，提供仓储过程中的温度记录。

6.3 装卸环节

6.3.1 装卸前应先对产品的包装完好程度、追溯标识进行检查，对环境温度记录进行确认，选取合适样品测量产品温度并双方确认签字。

6.3.2 装卸环节的温度追溯信息包括装卸前的环境温度、产品温度、装卸时间以及装卸完成后的产品温度和环节温度。

6.3.3 装载时的追溯补充信息包括装车时间、预冷温度、作业环境温度以及开始装车后的运输载体内环境温度。

6.3.4 卸载时的追溯补充信息包括到达时的运输载体环境温度、卸货时间及将要转入的冷库温度。

7 追溯信息管理

7.1 信息存储

7.1.1 应建立信息管理制度。

7.1.2 纸质记录及时归档，电子记录及时备份。记录应至少保存两年。

7.2 信息传输

7.2.1 冷链物流上、下环节交接时应做到信息共享。

7.2.2 每次冷链物流服务完成后服务提供方应将信息提供给服务需求方。

8 实施追溯

8.1 食品冷链物流服务提供方应保留相关追溯信息，积极响应客户的追溯请求并实施追溯。追溯请求和实施条件可在商务协议中进行规定。

8.2 食品冷链物流服务提供方应根据相关法律法规、商业惯例或合同实施追溯，特别是遇到以下情况：

——发现产品有质量问题时，应及时实施追溯；
——根据服务协议或者客户提出的追溯要求，向客户提交相关追溯信息；
——当上、下环节企业对产品有疑问时，应根据情况配合进行追溯；
——当发生食品安全事故时，应快速实施追溯。

8.3 实施追溯时，应将相关追溯信息数据封存，以备检查。

附录 A
（资料性附录）
食品冷链物流环节产品温度的测量

A.1 直接测量产品温度的取样方法

A.1.1 冷库

冷库中，当货箱紧密地堆在一起时，应测量最外边的单元包装内靠外侧的包装的温度值，和本批货物中心的单元包装的内部温度值。它们分别被称为本批产品的外部温度和中心温度。两者的差异视为本批货物的温度差，需进行多次测量，以记录本批货物的准确温度。

A.1.2 运输

运输过程中产品温度测量应测量车厢门开启边缘处的顶部和底部的样品，见图 A.1。

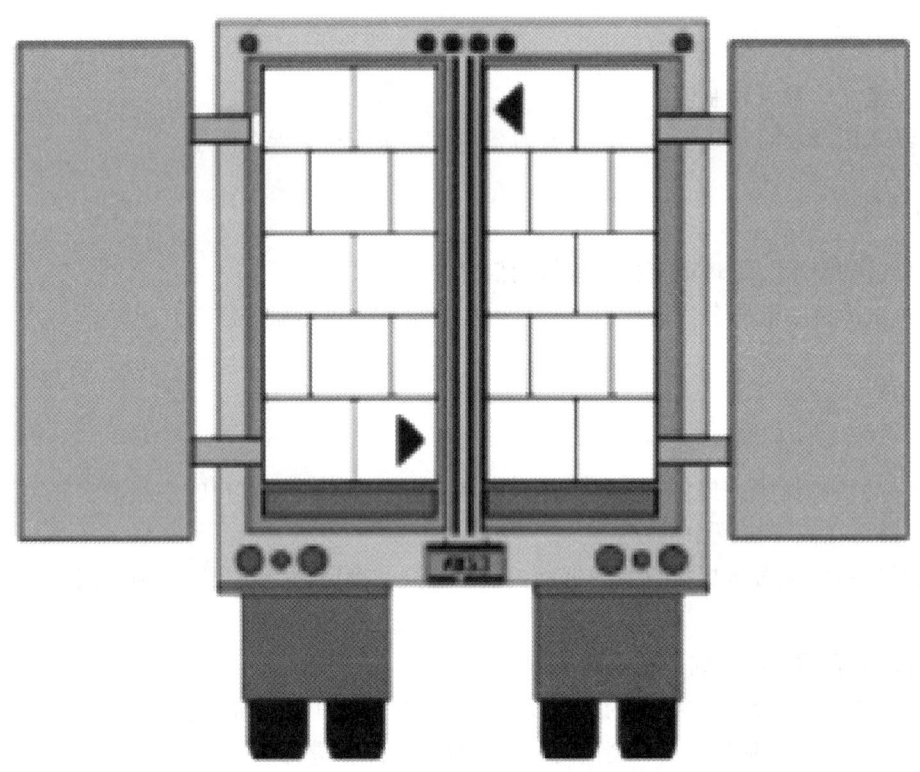

图 A.1 运输途中产品温度测量取样点

A.1.3 卸车

卸车时产品温度测量取样点见图 A.2，包括：
——靠近车门开启边缘处的车厢的顶部和底部；
——车厢的顶部和远端角落处（尽可能地远离制冷温控设备）；
——车厢的中间位置；
——车厢前面的中心（尽可能地靠近制冷温控设备）；
——车厢前面的顶部和底部角落（尽可能地靠近空气回流入口）。

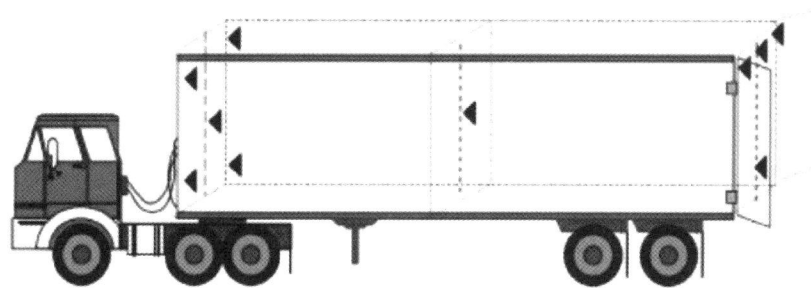

图 A.2 卸车时产品温度的取样点

A.2 间接的产品温度测量方法

食品冷链物流过程中可采取使用模拟产品、包装间放置温度感应器、采用射线或红外温度计等间接的产品温度测量方法进行温度测量。

参考文献

[1] GB/T 18517—2001 制冷术语
[2] GB/T 18354—2006 物流术语
[3] GB/T 22005—2009 饲料和食品链的可追溯性 体系设计与实施的通用原则和基本要求
[4] GB/T 25008—2010 饲料和食品链的可追溯性 体系设计与实施指南
[5] GB/T 22918—2008 易腐食品控温运输技术要求
[6] GB/T 23346—2009 食品良好流通规范
[7] GB 50072—2010 冷库设计规范追溯操作规程 通则
[8] SB/T 10428—2007 初级生鲜食品配送良好操作规范
[9] DB31/T 38—2007 食品冷链物流技术与管理规范
[10] CAC/RCP 8—2008 Recommended international code of practice for the processing andhandling of quick frozen foods

ICS 67.160.10
X 62
备案号：37148—2012

SB

中华人民共和国国内贸易行业标准

SB/T 10711—2012

葡萄酒原酒流通技术规范

Technical Regulation on circulation of bulk wines

2012-08-01 发布　　　　　　　　　　　　　　　　2012-11-01 实施

中华人民共和国商务部　发 布

前 言

本标准按照 GB/T 1.1—2009 给出的规则起草。

本标准由中华人民共和国商务部提出并归口。

本标准起草单位：中国食品发酵工业研究院、中国酿酒工业协会、中国酒类流通协会、烟台张裕葡萄酿酒股份有限公司、北京朝批商贸股份有限公司、北京市糖业烟酒公司。

本标准主要起草人：熊正河、郭新光、王延才、刘员、李记明、孙文辉、白宇涛、王晓龙。

葡萄酒原酒流通技术规范

1 范围

本标准规定了葡萄酒原酒流通过程的技术要求。

本标准适用于葡萄酒原酒的监督检查、运输和贮存。

2 规范性引用文件

下列文件对于本文件的应用是必不可少的。凡是注日期的引用文件，仅所注日期的版本适用于本文件。凡是不注日期的引用文件，其最新版本（包括所有的修改单）适用于本文件。

GB/T 15038 葡萄酒、果酒通用分析方法

3 术语和定义

下列术语和定义适用于本文件。

3.1 葡萄酒 wines

以鲜葡萄或葡萄汁为原料，经全部或部分发酵酿制而成的，含有一定酒精度的发酵酒。

注：部分发酵是指采用一定技术方法，提前停止酒精发酵，未将葡萄汁中的糖源全部转化为乙醇、二氧化碳和副产物的一种生产工艺。

3.2 葡萄酒原酒 bulk wines

指用鲜葡萄或葡萄汁为原料，经发酵完成，尚未灌装的酒。

4 技术要求

4.1 一般要求

4.1.1 在运输与贮存过程中，应尽量避免葡萄酒原酒与空气的接触，且任何操作过程均应在较适宜的温度下进行，并防止葡萄酒原酒的氧化等改变酒体品质现象的产生。

4.1.2 应具有设计良好和严格的运输程序和贮存设备的清洗程序，建立有效的检查和取样制度，保持贮存设备、阀门和管道的清洁，避免化学、物理或生物性的二次污染。

4.1.3 对贮存容器、管道以及所有设备的附件，包括与葡萄酒原酒接触的泵，在清洗和灭菌后，应达到如下要求：

a）所有的部件应洁净和没有任何导致酒体气味改变的物质；

b）没有溶剂残留；

c）没有清洁剂或消毒剂的痕迹残留。

4.2 产品质量要求

产品质量要求可参考附录 A 或以交易双方签订的贸易合同中的质量技术要求为准，分析方法可参考 GB/T 15038。

4.3 产品追溯要求

4.3.1 葡萄酒原酒供应商，应具有相关资质，进口葡萄酒原酒具备国家出入境检验检疫部门核发的《卫生证书》。

4.3.2 原酒供应商，应建立销售过程信息管理台账，保证销售过程信息的真实性、完整性和可追溯性，并完整保存至少两年。

4.3.3 葡萄酒原酒采购商，应建立采购过程信息管理台账，保证采购过程信息的真实性、完整性和可追溯性，并完整保存至少两年。

4.3.4 葡萄酒原酒流通过程中，应建立相应的追溯手段（如附带葡萄酒原酒流通随附单、RFID、EPC 编码等），便于产品的溯源。

4.3.5 出入库应有记录，产品的仓储应有存量记录。出入库记录内容包括名称、批号、出库时间、地点、对象、数量、产品检验报告等，以便于产品的溯源管理。

4.4 运输

4.4.1 葡萄酒原酒的运输设备装置主要包括不锈钢罐、皮囊及其辅助设备。设备或配件的材质应符合现行有关接触食品的材料的标准要求。

4.4.2 罐内的配件宜少，且便于清洗和消毒。在运输过程中，罐的关闭和封闭装置不得漏气和漏液。为了保障葡萄酒原酒品质，宜在罐体配备温度控制装置。

4.4.3 皮囊应使用惰性材料制造，允许和葡萄酒原酒接触并具备良好的密闭性，避免氧气和其他污染物的进入导致氧化或污染酒体，20 t 以上的皮囊宜为一次性使用。

4.4.4 用于葡萄酒原酒大包装运输使用的罐和皮囊及其他容器，宜仅用于葡萄汁、葡萄酒或葡萄蒸馏酒，如果之前运输含有较香蒸馏酒或其他香味食品货物，应对其进行认真清洗。

4.4.5 运输时应保持清洁、避免强烈震荡、日晒、防止冰冻。运输温度宜保持在 5 ℃ ~35 ℃。

4.5 检验

4.5.1 装货前取样

供应方宜最少从每个要装运的容器里取出 4 个 0.5 L~1 L 的样品。样品应在严格的卫生条件下在罐的中心取出，样品应妥善盖好，且密封，并贴有明显的标签。

4.5.2 装货时取样

应从每个装好的葡萄酒原酒容器中立即取出最少 3 个 0.5 L~1 L 的样品，样品应在严格的卫生条件下从罐的中心取出，样品应妥善盖好，且密封，并贴有明显的标签。

4.5.3 到达后取样

在卸货之前，要对每个罐取样，取样要卫生且具有代表性，具体检验指标及要求，按照交易双方要求进行。

4.6 装卸

4.6.1 装运前,应检查所有设备包括罐、皮囊、泵、辅助管路、软管、配件等,确保达到装运的卫生要求。为减少氧化的危害,应用原酒将罐底部的出口阀门处充满。

4.6.2 装好后,要给予适当的时间沉静葡萄酒,排出气体,并使液位达到入孔并记录葡萄酒原酒温度。该信息应记录在随附的温度报告单上。

4.6.3 卸载前,宜对罐封的完整性及相关文件进行查验,检查顶隙的容量以及惰性气体的压力及葡萄酒原酒的状况、质量等。

4.7 贮存

葡萄酒原酒应贮存在干燥、通风、阴凉和清洁的库房中,具备防虫、防鼠措施,库内温度宜保持5 ℃~35 ℃,不得与有毒、有害、有异味、有腐蚀性物品和污染物混贮。

4.8 从业人员

4.8.1 营销人员

4.8.1.1 应具备酒类知识,熟悉国家有关规定和标准。

4.8.1.2 直接接触酒类商品的人员应定期进行健康检查,取得健康证。

4.8.1.3 主要人员每人每年应接受食品安全法律法规、专业知识和行业道德等方面的培训。

4.8.1.4 营销人员应诚实守信,销售产品时,应主动出示经营该产品所需的证件。

4.8.2 采购人员

4.8.2.1 应具备酒类知识,熟悉国家有关规定和标准。

4.8.2.2 直接接触酒类商品的人员应定期进行健康检查,取得健康证。

4.8.2.3 主要人员每人每年应接受食品安全法律法规、专业知识和行业道德等方面的培训。

4.8.2.4 应从有资质的供应商处采购葡萄酒原酒;采购时,应从供应商处索要相关资质证明文件。

附录 A
（资料性附录）
葡萄酒检验标准

A.1 理化要求

葡萄酒理化要求按表 A.1 执行。

表 A.1　理化要求

项目			要求
酒精度[a]（20 ℃）（体积分数）（%）			≥7.0
总糖[d]（以葡萄糖计）（g/L）	平静葡萄酒	干葡萄酒	≤4.0
		半干葡萄酒[b]	4.1～12.0
		半甜葡萄酒[c]	12.1～45.0
		甜葡萄酒	≥45.1
	高泡葡萄酒	天然型高泡葡萄酒	≤12.0（允许差为3.0）
		绝干型高泡葡萄酒	12.1～17.0（允许差为3.0）
		干型高泡葡萄酒	17.1～32.0（允许差为3.0）
		半干型高泡葡萄酒	32.1～50.0
		甜型高泡葡萄酒	≥50.1
干浸出物（g/L）	白葡萄酒		≥16.0
	桃红葡萄酒		≥17.0
	红葡萄酒		≥18.0
挥发酸（以乙酸计）（g/L）			≤1.2
柠檬酸（g/L）	干、半干、半甜葡萄酒		≤1.0
	甜葡萄酒		≤2.0
二氧化碳（20 ℃）MPa	低泡葡萄酒	<250 mL/瓶	0.05～0.29
		≥250 mL/瓶	0.05～0.34
	高泡葡萄酒	<250 mL/瓶	≥0.30
		≥250 mL/瓶	≥0.35
铁（mg/L）			≤8.0
铜（mg/L）			≤1.0
甲醇（mg/L）	白、桃红葡萄酒		≤250
	红葡萄酒		≤400
苯甲酸或苯甲酸钠（以苯甲酸计）（mg/L）			≤50
山梨酸或山梨酸钾（以山梨酸计）（mg/L）			≤200

(续表)

项目	要求
注：总酸不作要求，以实测值表示（以酒石酸计，g/L）。	

[a] 酒精度标签标示值与实测值不得超过±1.0%（体积分数）。
[b] 当总糖与总酸（以酒石酸计）的差值小于或等于2.0 g/L时，含糖最高为9.0 g/L。
[c] 当总糖与总酸（以酒石酸计）的差值小于或等于2.0 g/L时，含糖最高为18.0 g/L。
[d] 低泡葡萄酒总糖的要求同平静葡萄酒。

A.2 食品安全要求

葡萄酒原酒安全指标要求按相关标准执行。

附录 B
（规范性附录）
葡萄酒原酒流通随附单

				年　月　日　编号：				
购货单位：				联系人：		电话：		
品名	规格	单位	数量	单价（元）	金额（元）	质量等级	产地	生产批号或生产日期
售货单位（盖章）：					备案登记号：		填单人：	
售货单位地址：					电话/传真：			
发货人：					承运人：		车牌号：	

ICS 67.160.10
X 62
备案号：37149—2012

中华人民共和国国内贸易行业标准

SB/T 10712—2012

葡萄酒运输、贮存技术规范

Technical Regulation on transportation and storage of wines

2012-08-01 发布　　　　　　　　　　　2012-11-01 实施

中华人民共和国商务部　　发 布

前 言

本标准按照GB/T 1.1—2009给出的规则起草。

本标准由中华人民共和国商务部提出并归口。

本标准起草单位：中国食品发酵工业研究院、中国酿酒工业协会、中国酒类流通协会、烟台张裕葡萄酿酒股份有限公司、北京市糖业烟酒公司、北京朝批商贸股份有限公司。

本标准主要起草人：熊正河、郭新光、王延才、刘员、李记明、王晖、张嵩、王晓龙。

葡萄酒运输、贮存技术规范

1 范围

本标准规定了葡萄酒产品的运输、贮存的要求。
本标准适用于葡萄酒的运输和贮存。

2 规范性引用文件

下列文件对于本文件的应用是必不可少的。凡是注日期的引用文件，仅所注日期的版本适用于本文件。凡是不注日期的引用文件，其最新版本（包括所有的修改单）适用于本文件。

GB 7718　食品安全国家标准　预包装食品标签通则
GB 10344　预包装饮料酒标签通则

3 术语和定义

下列术语和定义适用于本文件。

3.1 葡萄酒　wines

以鲜葡萄或葡萄汁为原料，经全部或部分发酵酿制而成的，含有一定酒精度的发酵酒。

注：部分发酵是指采用一定技术方法，提前停止酒精发酵，未将葡萄汁中的糖源全部转化为乙醇，二氧化碳和副产物的一种生产工艺。

4 技术要求

4.1 产品质量要求

产品质量技术要求按附录 A 执行。

4.2 产品追溯要求

4.2.1　葡萄酒供应商，应具有相关资质，进口葡萄酒具备国家出入境检验检疫部门核发的《卫生证书》。

4.2.2　葡萄酒供应商，应建立销售过程信息管理台账，保证销售过程信息的真实性、完整性和可追溯性，并完整保存至少两年。

4.2.3　葡萄酒酒采购商，应建立采购过程信息管理台账，保证采购过程信息的真实性、完整性和可追溯性，并完整保存至少两年。

4.2.4　葡萄酒酒流通过程中，应建立相应的追溯手段（如附带葡萄酒流通随附单、RFID、EPC

编码等），便于产品的溯源。

4.2.5 出入库要有记录，产品的仓储应有存量记录。出入库记录内容包括名称、批号、出库时间、地点、对象、数量、产品检验报告等，以便于产品的溯源管理。

4.3 标识

瓶装酒需装入玻璃瓶或其他材料瓶中，要求瓶底端正、整齐，瓶外洁亮。瓶口封闭严密，不得有漏气、漏酒现象。酒瓶外部要贴有整齐清晰的标签，按照 GB 7718 和 GB 10344 的要求进行标注。

4.4 包装

包装材料应符合食品卫生要求。起泡葡萄酒的包装材料应符合相应耐压要求。外包装应使用合格的包装材料，并符合相应的标准。包装箱上应注有生产日期（或批号）、制造者（经销者）的名称和地址、净含量、产地。并有小心轻放、防冻、防潮、防火、防热等字样及标志。

4.5 运输

4.5.1 葡萄酒在陆路运输和海运过程中应采取避免高温和冰冻的影响措施，保障葡萄酒品质。

4.5.2 运输时应保持清洁、避免强烈震荡、日晒、雨淋、防止冰冻，装卸时应轻拿轻放。

4.5.3 运输温度宜保持在 5 ℃ ~ 35 ℃。

4.6 贮存

4.6.1 葡萄酒应根据产品类型独立分类存放，产品应摆放整齐，标志明显。

4.6.2 葡萄酒应贮存在干燥、通风、阴凉和清洁的库房中，避光保存。配备相应的"防鼠""防虫"设施，葡萄酒应"倒放"或"卧放"，严防日晒、雨淋、严禁火种，防止冰冻。

4.6.3 库内温度宜保持 5 ℃ ~ 35 ℃，温度宜恒定。

4.6.4 库房宜保持湿度在 60 % ~ 70 %。

4.6.5 葡萄酒不得与有毒、有害、有异味、有腐蚀性物品和污染物混贮混运。

附录 A
（规范性附录）
葡萄酒检验标准

A.1 感官要求

葡萄酒感官要求按表 A.1 执行。

表 A.1　感官要求

项目			要求
外观	色泽	白葡萄酒	近似无色、微黄带绿、浅黄、禾秆黄、金黄色
		红葡萄酒	紫红、深红、宝石红、红微带棕色、棕红色
		桃红葡萄酒	桃红、淡玫瑰红、浅红色
	澄清程度		澄清，有光泽，无明显悬浮物（使用软木塞封口的酒允许有少量软木渣，装瓶超过1年的葡萄酒允许有少量沉淀）
	起泡程度		起泡葡萄酒注入杯中时，应有细微的串珠状气泡升起，并有一定的持续性
香气与滋味	香气		具有纯正、优雅、怡悦、和谐的果香与酒香，陈酿型的葡萄酒还应具有陈酿香或橡木香
	滋味	干、半干葡萄酒	具有纯正、优雅、爽怡的口味和悦人的果香味，酒体完整
		半甜、甜葡萄酒	具有甘甜醇厚的口味和陈酿的酒香味，酸甜协调，酒体丰满
		起泡葡萄酒	具有优美醇正、和谐悦人的口味和发酵起泡酒的特有香味，有杀口力
典型性			具有标示的葡萄品种及产品类型应有的特征和风格

A.2 理化要求

葡萄酒理化要求按表 A.2 执行。

表 A.2　理化要求

项目			要求
酒精度[a]（20℃）（体积分数）/%			≥7.0
总糖[d]（以葡萄糖计）/（g/L）	平静葡萄酒	干葡萄酒[b]	≤4.0
		半干葡萄酒[c]	4.1~12.0
		半甜葡萄酒	12.1~45.0
		甜葡萄酒	≥45.1
	高泡葡萄酒	天然型高泡葡萄酒	≤12.0（允许差为3.0）
		绝干型高泡葡萄酒	12.1~17.0（允许差为3.0）
		干型高泡葡萄酒	17.1~32.0（允许差为3.0）
		半干型高泡葡萄酒	32.1~50.0
		甜型高泡葡萄酒	≥50.1

(续表)

项目			要求
干浸出物/（g/L）	白葡萄酒		≥16.0
	桃红葡萄酒		≥17.0
	红葡萄酒		≥18.0
挥发酸（以乙酸计）/（g/L）			≤1.2
柠檬酸/（g/D）	干、半干、半甜葡萄酒		≤1.0
	甜葡萄酒		≤2.0
二氧化碳（20℃）/MPa	低泡葡萄酒	<250mL/瓶	0.05~0.29
		≥250mL/瓶	0.05~0.34
	高泡葡萄酒	<250mL/瓶	≥0.30
		≥250mL/瓶	≥0.35
铁/（mg/L）			≤8.0
铜/（mg/L）			≤1.0
甲醇/（mg/L）	白、桃红葡萄酒		≤250
	红葡萄酒		≤400
苯甲酸或苯甲酸钠（以苯甲酸计）/（mg/L）			≤50
山梨酸或山梨酸钾（以山梨酸计）/（mg/L）			≤200

注：总酸不作要求，以实测值表示（以酒石酸计，g/L）。

[a] 酒精度标签标示值与实测值不得超过±1.0%（体积分数）。

[b] 当总糖与总酸（以酒石酸计）的差值小于或等于2.0g/L时，含糖最高为9.0g/L。

[c] 当总糖与总酸（以酒石酸计）的差值小于或等于2.0g/L时，含糖最高为18.0g/L。

[d] 低泡葡萄酒总糖的要求同平静葡萄酒。

A.3 食品安全要求

葡萄酒安全指标要求按相关标准执行。

附录 B
（资料性附录）
葡萄酒流通随附单

				年　　月　　日编号：				
购货单位：				联系人：		电话：		
品名	规格	单位	数量	单价（元）	金额（元）	质量等级	产地	生产批号或生产日期
售货单位（盖章）：					备案登记号：		填单人：	
售货单位地址：					电话/传真：			
发货人：					承运人：		车牌号：	

ICS 03.080.01
A 12
备案号：40327—2013

中华人民共和国国内贸易行业标准

SB/T 11000—2013

酒类行业流通服务规范

The standard of circulation and service for alcohol industry

2013-04-16 发布　　　　　　　　　　　　　　2013-11-01 实施

中华人民共和国商务部　发 布

前 言

本标准按照 GB/T 1.1—2009 给出的规则起草。

本标准由中国商业联合会提出。

本标准由中华人民共和国商务部归口。

本标准起草单位：中国商业联合会零售供货商专业委员会、中国人民大学、北京五洲创意营销策划有限公司、宜宾五粮液股份有限公司、中国贵州茅台酒厂（集团）有限责任公司、安徽古井贡酒股份有限公司、四川剑南春集团有限责任公司、江苏洋河酒厂股份有限公司、山西杏花村汾酒厂股份有限公司、四川水井坊股份有限公司、湖北稻花香酒业股份有限公司、河南省宋河酒业股份有限公司、山东扳倒井股份有限公司、山东景芝酒业股份有限公司、古贝春集团有限公司、重庆诗仙太白酒业（集团）有限公司、安徽迎驾贡酒股份有限公司、安徽双轮酒业有限责任公司、浙江致中和实业有限公司、浙江省东阳市荣鑫酒业有限公司、宜宾红楼梦酒业有限公司、贵州茅台镇荣和烧坊酒业有限公司、山西戎子酒庄有限公司、北京酒仙电子商务有限公司、山东天地缘酒业有限公司、新华锦（青岛）即墨老酒有限公司、山东即墨妙府老酒有限公司、广州星河湾酒业有限公司、北京糖业烟酒公司、北京五洲天宇认证中心。

本标准起草人：谭新政、褚峻、卢成绪、刘凤翔、高杰楷、袁仁国、吕云怀、杜光义、李安军、田锋、朱峰、韩建书、赖登烽、陈萍、李学思、张辉、来安贵、赵殿臣、刘中利、广家权、程剑、李小兵、马荣金、文万彬、仇福广、王庆伟、郝鸿峰、王建、杜祖远、于秦峰、赵技敏、白宇涛、杨谨蕾。

酒类行业流通服务规范

1 范围

本标准规定了酒类流通的术语和定义、经营、服务、流通信息、酒类商品保护、宣传、监督与评价等方面的要求。

本标准适用于酒类行业的流通服务。

2 规范性引用文件

下列文件对于本文件的应用是必不可少的。凡是注日期的引用文件，仅所注日期的版本适用于本文件。凡是不注日期的引用文件，其最新版本（包括所有的修改单）适用于本文件。

GB 2757 食品安全国家标准 蒸馏酒及其配制酒

GB 7718 食品安全国家标准 预包装食品标签通则

GB 10344 预包装饮料酒标签通则

GB/T 15109—2008 白酒工业术语

GB/T 17204 饮料酒分类

GB/T 19001—2008 质量管理体系要求

GB 23350 限制商品过度包装要求 食品和化妆品

GB/T 27922 商品售后服务评价体系

GB/T 27925 商业企业品牌评价与企业文化建设指南

SB/T 10391—2005 酒类商品批发经营管理规范

SB/T 10392—2005 酒类商品零售经营管理规范

SB/T 10467 零售商供应商公平交易行为规范

《中华人民共和国广告法》（中华人民共和国主席令 1994 年第 34 号）

《中华人民共和国食品安全法》（中华人民共和国主席令 2009 年第 9 号）

《中华人民共和国道路运输条例》（中华人民共和国国务院令 2012 年第 628 号）

《中华人民共和国水路运输管理条例》（中华人民共和国国务院令 2008 年第 544 号）

《酒类广告管理办法》（国家工商总局令 1995 年第 39 号）

《中国民用航空货物国内运输规则》（中国民航总局令 1996 年第 50 号）

《中国民用航空危险品运输管理规定》（中国民航总局令 2004 年第 121 号）

《酒类流通管理办法》（商务部令 2005 年第 25 号）

《地理标志产品保护规定》（国家质检总局令 2005 年第 78 号）

3 术语和定义

下列术语和定义适用于本文件。

3.1 酒类商品 alcohol commodities

乙醇含量大于0.5%vol的含酒精饮料，包括发酵酒、蒸馏酒、配制酒、食用酒精以及其他含有酒精成分的饮品。经国家有关行政管理部门依法批准生产的药酒、保健食品酒类除外。

注1：有关酒类商品的分类，依照GB/T 17204的规定。

注2：白酒类商品的名称与定义，依照GB/T 15109—2008的规定；其他酒类商品的名称与定义，依照GB/T 17204的规定。

3.2 酒类流通 alcohol circulation

酒类商品从生产领域向消费领域的流动过程，包括采购、储运、批发、零售、宣传以及服务等与此有关的系列活动。

3.3 随附单 receipt of alcohol circulation

批发销售时由供应商开具的，用于记录该批次酒类商品的来源、去向、品名、数量等相关流通信息的流通单据。

注3：随附单是根据《酒类流通管理办法》的要求，由国家商务主管部门统一制定。

3.4 白酒基础酒 crude spirits

亦称基础酒、原酒。经发酵、蒸馏而得到的未经勾兑的酒。[GB/T 15109—2008，定义3.5.19]

3.5 地理标志产品 geographical indication

以酒类商品（或其关键成分）的来源地区名作为该酒类商品的特征标志。该酒类商品的特定品质、信誉或者其他特征，受该地区的自然因素或者人文因素影响。

3.6 原产地名称 appellation origin

标示酒类商品的产出地，并表示其与某种地理条件或传统技术有关的区别标志。

3.7 酒文化 liquor culture

酒在生产、销售、消费过程中，以酒为中心所产生的物质文化和精神文化总和，包括可查证的历史文献、技艺传承，是制酒饮酒活动过程中由习惯、规则和心理积淀总和形成的特定文化形态。

4 经营

4.1 条件

4.1.1 从事酒类商品批发经营的企业，应按SB/T 10391—2005中的第4章执行。
4.1.2 从事酒类商品零售经营的企业，应按SB/T 10392—2005中的第4章执行。
4.1.3 聘用或培养从事酒类经营、服务及管理的专业人才，应对其岗位提出相应的职业化和规范化要求。

4.2 采购

4.2.1 酒类经营者应制定采购流程和采购制度以控制酒类质量。

4.2.2 选择酒类商品供应商时，应索取并查验其与酒类商品相关的生产或经营资质，例如酒类生产许可证、酒类商品经销授权、酒类经营许可证或酒类流通备案登记表等。

4.2.3 采购酒类商品时，应索取并查验其随批质量检验合格证明和酒类商品流通随附单（含复印件，啤酒可不用随附单）。对于进口酒类商品，应索取并查验进口酒类经营许可证，及国家进出口管理部门核发的相应批次的证明文件。

4.2.4 酒类商品采购过程中，应签订内容详细、责任明确的采购合同，符合GB/T 19001—2008中的7.4的要求。

4.2.5 酒类商品采购过程中，应按本标准6.1和有关规定做好酒类流通信息记录工作。

4.2.6 利用互联网平台进行酒类电子商务的企业应符合以上要求。

4.3 包装与储运

4.3.1 酒类商品应适度包装，降低成本，减少资源消耗。

4.3.2 酒类商品包装应符合品质保证、运输安全、存储条件等方面的要求。

4.3.3 需要重新分装或预包装的，应有该酒类生产企业的授权，并在履行相关手续后再重新包装。重新包装应符合GB 7718和GB 23350的规定，应对其过程完整记录，并在标签上对重新包装作出标识。

4.3.4 批量运输酒类商品时，应符合《中华人民共和国道路运输条例》《中华人民共和国水路运输管理条例》《中国民用航空货物国内运输规则》《中国民用航空危险品运输管理规定》等法规的要求。

4.3.5 鼓励酒类流通和生产企业建立或委托建立统一的物流配送体系。

4.4 销售

4.4.1 销售应符合国家生产规范并经检验合格，或经进口检验合格的酒类商品。

4.4.2 酒类商品批发时，应提供与酒类商品相关的生产或经营资质证明，以及酒类商品质量和流通的有关证明。与本标准4.2.2和4.2.3的要求对应。

4.4.3 酒类商品批发时，批发经营者应详细记录购买机构名称、销售日期、销售商品的品名、规格、产地、生产厂名称、生产批号、生产日期、数量、单位、产品执行标准号等信息，并将这些信息填入《酒类流通随附单》。标签标识应符合GB 2757和GB 7718要求的信息。

4.4.4 随附单应附随于酒类流通的批发过程，每批一单（啤酒除外），单货相符。

4.4.5 零售酒类商品时，应明码标实价。

4.4.6 酒类零售商应配备酒类商品扫码仪。

4.4.7 通过互联网进行酒类商品零售的，应取得生产企业或供货商提供的授权经营证明，同时应当报知生产厂家进行备案。并按有关规定，提供真实、详细的商品及销售信息。

4.4.8 酒类商品的促销方式，如团购、打折等，应符合国家有关规定。

5 服务

5.1 售前服务

5.1.1 应向购买者提供酒类商品质量证明、防伪证明等材料，以备查验。

5.1.2 应向购买者提供酒类商品的追溯查询服务，包括但不限于生产信息、流通信息、原产地信息、防伪信息等。

5.1.3 酒类商品包装上粘贴的标签应符合 GB 2757、GB 10344、GB 7718 和 GB/T 17204 的规定。销售进口酒类商品时，应按规定加贴中文标签。

5.1.4 酒类宣传应真实可靠，有据可查。

5.2 售中服务

5.2.1 酒类经营网点应持有相应的经营许可证，并亮证经营。

5.2.2 应在酒类零售经营场所的显著位置张贴必要的警示标志。

5.2.3 鼓励酒类经营者开展品牌营销和连锁经营。

5.3 售后服务

5.3.1 应提供酒类商品查询、投诉、举报等渠道并保证相应服务。

5.3.2 对运输过程中的损毁，应制定责任划分及赔偿补偿办法。

5.3.3 酒类经营者应建立酒类商品退市、召回和销毁管理制度。

6 流通信息

6.1 登记与上报

6.1.1 酒类经营者应依法向有关管理部门办理备案登记手续。已登记事项如有变更，应及时办理变更登记。

6.1.2 酒类经营者应按酒类流通主管部门的要求和数据格式，及时上报酒类商品流通的各项数据。

6.1.3 酒类经营者发现流通过程中有价格异常、假冒伪劣、食品安全等重大突发事件时，应主动向有关主管部门报告。主管部门应建立反馈机制和通报制度，并接受企业和消费者的监督。

6.2 查询服务

6.2.1 酒类经营者应建立酒类商品流通的计算机信息管理系统，详细记录和管理酒类商品的流通信息，包括但不限于。

6.2.2 本标准 4.2.2、4.2.3、4.4.3 规定的流通信息。

6.2.3 GB 7718 要求标示的相关信息。

6.2.4 酒类流通信息管理系统应能为消费者提供信息查询功能，例如酒类商品的防伪查询、资质证明查询、信誉荣誉查询等。

7 酒类商品保护

7.1 专利保护

7.1.1 对于取得专利技术的酒类商品，鼓励企业积极自主创新，实行专利保护。

7.2 品牌保护

7.2.1 酒类商品依法使用注册商标。

7.2.2 酒类商品应准确使用认证标志、标准采用标志、防伪标识等。

7.2.3 酒类商品应保持能力、品质、价值、声誉、影响和企业文化等要素与其他品牌酒类具有显著区别性和排他性。

7.3 地理标志产品保护

7.3.1 酒类商品生产者可依照《地理标志产品保护规定》，申请认定"地理标志产品专用标志"。

7.3.2 经营者应将已注册的地理标志等信息，真实、准确、完整地传递给消费者。

7.3.3 酒类生产者可以用原产地名称来说明该酒类商品的产出地。

7.4 鉴别与争议

7.4.1 酒类生产者应为经营者、消费者提供酒类商品的真假鉴别、品质鉴别的渠道和服务。

7.4.2 对酒类商品的品质有争议时，可以申请法定检测机构进行检测检验。

7.4.3 对酒类商品真伪有争议时，法定检测机构可征求被侵权商品生产企业的意见。

7.4.4 酒类行业管理部门出具或认可的酒类鉴定结论应当以法定检测机构检测结果或者被侵权企业的原始检测报告为依据。

8 宣传

8.1 酒类广告

8.1.1 酒类广告应符合《中华人民共和国广告法》《中华人民共和国食品安全法》和《酒类广告管理办法》等相关法律法规的规定。

8.1.2 从事广告业务（包括设计、制作和传播）的机构，在接受酒类广告业务时，应确认广告内容真实有效。

8.1.3 鼓励酒类经营者做公益性广告。

8.2 酒文化

8.2.1 酒类经营者在传播酒文化时，应倡导良好社会风尚。

8.2.2 酒类经营者用酒文化进行酒类营销时，应本着客观、真实、合法的原则。

8.2.3 鼓励酒类生产或经营者发掘酒文化资源，传承和弘扬酒类传统文化。

8.2.4 鼓励酒类生产或经营者用悠久文化资源打造文化名酒品牌。

8.3 酒类健康知识

8.3.1 酒类经营活动中，应倡导理性消费、节制饮酒的观念，传递正确的饮酒健康知识。

8.3.2 酒类宣传中所传递的健康知识，应有科学依据，数据真实、准确。

9 监督与评价

9.1 经营行为监督

9.1.1 酒类流通管理部门依法履行对酒类流通行为的监督管理职能。

9.1.2 有资质的第三方机构可依据 GB/T 27922、GB/T 27925、SB/T 10467 等有关标准对酒类经营者的诚信经营行为进行监督和评价。

9.2 管理性评价

9.2.1 对酒类企业的售后服务评价，可参照 GB/T 27922 的规定执行。

9.2.2 对酒类企业的品牌评价，可参照 GB/T 27925 的规定执行。

参考文献

[1] 商务部关于"十二五"期间加强酒类流通管理的指导意见(商运发〔2011〕459号)

ICS 03.140
A 00

中华人民共和国国家标准

GB/T 31280—2014

品牌价值评价酒、饮料和精制茶制造业

Brand valuation—Alcohol, drink and
refined tea manufacturing industry

2014-09-30 发布 2014-12-01 实施

中华人民共和国国家质量监督检验检疫总局
中国国家标准化管理委员会 发布

前 言

本标准按照 GB/T 1.1—2009 给出的规则起草。

本标准由全国品牌价值及价值测算标准化技术委员会（SAC/TC 532）提出并归口。

本标准起草单位：中国物品编码中心、中国标准化研究院、四川省宜宾五粮液集团有限公司、中国质量认证中心、泸州老窖股份有限公司、浙江省物品编码中心、杭州娃哈哈集团、连城资产评估有限公司、七彩云南茶叶公司、安徽省标准化研究院、合肥英塔信息技术有限公司。

本标准主要起草人：岳善勇、吴芳、刘晓冬、吴新敏、沈烽、彭凯、唐伯超、何诚、丁炜、任威风、肖霖之、田军、崔从俊、洪晓莉。

品牌价值评价酒、饮料和精制茶制造业

1 范围

本标准规定了酒、饮料和精制茶制造企业品牌价值评价的测算模型、测算指标、测算过程等内容的相关要求。

本标准适用于酒、饮料和精制茶制造业企业或企业集团（以下统称企业）品牌价值评价，也可作为行业组织和第三方对企业进行品牌价值评价的依据。

2 规范性引用文件

下列文件对于本文件的引用是必不可少的。凡是注日期的引用文件，仅所注日期的版本适用于本文件。凡是不注日期的引用文件，其最新版本（包括所有的修改单）适用于本文件。

GB/T 29185 品牌价值术语

GB/T 29188—2012 品牌评价多周期超额收益

3 术语和定义

GB/T 29185 和 GB/T 29188—2012 界定的以及下列术语和定义适用于本文件。

3.1 酒制造 winemanufactaring

酒精、白酒、啤酒及其专用麦芽、黄酒、葡萄酒、果酒、配制酒以及其他酒的生产。

3.2 饮料制造 drinkmanufacturing

碳酸饮料、瓶（灌）装饮用水、果蔬汁及果蔬汁饮料、含乳饮料及植物蛋白饮料、固体饮料、茶饮料及其他饮料生产。

3.3 精制茶加工 refined tea processing

对毛茶或半成品原料茶进行筛分、压切、风选、干燥、匀堆、拼配等精致加工茶叶的生产。

4 酒、饮料和精制茶制造业品牌价值测算模型

4.1 多周期超额收益法模型

本标准中所使用的有关技术参数及其符号参见 GB/T 29188—2012。基于多周期超额收益法的企业品牌价值按式（1）计算：

$$V_B = \sum_{t=1}^{T} \frac{F_{BC,t}}{(1+R)^t} + \frac{F_{BC,T+1}}{R-g} \cdot \frac{1}{(1+R)^T} \quad \cdots\cdots\cdots\cdots\cdots\cdots\cdots\cdots\cdots\cdots (1)$$

式中：

V_B——品牌价值；

$F_{BC,t}$——t 年度品牌现金流；

$F_{BC,T+1}$——$T+1$ 年度品牌现金流；

T——高速增长时期，根据行业特点，一般为 3~5 年；

R——品牌价值折现率；

g ——永续增长率，可采用长期预期通货膨胀率。

4.2 品牌现金流的确定

4.2.1 品牌现金流

每年的品牌现金流 F_{BC} 按式（2）计算：

$$F_{BC} = (P_A - I_A) \times \beta \quad\cdots\cdots (2)$$

式中：

F_{BC}——当年度品牌现金流；

P_A——当年度调整后的企业净利润，使用时考虑非经常性经营项目影响；

I_A——当年度企业有形资产收益；

β——企业无形资产收益中归因于品牌部分的比例系数。

预测高速增长期及更远期的品牌现金流时，可采用将评价基准年前 3~5 年品牌现金流加权平均等方法进行预测。

4.2.2 有形资产收益的确定

4.2.2.1 有形资产收益

有形资产收益应按式（3）计算：

$$I_A = A_{CT} \times \beta_{CT} + A_{NCT} \times \beta_{NCT} \quad\cdots\cdots (3)$$

式中：

I_A——有形资产收益；

A_{CT}——流动有形资产总额；

β_{CT}——流动有形资产投资报酬率；

A_{NCT}——非流动有形资产总额；

β_{NCT}——非流动有形资产投资报酬率。

4.2.2.2 流动有形资产收益率

流动有形资产收益率可参照中国人民银行公布的短期基准贷款利率进行计算，如 1 年期银行贷款基准利率。

4.2.2.3 非流动有形资产收益率

非流动有形资产收益率可参照中国人民银行公布的长期基准贷款利率进行计算，如 5 年期银行贷款基准利率。

4.3 品牌价值折现率的确定

4.3.1 品牌价值折现率

品牌价值折现率应按式（4）计算：

$$R = Z \times K \quad\cdots\cdots (4)$$

式中：

R——品牌价值折现率；

Z——行业平均资产报酬率；

K——品牌强度系数。

4.3.2 行业平均资产报酬率

可通过计算相近行业、类型和规模的上市企业平均资产报酬率得到，也可以通过统计调查等方式获得。

4.3.3 品牌强度系数

评价人员根据企业的质量（K_1）、创新（K_2）、客户关系（K_3）、市场（K_4）、品牌建设（K_5）法律权益（K_5）等一级指标评价分值加权得出品牌综合指标得分总数 K_0，根据我国酒、饮料和精制茶制造业行业特点和市场实际情况，通过特定的转化方法将品牌综合指标总分 K_0 转化为品牌强度系数 K，并将取值范围限定在科学的范围内，如取值范围为 0.6~2，反向转换。

K_0 可按式（5）计算：

$$K_0 = \sum_{i=1}^{6} K_i \times W_i \quad\cdots\cdots\cdots\cdots\cdots\cdots\cdots (5)$$

式中：

K_0——品牌综合指标得分总数；

K_i——第 i 个一级指标得分；

W_i——第 i 个一级指标对 K_0 的影响权重。

若质量（K_1）、技术创新（K_2）、服务（K_3）、市场（K_4）、社会责任（K_5）等方面指标由二级指标构成时，可用式（6）计算：

$$K_i = \sum_{j=1}^{n} K_{ij} \times W_{ij} \quad\cdots\cdots\cdots\cdots\cdots\cdots\cdots (6)$$

式中：

K_i——第 i 个一级指标得分；

K_{ij}——第 i 个一级指标下的第 j 个二级指标得分；

W_{ij}——K_{ij} 对 K_i 的影响权重。

5 酒、饮料和精制茶制造业品牌强度测算指标

5.1 概述

酒、饮料和精制茶制造业品牌强度测算指标包括质量、创新、客户关系、市场、品牌建设和法律权益。各级指标评价内容及参考权重参见附录 A。

5.2 质量（K_1）

企业在质量安全状况、质量管理水平、质量信用状况等方面的指标，评价指标主要考虑因素包括：

——获得产品认证情况；

——执行标准的先进性，包括产品执行国际标准、国家标准、行业/地方标准、企业标准的情况；

——质量控制成本体系的先进性，包括产品制造过程执行标准、检验方法、设备等的先进性；

——获得管理体系认证情况；

——获得国际、国家、省、市、县等各级政府质量奖励情况；
——国家级、省级等产品质量监督抽查情况；
——近3年产品有无出现质量事故；
——质量信用报告发布情况。

5.3 创新（K_2）

企业创新能力和创新成果等方面的指标，评价指标主要考虑因素包括：
——研发经费投入情况；
——拥有的国家级、省级企业技术中心、研发中心和实验室的级别和数量；
——承担或参与的国际、国家、省级标准化技术委员会的情况；
——研发人员的数量和学历等情况；
——拥有的专利和科技成果的级别和数量；
——获得的科技进步奖励情况；
——主导或参与制定的国际标准、国家标准、行业标准和地方标准的情况。

5.4 客户关系（K_3）

企业在品牌形象、顾客满意度等方面的指标，评价指标主要考虑因素包括：
——品牌形象，可将品牌美誉度及品牌个性等作为反映品牌形象的衡量指标；
——顾客满意度，可将与理想品牌满意度的比较、与竞争品牌满意度的比较及与顾客期望品牌满意度的比较等作为衡量顾客满意度的指标；
——品牌忠诚度，可用溢价支付意愿和重复购买次数等指标来衡量；
——品牌认知度，可从认知度、普及程度等方面进行衡量；
——品牌感知质量，可将产品可靠性、产品满足需求的程度、销售及售后服务质量等作为衡量指标；
——品牌知名度，可从公众知名度、行业知名度、国际知名度等角度衡量；
——品牌联想，可从消费者对其产品名称、产品、产业、形象、服务、价值等方面的想法、感受及期望等角度衡量。

5.5 市场（K_4）

企业在市场性质、市场领导力等方面的指标，评价指标主要考虑因素包括：
——市场性质，可用品牌所处行业的市场的成熟度来衡量；
——领导力，可从品牌在同行业中的地位，主要以市场占有率及增长率和行业排名等指标来衡量；
——品牌的销售范围，主要指品牌跨越地理和文化边界进行国际化经营的能力，可用产品出口率和国际市场占有率、出口创汇、国际化程度及品牌覆盖率等指标来衡量；
——品牌的稳定性，可从品牌的使用年限角度衡量；
——品牌的支持力度，可从企业对品牌的持续投资和支持程度衡量；
——品牌的保护程度，可从品牌的保护力度和广度以及品牌的日常保护和品牌危机管理等方面衡量；
——品牌的趋势，可从品牌的发展方向从多大程度上与社会发展趋势相一致的角度衡量。

5.6 品牌建设（K_5）

企业在品牌建设、品牌维护等方面的指标，评价指标主要考虑因素包括：
——在广告、品牌维护、品牌建设等方面的经费投入力度；
——品牌管理机构与专职人员设置情况；
——履行社会责任及发布社会责任报告情况等。

5.7 法律权益（K_6）

企业在知识产权等法律权益方面的指标，评价指标主要考虑因素包括：
——知识产权保护情况，如商标注册、著作权、科技成果权；
——获得驰名商标、省级中国名牌、中华老字号等称号情况；
——获得地理标志产品、原产地证书、非物质文化遗产等情况。

6 酒、饮料和精制茶制造业品牌价值测算过程

6.1 识别评价目的

根据测算意向用途、结果使用方、被测算品牌特性等因素确定评价目的。不同的评价目的，会影响评价程序、测算精度和结果报告形式。

6.2 明确价值影响因素

本标准所测算的品牌价值综合考虑财务、质量、创新、客户关系、品牌建设、市场等方面的因素，尤其是质量、创新、市场等非财务因素对品牌价值的影响。

6.3 描述测算品牌

测算前应识别、界定和描述接受评价的品牌，包括其产品范围、价值范围等。

6.4 确定模型参数

根据国家有关政策规定和当前市场经济情况，确定：
——评价年和评价周期；
——现金流预测方法；
——评价周期内的永续增长率、行业平均资产报酬率、无形资产收益中归因于品牌部分的比例系数等模型参数；
——各级评价指标的权重等。

6.5 采集测算数据

遵循真实、准确、客观的原则，采集企业财务与其他信息，作为企业或第三方评价的输入值。

6.6 执行测算过程

测算过程包括：
——根据企业财务信息，计算每个评价周期内的品牌现金收益（F_{BC}），预测未来各周期品牌现金流；

——采用适当方法汇总各级评价指标，计算品牌强度系数 K；

——将上述信息输入到评价模型中，计算所测算品牌的价值。

6.7 报告测算结果

根据评价目的，选择适当形式报告测算结果。

附录 A
（资料性附录）
酒、饮料和精制茶制造业品牌强度系数指标及说明

酒、饮料和精制茶制造业品牌强度系数指标及说明见表 A.1。

表 A.1　　酒、饮料和精制茶制造业品牌强度系数指标及说明

一级指标及分值	二级指标及分值	评价内容
K_1 质量 （300 分）	K_{11} 质量水平 （90 分）	产品认证情况
		主要产品执行标准的先进性
	K_{12} 质量管理水平 （130 分）	管理体系认证情况
		获得各级政府的质量奖励情况
		产品制造过程执行标准、检验方法、设备等的先进性
	K_{13} 质量信用状况 （80 分）	国家级、省级等产品质量监督抽查情况
		近 3 年产品质量安全事件
		质量信用报告发布情况
K_2 创新 （100 分）	K_{21} 创新能力 （60 分）	研发经费投入情况
		拥有的国家级、省级企业技术中心、研发中心和实验室的级别和数量
		承担或参与的国际、国家、省标准化技术委员会的情况
		研发人员的数量和学历等情况
	K_{22} 创新成果 （40 分）	拥有的专利和科技成果的级别和数量
		获得的科技进步奖励情况
		主导或参与制定的国际、国家、行业和地方标准情况
K_3 客户关系 （150 分）	K_{31} 品牌形象 （15 分）	品牌美誉度
		品牌个性
	K_{32} 顾客满意度 （30 分）	与理想品牌满意度的比较
		与竞争品牌满意度的比较
		与顾客期望品牌满意度的比较
	K_{33} 品牌忠诚度 （30 分）	顾客溢价支付意愿
		重复购买次数
	K_{34} 品牌认知度 （10 分）	认知度
		品牌的普及程度
	K_{35} 品牌的感知质量 （15 分）	产品的可靠性
		产品满足需求的程度
		销售及售后服务质量
	K_{36} 品牌知名度 （30 分）	公众知名度
		行业知名度
		国际知名度
	K_{37} 品牌联想 （20 分）	产品名称和产品
		形象
		服务
		价值

ICS 67.080.01
B 31

中华人民共和国国家标准

GB/T 33129—2016

新鲜水果、蔬菜包装和冷链运输通用操作规程

General code of practice for packaging and cool chain transport of
fresh fruits and vegetables

2016-10-13 发布　　　　　　　　　　　　2017-05-01 实施

中华人民共和国国家质量监督检验检疫总局
中国国家标准化管理委员会　发布

前 言

本标准按照 GB/T 1.1—2009 给出的规则起草。

本标准由中国标准化研究院归口。

本标准起草单位：中国标准化研究院、中国农业科学院农业信息所、广东省肇庆市供销合作联社、深圳市中安测标准技术有限公司。

本标准起草人：杨丽、刘文、李哲敏、张永恩、张瑶、谭国熊、张毅、席兴军、初侨、王东杰、张超、于海鹏。

新鲜水果、蔬菜包装和冷链运输通用操作规程

1 范围

本标准规定了新鲜水果、蔬菜包装、预冷、冷链运输的通用操作规程。
本标准适用于新鲜水果、蔬菜的包装、预冷和冷链运输操作。

2 规范性引用文件

下列文件对于本文件的应用是必不可少的。凡是注日期的引用文件，仅注日期的版本适用于本文件。凡是不注日期的引用文件，其最新版本（包括所有的修改单）适用于本文件。

GB/T 5737　食品塑料周转箱
GB/T 6543　运输包装用单瓦楞纸箱和双瓦楞纸箱
GB/T 6980　钙塑瓦楞箱
GB/T 8946　塑料编织袋通用技术要求
GB/T 31550　冷链运输包装用低温瓦楞纸箱
NY/T 1778　新鲜水果包装标识　通则
QC/T 449　保温车、冷藏车技术条件及试验方法
SB/T 10158　新鲜蔬菜包装与标识

3 包装

3.1 基本要求

3.1.1 包装材料、容器和方式的选择应保护所包装的新鲜水果、蔬菜避免磕碰等机械损伤；满足新鲜水果、蔬菜的呼吸作用等基本生理需要，减轻新鲜水果、蔬菜在贮藏、运输期间病害的传染。

3.1.2 包装材料、容器和方式的选择应方便新鲜水果、蔬菜的装载、运输和销售。

3.1.3 包装材料、容器和方式的选择应安全、便捷、适宜，尽量减少包装环境的变化，减少包装次数。

3.1.4 选择的包装材料和容器应节能、环保，可回收利用或可降解，不应过度包装。

3.2 包装材料

3.2.1 包装材料的选择应考虑产品包装和运输的需要，考虑包装方法、可承受的外力强度、成本耗费、实用性等因素。需要冷藏运输的新鲜水果和蔬菜，其包装材料的选择除考虑上述因素外，还应考虑所使用的预冷方法。

3.2.2 包装材料应清洁、无毒，无污染，无异味，具有一定的防潮性、抗压性，包装材料应可回

收利用或可降解。

3.2.3 包装应能够承受得住装、卸载过程中的人工或机械搬运；承受得住上面所码放物品的重量；承受得住运输过程中的挤压和震动；承受得住预冷、运输和存储过程中的低温和高湿度。

3.2.4 可用的包装材料有：

——纸板或纤维板箱子、盒子、隔板、层间垫等；
——木制箱、柳条箱、篮子、托盘、货盘等；
——纸质袋、衬里、衬垫等；
——塑料箱、盒、袋、网孔袋等；
——泡沫箱、双耳箱、衬里、平垫等。

3.3 包装容器

3.3.1 包装容器的尺寸、形状应考虑新鲜水果、蔬菜流通、销售的方便和需要。销售包装不宜过大、过重。

3.3.2 新鲜水果常用的包装容器、材料及适用范围可参照 NY/T 1778 的规定，参见附录 A；新鲜水果包装内的支撑物和衬垫物可参照 NY/T 1778 的规定，参见附录 B。

3.3.3 新鲜蔬菜常用的包装容器、材料及适用范围可参照 SB/T 10158 的规定，参见附录 C。

3.3.4 新鲜水果、蔬菜包装使用的单瓦楞纸箱和双瓦楞纸箱应符合 GB/T 6543 的规定；钙塑瓦楞箱应符合 GB/T 6980 的规定；塑料周转箱应符合 GB/T 5737 的规定；型料编织袋应符合 GB/T 8946 的规定；采用冷链运输的新鲜水果、蔬菜所用的瓦楞纸箱应符合 GB/T 31550 的规定。

3.4 包装方式

3.4.1 应根据新鲜水果、蔬菜的运输目的及准备采取的处理方式，选择以下相应的包装方式：

——按容量填装：用人工或用机器将产品装入集装箱，达到一定的容量、重量或数量；
——托盘或单个包装：将产品装入模具托盘或进行单独包装，减少摩擦损伤；
——定位包装：将产品小心放入容器中的一定位置，减少果蔬损伤；
——消费包装或预包装：为了便于零售而采用有标识定量包装；
——薄膜包装：单个或定量果蔬用薄膜包装，薄膜可用授权使用的杀真菌剂或其他化合物处理，减少水分散失，防止产品腐烂；
——气调包装：减小氧气浓度，增大二氧化碳浓度，降低产品的呼吸强度，延缓后熟过程。

3.4.2 可以在田间直接对新鲜水果和蔬菜进行包装，即田间包装。收获时直接在田间将水果、蔬菜放在纤维板盒子、塑料或木质板条箱中。

3.4.3 在条件允许的情况下，应尽快将经田间包装的新鲜水果、蔬菜送到预冷设施处消除田间热。

3.4.4 在不具备田间包装条件时，应尽快将水果、蔬菜装在柳条箱、大口箱中或用卡车成批从田间运到包装地点进行定点包装。

3.4.5 新鲜水果、蔬菜运到包装地点后，应在室内或在有遮盖的位置进行包装和处理。如果可能，可根据产品性质，在装入货运集装箱前进行预冷。

3.4.6 新鲜水果和蔬菜可直接进行零售包装，方便零售需要。若事先没有进行零售包装，在需要时，应将新鲜水果和蔬菜从集装箱中取出，重新分级，再装入零售包装中。

3.5 包装操作

3.5.1 包装前应在包装潮湿或含冰块物品的纤维板盒子的表面上涂一层蜡，或者在盒子的四周涂一层防水材料。所有用胶水黏合的盒子都应该采用防水的黏合剂。

3.5.2 纸盒或柳条箱应从底部到顶部直线堆叠，不应沿封口或侧壁堆叠，以增强纸盒或箱子的抗压能力和保护产品的能力。

3.5.3 为增加抗压强度和保护产品，可以在货物集装箱内装入一些不同材质的填充物。将货物集装箱内部分成几个隔层，增加封口或侧部的厚度可以有效地增加箱子的抗压强度，减少产品损伤。

3.5.4 必要时在包装容器内使用衬垫、包裹、隔垫和细刨花等材料，可以减少新鲜水果和蔬菜的挤压或摩擦。例如：衬垫可以用来为芦笋提供水分；有些化合物可以用于延缓腐烂，二氧化硫处理过的衬垫可减少葡萄的腐烂；高锰酸钾处理过的衬垫可以吸收香蕉和花卉散发出的乙烯，减少后熟作用。

3.5.5 可使用塑料薄膜衬里或塑料袋保持新鲜水果和蔬菜的水分。大多数新鲜水果和蔬菜产品可采用带有细孔的塑料薄膜进行包装，这种薄膜既可以使新鲜蔬菜、水果与外界空气流通，又可以避免潮湿。普通塑料薄膜一般用来密封产品，调整空气浓度，减少果蔬呼吸和后熟所需的氧气含量。薄膜可用于香蕉、草莓、番茄和柑橘等。

4 预冷

4.1 水果、蔬菜应在清晨收获以降低田间热，同时减少预冷设备的冷藏负担。

4.2 水果、蔬菜收获后应尽快预冷，以降低水果和蔬菜的田间热，通过预冷达到推荐的贮藏温度和相对湿度。

4.3 水果、蔬菜预冷前应遮盖以防阳光照射。

4.4 预冷方式的选择取决于水果、蔬菜的属性、价值、质量以及劳动力、设备和材料的消耗。常用的预冷方式包括：

——室内冷却：在冷藏间对整齐堆放的装有产品的集装箱预冷。有些产品可同时采用水淋或水喷的方式；

——强压空气或湿压冷却：在冷藏间抽去整齐堆放的装有产品的集装箱之间的空气。有些产品采用湿压；

——水冷却：用大量冰水冲刷散装箱，大口箱或集装箱中的产品；

——真空冷却：通过抽真空除去集装箱中产品的田间热；

——真空水冷却：在真空冷却前或冷却中增加集装箱中产品的湿度，加快消除田间热；

——包装冰冻冷却：在集装箱中放半融的雪或碎冰块，可用于散装容器。

4.5 预冷措施的选择应考虑以下因素：

——水果、蔬菜收获和预冷之间的时间间隔；

——水果、蔬菜已包装完毕的包装类型；

——水果、蔬菜的最初温度；

——用于预冷的冷空气、水、冰块的数量或流速；

——水果、蔬菜预冷后的最终温度；

——用于预冷的冷空气和水的卫生状况，减少可引起腐败的微生物污染；

——预冷后的推荐温度的保持。

4.6 很多水果、蔬菜经田间包装或定点包装后预冷时，采用水和冰预冷方式的水果、蔬菜，可使用绳子捆绑或订装的木质柳条箱或涂蜡的纤维板纸盒包装。

4.7 由于运输和存储过程中，通过包装或包装周围的空气流通有限，应对包装在集装箱内的产品提前预冷再用货盘装载。

4.8 不要在低于推荐的温度下预冷或贮藏，冻坏的水果、蔬菜在销售时会显示出冻坏的迹象，如表面带有冻斑、易腐烂、软化、非正常色泽等。

4.9 预冷设备和水应使用次氯酸盐溶液连续消毒，消除引起产品腐烂的微生物。

4.10 预冷后要采取措施防止产品温度上升，保持推荐的温度和相对湿度。

5 冷链运输

5.1 运输装备

5.1.1 选择运输装备时应考虑的主要因素包括：
——运输的目的地；
——产品价值；
——产品易腐坏程度；
——运输数量；
——推荐的贮藏温度和湿度；
——产地和目的地的室外温度条件；
——陆运、海运和空运的运输时间；
——货运价格、运输服务的质量等。

5.1.2 保温车、冷藏车技术要求和条件应符合 QC/T 449 的规定。

5.1.3 冷藏运输装备和制冷设备不能用于除去已经包装在集装箱中新鲜水果和蔬菜的田间热，只是用于维持经过预冷的水果和蔬菜的温度和相对湿度。

5.1.4 在炎热或寒冷气候条件下进行长途运输时，运输装备应设计合理、结实，以抵抗恶劣的运输环境和保护产品。冷藏拖车和货运集装箱应具备以下特点：
——在炎热的环境温度条件下，冷藏温度可达到 2 ℃；
——拥有高性能、可持续工作的蒸发器吹风机，均衡产品温度和保持较高的相对湿度；
——在拖车的前端配备制冷隔板，以保证装货过程中车内的空气循环；
——后车门处配备垂直板，辅助空气流通；
——配备足够的隔热和制热设备，以备需要；
——地板凹槽深度应合理，以保证货物直接装在地板上时有足够的空气流通截面；
——配备具有空气温度感应装置的冷藏设备，以减少冷却和冰冻对产品的损伤；
——配备通风设备，预防乙烯和二氧化碳的积聚；
——采用气悬吊架减少对集装箱和里面的产品撞击和震动的次数；
——集装箱气流循环方式是：冷空气从集装箱前部出发，空气流动从底部（接近地面）至后部，然后到达集装箱上部。

5.2 运输方式

5.2.1 在条件允许的情况下，通常推荐采用冷藏拖车和货运集装箱运输大量的、运输和贮藏寿命为 1 周或 1 周以上的水果、蔬菜。运输后，产品应保持足够的新鲜度。

5.2.2 对于价值高和容易腐烂的产品，可以考虑采取费用较高，但运输时间较短的空运方式。

5.2.3 利用拖车、集装箱、空运货物集装箱可提供取货、送货上门的服务。这样可以减少装卸、暴露、损坏和偷窃等对产品的损害。

5.2.4 很多产品用非冷藏空运集装箱或空运货物托盘方式运输。在这种情况下，当空运航班延误时，就需要产品产地和目的地之间密切协调以保证产品质量。在可能的条件下，应使用冷藏空运集装箱或隔热毯。

5.2.5 遇到特殊季节，产品价格很高而供应量有限时，一些可以通过冷藏拖车和货运集装箱运输的产品有时会通过空运方式运输，这时应精确地监测集装箱内的温度和相对湿度。

5.3 运输装载

5.3.1 装货前检查

5.3.1.1 检查运输装备的清洁情况、设备完好及维修状况，应满足所装载产品的需求。

5.3.1.2 检查运输装备的清洁情况，主要包括：

——货舱应清洁，定期清扫。

——没有前批货物的残留气味。

——没有有毒的化学残留物。

——装备上没有昆虫巢穴。

——没有腐烂农产品的残留物。

——没有阻塞地板上排水孔或气流槽的碎片、废弃物等。

5.3.1.3 检验运输装备是否完备及维修状况是否良好，主要包括：

——门、壁、通风孔没有损坏，密封状况良好。

——外部的冷、热、湿气、灰尘和昆虫不能进入。

——制冷装置运行良好，及时校正，能够提供持续的空气流通，以保证产品温度一致。

——配备货物固定和支撑装置。

5.3.1.4 对于冷藏拖车和货运集装箱，除检查上述事项外，还应检查以下条件：

——在门关闭的情况下，货物装载区检查门垫圈应密闭不透光线；也可使用烟雾器检查是否有裂缝。

——当达到预计温度时，制冷装置应由高速到低速循环，然后回到高速。

——确定控制冷气释放温度的感应器的位置。如果测定制冷温度，自动调温器设置的温度应稍高，以避免冷却和冷冻对水果、蔬菜的损伤。

——在拖车的前端配置制冷隔板。

——在极端寒冷气候条件下运输时，需要配备制热装置。

——空气配置系统良好，装有斜置的纤维气流槽或顶置的金属气流槽。

5.3.2 装货前处理

5.3.2.1 需要冷链运输的产品在装货前应进行预冷，用温度计测量产品温度，并记录在装货单上以备日后参考。

5.3.2.2 货舱也应预冷到推荐的贮藏和运输温度。

5.3.2.3 装运不同货品时，一定要确定这些货品能够相容。

5.3.2.4 不应将水果、蔬菜与可能受到臭气或有毒化学残留物污染的货品混装在一起。

5.3.3 装货

5.3.3.1 基本的装货方法包括：

——机械或人工装载大量的、未包装的散装货品；

——人工装载使用货盘或不使用货盘的单个集装箱；

——用货盘起重机或叉式升降机对逐层装载的或货盘装载的集装箱进行整体装载。

5.3.3.2 集装箱应按尺寸正确填充，填充容量不宜过大或过小。

5.3.3.3 货品配送中心提供整体货盘装载时，应尽量使用在货盘上整体装载替代搬运单个集装箱，减轻对集装箱和其内部果蔬的损坏。

5.3.3.4 整体装载应使用托盘或隔板；应遵循叉式升降装卸车和货盘起重机的操作规范。

5.3.3.5 箱子之间应有纤维板、塑料或线状垂直内锁带；箱子应有孔以利于空气流通；箱子间应连接在一起避免水平位移；货盘上装载的箱子用塑料网覆盖；箱子和角板周围用塑料或金属带子捆住。

5.3.3.6 货盘应足够牢固，具备一定的承载能力，可以承受货物的交叉整齐堆放而不倒塌。

5.3.3.7 货盘底部的设计应考虑空气流通的需要，可用底部有孔的纤维板放在托盘底部使空气循环流通。

5.3.3.8 箱子不能悬在货盘边缘，这样会导致整个装载坍塌、产品摩擦受损，或造成运输过程中箱子位置的移动。

5.3.3.9 货盘应有适当数量的顶层横板，能承受住纤维板箱子的压力，避免产品摩擦受损或装载倾斜致使货盘倾翻。

5.3.3.10 没有捆绑或罩网的集装箱货盘装载，至少上面三层集装箱应交叉整齐堆放以保证货物的稳定性。除此之外，还可在顶层使用薄膜包裹或胶带。但当产品需要通风时，集装箱不应使用薄膜包裹。

5.3.3.11 可使用隔板代替货盘以降低成本，减少货盘运输和回收的费用。隔板一般是纤维或塑料质地，纤维板质地的隔板在潮湿环境中使用时要涂蜡。隔板应足够牢固，在满载时应能耐受叉式升降机的叉夹和牵拉。隔板还应有孔以保证装载情况下的空气流通，冷链运输不使用地槽浅的隔板以方便空气流通。

5.3.3.12 隔板上的集装箱应交叉整齐堆放，用薄膜缠绕或通过角板和捆绑加以固定。

5.3.3.13 装货时应使用以下一种或多种材料进行固定，防止在运输和搬运过程中震动和挤压对货品的损坏：

——铝制或木制的装载固定锁；

——纸板或纤维板蜂窝状填充物；

——木块和钉条；

——可充气的牛皮纸袋；

——货物网或货带等。

5.3.3.14 顶层纸板箱和集装箱的顶之间应保持一定的间隙以保证空气流通的需要。使用托盘、支架和衬板等使货运集装箱远离地板和墙面。在货品底端、四周和货品之间留有空气流通的间隙。

5.3.3.15 在混合装载时，相似大小的货物集装箱应放在一起。先装载较重的货物集装箱，均匀排列在拖车或集装箱底部，然后由重到轻依次装载，将轻的集装箱放在重的集装箱的上面。锁住和固定住不同尺寸的货运集装箱以确保安全。

5.3.3.16 应在靠近集装箱门的位置放置每种货物的样品，以减少检验时对货品的挪动。

5.3.4 运输操作

5.3.4.1 装货结束后，运输前要确保货舱封闭，装货出入口区域也应密封。

5.3.4.2 装货结束后，需要时要向拖车和集装箱中提供减低了氧气浓度、提高了二氧化碳和氮气浓度的空气。在拖车和集装箱货物装载通道的门旁应装有塑料薄膜帘和通气口。

5.3.4.3 运输过程中要保持货仓内的温度和相对湿度。

5.3.4.4 在温度最高区域的包装箱之间，应配备温度监控记录设备。

5.3.4.5 温度监控记录设备应安装在货品的顶端，靠近墙面，远离直接排出的冷气。当货品顶端放置冰块或湿度高于95%时，温度监控记录设备应防水或密封在塑料袋中。

5.3.4.6 温度的感应和测量应在制冷系统停止运行后进行。应遵循温度记录仪的使用说明，记录所装载货品、开启记录仪时间、记录结果、校准和验证等。

5.3.4.7 制冷系统、墙、顶、地板和门应密封，与外面的空气隔绝。否则形成的气体环境会被破坏。

5.3.4.8 冷链运输装备上应贴警示条，明示注意事项；卸货之前，车箱内应经过良好通风。

附录 A
（资料性附录）
新鲜水果包装容器的种类、材料及适用范围

新鲜水果常用的包装容器、材料及适用范围见表 A.1。

表 A.1　　　　　　　　　　新鲜水果包装容器的种类、材料及适用范围

种类	材料	适用范围
塑料箱	高密度聚乙烯	适用于任何水果
纸箱	瓦楞纸板	适用于任何水果
纸袋	具有一定强度的纸张	装果量通常不超过 2 kg
纸盒	具有一定强度的纸张	适用于易受机械伤的水果
板条箱	木板条	适用于任何水果
筐	竹子、荆条	适用于任何水果
网袋	天然纤维或合成纤维	适用于不易受机械伤的水果
塑料托盘与塑料膜组成的包装	聚乙烯	适用于蒸发失水率高的水果，装果量通常不超过 1 kg
泡沫塑料箱	聚苯乙烯	适用于任何水果

附录 B
（资料性附录）
新鲜水果包装内的支撑物和衬垫物

新鲜水果包装内的支撑物和衬垫物的种类和作用见表 B.1。

表 B.1　　新鲜水果包装内的支撑物和衬垫物

种类	作用
纸	衬垫，缓冲挤压，保洁，减少失水
纸托盘、塑料托盘、泡沫塑料盘	衬垫和分离水果，减少碰撞
瓦楞插板	分离水果，增大支撑强度
泡沫塑料网或网套	衬垫，减少碰撞，缓冲震动
塑料薄膜袋	控制失水和呼吸
塑料薄膜	保护水果，控制失水

附录 C
（资料性附录）
新鲜蔬菜包装容器的种类、材料及适用范围

新鲜蔬菜常用的包装容器、材料及适用范围见表 C.1。

表 C.1　　新鲜蔬菜包装容器的种类、材料及适用范围

种类	材料	适用范围
塑料箱	高密度聚乙烯	任何蔬菜
纸箱	瓦楞板纸	经过修整后的蔬菜
钙塑瓦楞箱	高密度聚乙烯树脂	任何蔬菜
板条箱	木板条	果菜类
筐	竹子、荆条	任何蔬菜
加固竹筐	筐体竹皮、筐盖木板	任何蔬菜
网、袋	天然纤维或合成纤维	不易擦伤、含水最少的蔬菜
发泡塑料箱	可发性聚苯乙烯等	附加值较高，对温度比较敏感，易损伤的蔬菜和水果

ICS 67.040
X 00

中华人民共和国国家标准

GB/T 36759—2018

葡萄酒生产追溯实施指南

Implementation guidelines for traceability of wine production

2018-09-17 发布

2019-04-01 实施

中华人民共和国国家质量监督检验检疫总局
中国国家标准化管理委员会 发布

前　言

本标准按照 GB/T 1.1—2009 给出的规则起草。

本标准由全国食品质量控制与管理标准化技术委员会（SAC/TC 313）提出并归口。

本标准起草单位：山东省标准化研究院、新疆维吾尔自治区标准化研究院、中粮长城葡萄酒（烟台）有限公司。

本标准主要起草人：王玎、高永超、钱恒、刘丽梅、唐亦兵、安洁、吴菁、李泽福。

葡萄酒生产追溯实施指南

1 范围

本标准规定了葡萄酒生产过程中可追溯体系建设及信息记录要求。

本标准适用于葡萄酒生产企业（含原酒加工企业、加工灌装企业等），葡萄酒生产监管部门、第三方追溯服务提供方等也可参照使用。

2 规范性引用文件

下列文件对于本文件的应用是必不可少的。凡是注日期的引用文件，仅所注日期的版本适用于本文件。凡是不注日期的引用文件，其最新版本（包括所有的修改单）适用于本文件。

GB 2760 食品安全国家标准 食品添加剂使用标准

GB/T 15037 葡萄酒

GB/T 22005—2009 饲料和食品链的可追溯性体系设计与实施的通用原则和基本要求

GB/Z 25008—2010 饲料和食品链的可追溯性体系设计与实施指南

3 术语和定义

GB 2760、GB/T 15037、GB/T 22005—2009 界定的术语和定义适用于本文件。为了便于使用，以下重复列出了 GB 2760、GB/T 15037、GB/T 22005—2009 中的一些术语和定义。

3.1 葡萄酒 wines

以鲜葡萄或葡萄汁为原料，经全部或部分发酵酿制而成的，含有一定酒精度的发酵酒。[GB/T 15037—2006，定义 3.1]

3.2 食品添加剂 food additives

为改善食品品质和色、香、味，以及为防腐、保鲜和加工工艺的需要而加入食品中的人工合成或者天然物质。食品用香料、胶基糖果中基础剂物质、食品工业用加工助剂也包括在内。[GB 2760—2014，定义 2.1]

3.3 食品工业用加工助剂 processing aids for the food industry

保证食品加工能顺利进行的各种物质，与食品本身无关。如助滤、澄清、吸附、脱模、脱色、脱皮、提取溶剂、发酵用营养物质等。[GB 2760—2014，定义 2.4]

3.4 可追溯体系 traceability system

能够维护关于产品及其成分在整个或部分生产与使用链上所期望获取信息的全部数据和作业。

[GB/T 22005—2009,定义 3.12]

4 葡萄酒可追溯体系建设

4.1 葡萄酒生产过程的可追溯性原则应符合 GB/T 22005—2009 中第 4 章的要求。

4.2 葡萄酒生产企业应明确追溯目标（例如：确保葡萄酒质量安全），了解相关法规和政策要求，设计和实施有效的可追溯体系，并形成文件，加以实施和保持，必要时进行更新。

4.3 葡萄酒可追溯体系的设计应符合 GB/Z 25008—2010 中第 5 章的要求。

4.4 葡萄酒可追溯体系的实施应符合 GB/Z 25008—2010 中第 6 章的要求。

4.5 葡萄酒可追溯体系的内部审核程序的建立应符合 GB/Z 25008—2010 中第 7 章和第 8 章的要求。

5 葡萄酒生产追溯信息记录要求

5.1 总要求

葡萄酒生产企业在可追溯体系实施过程中，应梳理产品供应链覆盖的环节，按葡萄酒生产流程中的主要环节（见图1）规范追溯信息记录。

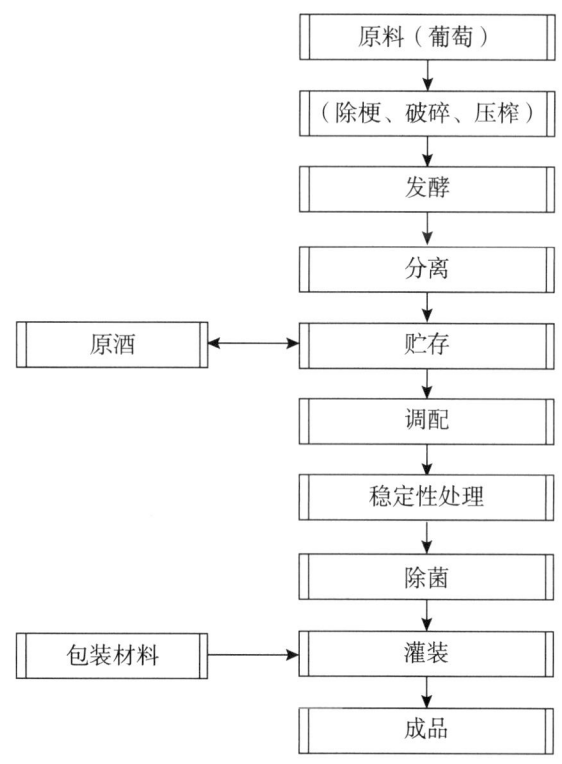

图1 葡萄酒生产主要追溯环节

5.2 生产流程和追溯环节

葡萄酒追溯过程中需要重点记录的环节，至少包括：原料（葡萄）、发酵、贮存、稳定性处理、灌装、成品，以及食品添加剂、食品工业用加工助剂和包装材料、原酒。

5.3 各环节追溯信息记录要求

5.3.1 原料（葡萄）

原料（葡萄）追溯信息记录要求见表1。

表1　　原料（葡萄）追溯信息记录要求

追溯信息	描述
原料（葡萄）标识	产地、品种、采收年份、供应商名称、批号
质量信息	检验信息、合格证明
入料	数量

5.3.2 发酵

发酵环节追溯信息记录要求见表2。

表2　　发酵环节追溯信息记录要求

追溯信息	描述
设备标识	不锈钢罐号/橡木桶号、容量
入料	产地、品种、批号、数量
食品添加剂及食品工业用加工助剂	名称、添加时间、批号、数量
过程控制	发酵记录

5.3.3 贮存

贮存环节追溯信息记录要求见表3。

表3　　贮存环节追溯信息记录要求

追溯信息	描述
设备标识	不锈钢罐号/橡木桶号、容量
原酒	产地、品种、年份、批号、数量
过程控制	贮存记录

5.3.4 稳定性处理

稳定性处理环节追溯信息记录要求见表4。

表4　　稳定性处理环节追溯信息记录要求

追溯信息	描述
设备标识	不锈钢罐号/橡木桶号、容量
原酒	产地、品种、年份、批号、数量
食品添加剂及食品工业用加工助剂	名称、添加时间、批号、数量
过程控制	处理记录

5.3.5 灌装
灌装环节追溯信息记录要求见表5。

表5　　　　　　　　　　　　　　灌装环节追溯信息记录要求

追溯信息	描述
设备标识	不锈钢罐号/橡木桶号、容量
产品标识	名称、规格、批号、数量
灌装线标识	灌装日期、灌装线
包装材料	名称、规格、批号、数量
质量信息	检验信息

5.3.6 成品
成品追溯信息记录要求见表6。

表6　　　　　　　　　　　　　　成品追溯信息记录要求

追溯信息	描述
产品标识	名称、规格、批号、数量
入库	入库时间、数量
质量信息	检验信息
产品流向	出库时间、去向、数量

5.3.7 食品添加剂、食品工业用加工助剂
食品添加剂、食品工业用加工助剂追溯信息记录要求见表7。

表7　　　　　　　　食品添加剂、食品工业用加工助剂追溯信息记录要求

追溯信息	描述
产品标识	名称、规格、批号、数量
来源	供应商名称、联系方式
质量信息	检验信息、合格证明

5.3.8 包装材料
包装材料追溯信息记录要求见表8。

表8　　　　　　　　　　　　　　包装材料追溯信息记录要求

追溯信息	描述
产品标识	名称、规格、批号、数量
来源	供应商名称、联系方式
质量信息	检验信息、合格证明

5.3.9 原酒

原酒环节追溯信息记录要求见表9。

表9　　原酒环节追溯信息记录要求

追溯信息	描述
产品标识	名称（产地、品种、年份）、批号
质量信息	检验信息、合格证明
来源	供应商名称、联系方式，进口原酒应提供检验检疫证明
流向	采购商名称、联系方式
入料	数量

参考文献

［1］GB/T 22000—2006　食品安全管理体系　食品链中各类组织的要求
［2］GB/T 27341—2009　危害分析与关键控制点（HACCP）体系　食品生产企业通用要求
［3］《葡萄酒及果酒生产许可证审查细则》修改单（第1号）。（国质检监函〔2005〕776号，2005年9月26日）

第五部分　检验检测

ICS 67.040
X 09

中华人民共和国农业行业标准

NY/T 1762—2009

农产品质量安全追溯操作规程
水　果

Operating rules for quality and safety
traceability of agricultural products—Fruit

2009-04-23 发布　　　　　　　　　　　2009-05-22 实施

中华人民共和国农业部　发布

前 言

本标准由中华人民共和国农业部农垦局提出并归口。

本标准起草单位：中国农垦经济发展中心、农业部热带农产品质量监督检验测试中心。

本标准主要起草人：徐志、韩学军、王生。

农产品质量安全追溯操作规程 水果

1 范围

本标准规定了水果质量安全追溯的术语和定义、要求、编码方法、信息采集、信息管理、追溯标识、体系运行自检、质量安全问题处置。

本标准适用于水果质量安全追溯体系的实施。

2 规范性引用文件

下列文件中的条款通过本标准的引用而成为本标准的条款。凡是注日期的引用文件，其随后所有的修改单（不包括勘误的内容）或修订版均不适用于本标准，然而，鼓励根据本标准达成协议的各方研究是否可使用这些文件的最新版本。凡是不注日期的引用文件，其最新版本适用于本标准。

NY/T 1761 农产品质量安全追溯操作规程 通则

3 术语与定义

NY/T 1761 确立的术语和定义适用于本标准。

4 要求

4.1 追溯目标

追溯的水果产品可根据追溯码追溯到各个生产、采后处理、流通环节的产品、投入品信息及相关责任主体。

4.2 机构和人员

追溯的水果生产企业（组织或机构）应指定部门或人员负责追溯的组织、实施、监控和信息的采集、上报、核实及发布等工作。

4.3 设备和软件

追溯的水果生产企业（组织或机构）应配备必要的计算机、网络设备、标签打印机、条码读写设备及相关软件等。

4.4 管理制度

追溯的水果生产企业应制定产品质量安全追溯工作规范、信息采集规范、信息系统维护和管理规范、质量安全问题处置规范等相关制度，并组织实施。

5 编码方法

5.1 种植环节

5.1.1 产地编码
产地编码按 NY/T 1761 的规定执行。

5.1.2 地块编码
应对每个追溯地块编码。以种植时间、种植品种、生产措施相对一致的地理区域为一单位地块，按排列顺序编码，并建立编码地块档案。编码地块档案至少包括区域、面积、产地环境等信息。

5.1.3 种植者编码
生产、管理相对统一的种植户或种植组统称为种植者，应对种植者进行编码并建立种植者档案。种植者编码档案至少包括姓名（户名或组名）、种植区域、种植面积、种植品种等信息。

5.1.4 采摘批次编码
应对采摘批次进行编码，并建立采摘批次编码档案。采摘批次编码档案至少包括姓名（户名或组名）、采摘区域、采摘面积、采摘品种、采摘数量、采摘标准等信息。

5.2 采后处理环节

5.2.1 采后处理地点编码
应对采后处理地点进行编码，并建立采后处理地点编码档案。编码档案至少包括温度、卫生条件、地点等信息。

5.2.2 采后处理批次编码
应对采后处理批次进行编码，并建立采后处理批次编码档案。编码档案至少包括处理工艺、处理标准等信息。

5.2.3 包装批次编码
应对编制包装批次进行编码，并建立包装批次编码档案。编码档案至少包括产品等级、规格及检测结果等信息。

5.3 贮运环节

5.3.1 贮存设施编码
应对贮存设施按照位置进行编码，并建立贮存设施编码档案。编码档案至少包括位置、通风防潮状况、卫生条件等信息。

5.3.2 储存批次编码
应对储存批次进行编码，并建立储存批次编码档案。编码档案至少记录温度、湿度等信息。

5.3.3 运输设施编码
应对运输设施按照位置、牌号等进行编码，并建立运输设施编码档案。编码档案至少记录卫生条件、车辆类型、牌号等信息。

5.3.4 运输批次编码
应对运输批次编码，并建立运输批次编码档案。运输批次编码档案至少记录运输产品来自的存储设施、包装批次或逐件记录、运输起止地点、运输设施等。

5.3.5 销售环节

销售编码可用以下方式：

——企业编码的预留代码位加入销售代码，成为追溯码。

——在企业编码外标出销售代码。

6 信息采集

6.1 产地信息

产地代码、产地环境监测情况（包括取样地点、时间、监测机构、监测结果等）、种植者档案等信息。

6.2 生产信息

种苗、农业投入品的品名、来源、使用和管理；采摘信息，包括采摘人员、采摘时间、采摘数量、预冷等信息。

6.3 采后处理信息

清洗、分级、包装的批次、日期、设施、投入品和规格、包装责任人等信息。

6.4 产品存储信息

存储位置、存储日期、存储设施、存储环境等信息。

6.5 产品运输信息

运输车型、车号、运输环境条件、运输日期、运输起止地点、数量等信息。

6.6 市场销售信息

市场流向、分销商、零售商、进货时间、销售时间等信息。

6.7 产品检验信息

产品来源、检验日期、检验机构、检验结果等信息。

7 信息管理

7.1 信息存储

应建立信息管理制度。纸质记录应及时归档，电子记录应每2周备份一次，所有信息档案至少保存2年以上。

7.2 信息传输

上环节操作结束时，相关企业（组织或机构）应及时通过网络、纸质记录等形式将代码和相关信息传递给下一环节，企业（组织或机构）汇总诸环节信息后传输到追溯系统。

7.3 信息查询

凡经相关法律法规要求，应予向社会发布的信息，应建立相应的查询平台。内容至少包括种植者、产品、产地、采后处理企业、批次、质量检验结果、产品标准。

8 追溯标识

水果追溯标识按 NY/T 1761 的规定执行。

9 体系运行自查和质量安全问题处置

企业追溯体系运行自查和质量安全问题处置按 NY/T 1761 的规定执行。

ICS 65.020
B 16

中华人民共和国农业行业标准

NY/T 2377—2013

葡萄病毒检测技术规范

Code of practice for the detection of grapevine viruses

2013-09-10 发布　　　　　　　　　　　　　　　2014-01-01 实施

中华人民共和国农业部　发布

前 言

本标准按照 GB/T 1.1—2009 给出的规则起草。

本标准由农业部种植业管理司提出。

本标准由全国果品标准化技术委员会（SAC/TC 510）归口。

本标准起草单位：中国农业科学院果树研究所、农业部果品及苗木质量监督检验测试中心（兴城）。

本标准主要起草人：黄雅凤、张尊平、范旭东、任芳、刘凤之、聂继云。

葡萄病毒检测技术规范

1 范围

本标准规定了葡萄主要病毒检测技术的术语和定义、检测对象、检测方法和检测结果的判定。

本标准适用于葡萄接穗、插条、苗木、组培苗、田间植株中主要葡萄病毒的检测。

2 规范性引用文件

下列文件对于本文件的应用是必不可少的。凡是注日期的引用文件，仅所注日期的版本适用于本文件。凡是不注日期的引用文件，其最新版本（包括所有的修改单）适用于本文件。

NY/T 1843 葡萄无病毒母本树和苗木

3 术语和定义

下列术语和定义适用于本文件。

3.1 葡萄无性繁殖材料 grapevine asexual propagationmaterials

用于嫁接繁殖葡萄苗木的接穗或扦插繁殖葡萄苗木的插条。

3.2 葡萄苗木 grapevine nursery stock

采用品种接穗和砧木嫁接繁育的葡萄嫁接苗，以及通过扦插、组织培养等方法繁育的葡萄自根苗。

3.3 葡萄组培苗 grapevine nursery stock from tissue culture

指利用葡萄外殖体，在无菌和适宜的人工条件下，培育的完整植株。

3.4 指示植物 indicator plant

是指被某种或某类病毒侵染后，在适宜的环境条件下，能够表现典型症状的寄主植物。

3.5 酶联免疫吸附测定 enzyme – linked immuno sorbent assay（ELISA）

在固相支持物上（酶联板）包被病毒特异性抗体，加入待测样品后，再用酶标记的病毒抗体进行免疫识别，最后通过酶与底物的颜色反应检测病毒是否存在的一种血清学检测方法。

3.6 逆转录聚合酶链式反应 reverse transcription – polymerase chain reaction（RT – PCR）

利用逆转录酶将 RNA 逆转录为 cDNA，再以此为模板并以耐热 DNA 聚合酶和一对引物（与待测目标核酸分子序列同源的 DNA 片段）通过高温（DNA 分子变性）和低温（引物和目标核酸分子复性并被耐热DNA聚合酶延伸）交替循环扩增待测目标核酸分子的方法。

4 检测对象

4.1 葡萄扇叶病毒（*Grapevine fanleaf virus*，GFLV）

4.2 葡萄卷叶相关病毒1（*Grapevine lea froll - associated virus*1，GLRaV-1）

4.3 葡萄卷叶相关病毒2（*Grapevine lea froll - associated virus*2，GLRaV-2）

4.4 葡萄卷叶相关病毒3（*Grapevine lea froll - associated virus*3，GLRaV-3）

4.5 葡萄卷叶相关病毒4（*Grapevine lea froll - associated virus*4，GLRaV-4）

4.6 葡萄卷叶相关病毒5（*Grapevine lea froll - associated virus*5，GLRaV-5）

4.7 葡萄卷叶相关病毒7（*Grapevine lea froll - associated virus*7，GLRaV-7）

4.8 葡萄病毒A（*Grapevine virus*A，GVA）

4.9 葡萄病毒B（*Grapevine virus*B，GVB）

4.10 葡萄斑点病毒（*Grapevine fleck virus*，GFkV）

4.11 沙地葡萄茎痘病毒（*Grapevine rupestris stem pitting - associated virus*，GRSPaV）

5 检测方法

5.1 指示植物嫁接法

5.1.1 葡萄扇叶病毒、葡萄卷叶相关病毒、葡萄病毒A和葡萄斑点病毒均可采用指示植物进行检测。

5.1.2 采用绿枝嫁接和硬枝嫁接方法，将待检样品嫁接到指示植物，或将指示植物嫁接到待检样品上，每个组合重复3株~5株。

5.1.3 生长季节定期观察指示植物的症状表现，具体操作方法和指示植物症状表现参见附录A。

5.2 酶联免疫吸附法（ELISA）

5.2.1 葡萄扇叶病毒，葡萄卷叶相关病毒1，葡萄卷叶相关病毒2，葡萄卷叶相关病毒3，葡萄卷叶相关病毒5；ELISA方法进行检测。

5.2.2 适宜的检测时期和取样部位参见附录B。

5.2.3 具体检测程序参见附录C。

5.3 逆转录聚合酶链式反应（RT-PCR）

5.3.1 葡萄扇叶病毒，葡萄卷叶相关病毒1，葡萄卷叶相关病毒2，葡萄卷叶相关病毒3，葡萄卷叶相关病毒4，葡萄卷叶相关病毒5，葡萄卷叶相关病毒7，葡萄病毒A，葡萄病毒B，葡萄斑点病毒和沙地葡萄茎痘病毒均可采用RT-PCR方法进行检测。

5.3.2 适宜的检测时期和取样部位参见附录B。

5.3.3 具体检测程序参见附录D。

6 检测结果判定

根据附录A、附录C和附录D判定检测结果。检测结果呈阳性，即判定该样品携带相应的病毒；

检测结果呈阴性，应进行复检。如采用2种以上的检测方法，且检测结果不一致，则以阳性结果为准，判定该样品携带相应的病毒。

对葡萄无病毒母本树和苗木进行检测时，应根据NY/T 1843的要求进行。

附录 A
（资料性附录）
指示植物嫁接检测

A.1 嫁接方法

A.1.1 绿枝嫁接

上年培育盆栽指示植物或待检样品的扦插生根苗，翌年5月—6月，当砧木和接穗均达半木质化时开始嫁接。嫁接时，砧木留3片~4片叶平剪，抹除夏芽及副梢，从断面中间垂直劈一个2.5 cm~3.0 cm长的切口；选择与砧木粗度和成熟度相近的待检样品或指示植物作为接穗，抹除接穗上的夏芽或剪去萌发的副梢，在芽下方0.5 cm左右，从芽两侧向下削成长2.5 cm~3.0 cm长的平滑斜面，呈楔形；削好的接穗马上插入砧木的切口中，使二者形成层对齐，接穗斜面露白0.5 mm，用1.0 cm~1.2 cm宽的薄塑料条，从砧木接口下边向上缠绕，只将接芽露出，一直缠到接穗顶端，封严接穗上的所有切口后再回缠打个活结。如果绿枝嫁接时间较早，气温偏低，可套小塑料袋增温、保湿，以提高成活率。

A.1.2 硬枝嫁接

早春萌芽前，以上年培育的盆栽指示植物或待检样品做砧木，剪留10 cm~15 cm长，用切接刀在砧木中心垂直向下劈2.5 cm~3.0 cm长的切口；选择与砧木粗度相近的接穗，用清水浸泡24 h后剪截，接穗上端距芽眼约1.5 cm处平剪，再用切接刀在接穗芽下0.5 cm~1 cm处，从芽两侧向下削成长2.5 cm~3.0 cm的平滑斜面，呈楔形；将削好的接穗一边的形成层与砧木形成层对齐插入砧木的切口内，接穗削面在砧木劈口上露出1 mm~2 mm。然后用塑料条从砧木切口的下方向上螺旋式缠绕，将接口缠紧封严。

A.2 嫁接数量与对照

检测时，须设阴、阳对照；同一指示植物与同一个样品组合（包括阴、阳对照）嫁接3株~5株。

A.3 嫁接后的管理

嫁接后的盆苗置于防虫温室中，温度控制在20 ℃~26 ℃，并及时浇水、除去砧木上萌发的新梢，以促进接芽萌发。嫁接成活后，加强肥水管理和病虫害防治。待指示植物长出嫩叶后，于生长季节定期观察，并记载症状表现。有的病毒病在第2年才开始表现症状，因此，至少观察2年。由于病毒症状表现受温度、指示植物生长状态和病毒浓度等多种因素的影响，有必要在生长季节进行多次调查，以保证鉴定结果准确可靠。

A.4 结果判断

嫁接组合中，只要有1株表现典型症状（见表A.1），即判定该样品携带相应的葡萄病毒。

表 A.1　　葡萄病毒指示植物及症状表现

病毒种类	指示植物	症状表现
葡萄扇叶病毒	沙地葡萄圣乔治（*Vitisrupestris cv.* St. Gorge）	叶片出现褪绿斑点、扇形叶
葡萄卷叶相关病毒	欧亚种葡萄（*Vitis vinifera*）*	叶缘向下反卷，叶脉间变红
葡萄病毒 A	Kober 5BB	木质部产生茎沟槽，叶片黄斑
葡萄斑点病毒	沙地葡萄圣乔治（*Vitisrupestris cv.* St. Gorge）	叶脉透明

*指红色品种，常用的有品丽珠（Cabernet franc）、赤霞珠（Cabernet sauvignon）、黑比诺（Pinot noir）、梅森（Mission）、巴贝拉（Barbera）等。

附录 B
（资料性附录）
ELISA 和 RT-PCR 检测适宜取样时期和部位

ELISA 和 RT-PCR 检测适宜取样时期和部位见表 B.1。

表 B.1　　ELISA 和 RT-PCR 检测适宜取样时期和部位

病毒种类	ELISA 检测 适宜时期	ELISA 检测 取样部位	RT-PCR 检测 适宜时期	RT-PCR 检测 取样部位
葡萄扇叶病毒	新梢生长期	嫩叶	新梢生长期	嫩叶
葡萄卷叶相关病毒1，葡萄卷叶相关病毒2，葡萄卷叶相关病毒3，葡萄卷叶相关病毒4，葡萄卷叶相关病毒5，葡萄卷叶相关病毒7	休眠期	成熟枝条韧皮部	休眠期	成熟枝条韧皮部
葡萄病毒 A	休眠期	成熟枝条韧皮部	休眠期	成熟枝条韧皮部
葡萄病毒 B	休眠期	成熟枝条韧皮部	休眠期	成熟枝条韧皮部
葡萄斑点病毒	休眠期	成熟枝条韧皮部	休眠期	成熟枝条韧皮部

附录 C
（资料性附录）
酶联免疫吸附检测（ELISA）

C.1 仪器设备和用具

C.1.1 仪器设备

酶标仪、电子天平（感量0.0001 g）、冰箱、恒温箱（0 ℃~50 ℃）、酸度计、离心机。

C.1.2 用具

可调式移液器（2 μL、10 μL、100 μL、200 μL、1 000 μL）及相应的吸头、酶标板、离心管、研钵等。

C.2 试剂

C.2.1 包被缓冲液（0.05 mol/L 碳酸盐缓冲液，pH9.6）

Na_2CO_3	1.59 g
$NaHCO_3$	2.93 g

溶于900 mL蒸馏水中，搅拌至完全溶解，调节pH至9.6，定容至1 000 mL。

C.2.2 冲洗缓冲液（PBST，pH7.4）

$Na_2HPO_4 \cdot 12H_2O$	5.802 g
$NaH_2PO_4 \cdot 2H_2O$	0.592 g
NaCl	8.766 g
Tween-20	0.5 mL

溶于900 mL蒸馏水中，搅拌至完全溶解，调节pH至7.4，定容至1 000 mL。

C.2.3 样品提取缓冲液（不同抗血清，提取缓冲液不同，应根据血清试剂盒说明配制）

聚乙烯吡咯烷酮（PVP）　　2.0 g

溶于100 mL 冲洗缓冲液（C.2.2）。

C.2.4 酶标抗体缓冲液（不同抗血清，提取缓冲液不同，应根据血清试剂盒说明配制）

聚乙烯吡咯烷酮（PVP）	2.0 g
牛血清白蛋白（BSA）	0.2 g

溶于100 mL 冲洗缓冲液（C.2.2）。

C.2.5 底物缓冲液（pH9.8）

二乙醇胺　　9.7 mL

定容至100 mL，用6 mol/L HCl调pH至9.8。

C.2.6 底物（现用现配）

在10 mL底物缓冲液（C.2.4）中加10mg对硝基苯磷酸二钠盐（PNPP）。

C.2.7 终止液（1 mol/L NaOH）

NaOH　　4 g

先用少量蒸馏水溶解后，定容至100 mL。

注：所用试剂均为分析纯，酶标抗体为碱性磷酸酶标记的抗体。

C.3 检测

C.3.1 加抗血清

用包被缓冲液（C.2.1）将病毒特异抗血清 IgG 稀释至工作浓度，加入到酶标板的微孔中，每孔 100 μL，通常在 37℃保温 2h（不同抗血清，保温时间和温度不同，应根据血清试剂盒说明确定），用 PBST（C.2.2）洗板 3 次~4 次。

C.3.2 加抗原样品

根据检测病毒种类，取嫩叶或一年生休眠枝条韧皮部，每 1g 样品加入 5 mL~10 mL 样品提取缓冲液（C.2.3），研磨后，3 000 r/min 离心 5 min。每个微孔板需同时设阳性、阴性和空白对照，对照和每个样品分别加 2 个微孔，每个微孔加 100 μL 上清液。4℃冰箱中放置过夜后，按 C.3.1 方法洗板。

C.3.3 加酶标抗体

用酶标抗体缓冲液（C.2.4）将碱性磷酸酶标记的特异抗血清 IgG 稀释至工作浓度，加入到微孔中，每孔 100 μL，按 C.3.1 保温和洗板。

C.3.4 加底物

每个微孔加 100 μL 底物（C.2.5），黑暗中室温放置 15 min~30 min。

C.3.5 终止反应

每个微孔加 25 μL 终止液。

C.3.6 结果判定

测定酶标板各微孔 405 nm 吸光值。若待检样品 2 孔平均吸光值/阴性对照 2 孔平均吸光值≥2，则判定该样品为阳性；如果样品 2 孔平均吸光值/阴性对照 2 孔平均吸光值<2，则判定该样品为阴性。

附录 D
（资料性附录）
RT-PCR 检测

D.1 仪器设备和材料

D.1.1 微量移液器：200 μL~1000 μL，20 μL~200 μL、10 μL~100 μL、0.5 μL~10 μL。

D.1.2 电子天平：感量为 0.01 g 和 0.000 1 g。

D.1.3 高速冷冻离心机。

D.1.4 PCR 仪。

D.1.5 水平凝胶电泳仪。

D.1.6 凝胶成像系统。

D.1.7 DEPC 水处理的吸头和离心管。

D.2 试剂

D.2.1 研磨缓冲液

4.0 mol/L	硫氰酸胍	23.6 g
0.2 mol/L	NaAC	0.82 g
25 mmol/L	EDTA	0.365 g
1.0 M	KAC	4.9 g
2.5 %	PVP-30	1.25 g

DEPC 处理水定容至 50 mL，4℃保存。使用前加入 2% 偏重亚硫酸钠。

D.2.2 清洗缓冲液

10.0 mmol/L	Tris-HCl	0.3941 g
0.5 mmol/L	EDTA	0.0365 g
50 mmol/L	NaCl	0.7305 g
50 %	乙醇	125 mL

DEPC 处理水定容至 250 mL，4℃贮存。

D.2.3 50×TAE 缓冲液

Tris	60.5 g
冰乙酸	13.5 mL（或 37.5 mL 36% 乙酸）
EDTA	2.3 g

灭菌蒸馏水定容至 250 mL，pH 为 8.0。

D.2.4 6×凝胶加样缓冲液

溴酚蓝
| 二甲苯青 FF | 0.125 g |
| 40 %（W/V）蔗糖水溶液 | 0.125 g |

灭菌蒸馏水定容至 50 mL，4℃冰箱保存。

D.3 检测

D.3.1 总 RNA 提取

采用二氧化硅吸附法提取总 RNA：

a) 称取 100 mg 待检材料放入塑料袋中，加入 1 mL 研磨缓冲液磨碎；

b) 取 500 μL 匀浆置于 1.5 mL 消毒离心管中（预先加入 150 μL 10% N-lauroylsarcosine），70 ℃ 保温 10 min、冰中放置 5 min 后，14 000 r/min 离心 10 min；

c) 取 300 μL 上清液，加入 150 μL 100% 乙醇、300 μL 6 mol/L 碘化钠、30 μL 10% 硅悬浮液（pH2.0），室温下振荡 20 min；

d) 6 000 r/min 离心 1 min，弃去上清，加入 500 μL 清洗缓冲液重悬浮沉淀，6 000 r/min 离心 1 min；

e) 重复步骤 d）；

f) 将离心管反扣在纸巾上，室温下自然干燥后，重新悬浮于无 RNase 和 DNase 的水中，70 ℃ 保温 4 min；

g) 13 000 r/min 离心 3 min，取上清液，保存于 -70 ℃ 超低温冰箱中。也可采用商品性试剂盒或其他方法提取总 RNA。

D.3.2 合成 cDNA

5 μL 总 RNA 与 1 μL 0.1 μg/μL 随机引物 5′d（NNNNNN）3′ 和 9 μL 水混合，95 ℃ 变性 5 min 后立即置于冰中冷却 2 min。再加入含 5 μL 5×MMLV-RT 缓冲液、1.25 μL 10 mmol/L dNTPs、0.5 μL 200U/μL M-MLV 逆转录酶和 3.25 μL 灭菌纯水的逆转录混合液，经 37 ℃ 10 min、42 ℃ 50 min、70 ℃ 5 min 合成 cDNA。

D.3.3 PCR 扩增

PCR 反应混合液共 25 μL，包括 2.5 μL cDNA、2.5 μL 10×PCR 缓冲液、0.5 μL 10 mmol/L dNTPs、0.5 μL 10 μmol/L 正向和反向引物（见表 D.1）、0.375 μL 2 U/μL TaqDNA 聚合酶、18.125 μL 灭菌纯水。按如下程序进行 PCR 扩增：94 ℃ 10 min；94 ℃ 30 s，退火（退火温度见表 D.1）45 s，72 ℃ 50 s 共 35 个循环，最后 72 ℃ 延伸 10 min。根据各组引物的退火温度及扩增产物大小设计。

表 D.1　　葡萄病毒 RT-PCR 引物

病毒名称	引物序列（5′-3′）	退火温度（℃）	产物（bp）
葡萄扇叶病毒（GFLV）	P1：CCAAAGTTGGTTTCCCAAGA P2：ACCGGATTGACGTGGGTGAT	56	605
葡萄卷叶相关病毒 1（GLRaV-1）	P1：TCTTTACCAACCCCGAGATGAA P2：GTGTCTGGTGACGTGCTAAACG	54	232
葡萄卷叶相关病毒 2（GLRaV-2）	P1：TTGACAGCAGCCGATTAAGCG P2：CTGACATTATTGGTGCGACGG	51	333
葡萄卷叶相关病毒 3（GLRaV-3）	P1：CGCTAGGGCTGTGAAGTATT P2：GTTGTCCCGGGTACCAGATAT	52	546
葡萄卷叶相关病毒 4（GLRaV-4）	P1：CTCAAACCAGCGGCTGTTG P2：GTGATACCATATACATACCGACC	54	441
葡萄卷叶相关病毒 5（GLRaV-5）	P1：CCCGTGATACAAGGTAGGACA P2：CAGACTTCACCTCCTGTTAC	54	690

(续表)

病毒名称	引物序列（5′-3′）	退火温度（℃）	产物（bp）
葡萄卷叶相关病毒7（GLRaV-7）	P1：TATATCCCAACGGAGATGGC P2：ATGTTCCTCCACCAAAATCG	52	502
葡萄病毒A（GVA）	P1：AAGCCTGACCTAGTCATCTTGG P2：GACAAATGGCACACTACG	52	430
葡萄病毒B（GVB）	P1：ATCAGCAAACACGCTTGAACCG P2：GTGCTAAGAACGTCTTCACAGC	55	450
葡萄斑点病毒（GFkV）	P1：GTCCTCCTACACCTCCCTGTCCAT P2：CCTCATCCGCGGAGTTATCGAAT	60	412
沙地葡萄茎痘病毒（GRSPaV）	P1：GGCCAAGGTTCAGTTTG P2：ACACCTGCTGTGAAAGC	50	498

D.3.4 结果判定

检测时设阴性、阳性对照，采用1.5%琼脂糖凝胶电泳，180 V电泳约30 min，0.5 μg/mL EB溶液染色10 min~15 min，观察到与阳性对照位置相同的目的条带的样品为阳性，携带所检病毒；与阴性对照一样，未观察到目的条带的样品为阴性，不携带所检病毒。

ICS 65.020.01
B 16

中华人民共和国出入境检验检疫行业标准

SN/T 3554—2013

葡萄粉蚧检疫鉴定方法

Detection and identification of *Pianococcus ficus*(Signoret)

2013-03-01 发布　　　　　　　　　　　　　　2013-09-16 实施

中华人民共和国
国家质量监督检验检疫总局　发布

前　言

本标准按照 GB/T 1.1—2009 给出的规则起草。

请注意本文件的某些内容可能涉及专利。本文件的发布结构不承担识别这些专利的责任。

本标准由国家认证认可监督管理委员会提出并归口。

本标准起草单位：中华人民共和国沈阳出入境检验检疫局、中华人民共和国山西出入境检验检疫局、中华人民共和国江西出入境检验检疫局、中华人民共和国吉林出入境检验检疫局、中国检验检疫科学研究院、中华人民共和国海南出入境检验检疫局。

本标准主要起草人：付海滨、李惠萍、黄丽莉、魏春艳、陈乃中、徐卫、王芳、李俊环、耿庆华。

葡萄粉蚧检疫鉴定方法

1 范围

本标准明确了葡萄粉蚧 [*Planococcus ficus*（Signoret）] 的检疫鉴定方法。
本标准适用于葡萄粉蚧的检测和实验室鉴定。

2 术语和定义

下列术语和定义适用于本文件。

2.1 背孔 ostioles

着生在虫体背面的一横裂如嘴唇状的构造，数目常为两对，少数只具一对。背孔按着生位置的不同可分为前背孔和后背孔。前背孔生在前胸背板上，后背孔则生在第6腹节背板上。

2.2 腹脐 circulus

腹脐位于虫体腹部腹面，常以局部地角质化的狭窄的硬化框为界限，其数目和大小在不同的蚧虫种类中变化很大，也有的种类无腹脐。

2.3 盘腺 disk pores

盘腺又名孔腺，为蚧虫分泌蜡腺的一种类型，包括三孔腺、五孔腺、多孔腺、筛状孔等多种形状的腺体。三孔腺（trilocukr pores）：盘腺的一种，各种大小的略呈三角形或圆形的硬化结构，其中部有三个长形的腺孔。五孔腺（quinquelocular pores）：盘腺的一种，具有5个腺孔。多孔腺（multilocular pores）：盘腺的一种，不同直径的圆形或卵圆形硬化孔，腺孔多于5个。

2.4 领状管腺 oral–collar tubular ducts

管腺的一种，圆柱形，管口有一圈硬化环。

2.5 尾瓣 anal lobes

粉蚧第9腹节在肛环两侧的突出部分。

2.6 肛环 anal ring

肛门开口处的硬化环，常为椭圆形，其上具有蜡腺孔和肛环毛。

2.7 阴门 vulva

阴门位于身体腹面，在第8至第9节腹节腹板间，为雌性生殖孔的开口，阴门周围常有盘腺分布，有些成群排列。

2.8 刺孔群 cerarius

刺孔群一般由两个，少数一个或数个圆锥状刺和聚集在刺附近的三孔腺或少数五孔腺，并常有一些毛共同组成。刺孔群为粉蚧科中许多种类都具有的特殊泌蜡构造，常着生在虫体背面边缘，少数种类背面中部也有分布。

3 葡萄粉蚧基本信息

学名：*Planococcus ficus*（Signoret，1994）。
异名：*Planococcus vitis* Ezzat & Mcconnell, *Dactylopius ficus* Borchsenius。
英文名称：Vinemealybug, Mediterranean vinemealybug。
分类地位：同翅目（*Homoptera*），粉蚧科（*Pseudococcidae*），臀纹粉蚧属（*Planococcus* Ferris）。

该虫以雌成虫和若虫随寄主植物、随风、机械等远距离传播。葡萄粉蚧的分布、形态特征、传播途径及生物学特性为制定该检疫鉴定方法提供了依据（参见附录A）。葡萄粉蚧与该属内的大洋臀纹粉蚧（*Planococcus minor*）和霍氏粉蚧（*Planococcus hall*）在形态上十分相似，主要区分特征见附录B，同时，葡萄粉蚧主要危害葡萄，霍氏粉蚧主要危害甘薯，大洋臀纹粉蚧则危害多种寄主植物。

4 方法原理

根据葡萄粉蚧的危害状，在检疫现场或发生疑似葡萄粉蚧的田地，肉眼观察寄主根部、树皮下、叶片等部位，取得雌虫样品，制作玻片标本，用显微镜观察，根据形态特征对种类进行判定。

5 器材与试剂

5.1 器材

生物显微镜、体视显微镜、酒精灯、水浴锅、温箱、小烧杯、比色皿、小镊子、解剖针（刀）、接种环、小毛笔、载玻片、盖玻片、标签等。

5.2 试剂

10%氢氧化钾或10%氢氧化钠、蒸馏水、70%乙醇、95%乙醇、无水乙醇、冰乙酸、酸性品红、中性树胶、丁香油、甘油、二甲苯、苯酚等。

6 检测

对可能携带粉蚧的进境水果、种苗、花卉等检疫物各部位进行检查，重点检查果实的果柄、果蒂及植株的腋芽、枝条、叶鞘、树皮下等处，寄生部位常伴有白色的蜡粉或蜡丝等分泌物。如发现粉蚧，将其放入样品袋中，加以标记，做好现场记录，送实验室进行鉴定。

7 标本的制作准备

葡萄粉蚧雌成虫的玻片标本按附录C进行制备。

8 实验室鉴定

8.1 臀纹粉蚧属（*Planococcus Ferris*）雌成虫

虫体椭圆形，体外被白色蜡质分泌物所覆盖，体缘放射状伸出白色蜡丝，腹端最后一对蜡丝较长。眼发达。触角常为8节，足细长，发达，后足除跗节外其他节常具透明小孔，爪之下表面无小齿。胸气门开口宽圆。具前和后背孔，其背孔唇缘有时稍硬化。腹脐一个或缺如。尾瓣腹面常有不规则长条形硬化纹。肛环较硬化，具有1列外环孔和1列内环孔，肛环毛6根。刺孔群18对，每个刺孔群常由2根小刺组成，刺孔群的刺为圆锥形，顶端尖锐，很少有毛状的顶端。具多孔腺和三孔腺，多孔腺常在腹部之腹板上形成横列或横带，三孔腺遍布虫体背和腹两面。领状管腺主要分布在虫体腹面，在虫体边缘其数量最多，有时也分布在虫体背面。体毛在虫体背和腹面均有分布。

8.2 葡萄粉蚧雌成虫鉴定特征

雌成虫体椭圆形，侧面观微圆形（参见附录D），体长2.5mm~3mm，若虫身体黄色，完全成熟的成虫粉红色或橙棕色，足棕红色，身体被有薄蜡粉，但常显露体节，在背部背中区有纵向的斑纹，周缘有蜡丝，多数较短，常稍有弯曲，末对稍长，末前对短，末对约为体长的1/8。触角8节，眼在其后，近头缘，足粗大，后足基节、腿节和胫节上有透明孔，腹脐大，有节间褶横过。背孔2对，发达。肛环在背末，有成列环孔和6根长环毛，其长约为环径的2倍，尾瓣略突，其腹面有硬化棒。刺孔群18对，每对有2根锥刺。通常在前足基节后面有5个或更多个多孔腺，在腹面中足基节侧面有不多于6个领状管腺，腹面两触角之间领状管腺少于5个。

9 结果判定

以雌成虫形态特征为依据，其余特征描述可作参考，符合8.2特征即可鉴定为葡萄粉蚧。

10 标本保存

葡萄粉蚧各龄若虫、成虫均可用乙醇-甘油保存液保存，成虫也可制成玻片标本保存，同时记录害虫名称、截获时间、地点、人员等相关信息，一般保存期至少6个月。

附录 A
（资料性附录）
葡萄粉蚧其他信息

A.1 分布范围

亚洲：印度、巴基斯坦、阿富汗、沙特阿拉伯、叙利亚、伊朗、伊拉克、以色列、阿塞拜疆、黎巴嫩、埃及、土库曼斯坦、土耳其。

北美洲：美国、特立尼达和多巴哥、多米尼加共和国。

南美洲：阿根廷、巴西、智利、乌拉圭。

欧洲：法国、希腊、意大利、葡萄牙、西班牙、塞浦路斯。

非洲：南非、利比亚、毛里求斯、突尼斯。

A.2 寄主

葡萄（*Vitis vinifera*）、杧果（*Mamgifera indica*）、夹竹桃（*Nerium oleander*）、大丽花属（*Dahlia*）、胡桃木（*Juglans nigra*）、鳄梨树（*Persea americana*）、无花果（*Ficus carica*）、海枣（*Phoenix dactylifera*）、柳树（*Salix babylonica*）、可可（*Theobroma cacao*）、苹果（*Malus pumila*）、温柏（*Cydnia oblonga*）、苏合香（*Liquidambar orientalis*）等。

A.3 生物学特性及危害

葡萄粉蚧取食植物汁液，降低葡萄生殖力，可为害葡萄的各个部位，多寄生在根部和树皮下。除了为害葡萄，该虫还为害杧果、夹竹桃、大丽花属、竹子、胡桃木、鳄梨树、豆科灌木、无花果、海枣、柳树、可可树、苹果、温柏、苏合香等。

葡萄粉蚧大量分泌的蜜露能招引煤灰状霉菌的形成，影响光合作用，致被害枝叶生长不良，提早落叶落果，影响成熟或未成熟葡萄果的外观，严重时产量会大大降低，葡萄粉蚧分泌的蜜露还能招来大量蚂蚁。另外，实验已经证明，葡萄粉蚧能在葡萄树之间大面积传播与引起卷叶病有关的 GLRaV-3 病毒，该病毒在世界多数葡萄种植地区已成为一种毁灭性的病害，该虫还是葡萄栓皮病病毒的传播载体。

葡萄粉蚧在南非每个雌成虫可产卵 362 个，发育最高和最低温度分别为 35.61 ℃ 和 16.59 ℃，最适宜温度为 23 ℃~27 ℃，每年发生 5 代~6 代，而在意大利每年发生 3 代。在美国加利福尼亚地区每年发生约 3 代~7 代，冬季在树皮下、发育芽中和根上能发现卵、一龄若虫、二龄、成虫，当春天来临气温回升时，葡萄粉蚧种群密度增加，出来在葡萄枝干上活动，在春末和夏天葡萄粉蚧可在葡萄树所有部位进行为害，葡萄收获后不久，种群密度会下降。当然，发生地区和寄主植物的不同，也会有稍微的变化。

A.4 传播扩散

葡萄粉蚧可以通过爬行、随风、机械等传播健康植株。若虫可以在同一个葡萄园内从染虫植物传播到健康植物上，刚孵化的一龄若虫可以从染虫植物传播到附近的健康植物上，若虫也可以通过人为的把树叶、修剪枝条、葡萄串或机械工具等从染虫果园带到其他果园。远距离传播主要是通过苗木、水果等的调运造成的。

附录 B
（规范性附录）
葡萄粉蚧及其重要近似种重要形态特征

1 体背无管腺 …………………………………………… 南洋臀纹粉蚧 Planococcus lilacinus
  体背有管腺 ……………………………………………………………………………… 2
2 前足基节后面有多孔腺 ………………………………………………………………… 3
  前足基节后面无多孔腺 ………………………………………………… 霍氏粉蚧 P. hall
3 后腿节有半透明孔，在前胸和头部有细长的锥刺 …………………… 葡萄粉蚧 P. ficus
  后腿节无半透明孔，前胸和头部有短的圆锥形的锥刺 ……………… 大洋臀纹粉蚧 P. minor

附录 C
（规范性附录）
葡萄粉蚧雌虫玻片标本制作方法

C.1 标本固定

挑取样品上的粉蚧置入70 %乙醇中杀死固定2h，以备制作玻片标本。如需长期保存，则在70 %乙醇中加入少量甘油（50∶1）作为保存液。

C.2 净化

通常把已经在70 %乙醇中固定的虫体用解剖针在虫体背面刺小洞，或用解剖刀在虫体中腹背交界处划开一条开口。然后将标本移入加有10 %氢氧化钾或10 %氢氧化钠溶液的小烧杯或其他小型容器中，置于水浴锅中加热，以不沸腾为度，定时观察，直至体外蜡质和虫体内含物全部融化，直至彻底清除内含物、虫体变为清洁透明，以便看清虫体表面的细微结构，净化时间以标本透明为准。

C.3 漂洗

经氢氧化钾或氢氧化钠处理过的标本，应用酸性酒精或清水漂洗。将经碱液净化处理的标本转移到酸性酒精（冰醋酸10 mL，蒸馏水45 mL，95 %酒精45 mL）中，漂洗中和10 min。

C.4 染色

染色时以浅的器皿如表面皿或凹玻片等为好，可看得清楚，便于操作。将标本转移到酸性品红（酸性品红95 %乙醇饱和溶液）中染色，染色时间视标本着色情况而定，一般在8h以上。

C.5 脱水

用70 %乙醇洗掉多余染色剂，再依次经过95 %乙醇、100 %乙醇脱水各5 min。

C.6 固色透明

移入二甲苯酚（二甲苯:苯酚为3∶1）内5 min～10 min，进一步透明；移入二甲苯中1 min～3 min使颜色固定；移入丁香油中10 min～30 min或更长时间。

C.7 整姿封盖

将标本转移到载玻片上，丁香油未干时立刻整理姿式，然后加一滴中性树胶，整姿后用盖玻片封片。

附录 D
（资料性附录）
葡萄粉蚧雌成虫形态特征图

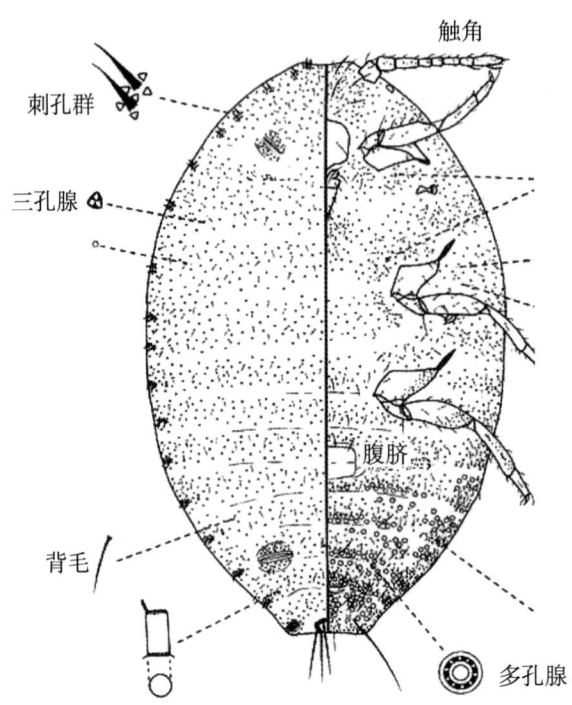

图 D.1　葡萄粉蚧 [*Planococcus ficus* (Signoret)] 雌成虫形态特征图

注：仿 Cox 1989。

中华人民共和国出入境检验检疫行业标准

SN/T 1366—2004

葡萄根瘤蚜的检疫鉴定方法

Methods for quarantine and indentification of
grape phylloxera *Viteus vitifolii*（Fitch）

2004-06-01 发布

2004-12-01 实施

中华人民共和国
国家质量监督检验检疫总局 发布

前 言

本标准由国家认证认可监督管理委员会提出并归口。

本标准起草单位：中华人民共和国山东出入境检验检疫局。

本标准主要起草人：王寿民、郑雪明、王振忠、鞠洪绶。

本标准系首次发布的检验检疫行业标准。

葡萄根瘤蚜的检疫鉴定方法

1 范围

本标准规定了葡萄根瘤蚜的检疫和鉴定方法。

本标准适用于葡萄苗木、插条传带的葡萄根瘤蚜的检疫鉴定。

2 原理

2.1 葡萄根瘤蚜 *Viteus vitifolii*（Fitch）属同翅目（*Homoptera*）、胸喙亚目（*Sternorrhycha*）、球蚜总科（*Adelgoidea*）、根瘤蚜科（*Phylloxeridae*）。

2.2 单食性，主要为害葡萄的根部。须根被害后肿胀形成菱角形或鸟头状根瘤，侧根和大根被害后形成关节形肿瘤；部分葡萄品种的叶部受害后在叶背面形成虫瘿。此虫主要随带根的葡萄苗木或插条的调运而传播。

2.3 该虫的寄主、形态特征、传播途径、危害症状是本标准鉴定方法的依据。

3 术语和定义

下列术语和定义适用于本标准。

3.1 根瘤 root nodule

因蚜虫刺吸植物根部而导致植物根组织形成的瘤状物称为根瘤。

3.2 虫瘿 gall

因昆虫或螨类的取食刺激引起植物组织局部增生而形成的瘤状物。

3.3 喙 proboscis

头部前方延伸的部分。

3.4 原生感觉圈 primary sensorium

蚜虫触角第一节上的感觉孔。

3.5 次生感觉圈 secondary sensorial

蚜虫触角上除了第一节外，其他各触角节上的感觉孔。

3.6 无翅成蚜 wingless adult aphid

无翅的孤雌蚜虫。

3.7 若虫 nymph

渐变态中幼体与成虫在体型、习性及栖息环境等方面都很相似，但幼体的翅发育还不完全，成为翅芽，生殖器官也未发育成熟，特称为若虫。

3.8 中胸盾片 mesoscutum

有翅蚜中胸前端的三角形骨片。

3.9 尾片 cauda

蚜虫腹末生有一个圆锥形或乳头状突起。

3.10 腹管 cornicles

蚜虫科多数种类在第六或第七腹节两侧前方生有一对管状突起。

4 仪器、用具及试剂

4.1 体视解剖镜、生物显微镜。

4.2 手持放大镜、小镊子、解剖针、毛笔、剪刀、小玻瓶、指形管、标签纸、橡皮塞、脱脂棉、载玻片、盖玻片。

4.3 75％乙醇，用于蚜虫的采集及保存。

4.4 5％氢氧化钾、50％乙醇、95％乙醇、蒸馏水、品红、无水乙醇和二甲苯混合液（1∶1）、丁香油、中性树胶，用于玻片标本的制作。

5 现场检疫

5.1 检查

5.1.1 检查葡萄根部（尤其须根），有无被害后形成的菱形（或鸟头状）根瘤，侧根和大根处有无关节形肿瘤。

5.1.2 检查叶片上有无虫瘿。

5.1.3 检查运输工具、包装物及四周区域。

5.2 将获得的各虫态蚜虫放入盛有75％乙醇的小玻瓶或指形管中保存，在实验室根据鉴别特征进行结果判定。

6 室内鉴定

6.1 将现场检疫所得的乙醇浸泡标本，换上棉花塞，放在开水杯中水浴一次至两次，凉后换橡皮塞保存。用体视解剖镜观察各虫态浸液标本的形态特征。

6.1.1 玻片制作。

6.1.2 用"0"号昆虫针在蚜虫腹部刺穿一孔至二孔，在5％氢氧化钾溶液水浴加热3 min～10 min，清除蚜虫腹内残余内容物，用蒸馏水清洗一次至二次后，依次用50％乙醇（5 min），70％乙醇（5 min）、95%乙醇（2 min）脱水，然后用1%的（以95%乙醇作为溶剂）品红溶液染色，再用95%乙醇清洗多余的颜色，移入无水乙醇和二甲苯混合液（1∶1）中，用小毛笔除去污物。

6.1.3 在载玻片上滴数滴丁香油，放入标本，整姿，用吸水纸吸干丁香油，滴入中性树胶数滴，盖好盖玻片，置入40℃～50℃恒温箱内烘烤二至三天。

6.2 在生物显微镜下观察玻片标本的形态特征。

7 主要鉴定特征

7.1 根瘤蚜科的鉴定特征

无翅蚜和若蚜触角三节，有一个圆形原生感觉圈。眼有三小眼面。头部与胸部之和长于腹部。尾片半月形，无腹管。罕见有产卵器。有翅蚜触角三节，有两个纵长次生感觉圈。前翅有三脉：一根中脉和两根共柄的肘脉，后翅无脉。静止时翅平叠于背面。中胸盾片不分为两片。性蚜无喙，不活泼。孤雌蚜与性蚜均卵生。

7.2 葡萄根瘤蚜的主要鉴定特征

7.2.1 根瘤型无翅成蚜

体背各节具灰黑色瘤，头部四个，各胸节六个，各腹节四个。胸、腹各节背面各具一横形深色大瘤状突起。触角第三节最长，其端部有一个圆形或椭圆形感觉圈，末端有刺毛三根（个别的具四根）。

7.2.2 叶瘿型无翅成蚜

体背无瘤，体表具细微凹凸皱纹，触角末端有刺毛五根。

7.2.3 有翅蚜

复眼由多个小眼组成，单眼三个。触角第三节有感觉圈两个，一个在基部近圆形，另一个在端部长椭圆形。前翅翅痣长形，有三根斜脉（中脉、肘脉和臀脉），后翅仅有一根脉（径分脉）。

7.2.4 性蚜

无口器和翅，黄褐色，复眼由三个小眼组成。外生殖器孔头状，突出于腹部末端。

7.2.5 若虫

共四龄，眼、触角及喙分别与各型成虫相似。

8 结果评定

葡萄根部有瘤状膨大或叶背面有虫瘿；虫态特征符合7.2的鉴别特征；符合以上两种特征则可鉴定为葡萄根瘤蚜。

9 样本和样品的保存

保存浸液标本和玻片标本。

UDC 634/635:543.257.1
B 30

中华人民共和国国家标准

GB 10468—89

水果和蔬菜产品 pH 值的测定方法

Fruit and vegetable products
—Determination of pH

1989－03－22 发布　　　　　　　　　　1989－10－01 实施

国家技术监督局　发布

水果和蔬菜产品 pH 值的测定方法

本标准等效采用国际标准 ISO 1842—1975《水果和蔬菜产品 pH 值的测定》。

1 主题内容和适用范围

本标准规定了测定水果和蔬菜产品 pH 值的电位差法。适用于水果和蔬菜产品 pH 值的测定。

2 引用标准

GB 6857　pH 基准试剂　苯二甲酸氢钾
GB 6858　pH 基准试剂　酒石酸氢钾

3 试剂

3.1 新鲜蒸馏水或同等纯度的水：将水煮沸 5 min～10 min，冷却后立即使用，且存放时间不应超过 30 min。

3.2 pH 标准缓冲溶液：制备方法按 GB 6857、GB 6858 中规定操作。

4 仪器

pH 测定装置：分度值 0.02 单位。在试验温度下用已知 pH 值的标准缓冲溶液进行校正。

5 样品的制备

5.1 液态产品和易过滤的产品［例如：果（菜）汁、水果糖、浆、盐水、发酵的液体等］：将试验样品充分混合均匀。

5.2 稠厚或半稠厚的产品和难以分离出液体的产品（例如：果酱、果冻、糖浆等）：取一部分实验样品，在捣碎机中捣碎或在研钵中研磨，如果得到的样品仍较稠，则加入等量的水混匀。

5.3 冷冻产品：取一部分实验样品解冻，除去核或籽腔硬壁后，根据情况按 5.1 或 5.2 方法制备。

5.4 干产品：取一部分实验样品，切成小块，除去核或籽腔硬壁，将其置于烧杯中，加入 2～3 倍重量或更多些的水，以得到合适的稠度。在水浴中加热 30 min，然后在捣碎机中捣至均匀。

5.5 固相和液相明显分开的新鲜制品（例如，糖水水果、盐水蔬菜罐头产品）：按 5.2 方法制备。

6 分析步骤

6.1 仪器标准

操作程序按仪器说明书进行。先将样品处理液和标准缓冲溶液调至同一温度，并将仪器温度补偿旋钮调至该温度上，如果仪器无温度校正系统，则只适合在 25 ℃时进行测定。

6.2 样品测定

在玻璃或塑料容器中加入样品处理液，使其容量足够浸没电极，用 pH 测定装置测定样品处理液，并记录 pH 值，精确至 0.02 单位。同一制备样品至少进行两次测定。

7 分析结果的计算

如能满足 8 的要求，取两次测定的算术平均值作为测定结果，准确到小数点后第二位。

8 重复性

对于同一操作者连续两次测定的结果之差不超过 1 单位，否则重新测定。

附加说明：
本标准由中华人民共和国商业部副食品局提出。
本标准由北京市食品研究所负责起草。
本标准主要起草人：沈兵、回九珍。

ICS 67.080.20
C 53

中华人民共和国国家标准

GB 14891.5—1997
代替 GB 9980—88
GB 14891.5—94
GB 14891.7—94
GB 14891.8—94
ZBC 53001—84
ZBC 53003—84
ZBC 53004—84
ZBC 53006—84

辐照新鲜水果、蔬菜类卫生标准

Hygienic standard for irradiated
fresh fruits and vegetables

1997-06-16 发布　　　　　　　　　　　　1998-01-01 实施

中华人民共和国卫生部　　发布

前 言

根据"六五""七五"期间已制定的个别食品辐照卫生标准，参考 FAO/WHO/IAEA 等国际组织食品辐照的指导原则，收集国内外有关资料，制定了本标准。类别卫生标准的研究较完整、较系统，在国际上也是比较超前的，辐照食品的人体试食试验的研究在国际上具有一定的影响。因此，类别标准的制定，既省人力、财力，又可以扩大食品的覆盖面，提高标准的利用率。

本标准从实施之日起，同时代替 ZBC 53001—84《辐照大蒜卫生标准》、ZBC 53003—84《辐照蘑菇卫生标准》、ZBC 53004—84《辐照马铃薯卫生标准》、ZBC 53006—84《辐照洋葱卫生标准》、GB 9980—88《辐照苹果卫生标准》、GB 14891.5—94《辐照番茄卫生标准》、GB 14891.7—94《辐照荔枝卫生标准》、GB 14891.8—94《辐照蜜桔卫生标准》。

本标准由中华人民共和国卫生部提出，由中国预防医学科学院营养与食品卫生研究所归口。

本标准由上海市食品卫生监督检验所、中科院上海原子核研究所辐射基地、河南省食品卫生监督检验所负责起草。

本标准主要起草人：张维兰、姜培珍、徐志成、马洛成、王培仁。

本标准由卫生部委托技术归口单位中国预防医学科学院负责解释。

辐照新鲜水果、蔬菜类卫生标准

1 范围

本标准规定了辐照新鲜水果、蔬菜类食品的技术要求和检验方法。

本标准适用于以抑止发芽、贮藏保鲜或推迟后熟延长货架期为目的，采用 ^{60}Co 或 ^{137}Cs 产生的 γ 射线或能量低于 5 MeV 的 X 射线或能量低于 10 MeV 的电子束照射处理的新鲜水果、蔬菜。

2 引用标准

下列标准所包含的条文，通过在本标准中引用而构成为本标准的条文。本标准出版时，所示版本均为有效。所有标准都会被修订，使用本标准的各方应探讨使用下列标准最新版本的可能性。

GB 2763—81　粮食、蔬菜等食品中六六六、滴滴涕残留量标准

GB 4788—94　食品中甲拌磷、杀螟硫磷、倍硫磷最大残留限量标准

GB 4809—84　食品中氟允许量标准

GB 4810—94　食品中砷限量卫生标准

GB 5009.11—1996　食品中总砷的测定方法

GB 5009.18—1996　食品中氟的测定方法

GB 5009.19—1996　食品中六六六、滴滴涕残留量的测定方法

GB 5009.20—1996　食品中有机磷农药残留量的测定方法

GB 5127—85　食品中敌敌畏、乐果、马拉硫磷、对硫磷允许残留量标准

3 技术要求

3.1 原料要求

凡需采用辐照处理的水果、蔬菜，在辐照前应经过认真挑拣，剔除腐败变质或已不适宜辐照处理的食品，以保证辐照产品的卫生质量。

3.2 辐照限量与照射要求

3.2.1 剂量限制：辐照处理的新鲜水果、蔬菜总体平均吸收剂量不大于 1.5 kGy。

3.2.2 照射要求：照射均匀，剂量准确，吸收剂量的不均匀度≤2。各种水果、蔬菜典型产品的参照吸收剂量见表1。

表1　　　kGy

品种	辐照处理目的	总体平均吸收剂量
马铃薯	抑止发芽	0.1
洋葱	抑止发芽	0.1
大蒜	抑止发芽	0.1
生姜	抑止发芽	0.1
番茄	抑止后熟	0.2
冬笋	抑止后熟	0.1
胡萝卜	抑止后熟	0.1
蘑菇	抑止后熟	1.0
刀豆	抑止后熟	0.1
花菜	抑止后熟	0.1
卷心菜	延长保存期	0.1
茭白	延长保存期	0.1
苹果	延长保存期	0.5
荔枝	抑止后熟	0.5
葡萄	抑止后熟	1.0
猕猴桃	抑止后熟	0.5
草莓	延长保存期	1.5

3.3 感官要求

凡经辐照处理的新鲜水果、蔬菜，应保持其原有的色、香、味和形状，且无腐败变质或异味。

3.4 理化指标

理化指标应符合表2的规定。

表2

项目	指　标
六六六、滴滴涕	按 GB 2763 规定
甲拌磷、杀螟硫磷、倍硫磷	按 GB 4788 规定
氟	按 GB 4809 规定
砷	按 GB 4810 规定
敌敌畏、乐果、马拉硫磷、对硫磷	按 GB 5127 规定

4 检验方法

4.1 六六六、滴滴涕残留量的测定按 GB 5009.19 规定执行。
4.2 有机磷农药残留量的测定按 GB 5009.20 规定执行。
4.3 氟的测定按 GB 5009.18 规定执行。
4.4 总砷的测定按 GB 5009.11 规定执行。

ICS 67.080.10
C 53

中华人民共和国国家标准

GB 16325—2005
代替 GB 16325—1996

干果食品卫生标准

Hygienic standard for dried fruits

2005-01-25 发布　　　　　　　　　　2005-10-01 实施

中华人民共和国卫生部
中国国家标准化管理委员会　发布

前 言

本标准全文强制。

本标准代替并废止 GB 16325—1996《干果食品卫生标准》。

本标准与 GB 16325—1996 相比主要变化如下：

——按照 GB/T 1.1—2000 对标准文本格式进行了修改；

——对 GB 16325—1996 结构、适用范围进行了修改，增加了原料、食品添加剂、生产加工过程的卫生要求、包装、标识、贮存及运输的卫生要求。

本标准于 2005 年 10 月 1 日起实施，过渡期为一年。即 2005 年 10 月 1 日前生产并符合相应标准要求的产品，允许销售至 2006 年 9 月 30 日止。

本标准由中华人民共和国卫生部提出并归口。

本标准起草单位：浙江省食品卫生监督检验所、新疆维吾尔族自治区卫生防疫站、广东省食品卫生监督检验所、四川省食品卫生监督检验所、湖北省卫生防疫站、卫生部卫生监督中心、天津市卫生局公共卫生监督所、辽宁省卫生监督所。

本标准主要起草人：陈安美、刘翠英、邓红、兰真、谷京宇、崔春明、王旭太。

本标准所代替标准的历次版本发布情况为：

——GB 16325—1996。

干果食品卫生标准

1 范围

本标准规定了干果食品的卫生指标和检验方法以及食品添加剂、生产加工过程、包装、标识、贮存、运输的卫生要求。

本标准适用于以新鲜水果（如桂圆、荔枝、葡萄、柿子等）为原料，经晾晒、干燥等脱水工艺加工制成的干果食品。

2 规范性引用文件

下列文件中的条款通过本标准的引用而成为本标准的条款。凡是注日期的引用文件，其随后所有的修改单（不包括勘误的内容）或修订版均不适用于本标准，然而，鼓励根据本标准达成协议的各方研究是否可使用这些文件的最新版本。凡是不注日期的引用文件，其最新版本适用于本标准。

GB 2760 食品添加剂使用卫生标准

GB/T 4789.32 食品卫生微生物学检验 粮谷、果蔬类食品检验

GB/T 5009.3 食品中水分的测定

GB/T 5009.187 干果（桂圆、荔枝、葡萄干、柿饼）中总酸的测定

GB 7718 预包装食品标签通则

GB 14881 食品企业通用卫生规范

3 指标要求

3.1 原料要求

应符合相应的标准和有关规定。

3.2 感官指标

无虫蛀、无霉变、无异味。

3.3 理化指标

理化指标应符合表1的规定。

表1 理化指标

项目	指标			
	桂圆	荔枝	葡萄干	柿饼
水分/（g/100 g） ≤	25	25	20	35
总酸/（g/100 g） ≤	1.5	1.5	2.5	6

3.4 微生物指标

微生物指标应符合表2的规定。

表2 微生物指标

项目	指标	
	葡萄干	柿饼
致病菌（沙门氏菌、志贺氏菌、金黄色葡萄球菌）	不得检出	不得检出

4 食品添加剂

4.1 食品添加剂质量应符合相应的标准和有关规定。

4.2 食品添加剂品种及其使用量应符合 GB 2760 的规定。

5 食品生产加工过程

应符合 GB 14881 的规定。

6 包装卫生要求

包装容器和材料应符合相应的卫生标准和有关规定。

7 标识要求

定型包装的标识按 GB 7718 规定执行。

8 贮存及运输

8.1 贮存

成品应贮存在干燥、通风良好的场所，不得与有毒、有害、有异味、易挥发、易腐蚀的物品同时贮存。

8.2 运输

运输产品时应避免日晒、雨淋。不得与有毒、有害、有异味或影响产品质量的物品混装运输。

9 检验方法

9.1 水分

按 GB/T 5009.3 规定的方法测定。

9.2 总酸

按 GB/T 5009.187 规定的方法测定。

9.3 微生物指标

按 GB/T 4789.32 规定的方法检验。

ICS 67.160.10
X 62

中华人民共和国国家标准

GB/T 15038—2006
代替 GB/T 15038—1994

葡萄酒、果酒通用分析方法

Analytical methods of wine and fruit wine

2006-12-11 发布　　　　　　　　　　2008-01-01 实施

中华人民共和国国家质量监督检验检疫总局
中国国家标准化管理委员会　发布

前　言

本标准是对 GB/T 15038—1994《葡萄酒、果酒通用试验方法》的修订。

本标准代替 GB/T 15038—1994。

本标准与 GB/T 15038—1994 相比主要变化如下：

——将酒精度分析方法中的密度瓶法调整为第一法；气相色谱法改为第二法；酒精计法仍为第三法；

——增加了柠檬酸、甲醇的分析方法；

——增加了防腐剂的分析方法；

——去掉了总糖测定中的液相色谱法；

——将总酸测定电位滴定法中滴定终点 pH＝9.0 改为 pH＝8.2；

——对挥发酸测定中的修正方法做了适当修改；

——将"葡萄酒中的糖分和有机酸的测定（HPLC 法）"作为资料性附录放在附录 D 中；

——将"葡萄酒中白藜芦醇的测定"作为资料性附录放在附录 E 中；

——将"葡萄酒、山葡萄酒感官评定要求"作为资料性附录放在附录 F 中。

本标准的附录 A、附录 B、附录 C 为规范性附录，附录 D、附录 E、附录 F 为资料性附录。

本标准由中国轻工业联合会提出。

本标准由全国食品工业标准化技术委员会酿酒分技术委员会归口。

本标准起草单位：中国食品发酵工业研究院、烟台张裕葡萄酿酒股份有限公司、中法合营王朝葡萄酿酒有限公司、中国长城葡萄酒有限公司、国家葡萄酒质量监督检验中心、新天国际葡萄酒业股份有限公司。

本标准主要起草人：郭新光、马佩选、王晓红、张春娅、任一平、王焕香、黄百芬。

本标准所代替标准的历次版本发布情况为：

——GB/T 15038—1994。

葡萄酒、果酒通用分析方法

1 范围

本标准规定了葡萄酒、果酒产品的分析方法。

本标准适用于葡萄酒、果酒产品。

2 规范性引用文件

下列文件中的条款通过本标准的引用而成为本标准的条款。凡是注日期的引用文件,其随后所有的修改单(不包括勘误的内容)或修订版均不适用于本标准,然而,鼓励根据本标准达成协议的各方研究是否可使用这些文件的最新版本。凡是不注日期的引用文件,其最新版本适用于本标准。

GB/T 601 化学试剂 标准滴定溶液的制备

GB/T 602 化学试剂 杂质测定用标准溶液的制备

GB/T 603 化学试剂 试验方法中所用制剂及制品的制备

GB/T 6682—1992 分析试验室用水规格和试验方法(neq ISO 3696:1987)

3 感官分析

3.1 原理

感官分析系指评价员通过用口、眼、鼻等感觉器官检查产品的感官特性,即对葡萄酒、果酒产品的色泽、香气、滋味及典型性等感官特性进行检查与分析评定。

3.2 品酒

3.2.1 品尝杯

品尝杯见图1。

3.2.2 调温

调节酒的温度,使其达到:起泡葡萄酒9 ℃~10 ℃;白葡萄酒10 ℃~15 ℃;桃红葡萄酒12 ℃~14 ℃;红葡萄酒、果酒16 ℃~18 ℃;甜红葡萄酒、甜果酒18 ℃~20 ℃。

特种葡萄酒可参照上述条件选择合适的温度范围,或在产品标准中自行规定。

3.2.3 顺序和编号

在一次品尝检查有多种类型样品时,其品尝顺序为:先白后红,先干后甜,先淡后浓,先新后老,先低度后高度。按顺序给样品编号,并在酒杯下部注明同样编号。

3.2.4 倒酒

将调温后的酒瓶外部擦干净,小心开启瓶塞(盖),不使任何异物落入。将酒倒入洁净、干燥的品尝杯中,一般酒在杯中的高度为四分之一~三分之一,起泡和加气起泡葡萄酒的高度为二分之一。

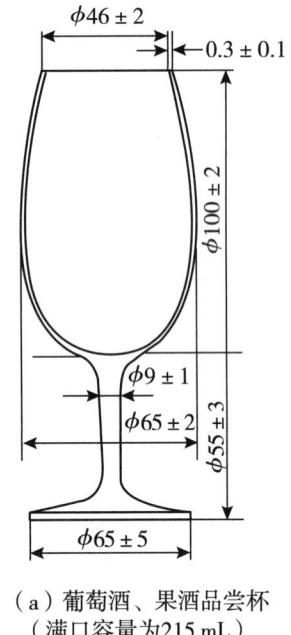

(a) 葡萄酒、果酒品尝杯
(满口容量为215 mL)

(b) 起泡葡萄酒（或葡萄汽酒）品尝杯
(满口容量为150 mL)

图1 品尝杯

3.3 感官检查与评定

3.3.1 外观

在适宜光线（非直射阳光）下，以手持杯底或用手握住玻璃杯柱，举杯齐眉，用眼观察杯中酒的色泽、透明度与澄清程度，有无沉淀及悬浮物；起泡和加气起泡葡萄酒要观察起泡情况，做好详细记录。

3.3.2 香气

先在静止状态下多次用鼻嗅香，然后将酒杯捧握手掌之中，使酒微微加温，并摇动酒杯，使杯中酒样分布于杯壁上。慢慢地将酒杯置于鼻孔下方，嗅闻其挥发香气，分辨果香、酒香或有否其他异香，写出评语。

3.3.3 滋味

喝入少量样品于口中，尽量均匀分布于味觉区，仔细品尝，有了明确印象后咽下，再体会口感后味，记录口感特征。

3.3.4 典型性

根据外观、香气、滋味的特点综合分析，评定其类型、风格及典型性的强弱程度，写出结论意见（或评分）。

4 理化分析

本方法中所用的水，在没有注明其他要求时，应符合GB/T 6682—1992中三级（含三级）以上水要求。所用试剂，在未注明其他规格时，均指分析纯（AR）。配制的"溶液"，除另有说明，均指水溶液。

同一检测项目，有两个或两个以上分析方法时，实验室可根据各自条件选用，但以第一法为仲裁法。

4.1 酒精度

4.1.1 密度瓶法

4.1.1.1 原理

以蒸馏法去除样品中的不挥发性物质，用密度瓶法测定馏出液的密度。根据馏出液（酒精水溶液）的密度，查附录A，求得20 ℃时乙醇的体积分数，即酒精度，用%（体积分数）表示。

4.1.1.2 仪器

4.1.1.2.1 分析天平：感量0.000 1 g。

4.1.1.2.2 全玻璃蒸馏器：500 mL。

4.1.1.2.3 恒温水浴：精度±0.1 ℃。

4.1.1.2.4 附温度计密度瓶：25 mL或50 mL。

4.1.1.3 试样的制备

用一洁净、干燥的100 mL容量瓶准确量取100 mL样品（液温20 ℃）于500 mL蒸馏瓶中，用50 mL水分三次冲洗容量瓶，洗液全部并入蒸馏瓶中，再加几颗玻璃珠，连接冷凝器，以取样用的原容量瓶作接收器（外加冰浴）。开启冷却水，缓慢加热蒸馏。收集馏出液接近刻度，取下容量瓶，盖塞。于20.0 ℃±0.1 ℃水浴中保温30 min，补加水至刻度，混匀，备用。

4.1.1.4 分析步骤

4.1.1.4.1 蒸馏水质量的测定

a）将密度瓶洗净并干燥，带温度计和侧孔罩称量。重复干燥和称量，直至恒重（m）。

b）取下温度计，将煮沸冷却至15 ℃左右的蒸馏水注满恒重的密度瓶，插上温度计，瓶中不得有气泡。将密度瓶浸入20 ℃±0.1 ℃的恒温水浴中，待内容物温度达20 ℃，并保持10 min不变后，用滤纸吸去侧管溢出的液体，使侧管中的液面与侧管管口齐平，立即盖好侧孔罩，取出密度瓶，用滤纸擦干瓶壁上的水，立即称量（m_1）。

4.1.1.4.2 试样质量的测量

将密度瓶中的水倒出，用试样（4.1.1.3）反复冲洗密度瓶3次~5次，然后装满，按4.1.1.4.1 b）同样操作，称量（m_2）。

4.1.1.5 结果计算

样品在20 ℃时的密度按式（1）计算，空气浮力校正值按式（2）计算。

$$\rho_{20}^{20} = \frac{m_2 - m + A}{m_1 - m + A} \times \rho_0 \quad \cdots\cdots\cdots\cdots\cdots\cdots\cdots\cdots\cdots\cdots\cdots\cdots \quad (1)$$

$$A = \rho_u \times \frac{m_1 - m}{997.0} \quad \cdots\cdots\cdots\cdots\cdots\cdots\cdots\cdots\cdots\cdots\cdots\cdots \quad (2)$$

式中：

ρ_{20}^{20}——样品在20 ℃时的密度，单位为克每升（g/L）；

m——密度瓶的质量，单位为克（g）；

m_1——20 ℃时密度瓶与水的质量，单位为克（g）；

m_2——20 ℃时密度瓶与试样的质量，单位为克（g）；

ρ_0——20 ℃时蒸馏水的密度（998.20 g/L）；

A——空气浮力校正值；

ρ_u——干燥空气在20 ℃、1 013.25 hPa时的密度值（≈1.2 g/L）；

997.0——在20℃时蒸馏水与干燥空气密度值之差,单位为克每升(g/L)。

根据试样的密度 ρ_{20}^{20},查附录A,求得酒精度。

所得结果表示至一位小数。

4.1.1.6 精密度

在重复性条件下获得的两次独立测定结果的绝对差值不得超过算术平均值的1%。

4.1.2 气相色谱法

4.1.2.1 原理

试样被汽化后,随同载气进入色谱柱,利用被测定的各组分在气液两相中具有不同的分配系数,在柱内形成迁移速度的差异而得到分离。分离后的组分先后流出色谱柱,进入氢火焰离子化检测器,根据色谱图上各组分峰的保留时间与标样相对照进行定性;利用峰面积(或峰高),以内标法定量。

4.1.2.2 试剂与溶液

4.1.2.2.1 乙醇:色谱纯,作标样用。

4.1.2.2.2 4-甲基-2-戊醇:色谱纯,作内标用。

4.1.2.2.3 乙醇标准溶液(A):取5个100 mL容量瓶,分别吸入2.00 mL,3.00 mL,3.50 mL,4.00 mL,4.50 mL乙醇(4.1.2.2.1),再分别用水定容至100 mL。

4.1.2.2.4 乙醇标准溶液(B):取5个10 mL容量瓶,分别准确量取10.00 mL不同浓度的乙醇溶液标准(A),再各加入0.20 mL 4-甲基-2-戊醇(4.1.2.2.2),混匀。该溶液用于标准曲线的绘制。

4.1.2.3 仪器和设备

4.1.2.3.1 气相色谱仪:配有氢火焰离子化检测器(FID)。

4.1.2.3.2 色谱柱(不锈钢或玻璃):2 m×2 mm或3 m×3 mm,固定相:Chromosorb 103,60目~80目。或采用同等分析效果的其他色谱柱。

4.1.2.3.3 微量注射器:1 μL。

4.1.2.4 试样的制备

同4.1.1.3。

将上述制备的试样准确稀释4倍(或根据酒度适当稀释),然后吸取10.00 mL于10 mL容量瓶中,准确加入0.20 mL 4-甲基-2-戊醇(4.1.2.2.2),混匀。

4.1.2.5 分析步骤

4.1.2.5.1 色谱条件

柱温:200 ℃;

气化室和检测器温度:240 ℃;

载气流量(氮气):40 mL/min;

氢气流量:40 mL/min;

空气流量:500 mL/min。

载气、氢气、空气的流速等色谱条件随仪器而异,应通过试验选择最佳操作条件,以内标峰与酒样中其他组分峰获得完全分离为准,并使乙醇在1 min左右流出。

4.1.2.5.2 标准曲线的绘制:分别吸取不同浓度的乙醇标准溶液(B)0.3 μL,快速从进样口注入色谱仪,以标样峰面积和内标峰面积比值,对应酒精浓度做标准曲线(或建立相应的回归方程)。

4.1.2.5.3 试样的测定:吸取0.3 μL试样(4.1.2.4),按4.1.2.5.2操作。

4.1.2.6 结果计算

用试样的乙醇峰面积与内标峰面积的比值查标准曲线得出的值（或用回归方程计算出的值），乘以稀释倍数，即为酒样中的酒精含量，数值以%表示。

所得结果应表示至一位小数。

4.1.2.7 精密度

在重复性条件下获得的两次独立测定结果的绝对差值不得超过算术平均值的1%。

4.1.3 酒精计法

4.1.3.1 原理

以蒸馏法去除样品中的不挥发性物质，用酒精计法测得酒精体积分数示值，按附录B加以温度校正，求得20℃时乙醇的体积分数，即酒精度。

4.1.3.2 仪器

4.1.3.2.1 酒精计：分度值为0.1。

4.1.3.2.2 全玻璃蒸馏器：1 000 mL。

4.1.3.3 试样的制备

用一洁净、干燥的500 mL容量瓶准确量取500 mL（具体取样量应按酒精计的要求增减）样品（液温20℃）于1 000 mL蒸馏瓶中，以下操作同4.1.1.3。

4.1.3.4 分析步骤

将试样（4.1.3.3）倒入洁净、干燥的500 mL量筒中，静置数分钟，待其中气泡消失后，放入洗净、干燥的酒精计，再轻轻按一下，不得接触量筒壁，同时插入温度计，平衡5 min，水平观测，读取与弯月面相切处的刻度示值，同时记录温度。根据测得的酒精计示值和温度，查附录B，换算成20 ℃时酒精度。

所得结果表示至一位小数。

4.1.3.5 精密度

在重复性条件下获得的两次独立测定结果的绝对差值不得超过算术平均值的1%。

4.2 总糖和还原糖

4.2.1 直接滴定法

4.2.1.1 原理

利用费林溶液与还原糖共沸，生成氧化亚铜沉淀的反应，以次甲基蓝为指示液，以样品或经水解后的样品滴定煮沸的费林溶液，达到终点时，稍微过量的还原糖将蓝色的次甲基蓝还原为无色，以示终点。根据样品消耗量求得总糖或还原糖的含量。

4.2.1.2 试剂和材料

4.2.1.2.1 盐酸溶液（1+1）。

4.2.1.2.2 氢氧化钠溶液（200 g/L）。

4.2.1.2.3 葡萄糖标准溶液（2.5 g/L）：称取在105 ℃~110 ℃烘箱内烘干3 h并在干燥器中冷却的无水葡萄糖2.5 g（精确至0.000 1 g），用水溶解并定容至1 000 mL。

4.2.1.2.4 次甲基蓝指示液（10 g/L）：称取1.0 g次甲基蓝，用水溶解并定容至100 mL。

4.2.1.2.5 费林溶液（Ⅰ、Ⅱ）

a）配制

按GB/T 603配制。

b）标定

预备试验：吸取费林溶液Ⅰ、Ⅱ各 5.00 mL 于 250 mL 三角瓶中，加 50 mL 水，摇匀，在电炉上加热至沸，在沸腾状态下用葡萄糖标准溶液（4.2.1.2.3）滴定，当溶液的蓝色将消失呈红色时，加 2 滴次甲基蓝指示液，继续滴至蓝色消失，记录消耗葡萄糖标准溶液的体积。

正式试验：吸取费林溶液Ⅰ、Ⅱ各 5.00 mL 于 250 mL 三角瓶中，加 50 mL 水和比预备试验少 1 mL 的葡萄糖标准溶液（4.2.1.2.3），加热至沸，并保持 2 min，加 2 滴次甲基蓝指示液，在沸腾状态下于 1 min 内用葡萄糖标准溶液滴至终点，记录消耗葡萄糖标准溶液的总体积（V）。

c）计算

费林溶液Ⅰ、Ⅱ各 5 mL 相当于葡萄糖的克数按式（3）计算：

$$F = \frac{m}{1\,000} \times V \quad\cdots\cdots\cdots\cdots\cdots\cdots\cdots\cdots\cdots\cdots (3)$$

式中：

F——费林溶液Ⅰ、Ⅱ各 5 mL 相当于葡萄糖的克数，单位为克（g）；

m——称取无水葡萄糖的质量，单位为克（g）；

V——消耗葡萄糖标准溶液的总体积，单位为毫升（mL）。

4.2.1.3 试样的制备

4.2.1.3.1 测总糖用试样：准确吸取一定量的样品（V_1）[液温 20 ℃] 于 100 mL 容量瓶中，使之所含总糖量为 0.2 g~0.4 g，加 5 mL 盐酸溶液（4.2.1.2.1），加水至 20 mL，摇匀。于（68±1）℃水浴上水解 15 min，取出，冷却。用氢氧化钠溶液（4.2.1.2.2）中和至中性，调温至 20℃，加水定容至刻度（V_2），备用。

4.2.1.3.2 测还原糖用试样：准确吸取一定量的样品（V_1）[液温 20 ℃] 于 100 mL 容量瓶中，使之所含还原糖量为 0.2 g~0.4 g，加水定容至刻度，备用。

4.2.1.4 分析步骤

以试样（4.2.1.3）代替葡萄糖标准溶液，按 4.2.1.2.5b）同样操作，记录消耗试样的体积（V_3），结果按式（4）计算。

测定干葡萄酒或含糖量较低的半干葡萄酒，先吸取一定量样品（V_3）[液温 20 ℃] 于预先装有费林溶液Ⅰ、Ⅱ液各 5.0 mL 的 250 mL 三角瓶中，再用葡萄糖标准溶液按 4.2.1.2.5b）操作，记录消耗葡萄糖标准溶液的体积（V），结果按式（5）计算。

4.2.1.5 结果计算

干葡萄酒、半干葡萄酒总糖或还原糖的含量按式（4）计算，其他葡萄酒按式（5）计算。

$$X_1 = \frac{F - c \times V}{(V_1/V_2) \times V_3} \times 1\,000 \quad\cdots\cdots\cdots\cdots\cdots\cdots (4)$$

$$X_2 = \frac{F}{(V_1/V_2) \times V_3} \times 1\,000 \quad\cdots\cdots\cdots\cdots\cdots\cdots\cdots (5)$$

式中：

X_1——干葡萄酒、半干葡萄酒总糖或还原糖的含量，单位为克每升（g/L）；

F——费林溶液Ⅰ、Ⅱ各 5 mL 相当于葡萄糖的克数，单位为克（g）；

c——葡萄糖标准溶液的浓度，单位为克每毫升（g/mL）；

V——消耗葡萄糖标准溶液的体积，单位为毫升（mL）；

V_1——吸取样品的体积，单位为毫升（mL）；

V_2——样品稀释后或水解定容的体积，单位为毫升（mL）；

V_3——消耗试样的体积，单位为毫升（mL）；

X_2——其他葡萄酒总糖或还原糖的含量，单位为克每升（g/L）。

所得结果应表示至一位小数。

4.2.1.6 精密度

在重复性条件下获得的两次独立测定结果的绝对差值不得超过算术平均值的2%。

4.3 干浸出物

4.3.1 原理

用密度瓶法测定样品或蒸出酒精后的样品的密度，然后用其密度值查附录C，求得总浸出物的含量。再从中减去总糖的含量，即得干浸出物的含量。

4.3.2 仪器

4.3.2.1 瓷蒸发皿：200 mL。

4.3.2.2 恒温水浴：精度 ±0.1 ℃。

4.3.2.3 附温度计密度瓶：25 mL 或 50 mL。

4.3.3 试样的制备

用 100 mL 容量瓶量取 100 mL 样品（液温 20 ℃），倒入 200 mL 瓷蒸发皿中，于水浴上蒸发至约为原体积的三分之一取下，冷却后，将残液小心地移入原容量瓶中，用水多次荡洗蒸发皿，洗液并入容量瓶中，于 20 ℃ 定容至刻度。

也可使用 4.1.1.3 中蒸出酒精后的残液，在 20℃ 时以水定容至 100 mL。

4.3.4 分析步骤

方法一：吸取试样（4.3.3），按 4.1.1.4 同样操作，并按 4.1.1.5 计算出脱醇样品 20 ℃ 时的密度 ρ_1。以 $\rho_1 \times 1.00180$ 的值，查附录C，得出总浸出物含量（g/L）。

方法二：直接吸取未经处理的样品，按 4.1.1.4 同样操作，并按 4.1.1.5 计算出该样品 20 ℃ 时的密度 ρ_B。按式（6）计算出脱醇样品 20 ℃ 时的密度 ρ_2，以 ρ_2 查附录C，得出总浸出物含量（g/L）。

$$\rho_2 = 1.00180(\rho_B - \rho) + 1000 \quad\cdots\cdots\cdots\cdots\cdots\cdots\cdots (6)$$

式中：

ρ_2——脱醇样品 20 ℃ 时的密度，单位为克每升（g/L）；

ρ_B——含醇样品 20 ℃ 时的密度，单位为克每升（g/L）；

ρ——与含醇样品含有同样酒精度的酒精水溶液在 20 ℃ 时的密度（该值可用 4.1.1 方法测出的酒精密度带入，也可用 4.1.2 或 4.1.3 测出的酒精含量反查附录A得出的密度带入），单位为克每升（g/L）。

1.00180——20 ℃ 时密度瓶体积的修正系数。

所得结果表示至一位小数。

4.3.5 精密度

在重复性条件下获得的两次独立测定结果的绝对差值不得超过算术平均值的2%。

4.4 总酸

4.4.1 电位滴定法

4.4.1.1 原理

利用酸碱中和原理，用氢氧化钠标准滴定溶液直接滴定样品中的有机酸，以 pH = 8.2 为电位滴定终点，根据消耗氢氧化钠标准滴定溶液的体积，计算试样的总酸含量。

4.4.1.2 试剂和材料

4.4.1.2.1 氢氧化钠标准滴定溶液 [c（NaOH）= 0.05 mol/L]：按 GB/T 601 配制与标定，并准确稀释。

4.4.1.2.2 酚酞指示液（10 g/L）：按 GB/T 603 配制。

4.4.1.3 仪器

4.4.1.3.1 自动电位滴定仪（或酸度计）：精度 0.01 pH，附电磁搅拌器。

4.4.1.3.2 恒温水浴：精度 ±0.1 ℃，带振荡装置。

4.4.1.4 试样的制备

吸取约 60 mL 样品于 100 mL 烧杯中，将烧杯置于 40 ℃ ±0.1 ℃ 振荡水浴中恒温 30 min，取出，冷却至室温。

注：试样的制备只针对起泡葡萄酒和葡萄汽酒，目的是排除二氧化碳。

4.4.1.5 分析步骤

4.4.1.5.1 按仪器使用说明书校正仪器。

4.4.1.5.2 测定

吸取 10.00 mL 样品（液温 20 ℃）于 100 mL 烧杯中，加 50 mL 水，插入电极，放入一枚转子，置于电磁搅拌器上，开始搅拌，用氢氧化钠标准滴定溶液滴定。开始时滴定速度可稍快，当样液 pH = 8.0 后，放慢滴定速度，每次滴加半滴溶液直至 pH = 8.2 为其终点，记录消耗氢氧化钠标准滴定溶液的体积。同时做空白试验。

4.4.1.6 结果计算

样品中总酸的含量按式（7）计算。

$$X = \frac{c \times (V_1 - V_0) \times 75}{V_2} \quad \cdots\cdots\cdots\cdots\cdots\cdots\cdots\cdots\cdots\cdots\cdots\cdots (7)$$

式中：

X——样品中总酸的含量（以酒石酸计），单位为克每升（g/L）；

c——氢氧化钠标准滴定溶液的浓度，单位为摩尔每升（mol/L）；

V_0——空白试验消耗氢氧化钠标准滴定溶液的体积，单位为毫升（mL）；

V_1——样品滴定时消耗氢氧化钠标准滴定溶液的体积，单位为毫升（mL）；

V_2——吸取样品的体积，单位为毫升（mL）；

75——酒石酸的摩尔质量的数值，单位为克每摩尔（g/mol）。

所得结果表示至一位小数。

4.4.1.7 精密度

在重复性条件下获得的两次独立测定结果的绝对差值不得超过算术平均值的 3 %。

4.4.2 指示剂法

4.4.2.1 原理

利用酸碱滴定原理，以酚酞作指示剂，用碱标准溶液滴定，根据碱的用量计算总酸含量。

4.4.2.2 试剂和材料

同 4.4.1.2。

4.4.2.3 分析步骤

吸取样品 2 mL ~ 5 mL [液温 20 ℃；取样量可根据酒的颜色深浅而增减]，置于 250 mL 三角瓶中，加入 50 mL 水，同时加入 2 滴酚酞指示液，摇匀后，立即用氢氧化钠标准滴定溶液滴定至终点，并保持 30 s 内不变色，记下消耗氢氧化钠标准滴定溶液的体积（V_1）。同时做空白试验。

4.4.2.4 结果计算

同 4.4.1.6。

4.4.2.5 精密度

在重复性条件下获得的两次独立测定结果的绝对差值不得超过算术平均值的 5%。

4.5 挥发酸

4.5.1 方法提要

以蒸馏的方式蒸出样品中的低沸点酸类即挥发酸，用碱标准溶液进行滴定，再测定游离二氧化硫和结合二氧化硫，通过计算与修正，得出样品中挥发酸的含量。

4.5.2 试剂与溶液

4.5.2.1 氢氧化钠标准滴定溶液 [$c(\mathrm{NaOH})=0.05\ \mathrm{mol/L}$]：按 GB/T 601 配制与标定，并准确稀释。

4.5.2.2 酚酞指示液（10 g/L）：按 GB/T 603 配制。

4.5.2.3 盐酸溶液：将浓盐酸用水稀释 4 倍。

4.5.2.4 碘标准滴定溶液 [$c(\frac{1}{2}\mathrm{I}_2)=0.005\ \mathrm{mol/L}$]：按 GB/T 601 配制与标定，并准确稀释。

4.5.2.5 碘化钾。

4.5.2.6 淀粉指示液（5 g/L）：称取 5 g 淀粉溶于 500 mL 水中，加热至沸，并持续搅拌 10 min。再加入 200 g 氯化钠，冷却后定容至 1 000 mL。

4.5.2.7 硼酸钠饱和溶液：称取 5 g 硼酸钠（$\mathrm{Na}_2\mathrm{B}_4\mathrm{O}_7\cdot 10\mathrm{H}_2\mathrm{O}$）溶于 100 mL 热水中，冷却备用。

4.5.3 分析步骤

4.5.3.1 实测挥发酸：安装好蒸馏装置。吸取 10 mL 样品（V）[液温 20 ℃] 在该装置上进行蒸馏，收集 100 mL 馏出液。将馏出液加热至沸，加入 2 滴酚酞指示液，用氢氧化钠标准滴定溶液（4.5.2.1）滴定至粉红色，30 s 内不变色即为终点，记下消耗氢氧化钠标准滴定溶液的体积（V_1）。

4.5.3.2 测定游离二氧化硫：于上述溶液中加入 1 滴盐酸溶液酸化，加 2 mL 淀粉指示液和几粒碘化钾，混匀后用碘标准滴定溶液（4.5.2.4）滴定，得出碘标准滴定溶液消耗的体积（V_2）。

4.5.3.3 测定结合二氧化硫：在上述溶液中加入硼酸钠饱和溶液（4.5.2.7），至溶液显粉红色，继续用碘标准滴定溶液（4.5.2.4）滴定，至溶液呈蓝色，得到碘标准滴定溶液消耗的体积（V_3）。

4.5.4 结果计算

样品中实测挥发酸的含量按式（8）计算。

$$X_1 = \frac{c \times V_1 \times 60.0}{V} \quad\quad\quad\quad\quad\quad\quad (8)$$

式中：

X_1——样品中实测挥发酸的含量（以乙酸计），单位为克每升（g/L）；

c——氢氧化钠标准滴定溶液的浓度，单位为摩尔每升（mol/L）；

V_1——消耗氢氧化钠标准滴定溶液的体积，单位为毫升（mL）；

60.0——乙酸的摩尔质量的数值，单位为克每摩尔（g/mol）；

V——吸取样品的体积，单位为毫升（mL）。

若挥发酸含量接近或超过理化指标时，则需进行修正。修正时，按式（9）换算：

$$X = X_1 - \frac{c_2 \times V_2 \times 32 \times 1.875}{V} - \frac{c_2 \times V_3 \times 32 \times 0.9375}{V} \quad \cdots\cdots\cdots\cdots (9)$$

式中：

X——样品中真实挥发酸（以乙酸计）含量，单位为克每升（g/L）；

X_1——实测挥发酸含量，单位为克每升（g/L）；

c_2——碘标准滴定溶液的浓度，单位为摩尔每升（mol/L）；

V——吸取样品的体积，单位为毫升（mL）；

V_2——测定游离二氧化硫消耗碘标准滴定溶液的体积，单位为毫升（mL）；

V_3——测定结合二氧化硫消耗碘标准滴定溶液的体积，单位为毫升（mL）；

32——二氧化硫的摩尔质量的数值，单位为克每摩尔（g/mol）；

1.875——1 g 游离二氧化硫相当于乙酸的质量，单位为克（g）；

0.9375——1 g 结合二氧化硫相当于乙酸的质量，单位为克（g）。

所得结果应表示至一位小数。

4.5.5 精密度

在重复性条件下获得的两次独立测定结果的绝对差值不得超过算术平均值的 5 %。

4.6 柠檬酸

4.6.1 原理

同一时刻进入色谱柱的各组分，由于在流动相和固定相之间溶解、吸附、渗透或离子交换等作用的不同，随流动相在色谱柱两相之间进行反复多次的分配，由于各组分在色谱柱中的移动速度不同，经过一定长度的色谱柱后，彼此分离开来，按顺序流出色谱柱，进入信号检测器，在记录仪上或数据处理装置上显示出各组分的谱峰数值，根据保留时间用归一化法或外标法定量。

4.6.2 试剂和材料

4.6.2.1 磷酸。

4.6.2.2 氢氧化钠溶液 [c（NaOH）=0.01 mol/L]：按 GB/T 601 配制，并准确稀释。

4.6.2.3 磷酸二氢钾（KH_2PO_4）水溶液（0.02 mol/L）：称取 2.72 g KH_2PO_4，用水定容至 1 000 mL，用磷酸（4.6.2.1）调 pH 2.9，经 0.45 μm 微孔滤膜过滤。

4.6.2.4 无水柠檬酸。

4.6.2.5 柠檬酸储备溶液：称取无水柠檬酸 0.05 g，精确至 0.000 1 g，用氢氧化钠溶液（4.6.2.2）溶解并定容至 50 mL，此溶液含柠檬酸 1 g/L。

4.6.2.6 柠檬酸标准系列溶液：将柠檬酸储备溶液用氢氧化钠溶液（4.6.2.2）稀释成浓度分别为 0.05 g/L、0.10 g/L、0.20 g/L、0.40 g/L、0.80 g/L 的标准系列溶液。

4.6.3 仪器

4.6.3.1 高效液相色谱仪：配有紫外检测器和色谱柱恒温箱。

4.6.3.2 色谱分离柱：Hypersil ODS2，柱尺寸：ϕ5.0 mm×200 mm，填料粒径：5 μm。或采用同等分析效果的其他色谱柱。

4.6.3.3 微量注射器 10 μL。

4.6.3.4 流动相真空抽滤脱气装置及 0.2 μm 或 0.45 μm 微孔膜；

4.6.3.5 分析天平：感量 0.000 1 g。

4.6.4 分析步骤

4.6.4.1 试样的制备

吸取 10.00 mL 样品（液温 20 ℃）于 100 mL 容量瓶中，加水定容，经 0.45 μm 微孔滤膜过滤后，备用。

4.6.4.2 测定

4.6.4.2.1 色谱条件。

柱温：室温。

流动相：0.02 mol/L KH_2PO_4 溶液，pH 2.9（4.6.2.3）。

流速：1.0 mL/min。

检测波长：214 nm。

进样量：10 μL。

4.6.4.2.2 标准曲线。

将柠檬酸标准系列溶液（4.6.2.6）分别进样后，以标样浓度对峰面积作标准曲线。线性相关系数应为 0.999 0 以上。

4.6.4.2.3 将试样（4.6.4.1）进样。根据标准品的保留时间定性样品中柠檬酸的色谱峰。根据样品的峰面积，查标准曲线得出柠檬酸含量。

4.6.5 结果计算

样品中柠檬酸的含量按式（10）计算。

$$X = c \times F \quad \cdots\cdots\cdots\cdots\cdots\cdots\cdots\cdots\cdots\cdots\cdots (10)$$

式中：

X——样品中柠檬酸的含量，单位为克每升（g/L）；

c——从标准曲线求得测定溶液中柠檬酸的含量，单位为克每升（g/L）；

F——样品的稀释倍数。

所得结果表示至一位小数。

4.6.6 精密度

在重复性条件下获得的两次独立测定结果的绝对差值不得超过算术平均值的 5 %。

4.7 二氧化碳

4.7.1 仪器

起泡葡萄酒、葡萄汽酒压力测定器见图 2。

4.7.2 分析步骤

4.7.2.1 调温：将被测样品在 20 ℃ 水浴（或恒温箱）中保温 2 h。

4.7.2.2 测量：将仪器的三爪（A）套在酒瓶的颈上，调节螺杆（B）使采气罩（C）与瓶盖密合。将直柄麻花钻（D）插入，密封。手持麻花钻柄，向下旋转，将瓶盖（软木塞）钻透，摇动酒瓶，待压力表指针稳定后，记录其压力。

所得结果表示至两位小数。

4.7.2.3 精密度。

在重复性条件下获得的两次独立测定结果的绝对差值不得超过算术平均值的 10 %。

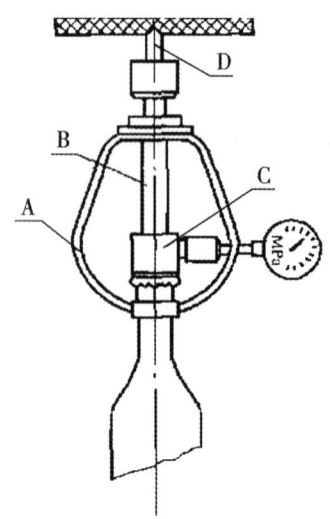

图 2　起泡葡萄酒、葡萄汽酒压力测定器
注：A—三爪；B—螺杆；C—采气罩；D—直柄麻花钻。

4.8　二氧化硫

4.8.1　游离二氧化硫

4.8.1.1　氧化法

4.8.1.1.1　原理

在低温条件下，样品中的游离二氧化硫与过氧化氢过量反应生成硫酸，再用碱标准溶液滴定生成的硫酸。由此可得到样品中游离二氧化硫的含量。

4.8.1.1.2　试剂和材料

a）过氧化氢溶液（0.3%）：吸取 1 mL 30% 过氧化氢（开启后存于冰箱），用水稀释至 100 mL。使用当天配制。

b）磷酸溶液（25%）：量取 295 mL 85% 磷酸，用水稀释至 1 000 mL。

c）氢氧化钠标准滴定溶液 $[c(NaOH)=0.01\ mol/L]$：准确吸取 100 mL 氢氧化钠标准滴定溶液（4.4.1.2.1），以无二氧化碳水定容至 500 mL。存放在橡胶塞上装有钠石灰管的瓶中，每周重配。

d）甲基红－次甲基蓝混合指示液：按 GB/T 603 配制。

4.8.1.1.3　仪器

a）二氧化硫测定装置见图 3。

b）真空泵或抽气管（玻璃射水泵）。

4.8.1.1.4　分析步骤

a）按图 3 所示，将二氧化硫测定装置连接妥当，I 管与真空泵（或抽气管）相接，D 管通入冷却水。取下梨形瓶（G）和气体洗涤器（H），在 G 瓶中加入 20 mL 过氧化氢溶液、H 管中加入 5 mL 过氧化氢溶液，各加 3 滴混合指示液后，溶液立即变为紫色，滴入氢氧化钠标准溶液，使其颜色恰好变为橄榄绿色，然后重新安装妥当，将 A 瓶浸入冰浴中。

b）吸取 20.00 mL 样品（液温 20 ℃），从 C 管上口加入 A 瓶中，随后吸取 10 mL 磷酸溶液 [4.8.1.1.2b)]，亦从 C 管上口加入 A 瓶中。

c）开启真空泵（或抽气管），使抽入空气流量 1 000 mL/min～1 500 mL/min，抽气 10 min。取下

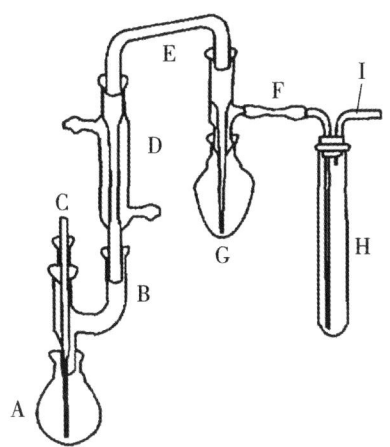

图 3 二氧化硫测定装置

注：A—短颈球瓶；B—三通连接管；C—通气管；D—直管冷凝管；E—弯管；F—真空蒸馏接受管；G—梨形瓶；H—气体洗涤器；I—直角弯管（接真空泵或抽气管）。

G 瓶，用氢氧化钠标准滴定溶液 ［4.8.1.1.2c)］滴定至重现橄榄绿色即为终点，记下消耗的氢氧化钠标准滴定溶液的毫升数。以水代替样品做空白试验，操作同上。一般情况下，H 管中溶液不应变色，如果溶液变为紫色，也需用氢氧化钠标准滴定溶液滴定至橄榄绿色，并将所消耗的氢氧化钠标准滴定溶液的体积与 G 瓶消耗的氢氧化钠标准滴定溶液的体积相加。

4.8.1.1.5 结果计算

样品中游离二氧化硫的含量按式（11）计算。

$$X = \frac{c \times (V - V_0) \times 32}{20} \times 1\,000 \quad\quad\quad\quad (11)$$

式中：

X——样品中游离二氧化硫的含量，单位为毫克每升（mg/L）；

c——氢氧化钠标准滴定溶液的浓度，单位为摩尔每升（mol/L）；

V——测定样品时消耗的氢氧化钠标准滴定溶液的体积，单位为毫升（mL）；

V_0——空白试验消耗的氢氧化钠标准滴定溶液的体积，单位为毫升（mL）；

32——二氧化硫的摩尔质量的数值，单位为克每摩尔（g/mol）；

20——吸取样品的体积，单位为毫升（mL）。

所得结果表示至整数。

4.8.1.1.6 精密度

在重复性条件下获得的两次独立测定结果的绝对差值不得超过算术平均值的 10%。

4.8.1.2 直接碘量法

4.8.1.2.1 原理

利用碘可以与二氧化硫发生氧化还原反应的性质，测定样品中二氧化硫的含量。

4.8.1.2.2 试剂和材料

a) 硫酸溶液（1+3）：取 1 体积浓硫酸缓慢注入 3 体积水中。

b) 碘标准滴定溶液 ［$c\,(1/2I_2) = 0.02\,\text{mol/L}$］：按 GB/T 601 配制与标定，准确稀释 5 倍。

c) 淀粉指示液（10 g/L）：按 GB/T 603 配制后，再加入 40 g 氯化钠。

4.8.1.2.3 分析步骤

吸取 50.00 mL 样品（液温 20 ℃）于 250 mL 碘量瓶中，加入少量碎冰块，再加入 1 mL 淀粉指示液［4.8.1.2.2c）］、10 mL 硫酸溶液［4.8.1.2.2a）］，用碘标准滴定溶液［4.8.1.2.2b）］迅速滴定至淡蓝色，保持30 s 不变即为终点，记下消耗碘标准滴定溶液的体积（V）。

以水代替样品，做空白试验，操作同上。

4.8.1.2.4 结果计算

样品中游离二氧化硫的含量按式（12）计算。

$$X = \frac{c \times (V - V_0) \times 32}{50} \times 1\,000 \quad \cdots\cdots\cdots\cdots\cdots\cdots\cdots\cdots\cdots (12)$$

式中：

X——样品中游离二氧化硫的含量，单位为毫克每升（mg/L）；

c——碘标准滴定溶液的浓度，单位为摩尔每升（mol/L）；

V——消耗碘标准滴定溶液的体积，单位为毫升（mL）；

V_0——空白试验消耗碘标准滴定溶液的体积，单位为毫升（mL）；

32——二氧化硫的摩尔质量的数值，单位为克每摩尔（g/mol）；

50——吸取样品的体积，单位为毫升（mL）。

所得结果表示至整数。

4.8.1.2.5 精密度

在重复性条件下获得的两次独立测定结果的绝对差值不得超过算术平均值的10 %。

4.8.2 总二氧化硫

4.8.2.1 氧化法

4.8.2.1.1 原理

在加热条件下，样品中的结合二氧化硫被释放，并与过氧化氢发生氧化还原反应，通过用氢氧化钠标准溶液滴定生成的硫酸，可得到样品中结合二氧化硫的含量，将该值与游离二氧化硫测定值相加，即得出样品中总二氧化硫的含量。

4.8.2.1.2 试剂和溶液

同4.8.1.1.2。

4.8.2.1.3 仪器

同4.8.1.1.3。

4.8.2.1.4 分析步骤

继4.8.1.1.4测定游离二氧化硫后，将滴定至橄榄绿色的G瓶重新与F管连接。拆除A瓶下的冰浴，用温火小心加热A瓶，使瓶内溶液保持微沸。开启真空泵，以后操作同4.8.1.1.4c）。

4.8.2.1.5 结果计算

同4.8.1.1.5。

计算出来的二氧化硫为结合二氧化硫。将游离二氧化硫与结合二氧化硫相加，即为总二氧化硫。

4.8.2.1.6 精密度

在重复性条件下获得的两次独立测定结果的绝对差值不得超过算术平均值的10%。

4.8.2.2 直接碘量法

4.8.2.2.1 原理

在碱性条件下，结合态二氧化硫被解离出来，然后再用碘标准滴定溶液滴定，得到样品中结合二氧化硫的含量。

4.8.2.2.2 试剂和材料

a) 氢氧化钠溶液（100 g/L）；

b) 其他试剂与溶液同 4.8.1.2.2。

4.8.2.2.3 分析步骤

吸取 25.00 mL 氢氧化钠溶液于 250 mL 碘量瓶中，再准确吸取 25.00 mL 样品（液温 20 ℃），并以吸管尖插入氢氧化钠溶液的方式，加入到碘量瓶中，摇匀，盖塞，静置 15 min 后，再加入少量碎冰块、1 mL 淀粉指示液、10 mL 硫酸溶液，摇匀，用碘标准滴定溶液迅速滴定至淡蓝色，30 s 内不变即为终点，记下消耗碘标准滴定溶液的体积（V）。

以水代替样品做空白试验，操作同上。

4.8.2.2.4 结果计算

样品中总二氧化硫的含量按式（13）计算。

$$X = \frac{c \times (V - V_0) \times 32}{25} \times 1\,000 \quad\cdots\cdots\cdots\cdots\cdots\cdots\cdots\cdots\cdots\cdots\cdots (13)$$

式中：

X——样品中总二氧化硫的含量，单位为毫克每升（mg/L）；

c——碘标准滴定溶液的浓度，单位为摩尔每升（mol/L）；

V——测定样品消耗碘标准滴定溶液的体积，单位为毫升（mL）；

V_0——空白试验消耗碘标准滴定溶液的体积，单位为毫升（mL）；

32——二氧化硫的摩尔质量的数值，单位为克每摩尔（g/mol）；

25——吸取样品的体积，单位为毫升（mL）。

所得结果表示至整数。

4.8.2.2.5 精密度

在重复性条件下获得的两次独立测定结果的绝对差值不得超过算术平均值的 10 %。

4.9 铁

4.9.1 原子吸收分光光度法

4.9.1.1 原理

将处理后的试样导入原子吸收分光光度计中，在乙炔－空气火焰中，试样中的铁被原子化，基态原子铁吸收特征波长（248.3 nm）的光；吸收量的大小与试样中铁原子浓度成正比，测其吸光度，求得铁含量。

4.9.1.2 试剂和材料

本方法中所用水应符合 GB/T 6682—1992 中二级水规格，所用试剂为优级纯（GR）。

4.9.1.2.1 硝酸溶液（0.5%）：量取 8 mL 硝酸，稀释至 1 000 mL。

4.9.1.2.2 铁标准贮备液（1 mL 溶液含有 0.1 mg 铁）：按 GB/T 602 配制。

4.9.1.2.3 铁标准使用液（1 mL 溶液含有 10 μg 铁）：吸取 10.00 mL 铁标准贮备液于 100 mL 容量瓶中，用硝酸溶液（4.9.1.2.1）稀释至刻度，此溶液每毫升含 10 μg 铁。

4.9.1.2.4 铁标准系列：吸取铁标准使用液 0.00 mL、1.00 mL、2.00 mL、4.00 mL、5.00 mL（含 0.0 μg、10.0 μg、20.0 μg、40.0 μg、50.0 μg 铁）分别于 5 个 100 mL 容量瓶中，用硝酸溶液（4.9.1.2.1）稀释至刻度，混匀。该系列用于标准工作曲线的绘制。

4.9.1.3 仪器

原子吸收分光光度计：备有铁空心阴极灯。

4.9.1.4 试样的制备

用硝酸溶液（4.9.1.2.1）准确稀释样品至5倍～10倍，摇匀，备用。

4.9.1.5 分析步骤

4.9.1.5.1 标准工作曲线的绘制：置仪器于合适的工作状态，调波长至248.3 nm，导入标准系列溶液，以零管调零，分别测定其吸光度。以铁的含量对应吸光度绘制标准工作曲线（或者建立回归方程）。

4.9.1.5.2 试样的测定：将试样导入仪器，测其吸光度，然后根据吸光度在标准曲线上查得铁的含量（或带入回归方程计算）。

4.9.1.6 结果计算

样品中铁的含量按式（14）计算。

$$X = A \times F \quad \cdots\cdots\cdots\cdots\cdots\cdots (14)$$

式中：

X——样品中铁的含量，单位为毫克每升（mg/L）；

A——试样中铁的含量，单位为毫克每升（mg/L）；

F——样品稀释倍数。

所得结果表示至一位小数。

4.9.1.7 精密度

在重复性条件下获得的两次独立测定结果的绝对差值不得超过算术平均值的10%。

4.9.2 邻菲啰啉比色法

4.9.2.1 原理

样品经处理后，试样中的三价铁在酸性条件下被盐酸羟胺还原成二价铁，二价铁与邻菲啰啉作用生成红色螯合物，其颜色的深度与铁含量成正比，用分光光度法进行铁的测定。

4.9.2.2 试剂和材料

4.9.2.2.1 浓硫酸。

4.9.2.2.2 过氧化氢溶液（30%）。

4.9.2.2.3 氨水（25%～28%）。

4.9.2.2.4 盐酸羟胺溶液（100g/L）：称取100 g盐酸羟胺，用水溶解并稀释至1 000 mL，于棕色瓶中低温贮存。

4.9.2.2.5 盐酸溶液（1+1）。

4.9.2.2.6 乙酸－乙酸钠溶液（pH=4.8）：称取272g乙酸钠（CH₃COONa－3H₂O），溶解于500 mL水中，加200 mL冰乙酸，加水稀释至1 000 mL。

4.9.2.2.7 1,10-菲啰啉溶液（2g/L）：按GB/T 603配制。

4.9.2.2.8 铁标准贮备液（1 mL溶液含有0.1 mg铁）：同4.9.1.2.2。

4.9.2.2.9 铁标准使用液（1 mL溶液含有10 μg铁）：同4.9.1.2.3。

4.9.2.2.10 铁标准系列：吸取铁标准使用液0.00 mL、0.20 mL、0.40 mL、0.80 mL、1.00 mL、1.40 mL（含0.0 μg、2.0 μg、4.0 μg、8.0 μg、10.0 μg、14.0 μg铁）分别于6支25 mL比色管中，补加水至10 mL，加5 mL乙酸－乙酸钠溶液（调pH至3～5）、1 mL盐酸羟胺溶液，摇匀，放置5 min后，再加入1 mL 1,10-菲啰啉溶液，然后补加水至刻度，摇匀，放置30 min，备用。该系列用于标准工作曲线的绘制。

4.9.2.3 仪器

4.9.2.3.1 分光光度计。

4.9.2.3.2 高温电炉：550 ℃±25 ℃。

4.9.2.3.3 瓷蒸发皿：100 mL。

4.9.2.4 试样的制备

4.9.2.4.1 干法消化：准确吸取 25.00 mL 样品（V）于蒸发皿中，在水浴上蒸干，置于电炉上小心炭化，然后移入 550 ℃±25 ℃ 高温电炉中灼烧，灰化至残渣呈白色，取出，加入 10 mL 盐酸溶液溶解，在水浴上蒸至约 2 mL，再加入 5 mL 水，加热煮沸后，移入 50 mL 容量瓶中，用水洗涤蒸发皿，洗液并入容量瓶，加水稀释至刻度（V_1），摇匀。同时做空白试验。

4.9.2.4.2 湿法消化：准确吸取 1.00 mL 样品（V）（可根据铁含量，适当增减）于 10 mL 凯氏烧瓶中，置电炉上缓缓蒸发至近干，取下稍冷后，加 1 mL 浓硫酸（根据含糖量增减）、1 mL 过氧化氢，于通风橱内加热消化。如果消化液颜色较深，继续滴加过氧化氢溶液，直至消化液无色透明。稍冷，加 10 mL 水微火煮沸 3 min~5 min，取下冷却。同时做空白试验。

注：各实验室可根据各自条件选用干法或湿法进行样品的消化。

4.9.2.5 分析步骤

4.9.2.5.1 标准工作曲线的绘制

在 480 nm 波长下，测定标准系列（4.9.2.2.10）的吸光度。根据吸光度及相对应的铁浓度绘制标准工作曲线（或建立回归方程）。

4.9.2.5.2 试样的测定

准确吸取试样（4.9.2.4.1）5 mL~10 m（V）及试剂空白消化液分别于 25 mL 比色管中，补加水至 10 mL，然后按标准工作曲线的绘制同样操作，分别测其吸光度，从标准工作曲线上查出铁的含量（或用回归方程计算）。

或将试样（4.9.2.4.2）及空白消化液分别洗入 25 mL 比色管中，在每支管中加入一小片刚果红试纸，用氨水中和至试纸显蓝紫色，然后各加 5 mL 乙酸-乙酸钠溶液（调 pH 至 3~5），以下操作同标准工作曲线的绘制。以测出的吸光度，从标准工作曲线上查出铁的含量（或用回归方程计算）。

4.9.2.6 结果计算

4.9.2.6.1 干法计算

样品中铁的含量按式（15）计算。

$$X = \frac{(c_1 - c_0) \times 1\,000}{V \times V_2/V_1 \times 1\,000} = \frac{(c_1 - c_0) \times V_1}{V \times V_2} \quad \cdots\cdots\cdots\cdots\cdots\cdots (15)$$

式中：

X——样品中铁的含量，单位为毫克每升（mg/L）；

c_1——测定用样品中铁的含量，单位为微克（μg）

c_0——试剂空白液中铁的含量，单位为微克（μg）；

V——吸取样品的体积，单位为毫升（mL）；

V_1——样品消化液的总体积，单位为毫升（mL）；

V_2——测定用试样的体积，单位为毫升（mL）。

4.9.2.6.2 湿法计算

样品中铁的含量按式（16）计算。

$$X = \frac{A - A_0}{V} \quad \cdots\cdots\cdots\cdots\cdots\cdots (16)$$

式中：

X——样品中铁的含量，单位为毫克每升（mg/L）；

A——测定用样品中铁的含量，单位为微克（μg）；

A_0——试剂空白液中铁的含量，单位为微克（μg）；

V——吸取样品的体积，单位为毫升（mL）。

所得结果表示至一位小数。

4.9.2.6.3 精密度在重复性条件下获得的两次独立测定结果的绝对差值不得超过算术平均值的10%。

4.9.3 磺基水杨酸比色法

4.9.3.1 原理

样品经处理后，样液中的三价铁离子在碱性氨溶液中（pH = 8 ~ 10.5）与磺基水杨酸反应生成黄色络合物，可根据颜色的深浅进行比色测定。

4.9.3.2 试剂和材料

4.9.3.2.1 磺基水杨酸溶液（100 g/L）。

4.9.3.2.2 氨水（1 + 1.5）。

4.9.3.2.3 铁标准贮备液（1 mL 溶液含有 0.1 mg 铁）：同 4.9.2.2.8。

4.9.3.2.4 铁标准使用液（1 mL 溶液含有 10 μg 铁）：同 4.9.2.2.9。

4.9.3.2.5 铁标准系列：吸取铁标准使用液 0.00 mL，0.50 mL，1.00 mL，1.50 mL，2.00 mL，2.50 mL（含 0.0 μg，5.0 μg，10.0 μg，15.0 μg，20.0 μg，25.0 μg 铁）分别于 6 支 25 mL 比色管中，分别加入 5 mL 磺基水杨酸溶液，用氨水中和至溶液呈黄色时，再加 0.5 mL 后，用水稀释至刻度，摇匀。

4.9.3.3 仪器

同 4.9.2.3。

4.9.3.4 试样的制备

同 4.9.2.4。

注：湿法消化时，取样量为 5 mL。

4.9.3.5 分析步骤

吸取干法试样 5.00 mL（可根据铁含量，适当增减）和同量空白消化液分别于 25 mL 比色管中，或者将湿法试样及空白消化液分别洗入 25 mL 比色管中，然后按 4.9.3.2.5 同样操作，将其与标准系列进行目视比色，记下与样液颜色深浅相同的标准管中铁的含量。

4.9.3.6 结果计算

同 4.9.2.6。

所得结果表示至整数。

4.9.3.7 精密度

在重复性条件下获得的两次独立测定结果的绝对差值不得超过算术平均值的 10%。

4.10 铜

4.10.1 原子吸收分光光度法

4.10.1.1 原理

将处理后的试样导入原子吸收分光光度计中，在乙炔 - 空气火焰中样品中的铜被原子化，基态原子吸收特征波长（324.7 nm）的光，其吸收量的大小与试样中铜的含量成正比，测其吸光度，求得铜含量。

4.10.1.2 试剂和材料

4.10.1.2.1 硝酸溶液（0.5%）。

4.10.1.2.2 铜标准贮备液（1 mL溶液含有0.1 mg铜）：按GB/T 602制备。

4.10.1.2.3 铜标准使用液（1 mL溶液含有10 μg铜）：吸取10.00 mL铜标准贮备液于100 mL容量瓶中，用硝酸溶液稀释至刻度，此溶液每毫升含10 μg铜。

4.10.1.2.4 铜标准系列：吸取铜标准使用液0.00 mL，0.50 mL，1.00 mL，2.00 mL，4.00 mL，6.00 mL（含0.0 μg，5.0 μg，10.0 μg，20.0 μg，40.0 μg，60.0 μg铜）分别置于6个50 mL容量瓶中，用硝酸溶液稀释至刻度，摇匀。该系列用于标准工作曲线的绘制。

4.10.1.3 仪器

原子吸收分光光度计：备有铜空心阴极灯。

4.10.1.4 试样的制备

用硝酸溶液准确将样品稀释至5倍~10倍，摇匀，备用。

4.10.1.5 分析步骤

4.10.1.5.1 标准工作曲线的绘制：置仪器于合适的工作状态下，调波长至324.7 nm，导入标准系列溶液，以零管调零，分别测其吸光度，以铜的含量对应吸光度绘制标准工作曲线（或建立回归方程）。

4.10.1.5.2 试样的测定：将试样（4.10.1.4）导入仪器，测其吸光度，然后根据吸光度在标准工作曲线上查得铜的含量（或者用回归方程计算）。

4.10.1.6 结果计算

样品中铜的含量按式（17）计算。

$$X = A \times F \quad \quad (17)$$

式中：

X——样品中铜的含量，单位为毫克每升（mg/L）；

A——试样中铜的含量，单位为毫克每升（mg/L）；

F——样品稀释倍数。

所得结果表示至一位小数。

4.10.1.7 精密度

在重复性条件下获得的两次独立测定结果的绝对差值不得超过算术平均值的10%。

4.10.2 二乙基二硫代氨基甲酸钠比色法

4.10.2.1 原理

在碱性溶液中铜离子与二乙基二硫代氨基甲酸钠（DDTC）作用生成棕黄色络合物，用四氯化碳萃取后比色。

4.10.2.2 试剂和材料

4.10.2.2.1 四氯化碳。

4.10.2.2.2 硫酸溶液 [c（H_2SO_2 = 2 mol/L）]：量取浓硫酸60 mL，缓缓注入1 000 mL水中，冷却，摇匀。

4.10.2.2.3 乙二胺四乙酸二钠（EDTA）柠檬酸铵溶液：称取5 g乙二胺四乙酸二钠及20 g柠檬酸铵，用水溶解并定容至100 mL。

4.10.2.2.4 氨水（1+1）。

4.10.2.2.5 氢氧化钠溶液（0.05mol/L）：按 GB/T 601 配制，并准确稀释。

4.10.2.2.6 二乙基二硫代氨基甲酸钠（铜试剂）溶液（1 g/L）：按 GB/T 603 配制。贮于冰箱中。

4.10.2.2.7 硝酸溶液 0.5%。

4.10.2.2.8 铜标准贮备液（1 mL 溶液含有 0.1 mg 铜）：同 4.10.1.2.2。

4.10.2.2.9 铜标准使用液（1 mL 溶液含有 10 μg 铜）：同 4.10.1.2.3。

4.10.2.2.10 铜标准系列：吸取铜标准使用液 0.00 mL，50 mL，1.00 mL，1.50 mL，2.00 mL，2.50 mL（含 0.0 μg，5.0 μg，10.0 μg，15.0 μg，20.0 μg，25.0 μg 铜）分别于 6 支 125 mL 分液漏斗中，各补加硫酸溶液（4.10.2.3.2）至 20 mL。然后再加入 10 mL 乙二胺四乙酸二钠（EDTA）柠檬酸铵溶液和 3 滴麝香草酚蓝指示液，混匀，用氨水调 pH（溶液的颜色由黄至微蓝色），补加水至总体积约 40 mL，再各加 2 mL 二乙基二硫代氨基甲酸钠溶液（铜试剂）和 10.00 mL 四氯化碳，剧烈振摇萃取 2 min，待静置分层后，将四氯化碳层经无水硫酸钠或脱脂棉滤入 2 cm 比色杯中。

4.10.2.2.11 香草酚蓝指示液<1 g/L：称取 0.1 g 麝香草酚蓝于 4.3 mL 氢氧化钠溶液中，用水定容至 100 mL。

4.10.2.3 仪器

4.10.2.3.1 分光光度计。

4.10.2.3.2 分液漏斗：125 mL。

4.10.2.4 试样的制备

同 4.9.2.4。

注：湿法消化时，取样量为 5 mL。

4.10.2.5 分析步骤

4.10.2.5.1 标准工作曲线的绘制：置仪器于合适的工作状态下，调波长至 440 nm 处，导入标准系列溶液，分别测其吸光度，根据吸光度及相对应的铜浓度绘制标准曲线（或建立回归方程）。

4.10.2.5.2 试样的测定：吸取干法处理的试样 10.00 mL 和同量空白消化液分别于 125 mL 分液漏斗中，或者将湿法处理的全部试样及空白消化液，分别洗入 125 mL 分液漏斗中。然后按 4.10.2.2.10 和 4.10.2.5.1 的同样操作（湿法处理的试样，进行 4.10.2.2.10 步骤时，以水代替硫酸溶液，补加体积至 20 mL，以后步骤不变），分别测其吸光度，从标准工作曲线一上查出铜的含量（或用回归方程计算）。

4.10.2.6 结果计算

4.10.2.6.1 干法计算

样品中铜的含量按式（18）计算。

$$X = \frac{(c_1 - c_0) \times 1\,000}{V \times V_2/V_1 \times 1\,000} = \frac{(c_1 - c_0) \times 1\,000}{V \times V_2} \quad\quad\quad (18)$$

式中：

X——样品中铜的含量，单位为毫克每升（mg/L）；

c_1——测定用试样消化液中铜的含量，单位为微克（μg）；

c_0——试剂空白液中铜的含量，单位为微克（μg）；

V——吸取样品的体积，单位为毫升（mL）；

V_1——试样消化液的总体积，单位为毫升（mL）；

V_2——测定用试样消化液的体积，单位为毫升（mL）。

4.10.2.6.2 湿法计算

样品中铜的含量按式（19）计算。

$$X = \frac{A - A_0}{V} \quad\cdots\cdots\cdots\cdots\cdots\cdots\cdots\cdots\cdots\cdots\cdots\cdots\cdots\cdots\cdots\cdots\cdots\cdots (19)$$

式中：

X——样品中铜的含量，单位为毫克每升（mg/L）；

A——测定用试样中铜的含量，单位为微克（μg）；

A_0——空白试验中铜的含量，单位为微克（μg）；

V——吸取样品的体积，单位为毫升（mL）。

所得结果表示至一位小数。

4.10.2.7 精密度

在重复性条件下获得的两次独立测定结果的绝对差值不得超过算术平均值的10 %。

4.11 甲醇

4.11.1 气相色谱法

4.11.1.1 原理

试样被汽化后，随同载气进入色谱柱，利用被测定的各组分在气液两相中具有不同的分配系数，在柱内形成迁移速度的差异而得到分离。分离后的组分先后流出色谱柱，进入氢火焰离子化检测器，根据色谱图上各组分峰的保留时间与标样相对照进行定性；利用峰面积（或峰高），以内标法定量。

4.11.1.2 试剂和材料

4.11.1.2.1 乙醇溶液［10 %（体积分数）］，色谱纯。

4.11.1.2.2 甲醇溶液［2 %（体积分数）］，色谱纯。作标样用。用乙醇溶液（4.11.1.2.1）配制。

4.11.1.2.3 4-甲基-2-戊醇溶液［2 %（体积分数）］，色谱纯。作内标用。用乙醇溶液（4.11.1.2.1）配制。

4.11.1.3 仪器和设备

4.11.1.3.1 气相色谱仪：备有氢火焰离子化检测器（FID）。

4.11.1.3.2 毛细管柱：PEG 20 M 毛细管色谱柱（柱长35 m～50 m，内径0.25 mm，涂层0.2 μm），或其他具有同等分析效果的色谱柱。

4.11.1.3.3 微量注射器：1 μL。

4.11.1.3.4 全玻璃整流器点 500 mL。

4.11.1.4 分析步骤

4.11.1.4.1 色谱参考条件

载气（高纯氮）：流速为 0.5 mL/min～1.0 mL/min；

分流比：约50∶1，尾吹 20 mL/min～30 mL/min；

氢气：流速为 40 mL/min；

空气：流速为 400 mL/min；

检测器温度（T_d）：220 ℃；

注样器温度（T_j）：220 ℃；

柱温（T_c）：起始温度40 ℃，恒温4 min，以3.5 ℃/min程序升温至200 ℃，继续恒温10 min。

载气、氢气、空气的流速等色谱条件随仪器而异，应通过试验选择最佳操作条件，以内标峰与酒样中其他组分峰获得完全分离为准。

4.11.1.4.2 校正因子（f值）的测定

吸取甲醇溶液（4.11.1.2.2）1.00 mL，移入100 mL容量瓶中，然后加入4-甲基-2-戊醇溶液（4.11.1.2.3）1.00 mL，用乙醇溶液（4.11.1.2.2）稀释至刻度。上述溶液中甲醇和内标的浓度均为0.02%（体积分数）。待色谱仪基线稳定后，用微量注射器进样，进样量随仪器的灵敏度而定。记录甲醇和内标峰的保留时间及其峰面积（或峰高），用其比值计算出甲醇的相对校正因子。

4.11.1.4.3 试样的制备

用一洁净、干燥的100 mL容量瓶准确量取100 mL样品（液温20℃）于500 mL蒸馏瓶中，用50 mL水分三次冲洗容量瓶，洗液并入蒸馏瓶中，再加几颗玻璃珠，连接冷凝器，以取样用的原容量瓶作接收器（外加冰浴）。开启冷却水，缓慢加热蒸馏。收集馏出液接近刻度，取下容量瓶，盖塞。于20摄氏度水浴中保温30 min，补加水至刻度，混匀，备用。

4.11.1.4.4 分析步骤

吸取试样（4.11.1.4.3）10.0 mL于10 mL容量瓶中，加入4-甲基-2-戊醇溶液（4.11.1.2.3）0.10 mL，混匀后，在与f值测定相同的条件下进样，根据保留时间确定甲醇峰的位置，并测定甲醇与内标峰面积（或峰高），求出峰面积（或峰高）之比，计算出酒样中甲醇的含量。

4.11.1.5 结果计算

甲醇的相对校正因子按式（20）计算，样品中甲醇的含量按式（21）计算。

$$f = \frac{A_1}{A_2} \times \frac{d_2}{d_1} \quad \cdots\cdots\cdots\cdots\cdots\cdots\cdots\cdots\cdots\cdots (20)$$

$$X = f \times \frac{A_3}{A_4} \times I \quad \cdots\cdots\cdots\cdots\cdots\cdots\cdots\cdots\cdots\cdots (21)$$

式中：

X——样品中甲醇的含量，单位为毫克每升（mg/L）

f——甲醇的相对校正因子；

A_1——标样值测定时内标的峰面积（或峰高）；

A_2——标样值测定时甲醇的峰面积（或峰高）；

A_3——试样中甲醇的峰面积（或峰高）；

A_4——添加于酒样中内标的峰面积（或峰高）；

d_2——甲醇的相对密度；

d_1——内标物的相对密度；

I——内标物含量（添加在酒样中），单位为毫克每升（mg/L）。

所得结果表示至整数。

4.11.1.6 精密度

在重复性条件下获得的两次独立测定结果的绝对差值不得超过算术平均值的10%。

4.11.2 比色法

4.11.2.1 原理

甲醇经氧化成甲醛后，与品红亚硫酸作用生成蓝紫色化合物，与标准系列比较定量。

4.11.2.2 试剂和材料

4.11.2.2.1 高锰酸钾-磷酸溶液：称取3 g高锰酸钾，加入15 mL磷酸（85%）与70 mL水的混合液中，溶解后，加水至100 mL。贮于棕色瓶内，防止氧化力下降，保存时间不宜过长。

4.11.2.2.2 草酸-硫酸溶液：称取5 g无水草酸（$H_2C_2O_4$）或7 g含2分子结晶水草酸（$2H_2O$），溶于硫酸（1+1）中至100 mL。

4.11.2.2.3 品红-亚硫酸溶液：称取 0.1 g 碱性品红研细后，分次加入共 60 mL 80 ℃的水，边加入水边研磨使其溶解，用滴管吸取上层溶液滤于 100 mL 容量瓶中，冷却后加 10mL 亚硫酸钠溶液（100 g/L），1 mL 盐酸，再加水至刻度，充分混匀，放置过夜，如溶液有颜色，可加少量活性炭搅拌后过滤，贮于棕色瓶中，置暗处保存，溶液呈红色时应弃去重新配制。

4.11.2.2.4 甲醇标准溶液：称取 1 000 g 甲醇，置于 10 mL 容量瓶中，加水稀释至刻度。此溶液每毫升相当于 10 mg 甲醇。置低温保存。

4.11.2.2.5 甲醇标准使用液：吸取 10.0 mL 甲醇标准溶液，置于 100 mL 容量瓶中，加水稀释至刻度。再取 10.0 mL 稀释液置于 50 mL 容量瓶中，加水至刻度，该溶液每毫升相当于 0.50 mg 甲醇。

4.11.2.2.6 无甲醇的乙醇溶液：取 0.3 mL 按操作方法检查，不应显色。如显色需进行处理。取 300 mL 乙醇（95 %），加高锰酸钾少许，蒸馏，收集馏出液。在馏出液中加入硝酸银溶液（取 1 g 硝酸银溶于少量水中）和氢氧化钠溶液（取 1.5 g 氢氧化钠溶于少量水中），摇匀，取上清液蒸馏，弃去最初 50 mL 馏出液，收集中间馏出液约 200 mL，用酒精密度计测其浓度，然后加水配成无甲醇的乙醇（60 %）。

4.11.2.2.7 亚硫酸钠溶液（100 g/L）。

4.11.2.3 仪器

分光光度计。

4.11.2.4 试样的制备

用一洁净、干燥的 100 mL 容量瓶准确量取 100 mL 样品（液温 20 ℃）于 500 mL 蒸馏瓶中，用 50 mL 水分三次冲洗容量瓶，洗液并入蒸馏瓶中，再加几颗玻璃珠，连接冷凝器，以取样用的原容量瓶作接收器（外加冰浴）。开启冷却水，缓慢加热蒸馏。收集馏出液接近刻度，取下容量瓶，盖塞。于 20 ℃水浴中保温 30 min，补加水至刻度，混匀，备用。

4.11.2.5 分析步骤

根据样品乙醇浓度适量吸取试样（4.11.2.4）：[乙醇浓度10%，取 1.4 mL；乙醇浓度20 %，取 1.2 mL]。置于 25 mL 具塞比色管中。

吸取 0 mL，0.10 mL，0.20 mL，0.40 mL，0.60 mL，0.80 mL，1.00 mL 甲醇标准使用液（相当于 0 mg，0.05 mg，0.10 mg，0.20 mg，0.30 mg，0.40 mg，0.50 mg 甲醇）分别置于 25 mL 具塞比色管中，并用无甲醇的乙醇稀释至 10 mL。

于样品管及标准管中各加水至 5 mL，再依次各加 2 mL 高锰酸钾-磷酸溶液，混匀，放置 10 min，各加 2 mL 草酸-硫酸溶液，混匀使之褪色，再各加 5 mL 品红-亚硫酸溶液，混匀，于 20 ℃以上静置 0.5 h，用 2 cm 比色杯，以零管调节零点，于波长 590 nm 处测吸光度，绘制标准曲线比较，或与标准色列目测比较。

4.11.2.6 结果计算

样品中甲醇的含量按式（22）计算。

$$X = \frac{m_1}{V_1} \times 1\,000 \quad\cdots\cdots\cdots\cdots\cdots\cdots\cdots\cdots\cdots\cdots\cdots\cdots (22)$$

式中：

X——样品中甲醇的含量，单位为毫克每升（mg/L）；

m_1——测定样品中甲醇的质量，单位为毫克（mg）；

V_1——吸取样品的体积，单位为毫升（mL）。

所得结果表示至整数。

4.11.2.7 精密度

在重复性条件下获得的两次独立测定结果的绝对差值不得超过算术平均值的10 %。

4.12 抗坏血酸（维生素C）

4.12.1 原理

还原型抗坏血酸能还原2,6-二氯靛酚染料。该染料在酸性溶液中呈红色，被还原后红色消失。还原型抗坏血酸还原染料后，本身被氧化为脱氢抗坏血酸。在没有杂质干扰时，一定量的样品提取液还原标准染料的量与样品中所含抗坏血酸的量成正比。

4.12.2 试剂和材料

4.12.2.1　草酸溶液（10 g/L）：称取20 g结晶草酸于700 mL水中，溶解后用水稀释至1 000 mL。取该溶液500 mL，再用水稀释至1 000 mL。

4.12.2.2　碘酸钾标准溶液（0.1 mol/L）：按GB/T 601配制与标定。

4.12.2.3　碘酸钾标准滴定溶液（0.001 mol/L）：吸取1 mL碘酸钾标准溶液（4.12.2.2），用水稀释至100 mL。此溶液1 mL相当于0.088 μg抗坏血酸。

4.12.2.4　碘化钾溶液（60 g/L）。

4.12.2.5　过氧化氢溶液（3%）：吸取5 mL 30%过氧化氢溶液，用水稀释至50 mL（现用现配）。

4.12.2.6　抗坏血酸标准贮备液（2 g/L）：准确称取0.2 g（精确至0.000 1 g）预先在五氧化二磷干燥器中干燥5 h的抗坏血酸，溶于草酸溶液中，定容至100 mL（置冰箱中保存）。

4.12.2.7　抗坏血酸标准使用液（0.020 g/L）：吸取10 mL抗坏血酸标准贮备液，用草酸溶液（4.12.2.1）定容至100 mL。

标定：吸取抗坏血酸标准使用液5 mL于三角烧瓶中，加入0.5 mL碘化钾溶液（4.12.2.4）、3滴淀粉指示液，用碘酸钾标准滴定溶液滴定至淡蓝色，30 s内不变色为其终点。

抗坏血酸标准使用液的浓度按式（23）计算：

$$c_1 = \frac{V_1 \times 0.088}{V_2} \quad\quad\quad\quad (23)$$

式中：

c_1——抗坏血酸标准使用液的浓度，单位为克每升（g/L）；

V_1——滴定时消耗的碘酸钾标准滴定溶液的体积，单位为毫升（mL）；

V_2——吸取抗坏血酸标准使用液的体积，单位为毫升（mL）；

0.088——1 mL碘酸钾标准溶液相当于抗坏血酸的量，单位为克每升（g/L）。

4.12.2.8　2,6-二氯靛酚标准滴定溶液：称取碳酸氢钠52 mg溶解在200 mL热蒸馏水中，然后称取2,6-二氯靛酚50 mg溶解在上述碳酸氢钠溶液中。冷却定容至250 mL，过滤至棕色瓶内，保存在冰箱中。此液应贮于棕色瓶中并冷藏。每星期至少标定1次。

标定：吸取5 mL抗坏血酸标准使用溶液，加入10 mL草酸溶液（4.12.2.1），摇匀，用2,6-二氯靛酚标准滴定溶液滴定至溶液呈粉红色，30 s不褪色为其终点。

每毫升2,6-二氯靛酚标准滴定溶液相当于抗坏血酸的毫克数按式（24）计算：

$$c_2 = \frac{c_1 \times V_1}{V_2} \quad\quad\quad\quad (24)$$

式中：

c_2——每毫升2,6-二氯靛酚标准滴定溶液相当于抗坏血酸的毫克数（滴定度），单位为克每升

（g/L）；

c_1——抗坏血酸标准使用液的浓度，单位为克每升（g/L）；

V_1——滴定用抗坏血酸标准使用溶液的体积，单位为毫升（mL）；

V_2——标定时消耗的2,6-二氯靛酚标准溶液体积，单位为毫升（mL）。

4.12.2.9 淀粉指示液（10 g/L）：按 GB/T 603 配制。

4.12.3 分析步骤

准确吸取 5.00 mL 样品（液温 20 ℃）于 100 mL 三角瓶中，加入 15 mL 草酸溶液（4.12.2.1）、3 滴过氧化氢溶液（4.12.2.5），摇匀，立即用 2,6-二氯靛酚标准滴定溶液滴定，至溶液恰成粉红色，30 s 不褪色即为终点。

注：样品颜色过深影响终点观察时，可用白陶土脱色后再进行测定。

4.12.4 结果计算

样品中抗坏血酸的含量按式（25）计算。

$$X = \frac{V \times c_2}{V_1} \quad \cdots\cdots\cdots\cdots\cdots\cdots\cdots\cdots\cdots\cdots\cdots (25)$$

式中：

X——样品中抗坏血酸的含量，单位为克每升（g/L）；

c_2——每毫升 2,6-二氯靛酚标准滴定溶液相当于抗坏血酸的毫克数（滴定度），单位为克每升（g/L）；

V——滴定时消耗的 2,6-二氯靛酚标准滴定溶液的体积，单位为毫升（mL）；

V_1——吸取样品的体积，单位为毫升（mL）。

所得结果表示至整数。

4.12.5 精密度

在重复性条件下获得的两次独立测定结果的绝对差值不得超过算术平均值的 10 %。

4.13 糖分和有机酸

测定方法参见附录 D。

4.14 白藜芦醇

测定方法参见附录 E。

4.15 感官评定

葡萄酒、山葡萄酒感官评定参见附录 F。

附录 A
（规范性附录）
酒精水溶液密度与酒精度（乙醇含量）对照表（20 ℃）

表 A.1　　　　　　　酒精水溶液密度与酒精度（乙醇含量）对照表（20 ℃）

密度/(g/L)	酒精度/(%vol)	密度/(g/L)	酒精度/(%vol)	密度/(g/L)	酒精度/(%vol)
998.20	0.00	997.66	0.35	997.13	0.71
998.18	0.01	997.64	0.37	997.11	0.72
998.16	0.03	997.62	0.38	997.09	0.73
998.14	0.04	997.61	0.39	997.07	0.75
998.12	0.05	997.59	0.40	997.06	0.76
998.10	0.06	997.57	0.42	997.04	0.77
998.08	0.08	997.55	0.43	997.02	0.78
998.07	0.09	997.53	0.44	997.00	0.80
998.05	0.10	997.51	0.46	996.98	0.81
998.03	0.11	997.49	0.47	996.96	0.82
998.01	0.13	997.47	0.48	996.94	0.83
997.99	0.14	997.45	0.49	996.92	0.85
997.97	0.15	997.43	0.51	996.91	0.86
997.95	0.16	997.42	0.52	996.89	0.87
997.93	0.18	997.40	0.53	996.87	0.88
997.91	0.19	997.38	0.54	996.85	0.90
997.89	0.20	997.36	0.56	996.83	0.91
997.87	0.21	997.34	0.57	996.81	0.92
997.85	0.23	997.32	0.58	996.79	0.93
997.83	0.24	997.30	0.59	996.77	0.95
997.82	0.25	997.28	0.61	996.76	0.96
997.80	0.27	997.26	0.62	996.74	0.97
997.78	0.28	997.24	0.63	996.72	0.99
997.76	0.29	997.23	0.64	996.70	1.00
997.74	0.30	997.21	0.66	996.68	1.01
997.72	0.32	997.19	0.67	996.66	1.02
997.70	0.33	997.17	0.68	996.64	1.04
997.68	0.34	997.15	0.69	996.62	1.05

(续表)

密度/(g/L)	酒精度/(%vol)	密度/(g/L)	酒精度/(%vol)	密度/(g/L)	酒精度/(%vol)
996.61	1.06	995.96	1.50	995.32	1.94
996.59	1.07	995.94	1.51	995.30	1.95
996.57	1.09	995.92	1.53	995.28	1.97
996.55	1.10	995.90	1.54	995.26	1.98
996.53	1.11	995.88	1.55	995.24	1.99
996.51	1.12	995.86	1.56	995.22	2.01
996.49	1.14	995.85	1.58	995.21	2.02
996.48	1.15	995.83	1.59	995.19	2.03
996.46	1.16	995.81	1.60	995.17	2.04
996.44	1.17	995.79	1.62	995.15	2.06
996.42	1.19	995.77	1.63	995.13	2.07
996.40	1.20	995.75	1.64	995.12	2.08
996.38	1.21	995.74	1.S5	995.10	2.09
996.36	1.22	995.72	1.67	995.08	2.11
996.34	1.24	995.70	1.68	995.06	2.12
996.33	1.25	995.68	1.69	995.04	2.13
996.31	1.26	995.66	1.70	995.02	2.14
996.29	1.27	995.64	1.72	995.01	2.16
996.27	1.29	995.63	1.73	994.99	2.17
996.25	1.30	995.61	1.74	994.97	2.18
996.23	1.31	995.59	1.75	994.95	2.19
996.21	1.33	995.57	1.77	994.93	2.21
996.20	1.34	995.55	1.78	994.92	2.22
996.18	1.35	995.53	1.79	994.90	2.23
996.16	1.36	995.52	1.80	994.88	2.24
996.14	1.38	995.50	1.82	994.86	2.26
996.12	1.39	995.48	1.83	994.84	2.27
996.10	1.40	995.46	1.84	994.83	2.28
996.09	1.41	995.44	1.85	994.81	2.29
996.07	1.43	995.42	1.87	994.79	2.31
996.05	1.44	995.41	1.88	994.77	2.32
996.03	1.45	995.39	1.89	994.75	2.33
996.01	1.46	995.37	1.90	994.74	2.34
995.99	1.48	995.35	1.92	994.72	2.36
995.97	1.49	995.33	1.93	994.70	2.37

(续表)

密度/(g/L)	酒精度/(%vol)	密度/(g/L)	酒精度/(%vol)	密度/(g/L)	酒精度/(%vol)
994.68	2.38	994.06	2.82	993.44	3.26
994.66	2.39	994.04	2.83	993.42	3.27
994.65	2.41	994.02	2.85	993.40	3.29
994.63	2.42	994.00	2.86	993.39	3.30
994.61	2.43	993.99	2.87	993.37	3.31
994.59	2.44	993.97	2.88	993.35	3.32
994.57	2.46	993.95	2.90	993.33	3.34
994.56	2.47	993.93	2.91	993.32	3.35
994.54	2.48	993.91	2.92	993.30	3.36
994.52	2.50	993.90	2.93	993.28	3.37
994.50	2.51	993.88	2.95	993.26	3.39
994.48	2.52	993.86	2.96	993.25	3.40
994.47	2.53	993.84	2.97	993.23	3.41
994.45	2.55	993.83	2.98	993.21	3.42
994.43	2.56	993.81	3.00	993.19	3.44
994.41	2.57	993.79	3.01	993.18	3.45
994.40	2.58	993.77	3.02	993.16	3.46
994.38	2.60	993.76	3.03	993.14	3.47
994.36	2.61	993.74	3.05	993.12	3.49
994.34	2.62	993.72	3.06	993.11	3.50
994.32	2.63	993.70	3.07	993.09	3.51
994.31	2.65	993.69	3.08	993.07	3.52
994.29	2.66	993.67	3.10	993.05	3.54
994.27	2.67	993.65	3.11	993.04	3.55
994.25	2.68	993.63	3.12	993.02	3.56
994.23	2.0	993.61	3.13	993.00	3.57
994.22	2.71	993.60	3.15	992.99	3.59
994.20	2.72	993.58	3.16	992.97	3.60
994.18	2.73	993.56	3.17	992.95	3.61
994.16	2.75	993.54	3.18	992.93	3.62
994.15	2.76	993.53	3.20	992.92	3.64
994.13	2.77	993.51	3.21	992.90	3.65
994.11	2.78	993.49	3.22	992.88	3.66
994.09	2.80	993.47	3.24	992.86	3.67
994.07	2.81	993.46	3.25	992.85	3.69

（续表）

密度/(g/L)	酒精度/(%vol)	密度/(g/L)	酒精度/(%vol)	密度/(g/L)	酒精度/(%vol)
992.83	3.70	992.23	4.14	991.63	4.57
992.81	3.71	992.21	4.15	991.61	4.59
992.79	3.72	992.19	4.16	991.60	4.60
992.78	3.74	992.17	4.17	991.58	4.61
992.76	3.75	992.16	4.19	991.56	4.62
992.74	3.76	992.14	4.20	991.54	4.64
992.72	3.77	992.12	4.21	991.53	4.65
992.71	3.79	992.11	4.22	991.51	4.66
992.69	3.80	992.09	4.24	991.49	4.67
992.67	3.81	992.07	4.25	991.48	4.69
992.66	3.82	992.05	4.26	991.46	4.70
992.64	3.84	992.04	4.27	991.44	4.71
992.62	3.85	992.02	4.29	991.43	4.72
992.60	3.86	992.00	4.30	991.41	4.74
992.59	3.87	991.99	4.31	991.39	4.75
992.57	3.89	991.97	4.32	991.38	4.76
992.55	3.90	991.95	4.34	991.36	4.77
992.54	3.91	991.94	4.35	991.34	4.79
992.52	3.92	991.92	4.36	991.33	4.80
992.50	3.94	991.90	4.37	991.31	4.81
992.48	3.95	991.88	4.39	991.29	4.82
992.47	3.96	991.87	4.40	991.28	4.84
992.45	3.97	991.85	4.41	991.26	4.85
992.43	3.99	991.83	4.42	991.24	4.86
992.41	4.00	991.82	4.44	991.22	4.87
992.40	4.01	991.80	4.45	991.21	4.89
992.38	4.02	991.78	4.46	991.19	4.90
992.36	4.04	991.77	4.47	991.17	4.91
992.35	4.05	991.75	4.49	991.16	4.92
992.33	4.06	991.73	4.50	991.14	4.94
992.31	4.07	991.71	4.51	991.12	4.95
992.29	4.09	991.70	4.52	991.11	4.96
992.28	4.10	991.68	4.54	991.09	4.97
992.26	4.11	991.66	4.55	991.07	4.99
992.24	4.12	991.65	4.56	991.06	5.00

(续表)

密度/(g/L)	酒精度/(%vol)	密度/(g/L)	酒精度/(%vol)	密度/(g/L)	酒精度/(%vol)
991.04	5.01	990.46	5.45	989.88	5.88
991.02	5.02	990.44	5.46	989.87	5.89
991.01	5.04	990.42	5.47	989.85	5.91
990.99	5.05	990.41	5.48	989.83	5.92
990.97	5.06	990.39	5.50	989.82	5.93
990.96	5.07	990.37	5.51	989.80	5.94
990.94	5.09	990.36	5.52	989.78	5.96
990.92	5.10	990.34	5.53	989.77	5.97
990.91	5.11	990.33	5.55	989.75	5.98
990.89	5.12	990.31	5.56	989.73	5.99
990.87	5.13	990.29	5.57	989.72	6.01
990.86	5.15	990.28	5.58	989.70	6.02
990.84	5.16	990.26	5.60	989.69	6.03
990.82	5.17	990.24	5.61	989.67	6.04
990.81	5.18	990.23	5.62	989.65	6.06
990.79	5.20	990.21	5.63	989.64	6.07
990.77	5.21	990.19	5.65	989.62	6.08
990.76	5.22	990.18	5.66	989.60	6.09
990.74	5.23	990.16	5.67	989.59	6.11
990.72	5.25	990.14	5.68	989.57	6.12
990.71	5.26	990.13	5.70	989.56	6.13
990.69	5.27	990.11	5.71	989.54	6.14
990.67	5.28	990.09	5.72	989.52	6.16
990.66	5.30	990.08	5.73	989.51	6.17
990.64	5.31	990.06	5.75	989.49	6.18
990.62	5.32	990.05	5.76	989.47	6.19
990.61	5.33	990.03	5.77	989.46	6.21
990.59	5.35	990.01	5.78	989.44	6.22
990.57	5.36	990.00	5.80	989.43	6.23
990.56	5.37	989.98	5.81	989.41	6.24
990.54	5.38	989.96	5.82	989.39	6.26
990.52	5.40	989.95	5.83	989.38	6.27
990.51	5.41	989.93	5.85	989.36	6.28
990.49	5.42	989.91	5.86	989.34	6.29
990.47	5.43	989.90	5.87	989.33	6.31

(续表)

密度/(g/L)	酒精度/(%vol)	密度/(g/L)	酒精度/(%vol)	密度/(g/L)	酒精度/(%vol)
989.31	6.32	988.75	6.75	988.19	7.19
989.30	6.33	988.73	6.77	988.18	7.20
989.28	6.34	988.72	6.78	988.16	7.21
989.26	6.36	988.70	6.79	988.14	7.22
989.25	6.37	988.68	6.80	988.13	7.24
989.23	6.38	988.67	6.81		
989.21	6.39	988.65	6.83	988.11	7.25
989.20	6.40	988.64	6.84	988.10	7.26
989.18	6.42	988.62	6.85	988.08	7.27
989.17	6.43	988.60	6.86	988.06	7.29
989.15	6.44	988.59	6.88	988.05	7.30
989.13	6.45	988.57	6.89	988.03	7.31
989.12	6.47	988.56	6.90	988.02	7.32
989.10	6.48	988.54	6.91	988.00	7.34
989.09	6.49	988.52	6.93	987.99	7.35
989.07	6.50	988.51	6.94	987.97	7.36
989.05	6.52	988.49	6.95	987.95	7.37
989.04	6.53	988.48	6.96	987.94	7.39
989.02	6.54	988.46	6.98	987.92	7.40
989.01	6.55	988.45	6.99	987.91	7.41
988.99	6.57	988.43	7.00	987.89	7.42
988.97	6.58	988.41	7.01	987.88	7.44
988.96	6.59	988.40	7.03	987.86	7.45
988.94	6.60	988.38	7.04	987.84	7.46
988.92	6.62	988.37	7.05	987.83	7.47
988.91	6.63	988.35	7.06	987.81	7.48
988.89	6.64	988.33	7.08	987.80	7.50
988.88	6.65	988.32	7.09	987.78	7.51
988.86	6.67	988.30	7.10	987.77	7.52
988.84	6.68	988.29	7.11	987.75	7.53
988.83	6.69	988.27	7.12	987.73	7.55
988.81	6.70	988.25	7.14	987.72	7.56
988.80	6.72	988.24	7.15	987.70	7.57
988.78	6.73	988.22	7.16	987.69	7.58
988.76	6.74	988.21	7.17	987.67	7.60

(续表)

密度/(g/L)	酒精度/(%vol)	密度/(g/L)	酒精度/(%vol)	密度/(g/L)	酒精度/(%vol)
987.66	7.61	987.11	8.04	986.57	8.48
987.64	7.62	987.09	8.05	986.55	8.49
987.62	7.63	987.08	8.07	986.54	8.50
987.61	7.65	987.06	8.08	986.52	8.51
987.59	7.66	987.05	8.09	986.51	8.52
987.58	7.67	987.03	8.10	986.49	8.54
987.56	7.68	987.02	8.12	986.48	8.55
987.55	7.70	987.00	8.13	986.46	8.56
987.53	7.71	986.99	8.14	986.45	8.57
987.51	7.72	986.97	8.15	986.43	8.59
987.50	7.73	986.96	8.17	986.42	8.60
987.48	7.74	986.94	8.18	986.40	8.61
987.47	7.76	986.92	8.19	986.39	8.62
987.45	7.77	986.91	8.20	986.37	8.64
987.44	7.78	986.89	8.22	986.36	8.65
987.42	7.79	986.88	8.23	986.34	8.66
987.41	7.81	986.86	8.24	986.33	8.67
987.39	7.82	986.85	8.25	986.31	8.69
987.37	7.83	986.83	8.26	986.29	8.70
987.36	7.84	986.82	8.28	986.28	8.71
987.34	7.86	986.80	8.29	986.26	8.72
987.33	7.87	986.79	8.30	986.25	8.73
987.31	7.88	986.77	8.31	986.23	8.75
987.30	7.89	986.75	8.33	986.22	8.76
987.28	7.91	986.74	8.34	986.20	8.77
987.27	7.92	986.72	8.35	986.19	8.78
987.25	7.93	986.71	8.36	986.17	8.80
987.23	7.94	986.69	8.38	986.16	8.81
987.22	7.96	986.68	8.39	986.14	8.82
987.20	7.97	986.66	8.40	986.13	8.83
987.19	7.98	986.65	8.41	986.11	8.85
987.17	7.99	986.63	8.43	986.10	8.86
987.16	8.01	986.62	8.44	986.08	8.87
987.14	8.02	986.60	8.45	986.07	8.88
987.13	8.03	986.59	8.46	986.05	8.90

(续表)

密度/(g/L)	酒精度/(%vol)	密度/(g/L)	酒精度/(%vol)	密度/(g/L)	酒精度/(%vol)
986.04	8.91	985.51	9.34	984.98	9.77
986.02	8.92	985.49	9.35	984.97	9.78
986.01	8.93	985.48	9.36	984.95	9.80
985.99	8.95	985.46	9.38	984.94	9.81
985.98	8.96	985.45	9.39	984.92	9.82
985.96	8.97	985.43	9.40	984.91	9.83
985.94	8.98	985.42	9.41	984.89	9.85
985.93	8.99	985.40	9.43	984.88	9.86
985.91	9.01	985.39	9.44	984.86	9.87
985.90	9.02	985.37	9.45	984.85	9.88
985.88	9.03	985.36	9.46	984.84	9.90
985.87	9.04	985.34	9.48	984.82	9.91
985.85	9.06	985.33	9.49	984.81	9.92
985.84	9.07	985.31	9.50	984.79	9.93
985.82	9.08	985.30	9.51	984.78	9.94
985.81	9.09	985.28	9.53	984.76	9.96
985.79	9.11	985.27	9.54	984.75	9.97
985.78	9.12	985.25	9.55	984.73	9.98
985.76	9.13	985.24	9.56	984.72	9.99
985.75	9.14	985.22	9.57	984.70	10.01
985.73	9.16	985.21	9.59	984.69	10.02
985.72	9.17	985.19	9.60	984.67	10.03
985.70	9.18	985.18	9.61	984.66	10.04
985.69	9.19	985.16	9.62	984.64	10.06
985.67	9.20	985.15	9.64	984.63	10.07
985.66	9.22	985.13	9.65	984.61	10.08
985.64	9.23	985.12	9.66	984.60	10.09
985.63	9.24	985.10	9.67	984.58	10.10
985.61	9.25	985.09	9.69	984.57	10.12
985.60	9.27	985.07	9.70	984.55	10.13
985.58	9.28	985.06	9.71	984.54	10.14
985.57	9.29	985.04	9.72	984.52	10.15
985.55	9.30	985.03	9.74	984.51	10.17
985.54	9.32	985.01	9.75	984.49	10.18
985.52	9.33	985.00	9.76	984.48	10.19

(续表)

密度/(g/L)	酒精度/(%vol)	密度/(g/L)	酒精度/(%vol)	密度/(g/L)	酒精度/(%vol)
984.47	10.20	983.95	10.63	983.44	11.07
984.45	10.22	983.94	10.65	983.43	11.08
984.44	10.23	983.92	10.66	983.41	11.09
984.42	10.24	983.91	10.67	983.40	11.10
984.41	10.25	983.89	10.68	983.39	11.11
984.39	10.27	983.88	10.70	983.37	11.13
984.38	10.28	983.86	10.71	983.36	11.14
984.36	10.29	983.85	10.72	983.34	11.15
984.35	10.30	983.84	10.73	933.33	11.16
984.33	10.31	983.82	10.75	983.31	11.18
984.32	10.33	983.81	10.76	983.30	11.19
984.30	10.34	983.79	10.77	983.28	11.20
984.29	10.35	983.78	10.78	983.27	11.21
984.27	10.36	983.76	10.79	983.26	11.23
984.26	10.38	983.75	10.81	983.24	11.24
984.24	10.39	983.73	10.82	983.23	11.25
984.23	10.40	983.72	10.83	983.21	11.26
984.22	10.41	983.70	10.84	983.20	11.27
984.20	10.43	983.69	10.86	983.18	11.29
984.19	10.44	983.68	10.87	983.17	11.30
984.17	10.45	983.66	10.88	983.15	11.31
984.16	10.46	983.65	10.89	983.14	11.32
984.14	10.47	983.63	10.91	983.13	11.34
984.13	10.49	983.62	10.92	983.11	11.35
984.11	10.50	983.60	10.93	983.10	11.36
984.10	10.51	983.59	10.94	983.08	11.37
984.08	10.52	983.57	10.95	983.07	11.38
984.07	10.54	983.56	10.97	983.05	11.40
984.05	10.55	983.54	10.98	983.04	11.41
984.04	10.56	983.53	10.99	983.03	11.42
984.03	10.57	983.52	11.00	983.01	11.43
984.01	10.59	983.50	11.02	983.00	11.45
984.00	10.60	983.49	11.03	982.98	11.46
983.98	10.61	983.47	11.04	982.97	11.47
983.97	10.62	983.46	11.05	982.95	11.48

(续表)

密度/ (g/L)	酒精度/ (%vol)	密度/ (g/L)	酒精度/ (%vol)	密度/ (g/L)	酒精度/ (%vol)
982.94	11.50	982.44	11.93	981.94	12.35
982.93	11.51	982.43	11.94	981.93	12.37
982.91	11.52	982.41	11.95	981.92	12.38
982.90	11.53	982.40	11.96	981.90	12.39
982.88	11.54	982.38	11.97	981.89	12.40
982.87	11.56	982.37	11.99	981.87	12.42
982.85	11.57	982.35	12.00	981.86	12.43
982.84	11.58	982.34	12.01	981.85	12.44
982.82	11.59	982.33	12.021	981.83	12.45
982.81	11.61	982.31	12.04	981.82	12.47
982.80	11.62	982.30	12.05	981.80	12.48
982.78	11.63	982.28	12.06	981.79	12.49
982.77	11.64	982.27	12.07	981.78	12.50
982.75	11.66	982.26	12.08	981.76	12.51
982.74	11.67	982.24	12.10	981.75	12.53
982.72	11.68	982.23	12.11	981.73	12.54
982.71	11.69	982.21	12.12	981.72	12.55
982.70	11.70	982.20	12.13	981.71	12.56
982.68	11.72	982.18	12.15	981.69	12.58
982.67	11.73	982.17	12.16	981.68	12.59
982.65	11.74	982.16	12.17	981.66	12.50
982.64	11.75	982.14	12.18	981.65	12.61
982.63	11.77	982.13	12.20	981.64	12.62
982.61	11.78	982.11	12.21	981.62	12.64
982.60	11.79	982.10	12.22	981.61	12.65
982.58	11.80	982.09	12.23	981.59	12.66
982.57	11.81	982.07	12.24	981.58	12.67
982.55	11.83	982.06	12.26	981.57	12.69
982.54	11.84	982.04	12.27	981.55	12.70
982.53	11.85	982.03	12.28	981.54	12.71
982.51	11.86	982.02	12.29	981.52	12.72
982.50	11.88	982.00	12.31	981.51	12.73
982.48	11.89	981.99	12.32	981.50	12.75
982.47	11.90	981.97	12.33	981.48	12.76
982.45	11.91	981.96	12.34	981.47	12.77

(续表)

密度/(g/L)	酒精度/(%vol)	密度/(g/L)	酒精度/(%vol)	密度/(g/L)	酒精度/(%vol)
981.45	12.78	980.97	13.21	980.48	13.64
981.44	12.80	980.95	13.22	980.47	13.65
981.43	12.81	980.94	13.24	980.46	13.67
981.41	12.82	980.93	13.25	980.44	13.68
981.40	12.83	980.91	13.26	980.43	13.69
981.38	12.85	980.90	13.27	980.41	13.70
981.37	12.86	980.88	13.29	980.40	13.71
981.36	12.87	980.87	13.30	980.39	13.73
981.34	12.88	980.86	13.31	980.37	13.74
981.33	12.89	980.84	13.32	980.36	13.75
981.31	12.91	980.83	13.33	980.35	13.76
981.30	12.92	980.81	13.35	980.33	13.78
981.29	12.93	980.80	13.36	980.32	13.79
981.27	12.94	980.79	13.37	980.31	13.80
981.26	12.96	980.77	13.38	980.29	13.81
981.24	12.97	980.76	13.40	980.28	13.82
981.23	12.98	980.75	13.41	980.26	13.84
981.22	12.99	980.73	13.42	980.25	13.85
981.20	13.00	980.72	13.43	980.24	13.86
981.19	13.02	980.70	13.45	980.22	13.87
981.18	13.03	980.69	13.46	980.21	13.89
981.16	13.04	980.68	13.47	980.20	13.90
981.15	13.05	980.66	13.48	980.18	13.91
981.13	13.07	980.65	13.49	980.17	13.92
981.12	13.08	980.64	13.51	980.15	13.93
981.11	13.09	980.62	13.52	980.14	13.95
981.09	13.10	980.61	13.53	980.13	13.96
981.08	13.11	980.59	13.54	980.11	13.97
981.06	13.12	980.58	13.56	980.10	13.98
981.05	13.14	980.57	13.57	980.09	14.00
981.04	13.15	980.55	13.58	980.07	14.01
981.02	13.15	980.54	13.59	980.06	14.02
981.01	13.18	980.52	13.60	980.04	14.03
980.99	13.19	980.51	13.62	980.03	14.04
980.98	13.20	980.50	13.63	980.02	14.06

(续表)

密度/(g/L)	酒精度/(%vol)	密度/(g/L)	酒精度/(%vol)	密度/(g/L)	酒精度/(%vol)
980.00	14.07	979.53	14.50	979.05	14.92
979.99	14.08	979.51	14.51	979.04	14.94
979.98	14.09	979.50	14.52	979.03	14.95
979.96	14.11	979.49	14.53	979.01	14.96
979.95	14.12	979.47	14.55	979.00	14.97
979.94	14.13	979.46	14.56	978.99	14.98
979.92	14.14	979.45	14.57	978.97	15.00
979.91	14.15	979.43	14.58	978.96	15.01
979.89	14.17	979.42	14.59	978.95	15.02
979.88	14.18	979.41	14.61	978.93	15.03
979.87	14.19	979.39	14.62	978.92	15.05
979.85	14.20	979.38	14.63	978.91	15.06
979.84	14.22	979.36	14.64	978.89	15.07
979.83	14.23	979.35	14.65	978.88	15.08
979.81	14.24	979.34	14.67	978.87	15.09
979.80	14.25	979.32	14.68	978.85	15.11
979.79	14.26	979.31	14.69	978.84	15.12
979.77	14.28	979.30	14.70	978.83	15.13
979.76	14.29	979.28	14.72	978.81	15.14
979.74	14.30	979.27	14.73	978.80	15.16
979.73	14.31	979.26	14.74	978.78	15.17
979.72	14.33	979.24	14.75	978.77	15.18
979.70	14.34	979.23	14.76	978.76	15.19
979.69	14.35	979.22	14.78	978.74	15.20
979.68	14.36	979.20	14.79	978.73	15.22
979.66	14.37	979.19	14.80	978.72	15.23
979.65	14.9	979.18	14.81	978.70	15.24
979.64	14.40	979.16	14.83	978.69	15.25
979.62	14.41	979.15	14.84	978.68	15.26
979.61	14.42	979.13	14.85	978.66	15.28
979.60	14.44	979.12	14.86	978.65	15.29
979.58	14.45	979.11	14.87	978.64	15.30
979.57	14.46	979.09	14.89	978.62	15.31
979.55	14.47	979.08	14.90	978.61	15.33
979.54	14.48	979.07	14.91	978.60	15.34

(续表)

密度/(g/L)	酒精度/(%vol)	密度/(g/L)	酒精度/(%vol)	密度/(g/L)	酒精度/(%vol)
978.58	15.35	978.12	15.78	977.65	16.20
978.57	15.36	978.10	15.79	977.64	16.21
978.56	15.37	978.09	15.80	977.62	16.23
978.54	15.39	978.08	15.81	977.61	16.24
978.53	15.40	978.06	15.83	977.60	16.25
978.52	15.41	978.05	15.84	977.58	16.26
978.50	15.42	978.04	15.85	977.57	16.28
978.49	15.44	978.02	15.86	977.56	16.29
978.48	15.45	978.01	15.87	977.54	16.30
978.46	15.46	978.00	15.89	977.53	16.31
978.45	15.47	977.98	15.90	977.52	16.32
978.44	15.48	977.97	15.91	977.50	16.34
978.42	15.50	977.96	15.92	977.49	16.35
978.41	15.51	977.94	15.93	977.48	16.36
978.40	15.52	977.93	15.95	977.46	16.37
978.38	15.53	977.92	15.96	977.45	16.39
978.37	15.55	977.90	15.97	977.44	16.40
978.36	15.56	977.89	15.98	977.43	16.41
978.34	15.57	977.88	16.00	977.41	16.42
978.33	15.58	977.86	16.01	977.40	16.43
978.32	15.59	977.85	16.02	977.39	16.45
978.30	15.61	977.84	16.03	977.37	16.46
978.29	15.62	977.82	16.04	977.36	16.47
978.28	15.63	977.81	16.06	977.35	16.48
978.26	15.64	977.80	16.07	977.33	16.49
978.25	15.65	977.78	16.08	977.32	16.51
978.24	15.67	977.77	16.09	977.31	16.52
978.22	15.68	977.76	16.11	977.29	16.53
978.21	15.69	977.74	16.12	977.28	16.54
978.20	15.70	977.73	16.13	977.27	16.56
978.18	15.72	977.72	16.14	977.25	16.57
978.17	15.73	977.70	16.15	977.24	16.58
978.16	15.74	977.69	16.17	977.23	16.59
978.14	15.75	977.68	16.18	977.21	16.60
978.13	15.76	977.66	16.19	977.20	16.62

(续表)

密度/(g/L)	酒精度/(%vol)	密度/(g/L)	酒精度/(%vol)	密度/(g/L)	酒精度/(%vol)
977.19	16.63	976.73	17.05	976.27	17.48
977.17	16.64	976.71	17.07	976.25	17.49
977.16	16.65	976.70	17.08	976.24	17.50
977.15	16.66	976.69	17.09	976.23	17.52
977.13	16.68	976.67	17.10	976.21	17.53
977.12	16.69	976.66	17.11	976.20	17.54
977.11	16.70	976.65	17.13	976.19	17.55
977.09	16.71	976.63	17.14	976.18	17.56
977.08	16.73	976.62	17.15	976.16	17.58
977.07	16.74	976.61	17.16	976.15	17.59
977.06	16.75	976.59	17.18	976.14	17.60
977.04	16.76	976.58	17.19	976.12	17.61
977.03	16.77	976.57	17.20	976.11	17.62
977.02	16.79	976.56	17.21	976.10	17.64
977.00	16.80	976.54	17.22	976.08	17.65
976.99	16.81	976.53	17.24	976.07	17.66
976.98	16.82	976.52	17.25	976.06	17.67
976.96	16.84	976.50	17.26	976.04	17.68
976.95	16.85	976.49	17.27	976.03	17.70
976.94	16.86	976.48	17.28	976.02	17.71
976.92	16.87	976.46	17.30	976.00	17.72
976.91	16.88	976.45	17.31	975.99	17.73
976.90	16.90	976.44	17.32	975.98	17.75
976.88	16.91	976.42	17.33	975.97	17.76
976.87	16.92	976.41	17.35	975.95	17.77
976.86	16.93	976.40	17.36	975.94	17.78
976.84	16.94	976.38	17.37	975.93	17.79
976.83	16.96	976.37	17.38	975.91	17.81
976.82	16.97	976.36	17.39	975.90	17.82
976.81	16.98	976.35	17.41	975.89	17.83
976.79	16.99	976.33	17.42	975.87	17.84
976.78	17.01	976.32	17.43	975.86	17.85
976.77	17.02	976.31	17.44	975.85	17.87
976.75	17.03	976.29	17.45	975.84	17.88
976.74	17.04	976.28	17.47	975.82	17.89

(续表)

密度/(g/L)	酒精度/(%vol)	密度/(g/L)	酒精度/(%vol)	密度/(g/L)	酒精度/(%vol)
975.81	17.90	975.35	18.33	974.90	18.75
975.80	17.92	975.34	18.34	974.88	18.76
975.78	17.93	975.33	18.35	974.87	18.78
975.77	17.94	975.31	18.36	974.86	18.79
975.76	17.95	975.30	18.38	974.84	18.80
975.74	17.96	975.29	18.39	974.83	18.81
975.73	17.98	975.27	18.40	974.82	18.82
975.72	17.99	975.26	18.41	974.81	18.84
975.70	18.00	975.25	18.42	974.79	18.85
975.69	18.01	975.24	18.44	974.78	18.86
975.68	18.02	975.22	18.45	974.77	18.87
975.67	18.04	975.21	18.46	974.75	18.88
975.65	18.05	975.20	18.47	974.74	18.90
975.64	18.06	975.18	18.48	974.73	18.91
975.63	18.07	975.17	18.50	974.71	18.92
975.61	18.08	975.16	18.51	974.70	18.93
975.60	18.10	975.14	18.52	974.69	18.94
975.59	18.11	975.13	18.53	974.68	18.96
975.57	18.12	975.12	18.55	974.66	18.97
975.56	18.13	975.11	18.56	974.65	18.98
975.55	18.15	975.09	18.57	974.64	18.99
975.53	18.16	975.08	18.58	974.62	19.01
975.52	18.17	975.07	18.59	974.61	19.02
975.51	18.18	975.05	18.61	974.60	19.03
975.50	18.19	975.04	18.62	974.59	19.04
975.48	18.21	975.03	18.63	974.57	19.05
975.47	18.22	975.01	18.64	974.56	19.07
975.46	18.23	975.00	18.65	974.55	19.08
975.44	18.24	974.99	18.67	974.53	19.09
975.43	18.25	974.97	18.68	974.52	19.10
975.42	18.27	974.96	18.69	974.51	19.11
975.40	18.28	974.95	18.70	974.49	19.13
975.39	18.29	974.94	18.71	974.48	19.14
975.38	18.30	974.92	18.73	974.47	19.15
975.37	18.32	974.91	18.74	974.46	19.16

(续表)

密度/(g/L)	酒精度/(%vol)	密度/(g/L)	酒精度/(%vol)	密度/(g/L)	酒精度/(%vol)
974.44	19.17	973.99	19.60	973.53	20.02
974.43	19.19	973.98	19.61	973.52	20.03
974.42	19.20	973.96	19.62	973.51	20.04
974.40	19.21	973.95	19.63	973.50	20.06
974.39	19.22	973.94	19.65	973.48	20.07
974.38	19.23	973.92	19.66	973.47	20.08
974.36	19.25	973.91	19.67	973.46	20.09
974.35	19.26	973.90	19.68	973.44	20.10
974.34	19.27	973.88	19.69	973.43	20.12
974.33	19.28	973.87	19.71	973.42	20.13
974.31	19.30	973.86	19.72	973.40	20.14
974.30	19.31	973.85	19.73	973.39	20.15
974.29	19.32	973.83	19.74	973.38	20.16
974.27	19.33	973.82	19.75	973.37	20.18
974.26	19.34	973.81	19.77	973.35	20.19
974.25	19.36	973.79	19.78	973.34	20.20
974.23	19.37	973.78	19.79	973.33	20.21
974.22	19.38	973.77	19.80	973.31	20.23
974.21	19.39	973.75	19.81	973.30	20.24
974.20	19.40	973.74	19.83	973.29	20.25
974.18	19.42	973.73	19.84	973.28	20.26
974.17	19.43	973.72	19.85	973.26	20.27
974.16	19.44	973.70	19.86	973.25	20.29
974.14	19.45	973.69	19.88	973.24	20.30
974.13	19.46	973.68	19.89	973.22	20.31
974.12	19.48	973.66	19.90	973.21	20.32
974.10	19.49	973.65	19.91	973.20	20.33
974.09	19.50	973.64	19.92	973.18	20.35
974.08	19.51	973.62	19.94	973.17	20.36
974.07	19.53	973.61	19.95	973.16	20.37
974.05	19.54	973.60	19.96	973.15	20.38
974.04	19.55	973.59	19.97	973.13	20.39
974.03	19.56	973.57	19.98	973.12	20.41
974.01	19.57	973.56	20.00	973.11	20.42
974.00	19.59	973.55	20.01	973.09	20.43

(续表)

密度/(g/L)	酒精度/(%vol)	密度/(g/L)	酒精度/(%vol)	密度/(g/L)	酒精度/(%vol)
973.08	20.44	972.63	20.86	972.17	21.29
973.07	20.45	972.61	20.88	972.16	21.30
973.05	20.47	972.60	20.89	972.15	21.31
973.04	20.48	972.59	20.90	972.13	21.32
973.03	20.49	972.57	20.91	972.12	21.33
973.02	20.50	972.56	20.92	972.11	21.35
973.00	20.51	972.55	20.94	972.09	21.36
972.99	20.53	972.54	20.95	972.08	21.37
972.98	20.54	972.52	20.96	972.07	21.38
972.96	20.55	972.51	20.97	972.05	21.39
972.95	20.56	972.50	20.98	972.04	21.41
972.94	20.57	972.48	21.00	972.03	21.42
972.92	20.59	972.47	21.01	972.02	21.43
972.91	20.60	972.46	21.02	972.00	21.44
972.90	20.61	972.45	21.03	971.99	21.45
972.89	20.62	972.43	21.04	971.98	21.47
972.87	20.64	972.42	21.06	971.96	21.48
972.86	20.65	972.41	21.07	971.95	21.49
972.85	20.66	972.39	21.08	971.94	21.50
972.83	20.67	972.38	21.09	971.93	21.51
972.82	20.68	972.37	21.10	971.91	21.53
972.81	20.70	972.35	21.12	971.90	21.54
972.80	20.71	972.34	21.13	971.89	21.55
972.78	20.72	972.33	21.14	971.87	21.56
972.77	20.73	972.32	21.15	971.86	21.57
972.76	20.74	972.30	21.17	971.85	21.59
972.74	20.76	972.29	21.18	971.83	21.60
972.73	20.77	972.28	21.19	971.82	21.61
972.72	20.78	972.26	21.20	971.81	21.62
972.70	20.79	972.25	21.21	971.80	21.63
972.69	20.80	972.24	21.23	971.78	21.65
972.68	20.82	972.22	21.24	971.77	21.66
972.67	20.83	972.21	21.25	971.76	21.67
972.65	20.84	972.20	21.26	971.74	21.68
972.64	20.85	972.19	21.27	971.73	21.69

(续表)

密度/ (g/L)	酒精度/ (%vol)	密度/ (g/L)	酒精度/ (%vol)	密度/ (g/L)	酒精度/ (%vol)
971.72	21.71	971.26	22.13	970.81	22.55
971.70	21.72	971.25	22.14	970.79	22.56
971.69	21.73	971.24	22.15	970.78	22.57
971.68	21.74	971.22	22.16	970.77	22.58
971.67	21.75	971.21	22.18	970.75	22.60
971.65	21.77	971.20	22.19	970.74	22.61
971.64	21.78	971.18	22.20	970.73	22.62
971.63	21.79	971.17	22.21	970.71	22.63
971.61	21.80	971.16	22.22	970.70	22.64
971.60	21.81	971.14	22.24	970.69	22.66
971.59	21.83	971.13	22.25	970.67	22.67
971.57	21.84	971.12	22.26	970.66	22.68
971.56	21.85	971.11	22.27	970.65	22.69
971.55	21.86	971.09	22.28	970.64	22.70
971.54	21.87	971.08	22.30	970.62	22.72
971.52	21.89	971.07	22.31	970.61	22.73
971.51	21.90	971.05	22.32	970.60	22.74
971.50	21.91	971.04	22.33	970.58	22.75
971.48	21.92	971.03	22.34	970.57	22.76
971.47	21.93	971.01	22.36	970.56	22.78
971.46	21.95	971.00	22.37	970.54	22.79
971.44	21.96	970.99	22.38	970.53	22.80
971.43	21.97	970.98	22.39	970.52	22.81
971.42	21.98	970.96	22.40	970.50	22.82
971.41	21.99	970.95	22.42	970.49	22.83
971.39	22.01	970.94	22.43	970.48	22.85
971.38	22.02	970.92	22.44	970.47	22.86
971.37	22.03	970.91	22.45	970.45	22.87
971.35	22.04	970.90	22.46	970.44	22.88
971.34	22.05	970.88	22.48	970.43	22.89
971.33	22.07	970.87	22.49	970.41	22.91
971.31	22.08	970.86	22.50	970.40	22.92
971.30	22.09	970.84	22.51	970.39	22.93
971.29	22.10	970.83	22.52	970.37	22.94
971.28	22.11	970.82	22.54	970.36	22.95

(续表)

密度/(g/L)	酒精度/(%vol)	密度/(g/L)	酒精度/(%vol)	密度/(g/L)	酒精度/(%vol)
970.35	22.97	969.89	23.39	969.43	23.80
970.33	22.98	969.87	23.40	969.41	23.82
970.32	22.99	969.86	23.41	969.40	23.83
970.31	23.00	969.85	23.42	969.39	23.84
970.29	23.01	969.84	23.43	969.37	23.85
970.28	23.03	969.82	23.45	969.36	23.86
970.27	23.04	969.81	23.46	969.35	23.88
970.26	23.05	969.80	23.47	969.33	23.89
970.24	23.06	969.78	23.48	969.32	23.90
970.23	23.07	969.77	23.49	969.31	23.91
970.22	23.09	969.76	23.51	969.29	23.92
970.20	23.10	969.74	23.52	969.28	23.94
970.19	23.11	969.73	23.53	969.27	23.95
970.18	23.12	969.72	23.54	969.25	23.96
970.16	23.13	969.70	23.55	969.24	23.97
970.15	23.15	969.69	23.57	969.23	23.98
970.14	23.16	969.68	23.58	969.22	24.00
970.12	23.17	969.66	23.59	969.20	24.01
970.11	23.18	969.65	23.60	969.19	24.02
970.10	23.19	969.64	23.61	969.18	24.03
970.09	23.21	969.62	23.63	969.16	24.04
970.07	23.22	969.61	23.64	969.15	24.06
970.06	23.23	969.60	23.65	969.14	24.07
970.05	23.24	969.59	23.66	969.12	24.08
970.03	23.25	969.57	23.67	969.11	24.09
970.02	23.27	969.56	23.69	969.10	24.10
970.01	23.28	969.55	23.70	969.08	24.12
969.99	23.29	969.53	23.71	969.07	24.13
969.98	23.30	969.52	23.72	969.06	24.14
969.97	23.31	969.51	23.73	969.04	24.15
969.95	23.33	969.49	23.75	969.03	24.16
969.94	23.34	969.48	23.76	969.02	24.18
969.93	23.35	969.47	23.77	969.00	24.19
969.91	23.36	969.45	23.78	968.99	24.20
969.90	23.37	969.44	23.79	968.98	24.21

(续表)

密度/(g/L)	酒精度/(%vol)	密度/(g/L)	酒精度/(%vol)	密度/(g/L)	酒精度/(%vol)
968.96	24.22	968.50	24.64	968.03	25.06
968.95	24.24	968.49	24.65	968.02	25.07
968.94	24.25	968.47	24.66	968.00	25.08
968.92	24.26	968.46	24.68	967.99	25.09
968.91	24.27	968.45	24.69	967.98	25.11
968.90	24.28	968.43	24.70	967.96	25.12
968.88	24.29	968.42	24.71	967.95	25.13
968.87	24.31	968.41	24.72	967.94	25.14
968.86	24.32	968.39	24.74	967.92	25.15
968.84	24.33	968.38	24.75	967.91	25.17
968.83	24.34	968.37	24.76	967.90	25.18
968.82	24.35	968.35	24.77	967.88	25.19
968.80	24.37	968.34	24.78	967.87	25.20
968.79	24.38	968.32	24.80	967.86	25.21
968.78	24.39	968.31	24.81	967.84	25.23
968.76	24.40	968.30	24.82	967.83	25.24
968.75	24.41	968.28	24.83	967.82	25.25
968.74	24.42	968.27	24.84	967.80	25.26
968.72	24.44	968.26	24.86	967.79	25.27
968.71	24.45	968.24	24.87	967.78	25.28
968.70	24.46	968.23	24.88	967.76	25.30
968.68	24.47	968.22	24.89	967.75	25.31
968.67	24.49	968.20	24.90	967.74	25.32
968.66	24.50	968.19	24.92	967.72	25.33
968.64	24.51	968.18	24.93	967.71	25.34
968.63	24.52	968.16	24.94	967.70	25.36
968.62	24.53	968.15	24.95	967.68	25.37
968.60	24.55	968.14	24.96	967.67	25.38
968.59	24.56	968.12	24.97	967.65	25.39
968.58	24.57	968.11	24.99	967.64	25.40
968.56	24.58	968.10	25.00	967.63	25.42
968.55	24.59	968.08	25.01	967.61	25.43
968.54	24.61	968.07	25.02	967.60	25.44
968.53	24.62	968.06	25.03	967.59	25.45
968.51	24.63	968.04	25.05	967.57	25.46

(续表)

密度/(g/L)	酒精度/(%vol)	密度/(g/L)	酒精度/(%vol)	密度/(g/L)	酒精度/(%vol)
967.56	25.48	967.09	25.89	966.61	26.31
967.55	25.49	967.07	25.90	966.60	26.32
967.53	25.50	967.06	25.92	966.59	26.33
967.52	25.51	967.05	25.93	966.57	26.34
967.51	25.52	967.03	25.94	966.56	26.36
967.49	25.53	967.02	25.95	966.54	26.37
967.48	25.55	967.01	25.96	966.53	26.38
967.47	25.56	966.99	25.98	966.52	26.39
967.45	25.57	966.98	25.99	966.50	26.40
967.44	25.58	966.97	26.00	966.49	26.41
967.43	25.59	966.95	26.01	966.48	26.43
967.41	25.61	966.94	26.02	966.46	26.44
967.40	25.62	966.93	26.03	966.45	26.45
967.39	25.63	966.91	26.05	966.43	26.46
967.37	25.64	966.90	26.06	966.42	26.47
967.36	25.65	966.88	26.07	966.41	26.49
967.34	25.67	966.87	26.08	966.39	26.50
967.33	25.68	966.86	26.09	966.38	26.51
967.32	25.69	966.84	26.11	966.37	26.52
967.30	25.70	966.83	26.12	966.35	26.53
967.29	25.71	966.82	26.13	966.34	26.55
967.28	25.73	966.80	26.14	966.33	26.56
967.26	25.74	966.79	26.15	966.31	26.57
967.25	25.75	966.78	26.17	966.30	26.58
967.24	25.76	966.76	26.18	966.28	26.59
967.22	25.77	966.75	26.19	966.27	26.60
967.21	25.78	966.73	26.20	966.26	26.62
967.20	25.80	966.72	26.21	966.24	26.63
967.18	25.81	966.71	26.22	966.23	26.64
967.17	25.82	966.69	26.24	966.22	26.65
967.16	25.83	966.68	26.25	966.20	26.66
967.14	25.84	966.67	26.26	966.19	26.68
967.13	25.86	966.65	26.27	966.17	26.69
967.12	25.87	966.64	26.28	966.16	26.70
967.10	25.88	966.63	26.30	966.15	26.71

(续表)

密度/(g/L)	酒精度/(%vol)	密度/(g/L)	酒精度/(%vol)	密度/(g/L)	酒精度/(%vol)
966.13	26.72	965.65	27.14	965.17	27.55
966.12	26.73	965.64	27.15	965.15	27.56
966.11	26.75	965.62	27.16	965.14	27.58
966.09	26.76	965.61	27.17	965.12	27.59
966.08	26.77	965.60	27.19	965.11	27.60
966.06	26.78	965.58	27.20	965.10	27.61
966.05	26.79	965.57	27.21	965.08	27.62
966.04	26.81	965.55	27.22	965.07	27.64
966.02	26.82	965.54	27.23	965.05	27.65
966.01	26.83	965.53	27.24	965.04	27.66
966.00	26.84	965.51	27.26	965.03	27.67
965.98	26.85	965.50	27.27	965.01	27.68
965.97	26.87	965.49	27.28	965.00	27.69
965.95	26.88	965.47	27.29	964.99	27.71
965.94	26.89	965.46	27.30	964.97	27.72
965.93	26.90	965.44	27.32	964.96	27.73
965.91	26.91	965.43	27.33	964.94	27.74
965.90	26.92	965.42	27.34	964.93	27.75
965.89	26.94	965.40	27.35	964.92	27.77
965.87	26.95	965.39	27.36	964.90	27.78
965.86	26.96	965.37	27.37	964.89	27.79
965.84	26.97	965.36	27.39	964.87	27.80
965.83	26.98	965.35	27.40	964.86	27.81
965.82	27.00	965.33	27.41	964.85	27.82
965.80	27.01	965.32	27.42	964.83	27.84
965.79	27.02	965.31	27.43	964.82	27.85
965.78	27.03	965.29	27.45	964.80	27.86
965.76	27.04	965.28	27.46	964.79	27.87
965.75	27.06	965.26	27.47	964.78	27.88
965.73	27.07	965.25	27.48	964.76	27.90
965.72	27.08	965.24	27.49	964.75	27.91
965.71	27.09	965.22	27.51	964.73	27.92
965.69	27.10	965.21	27.52	964.72	27.93
965.68	27.11	965.19	27.53	964.71	27.94
965.67	27.13	965.18	27.54	964.69	27.95

(续表)

密度/(g/L)	酒精度/(%vol)	密度/(g/L)	酒精度/(%vol)	密度/(g/L)	酒精度/(%vol)
964.68	27.97	964.18	28.38	963.69	28.79
964.66	27.98	964.17	28.39	963.67	28.80
964.65	27.99	964.16	28.40	963.66	28.82
964.64	28.00	964.14	28.41	963.65	28.83
964.62	28.01	964.13	28.43	963.63	28.84
964.61	28.03	964.11	28.44	963.62	28.85
964.59	28.04	964.10	28.45	963.60	28.86
964.58	28.05	964.09	28.46	963.59	28.87
964.57	28.06	964.07	28.47	963.57	28.89
964.55	28.07	964.06	28.49	963.56	28.90
964.54	28.08	964.04	28.50	963.55	28.91
964.52	28.10	964.03	28.51	963.53	28.92
964.51	28.11	964.01	28.52	963.52	28.93
964.49	28.12	964.00	28.53	963.50	28.95
964.48	28.13	963.99	28.54	963.49	28.96
964.47	28.14	963.97	28.56	963.47	28.97
964.45	28.16	963.96	28.57	963.46	28.98
964.44	28.17	963.94	28.58	963.45	28.99
964.42	28.18	963.93	28.59	963.43	29.00
964.41	28.19	963.92	28.60	963.42	29.02
964.40	28.20	963.90	28.62	963.40	29.03
964.38	28.21	963.89	28.63	963.39	29.04
964.37	28.23	963.87	28.64	963.37	29.05
964.35	28.24	963.86	28.65	963.36	29.06
964.34	28.25	963.84	28.66	963.35	29.08
964.33	28.26	963.83	28.67	963.33	29.09
964.31	28.27	963.82	28.69	963.32	29.10
964.30	28.29	963.80	28.70	963.30	29.11
964.28	28.30	963.79	28.71	963.29	29.12
964.27	28.31	963.77	28.72	963.27	29.13
964.26	28.32	963.76	28.73	963.26	29.15
964.24	28.33	963.75	28.75	963.25	29.16
964.23	28.34	963.73	28.76	963.23	29.17
964.21	28.36	963.72	28.77	963.22	29.18
964.20	28.37	963.70	28.78	963.20	29.19

(续表)

密度/(g/L)	酒精度/(%vol)	密度/(g/L)	酒精度/(%vol)	密度/(g/L)	酒精度/(%vol)
963.19	29.20	962.84	29.49	962.49	29.77
963.17	29.22	962.83	29.50	962.48	29.78
963.16	29.23	962.81	29.51	962.47	29.79
963.14	29.24	962.80	29.52	962.45	29.80
963.13	29.25	962.78	29.53	962.44	29.82
963.12	29.26	962.77	29.55	962.42	29.83
963.10	29.28	962.76	29.56	962.41	29.84
963.09	29.29	962.74	29.57	962.39	29.85
963.07	29.30	962.73	29.58	962.38	29.86
963.06	29.31	962.71	29.59	962.36	29.87
963.04	29.32	962.70	29.60	962.35	29.89
963.03	29.33	962.68	29.62	962.34	29.90
963.02	29.35	962.67	29.63	962.32	29.91
963.00	29.36	962.65	29.64	962.31	29.92
962.99	29.37	962.64	29.65	962.29	29.93
962.97	29.38	962.63	29.66	962.28	29.95
962.96	29.39	962.61	29.67	962.26	29.96
962.94	29.40	962.60	29.69	962.25	29.97
962.93	29.42	962.58	29.70	962.23	29.98
962.91	29.43	962.57	29.71	962.22	29.99
962.90	29.44	962.55	29.72	962.20	30.00
962.89	29.45	962.54	29.73	962.19	30.02
962.87	29.46	962.52	29.75	962.17	30.03
962.86	29.48	962.51	29.76	962.16	30.04

附录 B
（规范性附录）
酒精计温度、酒精度（乙醇含量）换算表

表 B.1　　　　　　　　　　酒精计温度、酒精度（乙醇含量）换算表

溶液温度/℃	酒精计示值									
	35	34.5	34	33.5	33	32.5	32	31.5	31	30.5
	酒精计温度为 20℃时的乙醇含量（%vol）									
35	28.8	28.2	27.8	27.3	26.8	26.4	26.0	25.5	25.0	24.6
34	29.3	28.8	28.3	27.8	27.3	26.8	26.4	25.9	25.4	25.0
33	29.7	29.2	28.7	28.2	27.7	27.2	26.8	26.3	25.8	25.4
32	30.1	29.6	29.1	28.6	28.1	27.6	27.2	26.7	26.2	25.8
31	30.5	30.0	29.5	29.0	28.5	28.0	27.6	27.1	26.6	26.2
30	30.9	30.4	29.9	29.4	28.9	28.4	28.0	27.5	27.0	26.5
29	31.3	30.8	30.3	29.8	29.4	28.8	28.4	27.9	27.4	26.9
28	31.7	31.2	30.7	30.2	29.8	29.2	28.8	28.3	27.8	27.3
27	32.2	31.6	31.2	30.6	30.2	29.6	29.2	28.7	28.2	27.7
26	32.6	32.0	31.6	31.0	30.6	30.0	29.6	29.1	28.6	28.1
25	33.0	32.5	32.0	31.5	31.0	30.5	30.0	29.5	29.0	28.5
24	33.4	32.9	32.4	31.9	31.4	30.9	30.4	29.9	29.4	28.9
23	33.8	33.3	32.8	32.3	31.8	31.3	30.8	30.3	29.8	29.3
22	34.2	33.7	33.2	32.7	32.2	31.7	31.2	30.7	30.2	29.7
21	34.6	34.1	33.6	33.1	32.6	32.0	31.6	31.1	30.6	30.1
20	35.0	34.5	34.0	33.5	33.0	32.5	32.0	31.5	31.0	30.5
19	35.4	34.9	34.4	33.9	33.4	32.9	32.4	31.9	31.4	30.9
18	35.8	35.3	34.8	34.3	33.8	33.2	32.8	32.3	31.8	31.3
17	36.2	35.7	35.2	34.7	34.2	33.7	33.2	32.7	32.2	31.7
16	36.6	36.1	35.6	35.1	34.6	34.1	33.6	33.1	32.6	32.1
15	37.0	36.5	36.0	35.5	35.0	34.5	34.0	33.5	33.0	32.5
14	37.4	36.9	36.4	35.9	35.4	35.0	34.4	34.0	33.5	32.0
13	37.8	37.3	36.8	36.4	35.9	35.4	34.9	34.4	33.9	32.4
12	38.2	37.8	37.3	36.8	36.3	35.8	35.3	34.8	34.3	33.8
11	38.7	38.2	37.7	37.2	36.7	36.2	35.7	35.2	34.7	34.2
10	39.1	38.6	38.1	37.6	37.1	36.6	28.1	35.6	35.1	34.6

(续表)

溶液温度/℃	酒精计示值									
	30	29.5	29	28.5	28	27.5	27	26.5	26	25.5
	酒精计温度为20℃时的乙醇含量（%vol）									
35	24.2	23.7	23.2	22.8	22.3	21.8	21.3	20.8	20.4	20.0
34	24.5	24.0	23.5	23.1	22.7	22.2	21.7	21.2	20.8	20.4
33	24.9	24.4	23.9	23.5	23.1	22.6	22.0	21.6	21.2	20.8
32	25.3	24.8	24.2	23.8	23.4	22.9	22.4	22.0	21.6	21.2
31	25.7	25.2	24.7	24.2	23.8	23.3	22.8	22.4	21.9	21.4
30	26.1	25.6	25.1	24.6	24.2	23.7	23.2	22.8	22.3	21.9
29	26.4	26.0	25.5	25.0	24.6	24.1	23.6	23.2	22.7	22.2
28	26.8	26.4	25.9	25.4	24.9	24.4	24.0	23.5	23.0	22.6
27	27.2	26.7	26.3	25.8	25.3	24.8	24.4	23.9	23.4	22.9
26	27.6	27.1	26.6	26.2	25.7	25.2	24.7	24.2	23.8	23.3
25	28.0	27.5	27.0	26.6	26.1	25.6	25.1	24.6	24.1	23.7
24	28.4	27.9	27.4	26.9	26.4	26.0	25.5	25.0	24.5	24.0
23	28.8	28.3	27.8	27.2	26.8	26.3	25.8	25.4	24.9	24.4
22	29.2	28.7	28.2	27.7	27.2	26.7	26.2	25.8	25.3	24.8
21	29.6	29.1	28.6	28.1	27.6	27.1	26.6	26.1	25.6	25.1
20	30.0	29.5	29.0	28.5	28.0	27.5	27.0	26.5	26.0	25.5
19	30.4	29.9	29.4	28.9	28.4	27.9	27.4	26.9	26.4	25.9
18	30.8	30.3	29.8	29.3	28.8	28.3	27.8	27.2	26.7	26.2
17	31.2	30.7	30.2	29.7	29.2	28.6	28.1	27.6	27.1	26.6
16	31.6	31.1	30.6	30.1	29.5	29.0	28.5	28.0	27.5	27.0
15	32.0	31.5	31.0	30.5	29.9	29.5	28.9	28.4	27.9	27.4
14	32.4	31.9	31.4	30.9	30.4	29.9	29.3	28.8	28.3	27.8
13	32.8	32.3	31.8	31.2	30.8	30.3	29.7	29.2	28.7	28.2
12	33.3	32.8	32.1	31.6	31.2	30.7	30.2	29.6	29.1	28.5
11	33.7	33.2	32.7	32.0	31.6	31.1	30.6	30.0	29.5	28.9
10	30.1	33.6	33.1	32.5	32.0	31.5	31.0	30.4	29.9	29.3

（续表）

溶液温度/℃	酒精计示值									
	25	24.5	24	23.5	23	22.5	22	21.5	21	20.5
	酒精计温度为20℃时的乙醇含量（%vol）									
35	19.6	19.2	18.8	18.4	17.9	17.4	16.9	16.4	16.0	15.6
34	20.0	19.6	19.1	18.6	18.2	17.7	17.2	16.8	16.4	16.0
33	20.3	19.8	19.4	19.0	18.6	18.1	17.6	17.2	16.7	16.2
32	20.7	20.2	19.8	19.4	18.9	18.4	17.9	17.4	17.0	16.6
31	21.0	20.6	20.2	19.8	19.3	18.8	18.3	17.8	17.4	17.0
30	21.4	20.9	20.5	20.0	19.6	19.1	18.6	18.2	17.7	17.3
29	21.8	21.3	20.8	20.4	19.9	19.4	19.0	18.5	18.0	17.6
28	22.1	21.6	21.2	20.7	20.2	19.8	19.3	18.8	18.4	17.9
27	22.5	22.0	21.5	21.0	20.6	20.1	19.6	19.2	18.7	18.2
26	22.8	22.4	21.9	21.4	20.9	20.5	20.0	19.5	19.0	18.6
25	23.2	22.7	22.2	21.8	21.2	20.8	20.3	19.8	19.4	18.9
24	23.5	23.1	22.6	22.1	21.6	21.1	20.7	20.2	19.7	19.2
23	23.9	23.4	22.9	22.4	22.0	21.5	21.0	20.5	20.0	19.5
22	24.3	23.8	23.3	22.8	22.3	21.8	21.3	20.8	20.4	19.9
21	24.6	24.1	23.6	23.1	22.6	22.2	21.7	21.2	20.7	20.2
20	25.0	24.5	24.0	23.5	23.0	22.5	22.0	21.5	21.0	20.5
19	25.4	24.8	24.4	23.8	23.3	22.8	22.3	21.8	21.3	20.8
18	25.7	25.2	24.7	24.2	23.7	23.2	22.6	22.1	21.6	21.1
17	26.1	25.6	25.1	24.5	24.0	23.5	23.0	22.5	22.0	21.4
16	26.5	25.9	25.4	24.9	24.4	23.8	23.3	22.8	22.3	21.8
15	26.8	26.3	25.8	25.3	24.7	24.2	23.7	23.1	22.6	22.1
14	27.2	26.7	26.2	25.6	25.1	24.6	24.0	23.5	23.0	22.4
13	27.6	27.1	26.5	26.0	25.4	24.9	24.4	23.8	23.3	22.7
12	28.0	27.4	26.9	26.4	25.8	25.3	24.7	24.2	23.6	23.0
11	28.4	27.8	27.3	26.7	26.2	25.6	25.0	24.5	23.9	23.4
10	28.8	28.2	27.7	27.1	26.6	26.0	25.4	24.8	24.3	23.7

（续表）

溶液温度/℃	酒精计示值									
	20	19.5	19	18.5	18	17.5	17	16.5	16	15.5
	酒精计温度为20℃时的乙醇含量（%vol）									
35	15.2	14.8	14.5	14.0	13.6	13.2	12.8	12.4	12.1	11.6
34	15.5	15.2	14.8	14.4	13.9	13.5	13.1	12.8	12.4	12.0
33	15.8	15.4	15.1	14.6	14.2	13.8	13.4	13.0	12.6	12.2
32	16.2	15.8	15.4	15.0	14.5	14.0	13.6	13.2	12.9	12.4
31	16.5	16.1	15.7	15.2	14.8	14.4	13.9	13.5	13.1	12.6
30	16.8	16.4	16.0	15.5	15.1	14.7	14.2	13.8	13.4	12.9
29	17.2	16.7	16.3	15.8	15.4	15.0	14.5	14.1	13.6	13.2
28	17.5	17.0	16.6	16.1	15.7	15.2	14.8	14.4	13.9	13.4
27	17.8	17.3	16.9	16.4	16.0	15.5	15.1	14.6	14.2	13.7
26	18.1	17.6	17.2	16.7	16.3	15.8	15.4	14.9	14.4	14.0
25	18.4	18.0	17.5	17.0	16.6	16.1	15.6	15.2	14.7	14.2
24	18.7	18.3	17.8	17.3	16.9	16.4	15.9	15.4	15.0	14.5
23	19.0	18.6	18.1	17.6	17.1	16.6	16.2	15.7	15.2	14.7
22	19.4	18.9	18.4	17.9	17.4	17.0	16.5	16.0	15.5	15.0
21	19.7	19.2	18.7	18.2	17.7	17.2	16.7	16.2	15.7	15.2
20	20.0	19.5	19.0	18.5	18.0	17.5	17.0	16.5	16.0	15.5
19	20.3	19.8	19.3	18.8	18.3	17.8	17.3	16.8	16.3	15.8
18	20.6	20.1	19.6	19.1	18.6	18.1	17.6	17.0	16.5	16.0
17	20.9	20.4	19.9	19.4	18.9	18.3	17.9	17.3	16.8	16.2
16	21.2	20.7	20.2	19.7	19.2	18.6	18.1	17.5	17.0	16.5
15	21.6	21.0	20.5	20.0	19.4	18.9	18.3	17.8	17.2	16.7
14	21.9	21.3	20.8	20.2	19.7	19.1	18.6	18.0	17.5	16.9
13	22.2	21.6	21.1	20.5	20.0	19.4	18.8	18.3	17.7	17.2
12	22.5	21.9	21.4	20.8	20.2	19.7	19.1	18.5	18.0	17.4
11	22.8	22.2	21.7	21.1	20.5	20.0	19.4	18.8	18.2	17.6
10	23.1	22.5	22.0	21.4	20.8	20.2	19.6	19.0	18.4	17.8

◎ 吐鲁番葡萄标准体系

(续表)

溶液温度/℃	酒精计示值									
	15	14.5	14	13.5	13	12.5	12	11.5	11	10.5
	酒精计温度为20℃时的乙醇含量（%vol）									
35	11.2	10.8	10.4	10.0	9.6	9.2	8.7	8.3	7.9	7.4
34	11.5	11.0	10.6	10.2	9.8	9.4	8.9	8.5	8.1	7.6
33	11.8	11.4	10.9	10.4	10.0	9.6	9.1	8.7	8.3	7.8
32	12.0	11.6	11.0	10.6	10.2	9.8	9.4	9.0	8.5	8.0
31	12.2	11.8	11.4	11.0	10.5	10.0	9.6	9.2	8.7	8.2
30	12.5	12.0	11.6	11.1	10.7	10.2	9.8	9.3	8.9	8.4
29	12.7	12.3	11.8	11.4	10.9	10.5	10.0	9.5	9.1	8.8
28	13.0	12.6	12.1	11.6	11.2	10.7	10.3	9.8	9.2	8.9
27	13.2	12.8	12.3	11.9	11.4	10.9	10.5	10.0	9.5	9.1
26	13.5	13.0	12.6	12.1	11.7	11.2	10.7	10.2	9.8	9.3
25	13.8	13.3	12.8	12.4	11.9	11.4	10.9	10.4	10.0	9.5
24	14.0	13.5	13.1	12.6	12.1	11.6	11.2	10.7	10.2	9.7
23	14.3	13.8	13.3	12.8	12.3	11.8	11.4	10.9	10.4	9.9
22	14.5	14.0	13.6	13.1	12.6	12.1	11.6	11.1	10.6	10.1
21	14.8	14.3	13.8	13.3	12.8	12.3	11.8	11.3	10.8	10.3
20	15.0	14.5	14.0	13.5	13.0	12.5	12.0	11.5	11.0	10.5
19	15.2	14.7	14.2	12.7	13.2	12.7	12.2	11.7	11.2	10.7
18	15.5	15.0	14.4	13.9	13.4	12.9	12.4	11.9	11.4	10.9
17	15.7	15.2	14.7	14.1	13.6	13.1	12.6	12.1	11.5	11.0
16	15.9	15.4	14.9	14.3	13.8	13.3	12.8	12.2	11.7	11.2
15	16.2	15.6	15.1	14.5	14.0	13.5	12.9	12.4	11.9	11.3
14	16.4	15.8	15.2	14.7	14.2	13.6	13.1	12.5	12.0	11.5
13	16.6	16.0	15.5	14.9	14.4	13.8	13.2	12.7	12.2	11.6
12	16.8	16.2	15.7	15.1	14.5	14.0	13.4	12.8	12.3	11.8
11	17.0	16.4	15.8	15.3	14.7	14.1	13.6	13.0	12.4	11.9
10	17.2	16.6	16.0	15.4	14.9	14.3	13.7	13.1	12.6	12.0

(续表)

溶液温度/℃	酒精计示值									
	10	9.5	9	8.5	8	7.5	7	6.5	6	5.5
	酒精计温度为20℃时的乙醇含量（%vol）									
35	6.8	6.4	6.0	5.6	5.2	4.8	4.3	3.8	3.3	2.8
34	7.1	6.6	6.2	5.8	5.3	4.9	4.5	4.0	3.5	3.0
33	7.3	6.8	6.4	6.0	5.5	5.1	4.7	4.2	3.7	3.2
32	7.5	7.0	6.6	6.2	5.7	5.2	4.8	4.3	3.8	3.4
31	7.7	7.2	6.8	6.4	5.9	5.4	5.0	4.5	4.0	3.6
30	7.9	7.5	7.0	6.6	6.1	5.6	5.2	4.7	4.2	3.8
29	8.2	7.7	7.2	6.8	6.3	5.8	5.4	4.9	4.4	4.0
28	8.4	7.9	7.5	7.0	6.5	6.1	5.6	5.1	4.6	4.2
27	8.6	8.1	7.7	7.2	6.7	6.3	5.8	5.3	4.8	4.3
26	8.8	8.2	7.9	7.4	6.9	6.4	6.0	5.5	5.0	4.5
25	9.0	8.6	8.1	7.6	7.1	6.6	6.2	5.7	5.2	4.7
24	9.2	8.8	8.3	7.8	7.3	6.8	6.3	5.8	5.4	4.9
23	9.4	8.9	8.4	8.0	7.5	7.0	6.5	6.0	5.5	5.0
22	9.6	9.1	8.6	8.2	7.7	7.2	6.7	6.2	5.7	5.2
21	9.8	9.3	8.8	8.3	7.8	7.3	6.8	6.3	5.8	5.4
20	10.0	9.5	9.0	8.5	8.0	7.5	7.0	6.5	6.0	5.5
19	10.2	9.7	9.2	8.7	8.2	7.6	7.2	6.6	6.1	5.6
18	10.4	9.8	9.3	8.8	8.3	7.8	7.3	6.8	6.3	5.8
17	10.5	10.0	9.5	9.0	8.5	8.0	7.4	6.9	6.4	5.9
16	10.7	10.2	9.6	9.1	8.6	8.1	7.6	7.0	6.5	6.0
15	10.8	10.3	9.8	9.3	8.8	8.2	7.7	7.1	6.6	6.1
14	11.0	10.4	9.9	9.4	8.9	8.3	7.8	7.2	6.7	6.2
13	11.1	10.6	10.0	9.5	9.0	8.4	7.9	7.4	6.8	6.3
12	11.2	10.7	10.1	9.6	9.1	8.5	8.0	7.4	6.9	6.4
11	11.3	10.8	10.2	9.7	9.2	8.6	8.1	7.6	7.0	6.5
10	11.4	10.9	10.3	9.8	9.3	8.7	8.2	7.6	7.1	6.5

（续表）

溶液温度/℃	酒精计示值									
	5	4.5	4	3.5	3	2.5	2	1.5	1	0.5
	酒精计温度为20℃时的乙醇含量（%vol）									
35	2.4	2.0	1.6	1.1	0.6	—	—	—	—	—
34	2.6	2.2	1.8	1.3	0.8	—	—	—	—	—
33	2.8	2.4	1.9	1.2	0.9	—	—	—	—	—
32	3.0	2.6	2.1	1.4	1.1	0.6	0.1	—	—	—
31	3.1	2.6	2.2	1.6	1.2	0.7	0.2	—	—	—
30	3.3	2.8	2.4	1.7	1.4	0.9	0.4	0.1	—	—
29	3.5	3.0	2.5	1.9	1.6	1.1	0.6	0.2	—	—
28	3.7	3.2	2.7	2.1	1.8	1.3	0.8	0.3	—	—
27	3.9	3.4	2.9	2.2	1.9	1.4	1.0	0.4	—	—
26	4.0	3.6	3.1	2.4	2.1	1.6	1.1	0.6	0.1	—
25	4.2	3.7	3.2	2.6	2.3	1.8	1.3	0.8	0.3	—
24	4.4	3.9	3.4	2.8	2.4	1.9	1.4	0.9	0.4	—
23	4.6	4.1	3.6	2.9	2.6	2.1	1.6	1.1	0.6	0.1
22	4.7	4.2	3.7	3.1	2.7	2.2	1.7	1.2	0.7	0.2
21	4.8	4.4	3.9	3.2	2.9	2.4	1.9	1.4	0.9	0.4
20	5.0	4.5	4.0	3.4	3.0	2.5	2.0	1.5	1.0	0.5
19	5.1	4.6	4.1	3.5	3.1	2.6	2.1	1.6	1.1	0.6
18	5.3	4.8	4.2	3.6	3.2	2.7	2.2	1.7	1.2	0.7
17	5.4	4.9	4.4	3.7	3.4	2.8	2.3	1.8	1.3	0.8
16	5.5	5.0	4.5	3.9	3.4	2.9	2.4	1.9	1.4	0.9
15	5.6	5.1	4.6	4.0	3.6	3.0	2.5	2.0	1.5	1.0
14	5.7	5.2	4.7	4.1	3.9	3.1	2.6	2.1	1.6	1.1
13	5.8	5.3	4.8	4.2	3.7	3.2	2.7	2.2	1.7	1.2
12	5.9	5.4	4.8	4.3	3.8	3.3	2.8	2.2	1.8	1.2
11	6.0	5.4	4.9	4.4	3.9	3.3	2.8	2.3	1.8	1.3
10	6.0	5.5	5.0	4.4	3.9	3.4	2.9	2.4	1.8	1.3

附录C
（规范性附录）
密度－总浸出物含量对照表

表 C.1　　　　　　　　　密度－总浸出物含量对照表（整数位）　　　　　　　　单位：g/L

密度 (20℃)	密度的第四位整数									
	0	1	2	3	4	5	6	7	8	9
100	0	2.6	5.1	7.7	10.3	12.9	15.4	18.0	20.6	23.2
101	25.8	28.4	31.0	33.6	36.2	38.8	41.3	43.9	46.5	49.1
102	51.7	54.3	56.9	59.5	62.1	64.7	67.3	69.9	72.5	75.1
103	77.7	80.3	82.9	85.5	88.1	90.7	93.3	95.9	98.5	101.1
104	103.7	106.3	109.0	111.6	114.2	116.8	119.4	122.0	124.6	127.2
105	129.8	132.4	135.0	137.6	140.3	142.9	145.5	148.1	150.7	153.3
106	155.9	158.6	161.2	163.8	166.4	169.0	171.6	174.3	176.9	179.5
107	182.1	184.8	187.4	190.0	192.6	195.2	197.8	200.5	203.1	205.8
108	208.4	211.0	213.6	216.2	218.9	221.5	224.1	226.8	229.4	232.0
109	234.7	237.3	239.9	242.5	245.2	247.8	250.4	253.1	255.7	258.4
110	261.0	263.6	266.3	268.9	271.5	274.2	276.8	279.5	282.1	284.8
111	287.4	290.0	292.7	295.3	298.0	300.6	303.3	305.9	308.6	311.2
112	313.9	316.5	319.2	321.8	324.5	327.1	329.8	332.4	335.1	337.8
113	340.4	343.0	345.7	348.3	351.0	353.7	356.3	359.0	361.6	364.3
114	366.9	369.6	372.3	375.0	377.6	380.3	382.9	385.6	388.3	390.9
115	393.6	396.2	398.9	401.6	404.3	406.9	409.6	412.3	415.0	417.6
116	420.3	423.0	425.7	428.3	431.0	433.7	436.4	439.0	441.7	444.4
117	447.1	449.8	452.4	455.2	457.8	460.5	463.2	465.9	468.6	471.3
118	473.9	476.6	479.3	482.0	484.7	487.4	490.1	492.8	495.5	498.2
119	500.9	503.5	506.2	508.9	511.6	514.3	517.0	519.7	522.4	525.1
120	527.8	—	—	—	—	—	—	—	—	—

表 C.2　　密度-总浸出物含量对照表（小数位）

密度的第一位小数	总浸出物（g/L）	密度的第一位小数	总浸出物（g/L）	密度的第一位小数	总浸出物（g/L）
1	0.3	4	1.0	7	1.8
2	0.5	5	1.3	8	2.1
3	0.8	6	1.6	9	2.3

附录 D
（资料性附录）
葡萄酒中的糖分和有机酸的测定（HPLC 法）

D.1 原理

一定量的葡萄酒样品经阴离子固相萃取柱分离与纯化，将酒样中的糖、醇和有机酸分离。分别在色谱分离柱中，以稀的硫酸溶液为流动相，再经示差折光和紫外检测器检测，分别对蔗糖、葡萄糖、果糖、甘油等糖醇和柠檬酸、酒石酸、苹果酸、琥珀酸、乳酸、醋酸等有机酸定量。

D.2 试剂和材料

D.2.1 甲醇（色谱纯）。

D.2.2 标准物质：柠檬酸，酒石酸，D-苹果酸，琥珀酸，乳酸，醋酸，蔗糖，葡萄糖，D-果糖，甘油。

D.2.3 超纯水：实验室制备。

D.2.4 糖、醇标准储备溶液：分别称取蔗糖、葡萄糖、果糖标准品各 0.05 g，精确至 0.0001 g，用超纯水定容至 50 mL，该溶液分别含蔗糖、葡萄糖、果糖 1 g/L；称取甘油标准品 0.20 g，精确至 0.0001 g，用超纯水定容至 50 mL，该溶液甘油含量为 4 g/L。

D.2.5 糖、醇标准系列溶液：将各糖、醇标准储备溶液用超纯水稀释成含糖浓度为 0.05 g/L，0.10 g/L，0.20 g/L，0.40 g/L，0.80 g/L 和含甘油浓度为 0.20 g/L，0.40 g/L，0.80 g/L，0.60 g/L，3.20 g/L 的混合标准系列溶液。

D.2.6 有机酸标准储备溶液：分别称取柠檬酸、酒石酸、苹果酸、琥珀酸、乳酸、醋酸各 0.05 g，精确至 0.0001 g，用超纯水定容至 50 mL，该溶液分别含柠檬酸、酒石酸、苹果酸、琥珀酸、乳酸、醋酸各 1 g/L。

D.2.7 有机酸标准系列溶液：将各有机酸标准储备溶液用超纯水稀释成浓度为 0.05 g/L，0.10 g/L，0.20 g/L，0.40 g/L，0.80 g/L 的混合标准系列溶液。

D.2.8 硫酸溶液（1%）：2 mL 浓硫酸加 198 mL 重蒸水。

D.2.9 氨水溶液（1%）。

D.2.10 硫酸溶液（1.5 mol/L）：吸取浓硫酸 4.5 mL，用重蒸水定容至 100 mL。

D.2.11 硫酸溶液（0.0015 mol/L）：准确吸取 1 mL 硫酸溶液（D.2.10），用重蒸水定容至 1 000 mL。

D.2.12 硫酸溶液（0.0075 mol/L）：吸取 5 mL 硫酸溶液（D.2.10），用重蒸水定容至 1 000 mL。

D.2.13 氢氧化钠溶液（8%）：称取 4 g 氢氧化钠，溶于 50 mL 水中。

D.3 仪器

D.3.1 高效液相色谱仪：配有紫外检测器或二极管阵列检测器和色谱柱恒温箱。

D.3.2 色谱分离柱：Fetigsaule RT 300-7,8。或其他具有同等分析效果的固相萃取柱。

D.3.3 强阴离子交换固相萃取柱：LC-SAX SPE（3 mL）。或其他具有同等分析效果的固相萃取柱。

D.3.4　固相萃取装置：ALLTECH。或其他具有同等分析效果的装置。

D.3.5　微量注射器：50 μL 或 100 μL。

D.3.6　流动相真空抽滤脱气装置及 0.2 μm 或 0.45 μm 微孔膜。

D.4　分析步骤

D.4.1　固相萃取柱的活化

将固相萃取柱插在固相萃取装置上，加入 2 mL～3 mL 甲醇，以慢速度下滴（4 滴/min～6 滴/min）过柱，待快滴完时，加 2 mL～3 mL 超纯水，继续慢速度下滴过柱，等即将滴完时再加 2 mL～3 mL 1% 氨水，滴至液面高度为 1 mm 左右关上控制阀，切勿滴干。

D.4.2　样品溶液的制备

将收集糖、醇的 10 mL 空容量瓶置于接取处，用微量移液枪准确吸取酒样 2 mL 加入固相萃取柱中。

D.4.2.1　第一步洗脱：糖醇的洗脱

以慢滴速度过柱，滴至液面高度为 1 mm 左右时，继续用 4 mL 超纯水分两次以慢速度下滴洗脱，将洗脱液全部收取在 10 mL 容量瓶中，取出容量瓶，用氢氧化钠溶液（D.2.13）调节洗脱液 pH 至 6 左右，再用超纯水定容至 10 mL。洗脱液即作糖、醇分离样液。

D.4.2.2　第二步洗脱：有机酸的洗脱

将收集有机酸的 10 mL 容量瓶置于接取处，用 4 mL 硫酸溶液（D.2.8）分两次继续以慢速度下滴洗脱，最后抽干柱中洗脱溶液，取出容量瓶，用氢氧化钠溶液（D.2.13）pH 至 6 左右，再用超纯水定容至 10 mL。洗脱液即作有机酸分离样液。

D.4.2.3　样品测定

D.4.2.3.1　糖、醇的测定

D.4.2.3.1.1　色谱条件

色谱柱：Fetigsaule RT 300-7,8。或其他具有同等分析效果的色谱柱。

柱温：30 ℃。

流动相：硫酸溶液（0.001 5 mol/L）。

流速：0.3 mL/min。

进样量：20 μL。

在测定前装上色谱柱，调柱温至 30 ℃，以 0.3 mL/min 的流速通入流动相平衡。

D.4.2.3.1.2　测定

待系统稳定后按上述色谱条件依次进样。

将糖、醇混合标准液系列溶液分别进样后，以标样浓度对峰面积作标准曲线。线性相关系数应为 0.999 0 以上。

将样品溶液（D.4.2）进样（样品中糖、醇的含量应控制在标准系列范围内）。根据保留时间定性，根据峰面积，以外标法定量。

D.4.2.3.2　有机酸的测定

D.4.2.3.2.1　色谱条件

色谱柱：Fetigsaule RT 300-7,8。或其他具有同等分析效果的色谱柱。

柱温：55 ℃。

流动相：硫酸溶液（0.007 5 mol/L）。

流速：0.3 mL/min。

检测波长：210 nm。

进样量：20 μL。

在测定前装上色谱柱，调柱温至 55 K，以 0.3 mL/min 的流速通入流动相平衡。

D.4.2.3.2.2 测定

待系统稳定后按上述色谱条件依次进样。

将有机酸标准系列溶液分别进样后，以标样浓度对峰面积作标准曲线。线性相关系数应为 0.999 0 以上。

将样品溶液（D.4.2）进样（样品中有机酸的含量应控制在标准系列范围内）。根据保留时间定性，根据峰面积，查标准曲线定量。

D.5 结果计算

样品中各组分的含量按式（D.1）计算。

$$X_i = c_i \times F \quad\quad\quad\quad\quad\quad\quad (D.1)$$

式中：

X_i——样品中各组分的含量，单位为克每升（g/L）；

c_i——从标准曲线求得样品溶液中各组分的含量，单位为克每升（g/L）；

F——样品的稀释倍数。

所得结果表示至一位小数。

D.6 精密度

在重复性条件下获得的两次独立测定结果的绝对差值不得超过算术平均值的 10%。

附录 E
（资料性附录）
葡萄酒中白藜芦醇的测定

E.1 高效液相色谱法（HPLC）

E.1.1 原理

葡萄酒中白藜芦醇经过乙酸乙酯提取，C44 型柱净化，然后用 HPLC 法测定。

E.1.2 试剂和材料

E.1.2.1 无水乙醇、95 % 乙醇、乙酸乙酯、甲苯、氯化钠。

E.1.2.2 乙腈：色谱纯。

E.1.2.3 反式白藜芦醇（trans – resveratrol）。

E.1.2.4 反式白藜芦醇标准储备溶液（1.0 mg/mL）：称取 10.0 mg 反式白藜芦醇于 10 mL 棕色容量瓶中，用甲醇溶解并定容至刻度，存放在冰箱中备用。

E.1.2.5 反式白藜芦醇标准系列溶液：将反式白藜芦醇标准储备溶液用甲醇稀释成 1.0 μg/mL、2.0 μg/mL、5.0 μg/mL、10.0 μg/mL 标准系列溶液。

E.1.2.6 顺式白藜芦醇：将反式白藜芦醇标准储备溶液在 254 nm 波长下照射 30 min，然后按本方法测定反式白藜芦醇含量，同时计算转化率，得顺式白藜芦醇含量，按反式白藜芦醇配制方法配制顺式白藜芦醇标准系列溶液。

E.1.3 仪器

E.1.3.1 高效液相色谱仪，配有紫外检测器；

E.1.3.2 旋转蒸发仪；

E.1.3.3 色谱柱 ODS – C_{18}，或其他具有同等分析效果的色谱柱；

E.1.3.4 Cle – 4 型净化柱（1.0 g/5 mL），或其他具有同等分析效果的净化柱。

E.1.4 试样的制备

E.1.4.1 葡萄酒中白藜芦醇的提取：取 20.0 mL 葡萄酒，加 2.0 g 氯化钠溶解后，再加 20.0 mL 乙酸乙酯振荡萃取，分出有机相过无水硫酸钠，重复一次，在 50 ℃ 水浴中真空蒸发，氮气吹干。加 2.0 mL 无水乙醇溶解剩余物，移到试管中。

E.1.4.2 先用 5 mL 乙酸乙酯淋洗 Cle – 4 型净化柱，然后加样（E.1.4.1）2 mL，接着用 5 mL 乙酸乙酯淋洗除杂，然后用 10 mL 95 % 乙醇洗脱收集，氮气吹干。加 5 mL 流动相溶解。

E.1.5 分析步骤

E.1.5.1 色谱条件

色谱柱：ODS – C_{18} 柱，4.6 mm × 250 mm，5 μm。或其他具有同等分析效果的色谱柱。

柱温：室温。

流动相：乙腈 + 重蒸水 = 30 + 70。

流速：1.0 mL/min。

检测波长：306 nm。

进样量：20 μL。

在测定前装上色谱柱，以 1.0 mL/min 的流速通入流动相平衡。

E.1.5.2 待系统稳定后按上述色谱条件依次进样。

用顺、反式白藜芦醇标准系列溶液分别进样后,以标样浓度对峰面积作标准曲线。线性相关系数应为0.9990以上。

将样品(E.1.4.2)进样(样品中的白藜芦醇含量应在标准系列范围内)。根据标准品的保留时间定性样品中白藜芦醇的色谱峰。根据样品的峰面积,以外标法计算白藜芦醇的含量。

E.1.6 结果计算

样品中白藜芦醇的含量按式(E.1)计算。

$$X_i = c_i \times F \cdots\cdots\cdots\cdots\cdots\cdots\cdots\cdots\cdots (E.1)$$

式中:

X_i——样品中白藜芦醇的含量,单位为克每升(g/L);

c_i——从标准曲线求得样品溶液中白藜芦醇的含量,单位为克每升(g/L);

F——样品的稀释倍数。

所得结果表示至一位小数。

注:总的白藜芦醇含量为顺式、反式白藜芦醇之和。

E.1.7 精密度

在重复性条件下获得的两次独立测定结果的绝对差值不得超过算术平均值的10%。

E.2 气质联用色谱法(GC-MS)

E.2.1 原理

葡萄酒中白藜芦醇经过乙酸乙酯提取,Cle-4型柱净化,然后用BSTFA+1%(φ)TMCS衍生后,采用GC-MS进行定性、定量分析,定量离子为444。

E.2.2 试剂和材料

E.2.2.1 BSTFA(双三甲基硅基三氟乙酰胺)+1%(φ)TMCS(三甲基氯硅烷)

其他同E.1.2。

E.2.3 仪器

E.2.3.1 气质联用仪。

E.2.3.2 旋转蒸发仪。

E.2.3.3 色谱柱:HP-5 MS 5%苯基甲基聚硅氧烷弹性石英毛细管柱(30 m×0.25 mm×0.25 μm)。或其他具有同等分析效果的色谱柱。

E.2.3.4 Cle-4型净化柱(1.0g/5 mL),或其他具有同等分析效果的净化柱。

E.2.4 试样的制备

E.2.4.1 葡萄酒中白藜芦醇的提取:取20.0 mL葡萄酒,加2.0 g氯化钠溶解后,再加20.0 mL乙酸乙酯振荡萃取,分出有机相过无水硫酸钠,重复一次,在50 ℃水浴中真空蒸发,氮气吹干。

E.2.4.2 衍生化:将E.2.4.1处理的样品加0.1 mL BSTFA+1% TMCS,加盖瓶于旋涡混合器上振荡,在80 ℃下加热0.5 h,氮气吹干,加1.0 mL甲苯溶解。

E.2.4.3 取适量的白藜芦醇标准溶液,氮气吹干,按E.2.4.2进行衍生化。

E.2.5 分析步骤

E.2.5.1 质谱条件:

柱温程序:初温150 ℃,保持3 min,然后以10 ℃/min升至280 ℃,保持10 min;

进样口温度:300 ℃;

载气为高纯氮气（99.999%），流速0.9 mL/min；

分流比：20∶1；

EI源源温：230 ℃；

电子能量：70eV；

接口温度：280 ℃；

电子倍增器电压：1 765 V；

质量扫描范围（Scanmodem/z）：35 amu～450 amu；

定量离子：444；

溶剂延迟：5 min；

进样量：1.0 μL。

E.2.5.2　测定

同E.1.5.2。

E.2.6　结果计算

同E.1.6。

E.2.7　精密度

在重复性条件下获得的两次独立测定结果的绝对差值不得超过算术平均值的10%。

附录 F
（资料性附录）
葡萄酒、山葡萄酒感官评定要求

F.1 基本要求

F.1.1 环境的要求

F.1.1.1 品尝室的要求

a) 应有适宜的光线，使人感觉舒适。

b) 应便于清扫，且离噪声源较远，最好是隔音的。

c) 无任何气味，并便于通风与排气。

F.1.1.2 光源

品尝室的光源可用自然日光或日光灯，但光线应为均匀的散射光。

F.1.1.3 温度与湿度

品尝室内，应保持使人舒适的、稳定的温度和湿度，温度和湿度应分别保持在 20 ℃~22 ℃ 和 60 %~70 %。

F.1.1.4 品尝间

品尝间应相互隔离，内部设施应便于清洗，便于比较葡萄酒的颜色；应有可饮用的自来水龙头，自来水的龙头最好是脚踏式的，以便于品尝员的双手工作。

F.1.2 品尝杯的要求

应采用葡萄酒标准品尝杯。标准杯由无色透明的含铅量为 9 % 左右的结晶玻璃制成，不应有任何印痕和气泡；杯口应平滑、一致，且为圆边；品尝杯应能承受 0 ℃~100 ℃ 的温度变化，其容量为 210 mL~225 mL。

F.1.3 人员要求

必须由取得相应资质（应届国家评酒员）的人员进行品评，一般掌握单数，人员尽可能多，最少不得低于 7 人。

F.1.4 样品的处理

将样品放置于（20±2）℃环境下平衡 24 h ［或（20±2）℃水浴中保温 1 h］后，采取密码标记后进行感官品评。

注：被评样品的相关信息应对评酒员严格保密。

F.1.5 计分方法

每个评酒员按细则要求在给定分数内逐项打分后，累计出总分，再把所有参加打分的评酒员分数累加取其平均值，即为该酒的感官分数。

F.2 评分标准用语

见表 F.1。

F.3 葡萄酒评分细则

见表 F.2。

F.4 山葡萄酒评分细则

见表 F.3。

表 F.1　　评分标准用语

分数段		特点
葡萄酒	山葡萄酒	
90 分以上	85 分以上	具有该产品应有的色泽：悦目协调、澄清（透明）、有光泽；果香、酒香浓馥幽雅，协调悦人。酒体丰满，有新鲜感；醇厚协调，舒服，爽口，回味绵延；风格独特，优雅无缺
89 分~80 分	84 分~75 分	具有该产品的色泽：澄清透明，无明显悬浮物。果香、酒香良好，尚悦怡；酒质柔顺，柔和爽口，甜酸适当；典型明确，风格良好
79 分~70 分	74 分~65 分	与该产品应有的色泽略有不同，澄清，无夹杂物；果香、酒香较少，但无异香；酒体协调，纯正无杂；有典型性，不够怡雅
69 分~65 分	64 分~60 分	与该产品应有的色泽明显不符，微浑，失光或人工着色；果香不足，或不悦人，或有异香；酒体寡淡、不协调，或有其他明显的缺陷（除色泽外，只要有其中一条，则判为不合格品）

表 F.2　　葡萄酒评分细则

项目			要求
外观 10 分	色泽 5 分	白葡萄酒	近似无色，浅黄色，禾秆黄，绿禾秆黄色，金黄色
		红葡萄酒	紫红，深红，宝石红，瓦红，砖红，黄红，棕红，黑红色
		桃红葡萄酒	黄玫瑰红，橙玫瑰红，玫瑰红，橙红，浅红，紫玫瑰红色
	5 分	澄清程度	澄清透明、有光泽、无明显悬浮物（使用软木塞封的酒允许有 3 个以下不大于 1mm 的木渣）
		起泡程度	起泡葡萄酒注入杯中时，应有细微的串珠状气泡升起，并有一定的持续性、泡沫细腻、洁白
香气 30 分	非加香葡萄酒		具有纯正、优雅、愉悦和谐的果香与酒香
	加香葡萄酒		具有优美纯正的葡萄酒香与和谐的芳香植物香
滋味 40 分	干葡萄酒、半干葡萄酒（含加香葡萄酒）		酒体丰满，醇厚协调，舒服，爽口
	甜葡萄酒、半甜葡萄酒（含加香葡萄酒）		酒体丰满，酸甜适口，柔细轻快
	起泡葡萄酒		口味用美、醇正、和谐悦人，有杀口力
	加气起泡葡萄酒		口味清新、愉快、纯正、有杀口力
典型性 20 分			典型完美、风格独特，优雅无缺

表 F.3　　　　　　　　　　　　　　　　山葡萄酒评分细则

项目			要求
外观 10 分	色泽 5 分	桃红葡萄酒（含加香葡萄酒）	黄玫瑰红，橙玫瑰红，玫瑰红，橙红，浅红，紫玫瑰红色
		红葡萄酒（含加香葡萄酒）	紫红，深红，宝石红，鲜红，瓦红，砖红，黄红，棕红，黑红色
	5 分	澄清程度	澄清透明、无明显悬浮物。用软木塞封口的酒，允许有 3 个以下不大于 1mm 的软木渣
		起泡程度	山葡萄酒注入杯中时，应有洁白或微带红色的气泡
香气 30 分	山葡萄酒		具有纯正、优雅、和谐的果香与酒香
	加香山葡萄酒		具有和谐的芳香植物香与山葡萄酒香
滋味 40 分	干山葡萄酒、半干山葡萄酒（含加香葡萄酒）		酒体丰满，醇厚协调，舒服，爽口
	甜山葡萄酒、半甜山葡萄酒（含加香葡萄酒）		酒体丰满，酸甜适口，柔细轻快
	山葡萄汽酒		口味优美、醇正、和谐悦人，有杀口力
典型性 20 分			典型完美、风格独特、优雅无缺

ICS 67.040
C 53

中华人民共和国国家标准

GB/T 5009.49—2008
代替 GB/T 5009.49—2003

发酵酒及其配制酒卫生标准的分析方法

Method for analysis of hygienic standard
of fermented alcoholic beverages and their integrated alcoholic beverages

2008-11-21 发布　　　　　　　　2009-03-01 实施

中华人民共和国卫生部
中国国家标准化管理委员会　发布

前 言

本标准代替 GB/T 5009.49—2003《发酵酒卫生标准的分析方法》。

本标准与 GB/T 5009.49—2003 相比主要修改如下：

——修改了标准的名称；

——修改了标准方法的名称；

——增加了总二氧化硫的测定方法；

——删除了黄曲霉毒素 B_1 的测定；

——删除了 N-亚硝胺类（啤酒）的测定；

——删除了着色剂的测定。

本标准由中华人民共和国卫生部提出并归口。

本标准由中华人民共和国卫生部负责解释。

本标准起草单位：中国疾病预防控制中心营养与食品安全所、中国食品发酵工业研究院、辽宁省疾病预防控制中心、黑龙江省疾病预防控制中心、重庆市疾病预防控制中心。

本标准主要起草人：杨大进、常迪、赵馨、康永璞、李敏、肖白曼、赵舰。

本标准所代替标准的历次版本发布情况为：

——GB 5009.49—1985、GB/T 5009.49—1996、GB/T 5009.49—2003。

发酵酒及其配制酒卫生标准的分析方法

1 范围

本标准规定了发酵酒及其配制酒中各项卫生指标的分析方法。

本标准适用于发酵酒及其配制酒中各项卫生指标的分析。

2 规范性引用文件

下列文件中的条款通过本标准的引用而成为本标准的条款。凡是注日期的引用文件，其随后所有的修改单（不包括勘误的内容）或修订版均不适用于本标准，然而，鼓励根据本标准达成协议的各方研究是否可使用这些文件的最新版本。凡是不注日期的引用文件，其最新版本适用于本标准。

GB/T 5009.1—2003 食品卫生检验方法理化部分总则

GB/T 5009.12 食品中铅的测定

GB/T 5009.34—2003 食品中亚硫酸盐的测定

GB/T 5009.185 苹果和山楂制品中展青霉素的测定

3 感官检查

应符合相应产品标准的有关规定。

4 理化检验

4.1 总二氧化硫

4.1.1 氧化法

4.1.1.1 原理

在低温条件下，样品中的游离二氧化硫与过量的过氧化氢反应生成硫酸，再用碱标准溶液滴定生成的硫酸，由此可得到样品中游离二氧化硫的含量。在加热条件下，样品中的结合二氧化硫被释放，与过氧化氢发生氧化还原反应，通过用氢氧化钠标准溶液滴定生成的硫酸，可得到样品中结合二氧化硫的含量。将结合二氧化硫与游离二氧化硫测定值相加，即得出样品中总二氧化硫的含量。

4.1.1.2 试剂

4.1.1.2.1 过氧化氢（H_2O_2）：分析纯。

4.1.1.2.2 磷酸（H_3PO_4）：分析纯。

4.1.1.2.3 氢氧化钠（NaOH）：分析纯。

4.1.1.2.4 甲基红（$C_{15}H_{15}N_3O_2$）：指示剂。

4.1.1.2.5 次甲基蓝（$C_{16}H_{18}ClN_3S \cdot 3H_2O$）：指示剂。

4.1.1.2.6 过氧化氢溶液（0.3 %）：吸取 1 mL 30 % 过氧化氢（开启后存于冰箱），用水稀释至 100 mL。使用当天配制。

4.1.1.2.7 磷酸溶液（25 %）：量取 295 mL 85 % 磷酸，用水稀释至 1 000 mL。

4.1.1.2.8 氢氧化钠标准滴定溶液［c（NaOH）= 0.01 mol/L］：按 GB/T 5009.1—2003 的附录 B 配制与标定。存放在橡胶塞上装有钠石灰管的瓶中，每周重配。

4.1.1.2.9 甲基红 - 次甲基蓝混合指示液：

溶液Ⅰ：称取 0.1 g 次甲基蓝，溶于乙醇（95 %），用乙醇（95 %）稀释至 100 mL。

溶液Ⅱ：称取 0.1 g 甲基红，溶于乙醇（95 %），用乙醇（95 %）稀释至 100 mL。

取 50 mL 溶液Ⅰ、100 mL 溶液Ⅱ，混匀。

4.1.1.3 仪器

4.1.1.3.1 二氧化硫测定装置，见图 1。

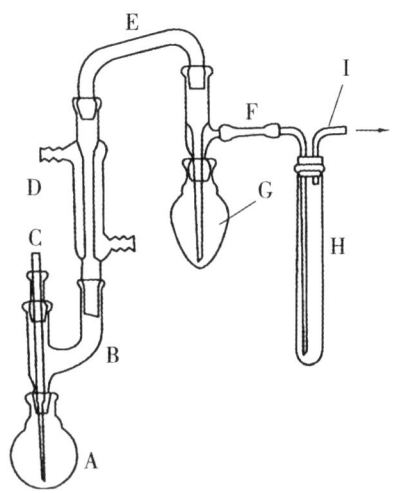

A—短颈球瓶；

B—三通连接管；

C—通气管；

D—直管冷凝管；

E—弯管；

F—真空蒸馏接受管；

G—梨形瓶；

H—气体洗涤器；

I—直角弯管（接真空泵或抽气管）。

图 1 二氧化硫测定装置

4.1.1.3.2 真空泵

4.1.1.4 分析步骤

4.1.1.4.1 游离二氧化硫的测定

4.1.1.4.1.1 按图 1 所示，将二氧化硫测定装置连接妥当，Ⅰ管与真空泵（或抽气管）相接，D 管通入冷却水。取下梨形瓶（G）和气体洗涤器（H），在 G 瓶中加入 20 mL 过氧化氢溶液、H 管中加入 5 mL 过氧化氢溶液，各加 3 滴混合指示液后，溶液立即变为紫色，滴入氢氧化钠标准溶液，使其颜色恰好变为橄榄绿色，然后重新安装妥当，将 A 瓶浸入冰浴中。

4.1.1.4.1.2 吸取 20.00 mL 样品（液温 20 ℃ ± 0.1 ℃），从 C 管上口加入 A 瓶中，随后吸取

10 mL磷酸溶液（4.1.1.2.7），亦从C管上口加入A瓶中。

4.1.1.4.1.3　开启真空泵，使抽入空气流量1 000 mL/min~1 500 mL/min，抽气10 min。取下G瓶，用氢氧化钠标准滴定溶液（4.1.1.2.8）滴定至重现橄榄绿色即为终点，记下消耗的氢氧化钠标准滴定溶液的毫升数。以水代替样品做空白试验，操作同上。一般情况下，H管中溶液不应变色，如果溶液变为紫色，也需用氢氧化钠标准滴定溶液滴定至橄榄绿色，并将所消耗的氢氧化钠标准滴定溶液的体积与G瓶消耗的氢氧化钠标准滴定溶液的体积相加。

4.1.1.4.1.4　结果计算

样品中游离二氧化硫的含量按式（1）计算。

$$X = \frac{c \times (V - V_0) \times 32}{20} \times 1\,000 \quad \cdots\cdots\cdots\cdots\cdots\cdots\cdots\cdots\cdots\cdots\cdots\cdots (1)$$

式中：

X——样品中游离二氧化硫的含量，单位为毫克每升（mg/L）；

c——氢氧化钠标准滴定溶液的浓度，单位为摩尔每升（mol/L）；

V——测定样品时消耗的氢氧化钠标准滴定溶液的体积，单位为毫升（mL）；

V_0——空白试验消耗的氢氧化钠标准滴定溶液的体积，单位为毫升（mL）；

32——二氧化硫的摩尔质量的数值，单位为克每摩尔（g/mol）；

20——吸取样品的体积，单位为毫升（mL）。

计算结果保留三位有效数字。

4.1.1.4.1.5　精密度

在重复性条件下获得的两次独立测定结果的绝对差值不得超过算术平均值的10 %。

4.1.1.4.2　结合二氧化硫的测定

4.1.1.4.2.1　继4.1.1.4.1测定游离二氧化硫后，将滴定至橄榄绿色的G瓶重新与F管连接。拆除A瓶下的冰浴，用温火小心加热A瓶，使瓶内溶液保持微沸。

4.1.1.4.2.2　开启真空泵，以下操作同4.1.1.4.1.3。

4.1.1.4.2.3　计算

同4.1.1.4.1.4计算结果为结合二氧化硫含量。

4.1.1.4.3　结果计算

将游离二氧化硫与结合二氧化硫的测定值相加，即为样品中总二氧化硫含量。

4.1.2　直接碘量法

4.1.2.1　原理

在碱性条件下，结合态二氧化硫被解离出来，然后再用碘标准滴定溶液滴定，得到样品中总二氧化硫的含量。

4.1.2.2　试剂

4.1.2.2.1　氢氧化钠溶液（100 g/L）。

4.1.2.2.2　硫酸溶液（1+3）：取1体积浓硫酸缓慢注入3体积水中。

4.1.2.2.3　碘标准滴定溶液 $[c(\frac{1}{2}I_2) = 0.02\ \text{mol/L}]$：称取13 g碘及35 g碘化钾，溶于100 mL水中，稀释至1 000 mL，摇匀，贮存于棕色瓶中。标定后，再准确稀释5倍。

4.1.2.2.4　淀粉指示液（10 g/L）：称取1 g淀粉，加5 mL水使其成糊状，在搅拌下将糊状物加到90 mL沸腾的水中，煮沸1 min~2 min，冷却稀释至100 mL，再加入40 g氯化钠。使用期为两周。

4.1.2.3 分析步骤

吸取 25.00 mL 氢氧化钠溶液（4.1.2.2.1）于 250 mL 碘量瓶中，再准确吸取 25.00 mL 样品（液温 20 ℃），并以吸管尖插入氢氧化钠溶液的方式，加入到碘量瓶中，摇匀，盖塞。静置 15 min 后，再加入少量碎冰块、1 mL 淀粉指示液（4.1.2.2.4）、10 mL 硫酸溶液（4.1.2.2.2），摇匀，用碘标准滴定溶液（4.1.2.2.3）迅速滴定至淡蓝色，30 s 内不变即为终点，记下消耗碘标准滴定溶液的体积（V）。

以水代替样品做空白试验，操作同上。

4.1.2.4 结果计算

样品中总二氧化硫的含量按式（2）计算。

$$X = \frac{c \times (V - V_0) \times 32}{25} \times 1\,000 \quad\cdots\cdots\cdots\cdots\cdots\cdots\cdots\cdots\cdots\cdots (2)$$

式中：

X——样品中总二氧化硫的含量，单位为毫克每升（mg/L）；

c——碘标准滴定溶液的浓度，单位为摩尔每升（mol/L）；

V——测定样品消耗碘标准滴定溶液的体积，单位为毫升（mL）；

V_0——空白试验消耗碘标准滴定溶液的体积，单位为毫升（mL）；

32——二氧化硫的摩尔质量的数值，单位为克每摩尔（g/mol）；

25——吸取样品的体积，单位为毫升（mL）。

计算结果保留三位有效数字。

4.1.2.5 精密度

在重复性条件下获得的两次独立测定结果的绝对差值不得超过算术平均值的 10 %。

4.1.3 直接蒸馏法

按 GB/T 5009.34—2003 的第二法操作。

4.2 铅

按 GB/T 5009.12 操作。

4.3 展青霉素

按 GB/T 5009.185 操作。

4.4 甲醛

4.4.1 原理

甲醛在过量乙酸铵的存在下，与乙酰丙酮和氨离子生成黄色的 2,6-二甲基-3,5-二乙酰基-1,4-二氢吡啶化合物，在波长 415 nm 处有最大吸收，在一定浓度范围，其吸光度值与甲醛含量成正比，与标准系列比较定量。

4.4.2 试剂

4.4.2.1 乙酰丙酮（$C_5H_8O_2$）：分析纯。

4.4.2.2 乙酸铵（$C_2H_7NO_2$）：分析纯。

4.4.2.3 乙酸（$C_2H_4CO_2$）：分析纯。

4.4.2.4 甲醛（CH_2O）：分析纯。

4.4.2.5 硫代硫酸钠（$Na_2S_2O_3 \cdot 5H_2O$）：基准物质。

4.4.2.6 碘（I_2）：分析纯。

4.4.2.7 淀粉（$C_6H_{10}O_5$）：指示剂。

4.4.2.8 硫酸（H_2SO_4）：分析纯。

4.4.2.9 氢氧化钠（NaOH）：分析纯。

4.4.2.10 磷酸（H_3PO_4）：分析纯。

4.4.2.11 乙酰丙酮溶液：称取新蒸馏乙酰丙酮0.4 g和乙酸铵25 g、乙酸3 mL溶于水中，定容至200 mL备用，用时配制。

4.4.2.12 甲醛：36 % ~38 %。

4.4.2.13 硫代硫酸钠标准溶液（0.100 0 mol/L）：见GB/T 5009.1—2003的第B.15章。

4.4.2.14 碘标准溶液（0.1 mol/L）：见GB/T 5009.1—2003的第B.13章。

4.4.2.15 淀粉指示剂（5 g/L）：称取0.5 g可溶性淀粉，加入5 mL水，搅匀后缓缓倾入100 mL沸水中，随加随搅拌，煮沸2 min，放冷，备用。此指示剂应临用时现配。

4.4.2.16 硫酸溶液（1 mol/L）：量取30 mL硫酸，缓缓注入适量水中，冷却至室温后用水稀释至1 000 mL，摇匀。

4.4.2.17 氢氧化钠溶液（1 mol/L）：吸取56 mL澄清的氢氧化钠饱和溶液，加适量新煮沸过的冷水至1 000 mL，摇匀。

4.4.2.18 磷酸溶液（200 g/L）：称取20 g磷酸，加水稀释至100 mL，混匀。

4.4.2.19 甲醛标准溶液的配制和标定：吸取36 % ~38 %甲醛溶液7.0 mL，加入1 mol/L硫酸0.5 mL，用水稀释至250 mL，此液为标准溶液。吸取上述标准溶液10.0 mL于100 mL容量瓶中，加水稀释定容。再吸10.0 mL稀释溶液于250 mL碘量瓶中，加水90 mL、0.1 mol/L碘溶液20 mL和1 mol/L氢氧化钠15 mL，摇匀，放置15 min。再加入1 mol/L硫酸溶液20 mL酸化，用0.100 0 mol/L硫代硫酸钠标准溶液滴定至淡黄色，然后加约5 g/L淀粉指示剂1 mL，继续滴定至蓝色褪去即为终点。同时做试剂空白试验。

甲醛标准溶液的浓度按式（3）计算。

$$X = (V_1 - V_2) \times c_1 \times 15 \quad \cdots\cdots\cdots\cdots\cdots\cdots (3)$$

式中：

X——甲醛标准溶液的浓度，单位为毫克每毫升（mg/mL）；

V_1——空白试验所消耗的硫代硫酸钠标准溶液的体积，单位为毫升（mL）；

V_2——滴定甲醛溶液所消耗的硫代硫酸钠标准溶液的体积，单位为毫升（mL）；

c_1——硫代硫酸钠标准溶液的浓度，单位为摩尔每升（mol/L）；

15——与1.000 mol/L硫代硫酸钠标准溶液1.0 mL相当的甲醛的质量，单位为毫克（mg）。

用上述已标定甲醛浓度的溶液，用水配制成含甲醛1 μg/mL的甲醛标准使用液。

4.4.3 仪器

4.4.3.1 分光光度计。

4.4.3.2 水蒸气蒸馏装置。

4.4.3.3 500 mL蒸馏瓶。

4.4.4 分析步骤

4.4.4.1 试样处理

吸取已除去二氧化碳的啤酒25 mL移入500 mL蒸馏瓶中，加200 g/L磷酸溶液20 mL于蒸馏瓶，接水蒸气蒸馏装置中蒸馏，收集馏出液于100 mL容量瓶中（约100 mL）冷却后加水稀释至刻度。

4.4.4.2 测定

精密吸取 1 μg/mL 的甲醛标准溶液各 0.00 mL、0.50 mL、1.00 mL、2.00 mL、3.00 mL、4.00 mL、8.00 mL 于 25 mL 比色管中，加水至 10 mL。

吸取样品馏出液 10 mL 移入 25 mL 比色管中。标准系列和样品的比色管中，各加入乙酰丙酮溶液 2 mL，摇匀后在沸水浴中加热 10 min，取出冷却，于分光光度计波长 415 nm 处测定吸光度，绘制标准曲线。从标准曲线上查出试样的含量。

4.4.5 结果计算

试样中甲醛的含量按式（4）计算。

$$X = \frac{m}{V} \quad\quad\quad\quad\quad\quad\quad\quad\quad\quad\quad\quad (4)$$

式中：

X——试样中甲醛的含量，单位为毫克每升（mg/L）；

m——从标准曲线上查出的相当的甲醛的质量，单位为微克（μg）；

V——测定样液中相当的试样体积，单位为毫升（mL）。

计算结果保留两位有效数字。

4.4.6 精密度

在重复性条件下获得的两次独立测定结果的绝对差值不得超过算术平均值的 10 %。

ICS 67.050
X 04

GB

中华人民共和国国家标准

GB/T 23380—2009

水果、蔬菜中多菌灵残留的测定
高效液相色谱法

Determination of carbendazim residues in fruits and vegetables—
HPLC method

2009-04-08 发布　　　　　　　　　　　　　　2009-05-01 实施

中华人民共和国国家质量监督检验检疫总局
中国国家标准化管理委员会　　发 布

前 言

本标准的附录 A 为资料性附录。

本标准由安徽省质量技术监督局提出。

本标准由中国标准化研究院归口。

本标准起草单位：国家农副加工食品质量监督检验中心、安徽国家农业标准化与监测中心。

本标准主要起草人：聂磊、卢业举、邵栋梁、张波、张先铃、赵维克、姚彦如。

水果、蔬菜中多菌灵残留的测定 高效液相色谱法

1 范围

本标准规定了水果、蔬菜中多菌灵残留量的高效液相色谱测定方法。
本标准适用于水果、蔬菜中多菌灵残留量的测定。
本标准的方法检出限：0.02 mg/kg。

2 规范性引用文件

下列文件中的条款通过本标准的引用而成为本标准的条款。凡是注日期的引用文件，其随后所有的修改单（不包括勘误的内容）或修订版均不适用于本标准，然而，鼓励根据本标准达成协议的各方研究是否可使用这些文件的最新版本。凡是不注日期的引用文件，其最新版本适用于本标准。

GB/T 6682 分析实验室用水规格和试验方法（GB/T 6682—2008，ISO 3696：1987，MOD）
GB/T 8855 新鲜水果和蔬菜 取样方法（GB/T 8855—2008，ISO 874：1980，IDT）

3 原理

水果、蔬菜样品中多菌灵经加速溶剂萃取仪（ASE）萃取，萃取液经固相萃取（SPE）分离、净化，浓缩、定容后上高效液相色谱仪检测，外标法定量。

4 试剂和材料

除另有说明外，所用试剂均为分析纯，实验用水均为 GB/T 6682 规定的一级水。

4.1 甲醇：色谱纯。

4.2 0.1 mol/L 盐酸。

4.3 2% 氨水（体积分数）：2 mL 氨水（25%～28%）+98 mL 水。

4.4 2% 氨水–甲醇溶液（体积分数）：2 mL 氨水（25%～28%）+98 mL 甲醇。

4.5 4% 氨水–甲醇溶液（体积分数）：4 mL 氨水（25%～28%）+96 mL 甲醇。

4.6 磷酸盐缓冲溶液（0.02 mol/L，pH=6.8）：2.38 g 磷酸二氢钠和 1.41 g 磷酸氢二钠溶于 900 mL 水中，用磷酸调 pH 至 6.8，定容至 1 000 mL。

4.7 固相萃取小柱（Oasis MCX 6 mL，150 mg，或相当者），使用前需依次用 2 mL 甲醇、3 mL 2% 氨水进行活化。

4.8 多菌灵标准溶液：100 μg/mL。低温避光保存。

4.9 多菌灵标准工作溶液：取上述标准溶液根据需要用流动相配制成适当浓度的标准系列工作溶

液，需现配现用。

5 仪器和设备

5.1 液相色谱仪：配二极管阵列检测器（DAD）或紫外检测器（UV）。

5.2 加速溶剂萃取仪（ASE）。萃取参考条件：34 mL 萃取池，温度 100 ℃，压强 13.80 MPa（2000 psi），加热 5 min，以甲醇为溶剂静态萃取 5 min，60 % 溶剂快速冲洗试样，60 s 氮气吹扫。

5.3 固相萃取仪（SPE）。

5.4 旋转蒸发器。

5.5 氮吹装置。

5.6 分析天平：感量 0.1 mg。

6 测定步骤

6.1 试样制备、保存

按 GB/T 8855 取水果、蔬菜可食用部分，粉碎，装入密闭洁净容器中标记明示。

试样应置于 4℃冷藏保存。

6.2 提取

称取制备样 5.00 g，加入硅藻土适量，上加速溶剂萃取仪，使用 34 mL 萃取池，温度 100 ℃，压强 13.80 MPa（2 000 psi），加热 5 min，以甲醇为溶剂静态萃取 5 min，60 % 溶剂快速冲洗试样，60 s 氮气吹扫，循环一次，收集提取液，于 45 ℃水浴中减压浓缩近干，用 10 mL 0.1 mol/L 盐酸溶液将残余物溶解。

6.3 净化

将上述溶液移入活化后的固相萃取小柱，依次用 2 mL 2 % 氨水（4.3）、2 mL 2 % 氨水－甲醇溶液（4.4）、2 mL 0.1 mol/L 盐酸溶液（4.2）、3 mL 甲醇淋洗小柱，弃去淋洗液。最后用 3 mL 4 % 氨水－甲醇溶液（4.5）洗脱柱子，收集洗脱液，置于 45 ℃水浴中用氮气吹干，用 1 mL 流动相溶解残渣，过 0.45 μm 滤膜后供液相色谱测定用。

6.4 参考色谱条件

6.4.1 色谱柱：C_{18} 柱（4.6 mm×250 mm，5 μm）。

6.4.2 流动相：磷酸盐缓冲溶液（4.6）＋乙腈（80＋20），使用前经 0.45 μm 滤膜过滤。

6.4.3 流速：1.0 mL/min。

6.4.4 检测波长：286 nm。

6.4.5 进样量：20 μL。

6.5 测定

取净化后样品测试液和标准溶液各 20 μL，进行高效液相色谱分析，以保留时间为依据进行定性，以峰面积对标准溶液的浓度制作校正曲线，对样品进行定量。多菌灵标准品色谱图参见附录 A。

6.6 平行试验

按以上步骤对同一试样进行平行试验测定。

6.7 空白试验

除不称取样品外，均按上述步骤进行。

7 结果结算

试样中多菌灵残留量按式（1）计算：

$$X = \frac{c \times V \times 1\,000}{m \times 1\,000} \quad\quad\quad\quad\quad (1)$$

式中：

X——试样中多菌灵残留量，单位为毫克每千克（mg/kg）；

c——从标准曲线上得到的多菌灵浓度，单位为微克每毫升（μg/mL）；

V——样品定容体积，单位为毫升（mL）；

m——称取试样的质量，单位为克（g）。

8 精密度

在再现性条件下获得的两次独立的测试结果的绝对差值不大于这两个测定值的算术平均值的15％。

附录 A
（资料性附录）
多菌灵标准品色谱图

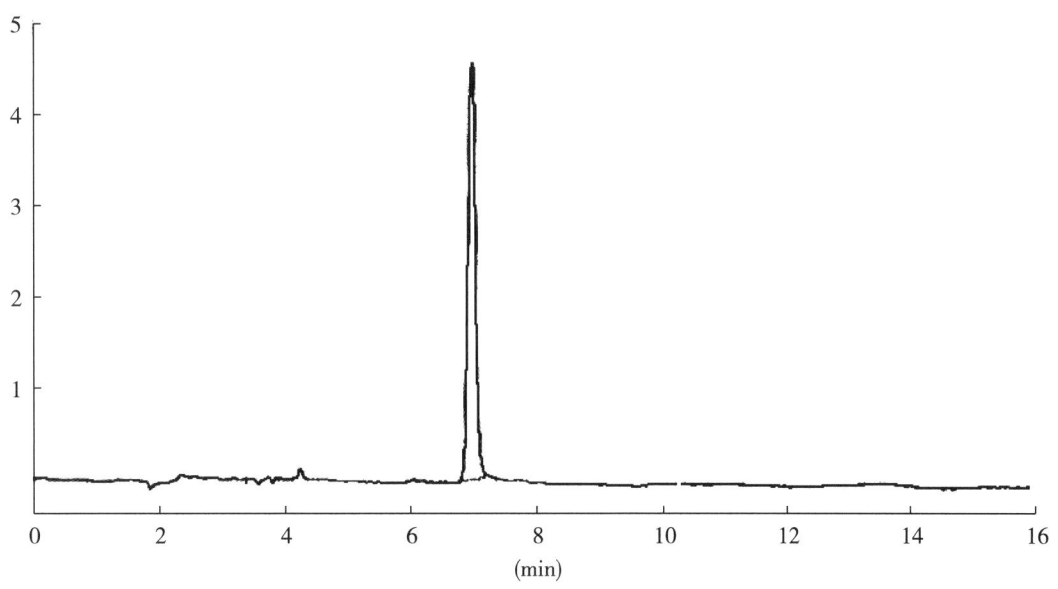

图 A.1　多菌灵标准品色谱图

![GB]

中华人民共和国国家标准

GB 23200.8—2016
代替 GB/T 19648—2006

食品安全国家标准
水果和蔬菜中 500 种农药及相关化学品
残留量的测定
气相色谱 – 质谱法

National food safety standards—
Determination of 500 pesticides and related chemicals residues in fruits and
Vegetables Gas chromatography – mass spectrometry

2016 – 12 – 18 发布

2017 – 06 – 18 实施

中华人民共和国国家卫生和计划生育委员会
中华人民共和国农业部　　　　　　　发布
国家食品药品监督管理总局

前　言

本标准代替 GB/T 19648—2006《水果和蔬菜中 500 种农药及相关化学品残留的测定气相色谱－质谱法》。

本标准与 GB/T 19648—2006 相比，主要变化如下：

——标准文本格式修改为食品安全国家标准文本格式；

——标准范围中增加"其他蔬菜和水果可参照执行"。

本标准所代替标准的历次版本发布情况为：

——GB/T 19648—2006。

食品安全国家标准
水果和蔬菜中 500 种农药及相关化学品残留量的测定 气相色谱－质谱法

1 范围

本标准规定了苹果、柑橘、葡萄、甘蓝、芹菜、西红柿中 500 种农药及相关化学品（参见附录 A）残留量气相色谱－质谱测定方法。

本标准适用于苹果、柑橘、葡萄、甘蓝、芹菜、西红柿中 500 种农药及相关化学品残留量的测定，其他蔬菜和水果可参照执行。

2 规范性引用文件

下列文件对于本文件的应用是必不可少的。凡是注日期的引用文件，仅所注日期的版本适用于本文件。凡是不注日期的引用文件，其最新版本（包括所有的修改单）适用于本文件。

GB 2763　食品安全国家标准　食品中农药最大残留限量

GB/T 6682　分析实验室用水规格和试验方法

3 原理

试样用乙腈匀浆提取，盐析离心后，取上清液，经固相萃取柱净化，用乙腈－甲苯溶液（3＋1）洗脱农药及相关化学品，溶剂交换后用气相色谱－质谱仪检测。

4 试剂和材料

4.1 试剂

4.1.1　乙腈（CH_3CN，75-05-8）：色谱纯。

4.1.2　氯化钠（NaCl，7647-14-5）：优级纯。

4.1.3　无水硫酸钠（Na_2SO_4，7757-82-6）：分析纯。用前在650℃灼烧4h，贮于干燥器中，冷却后备用。

4.1.4　甲苯（C_7H_8，108-88-3）：优级纯。

4.1.5　丙酮（CH_3COCH_3，67-64-1）：分析纯，重蒸馏。

4.1.6　二氯甲烷（CH_2Cl_2，75-09-2）：色谱纯。

4.1.7　正己烷（C_6H_{14}，110-54-3）：分析纯，重蒸馏。

4.2 标准品

农药及相关化学品标准物质：纯度≥95%，见附录 A。

4.3 标准溶液配制

4.3.1 标准储备溶液

分别称取适量（精确至 0.1 mg）各种农药及相关化学品标准物分别于 10 mL 容量瓶中，根据标准物的溶解性选甲苯、甲苯+丙酮混合液、二氯甲烷等溶剂溶解并定容至刻度（溶剂选择参见附录 A），标准溶液避光 4 ℃保存，保存期为一年。

4.3.2 混合标准溶液（混合标准溶液 A、B、C、D 和 E）

按照农药及相关化学品的性质和保留时间，将 500 种农药及相关化学品分成 A、B、C、D、E 五个组，并根据每种农药及相关化学品在仪器上的响应灵敏度，确定其在混合标准溶液中的浓度。本标准对 500 种农药及相关化学品的分组及其混合标准溶液浓度参见附录 A。

依据每种农药及相关化学品的分组号、混合标准溶液浓度及其标准储备液的浓度，移取一定量的单个农药及相关化学品标准储备溶液于 100 mL 容量瓶中，用甲苯定容至刻度。混合标准溶液避光 4 ℃保存，保存期为一个月。

4.3.3 内标溶液

准确称取 3.5 mg 环氧七氯于 100 mL 容量瓶中，用甲苯定容至刻度。

4.3.4 基质混合标准工作溶液

A、B、C、D、E 组农药及相关化学品基质混合标准工作溶液是将 40 μL 内标溶液（4.3.3）和 50 μL 的混合标准溶液（4.3.2）分别加到 1.0 mL 的样品空白基质提取液中，混匀，配成基质混合标准工作溶液 A、B、C、D 和 E。基质混合标准工作溶液应现用现配。

4.4 材料

4.4.1 Envi-18 柱[1]：12 mL，2.0 g 或相当者。

4.4.2 Envi-Carb[1] 活性碳柱：6 mL，0.5 g 或相当者。

4.4.3 Sep-Pak-NH$_2$[2] 固相萃取柱：3 mL，0.5 g 或相当者。

5 仪器和设备

5.1 气相色谱-质谱仪：配有电子轰击源（EI）。

5.2 分析天平：感量 0.01 g 和 0.0001 g。

5.3 均质器：转速不低于 20 000 r/min。

5.4 鸡心瓶：200 mL。

5.5 移液器：1 mL。

5.6 氮气吹干仪。

6 试样制备

水果、蔬菜样品取样部位按 GB 2763 附录 A 执行，将样品切碎混均匀一化制成匀浆，制备好的试

---

[1] Envi-18 柱和 Envi-Carb 柱是 SUPELCO 公司产品的商品名称，给出这一信息是为了方便本标准的使用者，并不是表示对该产品的认可。如果其他等效产品具有相同的效果，则可使用这些等效产品。

[2] Sep-Pak-NH$_2$ 柱是 Waters 公司产品的商品名称，给出这一信息是为了方便本标准的使用者，并不是表示对该产品的认可。如果其他等效产品具有相同的效果，则可使用这些等效产品。

样均分成两份，装入洁净的盛样容器内，密封并标明标记。将试样于 -18 ℃冷冻保存。

7 分析步骤

7.1 提取

称取 20 g 试样（精确至 0.01 g）于 80 mL 离心管中，加入 40 mL 乙腈，用均质器在 15 000 r/min 匀浆提取 1 min，加入 5 g 氯化钠，再匀浆提取 1 min，将离心管放入离心机，在 3 000 r/min 离心 5 min，取上清液 20 mL（相当于 10 g 试样量）待净化。

7.2 净化

7.2.1 将 Envi-18 柱放入固定架上，加样前先用 10 mL 乙腈预洗柱，下接鸡心瓶，移入上述 20 mL 提取液，并用 15 mL 乙腈洗涤柱，将收集的提取液和洗涤液在 40 ℃水浴中旋转浓缩至约 1 mL，备用。

7.2.2 在 Envi-Carb 柱中加入约 2 cm 高无水硫酸钠，将该柱连接在 Sep-Pak 氨丙基柱顶部，将串联柱下接鸡心瓶放在固定架上。加样前先用 4 mL 乙腈-甲苯溶液（3+1）预洗柱，当液面到达硫酸钠的顶部时，迅速将样品浓缩液（7.2.1）转移至净化柱上，再每次用 2 mL 乙腈-甲苯溶液（3+1）三次洗涤样液瓶，并将洗涤液移入柱中。在串联柱上加上 50 mL 贮液器，用 25 mL 乙腈-甲苯溶液（3+1）洗涤串联柱，收集所有流出物于鸡心瓶中，并在 40 ℃水浴中旋转浓缩至约 0.5 mL。每次加入 5 mL 正己烷在 40 ℃水浴中旋转蒸发，进行溶剂交换二次，最后使样液体积约为 1 mL，加入 40 μL 内标溶液，混匀，用于气相色谱-质谱测定。

7.3 测定

7.3.1 气相色谱-质谱参考条件

a) 色谱柱：DB-1701（30 m×0.25 mm×0.25 μm）石英毛细管柱或相当者；

b) 色谱柱温度程序：40 ℃保持 1 min，然后以 30 ℃/min 程序升温至 130 ℃，再以 5 ℃/min 升温至 250 ℃，再以 10 ℃/min 升温至 300 ℃，保持 5 min；

c) 载气：氦气，纯度≥99.999%，流速：1.2 mL/min；

d) 进样口温度：290 ℃；

e) 进样量：1 量 ℃；

f) 进样方式：无分流进样，1.5 min 后打开分流阀和隔垫吹扫阀；

g) 电子轰击源：70 eV；

h) 离子源温度：230 ℃；

i) GC-MS 接口温度：280 ℃；

j) 选择离子监测：每种化合物分别选择一个定量离子，2 个~3 个定性离子。每组所有需要检测的离子按照出峰顺序，分时段分别检测。每种化合物的保留时间、定量离子、定性离子及定量离子与定性离子的丰度比值，参见附录 B。每组检测离子的开始时间和驻留时间参见附录 C。

7.3.2 定性测定

进行样品测定时，如果检出的色谱峰的保留时间与标准样品相一致，并且在扣除背景后的样品质谱图中，所选择的离子均出现，而且所选择的离子丰度比与标准样品的离子丰度比相一致（相对丰度 >50 %，允许 ±10 %偏差；相对丰度 >20 %~50 %，允许 ±15 %偏差；相对丰度 >10 %~20 %，允许 ±20 %

偏差；相对丰度≤10 %，允许 ±50 % 偏差），则可判断样品中存在这种农药或相关化学品。如果不能确证，应重新进样，以扫描方式（有足够灵敏度）或采用增加其他确证离子的方式或用其他灵敏度更高的分析仪器来确证。

7.3.3 定量测定

本方法采用内标法单离子定量测定。内标物为环氧七氯。为减少基质的影响，定量用标准溶液应采用基质混合标准工作溶液。标准溶液的浓度应与待测化合物的浓度相近。本方法的 A、B、C、D、E 五组标准物质在苹果基质中选择离子监测 GC – MS 图参见附录 D。

7.4 平行试验

按以上步骤对同一试样进行平行测定。

7.5 空白试验

除不称取试样外，均按上述步骤进行。

8 结果计算和表述

气相色谱 – 质谱测定结果可由计算机按内标法自动计算，也可按式（1）计算

$$X = C_s \times \frac{A}{A_s} \times \frac{C_i}{C_{si}} \times \frac{A_{si}}{A_i} \times \frac{V}{m} \times \frac{1\,000}{1\,000} \quad\cdots\cdots\cdots\cdots\cdots\cdots\cdots (1)$$

式中：

X——试样中被测物残留量，单位为毫克每千克（mg/kg）；

C_s——基质标准工作溶液中被测物的浓度，单位为微克每毫升（μg/mL）；

A——试样溶液中被测物的色谱峰面积；

A_s——基质标准工作溶液中被测物的色谱峰面积；

C_i——试样溶液中内标物的浓度，单位为微克每毫升（μg/mL）；

C_{si}——基质标准工作溶液中内标物的浓度，单位为微克每毫升（μg/mL）；

A_{si}——基质标准工作溶液中内标物的色谱峰面积；

A_i——试样溶液中内标物的色谱峰面积；

V——样液最终定容体积，单位为毫升（mL）；

m——试样溶液所代表试样的质量，单位为克（g）。

计算结果应扣除空白值，测定结果用平行测定的算术平均值表示，保留两位有效数字。

9 精密度

9.1 在重复性条件下获得的两次独立测定结果的绝对差值与其算术平均值的比值（百分率），应符合附录 E 的要求。

9.2 在再现性条件下获得的两次独立测定结果的绝对差值与其算术平均值的比值（百分率），应符合附录 F 的要求。

10 定量限和回收率

10.1 定量限

本方法的定量限见附录 A。

10.2 回收率

当添加水平为 LOQ、2×LOQ、10×LOQ 时,添加回收率参见附录 G。

附录 A
（资料性附录）
500 种农药及相关化学品方法定量限、分组、溶剂选择和混合标准溶液的浓度

A.1 500 种农药及相关化学品中、英文名称、方法定量限、分组、溶剂选择和混合标准溶液浓度表见表 A.1。

表 A.1

序号	中文名称	英文名称	定量限（mg/kg）	溶剂	混合标准溶液浓度（mg/L）
内标	环氧七氯	Heptachlor–epoxide		甲苯	
A 组					
1	二丙烯草胺	Allidochlor	0.0250	甲苯	5
2	烯丙酰草胺	Dichlormid	0.0250	甲苯	5
3	土菌灵	Etridiazol	0.0376	甲苯	7.5
4	氯甲硫磷	Chlormephos	0.0250	甲苯	5
5	苯胺灵	Propham	0.0126	甲苯	2.5
6	环草敌	Cycloate	0.0126	甲苯	2.5
7	联苯二胺	Diphenylamine	0.0126	甲苯	2.5
8	杀虫脒	Chlordimeform	0.0126	正己烷	2.5
9	乙丁烯氟灵	Ethalfluralin	0.0500	甲苯	10
10	甲拌磷	Phorate	0.0126	甲苯	2.5
11	甲基乙拌磷	Thiometon	0.0126	甲苯	2.5
12	五氯硝基苯	Quintozene	0.0250	甲苯	5
13	脱乙基阿特拉津	Atrazine–desethyl	0.0126	甲苯+丙酮（8+2）	2.5
14	异噁草松	Clomazone	0.0126	甲苯	2.5
15	二嗪磷	Diazinon	0.0126	甲苯	2.5
16	地虫硫磷	Fonofos	0.0126	甲苯	2.5
17	乙嘧硫磷	Etrimfos	0.0126	甲苯	2.5
18	西玛津	Simazine	0.0126	甲醇	2.5
19	胺丙畏	Propetamphos	0.0126	甲苯	2.5
20	仲丁通	Secbumeton	0.0126	甲苯	2.5
21	除线磷	Dichlofenthion	0.0126	甲苯	2.5
22	炔丙烯草胺	Pronamide	0.0126	甲苯+丙酮（9+1）	2.5
23	兹克威	Mexacarbate	0.0376	甲苯	7.5
24	艾氏剂	Aldrin	0.0250	甲苯	5
25	氨氟灵	Dinitramine	0.0500	甲苯	10

(续表)

序号	中文名称	英文名称	定量限 (mg/kg)	溶剂	混合标准 溶液浓度 (mg/L)
\multicolumn{6}{c}{A 组}
26	皮蝇磷	Ronnel	0.0250	甲苯	5
27	扑草净	Prometryne	0.0126	甲苯	2.5
28	环丙津	Cyprazine	0.0126	甲苯+丙酮 (9+1)	2.5
29	乙烯菌核利	Vinclozolin	0.0126	甲苯	2.5
30	β-六六六	Beta-HCH	0.0126	甲苯	2.5
31	甲霜灵	Metalaxyl	0.0376	甲苯	7.5
32	毒死蜱	Chlorpyrifos (-ethyl)	0.0126	甲苯	2.5
33	甲基对硫磷	Methyl-Parathion	0.0500	甲苯	10
34	蒽醌	Anthraquinone	0.0126	二氯甲烷	2.5
35	δ-六六六	Delta-HCH	0.0250	甲苯	5
36	倍硫磷	Fenthion	0.0126	甲苯	2.5
37	马拉硫磷	Malathion	0.0500	甲苯	10
38	杀螟硫磷	Fenitrothion	0.0250	甲苯	5
39	对氧磷	Paraoxon-ethyl	0.4000	甲苯	80
40	三唑酮	Triadimefon	0.0250	甲苯	5
41	对硫磷	Parathion	0.0500	甲苯	10
42	二甲戊灵	Pendimethalin	0.0500	甲苯	10
43	利谷隆	Linuron	0.0500	甲苯+丙酮 (9+1)	10
44	杀螨醚	Chlorbenside	0.0250	甲苯	5
45	乙基溴硫磷	Bromophos-ethyl	0.0126	甲苯	2.5
46	喹硫磷	Quinalphos	0.0126	甲苯	2.5
47	反式氯丹	Trans-Chlordane	0.0126	甲苯	2.5
48	稻丰散	Phenthoate	0.0250	甲苯	5
49	吡唑草胺	Metazachlor	0.0376	甲苯	7.5
50	苯硫威	Fenothiocarb	0.0250	丙酮	5
51	丙硫磷	Prothiophos	0.0126	甲苯	2.5
52	整形醇	Chlorfurenol	0.0376	甲苯+丙酮 (9+1)	7.5
53	狄氏剂	Dieldrin	0.0250	甲苯	5
54	腐霉利	Procymidone	0.0126	甲苯	2.5
55	杀扑磷	Methidathion	0.0250	甲苯	5
56	氰草津	Cyanazine	0.0376	甲苯+丙酮 (8+2)	7.5
57	敌草胺	Napropamide	0.0376	甲苯	7.5
58	噁草酮	Oxadiazone	0.0126	甲苯	2.5
59	苯线磷	Fenamiphos	0.0376	甲苯	7.5
60	杀螨氯硫	Tetrasul	0.0126	甲苯	2.5

（续表）

序号	中文名称	英文名称	定量限（mg/kg）	溶剂	混合标准溶液浓度（mg/L）
			A 组		
61	杀螨特	Aramite	0.0126	二氯甲烷	2.5
62	乙嘧酚磺酸酯	Bupirimate	0.0126	甲苯	2.5
63	萎锈灵	Carboxin	0.3000	甲苯	60
64	氟酰胺	Flutolanil	0.0126	甲苯	2.5
65	p，p′-滴滴滴	4，4′-DDD	0.0126	甲苯	2.5
66	乙硫磷	Ethion	0.0250	甲苯	5
67	硫丙磷	Sulprofos	0.0250	甲苯	5
68	乙环唑-1	Etaconazole-1	0.0376	甲苯	7.5
69	乙环唑-2	Etaconazole-2	0.0376	甲苯	7.5
70	腈菌唑	Myclobutanil	0.0126	甲苯	2.5
71	禾草灵	Diclofop-methyl	0.0126	甲苯	2.5
72	丙环唑	Propiconazole	0.0376	甲苯	7.5
73	丰索磷	Fensulfothion	0.0250	甲苯	5
74	联苯菊酯	Bifenthrin	0.0126	正己烷	2.5
75	灭蚁灵	Mirex	0.0126	甲苯	2.5
76	麦锈灵	Benodanil	0.0376	甲苯	7.5
77	氟苯嘧啶醇	Nuarimol	0.0250	甲苯+丙酮（9+1）	5
78	甲氧滴滴涕	Methoxychlor	0.1000	甲苯	20
79	噁霜灵	Oxadixyl	0.0126	甲苯	2.5
80	胺菊酯	Tetramethrin	0.0250	甲苯	5
81	戊唑醇	Tebuconazole	0.0376	甲苯	7.5
82	氟草敏	Norflurazon	0.0126	甲苯+丙酮（9+1）	2.5
83	哒嗪硫磷	Pyridaphenthion	0.0126	甲苯	2.5
84	亚胺硫磷	Phosmet	0.0250	甲苯	5
85	三氯杀螨砜	Tetradifon	0.0126	甲苯	2.5
86	氧化萎锈灵	Oxycarboxin	0.0750	甲苯+丙酮（9+1）	15
87	顺式-氯菊酯	Cis-Permethrin	0.0126	甲苯	2.5
88	反式-氯菊酯	Trans-Permethrin	0.0126	甲苯	2.5
89	吡菌磷	Pyrazophos	0.0250	甲苯	5
90	氯氰菊酯	Cypermethrin	0.0376	甲苯	7.5
91	氰戊菊酯	Fenvalerate	0.0500	甲苯	10
92	溴氰菊酯	Deltamethrin	0.0750	甲苯	15
			B 组		
93	茵草敌	EPTC	0.0376	甲苯	7.5
94	丁草敌	Butylate	0.0376	甲苯	7.5

（续表）

序号	中文名称	英文名称	定量限（mg/kg）	溶剂	混合标准溶液浓度（mg/L）
B组					
95	敌草腈	Dichlobenil	0.0026	甲苯	0.5
96	克草敌	Pebulate	0.0376	甲苯	7.5
97	三氯甲基吡啶	Nitrapyrin	0.0376	甲苯	7.5
98	速灭磷	Mevinphos	0.0250	甲苯	5
99	氯苯甲醚	Chloroneb	0.0126	甲苯	2.5
100	四氯硝基苯	Tecnazene	0.0250	甲苯	5
101	庚烯磷	Heptanophos	0.0376	甲苯	7.5
102	六氯苯	Hexachlorobenzene	0.0126	甲苯	2.5
103	灭线磷	Ethoprophos	0.0376	甲苯	7.5
104	顺式-燕麦敌	Cis-Diallate	0.0250	甲苯	5
105	毒草胺	Propachlor	0.0376	甲苯	7.5
106	反式-燕麦敌	Trans-Diallate	0.0250	甲苯	5
107	氟乐灵	Trifluralin	0.0250	甲苯	5
108	氯苯胺灵	Chlorpropham	0.0250	甲苯	5
109	治螟磷	Sulfotep	0.0126	甲苯	2.5
110	菜草畏	Sulfallate	0.0250	甲苯	5
111	α-六六六	Alpha-HCH	0.0126	甲苯	2.5
112	特丁硫磷	Terbufos	0.0250	甲苯	5
113	特丁通	Terbumeton	0.0376	甲苯	7.5
114	环丙氟灵	Profluralin	0.0500	甲苯	10
115	敌噁磷	Dioxathion	0.0500	甲苯	10
116	扑灭津	Propazine	0.0126	甲苯	2.5
117	氯炔灵	Chlorbufam	0.0250	甲苯	5
118	氯硝胺	Dichloran	0.0250	甲苯+丙酮（9+1）	5
119	特丁津	Terbuthylazine	0.0126	甲苯	2.5
120	绿谷隆	Monolinuron	0.0500	甲苯	10
121	氟虫脲	Flufenoxuron	0.0376	甲苯+丙酮（8+2）	7.5
122	杀螟腈	Cyanophos	0.0250	甲苯	5
123	甲基毒死蜱	Chlorpyrifos-methyl	0.0126	甲苯	2.5
124	敌草净	Desmetryn	0.0126	甲苯	2.5
125	二甲草胺	Dimethachlor	0.0376	甲苯	7.5
126	甲草胺	Alachlor	0.0376	甲苯	7.5
127	甲基嘧啶磷	Pirimiphos-methyl	0.0126	甲苯	2.5
128	特丁净	Terbutryn	0.0250	甲苯	5
129	杀草丹	Thiobencarb	0.0250	甲苯	5

(续表)

序号	中文名称	英文名称	定量限（mg/kg）	溶剂	混合标准溶液浓度（mg/L）
		B组			
130	丙硫特普	Aspon	0.0250	甲苯	5
131	三氯杀螨醇	Dicofol	0.0250	甲苯	5
132	异丙甲草胺	Metolachlor	0.0126	甲苯	2.5
133	氧化氯丹	Oxy–chlordane	0.0126	甲苯	2.5
134	嘧啶磷	Pirimiphos–ethyl	0.0250	甲苯	5
135	烯虫酯	Methoprene	0.0500	甲苯	10
136	溴硫磷	Bromofos	0.0250	甲苯	5
137	苯氟磺胺	Dichlofluanid	0.6000	甲苯	120
138	乙氧呋草黄	Ethofumesate	0.0250	甲苯	5
139	异丙乐灵	Isopropalin	0.0250	甲苯	5
140	硫丹–1	Endosulfan–1	0.0750	甲苯	15
141	敌稗	Propanil	0.0250	甲苯+丙酮（9+1）	5
142	异柳磷	Isofenphos	0.0250	甲苯	5
143	育畜磷	Crufomate	0.0750	甲苯	15
144	毒虫畏	Chlorfenvinphos	0.0376	甲苯	7.5
145	顺式–氯丹	Cis–Chlordane	0.0250	甲苯	5
146	甲苯氟磺胺	Tolylfluanide	0.3000	甲苯	60
147	p,p'–滴滴伊	4,4'–DDE	0.0126	甲苯	2.5
148	丁草胺	Butachlor	0.0250	甲苯	5
149	乙菌利	Chlozolinate	0.0250	甲苯	5
150	巴毒磷	Crotoxyphos	0.0750	甲苯	15
151	碘硫磷	Iodofenphos	0.0250	甲苯	5
152	杀虫畏	Tetrachlorvinphos	0.0376	甲苯	7.5
153	氯溴隆	Chlorbromuron	0.3000	甲苯	60
154	丙溴磷	Profenofos	0.0750	甲苯	15
155	氟咯草酮	Fluorochloridone	0.0250	甲苯	5
156	噻嗪酮	Buprofezin	0.0250	甲苯	5
157	o,p'–滴滴滴	2,4'–DDD	0.0126	甲苯	2.5
158	异狄氏剂	Endrin	0.1500	甲苯	30
159	己唑醇	Hexaconazole	0.0750	甲苯	15
160	杀螨酯	Chlorfenson	0.0250	甲苯	5
161	o,p'–滴滴涕	2,4'–DDT	0.0250	甲苯	5
162	多效唑	Paclobutrazol	0.0376	甲苯	7.5
163	盖草津	Methoprotryne	0.0376	甲苯	7.5
164	抑草蓬	Erbon	0.0250	甲苯	5

(续表)

序号	中文名称	英文名称	定量限（mg/kg）	溶剂	混合标准溶液浓度（mg/L）
\multicolumn{6}{c}{B组}
165	丙酯杀螨醇	Chloropropylate	0.0126	甲苯	2.5
166	麦草氟甲酯	Flamprop-methyl	0.0126	甲苯	2.5
167	除草醚	Nitrofen	0.0750	甲苯	15
168	乙氧氟草醚	Oxyfluorfen	0.0500	甲苯	10
169	虫螨磷	Chlorthiophos	0.0376	甲苯	7.5
170	硫丹-2	Endosulfan-2	0.0750	甲苯	15
171	麦草氟异丙酯	Flamprop-Isopropyl	0.0126	甲苯	2.5
172	p, p'-滴滴涕	4, 4'-DDT	0.0250	甲苯	5
173	三硫磷	Carbofenothion	0.0250	甲苯	5
174	苯霜灵	Benalaxyl	0.0126	甲苯	2.5
175	敌瘟磷	Edifenphos	0.0250	甲苯	5
176	三唑磷	Triazophos	0.0376	甲苯	7.5
177	苯腈磷	Cyanofenphos	0.0126	甲苯	2.5
178	氯杀螨砜	Chlorbenside Sulfone	0.0250	甲苯	5
179	硫丹硫酸盐	Endosulfan-Sulfate	0.0376	甲苯	7.5
180	溴螨酯	Bromopropylate	0.0250	甲苯	5
181	新燕灵	Benzoylprop-ethyl	0.0376	甲苯	7.5
182	甲氰菊酯	Fenpropathrin	0.0250	甲苯	5
183	溴苯磷	Leptophos	0.0250	甲苯	5
184	苯硫膦	EPN	0.0500	甲苯	10
185	环嗪酮	Hexazinone	0.0376	甲苯	7.5
186	伏杀硫磷	Phosalone	0.0250	甲苯	5
187	保棉磷	Azinphos-methyl	0.0750	甲苯	15
188	氯苯嘧啶醇	Fenarimol	0.0250	甲苯	5
189	益棉磷	Azinphos-ethyl	0.0250	甲苯	5
190	咪鲜胺	Prochloraz	0.0750	甲苯	15
191	蝇毒磷	Coumaphos	0.0750	甲苯	15
192	氟氯氰菊酯	Cyfluthrin	0.1500	甲苯	30
193	氟胺氰菊酯	Fluvalinate	0.1500	甲苯	30
\multicolumn{6}{c}{C组}
194	敌敌畏	Dichlorvos	0.0750	甲醇	15
195	联苯	Biphenyl	0.0126	甲苯	2.5
196	灭草敌	Vernolate	0.0126	甲苯	2.5
197	3, 5-二氯苯胺	3, 5-Dichloroaniline	0.1000	甲苯	20
198	禾草敌	Molinate	0.0126	甲苯	2.5

（续表）

序号	中文名称	英文名称	定量限（mg/kg）	溶剂	混合标准溶液浓度（mg/L）
		C 组			
199	虫螨畏	Methacrifos	0.0126	甲苯	2.5
200	邻苯基苯酚	2 - Phenylphenol	0.0126	甲苯	2.5
201	四氢邻苯二甲酰亚胺	Tetrahydrophthalimide	0.0376	甲苯	7.5
202	仲丁威	Fenobucarb	0.0250	甲苯	5
203	乙丁氟灵	Benfluralin	0.0126	甲苯	2.5
204	氟铃脲	Hexaflumuron	0.0750	甲苯	15
205	扑灭通	Prometon	0.0376	甲苯	7.5
206	野麦畏	Triallate	0.0250	甲苯	5
207	嘧霉胺	Pyrimethanil	0.0126	甲苯	2.5
208	林丹	Gamma - HCH	0.0250	甲苯	5
209	乙拌磷	Disulfoton	0.0126	甲苯	2.5
210	莠去净	Atrizine	0.0126	甲苯+丙酮（9+1）	2.5
211	七氯	Heptachlor	0.0376	甲苯	7.5
212	异稻瘟净	Iprobenfos	0.0376	甲苯	7.5
213	氯唑磷	Isazofos	0.0250	甲苯	5
214	三氯杀虫酯	Plifenate	0.0250	甲苯	5
215	丁苯吗啉	Fenpropimorph	0.0126	甲苯	2.5
216	四氟苯菊酯	Transfluthrin	0.0126	甲苯	2.5
217	氯乙氟灵	Fluchloralin	0.0500	甲苯	10
218	甲基立枯磷	Tolclofos - methyl	0.0126	甲苯	2.5
219	异丙草胺	Propisochlor	0.0126	甲苯	2.5
220	莠灭净	Ametryn	0.0376	甲苯	7.5
221	西草净	Simetryn	0.0250	甲苯	5
222	溴谷隆	Metobromuron	0.0750	甲苯	15
223	嗪草酮	Metribuzin	0.0376	甲苯	7.5
224	噻节因	Dimethipin	0.0376	甲苯	7.5
225	ε - 六六六	Epsilon - HCH	0.0250	甲醇	5
226	异丙净	Dipropetryn	0.0126	甲苯	2.5
227	安硫磷	Formothion	0.0250	甲苯	5
228	乙霉威	Diethofencarb	0.0750	甲苯	15
229	哌草丹	Dimepiperate	0.0250	乙酸乙酯	5
230	生物烯丙菊酯 - 1	Bioallethrin - 1	0.0500	甲苯	10
231	生物烯丙菊酯 - 2	Bioallethrin - 2	0.0500	甲苯	10
232	o, p′-滴滴伊	2, 4′- DDE	0.0126	甲苯	2.5
233	芬螨酯	Fenson	0.0126	甲苯	2.5

(续表)

序号	中文名称	英文名称	定量限（mg/kg）	溶剂	混合标准溶液浓度（mg/L）
\multicolumn{6}{c}{C 组}					
234	双苯酰草胺	Diphenamid	0.0126	甲苯	2.5
235	氯硫磷	Chlorthion	0.0250	甲苯	5
236	炔丙菊酯	Prallethrin	0.0376	甲苯	7.5
237	戊菌唑	Penconazole	0.0376	甲苯	7.5
238	灭蚜磷	Mecarbam	0.0500	甲苯	10
239	四氟醚唑	Tetraconazole	0.0376	甲苯	7.5
240	丙虫磷	Propaphos	0.0250	甲苯	5
241	氟节胺	Flumetralin	0.0250	甲苯	5
242	三唑醇	Triadimenol	0.0376	甲苯	7.5
243	丙草胺	Pretilachlor	0.0250	甲苯	5
244	醚菌酯	Kresoxim – methyl	0.0126	甲苯	2.5
245	吡氟禾草灵	Fluazifop – butyl	0.0126	甲苯	2.5
246	氟啶脲	Chlorfluazuron	0.0376	甲苯	7.5
247	乙酯杀螨醇	Chlorobenzilate	0.0126	甲苯	2.5
248	烯效唑	Uniconazole	0.0250	环己烷	5
249	氟哇唑	Flusilazole	0.0376	甲苯	7.5
250	三氟硝草醚	Fluorodifen	0.0126	甲苯	2.5
251	烯唑醇	Diniconazole	0.0376	甲苯	7.5
252	增效醚	Piperonyl Butoxide	0.0126	甲苯	2.5
253	炔螨特	Propargite	0.0250	甲苯	5
254	灭锈胺	Mepronil	0.0126	甲苯	2.5
255	噁唑隆	Dimefuron	0.0500	甲苯+丙酮（8+2）	10
256	吡氟酰草胺	Diflufenican	0.0126	甲苯	2.5
257	喹螨醚	Fenazaquin	0.0126	甲苯	2.5
258	苯醚菊酯	Phenothrin	0.0126	甲苯	2.5
259	咯菌腈	Fludioxonil	0.0126	甲苯+丙酮（8+2）	2.5
260	苯氧威	Fenoxycarb	0.0750	甲苯	15
261	稀禾啶	Sethoxydim	0.9000	甲苯	180
262	莎稗磷	Anilofos	0.0250	甲苯	5
263	氟丙菊酯	Acrinathrin	0.0250	甲苯	5
264	高效氯氟氰菊酯	Lambda – Cyhalothrin	0.0126	甲苯	2.5
265	苯噻酰草胺	Mefenacet	0.0376	甲苯	7.5
266	氯菊酯	Permethrin	0.0250	甲苯	5
267	哒螨灵	Pyridaben	0.0126	甲苯	2.5
268	乙羧氟草醚	Fluoroglycofen – ethyl	0.1500	甲苯	30

（续表）

序号	中文名称	英文名称	定量限（mg/kg）	溶剂	混合标准溶液浓度（mg/L）
			C 组		
269	联苯三唑醇	Bitertanol	0.0376	甲苯	7.5
270	醚菊酯	Etofenprox	0.0126	甲苯	2.5
271	噻草酮	Cycloxydim	1.2000	甲苯	240
272	顺式-氯氰菊酯	Alpha-Cypermethrin	0.0250	甲苯	5
273	氟氰戊菊酯	Flucythrinate	0.0250	环己烷	5
274	S-氰戊菊酯	Esfenvalerate	0.0500	甲苯	10
275	苯醚甲环唑	Difenonazole	0.0750	甲苯	15
276	丙炔氟草胺	Flumioxazin	0.0250	环己烷	5
277	氟烯草酸	Flumiclorac-pentyl	0.0250	甲苯	5
			D 组		
278	甲氟磷	Dimefox	0.0376	甲苯	7.5
279	乙拌磷亚砜	Disulfoton-Sulfoxide	0.0250	甲苯	5
280	五氯苯	Pentachlorobenzene	0.0126	甲苯	2.5
281	三异丁基磷酸盐	Tri-iso-butyl Phosphate	0.0126	甲苯	2.5
282	鼠立死	Crimidine	0.0126	甲苯	2.5
283	4-溴-3,5-二甲苯基-N-甲基氨基甲酸酯-1	BDMC-1	0.0250	甲苯	5
284	燕麦酯	Chlorfenprop-methyl	0.0126	甲苯	2.5
285	虫线磷	Thionazin	0.0126	甲苯	2.5
286	2,3,5,6-四氯苯胺	2,3,5,6-Tetrachloroaniline	0.0126	甲苯	2.5
287	三正丁基磷酸盐	Tri-n-butyl Phosphate	0.0250	甲苯	5
288	2,3,4,5-四氯甲氧基苯	2,3,4,5-Tetrachloroanisole	0.0126	甲苯	2.5
289	五氯甲氧基苯	Pentachloroanisole	0.0126	甲苯	2.5
290	牧草胺	Tebutam	0.0250	甲苯	5
291	蔬果磷	Dioxabenzofos	0.1250	甲醇	25
292	甲基苯噻隆	Methabenzthiazuron	0.1250	甲苯+丙酮（9+1）	25
293	西玛通	Simetone	0.0250	甲苯	5
294	阿特拉通	Atratone	0.0126	甲苯	2.5
295	脱异丙基莠去津	Desisopropyl-atrazine	0.1000	甲苯+丙酮（8+2）	20
296	特丁硫磷砜	Terbufos Sulfone	0.0126	甲苯	2.5
297	七氟菊酯	Tefluthrin	0.0126	甲苯	2.5
298	溴烯杀	Bromocylen	0.0126	甲苯	2.5
299	草达津	Trietazine	0.0126	甲苯	2.5

(续表)

序号	中文名称	英文名称	定量限（mg/kg）	溶剂	混合标准溶液浓度（mg/L）
\multicolumn{6}{c}{D 组}					
300	氧乙嘧硫磷	Etrimfos Oxon	0.0126	甲苯	2.5
301	环莠隆	Cycluron	0.0376	甲苯	7.5
302	2,6-二氯苯甲酰胺	2,6-Dichlorobenzamide	0.0250	甲苯+丙酮（8+2）	5
303	2,4,4'-三氯联苯	DE-PCB 28	0.0126	甲苯	2.5
304	2,4,5-三氯联苯	DE-PCB 31	0.0126	甲苯	2.5
305	脱乙基另丁津	Desethyl-sebuthylazine	0.0250	甲苯+丙酮（8+2）	5
306	2,3,4,5-四氯苯胺	2,3,4,5-Tetrachloroaniline	0.0250	甲苯	5
307	合成麝香	Musk Ambrette	0.0126	甲苯	2.5
308	二甲苯麝香	Musk Xylene	0.0126	甲苯	2.5
309	五氯苯胺	Pentachloroaniline	0.0126	甲苯	2.5
310	叠氮津	Aziprotryne	0.1000	甲苯	20
311	另丁津	Sebutylazine	0.0126	甲苯+丙酮（8+2）	2.5
312	丁咪酰胺	Isocarbamid	0.0626	甲苯+丙酮（9+1）	12.5
313	2,2',5,5'-四氯联苯	DE-PCB 52	0.0126	甲苯	2.5
314	麝香	Musk Moskene	0.0126	甲苯	2.5
315	苄草丹	Prosulfocarb	0.0126	甲苯	2.5
316	二甲吩草胺	Dimethenamid	0.0126	甲苯	2.5
317	氧皮蝇磷	Fenchlorphos Oxon	0.0250	甲苯	5
318	4-溴-3,5-二甲苯基-N-甲基氨基甲酸酯-2	BDMC-2	0.0500	甲苯	10
319	甲基对氧磷	Paraoxon-methyl	0.0250	甲苯	5
320	庚酰草胺	Monalide	0.0250	甲苯	5
321	西藏麝香	Musk Tibeten	0.0126	甲苯	2.5
322	碳氯灵	Isobenzan	0.0126	甲苯	2.5
323	八氯苯乙烯	Octachlorostyrene	0.0126	甲苯	2.5
324	嘧啶磷	Pyrimitate	0.0126	甲苯	2.5
325	异艾氏剂	Isodrin	0.0126	甲苯	2.5
326	丁嗪草酮	Isomethiozin	0.0250	甲苯	5
327	毒壤磷	Trichloronat	0.0126	甲苯	2.5
328	敌草索	Dacthal	0.0126	甲苯	2.5
329	4,4-二氯二苯甲酮	4,4-Dichlorobenzophenone	0.0126	甲苯	2.5

（续表）

序号	中文名称	英文名称	定量限（mg/kg）	溶剂	混合标准溶液浓度（mg/L）
D组
330	酞菌酯	Nitrothal-isopropyl	0.0250	甲苯	5
331	麝香酮	Musk Ketone	0.0126	甲苯	2.5
332	吡咪唑	Rabenzazole	0.0126	甲苯	2.5
333	嘧菌环胺	Cyprodinil	0.0126	甲苯	2.5
334	麦穗宁	Fuberidazole	0.0626	甲苯+丙酮（8+2）	12.5
335	氧异柳磷	Isofenphos Oxon	0.0250	甲苯	5
336	异氯磷	Dicapthon	0.0626	甲苯	12.5
337	2,2′,4,5,5′-五氯联苯	DE-PCB 101	0.0126	甲苯	2.5
338	2-甲-4-氯丁氧乙基酯	MCPA-butoxyethyl Ester	0.0126	甲苯	2.5
339	水胺硫磷	Isocarbophos	0.0250	甲苯	5
340	甲拌磷砜	Phorate Sulfone	0.0126	甲苯	2.5
341	杀螨醇	Chlorfenethol	0.0126	甲苯	2.5
342	反式九氯	Trans-nonachlor	0.0126	甲苯	2.5
343	消螨通	Dinobuton	0.1250	甲苯	25
344	脱叶磷	DEF	0.0250	甲苯	5
345	氟咯草酮	Flurochloridone	0.0250	甲醇	5
346	溴苯烯磷	Bromfenvinfos	0.0126	甲苯+丙酮（8+2）	2.5
347	乙滴涕	Perthane	0.0126	甲苯	2.5
348	灭菌磷	Ditalimfos	0.0126	甲苯	2.5
349	2,3,4,4′,5-五氯联苯	DE-PCB 118	0.0126	甲苯	2.5
350	4,4-二溴二苯甲酮	4,4-Dibromobenzophenone	0.0126	甲苯	2.5
351	粉唑醇	Flutriafol	0.0250	甲苯+丙酮（9+1）	5
352	地胺磷	Mephosfolan	0.0250	甲苯	5
353	乙基杀扑磷	Athidathion	0.0250	甲苯	5
354	2,2′,4,4′,5,5′-六氯联苯	DE-PCB 153	0.0126	甲苯	2.5
355	苄氯三唑醇	Diclobutrazole	0.0500	甲苯+丙酮（8+2）	10
356	乙拌磷砜	Disulfoton Sulfone	0.0250	甲苯	5
357	噻螨酮	Hexythiazox	0.1000	甲苯	20
358	2,2′,3,4,4′,5-六氯联苯	DE-PCB 138	0.0126	甲苯	2.5
359	威菌磷	Triamiphos	0.0250	甲苯	5

（续表）

序号	中文名称	英文名称	定量限（mg/kg）	溶剂	混合标准溶液浓度（mg/L）
D 组					
360	苄呋菊酯-1	Resmethrin-1	0.2000	甲苯	40
361	环丙唑	Cyproconazole	0.0126	甲苯	2.5
362	苄呋菊酯-2	Resmethrin-2	0.2000	甲苯	40
363	酞酸甲苯基丁酯	Phthalic Acid, benzyl Butyl ester	0.0126	甲苯	2.5
364	炔草酸	Clodinafop-propargyl	0.0250	甲苯	5
365	倍硫磷亚砜	Fenthion Sulfoxide	0.0500	甲苯	10
366	三氟苯唑	Fluotrimazole	0.0126	甲苯	2.5
367	氟草烟-1-甲庚酯	Fluroxypr-1-methylheptyl Ester	0.0126	甲苯	2.5
368	倍硫磷砜	Fenthion Sulfone	0.0500	甲苯	10
369	三苯基磷酸盐	Triphenyl Phosphate	0.0126	甲苯	2.5
370	苯嗪草酮	Metamitron	0.1250	甲苯+丙酮（8+2）	25
371	2,2′,3,4,4′,5,5′-七氯联苯	DE-PCB 180	0.0126	甲苯	2.5
372	吡螨胺	Tebufenpyrad	0.0126	甲苯	2.5
373	解草酯	Cloquintocet-mexyl	0.0126	甲苯	2.5
374	环草定	Lenacil	0.1250	甲苯+丙酮（8+2）	25
375	糠菌唑-1	Bromuconazole-1	0.0250	甲苯	5
376	脱溴溴苯磷	Desbrom-leptophos	0.0126	甲苯	2.5
377	糠菌唑-2	Bromuconazole-2	0.0250	甲苯	5
378	甲磺乐灵	Nitralin	0.1250	甲苯+丙酮（8+2）	25
379	苯线磷亚砜	Fenamiphos Sulfoxide	0.4000	甲苯	80
380	苯线磷砜	Fenamiphos Sulfone	0.0500	甲苯+丙酮（8+2）	10
381	拌种咯	Fenpiclonil	0.0500	甲苯+丙酮（8+2）	10
382	氟喹唑	Fluquinconazole	0.0126	甲苯+丙酮（8+2）	2.5
383	腈苯唑	Fenbuconazole	0.0250	甲苯+丙酮（8+2）	5
E 组					
384	残杀威-1	Propoxur-1	0.0250	甲苯	5
385	异丙威-1	Isoprocarb-1	0.0250	甲苯	5
386	甲胺磷	Methamidophos	0.4000	甲苯	10
387	二氢苊	Acenaphthene	0.0126	甲苯	2.5
388	驱虫特	Dibutyl Succinate	0.0250	甲苯	5
389	邻苯二甲酰亚胺	Phthalimide	0.0250	甲苯	5

(续表)

序号	中文名称	英文名称	定量限（mg/kg）	溶剂	混合标准溶液浓度（mg/L）
\multicolumn{6}{c}{E 组}
390	氯氧磷	Chlorethoxyfos	0.0250	甲苯	5
391	异丙威-2	Isoprocarb-2	0.0250	甲苯	5
392	戊菌隆	Pencycuron	0.0250	甲苯	10
393	丁噻隆	Tebuthiuron	0.0500	甲苯	10
394	甲基内吸磷	Demeton-S-Methyl	0.0500	甲苯	10
395	硫线磷	Cadusafos	0.0500	甲苯	10
396	残杀威-2	Propoxur-2	0.0250	甲苯	5
397	菲	Phenanthrene	0.0126	甲苯	2.5
398	螺环菌胺-1	Spiroxamine-1	0.0250	甲苯	5
399	唑螨酯	Fenpyroximate	0.1000	甲苯	20
400	丁基嘧啶磷	Tebupirimfos	0.0250	甲苯	5
401	茉莉酮	Prohydrojasmon	0.0500	环己烷	10
402	苯锈啶	Fenpropidin	0.0250	甲苯	5
403	氯硝胺	Dichloran	0.0250	甲苯	5
404	咯喹酮	Pyroquilon	0.0126	甲苯	2.5
405	螺环菌胺-2	Spiroxamine-2	0.0250	甲苯	5
406	炔苯酰草胺	Propyzamide	0.0250	甲苯	5
407	抗蚜威	Pirimicarb	0.0250	甲苯	5
408	磷胺-1	Phosphamidon-1	0.1000	甲苯	20
409	解草嗪	Benoxacor	0.0250	甲苯	5
410	溴丁酰草胺	Bromobutide	0.0126	环己烷	2.5
411	乙草胺	Acetochlor	0.0250	甲苯	5
412	灭草环	Tridiphane	0.0500	异辛烷	10
413	特草灵	Terbucarb	0.0250	甲苯	5
414	戊草丹	Esprocarb	0.0250	甲苯	5
415	甲呋酰胺	Fenfuram	0.0250	甲苯	5
416	活化酯	Acibenzolar-S-Methyl	0.0250	环己烷	5
417	呋草黄	Benfuresate	0.0250	甲苯	5
418	氟硫草定	Dithiopyr	0.0126	甲苯	2.5
419	精甲霜灵	Mefenoxam	0.0250	甲苯	5
420	马拉氧磷	Malaoxon	0.2000	甲苯	40
421	磷胺-2	Phosphamidon-2	0.1000	甲苯	20
422	硅氟唑	Simeconazole	0.0250	甲苯	5
423	氯酞酸甲酯	Chlorthal-dimethyl	0.0250	甲苯	5

（续表）

序号	中文名称	英文名称	定量限（mg/kg）	溶剂	混合标准溶液浓度（mg/L）
			E组		
424	噻唑烟酸	Thiazopyr	0.0250	甲苯	5
425	甲基毒虫畏	Dimethylvinphos	0.0250	甲苯	5
426	仲丁灵	Butralin	0.0500	甲苯	10
427	苯酰草胺	Zoxamide	0.0250	甲苯+丙酮（8+2）	5
428	啶斑肟-1	Pyrifenox-1	0.1000	甲苯	20
429	烯丙菊酯	Allethrin	0.0500	甲苯	10
430	异戊乙净	Dimethametryn	0.0126	甲苯	2.5
431	灭藻醌	Quinoclamine	0.0500	甲苯	10
432	甲醚菊酯-1	Methothrin-1	0.0250	甲苯	5
433	氟噻草胺	Flufenacet	0.1000	甲苯	20
434	甲醚菊酯-2	Methothrin-2	0.0250	甲苯	5
435	啶斑肟-2	Pyrifenox-2	0.1000	甲苯	20
436	氰菌胺	Fenoxanil	0.0250	甲苯	5
437	四氯苯酞	Phthalide	0.0500	丙酮	10
438	呋霜灵	Furalaxyl	0.0250	甲苯	5
439	噻虫嗪	Thiamethoxam	0.0500	甲苯	10
440	嘧菌胺	Mepanipyrim	0.0126	甲苯	2.5
441	克菌丹	Captan	0.8000	甲苯	40
442	除草定	Bromacil	0.1000	甲苯	5
443	啶氧菌酯	Picoxystrobin	0.0250	甲苯	5
444	抑草磷	Butamifos	0.0126	环己烷	2.5
445	咪草酸	Imazamethabenz-methyl	0.0376	甲苯	7.5
446	苯氧菌胺-1	Metominostrobin-1	0.0500	乙腈	10
447	苯噻硫氰	TCMTB	0.2000	甲苯	40
448	甲硫威砜	Methiocarb Sulfone	1.6000	甲苯+丙酮（8+2）	80
449	抑霉唑	Imazalil	0.0500	甲苯	10
450	稻瘟灵	Isoprothiolane	0.0250	甲苯	5
451	环氟菌胺	Cyflufenamid	0.2000	环己烷	40
452	嘧草醚	Pyriminobac-methyl	0.0500	环己烷	10
453	噁唑磷	Isoxathion	0.1000	环己烷	20
454	苯氧菌胺-2	Metominostrobin-2	0.0500	乙腈	10
455	苯虫醚-1	Diofenolan-1	0.0250	甲苯	5
456	噻呋酰胺	Thifluzamide	0.1000	乙腈	20
457	苯虫醚-2	Diofenolan-2	0.0250	甲苯	5

(续表)

序号	中文名称	英文名称	定量限（mg/kg）	溶剂	混合标准溶液浓度（mg/L）
	E 组				
458	苯氧喹啉	Quinoxyphen	0.0126	甲苯	2.5
459	溴虫腈	Chlorfenapyr	0.1000	甲苯	20
460	肟菌酯	Trifloxystrobin	0.0500	甲苯	10
461	脱苯甲基亚胺唑	Imibenconazole–des–benzyl	0.0500	甲苯+丙酮（8+2）	10
462	双苯噁唑酸	Isoxadifen–ethyl	0.0250	甲苯	5
463	氟虫腈	Fipronil	0.1000	甲苯	20
464	炔咪菊酯–1	Imiprothrin–1	0.0250	甲苯	5
465	唑酮草酯	Carfentrazone–ethyl	0.0250	甲苯	5
466	炔咪菊酯–2	Imiprothrin–2	0.0250	甲苯	5
467	氟环唑–1	Epoxiconazole–1	0.1000	甲苯	20
468	吡草醚	Pyraflufen Ethyl	0.0250	甲苯	5
469	稗草丹	Pyributicarb	0.0250	甲苯	5
470	噻吩草胺	Thenylchlor	0.0250	甲苯	5
471	烯草酮	Clethodim	0.0500	甲苯	10
472	吡唑解草酯	Mefenpyr–diethyl	0.0376	甲苯	7.5
473	伐灭磷	Famphur	0.0500	甲苯	10
474	乙螨唑	Etoxazole	0.0750	环己烷	15
475	吡丙醚	Pyriproxyfen	0.0126	甲苯	5
476	氟环唑–2	Epoxiconazole–2	0.1000	甲苯	20
477	氟吡酰草胺	Picolinafen	0.0126	甲苯	2.5
478	异菌脲	Iprodione	0.0500	甲苯	10
479	哌草磷	Piperophos	0.0376	甲苯	7.5
480	呋酰胺	Ofurace	0.0376	甲苯	7.5
481	联苯肼酯	Bifenazate	0.1000	甲苯	20
482	异狄氏剂酮	Endrin Ketone	0.0500	甲苯	10
483	氯甲酰草胺	Clomeprop	0.0126	乙腈	2.5
484	咪唑菌酮	Fenamidone	0.0126	甲苯	2.5
485	萘丙胺	Naproanilide	0.0126	丙酮	2.5
486	吡唑醚菊酯	Pyraclostrobin	0.3000	甲苯	60
487	乳氟禾草灵	Lactofen	0.1000	甲苯	20
488	三甲苯草酮	Tralkoxydim	0.1000	甲苯	20
489	吡唑硫磷	Pyraclofos	0.1000	环己烷	20
490	氯亚胺硫磷	Dialifos	0.1000	甲苯	80
491	螺螨酯	Spirodiclofen	0.1000	甲苯	20

(续表)

序号	中文名称	英文名称	定量限（mg/kg）	溶剂	混合标准溶液浓度（mg/L）
			E组		
492	苄螨醚	Halfenprox	0.0500	环己烷	5
493	呋草酮	Flurtamone	0.0500	甲苯	5
494	环酯草醚	Pyriftalid	0.0126	甲苯	2.5
495	氟硅菊酯	Silafluofen	0.0126	甲苯	2.5
496	嘧螨醚	Pyrimidifen	0.0500	乙腈	5
497	啶虫脒	Acetamiprid	0.4000	甲苯	10
498	氟丙嘧草酯	Butafenacil	0.0126	甲苯	2.5
499	苯酮唑	Cafenstrole	0.1500	乙腈	10
500	氟啶草酮	Fluridone	0.1000	甲苯	5

附录 B
（资料性附录）

500 种农药及相关化学品和内标化合物的保留时间、定量离子、定性离子及定量离子与定性离子的比值

B.1 500 种农药及相关化学品和内标化合物的保留时间、定量离子、定性离子及定量离子与定性离子的比值见表 B.1。

表 B.1

序号	中文名称	英文名称	保留时间（min）	定量离子	定性离子1	定性离子2	定性离子3
内标	环氧七氯	Heptachlor-epoxide	22.10	353（100）	355（79）	351（52）	
A 组							
1	二丙烯草胺	Allidochlor	8.78	138（100）	158（10）	173（15）	
2	烯丙酰草胺	Dichlormid	9.74	172（100）	166（41）	124（79）	
3	土菌灵	Etridiazol	10.42	211（100）	183（73）	140（19）	
4	氯甲硫磷	Chlormephos	10.53	121（100）	234（70）	154（70）	
5	苯胺灵	Propham	11.36	179（100）	137（66）	120（51）	
6	环草敌	Cycloate	13.56	154（100）	186（5）	215（12）	
7	联苯二胺	Diphenylamine	14.55	169（100）	168（58）	167（29）	
8	杀虫脒	Chlordimeform	14.93	196（100）	198（30）	195（18）	183（23）
9	乙丁烯氟灵	Ethalfluralin	15.00	276（100）	316（81）	292（42）	
10	甲拌磷	Phorate	15.46	260（100）	121（160）	231（56）	153（3）
11	甲基乙拌磷	Thiometon	16.20	88（100）	125（55）	246（9）	
12	五氯硝基苯	Quintozene	16.75	295（100）	237（159）	249（114）	
13	脱乙基阿特拉津	Atrazine-desethyl	16.76	172（100）	187（32）	145（17）	
14	异噁草松	Clomazone	17.00	204（100）	138（4）	205（13）	
15	二嗪磷	Diazinon	17.14	304（100）	179（192）	137（172）	
16	地虫硫磷	Fonofos	17.31	246（100）	137（141）	174（15）	202（6）
17	乙嘧硫磷	Etrimfos	17.92	292（100）	181（40）	277（31）	
18	西玛津	Simazine	17.85	201（100）	186（62）	173（42）	
19	胺丙畏	Propetamphos	17.97	138（100）	194（49）	236（30）	
20	仲丁通	Secbumeton	18.36	196（100）	210（38）	225（39）	
21	除线磷	Dichlofenthion	18.80	279（100）	223（78）	251（38）	
22	炔丙烯草胺	Pronamide	18.72	173（100）	175（62）	255（22）	
23	兹克威	Mexacarbate	18.83	165（100）	150（66）	222（27）	
24	艾氏剂	Aldrin	19.67	263（100）	265（65）	293（40）	329（8）
25	氨氟灵	Dinitramine	19.35	305（100）	307（38）	261（29）	

(续表)

序号	中文名称	英文名称	保留时间(min)	定量离子	定性离子1	定性离子2	定性离子3
A组							
26	皮蝇磷	Ronnel	19.80	285（100）	287（67）	125（32）	
27	扑草净	Prometryne	20.13	241（100）	184（78）	226（60）	
28	环丙津	Cyprazine	20.18	212（100）	227（58）	170（29）	
29	乙烯菌核利	Vinclozolin	20.29	285（100）	212（109）	198（96）	
30	β-六六六	Beta-HCH	20.31	219（100）	217（78）	181（94）	254（12）
31	甲霜灵	Metalaxyl	20.67	206（100）	249（53）	234（38）	
32	毒死蜱	Chlorpyrifos（-ethyl）	20.96	314（100）	258（57）	286（42）	
33	甲基对硫磷	Methyl-Parathion	20.82	263（100）	233（66）	246（8）	200（6）
34	蒽醌	Anthraquinone	21.49	208（100）	180（84）	152（69）	
35	δ-六六六	Delta-HCH	21.16	219（100）	217（80）	181（99）	254（10）
36	倍硫磷	Fenthion	21.53	278（100）	169（16）	153（9）	
37	马拉硫磷	Malathion	21.54	173（100）	158（36）	143（15）	
38	杀螟硫磷	Fenitrothion	21.62	277（100）	260（52）	247（60）	
39	对氧磷	Paraoxon-ethyl	21.57	275（100）	220（60）	247（58）	
40	三唑酮	Triadimefon	22.22	208（100）	210（50）	181（74）	
41	对硫磷	Parathion	22.32	291（100）	186（23）	235（35）	263（11）
42	二甲戊灵	Pendimethalin	22.59	252（100）	220（22）	162（12）	
43	利谷隆	Linuron	22.44	61（100）	248（30）	160（12）	
44	杀螨醚	Chlorbenside	22.96	268（100）	270（41）	143（11）	
45	乙基溴硫磷	Bromophos-ethyl	23.06	359（100）	303（77）	357（74）	
46	喹硫磷	Quinalphos	23.10	146（100）	298（28）	157（66）	
47	反式氯丹	Trans-Chlordane	23.29	373（100）	375（96）	377（51）	
48	稻丰散	Phenthoate	23.30	274（100）	246（24）	320（5）	
49	吡唑草胺	Metazachlor	23.32	209（100）	133（120）	211（32）	
50	苯硫威	Fenothiocarb	23.79	72（100）	160（37）	253（15）	
51	丙硫磷	Prothiophos	24.04	309（100）	267（88）	162（55）	
52	整形醇	Chlorfurenol	24.15	215（100）	152（40）	274（11）	
53	狄氏剂	Dieldrin	24.43	263（100）	277（82）	380（30）	345（35）
54	腐霉利	Procymidone	24.36	283（100）	285（70）	255（15）	
55	杀扑磷	Methidathion	24.49	145（100）	157（2）	302（4）	
56	氰草津	Cyanazine	24.94	225（100）	240（56）	198（61）	
57	敌草胺	Napropamide	24.84	271（100）	128（111）	171（34）	
58	噁草酮	Oxadiazone	25.06	175（100）	258（62）	302（37）	
59	苯线磷	Fenamiphos	25.29	303（100）	154（56）	288（31）	217（22）
60	杀螨氯硫	Tetrasul	25.85	252（100）	324（64）	254（68）	

(续表)

序号	中文名称	英文名称	保留时间（min）	定量离子	定性离子1	定性离子2	定性离子3
A组							
61	杀螨特	Aramite	25.60	185（100）	319（37）	334（32）	
62	乙嘧酚磺酸酯	Bupirimate	26.00	273（100）	316（41）	208（83）	
63	萎锈灵	Carboxin	26.25	235（100）	143（168）	87（52）	
64	氟酰胺	Flutolanil	26.23	173（100）	145（25）	323（14）	
65	p，p'-滴滴滴	4，4'-DDD	26.59	235（100）	237（64）	199（12）	165（46）
66	乙硫磷	Ethion	26.69	231（100）	384（13）	199（9）	
67	硫丙磷	Sulprofos	26.87	322（100）	156（62）	280（11）	
68	乙环唑-1	Etaconazole-1	26.81	245（100）	173（85）	247（65）	
69	乙环唑-2	Etaconazole-2	26.89	245（100）	173（85）	247（65）	
70	腈菌唑	Myclobutanil	27.19	179（100）	288（14）	150（45）	
71	禾草灵	Diclofop-methyl	28.08	253（100）	281（50）	342（82）	
72	丙环唑	Propiconazole	28.15	259（100）	173（97）	261（65）	
73	丰索磷	Fensulfothion	27.94	292（100）	308（22）	293（73）	
74	联苯菊酯	Bifenthrin	28.57	181（100）	166（25）	165（23）	
75	灭蚁灵	Mirex	28.72	272（100）	237（49）	274（80）	
76	麦锈灵	Benodanil	29.14	231（100）	323（38）	203（22）	
77	氟苯嘧啶醇	Nuarimol	28.90	314（100）	235（155）	203（108）	
78	甲氧滴滴涕	Methoxychlor	29.38	227（100）	228（16）	212（4）	
79	噁霜灵	Oxadixyl	29.50	163（100）	233（18）	278（11）	
80	胺菊酯	Tetramethirn	29.59	164（100）	135（3）	232（1）	
81	戊唑醇	Tebuconazole	29.51	250（100）	163（55）	252（36）	
82	氟草敏	Norflurazon	29.99	303（100）	145（101）	102（47）	
83	哒嗪硫磷	Pyridaphenthion	30.17	340（100）	199（48）	188（51）	
84	亚胺硫磷	Phosmet	30.46	160（100）	161（11）	317（4）	
85	三氯杀螨砜	Tetradifon	30.70	227（100）	356（70）	159（196）	
86	氧化萎锈灵	Oxycarboxin	31.00	175（100）	267（52）	250（3）	
87	顺式-氯菊酯	Cis-Permethrin	31.42	183（100）	184（15）	255（2）	
88	反式-氯菊酯	Trans-Permethrin	31.68	183（100）	184（15）	255（2）	
89	吡菌磷	Pyrazophos	31.60	221（100）	232（35）	373（19）	
90	氯氰菊酯	Cypermethrin	33.38 33.46 33.56	181（100）	152（23）	180（16）	
91	氰戊菊酯	Fenvalerate	34.45 34.79	167（100）	225（53）	419（37）	181（41）
92	溴氰菊酯	Deltamethrin	35.77	181（100）	172（25）	174（25）	
B组							
93	茵草敌	EPTC	8.54	128（100）	189（30）	132（32）	

(续表)

序号	中文名称	英文名称	保留时间（min）	定量离子	定性离子1	定性离子2	定性离子3
			B组				
94	丁草敌	Butylate	9.49	156（100）	146（115）	217（27）	
95	敌草腈	Dichlobenil	9.75	171（100）	173（68）	136（15）	
96	克草敌	Pebulate	10.18	128（100）	161（21）	203（20）	
97	三氯甲基吡啶	Nitrapyrin	10.89	194（100）	196（97）	198（23）	
98	速灭磷	Mevinphos	11.23	127（100）	192（39）	164（29）	
99	氯苯甲醚	Chloroneb	11.85	191（100）	193（67）	206（66）	
100	四氯硝基苯	Tecnazene	13.54	261（100）	203（135）	215（113）	
101	庚烯磷	Heptenophos	13.78	124（100）	215（17）	250（14）	
102	六氯苯	Hexachlorobenzene	14.69	284（100）	286（81）	282（51）	
103	灭线磷	Ethoprophos	14.40	158（100）	200（40）	242（23）	168（15）
104	顺式-燕麦敌	Cis–Diallate	14.75	234（100）	236（37）	128（38）	
105	毒草胺	Propachlor	14.73	120（100）	176（45）	211（11）	
106	反式-燕麦敌	Trans–Diallate	15.29	234（100）	236（37）	128（38）	
107	氟乐灵	Trifluralin	15.23	306（100）	264（72）	335（7）	
108	氯苯胺灵	Chlorpropham	15.49	213（100）	171（59）	153（24）	
109	治螟磷	Sulfotep	15.55	322（100）	202（43）	238（27）	266（24）
110	菜草畏	Sulfallate	15.75	188（100）	116（7）	148（4）	
111	α-六六六	Alpha–HCH	16.06	219（100）	183（98）	221（47）	254（6）
112	特丁硫磷	Terbufos	16.83	231（100）	153（25）	288（10）	186（13）
113	特丁通	Terbumeton	17.20	210（100）	169（66）	225（32）	
114	环丙氟灵	Profluralin	17.36	318（100）	304（47）	347（13）	
115	敌噁磷	Dioxathion	17.51	270（100）	197（43）	169（19）	
116	扑灭津	Propazine	17.67	214（100）	229（67）	172（51）	
117	氯炔灵	Chlorbufam	17.85	223（100）	153（53）	164（64）	
118	氯硝胺	Dichloran	17.89	206（100）	176（128）	160（52）	
119	特丁津	Terbuthylazine	18.07	214（100）	229（33）	173（35）	
120	绿谷隆	Monolinuron	18.15	61（100）	126（45）	214（51）	
121	氟虫脲	Flufenoxuron	18.83	305（100）	126（67）	307（32）	
122	杀螟腈	Cyanophos	18.73	243（100）	180（8）	148（3）	
123	甲基毒死蜱	Chlorpyrifos–methyl	19.38	286（100）	288（70）	197（5）	
124	敌草净	Desmetryn	19.64	213（100）	198（60）	171（30）	
125	二甲草胺	Dimethachlor	19.80	134（100）	197（47）	210（16）	
126	甲草胺	Alachlor	20.03	188（100）	237（35）	269（15）	
127	甲基嘧啶磷	Pirimiphos–methyl	20.30	290（100）	276（86）	305（74）	
128	特丁净	Terbutryn	20.61	226（100）	241（64）	185（73）	

(续表)

序号	中文名称	英文名称	保留时间(min)	定量离子	定性离子1	定性离子2	定性离子3
B组
129	杀草丹	Thiobencarb	20.63	100（100）	257（25）	259（9）	
130	丙硫特普	Aspon	20.62	211（100）	253（52）	378（14）	
131	三氯杀螨醇	Dicofol	21.33	139（100）	141（72）	250（23）	251（4）
132	异丙甲草胺	Metolachlor	21.34	238（100）	162（159）	240（33）	
133	氧化氯丹	Oxy–chlordane	21.63	387（100）	237（50）	185（68）	
134	嘧啶磷	Pirimiphos–ethyl	21.59	333（100）	318（93）	304（69）	
135	烯虫酯	Methoprene	21.71	73（100）	191（29）	153（29）	
136	溴硫磷	Bromofos	21.75	331（100）	329（75）	213（7）	
137	苯氟磺胺	Dichlofluanid	21.68	224（100）	226（74）	167（120）	
138	乙氧呋草黄	Ethofumesate	21.84	207（100）	161（54）	286（27）	
139	异丙乐灵	Isopropalin	22.10	280（100）	238（40）	222（4）	
140	硫丹–1	Endosulfan–1	23.10	241（100）	265（66）	339（46）	
141	敌稗	Propanil	22.68	161（100）	217（21）	163（62）	
142	异柳磷	Isofenphos	22.99	213（100）	255（44）	185（45）	
143	育畜磷	Crufomate	22.93	256（100）	182（154）	276（58）	
144	毒虫畏	Chlorfenvinphos	23.19	323（100）	267（139）	269（92）	
145	顺式–氯丹	Cis–Chlordane	23.55	373（100）	375（96）	377（51）	
146	甲苯氟磺胺	Tolylfluanide	23.45	238（100）	240（71）	137（210）	
147	p,p'–滴滴伊	4,4'–DDE	23.92	318（100）	316（80）	246（139）	248（70）
148	丁草胺	Butachlor	23.82	176（100）	160（75）	188（46）	
149	乙菌利	Chlozolinate	23.83	259（100）	188（83）	331（91）	
150	巴毒磷	Crotoxyphos	23.94	193（100）	194（16）	166（51）	
151	碘硫磷	Iodofenphos	24.33	377（100）	379（37）	250（6）	
152	杀虫畏	Tetrachlorvinphos	24.36	329（100）	331（96）	333（31）	
153	氯溴隆	Chlorbromuron	24.37	61（100）	294（17）	292（13）	
154	丙溴磷	Profenofos	24.65	339（100）	374（39）	297（37）	
155	氟咯草酮	Fluorochloridone	25.14	311（100）	313（64）	187（85）	
156	噻嗪酮	Buprofezin	24.87	105（100）	172（54）	305（24）	
157	o,p'–滴滴滴	2,4'–DDD	24.94	235（100）	237（65）	165（39）	199（15）
158	异狄氏剂	Endrin	25.15	263（100）	317（30）	345（26）	
159	己唑醇	Hexaconazole	24.92	214（100）	231（62）	256（26）	
160	杀螨酯	Chlorfenson	25.05	302（100）	175（282）	177（103）	
161	o,p'–滴滴涕	2,4'–DDT	25.56	235（100）	237（63）	165（37）	199（14）
162	多效唑	Paclobutrazol	25.21	236（100）	238（37）	167（39）	
163	盖草津	Methoprotryne	25.63	256（100）	213（24）	271（17）	

957

(续表)

序号	中文名称	英文名称	保留时间(min)	定量离子	定性离子1	定性离子2	定性离子3
	B组						
164	抑草蓬	Erbon	25.68	169 (100)	171 (35)	223 (30)	
165	丙酯杀螨醇	Chloropropylate	25.85	251 (100)	253 (64)	141 (18)	
166	麦草氟甲酯	Flamprop-methyl	25.90	105 (100)	77 (26)	276 (11)	
167	除草醚	Nitrofen	26.12	283 (100)	253 (90)	202 (48)	139 (15)
168	乙氧氟草醚	Oxyfluorfen	26.13	252 (100)	361 (35)	300 (35)	
169	虫螨磷	Chlorthiophos	26.52	325 (100)	360 (52)	297 (54)	
170	硫丹-2	Endosulfan-Ⅱ	26.72	241 (100)	265 (66)	339 (46)	
171	麦草氟异丙酯	Flamprop-Isopropyl	26.70	105 (100)	276 (19)	363 (3)	
172	p, p′-滴滴涕	4, 4′-DDT	27.22	235 (100)	237 (65)	246 (7)	165 (34)
173	三硫磷	Carbofenothion	27.19	157 (100)	342 (49)	199 (28)	
174	苯霜灵	Benalaxyl	27.54	148 (100)	206 (32)	325 (8)	
175	敌瘟磷	Edifenphos	27.94	173 (100)	310 (76)	201 (37)	
176	三唑磷	Triazophos	28.23	161 (100)	172 (47)	257 (38)	
177	苯腈磷	Cyanofenphos	28.43	157 (100)	169 (56)	303 (20)	
178	氯杀螨砜	Chlorbenside Sulfone	28.88	127 (100)	99 (14)	89 (33)	
179	硫丹硫酸盐	Endosulfan-Sulfate	29.05	387 (100)	272 (165)	389 (64)	
180	溴螨酯	Bromopropylate	29.30	341 (100)	183 (34)	339 (49)	
181	新燕灵	Benzoylprop-ethyl	29.40	292 (100)	365 (36)	260 (37)	
182	甲氰菊酯	Fenpropathrin	29.56	265 (100)	181 (237)	349 (25)	
183	溴苯磷	Leptophos	30.19	377 (100)	375 (73)	379 (28)	
184	苯硫膦	EPN	30.06	157 (100)	169 (53)	323 (14)	
185	环嗪酮	Hexazinone	30.14	171 (100)	252 (3)	128 (12)	
186	伏杀硫磷	Phosalone	31.22	182 (100)	367 (30)	154 (20)	
187	保棉磷	Azinphos-methyl	31.41	160 (100)	132 (71)	77 (58)	
188	氯苯嘧啶醇	Fenarimol	31.65	139 (100)	219 (70)	330 (42)	
189	益棉磷	Azinphos-ethyl	32.01	160 (100)	132 (103)	77 (51)	
190	咪鲜胺	Prochloraz	33.07	180 (100)	308 (59)	266 (18)	
191	蝇毒磷	Coumaphos	33.22	362 (100)	226 (56)	364 (39)	334 (15)
192	氟氯氰菊酯	Cyfluthrin	32.94 33.12	206 (100)	199 (63)	226 (72)	
193	氟胺氰菊酯	Fluvalinate	34.94 35.02	250 (100)	252 (38)	181 (18)	
	C组						
194	敌敌畏	Dichlorvos	7.80	109 (100)	185 (34)	220 (7)	
195	联苯	Biphenyl	9.00	154 (100)	153 (40)	152 (27)	

（续表）

序号	中文名称	英文名称	保留时间（min）	定量离子	定性离子1	定性离子2	定性离子3
			C组				
196	灭草敌	Vernolate	9.82	128（100）	146（17）	203（9）	
197	3,5-二氯苯胺	3,5-Dichloroaniline	11.20	161（100）	163（62）	126（10）	
198	禾草敌	Molinate	11.92	126（100）	187（24）	158（2）	
199	虫螨畏	Methacrifos	11.86	125（100）	208（74）	240（44）	
200	邻苯基苯酚	2-Phenylphenol	12.47	170（100）	169（72）	141（31）	
201	四氢邻苯二甲酰亚胺	Tetrahydrophthalimide	13.39	151（100）	123（16）	122（16）	
202	仲丁威	Fenobucarb	14.60	121（100）	150（32）	107（8）	
203	乙丁氟灵	Benfluralin	15.23	292（100）	264（20）	276（13）	
204	氟铃脲	Hexaflumuron	16.20	176（100）	279（28）	277（43）	
205	扑灭通	Prometon	16.66	210（100）	225（91）	168（67）	
206	野麦畏	Triallate	17.12	268（100）	270（73）	143（19）	
207	嘧霉胺	Pyrimethanil	17.28	198（100）	199（45）	200（5）	
208	林丹	Gamma-HCH	17.48	183（100）	219（93）	254（13）	221（40）
209	乙拌磷	Disulfoton	17.61	88（100）	274（15）	186（18）	
210	莠去净	Atrizine	17.64	200（100）	215（62）	173（29）	
211	七氯	Heptachlor	18.49	272（100）	237（40）	337（27）	
212	异稻瘟净	Iprobenfos	18.44	204（100）	246（18）	288（17）	
213	氯唑磷	Isazofos	18.54	161（100）	257（53）	285（39）	313（14）
214	三氯杀虫酯	Plifenate	18.87	217（100）	175（96）	242（91）	
215	丁苯吗啉	Fenpropimorph	19.22	128（100）	303（5）	129（9）	
216	四氟苯菊酯	Transfluthrin	19.04	163（100）	165（23）	335（7）	
217	氯乙氟灵	Fluchloralin	18.89	306（100）	326（87）	264（54）	
218	甲基立枯磷	Tolclofos-methyl	19.69	265（100）	267（36）	250（10）	
219	异丙草胺	Propisochlor	19.89	162（100）	223（200）	146（17）	
220	莠灭净	Ametryn	20.11	227（100）	212（53）	185（17）	
221	西草净	Simetryn	20.18	213（100）	170（26）	198（16）	
222	溴谷隆	Metobromuron	20.07	61（100）	258（11）	170（16）	
223	嗪草酮	Metribuzin	20.33	198（100）	199（21）	144（12）	
224	噻节因	Dimethipin	20.38	118（100）	210（26）	103（20）	
225	ε-六六六	Epsilon-HCH	20.78	181（100）	219（76）	254（15）	217（40）
226	异丙净	Dipropetryn	20.82	255（100）	240（42）	222（20）	
227	安硫磷	Formothion	21.42	170（100）	224（97）	257（63）	
228	乙霉威	Diethofencarb	21.43	267（100）	225（98）	151（31）	
229	哌草丹	Dimepiperate	22.28	119（100）	145（30）	263（8）	

(续表)

序号	中文名称	英文名称	保留时间(min)	定量离子	定性离子1	定性离子2	定性离子3
			C 组				
230	生物烯丙菊酯-1	Bioallethrin-1	22.29	123 (100)	136 (24)	107 (29)	
231	生物烯丙菊酯-2	Bioallethrin-2	22.34	123 (100)	136 (24)	107 (29)	
232	o,p'-滴滴伊	2,4'-DDE	22.64	246 (100)	318 (34)	176 (26)	248 (65)
233	芬螨酯	Fenson	22.54	141 (100)	268 (53)	77 (104)	
234	双苯酰草胺	Diphenamid	22.87	167 (100)	239 (30)	165 (43)	
235	氯硫磷	Chlorthion	22.86	297 (100)	267 (162)	299 (45)	
236	炔丙菊酯	Prallethrin	23.11	123 (100)	105 (17)	134 (9)	
237	戊菌唑	Penconazole	23.17	248 (100)	250 (33)	161 (50)	
238	灭蚜磷	Mecarbam	23.46	131 (100)	296 (22)	329 (40)	
239	四氟醚唑	Tetraconazole	23.35	336 (100)	338 (33)	171 (10)	
240	丙虫磷	Propaphos	23.92	304 (100)	220 (108)	262 (34)	
241	氟节胺	Flumetralin	24.10	143 (100)	157 (25)	404 (10)	
242	三唑醇	Triadimenol	24.22	112 (100)	168 (81)	130 (15)	
243	丙草胺	Pretilachlor	24.67	162 (100)	238 (26)	262 (8)	
244	醚菌酯	Kresoxim-methyl	25.04	116 (100)	206 (25)	131 (66)	
245	吡氟禾草灵	Fluazifop-butyl	25.21	282 (100)	383 (44)	254 (49)	
246	氟啶脲	Chlorfluazuron	25.27	321 (100)	323 (71)	356 (8)	
247	乙酯杀螨醇	Chlorobenzilate	25.90	251 (100)	253 (65)	152 (5)	
248	烯效唑	Uniconazole	26.15	234 (100)	236 (40)	131 (15)	
249	氟哇唑	Flusilazole	26.19	233 (100)	206 (33)	315 (9)	
250	三氟硝草醚	Fluorodifen	26.59	190 (100)	328 (35)	162 (34)	
251	烯唑醇	Diniconazole	27.03	268 (100)	270 (65)	232 (13)	
252	增效醚	Piperonyl Butoxide	27.46	176 (100)	177 (33)	149 (14)	
253	炔螨特	Propargite	27.87	135 (100)	350 (7)	173 (16)	
254	灭锈胺	Mepronil	27.91	119 (100)	269 (26)	120 (9)	
255	噁唑隆	Dimefuron	27.82	140 (100)	105 (75)	267 (36)	
256	吡氟酰草胺	Diflufenican	28.45	266 (100)	394 (25)	267 (14)	
257	喹螨醚	Fenazaquin	28.97	145 (100)	160 (46)	117 (10)	
258	苯醚菊酯	Phenothrin	29.08 29.21	123 (100)	183 (74)	350 (6)	
259	咯菌腈	Fludioxonil	28.93	248 (100)	127 (24)	154 (21)	
260	苯氧威	Fenoxycarb	29.57	255 (100)	186 (82)	116 (93)	
261	稀禾啶	Sethoxydim	29.63	178 (100)	281 (51)	219 (36)	
262	莎稗磷	Anilofos	30.68	226 (100)	184 (52)	334 (10)	
263	氟丙菊酯	Acrinathrin	31.07	181 (100)	289 (31)	247 (12)	
264	高效氯氟氰菊酯	Lambda-Cyhalothrin	31.11	181 (100)	197 (100)	141 (20)	

(续表)

序号	中文名称	英文名称	保留时间(min)	定量离子	定性离子1	定性离子2	定性离子3
\multicolumn{8}{c}{C 组}
265	苯噻酰草胺	Mefenacet	31.29	192（100）	120（35）	136（29）	
266	氯菊酯	Permethrin	31.57	183（100）	184（14）	255（1）	
267	哒螨灵	Pyridaben	31.86	147（100）	117（11）	364（7）	
268	乙羧氟草醚	Fluoroglycofen-ethyl	32.01	447（100）	428（20）	449（35）	
269	联苯三唑醇	Bitertanol	32.25	170（100）	112（8）	141（6）	
270	醚菊酯	Etofenprox	32.75	163（100）	376（4）	183（6）	
271	噻草酮	Cycloxydim	33.05	178（100）	279（7）	251（4）	
272	顺式-氯氰菊酯	Alpha-Cypermethrin	33.35	163（100）	181（84）	165（63）	
273	氟氰戊菊酯	Flucythrinate	33.58 / 33.85	199（100）	157（90）	451（22）	
274	S-氰戊菊酯	Esfenvalerate	34.65	419（100）	225（158）	181（189）	
275	苯醚甲环唑	Difenonazole	35.40	323（100）	325（66）	265（83）	
276	丙炔氟草胺	Flumioxazin	35.50	354（100）	287（24）	259（15）	
277	氟烯草酸	Flumiclorac-pentyl	36.34	423（100）	308（51）	318（29）	
\multicolumn{8}{c}{D 组}
278	甲氟磷	Dimefox	5.62	110（100）	154（75）	153（17）	
279	乙拌磷亚砜	Disulfoton-Sulfoxide	8.41	212（100）	153（61）	184（20）	
280	五氯苯	Pentachlorobenzene	11.11	250（100）	252（64）	215（24）	
281	三异丁基磷酸盐	Tri-iso-butyl Phosphate	11.65	155（100）	139（67）	211（24）	
282	鼠立死	Crimidine	13.13	142（100）	156（90）	171（84）	
283	4-溴-3,5-二甲苯基-N-甲基氨基甲酸酯-1	BDMC-1	13.25	200（100）	202（104）	201（13）	
284	燕麦酯	Chlorfenprop-methyl	13.57	165（100）	196（87）	197（49）	
285	虫线磷	Thionazin	14.04	143（100）	192（39）	220（14）	
286	2,3,5,6-四氯苯胺	2,3,5,6-tetrachloroaniline	14.22	231（100）	229（76）	158（25）	
287	三正丁基磷酸盐	Tri-n-butyl Phosphate	14.33	155（100）	211（61）	167（8）	
288	2,3,4,5-四氯甲氧基苯	2,3,4,5-Tetrachloroanisole	14.66	246（100）	203（70）	231（51）	
289	五氯甲氧基苯	Pentachloroanisole	15.19	280（100）	265（100）	237（85）	
290	牧草胺	Tebutam	15.30	190（100）	106（38）	142（24）	
291	蔬果磷	Dioxabenzofos	16.14	216（100）	201（26）	171（5）	
292	甲基苯噻隆	Methabenzthiazuron	16.34	164（100）	136（81）	108（27）	
293	西玛通	Simetone	16.69	197（100）	196（40）	182（38）	

(续表)

序号	中文名称	英文名称	保留时间(min)	定量离子	定性离子1	定性离子2	定性离子3
			D组				
294	阿特拉通	Atratone	16.70	196 (100)	211 (68)	197 (105)	
295	脱异丙基莠去津	Desisopropyl-atrazine	16.69	173 (100)	158 (84)	145 (73)	
296	特丁硫磷砜	Terbufos Sulfone	16.79	231 (100)	288 (11)	186 (15)	
297	七氟菊酯	Tefluthrin	17.24	177 (100)	197 (26)	161 (5)	
298	溴烯杀	Bromocylen	17.43	359 (100)	357 (99)	394 (14)	
299	草达津	Trietazine	17.53	200 (100)	229 (51)	214 (45)	
300	氧乙嘧硫磷	Etrimfos Oxon	17.83	292 (100)	277 (35)	263 (12)	
301	环莠隆	Cycluron	17.95	89 (100)	198 (36)	114 (9)	
302	2,6-二氯苯甲酰胺	2,6-Dichlorobenzamide	17.93	173 (100)	189 (36)	175 (62)	
303	2,4,4′-三氯联苯	DE-PCB 28	18.15	256 (100)	186 (53)	258 (97)	
304	2,4,5-三氯联苯	DE-PCB 31	18.19	256 (100)	186 (53)	258 (97)	
305	脱乙基另丁津	Desethyl-sebuthylazine	18.32	172 (100)	174 (32)	186 (11)	
306	2,3,4,5-四氯苯胺	2,3,4,5-Tetrachloroaniline	18.55	231 (100)	229 (76)	233 (48)	
307	合成麝香	Musk Ambrette	18.62	253 (100)	268 (35)	223 (18)	
308	二甲苯麝香	Musk Xylene	18.66	282 (100)	297 (10)	128 (20)	
309	五氯苯胺	Pentachloroaniline	18.91	265 (100)	263 (63)	230 (8)	
310	叠氮津	Aziprotryne	19.11	199 (100)	184 (83)	157 (31)	
311	另丁津	Sebutylazine	19.26	200 (100)	214 (14)	229 (13)	
312	丁咪酰胺	Isocarbamid	19.24	142 (100)	185 (2)	143 (6)	
313	2,2′,5,5′-四氯联苯	DE-PCB 52	19.48	292 (100)	220 (88)	255 (32)	
314	麝香	Musk Moskene	19.46	263 (100)	278 (12)	264 (15)	
315	苄草丹	Prosulfocarb	19.51	251 (100)	252 (14)	162 (10)	
316	二甲吩草胺	Dimethenamid	19.55	154 (100)	230 (43)	203 (21)	
317	氧皮蝇磷	Fenchlorphos Oxon	19.72	285 (100)	287 (70)	270 (7)	
318	4-溴-3,5-二甲苯基-N-甲基氨基甲酸酯-2	BDMC-2	19.74	200 (100)	202 (101)	201 (12)	
319	甲基对氧磷	Paraoxon-methyl	19.83	230 (100)	247 (93)	200 (40)	
320	庚酰草胺	Monalide	20.02	197 (100)	199 (31)	239 (45)	
321	西藏麝香	Musk Tibeten	20.40	251 (100)	266 (25)	252 (14)	
322	碳氯灵	Isobenzan	20.55	311 (100)	375 (31)	412 (7)	
323	八氯苯乙烯	Octachlorostyrene	20.60	380 (100)	343 (94)	308 (120)	
324	嘧啶磷	Pyrimitate	20.59	305 (100)	153 (116)	180 (49)	

(续表)

序号	中文名称	英文名称	保留时间(min)	定量离子	定性离子1	定性离子2	定性离子3
D组							
325	异艾氏剂	Isodrin	21.01	193（100）	263（46）	195（83）	
326	丁嗪草酮	Isomethiozin	21.06	225（100）	198（86）	184（13）	
327	毒壤磷	Trichloronat	21.10	297（100）	269（86）	196（16）	
328	敌草索	Dacthal	21.25	301（100）	332（31）	221（16）	
329	4,4-二氯二苯甲酮	4,4-dichlorobenzophenone	21.29	250（100）	252（62）	215（26）	
330	酞菌酯	Nitrothal-isopropyl	21.69	236（100）	254（54）	212（74）	
331	麝香酮	Musk Ketone	21.70	279（100）	294（28）	128（16）	
332	吡咪唑	Rabenzazole	21.73	212（100）	170（26）	195（19）	
333	嘧菌环胺	Cyprodinil	21.94	224（100）	225（62）	210（9）	
334	麦穗宁	Fuberidazole	22.10	184（100）	155（21）	129（12）	
335	氧异柳磷	Isofenphos Oxon	22.04	229（100）	201（2）	314（12）	
336	异氯磷	Dicapthon	22.44	262（100）	263（10）	216（10）	
337	2,2',4,5,5'-五氯联苯	DE-PCB 101	22.62	326（100）	254（66）	291（18）	
338	2-甲-4-氯丁氧乙基酯	MCPA-butoxyethyl Ester	22.61	300（100）	200（71）	182（41）	
339	水胺硫磷	Isocarbophos	22.87	136（100）	230（26）	289（22）	
340	甲拌磷砜	Phorate Sulfone	23.15	199（100）	171（30）	215（11）	
341	杀螨醇	Chlorfenethol	23.29	251（100）	253（66）	266（12）	
342	反式九氯	Trans-nonachlor	23.62	409（100）	407（89）	411（63）	
343	消螨通	Dinobuton	23.88	211（100）	240（15）	223（15）	
344	脱叶磷	DEF	24.08	202（100）	226（51）	258（55）	
345	氟咯草酮	Flurochloridone	24.31	311（100）	187（74）	313（66）	
346	溴苯烯磷	Bromfenvinfos	24.62	267（100）	323（56）	295（18）	
347	乙滴涕	Perthane	24.81	223（100）	224（20）	178（9）	
348	灭菌磷	Ditalimfos	24.82	130（100）	148（43）	299（34）	
349	2,3,4,4',5-五氯联苯	DE-PCB 118	25.08	326（100）	254（38）	184（16）	
350	4,4-二溴二苯甲酮	4,4-Dibromobenzophenone	25.30	340（100）	259（30）	185（179）	
351	粉唑醇	Flutriafol	25.31	219（100）	164（96）	201（7）	
352	地胺磷	Mephosfolan	25.29	196（100）	227（49）	168（60）	
353	乙基杀扑磷	Athidathion	25.63	145（100）	330（1）	129（12）	

(续表)

序号	中文名称	英文名称	保留时间(min)	定量离子	定性离子1	定性离子2	定性离子3
D组							
354	2,2',4,4',5,5'-六氯联苯	DE-PCB 153	25.64	360(100)	290(62)	218(24)	
355	苄氯三唑醇	Diclobutrazole	25.95	270(100)	272(68)	159(42)	
356	乙拌磷砜	Disulfoton Sulfone	26.16	213(100)	229(4)	185(11)	
357	噻螨酮	Hexythiazox	26.48	227(100)	156(158)	184(93)	
358	2,2',3,4,4',5-六氯联苯	DE-PCB 138	26.84	360(100)	290(68)	218(26)	
359	威菌磷	Triamiphos	27.02	160(100)	294(28)	251(16)	
360	苄呋菊酯-1	Resmethrin-1	27.26	171(100)	143(83)	338(7)	
361	环丙唑	Cyproconazole	27.23	222(100)	224(35)	223(11)	
362	苄呋菊酯-2	Resmethrin-2	27.43	171(100)	143(80)	338(7)	
363	酞酸甲苯基丁酯	Phthalic Acid, Benzyl Butyl Ester	27.56	206(100)	312(4)	230(1)	
364	炔草酸	Clodinafop-propargyl	27.74	349(100)	238(96)	266(83)	
365	倍硫磷亚砜	Fenthion Sulfoxide	28.06	278(100)	279(290)	294(145)	
366	三氟苯唑	Fluotrimazole	28.39	311(100)	379((60)	233(36)	
367	氟草烟-1-甲庚酯	Fluroxypr-1-methylheptyl Ester	28.45	366(100)	254(67)	237(60)	
368	倍硫磷砜	Fenthion Sulfone	28.55	310(100)	136(25)	231(10)	
369	三苯基磷酸盐	Triphenyl Phosphate	28.65	326(100)	233(16)	215(20)	
370	苯嗪草酮	Metamitron	28.63	202(100)	174(52)	186(12)	
371	2,2',3,4,4',5,5'-七氯联苯	DE-PCB 180	29.05	394(100)	324(70)	359(20)	
372	吡螨胺	Tebufenpyrad	29.06	318(100)	333(78)	276(44)	
373	解草酯	Cloquintocet-mexyl	29.32	192(100)	194(32)	220(4)	
374	环草定	Lenacil	29.70	153(100)	136(6)	234(2)	
375	糠菌唑-1	Bromuconazole-1	29.90	173(100)	175(65)	214(15)	
376	脱溴溴苯磷	Desbrom-leptophos	30.15	377(100)	171(97)	375(72)	
377	糠菌唑-2	Bromuconazole-2	30.72	173(100)	175(67)	214(14)	
378	甲磺乐灵	Nitralin	30.92	316(100)	274(58)	300(15)	
379	苯线磷亚砜	Fenamiphos Sulfoxide	31.03	304(100)	319(29)	196(22)	
380	苯线磷砜	Fenamiphos Sulfone	31.34	320(100)	292(57)	335(7)	
381	拌种咯	Fenpiclonil	32.37	236(100)	238(66)	174(36)	
382	氟喹唑	Fluquinconazole	32.62	340(100)	342(37)	341(20)	
383	腈苯唑	Fenbuconazole	34.02	129(100)	198(51)	125(31)	

(续表)

序号	中文名称	英文名称	保留时间(min)	定量离子	定性离子1	定性离子2	定性离子3
			E 组				
384	残杀威-1	Propoxur-1	6.58	110 (100)	152 (16)	111 (9)	
385	异丙威-1	Isoprocarb-1	7.56	121 (100)	136 (34)	103 (20)	
386	甲胺磷	Methamidophos	9.37	94 (100)	95 (112)	141 (52)	
387	二氢苊	Acenaphthene	10.79	164 (100)	162 (84)	160 (38)	
388	驱虫特	Dibutyl Succinate	12.20	101 (100)	157 (19)	175 (5)	
389	邻苯二甲酰亚胺	Phthalimide	13.21	147 (100)	104 (61)	103 (35)	
390	氯氧磷	Chlorethoxyfos	13.43	153 (100)	125 (67)	301 (19)	
391	异丙威-2	Isoprocarb-2	13.69	121 (100)	136 (34)	103 (20)	
392	戊菌隆	Pencycuron	14.30	125 (100)	180 (65)	209 (20)	
393	丁噻隆	Tebuthiuron	14.25	156 (100)	171 (30)	157 (9)	
394	甲基内吸磷	Demeton-S-Methyl	15.19	109 (100)	142 (43)	230 (5)	
395	硫线磷	Cadusafos	15.13	159 (100)	213 (14)	270 (12)	
396	残杀威-2	Propoxur-2	15.48	110 (100)	152 (19)	111 (8)	
397	菲	Phenanthrene	16.97	188 (100)	160 (9)	189 (16)	
398	螺环菌胺-1	Spiroxamine-1	17.26	100 (100)	126 (7)	198 (5)	
399	唑螨酯	Fenpyroximate	17.49	213 (100)	142 (21)	198 (9)	
400	丁基嘧啶磷	Tebupirimfos	17.61	318 (100)	261 (107)	234 (100)	
401	茉莉酮	Prohydrojasmon	17.80	153 (100)	184 (41)	254 (7)	
402	苯锈啶	Fenpropidin	17.85	98 (100)	273 (5)	145 (5)	
403	氯硝胺	Dichloran	18.10	176 (100)	206 (87)	124 (101)	
404	咯喹酮	Pyroquilon	18.28	173 (100)	130 (69)	144 (38)	
405	螺环菌胺-2	Spiroxamine-2	18.23	100 (100)	126 (5)	198 (5)	
406	炔苯酰草胺	Propyzamide	19.01	173 (100)	255 (23)	240 (9)	
407	抗蚜威	Pirimicarb	19.08	166 (100)	238 (23)	138 (8)	
408	磷胺-1	Phosphamidon-1	19.66	264 (100)	138 (62)	227 (25)	
409	解草嗪	Benoxacor	19.62	120 (100)	259 (38)	176 (19)	
410	溴丁酰草胺	Bromobutide	19.70	119 (100)	232 (27)	296 (6)	
411	乙草胺	Acetochlor	19.84	146 (100)	162 (59)	223 (59)	
412	灭草环	Tridiphane	19.90	173 (100)	187 (90)	219 (46)	
413	特草灵	Terbucarb	20.06	205 (100)	220 (52)	206 (16)	
414	戊草丹	Esprocarb	20.01	222 (100)	265 (10)	162 (61)	
415	甲呋酰胺	Fenfuram	20.35	109 (100)	201 (29)	202 (5)	
416	活化酯	Acibenzolar-S-Methyl	20.42	182 (100)	135 (64)	153 (34)	
417	呋草黄	Benfuresate	20.68	163 (100)	256 (17)	121 (18)	
418	氟硫草定	Dithiopyr	20.78	354 (100)	306 (72)	286 (74)	

(续表)

序号	中文名称	英文名称	保留时间（min）	定量离子	定性离子1	定性离子2	定性离子3
			E 组				
419	精甲霜灵	Mefenoxam	20.91	206（100）	249（46）	279（11）	
420	马拉氧磷	Malaoxon	21.17	127（100）	268（11）	195（15）	
421	磷胺-2	Phosphamidon-2	21.36	264（100）	138（54）	227（17）	
422	硅氟唑	Simeconazole	21.41	121（100）	278（14）	211（34）	
423	氯酞酸甲酯	Chlorthal-dimethyl	21.39	301（100）	332（27）	221（17）	
424	噻唑烟酸	Thiazopyr	21.91	327（100）	363（73）	381（34）	
425	甲基毒虫畏	Dimethylvinphos	22.21	295（100）	297（56）	109（74）	
426	仲丁灵	Butralin	22.24	266（100）	224（16）	295（60）	
427	苯酰草胺	Zoxamide	22.30	187（100）	242（68）	299（9）	
428	啶斑肟-1	Pyrifenox-1	22.50	262（100）	294（15）	227（15）	
429	烯丙菊酯	Allethrin	22.60	123（100）	107（24）	136（20）	
430	异戊乙净	Dimethametryn	22.83	212（100）	255（9）	240（5）	
431	灭藻醌	Quinoclamine	22.89	207（100）	172（259）	144（64）	
432	甲醚菊酯-1	Methothrin-1	22.92	123（100）	135（89）	104（41）	
433	氟噻草胺	Flufenacet	23.09	151（100）	211（61）	363（6）	
434	甲醚菊酯-2	Methothrin-2	23.19	123（100）	135（73）	104（12）	
435	啶斑肟-2	Pyrifenox-2	23.50	262（100）	294（17）	227（16）	
436	氰菌胺	Fenoxanil	23.58	140（100）	189（14）	301（6）	
437	四氯苯酞	Phthalide	23.51	243（100）	272（28）	215（20）	
438	呋霜灵	Furalaxyl	23.97	242（100）	301（24）	152（40）	
439	噻虫嗪	Thiamethoxam	24.38	182（100）	212（92）	247（124）	
440	嘧菌胺	Mepanipyrim	24.29	222（100）	223（53）	221（9）	
441	克菌丹	Captan	24.55	149（100）	264（32）	236（10）	
442	除草定	Bromacil	24.73	205（100）	207（46）	231（5）	
443	啶氧菌酯	Picoxystrobin	24.97	335（100）	303（43）	367（9）	
444	抑草磷	Butamifos	25.41	286（100）	200（57）	232（37）	
445	咪草酸	Imazamethabenz-methyl	25.50	144（100）	187（117）	256（95）	
446	苯氧菌胺-1	Metominostrobin-1	25.61	191（100）	238（56）	196（75）	
447	苯噻硫氰	TCMTB	25.59	180（100）	238（108）	136（30）	
448	甲硫威砜	Methiocarb Sulfone	25.56	200（100）	185（40）	137（16）	
449	抑霉唑	Imazalil	25.72	215（100）	173（66）	296（5）	
450	稻瘟灵	Isoprothiolane	25.87	290（100）	231（82）	204（88）	
451	环氟菌胺	Cyflufenamid	26.02	91（100）	412（11）	294（11）	
452	嘧草醚	Pyriminobac-methyl	26.34	302（100）	330（107）	361（86）	

(续表)

序号	中文名称	英文名称	保留时间(min)	定量离子	定性离子1	定性离子2	定性离子3
\multicolumn{8}{c}{E 组}
453	噁唑磷	Isoxathion	26.51	313（100）	105（341）	177（208）	
454	苯氧菌胺-2	Metominostrobin-2	26.76	196（100）	191（36）	238（89）	
455	苯虫醚-1	Diofenolan-1	26.81	186（100）	300（57）	225（25）	
456	噻呋酰胺	Thifluzamide	27.26	449（100）	447（97）	194（308）	
457	苯虫醚-2	Diofenolan-2	27.14	186（100）	300（58）	225（31）	
458	苯氧喹啉	Quinoxyphen	27.14	237（100）	272（37）	307（29）	
459	溴虫腈	Chlorfenapyr	27.60	247（100）	328（47）	408（42）	
460	肟菌酯	Trifloxystrobin	27.71	116（100）	131（40）	222（30）	
461	脱苯甲基亚胺唑	Imibenconazole-des-benzyl	27.86	235（100）	270（35）	272（35）	
462	双苯噁唑酸	Isoxadifen-ethyl	27.90	204（100）	222（76）	294（44）	
463	氟虫腈	Fipronil	28.34	367（100）	369（69）	351（15）	
464	炔咪菊酯-1	Imiprothrin-1	28.31	123（100）	151（55）	107（54）	
465	唑酮草酯	Carfentrazone-ethyl	28.29	312（100）	340（135）	376（32）	
466	炔咪菊酯-2	Imiprothrin-2	28.50	123（100）	151（21）	107（17）	
467	氟环唑-1	Epoxiconazole-1	28.58	192（100）	183（24）	138（35）	
468	吡草醚	Pyraflufen Ethyl	28.91	412（100）	349（41）	339（34）	
469	稗草丹	Pyributicarb	28.87	165（100）	181（23）	108（64）	
470	噻吩草胺	Thenylchlor	29.12	127（100）	288（25）	141（17）	
471	烯草酮	Clethodim	29.21	164（100）	205（50）	267（15）	
472	吡唑解草酯	Mefenpyr-diethyl	29.55	227（100）	299（131）	372（18）	
473	伐灭磷	Famphur	29.80	218（100）	125（27）	217（22）	
474	乙螨唑	Etoxazole	29.64	300（100）	330（69）	359（65）	
475	吡丙醚	Pyriproxyfen	30.06	136（100）	226（8）	185（10）	
476	氟环唑-2	Epoxiconazole-2	29.73	192（100）	183（13）	138（30）	
477	氟吡酰草胺	Picolinafen	30.27	238（100）	376（77）	266（11）	
478	异菌脲	Iprodione	30.24	187（100）	244（65）	246（42）	
479	哌草磷	Piperophos	30.42	320（100）	140（123）	122（114）	
480	呋酰胺	Ofurace	30.36	160（100）	232（83）	204（35）	
481	联苯肼酯	Bifenazate	30.38	300（100）	258（99）	199（100）	
482	异狄氏剂酮	Endrin Ketone	30.45	317（100）	250（31）	281（58）	
483	氯甲酰草胺	Clomeprop	30.48	290（100）	288（279）	148（206）	
484	咪唑菌酮	Fenamidone	30.66	268（100）	238（111）	206（32）	
485	萘丙胺	Naproanilide	31.89	291（100）	171（96）	144（100）	

(续表)

序号	中文名称	英文名称	保留时间（min）	定量离子	定性离子1	定性离子2	定性离子3
			E组				
486	吡唑醚菊酯	Pyraclostrobin	31.98	132（100）	325（14）	283（21）	
487	乳氟禾草灵	Lactofen	32.06	442（100）	461（25）	346（12）	
488	三甲苯草酮	Tralkoxydim	32.14	283（100）	226（7）	268（8）	
489	吡唑硫磷	Pyraclofos	32.18	360（100）	194（79）	362（38）	
490	氯亚胺硫磷	Dialifos	32.27	186（100）	357（143）	210（397）	
491	螺螨酯	Spirodiclofen	32.50	312（100）	259（48）	277（28）	
492	苄螨醚	Halfenprox	32.62	263（100）	237（6）	476（5）	
493	呋草酮	Flurtamone	32.78	333（100）	199（63）	247（25）	
494	环酯草醚	Pyriftalid	32.94	318（100）	274（71）	303（44）	
495	氟硅菊酯	Silafluofen	33.18	287（100）	286（274）	258（289）	
496	嘧螨醚	Pyrimidifen	33.63	184（100）	186（32）	185（10）	
497	啶虫脒	Acetamiprid	33.87	126（100）	152（99）	166（58）	
498	氟丙嘧草酯	Butafenacil	33.85	331（100）	333（34）	180（35）	
499	苯酮唑	Cafenstrole	34.36	100（100）	188（69）	119（25）	
500	氟啶草酮	Fluridone	37.61	328（100）	329（100）	330（100）	

附录 C
（资料性附录）
GC-MS 测定的 A、B、C、D、E 五组农药及相关化学品选择离子监测分组表

C.1 GC-MS 测定的 A、B、C、D、E 五组农药及相关化学品选择离子监测分组表，见表 C.1。

表 C.1

序号	时间（min）	离子（amu）	驻留时间（ms）
		A 组	
1	8.30	138，158，173	200
2	9.60	124，140，166，172，183，211	90
3	10.50	121，154，234	200
4	10.75	120，137，179	200
5	11.70	154，186，215	200
6	14.40	167，168，169	200
7	14.90	121，142，143，153，183，195，196，198，230，231，260，276，292，316	30
8	16.20	88，125，246	200
9	16.70	137，138，145，172，174，179，187，202，204，205，237，246，249，295，304	30
10	17.80	138，173，175，181，186，194，196，201，210，225，236，255，277，292	30
11	18.80	150，165，173，175，222，223，251，255，279	50
12	19.20	125，143，229，261，263，265，293，305，307，329	50
13	19.80	125，261，263，265，285，287，293，305，307，329	50
14	20.10	170，181，184，198，200，206，212，217，219，226，227，233，234，241，246，249，254，258，263，264，266，268，285，286，314	10
15	21.40	143，152，153，158，169，173，180，181，208，217，219，220，247，254，256，260，275，277，278，351，353，355	10
16	22.30	61，143，160，162，181，186，208，210，220，235，248，252，263，268，270，291，351，353，355	20
17	23.00	133，143，146，157，209，211，246，268，270，274，298，303，320，357，359，373，375，377	20
18	23.70	72，104，133，145，152，157，160，162，209，211，215，253，255，260，263，267，274，277，283，285，297，302，309，345，380	10
19	24.80	128，145，154，157，171，175，198，217，225，240，255，258，271，283，285，288，302，303	20
20	25.50	154，185，217，252，253，254，288，303，319，324，334	50
21	26.00	87，139，143，145，165，173，199，208，231，235，237，251，253，273，316，323，384	20

（续表）

序号	时间（min）	离子（amu）	驻留时间（ms）
		A 组	
22	26.80	145, 150, 156, 165, 173, 179, 199, 231, 235, 237, 245, 247, 280, 288, 322, 323, 384	20
23	27.90	165, 166, 173, 181, 253, 259, 261, 281, 292, 293, 308, 342	40
24	28.60	118, 160, 165, 166, 181, 203, 212, 227, 228, 231, 235, 237, 272, 274, 314, 323	30
25	29.30	135, 163, 164, 212, 227, 228, 232, 233, 250, 252, 278	40
26	30.00	102, 145, 159, 160, 161, 188, 199, 227, 303, 317, 340, 356	40
27	31.00	175, 183, 184, 220, 221, 223, 232, 250, 255, 267, 373	40
28	33.00	127, 180, 181	200
29	34.40	167, 181, 225, 419	150
30	35.70	172, 174, 181	200
		B 组	
1	7.80	128, 132, 189	200
2	8.80	146, 156, 217	200
3	9.70	128, 136, 161, 171, 173, 203	90
4	10.70	127, 164, 192, 194, 196, 198	90
5	11.70	191, 193, 206	200
6	13.40	124, 203, 215, 250, 261	100
7	14.40	158, 168, 200, 242, 282, 284, 286	80
8	14.70	116, 120, 128, 148, 153, 171, 176, 188, 202, 211, 213, 234, 236, 238, 264, 266, 282, 284, 286, 306, 322, 335	10
9	16.00	116, 148, 183, 188, 219, 221, 254	80
10	16.80	153, 186, 231, 288	150
11	17.10	153, 160, 164, 169, 172, 173, 176, 197, 206, 210, 214, 223, 225, 229, 270, 318, 330, 347	20
12	18.20	61, 126, 160, 173, 176, 206, 214, 229	60
13	18.70	126, 127, 134, 148, 164, 171, 172, 180, 192, 197, 198, 210, 213, 223, 243, 286, 288, 305, 307	20
14	19.90	134, 171, 188, 197, 198, 210, 213, 237, 269, 276, 290, 305	40
15	20.60	100, 185, 211, 226, 241, 253, 257, 259, 378	50
16	21.20	73, 139, 141, 153, 161, 162, 167, 185, 191, 207, 213, 224, 226, 237, 238, 240, 250, 251, 286, 304, 318, 329, 331, 333, 351, 353, 355, 387	10
17	22.00	161, 167, 207, 222, 224, 226, 238, 264, 280, 286, 351, 353, 355	40
18	22.70	161, 163, 170, 171, 182, 185, 205, 213, 217, 241, 255, 256, 265, 267, 269, 276, 323, 339	20

（续表）

序号	时间（min）	离子（amu）	驻留时间（ms）
	B 组		
19	23.40	137，160，176，188，238，240，246，248，259，267，269，316，318，323，331，373，375，377	20
20	23.90	61，160，166，176，188，193，194，246，248，250，259，292，294，297，316，318，329，331，333，339，374，377，379	20
21	24.90	61，105，165，167，172，175，177，187，199，214，231，235，236，237，238，256，263，292，294，297，302，305，311，313，317，339，345，374	10
22	25.60	77，105，139，141，165，169，171，199，202，213，223，235，237，251，252，253，256，271，276，283，297，300，325，360，361	10
23	26.70	105，157，165，195，199，235，237，246，276，297，325，339，342，360，363	30
24	27.60	148，157，161，169，172，173，201，206，257，303，310，325	40
25	28.90	89，99，126，127，157，161，169，172，181，183，257，260，265，272，292，303，339，341，349，365，387，389	10
26	29.80	79，181，183，265，311，349	90
27	30.00	128，157，169，171，189，252，310，323，341，375，377，379	40
28	31.20	132，139，154，160，161，182，189，251，310，330，341，367	40
29	32.90	180，199，206，226，266，308，334，362，364	50
30	34.00	181，250，252	200
	C 组		
1	7.30	109，185，220	200
2	8.70	152，153，154	200
3	9.30	58，128，129，146，188，203	90
4	11.20	126，161，163	200
5	11.75	125，126，141，158，169，170，187，208，240	50
6	13.50	122，123，124，151，215，250	90
7	14.70	107，121，150，264，276，292	90
8	16.00	174，202，217	200
9	16.50	126，141，143，156，168，176，198，199，200，210，225，268，270，277，279	30
10	17.60	88，173，183，186，200，215，219，254，274	50
11	18.40	104，130，159，161，204，237，246，257，272，285，288，313，337	40
12	18.90	128，129，161，163，165，175，204，217，242，246，257，264，285，288，303，306，313，326，335	20
13	19.80	73，89，146，162，185，212，223，227，250，265，267	50
14	20.30	61，144，146，162，170，185，198，199，212，213，223，227，258	40
15	20.70	61，103，118，144，170，181，198，199，210，217，219，222，240，254，255	30
16	21.35	108，117，151，160，161，170，219，221，224，225，257，267，351，353，355	30

(续表)

序号	时间（min）	离子（amu）	驻留时间（ms）
		C 组	
17	22.20	107, 108, 119, 123, 136, 145, 176, 219, 221, 246, 248, 263, 318, 351, 353, 355	20
18	22.70	77, 141, 165, 167, 174, 176, 206, 234, 239, 246, 248, 267, 268, 297, 299, 318	20
19	23.20	105, 123, 134, 161, 248, 250, 267, 297, 299	50
20	23.50	131, 143, 157, 161, 171, 220, 248, 250, 262, 296, 304, 329, 336, 338, 404	30
21	24.30	112, 130, 162, 168, 238, 262	90
22	25.10	112, 116, 130, 131, 162, 168, 206, 233, 234, 235, 238, 262	40
23	25.30	254, 282, 321, 323, 356, 383	90
24	26.00	131, 152, 206, 233, 234, 236, 251, 253, 315	50
25	26.90	149, 162, 176, 177, 190, 232, 268, 270, 328	50
26	27.90	105, 119, 120, 135, 140, 173, 266, 267, 269, 350, 394	50
27	28.80	105, 117, 123, 140, 145, 160, 183, 266, 267, 350, 394	50
28	29.00	117, 123, 127, 145, 154, 160, 183, 248, 350	50
29	29.60	116, 178, 186, 191, 219, 255	90
30	30.30	132, 162, 178, 184, 219, 226, 281, 293, 334	50
31	31.10	120, 136, 141, 147, 181, 183, 184, 192, 197, 247, 255, 289, 309, 364	30
32	32.00	112, 141, 147, 170, 183, 184, 255, 309, 364, 428, 447, 449	40
33	32.60	112, 141, 163, 170, 183, 376, 428, 447, 449	50
34	33.10	163, 165, 178, 181, 251, 279	90
35	33.80	157, 199, 451	200
36	34.70	181, 225, 250, 252, 419	100
37	35.40	259, 265, 287, 323, 325, 354	90
38	36.40	308, 318, 423	200
		D 组	
1	5.50	110, 153, 154	200
2	8.00	153, 184, 212	200
3	11.00	139, 155, 211, 215, 250, 252	90
4	13.00	142, 156, 165, 171, 196, 197, 200, 201, 202	50
5	14.00	143, 155, 158, 167, 192, 203, 211, 220, 229, 231, 246	40
6	15.00	106, 142, 190, 237, 265, 280	90
7	16.00	108, 136, 145, 158, 164, 171, 173, 182, 186, 196, 197, 201, 211, 216, 213, 288	20
8	17.20	161, 174, 177, 197, 200, 202, 214, 229, 246, 357, 359, 394	40

（续表）

序号	时间 (min)	离子（amu）	驻留时间 (ms)
	D 组		
9	17.90	89, 114, 128, 172, 173, 174, 175, 186, 189, 198, 223, 229, 230, 231, 233, 253, 256, 258, 263, 265, 268, 277, 282, 292, 297	10
10	19.20	142, 143, 154, 157, 162, 184, 185, 199, 200, 201, 202, 203, 214, 220, 229, 230, 247, 251, 252, 255, 263, 264, 270, 278, 285, 287, 292	10
11	20.00	153, 180, 197, 199, 200, 201, 202, 230, 239, 247, 251, 252, 266, 305, 308, 311, 343, 375, 380, 412	15
12	21.00	115, 184, 193, 195, 196, 198, 215, 221, 225, 250, 252, 263, 269, 276, 285, 297, 301, 332	20
13	21.60	128, 170, 194, 195, 210, 212, 224, 225, 236, 254, 279, 294	40
14	22.10	129, 155, 182, 184, 200, 201, 210, 212, 216, 224, 225, 229, 230, 254, 262, 263, 291, 300, 314, 326, 351, 353, 355	10
15	23.00	136, 171, 199, 215, 230, 251, 253, 266, 289, 407, 409, 411	40
16	23.90	130, 148, 178, 187, 202, 211, 223, 224, 226, 240, 258, 267, 295, 299, 311, 313, 323	20
17	25.00	129, 130, 145, 148, 164, 168, 184, 185, 196, 201, 218, 219, 227, 254, 259, 290, 299, 326, 330, 340, 360	15
18	26.00	156, 159, 184, 185, 213, 218, 227, 229, 270, 272, 290, 360	40
19	27.10	143, 160, 171, 206, 222, 223, 224, 230, 238, 251, 266, 294, 312, 338, 349	30
20	28.00	136, 174, 186, 202, 215, 231, 233, 237, 254, 278, 279, 294, 310, 311, 326, 366, 379	20
21	29.00	136, 153, 192, 194, 220, 234, 276, 318, 324, 333, 359, 394	40
22	30.00	160, 161, 171, 173, 175, 214, 317, 375, 377	50
23	30.80	173, 175, 196, 213, 230, 274, 292, 300, 304, 316, 319, 320, 335, 373	30
24	32.40	147, 236, 238, 340, 341, 342	90
25	34.00	125, 129, 198	200
	E 组		
1	5.50	110, 111, 152	200
2	7.00	103, 107, 121, 122, 136	100
3	9.00	94, 95, 141	200
4	10.40	160, 162, 164, 205, 206, 220	100
5	12.00	101, 157, 175	200
6	12.90	103, 104, 121, 125, 130, 136, 147, 153, 301	60
7	13.90	125, 156, 157, 171, 180, 209	100
8	14.80	109, 110, 111, 142, 145, 152, 159, 185, 213, 230, 370	50

(续表)

序号	时间(min)	离子(amu)	驻留时间(ms)
		E 组	
9	16.80	98, 100, 126, 142, 145, 153, 160, 184, 187, 188, 189, 198, 213, 232, 234, 254, 261, 273, 318	30
10	17.95	98, 100, 124, 126, 130, 144, 145, 173, 176, 177, 187, 198, 206, 213, 225, 232, 240, 273	30
11	18.70	138, 166, 173, 238, 240, 255	100
12	19.20	109, 119, 120, 135, 138, 146, 153, 162, 173, 176, 182, 187, 201, 202, 205, 206, 219, 220, 222, 223, 227, 232, 259, 264, 265, 296	20
13	20.30	109, 121, 127, 135, 153, 163, 182, 195, 201, 202, 206, 249, 256, 268, 279, 286, 306, 354	30
14	20.90	121, 127, 138, 195, 206, 211, 221, 227, 249, 264, 268, 278, 279, 301, 327, 332, 363, 381	30
15	21.95	109, 187, 224, 242, 266, 295, 297, 299, 351, 353, 355	50
16	22.30	104, 107, 123, 135, 136, 144, 151, 172, 187, 209, 211, 212, 227, 240, 242, 255, 262, 294, 299, 363	35
17	23.30	140, 152, 189, 215, 227, 272, 243, 262, 272	50
18	24.00	112, 128, 149, 168, 182, 205, 207, 212, 221, 222, 223, 231, 236, 247, 264, 303, 335, 367	30
19	25.00	91, 112, 128, 136, 137, 144, 168, 173, 180, 185, 187, 191, 196, 200, 204, 215, 231, 232, 238, 256, 286, 290, 294, 296, 412	20
20	26.05	105, 125, 157, 177, 186, 191, 196, 225, 238, 300, 302, 313, 314, 330, 361	40
21	26.90	116, 131, 186, 194, 204, 222, 225, 235, 237, 247, 270, 272, 294, 300, 307, 328, 351, 367, 369, 408, 447, 449	30
22	28.00	107, 123, 138, 151, 183, 192, 235, 260, 270, 272, 295, 312, 327, 340, 351, 367, 369, 376	30
23	28.60	108, 127, 141, 164, 165, 181, 205, 267, 288, 339, 349, 412	50
24	29.20	120, 125, 136, 137, 138, 164, 183, 185, 187, 192, 205, 206, 217, 218, 226, 227, 236, 240, 244, 246, 249, 299, 300, 330, 359, 372	20
25	30.05	122, 136, 140, 148, 160, 185, 187, 199, 204, 206, 214, 226, 229, 232, 238, 244, 246, 250, 258, 266, 268, 285, 288, 290, 300, 317, 319, 320, 376	20
26	31.60	111, 132, 137, 144, 171, 186, 194, 199, 210, 226, 237, 247, 259, 263, 268, 274, 277, 291, 303, 312, 318, 325, 333, 346, 357, 360, 362, 442, 461, 476	20
27	33.00	126, 152, 166, 180, 184, 185, 186, 258, 286, 287, 331, 333	50
28	34.00	100, 119, 188	200
29	37.00	328, 329, 330	200

附录 D
（资料性附录）
标准物质在苹果基质中选择离子监测 GC – MS 图

D.1 A 组标准物质在苹果基质中选择离子监测 GC – MS 图，见图 D.1。

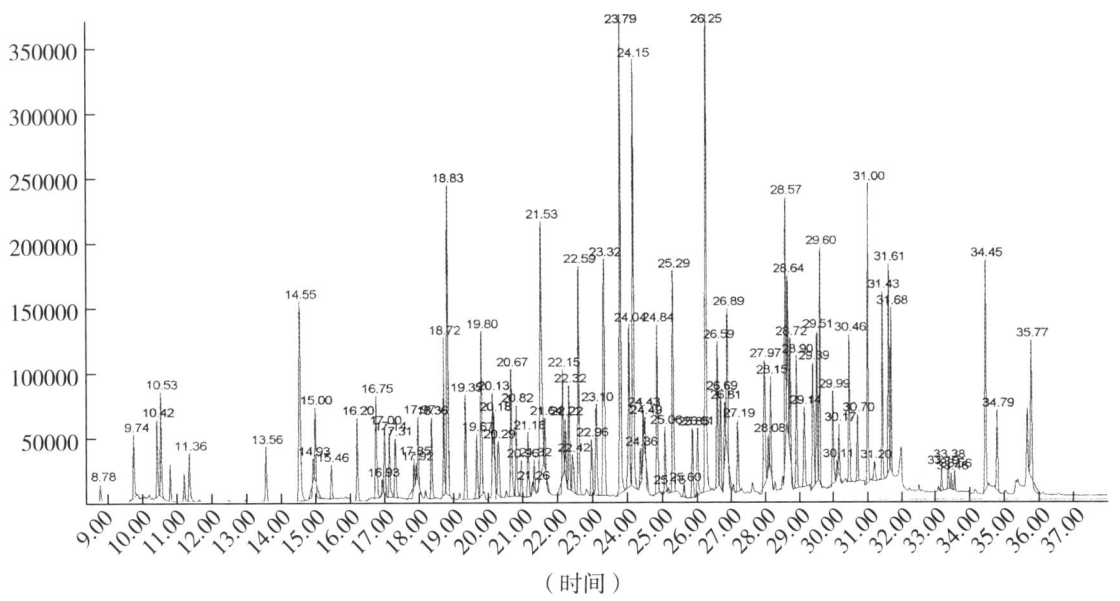

图 D.1

注：农药及相关化学品名称见附录 A，序号 1~92。

D.2 B 组标准物质在苹果基质中选择离子监测 GC – MS 图，见图 D.2。

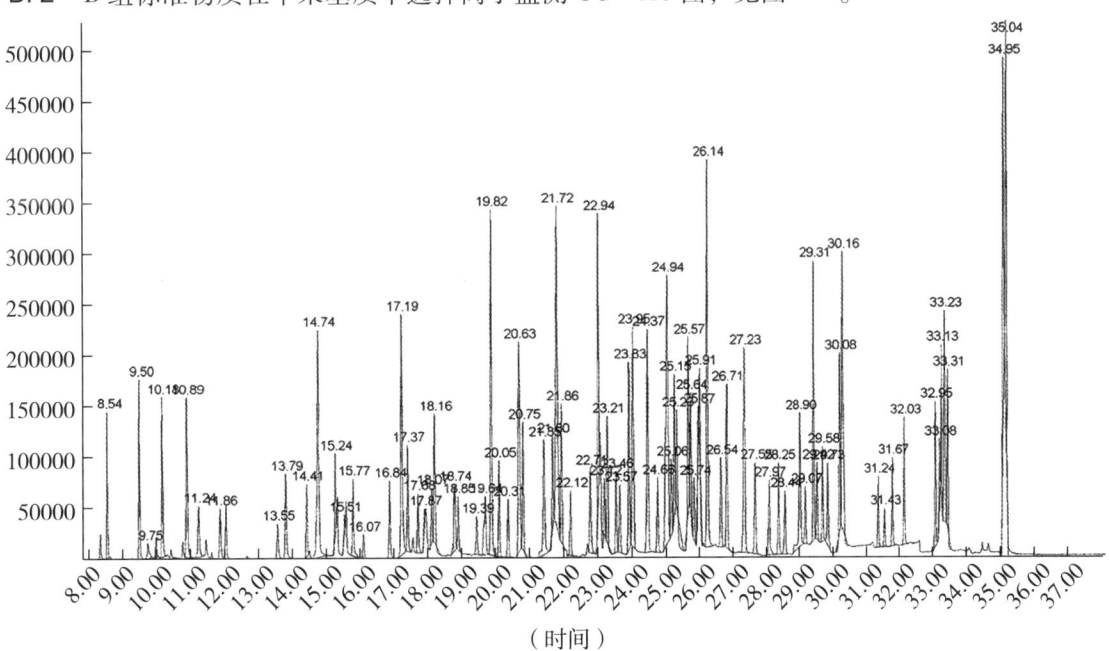

图 D.2

注：农药及相关化学品名称见附录 A，序号 93~193。

D.3 C组标准物质在苹果基质中选择离子监测GC-MS图,见图D.3。

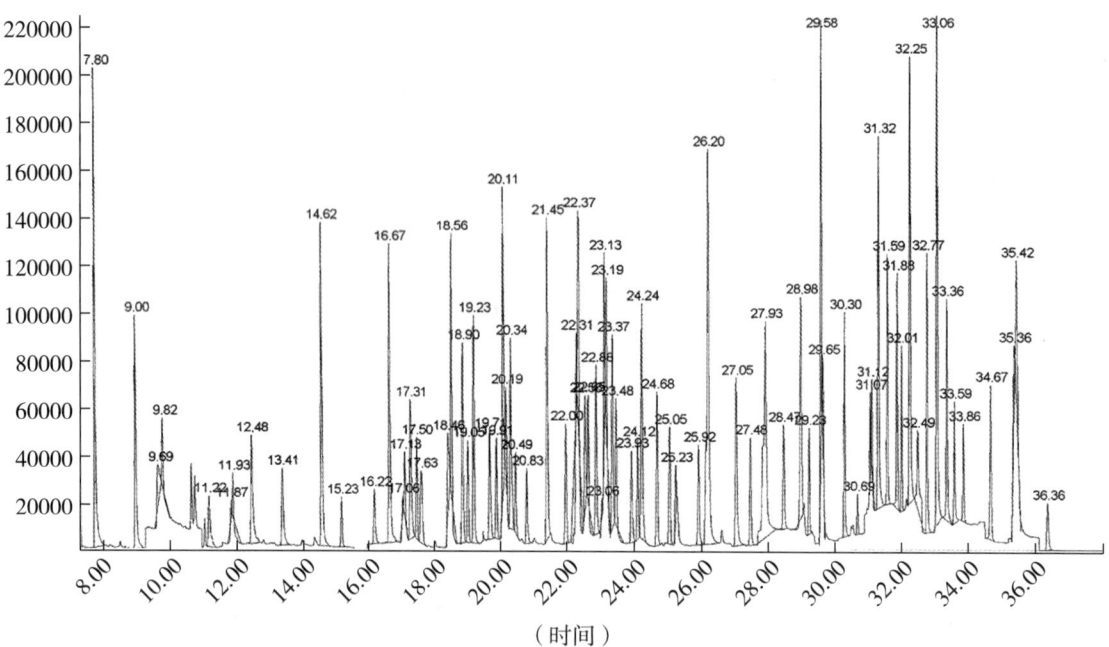

图 D.3

注:农药及相关化学品名称见附录A,序号194~277。

D.4 D组标准物质在苹果基质中选择离子监测GC-MS图,见图D.4。

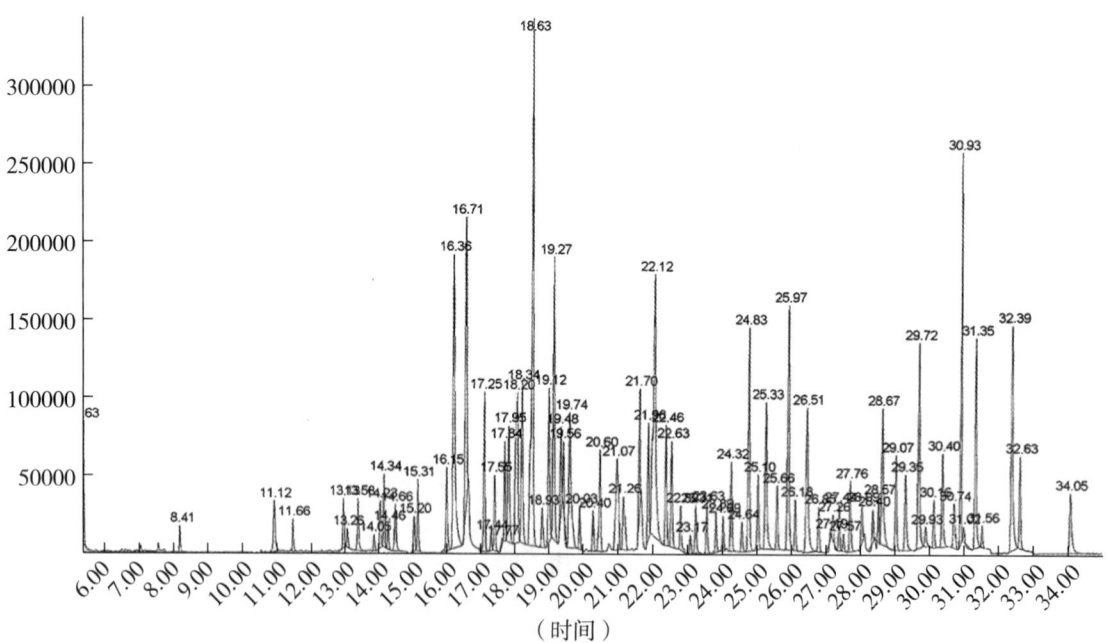

图 D.4

注:农药及相关化学品名称见附录A,序号278~383。

D.5 E组标准物质在苹果基质中选择离子监测GC-MS图,见图D.5。

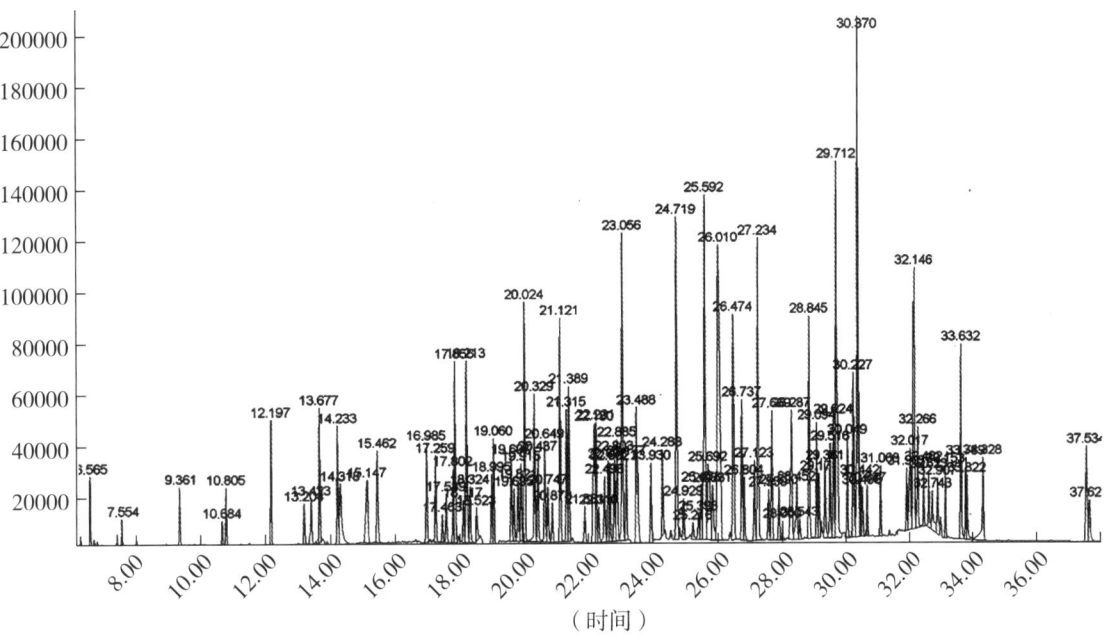

图 D.5

注:农药及相关化学品名称见附录A,序号384~500。

附录 E
（规范性附录）
实验室内重复性要求

表 E.1　　　　　　　　　　　　　　实验室内重复性要求

被测组分含量 mg/kg	精密度 %
≤0.001	36
>0.001≤0.01	32
>0.01≤0.1	22
>0.1≤1	18
>1	14

附录 F
（规范性附录）
实验室间再现性要求

表 F.1　　　　　　　　　　　　　　实验室间再现性要求

被测组分含量 mg/kg	精密度 %
≤0.001	54
>0.001≤0.01	46
>0.01≤0.1	34
>0.1≤1	25
>1	19

附录 G
（资料性附录）
样品的添加浓度及回收率的实验数据

表 G.1 样品的添加浓度及回收率的实验数据

单位：%

序号	中文名称	低水平添加 1LOQ					中水平添加 2LOQ					高水平添加 5LOQ				
		甘蓝	芹菜	西红柿	苹果	葡萄	橘子	甘蓝	芹菜	西红柿	苹果	葡萄	橘子	甘蓝	芹菜	西红柿	苹果	葡萄	橘子
								A 组											
1	二丙烯草胺	62.6	85.5	31.1	90.6	74.9	44.8	96.4	79.7	66.7	86.6	83.0	74.9	80.2	103.0	100.3	80.1	68.2	76.1
2	烯丙酰草胺	61.3	95.2	33.7	78.7	71.3	83.0	87.3	69.1	56.2	78.2	91.7	66.3	74.0	92.0	89.9	82.4	72.1	80.7
3	土菌灵	66.0	92.5	41.4	84.7	67.0	58.4	50.9	50.8	62.3	39.3	80.0	57.3	59.9	99.7	78.6	57.9	47.0	60.7
4	氯甲硫磷	72.1	96.7	40.3	81.4	89.6	102.5	80.4	113.2	88.4	91.3	87.9	120.6	68.4	101.3	95.0	80.5	82.1	79.5
5	苯胺灵	83.9	101.0	70.0	99.1	69.9	92.1	103.3	69.3	81.9	108.6	90.0	86.1	58.0	98.7	96.5	89.5	108.3	97.5
6	环草敌	95.3	113.0	98.4	101.6	59.0	80.8	86.5	69.4	76.9	90.7	86.4	78.3	86.5	111.0	103.0	94.0	83.9	91.7
7	联苯二胺	94.3	586.3	132.6	42.5	96.3	123.0	93.0	110.0	175.6	84.6	96.2	94.3	84.9	105.8	106.6	101.0	90.6	107.6
8	杀虫脒	117.5	62.7	60.7	90.8	129.2	129.9	87.5	76.9	102.8	88.3	76.1	89.6	93.8	79.4	91.9	84.4	75.7	91.9
9	乙丁烯氟灵	89.0	108.9	99.0	111.8	94.1	84.1	80.4	67.8	87.6	61.3	100.0	73.4	89.2	119.5	102.7	80.4	76.8	85.6
10	甲拌磷	79.2	118.4	91.5	108.8	86.6	79.3	59.2	71.0	90.7	74.2	83.8	100.0	91.8	116.7	102.7	91.6	81.7	90.2
11	甲基乙拌磷	81.1	91.2	89.5	103.4	0.0	84.3	49.6	63.0	81.8	65.3	36.8	82.7	86.5	82.0	100.3	90.2	78.8	88.0
12	五氯硝基苯	94.7	129.3	95.8	116.9	90.8	91.3	75.7	79.7	85.5	66.3	99.4	79.9	95.4	117.1	104.1	91.7	80.9	89.5
13	脱乙基阿特拉津	105.5	108.2	108.5	114.4	85.4	65.4	85.6	82.5	86.1	72.4	80.9	70.7	104.1	113.9	115.2	101.3	82.8	77.1
14	异噁草松	103.1	115.1	110.2	117.3	95.5	87.6	87.2	81.0	85.2	84.4	89.8	80.1	105.5	121.6	111.6	99.8	86.0	94.8
15	二嗪磷	102.3	118.4	110.7	116.7	90.4	89.3	88.6	81.1	89.7	82.7	95.3	75.7	107.0	132.6	114.3	96.6	80.4	93.2
16	地虫硫磷	94.6	102.9	94.5	118.7	94.3	90.8	88.5	75.8	85.7	82.7	92.5	83.8	100.1	115.3	107.9	99.6	87.4	95.7
17	乙嘧硫磷	96.6	94.4	105.3	119.6	94.1	88.1	95.2	84.2	93.6	78.7	98.3	99.9	104.2	139.4	115.0	106.3	88.1	99.3

(续表)

序号	中文名称	低水平添加 1LOQ					中水平添加 2LOQ					高水平添加 5LOQ				
		甘蓝	芹菜	西红柿	苹果	葡萄	橘子	甘蓝	芹菜	西红柿	苹果	葡萄	橘子	甘蓝	芹菜	西红柿	苹果	葡萄	橘子
18	西玛津	110.1	106.3	116.5	113.3	76.9	65.2	116.3	102.9	99.7	121.1	79.8	83.6	109.8	121.1	116.5	100.7	85.1	93.6
19	胺丙畏	99.1	112.5	115.2	126.4	98.1	87.2	91.3	61.3	89.9	77.2	96.6	74.4	107.4	104.9	115.5	102.4	91.7	99.7
20	仲丁通	100.2	102.9	105.1	117.1	86.7	78.6	82.8	91.7	100.0	81.7	101.9	86.2	105.8	117.6	113.5	97.1	79.9	93.6
21	除线磷	100.2	104.7	111.7	122.9	101.2	101.2	88.5	80.4	88.5	88.2	93.8	83.5	101.2	115.6	113.1	111.8	95.6	105.7
22	炔丙烯草胺	118.9	125.7	117.9	143.4	110.4	105.3	90.8	82.5	91.0	81.6	95.1	80.6	109.3	124.2	114.8	101.9	88.8	98.7
23	兹克威	82.9	74.4	82.0	88.5	59.7	64.2	69.5	68.7	81.5	53.3	90.3	82.5	97.8	109.3	96.0	76.9	56.2	72.2
24	艾氏剂	94.0	98.7	100.6	111.5	93.1	95.0	83.0	75.9	78.8	88.4	83.9	74.9	93.3	107.8	106.4	100.7	87.4	96.5
25	氨氟灵	96.0	108.1	112.5	135.0	103.2	80.8	67.6	62.1	89.4	62.2	109.7	81.2	91.9	114.0	97.1	73.7	78.1	86.7
26	皮蝇磷	97.3	103.3	105.4	124.0	99.0	91.9	87.8	81.6	89.0	83.8	93.5	94.6	102.4	114.5	111.3	116.3	99.9	111.6
27	扑草净	99.2	99.6	103.9	119.0	90.7	83.3	88.8	88.2	88.2	88.4	94.3	85.8	109.0	120.8	112.9	99.5	81.9	98.0
28	环丙津	101.2	106.2	105.5	121.5	99.0	73.2	83.5	83.8	89.7	81.9	92.1	99.4	108.5	116.7	112.8	99.4	83.2	98.6
29	乙烯菌核利	88.1	95.8	102.6	114.4	98.4	79.6	87.9	86.8	90.4	89.5	91.7	87.6	105.2	116.8	111.0	115.6	97.5	108.5
30	β-六六六	87.7	91.5	94.7	108.4	100.4	76.8	87.3	85.3	83.5	93.1	87.0	79.1	108.6	114.9	116.1	117.3	100.1	103.7
31	甲精灵	102.4	101.7	112.4	116.8	94.1	78.7	85.9	88.5	122.1	76.3	93.7	73.8	108.7	114.6	117.0	103.9	86.2	95.1
32	毒死蜱	99.9	105.9	114.4	124.7	28.6	27.5	95.7	86.2	97.3	87.6	105.6	134.1	106.1	125.8	115.6	94.3	81.8	91.7
33	甲基对硫磷	94.2	110.6	100.7	131.8	110.5	72.3	99.5	105.9	126.2	75.3	105.7	64.3	112.9	133.5	109.4	100.2	96.3	105.7
34	蒽醌	76.6	46.2	83.5	93.5	109.3	85.3	98.6	89.9	58.4	79.5	79.2	99.0	102.7	104.5	99.4	82.2	64.9	100.4
35	δ-六六六	104.7	108.0	110.0	113.0	76.5	66.2	87.8	84.6	85.9	82.1	98.5	149.4	109.1	112.7	113.1	113.4	96.6	108.1
36	倍硫磷	99.4	111.6	114.3	124.5	103.2	86.7	77.7	79.5	90.2	72.4	69.9	85.3	102.7	108.3	111.0	112.5	96.3	114.7
37	马拉硫磷	96.7	116.8	111.0	131.9	100.6	82.4	87.3	86.2	111.8	73.5	103.4	70.9	108.9	122.2	115.7	110.3	94.9	109.6
38	杀螟硫磷	97.5	100.8	100.3	142.4	107.7	76.1	96.0	118.1	136.1	87.5	122.6	64.9	107.8	118.3	107.7	108.3	96.9	108.2
39	对氧磷	82.2	93.7	95.9	153.2	87.0	61.8	79.0	113.9	124.7	112.7	149.3	90.6	107.0	134.3	107.7	108.7	95.7	107.8
40	三唑酮	101.3	105.3	111.1	122.6	93.0	77.8	64.2	73.9	78.6	63.5	76.8	75.0	108.5	117.9	117.9	114.4	93.5	102.9
41	对硫磷	91.6	110.9	103.7	142.6	113.2	84.1	117.9	114.7	63.5	92.6	78.7	93.0	108.0	129.6	112.9	100.8	93.6	107.1
42	二甲戊灵	96.9	112.0	108.3	141.9	108.9	88.8	78.7	98.2	112.9	57.7	107.6	75.9	108.2	125.8	111.3	98.3	90.8	104.4

A 组

(续表)

序号	中文名称	低水平添加 1LOQ					中水平添加 2LOQ					高水平添加 5LOQ				
		甘蓝	芹菜	西红柿	苹果	葡萄	橘子	甘蓝	芹菜	西红柿	苹果	葡萄	橘子	甘蓝	芹菜	西红柿	苹果	葡萄	橘子
								A组											
43	利谷隆	99.8	132.3	116.7	130.8	73.8	67.9	64.0	86.3	79.5	81.1	106.2	62.2	56.8	153.6	122.9	83.8	64.5	123.1
44	杀螨醚	99.5	106.7	103.0	118.4	100.6	87.6	82.7	87.4	94.7	81.0	89.5	80.5	106.8	116.4	110.9	115.1	104.1	115.2
45	乙基溴硫磷	92.4	102.2	105.6	123.9	94.4	96.3	91.4	91.7	94.0	88.4	100.8	79.8	107.1	119.0	115.8	127.1	109.1	123.1
46	喹硫磷	96.5	107.2	105.1	131.2	103.1	91.1	106.5	95.2	107.0	88.1	118.2	90.5	111.3	124.6	116.7	109.0	93.9	109.3
47	反式氯丹	96.9	102.4	105.3	125.6	98.3	102.3	86.1	86.5	85.1	90.1	90.6	75.6	103.9	113.8	115.1	123.1	103.5	114.6
48	稻丰散	94.1	107.1	107.0	130.2	103.4	88.0	79.5	93.0	104.1	74.2	111.3	69.3	106.2	117.9	115.2	113.2	97.8	111.9
49	吡唑草胺	102.3	102.8	109.7	118.9	93.4	77.8	87.1	88.5	93.8	74.7	99.9	73.3	107.3	113.8	116.1	108.7	88.6	98.7
50	苯硫威	96.3	108.7	100.9	122.5	108.7	97.8	99.4	112.3	86.5	96.7	106.1	94.3	115.6	118.2	112.2	108.3	100.4	110.3
51	丙硫威	89.4	97.9	91.3	123.6	110.9	91.0	81.9	84.0	40.2	72.6	70.9	66.7	101.1	117.4	110.6	111.8	98.5	110.6
52	整形醇	98.2	127.7	107.0	123.9	104.2	69.2	83.8	87.8	96.2	85.1	103.7	79.4	107.6	0.6	115.8	114.1	99.2	103.1
53	狄氏剂	99.1	104.7	107.1	118.0	98.7	97.4	107.3	90.8	85.2	94.7	90.2	80.3	105.6	114.5	116.5	115.0	96.4	108.2
54	腐霉利	98.0	100.3	101.7	121.0	117.4	98.6	88.4	89.0	85.2	88.3	90.2	148.6	128.1	120.7	118.1	117.9	96.2	105.2
55	杀扑磷	95.8	102.7	103.2	125.8	89.1	81.4	83.2	112.9	125.9	56.7	102.8	58.5	107.4	996.5	117.5	109.6	97.8	107.1
56	氰草津	87.9	75.3	79.5	93.2	118.7	127.3	84.0	84.7	93.8	116.4	90.5	85.5	88.8	81.3	82.4	125.0	108.0	108.3
57	敌草胺	102.9	102.9	104.0	115.4	90.3	76.9	89.4	91.3	93.0	86.6	94.9	80.2	107.3	117.2	116.4	109.5	90.7	102.2
58	噁草酮	101.9	99.4	105.4	101.0	81.1	78.8	82.8	90.4	103.6	96.7	96.0	78.6	107.6	112.7	116.3	120.0	100.9	114.1
59	苯线磷	69.1	41.8	71.5	126.8	99.9	72.7	69.2	101.2	120.4	51.0	69.7	59.0	93.6	100.1	109.4	98.1	87.2	99.9
60	杀螨氯硫	83.1	95.8	96.4	120.2	97.4	105.6	86.3	86.9	91.7	91.3	90.2	84.0	102.8	118.9	114.8	125.0	106.2	118.6
61	杀螨特	89.4	159.8	101.9	125.8	112.7	102.0	84.6	96.3	107.1	82.2	108.5	73.9	105.6	137.6	124.9	128.6	98.2	107.1
62	乙嘧酚磺酸酯	90.2	102.9	86.6	116.3	88.6	84.2	89.5	91.3	102.0	91.2	99.2	94.6	101.6	128.7	111.9	115.0	93.1	107.9
63	萎锈灵	66.9	48.8	76.5	104.7	79.5	64.7	70.5	47.4	82.6	56.2	77.0	77.5	60.4	28.2	92.7	101.4	85.6	97.5
64	氟酰胺	93.1	113.5	106.0	122.1	95.2	72.9	94.0	97.7	131.7	91.9	103.5	86.3	104.0	122.7	109.4	114.9	95.5	94.6
65	p,p'-滴滴滴	未添加	未添加	未添加	未添加	未添加	未添加	86.3	91.6	97.2	88.8	94.7	76.4	未添加	未添加	未添加	未添加	未添加	未添加
66	乙硫磷	92.2	114.4	102.9	130.6	104.4	91.8	91.0	95.9	108.0	78.0	108.4	70.6	106.8	128.7	115.9	121.6	105.8	120.6
67	硫丙磷	94.4	102.8	101.6	118.6	96.8	95.1	76.4	92.2	95.7	74.8	69.1	74.6	102.9	104.9	113.1	113.4	95.4	108.8

(续表)

序号	中文名称	低水平添加 1LOQ					中水平添加 2LOQ					高水平添加 5LOQ				
		甘蓝	芹菜	西红柿	苹果	葡萄	橘子	甘蓝	芹菜	西红柿	苹果	葡萄	橘子	甘蓝	芹菜	西红柿	苹果	葡萄	橘子
								A组											
68	乙环唑-1	95.6	106.8	73.6	117.1	85.1	77.4	65.4	98.6	110.8	60.4	111.7	53.2	106.5	123.8	158.3	107.5	92.9	113.9
69	乙环唑-2	94.3	109.1	81.8	130.4	77.5	85.1	101.7	89.2	84.5	88.7	89.1	26.7	116.8	131.5	128.5	99.7	77.3	108.2
70	腈菌唑	113.1	104.5	92.4	104.0	80.9	70.7	90.6	91.4	129.1	68.4	101.6	62.9	103.0	115.4	108.2	109.7	89.4	93.4
71	禾草灵	166.6	160.3	104.8	127.3	110.4	94.0	76.1	99.3	111.4	90.4	131.9	133.0	106.9	110.1	117.2	118.5	102.7	112.8
72	丙环唑	91.9	97.1	100.1	115.7	91.0	83.7	79.6	94.1	87.1	57.6	62.7	102.7	104.1	127.0	115.8	108.8	89.7	114.2
73	丰荗菊酯	97.4	89.4	105.3	107.7	87.9	75.3	87.4	138.6	92.2	120.4	58.3	118.2	106.8	86.1	120.3	164.6	132.3	120.0
74	联苯菊酯	92.2	95.6	101.2	124.7	102.7	99.8	89.6	99.1	83.2	95.1	103.7	83.2	102.9	116.9	118.7	112.3	96.6	109.5
75	灭蚊菊灵	97.7	99.2	105.5	130.9	97.6	100.4	116.5	80.8	93.5	111.2	104.5	66.5	98.7	109.8	114.8	110.8	92.4	105.6
76	麦锈灵	114.3	127.4	125.2	139.9	103.9	78.1	77.6	106.6	109.6	68.7	111.0	68.4	110.8	120.7	124.2	112.8	98.3	93.0
77	氟苯嘧啶醇	104.1	99.2	104.4	92.2	72.1	77.9	93.9	92.3	96.4	82.7	95.9	74.7	107.9	109.9	115.1	104.3	73.6	95.7
78	甲氧滴滴涕	83.1	106.9	108.6	126.0	94.0	85.9	71.0	92.3	54.9	100.7	124.8	86.0	93.9	124.3	106.6	86.6	63.2	85.4
79	噁霜灵	86.8	102.3	80.0	112.8	97.5	72.1	106.0	76.5	76.4	142.4	107.4	87.3	103.4	118.3	120.5	98.5	84.9	101.4
80	胺菊酯	93.2	96.9	101.7	124.9	95.6	95.2	86.3	102.0	148.8	91.4	116.0	80.2	103.5	114.0	114.0	114.7	95.9	112.6
81	戊唑醇	106.8	85.9	71.6	117.2	87.6	76.6	88.3	100.3	93.7	62.5	119.7	74.2	98.9	95.5	98.8	107.0	86.7	97.2
82	氟草敏	98.2	110.0	95.3	106.6	87.2	66.9	88.9	94.1	98.1	86.6	98.9	85.0	103.2	110.3	114.0	108.1	92.0	75.6
83	哒嗪硫磷	125.0	102.3	104.6	116.8	98.2	82.0	92.2	98.4	121.4	53.2	124.5	53.6	101.3	124.7	115.0	121.3	100.3	108.4
84	亚胺硫磷	87.4	119.4	104.8	131.1	95.7	61.0	86.0	86.9	107.7	99.5	114.5	87.4	109.8	143.5	118.8	106.6	94.8	109.4
85	三氯杀螨砜	99.8	101.6	87.2	127.1	101.7	87.3	92.9	89.7	92.3	89.0	92.4	80.3	105.9	109.2	120.0	124.7	101.3	111.1
86	氧化萎锈灵	78.4	116.4	86.4	96.3	76.0	54.3	84.3	49.8	64.4	100.4	78.0	56.9	78.2	97.8	92.0	78.2	63.5	45.4
87	顺式-氯菊酯	97.5	82.5	102.8	123.8	99.5	101.1	99.6	104.7	118.5	112.1	114.7	116.8	103.3	113.5	119.1	119.4	101.7	115.7
88	反式-氯菊酯	96.2	98.8	123.1	122.2	98.7	97.1	94.1	99.9	108.7	99.0	106.6	76.4	103.2	113.5	118.8	119.9	102.7	116.3
89	吡菌磷	84.4	95.5	109.5	130.7	101.3	85.4	95.7	98.8	112.8	74.0	120.4	57.5	105.3	114.9	120.0	115.7	93.5	115.4
90	氯氰菊酯	81.4	102.0	97.7	120.9	48.7	39.3	87.5	110.8	106.6	89.9	132.7	68.1	102.8	112.6	116.7	106.2	91.7	99.2
91	氰戊菊酯	67.1	73.2	84.4	104.8	91.7	91.2	101.9	90.4	104.0	94.2	108.4	80.3	101.0	103.2	112.9	119.9	101.7	109.0
92	溴氰菊酯	111.0	130.7	114.2	131.4	103.2	88.6	82.4	94.0	93.7	143.9	112.1	64.3	104.0	108.2	114.9	121.8	106.8	114.7

(续表)

序号	中文名称	低水平添加 1LOQ					中水平添加 2LOQ					高水平添加 5LOQ				
		甘蓝	芹菜	西红柿	苹果	葡萄	橘子	甘蓝	芹菜	西红柿	苹果	葡萄	橘子	甘蓝	芹菜	西红柿	苹果	葡萄	橘子

B组

序号	中文名称	甘蓝	芹菜	西红柿	苹果	葡萄	橘子	甘蓝	芹菜	西红柿	苹果	葡萄	橘子	甘蓝	芹菜	西红柿	苹果	葡萄	橘子
93	茵草敌	69.8	104.0	62.2	64.3	63.3	39.5	77.3	69.1	74.1	79.7	68.5	81.9	90.2	96.4	65.3	77.3	79.8	78.7
94	丁草敌	77.7	101.2	68.0	75.8	82.0	49.7	76.8	68.2	76.8	83.6	66.8	77.0	94.5	101.7	70.3	82.8	84.1	83.5
95	敌草腈	74.8	74.5	49.6	75.0	81.0	49.8	80.9	69.8	74.9	82.9	62.7	60.4	100.5	107.7	70.3	85.8	87.8	89.3
96	克草敌	79.2	109.7	65.7	72.3	74.1	52.0	78.0	68.3	78.8	81.1	69.6	69.3	101.2	107.2	76.9	86.3	84.6	83.3
97	三氯甲基吡啶	69.0	114.9	56.9	66.5	66.7	48.5	71.3	105.2	67.5	74.7	72.5	81.5	100.9	112.3	70.9	82.9	74.8	82.4
98	速灭磷	97.7	106.0	87.9	81.7	79.5	64.5	70.0	108.8	96.9	101.5	75.0	83.3	118.4	116.8	103.5	94.9	93.4	79.8
99	氯苯胺灵	90.9	106.2	74.6	73.9	75.2	61.2	82.9	71.0	75.2	87.6	81.3	86.7	113.0	115.7	91.6	90.3	89.9	89.3
100	四氯硝基苯	86.5	106.8	71.3	75.0	77.2	62.6	81.5	69.4	91.2	68.7	74.7	69.7	109.3	109.6	88.1	92.8	89.8	87.6
101	庚烯磷	101.5	111.0	96.0	93.6	81.6	78.7	86.4	71.1	81.6	78.6	79.1	78.9	119.3	114.7	106.7	98.8	94.9	90.7
102	六氯苯	81.1	99.2	78.1	75.2	68.5	67.0	73.3	64.9	71.8	77.2	68.0	69.3	105.5	100.5	89.9	84.6	87.0	86.3
103	灭线磷	93.0	96.5	87.7	93.6	85.1	79.9	89.7	76.9	85.7	84.7	81.2	82.2	116.1	110.5	105.9	101.6	94.7	92.8
104	顺式-燕麦敌	100.2	105.0	96.7	88.8	91.3	78.1	83.8	75.2	83.0	85.7	77.4	109.9	115.7	112.1	103.0	97.2	93.0	92.3
105	毒草胺	107.8	106.9	97.3	90.8	87.8	82.5	85.0	119.3	81.1	82.0	75.8	77.4	121.2	115.2	112.0	98.1	92.5	88.9
106	反式-燕麦敌	98.4	103.8	91.8	93.4	84.8	79.6	85.6	101.7	84.0	84.1	77.8	74.9	117.2	112.3	105.7	99.6	93.7	91.7
107	氟乐灵	95.8	105.8	89.3	94.2	85.9	76.3	83.4	57.5	79.9	61.3	78.5	58.8	118.3	119.3	104.0	104.5	97.8	88.7
108	氯苯胺灵	109.3	119.8	110.1	98.6	90.6	90.0	89.6	76.1	87.8	84.9	84.4	84.7	123.6	119.3	114.3	101.0	94.9	90.0
109	治螟磷	102.3	116.7	102.5	95.0	85.8	80.6	88.4	73.5	87.9	83.9	93.1	71.1	120.3	116.7	110.3	101.2	94.1	91.1
110	莱草畏	94.0	97.3	81.6	83.9	77.2	67.8	68.1	92.3	82.8	61.4	66.5	55.9	112.3	80.2	95.6	91.7	89.0	84.0
111	α-六六六	99.3	111.4	97.9	96.6	122.5	126.6	86.1	76.5	87.3	85.6	76.7	122.2	117.8	115.3	106.4	96.5	90.0	89.1
112	特丁硫磷	93.6	102.6	90.0	95.3	86.3	84.1	93.8	79.4	95.2	84.4	86.7	116.3	117.3	113.8	109.4	100.8	94.3	88.3
113	特丁通	113.5	102.0	103.9	92.9	89.3	75.7	89.3	79.4	88.7	84.4	88.4	81.2	123.4	115.5	114.8	100.5	91.7	83.4
114	环丙氟灵	104.9	107.4	89.4	99.9	92.0	81.2	86.6	56.3	79.9	60.2	80.1	58.5	125.7	121.6	111.9	106.5	102.2	91.7
115	敌㗅磷	120.0	106.9	121.7	102.9	96.1	79.7	94.6	74.0	77.5	94.4	73.5	88.0	129.0	109.2	128.2	104.8	113.9	102.6
116	扑灭津	113.4	131.9	112.0	99.2	91.6	86.2	89.1	77.1	82.3	83.2	78.5	73.0	124.4	146.0	118.9	103.6	96.0	90.4

(续表)

序号	中文名称	低水平添加 1LOQ					中水平添加 2LOQ					高水平添加 5LOQ				
		甘蓝	芹菜	西红柿	苹果	葡萄	橘子	甘蓝	芹菜	西红柿	苹果	葡萄	橘子	甘蓝	芹菜	西红柿	苹果	葡萄	橘子

B组

序号	中文名称	甘蓝	芹菜	西红柿	苹果	葡萄	橘子	甘蓝	芹菜	西红柿	苹果	葡萄	橘子	甘蓝	芹菜	西红柿	苹果	葡萄	橘子
117	氯炔灵	112.4	104.9	98.0	95.8	85.2	76.0	109.0	81.9	119.4	70.8	101.1	94.5	120.8	120.7	108.4	108.9	98.3	84.1
118	氯硝胺	122.7	116.7	93.3	70.6	94.6	78.4	100.6	84.5	118.4	87.2	87.3	65.2	130.3	122.2	114.6	99.8	97.3	83.6
119	特丁津	118.9	116.6	121.3	102.1	102.6	95.8	88.4	80.6	109.7	67.6	88.2	75.1	134.1	139.7	141.2	105.0	93.4	89.6
120	绿谷隆	112.0	118.5	104.3	94.8	83.0	76.6	97.9	77.2	97.8	51.3	97.9	85.5	127.2	115.1	110.7	102.2	99.8	86.1
121	氟虫脲	128.9	138.1	112.9	106.9	116.0	78.0	77.9	70.4	80.5	63.8	73.6	47.9	121.3	273.9	224.6	100.9	79.8	72.2
122	杀螟腈	111.4	108.4	107.2	96.1	92.3	83.8	88.4	73.5	88.0	76.4	86.7	77.0	125.6	119.5	117.4	102.7	97.2	85.9
123	甲基毒死蜱	106.8	103.9	101.2	102.8	92.4	89.9	88.2	74.8	88.5	77.6	85.7	88.8	122.4	114.2	112.3	104.0	95.1	93.5
124	敌草净	111.0	102.7	102.9	88.5	78.2	74.4	86.1	72.9	86.1	82.0	80.2	75.6	119.2	111.5	108.7	99.8	87.4	80.5
125	二甲草胺	116.3	106.8	112.1	100.8	93.3	88.4	87.7	74.2	90.1	82.0	80.1	88.1	124.5	116.1	118.2	104.4	98.1	90.4
126	甲草胺	112.0	105.6	109.6	100.9	92.3	89.8	89.6	73.1	102.2	82.6	81.2	76.2	125.3	118.4	118.2	105.0	98.4	92.9
127	甲基嘧啶磷	109.5	107.3	107.9	96.5	91.3	87.4	88.0	72.8	91.1	78.5	82.4	92.1	122.5	115.2	112.9	103.7	95.0	90.2
128	特丁净	110.6	106.7	108.9	92.4	90.6	85.0	88.0	74.4	89.1	83.2	80.9	80.3	123.0	115.1	114.7	102.7	93.6	87.2
129	杀草丹	91.8	86.4	90.1	103.7	95.0	93.2	87.5	73.5	85.4	85.9	79.6	86.3	126.2	116.7	118.7	104.6	98.8	94.6
130	丙硫特普	114.2	111.2	109.1	98.9	98.2	90.1	98.6	89.3	86.7	68.9	79.1	80.4	未添加	未添加	未添加	未添加	未添加	未添加
131	三氯杀螨醇	96.1	140.1	115.9	120.7	91.4	108.9	88.2	105.0	134.4	135.6	124.6	165.2	124.7	135.2	138.4	116.7	324.0	123.3
132	异丙甲草胺	113.7	126.3	110.8	103.8	94.1	89.7	89.9	73.7	90.0	80.2	84.4	83.4	124.7	116.0	116.3	106.8	98.9	91.1
133	氧化氯丹	未添加	未添加	未添加	未添加	未添加	未添加	97.1	73.2	110.2	87.9	77.9	81.2	123.8	111.1	114.0	102.0	99.6	94.3
134	嘧啶磷	116.0	102.7	108.4	98.1	91.3	89.5	89.8	72.4	90.3	80.4	88.0	72.3	129.7	115.1	116.6	107.2	95.7	92.9
135	烯虫酯	108.2	123.7	114.3	108.7	95.0	92.8	77.8	69.7	103.7	88.0	92.0	90.7	123.8	129.2	124.0	104.9	98.5	91.6
136	溴硫磷	110.2	111.2	104.4	97.9	84.2	85.1	91.4	82.6	94.6	84.2	84.7	71.2	124.5	119.0	116.4	106.8	98.7	94.0
137	苯氟磺胺	82.0	266.4	275.4	100.7	88.6	72.4	82.8	132.4	85.2	72.9	121.2	112.3	110.4	136.6	126.0	98.7	88.4	80.3
138	乙氧呋草黄	116.4	105.9	110.1	101.5	93.0	87.9	84.2	105.7	103.4	107.7	98.6	125.1	125.2	117.9	121.1	106.3	99.8	87.7
139	异丙乐灵	101.7	112.1	100.6	102.6	102.5	93.6	87.5	68.7	110.9	59.5	84.7	87.6	80.3	79.0	82.9	99.9	98.1	97.4
140	硫丹-1	116.5	106.8	124.4	109.6	100.9	94.4	89.6	76.3	87.6	88.7	85.6	84.0	126.0	115.4	119.4	98.7	93.0	89.8
141	敌稗	111.5	106.9	99.9	102.8	94.4	84.4	99.4	91.4	112.4	82.3	93.8	120.5	125.5	116.3	112.9	106.2	100.1	83.0

985

(续表)

序号	中文名称	低水平添加 1LOQ					中水平添加 2LOQ					高水平添加 5LOQ				
		甘蓝	芹菜	西红柿	苹果	葡萄	橘子	甘蓝	芹菜	西红柿	苹果	葡萄	橘子	甘蓝	芹菜	西红柿	苹果	葡萄	橘子
142	异柳磷	113.4	105.5	128.5	91.7	81.7	78.0	93.5	71.9	95.2	80.9	92.3	71.0	126.9	116.2	118.4	107.4	100.7	92.9
143	育畜磷	100.0	108.5	91.5	98.0	86.1	77.2	95.7	87.3	74.4	86.4	105.5	78.4	121.6	110.6	107.5	107.1	99.3	82.2
144	毒虫畏	110.0	108.8	108.4	106.6	95.4	92.6	92.1	78.7	94.9	73.7	89.0	63.2	124.6	114.5	115.1	108.1	102.1	92.8
145	顺式-氯丹	116.3	107.5	111.6	106.1	96.0	95.5	85.5	77.3	82.3	84.0	79.2	72.1	125.2	116.9	120.0	104.5	98.1	93.9
146	甲苯氟磺胺	35.6	265.5	237.0	104.7	96.7	95.8	101.8	98.7	87.1	70.8	62.0	89.0	23.0	141.3	129.3	102.6	91.7	79.9
147	p,p'-滴滴伊	112.5	105.9	110.6	104.2	97.2	94.9	86.0	82.7	80.8	88.6	81.3	113.5	125.1	114.9	119.8	104.8	99.9	95.6
148	丁草胺	115.8	108.8	114.8	95.5	92.0	89.0	91.0	76.9	93.6	81.1	88.1	70.4	122.9	111.3	114.6	106.6	100.2	92.7
149	乙菌利	106.4	99.4	101.0	99.4	86.9	85.9	100.9	92.7	100.1	106.1	95.1	91.7	120.5	113.7	115.7	98.9	94.6	86.9
150	巴毒磷	96.2	110.3	104.2	102.3	93.2	84.2	105.7	85.3	102.0	87.8	86.4	76.9	117.7	106.1	100.8	109.6	104.9	82.5
151	碘硫磷	106.8	110.9	106.4	104.5	95.4	89.6	87.5	84.4	98.7	73.5	88.1	60.4	122.3	114.0	107.8	107.6	98.2	89.0
152	杀虫畏	111.5	115.4	107.9	101.7	95.0	92.7	90.6	74.9	95.7	60.5	95.2	55.5	125.6	115.3	114.6	106.3	100.7	89.4
153	氯溴隆	119.6	234.0	116.5	98.2	86.7	88.1	86.5	105.3	79.4	97.6	90.3	84.5	149.1	199.6	140.8	106.5	105.0	87.6
154	丙溴磷	107.8	110.6	104.0	102.2	92.5	90.3	94.6	76.9	94.8	68.0	93.8	53.8	122.5	112.1	112.9	105.3	99.8	94.2
155	氟略草酮	未添加	未添加	未添加	未添加	未添加	未添加	91.3	75.9	95.7	75.8	99.8	78.6	115.2	100.3	95.0	101.4	101.4	96.2
156	噻嗪酮	106.7	99.4	105.3	90.2	87.4	87.0	91.0	72.5	75.6	95.9	93.0	99.3	123.0	111.1	107.1	95.2	89.2	87.9
157	o,p'-滴滴滴	128.0	551.6	120.0	112.8	117.1	112.2	90.6	80.9	93.5	92.3	82.5	86.1	126.2	128.5	103.5	96.2	108.8	71.0
158	异狄氏剂	117.3	117.0	109.0	102.5	92.2	99.6	89.1	77.9	93.0	72.8	92.2	66.7	125.1	112.3	115.5	105.9	101.8	96.5
159	已唑醇	未添加	115.4	未添加	未添加	未添加	未添加	103.1	76.0	107.1	89.6	101.4	78.6	126.7	114.5	117.4	104.7	100.4	97.2
160	杀螨酯	112.0	99.9	102.2	113.4	107.9	98.2	90.2	81.1	91.4	88.1	86.9	91.1	133.9	121.8	123.1	107.6	101.2	94.9
161	o,p'-滴滴涕	109.9	117.2	109.6	107.5	91.9	92.2	85.1	76.3	96.7	77.3	103.8	53.8	123.3	115.1	118.2	106.5	96.4	93.5
162	多效唑	120.7	106.6	101.4	100.0	87.6	74.0	92.6	72.8	96.2	59.1	89.3	63.9	119.6	106.2	105.9	107.0	101.9	74.4
163	盖草津	111.8	106.1	102.9	94.1	87.4	81.3	92.0	77.3	92.2	80.9	86.5	69.5	122.3	112.2	111.5	101.2	90.5	82.6
164	抑草蓬	111.3	135.1	102.8	95.3	92.1	88.4	71.2	102.5	91.7	80.0	91.8	116.7	126.2	117.1	110.6	101.1	93.4	107.3
165	丙酯杀螨醇	113.4	113.3	109.6	106.7	94.9	91.9	95.4	84.8	107.5	81.9	96.7	81.8	125.0	119.1	114.4	106.8	100.8	92.5
166	麦草氟甲酯	114.1	102.4	112.5	101.0	94.1	91.1	91.4	90.6	102.6	90.3	88.9	80.5	125.6	107.1	117.1	106.6	100.8	86.6

B组

(续表)

序号	中文名称	低水平添加 1LOQ					中水平添加 2LOQ					高水平添加 5LOQ				
		甘蓝	芹菜	西红柿	苹果	葡萄	橘子	甘蓝	芹菜	西红柿	苹果	葡萄	橘子	甘蓝	芹菜	西红柿	苹果	葡萄	橘子

B组

序号	中文名称	甘蓝	芹菜	西红柿	苹果	葡萄	橘子	甘蓝	芹菜	西红柿	苹果	葡萄	橘子	甘蓝	芹菜	西红柿	苹果	葡萄	橘子
167	除草醚	110.2	132.2	95.4	108.6	97.5	88.6	100.3	118.0	107.4	87.2	115.7	97.9	131.5	124.6	116.5	112.9	106.6	94.2
168	乙氧氟草醚	107.4	121.4	96.1	111.4	100.5	89.1	107.0	92.6	111.3	85.0	104.4	86.4	129.2	122.3	117.2	113.6	105.1	92.2
169	虫螨磷	114.4	108.2	110.7	107.4	96.3	96.7	93.7	77.8	107.9	85.5	88.3	70.6	126.0	115.2	117.4	105.9	97.9	91.7
170	硫丹-2	未添加	未添加	未添加	未添加	未添加	未添加	100.9	107.4	105.2	97.2	102.6	85.4	105.6	115.2	117.2	99.3	92.6	86.5
171	麦草氟异丙酯	107.5	122.4	105.3	106.7	91.9	88.5	91.6	86.6	92.8	90.5	86.3	80.0	122.6	118.9	114.6	106.9	99.9	90.5
172	p,p'-滴滴涕	105.6	116.0	109.2	108.0	96.0	94.9	96.6	88.3	94.4	82.3	103.0	95.8	124.6	115.2	119.8	107.3	95.9	93.9
173	三硫磷	108.3	103.6	104.3	109.3	99.0	93.4	96.7	81.2	103.3	85.1	93.3	66.6	124.9	113.0	115.0	108.0	99.5	92.3
174	苯霜灵	110.1	118.4	108.2	102.7	94.3	92.9	92.2	82.8	106.3	89.1	87.6	90.5	127.6	122.1	117.7	105.2	98.8	88.6
175	敌瘟磷	92.8	113.9	91.7	70.8	66.9	66.4	101.8	78.8	105.3	88.2	100.3	95.7	121.2	109.0	107.7	106.5	104.1	73.1
176	三唑磷	114.1	196.9	110.2	105.9	92.4	89.4	117.4	88.1	113.0	97.3	113.2	81.7	127.3	127.5	115.5	107.7	94.3	82.7
177	苯腈磷	110.3	99.1	104.2	109.7	99.1	94.0	95.3	77.3	93.8	93.2	116.1	69.8	126.5	110.3	114.5	106.9	100.2	90.4
178	氯杀螨砜	114.9	105.9	103.0	103.8	97.9	91.9	92.9	80.6	87.9	91.9	87.7	85.5	125.4	112.9	115.4	104.6	99.6	83.4
179	硫丹硫酸盐	125.0	112.0	110.6	110.1	96.8	121.7	91.1	86.5	96.1	87.5	111.6	74.7	124.9	116.4	119.7	105.8	98.6	86.7
180	溴螨酯	113.0	105.2	109.7	110.8	99.0	95.9	100.9	90.0	110.7	95.7	117.1	87.3	127.2	110.7	116.2	106.7	101.0	93.6
181	新燕灵	118.6	106.7	116.6	105.9	103.5	95.2	93.1	80.1	94.5	86.6	83.2	76.7	128.7	116.0	120.1	104.7	98.3	91.0
182	甲氰菊酯	100.8	105.3	107.5	105.7	99.2	102.0	102.0	82.8	108.1	89.3	91.5	72.1	125.1	110.9	115.5	109.1	101.3	94.9
183	溴苯磷	112.9	105.4	109.2	98.4	91.4	96.8	97.3	85.7	104.0	83.7	99.0	67.7	125.2	108.1	112.9	107.1	98.5	93.5
184	苯硫膦	104.2	82.6	73.3	122.3	103.0	103.5	88.7	113.1	87.0	78.9	111.8	73.8	126.1	111.9	109.6	113.0	105.3	89.9
185	环嗪酮	115.9	105.4	107.4	94.6	92.0	64.9	82.9	84.5	97.5	66.9	78.8	53.5	120.8	115.6	118.4	101.2	94.4	68.0
186	伏杀硫磷	127.3	70.4	114.3	107.4	99.8	99.4	113.1	86.9	115.8	77.3	115.1	90.2	122.8	104.8	109.7	109.0	96.5	85.0
187	保棉磷	101.6	120.2	93.0	94.0	94.9	101.1	113.7	81.1	97.5	104.3	105.5	84.7	131.9	106.6	107.7	115.7	96.3	76.5
188	氯苯嘧啶醇	116.5	108.6	111.3	87.7	91.0	86.4	96.9	82.8	93.9	85.2	90.0	78.8	126.1	109.1	115.0	94.6	97.1	80.9
189	益苯棉磷	122.3	107.5	110.4	107.3	95.8	92.8	91.6	93.6	105.6	71.2	86.1	99.1	128.6	111.7	114.1	108.7	97.6	84.6
190	咪鲜胺	79.1	81.6	70.7	75.6	69.8	77.8	95.8	107.1	96.7	79.7	81.8	90.0	106.9	94.5	106.2	85.9	91.5	59.8
191	蝇毒磷	102.6	94.2	81.6	99.3	90.8	92.9	98.7	98.5	130.2	110.8	113.8	96.7	124.5	108.5	115.5	106.3	98.7	95.9

987

(续表)

序号	中文名称	低水平添加 1LOQ							中水平添加 2LOQ							高水平添加 5LOQ						
		甘蓝	芹菜	西红柿	苹果	葡萄	橘子		甘蓝	芹菜	西红柿	苹果	葡萄	橘子		甘蓝	芹菜	西红柿	苹果	葡萄	橘子
192	氟氯氰菊酯	114.1	107.3	106.0	103.5	99.0	95.6		129.6	107.6	115.2	107.9	97.6	84.5		129.6	107.6	115.2	107.9	97.6	84.2
193	氟胺氰菊酯	111.4	100.4	108.2	107.4	97.9	94.9		127.4	108.0	118.4	108.1	100.0	92.0		127.4	108.0	118.4	108.1	100.0	94.9
								B组													
194	敌敌畏	103.5	64.9	79.5	66.9	49.7	57.0		92.2	85.1	63.8	65.6	46.8	81.7		92.2	85.1	63.8	65.6	46.8	75.9
195	联苯	113.4	64.8	79.9	73.0	58.1	57.6		104.6	81.7	66.1	68.6	46.1	74.9		104.6	81.7	66.1	68.6	46.1	70.7
196	灭草敌	114.4	77.6	94.2	71.6	58.5	50.2		99.4	60.9	83.3	75.7	56.5	81.7		99.4	60.9	83.3	75.7	56.5	80.7
197	3,5-二氯苯胺	102.9	49.7	94.9	27.0	40.3	33.6		79.8	63.0	69.6	51.8	32.4	46.1		79.8	63.0	69.6	51.8	32.4	66.3
198	禾草敌	124.3	81.2	114.0	83.0	66.0	73.4		107.4	98.6	96.9	81.3	60.4	86.7		107.4	98.6	96.9	81.3	60.4	83.3
199	虫螨畏	98.2	88.8	104.6	82.3	66.1	70.7		118.3	109.7	109.0	78.5	54.5	83.9		118.3	109.7	109.0	78.5	54.5	86.0
200	邻苯基苯酚	110.6	92.4	121.1	95.8	83.3	78.9		110.9	112.3	111.5	91.1	64.1	101.8		110.9	112.3	111.5	91.1	64.1	81.8
								C组													
201	四氢邻苯二甲酰亚胺	93.9	90.6	108.9	90.2	80.5	64.6		94.7	102.4	85.3	89.5	66.4	123.7		94.7	102.4	85.3	89.5	66.4	78.3
202	仲丁威	103.0	98.6	105.3	95.1	99.4	85.5		99.6	110.3	103.4	93.9	68.5	132.7		99.6	110.3	103.4	93.9	68.5	87.8
203	乙丁氟灵	134.6	99.7	145.6	95.1	78.6	83.2		127.8	114.6	129.2	98.1	66.2	88.0		127.8	114.6	129.2	98.1	66.2	86.4
204	氟铃脲	未添加	未添加	未添加	未添加	未添加	未添加		49.8	154.6	56.3	68.9	63.3	72.7		49.8	154.6	56.3	68.9	63.3	83.0
205	扑灭通	113.6	93.7	114.2	89.2	79.5	72.9		107.7	107.6	112.2	97.3	66.8	99.6		107.7	107.6	112.2	97.3	66.8	89.0
206	野麦畏	120.6	100.0	120.1	95.8	85.1	90.4		107.0	111.8	109.0	95.7	70.9	86.1		107.0	111.8	109.0	95.7	70.9	89.8
207	嘧霉胺	117.9	98.0	116.5	86.6	82.4	72.5		106.7	114.5	108.6	95.8	72.1	125.6		106.7	114.5	108.6	95.8	72.1	85.9
208	林丹	104.6	88.4	143.9	97.2	88.7	91.3		108.5	119.1	108.7	94.0	71.6	96.8		108.5	119.1	108.7	94.0	71.6	87.3
209	乙拌磷	77.5	108.6	115.9	92.6	95.3	82.8		84.2	46.6	105.9	94.9	68.9	79.5		84.2	46.6	105.9	94.9	68.9	88.2
210	莠去净	118.2	104.7	122.8	95.2	86.3	74.1		107.8	111.7	114.1	98.6	71.6	86.8		107.8	111.7	114.1	98.6	71.6	86.2
211	七氯	87.4	102.7	95.2	92.4	84.3	88.5		84.2	105.9	87.4	94.8	69.5	107.9		84.2	105.9	87.4	94.8	69.5	89.3
212	异稻瘟净	121.4	111.1	136.9	74.2	57.3	68.8		27.4	112.6	27.2	101.7	102.8	83.1		27.4	112.6	27.2	101.7	102.8	96.3
213	氯唑磷	109.0	77.6	264.0	93.5	79.8	78.6		106.5	108.5	128.8	98.4	72.4	109.7		106.5	108.5	128.8	98.4	72.4	90.0
214	三氯杀虫酯	129.0	85.2	128.8	97.4	85.3	92.3		104.3	112.3	106.9	96.8	71.5	261.5		104.3	112.3	106.9	96.8	71.5	90.3

(续表)

序号	中文名称	低水平添加 1LOQ					中水平添加 2LOQ					高水平添加 5LOQ				
		甘蓝	芹菜	西红柿	苹果	葡萄	橘子	甘蓝	芹菜	西红柿	苹果	葡萄	橘子	甘蓝	芹菜	西红柿	苹果	葡萄	橘子

C 组

序号	中文名称	甘蓝	芹菜	西红柿	苹果	葡萄	橘子	甘蓝	芹菜	西红柿	苹果	葡萄	橘子	甘蓝	芹菜	西红柿	苹果	葡萄	橘子
215	丁苯吗啉	102.0	93.1	106.5	89.0	85.2	80.4	86.2	104.6	89.8	106.1	79.6	96.1	94.0	97.3	98.7	94.5	64.7	86.7
216	四氟苯菊酯	116.3	101.6	125.4	98.0	91.1	93.2	84.7	86.7	82.3	100.6	85.3	321.1	104.4	112.1	108.2	99.2	76.0	92.0
217	氯乙氟灵	133.3	101.2	150.2	97.7	92.4	89.5	82.9	80.1	95.2	86.0	84.6	86.8	118.7	113.8	122.6	99.1	71.9	88.1
218	甲基立枯磷	114.5	101.9	123.1	98.5	92.2	93.1	81.2	82.6	83.6	94.6	74.0	86.2	107.6	113.1	112.5	97.8	76.2	91.4
219	异丙草胺	未添加	未添加	未添加	94.9	90.8	86.8	未添加	未添加	未添加	未添加	未添加	未添加	未添加	未添加	未添加	107.3	80.2	100.0
220	莠灭净	116.7	100.7	120.4	88.3	89.8	74.3	81.2	82.6	86.2	94.2	73.3	87.8	108.9	112.1	112.8	96.6	72.2	87.3
221	西草净	102.8	120.3	119.1	88.3	91.5	79.1	81.5	85.3	90.9	102.2	72.4	90.5	109.3	109.9	115.6	94.9	73.5	89.0
222	溴合隆	112.1	98.2	114.3	91.2	79.8	65.5	101.1	107.6	127.9	63.1	86.8	70.9	100.9	106.7	105.1	96.6	68.1	85.0
223	嗪草酮	107.2	93.0	116.2	91.5	87.5	71.3	83.5	79.9	95.6	86.4	72.1	71.6	97.6	109.2	103.3	96.1	67.7	83.4
224	噻节因	未添加	未添加	未添加	未添加	未添加	未添加	68.7	79.2	70.8	91.0	65.0	102.2	未添加	未添加	未添加	未添加	未添加	未添加
225	ε-六六六	未添加	未添加	未添加	未添加	未添加	未添加	82.0	75.5	84.8	77.8	83.6	107.7	未添加	未添加	未添加	未添加	未添加	未添加
226	异丙净	120.0	106.4	126.4	92.7	101.3	78.8	83.7	86.2	88.0	98.7	75.5	89.3	106.9	112.1	113.3	99.8	72.9	88.3
227	安硫磷	未添加	未添加	137.4	101.3	90.9	89.8	98.5	117.7	85.7	74.4	77.2	65.9	100.2	135.9	108.9	106.2	85.3	93.0
228	乙霉威	115.9	103.9	119.1	94.4	93.6	83.5	90.9	98.0	109.2	102.8	85.2	142.3	99.4	117.2	98.2	99.6	77.5	87.6
229	哌草丹	116.9	97.6	130.0	99.0	89.9	97.1	115.9	104.8	127.7	89.7	90.4	111.9	101.1	111.4	103.5	110.2	83.4	110.3
230	生物烯丙菊酯-1	103.1	91.8	163.6	95.7	83.7	79.1	88.7	93.6	110.2	95.9	112.8	79.3	108.0	115.3	109.9	100.6	62.3	76.3
231	生物烯丙菊酯-2	130.4	111.1	155.4	95.5	81.4	79.8	81.8	88.3	120.2	97.9	110.0	83.7	99.4	93.7	104.0	100.7	74.5	92.0
232	o, p'-滴滴伊	104.1	101.2	110.4	98.7	95.3	97.9	76.8	81.6	78.6	96.4	71.3	85.6	101.6	111.2	106.3	97.1	75.7	93.0
233	芬螨酯	103.6	101.4	137.4	101.3	90.9	89.8	95.0	83.7	85.3	98.7	86.7	84.9	100.9	101.0	124.7	99.7	76.5	89.3
234	双苯酰草胺	118.2	103.5	119.1	94.4	93.6	83.5	87.5	90.3	90.0	103.2	78.8	148.9	103.5	110.2	109.5	99.9	73.9	86.4
235	氯硫磷	129.3	101.3	153.4	99.0	89.9	97.1	102.1	122.9	158.1	114.0	102.2	82.2	125.7	130.7	129.2	99.6	77.5	88.1
236	炔丙菊酯	96.1	111.7	108.1	98.2	102.1	84.9	93.6	120.5	115.0	87.5	95.8	266.8	118.8	111.2	126.5	109.1	83.4	91.9
237	戊菌唑	105.6	99.6	108.6	93.1	86.0	78.4	76.5	91.8	71.3	61.5	52.3	48.3	100.1	109.6	102.9	105.1	62.3	86.6
238	灭蚜磷	111.6	102.4	122.0	98.8	111.3	87.0	87.9	102.1	100.8	100.2	84.5	84.7	101.0	112.2	105.4	97.4	70.8	91.8
239	四氟醚唑	105.8	99.8	113.9	94.3	90.5	75.9	89.2	92.3	96.4	92.3	79.0	76.8	101.6	112.8	107.2	100.6	73.5	85.3

（续表）

序号	中文名称	低水平添加						中水平添加						高水平添加					
		1LOQ						2LOQ						5LOQ					
		甘蓝	芹菜	西红柿	苹果	葡萄	橘子	甘蓝	芹菜	西红柿	苹果	葡萄	橘子	甘蓝	芹菜	西红柿	苹果	葡萄	橘子
C 组																			
240	丙虫磷	63.9	81.4	62.7	50.1	73.0	59.2	88.7	92.1	68.0	56.5	76.0	58.6	71.1	78.7	74.6	65.9	47.2	64.7
241	氟节胺	138.9	101.8	119.7	101.5	92.3	79.7	89.5	126.2	108.2	116.7	105.1	118.7	117.1	88.1	124.5	104.5	76.1	87.3
242	三唑醇	88.8	91.1	124.9	91.7	80.3	67.1	84.1	86.6	98.2	85.1	84.8	107.9	95.4	116.4	112.2	100.5	70.5	81.8
243	丙草胺	97.7	101.1	108.8	103.5	90.0	85.7	83.9	87.1	99.7	92.6	79.0	76.8	97.5	114.6	103.6	102.3	75.2	89.7
244	醚菌酯	93.3	102.5	106.0	99.7	94.1	84.7	73.0	75.1	98.9	85.0	64.5	86.1	91.5	114.6	99.0	101.4	77.2	88.4
245	吡氟禾草灵	98.1	94.1	104.1	100.1	97.0	85.7	88.3	95.9	100.7	109.6	86.0	98.6	98.0	114.4	101.9	103.1	80.1	94.4
246	氟啶脲	56.2	88.9	30.4	110.2	160.0	119.7	71.1	53.6	33.6	78.4	42.5	55.8	69.6	127.0	51.3	67.5	72.5	82.4
247	乙酯杀螨醇	109.8	94.5	120.3	95.0	91.1	87.1	93.4	109.4	116.7	98.9	90.9	115.3	97.3	116.7	105.6	101.9	76.8	89.4
248	烯效唑	32.9	92.9	120.9	129.6	85.2	92.5	122.5	126.8	146.8	115.7	131.4	28.7	106.7	115.5	116.8	97.5	78.8	89.3
249	氟哇唑	97.2	101.5	104.2	91.8	131.1	86.8	97.7	102.0	112.9	93.5	87.6	87.2	95.5	111.4	99.7	100.2	80.0	89.6
250	三氟硝草醚	未添加	未添加	未添加	未添加	未添加	未添加	116.9	127.4	159.6	154.0	100.6	90.4	未添加	未添加	未添加	未添加	未添加	未添加
251	烯唑醇	90.9	95.0	132.4	91.9	75.0	56.7	88.0	98.3	114.1	101.5	87.8	63.2	91.3	118.0	104.5	99.9	75.2	80.9
252	增效醚	110.1	101.5	129.8	100.7	83.5	85.5	91.6	102.6	106.9	109.2	90.4	80.9	96.7	150.2	104.4	104.3	80.2	92.5
253	炔螨特	52.0	68.4	65.6	110.8	88.1	88.2	89.3	76.0	79.7	77.6	116.5	106.6	99.0	114.9	85.3	80.2	68.4	84.4
254	灭锈胺	214.6	101.1	154.8	101.0	96.7	81.4	98.5	104.0	101.2	129.4	87.2	90.8	106.8	114.0	112.4	99.8	77.7	83.6
255	噁唑隆	54.4	116.0	110.2	124.1	115.1	60.6	70.5	82.9	60.0	91.4	55.0	52.9	83.7	168.3	44.3	94.9	85.1	63.5
256	吡氟酰草胺	98.8	99.0	105.8	99.7	88.7	82.9	97.2	101.2	105.6	114.1	92.7	96.7	94.8	114.7	99.5	105.0	83.3	91.2
257	喹螨醚	68.7	59.4	93.9	70.5	63.4	56.4	94.1	98.1	152.5	107.3	88.7	94.9	86.8	86.4	86.4	77.6	48.5	72.4
258	苯醚菊酯	128.2	89.6	99.2	95.6	87.8	92.7	83.9	92.2	115.7	110.2	98.6	101.5	91.1	111.3	94.8	103.6	83.5	97.1
259	咯菌腈	82.5	81.2	84.6	98.2	81.3	83.6	87.3	109.3	120.8	103.7	72.8	115.5	76.9	100.9	75.3	99.9	80.3	74.1
260	苯氧威	5.8	68.8	138.5	110.6	119.7	106.5	74.3	61.6	42.7	89.5	69.1	85.2	42.6	102.9	33.5	90.4	79.5	96.4
261	稀禾啶	31.3	38.7	84.7	62.2	54.4	64.7	61.2	63.8	104.6	72.0	58.6	107.1	62.6	82.7	58.1	92.8	48.2	76.5
262	莎稗磷	115.9	101.4	162.7	100.1	73.0	79.2	108.7	112.1	148.0	76.5	116.0	88.6	101.1	118.7	114.6	105.9	77.2	94.7
263	氟丙菊酯	94.4	79.7	132.2	104.9	95.2	92.2	133.4	140.0	182.4	132.6	143.9	198.3	85.9	109.5	96.4	109.1	109.4	94.8
264	高效氯氟氰菊酯	80.3	99.5	98.7	101.3	92.4	95.7	102.8	111.1	414.1	139.0	102.9	143.0	95.2	116.3	98.9	113.8	88.2	88.2

(续表)

序号	中文名称	低水平添加 1LOQ					中水平添加 2LOQ					高水平添加 5LOQ				
		甘蓝	芹菜	西红柿	苹果	葡萄	橘子	甘蓝	芹菜	西红柿	苹果	葡萄	橘子	甘蓝	芹菜	西红柿	苹果	葡萄	橘子

C组

265	苯噻酰草胺	86.7	101.7	99.1	95.5	82.9	74.1	88.0	104.8	206.0	75.4	83.2	144.0	80.7	115.0	87.6	101.7	78.9	88.2
266	氯菊酯	85.8	97.5	93.2	100.9	93.0	92.9	88.2	105.8	104.4	124.7	86.3	97.6	88.3	114.7	91.8	102.9	84.4	95.3
267	哒螨灵	83.7	96.2	93.9	83.8	68.6	68.0	89.3	103.9	121.7	79.5	243.3	68.3	87.7	117.9	92.2	100.7	80.8	92.6
268	乙羧氟草醚	107.9	97.1	125.8	95.8	88.7	78.3	104.3	125.0	169.4	76.7	120.3	64.4	85.3	129.1	90.4	109.3	82.0	90.0
269	联苯三唑醇	76.8	96.9	92.0	90.1	84.5	67.1	130.5	134.1	174.8	108.4	133.9	75.2	82.7	114.8	92.3	103.2	70.6	82.5
270	醚菊酯	82.3	166.2	91.6	102.2	97.0	98.9	72.4	80.6	86.9	123.8	100.7	110.3	82.0	114.2	84.4	102.2	85.9	96.5
271	噻草酮	11.4	23.0	31.1	63.4	79.3	60.9	65.2	50.5	58.2	66.9	47.5	53.8	65.4	66.6	52.9	80.1	33.6	74.3
272	顺式-氯氰菊酯	74.7	230.5	100.7	117.5	97.0	90.1	53.5	8.2	51.6	63.6	53.0	53.1	60.9	77.0	85.6	67.7	88.2	77.7
273	氟氯戊菊酯	82.5	89.3	102.4	107.3	103.3	99.2	95.5	99.5	93.1	84.0	91.3	74.0	79.6	114.6	69.3	100.6	82.4	91.1
274	S-氰戊菊酯	72.9	97.7	81.7	101.3	90.5	89.3	106.6	105.7	107.4	225.1	104.9	127.3	77.1	101.8	82.3	97.6	77.9	92.2
275	苯醚甲环唑	92.4	66.0	171.2	84.5	79.0	97.2	122.4	132.6	123.8	112.2	109.9	93.3	59.1	91.7	65.6	97.6	77.5	85.7
276	丙炔氟草胺	99.8	57.4	103.8	111.2	121.6	68.6	110.5	116.8	113.3	126.2	121.9	76.2	未添加	未添加	未添加	未添加	未添加	未添加
277	氟烯草酸	73.9	89.2	83.5	97.6	91.3	87.0	113.0	104.3	111.8	108.0	118.8	74.9	80.1	112.0	88.6	107.4	84.3	91.7

D组

278	甲氟磷	83.3	66.0	59.1	58.0	67.1	59.5	74.3	71.9	63.5	66.1	48.7	37.2	124.0	96.8	102.9	112.8	123.5	97.0
279	乙拌磷亚砜	116.4	103.0	112.4	86.8	107.4	81.6	115.7	114.6	124.6	108.1	100.7	64.1	115.4	97.1	117.7	109.1	110.8	81.3
280	五氯苯	83.5	92.4	53.1	68.3	81.1	78.3	86.8	93.0	75.1	75.6	64.9	53.2	96.5	95.7	93.0	102.7	117.3	105.0
281	三异丁基磷酸盐	112.5	108.6	123.9	54.5	99.5	73.6	115.2	105.8	135.8	95.6	84.7	63.5	121.3	115.0	108.7	112.9	110.4	113.7
282	鼠立死	124.5	104.3	108.0	79.1	87.2	66.0	112.9	106.6	117.5	85.0	56.7	57.0	115.5	102.8	111.9	98.5	83.8	108.3
283	4-溴-3,5-二甲苯基-N-甲基氨基甲酸酯-1	未添加	80.6	未添加	99.4	未添加	未添加	78.0	131.9	78.3	113.3	106.7	74.0	115.8	102.3	120.1	110.0	118.2	114.7
284	燕麦酯	92.4	100.5	84.9	87.2	95.0	103.4	104.3	109.6	103.0	91.3	71.9	65.8	111.9	98.2	107.6	109.2	120.8	120.8

(续表)

序号	中文名称	低水平添加 1LOQ					中水平添加 2LOQ					高水平添加 5LOQ				
		甘蓝	芹菜	西红柿	苹果	葡萄	橘子	甘蓝	芹菜	西红柿	苹果	葡萄	橘子	甘蓝	芹菜	西红柿	苹果	葡萄	橘子

D 组

序号	中文名称	甘蓝	芹菜	西红柿	苹果	葡萄	橘子	甘蓝	芹菜	西红柿	苹果	葡萄	橘子	甘蓝	芹菜	西红柿	苹果	葡萄	橘子
285	虫线磷	89.2	106.1	123.8	83.1	未添加	未添加	124.2	112.6	133.1	96.9	86.5	93.2	120.3	112.9	114.7	107.0	108.4	115.1
286	2,3,5,6-四氯苯胺	112.4	88.5	95.6	83.4	97.5	92.5	104.6	107.3	105.9	94.4	80.5	66.0	106.5	102.9	109.9	107.4	114.0	117.9
287	三丁基磷酸盐	136.2	124.9	139.9	95.2	114.4	86.3	125.0	115.2	144.8	105.2	87.8	64.6	116.9	101.7	119.5	101.6	106.7	118.4
288	2,3,4,5-四氯甲氧基苯	109.9	98.6	93.4	84.9	98.7	94.2	105.9	105.9	110.0	96.6	81.0	68.8	109.2	104.1	111.2	107.8	113.1	116.6
289	五氯甲氧基苯	108.8	97.3	93.4	82.0	95.0	88.9	105.0	109.7	106.6	94.0	79.4	67.2	105.7	99.8	106.7	108.5	113.9	114.5
290	牧草胺	116.7	99.2	110.9	90.9	100.0	96.5	117.0	110.9	121.9	105.2	80.7	70.8	117.1	102.8	115.0	108.5	113.9	115.1
291	蔬果磷	116.2	103.5	107.0	90.8	99.6	79.9	112.8	119.5	117.9	98.9	86.1	62.7	117.4	104.3	112.1	109.6	116.1	113.8
292	甲基苯噻隆	184.4	125.7	199.2	92.4	88.3	64.2	116.9	121.7	129.7	93.2	73.2	46.2	117.3	97.1	116.7	101.1	103.7	105.8
293	西玛通	128.3	112.0	125.4	87.9	93.6	64.1	122.9	113.2	126.8	94.4	71.9	52.5	119.0	99.4	117.7	100.1	97.2	93.5
294	阿特拉通	121.4	93.9	116.9	95.1	98.5	80.0	123.1	114.2	126.2	97.7	74.8	59.9	116.5	98.7	115.6	100.4	101.3	98.2
295	脱异丙基莠去津	102.8	100.0	93.8	88.8	91.6	38.0	118.8	106.6	110.8	92.5	84.3	37.9	105.8	96.9	110.9	94.0	88.0	50.4
296	特丁硫磷砜	127.0	103.5	120.7	89.2	103.7	97.9	116.0	107.1	124.9	101.8	87.6	72.5	113.8	103.5	113.4	109.3	115.1	117.8
297	七氟菊酯	123.4	103.2	123.1	95.2	103.8	108.1	116.4	113.7	122.1	108.3	91.8	81.0	117.5	106.0	118.6	109.3	114.7	122.1
298	溴烯杀	109.5	102.9	105.5	86.3	未添加	未添加	107.1	109.1	114.1	99.0	86.5	72.6	109.3	104.3	110.1	109.6	115.3	115.4
299	草达津	120.4	105.0	126.7	90.2	98.6	91.7	118.5	116.9	130.9	107.9	82.1	71.0	116.3	104.3	121.1	107.4	107.4	113.0
300	氧乙嘧啶磷	126.9	104.9	124.4	93.1	104.7	96.5	119.2	113.3	126.3	108.1	88.1	72.7	116.7	104.8	115.1	108.5	113.4	117.8
301	环莠隆	367.9	84.6	492.7	91.2	134.9	70.2	318.4	93.3	323.0	101.9	66.8	45.4	98.4	83.5	94.8	87.2	94.7	92.0
302	2,6-二氯苯甲酰胺	120.0	94.3	128.3	87.5	94.5	34.0	144.9	109.7	146.3	111.7	89.5	31.8	93.4	101.5	114.2	99.9	97.1	38.3
303	2,4,4-三氯联苯	61.0	92.1	50.8	46.9	78.9	61.2	64.0	129.8	65.3	430.7	645.6	99.0	78.4	75.3	87.8	52.3	50.9	63.3

(续表)

序号	中文名称	低水平添加 1LOQ					中水平添加 2LOQ					高水平添加 5LOQ				
		甘蓝	芹菜	西红柿	苹果	葡萄	橘子	甘蓝	芹菜	西红柿	苹果	葡萄	橘子	甘蓝	芹菜	西红柿	苹果	葡萄	橘子
								D组									

序号	中文名称	甘蓝	芹菜	西红柿	苹果	葡萄	橘子	甘蓝	芹菜	西红柿	苹果	葡萄	橘子	甘蓝	芹菜	西红柿	苹果	葡萄	橘子
304	2,4,5-三氯联苯	114.1	99.4	110.1	51.1	104.7	104.2	110.2	112.8	63.5	61.6	51.3	74.5	115.6	108.0	125.3	120.9	124.5	136.0
305	脱乙基莠丁津	119.0	106.9	117.3	91.7	104.1	67.4	119.9	109.0	124.5	100.0	94.2	54.4	114.1	99.5	115.3	102.3	105.5	72.5
306	2,3,4,5-四氯苯胺	100.6	93.1	103.1	74.2	101.4	72.5	109.1	89.6	119.1	97.5	82.0	63.6	105.9	94.7	109.9	104.7	114.1	116.3
307	合成麝香	125.6	未添加	129.6	未添加	100.7	92.8	128.2	未添加	144.5	110.0	93.1	75.4	120.3	118.9	119.2	106.2	107.7	112.0
308	二甲苯麝香	121.3	未添加	130.0	未添加	98.5	88.4	125.8	未添加	140.8	112.5	96.6	75.7	115.8	115.5	114.3	105.4	108.3	111.4
309	五氯苯胺	130.5	97.1	112.9	94.3	117.3	115.4	109.9	109.9	126.5	106.9	84.3	72.8	113.6	102.4	114.0	108.6	112.4	115.9
310	叠氮津	140.2	102.0	118.8	95.7	117.5	94.6	131.9	110.1	129.9	114.7	100.1	70.6	124.1	107.7	119.6	113.2	121.3	126.0
311	另丁津	116.5	104.4	119.2	90.6	107.5	91.8	118.6	113.0	129.1	106.1	84.3	67.1	115.5	101.1	115.9	105.7	109.8	110.1
312	丁咪酰胺	109.7	98.2	112.1	90.5	105.0	53.0	117.3	103.9	121.2	94.7	95.3	47.1	99.3	98.9	114.2	98.9	94.0	66.9
313	2,2',5,5'-四氯联苯	114.8	103.7	116.4	89.6	102.0	109.4	108.5	119.1	114.3	111.0	93.3	78.8	113.3	101.1	116.0	107.2	113.0	117.8
314	麝香	120.8	未添加	126.0	未添加	100.8	92.2	123.6	未添加	138.6	115.3	97.2	77.4	120.1	116.8	115.3	106.6	108.3	112.7
315	苯草丹	114.5	105.0	113.0	96.2	105.2	105.6	120.6	113.4	127.9	106.4	90.6	77.4	117.2	100.1	115.0	107.1	113.3	119.3
316	二甲吩草胺	118.5	106.4	119.3	92.7	104.8	94.3	115.0	115.6	124.8	107.5	85.4	69.6	115.2	98.0	115.3	107.3	113.8	111.3
317	氧皮蝇磷	114.0	105.7	114.2	94.0	109.9	100.1	114.7	112.0	122.7	111.4	92.1	73.5	115.5	98.9	113.2	110.6	115.5	118.0
318	4-溴-3,5-二甲苯基-N-甲基氨基甲酸酯-2	73.5	129.3	67.8	87.6	106.2	62.6	60.4	101.2	63.3	99.1	88.7	53.3	116.4	100.7	110.8	107.8	110.0	97.6
319	甲基对氧磷	117.9	105.2	116.4	86.7	106.2	99.2	105.9	102.1	125.0	105.8	87.2	70.2	104.2	86.4	101.5	105.2	103.4	58.5
320	庚酰草胺	120.4	101.3	120.1	95.7	107.5	94.3	120.4	123.4	126.1	109.6	88.4	68.7	117.7	100.7	118.7	111.2	115.6	113.7
321	西藏麝香	112.6	141.3	123.1	96.1	100.9	92.9	124.0	138.8	135.8	111.0	96.8	76.7	119.1	113.5	114.4	108.3	110.2	112.5
322	碳氯灵	108.6	104.6	110.9	90.8	未添加	未添加	105.4	113.1	114.0	108.9	91.0	79.1	113.7	98.2	114.3	110.0	114.0	117.5

(续表)

序号	中文名称	低水平添加 1LOQ					中水平添加 2LOQ					高水平添加 5LOQ				
		甘蓝	芹菜	西红柿	苹果	葡萄	橘子	甘蓝	芹菜	西红柿	苹果	葡萄	橘子	甘蓝	芹菜	西红柿	苹果	葡萄	橘子

D组

序号	中文名称	甘蓝	芹菜	西红柿	苹果	葡萄	橘子	甘蓝	芹菜	西红柿	苹果	葡萄	橘子	甘蓝	芹菜	西红柿	苹果	葡萄	橘子
323	八氯苯乙烯	94.0	98.8	100.6	92.6	104.7	108.7	102.7	109.6	111.4	106.3	88.6	79.1	108.3	96.9	110.6	108.3	108.6	117.7
324	嘧啶磷	86.2	100.3	109.2	92.3	113.2	84.2	105.7	85.3	102.0	87.8	86.4	76.9	117.7	106.1	100.8	109.6	104.9	82.5
325	异狄氏剂	124.5	76.7	133.3	90.7	100.6	64.4	195.0	95.7	137.7	136.8	110.6	113.5	104.0	96.7	110.0	109.6	122.7	118.2
326	丁嗪草酮	92.8	96.8	105.1	69.6	77.7	29.6	108.2	94.3	120.3	75.2	61.2	48.7	101.2	78.4	90.9	98.1	96.9	74.2
327	毒壤磷	115.2	109.4	120.9	87.7	106.7	102.0	116.8	114.5	128.1	110.1	95.7	77.9	114.6	98.4	112.7	109.5	112.6	116.7
328	敌草素	117.9	105.9	118.0	95.8	106.1	101.4	116.9	118.7	122.8	113.4	89.9	72.8	119.6	108.6	120.0	111.7	115.9	119.7
329	4,4'-二氯二苯甲酮	108.2	107.3	105.0	94.3	105.6	100.1	115.6	114.2	113.7	126.0	91.3	78.8	120.2	101.2	117.4	107.0	111.3	117.0
330	酞菌酯	127.2	110.8	134.9	81.7	112.2	103.9	130.2	108.3	147.2	119.4	90.6	67.0	122.6	110.4	115.6	109.3	114.0	116.1
331	麝香酮	113.6	未添加	122.6	未添加	102.1	93.1	118.9	未添加	133.7	116.1	94.1	72.9	119.0	118.3	115.4	105.3	106.5	107.6
332	吡咪唑	83.0	72.7	103.9	83.7	未添加	未添加	88.0	122.6	77.2	未添加	76.4	未添加	113.0	84.0	104.9	98.2	81.7	61.8
333	嘧菌环胺	115.4	104.8	112.9	90.6	103.6	80.0	113.5	115.2	116.5	102.4	70.3	66.2	117.1	102.6	113.9	102.7	103.7	109.5
334	麦穗宁	55.4	45.3	82.7	70.8	7.9	23.6	121.9	55.5	95.9	70.4	11.8	17.2	147.2	156.5	230.3	94.2	30.0	37.5
335	氧异柳磷	90.7	73.6	52.3	76.1	89.6	44.2	50.0	66.4	85.5	39.2	50.0	59.8	56.6	58.0	62.6	46.8	40.7	59.6
336	异氯磷	127.8	111.2	127.1	90.5	121.1	84.5	117.1	108.9	128.8	103.9	89.7	56.2	117.0	98.6	108.7	106.9	113.5	108.5
337	2,2',4,4',5,5'-五氯联苯	110.2	103.5	108.8	95.3	108.0	108.4	110.2	114.1	117.9	109.2	92.7	79.9	115.7	99.0	114.6	108.7	112.4	118.1
338	2-甲-4-氯西氧乙基酯	114.4	109.4	131.4	95.2	未添加	未添加	115.7	115.7	123.3	109.0	97.6	75.0	118.5	101.5	114.3	111.9	116.1	120.6
339	水胺硫磷	112.8	85.7	117.1	未添加	105.6	74.9	106.4	796.9	114.8	105.9	94.4	60.9	121.8	112.4	114.8	109.8	107.5	83.6
340	甲拌磷砜	119.8	103.2	122.3	94.8	115.8	81.4	125.7	111.7	134.8	106.2	98.7	59.9	117.2	100.0	113.3	109.7	114.0	88.9
341	杀螨醇	129.7	105.2	135.3	94.5	110.0	101.4	119.8	115.2	130.7	110.8	89.9	68.2	116.3	101.1	114.0	107.6	113.1	110.1
342	反式九氯	109.8	104.8	113.2	94.1	109.9	109.4	110.8	114.7	118.6	108.9	93.5	76.4	114.4	100.5	114.5	109.5	116.6	117.0
343	消螨通	未添加	61.2	未添加	80.6	未添加	未添加	97.0	84.0	74.7	103.9	121.5	102.6	137.2	95.2	141.9	103.0	118.8	109.0

（续表）

序号	中文名称	低水平添加 1LOQ					中水平添加 2LOQ					高水平添加 5LOQ				
		甘蓝	芹菜	西红柿	苹果	葡萄	橘子	甘蓝	芹菜	西红柿	苹果	葡萄	橘子	甘蓝	芹菜	西红柿	苹果	葡萄	橘子
								D组											
344	脱叶磷	129.9	95.5	152.1	47.2	150.0	125.8	111.7	89.6	187.2	90.2	82.6	63.9	112.3	232.7	118.7	109.4	113.9	115.4
345	氟嘧草酮	112.7	105.0	119.5	93.9	113.2	87.7	108.9	115.5	119.9	108.0	92.1	60.9	117.8	105.0	115.8	108.1	113.7	99.5
346	溴苯烯磷	116.2	103.8	183.3	96.5	123.4	103.8	119.7	113.5	159.5	105.7	92.9	69.7	112.5	98.0	112.5	108.5	113.4	109.4
347	乙滴涕	86.9	107.8	92.3	96.0	116.1	108.4	96.7	114.8	107.4	109.9	94.6	75.2	115.4	103.4	117.8	108.5	114.4	116.4
348	灭菌磷	80.4	52.8	67.3	77.1	61.9	59.6	70.0	61.7	82.8	59.6	70.1	58.3	54.0	87.6	66.2	74.3	70.9	61.7
349	2,3,4,4',5-五氯联苯	101.0	111.0	132.6	91.9	121.3	113.3	105.1	117.7	110.8	107.9	89.4	74.9	113.4	98.3	112.3	106.6	111.2	115.9
350	4,4'-二溴二苯甲酮	95.9	106.2	108.2	93.0	未添加	未添加	103.6	114.1	109.4	98.7	90.2	89.7	114.0	98.6	110.5	105.6	116.0	113.2
351	粉唑醇	114.6	107.5	122.4	87.0	110.9	64.9	100.9	106.9	105.7	115.5	96.7	60.0	112.1	96.3	113.5	107.9	110.8	72.4
352	地胺磷	87.0	103.3	101.8	92.7	147.8	89.9	105.8	107.1	118.4	85.4	108.0	55.3	101.9	93.0	109.2	102.7	102.9	67.2
353	乙基杀扑磷	127.8	108.0	95.1	124.8	未添加	未添加	107.3	99.5	104.0	115.2	91.7	83.9	111.7	90.9	113.3	104.7	109.8	119.3
354	2,2',4,4',5,5'-六氯联苯	101.9	100.8	107.4	95.6	106.8	109.0	107.5	113.8	113.7	109.6	87.1	77.1	110.5	100.9	112.8	106.7	107.6	115.4
355	苯氯三唑醇	115.4	100.4	118.4	86.1	120.5	92.4	101.5	110.9	113.6	110.7	88.4	69.0	113.0	101.4	111.3	104.1	108.1	99.4
356	乙拌磷砜	90.2	107.1	98.1	93.5	117.4	86.7	103.3	114.2	109.8	107.3	100.2	58.1	114.8	104.5	114.3	109.3	112.1	75.2
357	噻螨酮	92.5	103.0	90.6	93.3	108.4	104.0	82.5	112.8	90.5	121.3	84.3	63.9	113.8	99.5	113.5	111.1	110.3	109.1
358	2,2',3,4,4',5',6-六氯联苯	22.3	102.6	25.6	88.7	129.4	116.2	49.7	113.4	57.2	105.0	90.3	68.7	115.2	107.5	131.8	117.0	123.3	122.0
359	威菌磷	63.4	46.8	52.6	33.2	51.0	49.7	86.2	100.3	120.7	119.5	103.2	83.0	91.6	111.7	95.6	89.4	85.7	56.3
360	苄呋菊酯-1	43.2	77.3	57.6	61.4	74.4	55.2	62.5	75.7	97.0	75.6	58.6	62.8	10.2	63.9	97.9	55.4	79.9	77.8
361	环菌唑	94.1	75.0	67.7	78.0	97.8	80.6	91.5	104.4	96.8	158.2	78.6	42.7	102.2	93.2	107.6	101.9	104.1	99.3
362	苄呋菊酯-2	59.5	106.2	84.1	61.1	74.5	57.4	69.0	83.7	112.0	63.5	56.3	67.4	9.9	68.9	99.9	54.3	80.6	102.3
363	酞酸甲基苯甲酯	114.7	99.1	109.2	92.7	114.8	111.5	114.4	110.9	129.0	110.1	90.4	70.5	114.2	104.4	114.1	106.3	113.8	112.1

(续表)

序号	中文名称	低水平添加 1LOQ 甘蓝	芹菜	西红柿	苹果	葡萄	橘子	中水平添加 2LOQ 甘蓝	芹菜	西红柿	苹果	葡萄	橘子	高水平添加 5LOQ 甘蓝	芹菜	西红柿	苹果	葡萄	橘子
364	炔草酸	105.5	111.0	117.6	86.6	119.0	86.0	103.6	110.4	124.0	102.1	87.9	53.4	114.1	109.6	108.0	105.9	109.7	94.5
365	倍硫磷亚砜	71.9	97.0	73.0	93.0	146.9	90.4	85.0	142.8	83.7	99.6	89.1	62.4	102.6	89.4	114.0	106.3	106.8	71.5
366	三氟苯唑	87.6	100.9	88.7	76.5	90.1	59.6	99.8	105.5	100.7	77.9	57.6	58.5	107.0	91.3	99.9	105.4	111.5	91.5
367	氟草烟-1-甲庚酯	未添加	102.3	未添加	96.9	未添加	未添加	97.0	117.2	112.2	107.6	88.6	106.3	110.5	96.6	109.7	109.0	113.7	111.2
368	倍硫磷砜	100.2	109.2	110.7	91.3	114.9	58.2	113.1	114.4	123.3	101.5	88.0	46.4	107.1	97.6	109.5	104.8	112.8	57.2
369	三苯基磷酸盐	96.8	104.7	98.4	95.5	114.3	98.5	100.8	113.8	105.1	117.1	85.3	65.8	115.8	101.9	115.2	107.5	113.5	106.1
370	苯嗪草酮	155.3	256.5	179.1	356.2	213.1	86.8	163.8	255.5	173.2	101.7	160.4	54.5	118.6	217.4	116.0	120.3	127.9	74.9
371	2,2',3,4,4',5,5'-七氯联苯	75.5	96.8	96.5	95.7	107.0	108.8	99.8	112.8	108.5	108.6	85.0	75.7	106.2	95.7	109.6	104.3	104.4	112.0
372	吡螨胺	81.0	103.0	85.7	99.1	113.9	107.2	112.1	115.0	106.9	109.9	85.3	73.2	112.8	97.1	112.6	106.4	112.2	111.9
373	解草酯	72.5	105.3	68.8	87.0	117.0	84.0	68.0	109.7	70.8	79.3	62.8	58.2	103.6	84.5	95.2	98.8	101.8	102.7
374	环草定	94.9	98.3	100.0	89.6	107.6	79.7	99.6	108.7	105.6	99.4	85.7	56.3	104.9	96.1	111.8	101.7	102.8	76.0
375	粉菌唑-1	94.4	83.7	101.1	92.1	118.0	84.1	128.6	101.8	127.0	86.0	64.3	70.3	102.3	87.1	107.6	103.0	103.3	101.3
376	脱溴溴苯磷	100.3	104.5	105.6	92.0	122.8	108.3	101.6	112.2	114.3	106.1	85.9	66.7	106.9	96.8	109.7	106.0	111.7	109.4
377	粉菌唑-2	93.4	96.0	91.9	90.6	96.4	65.7	100.6	114.1	101.4	91.6	69.9	54.3	109.2	93.3	111.2	102.3	103.7	91.1
378	甲磺乐灵	116.0	101.5	129.7	78.4	121.8	76.3	135.5	108.7	170.9	105.9	96.3	46.3	113.4	96.7	112.5	107.6	113.6	65.2
379	苯线磷亚砜	77.4	97.0	68.3	86.0	未添加	未添加	64.2	85.1	87.9	66.0	68.2	56.4	59.3	126.1	104.6	88.1	77.1	27.7
380	苯线磷砜	84.2	107.9	96.1	91.4	100.1	27.3	100.6	108.2	122.4	93.6	61.4	30.0	76.6	98.7	118.3	97.6	85.8	23.9
381	拌种咯	74.7	92.3	74.8	93.4	130.2	69.0	79.6	101.1	85.3	114.1	73.7	25.3	94.0	90.7	106.6	101.1	119.0	40.1
382	氟喹唑	83.6	103.7	84.2	89.2	135.2	115.1	79.3	114.7	94.5	104.8	69.4	52.2	109.1	94.8	114.4	105.0	110.2	86.3
383	腈苯唑	81.0	180.1	78.0	51.6	108.9	68.8	87.6	162.8	85.2	185.9	114.9	101.0	106.7	93.4	109.0	103.5	107.9	58.6

D 组

（续表）

水果蔬菜中124种农药及相关化学品（E组）添加回收率精密度数据

序号	英文名称	低水平添加 1LOQ					高水平添加 4LOQ				
		甘蓝	苹果	柑橘	芹菜	西红柿	葡萄	甘蓝	苹果	柑橘	芹菜	西红柿	葡萄
1	Propoxur-1	99.9	103.6	97.5	118.5	101.4	104.5	96.8	97.6	90.7	91.9	96.2	86.8
2	Isoprocarb-1	109.3	87.7	101.9	125.9	113.3	95.6	82.9	87.4	78.1	77.9	82.5	86.6
3	Methamidophos	90.7	119.5	100.6	95.7	85.6	24.2	81.1	73.1	89.2	61.7	66.5	56.4
4	Acenaphthene	79.3	84.1	83.0	87.9	73.9	86.8	87.8	76.5	71.1	85.9	73.7	68.2
5	Dibutyl succinate	92.4	105.3	94.8	106.6	89.6	96.6	106.5	97.3	91.7	98.7	98.8	83.0
6	Phthalimide	78.2	150.5	103.0	108.5	74.8	81.9	93.7	93.1	86.8	101.5	79.2	91.5
7	Chlorethoxyfos	97.1	87.7	87.5	98.4	91.7	134.9	114.5	102.9	97.6	103.9	97.1	75.8
8	Isoprocarb-2	87.3	118.1	95.7	101.0	83.5	99.4	124.3	109.0	105.8	111.8	112.1	87.2
9	Pencycuron	86.3	115.1	97.9	134.0	81.9	134.1	115.3	106.5	99.7	79.8	62.9	116.0
10	Tebuthiuron	91.4	121.9	104.6	109.6	87.4	93.4	113.9	104.9	98.8	101.8	100.5	85.2
11	Demeton-S-Methyl	80.8	86.2	94.9	98.4	82.0	100.5	155.3	130.6	128.8	93.4	111.9	85.9
12	Cadusafos	91.6	113.8	101.3	107.1	93.8	99.8	116.8	107.8	101.6	103.3	104.5	89.2
13	Propoxur-2	87.9	121.5	89.9	99.3	73.4	88.6	152.4	115.2	118.7	99.0	122.4	91.9
14	Naled	217.4	108.4	68.5	99.2	214.6	67.3	83.4	58.4	74.1	85.3	78.2	68.6
15	Phenanthrene	95.7	102.3	96.0	107.6	95.2	99.3	107.2	98.1	91.8	102.2	101.4	94.3
16	Spiroxamine-1	96.2	107.6	103.8	113.4	90.9	97.3	119.4	111.9	99.7	93.5	105.7	86.4
17	Fenpyroximate	88.5	137.3	101.8	114.5	86.1	95.4	127.5	115.8	93.0	104.0	101.0	147.6
18	Tebupirimfos	93.7	106.9	98.7	106.3	91.6	98.4	118.0	108.0	103.2	104.3	105.6	92.7
19	Prohydrojamon	117.5	70.1	82.4	60.3	102.5	54.0	99.4	99.9	97.6	110.1	127.4	69.0
20	Fenpropidin	93.6	109.6	102.4	87.6	86.9	75.5	125.4	117.4	112.6	99.8	98.2	86.2
21	Dichloran	91.3	133.2	97.0	88.9	88.0	96.5	118.0	108.4	98.9	105.0	98.3	101.8
22	Pyroquilon	86.8	115.5	102.6	106.9	85.3	102.9	112.6	102.7	98.0	101.5	100.6	91.3
23	Spiroxamine-2	88.6	113.0	101.9	112.8	84.9	91.5	121.5	112.5	104.5	88.5	98.2	85.1
24	Dinoterb	76.7	75.8	66.6	122.8	58.9	123.0	173.0	108.5	72.9	68.4	22.5	80.9
25	Propyzamide	95.8	113.6	103.2	108.9	93.1	101.7	119.5	110.0	103.9	104.8	104.5	91.3

(续表)

序号	英文名称	低水平添加 1LOQ					高水平添加 4LOQ				
		甘蓝	苹果	柑橘	芹菜	西红柿	葡萄	甘蓝	苹果	柑橘	芹菜	西红柿	葡萄
26	Pirimicicarb	95.1	97.9	96.3	101.1	91.1	95.0	108.0	99.1	90.1	97.9	103.0	89.1
27	Phosphamidon-1	74.4	114.4	115.9	95.1	59.0	78.1	171.6	127.0	134.6	121.1	106.5	98.9
28	Benoxacor	89.2	98.6	104.6	102.8	90.2	108.7	132.5	117.4	113.2	110.5	96.4	82.0
29	Bromobutide	103.0	100.7	63.8	91.4	98.4	132.3	96.3	102.5	97.6	102.2	88.6	83.2
30	Acetochlor	95.9	105.5	102.3	106.5	93.8	98.9	114.9	105.4	98.2	103.4	107.1	88.9
31	Tridiphane	100.5	未添加	未添加	94.5	92.0	未添加	126.8	122.5	124.3	91.3	76.8	88.4
32	Terbucarb-2	95.1	108.2	101.0	109.7	93.5	104.9	114.1	104.5	97.9	106.8	111.0	89.5
33	Esprocarb	48.5	未添加	未添加	112.8	48.2	未添加	102.3	102.6	103.1	103.0	106.1	89.5
34	Fenfuram	74.7	61.9	102.4	48.8	72.2	83.8	109.2	100.9	96.3	41.6	98.2	92.3
35	Acibenzolar-S-Methyl	94.4	未添加	未添加	10.1	93.4	未添加	94.1	98.6	94.8	85.2	未添加	未添加
36	Benfuresate	97.5	100.1	95.8	110.3	95.5	93.7	108.9	100.4	95.9	103.8	107.1	89.8
37	Dithiopyr	98.0	107.1	100.4	109.8	95.6	99.8	114.6	105.2	99.5	103.6	106.8	88.7
38	Mefenoxam	90.0	111.6	101.8	106.0	88.5	93.9	111.4	104.1	97.4	103.3	106.0	87.3
39	Malaoxon	78.6	126.5	109.8	101.8	57.9	87.3	145.4	157.0	161.4	137.4	106.3	97.9
40	Phosphamidon-2	65.2	133.5	113.3	100.7	57.2	77.2	157.8	140.5	137.3	118.0	95.4	92.8
41	Simeconazole	91.2	120.6	103.9	109.7	87.9	84.2	125.8	114.1	105.9	98.8	99.4	88.5
42	Chlorthal-dimethyl	96.8	105.8	98.5	111.2	95.3	107.6	114.4	109.3	99.5	104.3	108.4	90.9
43	Thiazopyr	99.1	106.3	100.8	114.6	96.9	98.3	116.2	106.9	98.8	103.6	108.2	89.0
44	Dimethylvinphos	82.2	132.7	111.7	111.8	78.1	112.2	153.2	131.9	127.7	120.2	111.5	91.7
45	Butralin	95.6	118.4	110.8	108.4	90.0	93.8	140.6	123.3	115.4	108.3	103.5	89.3
46	Zoxamide	103.7	97.9	102.5	111.9	96.9	88.3	110.3	107.4	101.7	82.3	91.6	93.0
47	Pyrifenox-1	92.4	115.7	101.6	107.7	91.3	89.5	115.9	107.6	96.7	99.5	102.5	86.1
48	Allethrin	89.0	114.5	105.7	106.6	84.9	97.5	118.4	107.5	101.3	106.7	107.1	88.0
49	Dimethametryn	97.5	111.5	102.1	110.1	94.4	96.6	116.6	106.3	97.8	104.3	106.6	90.5
50	Quinoclamine	74.9	74.6	112.4	103.0	70.6	86.7	129.5	116.5	110.3	106.9	94.8	96.5

(续表)

序号	英文名称	低水平添加 1LOQ						高水平添加 4LOQ					
		甘蓝	苹果	柑橘	芹菜	西红柿	葡萄	甘蓝	苹果	柑橘	芹菜	西红柿	葡萄
51	Methothrin-1	100.9	108.2	102.2	103.3	97.0	97.7	118.3	107.5	99.6	103.0	110.3	92.1
52	Flufenacet	73.2	104.0	107.7	108.9	68.6	131.0	148.6	130.0	124.2	115.8	112.4	91.4
53	Methothrin-2	96.0	107.6	101.8	105.6	91.9	98.7	116.8	107.8	98.3	102.6	110.8	91.7
54	Pyrifenox-2	90.4	114.9	104.3	109.5	89.2	86.8	116.5	106.8	97.0	100.3	101.2	85.3
55	Fenoxanil	105.5	119.7	107.5	141.2	112.7	130.1	91.6	97.3	89.0	96.1	151.4	78.9
56	Phthalide	未添加	未添加	未添加	未添加	未添加	未添加	未添加	未添加	未添加	未添加	未添加	未添加
57	Furalaxyl	94.8	106.6	102.4	105.0	93.0	99.7	113.5	104.0	99.1	102.0	106.2	89.4
58	Thiamethoxam	57.5	107.4	91.8	93.6	85.6	71.6	47.6	32.8	47.3	57.7	61.3	78.9
59	Mepanipyrim	92.1	117.6	110.6	110.2	90.3	91.1	132.2	118.0	105.9	106.6	101.9	97.7
60	Captan	100.3	100.9	83.8	94.3	110.6	138.3	112.3	114.6	130.6	131.7	131.3	106.5
61	Bromacil	59.7	95.7	111.4	77.6	57.5	67.4	114.1	110.9	96.4	113.2	0.0	82.0
62	Picoxystrobin	98.3	110.8	103.3	109.7	95.9	98.8	115.8	109.9	101.2	104.9	108.1	88.4
63	Butamifos	94.0	未添加	未添加	未添加	87.4	未添加	129.1	132.7	124.0	未添加	未添加	未添加
64	Imazamethabenz-methyl	75.4	108.5	95.6	106.8	75.8	101.6	91.0	89.9	88.2	153.9	101.7	83.1
65	Metominostrobin-1	98.5	未添加	未添加	101.8	未添加	未添加	98.6	108.2	99.3	101.8	92.2	91.9
66	TCMTB	83.0	未添加	未添加	99.1	未添加	未添加	146.3	148.8	144.0	99.1	87.2	94.1
67	Methiocarb Sulfone	26.5	57.3	113.4	77.7	16.4	85.2	89.3	81.9	89.0	99.7	50.4	108.9
68	Imazalil	81.2	134.7	112.2	108.1	75.3	75.6	90.3	100.9	84.8	57.2	100.0	59.9
69	Isoprothiolane	92.4	124.3	103.0	105.2	91.4	94.7	120.2	110.2	103.8	105.9	98.7	90.9
70	Cyflufenamid	未添加	未添加	未添加	未添加	未添加	未添加	未添加	未添加	未添加	未添加	未添加	未添加
71	Methyl trithion	未添加	未添加	未添加	未添加	未添加	未添加	未添加	未添加	未添加	未添加	未添加	未添加
72	Pyriminobac-Methyl	未添加	未添加	未添加	未添加	未添加	未添加	未添加	未添加	未添加	未添加	未添加	未添加
73	Isoxathion	未添加	未添加	113.4	87.5	118.4	135.2	146.1	176.4	133.1	87.5	118.4	135.2
74	Metominostrobin-2	未添加	未添加	未添加	92.5	97.6	110.6	143.2	144.2	139.5	92.5	97.6	110.6
75	Diofenolan-1	95.9	113.7	105.6	109.0	92.5	98.8	119.0	108.7	100.8	104.9	106.2	94.3

(续表)

序号	英文名称	低水平添加 1LOQ 甘蓝	苹果	柑橘	芹菜	西红柿	葡萄	高水平添加 4LOQ 甘蓝	苹果	柑橘	芹菜	西红柿	葡萄
76	Thifluzamide	未添加	未添加	未添加	未添加	未添加	未添加	未添加	未添加	未添加	未添加	未添加	未添加
77	Diofenolan-2	96.9	109.7	105.9	109.4	95.5	103.7	115.5	107.6	99.2	105.4	106.9	96.0
78	Quinoxyphen	97.4	101.7	103.4	110.2	91.3	88.0	115.2	108.2	93.2	103.7	106.0	98.2
79	Chlorfenapyr	98.3	106.7	100.9	106.9	95.1	106.0	116.4	107.6	100.1	108.5	111.9	93.2
80	Trifloxystrobin	95.3	108.2	104.9	108.7	90.0	90.2	122.4	112.3	105.3	108.5	105.6	90.4
81	Imibenconazole-des-benzyl	44.8	193.4	132.2	101.1	47.8	76.1	81.6	60.9	84.5	92.0	77.4	99.2
82	Isoxadifen-Ethyl	103.0	未添加	未添加	94.6	96.0	未添加	104.4	105.7	101.6	98.8	未添加	未添加
83	Fipronil	94.9	108.2	103.2	102.6	92.0	122.6	121.0	107.4	107.6	115.3	110.4	90.9
84	Imiprothrin-1	54.2	76.3	87.8	106.9	54.8	68.7	140.0	99.1	93.4	64.9	69.9	101.3
85	Carfentrazone-Ethyl	87.0	102.8	110.0	107.5	87.4	101.3	125.7	115.3	107.3	108.9	106.7	91.8
86	Imiprothrin-2	78.6	105.1	99.7	113.6	73.7	90.5	150.9	141.3	125.5	107.9	95.4	104.5
87	Halosulfuran-methyl	未添加	未添加	未添加	未添加	未添加	未添加	未添加	未添加	未添加	未添加	未添加	未添加
88	Epoxiconazole-1	96.0	122.3	96.4	108.3	86.5	97.2	91.3	90.3	79.6	95.1	123.9	116.6
89	Pyraflufen Ethyl	95.2	108.6	103.2	110.6	90.5	97.0	116.5	106.8	100.3	104.6	109.4	93.3
90	Pyributicarb	84.2	113.7	108.3	108.3	85.3	110.6	122.0	112.4	103.9	105.8	103.1	91.5
91	Thenylchlor	76.8	98.0	102.9	106.8	83.5	98.8	124.1	113.6	104.8	101.9	106.1	86.5
92	Clethodim	84.4	48.3	67.3	30.9	51.5	59.9	96.5	79.8	39.8	29.5	36.7	22.5
93	Chrysene	0.0	0.0	0.0	0.0	0.0	0.0	0.6	1.2	0.8	0.4	0.5	0.8
94	Mefenpyr-diethyl	94.8	111.5	97.3	105.5	92.5	96.6	118.0	106.5	101.8	104.9	107.8	91.4
95	Famphur	87.3	122.3	112.7	109.4	84.1	171.1	141.9	132.1	126.7	127.9	121.1	94.9
96	Etoxazole	95.0	110.9	102.4	108.4	90.5	101.5	114.3	106.9	98.7	103.8	107.5	89.1
97	Pyriproxyfen	84.7	110.1	103.9	101.6	78.9	90.0	119.8	107.6	96.3	101.5	98.7	89.6
98	Epoxiconazole-2	90.3	110.7	111.1	106.4	86.8	92.4	128.6	116.2	114.6	104.9	91.6	87.5
99	Tepraloxydim	205.6	39.5	119.7	105.2	93.6	99.9	35.1	20.2	102.6	120.6	117.9	97.5
100	Picolinafen	93.7	100.8	107.0	108.9	95.2	97.0	119.3	110.8	99.3	105.7	104.8	103.3

(续表)

序号	英文名称	低水平添加 1LOQ					高水平添加 4LOQ				
		甘蓝	苹果	柑橘	芹菜	西红柿	葡萄	甘蓝	苹果	柑橘	芹菜	西红柿	葡萄
101	Iprodione	89.5	147.7	108.1	110.9	85.3	95.1	128.9	119.4	109.3	90.4	85.1	93.9
102	Piperophos	89.4	84.8	109.9	89.6	82.6	98.9	113.5	91.3	109.3	108.0	108.3	90.1
103	Ofurace	52.1	102.1	108.9	106.1	55.7	102.7	107.7	97.0	100.9	105.0	99.9	87.8
104	Bifenazate	未添加	未添加	未添加	未添加	未添加	未添加	143.3	149.8	138.0	120.4	127.4	0.0
105	Chromafenozide	未添加	92.8	未添加	未添加	未添加	147.3	96.6	89.3	88.6	109.4	98.4	90.9
106	Endrin ketone	90.0	未添加	98.1	116.4	88.4	未添加	129.2	116.3	111.2	109.3	110.5	83.6
107	Clomeprop	112.2	未添加	未添加	未添加	102.4	未添加	104.1	109.1	100.5	未添加	未添加	未添加
108	Fenamidone	95.9	未添加	未添加	未添加	90.0	未添加	99.6	108.2	103.4	未添加	未添加	未添加
109	Napromilide	92.6	未添加	未添加	未添加	85.8	未添加	104.7	108.9	103.0	未添加	未添加	未添加
110	Pyraclostrobin	79.2	215.6	131.6	112.2	99.5	94.2	101.1	106.8	140.2	90.5	106.0	105.2
111	Lactofen	91.9	108.9	119.2	101.4	81.2	94.4	195.9	162.2	144.6	118.4	102.5	90.8
112	Tralkoxydim	94.2	53.7	62.0	38.2	57.2	63.0	96.4	80.6	43.4	40.5	35.9	20.0
113	Pyraclofos	74.0	未添加	未添加	未添加	68.4	未添加	173.1	170.7	166.5	未添加	未添加	未添加
114	Dialifos	79.1	未添加	未添加	未添加	77.9	未添加	129.7	133.6	130.6	未添加	未添加	未添加
115	Spirodiclofen	109.9	107.0	97.8	113.0	107.8	114.6	111.7	103.5	105.5	104.1	123.3	84.9
116	Halfenprox	94.6	95.6	116.6	66.8	84.2	79.5	120.5	124.9	117.2	116.1	未添加	未添加
117	Flurtamone	65.2	95.5	124.8	108.0	57.8	88.4	126.8	116.8	118.3	105.5	90.5	103.3
118	Pyriftalid	93.9	131.5	99.6	109.2	86.1	96.3	124.4	111.4	105.1	104.6	103.1	102.4
119	Silafluofen	93.0	119.0	116.3	108.2	85.8	80.3	120.1	111.1	102.7	104.3	107.4	100.0
120	Pyrimidifen	87.2	未添加	未添加	未添加	86.1	未添加	109.2	114.5	77.9	未添加	未添加	未添加
121	Acetamiprid	11.2	11.7	13.8	12.9	11.9	20.0	83.5	59.6	91.6	57.4	98.0	71.8
122	Butafenacil	90.9	95.9	108.7	104.9	80.5	86.2	122.4	114.0	108.7	104.2	104.7	92.2
123	Cafenstrole	63.0	未添加	未添加	未添加	64.5	未添加	136.6	137.6	135.9	未添加	未添加	未添加
124	Fluridone	37.9	119.9	107.8	106.5	40.0	66.2	121.9	101.2	115.2	88.9	64.7	96.1

GB

中 华 人 民 共 和 国 国 家 标 准

GB 23200.7—2016
代替 GB/T 19426—2006

食品安全国家标准
蜂蜜、果汁和果酒中 497 种农药及相关
化学品残留量的测定
气相色谱－质谱法

National food safety standards—
Determination of 497 pesticides and related chemicals residues in
honey, fruit juice and wine Gas chromatography – mass spectrometry

2016－12－18 发布　　　　　　　　　　　　2017－06－18 实施

中华人民共和国国家卫生和计划生育委员会
中 华 人 民 共 和 国 农 业 部　　发 布
国 家 食 品 药 品 监 督 管 理 总 局

前　言

本标准代替 GB/T 19426—2006《蜂蜜、果汁和果酒中 497 种农药及相关化学品残留量的测定　气相色谱－质谱法》。

本标准与 GB/T 19426—2006 相比，主要变化如下：

——标准文本格式修改为食品安全国家标准文本格式；

——标准范围中增加"其他食品可参照执行"。

本标准所代替标准的历次版本发布情况为：

——GB/T 19426—2006。

食品安全国家标准
蜂蜜、果汁和果酒中497种农药及相关化学品残留量的测定 气相色谱－质谱法

1 范围

本标准规定了蜂蜜、果汁和果酒中497种农药及相关化学品（参见附录A）残留量气相色谱－质谱测定方法。

本标准适用于蜂蜜、果汁和果酒中497种农药及相关化学品残留量的测定，其他食品可参照执行。

2 规范性引用文件

下列文件对于本文件的应用是必不可少的。凡是注日期的引用文件，仅所注日期的版本适用于本文件。凡是不注日期的引用文件，其最新版本（包括所有的修改单）适用于本文件。

GB 2763 食品安全国家标准 食品中农药最大残留限量

GB/T 6682 分析实验室用水规格和试验方法

3 原理

试样用二氯甲烷提取，经串联 Envi－Carb[1] 和 Sep－Pak－NH_2[2] 柱净化，用乙腈－甲苯溶液（3+1）洗脱农药及相关化学品，用气相色谱－质谱仪检测。

4 试剂和材料

除另有规定外，所有试剂均为分析纯，水为符合 GB/T 6682 中规定的一级水。

4.1 试剂

4.1.1 乙腈（CH_3CN，75－05－8）：色谱纯。

4.1.2 丙酮（CH_3COCH_3，67－64－1）：色谱纯。

4.1.3 二氯甲烷（CH_2Cl_2，75－09－2）：色谱纯。

4.1.4 无水硫酸钠（Na_2SO_4，7757－82－6）：分析纯。用前在650℃灼烧4 h，贮于干燥器中，

---

[1] Envi－Carb 柱是 SUPELCO 公司产品的商品名称，给出这一信息是为了方便本标准的使用者，并不是表示对该产品的认可。如果其他等效产品具有相同的效果，则可使用这些等效产品。

[2] Sep－Pak－NH_2 柱是 Waters 公司产品的商品名称，给出这一信息是为了方便本标准的使用者，并不是表示对该产品的认可。如果其他等效产品具有相同的效果，则可使用这些等效产品。

冷却后备用。

4.1.5 甲苯（C_7H_8，108-88-3）：优级纯。

4.1.6 正己烷（C_6H_{14}，110-54-3）：色谱纯。

4.2 标准品

农药及相关化学品标准物质：纯度≥95%，参见附录A。

4.3 标准溶液配制

4.3.1 标准储备溶液

分别称取5 mg~10 mg（精确至0.1 mg）农药及相关化学品各标准物分别于50 mL烧杯中，根据标准物的溶解性选甲苯、甲苯-丙酮混合液、二氯甲烷等溶剂溶解，转移到10 mL容量瓶中，分别用相应的试剂或溶液定容至刻度（溶剂选择参见附录A），标准溶液避光4 ℃保存，保存期为一个月。

4.3.2 混合标准溶液（混合标准溶液A、B、C、D和E）

按照农药及相关化学品的保留时间，将497种农药及相关化学品分成A、B、C、D、E五个组，并根据每种农药及相关化学品在仪器上的响应灵敏度，确定其在混合标准溶液中的质量浓度。本标准对497种农药及相关化学品的分组及其混合标准溶液质量浓度参见附录A。

依据每种农药及相关化学品的分组号、混合标准溶液质量浓度及其标准储备液的质量浓度，移取一定量的单个农药及相关化学品标准储备溶液于100 mL容量瓶中，用甲苯定容至刻度。混合标准溶液避光4 ℃保存，保存期为一个月。

4.3.3 内标溶液

准确称取3.5 mg环氧七氯于50 mL烧杯中，用甲苯溶解后转移入100 mL容量瓶中，用甲苯定容至刻度。

4.3.4 基质混合标准工作溶液

将40 μL内标溶液（4.3.3）和一定体积的混合标准溶液分别加到1.0 mL的样品空白基质提取液中，混匀，配成基质混合标准工作溶液A、B、C、D和E。基质混合标准工作溶液应现用现配。

4.4 材料

4.4.1 Envi-Carb柱：6 mL，0.5 g或相当者。

4.4.2 Sep-Pak-NH$_2$柱：3 mL，0.5 g或相当者。

5 仪器和设备

5.1 气相色谱-质谱仪：配有电子轰击源（EI）。

5.2 分析天平：感量0.01 g和0.000 1 g。

5.3 鸡心瓶：200 mL。

5.4 移液器：1 mL。

5.5 具塞锥形瓶：250 mL。

5.6 分液漏斗：250 mL。

5.7 筒形漏斗。

6 试样制备

对无结晶的蜂蜜样品,将其搅拌均匀。对有结晶的样品,在密闭情况下,置于不超过60 ℃的水浴中温热,振荡,待样品全部融化后搅匀,迅速冷却至室温。分出0.5 kg作为试样,置于样品瓶中,密封,并标明标记。

果汁、果酒样品,将取得的全部原始样品倒入洁净的搪瓷混样桶内,充分搅拌混匀,再将混匀样品分装出两份(每份500 mL),密封,作为试样,标明标记。

7 分析步骤

7.1 提取

称取15 g试样(精确至0.01 g)于250 mL具塞锥形瓶中,加入30 mL水,于40 ℃振荡水浴上,振荡溶解15 min。加入10 mL丙酮,然后将瓶中内容物移入250 mL分液漏斗中,用40 mL二氯甲烷分数次洗涤锥形瓶,并将洗液倒入分液漏斗中,振摇八次,小心排气,静置分层,将下层有机相通过装有无水硫酸钠的筒形漏斗,收集于200 mL鸡心瓶中。再依次加入5 mL丙酮和40 mL二氯甲烷于分液漏斗中,振摇1 min,静置、分层后收集。如此重复提取两次,合并提取液,将提取液于40 ℃水浴旋转蒸发至约1 mL,待净化。

7.2 净化

在Envi-Carb柱中加入约2 cm高无水硫酸钠,将该柱连接在Sep-Pak-NH$_2$柱顶部,并将串联柱放入下接鸡心瓶的固定架上。加样前先用4 mL乙腈-甲苯溶液预洗柱,当液面到达硫酸钠的顶部时,迅速将样品提取液转移至净化柱上,再用3×2 mL乙腈-甲苯溶液洗涤样液瓶,并将洗液移入柱中。在串联柱上加上50 mL贮液器,用25 mL乙腈-甲苯溶液洗脱农药及相关化学品,收集所有流出物于鸡心瓶中,并在40 ℃水浴中旋转浓缩至约0.5 mL。用2×5 mL正己烷进行溶剂交换两次,最后使样液体积约为1 mL,加入40 μL内标溶液,混匀,用于气相色谱-质谱测定。

7.3 测定

7.3.1 气相色谱-质谱参考条件

a) 色谱柱:DB-1701(30 m×0.25 mm×0.25 μm)石英毛细管柱或相当者;
b) 色谱柱温度:40 ℃保持1 min,然后以30 ℃/min程序升温至130 ℃,再以5 ℃/min升温至250 ℃,再以10 ℃/min升温至300 ℃,保持5 min;
c) 载气:氦气,纯度≥99.999%,流速:1.2 mL/min;
d) 进样口温度:290 ℃;
e) 进样量:1 μL;
f) 进样方式:无分流进样,1.5 min后开阀;
g) 电子轰击源:70 eV;
h) 离子源温度:230 ℃;
i) GC-MS接口温度:280 ℃;
j) 选择离子监测:497种农药及相关化学品根据保留时间分为A、B、C、D、E五组,每种化合物分别选择一个定量离子，2 个～3 个定性离子。每组所有需要检测的离子按照出峰顺序，分时段分别检测。每种化合物的保留时间、定量离子、定性离子及定量离子与定性离子的丰度比值，参见附录 B。每组检测离子的开始时间和驻留时间参见附录 C。

7.3.2 定性测定

样品提取液按照气相色谱－质谱测定条件分别测定 A、B、C、D、E 五组。进行样品测定时，如果检出的色谱峰的保留时间与标准样品相一致，并且在扣除背景后的样品质谱图中，所选择的离子均出现，而且所选择的离子丰度比与标准样品的离子丰度比相一致（相对丰度 >50%，允许 ±10% 偏差；相对丰度 >20%～50%，允许 ±15% 偏差；相对丰度 >10%～20%，允许 ±20% 偏差；相对丰度 ≤10%，允许 ±50% 偏差），则可判断样品中存在这种农药或相关化学品。如果不能确证，应重新进样，以扫描方式（有足够灵敏度）或采用增加其他确证离子的方式或用其他灵敏度更高的分析仪器来确证。

7.3.3 定量测定

本方法采用内标法单离子定量测定，内标物为环氧七氯。定量用标准应采用基质混合标准工作溶液。标准溶液的质量浓度应与待测化合物的质量浓度相近。本方法的 A、B、C、D、E 五组标准物质在蜂蜜基质中选择离子监测 GC－MS 图参见附录 D。

7.4 平行试验

按以上步骤对同一试样进行平行试验测定。

7.5 空白试验

除不称取试样外，均按上述步骤进行。

8 结果计算和表述

气相色谱－质谱测定结果可由计算机按内标法自动计算，也可按式（1）计算：

$$X = C_s \times \frac{A}{A_s} \times \frac{C_i}{C_{si}} \times \frac{A_{si}}{A_i} \times \frac{V}{m} \times \frac{1\,000}{1\,000} \quad\quad\quad\quad (1)$$

式中：

X——试样中被测物残留量，单位为毫克每千克（mg/kg）；

C_s——基质标准工作溶液中被测物的浓度，单位为微克每毫升（μg/mL）；

A——试样溶液中被测物的色谱峰面积；

A_s——基质标准工作溶液中被测物的色谱峰面积；

C_i——试样溶液中内标物的浓度，单位为微克每毫升（μg/mL）；

C_{si}——基质标准工作溶液中内标物的浓度，单位为微克每毫升（μg/mL）；

A_{si}——基质标准工作溶液中内标物的色谱峰面积；

A_i——试样溶液中内标物的色谱峰面积；

V——样液最终定容体积，单位为毫升（mL）；

m——试样溶液所代表试样的质量，单位为克（g）。

计算结果应扣除空白值，测定结果用平行测定的算术平均值表示，保留两位有效数字。

9 精密度

9.1 在重复性条件下获得的两次独立测定结果的绝对差值与其算术平均值的比值（百分率），应符合附录 E 的要求。

9.2 在再现性条件下获得的两次独立测定结果的绝对差值与其算术平均值的比值（百分率），应符合附录 F 的要求。

10 定量限和回收率

10.1 定量限

本方法的定量限见附录 A。

10.2 回收率

当添加水平为 LOQ、2×LOQ、5×LOQ 时，添加回收率参见附录 G。

附录 A
（资料性附录）
497 种农药及相关化学品中、英文名称、方法定量限、分组、溶剂选择和混合标准溶液浓度

A.1　497 种农药及相关化学品中、英文名称、方法定量限、分组、溶剂选择和混合标准溶液浓度见表 A.1。

表 A.1

序号	中文名称	英文名称	定量限（mg/kg）	溶剂	混合标准溶液质量浓度（mg/L）
内标	环氧七氯	Heptachlor – epoxide		甲苯	
A 组					
1	二丙烯草胺	Allidochlor	0.066	甲苯	5
2	烯丙酰草胺	Dichlormid	0.034	甲苯	2.5
3	土菌灵	Etridiazol	0.100	甲苯	7.5
4	氯甲硫磷	Chlormephos	0.066	甲苯	5
5	苯胺灵	Propham	0.034	甲苯	2.5
6	环草敌	Cycloate	0.034	甲苯	2.5
7	联苯二胺	Diphenylamine	0.034	甲苯	2.5
8	杀虫脒	Chlordimeform	0.034	正己烷	2.5
9	乙丁烯氟灵	Ethalfluralin	0.132	甲苯	10
10	甲拌磷	Phorate	0.034	甲苯	2.5
11	甲基乙拌磷	Thiometon	0.034	甲苯	2.5
12	五氯硝基苯	Quintozene	0.066	甲苯	5
13	脱乙基阿特拉津	Atrazine – desethyl	0.034	甲苯+丙酮（8+2）	2.5
14	异噁草松	Clomazone	0.034	甲苯	2.5
15	二嗪磷	Diazinon	0.034	甲苯	2.5
16	地虫硫磷	Fonofos	0.034	甲苯	2.5
17	乙嘧硫磷	Etrimfos	0.034	甲苯	2.5
18	西玛津	Simazine	0.160	甲醇	2.5
19	胺丙畏	Propetamphos	0.034	甲苯	2.5
20	仲丁通	Secbumeton	0.034	甲苯	2.5
21	除线磷	Dichlofenthion	0.034	甲苯	2.5
22	炔丙烯草胺	Pronamide	0.034	甲苯+丙酮（9+1）	2.5
23	兹克威	Mexacarbate	0.100	甲苯	7.5

(续表)

序号	中文名称	英文名称	定量限（mg/kg）	溶剂	混合标准溶液质量浓度（mg/L）
A组
24	乐果	Dimethoate	0.132	甲苯	10
25	艾氏剂	Aldrin	0.066	甲苯	5
26	氨氟灵	Dinitramine	0.132	甲苯	10
27	皮蝇磷	Ronnel	0.066	甲苯	5
28	扑草净	Prometryne	0.034	甲苯	2.5
29	环丙津	Cyprazine	0.034	甲苯+丙酮（9+1）	2.5
30	百菌清	Chlorothalonil	0.066	甲苯	5
31	乙烯菌核利	Vinclozolin	0.034	甲苯	2.5
32	β-六六六	Beta-HCH	0.034	甲苯	2.5
33	甲霜灵	Metalaxyl	0.100	甲苯	7.5
34	毒死蜱	Chlorpyrifos（-ethyl）	0.034	甲苯	2.5
35	甲基对硫磷	Methyl-Parathion	0.132	甲苯	10
36	蒽醌	Anthraquinone	0.034	二氯甲烷	2.5
37	δ-六六六	Delta-HCH	0.066	甲苯	5
38	倍硫磷	Fenthion	0.034	甲苯	2.5
39	马拉硫磷	Malathion	0.132	甲苯	10
40	杀螟硫磷	Fenitrothion	0.066	甲苯	5
41	对氧磷	Paraoxon-ethyl	0.066	甲苯	10
42	三唑酮	Triadimefon	0.034	甲苯	5
43	对硫磷	Parathion	0.066	甲苯	10
44	二甲戊灵	Pendimethalin	0.022	甲苯	10
45	利谷隆	Linuron	0.066	甲苯+丙酮（9+1）	10
46	杀螨醚	Chlorbenside	0.034	甲苯	5
47	乙基溴硫磷	Bromophos-ethyl	0.016	甲苯	2.5
48	喹硫磷	Quinalphos	0.016	甲苯	2.5
49	反式氯丹	Trans-Chlordane	0.012	甲苯	2.5
50	稻丰散	Phenthoate	0.034	甲苯	5
51	吡唑草胺	Metazachlor	0.020	甲苯	7.5
52	苯硫威	Fenothiocarb	0.012	丙酮	0
53	丙硫磷	Prothiophos	0.016	甲苯	2.5
54	灭菌丹	Folpet	0.200	甲苯	30
55	整形醇	Chlorfurenol	0.010	甲苯+丙酮（9+1）	7.5
56	狄氏剂	Dieldrin	0.034	甲苯	5
57	腐霉利	Procymidone	0.016	甲苯	2.5

（续表）

序号	中文名称	英文名称	定量限（mg/kg）	溶剂	混合标准溶液质量浓度（mg/L）
\multicolumn{6}{c}{A 组}
58	杀扑磷	Methidathion	0.022	甲苯	5
59	氰草津	Cyanazine	0.026	甲苯+丙酮（8+2）	7.5
60	敌草胺	Napropamide	0.020	甲苯	7.5
61	噁草酮	Oxadiazone	0.016	甲苯	2.5
62	苯线磷	Fenamiphos	0.034	甲苯	7.5
63	杀螨氯硫	Tetrasul	0.008	甲苯	2.5
64	杀螨特	Aramite	0.008	二氯甲烷	2.5
65	乙嘧酚磺酸酯	Bupirimate	0.012	甲苯	2.5
66	萎锈灵	Carboxin	0.010	甲苯	7.5
67	氟酰胺	Flutolanil	0.008	甲苯	2.5
68	p，p′-滴滴滴	4，4′-DDD	0.008	甲苯	2.5
69	乙硫磷	Ethion	0.016	甲苯	5
70	硫丙磷	Sulprofos	0.014	甲苯	5
71	乙环唑	Etaconazole	0.024	甲苯	7.5
72	腈菌唑	Myclobutanil	0.016	甲苯	2.5
73	禾草灵	Diclofop-methyl	0.008	甲苯	2.5
74	丙环唑	Propiconazole	0.024	甲苯	7.5
75	丰索磷	Fensulfothion	0.022	甲苯	5
76	联苯菊酯	Bifenthrin	0.012	正己烷	2.5
77	丁硫克百威	Carbosulfan	0.020	甲苯	7.5
78	灭蚁灵	Mirex	0.008	甲苯	2.5
79	麦锈灵	Benodanil	0.016	甲苯	7.5
80	氟苯嘧啶醇	Nuarimol	0.014	甲苯+丙酮（9+1）	5
81	甲氧滴滴涕	Methoxychlor	0.016	甲苯	2.5
82	噁霜灵	Oxadixyl	0.016	甲苯	2.5
83	胺菊酯	Tetramethirn	0.014	甲苯	5
84	戊唑醇	Tebuconazole	0.024	甲苯	7.5
85	氟草敏	Norflurazon	0.016	甲苯+丙酮（9+1）	2.5
86	哒嗪硫磷	Pyridaphenthion	0.016	甲苯	2.5
87	亚胺硫磷	Phosmet	0.016	甲苯	5
88	三氯杀螨砜	Tetradifon	0.012	甲苯	2.5
89	氧化萎锈灵	Oxycarboxin	0.024	甲苯+丙酮（9+1）	15
90	顺式-氯菊酯	Cis-Permethrin	0.016	甲苯	2.5
91	反式-氯菊酯	Trans-Permethrin	0.016	甲苯	2.5

(续表)

序号	中文名称	英文名称	定量限（mg/kg）	溶剂	混合标准溶液质量浓度（mg/L）
\multicolumn{6}{c}{A 组}					
92	吡菌磷	Pyrazophos	0.014	甲苯	5
93	氯氰菊酯	Cypermethrin	0.050	甲苯	7.5
94	氰戊菊酯	Fenvalerate	0.034	甲苯	10
95	溴氰菊酯	Deltamethrin	0.100	甲苯	15
\multicolumn{6}{c}{B 组}					
96	茵草敌	EPTC	0.024	甲苯	7.5
97	丁草敌	Butylate	0.024	甲苯	7.5
98	敌草腈	Dichlobenil	0.002	甲苯	0.5
99	克草敌	Pebulate	0.024	甲苯	7.5
100	三氯甲基吡啶	Nitrapyrin	0.050	甲苯	7.5
101	速灭磷	Mevinphos	0.034	甲苯	5
102	氯苯甲醚	Chloroneb	0.016	甲苯	2.5
103	四氯硝基苯	Tecnazene	0.034	甲苯	5
104	庚烯磷	Heptanophos	0.050	甲苯	7.5
105	六氯苯	Hexachlorobenzene	0.016	甲苯	2.5
106	灭线磷	Ethoprophos	0.050	甲苯	7.5
107	毒草胺	Propachlor	0.024	甲苯	7.5
108	燕麦敌	Cis and trans – Diallate	0.034	甲苯	5
109	氟乐灵	Trifluralin	0.034	甲苯	5
110	氯苯胺灵	Chlorpropham	0.034	甲苯	5
111	治螟磷	Sulfotep	0.016	甲苯	2.5
112	菜草畏	Sulfallate	0.034	甲苯	5
113	α–六六六	Alpha – HCH	0.034	甲苯	2.5
114	特丁硫磷	Terbufos	0.034	甲苯	5
115	特丁通	Terbumeton	0.024	甲苯	7.5
116	环丙氟灵	Profluralin	0.066	甲苯	10
117	敌噁磷	Dioxathion	0.136	甲苯	10
118	扑灭津	Propazine	0.016	甲苯	2.5
119	氯炔灵	Chlorbufam	0.066	甲苯	5
120	氯硝胺	Dicloran	0.066	甲苯+丙酮（9+1）	5
121	特丁津	Terbuthylazine	0.016	甲苯	2.5
122	绿谷隆	Monolinuron	0.066	甲苯	10
123	氟虫脲	Flufenoxuron	0.100	甲苯+丙酮（8+2）	7.5
124	杀螟腈	Cyanophos	0.066	甲苯	5

(续表)

序号	中文名称	英文名称	定量限（mg/kg）	溶剂	混合标准溶液质量浓度（mg/L）
B 组					
125	甲基毒死蜱	Chlorpyrifos – methyl	0.016	甲苯	2.5
126	敌草净	Desmetryn	0.016	甲苯	2.5
127	二甲草胺	Dimethachlor	0.020	甲苯	7.5
128	甲草胺	Alachlor	0.050	甲苯	7.5
129	甲基嘧啶磷	Pirimiphos – methyl	0.016	甲苯	2.5
130	特丁净	Terbutryn	0.034	甲苯	5
131	杀草丹	Thiobencarb	0.034	甲苯	5
132	丙硫特普	Aspon	0.034	甲苯	5
133	三氯杀螨醇	Dicofol	0.034	甲苯	5
134	异丙甲草胺	Metolachlor	0.016	甲苯	2.5
135	氧化氯丹	Oxy – chlordane	0.034	甲苯	2.5
136	嘧啶磷	Pirimiphos – ethyl	0.034	甲苯	5
137	烯虫酯	Methoprene	0.066	甲苯	10
138	溴硫磷	Bromofos	0.034	甲苯	5
139	苯氟磺胺	Dichlofluanid	0.100	甲苯	15
140	乙氧呋草黄	Ethofumesate	0.034	甲苯	5
141	异丙乐灵	Isopropalin	0.034	甲苯	5
142	硫丹 – 1	Endosulfan – 1	0.100	甲苯	15
143	敌稗	Propanil	0.034	甲苯 + 丙酮（9 + 1）	5
144	异柳磷	Isofenphos	0.034	甲苯	5
145	育畜磷	Crufomate	0.100	甲苯	15
146	毒虫畏	Chlorfenvinphos	0.050	甲苯	7.5
147	顺式 – 氯丹	Cis – Chlordane	0.034	甲苯	5
148	甲苯氟磺胺	Tolylfluanide	0.050	甲苯	7.5
149	p, p′ – 滴滴伊	4, 4′ – DDE	0.016	甲苯	2.5
150	丁草胺	Butachlor	0.034	甲苯	5
151	乙菌利	Chlozolinate	0.034	甲苯	5
152	巴毒磷	Crotoxyphos	0.100	甲苯	15
153	碘硫磷	Iodofenphos	0.034	甲苯	5
154	杀虫畏	Tetrachlorvinphos	0.050	甲苯	7.5
155	氯溴隆	Chlorbromuron	0.408	甲苯	60
156	丙溴磷	Profenofos	0.100	甲苯	15
157	氟咯草酮	Fluorochloridone	0.034	甲苯	5
158	噻嗪酮	Buprofezin	0.034	甲苯	5

(续表)

序号	中文名称	英文名称	定量限（mg/kg）	溶剂	混合标准溶液质量浓度（mg/L）
B 组					
159	o，p'-滴滴滴	2，4'-DDD	0.016	甲苯	2.5
160	异狄氏剂	Endrin	0.200	甲苯	30
161	己唑醇	Hexaconazole	0.100	甲苯	15
162	杀螨酯	Chlorfenson	0.034	甲苯	5
163	o，p'-滴滴涕	2，4'-DDT	0.034	甲苯	5
164	多效唑	Paclobutrazol	0.050	甲苯	7.5
165	盖草津	Methoprotryne	0.050	甲苯	7.5
166	抑草蓬	Erbon	0.034	甲苯	2.5
167	丙酯杀螨醇	Chloropropylate	0.016	甲苯	2.5
168	麦草氟甲酯	Flamprop-methyl	0.016	甲苯	2.5
169	除草醚	Nitrofen	0.100	甲苯	15
170	乙氧氟草醚	Oxyfluorfen	0.066	甲苯	10
171	虫螨磷	Chlorthiophos	0.050	甲苯	7.5
172	麦草氟异丙酯	Flamprop-Isopropyl	0.016	甲苯	2.5
173	p，p'-滴滴涕	4，4'-DDT	0.034	甲苯	5
174	三硫磷	Carbofenothion	0.034	甲苯	5
175	苯霜灵	Benalaxyl	0.016	甲苯	2.5
176	敌瘟磷	Edifenphos	0.034	甲苯	5
177	三唑磷	Triazophos	0.050	甲苯	7.5
178	苯腈膦	Cyanofenphos	0.016	甲苯	2.5
179	氯杀螨砜	Chlorbenside Sulfone	0.034	甲苯	5
180	硫丹硫酸盐	Endosulfan-Sulfate	0.050	甲苯	7.5
181	溴螨酯	Bromopropylate	0.034	甲苯	5
182	新燕灵	Benzoylprop-ethyl	0.050	甲苯	7.5
183	甲氰菊酯	Fenpropathrin	0.034	甲苯	5
184	敌菌丹	Captafol	0.600	甲苯+丙酮（8+2）	45
185	溴苯膦	Leptophos	0.034	甲苯	5
186	苯硫膦	EPN	0.066	甲苯	10
187	环嗪酮	Hexazinone	0.024	甲苯	7.5
188	甲羧除草醚	Bifenox	0.034	甲苯	5
189	伏杀硫磷	Phosalone	0.034	甲苯	5
190	保棉磷	Azinphos-methyl	0.100	甲苯	15
191	氯苯嘧啶醇	Fenarimol	0.034	甲苯	5
192	益棉磷	Azinphos-ethyl	0.034	甲苯	5

（续表）

序号	中文名称	英文名称	定量限（mg/kg）	溶剂	混合标准溶液质量浓度（mg/L）
B 组					
193	咪鲜胺	Prochloraz	0.100	甲苯	15
194	蝇毒磷	Coumaphos	0.100	甲苯	15
195	氟氯氰菊酯	Cyfluthrin	0.200	甲苯	30
196	氟胺氰菊酯	Fluvalinate	0.100	甲苯	30
C 组					
197	敌敌畏	Dichlorvos	0.034	甲醇	15
198	联苯	Biphenyl	0.008	甲苯	2.5
199	霜霉威	Propamocarb	0.100	甲苯	7.5
200	灭草敌	Vernolate	0.016	甲苯	2.5
201	3,5-二氯苯胺	3,5-Dichloroaniline	0.016	甲苯	2.5
202	禾草敌	Molinate	0.016	甲苯	2.5
203	虫螨畏	Methacrifos	0.016	甲苯	2.5
204	邻苯基苯酚	2-Phenylphenol	0.008	甲苯	2.5
205	四氢邻苯二甲酰亚胺	Tetrahydrophthalimide	0.050	甲苯	7.5
206	仲丁威	Fenobucarb	0.016	甲苯	5
207	乙丁氟灵	Benfluralin	0.016	甲苯	2.5
208	氟铃脲	Hexaflumuron	0.100	甲苯	15
209	扑灭通	Prometon	0.016	甲苯	7.5
210	野麦畏	Triallate	0.016	甲苯	5
211	嘧霉胺	Pyrimethanil	0.008	甲苯	2.5
212	林丹	Gamma-HCH	0.016	甲苯	5
213	乙拌磷	Disulfoton	0.016	甲苯	2.5
214	莠去净	Atrizine	0.016	甲苯+丙酮（9+1）	2.5
215	七氯	Heptachlor	0.050	甲苯	7.5
216	异稻瘟净	Iprobenfos	0.034	甲苯	7.5
217	氯唑磷	Isazofos	0.034	甲苯	5
218	三氯杀虫酯	Plifenate	0.034	甲苯	5
219	丁苯吗啉	Fenpropimorph	0.012	甲苯	2.5
220	四氟苯菊酯	Transfluthrin	0.016	甲苯	2.5
221	氯乙氟灵	Fluchloralin	0.066	甲苯	10
222	甲基立枯磷	Tolclofos-methyl	0.016	甲苯	2.5
223	异丙草胺	Propisochlor	0.012	甲苯	2.5
224	莠灭净	Ametryn	0.034	甲苯	7.5
225	西草净	Simetryn	0.016	甲苯	5

(续表)

序号	中文名称	英文名称	定量限（mg/kg）	溶剂	混合标准溶液质量浓度（mg/L）
C 组					
226	溴谷隆	Metobromuron	0.100	甲苯	15
227	嗪草酮	Metribuzin	0.034	甲苯	7.5
228	噻节因	Dimethipin	0.100	甲苯	7.5
229	ε-六六六	Epsilon-HCH	0.034	甲醇	5
230	异丙净	Dipropetryn	0.016	甲苯	2.5
231	安硫磷	Formothion	0.034	甲苯	5
232	特草定	Terbacil	0.034	甲苯+丙酮（9+1）	5
233	乙霉威	Diethofencarb	0.050	甲苯	15
234	哌草丹	Dimepiperate	0.034	乙酸乙酯	5
235	生物烯丙菊酯	Bioallethrin	0.066	甲苯	10
236	o,p'-滴滴伊	2,4'-DDE	0.012	甲苯	2.5
237	芬螨酯	Fenson	0.012	甲苯	2.5
238	双苯酰草胺	Diphenamid	0.012	甲苯	2.5
239	氯硫磷	Chlorthion	0.034	甲苯	5
240	炔丙菊酯	Prallethrin	0.034	甲苯	7.5
241	戊菌唑	Penconazole	0.034	甲苯	7.5
242	灭蚜磷	Mecarbam	0.034	甲苯	10
243	四氟醚唑	Tetraconazole	0.050	甲苯	7.5
244	丙虫磷	Propaphos	0.034	甲苯	5
245	氟节胺	Flumetralin	0.034	甲苯	5
246	三唑醇	Triadimenol	0.050	甲苯	7.5
247	丙草胺	Pretilachlor	0.034	甲苯	5
248	醚菌酯	Kresoxim-methyl	0.012	甲苯	2.5
249	吡氟禾草灵	Fluazifop-butyl	0.012	甲苯	2.5
250	氟啶脲	Chlorfluazuron	0.050	甲苯	7.5
251	乙酯杀螨醇	Chlorobenzilate	0.012	甲苯	2.5
252	烯效唑	Uniconazole	0.034	环己烷	5
253	氟哇唑	Flusilazole	0.050	甲苯	7.5
254	三氟硝草醚	Fluorodifen	0.066	甲苯	2.5
255	烯唑醇	Diniconazole	0.050	甲苯	7.5
256	增效醚	Piperonyl Butoxide	0.012	甲苯	2.5
257	炔螨特	Propargite	0.034	甲苯	5
258	灭锈胺	Mepronil	0.012	甲苯	2.5
259	噁唑隆	Dimefuron	0.066	甲苯+丙酮（8+2）	10

(续表)

序号	中文名称	英文名称	定量限（mg/kg）	溶剂	混合标准溶液质量浓度（mg/L）
C 组					
260	吡氟酰草胺	Diflufenican	0.012	甲苯	2.5
261	喹螨醚	Fenazaquin	0.012	甲苯	2.5
262	苯醚菊酯	Phenothrin	0.012	甲苯	2.5
263	咯菌腈	Fludioxonil	0.016	甲苯+丙酮（8+2）	2.5
264	苯氧威	Fenoxycarb	0.040	甲苯	15
265	稀禾啶	Sethoxydim	0.152	甲苯	22.5
266	双甲脒	Amitraz	0.020	甲苯	7.5
267	莎稗磷	Anilofos	0.034	甲苯	5
268	氟丙菊酯	Acrinathrin	0.034	甲苯	5
269	高效氯氟氰菊酯	Lambda – Cyhalothrin	0.016	甲苯	2.5
270	苯噻酰草胺	Mefenacet	0.050	甲苯	7.5
271	氯菊酯	Permethrin	0.016	甲苯	5
272	哒螨灵	Pyridaben	0.012	甲苯	2.5
273	乙羧氟草醚	Fluoroglycofen – ethyl	0.100	甲苯	30
274	联苯三唑醇	Bitertanol	0.020	甲苯	7.5
275	醚菊酯	Etofenprox	0.008	甲苯	2.5
276	噻草酮	Cycloxydim	0.080	甲苯	30
277	顺式–氯氰菊酯	Alpha – Cypermethrin	0.016	甲苯	5
278	氟氰戊菊酯	Flucythrinate	0.034	环己烷	5
279	S–氰戊菊酯	Esfenvalerate	0.066	甲苯	10
280	苯醚甲环唑	Difenoconazole	0.066	甲苯	15
281	丙炔氟草胺	Flumioxazin	0.034	环己烷	5
282	氟烯草酸	Flumiclorac – pentyl	0.034	甲苯	5
D 组					
283	甲氟磷	Dimefox	0.026	甲苯	7.5
284	乙拌磷亚砜	Disulfoton – Sulfoxide	0.016	甲苯	5
285	五氯苯	Pentachlorobenzene	0.008	甲苯	2.5
286	三异丁基磷酸盐	Tri – iso – butyl Phosphate	0.008	甲苯	2.5
287	鼠立死	Crimidine	0.008	甲苯	2.5
288	4–溴–3,5–二甲苯基–N–甲基氨基甲酸酯–1	BDMC – 1	0.016	甲苯	5
289	燕麦酯	Chlorfenprop – Methyl	0.008	甲苯	2.5
290	虫线磷	Thionazin	0.008	甲苯	2.5

(续表)

序号	中文名称	英文名称	定量限（mg/kg）	溶剂	混合标准溶液质量浓度（mg/L）
D组					
291	2,3,5,6-四氯苯胺	2,3,5,6-Tetrachloroaniline	0.008	甲苯	2.5
292	三正丁基磷酸盐	Tri-n-butyl Phosphate	0.016	甲苯	5
293	2,3,4,5-四氯甲氧基苯	2,3,4,5-Tetrachloroanisole	0.008	甲苯	2.5
294	五氯甲氧基苯	Pentachloroanisole	0.008	甲苯	2.5
295	牧草胺	Tebutam	0.016	甲苯	5
296	蔬果磷	Dioxabenzofos	0.084	甲苯	25
297	甲基苯噻隆	Methabenzthiazuron	0.084	甲苯+丙酮（9+1）	25
298	西玛通	Simeton	0.016	甲苯	5
299	阿特拉通	Atratone	0.008	甲苯	2.5
300	脱异丙基莠去津	Desisopropyl-atrazine	0.066	甲苯+丙酮（8+2）	20
301	特丁硫磷砜	Terbufos Sulfone	0.008	甲苯	2.5
302	七氟菊酯	Tefluthrin	0.008	甲苯	2.5
303	溴烯杀	Bromocylen	0.008	甲苯	2.5
304	草达津	Trietazine	0.008	甲苯	2.5
305	氧乙嘧硫磷	Etrimfos Oxon	0.008	甲苯	2.5
306	环莠隆	Cycluron	0.026	甲苯	7.5
307	2,6-二氯苯甲酰胺	2,6-Dichlorobenzamide	0.016	甲苯+丙酮（8+2）	5
308	2,4,4'-三氯联苯	DE-PCB 28	0.008	甲苯	2.5
309	2,4,5-三氯联苯	DE-PCB 31	0.008	甲苯	2.5
310	脱乙基另丁津	Desethyl-sebuthylazine	0.016	甲苯+丙酮（8+2）	5
311	2,3,4,5-四氯苯胺	2,3,4,5-Tetrachloroaniline	0.016	甲苯	5
312	合成麝香	Musk Ambrette	0.008	甲苯	2.5
313	二甲苯麝香	Musk Xylene	0.008	甲苯	2.5
314	五氯苯胺	Pentachloroaniline	0.008	甲苯	2.5
315	叠氮津	Aziprotryne	0.066	甲苯	20
316	另丁津	Sebutylazine	0.008	甲苯+丙酮（8+2）	2.5
317	丁咪酰胺	Isocarbamid	0.042	甲苯+丙酮（8+2）	12.5
318	2,2',5,5'-四氯联苯	DE-PCB 52	0.008	甲苯	2.5
319	麝香	Musk Moskene	0.008	甲苯	2.5
320	苄草丹	Prosulfocarb	0.008	甲苯	2.5

(续表)

序号	中文名称	英文名称	定量限（mg/kg）	溶剂	混合标准溶液质量浓度（mg/L）
		D组			
321	二甲吩草胺	Dimethenamid	0.008	甲苯	2.5
322	氧皮蝇磷	Fenchlorphos Oxon	0.016	甲苯	5
323	4-溴-3,5-二甲苯基-N-甲基氨基甲酸酯-2	BDMC-2	0.016	甲苯	5
324	甲基对氧磷	Paraoxon-methyl	0.016	甲苯	5
325	庚酰草胺	Monalide	0.016	甲苯	5
326	西藏麝香	Musk Tibeten	0.008	甲苯	2.5
327	碳氯灵	Isobenzan	0.008	甲苯	2.5
328	八氯苯烯	Octachlorostyrene	0.008	甲苯	2.5
329	嘧啶磷	Pyrimitate	0.008	甲苯	2.5
330	异艾氏剂	Isodrin	0.008	甲苯	2.5
331	丁嗪草酮	Isomethiozin	0.016	甲苯	5
332	毒壤磷	Trichloronat	0.008	甲苯	2.5
333	敌草索	Dacthal	0.008	甲苯	2.5
334	4,4-二氯二苯甲酮	4,4-Dichlorobenzophenone	0.008	甲苯	2.5
335	酞菌酯	Nitrothal-isopropyl	0.016	甲苯	5
336	麝香酮	Musk Ketone	0.008	甲苯	2.5
337	吡咪唑	Rabenzazole	0.008	甲苯	2.5
338	嘧菌环胺	Cyprodinil	0.008	甲苯	2.5
339	麦穗宁	Fuberidazole	0.042	甲苯	12.5
340	异氯磷	Dicapthon	0.042	甲苯	12.5
341	2,2′,4,5,5′-五氯联苯	DE-PCB 101	0.008	甲苯	2.5
342	2-甲-4-氯丁氧乙基酯	MCPA-butoxyethyl Ester	0.008	甲苯	2.5
343	水胺硫磷	Isocarbophos	0.016	甲苯	5
344	甲拌磷砜	Phorate Sulfone	0.008	甲苯	2.5
345	杀螨醇	Chlorfenethol	0.008	甲苯	2.5
346	反式九氯	Trans-nonachlor	0.008	甲苯	2.5
347	脱叶磷	DEF	0.016	甲苯	5
348	氟咯草酮	Flurochloridone	0.016	甲苯	5
349	溴苯烯磷	Bromfenvinfos	0.008	甲苯+丙酮（8+2）	2.5
350	乙滴涕	Perthane	0.008	甲苯	2.5
351	2,3,4,4′,5-五氯联苯	DE-PCB 118	0.008	甲苯	2.5
352	4,4-二溴二苯甲酮	4,4-Dibromobenzophenone	0.008	甲苯	2.5

(续表)

序号	中文名称	英文名称	定量限 (mg/kg)	溶剂	混合标准溶液质量浓度 (mg/L)
D组					
353	粉唑醇	Flutriafol	0.016	甲苯+丙酮（9+1）	5
354	地胺磷	Mephosfolan	0.016	甲苯	5
355	乙基杀扑磷	Athidathion	0.016	甲苯	5
356	2,2′,4,4′,5,5′-六氯联苯	DE-PCB 153	0.008	甲苯	2.5
357	苄氯三唑醇	Diclobutrazole	0.034	甲苯+丙酮（8+2）	10
358	乙拌磷砜	Disulfoton Sulfone	0.016	甲苯	5
359	噻螨酮	Hexythiazox	0.066	甲苯	20
360	2,2′,3,4,4′,5-六氯联苯	DE-PCB 138	0.008	甲苯	2.5
361	威菌磷	Triamiphos	0.016	甲苯	5
362	苄呋菊酯-1	Resmethrin-1	0.016	甲苯	5
363	环菌唑	Cyproconazole	0.008	甲苯	2.5
364	苄呋菊酯-2	Resmethrin-2	0.016	甲苯	5
365	酞酸苯甲基丁酯	Phthalic Acid, Benzyl Butyl Ester	0.008	甲苯	2.5
366	炔草酸	Clodinafop-propargyl	0.016	甲苯	5
367	倍硫磷亚砜	Fenthion Sulfoxide	0.034	甲苯	10
368	三氟苯唑	Fluotrimazole	0.008	甲苯	2.5
369	氟草烟-1-甲庚酯	Fluroxypr-1-methylheptyl ester	0.008	甲苯	2.5
370	倍硫磷砜	Fenthion Sulfone	0.034	甲苯	10
371	三苯基磷酸盐	Triphenyl Phosphate	0.008	甲苯	2.5
372	苯嗪草酮	Metamitron	0.084	甲苯+丙酮（8+2）	25
373	2,2′,3,4,4′,5,5′-七氯联苯	DE-PCB 180	0.008	甲苯	2.5
374	吡螨胺	Tebufenpyrad	0.008	甲苯	2.5
375	解草酯	Cloquintocet-mexyl	0.008	甲苯	2.5
376	环草定	Lenacil	0.084	甲苯+丙酮（8+2）	25
377	糠菌唑-1	Bromuconazole-1	0.016	甲苯	5
378	脱溴溴苯磷	Desbrom-leptophos	0.008	甲苯	2.5
379	糠菌唑-2	Bromuconazole-2	0.016	甲苯	5
380	甲磺乐灵	Nitralin	0.084	甲苯+丙酮（8+2）	25

(续表)

序号	中文名称	英文名称	定量限 (mg/kg)	溶剂	混合标准溶液质量浓度 (mg/L)
\multicolumn{6}{c}{D 组}
381	苯线磷亚砜	Fenamiphos Sulfoxide	0.034	甲苯	10
382	苯线磷砜	Fenamiphos Sulfone	0.034	甲苯+丙酮（8+2）	10
383	拌种咯	Fenpiclonil	0.034	甲苯+丙酮（8+2）	10
384	氟喹唑	Fluquinconazole	0.008	甲苯+丙酮（8+2）	2.5
385	腈苯唑	Fenbuconazole	0.016	甲苯+丙酮（8+2）	5
\multicolumn{6}{c}{E 组}
386	残杀威-1	Propoxur-1	0.016	甲苯	5
387	异丙威-1	Isoprocarb-1	0.016	甲苯	5
388	二氢苊	Acenaphthene	0.008	甲苯	2.5
389	驱虫特	Dibutyl Succinate	0.016	甲苯	5
390	邻苯二甲酰亚胺	Phthalimide	0.016	甲苯	5
391	氯氧磷	Chlorethoxyfos	0.016	甲苯	5
392	异丙威-2	Isoprocarb-2	0.016	甲苯	5
393	戊菌隆	Pencycuron	0.016	甲苯	10
394	丁噻隆	Tebuthiuron	0.034	甲苯	10
395	甲基内吸磷	Demeton-S-Methyl	0.034	甲苯	10
396	硫线磷	Cadusafos	0.034	甲苯	10
397	残杀威-2	Propoxur-2	0.016	甲苯	5
398	菲	Phenanthrene	0.008	甲苯	2.5
399	螺环菌胺-1	Spiroxamine-1	0.016	甲苯	5
400	唑螨酯	Fenpyroximate	0.066	甲苯	20
401	丁基嘧啶磷	Tebupirimfos	0.016	甲苯	5
402	茉莉酮	Prohydrojasmon	0.034	环己烷	10
403	苯锈啶	Fenpropidin	0.016	甲苯	5
404	氯硝胺	Dichloran	0.016	甲苯	5
405	咯喹酮	Pyroquilon	0.008	甲苯	2.5
406	螺环菌胺-2	Spiroxamine-2	0.016	甲苯	5
407	炔苯酰草胺	Propyzamide	0.016	甲苯	5
408	抗蚜威	Pirimicarb	0.016	甲苯	5
409	磷胺-1	Phosphamidon-1	0.066	甲苯	20
410	解草嗪	Benoxacor	0.016	甲苯	5
411	溴丁酰草胺	Bromobutide	0.008	环己烷	2.5
412	乙草胺	Acetochlor	0.016	甲苯	5

(续表)

序号	中文名称	英文名称	定量限 (mg/kg)	溶剂	混合标准溶液 质量浓度 (mg/L)
		E 组			
413	灭草环	Tridiphane	0.034	异辛烷	10
414	特草灵	Terbucarb	0.016	甲苯	5
415	戊草丹	Esprocarb	0.016	甲苯	5
416	甲呋酰胺	Fenfuram	0.016	甲苯	5
417	活化酯	Acibenzolar – S – Methyl	0.016	环己烷	5
418	呋草黄	Benfuresate	0.016	甲苯	5
419	氟硫草定	Dithiopyr	0.008	甲苯	2.5
420	精甲霜灵	Mefenoxam	0.016	甲苯	5
421	马拉氧磷	Malaoxon	0.134	甲苯	40
422	磷胺 – 2	Phosphamidon – 2	0.066	甲苯	20
423	硅氟唑	Simeconazole	0.016	甲苯	5
424	氯酞酸甲酯	Chlorthal – dimethyl	0.016	甲苯	5
425	噻唑烟酸	Thiazopyr	0.016	甲苯	5
426	甲基毒虫畏	Dimethylvinphos	0.016	甲苯	5
427	仲丁灵	Butralin	0.034	甲苯	10
428	苯酰草胺	Zoxamide	0.016	甲苯 + 丙酮（8 + 2）	5
429	啶斑肟 – 1	Pyrifenox – 1	0.066	甲苯	20
430	烯丙菊酯	Allethrin	0.034	甲苯	10
431	异戊乙净	Dimethametryn	0.008	甲苯	2.5
432	灭藻醌	Quinoclamine	0.034	甲苯	10
433	甲醚菊酯 – 1	Methothrin – 1	0.016	甲苯	5
434	氟噻草胺	Flufenacet	0.066	甲苯	20
435	甲醚菊酯 – 2	Methothrin – 2	0.016	甲苯	5
436	啶斑肟 – 2	Pyrifenox – 2	0.066	甲苯	20
437	氰菌胺	Fenoxanil	0.016	甲苯	5
438	四氯苯酞	Phthalide	0.034	丙酮	10
439	呋霜灵	Furalaxyl	0.016	甲苯	5
440	嘧菌胺	Mepanipyrim	0.008	甲苯	2.5
441	除草定	Bromacil	0.066	甲苯	5
442	啶氧菌酯	Picoxystrobin	0.016	甲苯	5
443	抑草磷	Butamifos	0.008	环己烷	2.5
444	咪草酸	Imazamethabenz – methyl	0.026	甲苯	7.5
445	苯氧菌胺 – 1	Metominostrobin – 1	0.034	乙腈	10

(续表)

序号	中文名称	英文名称	定量限（mg/kg）	溶剂	混合标准溶液质量浓度（mg/L）
\multicolumn{6}{c}{E 组}					
446	苯噻硫氰	TCMTB	0.134	甲苯	40
447	甲硫威砜	Methiocarb Sulfone	0.066	甲苯＋丙酮（8＋2）	80
448	抑霉唑	Imazalil	0.034	甲苯	10
449	稻瘟灵	Isoprothiolane	0.016	甲苯	5
450	环氟菌胺	Cyflufenamid	0.134	环己烷	40
451	嘧草醚	Pyriminobac－methyl	0.034	环己烷	10
452	噁唑磷	Isoxathion	0.066	环己烷	20
453	苯氧菌胺－2	Metominostrobin－2	0.034	乙腈	10
454	苯虫醚－1	Diofenolan－1	0.016	甲苯	5
455	苯虫醚－2	Diofenolan－2	0.016	甲苯	5
456	苯氧喹啉	Quinoxyphen	0.008	甲苯	2.5
457	溴虫腈	Chlorfenapyr	0.066	甲苯	20
458	肟菌酯	Trifloxystrobin	0.034	甲苯	10
459	脱苯甲基亚胺唑	Imibenconazole－des－benzyl	0.034	甲苯＋丙酮（8＋2）	10
460	双苯噁唑酸	Isoxadifen－ethyl	0.016	甲苯	5
461	氟虫腈	Fipronil	0.066	甲苯	20
462	炔咪菊酯－1	Imiprothrin－1	0.016	甲苯	5
463	唑酮草酯	Carfentrazone－ethyl	0.016	甲苯	5
464	炔咪菊酯－2	Imiprothrin－2	0.016	甲苯	5
465	氟环唑－1	Epoxiconazole－1	0.066	甲苯	20
466	吡草醚	Pyraflufen ethyl	0.016	甲苯	5
467	稗草丹	Pyributicarb	0.016	甲苯	5
468	噻吩草胺	Thenylchlor	0.016	甲苯	5
469	烯草酮	Clethodim	0.034	甲苯	10
470	吡唑解草酯	Mefenpyr－diethyl	0.026	甲苯	7.5
471	伐灭磷	Famphur	0.034	甲苯	10
472	乙螨唑	Etoxazole	0.050	环己烷	15
473	吡丙醚	Pyriproxyfen	0.008	甲苯	5
474	氟环唑－2	Epoxiconazole－2	0.066	甲苯	20
475	氟吡酰草胺	Picolinafen	0.008	甲苯	2.5
476	异菌脲	Iprodione	0.034	甲苯	10
477	哌草磷	Piperophos	0.026	甲苯	7.5
478	呋酰胺	Ofurace	0.026	甲苯	7.5

(续表)

序号	中文名称	英文名称	定量限（mg/kg）	溶剂	混合标准溶液质量浓度（mg/L）
E 组
479	联苯肼酯	Bifenazate	0.066	甲苯	20
480	异狄氏剂酮	Endrin Ketone	0.034	甲苯	10
481	氯甲酰草胺	Clomeprop	0.008	乙腈	2.5
482	咪唑菌酮	Fenamidone	0.008	甲苯	2.5
483	萘丙胺	Naproanilide	0.008	丙酮	2.5
484	吡唑醚菌酯	Pyraclostrobin	0.200	甲苯	60
485	乳氟禾草灵	Lactofen	0.066	甲苯	20
486	三甲苯草酮	Tralkoxydim	0.066	甲苯	20
487	吡唑硫磷	Pyraclofos	0.066	环己烷	20
488	氯亚胺硫磷	Dialifos	0.066	甲苯	80
489	螺螨酯	Spirodiclofen	0.066	甲苯	20
490	苄螨醚	Halfenprox	0.034	环己烷	5
491	呋草酮	Flurtamone	0.034	甲苯	5
492	环酯草醚	Pyriftalid	0.008	甲苯	2.5
493	氟硅菊酯	Silafluofen	0.008	甲苯	2.5
494	嘧螨醚	Pyrimidifen	0.034	乙腈	5
495	氟丙嘧草酯	Butafenacil	0.008	甲苯	2.5
496	苯酮唑	Cafenstrole	0.100	乙腈	10
497	氟啶草酮	Fluridone	0.016	甲苯	5

附录 B
（资料性附录）
497 种农药及相关化学品和内标化合物的保留时间、定量离子、定性离子及定量离子与定性离子的比值

B.1 497 种农药及相关化学品和内标化合物的保留时间、定量离子、定性离子及定量离子与定性离子的比值见表 B.1。

表 B.1

序号	中文名称	英文名称	保留时间/min	定量离子	定性离子1	定性离子2	定性离子3
内标	环氧七氯	Heptachlor-epoxide	22.10	353（100）	355（79）	351（52）	
	A 组
1	二丙烯草胺	Allidochlor	8.78	138（100）	158（10）	173（15）	
2	烯丙酰草胺	Dichlormid	9.74	172（100）	166（41）	124（79）	
3	土菌灵	Etridiazol	10.42	211（100）	183（73）	140（19）	
4	氯甲硫磷	Chlormephos	10.53	121（100）	234（70）	154（70）	
5	苯胺灵	Propham	11.36	179（100）	137（66）	120（51）	
6	环草敌	Cycloate	13.56	154（100）	186（5）	215（12）	
7	联苯二胺	Diphenylamine	14.55	169（100）	168（58）	167（29）	
8	杀虫脒	Chlordimeform	14.93	196（100）	198（30）	195（18）	183（23）
9	乙丁烯氟灵	Ethalfluralin	15.00	276（100）	316（81）	292（42）	
10	甲拌磷	Phorate	15.46	260（100）	121（160）	231（56）	153（3）
11	甲基乙拌磷	Thiometon	16.20	88（100）	125（55）	246（9）	
12	五氯硝基苯	Quintozene	16.75	295（100）	237（159）	249（114）	
13	脱乙基阿特拉津	Atrazine-desethyl	16.76	172（100）	187（32）	145（17）	
14	异噁草松	Clomazone	17.00	204（100）	138（4）	205（13）	
15	二嗪磷	Diazinon	17.14	304（100）	179（192）	137（172）	
16	地虫硫磷	Fonofos	17.31	246（100）	137（141）	174（15）	202（6）
17	乙嘧硫磷	Etrimfos	17.92	292（100）	181（40）	277（31）	
18	西玛津	Simazine	17.85	201（100）	186（62）	173（42）	
19	胺丙畏	Propetamphos	17.97	138（100）	194（49）	236（30）	
20	仲丁通	Secbumeton	18.36	196（100）	210（38）	225（39）	
21	除线磷	Dichlofenthion	18.80	279（100）	223（78）	251（38）	
22	炔丙烯草胺	Pronamide	18.72	173（100）	175（62）	255（22）	
23	兹克威	Mexacarbate	18.83	165（100）	150（66）	222（27）	
24	乐果	Dimethoate	18.78	125（100）	143（21）	229（19）	
25	艾氏剂	Aldrin	19.67	263（100）	265（65）	293（40）	329（8）

1025

(续表)

序号	中文名称	英文名称	保留时间/min	定量离子	定性离子1	定性离子2	定性离子3
			A 组				
26	氨氟灵	Dinitramine	19.35	305（100）	307（38）	261（29）	
27	皮蝇磷	Ronnel	19.80	285（100）	287（67）	125（32）	
28	扑草净	Prometryne	20.13	241（100）	184（78）	226（60）	
29	环丙津	Cyprazine	20.18	212（100）	227（58）	170（29）	
30	百菌清	Chlorothalonil	20.23	266（100）	264（72）	268（49）	
31	乙烯菌核利	Vinclozolin	20.29	285（100）	212（109）	198（96）	
32	β-六六六	Beta-HCH	20.31	219（100）	217（78）	181（94）	254（12）
33	甲霜灵	Metalaxyl	20.67	206（100）	249（53）	234（38）	
34	毒死蜱	Chlorpyrifos（-ethyl）	20.96	314（100）	258（57）	286（42）	
35	甲基对硫磷	Methyl-Parathion	20.82	263（100）	233（66）	246（8）	200（6）
36	蒽醌	Anthraquinone	21.49	208（100）	180（84）	152（69）	
37	δ-六六六	Delta-HCH	21.16	219（100）	217（80）	181（99）	254（10）
38	倍硫磷	Fenthion	21.53	278（100）	169（16）	153（9）	
39	马拉硫磷	Malathion	21.54	173（100）	158（36）	143（15）	
40	杀螟硫磷	Fenitrothion	21.62	277（100）	260（52）	247（60）	
41	对氧磷	Paraoxon-ethyl	21.57	275（100）	220（60）	247（58）	
42	三唑酮	Triadimefon	22.22	208（100）	210（50）	181（74）	
43	对硫磷	Parathion	22.32	291（100）	186（23）	235（35）	263（11）
44	二甲戊灵	Pendimethalin	22.59	252（100）	220（22）	162（12）	
45	利谷隆	Linuron	22.44	61（100）	248（30）	160（12）	
46	杀螨醚	Chlorbenside	22.96	268（100）	270（41）	143（11）	
47	乙基溴硫磷	Bromophos-ethyl	23.06	359（100）	303（77）	357（74）	
48	喹硫磷	Quinalphos	23.10	146（100）	298（28）	157（66）	
49	反式氯丹	Trans-Chlordane	23.29	373（100）	375（96）	377（51）	
50	稻丰散	Phenthoate	23.30	274（100）	246（24）	320（5）	
51	吡唑草胺	Metazachlor	23.32	209（100）	133（120）	211（32）	
52	苯硫威	Fenothiocarb	23.79	72（100）	160（37）	253（15）	
53	丙硫磷	Prothiophos	24.04	309（100）	267（88）	162（55）	
54	灭菌丹	Folpet	24.08	260（100）	104（56）	297（20）	
55	整形醇	Chlorfurenol	24.15	215（100）	152（40）	274（11）	
56	狄氏剂	Dieldrin	24.43	263（100）	277（82）	380（30）	345（35）
57	腐霉利	Procymidone	24.36	283（100）	285（70）	255（15）	
58	杀扑磷	Methidathion	24.49	145（100）	157（2）	302（4）	
59	氰草津	Cyanazine	24.94	225（100）	240（56）	198（61）	
60	敌草胺	Napropamide	24.84	271（100）	128（111）	171（34）	
61	噁草酮	Oxadiazone	25.06	175（100）	258（62）	302（37）	

(续表)

序号	中文名称	英文名称	保留时间/min	定量离子	定性离子1	定性离子2	定性离子3
\multicolumn{8}{c}{A组}							
62	苯线磷	Fenamiphos	25.29	303 (100)	154 (56)	288 (31)	217 (22)
63	杀螨氯硫	Tetrasul	25.85	252 (100)	324 (64)	254 (68)	
64	杀螨特	Aramite	25.60	185 (100)	319 (37)	334 (32)	
65	乙嘧酚磺酸酯	Bupirimate	26.00	273 (100)	316 (41)	208 (83)	
66	萎锈灵	Carboxin	26.25	235 (100)	143 (168)	87 (52)	
67	氟酰胺	Flutolanil	26.23	173 (100)	145 (25)	323 (14)	
68	p, p′-滴滴滴	4, 4′-DDD	26.59	235 (100)	237 (64)	199 (12)	165 (46)
69	乙硫磷	Ethion	26.69	231 (100)	384 (13)	199 (9)	
70	硫丙磷	Sulprofos	26.87	322 (100)	156 (62)	280 (11)	
71	乙环唑	Etaconazole	26.89	245 (100)	173 (85)	247 (65)	
72	腈菌唑	Myclobutanil	27.19	179 (100)	288 (14)	150 (45)	
73	禾草灵	Diclofop-methyl	28.08	253 (100)	281 (50)	342 (82)	
74	丙环唑	Propiconazole	28.15	259 (100)	173 (97)	261 (65)	
75	丰索磷	Fensulfothion	27.94	292 (100)	308 (22)	293 (73)	
76	联苯菊酯	Bifenthrin	28.57	181 (100)	166 (25)	165 (23)	
77	丁硫克百威	Carbosulfan	28.68	160 (100)	118 (74)	323 (14)	
78	灭蚁灵	Mirex	28.72	272 (100)	237 (49)	274 (80)	
79	麦锈灵	Benodanil	29.14	231 (100)	323 (38)	203 (22)	
80	氟苯嘧啶醇	Nuarimol	28.90	314 (100)	235 (155)	203 (108)	
81	甲氧滴滴涕	Methoxychlor	29.38	227 (100)	228 (16)	212 (4)	
82	噁霜灵	Oxadixyl	29.50	163 (100)	233 (18)	278 (11)	
83	胺菊酯	Tetramethirn	29.59	164 (100)	135 (3)	232 (1)	
84	戊唑醇	Tebuconazole	29.51	250 (100)	163 (55)	252 (36)	
85	氟草敏	Norflurazon	29.99	303 (100)	145 (101)	102 (47)	
86	哒嗪硫磷	Pyridaphenthion	30.17	340 (100)	199 (48)	188 (51)	
87	亚胺硫磷	Phosmet	30.46	160 (100)	161 (11)	317 (4)	
88	三氯杀螨砜	Tetradifon	30.70	227 (100)	356 (70)	159 (196)	
89	氧化萎锈灵	Oxycarboxin	31.00	175 (100)	267 (52)	250 (3)	
90	顺式-氯菊酯	Cis-Permethrin	31.42	183 (100)	184 (15)	255 (2)	
91	反式-氯菊酯	Trans-Permethrin	31.68	183 (100)	184 (15)	255 (2)	
92	吡菌磷	Pyrazophos	31.60	221 (100)	232 (35)	373 (19)	
93	氯氰菊酯	Cypermethrin	33.19 33.38 33.46 33.56	181 (100)	152 (23)	180 (16)	

(续表)

序号	中文名称	英文名称	保留时间/min	定量离子	定性离子1	定性离子2	定性离子3
A 组								
94	氰戊菊酯	Fenvalerate	34.45 34.79	167（100）	225（53）	419（37）	181（41）
95	溴氰菊酯	Deltamethrin	35.77	181（100）	172（25）	174（25）	
B 组								
96	茵草敌	EPTC	8.54	128（100）	189（30）	132（32）	
97	丁草敌	Butylate	9.49	156（100）	146（115）	217（27）	
98	敌草腈	Dichlobenil	9.75	171（100）	173（68）	136（15）	
99	克草敌	Pebulate	10.18	128（100）	161（21）	203（20）	
100	三氯甲基吡啶	Nitrapyrin	10.89	194（100）	196（97）	198（23）	
101	速灭磷	Mevinphos	11.23	127（100）	192（39）	164（29）	
102	氯苯甲醚	Chloroneb	11.85	191（100）	193（67）	206（66）	
103	四氯硝基苯	Tecnazene	13.54	261（100）	203（135）	215（113）	
104	庚烯磷	Heptenophos	13.78	124（100）	215（17）	250（14）	
105	六氯苯	Hexachlorobenzene	14.69	284（100）	286（81）	282（51）	
106	灭线磷	Ethoprophos	14.40	158（100）	200（40）	242（23）	168（15）
107	毒草胺	Propachlor	14.73	120（100）	176（45）	211（11）	
108	燕麦敌	Cis and trans – Diallate	14.50 15.29	234（100）	236（37）	128（38）	
109	氟乐灵	Trifluralin	15.23	306（100）	264（72）	335（7）	
110	氯苯胺灵	Chlorpropham	15.49	213（100）	171（59）	153（24）	
111	治螟磷	Sulfotep	15.55	322（100）	202（43）	238（27）	266（24）
112	菜草畏	Sulfallate	15.75	188（100）	116（7）	148（4）	
113	α–六六六	Alpha – HCH	16.06	219（100）	183（98）	221（47）	254（6）
114	特丁硫磷	Terbufos	16.83	231（100）	153（25）	288（10）	186（13）
115	特丁通	Terbumeton	17.20	210（100）	169（66）	225（32）	
116	环丙氟灵	Profluralin	17.36	318（100）	304（47）	347（13）	
117	敌噁磷	Dioxathion	17.51	270（100）	197（43）	169（19）	
118	扑灭津	Propazine	17.67	214（100）	229（67）	172（51）	
119	氯炔灵	Chlorbufam	17.85	223（100）	153（53）	164（64）	
120	氯硝胺	Dicloran	17.89	206（100）	176（128）	160（52）	
121	特丁津	Terbuthylazine	18.07	214（100）	229（33）	173（35）	
122	绿谷隆	Monolinuron	18.15	61（100）	126（45）	214（51）	
123	氟虫脲	Flufenoxuron	18.83	305（100）	126（67）	307（32）	
124	杀螟腈	Cyanophos	18.73	243（100）	180（8）	148（3）	
125	甲基毒死蜱	Chlorpyrifos – methyl	19.38	286（100）	288（70）	197（5）	

(续表)

序号	中文名称	英文名称	保留时间/min	定量离子	定性离子1	定性离子2	定性离子3
	B组
126	敌草净	Desmetryn	19.64	213 (100)	198 (60)	171 (30)	
127	二甲草胺	Dimethachlor	19.80	134 (100)	197 (47)	210 (16)	
128	甲草胺	Alachlor	20.03	188 (100)	237 (35)	269 (15)	
129	甲基嘧啶磷	Pirimiphos-methyl	20.30	290 (100)	276 (86)	305 (74)	
130	特丁净	Terbutryn	20.61	226 (100)	241 (64)	185 (73)	
131	杀草丹	Thiobencarb	20.63	100 (100)	257 (25)	259 (9)	
132	丙硫特普	Aspon	20.62	211 (100)	253 (52)	378 (14)	
133	三氯杀螨醇	Dicofol	21.33	139 (100)	141 (72)	250 (23)	251 (4)
134	异丙甲草胺	Metolachlor	21.34	238 (100)	162 (159)	240 (33)	
135	氧化氯丹	Oxy-chlordane	21.63	387 (100)	237 (50)	185 (68)	
136	嘧啶磷	Pirimiphos-ethyl	21.59	333 (100)	318 (93)	304 (69)	
137	烯虫酯	Methoprene	21.71	73 (100)	191 (29)	153 (29)	
138	溴硫磷	Bromofos	21.75	331 (100)	329 (75)	213 (7)	
139	苯氟磺胺	Dichlofluanid	21.68	224 (100)	226 (74)	167 (120)	
140	乙氧呋草黄	Ethofumesate	21.84	207 (100)	161 (54)	286 (27)	
141	异丙乐灵	Isopropalin	22.10	280 (100)	238 (40)	222 (4)	
142	硫丹-1	Endosulfan-1	23.10	241 (100)	265 (66)	339 (46)	
143	敌稗	Propanil	22.68	161 (100)	217 (21)	163 (62)	
144	异柳磷	Isofenphos	22.99	213 (100)	255 (44)	185 (45)	
145	育畜磷	Crufomate	22.93	256 (100)	182 (154)	276 (58)	
146	毒虫畏	Chlorfenvinphos	23.19	323 (100)	267 (139)	269 (92)	
147	顺式-氯丹	Cis-Chlordane	23.55	373 (100)	375 (96)	377 (51)	
148	甲苯氟磺胺	Tolylfluanide	23.45	238 (100)	240 (71)	137 (210)	
149	p,p'-滴滴伊	4,4'-DDE	23.92	318 (100)	316 (80)	246 (139)	248 (70)
150	丁草胺	Butachlor	23.82	176 (100)	160 (75)	188 (46)	
151	乙菌利	Chlozolinate	23.83	259 (100)	188 (83)	331 (91)	
152	巴毒磷	Crotoxyphos	23.94	193 (100)	194 (16)	166 (51)	
153	碘硫磷	Iodofenphos	24.33	377 (100)	379 (37)	250 (6)	
154	杀虫畏	Tetrachlorvinphos	24.36	329 (100)	331 (96)	333 (31)	
155	氯溴隆	Chlorbromuron	24.37	61 (100)	294 (17)	292 (13)	
156	丙溴磷	Profenofos	24.65	339 (100)	374 (39)	297 (37)	
157	氟咯草酮	Fluorochloridone	25.14	311 (100)	313 (64)	187 (85)	
158	噻嗪酮	Buprofezin	24.87	105 (100)	172 (54)	305 (24)	
159	o,p'-滴滴滴	2,4'-DDD	24.94	235 (100)	237 (65)	165 (39)	199 (15)
160	异狄氏剂	Endrin	25.15	263 (100)	317 (30)	345 (26)	
161	己唑醇	Hexaconazole	24.92	214 (100)	231 (62)	256 (26)	

(续表)

序号	中文名称	英文名称	保留时间/min	定量离子	定性离子1	定性离子2	定性离子3
B组							
162	杀螨酯	Chlorfenson	25.05	302（100）	175（282）	177（103）	
163	o, p'-滴滴涕	2, 4'-DDT	25.56	235（100）	237（63）	165（37）	199（14）
164	多效唑	Paclobutrazol	25.21	236（100）	238（37）	167（39）	
165	盖草津	Methoprotryne	25.63	256（100）	213（24）	271（17）	
166	抑草蓬	Erbon	25.68	169（100）	171（35）	223（30）	
167	丙酯杀螨醇	Chloropropylate	25.85	251（100）	253（64）	141（18）	
168	麦草氟甲酯	Flamprop-methyl	25.90	105（100）	77（26）	276（11）	
169	除草醚	Nitrofen	26.12	283（100）	253（90）	202（48）	139（15）
170	乙氧氟草醚	Oxyfluorfen	26.13	252（100）	361（35）	300（35）	
171	虫螨磷	Chlorthiophos	26.52	325（100）	360（52）	297（54）	
172	麦草氟异丙酯	Flamprop-Isopropyl	26.70	105（100）	276（19）	363（3）	
173	p, p'-滴滴涕	4, 4'-DDT	27.22	235（100）	237（65）	246（7）	165（34）
174	三硫磷	Carbofenothion	27.19	157（100）	342（49）	199（28）	
175	苯霜灵	Benalaxyl	27.54	148（100）	206（32）	325（8）	
176	敌瘟磷	Edifenphos	27.94	173（100）	310（76）	201（37）	
177	三唑磷	Triazophos	28.23	161（100）	172（47）	257（38）	
178	苯腈膦	Cyanofenphos	28.43	157（100）	169（56）	303（20）	
179	氯杀螨砜	Chlorbenside Sulfone	28.88	127（100）	99（14）	89（33）	
180	硫丹硫酸盐	Endosulfan-Sulfate	29.05	387（100）	272（165）	389（64）	
181	溴螨酯	Bromopropylate	29.30	341（100）	183（34）	339（49）	
182	新燕灵	Benzoylprop-ethyl	29.40	292（100）	365（36）	260（37）	
183	甲氰菊酯	Fenpropathrin	29.56	265（100）	181（237）	349（25）	
184	敌菌丹	Captafol	29.90	79（100）	183（32）	311（15）	
185	溴苯膦	Leptophos	30.19	377（100）	375（73）	379（28）	
186	苯硫膦	EPN	30.06	157（100）	169（53）	323（14）	
187	环嗪酮	Hexazinone	30.14	171（100）	252（3）	128（12）	
188	甲羧除草醚	Bifenox	30.90	341（100）	189（82）	310（75）	
189	伏杀硫磷	Phosalone	31.22	182（100）	367（30）	154（20）	
190	保棉磷	Azinphos-methyl	31.41	160（100）	132（71）	77（58）	
191	氯苯嘧啶醇	Fenarimol	31.65	139（100）	219（70）	330（42）	
192	益棉磷	Azinphos-ethyl	32.01	160（100）	132（103）	77（51）	
193	咪鲜胺	Prochloraz	33.07	180（100）	308（59）	266（18）	
194	蝇毒磷	Coumaphos	33.22	362（100）	226（56）	364（39）	334（15）
195	氟氯氰菊酯	Cyfluthrin	32.94 33.12	206（100）	199（63）	226（72）	

(续表)

序号	中文名称	英文名称	保留时间/min	定量离子	定性离子1	定性离子2	定性离子3
B组							
196	氟胺氰菊酯	Fluvalinate	34.94 35.02	250（100）	252（38）	181（18）	
C组							
197	敌敌畏	Dichlorvos	7.80	109（100）	185（34）	220（7）	
198	联苯	Biphenyl	9.00	154（100）	153（40）	152（27）	
199	霜霉威	Propamocarb	9.40	58（100）	129（6）	188（5）	
200	灭草敌	Vernolate	9.82	128（100）	146（17）	203（9）	
201	3,5-二氯苯胺	3,5-Dichloroaniline	11.20	161（100）	163（62）	126（10）	
202	禾草敌	Molinate	11.92	126（100）	187（24）	158（2）	
203	虫螨畏	Methacrifos	11.86	125（100）	208（74）	240（44）	
204	邻苯基苯酚	2-Phenylphenol	12.47	170（100）	169（72）	141（31）	
205	四氢邻苯二甲酰亚胺	Tetrahydrophthalimide	13.39	151（100）	123（16）	122（16）	
206	仲丁威	Fenobucarb	14.60	121（100）	150（32）	107（8）	
207	乙丁氟灵	Benfluralin	15.23	292（100）	264（20）	276（13）	
208	氟铃脲	Hexaflumuron	16.20	176（100）	279（28）	277（43）	
209	扑灭通	Prometon	16.66	210（100）	225（91）	168（67）	
210	野麦畏	Triallate	17.12	268（100）	270（73）	143（19）	
211	嘧霉胺	Pyrimethanil	17.28	198（100）	199（45）	200（5）	
212	林丹	Gamma-HCH	17.48	183（100）	219（93）	254（13）	221（40）
213	乙拌磷	Disulfoton	17.61	88（100）	274（15）	186（18）	
214	莠去净	Atrizine	17.64	200（100）	215（62）	173（29）	
215	七氯	Heptachlor	18.49	272（100）	237（40）	337（27）	
216	异稻瘟净	Iprobenfos	18.44	204（100）	246（18）	288（17）	
217	氯唑磷	Isazofos	18.54	161（100）	257（53）	285（39）	313（14）
218	三氯杀虫酯	Plifenate	18.87	217（100）	175（96）	242（91）	
219	丁苯吗啉	Fenpropimorph	19.22	128（100）	303（5）	129（9）	
220	四氟苯菊酯	Transfluthrin	19.04	163（100）	165（23）	335（7）	
221	氯乙氟灵	Fluchloralin	18.89	306（100）	326（87）	264（54）	
222	甲基立枯磷	Tolclofos-methyl	19.69	265（100）	267（36）	250（10）	
223	异丙草胺	Propisochlor	19.89	162（100）	223（200）	146（17）	
224	莠灭净	Ametryn	20.11	227（100）	212（53）	185（17）	
225	西草净	Simetryn	20.18	213（100）	170（26）	198（16）	
226	溴谷隆	Metobromuron	20.07	61（100）	258（11）	170（16）	
227	嗪草酮	Metribuzin	20.33	198（100）	199（21）	144（12）	

(续表)

序号	中文名称	英文名称	保留时间/min	定量离子	定性离子1	定性离子2	定性离子3
C组							
228	噻节因	Dimethipin	20.38	118 (100)	210 (26)	103 (20)	
229	ε-六六六	Epsilon-HCH	20.78	181 (100)	219 (76)	254 (15)	217 (40)
230	异丙净	Dipropetryn	20.82	255 (100)	240 (42)	222 (20)	
231	安硫磷	Formothion	21.42	170 (100)	224 (97)	257 (63)	
232	特草定	Terbacil	21.62	161 (100)	160 (53)	117 (45)	
233	乙霉威	Diethofencarb	21.43	267 (100)	225 (98)	151 (31)	
234	哌草丹	Dimepiperate	22.28	119 (100)	145 (30)	263 (8)	
235	生物烯丙菊酯	Bioallethrin	22.29 22.34	123 (100)	136 (24)	107 (29)	
236	o,p'-滴滴伊	2,4'-DDE	22.64	246 (100)	318 (34)	176 (26)	248 (65)
237	芬螨酯	Fenson	22.54	141 (100)	268 (53)	77 (104)	
238	双苯酰草胺	Diphenamid	22.87	167 (100)	239 (30)	165 (43)	
239	氯硫磷	Chlorthion	22.86	297 (100)	267 (162)	299 (45)	
240	炔丙菊酯	Prallethrin	23.11	123 (100)	105 (17)	134 (9)	
241	戊菌唑	Penconazole	23.17	248 (100)	250 (33)	161 (50)	
242	灭蚜磷	Mecarbam	23.46	131 (100)	296 (22)	329 (40)	
243	四氟醚唑	Tetraconazole	23.35	336 (100)	338 (33)	171 (10)	
244	丙虫磷	Propaphos	23.92	304 (100)	220 (108)	262 (34)	
245	氟节胺	Flumetralin	24.10	143 (100)	157 (25)	404 (10)	
246	三唑醇	Triadimenol	24.22	112 (100)	168 (81)	130 (15)	
247	丙草胺	Pretilachlor	24.67	162 (100)	238 (26)	262 (8)	
248	醚菌酯	Kresoxim-methyl	25.04	116 (100)	206 (25)	131 (66)	
249	吡氟禾草灵	Fluazifop-butyl	25.21	282 (100)	383 (44)	254 (49)	
250	氟啶脲	Chlorfluazuron	25.27	321 (100)	323 (71)	356 (8)	
251	乙酯杀螨醇	Chlorobenzilate	25.90	251 (100)	253 (65)	152 (5)	
252	烯效唑	Uniconazole	26.15	234 (100)	236 (40)	131 (15)	
253	氟哇唑	Flusilazole	26.19	233 (100)	206 (33)	315 (9)	
254	三氟硝草醚	Fluorodifen	26.59	190 (100)	328 (35)	162 (34)	
255	烯唑醇	Diniconazole	27.03	268 (100)	270 (65)	232 (13)	
256	增效醚	Piperonyl Butoxide	27.46	176 (100)	177 (33)	149 (14)	
257	炔螨特	Propargite	27.87	135 (100)	350 (7)	173 (16)	
258	灭锈胺	Mepronil	27.91	119 (100)	269 (26)	120 (9)	
259	噁唑隆	Dimefuron	27.82	140 (100)	105 (75)	267 (36)	
260	吡氟酰草胺	Diflufenican	28.45	266 (100)	394 (25)	267 (14)	
261	喹螨醚	Fenazaquin	28.97	145 (100)	160 (46)	117 (10)	

(续表)

序号	中文名称	英文名称	保留时间/min	定量离子	定性离子1	定性离子2	定性离子3
C组							
262	苯醚菊酯	Phenothrin	29.08 29.21	123（100）	183（74）	350（6）	
263	咯菌腈	Fludioxonil	28.93	248（100）	127（24）	154（21）	
264	苯氧威	Fenoxycarb	29.57	255（100）	186（82）	116（93）	
265	稀禾啶	Sethoxydim	29.63	178（100）	281（51）	219（36）	
266	双甲脒	Amitraz	30.00	293（100）	162（13）	132（104）	
267	莎稗磷	Anilofos	30.68	226（100）	184（52）	334（10）	
268	氟丙菊酯	Acrinathrin	31.07	181（100）	289（31）	247（12）	
269	高效氯氟氰菊酯	Lambda – Cyhalothrin	31.11	181（100）	197（100）	141（20）	
270	苯噻酰草胺	Mefenacet	31.29	192（100）	120（35）	136（29）	
271	氯菊酯	Permethrin	31.57	183（100）	184（14）	255（1）	
272	哒螨灵	Pyridaben	31.86	147（100）	117（11）	364（7）	
273	乙羧氟草醚	Fluoroglycofen – ethyl	32.01	447（100）	428（20）	449（35）	
274	联苯三唑醇	Bitertanol	32.25	170（100）	112（8）	141（6）	
275	醚菊酯	Etofenprox	32.75	163（100）	376（4）	183（6）	
276	噻草酮	Cycloxydim	33.05	178（100）	279（7）	251（4）	
277	顺式 – 氯氰菊酯	Alpha – Cypermethrin	33.35	163（100）	181（84）	165（63）	
278	氟氰戊菊酯	Flucythrinate	33.58 33.85	199（100）	157（90）	451（22）	
279	S – 氰戊菊酯	Esfenvalerate	34.65	419（100）	225（158）	181（189）	
280	苯醚甲环唑	Difenoconazole	35.40	323（100）	325（66）	265（83）	
281	丙炔氟草胺	Flumioxazin	35.50	354（100）	287（24）	259（15）	
282	氟烯草酸	Flumiclorac – pentyl	36.34	423（100）	308（51）	318（29）	
D组							
283	甲氟磷	Dimefox	5.62	110（100）	154（75）	153（17）	
284	乙拌磷亚砜	Disulfoton – Sulfoxide	8.41	212（100）	153（61）	184（20）	
285	五氯苯	Pentachlorobenzene	11.11	250（100）	252（64）	215（24）	
286	三异丁基磷酸盐	Tri – iso – butyl Phosphate	11.65	155（100）	139（67）	211（24）	
287	鼠立死	Crimidine	13.13	142（100）	156（90）	171（84）	
288	4 – 溴 – 3, 5 – 二甲苯基 – N – 甲基氨基甲酸酯 – 1	BDMC – 1	13.25	200（100）	202（104）	201（13）	
289	燕麦酯	Chlorfenprop – Methyl	13.57	165（100）	196（87）	197（49）	
290	虫线磷	Thionazin	14.04	143（100）	192（39）	220（14）	

(续表)

序号	中文名称	英文名称	保留时间/min	定量离子	定性离子1	定性离子2	定性离子3
	D 组
291	2,3,5,6-四氯苯胺	2,3,5,6-Tetrachloroaniline	14.22	231 (100)	229 (76)	158 (25)	
292	三正丁基磷酸盐	Tri-n-butyl phosphate	14.33	155 (100)	211 (61)	167 (8)	
293	2,3,4,5-四氯甲氧基苯	2,3,4,5-Tetrachloroanisole	14.66	246 (100)	203 (70)	231 (51)	
294	五氯甲氧基苯	Pentachloroanisole	15.19	280 (100)	265 (100)	237 (85)	
295	牧草胺	Tebutam	15.30	190 (100)	106 (38)	142 (24)	
296	蔬果磷	Dioxabenzofos	16.14	216 (100)	201 (26)	171 (5)	
297	甲基苯噻隆	Methabenzthiazuron	16.34	164 (100)	136 (81)	108 (27)	
298	西玛通	Simetone	16.69	197 (100)	196 (40)	182 (38)	
299	阿特拉通	Atratone	16.70	196 (100)	211 (68)	197 (105)	
300	脱异丙基莠去津	Desisopropyl-atrazine	16.69	173 (100)	158 (84)	145 (73)	
301	特丁硫磷砜	Terbufos Sulfone	16.79	231 (100)	288 (11)	186 (15)	
302	七氟菊酯	Tefluthrin	17.24	177 (100)	197 (26)	161 (5)	
303	溴烯杀	Bromocylen	17.43	359 (100)	357 (99)	394 (14)	
304	草达津	Trietazine	17.53	200 (100)	229 (51)	214 (45)	
305	氧乙嘧硫磷	Etrimfos Oxon	17.83	292 (100)	277 (35)	263 (12)	
306	环莠隆	Cycluron	17.95	89 (100)	198 (36)	114 (9)	
307	2,6-二氯苯甲酰胺	2,6-Dichlorobenzamide	17.93	173 (100)	189 (36)	175 (62)	
308	2,4,4'-三氯联苯	DE-PCB 28	18.15	256 (100)	186 (53)	258 (97)	
309	2,4,5-三氯联苯	DE-PCB 31	18.19	256 (100)	186 (53)	258 (97)	
310	脱乙基另丁津	Desethyl-sebuthylazine	18.32	172 (100)	174 (32)	186 (11)	
311	2,3,4,5-四氯苯胺	2,3,4,5-Tetrachloroaniline	18.55	231 (100)	229 (76)	233 (48)	
312	合成麝香	Musk Ambrette	18.62	253 (100)	268 (35)	223 (18)	
313	二甲苯麝香	Musk Xylene	18.66	282 (100)	297 (10)	128 (20)	
314	五氯苯胺	Pentachloroaniline	18.91	265 (100)	263 (63)	230 (8)	
315	叠氮津	Aziprotryne	19.11	199 (100)	184 (83)	157 (31)	
316	另丁津	Sebutylazine	19.26	200 (100)	214 (14)	229 (13)	
317	丁咪酰胺	Isocarbamid	19.24	142 (100)	185 (2)	143 (6)	
318	2,2',5,5'-四氯联苯	DE-PCB 52	19.48	292 (100)	220 (88)	255 (32)	
319	麝香	Muskmoskene	19.46	263 (100)	278 (12)	264 (15)	
320	苄草丹	Prosulfocarb	19.51	251 (100)	252 (14)	162 (10)	
321	二甲吩草胺	Dimethenamid	19.55	154 (100)	230 (43)	203 (21)	

(续表)

序号	中文名称	英文名称	保留时间/min	定量离子	定性离子1	定性离子2	定性离子3
	D组
322	氧皮蝇磷	Fenchlorphos Oxon	19.72	285（100）	287（70）	270（7）	
323	4-溴-3,5-二甲苯基-N-甲基氨基甲酸酯-2	BDMC-2	19.74	200（100）	202（101）	201（12）	
324	甲基对氧磷	Paraoxon-methyl	19.83	230（100）	247（93）	200（40）	
325	庚酰草胺	Monalide	20.02	197（100）	199（31）	239（45）	
326	西藏麝香	Musk Tibeten	20.40	251（100）	266（25）	252（14）	
327	碳氯灵	Isobenzan	20.55	311（100）	375（31）	412（7）	
328	八氯苯烯	Octachlorostyrene	20.60	380（100）	343（94）	308（120）	
329	嘧啶磷	Pyrimitate	20.59	305（100）	153（116）	180（49）	
330	异艾氏剂	Isodrin	21.01	193（100）	263（46）	195（83）	
331	丁嗪草酮	Isomethiozin	21.06	225（100）	198（86）	184（13）	
332	毒壤磷	Trichloronat	21.10	297（100）	269（86）	196（16）	
333	敌草索	Dacthal	21.25	301（100）	332（31）	221（16）	
334	4,4-二氯二苯甲酮	4,4-Dichlorobenzophenone	21.29	250（100）	252（62）	215（26）	
335	酞菌酯	Nitrothal-isopropyl	21.69	236（100）	254（54）	212（74）	
336	麝香酮	Musk Ketone	21.70	279（100）	294（28）	128（16）	
337	吡咪唑	Rabenzazole	21.73	212（100）	170（26）	195（19）	
338	嘧菌环胺	Cyprodinil	21.94	224（100）	225（62）	210（9）	
339	麦穗宁	Fuberidazole	22.10	184（100）	155（21）	129（12）	
340	异氯磷	Dicapthon	22.44	262（100）	263（10）	216（10）	
341	2,2',4,5,5'-五氯联苯	DE-PCB 101	22.62	326（100）	254（66）	291（18）	
342	2-甲-4-氯丁氧乙基酯	MCPA-butoxyethyl Ester	22.61	300（100）	200（71）	182（41）	
343	水胺硫磷	Isocarbophos	22.87	136（100）	230（26）	289（22）	
344	甲拌磷砜	Phorate Sulfone	23.15	199（100）	171（30）	215（11）	
345	杀螨醇	Chlorfenethol	23.29	251（100）	253（66）	266（12）	
346	反式九氯	Trans-nonachlor	23.62	409（100）	407（89）	411（63）	
347	脱叶磷	DEF	24.08	202（100）	226（51）	258（55）	
348	氟咯草酮	Flurochloridone	24.31	311（100）	187（74）	313（66）	
349	溴苯烯磷	Bromfenvinfos	24.62	267（100）	323（56）	295（18）	
350	乙滴涕	Perthane	24.81	223（100）	224（20）	178（9）	
351	2,3,4,4',5-五氯联苯	DE-PCB 118	25.08	326（100）	254（38）	184（16）	

(续表)

序号	中文名称	英文名称	保留时间/min	定量离子	定性离子1	定性离子2	定性离子3
	D 组							
352	4,4-二溴二苯甲酮	4,4-Dibromobenzophenone	25.30	340 (100)	259 (30)	185 (179)	
353	粉唑醇	Flutriafol	25.31	219 (100)	164 (96)	201 (7)	
354	地胺磷	Mephosfolan	25.29	196 (100)	227 (49)	168 (60)	
355	乙基杀扑磷	Athidathion	25.63	145 (100)	330 (1)	129 (12)	
356	2,2',4,4',5,5'-六氯联苯	DE-PCB 153	25.64	360 (100)	290 (62)	218 (24)	
357	苄氯三唑醇	Diclobutrazole	25.95	270 (100)	272 (68)	159 (42)	
358	乙拌磷砜	Disulfoton Sulfone	26.16	213 (100)	229 (4)	185 (11)	
359	噻螨酮	Hexythiazox	26.48	227 (100)	156 (158)	184 (93)	
360	2,2',3,4,4',5-六氯联苯	DE-PCB 138	26.84	360 (100)	290 (68)	218 (26)	
361	威菌磷	Triamiphos	27.02	160 (100)	294 (28)	251 (16)	
362	苄呋菊酯-1	Resmethrin-1	27.26	171 (100)	143 (83)	338 (7)	
363	环菌唑	Cyproconazole	27.23	222 (100)	224 (35)	223 (11)	
364	苄呋菊酯-2	Resmethrin-2	27.43	171 (100)	143 (80)	338 (7)	
365	酞酸苯甲基丁酯	Phthalic Acid, Benzyl Butyl Ester	27.56	206 (100)	312 (4)	230 (1)	
366	炔草酸	Clodinafop-propargyl	27.74	349 (100)	238 (96)	266 (83)	
367	倍硫磷亚砜	Fenthion Sulfoxide	28.06	278 (100)	279 (290)	294 (145)	
368	三氟苯唑	Fluotrimazole	28.39	311 (100)	379 ((60)	233 (36)	
369	氟草烟-1-甲庚酯	Fluroxypr-1-methylheptyl Ester	28.45	366 (100)	254 (67)	237 (60)	
370	倍硫磷砜	Fenthion Sulfone	28.55	310 (100)	136 (25)	231 (10)	
371	三苯基磷酸盐	Triphenyl Phosphate	28.65	326 (100)	233 (16)	215 (20)	
372	苯嗪草酮	Metamitron	28.63	202 (100)	174 (52)	186 (12)	
373	2,2',3,4,4',5,5'-七氯联苯	DE-PCB 180	29.05	394 (100)	324 (70)	359 (20)	
374	吡螨胺	Tebufenpyrad	29.06	318 (100)	333 (78)	276 (44)	
375	解草酯	Cloquintocet-mexyl	29.32	192 (100)	194 (32)	220 (4)	
376	环草定	Lenacil	29.70	153 (100)	136 (6)	234 (2)	
377	糠菌唑-1	Bromuconazole-1	29.90	173 (100)	175 (65)	214 (15)	
378	脱溴溴苯磷	Desbrom-leptophos	30.15	377 (100)	171 (97)	375 (72)	
379	糠菌唑-2	Bromuconazole-2	30.72	173 (100)	175 (67)	214 (14)	

（续表）

序号	中文名称	英文名称	保留时间/min	定量离子	定性离子1	定性离子2	定性离子3
\multicolumn{8}{c}{D 组}
380	甲磺乐灵	Nitralin	30.92	316（100）	274（58）	300（15）	
381	苯线磷亚砜	Fenamiphos Sulfoxide	31.03	304（100）	319（29）	196（22）	
382	苯线磷砜	Fenamiphos Sulfone	31.34	320（100）	292（57）	335（7）	
383	拌种咯	Fenpiclonil	32.37	236（100）	238（66）	174（36）	
384	氟喹唑	Fluquinconazole	32.62	340（100）	342（37）	341（20）	
385	腈苯唑	Fenbuconazole	34.02	129（100）	198（51）	125（31）	
\multicolumn{8}{c}{E 组}
386	残杀威-1	Propoxur-1	6.58	110（100）	152（16）	111（9）	
387	异丙威-1	Isoprocarb-1	7.56	121（100）	136（34）	103（20）	
388	二氢苊	Acenaphthene	10.79	164（100）	162（84）	160（38）	
389	驱虫特	Dibutyl Succinate	12.20	101（100）	157（19）	175（5）	
390	邻苯二甲酰亚胺	Phthalimide	13.21	147（100）	104（61）	103（35）	
391	氯氧磷	Chlorethoxyfos	13.43	153（100）	125（67）	301（19）	
392	异丙威-2	Isoprocarb-2	13.69	121（100）	136（34）	103（20）	
393	戊菌隆	Pencycuron	14.30	125（100）	180（65）	209（20）	
394	丁噻隆	Tebuthiuron	14.25	156（100）	171（30）	157（9）	
395	甲基内吸磷	Demeton-S-Methyl	15.19	109（100）	142（43）	230（5）	
396	硫线磷	Cadusafos	15.13	159（100）	213（14）	270（12）	
397	残杀威-2	Propoxur-2	15.48	110（100）	152（19）	111（8）	
398	菲	Phenanthrene	16.97	188（100）	160（9）	189（16）	
399	螺环菌胺-1	Spiroxamine-1	17.26	100（100）	126（7）	198（5）	
400	唑螨酯	Fenpyroximate	17.49	213（100）	142（21）	198（9）	
401	丁基嘧啶磷	Tebupirimfos	17.61	318（100）	261（107）	234（100）	
402	茉莉酮	Prohydrojasmon	17.80	153（100）	184（41）	254（7）	
403	苯锈啶	Fenpropidin	17.85	98（100）	273（5）	145（5）	
404	氯硝胺	Dichloran	18.10	176（100）	206（87）	124（101）	
405	咯喹酮	Pyroquilon	18.28	173（100）	130（69）	144（38）	
406	螺环菌胺-2	Spiroxamine-2	18.23	100（100）	126（5）	198（5）	
407	炔苯酰草胺	Propyzamide	19.01	173（100）	255（23）	240（9）	
408	抗蚜威	Pirimicarb	19.08	166（100）	238（23）	138（8）	
409	磷胺-1	Phosphamidon-1	19.66	264（100）	138（62）	227（25）	
410	解草嗪	Benoxacor	19.62	120（100）	259（38）	176（19）	
411	溴丁酰草胺	Bromobutide	19.70	119（100）	232（27）	296（6）	
412	乙草胺	Acetochlor	19.84	146（100）	162（59）	223（59）	

(续表)

序号	中文名称	英文名称	保留时间/min	定量离子	定性离子1	定性离子2	定性离子3
			E组				
413	灭草环	Tridiphane	19.90	173（100）	187（90）	219（46）	
414	特草灵	Terbucarb	20.06	205（100）	220（52）	206（16）	
415	戊草丹	Esprocarb	20.01	222（100）	265（10）	162（61）	
416	甲呋酰胺	Fenfuram	20.35	109（100）	201（29）	202（5）	
417	活化酯	Acibenzolar–S–Methyl	20.42	182（100）	135（64）	153（34）	
418	呋草黄	Benfuresate	20.68	163（100）	256（17）	121（18）	
419	氟硫草定	Dithiopyr	20.78	354（100）	306（72）	286（74）	
420	精甲霜灵	Mefenoxam	20.91	206（100）	249（46）	279（11）	
421	马拉氧磷	Malaoxon	21.17	127（100）	268（11）	195（15）	
422	磷胺–2	Phosphamidon–2	21.36	264（100）	138（54）	227（17）	
423	硅氟唑	Simeconazole	21.41	121（100）	278（14）	211（34）	
424	氯酞酸甲酯	Chlorthal–dimethyl	21.39	301（100）	332（27）	221（17）	
425	噻唑烟酸	Thiazopyr	21.91	327（100）	363（73）	381（34）	
426	甲基毒虫畏	Dimethylvinphos	22.21	295（100）	297（56）	109（74）	
427	仲丁灵	Butralin	22.24	266（100）	224（16）	295（60）	
428	苯酰草胺	Zoxamide	22.30	187（100）	242（68）	299（9）	
429	啶斑肟–1	Pyrifenox–1	22.50	262（100）	294（15）	227（15）	
430	烯丙菊酯	Allethrin	22.60	123（100）	107（24）	136（20）	
431	异戊乙净	Dimethametryn	22.83	212（100）	255（9）	240（5）	
432	灭藻醌	Quinoclamine	22.89	207（100）	172（259）	144（64）	
433	甲醚菊酯–1	Methothrin–1	22.92	123（100）	135（89）	104（41）	
434	氟噻草胺	Flufenacet	23.09	151（100）	211（61）	363（6）	
435	甲醚菊酯–2	Methothrin–2	23.19	123（100）	135（73）	104（12）	
436	啶斑肟–2	Pyrifenox–2	23.50	262（100）	294（17）	227（16）	
437	氰菌胺	Fenoxanil	23.58	140（100）	189（14）	301（6）	
438	四氯苯酞	Phthalide	23.51	243（100）	272（28）	215（20）	
439	呋霜灵	Furalaxyl	23.97	242（100）	301（24）	152（40）	
440	嘧菌胺	Mepanipyrim	24.29	222（100）	223（53）	221（9）	
441	除草定	Bromacil	24.73	205（100）	207（46）	231（5）	
442	啶氧菌酯	Picoxystrobin	24.97	335（100）	303（43）	367（9）	
443	抑草磷	Butamifos	25.41	286（100）	200（57）	232（37）	
444	咪草酸	Imazamethabenz–methyl	25.50	144（100）	187（117）	256（95）	
445	苯氧菌胺–1	Metominostrobin–1	25.61	191（100）	238（56）	196（75）	
446	苯噻硫氰	TCMTB	25.59	180（100）	238（108）	136（30）	

(续表)

序号	中文名称	英文名称	保留时间/min	定量离子	定性离子1	定性离子2	定性离子3
\multicolumn{8}{c}{E 组}							
447	甲硫威砜	Methiocarb Sulfone	25.56	200 (100)	185 (40)	137 (16)	
448	抑霉唑	Imazalil	25.72	215 (100)	173 (66)	296 (5)	
449	稻瘟灵	Isoprothiolane	25.87	290 (100)	231 (82)	204 (88)	
450	环氟菌胺	Cyflufenamid	26.02	91 (100)	412 (11)	294 (11)	
451	嘧草醚	Pyriminobac – methyl	26.34	302 (100)	330 (107)	361 (86)	
452	噁唑磷	Isoxathion	26.51	313 (100)	105 (341)	177 (208)	
453	苯氧菌胺-2	Metominostrobin – 2	26.76	196 (100)	191 (36)	238 (89)	
454	苯虫醚-1	Diofenolan – 1	26.81	186 (100)	300 (57)	225 (25)	
455	苯虫醚-2	Diofenolan – 2	27.14	186 (100)	300 (58)	225 (31)	
456	苯氧喹啉	Quinoxyphen	27.14	237 (100)	272 (37)	307 (29)	
457	溴虫腈	Chlorfenapyr	27.60	247 (100)	328 (47)	408 (42)	
458	肟菌酯	Trifloxystrobin	27.71	116 (100)	131 (40)	222 (30)	
459	脱苯甲基亚胺唑	Imibenconazole – des – benzyl	27.86	235 (100)	270 (35)	272 (35)	
460	双苯噁唑酸	Isoxadifen – ethyl	27.90	204 (100)	222 (76)	294 (44)	
461	氟虫腈	Fipronil	28.34	367 (100)	369 (69)	351 (15)	
462	炔咪菊酯-1	Imiprothrin – 1	28.31	123 (100)	151 (55)	107 (54)	
463	唑酮草酯	Carfentrazone – ethyl	28.29	312 (100)	340 (135)	376 (32)	
464	炔咪菊酯-2	Imiprothrin – 2	28.50	123 (100)	151 (21)	107 (17)	
465	氟环唑-1	Epoxiconazole – 1	28.58	192 (100)	183 (24)	138 (35)	
466	吡草醚	Pyraflufen Ethyl	28.91	412 (100)	349 (41)	339 (34)	
467	稗草丹	Pyributicarb	28.87	165 (100)	181 (23)	108 (64)	
468	噻吩草胺	Thenylchlor	29.12	127 (100)	288 (25)	141 (17)	
469	烯草酮	Clethodim	29.21	164 (100)	205 (50)	267 (15)	
470	吡唑解草酯	Mefenpyr – diethyl	29.55	227 (100)	299 (131)	372 (18)	
471	伐灭磷	Famphur	29.80	218 (100)	125 (27)	217 (22)	
472	乙螨唑	Etoxazole	29.64	300 (100)	330 (69)	359 (65)	
473	吡丙醚	Pyriproxyfen	30.06	136 (100)	226 (8)	185 (10)	
474	氟环唑-2	Epoxiconazole – 2	29.73	192 (100)	183 (13)	138 (30)	
475	氟吡酰草胺	Picolinafen	30.27	238 (100)	376 (77)	266 (11)	
476	异菌脲	Iprodione	30.24	187 (100)	244 (65)	246 (42)	
477	哌草磷	Piperophos	30.42	320 (100)	140 (123)	122 (114)	.
478	呋酰胺	Ofurace	30.36	160 (100)	232 (83)	204 (35)	
479	联苯肼酯	Bifenazate	30.38	300 (100)	258 (99)	199 (100)	

(续表)

序号	中文名称	英文名称	保留时间/min	定量离子	定性离子1	定性离子2	定性离子3
			E 组				
480	异狄氏剂酮	Endrin Ketone	30.45	317（100）	250（31）	281（58）	
481	氯甲酰草胺	Clomeprop	30.48	290（100）	288（279）	148（206）	
482	咪唑菌酮	Fenamidone	30.66	268（100）	238（111）	206（32）	
483	萘丙胺	Naproanilide	31.89	291（100）	171（96）	144（100）	
484	吡唑醚菊酯	Pyraclostrobin	31.98	132（100）	325（14）	283（21）	
485	乳氟禾草灵	Lactofen	32.06	442（100）	461（25）	346（12）	
486	三甲苯草酮	Tralkoxydim	32.14	283（100）	226（7）	268（8）	
487	吡唑硫磷	Pyraclofos	32.18	360（100）	194（79）	362（38）	
488	氯亚胺硫磷	Dialifos	32.27	186（100）	357（143）	210（397）	
489	螺螨酯	Spirodiclofen	32.50	312（100）	259（48）	277（28）	
490	苄螨醚	Halfenprox	32.62	263（100）	237（6）	476（5）	
491	呋草酮	Flurtamone	32.78	333（100）	199（63）	247（25）	
492	环酯草醚	Pyriftalid	32.94	318（100）	274（71）	303（44）	
493	氟硅菊酯	Silafluofen	33.18	287（100）	286（274）	258（289）	
494	嘧螨醚	Pyrimidifen	33.63	184（100）	186（32）	185（10）	
495	氟丙嘧草酯	Butafenacil	33.85	331（100）	333（34）	180（35）	
496	苯酮唑	Cafenstrole	34.36	100（100）	188（69）	119（25）	
497	氟啶草酮	Fluridone	37.61	328（100）	329（100）	330（100）	

附录 C
（资料性附录）
A、B、C、D、E 五组农药及相关化学品选择离子监测分组表

C.1 A、B、C、D、E 五组农药及相关化学品选择离子监测分组表见表 C.1。

表 C.1

序号	时间（min）	离子（amu）	驻留时间（ms）
	A 组		
1	8.30	138，158，173	200
2	9.60	124，140，166，172，183，211	90
3	10.50	121，154，234	200
4	10.75	120，137，179	200
5	11.70	154，186，215	200
6	14.40	167，168，169	200
7	14.90	121，142，143，153，183，195，196，198，230，231，260，276，292，316	30
8	16.20	88，125，246	200
9	16.70	137，138，145，172，174，179，187，202，204，205，237，246，249，295，304	30
10	17.80	138，173，175，181，186，194，196，201，210，225，236，255，277，292	30
11	18.80	150，165，173，175，222，223，251，255，279	50
12	19.20	125，143，229，261，263，265，293，305，307，329	50
13	19.80	125，261，263，265，285，287，293，305，307，329	50
14	20.10	170，181，184，198，200，206，212，217，219，226，227，233，234，241，246，249，254，258，263，264，266，268，285，286，314	10
15	21.40	143，152，153，158，169，173，180，181，208，217，219，220，247，254，256，260，275，277，278，351，353，355	10
16	22.30	61，143，160，162，181，186，208，210，220，235，248，252，263，268，270，291，351，353，355	20
17	23.00	133，143，146，157，209，211，246，268，270，274，298，303，320，357，359，373，375，377	20
18	23.70	72，104，133，145，152，157，160，162，209，211，215，253，255，260，263，267，274，277，283，285，297，302，309，345，380	10
19	24.80	128，145，154，157，171，175，198，217，225，240，255，258，271，283，285，288，302，303	20
20	25.50	154，185，217，252，253，254，288，303，319，324，334	50
21	26.00	87，139，143，145，165，173，199，208，231，235，237，251，253，273，316，323，384	20

(续表)

序号	时间（min）	离子（amu）	驻留时间（ms）
		A组	
22	26.80	145, 150, 156, 165, 173, 179, 199, 231, 235, 237, 245, 247, 280, 288, 322, 323, 384	20
23	27.90	165, 166, 173, 181, 253, 259, 261, 281, 292, 293, 308, 342	40
24	28.60	118, 160, 165, 166, 181, 203, 212, 227, 228, 231, 235, 237, 272, 274, 314, 323	30
25	29.30	135, 163, 164, 212, 227, 228, 232, 233, 250, 252, 278	40
26	30.00	102, 145, 159, 160, 161, 188, 199, 227, 303, 317, 340, 356	40
27	31.00	175, 183, 184, 220, 221, 223, 232, 250, 255, 267, 373	40
28	33.00	127, 180, 181	200
29	34.40	167, 181, 225, 419	150
30	35.70	172, 174, 181	200
		B组	
1	7.80	128, 132, 189	200
2	8.80	146, 156, 217	200
3	9.70	128, 136, 161, 171, 173, 203	90
4	10.70	127, 164, 192, 194, 196, 198	90
5	11.70	191, 193, 206	200
6	13.40	124, 203, 215, 250, 261	100
7	14.40	158, 168, 200, 242, 282, 284, 286	80
8	14.70	116, 120, 128, 148, 153, 171, 176, 188, 202, 211, 213, 234, 236, 238, 264, 266, 282, 284, 286, 306, 322, 335	10
9	16.00	116, 148, 183, 188, 219, 221, 254	80
10	16.80	153, 186, 231, 288	150
11	17.10	153, 160, 164, 169, 172, 173, 176, 197, 206, 210, 214, 223, 225, 229, 270, 318, 330, 347	20
12	18.20	61, 126, 160, 173, 176, 206, 214, 229	60
13	18.70	126, 127, 134, 148, 164, 171, 172, 180, 192, 197, 198, 210, 213, 223, 243, 286, 288, 305, 307	20
14	19.90	134, 171, 188, 197, 198, 210, 213, 237, 269, 276, 290, 305	40
15	20.60	100, 185, 211, 226, 241, 253, 257, 259, 378	50
16	21.20	73, 139, 141, 153, 161, 162, 167, 185, 191, 207, 213, 224, 226, 237, 238, 240, 250, 251, 286, 304, 318, 329, 331, 333, 351, 353, 355, 387	10
17	22.00	161, 167, 207, 222, 224, 226, 238, 264, 280, 286, 351, 353, 355	40
18	22.70	161, 163, 170, 171, 182, 185, 205, 213, 217, 241, 255, 256, 265, 267, 269, 276, 323, 339	20

(续表)

序号	时间 (min)	离子 (amu)	驻留时间 (ms)
		B 组	
19	23.40	137, 160, 176, 188, 238, 240, 246, 248, 259, 267, 269, 316, 318, 323, 331, 373, 375, 377	20
20	23.90	61, 160, 166, 176, 188, 193, 194, 246, 248, 250, 259, 292, 294, 297, 316, 318, 329, 331, 333, 339, 374, 377, 379	20
21	24.90	61, 105, 165, 167, 172, 175, 177, 187, 199, 214, 231, 235, 236, 237, 238, 256, 263, 292, 294, 297, 302, 305, 311, 313, 317, 339, 345, 374	10
22	25.60	77, 105, 139, 141, 165, 169, 171, 199, 202, 213, 223, 235, 237, 251, 252, 253, 256, 271, 276, 283, 297, 300, 325, 360, 361	10
23	26.70	105, 157, 165, 195, 199, 235, 237, 246, 276, 297, 325, 339, 342, 360, 363	30
24	27.60	148, 157, 161, 169, 172, 173, 201, 206, 257, 303, 310, 325	40
25	28.90	89, 99, 126, 127, 157, 161, 169, 172, 181, 183, 257, 260, 265, 272, 292, 303, 339, 341, 349, 365, 387, 389	10
26	29.80	79, 181, 183, 265, 311, 349	90
27	30.00	128, 157, 169, 171, 189, 252, 310, 323, 341, 375, 377, 379	40
28	31.20	132, 139, 154, 160, 161, 182, 189, 251, 310, 330, 341, 367	40
29	32.90	180, 199, 206, 226, 266, 308, 334, 362, 364	50
30	34.00	181, 250, 252	200
		C 组	
1	7.30	109, 185, 220	200
2	8.70	152, 153, 154	200
3	9.30	58, 128, 129, 146, 188, 203	90
4	11.20	126, 161, 163	200
5	11.75	125, 126, 141, 158, 169, 170, 187, 208, 240	50
6	13.50	122, 123, 124, 151, 215, 250	90
7	14.70	107, 121, 150, 264, 276, 292	90
8	16.00	174, 202, 217	200
9	16.50	126, 141, 143, 156, 168, 176, 198, 199, 200, 210, 225, 268, 270, 277, 279	30
10	17.60	88, 173, 183, 186, 200, 215, 219, 254, 274	50
11	18.40	104, 130, 159, 161, 204, 237, 246, 257, 272, 285, 288, 313, 337	40
12	18.90	128, 129, 161, 163, 165, 175, 204, 217, 242, 246, 257, 264, 285, 288, 303, 306, 313, 326, 335	20
13	19.80	73, 89, 146, 162, 185, 212, 223, 227, 250, 265, 267	50
14	20.30	61, 144, 146, 162, 170, 185, 198, 199, 212, 213, 223, 227, 258	40
15	20.70	61, 103, 118, 144, 170, 181, 198, 199, 210, 217, 219, 222, 240, 254, 255	30

(续表)

序号	时间 (min)	离子 (amu)	驻留时间 (ms)
	C 组		
16	21.35	108, 117, 151, 160, 161, 170, 219, 221, 224, 225, 257, 267, 351, 353, 355	30
17	22.20	107, 108, 119, 123, 136, 145, 176, 219, 221, 246, 248, 263, 318, 351, 353, 355	20
18	22.70	77, 141, 165, 167, 174, 176, 206, 234, 239, 246, 248, 267, 268, 297, 299, 318	20
19	23.20	105, 123, 134, 161, 248, 250, 267, 297, 299	50
20	23.50	131, 143, 157, 161, 171, 220, 248, 250, 262, 296, 304, 329, 336, 338, 404	30
21	24.30	112, 130, 162, 168, 238, 262	90
22	25.10	112, 116, 130, 131, 162, 168, 206, 233, 234, 235, 238, 262	40
23	25.30	254, 282, 321, 323, 356, 383	90
24	26.00	131, 152, 206, 233, 234, 236, 251, 253, 315	50
25	26.90	149, 162, 176, 177, 190, 232, 268, 270, 328	50
26	27.90	105, 119, 120, 135, 140, 173, 266, 267, 269, 350, 394	50
27	28.80	105, 117, 123, 140, 145, 160, 183, 266, 267, 350, 394	50
28	29.00	117, 123, 127, 145, 154, 160, 183, 248, 350	50
29	29.60	116, 178, 186, 191, 219, 255	90
30	30.30	132, 162, 178, 184, 219, 226, 281, 293, 334	50
31	31.10	120, 136, 141, 147, 181, 183, 184, 192, 197, 247, 255, 289, 309, 364	30
32	32.00	112, 141, 147, 170, 183, 184, 255, 309, 364, 428, 447, 449	40
33	32.60	112, 141, 163, 170, 183, 376, 428, 447, 449	50
34	33.10	163, 165, 178, 181, 251, 279	90
35	33.80	157, 199, 451	200
36	34.70	181, 225, 250, 252, 419	100
37	35.40	259, 265, 287, 323, 325, 354	90
38	36.40	308, 318, 423	200
	D 组		
1	5.50	110, 153, 154	200
2	8.00	153, 184, 212	200
3	11.00	139, 155, 211, 215, 250, 252	90
4	13.00	142, 156, 165, 171, 196, 197, 200, 201, 202	50
5	14.00	143, 155, 158, 167, 192, 203, 211, 220, 229, 231, 246	40
6	15.00	106, 142, 190, 237, 265, 280	90
7	16.00	108, 136, 145, 158, 164, 171, 173, 182, 186, 196, 197, 201, 211, 216, 213, 288	20
8	17.20	161, 174, 177, 197, 200, 202, 214, 229, 246, 357, 359, 394	40

(续表)

序号	时间 (min)	离子 (amu)	驻留时间 (ms)
	D 组		
9	17.90	89, 114, 128, 172, 173, 174, 175, 186, 189, 198, 223, 229, 230, 231, 233, 253, 256, 258, 263, 265, 268, 277, 282, 292, 297	10
10	19.20	142, 143, 154, 157, 162, 184, 185, 199, 200, 201, 202, 203, 214, 220, 229, 230, 247, 251, 252, 255, 263, 264, 270, 278, 285, 287, 292	10
11	20.00	153, 180, 197, 199, 200, 201, 202, 230, 239, 247, 251, 252, 266, 305, 308, 311, 343, 375, 380, 412	15
12	21.00	115, 184, 193, 195, 196, 198, 215, 221, 225, 250, 252, 263, 269, 276, 285, 297, 301, 332	20
13	21.60	128, 170, 194, 195, 210, 212, 224, 225, 236, 254, 279, 294	40
14	22.10	129, 155, 182, 184, 200, 201, 210, 212, 216, 224, 225, 229, 230, 254, 262, 263, 291, 300, 314, 326, 351, 353, 355	10
15	23.00	136, 171, 199, 215, 230, 251, 253, 266, 289, 407, 409, 411	40
16	23.90	130, 148, 178, 187, 202, 211, 223, 224, 226, 240, 258, 267, 295, 299, 311, 313, 323	20
17	25.00	129, 130, 145, 148, 164, 168, 184, 185, 196, 201, 218, 219, 227, 254, 259, 290, 299, 326, 330, 340, 360	15
18	26.00	156, 159, 184, 185, 213, 218, 227, 229, 270, 272, 290, 360	40
19	27.10	143, 160, 171, 206, 222, 223, 224, 230, 238, 251, 266, 294, 312, 338, 349	30
20	28.00	136, 174, 186, 202, 215, 231, 233, 237, 254, 278, 279, 294, 310, 311, 326, 366, 379	20
21	29.00	136, 153, 192, 194, 220, 234, 276, 318, 324, 333, 359, 394	40
22	30.00	160, 161, 171, 173, 175, 214, 317, 375, 377	50
23	30.80	173, 175, 196, 213, 230, 274, 292, 300, 304, 316, 319, 320, 335, 373	30
24	32.40	147, 236, 238, 340, 341, 342	90
25	34.00	125, 129, 198	200
	E 组		
1	5.50	110, 111, 152	200
2	7.00	103, 107, 121, 122, 136	100
3	9.00	94, 95, 141	200
4	10.40	160, 162, 164, 205, 206, 220	100
5	12.00	101, 157, 175	200
6	12.90	103, 104, 121, 125, 130, 136, 147, 153, 301	60
7	13.90	125, 156, 157, 171, 180, 209	100
8	14.80	109, 110, 111, 142, 145, 152, 159, 185, 213, 230, 370	50
9	16.80	98, 100, 126, 142, 145, 153, 160, 184, 187, 188, 189, 198, 213, 232, 234, 254, 261, 273, 318	30

(续表)

序号	时间(min)	离子(amu)	驻留时间(ms)
E 组			
10	17.95	98, 100, 124, 126, 130, 144, 145, 173, 176, 177, 187, 198, 206, 213, 225, 232, 240, 273	30
11	18.70	138, 166, 173, 238, 240, 255	100
12	19.20	109, 119, 120, 135, 138, 146, 153, 162, 173, 176, 182, 187, 201, 202, 205, 206, 219, 220, 222, 223, 227, 232, 259, 264, 265, 296	20
13	20.30	109, 121, 127, 135, 153, 163, 182, 195, 201, 202, 206, 249, 256, 268, 279, 286, 306, 354	30
14	20.90	121, 127, 138, 195, 206, 211, 221, 227, 249, 264, 268, 278, 279, 301, 327, 332, 363, 381	30
15	21.95	109, 187, 224, 242, 266, 295, 297, 299, 351, 353, 355	50
16	22.30	104, 107, 123, 135, 136, 144, 151, 172, 187, 209, 211, 212, 227, 240, 242, 255, 262, 294, 299, 363	35
17	23.30	140, 152, 189, 215, 227, 272, 243, 262, 272	50
18	24.00	112, 128, 149, 168, 182, 205, 207, 212, 221, 222, 223, 231, 236, 247, 264, 303, 335, 367	30
19	25.00	91, 112, 128, 136, 137, 144, 168, 173, 180, 185, 187, 191, 196, 200, 204, 215, 231, 232, 238, 256, 286, 290, 294, 296, 412	20
20	26.05	105, 125, 157, 177, 186, 191, 196, 225, 238, 300, 302, 313, 314, 330, 361	40
21	26.90	116, 131, 186, 194, 204, 222, 225, 235, 237, 247, 270, 272, 294, 300, 307, 328, 351, 367, 369, 408, 447, 449	30
22	28.00	107, 123, 138, 151, 183, 192, 235, 260, 270, 272, 295, 312, 327, 340, 351, 367, 369, 376	30
23	28.60	108, 127, 141, 164, 165, 181, 205, 267, 288, 339, 349, 412	50
24	29.20	120, 125, 136, 137, 138, 164, 183, 185, 187, 192, 205, 206, 217, 218, 226, 227, 236, 240, 244, 246, 249, 299, 300, 330, 359, 372,	20
25	30.05	122, 136, 140, 148, 160, 185, 187, 199, 204, 206, 214, 226, 229, 232, 238, 244, 246, 250, 258, 266, 268, 285, 288, 290, 300, 317, 319, 320, 376	20
26	31.60	111, 132, 137, 144, 171, 186, 194, 199, 210, 226, 237, 247, 259, 263, 268, 274, 277, 291, 303, 312, 318, 325, 333, 346, 357, 360, 362, 442, 461, 476	20
27	33.00	126, 152, 166, 180, 184, 185, 186, 258, 286, 287, 331, 333	50
28	34.00	100, 119, 188	200
29	37.00	328, 329, 330	200

附录 D
（资料性附录）
标准物质在蜂蜜基质中选择离子监测 GC–MS 图

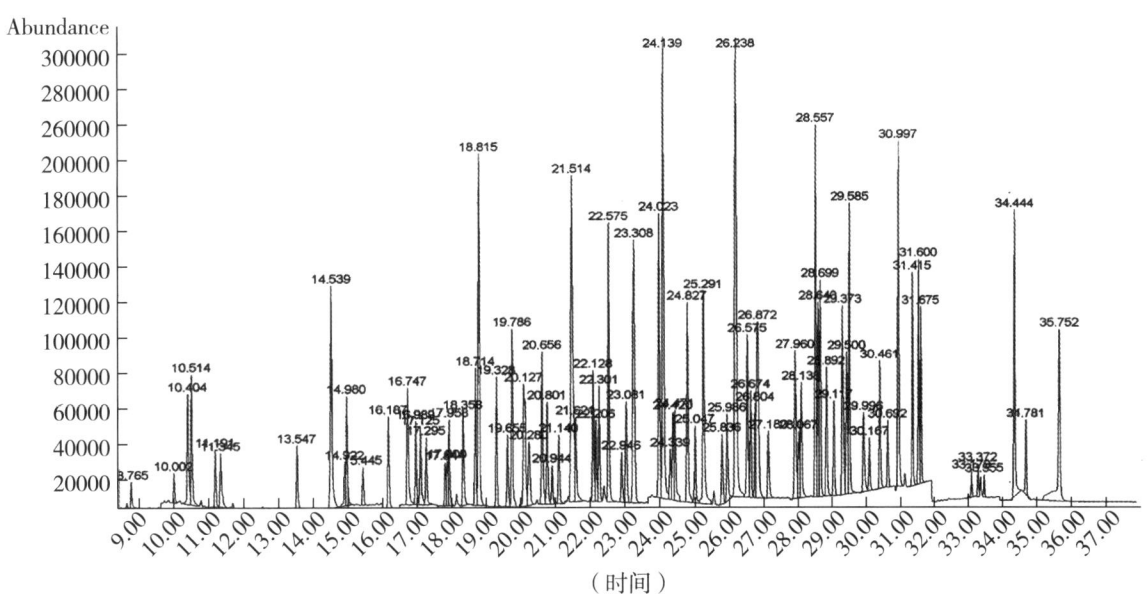

图 D.1 A 组标准物质在蜂蜜基质中选择离子监测 GC–MS 图

注：农药及相关化学品名称见附录 A，序号 1~95。

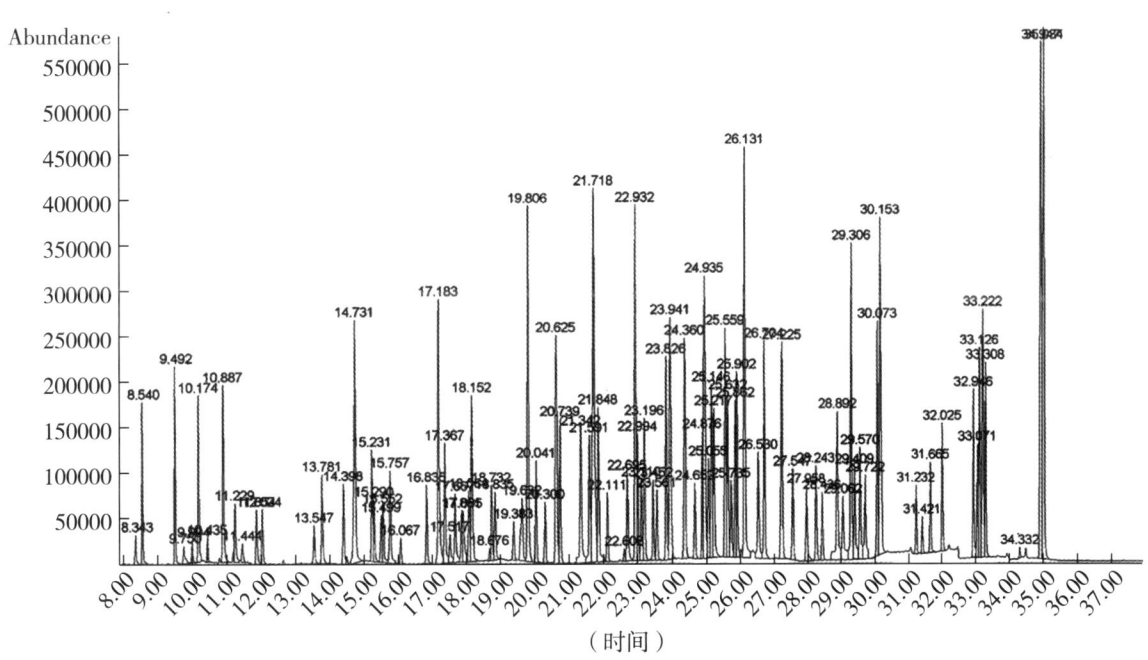

图 D.2 B 组标准物质在蜂蜜基质中选择离子监测 GC–MS 图

注：农药及相关化学品名称见附录 A，序号 96~196。

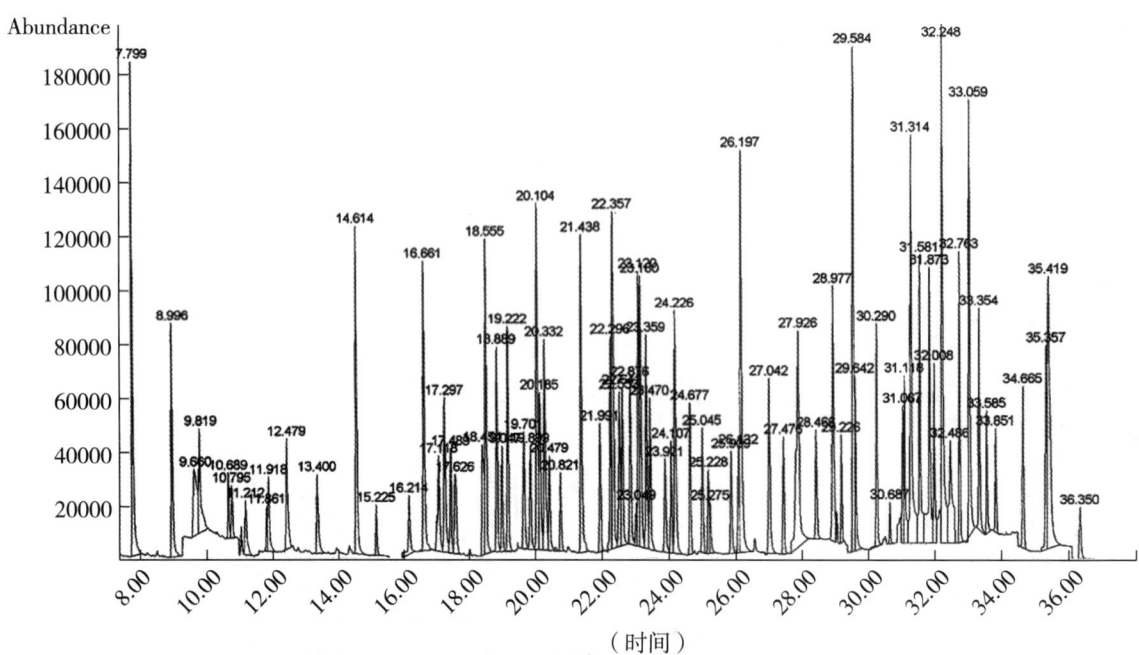

图 D.3　C 组标准物质在蜂蜜基质中选择离子监测 GC – MS 图

注：农药及相关化学品名称见附录 A，序号 197～282。

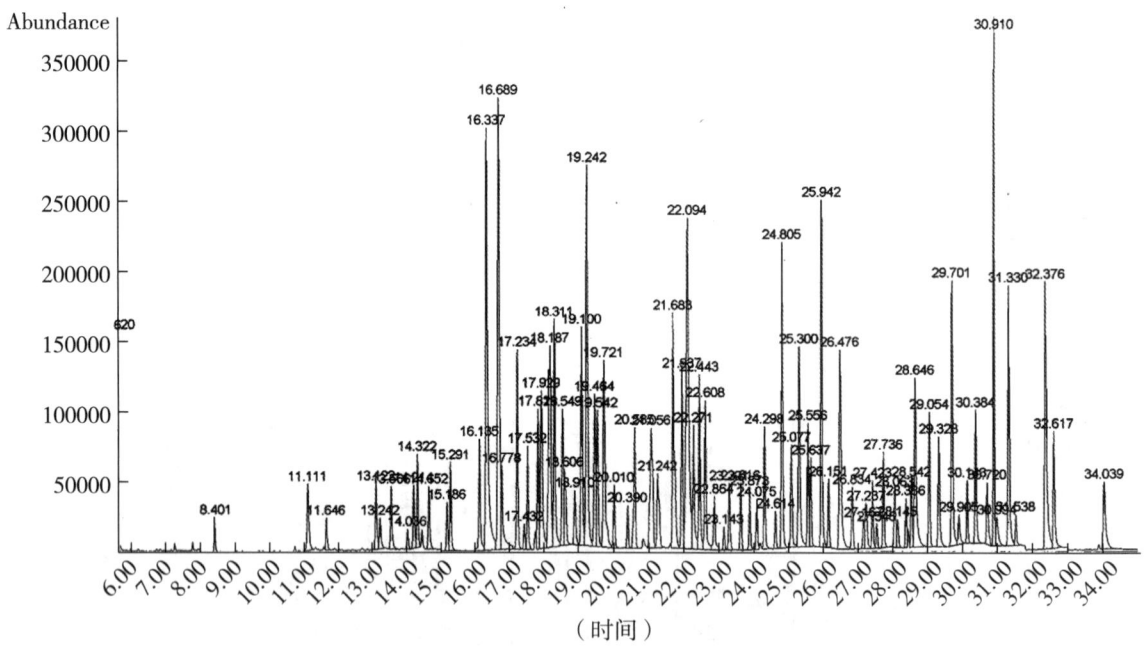

图 D.4　D 组标准物质在蜂蜜基质中选择离子监测 GC – MS 图

注：农药及相关化学品名称见附录 A，序号 283～385。

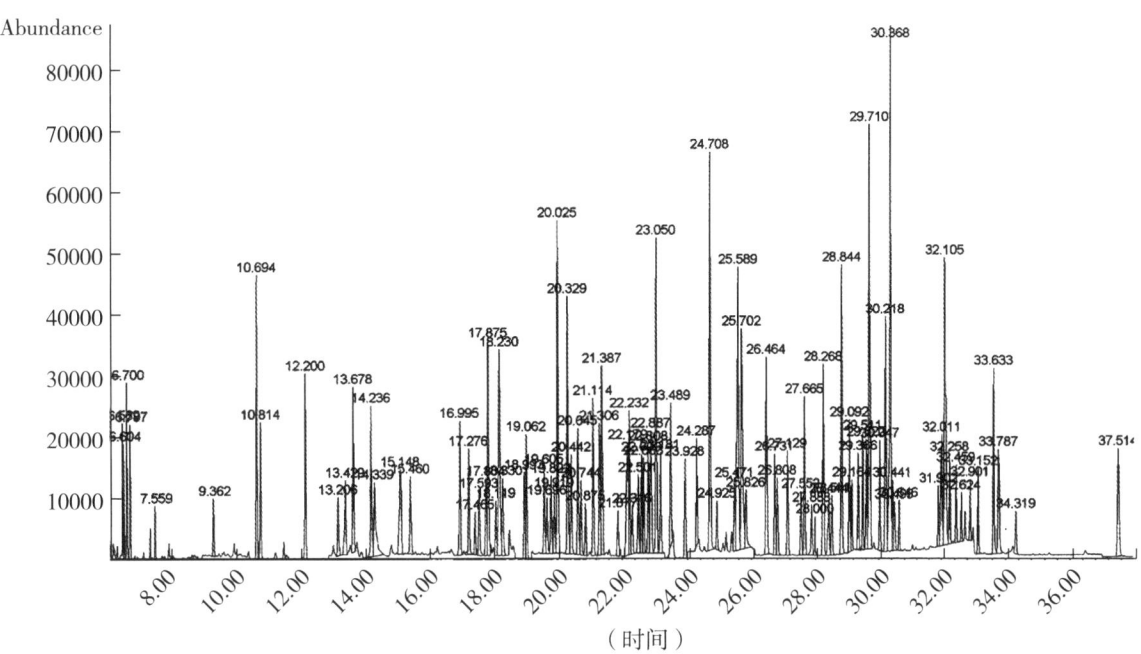

图 D.5　E 标准物质在蜂蜜基质中选择离子监测 GC – MS 图

注：农药及相关化学品名称见附录 A，序号 386～497。

附录 E
（规范性附录）
实验室内重复性要求

表 E.1　　　　　　　　　　　　　实验室内重复性要求

被测组分含量 mg/kg	精密度 %
≤0.001	36
>0.001≤0.01	32
>0.01≤0.1	22
>0.1≤1	18
>1	14

附录F
（规范性附录）
实验室间再现性要求

表 F.1　　　　　　　　　　　　　实验室间再现性要求

被测组分含量 mg/kg	精密度 %
≤0.001	54
>0.001≤0.01	46
>0.01≤0.1	34
>0.1≤1	25
>1	19

附录 G
（资料性附录）
样品的添加浓度及回收率的实验数据

表 G.1 蜂蜜样品中 307 种农药的添加浓度及回收率实验数据

单位：%

序号	农药名称	低水平添加 1LOQ				中水平添加 2倍LOQ				高水平添加 5倍LOQ		
		洋槐蜜	油菜蜜	椴树蜜	荆条蜜	葵花蜜	老瓜头蜜	荞麦蜜	紫云英蜜	桂花蜜
1	Allidochlor	85.9	89.5	79.4	76.4	87.2	84.5	53.5	62.6	62.2
2	Dichlormid	79.0	未添加	未添加	未添加	未添加	未添加	未添加	未添加	未添加
3	Etridiazol	74.8	63.9	74.1	71.0	74.4	73.9	54.0	65.2	65.9
4	Chlormephos	83.1	83.5	97.2	73.2	76.5	74.0	46.4	55.9	54.2
5	Propham	120.2	121.4	85.9	91.1	88.7	87.9	56.4	66.1	62.4
6	Cycloate	94.4	83.2	82.2	76.6	78.3	70.0	50.6	58.9	57.2
7	Diphenylamin	92.0	113.6	94.0	75.6	79.8	74.0	53.7	58.1	56.1
8	Ethalfluralin	76.9	58.0	83.7	66.2	78.8	71.4	49.0	73.9	77.4
9	Phorate	93.0	0*	90.6	79.9	83.3	70.3	53.4	65.4	64.0
10	Thiometon	87.5	82.6	70.1	66.7	78.5	59.0	45.1	61.2	52.3
11	Quintozene	80.7	0*	79.9	80.3	87.4	76.7	63.6	77.7	77.1
12	Atrazine-desethyl	85.5	94.4	80.1	81.3	92.3	88.9	31.2	60.8	51.9
13	Clomazone	102.5	90.1	88.6	79.2	87.3	82.3	53.4	61.3	60.1
14	Diazinon	97.1	87.5	83.3	81.1	85.1	73.0	53.1	64.1	63.6
15	Fonofos	95.1	85.8	83.6	79.3	81.1	71.6	52.4	61.8	61.1
16	Dicrotophos	未添加	未添加	未添加	未添加	未添加	未添加	未添加	未添加	未添加
17	Etrimfos	98.0	88.5	84.1	82.6	86.9	76.9	53.9	66.0	65.5
18	Simazine	未添加	未添加	未添加	未添加	未添加	未添加	未添加	未添加	未添加

(续表)

序号	农药名称	低水平添加 1LOQ					中水平添加 2倍LOQ			高水平添加 5倍LOQ		
		洋槐蜜	油菜蜜	椴树蜜	荆条蜜	葵花蜜	老瓜头蜜	荞麦蜜	紫云英蜜	桂花蜜		
19	Propetamphos	98.2	402.9	87.6	80.8	116.6	76.8	54.0	81.9	87.6		
20	Secbumeton	95.3	95.7	91.9	83.4	97.4	94.1	56.9	68.4	67.0		
21	Dichlofenthion	89.5	82.9	87.7	81.0	80.0	70.4	52.9	62.6	62.9		
22	Pronamide	101.1	88.1	88.6	89.5	95.1	91.5	57.4	68.6	65.6		
23	Mexacarbate	85.6	81.7	95.5	70.4	92.2	74.5	48.4	63.8	20.9		
24	Dimethoate	100.1	105.9	127.8	75.4	82.6	74.1	29.7	50.9	44.9		
25	Aldrin	79.0	76.0	66.1	74.9	73.5	65.8	48.5	57.5	57.2		
26	Dinitramine	84.0	59.1	90.5	71.8	95.6	83.4	62.5	90.7	85.7		
27	Ronnel	92.2	85.1	81.2	81.1	81.3	72.8	51.7	62.7	62.5		
28	Prometrye	102.0	91.7	92.2	81.2	92.5	81.0	54.4	64.2	62.9		
29	Cyprazine	102.1	94.2	91.7	79.8	87.5	85.7	50.4	62.6	57.0		
30	Chlorothalonil	80.9	0.0	51.4	57.4	73.1	44.6	53.3	73.5	66.7		
31	Vinclozolin	102.1	90.4	94.2	78.9	81.2	72.5	52.5	61.9	59.6		
32	Beta-HCH	96.2	85.9	86.9	76.6	79.2	71.4	51.5	59.8	59.0		
33	Metalaxyl	99.6	77.4	86.4	77.9	92.6	86.3	54.3	63.4	61.6		
34	Chlorpyifos (Ethyl)	85.8	83.6	77.2	86.1	87.1	77.0	54.7	67.3	67.7		
35	Methyl-Parathion	89.6	85.1	102.8	100.4	123.6	119.9	86.0	121.9	114.4		
36	Anthraquinone	87.9	86.3	89.8	67.8	65.6	75.6	42.7	59.0	47.1		
37	Delta-HCH	96.8	98.4	99.4	80.0	83.3	72.3	52.2	61.5	59.7		
38	Fenthion	96.5	87.4	78.8	80.0	86.3	69.3	50.6	63.0	60.2		
39	Malathion	97.5	87.1	89.1	86.4	93.8	80.5	56.1	70.5	68.6		
40	Fenitrothion	88.9	85.5	101.8	104.4	120.8	107.7	82.9	114.0	109.8		
41	Paraoxon-ethyl	84.6	0.0	104.0	108.5	139.9	140.2	87.3	132.1	124.3		

1053

(续表)

序号	农药名称	低水平添加 1LOQ					中水平添加 2倍LOQ			高水平添加 5倍LOQ		
		洋槐蜜	油菜蜜	椴树蜜	荆条蜜	葵花蜜	老瓜头蜜	荞麦蜜	紫云英蜜	桂花蜜
42	Triadimefon	88.8	81.8	85.9	77.9	101.0	76.8	50.0	61.5	59.5
43	Parathion	86.8	83.0	93.5	100.8	119.2	109.9	85.4	126.4	121.0
44	Pendimethalin	79.1	71.8	95.7	95.7	110.8	97.2	74.1	103.3	100.9
45	Linuron	81.1	73.7	98.6	92.2	103.1	99.2	61.5	77.7	78.4
46	Chlorbenside	82.4	80.4	74.7	79.9	79.5	71.0	50.7	65.0	62.6
47	Bromophos–ethyl	82.8	78.5	74.3	83.0	83.0	73.1	52.3	65.6	65.2
48	Quinalphos	97.7	102.6	90.1	89.5	95.6	94.1	58.3	71.8	67.0
49	Trans–Chlodane	82.9	80.0	70.4	77.1	76.7	67.5	50.3	59.9	59.3
50	Phenthoate	92.4	77.5	73.5	89.9	93.3	80.7	59.8	78.6	78.5
51	Metazachlor	98.7	91.9	93.6	85.6	96.1	93.1	56.7	69.5	67.3
52	Fenothiocarb	99.8	未添加	未添加	未添加	未添加	未添加	未添加	未添加	未添加
53	Prothiophos	77.5	48.1	66.5	78.2	85.1	68.3	48.0	60.7	60.3
54	Folpet	60.3	0.0	0.0	39.8	38.5	55.4	81.4	84.4	102.9
55	Chlorflurenol	93.3	93.0	96.3	86.3	103.9	94.1	58.7	72.1	69.7
56	Dieldrin	91.5	83.7	72.9	78.1	78.0	69.5	51.0	59.6	59.2
57	Captan	未添加	未添加	未添加	未添加	未添加	未添加	未添加	未添加	未添加
58	Procymidone	107.9	113.2	97.1	82.6	101.1	82.0	54.2	68.5	61.5
59	Methidathion	96.7	89.2	89.0	87.6	97.7	84.9	57.5	69.2	66.9
60	Cyanazine	83.5	90.7	107.3	82.9	97.0	83.6	30.9	63.6	51.6
61	Napropamide	99.7	92.7	94.0	85.1	92.0	82.5	54.8	65.1	63.4
62	Oxadiazone	88.7	80.4	73.6	78.4	75.9	69.5	49.2	59.0	62.9
63	Fenamiphos	80.8	90.2	102.5	91.1	119.4	102.6	60.0	87.4	80.4
64	Tetrasul	77.9	77.3	84.9	82.4	78.4	70.0	50.3	61.8	61.0

(续表)

序号	农药名称	低水平添加 1LOQ					中水平添加 2倍LOQ			高水平添加 5倍LOQ		
		洋槐蜜	油菜蜜	椴树蜜	荆条蜜	葵花蜜	老瓜头蜜	荞麦蜜	紫云英蜜	桂花蜜
65	Aramite	84.4	81.0	78.1	89.7	93.5	83.3	58.7	73.9	71.9
66	Bupirimate	99.2	95.6	97.9	82.5	89.3	75.4	53.2	63.5	62.4
67	Carboxin	76.7	76.0	71.6	48.1	89.7	54.6	31.3	58.3	24.8
68	Flutolanil	96.6	99.8	94.7	86.7	98.0	84.4	55.0	68.8	66.4
69	P, P – DDD	82.5	79.6	72.6	80.1	83.8	71.4	52.4	63.6	63.4
70	Ethion	81.1	73.5	77.5	86.2	92.8	78.3	56.8	71.5	71.5
71	Sulprofos	82.0	75.3	70.7	80.6	82.0	68.6	50.9	65.7	63.7
72	Etaconazole – 1	298.3	80.2	96.2	89.2	112.5	95.7	62.9	82.4	80.6
73	Etaconazole – 2	106.2	99.0	93.6	82.1	87.8	73.3	52.5	61.7	59.6
74	Myclobutanil	123.2	96.6	69.0	85.7	97.7	89.9	55.8	74.0	70.8
75	Dichlorofop – methyl	98.6	118.5	61.9	64.7	69.6	71.2	42.3	51.8	50.8
76	Propiconazole	99.7	98.0	101.9	84.3	86.6	71.2	47.3	60.5	58.8
77	Fensulfothion	99.7	102.7	116.9	71.3	63.2	59.4	31.9	31.4	30.2
78	Carbosulfan	59.5	49.1	74.3	49.7	82.1	86.4	20.2	82.4	83.3
79	Mirex	73.5	77.5	68.8	77.0	74.6	66.2	48.4	58.5	58.8
80	Benodanil	84.5	53.2	64.4	82.2	96.8	100.7	54.5	82.6	76.2
81	Nuarimol	97.0	94.8	92.5	86.1	95.7	91.0	56.0	69.0	66.3
82	Methoxychlor	90.8	51.7	65.1	83.2	56.1	62.5	61.9	72.1	94.1
83	Oxadxyl	75.8	64.1	84.8	53.1	74.1	72.1	19.3	47.3	42.6
84	Tetramethrin	86.5	87.8	94.6	90.1	95.6	79.3	57.6	76.8	74.6
85	Tebuconazole	89.7	84.9	104.4	90.8	102.0	97.3	53.8	72.7	69.0
86	Norflurazon	80.7	90.0	98.1	79.9	95.7	88.8	31.8	65.2	56.8
87	Pyridaphenthion	89.7	90.1	98.6	97.8	116.2	97.3	62.9	85.2	80.7

(续表)

序号	农药名称	低水平添加 1LOQ			中水平添加 2倍LOQ			高水平添加 5倍LOQ		
		洋槐蜜	油菜蜜	椴树蜜	荆条蜜	葵花蜜	老瓜头蜜	荞麦蜜	紫云英蜜	桂花蜜
88	Phosmet	92.2	87.6	98.5	92.9	111.0	79.3	57.4	74.0	71.5
89	Tetradifon	89.7	88.2	76.3	80.5	83.0	70.9	53.1	62.2	62.0
90	Oxycarboxin	75.7	100.0	92.2	104.6	118.4	102.3	26.1	76.0	60.2
91	Cis–Permethrin	70.5	79.7	72.1	115.0	87.0	76.8	55.0	71.6	168.0
92	Chloridazon	29.8	73.2	29.2	80.6	62.6	72.3	112.2	30.3	9.1
93	Trans–Permethrin	66.5	54.1	62.2	86.0	86.2	72.1	52.5	69.0	67.0
94	Pyrazophos	87.2	91.8	93.3	93.5	102.2	84.4	59.1	76.7	75.6
95	Cypermethrin–1	58.8	128.4	80.4	149.4	91.0	83.8	59.0	113.6	79.1
96	Cypermethrin–2	43.0	51.8	68.8	116.0	98.7	100.1	49.0	100.2	65.5
97	Cypermethrin–3	59.5	70.6	69.7	105.2	95.3	88.5	63.9	86.5	88.1
98	Cypermethrin–4	43.0	51.8	68.8	116.0	98.7	100.1	49.0	100.2	65.5
99	Fenvalerate–1	61.8	72.0	74.8	96.7	81.2	73.1	59.8	73.5	80.8
100	Fenvalerate–2	61.8	72.0	74.8	96.7	81.2	73.1	59.8	73.5	80.8
101	Deltamethrin	118.9	57.5	56.6	184.5	98.5	148.7	83.8	119.3	124.7
102	EPTC	80.2	80.5	54.7	78.6	90.6	76.0	49.2	75.0	73.7
103	Butylate	83.0	79.1	57.7	81.2	91.0	70.4	51.0	76.3	74.9
104	Dichlobenil	87.4	82.8	45.0	79.1	95.9	82.2	44.9	79.5	67.1
105	Pebulate	86.6	84.2	63.0	84.0	91.3	73.2	53.0	75.8	75.7
106	Nitrapyrin	81.6	71.4	64.8	103.5	103.5	83.6	53.4	115.6	112.1
107	Mevinphos	77.2	95.5	11.3	101.5	21.9	167.5	101.7	10.7	131.8
108	Chloroneb	89.8	85.1	86.3	84.2	93.5	80.1	57.2	79.3	79.4
109	Tecnazene	82.7	84.7	73.6	99.7	100.9	74.5	57.8	92.2	88.5
110	Heptanophos	95.9	92.0	93.9	97.5	109.7	99.4	64.7	96.2	90.4

(续表)

序号	农药名称	低水平添加 1LOQ			中水平添加 2倍LOQ			高水平添加 5倍LOQ		
		洋槐蜜	油菜蜜	椴树蜜	荆条蜜	葵花蜜	老瓜头蜜	荞麦蜜	紫云英蜜	桂花蜜
111	Hexachlorobenzene	79.1	73.2	64.4	77.6	90.1	66.9	48.6	72.3	76.7
112	Ethoprophos	96.8	91.9	96.0	100.7	104.5	91.9	64.6	90.1	92.7
113	Cis – Diallate	99.1	84.8	98.0	93.5	100.3	75.8	60.0	83.1	84.6
114	Propachlor	97.3	92.7	82.1	93.6	99.3	91.7	63.5	88.6	87.0
115	Trans – Diallate	94.3	82.4	73.1	91.0	100.1	75.6	58.6	83.7	84.8
116	Trifluralin	92.1	62.6	74.1	94.0	111.4	75.7	60.6	114.7	109.2
117	Chlorpropham	99.6	94.0	90.3	95.6	106.1	89.0	64.3	92.0	91.4
118	Sulfotep	97.0	85.5	75.7	96.3	106.9	80.2	60.1	92.3	92.6
119	Sulfallate	88.4	63.2	70.1	72.7	84.8	62.8	46.1	76.3	72.0
120	Alpha – HCH	95.6	85.3	128.7	90.4	96.5	75.0	58.7	81.5	82.8
121	Terbufos	101.0	86.9	86.9	104.9	117.8	84.8	65.5	100.9	101.7
122	Terbumeton	95.2	95.4	91.0	99.6	103.2	96.0	68.3	96.7	90.9
123	Profluralin	89.3	59.2	75.1	103.7	116.1	76.6	62.8	124.4	117.3
124	Dioxathion	105.0	82.1	71.1	88.5	103.8	76.4	72.4	84.2	87.1
125	Propazine	100.2	92.6	87.9	94.9	102.0	91.7	66.2	90.1	87.8
126	Chlorbufam	94.8	97.4	100.0	130.9	130.5	98.4	76.6	116.6	108.6
127	Dicloran	83.2	89.7	83.9	113.3	112.0	94.2	62.7	124.2	108.3
128	Terbuthylazine	99.1	86.1	42.1	47.5	51.1	44.6	28.0	8.4	9.2
129	Monolinuron	92.9	93.6	100.7	117.2	126.8	111.0	68.8	128.9	116.2
130	Flufenoxuron	96.2	62.0	61.0	117.6	90.1	116.7	93.8	71.9	91.6
131	Cyanohos	98.8	91.4	87.1	98.0	106.6	92.0	64.4	94.8	93.1
132	Monocrotophos	64.3	116.4	70.4	111.6	135.5	88.9	2.1	114.3	52.5
133	Chlorprifos – methyl	97.8	86.6	93.9	100.2	110.6	83.3	63.5	94.1	94.0

(续表)

序号	农药名称	低水平添加 1LOQ 洋槐蜜	油菜蜜	椴树蜜	荆条蜜	中水平添加 2LOQ 葵花蜜	老瓜头蜜	高水平添加 5倍LOQ 荞麦蜜	紫云英蜜	桂花蜜
134	Desmetryn	98.8	95.7	91.4	97.3	104.1	100.2	67.4	98.1	92.5
135	Dimethachloro	99.9	92.9	89.2	96.8	103.7	95.3	66.2	92.0	91.9
136	Alachlor	99.0	90.9	86.9	96.7	119.7	88.1	65.8	90.2	90.9
137	Pirimiphos–methyl	99.5	87.3	84.6	96.3	106.4	80.3	61.2	90.2	90.0
138	Terbutryn	99.1	91.1	90.9	96.9	103.8	89.8	66.5	91.3	90.0
139	Thiobencarb	99.9	89.3	85.2	95.7	102.9	78.7	61.1	85.7	86.6
140	Aspon	95.4	0.0	39.7	0.0	0.0	0.0	0.0	0.0	0.0
141	Malaoxon	0.0	0.0	0.0	0.0	0.0	0.0	0.0	0.0	0.0
142	Phosphamidon	0.0	0.0	0.0	0.0	0.0	0.0	0.0	0.0	0.0
143	Dicofol	94.5	90.1	92.8	75.6	86.2	69.9	52.6	56.0	67.5
144	Metolachlor	98.0	93.1	101.1	97.8	104.8	89.4	66.2	91.8	91.9
145	Pirimiphos–ethyl	98.9	82.7	77.3	97.5	109.5	79.0	61.1	91.7	91.4
146	Methoprene	95.2	71.7	70.9	98.5	111.8	73.4	57.8	94.6	87.0
147	Bromofos	97.5	80.6	76.6	97.3	107.3	79.3	61.1	90.4	91.4
148	Dichlofluanid	104.4	0.0	49.4	108.0	106.7	67.8	81.6	133.0	127.1
149	Ethofumesate	128.1	115.2	121.5	70.4	90.5	62.1	51.5	57.7	60.6
150	Isopropalin	97.3	60.3	72.0	101.5	113.7	79.3	60.9	128.3	114.8
151	Clorothiamid	0.0	0.0	12.7	43.8	48.6	70.3	29.4	11.1	41.9
152	Endosulfan–1	98.2	81.8	72.1	89.8	101.6	76.1	62.3	82.2	85.6
153	Propanil	93.3	96.6	94.5	102.6	119.0	104.4	61.6	102.6	93.3
154	Isofenphos	97.6	87.8	88.5	102.4	115.9	84.6	65.8	99.0	104.2
155	Crufomate	101.1	126.9	158.3	177.3	210.6	173.0	105.2	199.0	189.5
156	Chlorfenvinphos	99.8	88.9	91.0	102.8	112.6	88.1	66.3	96.0	96.9

(续表)

序号	农药名称	低水平添加 1LOQ				中水平添加 2倍LOQ				高水平添加 5倍LOQ		
		洋槐蜜	油菜蜜	椴树蜜	荆条蜜	葵花蜜	老瓜头蜜	荞麦蜜	紫云英蜜	桂花蜜		
157	Cis-Chlordane	94.8	76.3	69.3	91.1	99.8	74.2	60.0	84.2	85.5		
158	Tolyfluanide	101.5	60.3	91.7	120.9	110.7	70.4	72.4	127.2	124.3		
159	P, P-DDE	94.6	78.9	117.3	90.9	99.7	74.5	58.4	83.3	84.4		
160	Butachlor	97.4	84.0	79.8	102.3	113.9	82.5	65.8	98.3	99.3		
161	Chlozolinate	121.4	98.7	95.0	109.5	124.7	96.0	76.4	104.3	107.1		
162	Crotoxyphos	103.3	109.3	150.1	129.7	153.0	109.0	69.4	138.6	127.4		
163	Iodofenphos	97.7	77.4	79.6	105.7	115.5	80.1	64.3	100.5	100.3		
164	Tetrachlorvinphos	101.7	91.8	103.5	109.9	118.5	83.7	67.8	102.4	101.8		
165	Chlorbromuron	99.0	89.5	112.5	130.2	133.6	113.8	72.6	138.4	126.6		
166	Profenofos	100.5	91.3	90.3	109.7	120.3	88.4	67.7	103.5	104.0		
167	Fluorochloridone	100.3	94.5	101.0	107.6	117.9	94.8	73.5	108.7	107.1		
168	Buprofezin	99.9	85.3	92.2	97.5	109.3	80.3	62.9	87.2	88.1		
169	O, P-DDD	96.3	77.7	78.3	98.0	111.8	83.5	63.9	90.8	91.3		
170	Endrin	101.2	83.4	87.3	105.3	111.1	86.7	67.9	100.9	104.0		
171	Hexaconazole	97.6	99.1	103.9	116.4	131.6	112.0	79.1	120.7	117.4		
172	Chlorfenson	98.3	86.9	81.1	95.1	104.7	79.7	68.6	87.2	89.9		
173	O, P-DDT	100.4	63.5	74.2	111.1	113.8	72.8	66.5	105.7	108.5		
174	Paclobutrazol	99.4	99.7	92.7	101.6	116.2	99.9	70.6	101.4	95.9		
175	TCMTB	97.8	0.0	115.0	39.1	0.0	0.0	0.0	14.8	28.4		
176	Methoprotryne	99.1	94.7	94.5	101.7	112.1	101.0	68.6	101.9	97.2		
177	Erbon	98.6	88.3	367.3	74.3	70.6	69.2	44.1	61.1	57.5		
178	Chlorpropylate	97.7	88.9	85.4	108.2	127.2	89.8	68.8	104.6	106.3		
179	Flamprop-methyl	102.2	93.2	83.8	95.0	103.4	86.9	67.6	88.2	89.4		

1059

(续表)

序号	农药名称	低水平添加 1LOQ					中水平添加 2倍LOQ					高水平添加 5倍LOQ	
		洋槐蜜	油菜蜜	椴树蜜	荆条蜜	葵花蜜	老瓜头蜜	荞麦蜜	紫云英蜜	桂花蜜
180	Nitrofen	93.9	88.0	99.2	146.6	185.1	107.5	88.3	214.6	179.8
181	Oxyflurofen	87.5	73.6	89.3	152.2	200.7	109.7	90.9	215.0	192.4
182	Chlorthiophos	96.0	78.7	73.9	100.1	114.0	81.5	61.0	95.4	96.5
183	Endosulfan-2	0.0	0.0	0.0	0.0	0.0	0.0	0.0	0.0	0.0
184	Flamprop-Isopropyl	100.1	92.1	79.6	98.1	109.3	81.5	65.5	89.7	91.0
185	P, P-DDT	107.3	55.0	67.0	123.2	60.7	66.4	70.4	123.5	129.4
186	Carbofenothion	99.3	77.5	75.3	109.8	121.2	85.9	65.4	106.1	105.3
187	Benalaxyl	97.4	91.3	89.9	95.6	107.4	84.6	64.5	89.2	89.7
188	Edifenphos	101.8	95.9	108.4	131.5	140.6	100.5	82.5	119.5	119.6
189	Triazophos	101.4	95.6	94.6	116.9	130.8	101.7	72.6	114.4	113.7
190	Cyanofenphos	99.5	87.6	77.1	98.8	109.9	80.2	63.8	92.5	93.1
191	Chlorbenside Sulfone	102.4	93.5	85.2	97.0	108.8	86.7	65.4	89.9	91.9
192	Endosulfan-Sulfate	100.6	87.6	79.1	97.5	105.9	79.1	66.4	88.4	91.0
193	Bromopropylate	96.9	89.3	85.6	116.7	137.3	90.9	74.4	112.0	112.2
194	Benzoylprop-ethyl	100.6	93.9	84.7	97.0	110.0	81.1	65.2	84.8	90.4
195	Fenpropathrin	95.7	73.8	73.0	103.4	116.1	80.7	62.5	98.2	97.2
196	Captafol	222.5	145.8	209.3	338.4	174.8	82.4	99.5	300.7	302.9
197	Leptophos	97.2	81.4	77.4	104.3	116.1	80.8	62.1	98.9	97.4
198	EPN	95.3	101.4	107.3	129.9	167.1	100.3	73.5	177.0	140.6
199	Hexazinone	97.6	97.8	71.8	97.2	110.5	98.2	31.6	98.9	88.3
200	Bifenox	699.1	0.0	103.6	164.6	207.2	112.6	87.2	251.5	197.3
201	Phosalone	104.2	95.9	89.3	121.6	137.3	93.6	73.2	117.6	116.1
202	Azinphos-methyl	104.4	96.7	108.8	136.6	152.6	118.0	72.4	133.4	125.0

(续表)

序号	农药名称	低水平添加 1LOQ 洋槐蜜	低水平添加 1LOQ 油菜蜜	低水平添加 1LOQ 椴树蜜	中水平添加 2倍LOQ 荆条蜜	中水平添加 2倍LOQ 葵花蜜	中水平添加 2倍LOQ 老瓜头蜜	中水平添加 2倍LOQ 荞麦蜜	高水平添加 5倍LOQ 紫云英蜜	高水平添加 5倍LOQ 桂花蜜
203	Fenarimol	106.7	151.8	134.6	108.3	115.2	102.2	75.4	98.4	98.4
204	Azinphos-ethyl	101.6	94.4	104.8	134.0	149.4	106.2	76.5	138.4	132.2
205	Cyfluthrin-1	70.6	53.6	56.2	124.4	141.0	93.8	68.6	122.1	116.6
206	Cyfluthrin-2	80.6	60.4	66.2	135.4	151.7	75.5	80.6	135.2	130.3
207	Prochloraz	0.0	119.9	157.6	221.3	273.1	228.0	96.7	317.3	275.0
208	Coumaphos	97.3	92.2	83.4	116.1	129.0	89.9	69.1	112.3	109.3
209	Fluvalinate-1	82.5	61.2	74.0	144.1	162.8	97.9	71.0	162.9	142.5
210	Fluvalinate-2	84.9	48.3	74.5	130.2	143.5	76.9	56.0	135.5	133.4
211	Dichlorvos	84.0	85.6	30.7	75.5	96.5	90.5	45.1	88.2	77.4
212	Biphenyl	77.7	84.1	21.8	76.2	80.7	68.3	41.2	73.2	65.4
213	Propamocarb	203.1	227.3	128.7	29.8	262.8	59.3	11.8	122.4	53.6
214	Vernolate	85.5	88.0	43.8	87.0	84.1	74.0	46.6	82.1	78.5
215	3,5-Dichloroaniline	76.6	89.6	38.3	31.0	70.7	62.6	30.9	64.6	58.8
216	Molinate	90.5	89.6	70.3	92.5	107.6	90.2	49.6	86.7	86.2
217	Methacrifos	98.4	92.1	143.6	95.5	92.2	84.4	49.4	92.1	116.8
218	2-Phenylphenol	84.5	86.8	79.1	95.6	106.4	93.6	50.4	94.8	96.4
219	Cis-1,2,3,6-Tetrahydrophthalimide	79.3	95.6	99.2	97.9	114.5	117.5	55.2	101.7	81.0
220	Heptenophos	104.0	94.3	97.5	106.7	110.0	103.8	68.8	98.5	103.3
221	Fenobucarb	101.7	90.3	98.4	98.0	106.4	97.3	54.8	90.2	95.9
222	Benfluralin	94.9	92.4	61.3	115.2	104.3	85.6	74.2	130.0	150.0
223	Ethoxyquin	35.0	14.4	0.0	0.0	22.8	4.3	1.4	49.8	7.9
224	Hexaflumuron	84.5	62.9	38.1	80.7	51.0	117.8	53.7	57.1	60.5
225	Prometon	104.8	94.0	100.9	104.2	109.1	100.1	50.5	98.1	98.8

(续表)

序号	农药名称	低水平添加 1LOQ					中水平添加 2倍LOQ			高水平添加 5倍LOQ		
		洋槐蜜	油菜蜜	椴树蜜	荆条蜜	葵花蜜	老瓜头蜜	荞麦蜜	紫云英蜜	桂花蜜		
226	Triallate	96.4	88.0	59.1	92.9	83.8	72.1	49.1	86.1	90.3		
227	Pyrimethanil	103.9	90.3	90.6	100.3	101.9	93.6	50.0	92.8	94.1		
228	Gamma – HCH	111.0	93.7	126.2	93.1	88.8	83.3	49.8	88.7	92.2		
229	Disulfoton	97.2	84.9	59.1	89.0	87.9	61.4	45.3	84.9	84.6		
230	Atrizine	104.8	90.1	89.0	98.7	98.8	93.1	46.2	90.9	90.5		
231	Heptachlor	98.7	87.2	63.7	106.0	92.6	81.7	60.2	102.5	117.2		
232	Probenazole	0.0	0.0	0.0	0.0	0.0	0.0	0.0	0.0	0.0		
233	Iprobenfos	109.1	102.7	113.9	125.6	123.4	111.4	62.8	117.2	130.4		
234	Isazofos	109.9	96.8	106.2	110.3	103.9	90.6	57.1	98.4	105.5		
235	Plifenate	104.7	89.2	132.1	103.6	91.9	80.4	58.3	98.0	110.0		
236	Fenpropimorph	104.0	92.8	100.7	105.6	111.4	95.0	52.7	99.4	98.9		
237	Transfluthrin	98.5	95.6	140.3	96.0	92.7	75.6	50.5	91.1	94.9		
238	Fluchloralin	98.7	85.5	65.2	101.0	101.1	87.8	73.2	136.1	158.0		
239	Dazomet	22.6	45.4	0.0	0.0	50.5	38.5	5.7	13.2	0.0		
240	Tolclofos – methyl	101.0	92.1	75.3	97.4	89.6	80.2	50.5	89.8	95.3		
241	Propisochlor	95.6	40.3	0.0	0.0	50.0	18.6	5.4	10.5	0.0		
242	Ametryn	103.3	92.4	95.1	100.2	102.0	94.3	49.3	93.2	93.7		
243	Simetryn	100.5	91.5	90.9	99.9	102.4	95.3	46.0	93.2	91.9		
244	Methobromuron	114.1	91.0	114.9	137.7	138.4	130.4	64.7	132.4	145.4		
245	Metribuzin	97.0	89.7	90.8	104.8	105.7	103.5	48.4	91.8	102.8		
246	Dimethipin	91.3	98.8	68.1	91.6	96.5	90.2	21.3	82.7	71.9		
247	Epsilon – HCH	94.9	0.0	52.4	32.3	35.9	37.5	0.0	9.1	11.8		
248	Dipropetryn	104.7	95.4	94.1	103.9	100.8	91.1	53.0	95.9	101.5		

(续表)

序号	农药名称	低水平添加 1LOQ 洋槐蜜	低水平添加 1LOQ 油菜蜜	低水平添加 1LOQ 椴树蜜	中水平添加 2倍LOQ 荆条蜜	中水平添加 2倍LOQ 葵花蜜	中水平添加 2倍LOQ 老瓜头蜜	高水平添加 5倍LOQ 荞麦蜜	高水平添加 5倍LOQ 紫云英蜜	高水平添加 5倍LOQ 桂花蜜
249	Formothion	0.0	0.0	0.0	0.0	0.0	0.0	0.0	0.0	0.0
250	Terbacil	104.4	108.4	141.0	118.6	197.7	121.6	49.6	127.1	125.2
251	Chloroxuron	88.8	32.8	50.6	27.3	61.4	111.2	29.6	39.1	7.4
252	Diethofencarb	108.3	101.1	112.8	117.7	124.8	107.1	57.4	110.2	117.8
253	Dimepiperate	107.0	20.7	11.8	0.0	33.1	0.0	2.0	50.5	27.9
254	Bioallethrin-1	108.2	95.7	79.2	108.2	98.2	79.6	56.0	110.6	116.6
255	Bioallethrin-2	116.3	112.7	73.5	108.2	133.1	79.5	58.5	149.5	132.8
256	O,P-DDE	96.2	95.3	55.0	93.4	81.6	73.5	48.2	86.0	90.6
257	Fenson	105.4	96.9	147.7	92.1	97.0	76.9	46.5	80.3	86.1
258	Chinomethionat	0.0	0.0	0.0	14.9	0.0	0.0	6.9	0.0	4.8
259	Diphenamid	105.7	97.1	112.1	103.1	106.8	97.2	48.3	91.4	95.7
260	Chlorthion	0.0	0.0	0.0	0.0	0.0	0.0	0.0	0.0	0.0
261	Prallethrin	104.0	90.7	126.9	117.3	112.5	90.3	67.6	124.5	132.2
262	Penconazole	98.6	96.7	54.1	51.1	54.2	43.3	16.7	28.0	22.2
263	Mecarbam	105.3	93.5	88.8	112.0	107.1	91.8	55.0	105.7	112.9
264	Tetraconazole	105.1	95.9	92.8	107.1	107.4	99.1	49.2	102.1	108.0
265	Propaphos	97.4	0.0	18.9	0.0	0.0	0.0	0.0	6.7	7.4
266	Flumetralin	101.5	78.7	54.0	104.2	126.5	76.0	58.3	125.4	143.9
267	Triadimenol	115.2	122.0	128.2	111.2	122.2	105.8	46.9	103.4	103.2
268	Pretilachlor	103.2	92.5	80.2	103.6	96.2	83.8	52.9	95.9	102.5
269	Difenzoquat-methyl Sulfate	0.0	30.1	3.4	21.6	7.5	3.7	0.0	8.1	3.9
270	Kresoxim-methyl	101.0	86.5	80.6	91.1	97.2	83.7	49.8	92.6	98.0
271	Fluazifop-butyl	102.0	100.3	65.5	106.4	97.7	80.4	53.2	100.0	105.2

(续表)

序号	农药名称	低水平添加 1LOQ			中水平添加 2倍LOQ			高水平添加 5倍LOQ		
		洋槐蜜	油菜蜜	椴树蜜	荆条蜜	葵花蜜	老瓜头蜜	荞麦蜜	紫云英蜜	桂花蜜
272	Chlorfluazuron	119.2	53.0	70.8	74.5	78.8	80.9	32.9	87.5	89.9
273	Chlorobenzilate	103.8	101.5	89.9	118.3	114.1	92.3	63.0	112.6	121.1
274	Uniconazole	110.3	125.1	132.7	144.2	145.9	130.0	61.4	135.5	144.6
275	Flusilazole	107.9	98.5	102.0	115.9	116.6	104.7	53.6	110.0	117.3
276	Fluorodifen	0.0	0.0	0.0	0.0	0.0	0.0	0.0	0.0	0.0
277	Diniconazole	108.8	98.6	110.8	127.8	151.6	118.7	60.7	134.6	144.1
278	Piperonyl Butoxide	104.3	94.4	84.6	116.2	107.4	84.3	54.7	109.6	109.0
279	Propargite	100.2	131.1	93.5	144.2	109.1	92.3	54.0	102.6	101.3
280	Mepronil	108.1	107.6	110.3	120.4	118.9	99.4	48.4	98.8	102.3
281	Dimefuron	121.5	85.0	64.0	60.3	47.0	88.0	10.6	71.8	54.4
282	Diflufenican	92.2	92.0	65.6	114.5	102.5	87.1	56.2	107.0	110.5
283	Fenazaquin	101.2	99.4	67.3	112.0	101.5	86.2	54.7	105.4	113.5
284	Phenothrin – 1	99.5	103.1	183.9	408.8	101.9	77.2	196.7	377.2	399.5
285	Phenothrin – 2	102.8	102.0	157.3	109.0	127.5	77.1	52.4	100.5	106.5
286	Fludioxonil	90.6	102.0	101.0	113.1	157.4	107.1	28.8	110.2	83.2
287	Fenoxycarb	97.9	81.3	55.9	62.3	29.0	61.3	22.2	48.0	50.5
288	Sethoxydim	81.5	72.0	45.9	49.5	57.1	36.6	34.1	65.9	62.0
289	Amitraz	76.0	68.4	44.1	57.2	56.2	44.4	33.4	55.0	39.5
290	Anilofos	119.7	104.6	105.7	152.3	144.6	110.9	70.1	144.5	156.1
291	Acrinathrin	95.1	137.8	90.3	157.4	134.3	100.3	68.7	156.3	164.5
292	Lambda – Cyhalothrin	97.0	109.9	75.8	129.6	102.1	96.3	66.4	121.4	132.0
293	Mefenacet	106.6	113.2	108.5	130.9	149.3	122.1	47.7	110.0	118.8
294	Pemethrin	100.0	107.4	60.3	115.2	98.0	84.3	55.9	106.8	113.5

(续表)

序号	农药名称	低水平添加 1LOQ					中水平添加 2倍LOQ					高水平添加 5倍LOQ		
		洋槐蜜	油菜蜜	椴树蜜	荆条蜜	葵花蜜	老瓜头蜜	荞麦蜜	紫云英蜜	桂花蜜
295	Pyridaben	92.9	91.3	57.4	110.0	110.9	83.3	58.7	110.5	118.3
296	Fluoroglycofen-ethyl	104.2	89.2	80.0	191.3	172.5	133.3	115.0	310.6	351.7
297	Bitertanol	114.4	115.4	122.2	164.1	172.1	148.4	66.1	165.8	172.1
298	Etofenprox	76.4	80.5	46.8	91.4	75.5	65.2	41.6	88.2	90.2
299	Cycloxydim	85.4	56.0	33.5	48.3	46.2	27.8	26.5	58.3	51.7
300	Alpha-Cypermethrin	95.0	102.3	68.0	156.7	138.1	93.1	70.4	138.1	158.6
301	Flucythrinate-1	85.0	0.0	0.0	0.0	0.0	0.0	0.0	0.0	0.0
302	Flucythrinate-2	87.1	0.0	0.0	0.0	0.0	0.0	0.0	0.0	0.0
303	Esfenvalerate	95.9	102.0	62.6	128.5	102.7	89.3	58.9	117.2	126.8
304	Tau-Fluvalinate-1	92.4	100.2	71.4	165.9	125.2	105.3	105.7	169.1	185.8
305	Tau-Fluvalinate-2	113.7	115.8	71.5	166.0	143.7	105.3	123.7	184.9	200.9
306	Difenoconazole	108.6	114.6	78.3	115.3	108.9	99.0	46.3	103.0	108.6
307	Flumiclorac-pentyl	104.2	112.1	71.0	152.8	122.9	105.6	63.6	142.1	154.2

表 G.2 果汁和果酒样品中 282 种农药的添加浓度及回收率的实验数据

单位：%

序号	英文名称	低水平添加 LOQ					高水平添加 4LOQ				
		苹果汁 1	猕猴桃汁 1	干红酒 1	干白酒 1	苹果汁 2	猕猴桃汁 2	干红酒 2	干白酒 2
1	Allidochlor	80.2	76.4	92.6	89.1	63.8	73.7	104.2	90.2
2	Dichlormid	81.4	85.3	88.6	84.2	64.8	82.7	94.0	88.1
3	Etridiazol	80.4	92.0	96.1	86.0	50.7	60.5	69.0	86.3
4	Chlormephos	78.3	74.4	87.3	86.8	62.6	81.7	92.3	95.2
5	Propham	77.9	81.0	90.1	81.4	61.7	86.6	91.7	87.4

(续表)

序号	英文名称	低水平添加 LOQ					高水平添加 4LOQ				
		苹果汁1	猕猴桃汁1	干红酒1	干白酒1	苹果汁2	猕猴桃汁2	干红酒2	干白酒2
6	Cycloate	84.3	91.0	92.8	92.7	68.1	80.1	97.4	100.1
7	Diphenylamin	89.1	86.4	91.8	94.4	71.1	73.1	100.1	96.1
8	Chlordimeform	68.8	99.7	未添加	未添加	未添加	87.9	28.5	46.6
9	Ethalfluralin	86.0	98.7	95.9	47.4	71.7	82.4	75.0	56.1
10	Phorate	77.3	87.3	89.3	87.0	65.3	68.2	91.1	86.2
11	Thiometon	75.4	85.5	105.8	103.1	62.7	59.7	109.7	106.9
12	Quintozene	85.4	98.0	98.0	94.7	66.0	85.8	100.8	93.4
13	Atrazine-desethyl	61.1	69.3	69.3	60.5	37.4	45.5	58.8	63.7
14	Clomazone	83.0	96.6	95.4	97.0	64.8	85.0	100.8	97.1
15	Diazinon	84.7	98.8	92.9	95.9	70.3	80.4	99.5	95.0
16	Fonofos	84.9	102.7	91.8	95.2	70.7	85.1	99.5	99.1
17	Etrimfos	81.7	95.6	95.0	95.0	64.7	80.1	95.3	92.1
18	Simazine	91.6	99.1	未添加	未添加	未添加	83.5	未添加	91.6
19	Propetamphos	79.7	93.8	87.1	92.9	66.8	77.1	105.8	94.9
20	Secbumeton	50.0	107.1	65.6	65.5	35.0	65.8	77.5	45.1
21	Dichlofenthion	82.5	94.6	99.7	92.7	71.8	85.5	95.5	94.1
22	Pronamide	81.4	109.4	100.7	106.5	64.1	81.3	108.0	91.0
23	Mexacarbate	66.7	44.9	99.6	70.8	47.2	61.6	89.2	71.3
24	Dimethoate	56.6	76.3	81.2	60.5	44.2	49.5	73.7	68.1
25	Aldrin	83.9	91.9	90.1	85.6	70.2	78.1	92.0	85.6
26	Dinitramine	79.4	81.6	94.6	41.6	62.0	81.5	78.2	49.6
27	Ronnel	78.2	96.9	94.2	94.8	67.8	81.1	97.9	90.7
28	Prometrye	78.7	94.2	94.0	92.6	65.3	80.7	98.7	89.9
29	Cyprazine	77.3	92.5	96.5	86.4	57.8	73.6	96.3	82.3

(续表)

序号	英文名称	低水平添加 LOQ					高水平添加 4LOQ			
		苹果汁1	猕猴桃汁1	干红酒1	干白酒1	苹果汁2	猕猴桃汁2	干红酒2	干白酒2
30	Chlorothalonil	67.2	75.9	91.6	63.3	53.2	68.9	55.0	45.7
31	Vinclozolin	96.7	103.3	107.2	95.9	73.2	86.9	100.1	96.2
32	Beta–HCH	84.3	96.1	91.7	94.9	66.8	78.7	96.5	94.4
33	Metalaxyl	82.4	107.7	75.0	85.6	64.2	93.5	83.4	78.1
34	Chlorpyifos（Ethyl）	82.5	98.7	93.5	97.8	68.6	83.2	99.3	95.4
35	Methyl–Parathion	74.3	100.3	109.2	98.8	57.5	80.7	106.6	86.6
36	Anthraquinone	52.2	79.4	94.3	47.4	38.7	69.5	101.5	51.8
37	Delta–HCH	84.3	103.0	95.1	97.5	67.4	125.9	102.9	97.1
38	Fenthion	81.5	95.7	96.9	93.8	66.5	77.1	98.0	92.7
39	Malathion	82.9	98.4	95.7	97.7	67.4	78.9	102.7	91.2
40	Fenitrothion	78.3	104.1	111.5	103.1	61.4	84.7	112.8	91.2
41	Paraoxon–ethyl	72.4	122.8	105.0	82.8	46.2	82.6	100.5	62.9
42	Triadimefon	86.3	102.1	81.3	77.4	63.8	81.1	80.8	65.7
43	Parathion	84.6	112.3	118.6	114.9	68.4	89.9	120.1	100.2
44	Pendimethalin	89.1	120.1	114.5	115.6	76.3	97.9	121.8	107.0
45	Linuron	59.0	134.8	119.9	未添加	未添加	93.8	125.4	51.3
46	Chlorbenside	74.8	92.4	94.1	92.8	61.1	73.8	101.9	88.6
47	Bromophos–ethyl	81.2	100.2	93.8	96.9	67.0	84.0	98.9	94.0
48	Quinalphos	68.2	93.3	94.8	89.0	64.0	79.4	96.0	84.0
49	Trans–Chlodane	85.0	98.6	93.2	96.4	71.2	84.9	98.2	96.9
50	Phenthoate	84.5	114.8	101.6	111.7	71.2	89.2	112.9	102.9
51	Metazachlor	82.4	105.1	97.2	102.0	68.0	80.1	106.7	95.0
52	Fenothiocarb	72.3	91.6	95.1	90.2	59.4	72.3	97.1	82.9
53	Prothiophos	80.4	103.6	102.4	107.8	75.2	84.0	108.6	105.0

(续表)

序号	英文名称	低水平添加 LOQ					高水平添加 4LOQ				
		苹果汁1	猕猴桃汁1	干红酒1	干白酒1	苹果汁2	猕猴桃汁2	干红酒2	干白酒2
54	Folpet	52.8	未添加	65.6	未添加	未添加	67.9	127.2	66.3
55	Chlorflurenol	81.9	99.0	93.1	92.1	64.4	78.8	98.9	88.4
56	Dieldrin	88.0	102.0	95.3	99.0	72.1	86.8	100.8	99.1
57	Procymidone	85.4	100.8	96.7	99.3	71.5	159.1	102.3	97.2
58	Methidathion	69.5	96.9	89.3	91.8	55.2	68.3	98.0	79.9
59	Cyanazine	67.8	91.6	90.2	77.3	48.5	45.6	78.7	81.0
60	Napropamide	80.0	96.3	92.0	87.3	66.5	80.1	94.2	80.7
61	Oxadiazone	82.7	94.5	111.4	90.6	68.6	84.8	94.0	92.4
62	Fenamiphos	38.7	未添加	91.1	60.5	56.2	59.4	71.7	68.9
63	Tetrasul	89.6	103.6	102.6	101.5	74.8	89.3	111.4	98.9
64	Aramite	73.4	113.7	106.4	96.5	62.2	74.6	100.0	88.8
65	Bupirimate	80.0	99.2	102.3	91.5	67.5	76.7	100.0	90.7
66	Carboxin	53.2	53.9	80.5	41.4	30.0	34.3	77.3	54.8
67	Flutolanil	82.5	114.1	99.8	99.6	62.4	81.1	103.9	97.9
68	P，P'－DDD	82.6	100.8	104.5	106.8	73.3	86.2	115.5	118.5
69	Ethion	80.4	103.8	101.9	99.5	67.0	78.9	104.7	93.3
70	Sulprofos	78.5	97.3	95.2	91.0	63.8	71.6	94.4	89.4
71	Etaconazole－1	69.5	105.3	81.6	86.1	52.9	65.3	90.5	75.2
72	Myclobutanil	72.4	97.0	117.0	77.7	58.7	69.0	83.4	76.3
73	Dichlorofop－methyl	78.1	86.3	85.1	78.1	67.4	80.6	81.8	83.4
74	Propiconazole	未添加	未添加	未添加	未添加	未添加	未添加	未添加	未添加
75	Fensulfothion	16.9	105.3	58.9	45.8	52.9	23.3	56.1	15.5
76	Bifenthrin	81.0	104.5	97.1	100.0	68.0	76.1	100.7	94.5
77	Carbosulfan	未添加	未添加	未添加	未添加	未添加	未添加	未添加	未添加

(续表)

序号	英文名称	低水平添加 LOQ					高水平添加 4LOQ				
		苹果汁1	猕猴桃汁1	干红酒1	干白酒1	苹果汁2	猕猴桃汁2	干红酒2	干白酒2
78	Mirex	86.1	102.6	113.5	101.9	72.3	87.1	102.9	101.2
79	Benodanil	66.7	123.8	144.2	107.3	45.3	67.3	103.8	73.1
80	Nuarimol	74.2	92.9	95.1	87.5	57.6	75.9	91.0	85.5
81	Methoxychlor	71.2	未添加	78.2	未添加	22.7	68.6	73.5	102.0
82	Oxadxyl	34.4	72.8	49.0	61.9	22.7	43.5	84.7	68.3
83	Tetramethrin	76.4	96.3	119.4	95.5	55.9	77.3	101.3	91.3
84	Tebuconazole	70.9	110.9	96.2	94.3	52.7	62.8	100.5	84.2
85	Norflurazon	62.0	89.8	99.9	63.3	44.9	43.1	80.9	71.4
86	Pyridaphenthion	55.4	94.3	102.0	88.6	54.7	56.6	104.3	88.5
87	Phosmet	62.2	117.8	101.2	97.4	42.3	59.9	106.6	79.5
88	Tetradifon	82.5	100.7	227.002*	101.4	68.3	81.9	105.2	97.6
89	Oxycarboxin	52.1	100.0	533.69*	66.9	38.1	30.9	77.9	74.5
90	Cis–Permethrin	63.2	110.2	194.154*	93.9	64.6	74.1	99.5	88.0
91	Trans–Permethrin	75.7	108.0	101.9	106.4	68.3	77.7	107.9	99.3
92	Pyrazophos	60.7	97.0	90.7	86.9	51.2	63.6	92.2	75.4
93	Cypermethrin	72.9	102.9	99.0	97.8	61.1	71.5	97.4	84.0
94	Fenvalerate	74.6	107.5	100.3	98.0	61.5	76.2	99.3	85.1
95	Deltamethrin	75.9	111.9	101.5	104.8	55.8	71.7	101.4	84.7
96	EPTC	52.6	23.7	27.8	31.1	104.1	22.0	33.6	27.5
97	Butylate	83.8	56.7	76.4	89.6	75.2	68.0	88.3	78.6
98	Dichlobenil	54.3	57.0	45.7	109.3	44.6	40.7	66.9	89.1
99	Pebulate	88.9	63.6	79.0	92.6	78.4	71.5	92.6	82.8
100	Nitrapyrin	74.3	47.4	99.7	111.3	72.3	83.8	100.9	51.2
101	Mevinphos	71.9	58.9	78.6	98.9	66.9	77.3	92.3	76.2

(续表)

序号	英文名称	低水平添加 LOQ					高水平添加 4LOQ				
		苹果汁1	猕猴桃汁1	干红酒1	干白酒1	苹果汁2	猕猴桃汁2	干红酒2	干白酒2
102	Chloroneb	91.3	73.5	82.6	93.9	82.8	75.2	95.7	85.2
103	Tecnazene	84.8	72.8	83.7	98.3	76.3	76.5	96.6	83.0
104	Heptanophos	95.3	84.8	86.7	103.6	83.6	79.3	107.4	89.7
105	Hexachlorobenzene	76.9	69.6	70.2	70.6	66.2	65.4	66.4	60.2
106	Ethoprophos	94.7	88.1	88.9	96.7	88.1	79.5	99.1	85.6
107	Propachlor	99.5	84.3	87.3	98.6	90.3	82.8	99.5	92.4
108	Trans–Diallate	104.6	92.8	90.1	100.9	86.5	84.3	103.8	92.5
109	Trifluralin	92.9	84.5	84.7	68.0	86.9	78.1	63.4	52.3
110	Chlorpropham	93.9	87.1	85.7	94.8	86.5	78.7	98.0	84.9
111	Sulfotep	100.9	93.1	87.5	97.9	92.2	81.3	99.5	88.4
112	Sulfallate	99.4	75.0	76.8	66.5	82.4	61.2	72.4	50.6
113	Alpha–HCH	79.4	75.3	69.8	84.7	88.0	87.5	110.1	72.3
114	Terbufos	108.8	98.6	94.2	104.2	98.5	82.2	135.2	94.5
115	Terbumeton	93.5	93.9	72.9	91.6	85.6	78.6	92.8	69.5
116	Profluralin	97.0	98.2	87.0	76.9	92.3	81.4	74.6	57.7
117	Dioxathion	85.7	81.4	70.4	78.3	83.6	80.6	70.1	75.0
118	Propazine	97.4	94.8	89.1	96.4	90.7	78.9	97.4	87.8
119	Chlorbufam	81.4	53.9	未添加	94.9	67.6	79.0	85.7	未添加
120	Dicloran	未添加	未添加	未添加	未添加	未添加	未添加	未添加	未添加
121	Terbuthylazine	96.3	98.3	91.3	101.1	90.3	80.0	98.8	89.1
122	Monolinuron	66.2	68.5	52.8	70.5	56.9	70.7	75.0	未添加
123	Flufenoxuron	53.2	67.5	44.9	48.6	42.0	46.8	65.4	未添加
124	Cyanohos	96.5	91.5	86.7	97.2	86.7	77.1	101.4	83.8
125	Chlorprifos–methyl	97.8	91.5	88.3	96.2	90.5	80.8	102.6	82.1

（续表）

序号	英文名称	低水平添加 LOQ					高水平添加 4LOQ				
		苹果汁1	猕猴桃汁1	干红酒1	干白酒1	苹果汁2	猕猴桃汁2	干红酒2	干白酒2
126	Desmetryn	82.1	87.4	91.1	90.9	77.6	73.3	94.1	89.5
127	Dimethachloro	96.4	92.5	86.9	94.9	88.4	83.4	96.4	92.2
128	Alachlor	99.1	94.6	88.5	96.8	92.8	81.3	98.1	89.6
129	Pirimiphos–methyl	98.4	93.5	86.5	94.4	91.0	79.4	100.1	84.2
130	Terbutryn	99.2	96.3	112.1	97.9	92.1	79.3	115.1	90.2
131	Thiobencarb	97.7	91.9	87.3	96.0	88.6	77.9	97.9	88.9
132	Aspon	102.8	106.6	93.0	107.3	100.2	89.3	102.1	92.1
133	Dicofol	100.7	77.7	130.6	104.3	100.5	114.2	117.8	92.1
134	Metolachlor	100.6	96.8	91.9	94.8	89.6	83.9	100.9	86.2
135	Oxychlordane	未添加	未添加	未添加	未添加	未添加	未添加	未添加	未添加
136	Pirimiphos–ethyl	98.8	94.7	87.9	94.5	92.0	80.0	98.4	85.3
137	Methoprene	83.0	75.8	78.6	78.3	73.9	70.9	83.1	68.1
138	Bromofos	98.7	93.5	90.3	98.3	90.4	79.5	101.3	84.3
139	Dichlofluanid	84.9	156.7	91.1	163.5	121.5	100.0	126.5	110.8
140	Ethofumesate	109.9	116.9	96.0	96.8	93.6	85.2	102.3	110.4
141	Isopropalin	88.2	82.0	77.3	67.0	81.0	71.1	66.7	44.7
142	Endosulfan–1	101.8	98.1	91.8	97.7	93.2	83.5	100.5	94.0
143	Propanil	64.1	65.6	107.5	83.0	54.6	50.5	78.6	91.9
144	Isofenphos	97.9	94.5	85.4	94.6	89.0	78.4	96.2	84.8
145	Crufomate	23.7	51.9	未添加	22.9	24.0	19.8	14.3	未添加
146	Chlorfenvinphos	97.4	102.0	86.7	100.4	91.4	82.0	98.8	78.8
147	Cis–Chlordane	101.9	95.8	89.2	95.1	94.1	81.5	96.5	92.1
148	Tolyfluanide	112.6	168.325*	117.2	172.076*	139.9	118.4	171.528*	128.0
149	P，P′–DDE	98.1	91.0	85.8	89.2	95.2	84.9	102.7	84.1

(续表)

序号	英文名称	低水平添加 LOQ				高水平添加 4LOQ			
		苹果汁1	猕猴桃汁1	干红酒1	干白酒1	苹果汁2	猕猴桃汁2	干红酒2	干白酒2
150	Butachlor	98.1	96.1	90.0	98.1	92.3	80.9	100.1	105.8
151	Chlozolinate	97.2	95.3	88.9	94.9	90.4	78.4	97.4	89.0
152	Crotoxyphos	73.2	84.6	未添加	71.6	62.3	54.2	67.4	未添加
153	Iodofenphos	84.2	86.5	78.1	89.3	82.0	73.7	92.5	66.5
154	Tetrachlorvinphos	82.1	99.4	65.1	84.9	78.6	71.3	77.8	57.4
155	Chlorbromuron	77.2	82.9	未添加	91.6	68.7	64.1	92.2	未添加
156	Profenofos	90.8	98.9	76.8	91.9	84.2	73.5	89.6	67.7
157	Fluorochloridone	99.5	92.5	92.3	97.6	89.2	78.2	101.5	86.1
158	Buprofezin	56.3	50.5	46.1	49.6	47.1	41.1	53.5	57.5
159	O, P'-DDD	82.2	85.1	94.4	94.1	75.2	80.6	97.7	95.1
160	Endrin	96.2	99.6	83.9	103.1	89.5	83.2	103.9	83.0
161	Hexaconazole	69.3	80.5	39.4	68.8	65.6	58.1	61.6	29.2
162	Chlorfenson	97.9	91.6	86.4	95.5	90.1	77.6	98.5	83.9
163	O, P'-DDT	102.3	131.7	81.7	126.2	110.3	90.4	129.5	83.7
164	Paclobutrazol	76.5	82.2	54.1	78.8	66.5	61.7	72.6	46.4
165	Methoprotryne	92.6	91.7	81.9	93.6	84.9	72.2	94.3	73.0
166	Erbon	未添加	未添加	未添加	未添加	未添加	未添加	未添加	未添加
167	Chlorpropylate	96.6	92.9	86.6	95.2	90.1	80.4	98.0	83.8
168	Flamprop-methyl	99.2	97.1	91.1	96.5	91.0	82.1	99.8	88.9
169	Nitrofen	74.4	84.8	88.5	100.2	72.9	71.6	102.0	67.4
170	Oxyflurofen	81.7	88.9	83.5	99.5	80.9	79.4	99.8	70.3
171	Chlorthiophos	97.9	95.1	85.5	94.2	90.7	77.2	97.0	84.5
172	Flamprop-Isopropyl	95.9	92.0	84.9	91.3	87.1	77.7	95.7	83.8
173	P, P'-DDT	119.2	210.809*	101.4	192.749*	163.8	130.6	193.85*	116.3

(续表)

序号	英文名称	低水平添加 LOQ 苹果汁1	猕猴桃汁1	干红酒1	干白酒1	苹果汁2	高水平添加 4LOQ 猕猴桃汁2	干红酒2	干白酒2
174	Carbofenothion	102.1	99.5	90.9	102.1	92.4	79.3	105.0	83.0
175	Benalaxyl	96.0	92.8	89.3	93.0	87.8	85.1	98.4	84.2
176	Edifenphos	82.1	95.6	75.6	105.7	84.0	74.1	100.0	63.6
177	Triazophos	82.8	99.3	82.1	101.9	78.7	73.6	98.8	66.9
178	Cyanofenphos	98.7	98.2	89.8	97.3	90.0	79.6	100.6	86.8
179	Chlorbenside Sulfone	107.4	87.5	107.2	131.8	89.7	87.7	108.9	103.9
180	Endosulfan‐Sulfate	100.0	98.8	89.8	98.6	91.2	79.9	101.3	90.4
181	Bromopropylate	95.7	93.6	87.9	94.5	87.4	79.2	97.3	81.5
182	Benzoylprop‐ethyl	107.4	107.3	98.5	100.8	97.0	84.0	104.8	96.3
183	Fenpropathrin	100.4	99.5	87.3	95.9	89.5	78.4	100.7	86.0
184	Captafol	未添加	未添加	未添加	未添加	未添加	未添加	未添加	未添加
185	Leptophos	91.2	92.6	84.9	91.4	83.6	73.0	94.3	74.7
186	EPN	73.3	85.6	88.1	96.2	70.2	74.2	99.5	65.3
187	Hexazinone	65.9	83.1	58.6	85.4	55.0	39.6	63.1	62.0
188	Bifenox	49.8	80.3	69.4	96.1	55.4	68.6	94.4	未添加
189	Phosalone	78.1	88.3	80.2	91.7	71.8	63.8	91.1	62.4
190	Azinphos‐methyl	未添加	74.2	未添加	86.0	未添加	未添加	77.4	未添加
191	Fenarimol	88.7	92.8	85.5	108.3	78.2	68.6	95.1	79.6
192	Azinphos‐ethyl	83.3	92.6	85.9	100.8	72.8	65.5	103.2	60.6
193	Prochloraz	未添加	未添加	未添加	未添加	未添加	未添加	未添加	未添加
194	Cyfluthrin	99.1	95.7	83.6	95.1	85.7	72.5	99.7	71.7
195	Coumaphos	76.9	83.2	77.5	90.7	67.9	57.9	93.6	53.2
196	Fluvalinate	89.5	92.0	79.0	92.8	78.5	61.9	95.8	66.9
197	Dichlorvos	74.1	65.4	87.1	88.0	76.8	77.4	79.1	79.9

(续表)

序号	英文名称	低水平添加 LOQ				高水平添加 4LOQ			
		苹果汁1	猕猴桃汁1	干红酒1	干白酒1	苹果汁2	猕猴桃汁2	干红酒2	干白酒2
198	Biphenyl	52.0	56.0	73.5	78.9	76.6	66.1	66.5	70.7
199	Propamocarb	84.1	未添加	35.3	82.8	64.1	未添加	31.7	46.7
200	Vermolate	77.6	62.4	107.7	94.9	72.6	60.0	104.9	88.3
201	3,5-Dichloroaniline	64.2	71.1	84.6	69.7	139.87*	23.0	129.32*	116.94*
202	Molinate	91.6	71.3	81.9	84.7	73.3	70.0	79.7	82.1
203	Methacrifos	83.7	79.7	70.2	73.1	99.3	66.8	110.4	107.1
204	2-Phenylphenol	91.7	86.4	97.1	94.5	88.9	79.6	93.9	93.8
205	Cis-1,2,3,6-Tetrahydrophthalimide	72.1	80.4	89.9	86.8	69.2	30.9	82.3	78.0
206	Fenobucarb	100.5	93.9	109.5	95.4	95.3	142.3	109.8	105.0
207	Benfluralin	91.6	96.0	100.8	65.3	94.8	95.7	78.7	65.1
208	Hexaflumuron	89.9	101.8	92.6	86.3	89.8	93.9	88.2	84.6
209	Prometon	94.1	96.6	91.1	81.2	87.6	82.7	91.2	89.4
210	Triallate	95.4	93.8	93.8	92.3	86.9	83.3	94.7	96.4
211	Pyrimethanil	94.5	94.0	107.4	82.3	92.9	122.4	110.8	91.9
212	Gamma-HCH	83.3	83.5	87.7	89.5	84.6	74.3	110.6	98.5
213	Disulfoton	90.4	87.8	95.1	82.5	83.1	72.6	92.5	88.5
214	Atrizine	96.2	99.5	96.1	90.6	84.0	79.4	96.8	103.1
215	Heptachlor	100.0	112.9	110.4	96.1	109.6	96.4	111.6	110.6
216	Iprobenfos	99.9	105.6	100.3	72.1	101.5	95.4	98.2	87.9
217	Isazofos	104.0	97.8	103.8	98.6	91.1	116.4	98.4	101.9
218	Plifenate	105.1	116.6	115.9	100.9	111.5	159.0	109.9	112.0
219	Fenpropimorph	97.3	95.2	89.4	88.4	90.3	70.3	102.2	92.4
220	Transfluthrin	91.5	88.5	100.3	90.8	88.8	84.8	105.0	94.4
221	Fluchloralin	93.3	108.1	109.6	50.6	98.2	100.4	77.6	50.8

(续表)

序号	英文名称	低水平添加 LOQ					高水平添加 4LOQ				
		苹果汁 1	猕猴桃汁 1	干红酒 1	干白酒 1	苹果汁 2	猕猴桃汁 2	干红酒 2	干白酒 2
222	Tolclofos-methyl	98.4	97.0	95.8	93.2	90.9	84.6	97.1	95.9
223	Propisochlor	97.6	99.2	159.9	160.2	92.1	85.5	161.3	161.3
224	Ametryn	97.4	99.3	94.4	95.6	94.2	84.0	96.8	101.5
225	Simetryn	95.5	95.3	95.2	86.7	86.9	80.4	96.9	91.5
226	Methobromuron	45.7	112.7	133.2	7.95*	125.7	110.0	88.7	60.7
227	Metribuzin	96.2	84.6	82.6	79.2	73.0	56.3	83.1	74.7
228	Dimethipin	未添加	87.5	78.7	88.0	60.3	未添加	64.7	66.9
229	Epsilon-HCH	未添加	未添加	未添加	未添加	未添加	未添加	未添加	未添加
230	Dipropetryn	97.3	99.1	95.6	99.8	91.0	84.6	97.3	97.4
231	Formothion	未添加	未添加	未添加	100.9	未添加	未添加	未添加	未添加
232	Terbacil	99.2	125.6	152.2	100.9	123.0	107.9	152.0	95.0
233	Diethofencarb	98.3	97.2	97.1	85.2	90.1	94.6	96.5	86.9
234	Dimepiperate	107.9	112.9	99.8	104.2	106.8	103.3	104.0	108.7
235	Bioallethrin-1	96.3	113.3	97.9	212.339*	89.7	77.0	95.1	100.4
236	O, P'-DDE	100.1	98.5	94.1	95.2	91.6	85.3	95.0	97.8
237	Fenson	109.5	87.2	94.6	81.8	94.8	81.9	117.1	84.1
238	Diphenamid	92.8	94.0	99.3	88.1	86.2	76.5	106.2	86.2
239	Chlorthion	未添加	未添加	未添加	未添加	未添加	未添加	未添加	未添加
240	Prallethrin	113.1	85.1	85.6	74.7	83.6	76.6	95.9	82.9
241	Penconazole	81.7	100.5	77.5	47.3	92.2	70.4	75.8	69.4
242	Mecarbam	97.7	100.4	98.3	91.7	93.9	85.4	100.1	97.7
243	Tetraconazole	91.4	98.1	89.5	73.9	85.5	69.9	86.6	84.3
244	Propaphos	85.0	99.9	81.1	未添加	89.1	76.1	79.9	70.3
245	Flumetralin	98.4	116.8	111.6	66.9	106.4	102.8	93.2	80.0

(续表)

序号	英文名称	低水平添加 LOQ					高水平添加 4LOQ				
		苹果汁1	猕猴桃汁1	干红酒1	干白酒1	苹果汁2	猕猴桃汁2	干红酒2	干白酒2
246	Triadimenol	83.0	89.3	83.6	68.3	66.8	67.7	93.3	76.3
247	Pretilachlor	97.5	99.5	97.2	90.0	94.3	84.1	97.5	97.5
248	Kresoxim-methyl	95.2	94.9	94.3	95.0	92.0	87.6	102.9	99.3
249	Fluazifop-butyl	97.9	97.4	95.4	86.3	92.1	83.2	98.8	93.0
250	Chlorfluazuron	96.6	97.3	73.2	56.2	100.6	78.6	63.8	62.5
251	Chlorobenzilate	96.6	97.8	96.0	88.6	92.9	85.3	95.9	94.2
252	Uniconazole	82.0	104.5	59.2	69.8	90.6	52.5	116.2	53.8
253	Flusilazole	65.9	118.2	41.1	48.8	105.3	65.7	89.8	78.3
254	Fluorodifen	未添加	未添加	未添加	未添加	未添加	未添加	未添加	未添加
255	Diniconazole	91.1	99.0	94.0	75.7	89.1	77.9	94.3	83.8
256	Piperonyl Butoxide	96.6	86.0	98.1	83.5	96.6	94.4	102.5	93.9
257	Propargite	91.1	75.9	88.0	78.4	86.0	80.4	103.9	85.8
258	Mepronil	93.6	94.8	118.4	79.8	86.7	74.4	95.8	83.0
259	Dimefuron	未添加	98.8	47.6	47.9	52.9	未添加	未添加	未添加
260	Diflufenican	94.6	110.9	73.5	95.7	96.5	80.3	102.6	102.2
261	Fenazaquin	96.1	102.5	98.6	92.1	96.2	83.0	105.0	96.7
262	Phenothrin	93.3	107.1	104.6	78.7	103.2	78.3	100.4	87.4
263	Fludioxonil	未添加	83.4	91.5	57.2	44.3	29.9	72.5	45.7
264	Fenoxycarb	113.2	125.3	96.0	115.5	116.1	82.3	117.0	124.5
265	Sethoxydim	未添加	107.0	108.5	97.1	94.8	93.9	114.4	111.5
266	Amitraz	91.6	102.3	76.1	0.0	102.9	39.0	0.0	48.0
267	Anilofos	87.1	123.6	111.4	79.7	111.4	80.1	110.8	96.7
268	Acrinathrin	96.8	101.5	100.6	73.3	98.1	62.3	98.7	81.5
269	Lambda-Cyhalothrin	100.3	100.2	99.4	93.9	103.8	90.2	101.3	93.8

(续表)

序号	英文名称	低水平添加 LOQ					高水平添加 4LOQ				
		苹果汁1	猕猴桃汁1	干红酒1	干白酒1	苹果汁2	猕猴桃汁2	干红酒2	干白酒2
270	Mefenacet	95.1	100.0	106.9	79.0	110.8	68.7	105.3	83.2
271	Pemethrin	101.0	104.9	107.5	89.6	97.8	85.3	106.4	97.3
272	Pyridaben	98.7	90.6	96.1	78.3	92.7	83.1	94.4	82.3
273	Fluoroglycofen–ethyl	90.2	167.7	170.3	101.1	155.2	154.9	165.5	135.7
274	Bitertanol	95.7	107.3	125.1	72.2	94.4	74.0	113.6	86.1
275	Etofenprox	101.3	104.3	99.7	90.7	98.9	83.7	105.8	95.6
276	Cycloxydim	94.2	81.6	103.5	72.0	74.4	81.9	95.5	59.7
277	Flucythrinate–1	未添加	未添加	未添加	未添加	未添加	未添加	未添加	未添加
278	Esfenvalerate	98.7	125.9	99.5	83.7	97.7	82.7	125.4	90.3
279	Alpha–Cypermethrin	139.3	91.3	91.8	104.3	87.2	113.0	148.7	109.0
280	Difenoconazole	70.1	121.8	98.6	35.0	101.6	63.3	90.7	62.3
281	Flumioxazin	未添加	18.6	37.0	未添加	14.8	未添加	33.9	25.2
282	Flumiclorac–pentyl	96.9	104.7	104.3	74.7	97.6	73.9	106.6	84.5

表 G.3 蜂蜜、果汁和果酒样品中 110 种农药的添加浓度和回收率数据

单位:%

序号	英文名称	低水平添加 LOQ					高水平添加 4LOQ				
		洋槐蜜	椴树蜜	干红	干白	苹果汁	梨汁	洋槐蜜	椴树蜜	干红	干白	苹果汁	梨汁
1	Dimefox	90.3	82.5	57.9	84.0	89.9	85.4	74.6	59.6	68.3	97.5	76.1	61.2
2	Disulfoton–sulfoxide	104.2	94.2	100.0	92.2	102.6	92.5	101.6	88.5	96.8	107.2	100.2	87.2
3	Pentachlorobenzene	86.7	69.7	63.6	70.9	86.7	70.6	81.1	73.7	74.4	88.8	82.4	75.3
4	Tri–iso–butyl Phosphate	221.6	84.6	70.2	152.6	225.2	83.3	112.3	102.4	60.4	120.5	114.6	100.0
5	Crimidine	95.4	87.8	93.3	89.4	93.5	87.6	97.5	85.5	94.8	100.0	98.8	87.8
6	BDMC–1	0.0	0.0	0.0	0.0	0.0	0.0	0.0	0.0	0.0	0.0	0.0	0.0

(续表)

序号	英文名称	低水平添加 LOQ					高水平添加 4LOQ				
		洋槐蜜	椴树蜜	干红	干白	苹果汁	梨汁	洋槐蜜	椴树蜜	干红	干白	苹果汁	梨汁
7	Chlorfenprop-methyl	86.5	80.9	73.3	65.0	56.2	48.9	94.1	84.2	90.5	100.1	96.1	87.0
8	Thionazin	97.2	87.4	93.6	94.3	95.5	88.4	100.1	88.6	100.1	114.0	101.4	90.0
9	2,3,5,6-Tetrachloroaniline	95.9	84.8	87.6	86.1	94.9	86.3	94.0	83.9	90.0	99.1	95.4	85.1
10	Tri-n-butyl Phosphate	99.7	87.4	94.5	91.8	100.3	88.3	100.4	88.8	95.2	100.4	100.3	88.8
11	2,3,4,5-Tetrachloroanisole	122.7	80.0	81.0	93.6	119.2	79.5	90.4	82.0	88.0	95.7	93.4	86.1
12	Pentachloroanisole	99.9	80.2	84.9	86.5	99.5	84.8	94.6	84.5	89.8	100.0	95.8	87.5
13	Tebutam	94.6	85.0	92.6	88.4	97.2	87.1	98.4	87.6	95.7	103.0	99.4	89.2
14	Dioxabenzofos	100.4	94.0	99.4	98.4	97.1	91.6	100.3	88.0	95.6	103.8	100.0	88.0
15	Methabenzthiazuron	98.4	89.6	95.8	92.8	98.6	92.3	102.0	88.3	98.7	104.8	102.3	88.5
16	Simeton	101.4	86.3	95.6	93.4	102.4	87.9	100.7	87.7	98.5	106.5	99.8	88.5
17	Atratone	100.9	84.6	95.0	92.5	101.2	86.7	100.6	88.7	99.6	105.7	100.2	89.3
18	Desisopropyl-atrazine	95.8	91.8	95.7	93.7	91.1	86.3	84.9	60.8	86.4	96.3	78.9	60.3
19	Terbufos Sulfone	96.5	87.0	92.7	84.1	97.5	91.3	98.4	88.1	94.7	102.8	98.0	87.8
20	Tefluthrin	93.6	81.7	90.2	78.5	94.3	81.7	98.7	88.9	95.2	100.1	99.2	89.0
21	Fonofos	0.0	0.0	0.0	0.0	0.0	0.0	0.0	0.0	0.0	0.0	78.6	0.0
22	Bromocylen	90.1	80.5	87.2	79.5	91.4	82.0	95.8	86.6	93.7	100.8	96.1	87.0
23	Trietazine	95.3	86.1	95.2	90.9	97.7	89.4	99.5	89.2	96.9	105.2	101.1	90.2
24	Etrimfos Oxon	97.2	88.3	97.0	92.4	95.3	87.6	99.1	89.7	95.4	105.6	100.3	89.8
25	Cycluron	99.1	89.8	97.0	94.7	96.4	89.0	98.9	85.0	99.9	104.1	100.0	88.2
26	2,6-Dichlorobenzamide	90.2	84.6	86.5	86.3	91.0	84.3	94.3	75.2	100.4	112.8	94.5	76.5
27	DE-PCB 28	91.1	82.9	90.7	81.6	91.3	84.5	98.1	86.9	94.9	102.5	97.6	88.8
28	DE-PCB 31	93.0	82.7	91.0	81.8	92.8	83.4	98.0	87.3	94.7	103.0	97.3	88.8
29	Desethyl-sebuthylazine	97.5	88.5	96.5	92.8	95.8	89.2	97.1	81.1	92.9	104.0	97.3	81.7

(续表)

序号	英文名称	低水平添加 LOQ							高水平添加 4LOQ						
		洋槐蜜	椴树蜜	干红	干白	苹果汁	梨汁		洋槐蜜	椴树蜜	干红	干白	苹果汁	梨汁
30	2,3,4,5-Tetrachloroaniline	94.5	86.0	94.4	90.1	96.4	88.9		98.8	88.7	96.3	103.7	98.6	89.4
31	Musk Ambrette	0.5	84.3	93.2	87.5	0.8	88.3		100.8	87.7	97.3	102.8	100.5	87.8
32	Musk Xylene	97.2	81.0	88.4	82.3	100.3	86.3		98.8	88.5	92.8	99.5	100.4	89.6
33	Pentachloroaniline	92.8	86.3	95.1	88.9	92.0	85.6		97.8	86.8	96.2	102.6	97.6	89.7
34	Aziprotryne	92.0	86.2	96.4	93.9	92.4	88.6		99.1	84.4	102.0	104.2	101.7	87.7
35	Sebutylazine	97.8	89.2	98.0	93.6	95.1	88.8		99.8	89.2	95.0	106.8	99.6	89.5
36	Isocarbamid	105.6	94.3	97.5	98.9	100.3	91.0		99.1	84.5	104.4	112.7	99.5	83.4
37	DE-PCB 52	89.8	83.3	94.4	80.5	90.1	83.6		97.1	88.5	96.9	103.7	97.0	88.9
38	Muskmoskene	0.0	0.0	0.0	0.0	0.0	0.0		0.0	0.0	0.0	0.0	0.0	0.0
39	Prosulfocarb	94.4	86.3	93.1	89.7	93.7	85.0		95.4	87.3	94.3	103.3	97.0	89.3
40	Dimethenamid	100.1	89.5	97.1	93.9	96.5	88.4		101.0	88.1	95.2	102.4	99.8	88.3
41	Fenchlorphos Oxon	100.2	89.2	97.7	92.1	96.3	85.0		100.1	89.0	89.8	105.5	99.5	89.5
42	BDMC-2	0.0	0.0	0.0	0.0	0.0	0.0		95.3	93.4	111.8	115.0	100.2	90.5
43	Paraoxon-methyl	136.2	137.0	146.7	132.9	118.7	111.6		114.3	94.6	107.3	119.4	102.6	84.0
44	Monalide	93.0	83.6	94.0	89.1	98.1	85.9		101.2	88.9	97.2	104.5	99.7	90.8
45	Musk Tibeten	115.5	104.2	99.4	116.4	123.8	97.2		89.6	89.2	0.0	0.0	96.7	0.0
46	Isobenzan	92.2	84.4	93.4	83.4	89.3	81.7		97.7	87.8	96.4	103.4	96.4	89.0
47	Octachlorostyrene	90.9	82.1	92.2	77.4	89.7	82.6		98.0	88.7	96.8	103.9	98.6	89.7
48	Pyrimitate	105.3	85.4	92.2	93.1	99.3	88.9		99.6	88.6	93.0	103.1	98.9	90.8
49	Isodrin	63.9	52.6	60.3	79.4	94.1	77.8		94.9	89.0	96.2	110.3	104.3	97.8
50	Isomethiozin	86.0	71.5	84.3	81.1	83.4	77.3		95.2	82.6	91.2	97.8	100.5	87.8
51	Trichloronat	93.6	83.1	92.1	83.9	94.5	82.9		97.2	88.4	94.2	101.9	97.8	88.8
52	Dacthal	94.6	85.5	95.4	88.5	95.0	86.2		98.2	87.7	96.4	104.2	101.1	90.2

(续表)

序号	英文名称	低水平添加 LOQ							高水平添加 4LOQ						
		洋槐蜜	椴树蜜	干红	干白	苹果汁	梨汁	洋槐蜜	椴树蜜	干红	干白	苹果汁	梨汁
53	4,4-Dichlorobenzophenone	93.1	84.3	92.8	87.3	91.6	85.6	99.7	88.2	99.8	108.1	100.9	88.9
54	Nitrothal-isopropyl	95.2	84.7	92.7	87.4	97.9	86.7	100.9	86.2	93.5	95.3	102.4	85.4
55	Musk Ketone	390.1	63.3	78.8	105.7	86.6	72.1	83.4	73.2	1148.2	100.0	96.9	84.9
56	Rabenzazole	99.7	89.3	92.3	95.9	97.4	92.0	103.4	88.9	102.0	111.6	97.5	89.0
57	Cyprodinil	97.6	88.6	95.4	93.4	95.2	87.7	100.4	89.3	97.6	102.9	100.8	89.3
58	Fuberidazole	95.5	89.4	88.1	94.7	92.6	88.9	105.7	80.2	106.5	117.8	101.4	78.0
59	Isofenphos Oxon	0.0	0.0	0.0	0.0	0.0	0.0	0.0	0.0	0.0	0.0	0.0	0.0
60	Methfuroxam	93.2	75.2	81.9	73.2	96.4	86.2	95.3	87.9	95.4	106.2	97.5	87.8
61	Dicapthon	109.7	95.8	107.9	103.2	100.2	92.9	104.7	89.4	72.6	103.7	100.1	85.4
62	DE-PCB 101	92.1	83.1	92.2	78.9	90.8	83.7	97.7	89.1	96.1	104.4	98.3	89.7
63	MCPA-butoxyethyl Ester	95.7	82.6	91.3	87.0	92.8	82.9	93.9	82.7	89.8	97.3	99.1	94.0
64	Isocarbophos	146.4	123.8	128.0	135.2	127.8	110.8	104.6	87.8	102.6	131.1	110.0	90.3
65	Phorate Sulfone	107.7	94.0	99.2	103.1	106.6	93.4	102.4	89.0	94.7	107.0	98.5	87.6
66	Chlorfenethol	96.0	87.2	96.4	90.8	95.2	86.0	100.3	89.2	99.4	104.9	101.0	88.7
67	Trans-nonachlor	91.9	82.3	92.4	77.8	90.8	83.4	98.0	88.4	95.5	103.5	99.1	90.0
68	Dinobuton	207.8	26.6	69.1	105.1	3.2	59.5	56.1	302.8	0.0	75.9	44.2	46.4
69	DEF	97.6	84.0	91.1	86.3	100.3	86.9	99.5	87.6	93.4	101.4	99.9	89.0
70	Flurochloridone	96.6	82.7	95.7	92.6	96.3	91.2	100.5	87.2	92.3	104.5	100.6	87.7
71	Bromfenvinfos	119.7	102.4	107.6	93.4	109.4	97.5	101.6	88.8	98.4	103.6	100.5	85.7
72	Perthane	94.9	83.0	93.3	82.1	93.9	81.9	98.8	88.5	95.3	104.5	99.7	89.2
73	Ditalimfos	26.0	19.2	15.5	4.7	24.9	18.2	46.7	34.8	40.1	41.2	44.2	35.5
74	DE-PCB 118	91.6	82.5	91.8	78.6	90.2	82.6	98.5	88.3	96.2	104.1	99.8	90.2
75	4,4-Dibromobenzophenone	92.1	83.8	89.0	86.0	95.9	87.1	101.8	89.5	96.4	104.9	100.9	88.6

(续表)

序号	英文名称	低水平添加 LOQ					高水平添加 4LOQ				
		洋槐蜜	椴树蜜	干红	干白	苹果汁	梨汁	洋槐蜜	椴树蜜	干红	干白	苹果汁	梨汁
76	Flutriafol	97.7	86.2	95.4	91.3	101.0	88.9	99.3	86.4	97.0	105.7	99.9	87.2
77	Mephosfolan	119.2	102.7	107.0	112.6	111.8	96.5	105.5	84.3	105.5	110.0	100.9	80.8
78	Athidathion	92.8	84.9	97.0	81.8	90.1	83.8	98.2	83.9	95.8	112.4	96.9	91.2
79	DE–PCB 153	91.4	82.4	90.7	77.4	90.1	82.0	99.4	89.2	97.6	105.1	98.6	89.0
80	Diclobutrazole	97.8	86.4	95.6	92.3	101.2	88.6	100.9	88.1	96.8	103.9	99.3	88.0
81	Disulfoton Sulfone	140.8	135.2	148.3	136.6	116.6	108.2	104.2	92.7	94.8	144.4	103.0	89.2
82	Hexythiazox	59.6	55.7	121.5	75.4	45.9	87.6	55.2	52.2	63.7	68.9	59.8	65.7
83	DE–PCB 138	92.6	81.0	91.5	76.2	92.2	83.1	99.1	88.6	95.9	105.8	97.8	89.0
84	Triamiphos	100.7	85.0	91.9	91.1	101.9	87.6	99.8	84.0	96.1	100.3	97.8	83.9
85	Resmethrin–1	105.9	81.4	86.9	84.8	93.8	71.1	100.6	87.4	93.7	103.5	116.8	87.1
86	Cyproconazole	99.7	65.0	60.5	87.0	64.3	73.7	99.7	87.8	97.1	106.0	100.1	89.1
87	Resmethrin–2	96.5	77.4	82.0	80.4	93.9	77.1	99.8	87.3	94.5	104.4	100.6	87.8
88	Phthalic Acid, Benzyl Butyl Ester	98.1	94.8	90.9	91.3	94.2	82.7	98.3	88.2	98.8	104.6	98.4	88.8
89	Clodinafop–propargyl	109.3	91.1	96.8	98.0	105.9	93.1	111.6	91.4	99.7	110.4	104.2	84.6
90	Fenthion Sulfoxide	114.9	104.7	110.3	110.5	101.6	91.8	95.3	90.6	96.3	121.9	91.7	86.6
91	Fluotrimazole	89.9	78.9	105.4	90.8	82.4	74.6	96.2	88.4	138.9	112.1	102.6	88.2
92	Fluroxypr–1–methylheptyl Ester	96.7	84.0	92.2	87.4	95.4	82.0	99.2	87.5	95.5	104.7	99.4	88.4
93	Fenthion Sulfone	115.7	102.1	112.9	110.7	101.3	93.6	104.5	90.8	82.7	112.5	100.0	88.2
94	Triphenyl Phosphate	97.0	86.3	94.6	91.3	95.0	86.4	98.2	88.6	97.1	105.1	100.4	90.0
95	Metamitron	114.2	105.0	106.7	117.0	99.8	91.7	121.4	98.0	97.1	132.0	114.5	92.4
96	DE–PCB 180	96.4	82.7	93.1	76.8	90.8	85.4	98.9	89.2	97.5	104.6	100.0	90.9
97	Tebufenpyrad	96.1	84.6	92.9	89.9	93.2	81.9	98.8	88.1	94.8	104.7	100.1	90.0
98	Cloquintocet–mexyl	103.2	82.8	94.4	102.9	97.3	83.6	104.2	83.8	111.3	107.1	110.4	84.5

(续表)

序号	英文名称	低水平添加 LOQ					高水平添加 4LOQ				
		洋槐蜜	椴树蜜	干红	干白	苹果汁	梨汁	洋槐蜜	椴树蜜	干红	干白	苹果汁	梨汁
99	Lenacil	99.6	87.8	95.0	93.6	100.1	87.8	101.0	86.7	98.1	111.8	102.3	87.0
100	Bromuconazole-1	76.7	67.1	76.8	79.3	98.8	71.0	103.4	86.4	98.0	118.6	100.3	98.1
101	Desbrom-leptophos	104.2	89.7	98.6	87.2	97.8	85.1	101.7	91.0	88.6	109.0	102.7	91.1
102	Phosmet	140.0	118.8	134.6	132.5	110.5	102.0	111.4	95.2	86.7	128.4	102.1	87.1
103	Bromuconazole-2	122.4	88.8	116.8	98.4	130.7	95.7	101.7	88.4	93.1	102.8	101.5	87.3
104	Nitralin	91.6	78.4	93.2	89.5	92.0	80.2	96.7	84.0	94.7	99.6	98.2	84.1
105	Fenamiphos Sulfoxide	131.4	95.3	75.3	97.1	122.5	87.4	90.8	52.7	130.4	136.8	87.4	51.6
106	Fenamiphos Sulfone	119.8	96.3	94.5	107.1	106.5	86.7	98.0	72.4	106.1	120.1	93.8	70.0
107	Pyrazophos	106.7	90.8	95.8	99.4	102.7	91.4	102.7	90.5	95.3	114.1	102.5	88.2
108	Fenpiclonil	101.0	92.7	82.0	101.5	94.7	90.0	84.6	67.2	89.3	114.9	83.9	68.0
109	Fluquinconazole	97.2	87.1	96.7	92.6	95.4	87.2	99.3	86.6	97.2	105.0	100.2	87.7
110	Fenbuconazole	103.3	88.8	96.4	96.9	97.7	85.2	99.5	84.5	97.7	110.1	99.5	84.1

表 G.4　果汁和果酒中 124 种农药及相关化学品（E 组）添加回收率精密度数据

单位：%

序号	英文名称	低水平添加 LOQ					高水平添加 4LOQ				
		洋槐蜜	椴树蜜	干红	干白	苹果汁	梨汁	洋槐蜜	椴树蜜	干红	干白	苹果汁	梨汁
1	Propoxur-1	97.5	97.2	104.9	110.8	95.8	98.9	82.5	73.5	74.4	73.3	82.8	76.6
2	Isoprocarb-1	95.8	100.6	100.3	115.0	96.2	99.9	78.5	70.7	75.3	71.9	80.2	72.8
3	Methamidophos	21.1	19.3	33.8	25.9	26.5	24.3	28.7	15.8	15.7	17.1	29.6	16.1
4	Acenaphthene	48.5	71.3	80.3	85.8	48.8	71.5	65.4	54.3	50.3	59.2	66.2	55.3
5	Dibutyl Succinate	82.0	81.5	87.2	99.9	82.5	83.0	88.8	76.5	72.5	75.0	89.1	76.4
6	Phthalimide	92.4	99.6	98.0	97.7	95.4	99.9	104.7	81.4	80.5	84.2	105.4	82.5
7	Chlorethoxyfos	71.2	86.3	86.4	87.1	70.8	89.3	86.5	75.2	68.9	70.0	86.5	75.2

(续表)

序号	英文名称	低水平添加 LOQ							高水平添加 4LOQ				
		洋槐蜜	椴树蜜	干红	干白	苹果汁	梨汁	洋槐蜜	椴树蜜	干红	干白	苹果汁	梨汁
8	Isoprocarb-2	92.7	95.5	93.7	94.4	93.5	98.7	96.1	81.8	77.4	79.7	92.8	79.2
9	Pencycuron	79.5	75.5	76.6	69.8	57.8	59.9	88.7	42.1	65.4	63.0	96.7	55.5
10	Tebuthiuron	93.1	95.8	93.7	96.7	97.5	101.5	95.6	82.3	80.4	80.5	97.0	83.2
11	Demeton-S-Methyl	101.1	117.3	110.7	113.7	108.9	121.4	95.1	99.8	82.3	80.0	97.5	100.6
12	Cadusafos	94.3	95.8	92.6	98.0	94.5	94.9	94.8	81.4	79.0	80.1	92.8	80.9
13	Propoxur-2	89.0	96.3	91.1	86.4	101.2	98.7	112.4	94.6	81.3	87.1	112.3	88.4
14	Naled	34.5	52.8	50.6	21.5	47.6	80.8	59.2	73.9	41.1	44.2	65.0	60.7
15	Phenanthrene	90.5	94.1	91.3	100.4	89.9	93.2	89.1	77.3	73.2	75.8	88.4	76.7
16	Spiroxamine-1	90.7	99.7	99.0	98.6	94.1	100.4	93.0	80.9	79.9	79.8	93.6	83.3
17	Fenpyroximate	98.8	106.2	101.6	104.8	97.0	93.3	101.0	77.4	77.8	80.9	103.8	79.8
18	Tebupirimfos	90.6	94.9	91.7	94.5	93.1	99.0	93.7	81.3	77.1	78.1	94.3	81.7
19	Prohydrojamon	90.4	104.9	102.4	93.3	90.2	100.0	102.5	95.1	95.8	98.8	102.2	95.0
20	Fenpropidin	86.0	102.1	98.6	90.3	86.2	101.2	95.8	79.0	78.0	78.6	97.7	80.7
21	Dichloran	98.0	108.2	95.6	103.2	103.1	108.8	92.6	77.8	79.1	77.1	100.8	86.2
22	Pyroquilon	96.8	101.7	98.9	103.1	102.8	104.8	94.4	81.5	79.7	80.8	94.2	82.2
23	Spiroxamine-2	93.9	96.8	93.1	98.1	95.9	99.5	97.5	81.6	78.8	79.9	98.9	81.6
24	Dinoterb	73.4	91.1	70.8	45.3	81.9	114.7	152.3	41.7	9.5	59.5	155.7	45.7
25	Propyzamide	97.6	99.1	95.5	99.6	98.7	100.7	96.6	83.1	80.7	80.2	95.1	82.2
26	Pirimicicarb	98.0	107.4	102.5	109.2	109.7	109.9	92.9	82.1	80.0	80.7	95.8	83.1
27	Phosphamidon-1	81.4	87.8	80.9	71.0	100.6	96.9	109.3	95.2	84.5	82.5	96.1	76.2
28	Benoxacor	91.8	93.2	88.7	80.1	96.1	98.5	94.3	84.0	78.6	79.1	94.9	84.0
29	Bromobutide	95.3	94.8	92.0	92.9	95.3	91.4	104.2	94.9	96.6	102.4	105.0	95.5
30	Acetochlor	97.8	98.6	95.0	99.8	100.4	100.1	94.8	82.5	78.9	80.0	93.6	81.9
31	Tridiphane	93.4	84.2	85.2	70.5	86.6	86.6	104.1	101.2	98.0	103.3	102.1	98.9

(续表)

序号	英文名称	低水平添加 LOQ						高水平添加 4LOQ					
		洋槐蜜	椴树蜜	干红	干白	苹果汁	梨汁	洋槐蜜	椴树蜜	干红	干白	苹果汁	梨汁
32	Terbucarb-2	97.8	98.9	95.7	99.8	97.8	98.7	94.2	81.3	78.6	79.7	94.1	82.4
33	Esprocarb	100.4	99.5	104.3	97.2	104.9	100.5	90.3	95.6	98.0	103.9	88.8	93.7
34	Fenfuram	87.9	91.4	91.4	88.7	90.6	96.0	94.3	80.1	80.0	80.1	94.4	81.3
35	Acibenzolar-S-Methyl	93.9	95.4	93.3	89.7	93.9	95.5	102.0	92.2	92.5	99.1	103.2	95.1
36	Benfuresate	100.7	115.5	95.3	104.7	102.4	121.0	93.3	82.6	80.1	80.3	93.0	81.6
37	Dithiopyr	94.0	98.1	93.6	97.3	97.4	98.4	94.3	81.4	79.7	79.4	94.4	82.3
38	Mefenoxam	97.6	100.3	96.9	103.6	100.9	102.2	94.2	82.5	80.3	80.6	93.9	81.7
39	Malaoxon	79.6	91.3	83.6	69.8	95.2	95.4	101.2	97.0	80.4	82.5	101.8	89.2
40	Phosphamidon-2	90.7	95.9	91.2	89.5	96.0	103.7	96.5	86.0	80.2	80.6	98.3	85.6
41	Simeconazole	96.0	96.9	96.1	98.3	96.6	101.5	96.2	81.5	79.8	79.5	95.6	80.6
42	Chlorthal-dimethyl	98.0	99.5	95.2	101.4	97.3	99.5	93.8	80.9	78.3	78.6	92.4	80.0
43	Thiazopyr	94.3	102.7	94.5	97.7	99.8	101.7	94.7	82.4	80.9	80.4	94.8	83.4
44	Dimethylvinphos	95.9	99.8	93.8	89.1	97.5	104.9	94.3	87.1	81.9	80.8	93.2	101.5
45	Butralin	91.3	90.4	85.7	86.4	94.0	99.3	100.9	84.9	79.8	80.9	100.0	85.1
46	Zoxamide	98.2	102.1	98.3	106.5	97.9	98.6	110.8	76.6	77.7	76.7	108.1	78.6
47	Pyrifenox-1	101.6	100.4	101.8	101.2	97.6	100.0	98.6	85.2	81.9	82.4	97.3	84.0
48	Allethrin	94.0	106.4	100.5	93.8	98.6	106.9	98.9	87.2	81.9	81.0	96.1	84.7
49	Dimethametryn	96.8	99.2	95.2	98.7	99.2	101.1	95.8	83.1	80.2	81.2	95.5	83.2
50	Quinoclamine	95.8	97.2	89.6	91.2	96.7	99.4	99.5	83.5	81.1	83.2	99.5	83.4
51	Methothrin-1	139.5	98.5	180.7	112.1	79.4	84.9	109.2	101.0	90.3	95.8	123.2	112.1
52	Flufenacet	94.2	94.7	92.2	88.4	98.4	101.2	84.2	84.9	80.2	81.3	82.8	83.5
53	Methothrin-2	96.1	101.3	94.1	94.9	69.8	70.3	104.2	94.0	82.2	89.7	103.8	94.5
54	Pyrifenox-2	95.6	97.5	92.6	94.4	96.3	99.7	95.7	83.0	80.0	79.8	94.4	81.9
55	Fenoxanil	81.2	129.0	104.6	83.2	99.4	113.4	79.5	99.7	97.0	80.3	76.0	80.2

(续表)

序号	英文名称	低水平添加 LOQ					高水平添加 4LOQ				
		洋槐蜜	椴树蜜	干红	干白	苹果汁	梨汁	洋槐蜜	椴树蜜	干红	干白	苹果汁	梨汁
56	Phthalide	106.4	113.8	105.7	98.9	104.5	107.3	83.0	86.5	100.4	91.3	120.2	86.5
57	Furalaxyl	97.1	100.3	97.5	100.1	99.6	100.0	95.7	81.7	80.5	80.5	94.5	82.1
58	Thiamethoxam	55.5	61.5	44.7	49.0	51.8	76.3	60.3	29.0	31.6	29.4	68.3	35.3
59	Mepanipyrim	96.9	104.1	92.9	88.8	102.5	100.5	100.5	86.4	82.0	82.6	99.5	86.2
60	Captan	135.2	117.4	101.5	74.7	162.6	102.8	70.2	106.8	68.9	73.0	77.6	81.1
61	Bromacil	71.1	85.5	71.0	69.4	103.5	75.5	90.4	77.6	77.6	78.9	90.7	82.0
62	Picoxystrobin	98.5	102.5	96.7	102.8	102.9	107.0	96.1	83.3	81.9	81.7	93.8	80.1
63	Butamifos	90.0	88.0	78.0	88.3	94.1	119.1	111.7	100.7	97.7	102.4	114.8	103.4
64	Imazamethabenz - methyl	145.4	157.5	96.1	96.5	140.6	152.0	140.1	74.3	78.2	77.5	86.8	75.0
65	Metominostrobin - 1	95.9	96.3	93.2	86.7	97.4	96.1	103.5	96.3	100.4	102.8	102.6	94.3
66	TCMTB	73.3	71.0	63.3	39.4	98.0	84.8	115.8	124.0	102.7	116.0	130.5	131.4
67	Methiocarb Sulfone	60.3	76.6	69.5	55.2	72.9	94.6	84.9	60.3	64.7	63.5	90.7	64.9
68	Imazalil	64.2	92.7	84.1	77.4	68.8	97.1	94.3	78.4	78.8	79.4	97.0	77.7
69	Isoprothiolane	99.1	101.9	96.3	99.3	98.2	98.9	95.0	82.4	80.9	80.7	94.2	81.3
70	Cyflufenamid	95.0	97.6	92.2	89.3	96.6	97.8	92.9	103.2	88.1	97.9	78.2	77.9
71	Methyl Trithion	90.8	85.3	103.0	64.9	111.3	99.2	109.4	117.8	100.8	111.8	111.3	94.7
72	Pyriminobac - Methyl	94.8	91.8	89.8	87.4	97.4	91.3	102.4	93.5	96.9	102.1	100.7	92.0
73	Isoxathion	77.4	75.8	66.6	49.8	91.8	88.2	107.5	123.0	102.7	107.7	107.9	116.2
74	Metominostrobin - 2	73.6	98.1	67.3	79.9	89.0	92.3	121.7	104.4	105.0	108.9	110.7	99.4
75	Diofenolan - 1	94.9	99.0	93.9	94.9	98.3	101.3	97.8	85.4	82.6	82.4	96.7	82.8
76	Thifluzamide	0.0	0.0	0.0	0.0	0.0	0.0	0.0	0.0	0.0	0.0	0.0	0.0
77	Diofenolan - 2	97.9	100.6	96.6	95.8	99.4	102.5	96.4	83.7	82.8	81.3	95.3	82.3
78	Quinoxyphen	98.9	108.9	99.8	97.4	98.0	98.5	96.2	86.3	79.8	81.9	95.7	84.0
79	Chlorfenapyr	96.4	98.2	93.6	97.7	98.8	99.5	86.6	83.0	80.1	80.9	87.0	82.2

(续表)

序号	英文名称	低水平添加 LOQ					高水平添加 4LOQ				
		洋槐蜜	椴树蜜	干红	干白	苹果汁	梨汁	洋槐蜜	椴树蜜	干红	干白	苹果汁	梨汁
80	Trifloxystrobin	96.0	98.6	93.3	93.7	99.3	101.2	97.2	83.5	80.7	80.9	95.2	82.0
81	Imibenconazole–des–benzyl	73.9	110.5	112.0	112.0	127.3	99.2	70.2	99.9	89.6	72.7	79.7	77.4
82	Isoxadifen–ethyl	95.3	103.9	100.4	87.8	89.6	87.2	101.1	94.3	99.6	104.3	108.1	95.4
83	Fipronil	96.1	98.8	93.2	89.7	99.6	100.8	86.9	81.7	76.2	80.4	89.7	81.5
84	Imiprothrin–1	97.3	88.4	104.0	108.7	105.8	100.2	116.6	76.7	57.9	69.4	96.4	58.0
85	Carfentrazone–ethyl	90.6	71.5	74.5	86.1	100.1	74.2	99.6	86.1	83.4	84.2	94.4	81.9
86	Imiprothrin–2	102.3	115.2	121.8	93.8	84.3	112.3	105.5	90.5	86.5	90.2	101.4	83.8
87	Halosulfuran–Methyl	139.3	15.5	6.6	54.3	198.1	50.8	30.4	8.3	3.5	21.1	23.8	10.7
88	Epoxiconazole–1	95.6	108.6	109.9	118.8	97.3	97.9	93.7	74.8	80.4	83.5	90.2	73.6
89	Pyraflufen Ethyl	97.1	86.8	83.0	97.1	98.4	84.3	95.2	82.2	80.0	80.6	94.6	80.8
90	Pyributicarb	97.3	106.5	95.9	98.7	87.0	110.2	101.6	88.2	86.1	85.8	93.7	82.2
91	Thenylchlor	104.0	115.5	105.0	101.4	98.2	104.0	96.8	86.1	80.2	79.9	94.9	83.4
92	Clethodim	82.2	84.2	68.3	85.8	78.8	86.6	84.1	66.8	21.0	70.0	84.1	66.0
93	Chrysene	0.4	1.9	2.6	1.4	1.4	0.9	0.8	0.6	0.6	0.6	1.0	0.4
94	Mefenpyr–diethyl	99.5	99.2	93.5	96.9	90.0	91.2	95.6	84.6	81.4	80.9	97.8	83.8
95	Famphur	96.1	96.1	91.0	86.7	99.6	100.4	65.9	83.7	78.8	81.8	65.8	82.9
96	Etoxazole	94.2	87.1	88.2	38.1	96.6	86.8	113.4	111.2	109.2	114.3	112.5	108.1
97	Pyriproxyfen	95.4	95.8	86.7	93.1	96.9	98.7	94.0	79.9	74.2	77.7	93.7	77.2
98	Epoxiconazole–2	94.4	94.0	86.8	88.0	96.9	100.1	95.7	81.1	80.7	78.5	94.4	79.6
99	Tepraloxydim	81.2	90.6	117.2	65.3	87.1	109.5	93.7	82.8	82.9	77.3	88.3	84.3
100	Picolinafen	91.0	97.9	90.4	95.3	97.2	98.7	98.0	83.2	80.1	80.3	94.6	83.1
101	Iprodione	97.1	94.8	89.4	92.7	98.7	101.5	95.2	79.7	76.2	79.0	95.1	82.0
102	Piperophos	96.0	95.8	88.4	89.1	96.8	98.7	98.1	85.8	83.3	83.5	100.2	1.4
103	Ofurace	89.3	95.7	93.0	82.6	89.4	92.0	94.7	77.7	76.9	78.6	95.6	78.9

(续表)

序号	英文名称	低水平添加 LOQ					高水平添加 4LOQ				
		洋槐蜜	椴树蜜	干红	干白	苹果汁	梨汁	洋槐蜜	椴树蜜	干红	干白	苹果汁	梨汁

序号	英文名称	洋槐蜜	椴树蜜	干红	干白	苹果汁	梨汁	洋槐蜜	椴树蜜	干红	干白	苹果汁	梨汁
104	Bifenazate	154.8	107.9	109.9	90.1	157.2	115.0	84.9	104.9	104.9	126.1	106.4	135.4
105	Chromafenozide	85.9	176.1	109.2	0.0	74.1	238.9	117.0	96.1	75.5	106.4	186.2	124.4
106	Endrin Ketone	95.3	95.6	86.6	86.1	99.3	121.0	93.4	82.4	79.1	77.9	94.9	84.2
107	Clomeprop	93.7	96.3	95.4	84.8	109.0	95.4	99.2	90.3	92.8	101.1	92.1	80.4
108	Fenamidone	94.6	91.1	88.3	86.4	97.4	92.2	107.3	95.2	99.8	103.5	103.2	92.6
109	Naproanilide	104.1	88.7	85.9	80.6	92.4	89.7	107.8	97.9	99.0	107.6	104.5	95.3
110	Pyraclostrobin	107.4	127.9	89.2	122.8	85.0	114.9	141.2	81.9	91.5	103.0	133.6	98.1
111	Lactofen	91.0	76.7	71.7	61.7	87.1	89.8	111.0	90.7	84.9	83.6	115.1	94.5
112	Tralkoxydim	93.5	96.3	79.8	90.4	83.8	92.1	80.3	69.8	23.0	71.6	82.2	69.7
113	Pyraclofos	84.6	81.0	73.2	58.9	91.8	93.4	115.4	103.9	99.8	108.2	114.0	102.7
114	Dialifos	90.0	88.1	81.5	70.1	92.5	89.6	93.4	97.1	97.0	106.0	94.5	100.0
115	Spirodiclofen	91.4	96.5	90.1	94.3	91.9	91.3	89.9	87.7	80.6	87.5	86.4	83.5
116	Halfenprox	80.9	77.7	72.4	62.7	91.8	91.1	111.5	102.6	102.5	108.7	111.8	104.1
117	Flurtamone	83.9	89.0	86.8	76.6	89.1	95.5	89.2	73.4	78.4	79.1	92.3	73.3
118	Pyriftalid	90.4	95.1	90.5	88.4	84.4	84.4	95.9	81.0	81.0	80.5	95.3	80.1
119	Silafluofen	90.3	95.0	80.0	94.8	88.4	88.0	92.8	84.5	84.0	82.9	87.7	75.1
120	Pyrimidifen	83.1	86.4	82.4	75.6	81.1	89.0	103.4	65.3	88.1	99.5	100.7	65.5
121	Acetamiprid	21.0	76.0	29.8	19.3	44.7	157.2	82.8	41.1	45.2	52.8	82.2	42.2
122	Butafenacil	85.0	85.6	79.6	76.8	101.2	89.7	96.7	82.2	79.7	80.6	98.1	82.1
123	Cafenstrole	85.3	83.2	79.2	65.4	92.1	96.3	122.7	112.3	108.2	117.3	120.5	109.5
124	Fluridone	70.7	86.7	78.0	66.3	72.7	91.8	96.0	59.6	67.0	69.5	96.8	60.1

GB

中华人民共和国国家标准

GB 23200.14—2016
代替 GB/T 23206—2008

食品安全国家标准
果蔬汁和果酒中 512 种农药及相关化学品
残留量的测定
液相色谱-质谱法

National Food Safety Standards—
Determination of 512 pesticides residues in fruit juice, vegetable
juice and fruit wine Liquid chromatography–mass spectrometry

2016-12-18 发布

2017-06-18 实施

中华人民共和国国家卫生和计划生育委员会
中华人民共和国农业部　　发布
国家食品药品监督管理总局

前　言

本标准代替 GB/T 23206—2008《果蔬汁、果酒中 512 种农药及相关化学品残留量的测定液相色谱－串联质谱法》。

本标准与 GB/T 23206—2008 相比，主要变化如下：

——标准文本格式修改为食品安全国家标准文本格式；

——标准范围中增加"其他果蔬汁、果酒可参照执行"。

本标准所代替标准的历次版本发布情况为：

——GB/T 23206—2008。

食品安全国家标准
果蔬汁和果酒中 512 种农药及相关化学品残留量的测定 液相色谱 – 质谱法

1 范围

本标准规定了橙汁、苹果汁、葡萄汁、白菜汁、胡萝卜汁、干酒、半干酒、半甜酒、甜酒中 512 种农药及相关化学品（参见附录 A）残留量液相色谱 – 质谱测定方法。

本标准适用于橙汁、苹果汁、葡萄汁、白菜汁、胡萝卜汁、干酒、半干酒、半甜酒、甜酒中 512 种农药及相关化学品残留的定性鉴别，也适用于 490 种农药及相关化学品残留量的定量测定，其他果蔬汁、果酒可参照执行。

2 规范性引用文件

下列文件对于本文件的应用是必不可少的。凡是注日期的引用文件，仅所注日期的版本适用于本文件。凡是不注日期的引用文件，其最新版本（包括所有的修改单）适用于本文件。

GB 2763　食品安全国家标准　食品中农药最大残留限量

GB/T 6682　分析实验室用水规格和试验方法

3 原理

试样用1% 乙酸乙腈溶液提取，经 Sep – Pak Vac 柱[1]净化，用乙腈 – 甲苯溶液（3 + 1）洗脱农药及相关化学品，用液相色谱 – 串联质谱仪检测，外标法定量。

4 试剂和材料

除另有规定外，所有试剂均为分析纯，水为符合 GB/T 6682 中规定的一级水。

4.1 试剂

4.1.1　乙腈（CH_3CN，75 – 05 – 8）：色谱纯。

4.1.2　丙酮（CH_3COCH_3，67 – 64 – 1）：色谱纯。

4.1.3　异辛烷（C_8H_{18}，540 – 84 – 1）：色谱纯。

4.1.4　甲醇（CH_3OH，67 – 56 – 1/170082 – 17 – 4）：色谱纯。

4.1.5　甲苯（C_7H_8，108 – 88 – 3）：色谱纯。

---

[1]　Sep – Pak Vac 柱是 Waters 公司产品的商品名称，给出这一信息是为了方便本标准的使用者，并不是表示对该产品的认可。如果其他等效产品具有相同的效果，则可使用这些等效产品。

4.1.6 乙酸（CH₃COOH，64-19-7）：优级纯。

4.1.7 甲酸（HCOOH，64-18-6）：优级纯。

4.1.8 乙酸铵（CH₃COONH₄，631-61-8）：优级纯。

4.1.9 无水乙酸钠（CH₃COONa，127-09-3）：分析纯。

4.1.10 无水硫酸钠（Na₂SO₄，7757-82-6），无水硫酸镁（MgSO₄，7487-88-9）：分析纯。用前在650 ℃灼烧4 h，贮于干燥器中，冷却后备用。

4.2 溶液配制

4.2.1 0.1 %甲酸溶液：取1 000 mL水，加入1 mL甲酸，摇匀备用。

4.2.2 5 mmol/L乙酸铵溶液：称取0.385 g乙酸铵，加水稀释至1 000 mL。

4.2.3 乙腈-甲苯溶液（3+1）：取300 mL乙腈，加入100 mL甲苯，摇匀备用。

4.2.4 1%乙酸乙腈溶液：取1 000 mL乙腈，加入1 mL乙酸，摇匀备用。

4.2.5 乙腈-水溶液（3+2）：取300 mL乙腈，加入200 mL水，摇匀备用。

4.3 标准品

农药及相关化学品标准物质：纯度≥95 %，参见附录A。

4.4 标准溶液配制

4.4.1 标准储备溶液

分别称取5 mg～10 mg（精确至0.1 mg）农药及相关化学品各标准物质分别于10 mL容量瓶中，根据标准物质的溶解度选甲醇、甲苯、丙酮、乙腈或异辛烷溶解并定容至刻度（溶剂选择参见附录A），标准溶液避光0 ℃~4 ℃保存，保存期为一年。

4.4.2 混合标准溶液（混合标准溶液A、B、C、D、E、F和G）

按照农药及相关化学品的保留时间，将512种农药及相关化学品分成A、B、C、D、E、F和G七个组，并根据每种农药及相关化学品在仪器上的响应灵敏度，确定其在混合标准溶液中的浓度。本标准对512种农药及相关化学品的分组及其混合标准溶液浓度参见附录A。

依据每种农药及相关化学品的分组、混合标准溶液浓度及其标准储备液的浓度，移取一定量的单个农药及相关化学品标准储备溶液于100 mL容量瓶中，用甲醇定容至刻度。混合标准溶液避光0 ℃~4 ℃保存，保存期为一个月。

4.4.3 基质混合标准工作溶液

农药及相关化学品基质混合标准工作溶液是用空白样品基质溶液配成不同浓度的基质混合标准工作溶液A、B、C、D、E、F和G，用于做标准工作曲线。基质混合标准工作溶液应现用现配。

4.5 材料

4.5.1 微孔过滤膜（尼龙）：13 mm×0.2 μm。

4.5.2 Waters Sep-Pak Vac 氨基固相萃取柱：6 mL，1 g，或相当者。

5 仪器和设备

5.1 液相色谱-串联质谱仪：配有电喷雾离子源。

5.2 分析天平：感量0.1 mg和0.01 g。

5.3 鸡心瓶：200 mL。

5.4 移液器：1 mL。

5.5 样品瓶：2 mL，带聚四氟乙烯旋盖。

5.6 具塞离心管：50 mL。

5.7 旋涡混合器。

5.8 氮气吹干仪。

5.9 低速离心机：4200 r/min。

5.10 旋转蒸发仪。

6 试样制备

浓缩果蔬汁样品，将取得的全部原始样品倒入洁净的搪瓷混样桶内，充分搅拌混匀，再将混匀样品分装出两份（每份500 mL），密封并标明标记。将试样于 -18 ℃冷冻保存。

7 分析步骤

7.1 提取

称取15 g试样（精确至0.01 g）（果酒为15 mL）于50 mL具塞离心管中，加入15 mL 1%醋酸乙腈溶液，在旋涡混合器上涡旋2 min。向具塞离心管中加入1.5 g无水醋酸钠，再振荡1 min，再向离心管中加入6 g无水硫酸镁，振荡2 min，4 200 r/min离心5 min，取7.5 mL上清液至另一干净试管中，待净化。

7.2 净化

在Sep-Pak Vac柱中加入约2 cm高无水硫酸钠，并将柱子放入下接鸡心瓶的固定架上。加样前先用5 mL乙腈-甲苯溶液预洗柱，当液面到达硫酸钠的顶部时，迅速将样品提取液转移至净化柱上，并更换新鸡心瓶接收。在固相萃取柱上加上50 mL贮液器，用25 mL乙腈-甲苯溶液洗脱农药及相关化学品，合并于鸡心瓶中，并在40℃水浴中旋转浓缩至约0.5 mL，于35 ℃下氮气吹干，用1 mL乙腈-水溶液溶解残渣，0.2 μm微孔滤膜过滤后供液相色谱-串联质谱测定。

7.3 测定

7.3.1 液相色谱-串联质谱参考条件

7.3.1.1 A、B、C、D、E、F组农药及相关化学品LC-MS-MS测定条件

a) 色谱柱：ZORBAX SB-C$_{18}$，3.5 μm，100 mm×2.1 mm（内径）或相当者；

b) 流动相及梯度洗脱条件见表1；

表1　　　　　　　　流动相及梯度洗脱条件

步骤	总时间/min	流速/（μL/min）	流动相A（0.1%甲酸水）/%	流动相B（乙腈）/%
0	0.00	400	99.0	1.0
1	3.00	400	70.0	30.0

(续表)

步骤	总时间/min	流速/（μL/min）	流动相 A（0.1%甲酸水）/%	流动相 B（乙腈）/%
2	6.00	400	60.0	40.0
3	9.00	400	60.0	40.0
4	15.00	400	40.0	60.0
5	19.00	400	1.0	99.0
6	23.00	400	1.0	99.0
7	23.01	400	99.0	1.0

c) 柱温：40 ℃；

d) 进样量：10 μL；

e) 电离源模式：电喷雾离子化；

f) 电离源极性：正模式；

g) 雾化气：氮气；

h) 雾化气压力：0.28 MPa；

i) 离子喷雾电压：4 000 V；

j) 干燥气温度：350 ℃；

k) 干燥气流速：10 L/min；

l) 监测离子对、碰撞气能量和源内碎裂电压参见附录 B。

7.3.1.2　G 组农药及相关化学品 LC – MS – MS 测定条件

a) 色谱柱：ZORBAXSB – C_{18}，3.5 μm，100 mm × 2.1 mm（内径）或相当者；

b) 流动相及梯度洗脱条件见表 2；

表2　　　　　　　　　　　流动相及梯度洗脱条件

步骤	总时间/min	流速/（μL/min）	流动相 A（5mmol/L乙酸铵水）/%	流动相 B（乙腈）/%
0	0.00	400	99.0	1.0
1	3.00	400	70.0	30.0
2	6.00	400	60.0	40.0
3	9.00	400	60.0	40.0
4	15.00	400	40.0	60.0
5	19.00	400	1.0	99.0
6	23.00	400	1.0	99.0
7	23.01	400	99.0	1.0

c) 柱温：40 ℃；

d) 进样量：10 μL；

e) 电离源模式：电喷雾离子化；

f) 电离源极性：负模式；

g) 雾化气：氮气；

h) 雾化气压力：0.28 MPa；

i) 离子喷雾电压：4 000 V；

j) 干燥气温度：350 ℃；

k) 干燥气流速：10 L/min；

l) 监测离子对、碰撞气能量和源内碎裂电压参见附录 B。

7.3.2 定性测定

在相同实验条件下进行样品测定时，如果检出的色谱峰的保留时间与标准样品相一致，并且在扣除背景后的样品质谱图中，所选择的离子均出现，而且所选择的离子丰度比与标准样品的离子丰度比相一致（相对丰度＞50％，允许±20％偏差；相对丰度＞20％至50％，允许±25％偏差；相对丰度＞10％至20％，允许±30％偏差；相对丰度≤10％，允许±50％偏差），则可判断样品中存在这种农药或相关化学品。

7.3.3 定量测定

本标准中液相色谱－串联质谱采用外标－校准曲线法定量测定。为减少基质对定量测定的影响，定量用标准溶液应采用基质混合标准工作溶液绘制标准曲线。并且保证所测样品中农药及相关化学品的响应值均在仪器的线性范围内。512 种农药及相关化学品多反应监测（MRM）色谱图参见附录 C。

7.4 平行试验

按以上步骤对同一试样进行平行试验。

7.5 空白试验

除不称取试样外，均按上述步骤进行。

8 结果计算和表述

液相色谱－串联质谱测定采用标准曲线法定量，标准曲线法定量结果按式（1）计算：

$$X_i = c_i \times \frac{V}{m} \times \frac{1\,000}{1\,000} \quad\cdots\cdots\cdots\cdots\cdots\cdots\cdots\cdots\cdots\cdots\cdots\cdots\cdots\cdots\cdots (1)$$

式中：

X_i——试样中被测组分残留量，单位为毫克每千克（mg/kg）；

c_i——从标准曲线上得到的被测组分溶液浓度，单位为微克每毫升（μg/mL）；

V——样品溶液定容体积，单位为毫升（mL）；

m——样品溶液所代表试样的重量，单位为克（g）（果酒为 mL）。

计算结果应扣除空白值，测定结果用平行测定的算术平均值表示，保留两位有效数字。

9 精密度

9.1 在重复性条件下获得的两次独立测定结果的绝对差值与其算术平均值的比值（百分率），应符合附录 D 的要求。

9.2 在再现性条件下获得的两次独立测定结果的绝对差值与其算术平均值的比值（百分率），应符合附录 E 的要求。

10 定量限和回收率

10.1 定量限

本方法的定量限见附录A。

10.2 回收率

当添加水平为LOQ、4×LOQ时,添加回收率参见附录F。

附录 A
（资料性附录）
512种农药及相关化学品中、英文名称、方法定量限、分组、溶剂和混合标准溶液浓度

A.1 512种农药及相关化学品中、英文名称、方法定量限、分组、溶剂和混合标准溶液浓度见表 A.1。

表 A.1 512种农药及相关化学品中、英文名称、方法定量限、分组、溶剂和混合标准溶液浓度

序号	中文名称	英文名称	定量限/(μg/kg)	溶剂	混合标准溶液浓度/（mg/L）
A 组					
1	苯胺灵	Propham	36.66	甲苯	11.00
2	异丙威	isoprocarb	0.76	甲醇	0.23
3	3,4,5-混杀威	3,4,5-trimethacarb	0.12	甲醇	0.03
4	环莠隆	cycluron	0.06	甲醇	0.02
5	甲萘威	carbaryl	3.44	甲醇	1.03
6	毒草胺	propachlor	0.10	甲醇	0.03
7	吡咪唑	rabenzazole	0.44	甲醇	0.13
8	西草净	simetryn	0.04	甲醇	0.01
9	绿谷隆	monolinuron	1.18	甲醇	0.36
10	速灭磷	mevinphos	0.52	甲苯	0.16
11	叠氮津	aziprotryne	0.46	甲醇	0.14
12	仲丁通	Secbumeton	0.02	甲醇	0.01
13	嘧菌磺胺	cyprodinil	0.24	甲醇	0.07
14	播土隆	buturon	2.98	甲醇	0.90
15	双酰草胺	carbetamide	1.22	甲醇	0.36
16	抗蚜威	Pirimicarb	0.06	甲醇	0.02
17	异噁草松	Clomazone	0.14	甲醇	0.04
18	氰草津	Cyanazine	0.06	甲醇	0.02
19	扑草净	Prometryne	0.06	甲醇	0.02
20	甲基对氧磷	paraoxonmethyl	0.26	甲醇	0.08
21	4,4-二氯二苯甲酮[a]	4,4-dichlorobenzophenone	4.54	甲醇	1.36
22	噻虫啉	thiacloprid	0.12	甲醇	0.04
23	吡虫啉	imidacloprid	7.34	甲醇	2.20
24	磺噻隆	ethidimuron	0.50	甲醇	0.15
25	丁嗪草酮	isomethiozin	0.36	甲醇	0.11
26	燕麦敌	diallate	29.74	甲醇	8.92

(续表)

序号	中文名称	英文名称	定量限/(μg/kg)	溶剂	混合标准溶液浓度/(mg/L)
\multicolumn{6}{c}{A 组}
27	乙草胺	Acetochlor	15.80	甲醇	4.74
28	烯啶虫胺	nitenpyram	5.70	甲醇	1.71
29	盖草津	methoprotryne	0.08	甲醇	0.02
30	二甲酚草胺	dimethenamid	1.44	甲醇	0.43
31	特草灵	Terbucarb	0.70	甲醇	0.21
32	戊菌唑	penconazole	0.66	甲醇	0.20
33	腈菌唑	Myclobutanil	0.34	甲醇	0.10
34	多效唑	paclobutrazol	0.20	甲醇	0.06
35	倍硫磷亚砜	fenthion sulfoxide	0.10	甲醇	0.03
36	三唑醇	triadimenol	3.52	甲醇	1.06
37	仲丁灵	Butralin	0.64	甲醇	0.19
38	螺环菌胺	spiroxamine	0.02	甲醇	0.01
39	甲基立枯磷	tolclofosmethyl	22.18	甲醇	6.66
40	甜菜胺	desmedipham	1.34	甲醇	0.40
41	杀扑磷	Methidathion	3.56	甲醇	1.07
42	烯丙菊酯	Allethrin	20.14	甲醇	6.04
43	二嗪磷	Diazinon	0.24	甲苯	0.07
44	敌瘟磷	edifenphos	0.26	甲醇	0.08
45	丙草胺	pretilachlor	0.12	甲醇	0.03
46	氟硅唑	flusilazole	0.20	甲醇	0.06
47	丙森锌	iprovalicarb	0.78	甲醇	0.23
48	麦锈灵	Benodanil	1.16	甲醇	0.35
49	氟酰胺	Flutolanil	0.38	甲醇	0.11
50	伐灭磷	famphur	1.20	甲醇	0.36
51	苯霜灵	Benalaxyl	0.42	甲醇	0.12
52	苄氯三唑醇	diclobutrazole	0.16	甲醇	0.05
53	乙环唑	etaconazole	0.60	甲醇	0.18
54	氯苯嘧啶醇	fenarimol	0.20	甲醇	0.06
55	酞酸二环己基酯	phthalic acid, dicyclobexyl ester	0.66	甲醇	0.20
56	胺菊酯	Tetramethirn	0.60	甲醇	0.18
57	抑菌灵	dichlofluanid	0.86	甲苯	0.26
58	解草酯	cloquintocetmexyl	0.62	甲醇	0.19
59	联苯三唑醇	bitertanol	11.14	甲醇	3.34
60	甲基毒死蜱	chlorprifosmethyl	5.34	甲醇	1.60
61	吡喃草酮	tepraloxydim	4.06	甲醇	1.22
62	甲基硫菌灵	thiophanatemethyl	13.34	甲醇	2.00

(续表)

序号	中文名称	英文名称	定量限/(μg/kg)	溶剂	混合标准溶液浓度/(mg/L)
\multicolumn{6}{c}{A 组}					
63	益棉磷	azinphos ethyl	36.30	甲醇	10.89
64	炔草酸	clodinafop propargyl	1.62	甲醇	0.24
65	杀铃脲	triflumuron	1.30	甲醇	0.39
66	异噁唑草酮	isoxaflutole	1.30	甲醇	0.39
67	硫菌灵	thiophanat ethyl	13.44	甲醇	2.02
68	喹禾灵	quizalofop-ethyl	0.22	甲醇	0.07
69	精氟吡甲禾灵	haloxyfop-methyl	0.88	甲醇	0.26
70	精吡磺草隆	fluazifop butyl	0.08	甲醇	0.03
71	乙基溴硫磷	Bromophos-ethyl	189.24	甲醇	56.77
72	地散磷	bensulide	11.40	甲醇	3.42
73	醚苯磺隆	triasulfuron	0.54	甲醇	0.16
74	溴苯烯磷	bromfenvinfos	1.00	甲醇	0.30
75	嘧菌酯	azoxystrobin	0.16	甲醇	0.05
76	吡菌磷	pyrazophos	0.54	甲醇	0.16
77	氟虫脲	flufenoxuron	1.06	甲醇	0.32
78	茚虫威	indoxacarb	2.52	甲醇	0.75
79	甲氨基阿维菌素苯甲酸盐	emamectin benzoate	0.10	甲醇	0.03
\multicolumn{6}{c}{B 组}					
80	乙撑硫脲	ethylene thiourea	17.40	甲醇	5.22
81	丁酰肼	daminozide	0.86	甲醇	0.26
82	棉隆	dazomet	42.34	甲醇	12.70
83	烟碱	nicotine	0.74	甲醇	0.22
84	非草隆	fenuron	0.34	甲醇	0.10
85	灭蝇胺	cyromazine	4.82	甲醇	0.72
86	鼠立死	crimidine	0.52	甲醇	0.16
87	乙酰甲胺磷	acephate	4.44	甲醇	1.33
88	禾草敌	molinate	0.70	甲醇	0.21
89	多菌灵	carbendazim	0.16	甲醇	0.05
90	6-氯-4-羟基-3-苯基哒嗪	6-chloro-4-hydroxy-3-phenyl-pyridazin	0.56	甲醇	0.17
91	残杀威	propoxur	8.14	甲醇	2.44
92	异唑隆	isouron	0.14	甲醇	0.04
93	绿麦隆	chlorotoluron	0.20	甲醇	0.06
94	久效威	thiofanox	52.34	甲醇	15.70
95	氯草灵	chlorbufam	61.00	甲醇	18.30

（续表）

序号	中文名称	英文名称	定量限/(μg/kg)	溶剂	混合标准溶液浓度/(mg/L)
\multicolumn{6}{c}{B组}
96	恶虫威	bendiocarb	1.06	甲醇	0.32
97	扑灭津	propazine	0.10	甲醇	0.03
98	特丁津	terbuthylazine	0.16	甲醇	0.05
99	敌草隆	diuron	0.52	甲醇	0.16
100	氯甲硫磷	Chlormephos	149.34	甲醇	44.80
101	萎锈灵	Carboxin	0.18	甲醇	0.06
102	野燕枯	difenzoquat-methyl sulfate	0.28	甲醇	0.08
103	噻虫胺	clothianidin	21.00	甲醇	6.30
104	炔苯酰草胺	Propyzamide	5.12	甲醇	1.54
105	二甲草胺	dimethachlor	0.64	甲醇	0.19
106	溴谷隆	Metobromuron	5.62	甲苯	1.68
107	甲拌磷	Phorate	104.66	甲醇	31.40
108	苯草醚	aclonifen	8.06	甲醇	2.42
109	地安磷	mephosfolan	0.78	甲醇	0.23
110	脱苯甲基亚胺唑	imibenzonazole-des-benzyl	2.08	甲醇	0.62
111	草不隆	neburon	2.36	甲醇	0.71
112	精甲霜灵	Mefenoxam	0.52	甲醇	0.15
113	发硫磷	prothoate	1.64	甲醇	0.25
114	乙氧呋草黄	ethofume sate	124.00	甲醇	37.20
115	异稻瘟净	iprobenfos	2.76	甲醇	0.83
116	特普	TEPP	6.94	甲醇	1.04
117	环丙唑醇	cyproconazole	0.24	甲醇	0.07
118	噻虫嗪	Thiamethoxam	11.00	甲醇	3.30
119	育畜磷	crufomate	0.18	甲醇	0.05
120	乙嘧硫磷	Etrimfos	12.50	甲醇	1.88
121	杀鼠醚	coumatetralyl	0.46	甲醇	0.14
122	赛灭磷	cythioate	26.66	甲醇	8.00
123	磷胺	phosphamidon	1.30	甲醇	0.39
124	甜菜宁	phenmedipham	1.50	甲醇	0.45
125	联苯井酯	bifenazate	7.60	甲醇	2.28
126	环酰菌胺	fenhexamid	0.32	甲醇	0.09
127	粉唑醇	flutriafol	2.86	甲醇	0.86
128	抑菌丙胺酯	furalaxyl	0.26	甲醇	0.08
129	生物丙烯菊酯	bioallethrin	66.00	甲醇	19.80
130	苯腈磷	cyanofenphos	6.94	甲醇	2.08

(续表)

序号	中文名称	英文名称	定量限/(μg/kg)	溶剂	混合标准溶液浓度/(mg/L)
B 组					
131	甲基嘧啶磷	pirimiphosmethyl	0.06	甲醇	0.02
132	噻嗪酮	buprofezin	0.30	甲醇	0.09
133	乙拌磷砜	disulfoton sulfone	0.82	甲醇	0.25
134	喹螨醚	fenazaquin	0.10	甲醇	0.03
135	三唑磷	triazophos	0.22	甲苯	0.07
136	脱叶磷	DEF	0.54	甲醇	0.16
137	环酯草醚	Pyriftalid	0.20	甲醇	0.06
138	叶菌唑	metconazole	0.44	甲醇	0.13
139	蚊蝇醚	pyriproxyfen	0.14	甲醇	0.04
140	噻草酮	cycloxydim	0.84	甲醇	0.25
141	异噁酰草胺	isoxaben	0.06	甲醇	0.02
142	呋草酮	Flurtamone	0.14	甲醇	0.04
143	氟乐灵	trifluralin	111.60	甲苯	33.48
144	麦草氟甲酯	flampropmethyl	6.74	甲醇	2.02
145	生物苄呋菊酯	bioresmethrin	2.48	甲醇	0.74
146	丙环唑	Propiconazole	0.58	甲醇	0.18
147	毒死蜱	Chlorpyrifos（-ethyl）	17.94	甲醇	5.38
148	氯乙氟灵	fluchloralin	162.66	甲醇	48.80
149	氯磺隆[a]	chlorsulfuron	0.92	甲醇	0.27
150	烯草酮	clethodim	0.70	甲醇	0.21
151	麦草氟异丙酯	flamprop isopropyl	0.14	甲醇	0.04
152	杀虫畏	tetrachlorvinphos	0.74	甲苯	0.22
153	炔螨特	propargite	22.86	甲醇	6.86
154	糠菌唑	bromuconazole	1.04	甲醇	0.31
155	氟吡酰草胺	picolinafen	0.24	甲醇	0.07
156	氟噻乙草酯	fluthiacetmethyl	1.76	甲醇	0.53
157	肟菌酯	trifloxystrobin	0.66	甲醇	0.20
158	氯嘧磺隆	chlorimuron ethyl	20.26	甲醇	3.04
159	氟铃脲	hexaflumuron	8.40	甲醇	2.52
160	氟酰脲	novaluron	2.68	甲醇	0.80
161	啶蜱脲	flurazuron	8.94	甲醇	2.68
C 组					
162	抑芽丹	maleic hydrazide	26.66	甲醇	8.00
163	甲胺磷	methamidophos	1.64	甲醇	0.49
164	茵草敌	EPTC	12.44	甲醇	3.73

(续表)

序号	中文名称	英文名称	定量限/(μg/kg)	溶剂	混合标准溶液浓度/(mg/L)
\multicolumn{6}{c}{C 组}					
165	避蚊胺	diethyltoluamide	0.18	甲醇	0.06
166	灭草隆	monuron	11.58	甲醇	3.47
167	嘧霉胺	pyrimethanil	0.22	甲醇	0.07
168	甲呋酰胺	Fenfuram	0.26	甲醇	0.08
169	灭藻醌	Quinoclamine	2.64	甲醇	0.79
170	仲丁威	fenobucarb	1.96	甲醇	0.59
171	乙嘧酚	ethirimol	0.18	甲醇	0.06
172	敌稗	propanil	7.20	甲醇	2.16
173	克百威	carbofuran	4.36	甲醇	1.31
174	啶虫脒	Acetamiprid	0.48	甲醇	0.14
175	嘧菌胺	Mepanipyrim	0.10	甲醇	0.03
176	扑灭通	prometon	0.04	甲醇	0.01
177	甲硫威	methiocarb	13.74	甲醇	4.12
178	甲氧隆	metoxuron	0.22	甲醇	0.06
179	乐果	dimethoate	2.54	甲醇	0.76
180	呋菌胺	methfuroxam	0.10	甲醇	0.03
181	伏草隆	fluometuron	0.30	甲醇	0.09
182	百治磷	dicrotophos	0.38	甲醇	0.11
183	庚酰草胺	monalide	0.40	甲醇	0.12
184	双苯酰草胺	diphenamid	0.04	甲醇	0.01
185	灭线磷	ethoprophos	0.92	甲醇	0.28
186	地虫硫磷	Fonofos	2.48	甲醇	0.75
187	土菌灵	Etridiazol	33.48	甲醇	10.04
188	拌种胺	furmecyclox	0.28	甲醇	0.08
189	环嗪酮	hexazinone	0.04	甲醇	0.01
190	阔草净	dimethametryn	0.04	甲醇	0.01
191	敌百虫	trichlorphon	0.38	甲醇	0.11
192	内吸磷	demeton (o+s)	2.26	甲醇	0.68
193	解草酮	benoxacor	2.30	甲醇	0.69
194	除草定	Bromacil	7.86	甲醇	2.36
195	甲拌磷亚砜	phorate sulfoxide	122.76	甲醇	36.83
196	溴莠敏	brompyrazon	2.40	甲醇	0.36
197	氧化萎锈灵	oxycarboxin	0.30	甲醇	0.09
198	灭锈胺	mepronil	0.12	甲醇	0.04
199	乙拌磷	disulfoton	156.56	甲醇	46.97

(续表)

序号	中文名称	英文名称	定量限/(μg/kg)	溶剂	混合标准溶液浓度/(mg/L)
\multicolumn{6}{c}{C 组}					
200	倍硫磷	Fenthion	17.34	甲醇	5.20
201	甲霜灵	Metalaxyl	0.16	甲醇	0.05
202	甲呋酰胺	Fenfuram	0.34	甲醇	0.10
203	十二环吗啉	dodemorph	0.14	甲醇	0.04
204	噻唑硫磷	fosthiazate	0.18	甲醇	0.05
205	甲基咪草酯	imazamethabenz – methyl	0.06	甲醇	0.02
206	乙拌磷亚砜	disulfoton – sulfoxide	0.94	甲醇	0.28
207	稻瘟灵	Isoprothiolane	0.62	甲醇	0.18
208	抑霉唑	Imazalil	0.66	甲醇	0.20
209	辛硫磷	phoxim	27.60	甲醇	8.28
210	喹硫磷	Quinalphos	0.66	甲醇	0.20
211	灭菌磷	ditalimfos	22.40	甲醇	6.72
212	苯氧威	fenoxycarb	12.18	甲醇	1.83
213	嘧啶磷	pyrimitate	0.06	甲醇	0.02
214	丰索磷	Fensulfothion	0.66	甲醇	0.20
215	氯咯草酮	fluorochloridone	4.60	甲醇	1.38
216	丁草胺	butachlor	6.68	甲醇	2.01
217	醚菌酯	kresoxim – methyl	33.52	甲醇	10.06
218	灭菌唑	triticonazole	1.00	异辛烷	0.30
219	苯线磷亚砜	fenamiphos sulfoxide	0.24	甲醇	0.07
220	噻吩草胺	thenylchlor	8.04	甲醇	2.41
221	氰菌胺	Fenoxanil	13.14	甲醇	3.94
222	氟啶草酮	Fluridone	0.06	甲醇	0.02
223	氟环唑	epoxiconazole	1.36	甲醇	0.41
224	氯辛硫磷	chlorphoxim	25.86	甲醇	7.76
225	苯线磷砜	fenamiphos sulfone	0.14	甲醇	0.04
226	腈苯唑	fenbuconazole	0.54	甲醇	0.16
227	异柳磷	isofenphos	72.90	甲醇	21.87
228	苯醚菊酯	phenothrin	113.06	甲醇	33.92
229	三苯锡氯	fentin chloride	5.76	甲醇	1.73
230	吡草磷	piperophos	3.08	甲醇	0.92
231	增效醚	piperonyl butoxide	0.38	甲醇	0.11
232	乙氧氟草醚	oxyflurofen	19.52	甲醇	5.85
233	蝇毒磷	coumaphos	0.70	甲醇	0.21
234	氟噻草胺	Flufenacet	1.76	甲醇	0.53

(续表)

序号	中文名称	英文名称	定量限/(μg/kg)	溶剂	混合标准溶液浓度/(mg/L)
		C 组			
235	伏杀硫磷	phosalone	16.02	甲醇	4.80
236	甲氧虫酰肼	methoxyfenozide	1.24	甲醇	0.37
237	咪鲜胺	prochloraz	0.68	甲醇	0.21
238	丙硫特普	aspon	0.58	甲醇	0.17
239	乙硫磷	Ethion	0.98	甲醇	0.30
240	噻吩磺隆[a]	thifensulfuron-methyl	7.14	甲醇	2.14
241	氟硫草定	Dithiopyr	3.46	甲醇	1.04
242	螺螨酯	Spirodiclofen	3.30	甲醇	0.99
243	唑螨酯	Fenpyroximate	0.46	甲醇	0.14
244	胺氟草酯	flumiclorac-pentyl	3.54	甲醇	1.06
245	双硫磷	temephos	0.40	甲醇	0.12
246	氟丙嘧草酯	Butafenacil	3.16	甲醇	0.95
247	多杀菌素	spinosad	0.18	甲醇	0.06
		D 组			
248	甲呱鎓	mepiquat chloride	0.30	甲醇	0.09
249	二丙烯草胺	Allidochlor	13.68	甲醇	4.10
250	霜霉威	propamocarb	0.06	甲醇	0.01
251	三环唑	tricyclazole	0.42	甲醇	0.13
252	噻菌灵	thiabendazole	0.16	甲醇	0.05
253	苯噻草酮	metamitron	2.12	甲醇	0.64
254	异丙隆	isoproturon	0.04	甲醇	0.01
255	莠去通	atratone	0.06	甲醇	0.02
256	敌草净	oesmetryn	0.06	甲醇	0.02
257	嗪草酮	metribuzin	0.18	甲苯	0.05
258	N，N-二甲基氨基-N-甲苯	DMST	13.34	甲醇	4.00
259	环草敌	cycloate	1.48	甲醇	0.44
260	莠去津	atrazine	0.12	甲醇	0.04
261	丁草敌	butylate	100.66	甲醇	30.20
262	吡蚜酮	pymetrozin	22.86	甲醇	3.43
263	氯草敏	chloridazon	0.78	甲醇	0.23
264	莱草畏	sulfallate	69.06	甲苯	20.72
265	乙硫苯威	ethiofencarb	1.64	甲醇	0.49
266	特丁通	terbumeton	0.04	甲醇	0.01
267	环丙津	Cyprazine	0.02	甲醇	0.01
268	阔草净	ametryn	0.32	甲醇	0.10

(续表)

序号	中文名称	英文名称	定量限/(μg/kg)	溶剂	混合标准溶液浓度/(mg/L)
		D 组			
269	木草隆	tebuthiuron	0.08	甲醇	0.02
270	草达津	trietazine	0.20	甲醇	0.06
271	另丁津	sebutylazine	0.10	甲醇	0.03
272	蓄虫避	dibutyl succinate	74.14	甲醇	22.24
273	牧草胺	tebutam	0.04	甲醇	0.01
274	久效威亚砜	thiofanox – sulfoxide	2.76	甲醇	0.83
275	杀螟丹	cartap hydrochloride	693.34	甲醇	208.00
276	虫螨畏	methacrifos	807.90	甲醇	242.37
277	特丁净	terbutryn	7.56	甲醇	2.27
278	虫线磷	thionazin	7.56	甲醇	2.27
279	利谷隆	Linuron	3.88	甲醇	1.16
280	庚虫磷	heptanophos	1.94	甲醇	0.58
281	苄草丹	prosulfocarb	0.12	甲醇	0.04
282	杀草净	dipropetryn	0.10	甲醇	0.03
283	禾草丹	thiobencarb	1.10	甲醇	0.33
284	三异丁基磷酸盐	tri – iso – butyl phosphate	1.20	甲醇	0.04
285	三丁基磷酸酯	tri – n – butyl phosphate	0.12	甲醇	0.04
286	乙霉威	diethofencarb	0.66	甲醇	0.20
287	甲草胺	alachlor	2.46	甲醇	0.74
288	硫线磷	cadusafos	0.38	甲醇	0.12
289	吡唑草胺	Metazachlor	0.32	甲醇	0.10
290	胺丙畏	Propetamphos	18.00	甲醇	5.40
291	特丁硫磷[a]	terbufos	746.66	甲醇	224.00
292	硅氟唑	Simeconazole	0.98	甲醇	0.29
293	三唑酮	Triadimefon	2.62	甲醇	0.79
294	甲拌磷砜	phorate sulfone	14.00	甲醇	4.20
295	十三吗啉	tridemorph	0.86	甲醇	0.26
296	苯噻酰草胺	mefenacet	0.74	甲醇	0.22
297	苯线磷	Fenamiphos	0.06	甲醇	0.02
298	丁苯吗啉	fenpropimorph	0.06	甲醇	0.02
299	戊唑醇	Tebuconazole	0.74	甲醇	0.22
300	异丙乐灵	isopropalin	10.00	甲醇	3.00
301	氟苯嘧啶醇	Nuarimol	0.66	甲醇	0.10
302	乙嘧酚磺酸酯	Bupirimate	0.24	甲醇	0.07
303	保棉磷	azinphos – methyl	368.12	甲醇	110.43

（续表）

序号	中文名称	英文名称	定量限/(μg/kg)	溶剂	混合标准溶液浓度/(mg/L)
\multicolumn{6}{c}{D 组}					
304	丁基嘧啶磷	Tebupirimfos	0.04	甲醇	0.01
305	稻丰散	Phenthoate	30.78	甲醇	9.24
306	治螟磷	sulfotep	0.86	甲醇	0.26
307	硫丙磷	Sulprofos	1.94	甲苯	0.58
308	苯硫磷	EPN	11.00	甲醇	3.30
309	甲基吡噁磷	azamethiphos	0.26	甲醇	0.08
310	烯唑醇	diniconazole	0.44	甲醇	0.13
311	唑嘧磺草胺	flumetsulam	0.10	甲醇	0.03
312	稀禾啶	sethoxydim	29.86	甲醇	9.33
313	戊菌隆	pencycuron	0.10	甲醇	0.03
314	灭蚜磷	mecarbam	6.54	甲醇	1.96
315	苯草酮	tralkoxydim	0.10	甲醇	0.03
316	马拉硫磷	Malathion	1.88	甲醇	0.56
317	稗草畏	pyributicarb	0.12	甲醇	0.03
318	哒嗪硫磷	pyridaphenthion	0.30	甲醇	0.09
319	嘧啶磷	pirimiphos – ethyl	0.02	甲醇	0.01
320	硫双威	thiodicarb	26.24	甲醇	3.94
321	吡唑硫磷	Pyraclofos	0.34	甲醇	0.10
322	啶氧菌酯	picoxystrobin	2.82	甲醇	0.84
323	四氟醚唑	tetraconazole	0.58	甲醇	0.17
324	吡唑解草酯	mefenpyr – diethyl	4.18	甲醇	1.26
325	丙溴磷	profenefos	0.68	甲醇	0.20
326	吡唑醚菌酯	pyraclostrobin	0.16	甲醇	0.05
327	烯酰吗啉	dimethomorph	0.12	甲醇	0.04
328	噻恩菊酯	kadethrin	1.10	甲醇	0.33
329	噻唑烟酸	Thiazopyr	0.66	甲醇	0.20
330	甲基丙硫克百威	benfuracarb – methyl	5.46	甲醇	1.64
331	醚磺隆	cinosulfuron	0.74	甲醇	0.11
332	吡嘧磺隆	pyrazosulfuron – ethyl	2.28	甲醇	0.68
333	磺草胺唑	metosulam	2.94	甲醇	0.44
334	氟啶脲	chlorfluazuron	2.90	甲醇	0.87
\multicolumn{6}{c}{E 组}					
335	4 – 氨基吡啶	4 – aminopyridine	0.28	甲醇	0.09
336	矮壮素	chlormequat	0.08	甲醇	0.01
337	灭多威	methomyl	3.18	甲醇	0.96

(续表)

序号	中文名称	英文名称	定量限/(μg/kg)	溶剂	混合标准溶液浓度/(mg/L)
		E 组			
338	咯喹酮	Pyroquilon	1.16	甲醇	0.35
339	麦穗宁	fuberidazole	0.64	甲醇	0.19
340	丁脒酰胺	isocarbamid	0.56	甲醇	0.17
341	丁酮威	butocarboxim	0.52	甲醇	0.16
342	杀虫脒	chlordimeform	0.44	甲醇	0.13
343	霜脲氰	cymoxanil	18.54	甲醇	5.56
344	灭草敌	vernolate	0.18	甲醇	0.03
345	氯硫酰草胺	chlorthiamid	2.94	甲醇	0.88
346	灭害威	aminocarb	5.48	甲醇	1.64
347	二甲嘧酚	dimethirimol	0.04	甲醇	0.01
348	氧乐果	omethoate	3.22	甲醇	0.97
349	乙氧喹啉	ethoxyquin	1.18	甲醇	0.35
350	敌敌畏	dichlorvos	0.18	甲醇	0.05
351	涕灭威砜	aldicarb sulfone	7.12	甲醇	2.14
352	二氧威	dioxacarb	1.12	甲醇	0.34
353	苄基腺嘌呤	benzyladenine	23.60	甲醇	7.08
354	甲基内吸磷	demeton – s – methyl	1.76	甲醇	0.53
355	乙硫苯威亚砜	ethiofencarb – sulfoxide	74.66	甲醇	22.40
356	杀虫腈	cyanophos	3.36	甲醇	1.01
357	甲基乙拌磷	Thiometon	192.66	甲醇	57.80
358	灭菌丹	folpet	92.40	甲醇	13.86
359	甲基内吸磷砜	demeton – s – methyl sulfone	6.58	甲醇	1.98
360	呱草丹	dimepiperate	1260.00	甲醇	378.00
361	苯锈定	fenpropidin	0.06	甲醇	0.02
362	甲咪唑烟酸[a]	imazapic	1.96	甲醇	0.59
363	对氧磷	Paraoxon – ethyl	0.16	甲醇	0.05
364	4 – 十二烷基 – 2, 6 – 二甲基吗啉	aldimorph	1.06	甲醇	0.32
365	乙烯菌核利	Vinclozolin	1.70	甲醇	0.25
366	烯效唑	uniconazole	0.80	甲醇	0.24
367	啶斑肟	pyrifenox	0.08	甲醇	0.03
368	氯硫磷	chlorthion	44.54	甲醇	13.36
369	异氯磷	dicapthon	0.16	甲醇	0.02
370	四螨嗪	clofentezine	0.50	甲醇	0.08
371	氟草敏	Norflurazon	0.08	甲醇	0.03

(续表)

序号	中文名称	英文名称	定量限/(μg/kg)	溶剂	混合标准溶液浓度/(mg/L)
	E 组				
372	野麦畏	triallate	15.40	甲醇	4.62
373	苯氧喹啉	quinoxyphen	51.14	甲醇	15.34
374	倍硫磷砜	fenthion sulfone	5.82	甲醇	1.75
375	氟咯草酮	flurochloridone	0.44	甲醇	0.13
376	酞酸苯甲基丁酯[a]	phthalic acid, benzyl butylester	210.66	甲醇	63.20
377	氯唑磷	isazofos	0.06	甲醇	0.02
378	除线磷	Dichlofenthion	9.98	甲醇	3.02
379	蚜灭多砜	vamidothion sulfone	158.66	甲醇	47.60
380	特丁硫磷砜	terbufos sulfone	29.54	甲醇	8.86
381	敌乐胺	dinitramine	1.20	甲苯	0.18
382	氰霜唑	cyazofamid	3.00	乙腈	0.45
383	毒壤磷	trichloronat	22.26	甲醇	6.68
384	苄呋菊酯-2	resmethrin-2	0.10	甲醇	0.03
385	啶酰菌胺	boscalid	1.58	甲醇	0.48
386	甲磺乐灵	nitralin	11.46	甲醇	3.44
387	甲氰菊酯	fenpropathrin	81.66	甲醇	24.50
388	噻螨酮	hexythiazox	7.86	甲醇	2.36
389	双氟磺草胺	florasulam	5.80	乙腈	1.74
390	苯螨特	benzoximate	6.56	甲醇	1.97
391	新燕灵	benzoylprop-ethyl	102.66	甲醇	30.80
392	嘧螨醚	Pyrimidifen	4.66	甲醇	1.40
393	呋线威	furathiocarb	0.64	甲醇	0.19
394	反式氯菊酯	trans-permethin	1.60	甲醇	0.48
395	醚菊酯	etofenprox	760.10	甲醇	228.00
396	苄草唑	pyrazoxyfen	0.10	甲醇	0.03
397	嘧唑螨	flubenzimine	5.18	甲醇	0.78
398	Z-氯氰菊酯	zeta-cypermethrin	0.46	甲醇	0.07
399	氟吡乙禾灵	haloxyfop-2-ethoxyethyl	0.84	甲醇	0.25
400	S-氰戊菊酯[a]	esfenvalerate	138.66	甲醇	410.00
401	乙羧氟草醚	fluoroglycofen-ethyl	1.66	甲醇	0.50
402	氟胺氰菊酯	tau-fluvalinate	76.66	甲醇	23.00
	F 组				
403	丙烯酰胺	acrylamide	5.94	甲醇	1.78
404	叔丁基胺	tert-butylamine	12.98	甲醇	3.90
405	噁霉灵	hymexazol	74.72	甲醇	22.41

(续表)

序号	中文名称	英文名称	定量限/(μg/kg)	溶剂	混合标准溶液浓度/(mg/L)
		F 组			
406	矮壮素氯化物	chlormequat chloride	0.24	甲醇	0.07
407	邻苯二甲酰亚胺	phthalimide	14.34	甲醇	4.30
408	甲氟磷	dimefox	22.74	甲醇	6.82
409	速灭威	metolcarb	8.46	甲醇	2.54
410	二苯胺	diphenylamin	0.14	甲醇	0.04
411	1-萘基乙酰胺	1-naphthy acetamide	0.28	甲醇	0.08
412	脱乙基莠去津	atrazine-desethyl	0.20	甲醇	0.06
413	2,6-二氯苯甲酰胺	2,6-dichlorobenzamide	1.50	甲醇	0.45
414	涕灭威	aldicarb	87.00	甲醇	26.10
415	邻苯二甲酸二甲酯	dimethyl phthalate	4.40	甲醇	1.32
416	杀虫脒盐酸盐	chlordimeform hydrochloride	0.88	甲醇	0.26
417	西玛通	simeton	0.36	甲醇	0.11
418	呋草胺	dinotefuran	3.40	甲醇	1.02
419	克草敌	pebulate	1.14	甲醇	0.34
420	活化酯	Acibenzolar-S-methyl	1.02	甲醇	0.31
421	蔬果磷	dioxabenzofos	4.62	甲醇	1.38
422	杀线威	oxamyl	182.68	甲醇	54.81
423	噻苯隆[a]	thidiazuron	0.10	甲醇	0.03
424	甲基苯噻隆	methabenzthiazuron	0.02	甲醇	0.01
425	丁酮砜威	butoxycarboxim	8.86	甲醇	2.66
426	兹克威	Mexacarbate	0.62	甲醇	0.09
427	甲基内吸磷亚砜	demeton-s-methyl sulfoxide	1.30	甲醇	0.39
428	久效威砜	thiofanox sulfone	8.02	甲醇	2.41
429	硫环磷	phosfolan	0.16	环己烷	0.05
430	硫赶内吸磷	demeton-s	26.66	甲醇	8.00
431	氧倍硫磷	fenthion oxon	0.40	甲醇	0.12
432	敌草胺	Napropamide	0.42	甲醇	0.13
433	杀螟硫磷	Fenitrothion	8.94	甲醇	2.68
434	酞酸二丁酯	phthalic acid, dibutyl ester	13.20	甲醇	3.96
435	丙草胺	metolachlor	0.14	甲醇	0.04
436	腐霉利	Procymidone	28.86	甲醇	8.66
437	蚜灭磷	vamidothion	1.52	甲醇	0.46
438	威菌磷	triamiphos	1.52	甲醇	0.46
439	右旋炔丙菊酯	prallethrin	0.44	甲醇	0.13
440	二苯隆	cumyluron	0.44	甲醇	0.13

（续表）

序号	中文名称	英文名称	定量限/(μg/kg)	溶剂	混合标准溶液浓度/（mg/L）
\multicolumn{6}{c}{F 组}
441	甲氧咪草烟	imazamox	1.20	甲醇	0.18
442	杀鼠灵	warfarin	0.90	甲醇	0.27
443	亚胺硫磷	phosmet	11.82	甲醇	1.77
444	皮蝇磷	Ronnel	4.38	甲醇	1.31
445	除虫菊酯	pyrethrin	11.94	甲醇	3.58
446	—	phthalic acid, biscyclohexyl ester	0.22	甲醇	0.07
447	环丙酰菌胺	carpropamid	1.74	甲醇	0.52
448	吡螨胺	tebufenpyrad	0.16	甲醇	0.03
449	虫酰肼	tebufenozide	9.26	甲醇	2.78
450	虫螨磷	chlorthiophos	10.60	甲醇	3.18
451	氯亚胺硫磷	Dialifos	52.34	甲醇	15.70
452	吲哚酮草酯	cinidon-ethyl	4.86	甲醇	1.46
453	鱼藤酮	rotenone	0.78	甲醇	0.23
454	亚胺唑	imibenconazole	3.42	甲醇	1.03
455	噁草酸	propaquiafop	0.42	甲醇	0.12
456	乳氟禾草灵	Lactofen	20.66	甲醇	6.20
457	吡草酮	benzofenap	0.02	甲醇	0.01
458	地乐酯	dinoseb acetate	13.76	甲醇	4.13
459	异丙草胺	propisochlor	0.26	甲醇	0.08
460	氟硅菊酯	Silafluofen	202.66	甲醇	60.80
461	乙氧苯草胺	etobenzanid	0.54	甲醇	0.08
462	四唑酰草胺	fentrazamide	4.14	甲醇	1.24
463	五氯苯胺	pentachloroaniline	1.24	甲醇	0.37
464	苯醚氰菊酯	cyphenothrin	5.60	甲醇	1.68
465	狄氏剂	Dieldrin	107.74	甲醇	16.16
466	马拉氧磷[a]	malaoxon	1.56	甲醇	0.47
467	多果定	dodine	5.34	甲醇	0.80
468	丙烯硫脲	propylene thiourea	10.02	甲醇	3.01
\multicolumn{6}{c}{G 组}
469	茅草枯	dalapon	76.92	甲醇	23.07
470	四氟丙酸	flupropanate	15.32	甲醇	2.30
471	2-苯基苯酚	2-phenylphenol	56.62	甲醇	16.99
472	3-苯基苯酚	3-phenylphenol	1.34	甲醇	0.40
473	二氯吡啶酸[a]	clopyralid	93.34	甲醇	28.00
474	二硝酚	DNOC	1.74	甲醇	0.26

(续表)

序号	中文名称	英文名称	定量限/(μg/kg)	溶剂	混合标准溶液浓度/(mg/L)
		G 组			
475	调果酸	cloprop	7.60	甲醇	1.14
476	氯硝胺	Dichloran	16.18	甲醇	4.86
477	氯氨吡啶酸	aminopyralid	244.00	甲醇	13.05
478	氯苯胺灵	chlorpropham	5.26	甲醇	1.58
479	2-甲-4-氯丙酸	mecoprop	3.26	甲醇	0.49
480	特草定	terbacil	0.30	甲醇	0.09
481	麦草畏[a]	dicamba	421.98	甲醇	126.59
482	二甲四氯丁酸	MCPB	4.72	甲醇	1.42
483	2,4-滴丙酸[a]	dichlorprop	0.50	甲醇	0.15
484	灭草松	bentazone	0.68	甲醇	0.10
485	地乐酚	dinoseb	0.26	甲醇	0.04
486	特乐酚	dinoterb	0.08	甲醇	0.02
487	咯菌腈	fludioxonil	20.72	甲醇	6.22
488	杀螨醇	chlorfenethol	109.54	甲醇	16.43
489	水胺硫磷[a]	isocarbophos	0.02	甲醇	0.004
490	萘草胺[a]	naptalam	0.64	甲醇	0.19
491	灭幼脲	chlorobenzuron	13.60	甲醇	2.04
492	氯霉素	chloramphenicolum	1.30	甲醇	0.39
493	禾草灭	alloxydim-sodium	0.06	甲醇	0.02
494	嘧草硫醚[a]	pyrithlobac sodium	460.66	甲醇	137.92
495	乙酰磺胺对硝基苯	sulfanitran	2.02	甲醇	0.30
496	氨磺乐灵	oryzalin	3.28	甲醇	0.49
497	赤霉酸[a]	gibberellic acid	22.12	甲醇	6.63
498	三氟羧草醚	acifluorfen	39.34	甲醇	11.80
499	七氯[a]	heptachlor	0.10	甲醇	0.002
500	噁唑菌酮	famoxadone	15.10	甲醇	4.53
501	甲磺草胺	sulfentrazone	29.86	甲醇	8.94
502	吡氟酰草胺	diflufenican	9.42	甲醇	2.83
503	氟氰唑	ethiprole	13.28	甲醇	3.99
504	磺菌胺	flusulfamide	0.14	甲醇	0.04
505	环丙嘧磺隆	cyclosulfamuron	229.12	甲醇	34.37
506	嗪胺灵[a]	triforine	140.30	甲醇	42.00
507	氟磺胺草醚	fomesafen	0.68	甲醇	0.20
508	氟啶胺	fluazinam	23.54	甲醇	7.06
509	吡虫隆[a]	fluazuron	0.02	甲醇	0.002

(续表)

序号	中文名称	英文名称	定量限/(μg/kg)	溶剂	混合标准溶液浓度/(mg/L)
G组					
510	虱螨脲[a]	lufenuron	0.02	甲醇	0.002
511	克来范	kelevan	3214.28	甲醇	962.27
512	氟丙菊酯	acrinathrin	2.70	甲醇	0.81

[a] 为定性鉴别的农药品种。

附录 B
（资料性附录）
512 种农药及相关化学品监测离子对、碰撞气能量、源内碎裂电压和保留时间

B.1 512 种农药及相关化学品监测离子对、碰撞气能量、源内碎裂电压和保留时间见表 B.1。

表 B.1

序号	中文名称	英文名称	保留时间/min	定量离子	定性离子	源内碎裂电压/V	碰撞气能量/V
A 组							
1	苯胺灵	Propham	8.80	180.1/138.0	180.1/138.0；180.1/120.0	80	5；15
2	异丙威	isoprocarb	8.38	194.1/95.0	194.1/95.0；194.1/137.1	80	20；5
3	3,4,5-混杀威	3,4,5-trimethacarb	8.38	194.2/137.2	194.2/137.2；194.2/122.2	80	5；20
4	环莠隆	cycluron	7.73	199.4/72.0	199.4/72.0；199.4/89.0	120	25；15
5	甲萘威	carbaryl	7.45	202.1/145.1	202.1/145.1；202.1/127.1	80	10；5
6	毒草胺	propachlor	8.75	212.1/170.1	212.1/170.1；212.1/94.1	100	10；30
7	吡咪唑	rabenzazole	7.54	213.2/172	213.2/172；213.2/118.0	120	25；25
8	西草净	simetryn	5.32	214.2/124.1	214.2/124.1；214.2/96.1	120	20；25
9	绿谷隆	monolinuron	7.82	215.1/126.0	215.1/126.0；215.1/148.1	100	15；10
10	速灭磷	mevinphos	5.17	225.0/127.0	225.0/127.0；225.0/193.0	80	15；1
11	叠氮津	aziprotryne	10.40	226.1/156.1	226.1/156.1；226.1/198.1	100	10；10
12	仲丁通	Secbumeton	5.56	226.2/170.1	226.2/170.1；226.2/142.1	120	20；25
13	嘧菌磺胺	cyprodinil	9.24	226.0/93.0	226.0/93.0；226.0/108.0	120	40；30

(续表)

序号	中文名称	英文名称	保留时间/min	定量离子	定性离子	源内碎裂电压/V	碰撞气能量/V
\multicolumn{8}{c}{A 组}
14	播土隆	buturon	9.38	237.1/84.1	237.1/84.1; 237.1/126.1	120	30；15
15	双酰草胺	carbetamide	5.80	237.1/192.1	237.1/192.1; 237.1/118.1	80	5；10
16	抗蚜威	Pirimicarb	4.20	239.2/72.0	239.2/72.0; 239.2/182.2	120	20；15
17	异噁草松	Clomazone	9.36	240.1/125.0	240.1/125.0; 240.1/89.1	100	20；50
18	氰草津	Cyanazine	6.38	241.1/214.1	241.1/214.1; 241.1/174.0	120	15；15
19	扑草净	Prometryne	7.66	242.2/158.1	242.2/158.1; 242.2/200.2	120	20；20
20	甲基对氧磷	paraoxonmethyl	6.20	248.0/202.1	248.0/202.1; 248.0/90.0	120	20；30
21	4,4-二氯二苯甲酮	4,4-dichlorobenzophenone	12.00	251.1/111.1	251.1/111.1; 251.1/139.0	100	35；20
22	噻虫啉	thiacloprid	5.65	253.1/126.1	253.1/126.1; 253.1/186.1	120	20；10
23	吡虫啉	imidacloprid	4.73	256.1/209.1	256.1/209.1; 256.1/175.1	80	10；10
24	磺噻隆	ethidimuron	4.62	265.1/208.1	265.1/208.1; 265.1/162.1	80	10；25
25	丁嗪草酮	isomethiozin	14.20	269.1/200.0	269.1/200.0; 269.1/172.1	120	15；25
26	燕麦敌	diallate	17.40	270.0/86.0	270.0/86.0; 270.0/109.0	100	15；35
27	乙草胺	Acetochlor	13.70	270.2/224.0	270.2/224.0; 270.2/148.2	80	5；20
28	烯啶虫胺	nitenpyram	3.87	271.1/224.1	271.1/224.1; 271.1/237.1	100	15；15
29	盖草津	methoprotryne	6.47	272.2/198.2	272.2/198.2; 272.2/170.1	140	25；30
30	二甲酚草胺	dimethenamid	10.50	276.1/244.1	276.1/244.1; 276.1/168.1	120	10；15

(续表)

序号	中文名称	英文名称	保留时间/min	定量离子	定性离子	源内碎裂电压/V	碰撞气能量/V
\multicolumn{7}{c}{A 组}
31	特草灵	Terbucarb	16.50	278.2/166.1	278.2/166.1；278.2/109.0	80	15；30
32	戊菌唑	penconazole	13.70	284.1/70.0	284.1/70.0；284.1/159.0	120	15；20
33	腈菌唑	Myclobutanil	12.10	289.1/125.0	289.1/125.0；289.1/70.0	120	20；15
34	多效唑	paclobutrazol	10.32	294.2/70.0	294.2/70.0；294.2/125.0	100	15；25
35	倍硫磷亚砜	fenthion sulfoxide	7.31	295.1/109.0	295.1/109.0；295.1/280.0	140	35；20
36	三唑醇	triadimenol	10.15	296.1/70.0	296.1/70.0；296.1/99.1	80	10；10
37	仲丁灵	Butralin	18.60	296.1/240.1	296.1/240.1；296.1/222.1	100	10；20
38	螺环菌胺	spiroxamine	9.90	298.2/144.2	298.2/144.2；298.2/100.1	120	20；35
39	甲基立枯磷	tolclofosmethyl	16.60	301.2/269.0	301.2/269.0；301.2/125.2	120	15；20
40	甜菜胺	desmedipham	10.65	301.2/182.1	301.2/182.1；301.2/136.1	80	5；20
41	杀扑磷	Methidathion	10.69	303.0/145.1	303.0/145.1；303.0/85.0	80	5；10
42	烯丙菊酯	Allethrin	18.10	303.2/135.1	303.2/135.1；303.2/123.2	60	10；20
43	二嗪磷	Diazinon	15.95	305.0/169.1	305.0/169.1；305.0/153.2	160	20；20
44	敌瘟磷	edifenphos	3.00	311.1/283.0	311.1/283.0；311.1/109.0	100	10；35
45	丙草胺	pretilachlor	17.15	312.1/252.1	312.1/252.1；312.1/176.2	100	15；30
46	氟硅唑	flusilazole	13.60	316.1/247.1	316.1/247.1；316.1/165.1	120	15；20
47	丙森锌	iprovalicarb	12.00	321.1/119.0	321.1/119.0；321.1/203.2	100	25；5

（续表）

序号	中文名称	英文名称	保留时间/min	定量离子	定性离子	源内碎裂电压/V	碰撞气能量/V
\multicolumn{8}{c}{A组}
48	麦锈灵	Benodanil	9.80	324.1/203.0	324.1/203.0; 324.1/231.0	120	25；40
49	氟酰胺	Flutolanil	14.00	324.2/262.1	324.2/262.1; 324.2/282.1	120	20；10
50	伐灭磷	famphur	10.30	326.0/217.0	326.0/217.0; 326.0/281.0	100	20；10
51	苯霜灵	Benalaxyl	15.19	326.2/148.1	326.2/148.1; 326.2/294.0	120	1；5
52	苄氯三唑醇	diclobutrazole	12.20	328.0/159.0	328.0/159.0; 328.0/70.0	120	35；30
53	乙环唑	etaconazole	11.75	328.1/159.1	328.1/159.1; 328.1/205.1	80	25；20
54	氯苯嘧啶醇	fenarimol	12.20	331.0/268.1	331.0/268.1; 331.0/81.0	120	25；30
55	酞酸二环己基酯	phthalic acid, dicyclobexyl ester	4.35	313.2/149.1	313.2/149.1; 313.2/205.0	100	5；1
56	胺菊酯	Tetramethirn	17.85	332.2/164.1	332.2/164.1; 332.2/135.1	100	15；15
57	抑菌灵	dichlofluanid	15.16	333.0/123.0	333/123; 333/224.0	80	20；10
58	解草酯	cloquintocetmexyl	17.36	336.1/238.1	336.1/238.1; 336.1/192.1	120	15；20
59	联苯三唑醇	bitertanol	13.90	338.2/70	338.2/70; 338.2/269.2	60	5；1
60	甲基毒死蜱	chlorprifosmethyl	16.72	322.0/125.0	322.0/125.0; 322.0/290.0	80	15；15
61	吡喃草酮	tepraloxydim	12.73	342.2/250.2	342.2/250.2; 342.2/166.1	120	10；25
62	甲基硫菌灵	thiophanatemethyl	6.28	343.1/151.1	343.1/151.1; 343.1/311.1	120	20；10
63	益棉磷	azinphos ethyl	14.00	346.0/233	346.0/233; 346.0/261.1	120	10；5
64	炔草酸	clodinafop propargyl	16.09	350.1/266.1	350.1/266.1; 350.1/238.1	120	15；20

(续表)

序号	中文名称	英文名称	保留时间/min	定量离子	定性离子	源内碎裂电压/V	碰撞气能量/V
\multicolumn{8}{c}{A 组}							
65	杀铃脲	triflumuron	15.59	359.0/156.1	359.0/156.1；359.0/139.0	120	15；30
66	异噁唑草酮	isoxaflutole	12.00	360.0/251.1	360.0/251.1；360.0/220.1	120	10；45
67	硫菌灵	thiophanat ethyl	9.32	371.1/151.1	371.1/151.1；371.1/325.0	120	15；10
68	喹禾灵	quizalofop-ethyl	17.40	373.0/299.1	373.0/299.1；373.0/91.0	140	15；30
69	精氟吡甲禾灵	haloxyfop-methyl	17.11	376.0/316.0	376.0/316.0；376.0/288.0	120	15；20
70	精吡磺草隆	fluazifop butyl	18.24	384.1/282.1	384.1/282.1；384.1/328.1	120	20；15
71	乙基溴硫磷	Bromophos-ethyl	19.15	393.0/337.0	393.0/337.0；393.0/162.1	100	20；30
72	地散磷	bensulide	16.18	398.0/158.1	398.0/158.1；398.0/314.0	80	20；5
73	醚苯磺隆	triasulfuron	7.27	402.1/167.1	402.1/167.1；402.1/141.1	120	15；20
74	溴苯烯磷	bromfenvinfos	15.22	402.9/170.0	402.9/170.0；402.9/127.0	100	35；20
75	嘧菌酯	azoxystrobin	12.50	404.0/372.0	404.0/372.0；404.0/344.1	120	10；15
76	吡菌磷	pyrazophos	16.20	374.0/222.0	374.0/222.0；374.0/194.0	120	20；30
77	氟虫脲	flufenoxuron	18.30	489.0/158.1	489.0/158.1；489.0/141.1	80	10；15
78	茚虫威	indoxacarb	17.43	528.0/150.0	528.0/150；528.0/218.0	120	20；20
79	甲氨基阿维菌素苯甲酸盐	emamectin benzoate	17.00	886.7/158.2	886.7/158.2；886.7/126.1	150	40；40
\multicolumn{8}{c}{B 组}							
80	乙撑硫脲	ethylene thiourea	0.74	103.0/60.0	103.0/60.0；103.0/86.0	100	35；10
81	丁酰肼	daminozide	0.74	161.1/143.1	161.1/143.1；161.1/102.2	80	15；15

(续表)

序号	中文名称	英文名称	保留时间/min	定量离子	定性离子	源内碎裂电压/V	碰撞气能量/V
B 组							
82	棉隆	dazomet	3.80	163.1/120.0	163.1/120.0；163.1/77.0	80	10；35
83	烟碱	nicotine	0.74	163.2/130.1	163.2/130.1；163.2/117.1	100	25；30
84	非草隆	fenuron	4.50	165.1/72.0	165.1/72.0；165.1/120.0	120	15；15
85	灭蝇胺	cyromazine	0.74	167.0/85.0	167.0/85.0；167.0/125.0	120	25；20
86	鼠立死	crimidine	4.47	172.1/107.1	172.1/107.1；172.1/136.2	120	30；25
87	乙酰甲胺磷	acephate	0.74	184.1/143.0	184.1/143.0；184.1/95.0	60	5；20
88	禾草敌	molinate	11.30	188.1/126.1	188.1/126.1；188.1/83.0	120	10；15
89	多菌灵	carbendazim	3.30	192.1/160.1	192.1/160.1；192.1/132.1	80	15；20
90	6－氯－4－羟基－3－苯基哒嗪	6－chloro－4－hydroxy－3－phenyl－pyridazin	12.86	207.1/77.0	207.1/77.0；207.1/104.0	120	25；35
91	残杀威	propoxur	6.79	210.1/111	210.1/111；210.1/168.1	80	10；5
92	异噁隆	isouron	6.11	212.2/167.1	212.2/167.1；212.2/72.0	120	15；25
93	绿麦隆	chlorotoluron	7.23	213.1/72.0	213.1/72.0；213.1/140.1	80	25；25
94	久效威	thiofanox	1.00	241.0/184.0	241.0/184.0；241.0/57.1	120	15；5
95	氯草灵	chlorbufam	11.67	224.1/172.1	224.1/172.1；224.1/154.1	120	5；15
96	噁虫威	bendiocarb	6.87	224.1/109.0	224.1/109.0；224.1/167.0	80	5；10
97	扑灭津	propazine	9.37	229.9/146.1	229.9/146.1；229.9/188.1	120	20；15
98	特丁津	terbuthylazine	10.15	230.1/174.1	230.1/174.1；230.1/132.0	120	15；20

(续表)

序号	中文名称	英文名称	保留时间/min	定量离子	定性离子	源内碎裂电压/V	碰撞气能量/V
\multicolumn{8}{c}{B 组}
99	敌草隆	diuron	7.82	233.1/72.0	233.1/72.0；233.1/160.1	120	20；20
100	氯甲硫磷	Chlormephos	13.70	235.0/125.0	235/125.0；235.0/75.0	100	10；10
101	萎锈灵	Carboxin	7.67	236.1/143.1	236.1/143.1；236.1/87.0	120	15；20
102	野燕枯	difenzoquat‑methyl sulfate	5.51	249.1/130.0	249.1/130.0；249.1/193.1	140	40；30
103	噻虫胺	clothianidin	4.40	250.2/169.1	250.2/169.1；250.2/132.0	80	10；15
104	炔苯酰草胺	Propyzamide	11.81	256.1/190.1	256.1/190.1；256.1/173.0	80	10；20
105	二甲草胺	dimethachlor	8.96	256.1/224.2	256.1/224.2；256.1/148.2	120	10；20
106	溴谷隆	Metobromuron	8.25	259.0/170.1	259.0/170.1；259.0/148.0	80	15；15
107	甲拌磷	Phorate	16.55	261.0/75.0	261.0/75.0；261.0/199.0	80	10；5
108	苯草醚	aclonifen	14.70	265.1/248.0	265.1/248.0；265.1/193.0	120	15；15
109	地安磷	mephosfolan	5.97	270.1/140.1	270.1/140.1；270.1/168.1	100	25；15
110	脱苯甲基亚胺唑	imibenzonazole‑des‑benzyl	5.96	271.0/174.0	271.0/174.0；271.0/70.0	120	25；25
111	草不隆	neburon	14.17	275.1/57.0	275.1/57.0；275.1/88.1	120	20；15
112	精甲霜灵	Mefenoxam	7.92	280.1/192.1	280.1/192.1；280.1/220.0	100	15；10
113	发硫磷	prothoate	4.78	286.1/227.1	286.1/227.1；286.1/199.0	100	5；15
114	乙氧呋草黄	ethofume sate	12.86	287.0/121.0	287/121.0；287.0/161.0	80	10；20
115	异稻瘟净	iprobenfos	13.50	289.1/91.0	289.1/91.0；289.1/205.1	80	25；5

（续表）

序号	中文名称	英文名称	保留时间/min	定量离子	定性离子	源内碎裂电压/V	碰撞气能量/V
			B 组				
116	特普	TEPP	5.64	291.1/179.0	291.1/179.0；291.1/99.0	100	20；35
117	环丙唑醇	cyproconazole	10.59	292.1/70.0	292.1/70.0；292.1/125.0	120	15；15
118	噻虫嗪	Thiamethoxam	4.05	292.1/211.2	292.1/211.2；292.1/181.1	80	10；20
119	育畜磷	crufomate	11.56	292.1/236.0	292.1/236.0；292.1/108.1	120	20；30
120	乙嘧硫磷	Etrimfos	6.16	293.1/125.0	293.1/125.0；293.1/265.1	80	20；15
121	杀鼠醚	coumatetralyl	4.68	293.2/107.0	293.2/107.0；293.2/175.1	140	35；25
122	赛灭磷	cythioate	6.59	298.0/217.1	298/217.1；298.0/125.0	100	15；25
123	磷胺	phosphamidon	5.77	300.1/174.1	300.1/174.1；300.1/127.0	120	10；20
124	甜菜宁	phenmedipham	10.69	301.1/168.1	301.1/168.1；301.1/136	80	5；20
125	联苯井酯	bifenazate	13.28	301.2/198.1	301.2/198.1；301.2/170.1	60	5；20
126	环酰菌胺	fenhexamid	12.33	302.0/97.1	302.0/97.1；302.0/55.0	80	30；25
127	粉唑醇	flutriafol	7.55	302.1/70.0	302.1/70.0；302.1/123.0	120	15；20
128	抑菌丙胺酯	furalaxyl	10.77	302.2/242.2	302.2/242.2；302.2/270.2	100	15；5
129	生物丙烯菊酯	bioallethrin	18.00	303.1/135.1	303.1/135.1；303.1/107.0	80	10；20
130	苯腈磷	cyanofenphos	16.44	304.0/157.0	304.0/157.0；304.0/276.0	100	20；10
131	甲基嘧啶磷	pirimiphosmethyl	15.50	306.2/164.0	306.2/164.0；306.2/108.1	120	20；30
132	噻嗪酮	buprofezin	13.34	306.2/201.0	306.2/201.0；306.2/116.1	120	15；10

（续表）

序号	中文名称	英文名称	保留时间/min	定量离子	定性离子	源内碎裂电压/V	碰撞气能量/V
\multicolumn{8}{c}{B 组}
133	乙拌磷砜	disulfoton sulfone	9.79	307.0/97.0	307.0/97.0；307.0/125.0	100	30；10
134	喹螨醚	fenazaquin	18.80	307.2/57.1	307.2/57.1；307.2/161.2	120	20；15
135	三唑磷	triazophos	13.80	314.1/162.1	314.1/162.1；314.1/286.0	120	20；10
136	脱叶磷	DEF	19.21	315.1/169.0	315.1/169.0；315.1/113.0	100	10；20
137	环酯草醚	Pyriftalid	12.00	319.0/139.1	319.0/139.1；319.0/179.0	140	35；35
138	叶菌唑	metconazole	13.77	320.2/70.0	320.2/70.0；320.2/125.0	140	35；55
139	蚊蝇醚	pyriproxyfen	18.00	322.1/96.0	322.1/96.0；322.1/227.1	120	15；10
140	噻草酮	cycloxydim	17.00	326.2/280.2	326.2/280.2；326.2/180.2	120	10；15
141	异噁酰草胺	isoxaben	13.21	333.1/165.0	333.1/165.0；333.1/150.1	120	15；50
142	呋草酮	Flurtamone	11.25	334.1/247.1	334.1/247.1；334.1/303.0	120	30；20
143	氟乐灵	trifluralin	12.86	336.0/138.9	336.0/138.9；336.0/103.0	120	20；45
144	麦草氟甲酯	flampropmethyl	13.20	336.1/105.1	336.1/105.1；336.1/304.0	80	20；5
145	生物苄呋菊酯	bioresmethrin	19.39	339.2/171.1	339.2/171.1；339.2/143.1	100	15；25
146	丙环唑	Propiconazole	14.29	342.1/159.1	342.1/159.1；342.1/69.0	120	20；20
147	毒死蜱	Chlorpyrifos (-ethyl)	18.29	350.0/198.0	350.0/198.0；350.0/79.0	100	20；35
148	氯乙氟灵	fluchloralin	17.68	356.0/186.0	356.0/314.1；356.0/63.0	80	15；30
149	氯磺隆	chlorsulfuron	6.96	358.0/141.1	358.0/141.1；358.0/167.0	120	15；15

(续表)

序号	中文名称	英文名称	保留时间/min	定量离子	定性离子	源内碎裂电压/V	碰撞气能量/V
B 组							
150	烯草酮	clethodim	17.60	360.1/164.1	360.1/164.1; 360.1/268.0	120	20;10
151	麦草氟异丙酯	flamprop isopropyl	16.00	364.1/105.1	364.1/105.1; 364.1/304.1	80	20;5
152	杀虫畏	tetrachlorvinphos	13.70	365.0/127.0	365.0/127.0; 365.0/239.0	120	15;15
153	炔螨特	propargite	18.77	368.1/231.0	368.1/231; 368.1/175.1	100	5;15
154	糠菌唑	bromuconazole	12.70	376.0/159.0	376.0/159.0; 376.0/70.0	80	20;20
155	氟吡酰草胺	picolinafen	17.74	377.0/238.0	377.0/238.0; 377.0/359.0	120	20;20
156	氟噻乙草酯	fluthiacetmethyl	14.80	404.0/215.0	404.0/215.0; 404.0/274.0	180	50;10
157	肟菌酯	trifloxystrobin	17.44	409.3/186.1	409.3/186.1; 409.3/206.2	120	15;10
158	氯嘧磺隆	chlorimuron ethyl	11.59	415.0/186.1	415.0/186.1; 415/213.1	120	10;10
159	氟铃脲	hexaflumuron	16.90	461.0/141.1	461/141.1; 461.0/158.1	120	35;35
160	氟酰脲	novaluron	17.39	493.0/158.0	493.0/158.0; 493.0/141.1	80	15;55
161	啶蜱脲	flurazuron	18.10	506.0/158.0	506/158.1; 506.0/141.1	120	15;50
C 组							
162	抑芽丹	maleic hydrazide	0.73	113.1/67.1	113.1/67.1; 113.1/85.0	100	20;20
163	甲胺磷	methamidophos	0.74	142.1/94.0	142.1/94.0; 142.1/125.0	80	15;10
164	茵草敌	EPTC	14.00	190.2/86.0	190.2/86; 190.2/128.1	100	10;10
165	避蚊胺	diethyltoluamide	7.70	192.2/119.0	192.2/119.0; 192.2/91.0	100	15;30

(续表)

序号	中文名称	英文名称	保留时间/min	定量离子	定性离子	源内碎裂电压/V	碰撞气能量/V
\multicolumn{8}{c}{C 组}
166	灭草隆	monuron	5.94	199.0/72.0	199.0/72.0；199.0/126.0	120	15；15
167	嘧霉胺	pyrimethanil	6.70	200.2/107.0	200.2/107.0；200.2/183.1	120	25；25
168	甲呋酰胺	Fenfuram	7.48	202.1/109.0	202.1/109.0；202.1/83.0	120	20；20
169	灭藻醌	Quinoclamine	6.09	208.1/105.0	208.1/105.0；208.1/154.1	120	30；20
170	仲丁威	fenobucarb	9.92	208.2/95.0	208.2/95.0；208.2/152.1	80	10；5
171	乙嘧酚	ethirimol	4.29	210.2/140.1	210.2/140.1；210.2/98.0	120	25；30
172	敌稗	propanil	9.09	218.0/162.1	218.0/162.1；218.0/127.0	120	15；20
173	克百威	carbofuran	6.81	222.3/165.1	222.3/165.1；222.3/123.1	120	5；20
174	啶虫脒	Acetamiprid	4.86	223.2/126.0	223.2/126.0；223.2/56.0	120	15；15
175	嘧菌胺	Mepanipyrim	12.23	224.2/77.0	224.2/77.0；224.2/106.0	120	30；25
176	扑灭通	prometon	5.40	226.2/142.0	226.2/142.0；226.2/184.1	120	20；20
177	甲硫威	methiocarb	4.51	226.2/121.1	226.2/121.1；226.2/169.1	80	10；5
178	甲氧隆	metoxuron	5.59	229.1/72.0	229.1/72.0；229.1/156.1	120	20；20
179	乐果	dimethoate	4.88	230.0/199.0	230.0/199.0；230.0/171.0	80	5；10
180	呋菌胺	methfuroxam	10.42	230.2/137.1	230.2/137.1；230.2/111.1	120	20；15
181	伏草隆	fluometuron	7.27	233.1/72.0	233.1/72.0；233.1/160.0	120	20；20
182	百治磷	dicrotophos	3.97	238.1/112.1	238.1/112.1；238.1/193.0	80	10；5

(续表)

序号	中文名称	英文名称	保留时间/min	定量离子	定性离子	源内碎裂电压/V	碰撞气能量/V
C 组							
183	庚酰草胺	monalide	14.50	240.1/85.1	240.1/85.1；240.1/57.0	120	15；35
184	双苯酰草胺	diphenamid	9.00	240.1/134.1	240.1/134.1；240.1/167.1	120	20；25
185	灭线磷	ethoprophos	11.98	243.1/173	243.1/173.0；243.1/215.0	120	10；10
186	地虫硫磷	Fonofos	16.10	247.1/109.0	247.1/109.0；247.1/137.1	80	15；5
187	土菌灵	Etridiazol	17.20	247.1/183.1	247.1/183.1；247.1/132.0	120	15；15
188	拌种胺	furmecyclox	14.00	252.2/170.1	252.2/170.1；252.2/110.1	100	10；25
189	环嗪酮	hexazinone	5.66	253.2/171.1	253.2/171.1；253.2/71.0	120	15；20
190	阔草净	dimethametryn	8.79	256.2/86.1	256.2/186.1；256.2/96.1	140	20；35
191	敌百虫	trichlorphon	4.21	257.0/221.0	257.0/221.0；257.0/109.0	120	10；20
192	内吸磷	demeton（o+s）	8.59	259.1/89.0	259.1/89.0；259.1/61.0	60	10；35
193	解草酮	benoxacor	10.83	260.0/149.2	260.0/149.2；260/134.1	120	15；20
194	除草定	Bromacil	5.78	261.0/205.0	261.0/205.0；261.0/188.0	80	10；20
195	甲拌磷亚砜	phorate sulfoxide	7.34	277.0/143.0	277.0/143.0；277.0/199.0	100	15；5
196	溴莠敏	brompyrazon	4.69	266.0/92.0	266.0/92.0；266.0/104.0	120	30；30
197	氧化萎锈灵	oxycarboxin	5.38	268.0/175.0	268.0/175.0；268.0/147.1	100	10；20
198	灭锈胺	mepronil	13.15	270.2/119.1	270.2/119.1；270.2/228.2	100	30；15
199	乙拌磷	disulfoton	16.80	275.0/89.0	275.0/89.0；275.0/61.0	80	5；20

(续表)

序号	中文名称	英文名称	保留时间/min	定量离子	定性离子	源内碎裂电压/V	碰撞气能量/V
			C 组				
200	倍硫磷	Fenthion	15.54	279.0/169.1	279.0/169.1；279.0/247.0	120	15；10
201	甲霜灵	Metalaxyl	7.75	280.1/192.2	280.1/192.2；280.1/220.2	120	15；20
202	甲呋酰胺	Fenfuram	7.65	282.1/160.2	282.1/160.2；282.1/254.2	120	20.1
203	十二环吗啉	dodemorph	8.45	282.3/116.1	282.3/116.1；282.3/98.1	120	20；30
204	噻唑硫磷	fosthiazate	4.38	284.1/228.1	284.1/228.1；284.1/104.0	80	5；20
205	甲基咪草酯	imazamethabenz-methyl	5.33	289.1/229.0	289.1/229.0；289.1/86.0	120	15；25
206	乙拌磷亚砜	disulfoton-sulfoxide	7.38	291.0/185.0	291.0/185；291/157.0	80	10；20
207	稻瘟灵	Isoprothiolane	13.17	291.1/189.1	291.1/189.1；291.1/231.1	80	20；5
208	抑霉唑	Imazalil	6.86	297.0/159.0	297.0/159.0；297/255.0	120	20；20
209	辛硫磷	phoxim	16.80	299.0/77.0	299.0/77.0；299/129.0	80	20；10
210	喹硫磷	Quinalphos	14.80	299.1/147.1	299.1/147.1；299.1/163.1	120	20；20
211	灭菌磷	ditalimfos	13.53	300.0/148.1	300.0/148.1；300.0/244.0	80	15；10
212	苯氧威	fenoxycarb	18.10	362.1/288.0	362.1/288.0；362.1/244.0	120	20；20
213	嘧啶磷	pyrimitate	14.00	306.1/170.2	306.1/170.2；306.1/154.2	120	20；20
214	丰索磷	Fensulfothion	8.55	309.0/157.1	309.0/157.1；309/253.0	120	25；15
215	氯咯草酮	fluorochloridone	13.80	312.1/292.1	312.1/292.1；312.1/89.0	100	25；25
216	丁草胺	butachlor	18.00	312.2/238.1	312.2/238.1；312.2/162.0	80	10；20

（续表）

序号	中文名称	英文名称	保留时间/min	定量离子	定性离子	源内碎裂电压/V	碰撞气能量/V
C组							
217	醚菌酯	kresoxim-methyl	15.20	314.1/267.0	314.1/267; 314.1/206.0	80	5; 5
218	灭菌唑	triticonazole	10.55	318.2/70.0	318.2/70.0; 318.2/125.1	120	15; 35
219	苯线磷亚砜	fenamiphos sulfoxide	5.87	320.1/171.1	320.1/171.1; 320.1/292.1	140	25; 15
220	噻吩草胺	thenylchlor	14.00	324.1/127.0	324.1/127.0; 324.1/59.0	80	10; 45
221	氰菌胺	Fenoxanil	18.81	329.1/302.0	329.1/302.0; 329.1/189.1	80	5; 30
222	氟啶草酮	Fluridone	10.30	330.1/309.1	330.1/309.1; 330.1/259.2	160	40; 55
223	氟环唑	epoxiconazole	18.81	330.1/141.1	330.1/141.1; 330.1/121.1	120	20; 20
224	氯辛硫磷	chlorphoxim	17.15	333.0/125.0	333.0/125.0; 333/163.1	80	5; 5
225	苯线磷砜	fenamiphos sulfone	6.63	336.1/188.2	336.1/188.2; 336.1/266.2	120	30; 20
226	腈苯唑	fenbuconazole	13.40	337.1/70.0	337.1/70.0; 337.1/125.0	120	20; 20
227	异柳磷	isofenphos	17.25	346.1/217.0	346.1/217.0; 346.1/245.0	80	20; 10
228	苯醚菊酯	phenothrin	19.70	351.1/183	351.1/183.2; 351.1/237.0	100	15; 5
229	氯化薯瘟锡	fentin-chloride	7.00	351.1/120.0	351.1/120; 351.1/170.0	180	40; 30
230	呱草磷	piperophos	17.00	354.1/171.0	354.1/171; 354.1/143.0	100	20; 30
231	增效醚	piperonyl butoxide	17.75	356.2/177.1	356.2/177.1; 356.2/119.0	100	10; 35
232	乙氧氟草醚	oxyflurofen	18.00	362.0/316.1	362.0/316.1; 362.0/237.1	120	10; 25
233	蝇毒磷	coumaphos	16.42	363.1/227.2	363.1/227.2; 363.1/307.1	120	20; 15

(续表)

序号	中文名称	英文名称	保留时间/min	定量离子	定性离子	源内碎裂电压/V	碰撞气能量/V
\multicolumn{7}{c}{C 组}							
234	氟噻草胺	Flufenacet	14.00	364.0/194.0	364.0/194.0；364.0/152.0	80	5；10
235	伏杀硫磷	phosalone	16.79	368.1/182.0	368.1/182.0；368.1/322.0	80	10；5
236	甲氧虫酰肼	methoxyfenozide	13.41	313.0/149.0	313.0/149.0；313.0/91.0	100	10；35
237	咪鲜胺	prochloraz	11.79	376.1/308.0	376.1/308.0；376.1/266.0	80	10；10
238	丙硫特普	aspon	19.22	379.1/115.0	379.1/115.0；379.1/210.0	80	30；15
239	乙硫磷	Ethion	18.46	385.0/199.1	385.0/199.1；385.0/171.0	80	5；15
240	噻吩磺隆	thifensulfuron – methyl	6.40	388.1/167.0	388.1/167.0；388.1/141.1	120	10；10
241	氟硫草定	Dithiopyr	17.81	402.0/354.0	402.0/354.0；402/272.0	120	20；30
242	螺螨酯	Spirodiclofen	19.28	411.1/71.0	411.1/71.0；411.1/313.1	100	10；5
243	唑螨酯	Fenpyroximate	18.66	422.2/366.2	422.2/366.2；422.2/135.0	120	10；35
244	胺氟草酯	flumiclorac – pentyl	18.00	441.1/308.0	441.1/308.0；441.1/354.0	100	25；10
245	双硫磷	temephos	18.30	467.0/125.0	467.0/125.0；467.0/155.0	100	30；30
246	氟丙嘧草酯	Butafenacil	15.00	492.0/180.0	492.0/180.0；492.0/331.0	120	35；25
247	多杀菌素	spinosad	14.30	732.4/142.2	732.4/142.2；732.4/98.1	180	30；75
\multicolumn{7}{c}{D 组}							
248	甲哌鎓	mepiquat chloride	0.71	114.1/98.1	114.1/98.1；114.1/58.0	140	30；30
249	二丙烯草胺	Allidochlor	5.78	174.1/98.1	174.1/98.1；174.1/81.0	100	10；15

(续表)

序号	中文名称	英文名称	保留时间/min	定量离子	定性离子	源内碎裂电压/V	碰撞气能量/V
			D组				
250	霜霉威	propamocarb	2.84	190.1/102.1	190.1/102.1；190.1/74.1	110	20；30
251	三环唑	tricyclazole	5.06	190.1/136.1	190.1/136.1；190.1/163.1	120	30；25
252	噻菌灵	thiabendazole	3.32	202.1/175.1	202.1/175.1；202.1/131.1	120	30；30
253	苯噻草酮	metamitron	4.18	203.1/175.1	203.1/175.1；203.1/104	120	15；20
254	异丙隆	isoproturon	7.44	207.2/72.0	207.2/72.0；207.2/165.1	120	15；15
255	莠去通	atratone	4.46	212.2/170.2	212.2/170.2；212.2/100.1	120	15；30
256	敌草净	oesmetryn	4.92	214.1/172.1	214.1/172.1；214.1/82.1	120	15；25
257	嗪草酮	metribuzin	7.16	215.1/187.2	215.1/187.2；215.1/131.1	120	15；20
258	—	DMST	7.06	215.3/106.1	215.3/106.1；215.3/151.2	80	10；5
259	环草敌	cycloate	15.95	216.2/83.0	216.2/83.0；216.2/154.1	120	15；10
260	莠去津	atrazine	7.20	216.0/174.2	216.0/174.2；216.0/132.0	120	15；20
261	丁草敌	butylate	17.20	218.1/57.0	218.1/57.0；218.1/156.2	80	10；5
262	吡蚜酮	pymetrozin	0.73	218.1/105.1	218.1/105.1；218.1/78.0	100	20；40
263	氯草敏	chloridazon	4.35	222.1/104.0	222.1/104.0；222.1/92.0	120	25；35
264	菜草畏	sulfallate	15.25	224.1/116.1	224.1/116.1；224.1/88.2	100	10；20
265	乙硫苯威	ethiofencarb	4.48	227.0/107.0	227.0/107.0；227.0/164.0	80	5；5
266	特丁通	terbumeton	5.25	226.2/170.1	226.2/170.1；226.2/114.0	120	15；20

(续表)

序号	中文名称	英文名称	保留时间/min	定量离子	定性离子	源内碎裂电压/V	碰撞气能量/V
	D 组
267	环丙津	Cyprazine	7.15	228.2/186.1	228.2/186.1；228.2/108.1	120	15；25
268	阔草净	ametryn	5.85	228.2/186.0	228.2/186.0；228.2/68.0	120	20；35
269	木草隆	tebuthiuron	5.30	229.2/172.2	229.2/172.2；229.2/116.0	120	15；20
270	草达津	trietazine	12.00	230.1/202.0	230.1/202；230.1/132.1	160	20；20
271	另丁津	sebutylazine	8.65	230.1/174.1	230.1/174.1；230.1/104	12	15；30
272	蓄虫避	dibutyl succinate	14.80	231.1/101.0	231.1/101.0；231.1/157.1	60	1；10
273	牧草胺	tebutam	13.04	234.2/91.1	234.2/91.1；234.2/192.2	120	20；15
274	久效威亚砜	thiofanox – sulfoxide	4.08	235.1/104.0	235.1/104.0；235.1/57.0	60	5；20
275	杀螟丹	cartap hydrochloride	5.90	238.0/73.0	238.0/73.0；238.0/150.0	100	30；10
276	虫螨畏	methacrifos	10.03	241.0/209.0	241.0/209.0；241.0/125.0	60	5；20
277	特丁净	terbutryn	7.44	242.2/186.1	242.2/186.1；242.2/71.0	120	15；20
278	虫线磷	thionazin	8.84	249.1/97.0	249.1/97.0；249.1/193.0	80	30；10
279	利谷隆	Linuron	9.84	249.0/160.1	249.0/160.1；249/182.1	100	15；15
280	庚虫磷	heptanophos	7.85	251.0/127.0	251.0/127.0；251/109.0	80	10；30
281	苄草丹	prosulfocarb	17.10	252.1/91.0	252.1/91.0；252.1/128.1	120	15；10
282	杀草净	dipropetryn	8.58	256.1/144.1	256.1/144.1；256.1/214.0	140	30；20
283	禾草丹	thiobencarb	15.80	258.1/125.0	258.1/125.0；258.1/89.0	80	20；55

(续表)

序号	中文名称	英文名称	保留时间/min	定量离子	定性离子	源内碎裂电压/V	碰撞气能量/V
D 组							
284	三异丁基磷酸盐	tri-iso-butyl phosphate	15.45	267.1/99.0	267.1/99.0；267.1/155.1	80	20；5
285	三丁基磷酸酯	tri-n-butyl phosphate	15.45	267.2/99.0	267.2/99.0；267.2/155.1	80	5；15
286	乙霉威	diethofencarb	10.40	268.1/226.2	268.1/226.2；268.1/152.1	80	5；20
287	甲草胺	alachlor	13.15	270.2/238.2	270.2/238.2；270.2/162.2	80	10；20
288	硫线磷	cadusafos	15.27	271.1/159.1	271.1/159.1；271.1/131	80	10；20
289	吡唑草胺	Metazachlor	8.36	278.1/134.1	278.1/134.1；278.1/210.1	80	20；5
290	胺丙畏	Propetamphos	13.60	282.1/138	282.1/138；282.1/156.1	80	15；10
291	特丁硫磷	terbufos	13.70	289.0/57.0	289.0/57.0；289.0/103.1	80	20；5
292	硅氟唑	Simeconazole	11.00	294.2/70.1	294.2/70.1；294.2/135.1	120	15；15
293	三唑酮	Triadimefon	11.88	294.2/69.0	294.2/69.0；294.2/197.1	100	20；15
294	甲拌磷砜	phorate sulfone	9.34	293.0/171.0	293.0/171.0；293/143.1	60	5；15
295	十三吗啉	tridemorph	14.00	298.3/130.1	298.3/130.1；298.3/57.1	160	25；35
296	苯噻酰草胺	mefenacet	11.60	299.1/148.1	299.1/148.1；299.1/120.1	100	15；25
297	苯线磷	Fenamiphos	8.97	304.0/216.9	304.0/216.9；304.0/202.0	100	20；35
298	丁苯吗啉	fenpropimorph	9.10	304.0/147.2	304.0/147.2；304.0/130.0	120	30；30
299	戊唑醇	Tebuconazole	12.44	308.2/70.0	308.2/70.0；308.2/125.0	100	25；25
300	异丙乐灵	isopropalin	19.05	310.2/225.7	310.2/225.7；310.2/207.7	120	15；20

(续表)

序号	中文名称	英文名称	保留时间/min	定量离子	定性离子	源内碎裂电压/V	碰撞气能量/V
D 组							
301	氟苯嘧啶醇	Nuarimol	9.20	315.1/252.1	315.1/252.1；315.1/81.0	120	25；30
302	乙嘧酚磺酸酯	Bupirimate	9.52	317.2/166.0	317.2/166.0；317.2/272.0	120	25；20
303	保棉磷	azinphos-methyl	10.45	318.1/125.0	318.1/125；318.1/160.0	80	15；10
304	丁基嘧啶磷	Tebupirimfos	18.15	319.1/277.1	319.1/277.1；319.1/153.2	120	10；30
305	稻丰散	Phenthoate	15.57	321.1/247.0	321.1/247；321.1/163.1	80	5；10
306	治螟磷	sulfotep	16.35	323.0/171.1	323.0/171.1；323.0/143.0	120	10；20
307	硫丙磷	Sulprofos	18.40	323.0/219.1	323.0/219.1；323.0/247.0	120	15；10
308	苯硫磷	EPN	17.10	324.0/296.0	324.0/296.0；324.0/157.1	120	10；20
309	甲基吡噁磷	azamethiphos	6.05	325.0/183.0	325.0/183.0；325.0/139.0	80	15；25
310	烯唑醇	diniconazole	13.67	326.1/70.0	326.1/70.0；326.1/159.0	120	25；30
311	唑嘧磺草胺	flumetsulam	4.95	326.1/129.0	326.1/129.0；326.1/262.1	120	30；20
312	稀禾啶	sethoxydim	5.36	328.2/282.2	328.2/282.2；328.2/178.1	100	10；15
313	戊菌隆	pencycuron	16.33	329.2/125.0	329.2/125.0；329.2/218.1	120	20；15
314	灭蚜磷	mecarbam	14.46	330.0/227.0	330/227；330.0/199.0	80	5；10
315	苯草酮	tralkoxydim	18.09	330.2/284.2	330.2/284.2；330.2/138.1	100	10；20
316	马拉硫磷	Malathion	13.20	331.0/127.1	331.0/127.1；331.0/99.0	80	5；10
317	稗草畏	pyributicarb	18.26	331.1/181.1	331.1/181.1；331.1/108.0	120	10；20

(续表)

序号	中文名称	英文名称	保留时间/min	定量离子	定性离子	源内碎裂电压/V	碰撞气能量/V
\multicolumn{8}{c}{D组}							
318	哒嗪硫磷	pyridaphenthion	12.32	341.1/189.2	341.1/189.2；341.1/205.2	120	20；20
319	嘧啶磷	pirimiphos – ethyl	17.75	334.2/198.2	334.2/198.2；334.2/182.2	120	20；25
320	硫双威	thiodicarb	6.55	355.1/88.0	355.1/88.0；355.1/163.0	80	15；5
321	吡唑硫磷	Pyraclofos	15.34	361.1/257.0	361.1/257.0；361.1/138.0	120	25；35
322	啶氧菌酯	picoxystrobin	15.40	368.1/145.0	368.1/145.0；368.1/205.0	80	20；5
323	四氟醚唑	tetraconazole	12.54	372.0/159.0	372.0/159.0；372.0/70.0	120	35；35
324	吡唑解草酯	mefenpyr – diethyl	16.80	373.0/327.0	373.0/327.0；373.0/160.0	80	15；35
325	丙溴磷	profenefos	16.74	373.0/302.9	373.0/302.9；373.0/345.0	120	15；10
326	吡唑醚菌酯	pyraclostrobin	16.04	388.0/163.0	388/163；388.0/194.0	120	20；10
327	烯酰吗啉	dimethomorph	16.04	388.1/165.1	388.1/165.1；388.1/301.1	120	25；20
328	噻恩菊酯	kadethrin	17.95	397.1/171.1	397.1/171.1；397.1/128.0	100	15；55
329	噻唑烟酸	Thiazopyr	16.15	397.1/377	397.1/377；397.1/335.1	140	20；30
330	甲基丙硫克百威	benfuracarb – methyl	8.60	411.1/149.1	411.1/149.1；411.1/182.1	100	20；20
331	醚磺隆	cinosulfuron	6.53	414.1/183.1	414.1/183.1；414.1/157.1	120	10；20
332	吡嘧磺隆	pyrazosulfuron – ethyl	17.20	415.1/182.1	415.1/182.1；415.1/369.1	120	15；10
333	磺草胺唑	metosulam	7.60	418.0/175.1	418.0/175.1；418.0/354.0	120	25；20
334	氟啶脲	chlorfluazuron	18.53	540.0/383.0	540.0/383.0；540.0/158.2	120	15；15

（续表）

序号	中文名称	英文名称	保留时间/min	定量离子	定性离子	源内碎裂电压/V	碰撞气能量/V
E组
335	4-氨基吡啶	4-aminopyridine	0.72	95.1/52.1	95.1/52.1；95.1/78.1	120	25；5
336	矮壮素	chlormequat	0.72	122.1/58.1	122.1/58.1；122.1/63.1	100	35；20
337	灭多威	methomyl	3.76	163.2/88.1	163.2/88.1；163.2/106.1	80	5；10
338	咯喹酮	Pyroquilon	5.87	174.1/117.1	174.1/117.1；174.1/132.2	140	35；25
339	麦穗宁	fuberidazole	3.66	185.2/157.2	185.2/157.2；185.2/92.1	120	20；25
340	丁脒酰胺	isocarbamid	4.35	186.2/87.1	186.2/87.1；186.2/130.1	80	20；5
341	丁酮威	butocarboxim	5.30	213/75.1	213/75.1；213/156.1	100	15；5
342	杀虫脒	chlordimeform	4.13	197.2/117.1	197.2/117.1；197.2/89.1	120	25；50
343	霜脲氰	cymoxanil	4.95	199.1/111.1	199.1/111.1；199.1/128.1	80	20；15
344	灭草敌	vernolate	3.47	204.2/128.2	204.2/128.2；204.2/175.5	100	10；10
345	氯硫酰草胺	chlorthiamid	5.80	206.0/189.0	206.0/189.0；206.0/119.0	80	15；50
346	灭害威	aminocarb	0.75	209.3/137.1	209.3/137.1；209.3/152.1	100	20；10
347	二甲嘧酚	dimethirimol	4.20	210.2/71.1	210.2/71.1；210.2/140.0	120	25；20
348	氧乐果	omethoate	0.75	214.1/125.0	214.1/125.0；214.1/183.0	80	20；5
349	乙氧喹啉	ethoxyquin	7.19	218.2/174.2	218.2/174.2；218.2/160.1	120	30；35
350	敌敌畏	dichlorvos	4.20	222.9.0/109.0	222.9.0/109.0；222.9/79.0	120	15；30

(续表)

序号	中文名称	英文名称	保留时间/min	定量离子	定性离子	源内碎裂电压/V	碰撞气能量/V
E 组							
351	涕灭威砜	aldicarb sulfone	3.50	223.1/76.0	223.1/76; 223.1/148.0	80	5；5
352	二氧威	dioxacarb	4.70	224.1/123.1	224.1/123.1; 224.1/167.1	80	15；5
353	苄基腺嘌呤	benzyladenine	4.16	226.1/91.1	226.1/91.1; 226.1/148.0	140	20；15
354	甲基内吸磷	demeton–s–methyl	6.25	253.0/89.0	253.0/89.0; 253.0/61.0	80	10；35
355	乙硫苯威亚砜	ethiofencarb–sulfoxide	3.95	242.2/107.1	242.2/107.1; 242.2/185.1	80	15；5
356	杀虫腈	cyanohos	6.89	244.2/180.0	244.2/180.0; 244.2/125.0	120	20；15
357	甲基乙拌磷	Thiometon	7.16	247.1/171.0	247.1/171.0; 247.1/89.1	100	10；10
358	灭菌丹	folpet	12.82	260.0/130.0	260.0/130.0; 260.0/102.3	100	10；40
359	甲基内吸磷砜	demeton–s–methyl sulfone	3.96	263.1/169.1	263.1/169.1; 263.1/125.0	80	15；20
360	呱草丹	dimepiperate	16.82	286.1/168.0	286.1/168.0; 286.1/119.1	80	10；10
361	苯锈定	fenpropidin	8.96	274.0/147.1	274.0/147.1; 274.0/86.1	160	25；25
362	甲咪唑烟酸	imazapic	4.80	276.2/163.2	276.2/163.2; 276.2/216.2; 276.2/86.1	120	20；20；25
363	对氧磷	Paraoxon–ethyl	8.00	276.2/220.1	276.2/220.1; 276.2/94.1	100	10；40
364	4-十二烷基-2,6-二甲基吗啉	aldimorph	14.10	284.4/57.2	284.4/57.2; 284.4/98.1	160	30；30
365	乙烯菌核利	Vinclozolin	14.66	286.1/242	286.1/242; 286.1/145.1	100	5；45
366	烯效唑	uniconazole	11.69	292.1/70.1	292.1/70.1; 292.1/125.1	120	30；30

(续表)

序号	中文名称	英文名称	保留时间/min	定量离子	定性离子	源内碎裂电压/V	碰撞气能量/V
	E 组						
367	啶斑肟	pyrifenox	7.42	295.0/93.1	295.0/93.1; 295.0/163.0	120	15; 15
368	氯硫磷	chlorthion	14.45	298.0/125.0	298.0/125.0; 298.0/109.0	100	15; 20
369	异氯磷	dicapthon	14.47	298.0/125.0	298.0/125.0; 298.0/266.1	80	10; 10
370	四螨嗪	clofentezine	16.18	303.0/138.0	303.0/138.0; 303.0/156.0	100	25; 25
371	氟草敏	Norflurazon	8.08	304.0/284.0	304.0/284.0; 304.0/160.1	140	25; 35
372	野麦畏	triallate	18.52	304.0/143.0	304.0/143.0; 304.0/86.1	120	25; 15
373	苯氧喹啉	quinoxyphen	17.05	308.0/197.0	308.0/197.0; 308.0/272.0	180	35; 35
374	倍硫磷砜	fenthion sulfone	8.71	311.1/125.0	311.1/125.0; 311.1/109.0	140	15; 20
375	氟咯草酮	flurochloridone	13.34	312.2/292.2	312.2/292.2; 312.2/53.1	140	25; 30
376	酞酸苯甲基丁酯	phthalic acid, benzyl butylester	17.34	313.2/91.1	313.2/91.1; 313.2/149.0; 313.2/205.1	80	10; 10; 5
377	氯唑磷	isazofos	13.67	314.1/162.1	314.1/162.1; 314.1/120.0	100	10; 35
378	除线磷	Dichlofenthion	18.15	315.0/259.0	315.0/259.0; 315.0/287.0	100	10; 5
379	蚜灭多砜	vamidothion sulfone	2.45	178.0/87.0	178.0/87.0; 178.0/60.0	100	15; 10
380	特丁硫磷砜	terbufos sulfone	12.57	321.2/171.1	321.2/171.1; 321.2/143.0	80	5; 15
381	敌乐胺	dinitramine	15.80	323.1/305.0	323.1/305.0; 323.1/247.0	120	10; 15
382	氰霜唑	cyazofamid	5.10	325.2/261.3	325.2/261.3; 325.2/108.0	80	5; 15

（续表）

序号	中文名称	英文名称	保留时间/min	定量离子	定性离子	源内碎裂电压/V	碰撞气能量/V
			E 组				
383	毒壤磷	trichloronat	18.98	333.1/304.9	333.1/304.9；333.1/161.8	100	10；45
384	苄呋菊酯-2	resmethrin-2	12.35	339.2/171.1	339.2/171.1；339.2/143.1	80	10；25
385	啶酰菌胺	boscalid	12.20	343.2/307.2	343.2/307.2；343.2/271.0	140	20；35
386	甲磺乐灵	nitralin	15.15	346.1/304.1	346.1/304.1；346.1/262.1	100	10；20
387	甲氰菊酯	fenpropathrin	19.00	350.2/125.2	350.2/125.2；350.2/97.0	120	5；20
388	噻螨酮	hexythiazox	18.23	353.1/168.1	353.1/168.1；353.1/228.1	120	20；10
389	双氟磺草胺	florasulam	6.80	360.2/129.1	360.2/129.1；360.2/192.0	120	30；15
390	苯螨特	benzoximate	17.00	386.1/197.0	386.1/197.0；386.1/199.2	140	30；30
391	新燕灵	benzoylprop-ethyl	16.00	366.1/105.0	366.1/105.0；366.1/77.0	80	15；35
392	嘧螨醚	Pyrimidifen	13.69	378.2/184.1	378.2/184.1；378.2/150.2	140	15；40
393	呋线威	furathiocarb	17.85	383.3/195.1	383.3/195.1；383.3/252.1；383.3/167.0	100	10；5；25
394	反式氯菊酯	*trans*-permethin	21.00	391.3/149.1	391.3/149.1；391.3/167.1	100	10；10
395	醚菊酯	etofenprox	19.73	394.0/177.0	394.0/177；394.0/359.0	100	15；5
396	苄草唑	pyrazoxyfen	14.30	403.2/91.1	403.2/91.1；403.2/105.1；403.2/139.1	140	25；20；20
397	嘧唑螨	flubenzimine	14.48	417.0/397.0	417.0/397.0；417.0/167.1	100	10；25
398	Z-氯氰菊酯	*zate*-cypermethrin	20.45	433.3/416.2	433.3/416.2；433.3/191.2	100	5；10

(续表)

序号	中文名称	英文名称	保留时间/min	定量离子	定性离子	源内碎裂电压/V	碰撞气能量/V
\multicolumn{7}{c}{E 组}
399	氟吡乙禾灵	haloxyfop-2-etho xyethyl	17.65	434.1/316.0	434.1/316.0；434.1/288.0；434.1/91.2	120	15；20；45
400	S-氰戊菊酯	esfenvalerate		437.2/206.9	437.2/206.9；437.2/154.2	80	35；20
401	乙羧氟草醚	fluoroglycofen-ethyl	17.70	344.0/300.0	344.0/300.0；344.0/233.0	120	15；20
402	氟胺氰菊酯	tau-fluvalinate	19.58	503.2/181.2	503.2/181.2；503.2/208.1	80	25；15
\multicolumn{7}{c}{F 组}
403	丙烯酰胺	acrylamide	0.73	72.0/55.0	72.0/55.0；72.0/27.0	100	10；10
404	叔丁基胺	tert-butylamine	0.65	74.1/46.0	74.1/46；74.1/56.8	120	5；5
405	噁霉灵	hymexazol	2.65	100.1/54.1	100.1/54.1；100.1/44.2；100.1/28.0	100	10；15；15
406	矮壮素氯化物	chlormequat chloride	0.69	122.1/58.1	122.1/58.1；122.1/63.0	120	30；20
407	邻苯二甲酰亚胺	phthalimide	0.74	148.0/130.1	148.0/130.1；148.0/102.0	100	10；25
408	甲氟磷	dimefox	3.88	155.1/110.1	155.1/110.1；155.1/135.0	120	20；10
409	速灭威	metolcarb	6.50	166.2/109.0	166.2/109.0；166.2/97.1	80	15；50
410	二苯胺	diphenylamin	13.06	170.2/93.1	170.2/93.1；170.2/152.0	120	30；30
411	1-萘基乙酰胺	1-naphthy acetamide	5.30	186.2/141.1	186.2/141.1；186.2/115.1	100	15；45
412	脱乙基莠去津	atrazine-desethyl	4.43	188.2/146.1	188.2/146.1；188.2/104.1	120	10；20
413	2,6-二氯苯甲酰胺	2,6-dichlorobenzamide	3.85	190.1/173.0	190.1/173.0；190.1/145.0	100	20；30

（续表）

序号	中文名称	英文名称	保留时间/min	定量离子	定性离子	源内碎裂电压/V	碰撞气能量/V
	F组
414	涕灭威	aldicarb	5.42	213.0/89.0	213.0/89.0；213.0/116.0	100	30；10
415	邻苯二甲酸二甲酯	dimethyl phthalate	3.50	217.0/86.0	217.0/86.0；217.0/156.0	100	15；20
416	杀虫脒盐酸盐	chlordimeform hydrochloride	4.00	197.2/117.1	197.2/117.1；197.2/89.1	120	25；50
417	西玛通	simeton	3.94	198.2/100.1	198.2/100.1；198.2/128.2	120	25；20
418	呋草胺	dinotefuran	3.06	203.3/129.2	203.3/129.2；203.3/87.1	80	5；10
419	克草敌	pebulate	16.05	204.2/72.1	204.2/72.1；204.2/128.0	100	10；10
420	活化酯	Acibenzolar-S-methyl	10.00	211.1/91.0	211.1/91.0；211.1/136.0	120	20；30
421	蔬果磷	dioxabenzofos	10.15	217.0/77.1	217/77.1；217.0/107.1	100	40；30
422	杀线威	oxamyl	3.46	241.0/72.0	241.0/72.0；242.0/121.0	120	15；10
423	噻苯隆	thidiazuron	5.60	221.1/102.0	221.1/102.0；221.1/128.0	100	15；5
424	甲基苯噻隆	methabenzthiazuron	6.80	222.2/165.1	222.2/165.1；222.2/149.9	100	15；35
425	丁酮砜威	butoxycarboxim	3.30	223.2/63.0	223.2/63.0；223.2/106.1	80	10；5
426	兹克威	Mexacarbate	4.00	233.2/151.2	233.2/151.2；233.2/166.2	100	15；10
427	甲基内吸磷亚砜	demeton-s-methyl sulfoxide	3.42	247.1/109.0	247.1/109；247.1/169.1	80	20；10
428	久效威砜	thiofanox sulfone	7.30	251.1/57.2	251.1/57.2；251.1/76.1	80	5；5
429	硫环磷	phosfolan	4.95	256.2/140.0	256.2/140.0；256.2/228.0	100	25；10
430	硫赶内吸磷	demeton-s	5.44	259.1/89.1	259.1/89.1；259.1/61.0	60	10；35

(续表)

序号	中文名称	英文名称	保留时间/min	定量离子	定性离子	源内碎裂电压/V	碰撞气能量/V
			F 组				
431	氧倍硫磷	fenthion oxon	8.15	263.2/230.0	263.2/230; 263.2/216.0	100	10；20
432	敌草胺	Napropamide	12.45	272.2/171.1	272.2/171.1； 272.2/129.2	120	15；15
433	杀螟硫磷	Fenitrothion	13.60	278.1/125.0	278.1/125.0； 278.1/246.0	140	15；15
434	酞酸二丁酯	phthalic acid, dibutyl ester	17.50	279.2/149.0	279.2/149.0； 279.2/121.1	80	10；45
435	丙草胺	metolachlor	13.15	284.1/252.2	284.1/252.2； 284.1/176.2	120	10；15
436	腐霉利	Procymidone	13.33	284.0/256.0	284.0/256.0； 284.0/145.0	140	10；45
437	蚜灭磷	vamidothion	4.18	288.2/146.1	288.2/146.1； 288.2/118.1	80	10；20
438	威菌磷	triamiphos	6.58	295.2/135.1	295.2/135.1； 295.2/92.0	100	25；35
439	右旋炔丙菊酯	prallethrin	7.25	301.0/105.0	301.0/105.0； 301.0/169.0	80	5；20
440	二苯隆	cumyluron	11.70	303.3/185.1	303.3/185.1； 303.3/125.0	100	5；45
441	甲氧咪草烟	imazamox	3.00	304.2/260.0	304.2/260.0； 304.2/186.0	100	5；40
442	杀鼠灵	warfarin	10.30	309.2/163.1	309.2/163.1； 309.2/251.2	100	20；15
443	亚胺硫磷	phosmet	11.14	318.0/160.1	318.0/160.1； 318.0/133.0	80	10；35
444	皮蝇磷	Ronnel	17.70	320.9/125.0	320.9/125.0； 320.9/288.8	120	10；10
445	除虫菊酯	pyrethrin	18.78	329.2/161.1	329.2/161.1； 329.2/133.1	100	5；15
446	—	phthalic acid, biscyclohexyl ester	19.10	331.3/149.1	331.3/149.1； 331.3/167.1； 331.3/249.0	80	10； 5；5

（续表）

序号	中文名称	英文名称	保留时间/min	定量离子	定性离子	源内碎裂电压/V	碰撞气能量/V
\multicolumn{8}{c}{F 组}
447	环丙酰菌胺	carpropamid	15.36	334.2/196.1	334.2/196.1；334.2/139.1	120	10；15
448	吡螨胺	tebufenpyrad	17.32	334.3/147.0	334.3/147.0；334.3/117.1	160	25；40
449	虫酰肼	tebufenozide	14.70	297.0/133.0	297.0/133.0；97.0/105.0	80	15；35
450	虫螨磷	chlorthiophos	18.58	361.0/305.0	361.0/305.0；361.0/225.0	100	10；15
451	氯亚胺硫磷	Dialifos	17.15	394.0/208.0	394.0/208.0；394.0/187.0	100	5；20
452	吲哚酮草酯	cinidon-ethyl	17.63	394.2/348.1	394.2/348.1；394.2/107.1	120	15；45
453	鱼藤酮	rotenone	14.00	395.3/213.2	395.3/213.2；395.3/192.2	160	20；20
454	亚胺唑	imibenconazole	17.16	411.0/125.1	411.0/125.1；411.0/171.1；411.0/342.0	120	25；15；10
455	噁草酸	propaquiafop	17.56	444.2/100.1	444.2/100.1；444.2/299.1	140	15；25
456	乳氟禾草灵	Lactofen	18.23	479.1/344.0	479.1/344.0；479.1/223.0	120	15；35
457	吡草酮	benzofenap	16.95	431.0/105.0	431.0/105.0；431.0/119.0	140	30；20
458	地乐酯	dinoseb acetate	0.75	283.1/89.2	283.1/89.2；283.1/133.1；283.1/177.2	120	10；10；10
459	异丙草胺	propisochlor	15.00	284.0/224.0	284.0/224.0；284.0/212.0	80	5；15
460	氟硅菊酯	Silafluofen	20.80	412.0/91.0	412.0/91.0；412.0/72.1	100	40；30
461	乙氧苯草胺	etobenzanid	15.65	340.0/149.0	340/149.0；340.0/121.1	120	20；30
462	四唑酰草胺	fentrazamide	16.00	372.1/219.0	372.1/219.0；372.1/83.2	200	5；35

(续表)

序号	中文名称	英文名称	保留时间/min	定量离子	定性离子	源内碎裂电压/V	碰撞气能量/V
F 组							
463	五氯苯胺	pentachloroaniline	14.30	285.0/99.1	285.0/99.1；285.0/127.0	100	15；5
464	苯醚氰菊酯	cyphenothrin	19.40	376.2/151.2	376.2/151.2；376.2/123.2	100	5；15
465	狄氏剂	Dieldrin	3.91	377.0/333.0	377.0/333.0；377.0/221.2	100	5；35
466	马拉氧磷	Malaoxon	13.80	331.0/99.0	331.0/99.0；331.0/127.0	120	20；5
467	多果定	dodine	7.46	228.2/57.3	228.2/57.3；228.2/60.1	160	25；20
468	丙烯硫脲	propylene thiourea	0.73	117.0/60.1	117.0/60.1；117.0/58.0	100	35；15
G 组							
469	茅草枯	dalapon	0.60	140.8/58.8	140.8/58.8；140.8/62.9	100	10；15
470	四氟丙酸	flupropanate	0.97	144.9/81.0	144.9/81；144.9/101.5	100	15；5
471	2-苯基苯酚	2-phenylphenol	9.78	169.0/115.0	169.0/115.0；169.0/93.0	140	35；20
472	3-苯基苯酚	3-phenylphenol	9.78	169.0/115.0	169.0/115.0；169.0/141.1	140	35；35
473	二氯吡啶酸	clopyralid	2.14	190.0/146.0	190.0/146.0；190.0/74.0	60	5；45
474	二硝酚	DNOC	4.19	197.1/180	197.1/180；197.1/108.9	120	15；20
475	调果酸	cloprop	3.38	199.0/127.0	199.0/127.0；199.0/71.0	80	5；5
476	氯硝胺	Dichloran	8.82	205.1/169.3	205.1/169.3；205.1/123.2	120	15；30
477	氯氨吡啶酸	aminopyralid	4.29	205.0/160.7	205.0/160.7；205.0/125.0	80	5；10
478	氯苯胺灵	chlorpropham	12.55	212.0/152.0	212.0/152.0；212.0/57.0	80	5；20

（续表）

序号	中文名称	英文名称	保留时间/min	定量离子	定性离子	源内碎裂电压/V	碰撞气能量/V
G 组							
479	2-甲-4-氯丙酸	mecoprop	4.46	213.1/141.0	213.1/141.0；213.1/71.0	80	5；5
480	特草定	terbacil	5.94	215.1/159.0	215.1/159.0；215.1/73.0	120	10；40
481	麦草畏	dicamba	0.75	219.0/175.0	219/175.0；219.0/145.0	60	5；5
482	二甲四氯丁酸	MCPB	5.53	227.0/141.0	227.0/141.0；227.0/105.0	80	10；25
483	2,4-滴丙酸	dichlorprop	13.00	232.9/161.1	232.9/161.1；232.9/125.0	80	5；10
484	灭草松	bentazone	3.69	239.0/132.0	239.0/132.0；239.0/197.0	140	20；15
485	地乐酚	dinoseb	6.13	239.0/193.0	239.0/193.0；239.0/163.0	120	22；25
486	特乐酚	dinoterb	6.13	239.0/207.0	239.0/207.0；239.0/176.1	140	25；35
487	咯菌腈	fludioxonil	11.10	247.0/180.0	247.0/180.0；247.0/126.0	140	10；10
488	杀螨醇	chlorfenethol	11.81	265.0/96.7	265/96.7；265.0/152.7	120	15；5
489	水胺硫磷	isocarbophos	0.75	288.1/228.0	288.1/228；288.1/214.0	120	10；12
490	萘草胺	naptalam	4.30	290.0/246.0	290.0/246.0；290.0/168.3	100	10；30
491	灭幼脲	chlorobenzuron	14.05	306.9/154.0	306.9/154.0；306.9/125.9	100	5；20
492	氯霉素	chloramphenicolum	5.07	321.0/152.0	321.0/152.0；321.0/257.0	100	15；10
493	禾草灭	alloxydim-sodium	3.49	322.2/222.0	322.2/222.0；322.2/190.0	120	20；35
494	嘧草硫醚	pyrithlobac sodium	7.19	325.1/183.1	325.1/183.1；325.1/118.9	160	35；55
495	乙酰磺胺对硝基苯	sulfanitran	5.77	334.0/137.0	334.0/137.0；334.0/197.0	120	28；29

(续表)

序号	中文名称	英文名称	保留时间/min	定量离子	定性离子	源内碎裂电压/V	碰撞气能量/V
\multicolumn{7}{c}{G 组}							
496	氨磺乐灵	oryzalin	14.04	345.0/281.1	345.0/281.1; 345.0/146.9; 345/78.1	120	10; 10; 5
497	赤霉酸	gibberellic acid	0.74	345.1/143.0	345.1/143.0; 345.1/221.1; 345.1/240.0	120	15; 10; 15
498	三氟羧草醚	acifluorfen	6.40	360.0/316.0	360/316; 360/194.9	80	5; 25
499	七氯	heptachlor	0.55	369.2/233.1	369.2/233.1; 369.2/301.0	100	10; 5
500	噁唑菌酮	famoxadone	16.52	373.0/282.0	373.0/282.0; 373.0/328.9	120	20; 15
501	甲磺草胺	sulfentrazone	6.54	385.0/307.0	385.0/307.0; 385.0/199.3	100	25; 40
502	吡氟酰草胺	diflufenican	17.30	393.1/329.1	393.1/329.1; 393.1/272.0	100	10; 10
503	氟氰唑	ethiprole	10.74	394.9/331.0	394.9/331.0; 394.9/250.0	100	5; 25
504	磺菌胺	flusulfamide	11.15	413.0/171.0	413.0/171.0; 413/179.0	160	40; 40
505	环丙嘧磺隆	cyclosulfamuron	7.60	420.2/238.8	420.2/238.8; 420.2/265.4	100	10; 5
506	嗪胺灵	triforine	0.59	431.0/231.1	431.0/231.1; 431.0/116.9	120	12; 17
507	氟磺胺草醚	fomesafen	7.13	437.0/195.1	437.0/195.1; 437.0/222.1	140	40; 40
508	氟啶胺	fluazinam	17.25	462.9/415.9	462.9/415.9; 462.9/398.0	120	20; 15
509	吡虫隆	fluazuron	18.19	504.2/305.1	504.2/305.1; 504.2/156.0	120	11; 13
510	虱螨脲	lufenuron	18.15	508.9/339.1	508.9/339.1; 508.9/326.0; 508.9/174.8	100	5; 5; 5

（续表）

序号	中文名称	英文名称	保留时间/min	定量离子	定性离子	源内碎裂电压/V	碰撞气能量/V
G 组							
511	克来范	kelevan	19.50	628.1/169.0	628.1/169；628.1/422.6	120	24；22
512	氟丙菊酯	acrinathrin	19.60	540.0/345.0	540.0/345.0；540.0/372.0	120	15；5

附录 C
（资料性附录）
512 种农药及相关化学品多反应监测（MRM）色谱图

A、B、C、D、E、F 和 G 七组农药及相关化学品多反应监测（MRM）色谱图如下：

A 组

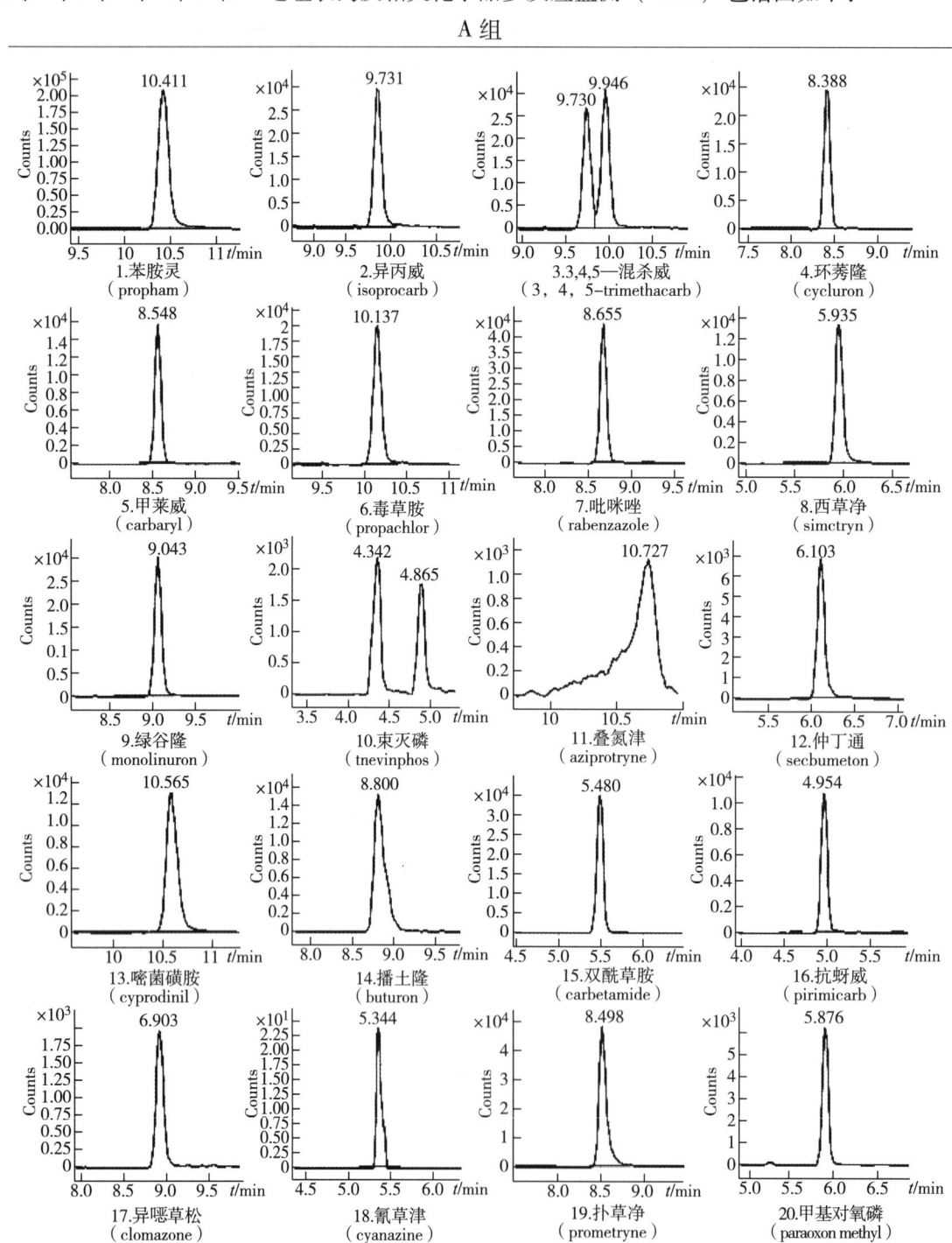

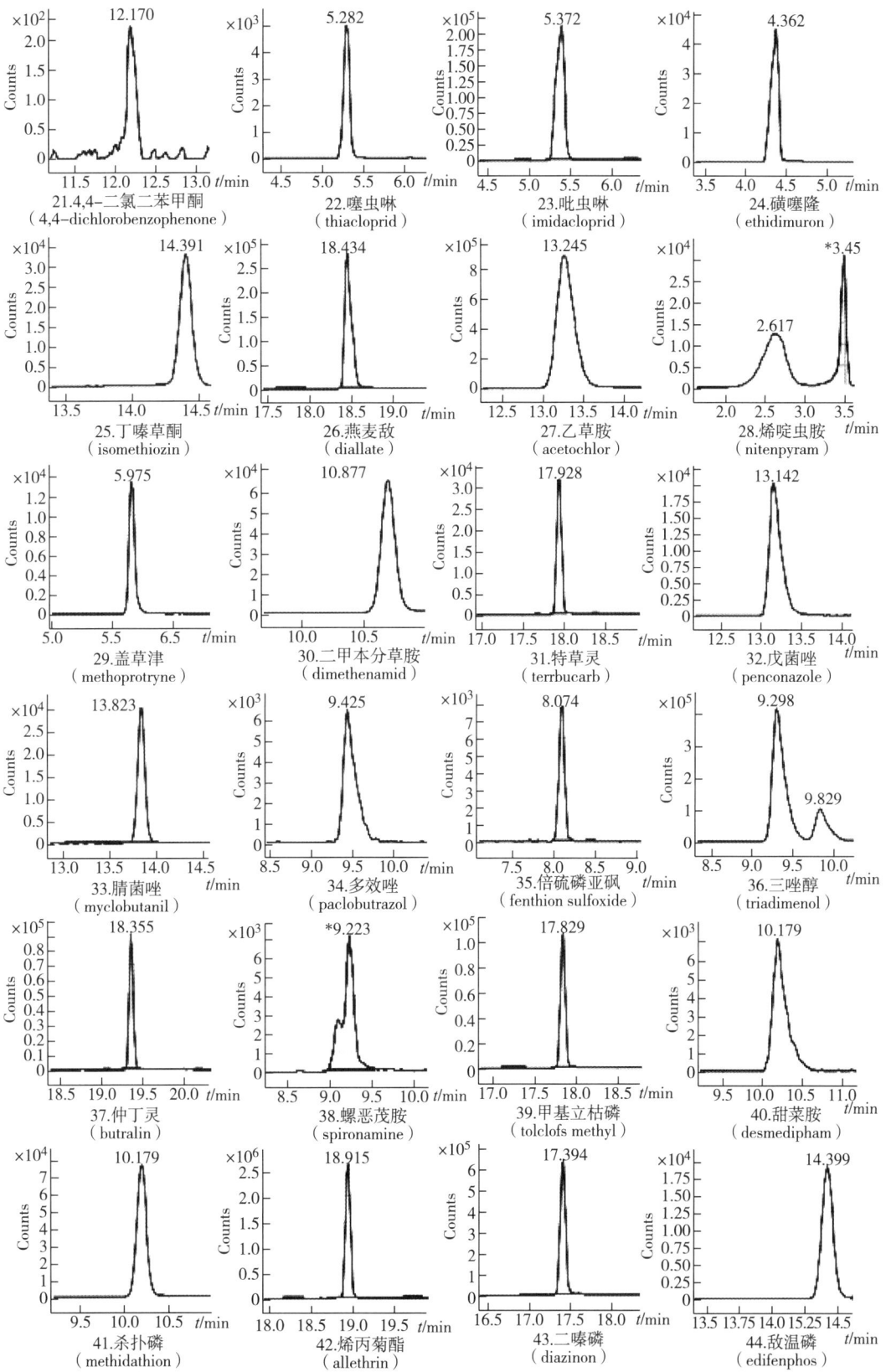

◎ 吐鲁番葡萄标准体系

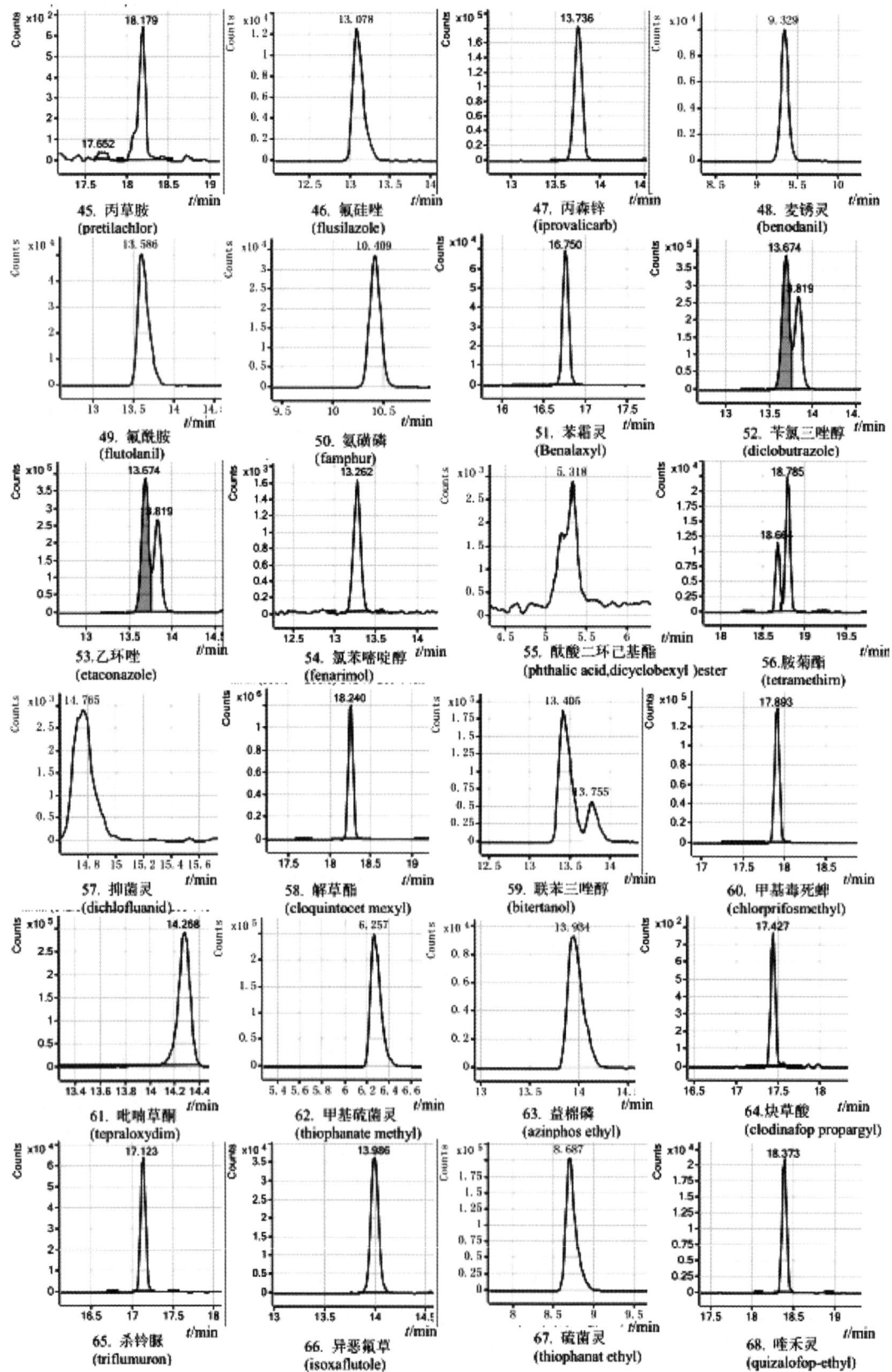

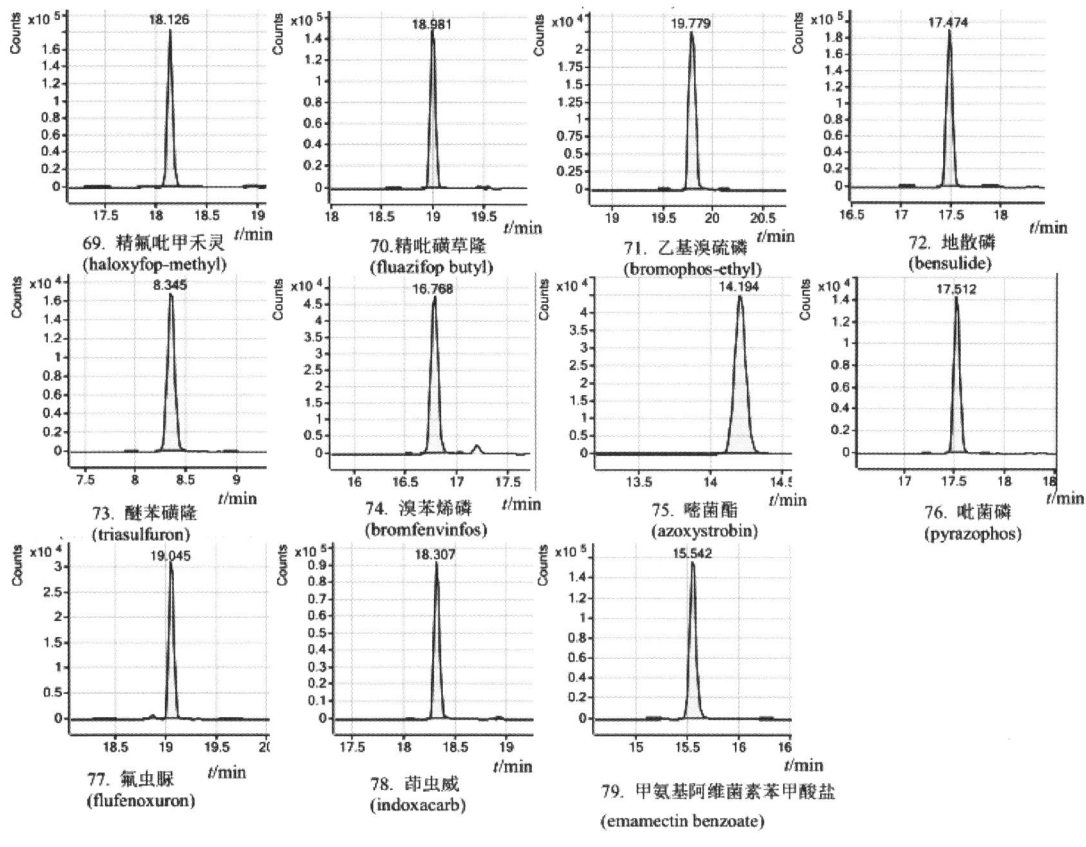

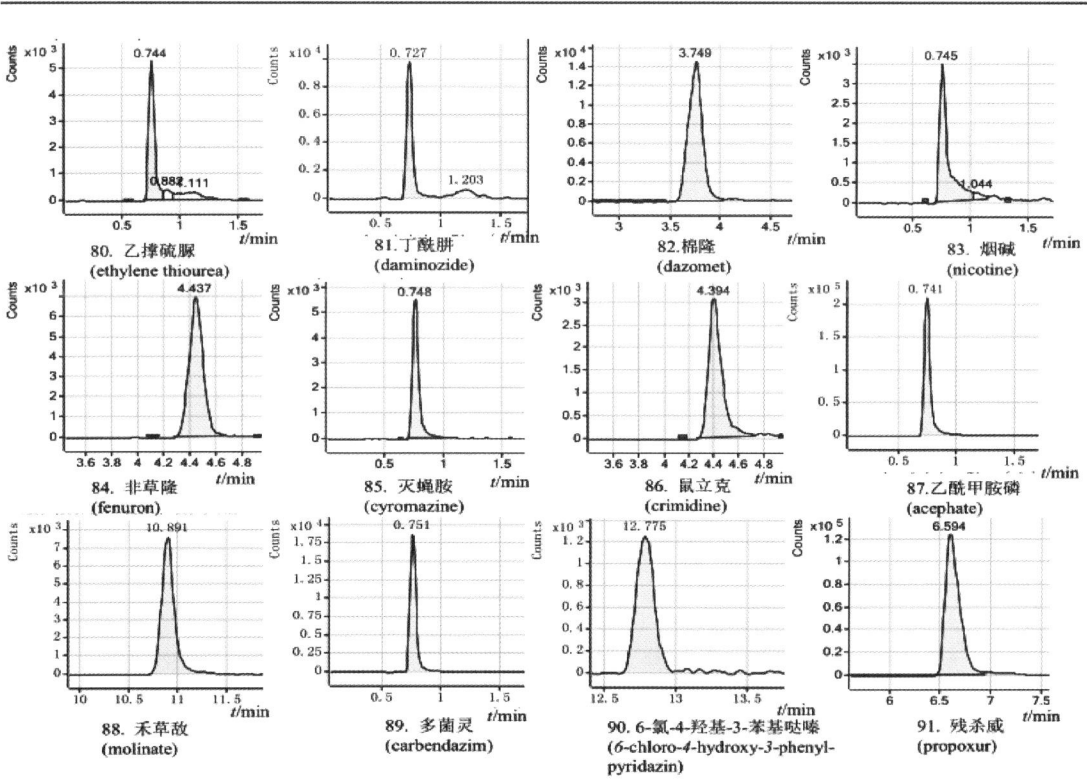

◎ 吐鲁番葡萄标准体系

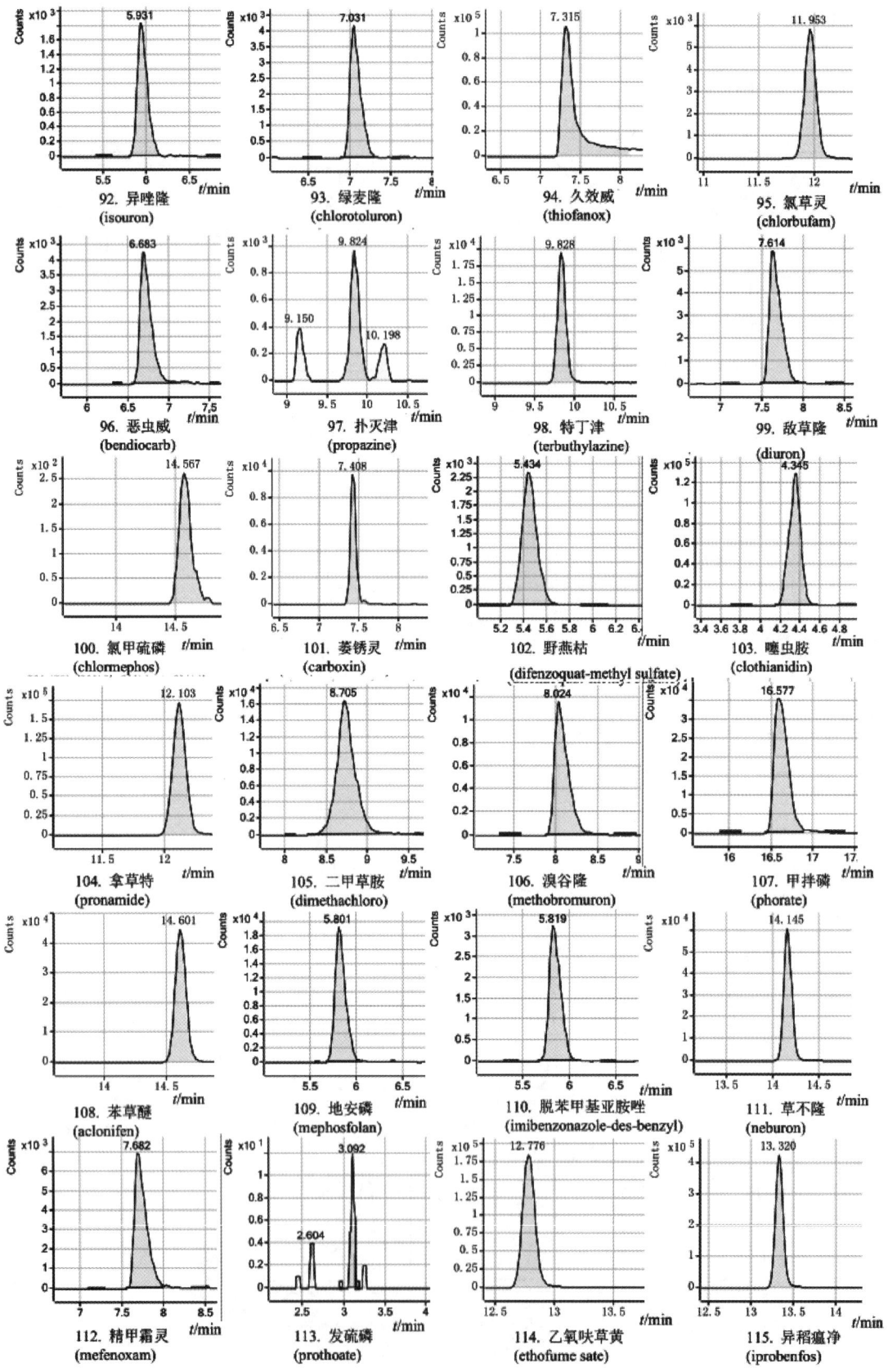

1148

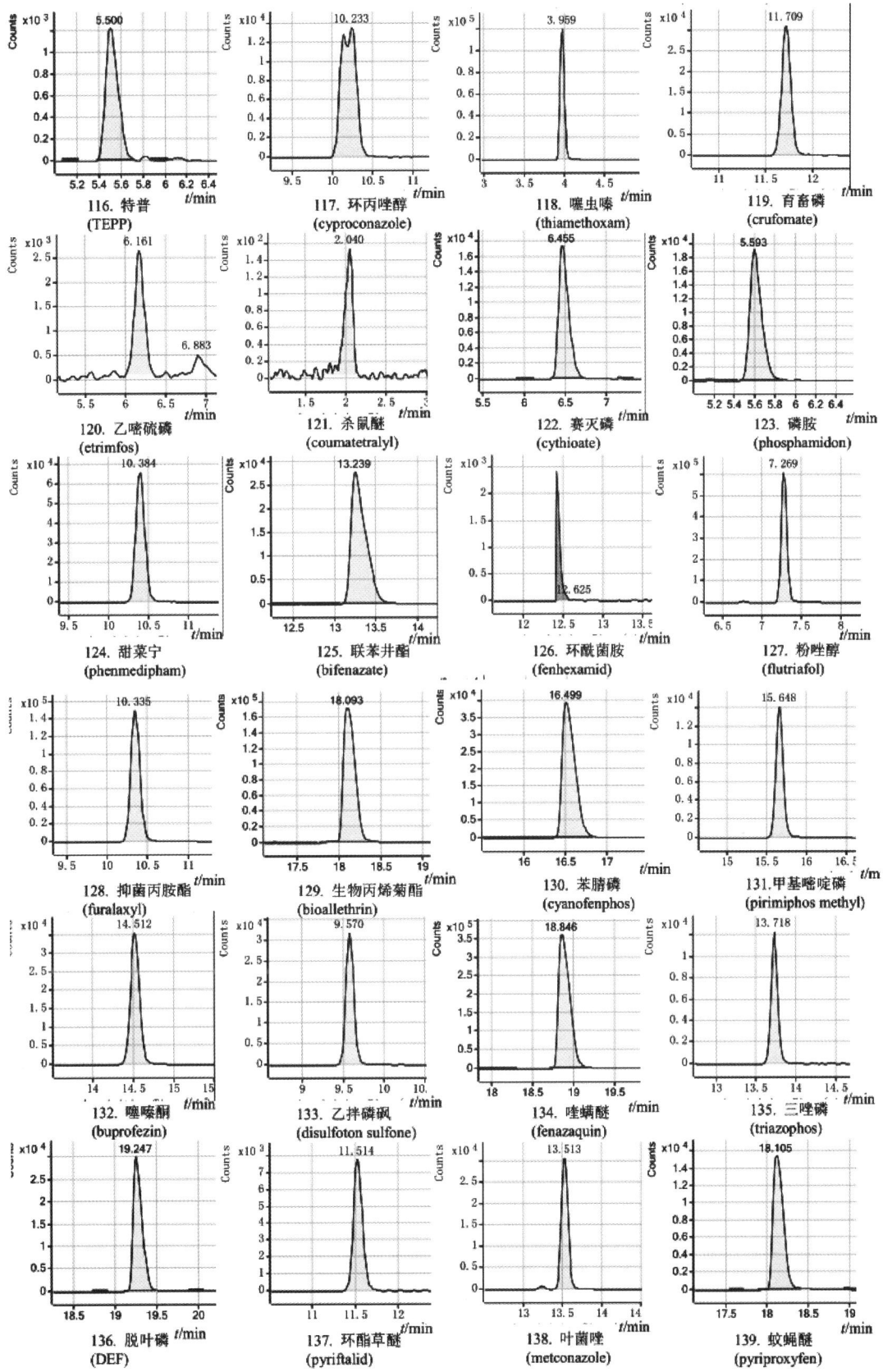

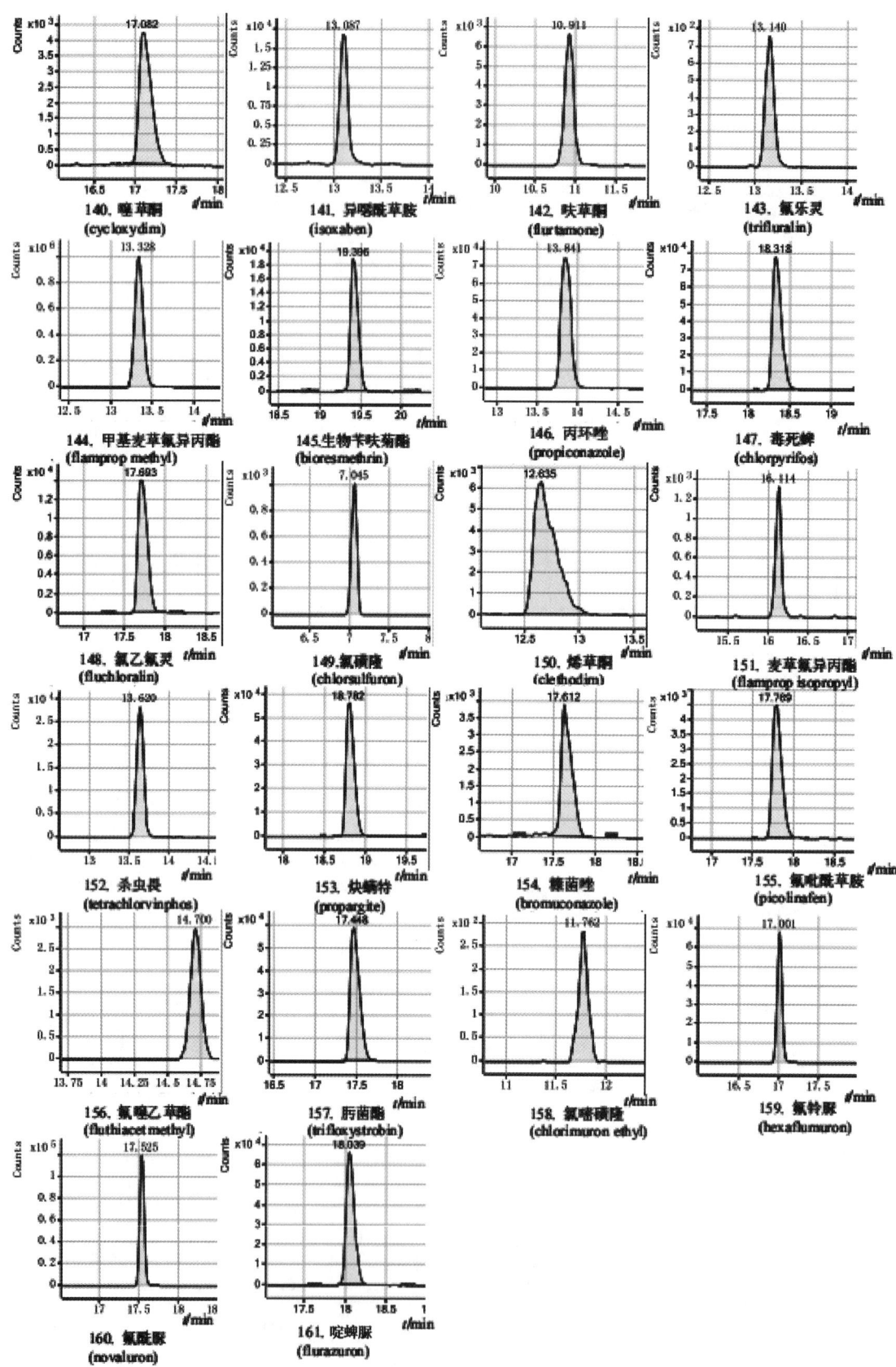

C组

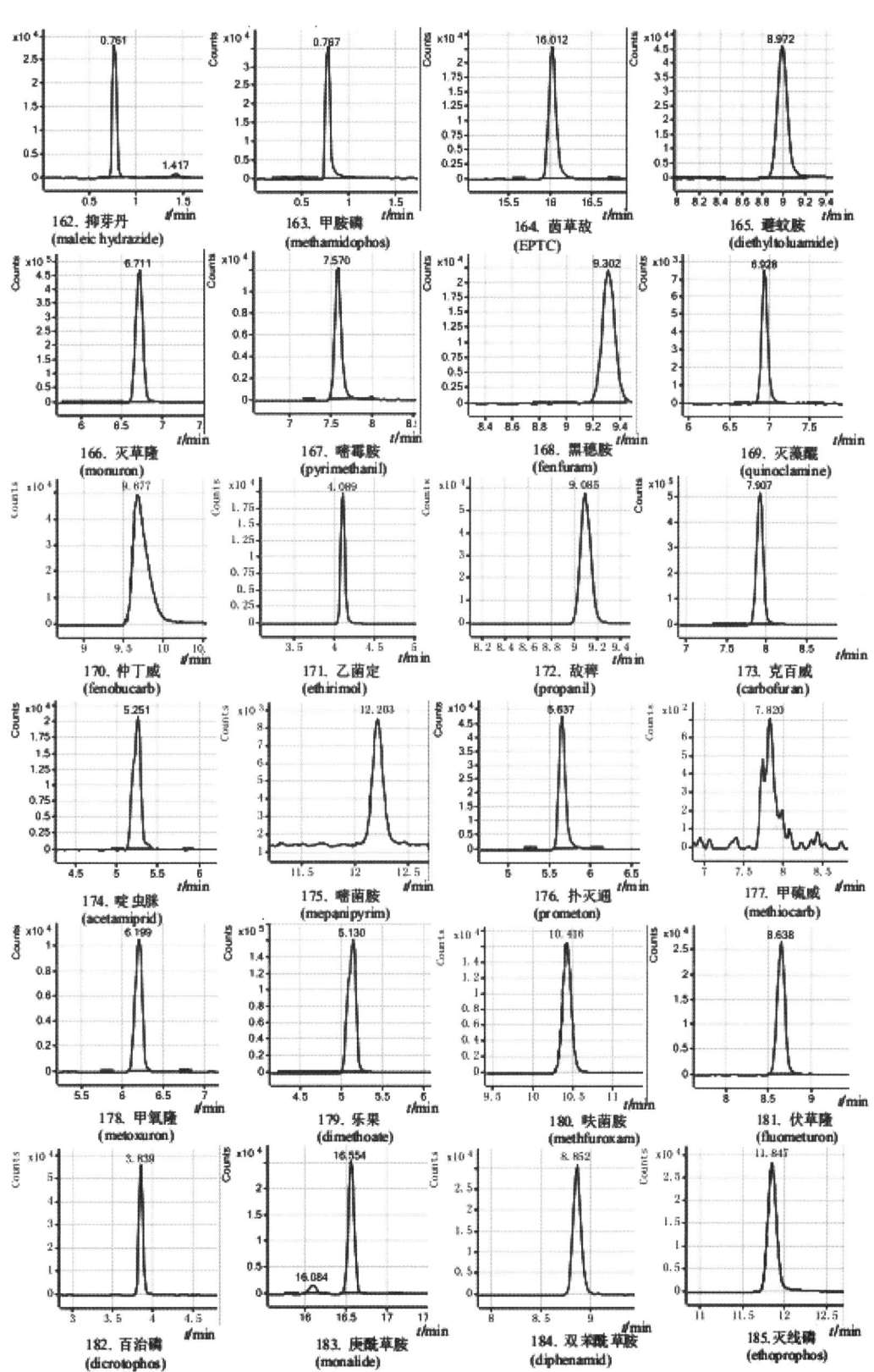

◎ 吐鲁番葡萄标准体系

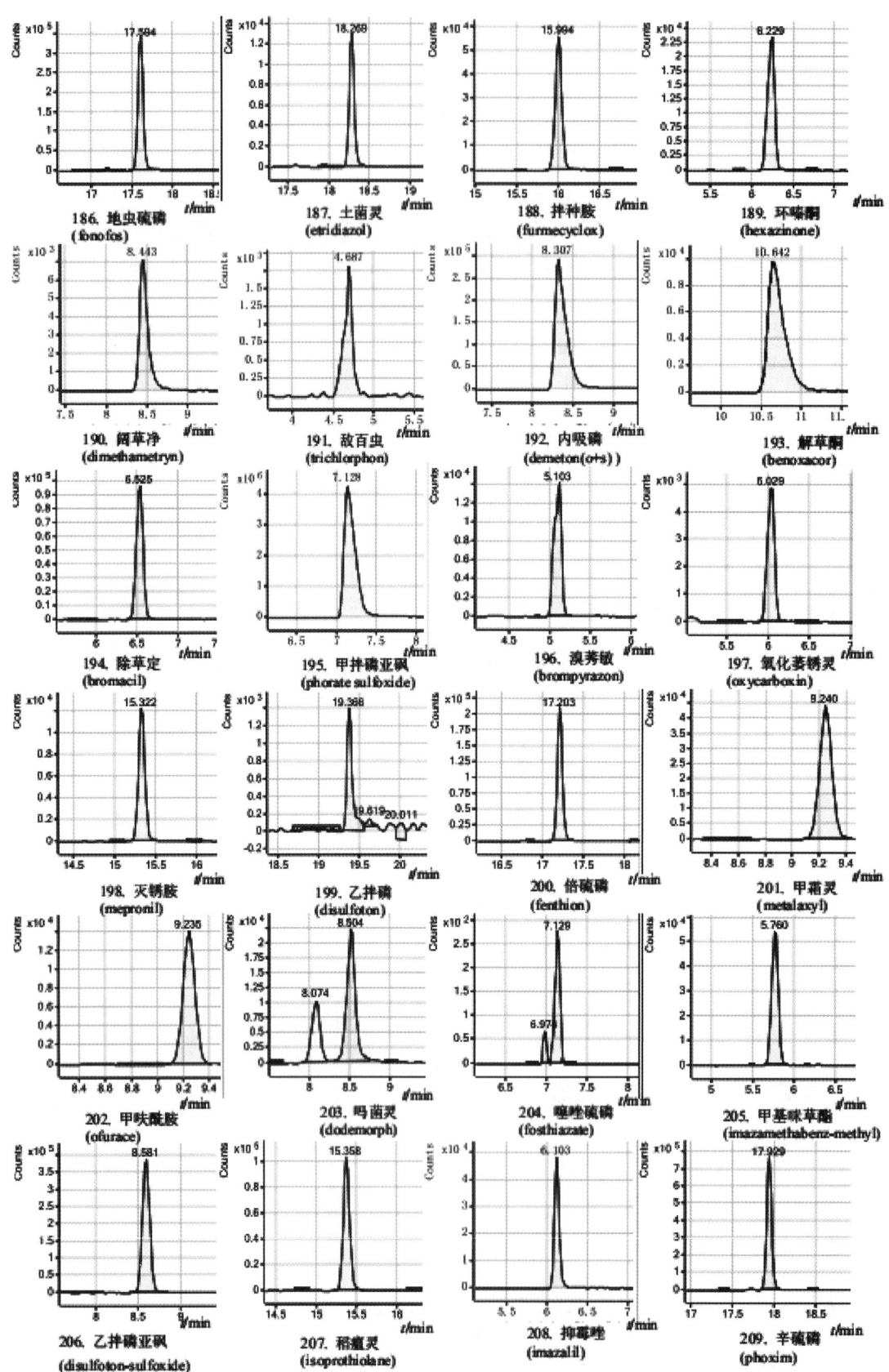

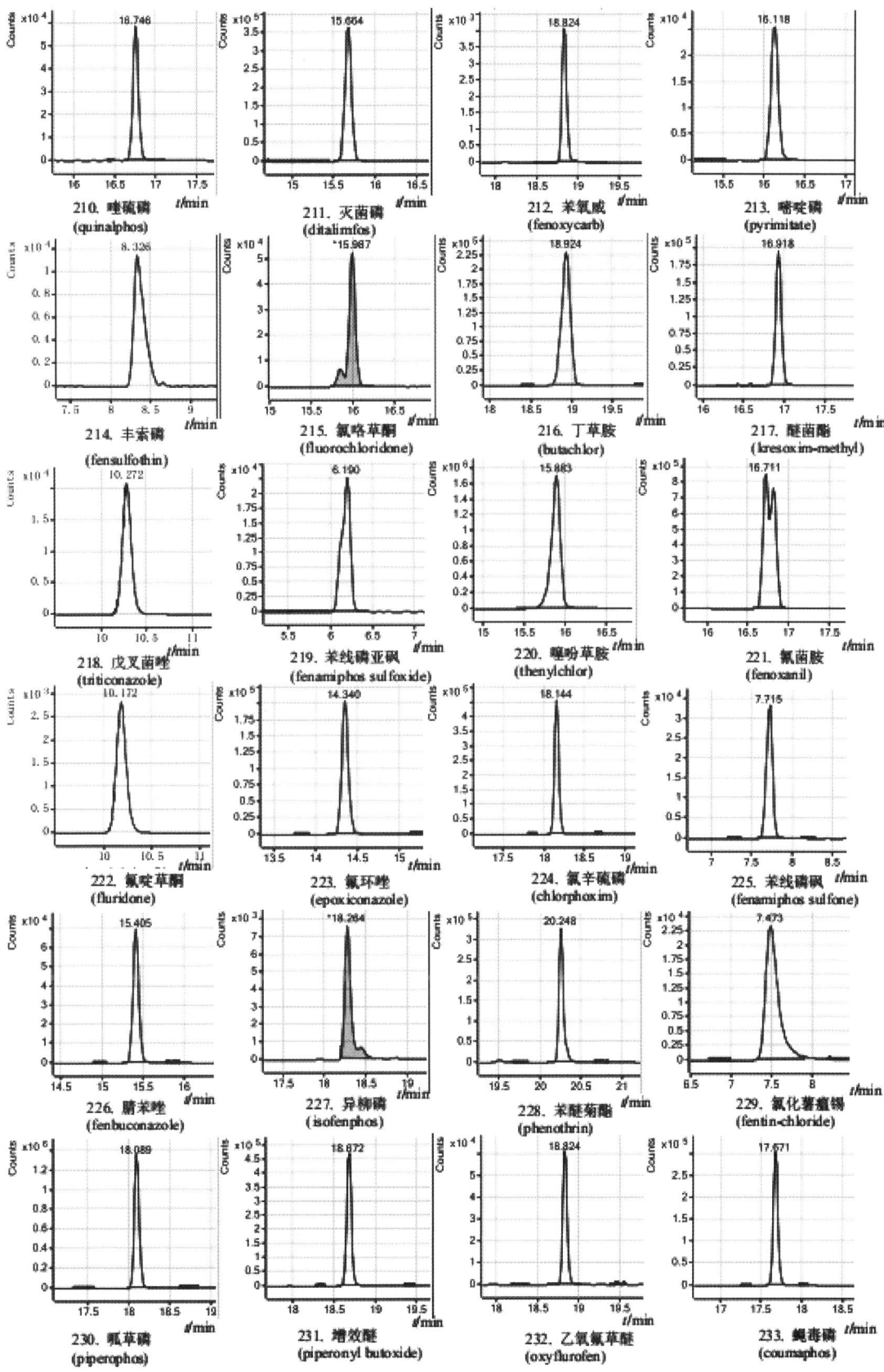

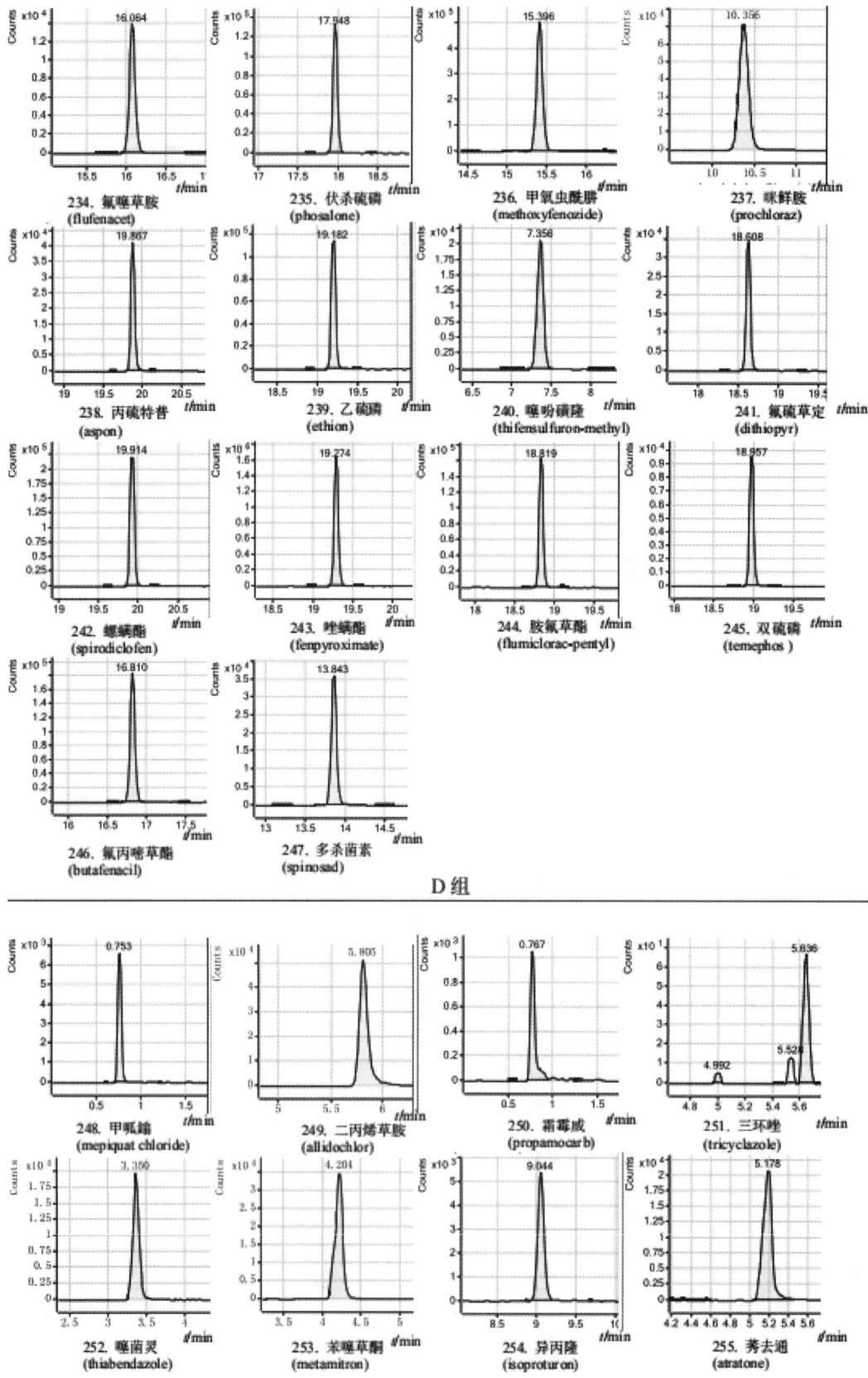

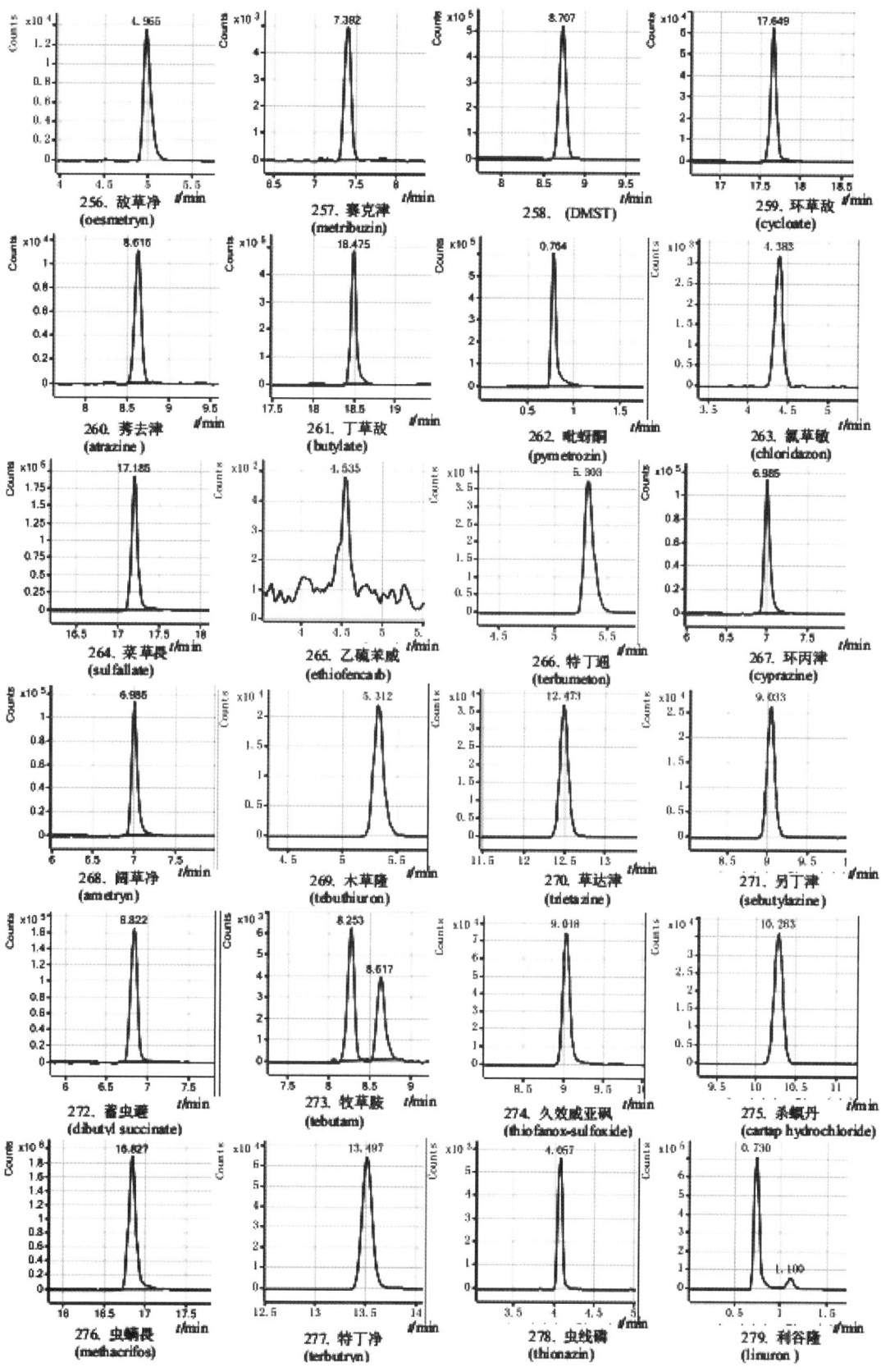

◎ 吐鲁番葡萄标准体系

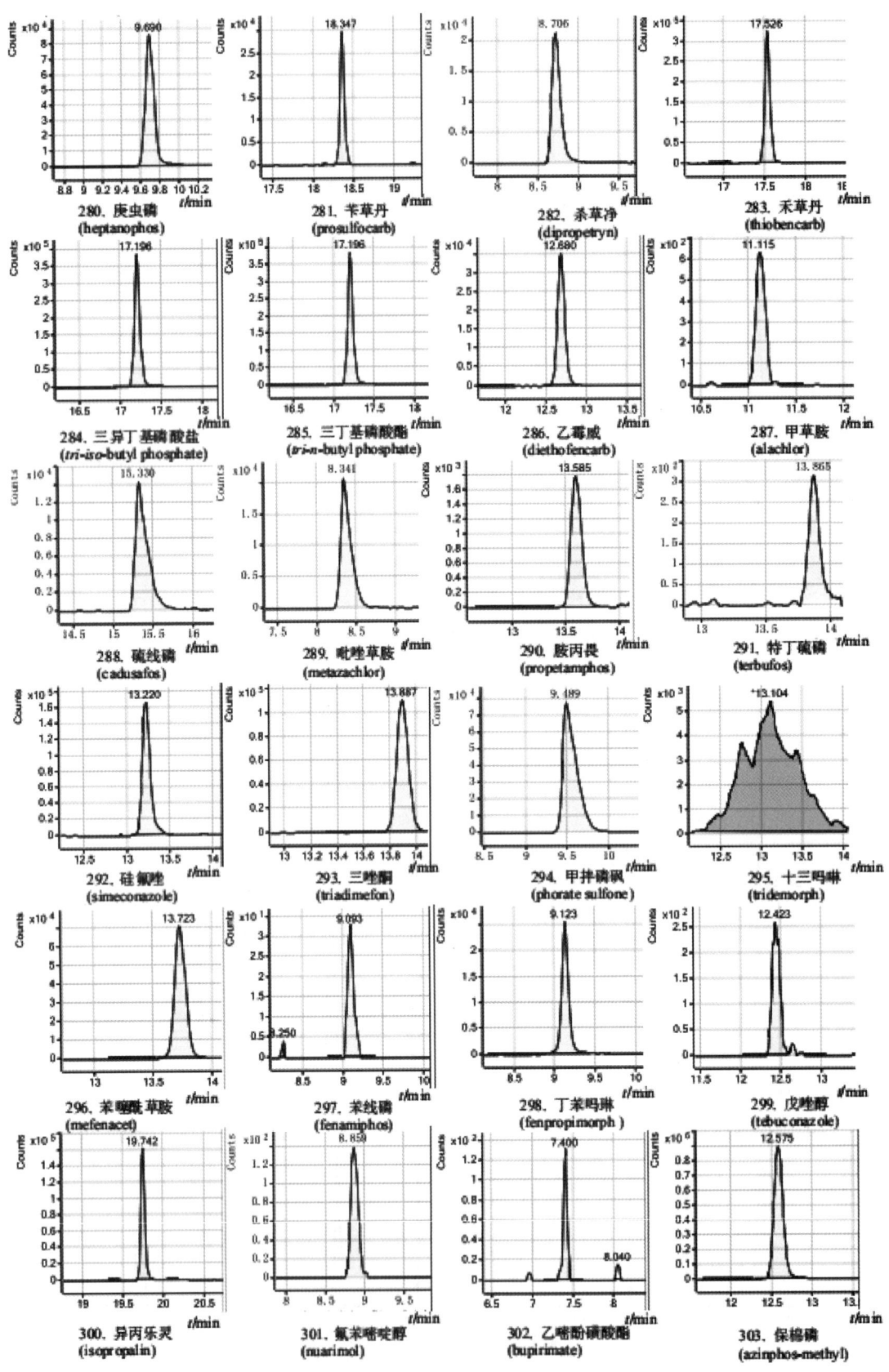

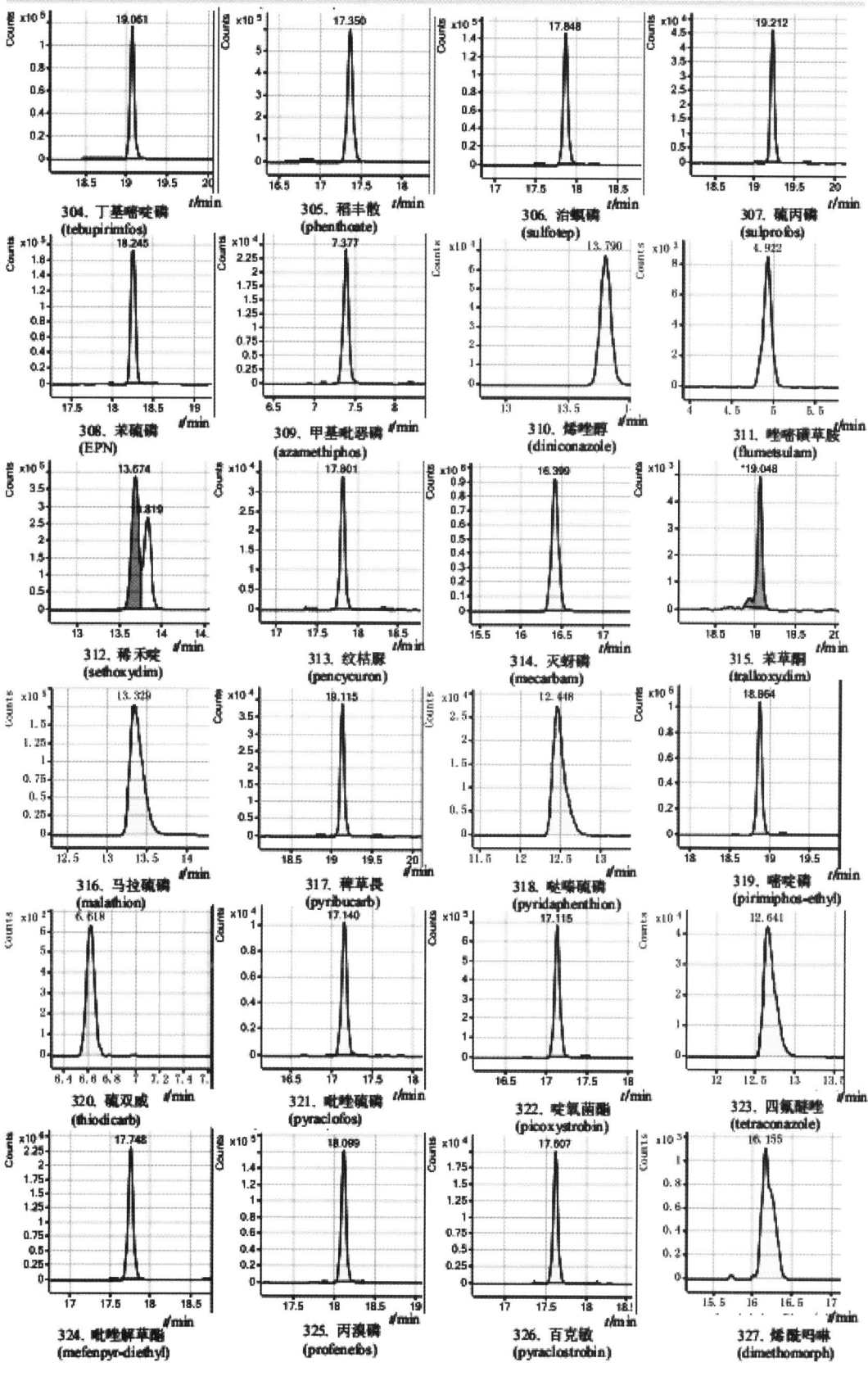

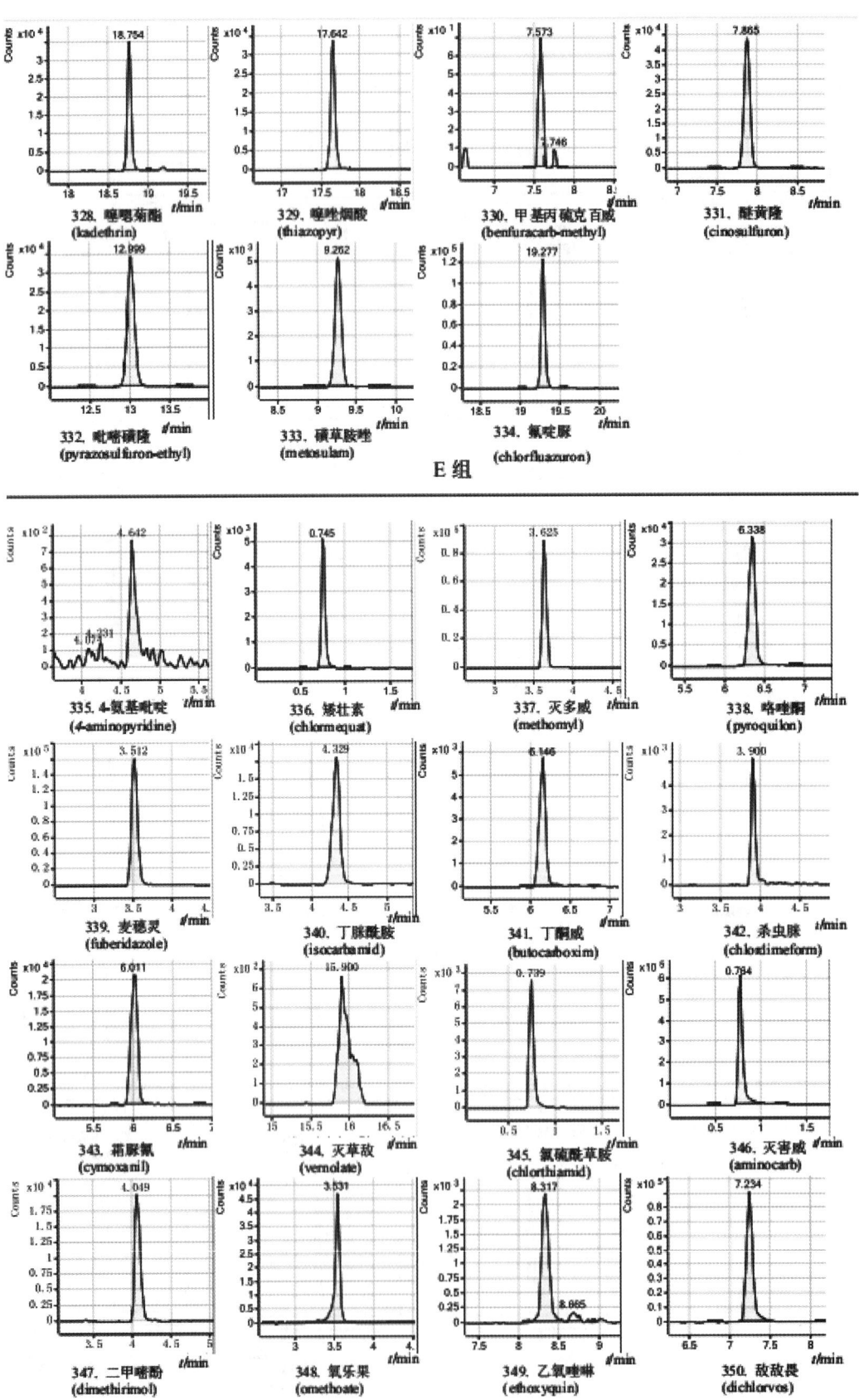

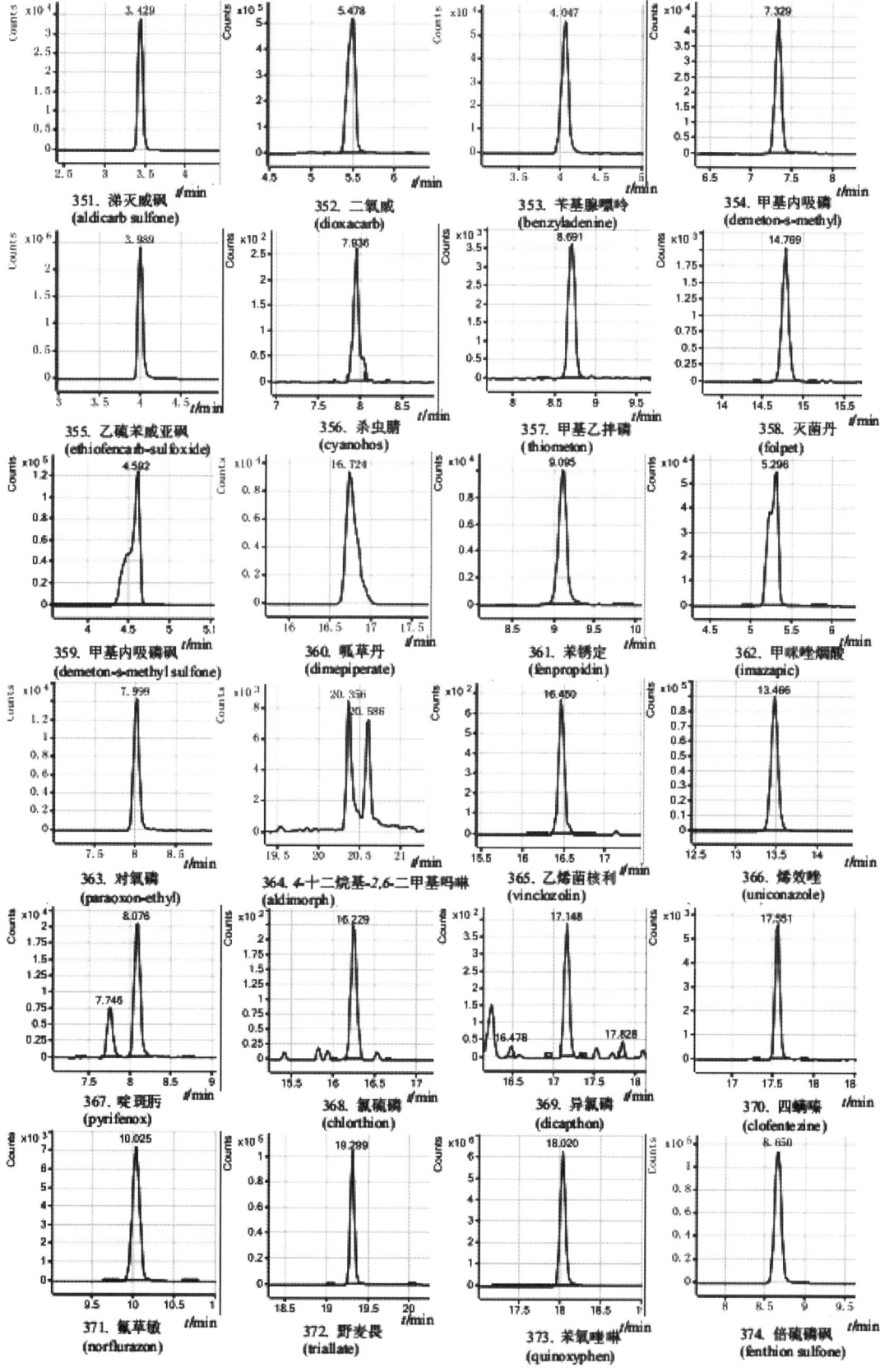

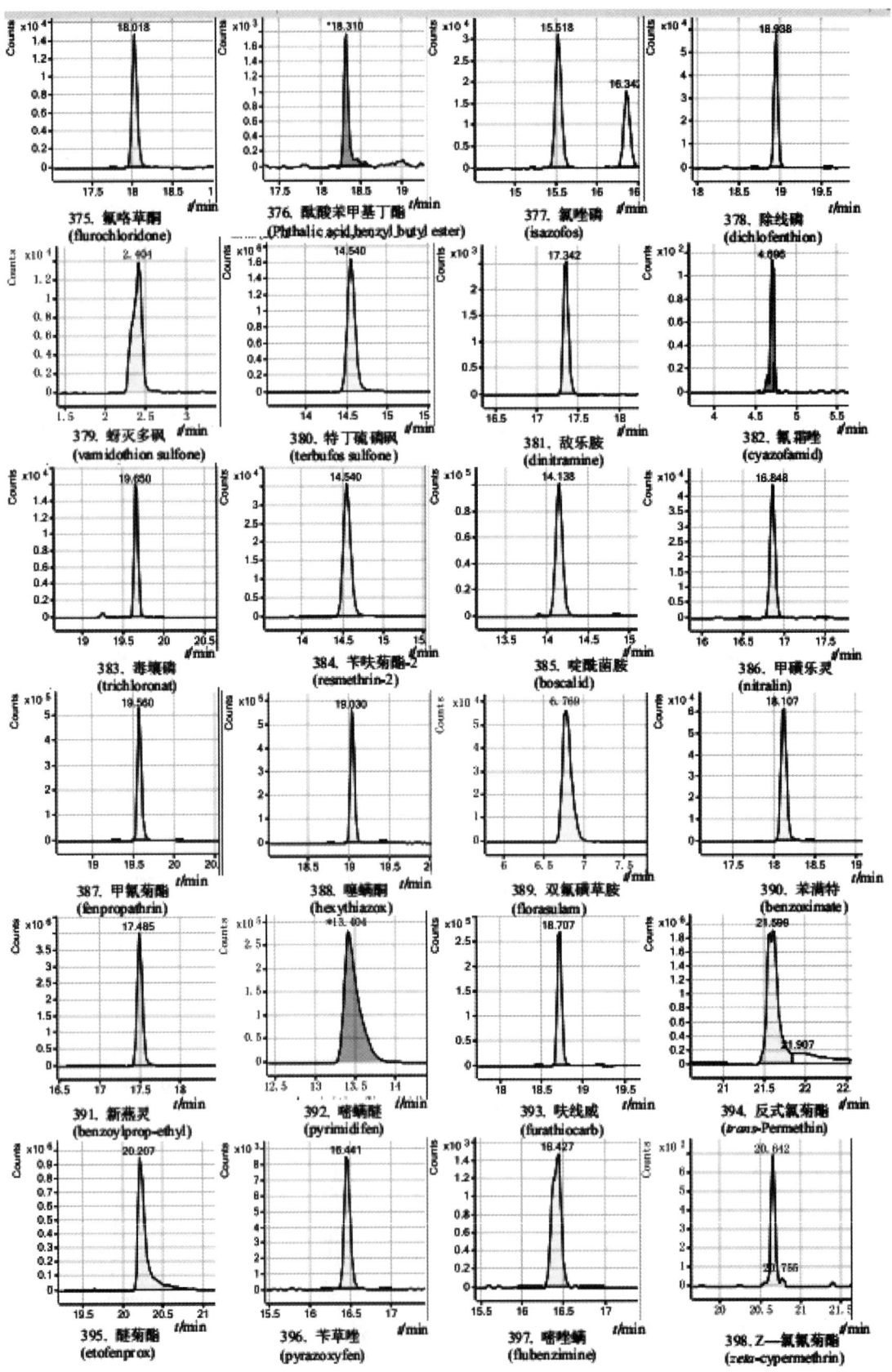

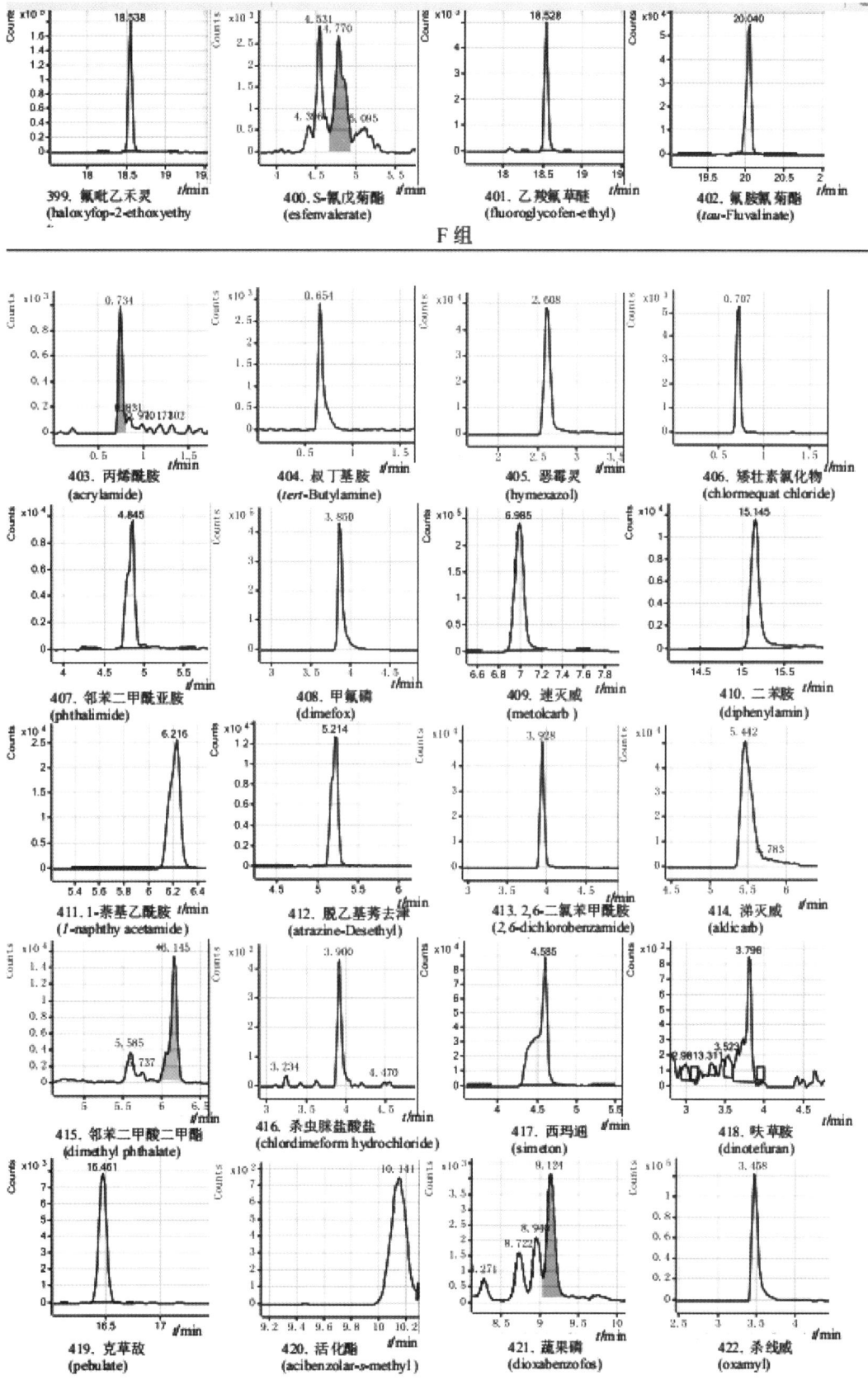

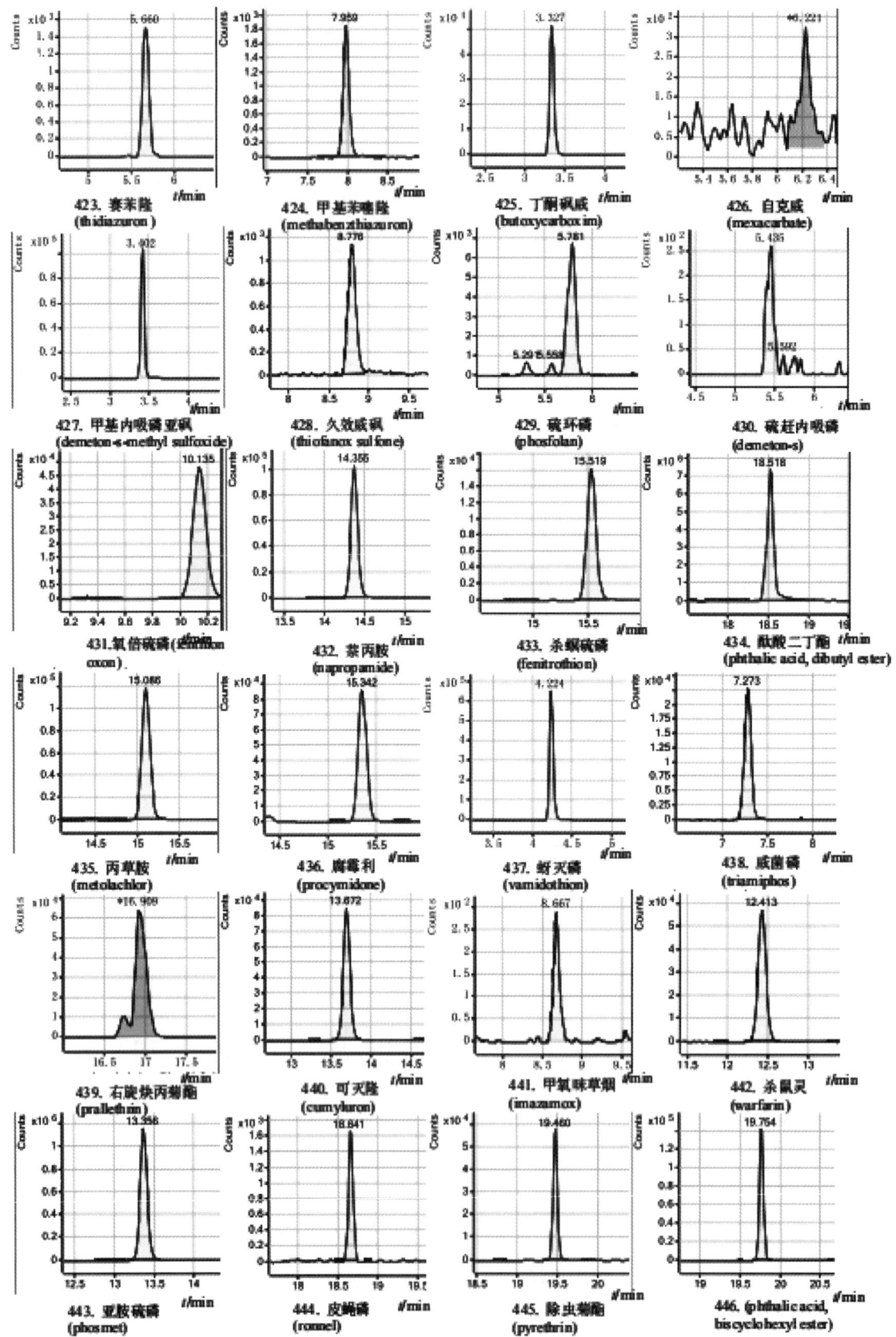

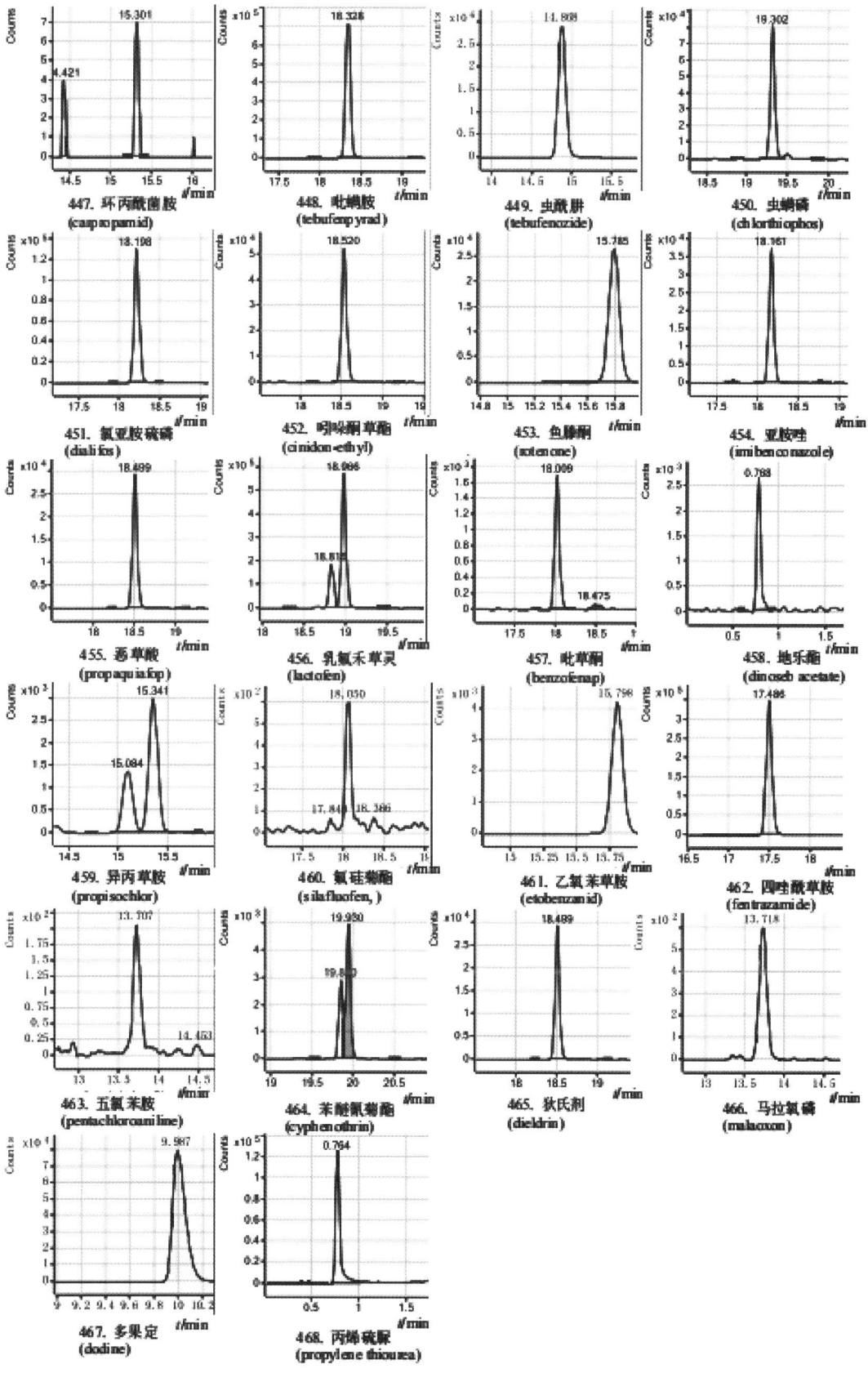

G 组

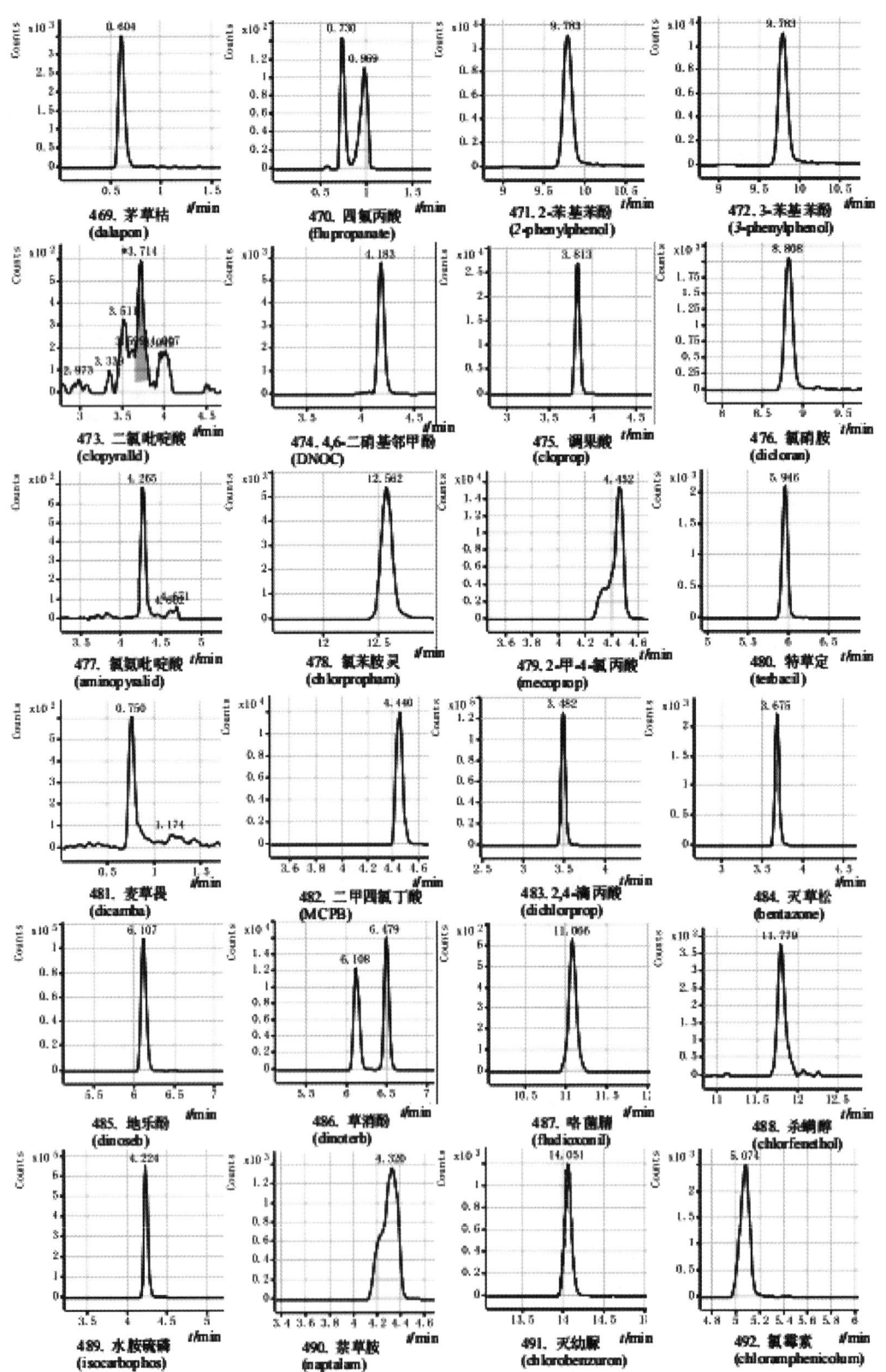

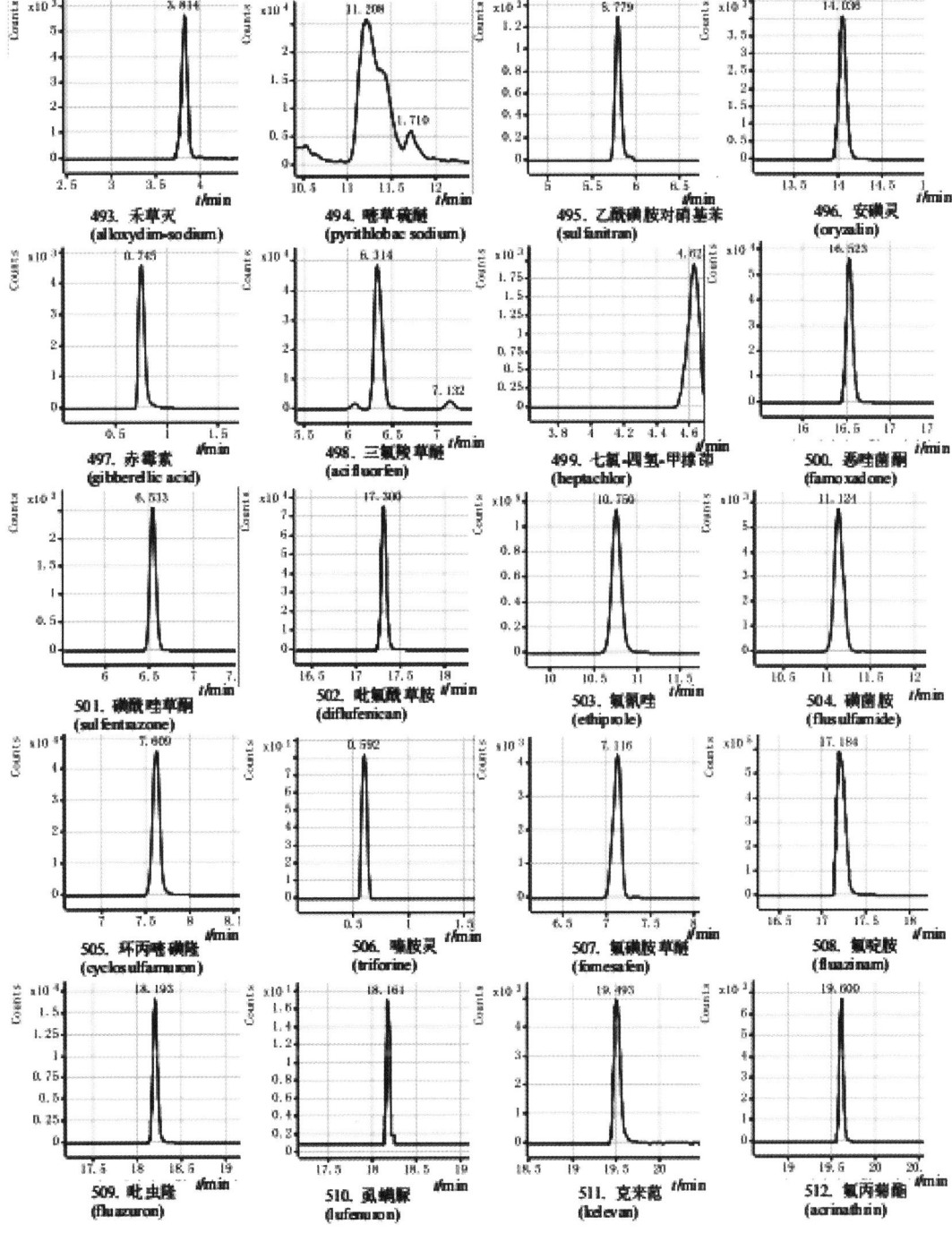

附录 D
（规范性附录）
实验室内重复性要求

表 D.1　　　　　　　　　　　　　　实验室内重复性要求

被测组分含量 mg/kg	精密度 %
≤0.001	36
>0.001≤0.01	32
>0.01≤0.1	22
>0.1≤1	18
>1	14

附录 E
（规范性附录）
实验室间再现性要求

表 E.1　　　　　　　　　　　　　　实验室间再现性要求

被测组分含量 mg/kg	精密度 %
≤0.001	54
>0.001≤0.01	46
>0.01≤0.1	34
>0.1≤1	25
>1	19

附录 F
（资料性附录）

样品的添加浓度及回收率的实验数据

表 F.1 样品的添加浓度及回收率的实验数据

单位：%

序号	中文名称	英文名称	低水平添加 1LOQ									高水平添加 4LOQ								
			橙汁	苹果汁	葡萄汁	白菜汁	胡萝卜汁	干酒	半干酒	半甜酒	甜酒	橙汁	苹果汁	葡萄汁	白菜汁	胡萝卜汁	干酒	半干酒	半甜酒	甜酒
1	苯胺灵	Propham	91.0	91.7	64.4	93.6	90.3	68.0	88.0	102.3	94.3	73.5	64.9	71.9	95.3	99.0	102.2	78.6	79.4	115.9
2	异丙威	isoprocarb	90.6	84.8	80.8	85.7	92.6	72.4	78.7	98.5	97.6	79.3	76.1	74.2	95.6	97.0	91.0	80.9	80.8	115.2
3	3,4,5-混杀威	3,4,5-trimethacarb	79.5	88.8	98.4	85.4	94.3	73.6	78.8	91.3	97.9	76.7	75.5	81.7	98.0	88.3	91.0	80.9	73.0	115.3
4	环秀隆	cycluron	98.5	90.9	81.8	88.1	97.2	75.8	74.2	100.6	101.7	76.1	83.2	90.9	105.0	105.2	89.3	85.7	84.6	114.8
5	甲萘威	carbaryl	89.5	84.2	97.0	87.0	86.7	75.8	76.3	93.8	103.9	77.5	78.2	94.1	97.0	103.3	94.3	86.3	79.7	117.9
6	毒草胺	propachlor	89.9	91.5	80.4	111.6	122.7	63.4	78.4	104.9	102.7	69.6	78.6	72.5	99.0	90.2	90.4	81.5	80.1	110.2
7	吡咪唑	rabenzazole	79.2	85.0	87.5	83.6	74.0	81.4	74.7	94.6	47.8	67.8	82.9	87.1	93.1	84.8	81.7	74.3	78.0	76.1
8	西草净	simetryn	74.5	93.9	96.1	93.2	107.3	88.0	76.8	100.2	97.8	78.8	76.9	98.3	95.1	105.3	111.6	84.5	77.7	88.2
9	绿谷隆	monolinuron	90.7	87.8	86.2	86.1	92.2	71.4	77.8	106.3	95.6	76.4	75.5	84.3	89.8	99.9	99.1	84.2	80.0	113.4
10	速灭脲	mevinphos	99.5	68.7	86.4	78.3	99.1	71.2	78.2	91.9	96.4	77.8	71.6	75.9	89.5	103.5	90.7	82.3	78.5	107.8
11	叠氮津	aziprotryne	78.4	84.8	75.8	95.0	82.5	70.8	107.6	111.7	116.2	92.7	87.3	79.1	124.2	89.1	88.3	82.3	86.9	116.8
12	仲丁通	Secbumeton	81.8	94.1	96.6	98.0	101.7	75.7	72.4	96.3	97.6	73.9	73.9	90.3	100.5	95.1	91.4	80.4	80.7	118.4
13	嘧菌腈胺	cyprodinil	80.9	69.2	80.7	75.2	63.3	77.6	75.1	99.0	97.5	79.3	74.0	89.7	67.8	68.3	93.5	79.3	78.1	119.9
14	捕土隆	buturon	91.2	92.9	91.0	82.2	86.6	77.4	74.2	98.9	100.1	71.0	83.0	94.7	91.1	96.1	93.1	86.2	81.6	117.3
15	双酰草胺	carbetamide	91.5	76.1	91.8	91.5	97.9	67.1	77.0	107.7	95.0	78.1	76.7	90.5	95.5	71.1	93.6	83.9	80.5	118.8
16	抗蚜威	Pirimicarb	74.0	112.6	80.3	87.0	96.7	74.6	83.1	102.4	104.6	82.8	78.4	84.0	97.4	105.4	97.1	89.6	84.4	117.6
17	异噁草松	Clomazone	93.2	90.5	75.4	98.4	88.1	72.7	72.8	96.7	102.3	79.6	72.9	72.4	98.7	96.6	96.7	83.9	81.6	113.4
18	氰草津	Cyanazine	94.7	99.8	89.6	86.0	96.9	71.7	105.4	97.7	101.7	73.6	82.4	85.6	105.5	107.7	103.9	78.5	76.7	119.7
19	扑草净	Prometryne	80.4	90.1	83.3	82.2	94.1	72.1	73.8	101.6	101.1	73.4	79.9	87.5	97.4	84.8	96.7	81.5	79.5	116.7

续表

序号	中文名称	英文名称	低水平添加 1LOQ									高水平添加 4LOQ								
			橙汁	苹果汁	葡萄汁	白菜汁	胡萝卜汁	干酒	半干酒	半甜酒	甜酒	橙汁	苹果汁	葡萄汁	白菜汁	胡萝卜汁	干酒	半干酒	半甜酒	甜酒
20	甲基对氧磷	paraoxonmethyl	83.6	70.4	105.9	92.5	86.8	74.0	75.4	88.2	103.4	105.3	81.8	85.3	93.3	98.6	92.9	88.8	86.2	118.5
21	4,4'-二氯二苯甲酮	4,4'-dichlorobenzophenone	0.0	0.0	63.9	95.1	86.5	69.9	91.0	41.0	76.1	32.4	0.0	111.7	68.4	0.0	NoPeak	NoPeak	NoPeak	NoPeak
22	噻虫啉	thiacloprid	92.0	77.3	96.9	76.9	75.2	83.0	77.0	93.1	114.6	80.5	69.6	86.7	91.9	102.4	97.6	86.9	78.1	113.9
23	吡虫啉	imidacloprid	92.5	88.3	96.6	83.9	90.3	77.1	74.5	95.3	98.8	75.2	75.7	90.3	92.7	108.0	95.2	81.5	81.8	109.1
24	磺噻隆	ethidimuron	96.8	76.5	94.3	105.1	111.6	74.9	74.0	95.4	97.0	77.8	72.4	89.2	86.7	116.7	91.6	77.1	76.9	118.9
25	丁嗪草酮	isomethiozin	64.0	42.2	87.3	82.2	72.4	80.4	69.5	75.4	87.8	61.1	61.5	74.7	81.6	65.2	70.2	64.9	66.1	77.5
26	燕麦敌	diallate	66.8	80.2	62.9	83.4	62.7	未添加	未添加	未添加	未添加	67.3	74.9	60.8	92.8	71.4	78.1	69.9	82.0	108.7
27	乙草胺	Acetochlor	81.9	85.3	82.5	80.3	84.1	70.4	78.3	100.0	97.9	78.8	77.1	82.2	105.0	85.4	92.6	83.9	81.8	115.8
28	烯啶虫胺	nitenpyram	75.3	62.8	65.3	79.6	67.1	76.5	73.1	97.0	82.2	61.6	71.7	77.3	69.6	75.2	85.1	70.8	73.8	109.7
29	盖草津	methoprotryne	85.2	80.8	94.0	90.8	98.7	76.9	82.4	95.9	100.8	73.1	72.7	93.2	105.4	114.7	89.9	83.7	84.0	117.6
30	二甲酚草胺	dimethenamid	90.2	82.4	82.2	92.2	93.2	64.2	83.5	110.0	87.5	76.6	76.8	81.3	97.4	98.5	91.5	83.6	79.9	116.2
31	特草灵	Terbucarb	77.4	91.8	92.3	102.0	76.2	69.1	75.2	102.5	94.5	79.1	76.7	85.7	99.4	73.0	93.0	88.6	87.0	112.9
32	戊菌唑	penconazole	81.1	102.2	83.6	93.3	86.0	77.5	78.4	97.3	99.2	77.5	81.2	92.8	99.0	84.4	97.2	85.1	83.6	118.6
33	腈菌唑	Myclobutanil	105.7	92.0	89.4	96.4	53.6	84.8	85.2	102.1	102.9	73.6	75.7	89.9	97.4	89.2	94.8	86.5	79.9	109.8
34	多效唑	paclobutrazol	94.3	105.5	81.9	100.8	89.5	79.5	78.1	103.6	103.0	79.9	82.8	90.1	100.3	92.4	92.5	82.4	78.2	119.5
35	倍硫磷亚砜	fenthion sulfoxide	75.9	89.8	109.7	110.7	88.6	107.7	97.8	83.7	98.1	83.1	66.2	108.4	96.0	100.4	94.1	85.8	83.6	119.2
36	三唑醇	triadimenol	88.2	99.6	85.0	91.6	50.0	76.4	80.3	99.6	99.7	77.3	79.8	92.1	97.3	94.1	97.1	85.1	83.6	117.7
37	仲丁灵	Butralin	68.9	81.5	60.6	95.4	69.4	75.7	74.9	103.8	99.1	69.8	69.7	73.6	97.5	95.5	86.8	83.7	82.2	120.0
38	螺环菌胺	spiroxamine	97.5	101.2	99.8	82.1	91.1	61.5	77.7	102.2	99.3	71.1	103.7	75.8	100.2	75.2	97.3	79.8	81.1	115.0
39	甲基立枯磷	tolclofosmethyl	75.1	76.8	63.5	90.0	70.3	65.5	76.0	102.9	91.3	71.4	62.9	67.8	96.8	70.4	91.1	77.6	82.4	95.0
40	甜菜胺	desmedipham	90.6	79.4	77.3	100.7	71.8	60.9	72.9	100.2	95.3	71.2	97.1	93.1	92.3	86.9	95.3	83.3	78.1	117.6
41	杀扑磷	Methidathion	85.0	80.9	94.8	88.4	72.5	72.9	80.0	97.9	101.4	77.6	83.4	97.7	95.6	99.8	97.8	85.8	79.9	116.0

（续表）

序号	中文名称	英文名称	低水平添加 1LOQ											高水平添加 4LOQ								
			橙汁	苹果汁	葡萄汁	白菜汁	胡萝卜汁	干酒	半干酒	半甜酒	甜酒	橙汁	苹果汁	葡萄汁	白菜汁	胡萝卜汁	干酒	半干酒	半甜酒	甜酒
42	烯丙菊酯	Allethrin	92.3	81.1	86.1	89.6	108.7	77.2	78.1	96.3	96.0	76.6	67.0	88.5	100.5	62.9	97.4	84.2	85.1	116.5
43	二嗪磷	Diazinon	72.8	81.6	65.1	93.5	69.2	78.2	77.9	96.9	102.6	72.4	62.9	67.5	97.1	62.9	83.3	75.6	81.0	84.5
44	敌瘟磷	edifenphos	64.4	101.8	87.8	96.7	82.0	76.0	97.9	99.6	102.9	63.3	82.1	95.2	95.6	85.9	89.7	81.9	82.7	118.6
45	丙草胺	pretilachlor	67.2	68.7	103.4	86.8	74.9	90.8	77.3	104.5	106.4	74.4	92.0	104.4	93.7	72.8	107.0	84.2	80.6	115.7
46	氟硅唑	flusilazole	82.5	96.4	84.0	93.9	81.0	77.9	85.9	104.0	105.2	77.3	76.1	92.6	103.1	77.9	109.8	87.6	89.1	118.6
47	丙森锌	iprovalicarb	89.2	99.2	107.9	100.6	92.8	72.0	77.6	100.6	95.9	72.6	67.2	75.5	93.7	74.4	82.5	84.2	94.2	116.5
48	麦锈灵	Benodanil	72.5	86.2	100.7	90.5	80.6	78.7	87.5	94.3	111.1	72.5	73.8	88.2	97.2	101.4	93.0	86.4	80.8	115.5
49	氟酰胺	Flutolanil	79.1	92.4	86.7	90.4	78.7	78.5	81.9	96.3	101.8	74.2	75.4	91.9	97.6	79.9	95.5	86.8	79.6	119.8
50	伐灭磷	famphur	82.5	93.8	87.7	92.3	88.2	77.2	77.6	92.0	97.2	73.7	75.3	94.8	100.1	96.7	94.0	90.0	83.8	116.6
51	苯霜灵	Benalaxyl	78.4	85.0	89.5	92.7	90.5	82.5	78.6	93.3	109.7	74.5	76.3	89.1	98.2	65.2	96.2	83.4	77.7	107.7
52	苯氯三唑醇	diclobutrazole	81.0	99.0	84.0	91.0	88.4	80.0	69.4	96.3	98.8	74.6	76.2	84.2	97.4	90.5	94.5	84.6	83.0	117.6
53	乙环唑	etaconazole	81.0	98.1	84.0	91.1	88.4	78.2	77.9	96.9	102.6	74.6	76.4	84.2	97.4	90.5	94.5	84.6	83.0	117.6
54	氯苯嘧啶醇	fenarimol	84.2	95.5	79.2	108.4	114.6	85.4	116.1	89.4	94.7	72.6	65.6	88.2	104.5	79.4	101.0	102.0	83.5	116.7
55	酞酸二环己基酯	phthalic acid, dicyclohexyl ester	103.8	77.3	84.6	92.4	89.9	80.0	79.7	87.5	63.3	81.9	69.3	93.9	92.4	88.7	NoPeak	NoPeak	85.6	114.5
56	胺菊酯	Tetramethrin	71.5	78.9	89.9	100.4	64.0	77.8	77.7	97.3	102.2	66.3	72.9	91.2	98.4	66.7	89.5	82.6	83.7	119.2
57	抑菌灵	dichlofluanid	71.0	99.5	75.4	62.1	71.7	68.2	80.5	102.9	102.6	68.5	80.7	79.8	86.2	64.4	85.6	66.0	59.7	76.6
58	喹草酮	cloquintocetmexyl	67.4	89.6	74.8	96.2	58.3	139.4	88.4	73.9	69.3	72.1	76.5	91.7	99.8	64.4	86.8	78.7	82.3	116.0
59	联苯三唑醇	bitertanol	76.4	97.4	83.7	97.0	80.9	77.0	78.6	102.2	100.5	76.9	77.1	93.0	97.8	76.8	93.7	85.4	84.2	118.2
60	甲基毒死蜱	chlorprifosmethyl	66.8	74.3	64.2	89.8	69.1	64.3	80.4	97.3	90.9	71.1	65.5	64.1	99.0	64.0	88.2	77.1	81.4	80.2
61	吡喃草酮	tepraloxydim	86.4	97.5	83.3	95.1	90.3	77.1	77.0	106.7	94.4	74.8	75.3	89.2	96.7	91.8	115.5	88.7	78.9	116.5
62	甲基硫菌灵	thiophanatemethyl	32.8	65.9	269.6	72.8	61.6	67.4	80.2	97.7	96.3	75.8	65.7	100.0	65.0	74.8	88.8	79.3	84.1	111.0
63	益棉磷	azinphos ethyl	77.1	92.3	82.1	96.9	75.4	74.8	86.7	104.1	96.4	77.0	71.4	90.7	96.6	90.7	93.8	86.5	84.4	115.8

1170

(续表)

序号	中文名称	英文名称	低水平添加 1LOQ									高水平添加 4LOQ								
			橙汁	苹果汁	葡萄汁	白菜汁	胡萝卜汁	干酒	半干酒	半甜酒	甜酒	橙汁	苹果汁	葡萄汁	白菜汁	胡萝卜汁	干酒	半干酒	半甜酒	甜酒
64	炔草酸	clodinafop propargyl	80.3	0.0	75.2	87.6	0.0	65.6	77.9	102.3	97.8	77.2	80.0	102.8	77.5	79.1	83.8	75.7	84.7	82.2
65	杀铃脲	triflumuron	71.7	88.6	80.5	91.4	69.0	80.9	79.1	97.3	92.2	70.7	76.9	88.5	99.3	63.5	97.0	83.5	83.2	119.0
66	异噁唑草酮	isoxaflutole	77.8	107.8	63.2	81.5	74.0	63.6	66.4	94.9	72.0	72.0	85.0	63.2	59.3	87.5	84.5	52.0	64.9	79.8
67	硫菌灵	thiophanat ethyl	31.9	36.4	363.7	64.9	63.7	85.6	78.7	94.1	83.0	75.5	65.7	107.1	75.7	67.3	85.7	78.8	80.0	104.8
68	喹禾灵	quizalofop – ethyl	59.9	90.7	79.6	90.5	55.6	89.1	81.2	96.3	92.0	67.6	68.9	87.2	99.5	63.2	93.1	81.7	82.1	105.8
69	精氟吡甲禾灵	haloxyfop – methyl	69.5	82.9	73.2	95.2	62.8	81.4	75.9	98.4	95.6	72.4	73.7	90.7	96.1	60.1	93.6	86.2	83.1	115.4
70	精吡氟草隆	fluazifop butyl	69.5	74.8	73.6	94.2	86.4	74.6	74.5	102.5	103.9	64.6	95.5	90.3	98.4	65.3	95.0	81.4	83.3	117.1
71	乙基溴硫磷	Bromophos – ethyl	73.3	72.0	61.4	89.8	60.2	63.9	93.9	92.4	99.4	82.7	68.6	74.5	94.9	70.9	100.3	91.9	103.5	111.7
72	地散磷	bensulide	73.9	84.6	87.4	103.9	71.7	80.9	74.4	93.1	98.0	76.6	72.6	92.2	99.9	73.4	93.8	88.8	83.9	115.1
73	醚苯磺隆	triasulfuron	80.0	68.1	70.2	88.1	80.2	96.0	63.6	79.0	77.8	69.1	65.9	82.8	92.6	73.9	82.6	72.0	84.7	118.4
74	溴苯烯磷	bromfenvinfos	80.1	117.8	86.2	97.3	79.3	75.2	74.5	97.6	101.9	72.8	77.1	88.6	91.2	79.1	91.1	84.9	80.8	116.3
75	嘧菌酯	azoxystrobin	79.3	115.8	86.7	101.4	87.8	80.6	77.1	99.8	96.9	71.4	86.8	91.6	98.8	84.2	88.8	83.0	79.8	118.8
76	吡菌磷	pyrazophos	72.1	84.6	76.7	106.9	80.1	70.3	77.5	104.0	118.3	73.8	69.9	90.9	99.1	89.7	89.8	84.9	82.7	118.7
77	氟虫脲	flufenoxuron	75.9	77.0	69.4	89.2	64.9	76.0	75.6	101.0	92.9	62.1	70.7	86.1	102.6	80.8	95.6	81.4	83.6	119.8
78	茚虫威	indoxacarb	71.0	78.6	68.2	98.0	62.0	87.1	68.5	89.9	93.6	68.7	70.5	89.0	102.5	60.8	93.5	79.4	83.8	94.9
79	甲氨基阿维菌素苯甲酸盐	emamectin benzoate	64.0	77.2	62.1	81.5	72.0	67.5	65.7	101.5	96.3	63.8	65.8	80.2	87.1	79.2	90.7	74.0	74.3	88.1
80	乙撑硫脲	ethylene thiourea	118.0	108.3	75.0	110.5	99.5	74.3	40.8	83.3	111.4	105.2	79.4	101.2	87.6	89.7	84.7	82.9	85.1	68.7
81	丁酰肼	daminozide	67.3	76.3	101.7	97.6	110.9	113.2	91.0	101.8	90.5	99.1	101.8	93.0	93.6	110.7	90.5	65.8	99.1	89.1
82	棉隆	dazomet	111.6	122.5	100.3	93.9	106.7	85.6	103.3	68.3	98.1	121.1	77.3	91.7	95.2	102.1	96.9	77.5	101.0	71.0
83	烟碱	nicotine	116.5	66.9	64.9	92.1	83.0	74.9	67.5	85.7	116.1	107.4	81.2	70.4	70.4	68.0	78.9	106.6	94.4	83.6
84	非草隆	fenuron	81.4	97.0	92.3	101.4	87.1	110.6	76.0	104.4	90.2	99.0	93.0	91.4	92.6	95.3	78.3	73.1	118.2	89.3
85	灭蝇胺	cyromazine	20.5	28.4	13.4	92.3	105.3	92.0	75.2	77.5	102.2	84.7	75.3	89.8	75.3	97.7	68.2	80.4	90.7	65.9

(续表)

序号	中文名称	英文名称	低水平添加 1LOQ									高水平添加 4LOQ								
			橙汁	苹果汁	葡萄汁	白菜汁	胡萝卜汁	干酒	半干酒	半甜酒	甜酒	橙汁	苹果汁	葡萄汁	白菜汁	胡萝卜汁	干酒	半干酒	半甜酒	甜酒
86	鼠立死	crimidine	81.2	82.6	73.1	100.7	77.5	95.9	90.5	97.2	87.7	112.9	85.4	94.0	91.6	82.5	75.5	73.6	106.9	91.6
87	乙酰甲胺磷	acephate	73.3	109.7	91.5	102.5	82.3	110.0	80.2	94.7	76.8	89.1	75.5	77.9	84.8	79.2	72.9	62.3	109.5	78.1
88	禾草敌	molinate	89.2	61.6	68.6	85.5	75.9	70.7	69.2	79.4	84.1	102.3	76.1	107.8	80.6	63.0	68.2	75.6	93.6	89.5
89	多菌灵	carbendazim	110.6	108.8	91.6	68.7	93.9	94.1	97.3	96.5	97.9	102.9	86.2	78.9	65.9	88.2	97.7	88.1	99.8	94.6
90	6-氯-4-羟基-3-苯基哒嗪	6-chloro-4-hydroxy-3-phenyl-pyridazin	60.4	113.5	112.1	92.7	88.1	110.4	84.9	107.8	87.0	90.5	90.6	99.7	75.4	88.4	86.6	94.7	99.2	107.1
91	残杀威	propoxur	77.8	110.9	93.5	100.3	89.9	109.5	80.3	102.4	83.0	108.9	92.3	93.9	94.9	92.2	79.5	80.4	115.1	91.4
92	异丙隆	isouron	71.9	96.2	96.7	90.6	101.9	105.8	79.8	115.9	85.5	94.9	95.0	97.3	124.7	94.7	84.4	79.3	117.8	83.6
93	绿麦隆	chlorotoluron	79.5	109.7	101.0	102.7	98.1	114.6	83.8	100.0	86.4	99.7	90.5	88.3	87.4	89.1	79.5	78.2	106.0	90.6
94	久效威	thiofanox	82.5	101.6	94.0	88.3	86.7	106.9	100.9	100.0	110.3	75.7	94.3	95.8	94.9	95.1	90.3	94.7	93.6	93.0
95	氯虫灵	chlorbufam	73.9	100.9	83.5	94.2	90.2	112.7	77.4	92.0	82.0	80.1	94.0	94.2	87.5	86.4	78.9	NoPeak	116.7	95.4
96	嗯虫威	bendiocarb	69.9	107.1	84.4	85.8	104.3	104.0	85.3	97.7	86.2	93.9	88.6	92.1	89.7	87.1	80.6	74.7	115.5	91.2
97	扑灭津	propazine	99.6	158.8	83.5	115.2	96.5	90.1	86.7	95.3	106.9	113.9	76.8	95.5	72.8	79.9	80.1	70.5	108.5	111.2
98	特丁津	terbuthylazine	76.1	107.0	92.2	112.8	94.3	115.1	86.0	98.9	81.7	86.2	94.6	91.4	93.3	83.7	81.2	77.5	114.4	87.4
99	敌草隆	diuron	68.7	115.2	97.7	94.4	88.1	111.0	94.4	103.8	83.3	101.2	95.0	91.9	93.0	88.5	80.5	79.2	115.4	89.8
100	氯甲硫磷	Chlormephos	109.0	91.1	91.1	89.9	83.1	88.4	55.3	67.3	100.4	60.2	74.1	73.8	72.6	63.4	56.7	102.0	82.7	91.4
101	菱锈灵	Carboxin	81.3	111.9	84.7	92.9	75.6	96.2	94.3	97.8	91.7	80.8	93.4	86.5	88.8	72.4	92.5	81.8	108.0	96.7
102	野燕枯	difenzoquat-methyl sulfate	67.5	93.2	69.6	84.3	84.5	63.5	79.3	80.8	55.5	88.4	82.0	81.8	80.6	78.2	89.0	70.4	90.7	71.7
103	噻虫胺	clothianidin	67.0	101.8	90.7	93.6	90.4	112.3	84.4	101.5	83.7	93.3	88.6	87.8	92.3	90.0	77.1	78.9	118.8	89.4
104	炔苯酰草胺	Propyzamide	86.8	90.8	85.4	97.5	99.6	110.6	75.2	98.5	88.0	57.2	90.6	87.5	74.5	87.1	82.0	NoPeak	111.9	89.5
105	二甲草胺	dimethachlor	64.6	106.3	89.7	103.3	92.8	108.7	85.9	104.0	82.5	102.7	93.8	92.3	97.3	85.3	79.5	74.0	117.6	90.5

(续表)

序号	中文名称	英文名称	低水平添加 1LOQ									高水平添加 4LOQ								
			橙汁	苹果汁	葡萄汁	白菜汁	胡萝卜汁	干酒	半干酒	半甜酒	甜酒	橙汁	苹果汁	葡萄汁	白菜汁	胡萝卜汁	干酒	半干酒	半甜酒	甜酒
106	溴谷隆	Metobromuron	67.8	111.5	89.4	99.1	94.8	111.0	79.9	109.9	75.6	98.3	98.6	91.9	88.1	90.0	83.2	82.4	110.9	90.3
107	甲拌磷	Phorate	79.0	64.0	67.6	93.9	77.8	69.6	68.3	90.1	83.1	90.1	75.2	83.1	85.7	74.8	68.3	70.1	96.3	93.8
108	苯草醚	aclonifen	64.9	114.6	86.2	98.4	93.1	109.1	82.0	102.8	85.2	93.8	92.3	89.8	82.2	88.5	78.1	88.8	110.7	89.2
109	地安磷	mephosfolan	67.1	113.1	98.8	94.9	95.2	112.7	83.3	106.1	84.4	94.4	88.3	94.3	98.0	88.0	81.3	80.4	113.7	87.6
110	脱苯甲基亚胺唑	imibenzonazole-des-benzy	61.2	123.0	108.3	110.1	89.3	98.6	94.0	104.1	78.7	103.4	93.8	82.2	93.7	86.0	86.9	82.0	116.6	91.8
111	草不隆	neburon	85.1	108.8	88.9	104.8	91.8	112.5	82.3	106.5	81.6	93.3	98.0	87.6	91.8	83.7	81.3	78.8	109.4	88.0
112	精甲霜灵	Mefenoxam	75.7	105.5	89.1	96.1	93.1	103.3	92.1	99.7	96.6	103.0	96.6	89.5	90.2	84.6	85.3	82.3	104.7	91.2
113	发硫磷	prothoate	99.4	0.0	152.6	92.9	91.3	WJ	WJ	WJ	WJ	70.6	92.9	101.3	75.2	89.9	NoPeak	NoPeak	91.7	68.9
114	乙氧呋草黄	ethofume sate	63.3	108.6	87.9	97.6	97.2	106.7	87.7	103.5	88.0	100.1	91.9	91.1	82.7	92.1	84.6	86.5	110.2	92.0
115	异稻瘟净	iprobenfos	83.0	103.8	81.9	101.2	95.9	108.6	83.6	103.3	83.5	97.7	93.2	88.6	83.8	84.8	81.2	77.2	109.9	91.1
116	特普	TEPP	0.0	5.8	87.2	91.3	63.9	65.8	66.0	71.3	72.0	93.7	88.3	107.8	94.5	82.6	88.0	93.2	74.5	76.8
117	环丙唑醇	cyproconazole	77.8	100.9	95.1	97.3	93.7	110.1	86.5	98.7	79.6	95.4	96.6	85.9	89.2	85.4	82.0	78.6	107.5	86.4
118	噻虫嗪	Thiamethoxam	71.5	98.7	86.8	97.1	84.8	103.9	85.8	102.0	78.1	98.6	87.9	86.7	89.9	95.1	74.6	72.1	115.3	84.4
119	育畜磷	crufomate	61.9	110.1	89.5	99.0	89.1	102.3	73.3	103.9	88.4	81.7	96.6	85.2	81.5	85.4	78.1	113.6	112.6	87.6
120	乙嘧硫磷	Etrimfos	0.0	0.0	106.4	100.8	108.2	105.5	93.1	76.9	92.5	104.9	111.5	94.3	98.6	96.0	78.6	78.0	87.6	71.4
121	杀鼠醚	coumatetralyl	91.0	89.0	105.9	72.5	76.6	110.2	106.0	88.0	99.8	113.8	95.5	94.8	64.8	95.8	93.1	121.4	102.9	106.1
122	褒灭磷	cythioate	70.5	111.3	87.3	95.5	100.2	116.1	83.1	108.9	82.2	107.4	92.4	89.2	84.9	93.5	83.6	82.8	117.3	94.4
123	磷胺	phosphamidon	80.5	117.4	96.4	95.3	92.5	108.1	77.9	109.2	84.1	101.3	97.5	89.5	96.3	89.8	78.9	82.6	116.3	89.6
124	甜菜宁	phenmedipham	64.4	109.8	94.8	99.9	90.8	107.6	83.8	101.2	79.5	88.4	93.6	90.2	82.5	86.6	80.1	79.9	113.8	89.3
125	联苯肼酯	bifenazate	75.8	128.3	96.8	103.8	107.1	106.2	45.6	94.4	78.1	96.5	81.6	63.1	107.5	107.7	78.0	80.4	101.2	78.4
126	环酰菌胺	fenhexamid	109.8	74.4	66.7	107.7	86.7	68.8	82.7	93.1	98.8	88.7	88.2	90.2	109.0	87.0	86.1	81.3	95.2	79.7
127	粉唑醇	flutriafol	62.2	108.2	92.6	99.2	95.1	112.6	83.5	107.4	83.7	96.4	96.1	89.2	92.5	87.5	86.5	81.9	112.5	89.2

(续表)

序号	中文名称	英文名称	低水平添加 1LOQ									高水平添加 4LOQ								
			橙汁	苹果汁	葡萄汁	白菜汁	胡萝卜汁	干酒	半干酒	半甜酒	甜酒	橙汁	苹果汁	葡萄汁	白菜汁	胡萝卜汁	干酒	半干酒	半甜酒	甜酒
128	抑菌丙胺酯	furalaxyl	70.1	106.9	97.2	96.2	92.9	114.6	84.8	102.8	82.0	94.2	95.1	86.7	90.0	84.1	79.0	84.1	113.7	88.2
129	生物丙烯菊酯	bioallethrin	92.8	99.9	63.6	99.7	88.5	110.1	86.0	102.5	84.2	88.9	94.7	82.7	88.6	93.4	86.5	89.5	104.6	96.6
130	苯腈磷	cyanofenphos	65.6	109.3	71.9	101.2	90.7	108.6	85.4	99.1	82.7	89.7	100.4	79.5	89.7	96.5	82.3	84.7	115.0	90.9
131	甲基嘧啶磷	pirimiphosmethyl	74.7	79.0	76.0	84.0	74.5	80.4	119.3	102.0	98.8	73.1	84.3	78.6	82.9	85.0	98.5	63.6	78.1	94.5
132	噻嗪酮	buprofezin	60.8	105.3	77.7	99.0	85.8	106.1	84.6	101.1	82.8	95.2	92.3	84.3	87.2	80.3	81.2	83.7	111.3	88.4
133	乙拌磷砜	disulfoton sulfone	74.0	109.7	90.7	102.4	89.8	108.0	85.1	102.2	84.3	84.3	94.7	89.3	90.8	82.0	81.5	77.0	114.4	95.4
134	喹螨醚	fenazaquin	111.6	103.8	68.4	93.9	82.9	109.8	81.7	102.4	80.4	81.0	92.7	78.7	89.3	76.3	81.0	73.2	107.2	91.2
135	三唑磷	triazophos	71.5	107.0	81.0	104.7	90.4	116.0	77.8	111.2	79.5	97.2	96.0	90.0	85.9	85.6	79.2	80.4	104.8	90.0
136	脱叶磷	DEF	74.3	76.1	60.8	103.0	70.9	133.5	72.8	102.7	75.6	80.7	105.9	78.2	86.0	71.9	79.2	85.4	119.3	92.1
137	环酯草醚	Pyriftalid	66.0	106.9	86.7	95.5	116.0	130.5	90.1	89.9	89.7	79.9	95.6	87.0	86.2	82.9	85.6	76.7	104.6	94.2
138	叶菌唑	metconazole	73.0	110.2	86.9	108.1	97.3	107.9	85.3	101.6	83.7	90.4	92.1	87.6	85.2	86.4	81.3	79.3	110.0	87.1
139	蚊螨醚	pyriproxyfen	96.2	99.2	67.5	102.7	78.2	109.0	82.6	101.9	83.2	84.5	95.7	79.0	86.1	77.9	81.1	80.3	106.7	91.8
140	噻草酮	cycloxydim	60.9	102.3	60.9	95.9	72.7	90.4	77.9	103.8	84.0	88.9	84.2	68.7	79.7	61.6	80.6	69.7	108.8	88.7
141	异噁酰草胺	isoxaben	63.0	113.3	80.0	97.7	108.9	115.8	82.1	103.5	76.8	91.0	97.3	88.2	87.0	106.9	80.3	82.7	115.5	89.6
142	呋草酮	Flurtamone	62.2	99.9	84.9	102.5	105.5	107.6	85.5	111.5	102.9	97.6	96.8	88.4	88.9	81.2	75.9	91.7	114.0	89.1
143	氟乐灵	trifluralin	60.8	106.2	85.9	100.1	96.7	101.7	73.6	111.1	103.0	83.3	85.9	87.5	104.1	95.1	82.4	88.2	118.7	85.7
144	麦草氟甲酯	flampropmethyl	75.4	107.6	85.8	100.2	103.5	110.0	86.5	104.4	82.3	95.4	94.9	90.0	85.4	100.1	81.9	81.9	111.0	91.8
145	生物苄呋菊酯	bioresmethrin	70.8	105.3	71.3	78.3	68.2	111.9	91.5	87.9	75.1	71.8	100.8	61.6	68.5	66.0	81.1	76.8	90.8	90.3
146	丙环唑	Propiconazole	71.9	109.7	87.7	104.7	94.4	110.1	85.8	101.5	83.3	92.7	92.5	87.3	87.9	85.3	80.1	79.4	108.8	89.7
147	毒死蜱	Chlorpyrifos (-ethyl)	91.3	91.2	61.6	94.7	79.0	100.7	80.4	99.2	82.2	80.6	89.6	68.7	86.0	89.0	80.3	82.7	115.5	89.6
148	氯乙氟灵	fluchloralin	87.9	99.9	60.6	100.0	78.7	97.6	71.2	95.5	79.6	87.4	86.0	77.0	83.2	94.7	76.8	76.6	111.0	97.9
149	氯嘧磺隆ª	chlorsulfuron	11.6	10.7	10.0	9.7	10.0	18.6	14.2	14.1	13.6	14.3	18.3	20.7	18.6	11.0	13.1	10.7	17.9	13.4
150	烯草酮	clethodim	89.4	117.8	64.1	99.7	72.1	99.0	73.2	90.6	82.5	70.9	93.6	76.0	86.0	66.9	78.7	73.7	112.4	97.1

（续表）

序号	中文名称	英文名称	低水平添加 11LOQ									高水平添加 4LOQ								
			橙汁	苹果汁	葡萄汁	白菜汁	胡萝卜汁	干酒	半干酒	半甜酒	甜酒	橙汁	苹果汁	葡萄汁	白菜汁	胡萝卜汁	干酒	半干酒	半甜酒	甜酒
151	麦草氟异丙酯	flamprop isopropyl	80.5	102.9	74.6	102.7	66.6	107.1	94.9	85.8	76.0	96.5	97.1	80.3	87.1	61.5	91.4	73.4	119.8	85.6
152	杀虫畏	tetrachlorvinphos	79.4	108.8	86.2	99.4	88.9	111.4	84.5	104.2	82.5	91.9	93.8	86.9	85.3	87.0	80.1	77.0	119.1	88.6
153	炔螨特	propargite	86.7	100.8	61.9	90.8	78.3	118.5	88.4	110.3	96.2	85.3	94.0	68.5	92.3	90.3	91.1	85.8	112.5	91.1
154	糠菌唑	bromuconazole	79.8	110.0	86.2	106.5	95.4	112.2	87.5	98.3	81.0	98.6	89.8	82.7	87.7	86.4	79.8	76.5	113.8	84.7
155	氟吡酰草胺	picolinafen	83.2	100.3	63.7	96.5	88.2	116.2	80.1	93.6	88.3	85.9	88.3	68.7	87.3	78.0	71.6	67.4	106.0	102.1
156	氟噻乙草酯	fluthiacetmethyl	82.8	111.6	75.4	99.8	98.4	113.0	75.4	109.5	76.0	110.0	89.3	83.3	90.7	85.1	79.0	NoPeak	112.7	91.1
157	胺菌酯	trifloxystrobin	106.8	104.3	62.1	103.3	93.2	117.0	80.4	103.9	79.7	91.7	90.0	70.0	90.3	92.2	82.5	74.4	111.3	93.4
158	氯嘧磺隆	chlorimuron ethyl	7.3	14.5	21.6	0.0	9.2	24.8	126.2	7.6	22.2	89.3	103.4	88.7	72.7	87.8	74.9	81.4	74.8	103.9
159	氟铃脲	hexaflumuron	63.7	108.3	64.3	99.7	89.8	108.4	83.5	101.8	80.1	85.8	87.5	72.3	82.0	94.4	81.8	76.7	114.7	90.0
160	氟酰脲	novaluron	96.8	99.0	62.5	99.4	97.7	113.4	84.0	104.1	82.9	86.7	87.0	66.9	84.9	105.4	80.8	81.2	108.7	89.0
161	—	flurazuron	87.4	97.3	62.9	99.6	82.6	114.0	79.4	106.6	81.1	83.7	90.4	71.7	89.1	87.9	81.0	69.6	111.4	92.6
162	抑芽丹	maleic hydrazide	109.1	104.4	111.5	94.1	81.9	29.6	102.0	92.5	99.9	74.5	105.1	99.4	82.6	95.2	83.8	86.0	93.2	99.8
163	甲胺磷	methamidophos	77.1	80.9	89.1	90.1	77.8	78.2	79.6	82.2	70.7	65.7	69.4	93.1	80.2	62.0	76.9	67.2	78.6	94.7
164	茵草敌	EPTC	69.4	99.1	65.2	63.0	79.9	67.9	67.7	95.8	33.4	77.3	101.0	111.4	65.2	76.8	87.4	103.9	62.8	88.5
165	避蚊胺	diethyltoluamide	119.0	99.3	59.4	93.8	113.4	93.5	87.1	91.3	74.5	81.6	115.8	101.9	90.9	82.5	76.7	93.0	88.6	82.2
166	灭草隆	monuron	89.4	96.5	88.9	100.3	119.8	109.4	83.5	101.9	69.6	82.0	101.9	100.4	98.1	94.8	75.8	82.5	88.1	84.9
167	嘧霉胺	pyrimethanil	71.4	82.1	95.4	77.1	110.0	98.2	88.2	94.2	86.3	69.8	98.1	95.9	98.9	86.1	82.9	91.7	89.9	88.1
168	甲呋酰胺	Fenfuram	85.0	81.3	86.4	93.2	125.5	119.7	84.5	90.8	77.0	76.2	101.4	103.3	87.1	86.6	73.0	81.2	87.0	77.9
169	灭藻醌	Quinoclamine	121.7	99.8	77.2	89.1	109.4	103.6	73.5	96.2	81.2	87.2	103.5	92.7	85.5	87.1	71.6	78.7	88.2	79.2
170	仲丁威	fenobucarb	81.1	88.8	79.2	96.5	121.8	97.2	78.4	101.8	66.5	84.3	108.5	101.1	92.5	90.0	73.9	84.6	90.1	80.1
171	乙嘧酚	ethirimol	68.5	63.9	74.3	65.3	102.5	119.4	104.7	67.7	64.4	64.8	61.3	88.1	67.0	87.6	66.6	101.3	84.5	79.7
172	敌稗	propanil	82.5	93.4	82.2	97.7	102.7	119.5	96.0	110.2	68.8	79.9	103.2	99.8	106.7	95.6	77.0	79.5	86.6	80.9
173	克百威	carbofuran	82.1	92.8	87.7	98.1	118.9	107.0	84.4	100.4	65.6	83.1	102.3	101.7	92.4	93.9	75.6	82.6	87.5	81.5

(续表)

序号	中文名称	英文名称	低水平添加 1LOQ								高水平添加 4LOQ							
			橙汁	苹果汁	葡萄汁	白菜汁	胡萝卜汁	干酒	半干酒	半甜酒	甜酒	橙汁	苹果汁	葡萄汁	白菜汁	胡萝卜汁	干酒	半干酒	半甜酒	甜酒
174	啶虫脒	Acetamiprid	82.4	89.9	75.7	99.0	112.2	110.6	91.3	105.0	70.2	83.4	98.1	103.0	103.5	104.2	75.6	74.9	83.2	85.2
175	嘧菌胺	Mepanipyrim	78.0	92.3	71.4	75.8	112.2	101.1	89.7	94.1	76.9	74.5	99.4	102.3	103.6	83.9	73.3	69.2	86.6	85.5
176	扑灭通	prometon	93.0	81.0	81.0	109.3	108.2	92.2	75.3	97.7	64.9	75.5	98.6	103.6	76.8	88.5	76.1	81.0	86.3	79.7
177	甲硫威	methiocarb	90.3	78.9	87.1	96.1	95.9	101.5	62.4	98.6	97.7	84.0	79.1	96.4	88.3	90.6	83.6	107.1	107.7	113.7
178	甲氧隆	metoxuron	88.7	96.8	93.0	91.6	68.1	101.2	99.0	103.0	69.5	79.2	82.7	98.9	95.2	93.4	68.5	71.8	86.4	83.4
179	乐果	dimethoate	90.6	95.2	81.5	96.1	122.1	105.8	86.2	102.9	60.7	81.9	97.6	102.4	98.3	101.7	76.8	81.7	90.5	79.1
180	呋菌胺	methfuroxam	61.9	75.5	65.9	62.1	70.3	102.5	74.5	84.7	68.3	66.6	93.0	100.9	64.2	73.0	73.5	80.2	85.1	74.8
181	伏草隆	fluometuron	85.5	93.9	81.3	106.3	99.2	111.6	83.7	94.0	107.2	82.7	108.5	96.6	94.9	95.5	72.8	85.0	93.5	93.8
182	百治磷	dicrotophos	111.1	81.6	91.5	90.4	102.0	95.9	88.7	109.1	85.9	71.7	103.6	86.5	93.2	92.9	75.4	81.5	86.8	91.7
183	庚酰草胺	monalide	79.4	86.9	76.6	98.7	129.2	116.5	85.3	96.3	63.4	75.0	109.1	99.6	98.4	87.9	75.0	83.9	85.2	74.8
184	双苯酰草胺	diphenamid	72.6	103.2	81.5	105.1	106.6	99.2	81.5	103.8	66.4	78.1	108.7	108.2	94.1	89.9	73.0	80.8	82.4	84.2
185	灭线磷	ethoprophos	84.7	85.9	79.0	92.0	115.2	84.7	78.9	93.8	66.5	77.7	118.4	106.4	87.2	87.5	70.3	106.8	86.4	82.1
186	地虫硫磷	Fonofos	70.4	85.8	61.7	87.8	104.3	88.8	68.7	91.9	63.4	73.8	117.6	97.7	88.8	86.6	70.8	108.5	87.5	80.9
187	土菌灵	Etridiazol	75.2	82.2	65.6	86.3	98.0	93.2	86.6	91.2	75.6	83.4	105.2	109.1	89.7	90.3	89.3	65.2	81.3	94.0
188	拌种胺	furmecyclox	68.7	81.1	63.9	63.8	77.6	87.8	70.9	95.8	66.6	66.1	89.0	100.3	61.9	70.0	69.1	85.4	89.9	77.9
189	环嗪酮	hexazinone	101.5	92.6	83.2	83.0	119.5	110.2	87.5	108.5	65.5	74.3	95.5	104.0	94.4	99.2	86.9	86.5	83.1	81.2
190	阔草净	dimethametryn	76.2	116.2	87.2	94.6	80.4	100.1	88.9	102.5	64.1	80.9	108.1	102.7	92.3	78.9	81.1	85.6	85.7	84.5
191	敌百虫	trichlorphon	78.2	108.0	120.9	93.5	88.1	77.3	82.1	70.1	75.3	84.7	96.9	98.5	116.4	84.1	76.6	91.5	101.9	81.8
192	内吸磷	demeton (o+s)	74.5	89.3	78.3	86.6	90.9	95.5	82.0	98.0	65.9	77.6	104.6	100.4	81.9	85.1	71.1	86.3	88.4	82.1
193	解草酮	benoxacor	82.9	90.5	77.5	86.6	119.8	100.8	80.8	103.4	65.0	76.6	101.5	98.1	93.3	91.8	71.6	84.2	89.2	81.7
194	除草定	Bromacil	82.7	86.2	85.1	96.3	111.5	106.3	82.7	108.9	68.5	87.0	100.1	98.3	103.5	97.1	76.1	81.0	92.2	81.7
195	甲拌磷亚砜	phorate sulfoxide	90.3	95.4	86.8	92.0	107.3	94.4	95.9	104.4	75.5	85.2	103.2	99.9	83.7	87.9	56.8	83.8	119.3	89.2
196	溴莠敏	brompyrazon	71.7	42.1	71.7	90.5	95.4	101.1	87.1	542.9	79.6	81.6	113.1	105.1	93.7	98.3	78.5	69.8	93.0	85.3

(续表)

序号	中文名称	英文名称	低水平添加 1LOQ									高水平添加 4LOQ								
			橙汁	苹果汁	葡萄汁	白菜汁	胡萝卜汁	干酒	半干酒	半甜酒	甜酒	橙汁	苹果汁	葡萄汁	白菜汁	胡萝卜汁	干酒	半干酒	半甜酒	甜酒
197	氧化萎锈灵	oxycarboxin	84.4	91.8	95.5	76.7	106.8	112.2	79.9	99.2	68.0	82.9	102.3	99.8	85.2	99.7	78.3	76.3	89.7	80.5
198	灭锈胺	mepronil	72.3	59.5	62.5	87.3	95.3	115.1	81.4	113.5	62.8	77.5	87.6	94.7	89.8	102.6	78.5	87.2	89.0	81.0
199	乙拌磷	disulfoton	109.6	74.3	110.0	84.9	80.2	104.9	72.7	106.4	95.3	99.0	129.3	99.4	98.6	93.2	97.3	94.9	101.4	95.8
200	倍硫磷	Fenthion	71.8	91.6	64.2	108.5	83.8	82.5	76.5	98.1	66.9	62.6	98.1	86.0	88.0	54.4	73.5	81.3	88.4	76.4
201	甲霜灵	Metalaxyl	78.9	91.3	88.7	108.0	119.3	95.7	90.7	102.6	89.0	77.4	113.4	101.2	93.2	83.9	82.0	83.4	89.6	91.0
202	甲呋酰胺	Fenfuram	85.3	97.9	86.2	114.6	89.1	125.1	108.6	116.8	65.8	78.2	97.0	98.9	85.1	93.5	68.2	80.4	92.9	83.2
203	十二环吗啉	dodemorph	95.7	102.3	73.7	81.8	115.0	89.1	72.2	106.2	62.2	81.7	117.5	97.7	83.8	67.2	71.1	103.0	83.6	83.3
204	噻唑硫磷	fosthiazate	82.9	85.4	98.6	88.2	109.5	116.4	107.7	92.4	102.4	90.2	83.1	90.3	83.0	77.1	89.6	87.1	84.4	94.9
205	甲基咪草酯	imazamethabenz-methyl	114.4	91.3	79.3	88.6	125.8	104.2	82.3	101.6	99.6	86.9	88.6	104.7	87.4	97.7	70.4	84.4	81.3	113.9
206	乙拌磷亚砜	disulfoton-sulfoxide	102.4	90.0	92.3	105.5	101.2	114.4	96.4	118.6	92.8	122.6	153.3	106.2	120.3	107.5	79.7	112.6	115.9	90.2
207	稻瘟灵	Isoprothiolane	80.4	69.1	73.9	89.4	108.4	109.5	86.7	97.2	68.8	71.1	106.8	102.4	91.5	92.8	74.2	80.1	85.2	79.2
208	抑霉唑	Imazalil	94.9	82.9	84.7	97.0	119.0	116.4	85.7	96.7	67.3	75.9	96.6	99.2	88.6	91.6	72.3	81.4	86.2	82.0
209	辛硫磷	phoxim	64.3	85.4	57.8	84.2	100.6	107.7	82.8	96.9	77.6	74.8	99.1	100.4	87.3	90.2	81.9	87.1	92.9	84.6
210	喹硫磷	Quinalphos	115.7	98.6	66.4	103.8	112.2	92.4	81.8	98.4	68.6	97.9	91.4	97.5	92.8	83.1	78.5	84.4	94.5	83.2
211	灭菌磷	ditalimfos	71.9	88.2	74.3	62.3	107.2	102.4	62.9	114.3	65.3	74.9	103.0	99.7	65.5	90.3	78.9	94.9	95.1	82.3
212	苯氧威	fenoxycarb	0.0	0.0	31.7	76.0	114.7	105.9	79.6	100.6	49.8	68.8	116.4	102.4	88.5	83.0	74.9	80.5	80.9	70.0
213	嘧啶磷	pyrimitate	68.9	88.5	61.0	104.3	100.5	110.2	76.0	103.6	63.1	73.2	98.6	103.7	90.7	77.1	74.8	88.0	90.8	83.3
214	丰索磷	Fensulfothion	83.4	87.4	79.9	92.1	94.2	112.2	98.2	97.6	61.8	78.5	92.5	98.5	95.8	89.6	75.1	81.7	93.5	88.9
215	氯略草酮	fluorochloridone	81.5	80.5	76.4	92.9	123.9	115.5	88.3	103.9	75.4	77.5	108.3	106.5	99.5	93.8	82.5	85.4	89.8	82.6
216	丁草胺	butachlor	63.2	86.4	62.7	96.5	92.1	100.6	79.1	99.2	61.6	70.8	98.1	93.3	92.0	81.2	75.1	86.6	86.7	80.5
217	醚菌酯	kresoxim-methyl	70.5	86.7	65.7	94.3	104.6	107.3	80.8	103.5	64.7	75.3	100.2	100.2	88.6	95.5	82.1	88.3	89.4	82.9
218	灭菌唑	triticonazole	73.6	105.6	102.8	105.8	102.1	118.9	84.6	97.3	75.4	82.4	89.4	99.2	99.4	86.6	74.5	80.9	88.6	78.2
219	苯线磷亚砜	fenamiphos sulfoxide	83.0	86.3	80.4	102.3	113.6	112.0	86.2	103.4	72.5	72.9	94.6	94.0	94.0	96.6	70.8	81.9	85.8	82.7

(续表)

序号	中文名称	英文名称	低水平添加 1LOQ 橙汁	苹果汁	葡萄汁	白菜汁	胡萝卜汁	干酒	半干酒	半甜酒	甜酒	高水平添加 4LOQ 橙汁	苹果汁	葡萄汁	白菜汁	胡萝卜汁	干酒	半干酒	半甜酒	甜酒
220	噻吩草胺	thenylchlor	77.4	96.2	76.6	97.5	109.8	108.7	84.4	98.3	69.0	76.8	100.5	100.3	94.0	89.1	77.7	84.0	90.0	86.3
221	氟菌胺	Fenoxanil	74.9	94.0	73.1	98.5	113.1	111.6	85.7	98.4	71.2	75.0	100.5	102.9	89.8	89.6	78.0	85.0	89.8	84.6
222	氟啶草酮	Fluridone	85.0	90.4	70.3	94.3	127.9	99.3	80.0	85.6	74.6	75.6	95.0	102.8	96.7	88.1	78.3	82.6	93.3	84.5
223	氧环唑	epoxiconazole	92.6	78.1	84.2	71.2	93.2	98.9	89.5	113.8	67.2	79.0	121.3	108.8	92.2	91.8	83.0	82.3	94.8	87.1
224	氯辛硫磷	chlorphoxim	67.1	85.7	79.1	83.3	101.6	113.0	81.9	100.3	77.7	84.2	91.9	99.2	83.3	93.8	78.9	83.1	87.4	90.0
225	苯线磷砜	fenamiphos sulfone	77.9	81.4	82.6	91.0	122.6	110.8	84.6	103.5	69.1	75.9	106.7	98.5	94.8	93.9	72.0	79.3	88.7	87.9
226	腈苯唑	fenbuconazole	76.4	87.5	66.4	103.9	123.5	103.1	86.0	96.7	83.7	72.5	101.0	102.5	99.6	83.1	76.8	80.9	91.6	82.6
227	异丙磷	isofenphos	63.2	92.1	72.8	87.4	108.5	79.5	94.8	97.3	85.6	82.1	99.4	100.8	96.1	100.4	88.4	79.1	102.7	88.9
228	苯醚菊酯	phenothrin	89.2	87.2	79.0	88.6	64.7	104.8	89.9	94.2	68.7	72.1	100.2	92.9	92.2	85.2	77.1	83.4	89.8	88.6
229	三苯锡氯	fentin - chloride	74.0	77.4	63.6	85.9	113.5	92.3	75.1	87.3	60.7	72.9	106.5	98.9	90.5	88.2	72.7	75.0	79.2	83.1
230	呱草磷	piperophos	65.7	90.9	61.7	96.5	86.1	107.9	81.5	95.0	68.8	72.5	98.2	103.7	93.4	79.7	77.4	84.1	82.9	82.1
231	增效醚	piperonyl butoxide	75.4	98.4	61.6	110.9	102.2	104.1	79.7	102.5	77.3	72.0	99.7	93.7	84.3	81.5	66.6	74.6	74.5	93.3
232	乙氧氟草醚	oxyflurofen	63.4	94.5	60.0	96.2	101.4	90.3	76.6	99.1	69.3	75.9	91.4	102.8	91.5	90.7	75.8	82.2	93.5	85.7
233	蝇毒磷	coumaphos	63.0	111.0	62.4	87.5	113.5	115.5	80.5	90.3	66.9	73.1	99.1	93.0	95.2	82.1	79.0	83.8	90.1	77.5
234	氟噻草胺	Flufenacet	76.1	91.9	69.7	97.4	113.8	80.1	83.9	100.9	78.7	77.6	105.5	98.7	98.7	95.7	81.8	89.0	89.0	85.6
235	伏杀硫磷	phosalone	64.8	83.0	61.2	82.8	101.5	119.0	84.8	104.4	68.5	73.2	106.3	100.4	97.5	84.1	77.9	83.7	92.0	80.3
236	甲氧虫酰肼	methoxyfenozide	74.9	93.3	76.7	100.1	123.5	103.7	81.7	95.3	68.4	76.9	101.7	96.5	94.3	86.8	77.0	82.0	88.9	82.5
237	咪鲜胺	prochloraz	107.4	88.7	71.1	90.5	117.7	116.9	83.2	98.9	73.4	80.1	101.7	104.4	94.0	81.9	76.8	81.1	86.6	82.6
238	丙硫特普	aspon	47.2	70.1	99.6	87.1	68.5	110.2	76.5	86.6	62.1	73.9	96.6	87.2	82.4	72.3	68.7	90.2	86.3	78.7
239	乙硫磷	Ethion	64.8	87.6	58.5	97.4	86.4	114.0	78.8	119.5	72.1	82.2	100.0	97.2	87.8	91.6	80.0	81.2	86.0	90.4
240	噻吩磺隆*	thifensulfuron - methyl	13.3	7.3	8.2	63.0	28.1	55.5	21.8	18.1	20.8	17.0	16.0	934.5	20.7	10.2	31.7	36.3	32.9	18.2
241	氟硫草定	Dithiopyr	66.0	82.8	35.0	90.4	91.8	90.7	68.3	92.7	65.0	79.2	111.0	91.7	85.3	83.6	70.0	82.9	83.4	88.7
242	螺螨酯	Spirodiclofen	53.6	75.4	61.6	89.1	71.4	114.3	78.7	100.6	64.9	67.1	95.6	90.4	85.5	77.3	69.8	87.2	89.3	80.2

(续表)

序号	中文名称	英文名称	低水平添加 1.0Q								高水平添加 41.0Q							
			橙汁	苹果汁	葡萄汁	白菜汁	胡萝卜汁	干酒	半干酒	半甜酒	甜酒	橙汁	苹果汁	葡萄汁	白菜汁	胡萝卜汁	干酒	半干酒	半甜酒	甜酒
243	唑螨酯	Fenpyroximate	62.6	87.6	80.2	101.8	88.6	111.5	80.9	100.3	66.9	70.0	100.4	93.9	99.4	73.4	75.2	87.1	87.1	79.6
244	胺氟草酯	flumiclorac–pentyl	65.3	89.4	61.3	92.6	93.2	114.0	82.0	103.6	86.7	73.5	95.1	95.5	85.8	82.4	83.9	90.2	90.0	86.5
245	双硫磷	temephos	66.2	90.9	82.9	91.0	97.5	84.6	78.0	99.1	69.0	77.0	98.8	96.9	100.3	81.2	76.2	88.7	89.7	91.8
246	氟丙嘧草酯	Butafenacil	69.1	86.3	72.0	98.7	106.9	117.0	82.9	99.0	68.9	72.1	99.1	105.3	81.5	87.1	80.1	87.4	90.7	84.3
247	多杀菌素	spinosad	62.3	91.2	56.0	90.6	119.3	103.9	82.8	90.4	69.0	69.8	97.1	95.1	100.7	73.0	73.4	78.0	85.4	75.3
248	甲哌鎓	mepiquat chloride	74.9	66.6	65.2	90.8	64.3	68.8	91.2	61.6	62.5	77.1	69.9	63.3	87.9	62.6	52.8	57.9	51.3	63.6
249	二丙烯草胺	Allidochlor	79.8	79.6	90.0	93.6	93.1	77.4	104.9	88.7	87.9	104.7	71.4	85.9	94.9	73.3	119.0	111.2	94.4	73.5
250	霜霉威	propamocarb	94.0	0.0	70.7	79.2	0.0	110.6	86.8	94.9	79.5	66.0	62.3	64.1	91.4	60.6	81.7	83.5	95.9	84.9
251	三环唑	tricyclazole	78.7	87.9	75.1	72.6	103.0	62.4	70.0	99.7	64.7	101.0	未添加	未添加	98.0	89.0	未添加	未添加	未添加	未添加
252	噻菌灵	thiabendazole	75.6	88.8	91.9	92.8	106.4	77.2	69.3	94.3	76.7	69.2	75.3	62.5	77.0	74.1	77.7	67.6	60.2	54.7
253	苯嘧草酮	metamitron	97.5	82.4	95.7	69.8	86.2	78.8	83.1	106.9	92.6	76.7	84.9	80.9	80.4	88.0	76.0	79.2	75.4	89.3
254	异丙隆	isoproturon	82.3	98.9	108.4	97.2	100.2	76.4	80.2	87.7	76.2	86.8	94.7	89.7	84.2	97.0	78.8	76.1	78.2	97.4
255	莠去通	atratone	74.9	89.8	92.2	107.9	95.9	72.9	119.6	94.6	104.7	78.9	90.5	82.2	86.7	93.4	71.6	113.3	77.3	97.0
256	敌草净	oesmetryn	74.5	92.9	85.8	112.6	92.4	70.5	101.6	101.3	106.0	101.8	88.2	80.8	82.7	85.3	102.6	75.8	79.4	97.3
257	嗪草酮	metribuzin	95.1	99.4	105.5	91.2	111.5	87.6	95.0	104.6	85.8	84.2	92.3	81.7	80.1	90.0	77.9	76.8	78.7	81.2
258	—	DMST	88.0	94.4	108.3	114.6	93.7	78.7	82.8	106.3	94.6	90.9	98.1	93.4	86.9	91.5	84.4	81.5	82.0	92.8
259	环草敌	cycloate	74.7	60.9	98.7	60.2	69.6	97.7	74.9	79.9	83.8	68.1	62.0	72.8	67.1	79.9	108.8	77.7	65.7	88.3
260	莠去津	atrazine	78.7	92.3	105.4	96.4	115.6	67.7	90.9	110.0	89.2	79.3	94.8	84.0	100.9	83.6	84.0	86.2	84.5	88.7
261	丁草敌	butylate	62.0	64.1	92.5	65.9	40.1	94.5	84.4	76.4	74.6	65.7	81.7	77.2	80.2	61.7	76.0	63.5	52.5	70.8
262	吡呀酮	pymetrozin	63.9	73.4	0.4	12.0	62.5	72.9	42.6	71.7	71.4	66.5	67.5	70.5	87.8	63.1	70.5	52.1	56.8	71.8
263	氯草敏	chloridazon	104.5	77.5	86.0	86.2	97.1	80.2	68.7	111.0	83.0	88.6	83.3	81.5	81.2	116.9	79.3	72.0	75.7	88.3
264	莱草畏	sulfallate	65.9	67.0	97.0	66.1	78.4	88.2	75.4	86.8	90.6	68.4	64.9	69.8	60.5	79.4	88.9	62.5	67.6	86.8
265	乙硫苯威	ethiofencarb	100.1	108.9	110.7	91.1	105.7	100.4	81.9	96.0	83.0	107.4	108.9	112.5	95.5	108.0	84.1	109.3	99.3	90.9

(续表)

序号	中文名称	英文名称	低水平添加 1LOQ							高水平添加 4LOQ						
			橙汁	苹果汁	葡萄汁	白菜汁	胡萝卜汁	干酒	半干酒	半甜酒	甜酒	橙汁	苹果汁	葡萄汁	白菜汁	胡萝卜汁	干酒	半干酒	半甜酒	甜酒
266	特丁通	terbumeton	76.9	80.5	92.9	79.7	85.8	74.1	81.1	103.5	88.3	82.5	89.2	81.5	87.7	88.3	81.5	72.9	80.0	93.2
267	环丙津	Cyprazine	81.3	82.6	94.0	90.6	89.8	82.3	86.0	106.4	90.8	85.6	89.6	78.1	92.8	89.3	79.8	77.2	79.1	87.8
268	阔草净	ametryn	81.3	82.6	94.0	90.6	89.8	82.2	86.0	106.4	86.9	85.6	90.3	78.1	92.8	89.3	79.8	77.2	79.1	88.4
269	木草隆	tebuthiuron	90.8	91.8	97.3	105.6	108.2	79.8	83.9	104.9	106.5	86.8	91.1	84.1	90.9	93.4	82.4	93.3	80.1	91.9
270	草达津	trietazine	67.9	79.7	90.6	83.1	86.6	76.5	72.9	98.8	97.5	75.8	80.8	81.1	83.4	91.1	77.0	68.4	77.7	91.2
271	另丁津	sebutylazine	91.5	82.1	97.8	100.8	87.1	77.5	84.0	100.8	95.0	85.6	87.4	79.7	91.6	92.3	81.5	77.5	77.3	88.2
272	蓄虫避	dibutyl succinate	68.0	62.3	131.9	90.5	77.5	99.2	81.6	79.9	90.0	76.6	65.3	79.0	81.7	82.4	111.1	61.5	71.9	93.3
273	牧草胺	tebutam	65.2	87.3	117.0	76.5	93.7	71.3	76.3	92.1	93.5	80.9	81.5	82.9	78.2	88.0	86.0	64.7	76.6	95.5
274	久效威亚砜	thiofanox – sulfoxide	91.1	80.7	81.3	76.7	109.3	90.6	73.2	102.8	108.2	79.0	95.0	88.2	68.9	98.8	115.9	86.1	76.1	105.6
275	杀螟丹	cartap hydrochloride	77.0	76.4	73.8	76.1	77.2	84.4	103.5	98.1	88.6	84.0	91.6	87.7	76.6	110.3	76.8	84.9	78.4	74.3
276	虫螨畏	methacrifos	63.4	69.7	101.9	82.6	86.0	90.6	101.1	100.6	98.1	87.7	92.3	83.2	88.9	87.2	69.5	66.3	66.8	87.3
277	特丁净	terbutryn	103.8	70.3	103.2	90.0	120.4	77.4	101.9	102.2	103.8	75.9	74.0	96.2	96.6	98.6	80.6	81.5	86.1	86.7
278	虫线磷	thionazin	78.3	73.6	115.1	73.4	91.4	75.5	70.6	84.4	96.0	84.0	77.6	86.6	71.5	90.1	93.5	61.1	76.8	92.6
279	利谷隆	Linuron	74.5	89.7	113.5	81.0	96.9	76.3	92.2	103.5	103.0	91.6	91.2	84.4	82.7	93.4	83.2	106.0	84.9	98.5
280	庚虫磷	heptanophos	91.2	86.7	107.5	73.1	86.8	78.9	88.3	98.1	92.1	87.7	89.4	89.3	87.6	88.1	84.6	68.5	78.4	99.1
281	苯虫丹	prosulfocarb	69.4	91.6	108.5	75.2	82.2	72.9	64.9	88.6	95.4	76.6	81.5	74.0	80.4	77.4	81.9	67.7	74.3	94.1
282	杀草净	dipropetryn	60.8	76.8	85.7	106.1	88.2	78.4	82.6	106.1	93.4	64.6	87.9	78.2	104.9	91.8	83.3	77.3	78.8	91.0
283	禾草丹	thiobencarb	76.4	84.3	96.0	83.9	81.8	75.0	100.8	100.8	93.6	75.7	84.4	78.3	86.1	85.4	80.8	69.5	77.7	92.9
284	三异丁基磷酸盐	tri – iso – butyl phosphate	77.2	67.3	111.8	85.5	87.6	77.0	78.1	95.1	93.7	81.6	89.3	87.0	76.6	87.4	90.0	66.3	77.6	118.4
285	三丁基磷酸酯	tri – n – butyl phosphate	77.2	67.4	113.0	85.5	88.6	76.4	78.1	95.1	92.2	81.6	87.5	87.0	76.6	87.4	90.0	66.3	77.6	117.5
286	乙霉威	diethofencarb	65.5	103.2	110.1	65.7	88.0	73.8	84.3	99.1	102.4	87.6	105.6	98.3	72.6	103.4	80.9	87.3	70.6	95.2
287	甲草胺	alachlor	64.5	104.1	108.6	84.6	89.2	76.1	87.4	95.2	91.2	85.1	88.7	84.3	81.6	88.5	82.4	72.6	80.1	93.6
288	硫线磷	cadusafos	78.2	104.9	115.5	68.2	68.4	75.0	95.6	88.4	83.6	77.8	92.1	78.3	93.5	85.0	99.8	90.5	81.5	94.3

(续表)

序号	中文名称	英文名称	低水平添加 1LOQ								高水平添加 4LOQ							
			橙汁	苹果汁	葡萄汁	白菜汁	胡萝卜汁	干酒	半干酒	半甜酒	甜酒	橙汁	苹果汁	葡萄汁	白菜汁	胡萝卜汁	干酒	半干酒	半甜酒	甜酒
289	吡唑草胺	Metazachlor	81.6	90.0	122.4	90.9	90.2	75.8	81.4	100.2	89.7	86.9	87.6	80.1	92.4	90.9	80.1	77.9	81.0	88.0
290	胺丙畏	Propetamphos	62.1	97.5	106.0	104.8	85.2	74.4	73.1	98.8	90.8	82.2	88.6	80.1	65.7	88.9	83.1	96.7	80.2	92.4
291	特丁硫磷	terbufos	100.4	118.5	116.5	99.5	111.6	87.5	113.7	108.5	102.6	95.9	69.4	105.9	76.2	112.3	88.5	100.2	107.4	97.6
292	硅氟唑	Simeconazole	91.6	94.6	110.1	90.9	89.6	75.2	83.0	106.2	91.2	80.1	88.7	80.5	88.4	88.8	78.5	78.2	82.4	85.0
293	三唑酮	Triadimefon	65.3	93.0	114.0	90.6	93.9	76.5	80.4	103.3	95.7	80.1	90.6	81.0	89.9	92.3	79.3	78.8	79.8	90.2
294	甲拌磷砜	phorate sulfone	86.4	97.0	123.8	87.9	93.5	77.9	81.6	105.4	93.0	99.2	93.1	84.7	90.9	90.1	81.5	79.5	82.8	93.3
295	十三吗啉	tridemorph	80.6	68.9	81.9	96.6	102.4	78.8	79.5	90.8	88.7	73.7	85.0	82.6	92.2	67.2	76.8	81.0	74.1	115.1
296	苯噻酰草胺	mefenacet	65.7	111.0	114.6	86.9	87.6	82.5	78.5	101.5	90.0	89.2	91.9	81.3	89.5	93.5	78.5	81.3	82.0	91.7
297	苯线磷	Fenamiphos	未添加	未添加	未添加	88.8	90.0	108.2	69.3	104.4	88.5	未添加	未添加	未添加	87.7	90.2	NoPeak	NoPeak	NoPeak	NoPeak
298	丁苯吗啉	fenpropimorph	89.4	82.5	84.3	72.5	79.2	69.1	75.2	102.7	95.3	81.6	83.0	82.8	88.2	91.1	79.2	64.8	84.0	97.5
299	戊唑醇	Tebuconazole	67.5	94.0	108.9	90.9	86.8	75.4	83.2	100.0	94.3	81.6	90.9	80.9	88.6	87.0	81.6	79.3	78.4	89.0
300	异丙乐灵	isopropalin	70.9	63.4	71.8	80.4	68.0	68.7	74.1	99.1	95.7	63.4	63.9	67.5	76.6	66.1	74.4	76.1	73.0	83.0
301	氟苯嘧啶醇	Nuarimol	68.6	0.0	98.3	95.8	108.6	78.0	430.1	75.3	WJ	106.6	99.5	65.8	92.3	94.8	未添加	未添加	未添加	未添加
302	乙嘧酚磺酸酯	Bupirimate	93.3	81.9	89.7	86.7	101.1	73.8	83.4	107.1	87.2	81.5	88.4	78.8	81.1	90.7	81.8	96.6	80.5	89.0
303	保棉磷	azinphos–methyl	75.4	101.9	107.4	85.8	67.2	77.5	85.0	99.0	88.5	88.2	109.5	100.5	87.6	105.6	82.9	83.4	66.5	85.1
304	丁基嘧啶磷	Tebupirimfos	78.0	66.5	76.8	67.2	84.2	72.9	79.5	87.0	96.3	69.9	68.4	69.9	66.8	82.2	79.5	93.2	74.0	81.5
305	稻丰散	Phenthoate	72.9	93.8	124.3	87.1	85.7	79.4	78.8	101.7	93.3	85.7	91.1	84.5	89.8	85.5	83.4	80.3	87.7	94.5
306	治螟磷	sulfotep	76.1	80.6	119.4	66.0	79.5	83.3	95.6	83.4	90.7	74.8	68.2	75.0	68.6	79.5	83.2	61.5	76.4	97.4
307	硫丙磷	Sulprofos	69.9	71.6	69.5	90.4	62.7	69.3	78.9	96.9	95.3	66.7	81.6	73.7	93.4	66.1	85.4	83.9	77.7	87.5
308	苯硫磷	EPN	72.4	82.8	80.8	88.6	68.4	75.9	91.9	100.8	91.4	71.7	96.3	81.3	91.9	80.1	77.2	78.6	82.4	94.1
309	甲基吡恶磷	azamethiphos	82.4	90.4	93.0	84.7	90.2	82.4	75.9	109.1	82.7	93.1	93.0	82.7	81.3	90.4	81.9	70.3	84.6	91.1
310	烯唑醇	diniconazole	62.7	92.5	114.1	77.3	89.8	73.3	77.7	99.9	88.7	78.0	90.0	80.9	83.1	89.6	79.6	89.8	83.9	87.0
311	唑嘧磺草胺	flumetsulam	87.2	64.5	74.5	110.7	71.6	65.7	62.7	91.3	83.7	86.0	66.5	63.7	94.5	69.9	78.9	79.0	67.1	81.4

(续表)

序号	中文名称	英文名称	低水平添加 1LOQ									高水平添加 4LOQ								
			橙汁	苹果汁	葡萄汁	白菜汁	胡萝卜汁	干酒	半干酒	半甜酒	甜酒	橙汁	苹果汁	葡萄汁	白菜汁	胡萝卜汁	干酒	半干酒	半甜酒	甜酒
312	稀禾啶	sethoxydim	未添加	未添加	未添加	112.0	88.5	66.3	91.5	103.1	106.5	74.4	未添加	未添加	98.1	98.7	未添加	104.9	106.6
313	戊菌隆	pencycuron	69.1	100.1	125.4	98.0	94.3	76.1	79.7	108.6	96.6	82.7	86.3	71.7	89.8	84.3	79.5	83.2	91.5
314	灭蚜磷	mecarbam	66.8	105.6	108.9	89.5	87.5	76.7	82.0	103.1	93.3	86.1	92.8	81.9	86.3	88.8	81.5	85.5	93.1
315	苯草酮	tralkoxydim	94.5	96.9	96.5	94.3	93.3	74.1	84.2	109.7	98.5	82.6	82.2	74.8	70.9	81.8	90.9	88.2	95.6
316	马拉硫磷	Malathion	63.9	107.7	98.4	101.3	90.3	75.6	80.0	100.4	91.9	86.9	91.1	82.9	104.5	89.3	83.1	83.4	93.3
317	苯草畏	pyributicarb	84.1	76.3	98.9	95.5	70.7	69.8	82.4	105.2	85.6	69.9	81.8	82.3	93.7	78.0	85.0	80.8	92.5
318	哒嗪硫磷	pyridaphenthion	63.8	107.7	108.5	93.2	86.9	77.4	80.5	105.8	90.2	85.1	87.8	80.0	93.6	85.4	81.6	79.0	88.1
319	嘧啶磷	pirimiphos-ethyl	147.6	90.5	78.7	98.5	84.1	108.3	79.4	99.2	84.1	97.9	90.5	84.8	89.6	80.8	81.3	111.5	85.0
320	硫双威	thiodicarb	69.1	36.5	5.0	79.6	94.4	200.7	216.9	68.3	76.2	77.2	62.2	75.1	94.0	86.1	80.4	54.4	77.1
321	吡唑硫磷	Pyraclofos	78.8	98.7	126.0	96.7	73.7	78.9	84.9	105.2	92.3	81.7	91.2	72.0	98.7	84.5	80.6	82.8	86.3
322	啶氧菌酯	picoxystrobin	80.6	97.1	125.5	84.8	83.7	75.1	83.8	102.7	95.2	82.5	93.9	79.9	91.5	82.0	79.5	82.9	92.6
323	四氟醚唑	tetraconazole	60.5	92.8	101.9	96.0	87.8	72.6	81.4	105.0	95.7	77.2	90.3	78.4	90.7	89.6	78.6	78.2	85.5
324	吡唑解草酯	mefenpyr-diethyl	81.5	100.6	126.5	88.7	84.6	76.9	82.1	102.8	94.0	82.9	89.8	86.7	94.8	89.7	84.1	85.3	98.1
325	丙溴磷	profenefos	82.7	101.8	113.5	90.4	78.5	77.3	106.1	100.4	92.5	80.0	88.3	80.1	89.8	82.7	85.2	82.1	89.7
326	吡唑醚菌酯	pyraclostrobin	98.0	107.4	124.7	87.2	75.1	64.2	79.6	99.2	93.5	84.6	92.7	77.3	104.9	89.0	62.9	87.7	94.1
327	烯酰吗啉	dimethomorph	45.3	99.1	110.6	100.4	103.5	未添加	未添加	128.8	94.2	82.6	89.4	75.6	91.4	106.0	未添加	92.8	98.9
328	噻恩菊酯	kadethrin	74.7	73.8	88.1	106.3	62.5	76.9	75.4	109.7	94.3	79.3	76.6	74.0	97.6	66.4	82.8	84.6	90.2
329	噻唑烟酸	Thiazopyr	96.0	87.3	101.5	87.4	85.7	66.5	71.4	98.2	88.2	77.4	84.0	78.4	85.8	86.5	81.9	80.2	90.3
330	甲基丙硫克百威	benfuracarb-methyl	78.4	87.7	119.7	67.7	91.6	95.6	91.2	74.2	64.6	83.6	66.0	76.5	75.9	91.2	73.9	73.0	82.5
331	醚磺隆	cinosulfuron	19.3	28.3	25.0	34.6	22.8	38.0	34.7	35.1	30.5	67.0	81.0	75.4	62.9	72.5	74.2	73.3	76.9
332	吡嘧磺隆	pyrazosulfuron-ethyl	84.3	70.6	80.8	83.1	71.7	68.0	70.6	80.8	69.0	62.4	81.0	85.6	86.9	81.6	67.0	74.2	71.9
333	磺草胺隆	metosulam	25.6	35.8	32.1	68.1	61.1	6.3	71.6	0.0	67.7	77.6	70.1	80.1	68.6	81.5	80.1	56.1	53.4
334	氟啶脲	chlorfluazuron	65.2	72.6	66.1	80.2	60.0	84.2	61.9	84.4	88.1	61.4	60.3	62.0	80.2	64.8	80.9	65.5	74.1

(续表)

序号	中文名称	英文名称	低水平添加 1LOQ									高水平添加 4LOQ								
			橙汁	苹果汁	葡萄汁	白菜汁	胡萝卜汁	干酒	半干酒	半甜酒	甜酒	橙汁	苹果汁	葡萄汁	白菜汁	胡萝卜汁	干酒	半干酒	半甜酒	甜酒
335	4-氨基吡啶	4-aminopyridine	97.2	87.9	87.6	69.9	93.5	83.1	109.6	80.2	94.7	102.8	100.2	121.1	100.1	121.8	87.3	105.0	91.2	68.7
336	矮壮素	chlormequat	0.0	111.5	83.3	0.0	84.5	81.6	70.4	NoPeak	59.1	110.4	98.6	64.0	78.6	96.7	79.4	63.6	79.9	86.1
337	灭多威	methomyl	103.8	109.6	76.1	97.8	99.8	81.3	69.3	102.0	111.7	89.3	75.1	91.0	109.4	98.3	87.9	82.0	97.6	72.1
338	咯喹酮	Pyroquilon	112.5	120.7	84.8	100.1	85.1	77.6	93.0	108.1	104.9	84.2	77.1	90.7	100.9	91.6	87.6	78.0	101.3	68.7
339	麦穗宁	fuberidazole	81.4	107.9	80.7	99.1	94.2	81.5	85.7	104.0	100.9	79.2	74.3	89.0	98.8	89.9	93.8	77.1	101.9	77.9
340	丁脒酰胺	isocarbamid	107.1	118.6	86.4	108.7	96.4	83.4	87.6	116.3	107.7	93.3	77.7	89.4	114.8	95.3	83.4	73.2	103.9	79.0
341	丁酮威	butocarboxim	82.1	118.9	88.0	93.9	99.2	103.0	89.4	164.8	78.0	84.5	92.4	91.9	84.0	98.1	84.1	72.9	117.0	78.0
342	杀虫脒	chlordimeform	110.4	72.1	78.5	93.5	84.2	66.5	98.7	91.6	113.1	98.0	92.0	94.5	99.5	86.9	94.1	62.9	61.1	NoPeak
343	霜脲氰	cymoxanil	105.7	87.3	86.6	110.3	77.6	84.1	84.1	113.8	51.7	91.8	71.0	96.9	108.4	94.6	84.7	76.1	98.6	73.1
344	灭草敌	vernolate	0.0	0.0	0.0	0.0	115.7	NoPeak	43.8	NoPeak	NoPeak	79.3	90.0	75.3	67.2	84.8	NoPeak	NoPeak	78.2	NoPeak
345	氯硫酰草胺	chlorthiamid	109.0	95.2	86.3	91.6	96.6	97.2	50.8	106.3	94.8	70.8	90.0	81.1	90.8	96.4	69.2	104.8	89.4	60.6
346	灭害威	aminocarb	77.5	110.2	83.0	93.9	94.9	82.0	89.0	112.2	103.4	79.8	74.9	119.7	98.0	91.7	92.1	76.3	101.5	79.8
347	二甲嘧酚	dimethirimol	84.4	115.2	87.1	68.3	100.8	118.8	100.2	110.4	103.8	82.5	75.0	90.3	83.3	95.5	80.5	89.6	89.6	77.1
348	氧乐果	omethoate	112.3	107.7	72.1	100.8	99.0	81.2	84.7	111.2	89.9	64.4	72.8	70.7	102.8	100.2	101.2	82.2	101.7	66.3
349	乙氧喹啉	ethoxyquin	89.8	82.7	86.8	92.8	99.7	82.4	102.4	86.0	101.0	97.3	68.6	84.0	98.9	71.6	101.1	71.3	80.2	70.9
350	敌敌畏	dichlorvos	108.2	118.0	87.2	81.6	109.6	73.4	84.5	96.8	112.1	90.3	82.8	103.3	106.0	90.5	91.0	67.3	115.2	75.2
351	涕灭威砜	aldicarb sulfone	96.1	116.2	66.5	95.3	96.7	92.1	74.8	119.3	102.9	86.7	75.6	92.5	106.3	88.2	84.2	78.1	93.0	74.1
352	二噁威	dioxacarb	112.4	114.8	72.3	99.8	93.2	80.4	69.2	108.6	105.2	88.5	81.4	95.7	107.6	99.8	85.3	75.3	97.0	75.7
353	苄基腺嘌呤	benzyladenine	62.1	87.8	82.2	80.2	85.1	74.8	82.1	108.6	73.0	67.8	75.8	83.5	68.2	80.8	79.5	83.3	77.0	60.3
354	甲基内吸磷	demeton-s-methyl	76.9	120.0	83.3	109.4	64.8	82.4	92.6	109.9	100.5	90.1	82.3	86.1	87.3	85.6	84.3	78.6	109.3	78.7
355	乙硫苯威亚砜	ethiofencarb-sulfoxide	115.0	109.7	81.9	104.0	97.2	87.7	86.6	111.7	103.0	87.3	80.4	96.4	105.9	94.5	94.5	82.0	98.7	72.5
356	杀虫腈	cyanophos	67.6	85.5	98.6	84.5	71.5	102.6	106.6	80.6	73.0	102.6	77.6	118.3	97.2	91.1	未添加	83.7	114.7	81.7
357	甲基乙拌磷	Thiometon	109.4	126.2	85.6	96.3	122.8	80.3	107.4	105.1	116.0	91.5	99.1	102.3	103.0	97.1	92.6	80.0	110.0	66.8

(续表)

序号	中文名称	英文名称	低水平添加 1LOQ									高水平添加 4LOQ								
			橙汁	苹果汁	葡萄汁	白菜汁	胡萝卜汁	干酒	半干酒	半甜酒	甜酒	橙汁	苹果汁	葡萄汁	白菜汁	胡萝卜汁	干酒	半干酒	半甜酒	甜酒
358	灭菌丹	folpet	0.0	102.8	76.4	0.0	89.7	136.6	66.7	103.7	148.0	78.5	82.8	84.4	93.6	65.0	118.4	99.6	89.8	NoPeak
359	甲基内吸磷砜	demeton-s-methyl sulfone	108.6	116.2	81.2	108.6	101.5	80.1	66.8	99.2	94.7	109.8	78.8	95.9	104.1	98.4	92.7	135.6	101.5	78.6
360	哌草丹	dimepiperate	74.8	117.0	61.2	未添加	未添加	未添加	117.1	95.0	95.0	73.2	75.6	75.4	未添加	未添加	未添加	未添加	101.8	68.8
361	苯锈啶	fenpropidin	61.2	112.6	72.6	85.1	88.3	90.4	93.7	95.0	106.3	85.0	74.2	91.5	93.4	83.2	75.7	65.3	101.9	77.1
362	甲咪唑烟酸ª	imazapic	63.3	3.4	5.9	90.1	75.7	37.9	32.7	96.0	90.1	68.1	0.6	5.1	62.4	25.2	38.2	19.2	23.5	18.5
363	对氧磷	Paraoxon-ethyl	82.9	113.1	78.6	97.2	88.8	75.6	89.7	113.6	118.5	98.7	80.0	87.4	111.3	88.7	87.4	77.5	91.5	83.5
364	4-十二烷基-2,6-二甲基吗啉	aldimorph	73.1	74.3	62.3	75.1	58.5	70.3	78.9	116.1	63.5	66.4	89.6	123.4	113.7	95.9	102.0	103.2	80.5	89.0
365	乙烯菌核利	Vinclozolin	0.0	112.5	103.5	0.0	90.8	NoPeak	NoPeak	244.1	102.4	79.1	79.7	100.1	76.1	96.5	71.5	79.7	117.8	73.1
366	烯效唑	uniconazole	未添加	未添加	未添加	未添加	未添加	未添加	未添加	未添加	未添加	未添加	未添加	未添加	未添加	未添加	未添加	未添加	未添加	未添加
367	啶斑肟	pyrifenox	78.2	115.9	110.6		103.0	110.0	104.4	109.7	113.5	87.5	89.6	94.6		108.1	96.8	92.8	99.8	75.0
368	氯硫磷	chlorthion	100.2	68.8	88.3	85.4	88.9	102.9	104.3	63.3	88.7	107.3	74.4	80.2	87.3	81.2	未添加	未添加	未添加	未添加
369	异氯磷	dicapthon	72.4	0.0	93.2	0.0	0.0	NoPeak	80.0	53.7	115.3	64.0	74.4	80.2	72.0	84.7	78.6	79.4	114.2	86.1
370	四螨嗪	clofentezine	0.0	101.8	0.0	103.3	60.6	66.7	79.9	90.6	116.6	89.7	73.8	79.9	97.0	100.7	70.5	72.5	74.8	72.8
371	氟草敏	Norfluazon	92.4	107.6	77.0	85.9	101.5	82.3	84.9	98.2	108.2	92.7	77.9	87.6	84.5	81.8	83.4	73.8	96.1	65.5
372	野麦畏	triallate	70.2	103.2	64.9	76.5	72.4	90.8	60.6	96.2	93.3	77.0	70.6	64.0	98.7	74.2	76.4	61.9	97.1	80.7
373	苯氧喹啉	quinoxyphen	76.5	114.9	71.3	93.8	64.5	79.4	81.0	105.6	105.2	74.0	81.9	85.2	101.8	89.6	74.9	80.7	100.7	78.7
374	倍硫磷砜	fenthion sulfone	87.7	111.1	73.7	86.3	87.0	78.0	82.6	113.0	103.7	90.0	76.8	83.4	93.3	96.6	84.9	77.2	100.0	71.4
375	氟咯草酮	flurochloridone	76.0	113.0	69.9	100.9	82.3	78.8	78.0	96.5	119.6	78.1	79.7	67.1	100.6	85.8	78.1	82.0	98.5	88.6
376	酞酸苯甲基丁酯ª	phthalic acid, benzyl butyl ester	62.6	108.8	66.9	112.2	299.9	82.0	10.5	82.0	104.5	88.7	88.6	81.5	88.0	296.8	772.9	116.2	101.6	82.5
377	氯唑磷	isazofos	73.4	104.4	72.4	96.3	86.4	90.2	80.5	106.2	105.9	84.3	78.2	79.4	102.6	88.5	82.6	74.3	104.1	68.5

(续表)

序号	中文名称	英文名称	低水平添加 1LOQ							高水平添加 4LOQ						
			橙汁	苹果汁	葡萄汁	白菜汁	胡萝卜汁	干酒	半干酒	半甜酒	甜酒	橙汁	苹果汁	葡萄汁	白菜汁	胡萝卜汁	干酒	半干酒	半甜酒	甜酒
378	除线磷	Dichlofenthion	107.2	90.0	89.7	71.9	58.7	76.4	70.0	99.7	95.3	96.6	69.8	66.0	111.5	76.2	74.9	67.2	96.2	79.1
379	蚜灭多砜	vamidothion sulfone	98.9	103.2	85.3	87.7	76.4	99.1	106.0	102.8	107.3	96.6	85.6	89.2	92.4	102.9	117.9	109.4	91.8	97.0
380	特丁硫磷砜	terbufos sulfone	67.1	121.5	65.4	88.0	77.5	78.6	85.4	110.6	111.4	90.1	83.9	77.0	103.5	94.7	83.4	78.9	101.4	86.5
381	敌乐胺	dinitramine	72.3	116.6	75.5	0.0	0.0	71.8	68.1	54.5	43.5	61.9	76.0	65.2	89.3	90.8	115.6	75.5	87.0	82.7
382	氰霜唑	cyazofamid	94.7	0.0	0.0	91.7	91.3	31.4	95.2	81.4	256.9	84.5	0.0	77.5	73.2	91.4	NoPeak	NoPeak	NoPeak	NoPeak
383	毒壤磷	trichloronat	107.1	99.2	66.5	66.4	64.2	64.0	74.8	118.5	119.2	79.7	70.6	83.2	107.0	70.4	82.2	67.6	106.4	93.1
384	苄呋菊酯-2	resmethrin-2	65.7	118.3	63.6	77.8	81.1	79.5	84.3	106.9	110.1	94.1	86.1	83.2	109.1	96.8	85.2	83.2	98.5	77.1
385	啶酰菌胺	boscalid	102.3	118.4	73.7	89.2	82.0	77.8	82.8	99.8	106.4	82.6	75.4	83.8	103.5	96.2	78.9	71.8	101.2	71.0
386	甲磺乐灵	nitralin	62.8	114.2	73.5	97.9	83.5	80.0	84.6	108.6	108.3	79.3	73.3	70.8	113.2	90.4	86.2	68.3	99.4	66.3
387	甲氰菊酯	fenpropathrin	105.9	119.9	71.5	90.7	79.3	77.3	83.9	105.0	107.1	100.8	91.1	73.2	107.0	85.8	90.0	78.1	100.1	69.3
388	嗪螨酮	hexythiazox	107.8	119.3	73.7	92.9	77.6	76.2	81.1	109.5	99.7	81.8	76.4	73.4	109.1	87.6	80.4	74.0	102.3	66.8
389	双氟磺草胺	florasulam	108.2	89.9	66.6	75.1	87.7	87.0	59.5	109.0	92.4	90.5	52.7	65.9	92.7	78.6	83.4	79.4	95.2	64.4
390	苯螨特	benzoximate	76.1	121.2	81.6	72.2	91.9	90.6	81.3	80.2	112.7	82.2	83.4	78.9	86.9	92.8	82.8	70.3	105.0	83.7
391	新燕灵	benzoylprop-ethyl	64.0	112.6	69.5	94.1	83.1	82.0	83.2	108.3	107.4	85.6	84.8	78.7	105.2	92.5	89.5	80.5	101.8	78.8
392	嘧螨醚	Pyrimidifen	83.0	84.8	60.7	未添加	79.7	未添加	未添加	107.4	78.3	72.0	45.1	67.6	未添加	82.3	未添加	73.6	107.0	71.6
393	呋线威	furathiocarb	79.2	119.7	70.8	113.9	75.4	79.0	81.2	92.6	105.5	77.0	80.4	68.1	89.7	87.5	85.3	79.4	102.7	85.1
394	反式氯氰菊酯	trans-permethrin	115.2	94.8	90.6	95.2	85.5	92.4	97.1	101.4	112.3	80.2	89.2	79.7	93.2	86.7	91.1	95.7	90.1	89.1
395	醚菊酯	etofenprox	63.5	104.5	75.7	89.7	85.3	86.4	92.5	113.2	104.5	106.7	86.9	78.3	110.6	96.5	92.7	90.1	92.7	69.9
396	苄草唑	pyrazoxyfen	51.7	89.9	63.3	94.8	69.9	63.5	81.6	115.7	96.8	88.8	76.3	76.5	108.5	90.1	88.5	81.1	99.3	67.6
397	嘧唑螨	flubenzimine	0.0	0.0	72.0	0.0	0.0	84.9	71.6	76.2	82.6	72.2	63.2	97.3	83.0	76.5	74.8	66.0	97.2	62.4
398	Z-氯氰菊酯	zeta cypermethrin	89.6	43.4	85.6	未添加	91.1	355.0	207.6	91.0	68.6	87.8	87.9	77.8	89.4	74.9	102.3	87.6	107.0	69.8
399	氟吡乙禾灵	haloxyfop-2-ethoxyethyl	71.0	113.4	74.1	100.6	78.6	73.5	78.7	107.0	104.7	78.0	80.8	64.6	105.9	84.6	71.3	60.8	83.9	103.2

(续表)

序号	中文名称	英文名称	低水平添加 1LOQ								高水平添加 4LOQ							
			橙汁	苹果汁	葡萄汁	白菜汁	胡萝卜汁	干酒	半干酒	半甜酒	甜酒	橙汁	苹果汁	葡萄汁	白菜汁	胡萝卜汁	干酒	半干酒	半甜酒	甜酒
400	S-氰戊菊酯	esfenvalerate	0.0	0.0	107.1	0.0	121.0	73.1	87.7	95.5	102.4	0.0	0.0	87.2	0.0	0.0	110.1	113.0	105.5	106.3
401	乙羧氟草醚	fluoroglycofen-ethyl	89.0	100.8	34.8	111.2	76.7	75.0	82.4	91.8	100.2	89.0	81.4	86.5	106.4	83.6	80.6	64.8	99.5	80.4
402	氟胺氰菊酯	tau-fluvalinate	100.4	113.7	64.2	89.2	82.7	79.4	84.5	104.1	113.8	107.0	79.2	71.9	108.6	89.0	82.6	78.5	103.2	64.0
403	丙烯酰胺	acrylamide	100.0	105.1	76.6	97.7	98.6	103.7	107.1	91.4	107.1	100.0	81.5	67.3	66.3	111.1	114.8	92.2	102.8	98.8
404	叔丁基胺	tert-butylamine	95.1	113.7	108.4	94.2	76.5	95.4	72.5	110.6	102.4	80.9	71.5	81.5	104.5	88.1	62.2	65.8	73.4	86.6
405	噁霉灵	hymexazol	81.9	94.0	101.0	113.9	89.6	81.3	80.6	112.0	108.1	65.3	69.7	64.1	84.7	63.3	75.0	76.0	72.8	81.2
406	矮壮素氯化物	chlormequat chloride	106.0	103.4	108.9	62.5	88.6	70.8	60.4	110.1	65.4	86.5	60.6	61.0	77.1	65.6	56.7	77.7	57.1	69.4
407	邻苯二甲酰亚胺	phthalimide	86.4	99.5	114.5	101.5	112.2	102.9	107.8	103.8	101.4	69.4	86.6	99.2	97.1	95.3	90.9	85.5	91.6	98.8
408	甲氟磷	dimefox	62.1	82.0	78.9	63.5	93.3	77.4	74.0	105.8	90.8	68.4	87.0	67.5	101.1	68.8	84.6	56.2	65.8	82.0
409	速灭威	metolcarb	96.5	95.0	88.0	67.7	91.0	109.1	72.7	93.2	80.6	84.1	83.4	89.7	77.5	98.7	94.6	92.9	78.1	88.7
410	二苯胺	diphenylamin	88.1	81.9	100.7	81.1	109.7	89.2	80.1	80.3	98.8	81.0	89.0	63.0	83.2	96.2	86.9	68.4	76.1	88.8
411	1-萘基乙酰胺	1-naphthyl acetamide	81.5	106.8	103.3	103.9	82.2	99.8	88.0	102.3	86.4	76.6	92.5	97.0	93.6	91.2	77.5	84.6	83.9	86.6
412	脱乙基莠去津	atrazine-desethyl	70.2	96.4	87.8	72.9	99.3					74.5	93.9	89.3	84.0	81.1				
413	2,6-二氯苯甲酰胺	2,6-dichlorobenzamide	76.5	100.8	100.3	94.5	71.4	93.1	102.6	93.6	98.2	72.0	91.4	111.3	84.3	81.5	76.2	89.6	83.2	82.2
414	涕灭威	aldicarb	78.4	109.2	97.9	68.1	88.9	100.3	92.4	95.3	96.7	82.4	102.8	91.3	107.8	98.8	102.2	100.1	97.8	84.2
415	邻苯二甲酸二甲酯	dimethyl phthalate	104.8	110.4	94.5	96.1	95.1	110.5	104.5	84.6	102.3	98.1	114.0	82.7	94.0	77.3	100.8	89.3	103.9	98.8
416	杀虫脒盐酸盐	chlordimeform hydrochloride	113.8	68.6	107.1	94.9	90.6	86.3	69.3	73.3	71.1	115.1	103.8	96.2	105.1	86.3	76.6	102.5	109.8	NoPeak
417	西玛通	simeton	69.7	91.9	102.8	87.7	85.3	92.1	95.1	114.5	98.1	72.9	97.7	87.3	97.4	87.2	74.4	82.4	77.9	80.2
418	呋虫胺	dinotefuran	66.6	103.1	105.8	88.7	61.2	105.4	110.2	93.9	105.1	70.4	94.2	104.8	95.5	106.4	92.9	88.0	101.9	100.6
419	克草敌	pebulate	99.2	67.6	47.8	62.8	100.4	69.5	76.8	91.1	75.3	65.5	71.4	90.9	101.4	66.3	81.6	89.1	62.8	91.4
420	活化酯	Acibenzolar-s-methyl	109.5	96.1	113.0	84.3	111.1	113.0	87.2	96.4	111.1	119.2	95.4	87.0	94.6	84.6	84.6	82.4	80.4	87.7

(续表)

序号	中文名称	英文名称	低水平添加 1LOQ										高水平添加 4LOQ							
			橙汁	苹果汁	葡萄汁	白菜汁	胡萝卜汁	干酒	半干酒	半甜酒	甜酒	橙汁	苹果汁	葡萄汁	白菜汁	胡萝卜汁	干酒	半干酒	半甜酒	甜酒
421	蔬果磷	dioxabenzofos	100.8	77.6	72.1	84.8	110.4	86.8	62.1	101.5	110.0	112.2	69.9	62.9	105.1	86.6	76.6	86.4	86.2	83.0
422	杀线威	oxamyl	62.2	86.3	110.3	111.8	76.3	111.8	92.0	106.1	102.3	85.5	117.7	99.0	105.5	93.2	104.7	94.9	111.2	86.2
423	噻苯隆	thidiazuron	61.6	0.0	2.7	77.8	102.7	46.0	97.9	78.3	29.8	66.2	2.5	2.1	91.9	61.7	26.6	16.8	15.6	32.7
424	甲基苯噻隆	methabenzthiazuron	69.3	104.7	94.6	111.5	98.0	81.7	76.6	85.2	100.4	78.1	99.2	91.3	63.5	76.5	74.1	68.9	76.3	85.4
425	丁酮砜威	butoxycarboxim	79.5	100.4	98.8	77.3	89.7	89.1	97.9	91.1	107.9	68.1	106.0	101.5	71.0	74.6	77.8	92.3	71.1	78.4
426	兹克威	Mexacarbate	98.6	84.4	86.3	0.0	0.0	89.5	NoPeak	107.8	81.6	82.3	90.0	113.8	77.0	95.8	90.2	109.9	85.1	116.5
427	甲基内吸磷亚砜	demeton-s-methyl sulfoxide	106.8	103.3	93.3	94.4	122.6	84.0	81.4	101.5	101.8	108.4	77.3	75.3	99.3	100.1	87.0	80.4	71.3	96.3
428	久效威砜	thiofanox sulfone	62.2	114.8	115.7	104.6	104.4	90.5	111.2	94.9	116.9	61.7	101.1	99.9	99.1	90.3	69.0	73.2	77.0	72.0
429	硫环磷	phosfolan	91.1	83.1	99.7	88.9	85.8	83.2	94.2	89.6	108.9	74.9	94.3	102.3	89.8	83.7	70.0	78.6	80.4	83.1
430	硫赶内吸磷	demeton-s	未添加	未添加	115.3	91.1	未添加	未添加	未添加	78.5	未添加	未添加	未添加	112.6	89.6	未添加	未添加	未添加	未添加	未添加
431	氧乐硫磷	fenthion oxon	72.4	106.2	102.2	88.2	84.3	93.0	86.6	106.2	99.8	62.5	94.8	105.1	99.1	89.8	76.1	78.6	80.3	83.9
432	敌草胺	Napropamide	60.7	95.8	87.0	94.3	77.5	89.4	93.7	105.3	97.7	67.9	93.6	89.8	90.1	81.8	73.9	78.9	83.6	83.1
433	杀螟硫磷	Fenitrothion	72.7	98.0	89.1	91.4	79.3	97.7	85.3	102.9	104.2	73.5	99.6	78.4	92.0	75.9	77.1	77.6	81.0	81.8
434	酞酸二丁酯	phthalic acid, dibutyl ester	80.1	90.4	93.3	111.4	64.3	93.6	76.7	103.9	98.1	103.3	60.5	84.7	96.0	90.2	98.5	85.2	96.9	99.4
435	丙草胺	metolachlor	77.6	105.8	93.1	94.0	74.4	97.7	88.1	101.5	106.7	74.8	110.3	97.1	93.4	79.7	82.3	82.5	85.1	86.4
436	腐霉利	Procymidone	81.7	107.9	88.1	91.3	73.8	92.6	84.5	107.1	100.3	70.8	99.5	90.0	95.9	80.3	76.1	81.1	83.0	84.4
437	蚜灭磷	vamidothion	74.3	100.1	98.3	88.6	86.5	88.8	89.3	106.3	96.5	71.1	89.6	101.4	92.3	84.5	76.0	80.4	78.6	82.4
438	威菌磷	triamiphos	96.5	112.7	115.4	99.5	120.8	117.5	82.7	101.7	105.1	102.8	84.5	62.0	103.1	107.9	92.0	118.6	113.9	94.9
439	右旋炔丙菊酯	prallethrin	98.7	92.5	74.5	0.0	0.0	未添加	未添加	未添加	100.0	70.9	99.2	83.8	9任0.0	107.0	未添加	未添加	未添加	81.8
440	二苯隆	cumyluron	60.5	97.4	91.3	93.7	80.1	92.3	86.3	108.4	102.7	70.8	90.8	92.9	95.0	83.0	75.3	80.8	82.5	83.5
441	甲氧咪草烟	imazamox	0.0	0.0	0.0	104.8	84.9	未添加	67.7	未添加	未添加	88.6	90.0	95.2	106.8	70.0	未添加	未添加	未添加	未添加

（续表）

序号	中文名称	英文名称	低水平添加									高水平添加								
			橙汁	苹果汁	葡萄汁	白菜汁	胡萝卜汁	干酒	半干酒	半甜酒	甜酒	橙汁	苹果汁	葡萄汁	白菜汁	胡萝卜汁	干酒	半干酒	半甜酒	甜酒
442	杀鼠灵	warfarin	118.0	94.0	111.7	87.7	119.2	96.8	76.8	67.7	98.5	93.7	88.5	110.6	111.1	110.4	84.3	84.6	100.5	105.6
443	亚胺硫磷	phosmet	104.5	0.0	99.3	88.5	80.5	99.4	88.3	107.4	273.1	82.9	97.7	120.4	93.9	83.8	79.4	83.3	83.6	93.0
444	皮蝇磷	Ronnel	84.6	67.2	62.8	92.3	68.5	74.4	61.7	103.5	83.6	63.0	93.4	73.9	115.9	70.8	77.0	74.9	71.5	86.5
445	除虫菊酯	pyrethrin	114.1	76.0	63.2	90.8	74.3	101.3	87.2	105.8	105.1	62.2	106.5	70.0	99.1	61.1	72.7	74.8	74.7	79.7
446	—	phthalic acid, biscyclohexyl ester	113.6	83.8	64.0	89.6	63.0	96.4	89.4	109.4	95.5	63.7	99.0	77.4	93.8	63.9	67.7	72.7	72.2	86.3
447	环丙酰菌胺	carpropamid	61.6	101.3	75.1	91.2	70.2	100.4	89.6	104.7	102.1	67.9	87.7	93.0	96.6	70.8	77.9	82.0	80.6	78.6
448	吡螨胺	tebufenpyrad	158.5	0.0	0.0	94.6	69.2	95.2	87.5	102.1	93.0	80.4	84.5	89.3	96.2	65.3	80.0	79.4	81.4	89.0
449	虫酰肼	tebufenozide	90.9	96.1	84.7	97.4	71.0	95.6	89.9	98.8	102.7	74.4	97.4	84.3	94.1	82.8	81.1	85.6	86.8	84.0
450	虫螨磷	chlorthiophos	98.9	80.6	61.5	90.3	64.6	91.5	86.3	108.1	107.9	64.9	87.0	91.9	98.7	60.3	80.2	80.9	80.6	87.9
451	氯亚胺硫磷	Dialifos	101.3	77.3	69.5	89.9	63.9	103.3	90.3	103.3	100.8	72.5	97.5	82.8	97.8	67.2	83.9	82.9	82.8	83.1
452	吲哚酮草酯	cinidon - ethyl	112.7	75.0	80.4	88.6	64.2	101.9	84.1	108.0	104.2	64.2	83.4	96.4	96.8	62.1	75.3	69.3	73.9	82.4
453	鱼藤酮	rotenone	69.7	91.3	80.4	91.8	64.1	98.0	81.6	108.7	97.1	63.1	77.4	103.1	93.8	77.4	73.2	75.4	75.6	82.0
454	亚胺唑	imibenconazole	103.6	89.4	72.3	97.3	69.8	100.4	90.0	106.7	98.1	65.8	92.2	89.8	97.5	67.0	70.5	75.5	80.9	87.3
455	噁草酸	propaquiafop	90.9	73.5	61.3	96.3	64.0	61.0	86.0	108.3	112.4	63.8	99.7	90.4	92.2	62.2	75.5	74.0	78.7	88.9
456	乳氟禾草灵	Lactofen	113.0	78.3	71.2	83.4	65.2	103.9	93.9	106.3	107.9	69.4	98.4	82.5	97.4	65.7	84.6	84.1	85.5	88.4
457	吡草酮	benzofenap	90.8	92.4	79.9	71.4	97.8	116.9	79.6	110.6	103.1	61.8	87.5	94.3	95.4	71.3	97.4	84.0	80.9	82.2
458	地乐酯	dinoseb acetate	108.7	112.2	69.3	109.4	66.9	48.5	85.6	65.0	84.4	88.7	77.9	103.8	94.0	76.8	75.7	83.3	89.0	99.9
459	异丙草胺	propisochlor	100.0	105.3	96.1	94.6	74.2	85.7	86.7	95.9	93.0	79.4	104.1	81.7	102.2	89.4	76.5	80.5	79.9	90.9
460	氟硅菊酯	Silafluofen	102.8	105.8	71.3	90.4	103.0	85.5	76.9	71.2	87.3	79.9	109.9	101.8	76.1	77.4	未添加	未添加	85.5	88.4
461	乙氧苯草胺	etobenzanid	107.6	38.5	62.4	75.5	18.8	5.4	562.7	152.8	38.1	62.4	90.0	67.6	78.2	70.8	83.9	85.8	71.2	85.7
462	四唑酰草胺	fentrazamide	85.3	114.8	109.7	86.1	80.3	117.3	87.5	103.8	106.1	67.2	95.8	83.7	71.8	70.7	75.6	79.1	80.8	82.0
463	五氯苯胺	pentachloroaniline	110.5	104.4	114.7	74.3	78.7	110.5	63.7	77.8	96.4	101.4	96.4	98.2	104.0	100.0	NoPeak	NoPeak	NoPeak	NoPeak

(续表)

序号	中文名称	英文名称	低水平添加 1LOQ									高水平添加 4LOQ								
			橙汁	苹果汁	葡萄汁	白菜汁	胡萝卜汁	干酒	半干酒	半甜酒	甜酒	橙汁	苹果汁	葡萄汁	白菜汁	胡萝卜汁	干酒	半干酒	半甜酒	甜酒
464	苯醚氰菊酯	cyphenothrin	106.1	89.8	80.7	65.8	61.8	109.8	84.1	115.9	98.9	63.6	84.0	66.1	85.2	68.3	82.0	71.2	80.0	85.4
465	狄氏剂	Dieldrin	0.0	0.0	0.0	0.0	118.9	108.1	83.6	46.0	71.7	107.1	101.2	92.9	77.5	90.4	99.0	77.4	NoPeak	NoPeak
466	马拉氧磷*	malaoxon	68.8	110.5	101.7	0.0	0.0	NoPeak	89.3	81.9	NoPeak	91.6	106.6	75.3	0.0	0.0	NoPeak	NoPeak	NoPeak	NoPeak
467	多果定	dodine	109.0	0.0	0.0	0.0	99.9	96.2	85.9	98.1	95.7	77.8	109.2	107.3	87.2	65.7	68.8	87.2	81.4	80.2
468	丙烯硫脲	propylene thiourea	99.8	68.8	82.5	66.6	80.4	73.9	68.6	101.1	99.6	85.0	69.7	79.2	65.1	63.3	66.5	62.9	80.1	78.6
469	茅草枯	dalapon	118.1	115.7	96.0	95.1	102.2	101.7	123.1	95.1	103.8	103.2	113.7	105.0	89.4	92.0	109.7	99.7	97.9	102.7
470	四氟丙酸	flupropanate	0.0	0.0	127.1		0.0	90.4	59.1	71.8	78.2	90.4	100.5	68.8	80.9	96.7	104.6	105.5	102.3	115.1
471	2-苯基苯酚	2-phenylphenol	82.2	81.2	87.2	87.2	87.3	84.9	93.9	78.8	82.2	79.7	90.3	95.7	82.8	78.2	81.6	81.1	81.2	75.4
472	3-苯基苯酚	3-phenylphenol	82.2	81.2	87.2	87.2	49.0	84.3	93.9	78.8	82.2	79.7	90.3	95.0	87.0	63.3	81.6	81.1	81.2	75.4
473	二氯吡啶酸*	clopyralid	26.6	0.0	120.5	166.9	97.2	NoPeak	1.2	10.6	4.1	0.0	0.0	97.1	105.2	224.1	NoPeak	8.4	42.1	13.8
474	二硝酚	DNOC	76.8	85.1	44.4	44.6	75.0	18.4	24.5	9.5	14.8	70.9	88.1	76.8	78.9	89.5	83.6	81.6	78.2	106.8
475	调果酸	cloprop	45.2	15.4	65.7	21.1	124.9	45.3	36.5	27.1	24.0	77.7	73.6	51.0	66.7	74.9	66.9	89.6	70.6	82.4
476	氯硝胺	Dichloran	83.7	88.6	111.7	88.5	74.2	62.2	100.6	79.8	90.5	67.3	94.4	90.7	73.0	78.8	79.1	76.8	79.7	67.4
477	氯氨吡啶酸	aminopyralid	34.5	79.2	136.3	102.0	0.0	60.8	66.2	34.2	39.7	75.9	85.7	85.7	66.1	99.5	116.0	76.9	81.1	83.4
478	氯苯胺灵	chlorpropham	80.7	89.3	82.4	86.6	133.5	80.8	114.7	83.2	91.3	73.6	96.4	95.7	80.0	88.8	77.2	77.6	83.0	75.3
479	2-甲-4-氯丙酸	mecoprop	40.2	19.1	114.5	41.8	81.4	49.0	28.7	25.4	31.2	77.8	73.4	56.3	77.0	74.8	60.2	77.7	79.2	82.4
480	特草定	terbacil	87.2	73.5	79.4	105.7	81.3	89.0	112.5	80.4	96.2	79.4	98.5	97.4	85.8	79.0	93.9	82.6	89.2	80.8
481	麦草畏*	dicamba	0.0	74.1	0.0	59.5	117.6	90.7	NoPeak	71.5	80.2	0.0	0.0	0.0	67.4	8.4	NoPeak	NoPeak	NoPeak	83.4
482	MCPB	MCPB	65.8	84.6	88.3	71.4	66.9	85.2	79.6	86.2	80.8	79.1	75.3	111.3	84.5	84.5	67.9	68.7	87.2	80.0
483	2,4-滴丙酸*	dichlorprop	0.0	0.0	0.0	0.0	227.0	NoPeak		92.2	71.9	0.0	0.0	0.0	0.0	216.3	NoPeak	NoPeak	NoPeak	NoPeak
484	灭草松	bentazone	111.2	69.5	89.7	102.3	0.0	137.5	92.9	81.3	78.8	99.4	82.5	87.2	98.4	74.5	89.8	80.5	80.9	76.0
485	地乐酚	dinoseb	68.9	90.1	85.2	102.3	92.9	27.3	23.8	14.4	28.5	93.8	113.7	115.1	86.7	73.0	87.3	90.0	83.0	83.0
486	特乐酚	dinoterb	71.0	88.6	97.6	99.9	76.4	77.2	62.8	85.2	86.9	86.7	98.7	96.4	97.0	73.6	80.8	72.6	76.8	83.7

(续表)

序号	中文名称	英文名称	低水平添加 1LOQ									高水平添加 4LOQ								
			橙汁	苹果汁	葡萄汁	白菜汁	胡萝卜汁	干酒	半干酒	半甜酒	甜酒	橙汁	苹果汁	葡萄汁	白菜汁	胡萝卜汁	干酒	半干酒	半甜酒	甜酒
487	咯菌腈	fludioxonil	77.4	89.2	90.8	98.7	74.0	65.1	105.3	76.7	109.4	67.7	101.4	100.7	85.3	99.6	84.7	71.3	66.0	67.3
488	杀螨醇	chlorfenethol	103.3	147.4	111.6	166.6	0.0	83.7	8.8	83.0	66.2	105.5	70.2	97.9	72.9	80.0	101.5	94.2	108.0	103.8
489	水胺硫磷[a]	isocarbophos	0.0	0.0	0.0	0.0		110.6		NoPeak	213.8	0.0	94.5	0.0	0.0		139.3	NoPeak	NoPeak	NoPeak
490	萘草胺[a]	naptalam	0.0	2.8	124.3	10.3		89.8	96.7	97.6	89.2	5.1	0.4	75.6	3.1		11.0	109.7	153.3	196.3
491	灭幼脲	chlorobenzuron	0.0	92.2	88.6	82.6	0.0	41.8	70.5	85.7	92.5	71.3	94.9	89.8	76.4	79.1	81.3	82.5	86.8	72.3
492	氯霉素	chloramphenicolum	77.8	80.6	129.8	102.4	94.1	91.5	97.8	84.2	77.1	85.0	96.8	102.2	90.8	85.0	90.5	83.0	83.2	83.6
493	禾草灭	alloxydim–sodium	64.2	83.0	91.7	81.8	89.7	71.6	113.2	69.2	83.2	82.2	104.3	106.3	87.1	71.7	78.2	70.2	72.9	77.6
494	嘧草硫醚[a]	pyrithlobac sodium	0.0	0.0	0.0	128.4	0.0	84.8	167.0	101.7	52.4	0.0	481.7	0.0	103.1	0.0	99.0	154.8	84.0	84.4
495	乙酰磺胺对硝基苯	sulfanitran	0.0	83.9	0.0	89.6	84.2	56.6	108.3	67.9	76.7	90.0	109.2	70.1	95.9	77.3	98.3	80.3	87.6	74.9
496	氨磺乐灵	oryzalin	43.3	99.8	86.6	90.9	0.0	141.7	191.9	78.3	150.0	72.2	90.5	92.0	75.0	79.1	95.0	82.9	80.7	70.9
497	赤霉酸[a]	gibberellic acid	78.5	2.3	0.0	0.0	0.0			369.6		43.5	235.1	0.0	0.0		NoPeak	NoPeak	540.2	NoPeak
498	三氟羧草醚	acifluorfen	63.6	77.9	64.6	53.9	78.9	58.4	64.7	45.2	62.0	74.7	89.5	56.1	56.0	80.8	86.6	61.5	61.1	70.1
499	七氯	heptachlor	0.0	0.0	0.0		8.9	110.4	119.9	73.5	99.1	0.0	54.4	0.0		0.8	NoPeak	151.0	87.2	117.7
500	噁唑菌酮	famoxadone	68.1	96.6	86.7	87.0	95.6	72.4	101.3	79.8	87.3	73.2	90.6	93.8	75.3	90.7	79.7	79.6	83.6	71.9
501	甲磺草胺	sulfentrazone	89.3	80.8	102.4	90.0	62.8	87.3	72.6	85.2	82.5	89.7	96.5	79.9	77.0	93.7	87.1	80.1	84.8	71.2
502	吡氟酰草胺	diflufenican	61.6	91.3	86.7	85.3	60.9	69.6	96.9	75.9	81.8	94.0	92.2	90.4	88.1	70.1	69.0	77.8	81.4	72.1
503	氟氰唑	ethiprole	73.7	90.8	94.6	90.4	71.7	77.0	93.9	81.2	80.8	78.2	95.4	98.5	87.9		86.4	83.0	81.7	73.4
504	磺菌胺	flusulfamide	38.2	76.4	83.0	96.6		73.8	81.4	89.7	79.4	76.9	98.4	104.2	86.5		86.5	80.8	85.5	73.3
505	环丙嘧磺隆	cyclosulfamuron	75.6	80.4	92.0	83.2	5.9	9.0	75.3	17.6	32.8	78.1	67.1	96.2	90.6	80.3	92.5	87.6	81.4	91.6
506	嗪胺灵[a]	triforine	0.0	0.0	0.0	0.0	774.3	89.2	79.4	91.8	145.7	0.0	0.0	0.0	0.0	5.4	89.4	92.6	94.3	126.2
507	氟磺胺草醚	fomesafen	69.6	101.1	86.8	83.9	71.9	74.1	101.9	75.1	72.5	70.7	94.0	93.8	96.9	91.8	89.7	79.9	88.0	75.5
508	氟啶胺	fluazinam	63.0	92.1	86.5	85.5	107.5	71.7	92.5	78.4	82.3	82.7	94.9	92.0	88.1	111.3	86.8	81.2	83.7	75.0
509	吡虫隆[a]	fluazuron	62.1	89.5	70.0	75.3	79.4	82.8	122.1	83.7	81.5	0.0	118.8	0.0	0.0	0.0	95.0	84.7	84.3	76.8

（续表）

序号	中文名称	英文名称	低水平添加 1LOQ									高水平添加 4LOQ								
			橙汁	苹果汁	葡萄汁	白菜汁	胡萝卜汁	干酒	半干酒	半甜酒	甜酒	橙汁	苹果汁	葡萄汁	白菜汁	胡萝卜汁	干酒	半干酒	半甜酒	甜酒
510	虱螨脲[a]	lufenuron	0.0	0.0	0.0	59.9	84.4		NoPeak	NoPeak	NoPeak	0.0	149.4	0.0	72.2	98.3	NoPeak	NoPeak	NoPeak	NoPeak
511	克来范	kelevan	60.9	98.0	99.0	103.4	110.9	74.6	99.6	69.3	86.2	92.0	101.3	100.6	86.7	77.8	90.3	83.1	90.3	81.9
512	氟丙菊酯	acrinathrin	77.5	100.2	85.1	77.9	103.8	80.6	124.4	81.5	91.4	80.9	92.6	105.0	72.7	78.8	78.8	74.6	87.9	76.7

注：[a] 为定性鉴别的农药品种。

GB

中 华 人 民 共 和 国 国 家 标 准

GB 23200.17—2016
代替 NY/T 1649—2008

食品安全国家标准
水果、蔬菜中噻菌灵残留量的测定
液相色谱法

National food safety standards—
Determination of thiabendazole residue in fruits and vegetables
Liquid chromatography

2016-12-18 发布　　　　　　　　　　　2017-06-18 实施

中华人民共和国国家卫生和计划生育委员会
中华人民共和国农业部　　　　　发布
国家食品药品监督管理总局

前　言

本标准代替 NY/T 1649—2008《水果、蔬菜中噻苯咪唑残留量的测定高效液相色谱法》。
本标准与 NY/T 1649—2008 相比主要修改如下：
——对标准名称进行了修改，增加了食品安全国家标准部分；
——根据食品安全标准的格式进行了修改。
——规范性引用文件中增加 GB 2763《食品中农药最大残留限量》标准；
——在试样制备中增加了取样部位的规定及细化了试样制备的要求；
——增加了精密度要求。

食品安全国家标准
水果、蔬菜中噻菌灵残留量的测定 液相色谱法

1 范围

本标准规定了蔬菜和水果中噻菌灵残留量的高效液相色谱测定方法。

本标准适用于蔬菜和水果中噻菌灵残留量的测定。

2 规范性引用文件

下列文件对于本文件的应用是必不可少的。凡是注日期的应用文件，仅所注日期的版本适用于本文件。凡是不注日期的引用文件，其最新版本（包括所有的修改单）适用于本文件。

GB 2763 食品安全国家标准 食品中农药最大残留限量

GB/T 6682 分析实验室用水规格和试验方法

3 原理

样品中噻菌灵经甲醇提取后，根据噻菌灵在酸性条件下溶于水，碱性条件下溶于乙酸乙酯的原理，进行净化，再经反相色谱分离，紫外检测器 300 nm 检测，根据保留时间定性，外标法定量。

4 试剂与材料

除非另有说明，在分析中仅使用确认为分析纯的试剂和符合 GB/T 6682 一级的水。

4.1 试剂

4.1.1 甲醇（CH_3OH），色谱纯。

4.1.2 乙酸乙酯（$CH_3COOC_2H_5$）。

4.1.3 氯化钠（NaCl）。

4.1.4 无水硫酸钠（Na_2SO_4）：650 ℃灼烧 4 h，干燥器中保存。

4.2 溶液配制

4.2.1 盐酸溶液（0.1 mol/L）：吸取 8.33 mL 盐酸，用水定容至 1 L。

4.2.2 氢氧化钠溶液（1.0 mol/L）：称取 40 g 氢氧化钠，用水溶解，并定容至 1 L。

4.3 标准品

噻菌灵（CAS 148-79-8）：纯度大于 99%。

4.4 标准溶液配制

标准贮备溶液（100 mg/L）：准确称取噻菌灵 0.0100 g，用甲醇溶解后，定容至 100 mL，置 4 ℃ 保存，有效期 3 个月。

5 仪器与设备

5.1 高效液相色谱仪，配有紫外检测器。
5.2 分析天平：感量 0.01 g 和 0.1 mg。
5.3 组织捣碎机。
5.4 旋转蒸发仪。
5.5 机械往复式振荡器。
5.6 布氏漏斗。

6 试样制备

将蔬菜和水果样品取样部位按 GB 2763—2014 附录 A 规定取样，对于个体较小的样品，取样后全部处理；对于个体较大的基本均匀样品，可在对称轴或对称面上分割或切成小块后处理；对于细长、扁平或组分含量在各部分有差异的样品，可在不同部位切取小片或截成小段或处理；取后的样品将其切碎，充分混匀，用四分法取样或直接放入组织捣碎机中捣碎成匀浆。匀浆放入聚乙烯瓶中于 -16 ℃ ~ -20 ℃ 条件下保存。

7 分析步骤

7.1 提取及净化

称取 10 g 样品，精确至 0.01 g，放入 250 mL 具塞锥形瓶中，加 40 mL 甲醇，均质 1 min，在机械往复式振荡器上振摇 20 min，布氏漏斗抽滤，并用适量甲醇洗涤残渣 2 次，合并滤液于 150 mL 梨形瓶中，在 50 ℃ 下减压蒸发至剩余 5 mL ~ 10 mL，用 20 mL 盐酸溶液洗入 250 mL 分液漏斗中，加入 20 mL 乙酸乙酯振荡、静置，乙酸乙酯层再用 20 mL 盐酸溶液萃取一次。合并水相用氢氧化钠溶液调 pH 值至 8 ~ 9，加入 4 g 氯化钠，移入 250 mL 分液漏斗中，用 40 mL 乙酸乙酯分别萃取 2 次，合并乙酸乙酯，经无水硫酸钠脱水，在 50 ℃ 下减压旋转蒸发近干，残渣用流动相溶解并定容至 5 mL，经 0.45 μm 滤膜过滤后待测。

7.2 液相色谱参考条件

检测器：紫外检测器。
色谱柱：C_{18}，4.6 × 250 mm（5 μm）或相当者。
流动相：甲醇 + 水 = 50 + 50。
流速：1.0 mL/min。
检测波长：300 nm。
柱温：室温。
进样量：10 μL。

7.3 标准工作曲线

吸取标准储备溶液 0 mL、0.1 mL、0.5 mL、1 mL 和 2 mL，用流动相定容至 10 mL，此标准系列质量浓度为 0 mg/L、1.00 mg/L、5.00 mg/L、10.0 mg/L 和 20.0 mg/L，以测得峰面积为纵坐标，对应的标准溶液质量浓度为横坐标，绘制标准曲线，求回归方程和相关系数。

7.4 测定

将标准工作溶液和待测溶液分别注入高效液相色谱仪中，以保留时间定性，以待测液峰面积代入标准曲线中定量，样品中噻菌灵质量浓度应在标准工作曲线质量浓度范围内。同时做空白试验。

8 结果计算

试料中噻菌灵残留量以质量分数 w 计，单位以毫克每千克（mg/kg）表示，按公式（1）计算：

$$w = \frac{\rho \times v}{m} \quad \cdots\cdots\cdots\cdots\cdots\cdots\cdots\cdots\cdots\cdots\cdots\cdots\cdots (1)$$

式中：

ρ——由标准曲线得出试样溶液中噻菌灵的质量浓度，单位为毫克每升（mg/L）；

v——最终定容体积，单位为毫升（mL）；

m——试样质量，单位为克（g）。

计算结果应扣除空白值，计算结果以重复性条件下获得的两次独立测定结果的算术平均值表示，保留两位有效数字。

9 精密度

在重复性条件下获得的两次独立测定结果的绝对差值与其算术平均值的比值（百分率），应符合附录 A 的要求。

在再现性条件下获得的两次独立测定结果的绝对差值与其算术平均值的比值（百分率），应符合附录 B 的要求。

10 定量限

本标准方法定量限为 0.05 mg/kg。

11 色谱图

噻菌灵标准溶液图谱见图 1。

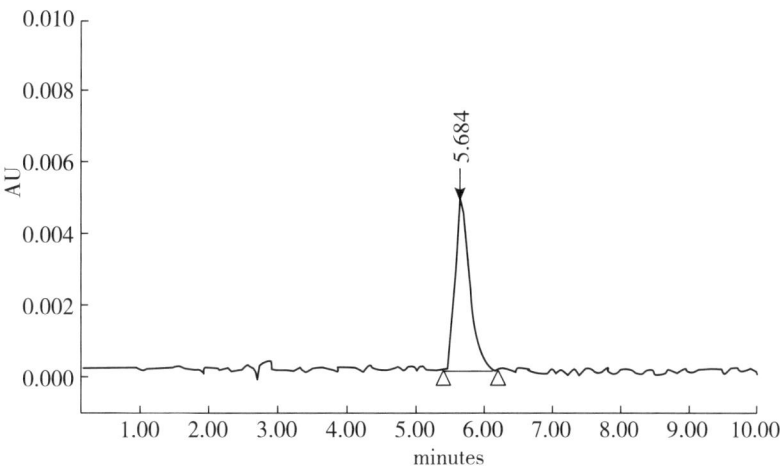

图1　1.0mg/L 的噻菌灵标准溶液图谱见图

附录 A
（规范性附录）
实验室内重复性要求

表 A.1　　　　　　　　　　　　　　实验室内重复性要求

被测组分含量 mg/kg	精密度 %
≤0.001	36
>0.001≤0.01	32
>0.01≤0.1	22
>0.1≤1	18
>1	14

附录 B
（规范性性附录）
实验室间再现性要求

表 B.1　　　　　　　　　　　　　　实验室间再现性要求

被测组分含量 mg/kg	精密度 %
≤0.001	54
>0.001≤0.01	46
>0.01≤0.1	34
>0.1≤1	25
>1	19

GB

中 华 人 民 共 和 国 国 家 标 准

GB 23200.19—2016
代替 SN/T 2114—2008

食品安全国家标准
水果和蔬菜中阿维菌素残留量的测定
液相色谱法

National food safety standards—
Determination of abamectin residue in fruits and vegetables
Liquid chromatography

2016-12-18 发布　　　　　　　　　　　2017-06-18 实施

中华人民共和国国家卫生和计划生育委员会
中 华 人 民 共 和 国 农 业 部　　发布
国 家 食 品 药 品 监 督 管 理 总 局

前　言

本标准代替 SN/T 2114—2008《进出口水果和蔬菜中阿维菌素残留量检测方法　液相色谱法》。
本标准与 SN/T 2114—2008 相比，主要变化如下：
——标准文本格式修改为食品安全国家标准文本格式；
——标准名称中"进出口水果和蔬菜"改为"水果和蔬菜"。
——标准范围中增加"其他食品可参照执行"。
本标准所代替标准的历次版本发布情况为：
——SN/T 2114—2008。

食品安全国家标准
水果和蔬菜中阿维菌素残留量的测定 液相色谱法

1 范围

本标准规定了水果及蔬菜中阿维菌素检测的制样和液相色谱检测方法。

本标准适用于苹果及菠菜中阿维菌素残留量的检测。其他食品可参照执行。

2 规范性引用文件

下列文件对于本文件的应用是必不可少的。凡是注日期的引用文件，仅所注日期的版本适用于本文件。凡是不注日期的引用文件，其最新版本（包括所有的修改单）适用于本文件。

GB 2763 食品安全国家标准 食品中农药最大残留限量

GB/T 6682 分析实验室用水规格和试验方法

3 方法提要

试样中的阿维菌素用丙酮提取，经浓缩后，用 SPE C_{18} 柱净化，并用甲醇洗脱。洗脱液经浓缩、定容、过滤后，用配有紫外检测器的高效液相色谱测定，外标法定量。

4 试剂和材料

除另有规定外，所有试剂均为分析纯，水为符合 GB/T 6682 中规定的一级水。

4.1 试剂

4.1.1 丙酮（C_3H_6O）：色谱纯。

4.1.2 甲醇（CH_4O）：色谱纯。

4.2 标准品

4.2.1 阿维菌素标准品（分子式 $C_{48}H_{72}O_{14}$）：纯度≥96.0%。

4.3 标准溶液配制

4.3.1 阿维菌素标准储备液：称取 0.1 g（准确至 0.0002 g）阿维菌素标准品于 100 mL 容量瓶中，用甲醇溶解并定容至刻度配制成浓度为 1.0 mg/mL 的标准储备液。

4.3.2 阿维菌素标准工作液：根据需要移取适量的阿维菌素标准储备液，用甲醇稀释成适当浓度的标准。标准工作液需每周配制一次。

5 仪器和设备

5.1 高效液相色谱仪：配有紫外检测器。
5.2 分析天平：感量0.01 g和0.000 1 g。
5.3 组织捣碎机。
5.4 振荡器。
5.5 旋转蒸发器。
5.6 固相萃取柱：SPE C_{18}。规格：60 mg/3 mL 使用前用5 mL甲醇和5 mL水活化。

6 试样制备与保存

6.1 试样制备

将所取样品缩分出1 kg，取样部位按GB 2763附录A执行，样品经组织捣碎机捣碎，均分为两份，装入洁净容器内，作为试样密封并标明标记。

6.2 试样保存

将试样于-18 ℃以下保存。
在抽样和制样的操作过程中，应防止样品受到污染或发生残留物含量的变化。

7 分析步骤

7.1 提取

称取试样约20 g（精确至0.1 g）于100 mL具塞锥形瓶中，加入50 mL丙酮，于振荡器上振荡0.5 h 用布氏漏斗抽滤，用20 mL×2丙酮洗涤锥形瓶及残渣。合并丙酮提取液，于40 ℃水浴旋转蒸发至约2 mL。

7.2 净化

将上述的浓缩提取液完全转入SPE C_{18}柱，再用5 mL水淋洗，去掉淋洗液。最后用5 mL甲醇洗脱，收集洗脱液，用氮气吹至近干。准确加入1.0 mL甲醇溶解残渣，用0.45 μm滤膜过滤，滤液供液相色谱测定。外标法定量。

7.3 测定

7.3.1 高效液相色谱参考条件：
a) 色谱柱：ODS-C_{18}反相柱，4.6 mm×125 mm；
b) 流动相：甲醇:水=（90+10，V/V）；
c) 流速：1.0 mL/min；
d) 检测波长：245 nm；
e) 柱温：40 ℃；
f) 进样量：20 μL。

7.3.2 色谱测定

根据样液中阿维菌素含量情况，选定峰高相近的标准工作液，标准工作液和样液中阿维菌素响应值均应在仪器检测线性范围内，标准工作液和样液等体积参插进样。在上述色谱条件下，阿维菌素保留时间约为5.3 min。

标准色谱图参见附录A，标准品紫外光谱图参见附录B。

7.4 空白试验

除不加试样外，均按照上述测定步骤进行。

8 结果计算与表述

用色谱数据处理机，或按式（1）计算试样中阿维菌素残留量：

$$X = h \cdot c \cdot V / h_s \cdot m \quad\quad\quad\quad (1)$$

式中：

X——试样中阿维菌素残留量，单位为毫克每千克（mg/kg）；

h——样液中阿维菌素峰高，单位为毫米（mm）；

h_s——标准工作液中阿维菌素峰高，单位为毫米（mm）；

c——标准工作液中阿维菌素浓度，单位为毫克每升（mg/L）；

V——样液最终定容体积，单位为毫升（mL）；

m——最终样液代表的试样量，单位为克（g）。

注：计算结果须扣除空白值，测定结果用平行测定的算术平均值表示，保留两位有效数字。

9 精密度

9.1 在重复性条件下获得的两次独立测定结果的绝对差值与其算术平均值的比值（百分率），应符合附录C的要求。

9.2 在再现性条件下获得的两次独立测定结果的绝对差值与其算术平均值的比值（百分率），应符合附录D的要求。

10 定量限和回收率

10.1 定量限

本方法的定量限为0.01 mg/kg。

10.2 回收率

苹果样品中添加阿维菌素的浓度和回收率的实验数据：

——在0.01 mg/kg时，回收率为82.5%；

——在0.05 mg/kg时，回收率为87.5%；

——在0.50 mg/kg时，回收率为95.0%。

菠菜样品中添加阿维菌素的浓度和回收率的实验数据：

——在 0.01 mg/kg 时，回收率为 83.0%；
——在 0.05 mg/kg 时，回收率为 89.0%；
——在 0.50 mg/kg 时，回收率为 97.0%。

Annex A
(informative)
Chromatogram of the standard

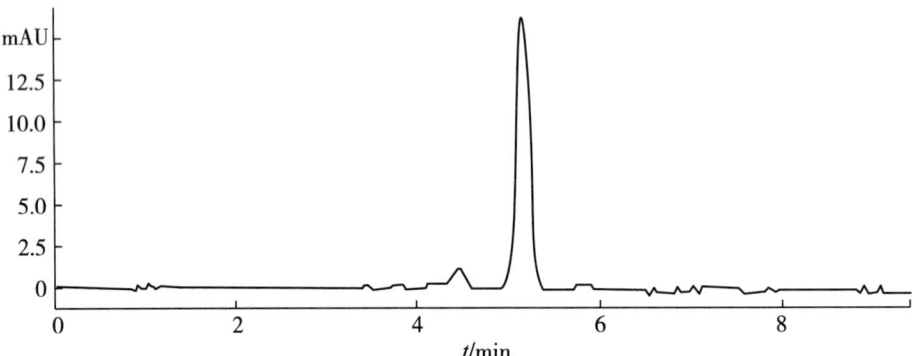

Figure A.1　Liquid chromatogram of abamectin standard

Annex B
(informative)
Spectrogram of the standard

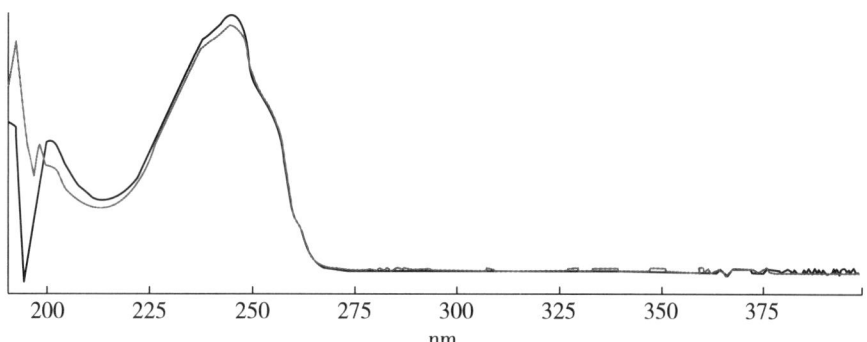

Figure B.1   Spectrogram of abamectin standard

附录 C
（规范性附录）
实验室内重复性要求

表 C.1　　　　　　　　　　　　　　实验室内重复性要求

被测组分含量 mg/kg	精密度 %
≤0.001	36
>0.001≤0.01	32
>0.01≤0.1	22
>0.1≤1	18
>1	14

附录 D
（规范性附录）
实验室间再现性要求

表 D.1　　　　　　　　　　　　　　实验室间再现性要求

被测组分含量 mg/kg	精密度 %
≤0.001	54
>0.001≤0.01	46
>0.01≤0.1	34
>0.1≤1	25
>1	19

GB

中 华 人 民 共 和 国 国 家 标 准

GB 23200.21—2016
代替 SN 0350—2012

食品安全国家标准
水果中赤霉酸残留量的测定
液相色谱－质谱/质谱法

National food safety standards—
Determination of gibberellic acid residue in fruit
Liquid chromatography-mass spectrometry

2016-12-18 发布　　　　　　　　　　　　2017-06-18 实施

中华人民共和国国家卫生和计划生育委员会
中华人民共和国农业部　　发布
国家食品药品监督管理总局

前 言

本标准代替 SN/T 0350—2012《进出口水果中赤霉素残留量的测定 液相色谱－质谱/质谱法》。
本标准与 SN/T 0350—2012 相比，主要变化如下：
——标准文本格式修改为食品安全国家标准文本格式；
——标准名称中"进出口水果"改为"水果"。
——标准范围中增加"其他食品可参照执行"。
本标准所代替标准的历次版本发布情况为：
——SN/T 0350—2012。

食品安全国家标准
水果中赤霉酸残留量的测定 液相色谱-质谱/质谱法

1 范围

本标准规定了水果中赤霉酸残留量的制样和液相色谱-质谱/质谱测定方法。

本标准适用于进出口苹果、橘子、桃子、梨和葡萄中赤霉酸残留量的检测，其他食品可参照执行。

2 规范性引用文件

下列文件对于本文件的应用是必不可少的。凡是注日期的引用文件，仅所注日期的版本适用于本文件。凡是不注日期的引用文件，其最新版本（包括所有的修改单）适用于本文件。

GB 2763 食品安全国家标准 食品中农药最大残留限量

GB/T 6682 分析实验室用水规格和试验方法。

3 原理

用乙腈提取试样中残留的赤霉酸，提取液经液液分配净化后，用液相色谱-质谱/质谱测定和确证，外标法定量。

4 试剂和材料

除另有规定外，所有试剂均为分析纯，水为符合 GB/T 6682 中规定的一级水。

4.1 试剂

4.1.1 乙腈（C_2H_3N）：色谱纯。

4.1.2 甲醇（CH_4O）：色谱纯。

4.1.3 乙酸乙酯（$C_4H_8O_2$）：色谱纯。

4.1.4 甲酸（CH_2O_2）：色谱级。

4.1.5 磷酸二氢钾（K_2HPO_4）。

4.1.6 氢氧化钠（NaOH）。

4.1.7 硫酸（H_2SO_4）。

4.1.8 氯化钠（NaCl）。

4.2 溶液配制

4.2.1 硫酸水溶液（pH 2.5）：1 滴硫酸加入 100 mL 水中，调节水 pH 为 2.5。

4.2.2 磷酸盐缓冲溶液（pH 7）：6.7 g 磷酸二氢钾和 1.2 g 氢氧化钠溶解于 1 L 水中。

4.2.3 0.15 % 甲酸溶液：移取 0.15 mL 甲酸，用水稀释至 100 mL。

4.3 标准品

4.3.1 赤霉酸标准品（gibberellic acid，CAS NO. 为 77-06-5，$C_{19}H_{22}O_6$）：纯度≥98%。

4.4 标准溶液配制

4.4.1 赤霉酸标准储备溶液：称取适量标准品，用甲醇溶解，溶液浓度为 100 μg/mL。0 ℃ ~ 4 ℃ 冷藏避光保存。有效期三个月。

4.4.2 标准工作溶液：根据需要用空白样品溶液将标准储备液稀释成 4 ng/mL、5 ng/mL、10 ng/mL、100 ng/mL 和 150 ng/mL 的标准工作溶液，相当于样品中含有 8 μg/kg、10 μg/kg、20 μg/kg、200 μg/kg、300 μg/kg 赤霉酸。临用前配制。

4.5 材料

4.5.1 有机相微孔滤膜：0.45 μm。

5 仪器和设备

5.1 液相色谱-质谱/质谱仪：配有电喷雾离子源。

5.2 分析天平：感量 0.01 g 和 0.000 1 g。

5.3 pH 计。

5.4 旋转蒸发器。

5.5 旋涡混合器。

5.6 离心机：4 000 r/min。

6 试样制备与保存

从所取全部样品中取出有代表性样品约 500 g，取样部位按 GB 2763 附录 A 执行，用粉碎机粉碎，混合均匀，均分成两份，分别装入洁净容器作为试样，密封，并标明标记。将试样于 -18 ℃ 冷冻保存。

在抽样和制样的操作过程中，应防止样品污染或发生残留物含量的变化。

7 测定步骤

7.1 提取

称取 5 g 试样（精确到 0.01 g）置于 50 mL 塑料离心管中，加入 25 mL 乙腈和 2 g 氯化钠，涡旋 1 min，以 4 000 r/min 离心 5 min，将上层乙腈提取液转移至浓缩瓶中，下层溶液再用 20 mL 乙腈提取一次，合并乙腈提取液，在 45 ℃ 以下水浴减压浓缩至近干，用 10 mL 硫酸水溶液将残渣转移至 50 mL 塑料离心管中，加入 20 mL 乙酸乙酯，涡旋 1 min，以 4 000 r/min 离心 5 min，乙酸乙酯转移至另一 50 mL 塑料离心管中，再加入 20 mL 乙酸乙酯，重复上述操作，合并乙酸乙酯提取液，加入 10 mL 磷酸盐缓冲溶液，涡旋，以 4 000 r/min 离心 5 min，分取磷酸盐缓冲盐溶液，乙酸乙酯层中再加入 10 mL 磷酸盐缓冲溶液提取一次，合并磷酸盐缓冲溶液，滴加 50% 硫酸溶液调节溶液 pH 为 2.5±0.2，加入 20 mL 乙酸乙酯，涡旋 1 min，以 4 000 r/min 离心 5 min，将上层乙酸乙酯转移至浓缩瓶中，磷酸盐缓冲盐溶液层中再加入 20 mL 乙酸乙酯提取一次，合并乙酸乙酯提取液在 45 ℃ 以下水浴减压浓缩至近干，加 10.0 mL 甲醇-水（1+1，体积比）溶解残渣，混匀，过 0.45 μm 滤膜，供液相色谱-质谱/质谱仪测定。

7.2 测定

7.2.1 液相色谱-质谱/质谱

液相色谱-质谱/质谱参考条件如下：

a) 色谱柱：C_{18} 柱，150 mm×4.6 mm（i.d），5 μm 或相当者；
b) 流动相：乙腈-0.15% 甲酸水溶液（35+65，体积比）；
c) 流速：0.4 mL/min；
d) 进样量：30 μL；
e) 离子源：电喷雾离子源；
f) 扫描方式：负离子扫描；
g) 检测方式：多反应监测；
h) 雾化气、气帘气、辅助气、碰撞气均为高纯氮气；使用前应调节各气体流量以使质谱灵敏度达到检测要求，参考条件参见附录 A 表 A.1。

7.2.2 液相色谱-质谱/质谱测定

根据样液中赤霉酸的含量情况，选定响应值适宜的标准工作液进行色谱分析，标准工作液应有五个浓度水平。待测样液中赤霉酸的响应值均应在仪器检测的工作曲线范围内。在上述色谱条件下，赤霉酸的参考保留时间约为 4.9 min。标准溶液的选择性离子流图参见附录 B 中图 B.1。

7.2.3 液相色谱-质谱/质谱确证

按照上述条件测定样品和标准工作液，如果检测的质量色谱峰保留时间与标准工作液一致，允许偏差小于±2.5%；定性离子对的相对丰度与浓度相当标准工作液的相对丰度一致，相对丰度允许偏差不超过表 1 规定，则可判断样品中存在相应的被测物。

表 1　定性确证时相对离子丰度的最大允许偏差

相对丰度（基峰）	>50%	>20% 至 50%	>10% 至 20%	≤10%
允许的相对偏差	±20%	±25%	±30%	±50%

7.3 空白试验

除不加试样外，均按上述操作步骤进行。

8 结果计算和表述

用色谱数据处理机或按式（1）计算试样中赤霉酸残留含量，计算结果需扣除空白值：

$$X = \frac{C_i \times V \times 1\,000}{m \times 1\,000} \quad\cdots\cdots\cdots\cdots\cdots\cdots\cdots\cdots\cdots\cdots（1）$$

式中：

X——试样中赤霉酸的残留量，单位为微克每千克（μg/kg）；

C_i——从标准曲线上得到的赤霉酸浓度，单位为纳克每毫升（ng/mL）；

V——样液最终定容体积，单位为毫升（mL）；

m——最终样液代表的试样质量，单位为克（g）。

注：计算结果须扣除空白值，测定结果用平行测定的算术平均值表示，保留两位有效数字。

9 精密度

9.1 在重复性条件下获得的两次独立测定结果的绝对差值与其算术平均值的比值（百分率），应符合附录 D 的要求。

9.2 在再现性条件下获得的两次独立测定结果的绝对差值与其算术平均值的比值（百分率），应符合附录 E 的要求。

10 定量限和回收率

10.1 定量限

本方法的定量限为 10 μg/kg。

10.2 回收率

在不同添加水平条件下的回收率数据见附录 C。

附录 A
（资料性附录）
API 4000 LC－MS/MS 系统电喷雾离子源参考条件

监测离子对及电压参数：

a) 电喷雾电压（IS）：-4500 V；
b) 雾化气压力（GS1）：241.15 kPa（35 psi）；
c) 气帘气压力（CUR）：172.25 kPa（25 psi）；
d) 辅助气流速（GS2）：310.05 kPa（45 psi）；
e) 离子源温度（TEM）：550 ℃；
f) 碰撞气（CAD）：6；
g) 离子对、去簇电压（DP）、碰撞气能量（CE）及碰撞室出口电压（CXP）见 A.1。

表 A.1　离子对、去簇电压、碰撞气能量和碰撞室出口电压

名称	母离子 m/z	子离子 m/z	去簇电压（DP） V	碰撞气能量（CE） V	碰撞室出口电压（CXP） V
赤霉酸	345.1	239.2*	-45	-21	-11
		143.2		-34	

注："*"为定量离子。

非商业性声明：附录表 A.1 所列参数是在 API 4000 质谱仪完成的，此处列出试验用仪器型号仅是为了提供参考，并不涉及商业目的，鼓励标准使用者尝试不同厂家和型号的仪器。

附录 B
（资料性附录）
赤霉酸标准品选择性离子流图

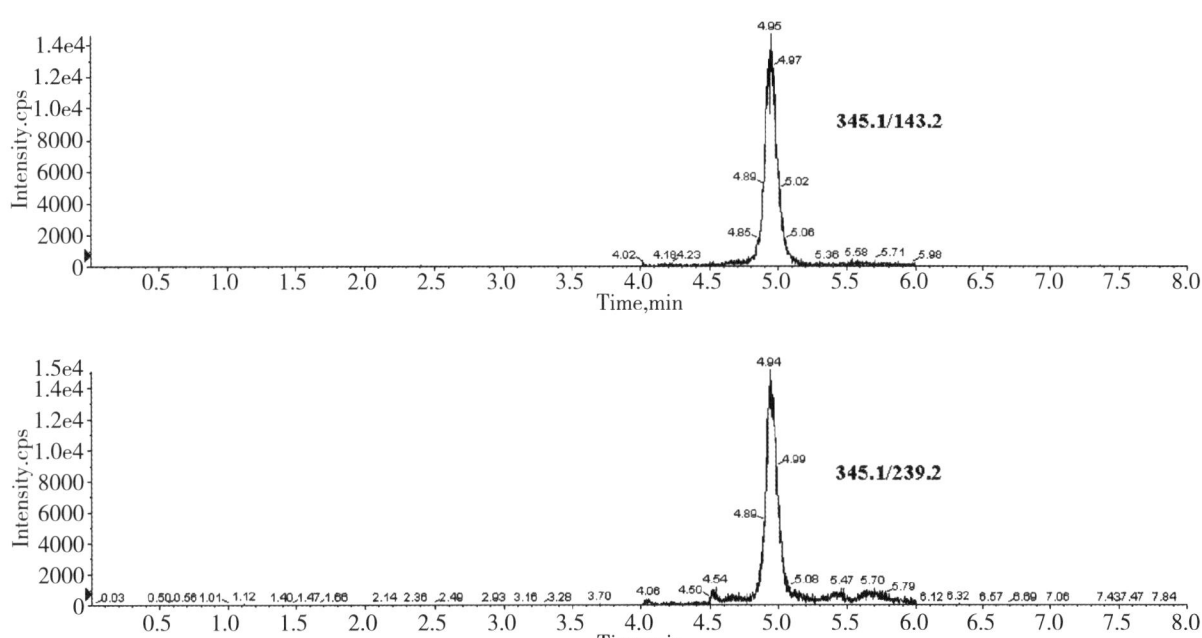

图 B.1　赤霉酸（5 ng/mL）标准品的选择性离子流图

附录 C
（资料性附录）
样品的添加浓度及回收率的实验数据

表 C.1　　样品的添加浓度及回收率的实验数据

基质	添加浓度/μg/kg	回收率范围/%	精密度范围/%
苹果	10	70.4~98.7	7.5
苹果	20	70.8~100.8	5.2
苹果	200	70.3~106.0	3.2
橘子	10	74.0~97.4	4.2
橘子	20	74.0~97.5	4.3
橘子	200	75.2~103.6	7.1
桃子	10	71.6~99.3	13.7
桃子	20	73.8~102.8	10.5
桃子	200	71.6~103.0	12.6
梨	10	70.4~109.0	5.3
梨	20	73.3~102.2	8.8
梨	200	73.7~101.0	5.7
葡萄	10	70.2~98.3	13.0
葡萄	20	70.3~98.1	9.4
葡萄	200	70.0~102.0	8.9

附录 D
（规范性附录）
实验室内重复性要求

表 D.1　　　　　　　　　　　　　实验室内重复性要求

被测组分含量 mg/kg	精密度 %
≤0.001	36
>0.001≤0.01	32
>0.01≤0.1	22
>0.1≤1	18
>1	14

附录 E
（规范性附录）
实验室间再现性要求

表 E.1　　　　　　　　　　　　　　实验室间再现性要求

被测组分含量 mg/kg	精密度 %
≤0.001	54
>0.001≤0.01	46
>0.01≤0.1	34
>0.1≤1	25
>1	19

GB

中 华 人 民 共 和 国 国 家 标 准

GB 23200.25—2016
代替 SN/T 1115—2002

食品安全国家标准
水果中噁草酮残留量的检测方法

National food safety standards—
Determination of oxadiazon residue in fruits

2016-12-18 发布　　　　　　　　　　　　2017-06-18 实施

中华人民共和国国家卫生和计划生育委员会
中华人民共和国农业部　　　　发布
国家食品药品监督管理总局

前 言

本标准代替 SN/T 1115—2002《进出口水果中噁草酮残留量的检验方法》。

本标准与 SN/T 1115—2002，主要变化如下：

——标准文本格式修改为食品安全国家标准文本格式；

——标准名称中"进出口水果"改为"水果"；

——标准范围中增加"其他食品可参照执行"。

本标准所代替标准的历次版本发布情况为：

——SN/T 1115—2002。

食品安全国家标准
水果中噁草酮残留量的检测方法

1 范围

本标准规定了水果中噁草酮残留量检验的抽样、制样和气相色谱－质谱测定及确证方法。
本标准适用于柑橘、苹果中噁草酮残留量的检验，其他食品可参照执行。

2 规范性引用文件

下列文件对于本文件的应用是必不可少的。凡是注日期的引用文件，仅所注日期的版本适用于本文件。凡是不注日期的引用文件，其最新版本（包括所有的修改单）适用于本文件。

GB 2763 食品安全国家标准 食品中农药最大残留限量
GB/T 6682 分析实验室用水规格和试验方法

3 试剂和材料

除另有规定外，所有试剂均为分析纯，水为符合 GB/T 6682 中规定的一级水。

3.1 试剂

3.1.1 苯（C_6H_6）：重蒸馏。

3.1.2 正己烷（C_6H_{14}）：重蒸馏。

3.1.3 氯化钠（NaCl）。

3.1.4 无水硫酸钠（Na_2SO_4）：经过 650 ℃ 灼烧 4 h，置于干燥器中备用。

3.2 溶液配制

3.2.1 苯－正己烷溶液（1＋1）：取 100 mL 苯，加入 100 mL 正己烷，摇匀备用。

3.2.2 苯－正己烷溶液（2＋1）：取 200 mL 苯，加入 100 mL 正己烷，摇匀备用。

3.3 标准品

3.3.1 噁草酮标准品：纯度≥99%。

3.4 标准溶液配制

3.4.1 噁草酮储备液：准确称取适量噁草酮标准品，用少量正己烷溶解，并以正己烷配制成浓度为 1 000 μg/mL 标准储备液。根据需要再用正己烷将标准储备液稀释成适当浓度的标准工作液。

3.5 材料

3.5.1 活性碳小柱：SUPELCLEAN ENVI–CARB 小柱，125 mg，3 mL 或相当者。

4 仪器和设备

4.1 气相色谱仪，配质量选择性检测器。

4.2 分析天平：感量 0.01 g 和 0.000 1 g。

4.3 固相萃取装置，带真空泵。

4.4 离心机：3 000 r/min。

4.5 旋涡混匀器。

4.6 离心管：15 mL。

4.7 刻度试管：15 mL。

4.8 微量注射器：10 μL。

5 试样制备与保存

5.1 试样制备

将所取原始样品缩分出 1 kg，取样部位按 GB 2763 附录 A 执行，经组织捣碎机捣碎，均分成两份，装入洁净容器内，作为试样。密封，并标明标记。

5.2 试样保存

将试样于 −18 ℃ 以下冷冻保存。

注：在抽样和制样的操作过程中，必须防止样品受到污染或发生残留物含量的变化。

6 分析步骤

试样中噁草酮残留物用苯–正己烷提取，然后过活性炭小柱净化，用配有质量选择性检测器的气相色谱仪测定及确证，外标法定量。

6.1 提取

准确称取 2.0 g 均匀试样（精确至 0.001 g）于 15 mL 离心管中，加入 1 g 氯化钠，于混匀器上混匀 30 s，加入 2 mL 苯–正己烷混合溶液在混匀器上充分混匀 3 min，于 2 500 r/min 离心 2 min，将上清液移动到另一 15 mL 刻度试管中，残渣再分别用 2 mL 苯–正己烷混合溶液重复提取 2 次，合并提取液，加入 1.0 g 无水硫酸钠使之干燥。

6.2 净化

将活性碳小柱安装固相萃取的真空抽滤装置上，用 1 mL×3 苯–正己烷先预淋洗小柱，保持流速为 0.5 mL/min，弃去洗脱液。将样品提取液加到小柱上，再用 1.5 mL×3 苯–正己烷混合溶液洗涤试管并一起转移到小柱中，收集全部洗脱液，在 45 ℃ 下。空气流吹至近干，用正己烷溶解残渣并定容于 0.50 mL，供 CC/MSD 分析。

6.3 测定

6.3.1 气相色谱–质谱参考条件

a) 色谱柱：石英毛细管柱 HP–5，25 m×0.2 mm（内径），膜厚 0.33 μm，或相当者；

b) 色谱柱温度：100 ℃ 保持 1 min，以 5 ℃/min 上升至 200 ℃，再以 10 ℃/min，上升至 280 ℃，保持 5 min；

c) 进样口温度：280 ℃；

d) 色谱–质谱接口温度：250 ℃；

e) 载气：氮气，纯度≥99.995 %，0.6 mL/min；

f) 进样量：1 μL；

g) 进样方式：无分流进样，1 min 后开阀；

h) 电离方式：EI；

i) 电离能量：70 eV；

j) 测定方式：选择离子检测方式（SIM）；

k) 检测离子（m/z）：177、258、344；

l) 溶剂延迟：20 min。

6.3.2 色谱测定

根据样液中噁草酮的含量，选定峰面积相近的标准工作溶液，标准工作溶液和样液中噁草酮的响应值均应在仪器检测的线性范围内，对标准工作液和样液等体积参插进样测定，在上述色谱条件下，噁草酮的保留时间约为 25.95 min，标准品 SIM 色谱图及全扫描质谱图见附录 A 中图 A.1、图 A.2。

6.3.3 质谱确证

对标准溶液及样液均按 6.3.2 规定的条件进行测定，如果样液中与标准溶液相同的保留时间有峰出现，则对其进行质谱确证。在上述气相色谱–质谱条件下，噁草酮的保留时间约为 25.95 min，监测离子强度比（m/z）258∶177∶344 =（65±10）∶100∶（16±2）。

6.4 空白实验

除不加试样外，均按上述测定步骤进行。

7 结果计算和表述

用色谱数据处理机或按下式（1）计算式样中的噁草酮的含量：

$$X = \frac{A \times C_s \times V}{A_s \times m} \quad \cdots\cdots\cdots\cdots\cdots\cdots\cdots\cdots (1)$$

式中：

X——试样中噁草酮的含量，单位为毫克每千克（mg/kg）；

A——样液中噁草酮的峰面积；

C_s——标准工作液中噁草酮的浓度，单位为微克每毫升（μg/mL）；

A_s——标准工作液中噁草酮的峰面积；

V——样液最终定容体积，单位为毫升（mL）；

m——最终样液所代表的试样量，单位为克（g）。

注：计算结果须扣除空白值，测定结果用平行测定的算术平均值表示，保留两位有效数字。

8 精密度

在重复性条件下获得的两次独立测定结果的绝对差值与其算术平均值的比值（百分率），应符合附录 C 的要求。

在再现性条件下获得的两次独立测定结果的绝对差值与其算术平均值的比值（百分率），应符合附录 D 的要求。

9 定量限和回收率

9.1 定量限

本方法噁草酮的定量限为 0.010 mg/kg。

9.2 回收率

当添加水平为 0.01 mg/kg、0.05 mg/kg、0.5 mg/kg 时，噁草酮在不同基质中的添加回收率参见附录 B。

附录 A
（资料性附录）
噁草酮标准品色谱和质谱图

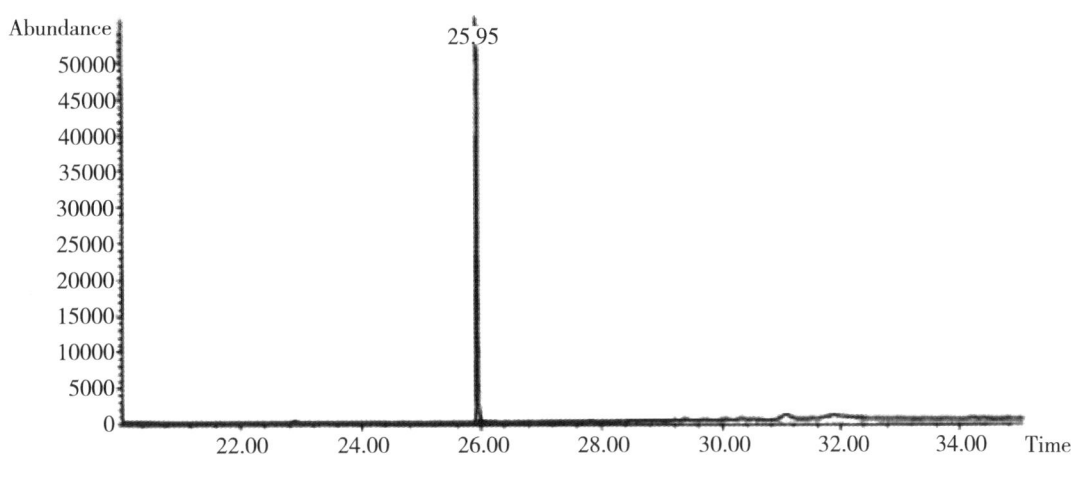

图 A.1 噁草酮标准品 SIM 色谱图

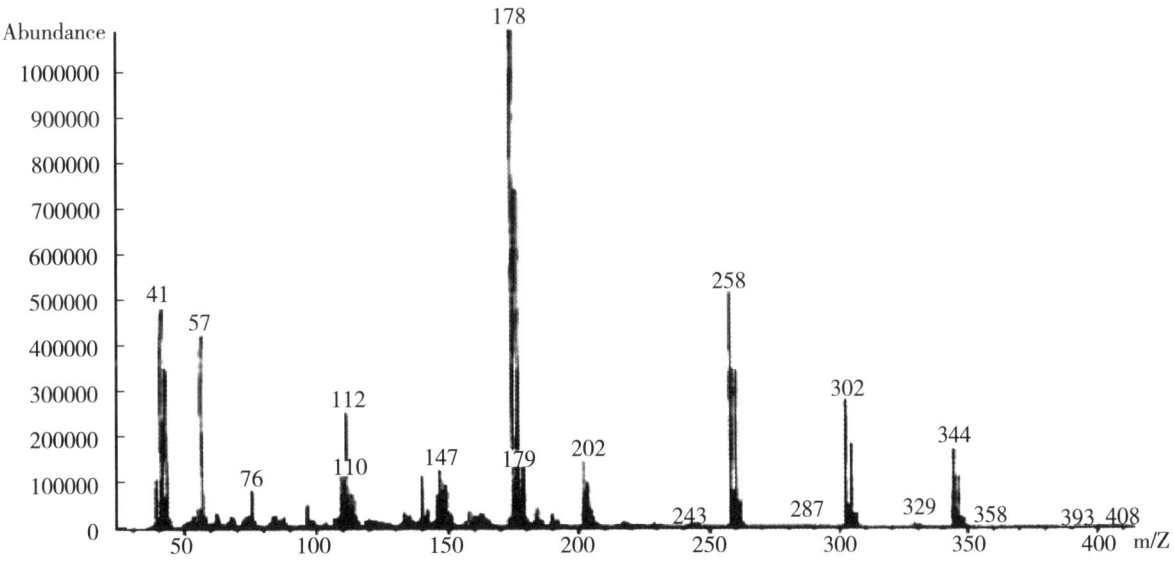

图 A.2 噁草酮标准品 SCAN 质谱图

附录 B
（资料性附录）
不同基质中噁草酮的添加回收率

表 B.1　　　　　　　　　　不同基质中噁草酮的添加回收率　　　　　　　　　单位：%

农药名称	样品基质	
	柑橘	苹果
噁草酮	95.0~98.4	96.7~98.3

附录 C
（规范性附录）
实验室内重复性要求

表 C.1　　　　　　　　　　　　　　实验室内重复性要求

被测组分含量 mg/kg	精密度 %
≤0.001	36
>0.001≤0.01	32
>0.01≤0.1	22
>0.1≤1	18
>1	14

附录 D
（规范性附录）
实验室间再现性要求

表 D.1　　　　　　　　　　　　　　实验室间再现性要求

被测组分含量 mg/kg	精密度 %
≤0.001	54
>0.001≤0.01	46
>0.01≤0.1	34
>0.1≤1	25
>1	19

GB

中华人民共和国国家标准

GB 5009.7—2016

食品安全国家标准
食品中还原糖的测定

2016-08-31 发布　　　　　　　　　　2017-03-01 实施

中华人民共和国
国家卫生和计划生育委员会　发布

前　言

本标准代替 GB/T 5009.7—2008《食品中还原糖的测定》、GB/T 5513—2008《粮油检验　粮食中还原糖和非还原糖测定》还原糖部分、NY/T 1751—2009《甜菜还原糖的测定》。

本标准与 GB/T 5009.7—2008 相比，主要修改如下：

——标准名称修改为"食品安全国家标准　食品中还原糖的测定"；

——将 GB/T 5009.7—2008 与 GB/T 5513—2008 还原糖部分进行了同类合并。

食品安全国家标准
食品中还原糖的测定

1 范围

本标准规定了食品中还原糖含量的测定方法。

本标准第一法、第二法适用于食品中还原糖含量的测定。

本标准第三法适用于小麦粉中还原糖含量的测定。

本标准第四法适用于甜菜块根中还原糖含量的测定。

第一法 直接滴定法

2 原理

试样经除去蛋白质后,以亚甲蓝作指示剂,在加热条件下滴定标定过的碱性酒石酸铜溶液(已用还原糖标准溶液标定),根据样品液消耗体积计算还原糖含量。

3 试剂和材料

除非另有说明,本方法所用试剂均为分析纯,水为GB/T 6682规定的三级水。

3.1 试剂

3.1.1 盐酸(HCl)。

3.1.2 硫酸铜($CuSO_4 \cdot 5H_2O$)。

3.1.3 亚甲蓝($C_{16}H_{18}ClN_3S \cdot 3H_2O$)。

3.1.4 酒石酸钾钠($C_4H_4O_6KNa \cdot 4H_2O$)。

3.1.5 氢氧化钠(NaOH)。

3.1.6 乙酸锌[$Zn(CH_3COO)_2 \cdot 2H_2O$]。

3.1.7 冰乙酸($C_2H_4O_2$)。

3.1.8 亚铁氰化钾[$K_4Fe(CN)_6 \cdot 3H_2O$]。

3.2 试剂配制

3.2.1 盐酸溶液(1+1,体积比):量取盐酸50 mL,加水50 mL混匀。

3.2.2 碱性酒石酸铜甲液:称取硫酸铜15 g和亚甲蓝0.05 g,溶于水中,并稀释至1 000 mL。

3.2.3 碱性酒石酸铜乙液:称取酒石酸钾钠50 g和氢氧化钠75 g,溶解于水中,再加入亚铁氰化钾4 g,完全溶解后,用水定容至1 000 mL,贮存于橡胶塞玻璃瓶中。

3.2.4 乙酸锌溶液：称取乙酸锌 21.9 g，加冰乙酸 3 mL，加水溶解并定容于 100 mL。

3.2.5 亚铁氰化钾溶液（106 g/L）：称取亚铁氰化钾 10.6 g，加水溶解并定容至 100 mL。

3.2.6 氢氧化钠溶液（40 g/L）：称取氢氧化钠 4 g，加水溶解后，放冷，并定容至 100 mL。

3.3 标准品

3.3.1 葡萄糖（$C_6H_{12}O_6$）

CAS：50-99-7，纯度≥99%。

3.3.2 果糖（$C_6H_{12}O_6$）

CAS：57-48-7，纯度≥99%。

3.3.3 乳糖（含水）（$C_6H_{12}O_6 \cdot H_2O$）

CAS：5989-81-1，纯度≥99%。

3.3.4 蔗糖（$C_{12}H_{22}O_{11}$）

CAS：57-50-1，纯度≥99%。

3.4 标准溶液配制

3.4.1 葡萄糖标准溶液（1.0 mg/mL）：准确称取经过 98 ℃~100 ℃ 烘箱中干燥 2 h 后的葡萄糖 1 g，加水溶解后加入盐酸溶液 5 mL，并用水定容至 1 000 mL。此溶液每毫升相当于 1.0 mg 葡萄糖。

3.4.2 果糖标准溶液（1.0 mg/mL）：准确称取经过 98 ℃~100 ℃ 干燥 2 h 的果糖 1 g，加水溶解后加入盐酸溶液 5 mL，并用水定容至 1 000 mL。此溶液每毫升相当于 1.0 mg 果糖。

3.4.3 乳糖标准溶液（1.0 mg/mL）：准确称取经过 94 ℃~98 ℃ 干燥 2 h 的乳糖（含水）1 g，加水溶解后加入盐酸溶液 5 mL，并用水定容至 1 000 mL。此溶液每毫升相当于 1.0 mg 乳糖（含水）。

3.4.4 转化糖标准溶液（1.0 mg/mL）：准确称取 1.052 6 g 蔗糖，用 100 mL 水溶解，置具塞锥形瓶中，加盐酸溶液 5 mL，在 68 ℃~70 ℃ 水浴中加热 15 min，放置至室温，转移至 1 000 mL 容量瓶中并加水定容至 1 000 mL，每毫升标准溶液相当于 1.0 mg 转化糖。

4 仪器和设备

4.1 天平：感量为 0.1 mg。

4.2 水浴锅。

4.3 可调温电炉。

4.4 酸式滴定管：25 mL。

5 分析步骤

5.1 试样制备

5.1.1 含淀粉的食品：称取粉碎或混匀后的试样 10 g~20 g（精确至 0.001 g），置 250 mL 容量瓶中，加水 200 mL，在 45 ℃ 水浴中加热 1 h，并时时振摇，冷却后加水至刻度，混匀，静置，沉淀。吸取 200.0 mL 上清液置于另一 250 mL 容量瓶中，缓慢加入乙酸锌溶液 5 mL 和亚铁氰化钾溶液 5 mL，加水至刻度，混匀，静置 30 min，用干燥滤纸过滤，弃去初滤液，取后续滤液备用。

5.1.2 酒精饮料：称取混匀后的试样 100 g（精确至 0.01 g），置于蒸发皿中，用氢氧化钠溶液中和至中性，在水浴上蒸发至原体积的 1/4 后，移入 250 mL 容量瓶中，缓慢加入乙酸锌溶液 5 mL 和亚铁氰化钾溶液 5 mL，加水至刻度，混匀，静置 30 min，用干燥滤纸过滤，弃去初滤液，取后续滤液备用。

5.1.3　碳酸饮料：称取混匀后的试样 100 g（精确至 0.01 g）于蒸发皿中，在水浴上微热搅拌除去二氧化碳后，移入 250 mL 容量瓶中，用水洗涤蒸发皿，洗液并入容量瓶，加水至刻度，混匀后备用。

5.1.4　其他食品：称取粉碎后的固体试样 2.5 g～5 g（精确至 0.001 g）或混匀后的液体试样 5 g～25 g（精确至 0.001 g），置 250 mL 容量瓶中，加 50 mL 水，缓慢加入乙酸锌溶液 5 mL 和亚铁氰化钾溶液 5 mL，加水至刻度，混匀，静置 30 min，用干燥滤纸过滤，弃去初滤液，取后续滤液备用。

5.2　碱性酒石酸铜溶液的标定

吸取碱性酒石酸铜甲液 5.0 mL 和碱性酒石酸铜乙液 5.0 mL，于 150 mL 锥形瓶中，加水 10 mL，加入玻璃珠 2 粒～4 粒，从滴定管中加葡萄糖（3.4.1）[或其他还原糖标准溶液（3.4.2，或 3.4.3，或 3.4.4）] 约 9 mL，控制在 2 min 中内加热至沸，趁热以每 2 秒 1 滴的速度继续滴加葡萄糖 [或其他还原糖标准溶液（3.4.2，或 3.4.3，或 3.4.4）]，直至溶液蓝色刚好褪去为终点，记录消耗葡萄糖（或其他还原糖标准溶液）的总体积，同时平行操作 3 份，取其平均值，计算每 10 mL（碱性酒石酸甲、乙液各 5 mL）碱性酒石酸铜溶液相当于葡萄糖（或其他还原糖）的质量（mg）。

注：也可以按上述方法标定 4 mL～20 mL 碱性酒石酸铜溶液（甲、乙液各半）来适应试样中还原糖的浓度变化。

5.3　试样溶液预测

吸取碱性酒石酸铜甲液 5.0 mL 和碱性酒石酸铜乙液 5.0 mL 于 150 mL 锥形瓶中，加水 10 mL，加入玻璃珠 2 粒～4 粒，控制在 2 min 内加热至沸，保持沸腾以先快后慢的速度，从滴定管中滴加试样溶液，并保持沸腾状态，待溶液颜色变浅时，以 1 滴/2 s 的速度滴定，直至溶液蓝色刚好褪去为终点，记录样品溶液消耗体积。

注：当样液中还原糖浓度过高时，应适当稀释后再进行正式测定，使每次滴定消耗样液的体积控制在与标定碱性酒石酸铜溶液时所消耗的还原糖标准溶液的体积相近，10 mL 左右，结果按式（1）计算；当浓度过低时则采取直接加入 10 mL 样品液，免去加水 10 mL，再用还原糖标准溶液滴定至终点，记录消耗的体积与标定时消耗的还原糖标准溶液体积之差相当于 10 mL 样液中所含还原糖的量，结果按式（2）计算。

5.4　试样溶液测定

吸取碱性酒石酸铜甲液 5.0 mL 和碱性酒石酸铜乙液 5.0 mL，置 150 mL 锥形瓶中，加水 10 mL，加入玻璃珠 2 粒～4 粒，从滴定管滴加比预测体积少 1 mL 的试样溶液至锥形瓶中，控制在 2 min 内加热至沸，保持沸腾继续以 1 滴/2 s 的速度滴定，直至蓝色刚好褪去为终点，记录样液消耗体积，同法平行操作三份，得出平均消耗体积（V）。

6　分析结果的表述

试样中还原糖的含量（以某种还原糖计）按式（1）计算：

$$X = \frac{m_1}{m \times F \times V/250 \times 1\,000} \times 100 \quad\cdots\cdots\cdots\cdots\cdots\cdots\cdots\cdots\cdots\cdots\quad(1)$$

式中：

X——试样中还原糖的含量（以某种还原糖计），单位为克每百克（g/100 g）；

m_1——碱性酒石酸铜溶液（甲、乙液各半）相当于某种还原糖的质量，单位为毫克（mg）；

m——试样质量，单位为克（g）；

F——系数，对 5.1.1、5.1.3、5.1.4 为 1；5.1.2 为 0.8；

V——测定时平均消耗试样溶液体积，单位为毫升（mL）；

250——定容体积，单位毫升（mL）；

1 000——换算系数。

当浓度过低时，试样中还原糖的含量（以某种还原糖计）按式（2）计算：

$$X = \frac{m_2}{m \times F \times 10/250 \times 1\,000} \times 100 \quad\cdots\cdots\cdots\cdots\cdots\cdots\cdots\cdots\cdots (2)$$

式中：

X——试样中还原糖的含量（以某种还原糖计），单位为克每百克（g/100 g）；

m_2——标定时体积与加入样品后消耗的还原糖标准溶液体积之差相当于某种还原糖的质量，单位为毫克（mg）；

m——试样质量，单位为克（g）；

F——系数，对 5.1.1、5.1.3、5.1.4 为 1；5.1.2 为 0.80；

10——样液体积，单位毫升（mL）；

250——定容体积，单位毫升（mL）；

1 000——换算系数。

还原糖含量≥10 g/100 g 时，计算结果保留三位有效数字；还原糖含量<10 g/100 g 时，计算结果保留两位有效数字。

7 精密度

在重复性条件下获得的两次独立测定结果的绝对差值不得超过算术平均值的 5 %。

8 其他

当称样量为 5 g 时，定量限为 0.25 g/100 g。

第二法 高锰酸钾滴定法

9 原理

试样经除去蛋白质后，其中还原糖把铜盐还原为氧化亚铜，加硫酸铁后，氧化亚铜被氧化为铜盐，经高锰酸钾溶液滴定氧化作用后生成的亚铁盐，根据高锰酸钾消耗量，计算氧化亚铜含量，再查表得还原糖量。

10 试剂和材料

除非另有说明,本方法所用试剂均为分析纯,水为 GB/T 6682 规定的三级水。

10.1 试剂

10.1.1 盐酸(HCl)。
10.1.2 氢氧化钠(NaOH)。
10.1.3 硫酸铜(CuSO$_4$·5H$_2$O)。
10.1.4 硫酸(H$_2$SO$_4$)。
10.1.5 硫酸铁[Fe$_2$(SO$_4$)$_3$]。
10.1.6 酒石酸钾钠(C$_4$H$_4$O$_6$KNa·4H$_2$O)。

10.2 试剂配制

10.2.1 盐酸溶液(3 mol/L):量取盐酸 30 mL,加水稀释至 120 mL。

10.2.2 碱性酒石酸铜甲液:称取硫酸铜 34.639 g,加适量水溶解,加硫酸 0.5 mL,再加水稀释至 500 mL,用精制石棉过滤。

10.2.3 碱性酒石酸铜乙液:称取酒石酸钾钠 173 g 与氢氧化钠 50 g,加适量水溶解,并稀释至 500 mL,用精制石棉过滤,贮存于橡胶塞玻璃瓶内。

10.2.4 氢氧化钠溶液(40 g/L):称取氢氧化钠 4 g,加水溶解并稀释至 100 mL。

10.2.5 硫酸铁溶液(50 g/L):称取硫酸铁 50 g,加水 200 mL 溶解后,慢慢加入硫酸 100 mL,冷后加水稀释至 1 000 mL。

10.2.6 精制石棉:取石棉先用盐酸溶液浸泡 2 d~3 d,用水洗净,再加氢氧化钠溶液浸泡 2 d~3 d,倾去溶液,再用热碱性酒石酸铜乙液浸泡数小时,用水洗净。再以盐酸溶液浸泡数小时,以水洗至不呈酸性。然后加水振摇,使成细微的浆状软纤维,用水浸泡并贮存于玻璃瓶中,即可作填充古氏坩埚用。

10.3 标准品

高锰酸钾(KMnO$_4$),CAS:7722-64-7,优级纯或以上等级。

10.4 标准溶液配制

高锰酸钾标准滴定溶液[c(1/5KMnO$_4$)=0.100 0 mol/L]:按 GB/T 601 配制与标定。

11 仪器和设备

11.1 天平:感量为 0.1 mg。
11.2 水浴锅。
11.3 可调温电炉。
11.4 酸式滴定管:25 mL。
11.5 25 mL 古氏坩埚或 G4 垂融坩埚。

11.6 真空泵。

12 分析步骤

12.1 试样处理

12.1.1 含淀粉的食品：称取粉碎或混匀后的试样 10 g~20 g（精确至 0.001 g），置 250 mL 容量瓶中，加水 200 mL，在 45 ℃ 水浴中加热 1 h，并时时振摇。冷却后加水至刻度，混匀，静置。吸取 200.0 mL 上清液置另一 250 mL 容量瓶中，加碱性酒石酸铜甲液 10 mL 及氢氧化钠溶液 4 mL，加水至刻度，混匀。静置 30 min，用干燥滤纸过滤，弃去初滤液，取后续滤液备用。

12.1.2 酒精饮料：称取 100 g（精确至 0.01 g）混匀后的试样，置于蒸发皿中，用氢氧化钠溶液中和至中性，在水浴上蒸发至原体积的 1/4 后，移入 250 mL 容量瓶中。加水 50 mL，混匀。加碱性酒石酸铜甲液 10 mL 及氢氧化钠溶液 4 mL，加水至刻度，混匀。静置 30 min，用干燥滤纸过滤，弃去初滤液，取后续滤液备用。

12.1.3 碳酸饮料：称取 100 g（精确至 0.001 g）混匀后的试样，试样置于蒸发皿中，在水浴上除去二氧化碳后，移入 250 mL 容量瓶中，并用水洗涤蒸发皿，洗液并入容量瓶中，再加水至刻度，混匀后，备用。

12.1.4 其他食品：称取粉碎后的固体试样 2.5 g~5.0 g（精确至 0.001 g）或混匀后的液体试样 25 g~50 g（精确至 0.001 g），置 250 mL 容量瓶中，加水 50 mL，摇匀后加碱性酒石酸铜甲液 10 mL 及氢氧化钠溶液 4 mL，加水至刻度，混匀。静置 30 min，用干燥滤纸过滤，弃去初滤液，取后续滤液备用。

12.2 试样溶液的测定

吸取处理后的试样溶液 50.0 mL，于 500 mL 烧杯内，加入碱性酒石酸铜甲液 25 mL 及碱性酒石酸铜乙液 25 mL，于烧杯上盖一表面皿，加热，控制在 4 min 内沸腾，再精确煮沸 2 min，趁热用铺好精制石棉的古氏坩埚（或 G4 垂融坩埚）抽滤，并用 60 ℃ 热水洗涤烧杯及沉淀，至洗液不呈碱性为止。将古氏坩埚（或 G4 垂融坩埚）放回原 500 mL 烧杯中，加硫酸铁溶液 25 mL、水 25 mL，用玻璃棒搅拌使氧化亚铜完全溶解，以高锰酸钾标准溶液滴定至微红色为终点。

同时吸取水 50 mL，加入与测定试样时相同量的碱性酒石酸铜甲液、乙液、硫酸铁溶液及水，按同一方法做空白试验。

13 分析结果的表述

试样中还原糖质量相当于氧化亚铜的质量，按式（3）计算：

$$X_0 = (V - V_0) \times c \times 71.54 \quad\quad\quad (3)$$

式中：

X_0——试样中还原糖质量相当于氧化亚铜的质量，单位为毫克（mg）；

V——测定用试样液消耗高锰酸钾标准溶液的体积，单位为毫升（mL）；

V_0——试剂空白消耗高锰酸钾标准溶液的体积，单位为毫升（mL）；

c——高锰酸钾标准溶液的实际浓度，单位为摩尔每升（mol/L）；

71.54——1 mL 高锰酸钾标准溶液 [c (1/5) KMnO$_4$] = 1.000 mol/L）相当于氧化亚铜的质量，

单位为毫克（mg）。

根据式中计算所得氧化亚铜质量，查表 A.1，再计算试样中还原糖含量，按式（4）计算：

$$X = \frac{m_3}{m_4 \times V/250 \times 1\,000} \times 100 \quad\cdots\cdots\cdots\cdots\cdots\cdots\cdots\cdots\cdots\cdots\cdots\cdots \quad (4)$$

式中：

X——试样中还原糖的含量，单位为克每百克（g/100 g）；

m_3——X_0 查附录 A 之表 1 得还原糖质量，单位为毫克（mg）；

m_4——试样质量或体积，单位为克或毫升（g 或 mL）；

V——测定用试样溶液的体积，单位为毫升（mL）；

250——试样处理后的总体积，单位为毫升（mL）。

还原糖含量≥10 g/100 g 时，计算结果保留三位有效数字；还原糖含量＜10 g/100 g 时，计算结果保留两位有效数字。

14 精密度

在重复性条件下获得的两次独立测定结果的绝对差值不得超过算术平均值的 10%。

15 其他

当称样量为 5 g 时，定量限为 0.5 g/100 g。

第三法 铁氰化钾法

16 原理

还原糖在碱性溶液中将铁氰化钾还原为亚铁氰化钾，还原糖本身被氧化为相应的糖酸。过量的铁氰化钾在乙酸的存在下，与碘化钾作用下析出碘，析出的碘以硫代硫酸钠标准溶液滴定。通过计算氧化还原糖时所用的铁氰化钾的量，查表 A.2 得试样中还原糖的含量。

17 试剂

除非另有说明，本方法所用试剂均为分析纯，水为 GB/T 6682 规定的三级水。

17.1 试剂

17.1.1　95% 乙醇。

17.1.2　冰乙酸（CH_3COOH）。

17.1.3　无水乙酸钠（CH_3COOH）。

17.1.4　硫酸（H_2SO_4）。

17.1.5　钨酸钠（$Na_2WO_4 \cdot 2H_2O$）。

17.1.6　铁氰化钾 [$KFe(CN)_6$]。

17.1.7 碳酸钠（Na_2CO_3）。

17.1.8 氯化钾（KCl）。

17.1.9 硫酸锌（$ZnSO_4$）。

17.1.10 碘化钾（KI）。

17.1.11 氢氧化钠（NaOH）。

17.1.12 可溶性淀粉。

17.2 试剂配制

17.2.1 乙酸缓冲液：将冰乙酸 3.0 mL、无水乙酸钠 6.8 g 和浓硫酸 4.5 mL 混合溶解，然后稀释至 1 000 mL。

17.2.2 钨酸钠溶液（12.0 %）：将钨酸钠 12.0 g 溶于 100 mL 水中。

17.2.3 碱性铁氰化钾溶液（0.1 mol/L）：将铁氰化钾 32.9 g 与碳酸钠 44.0 g 溶于 1 000 mL 水中。

17.2.4 乙酸盐溶液：将氯化钾 70.0 g 和硫酸锌 40.0 g 溶于 750 mL 水中，然后缓慢加入 200 mL 冰乙酸，再用水稀释至 1 000 mL，混匀。

17.2.5 碘化钾溶液（10 %）：称取碘化钾 10.0 g 溶于 100 mL 水中，再加一滴饱和氢氧化钠溶液。

17.2.6 淀粉溶液（1 %）：称取可溶性淀粉 1.0 g，用少量水润湿调和后，缓慢倒入 100 mL 沸水中，继续煮沸直至溶液透明。

17.2.7 硫代硫酸钠溶液（0.1 mol/L）：按 GB/T 601 配制与标定。

18 仪器和设备

18.1 分析天平：分度值 0.000 1 g。

18.2 振荡器。

18.3 试管：直径 1.8 cm～2.0 cm，高约 18 cm。

18.4 水浴锅。

18.5 电炉：2 000 W。

18.6 微量滴定管：5 mL 或 10 mL。

19 分析步骤

19.1 试样制备

称取试样 5 g（精确至 0.001 g）于 100 mL 磨口锥形瓶中。倾斜锥形瓶以便所有试样粉末集中于一侧，用 5 mL 95 % 乙醇浸湿全部试样，再加入 50 mL 乙酸缓冲液，振荡摇匀后立即加入 2 mL 12.0 % 钨酸钠溶液，在振荡器上混合振摇 5 min。将混合液过滤，弃去最初几滴滤液，收集滤液于干净锥形瓶中，此滤液即为样品测定液。同时做空白实验。

19.2 试样溶液的测定

19.2.1 氧化：精确吸取样品液 5 mL 于试管中，再精确加入 5 mL 碱性铁氰化钾溶液，混合后立即将试管浸入剧烈沸腾的水浴中，并确保试管内液面低于沸水液面下 3 cm～4 cm，加热 20 min 后取出，立即用冷水迅速冷却。

19.2.2 滴定：将试管内容物倾入100 mL锥形瓶中，用25 mL乙酸盐溶液荡洗试管一并倾入锥形瓶中，加5 mL 10 %碘化钾溶液，混匀后，立即用0.1 mol/L硫代硫酸钠溶液滴定至淡黄色，再加1 mL淀粉溶液，继续滴定直至溶液蓝色消失，记下消耗硫代硫酸钠溶液体积（V_1）。

19.2.3 空白试验：吸取空白液5 mL，代替样品液按19.2.1和19.2.2操作，记下消耗的硫代硫酸钠溶液体积（V_0）。

20 分析结果表述

根据氧化样品液中还原糖所需0.1 mol/L铁氰化钾溶液的体积查表A.1，即可查得试样中还原糖（以麦芽糖计算）的质量分数。铁氰化钾溶液体积（V_3）按式（5）计算：

$$V_3 = \frac{(V_0 - V_1) \times c}{0.1} \quad \cdots\cdots\cdots\cdots\cdots\cdots (5)$$

式中：

V_3——氧化样品液中还原糖所需0.1 mol/L铁氰化钾溶液的体积，单位为毫升（mL）；

V_0——滴定空白液消耗0.1 mol/L硫代硫酸钠溶液的体积，单位为毫升（mL）；

V_1——滴定样品液消耗0.1 mol/L硫代硫酸钠溶液的体积，单位为毫升（mL）；

c——硫代硫酸钠溶液实际浓度，单位为摩尔每升（mol/L）。

计算结果保留小数点后两位。

0.1 mol/L铁氰化钾体积与还原糖含量对照可查表A.2。

注：还原糖含量以麦芽糖计算。

21 精密度

在重复性条件下获得的两次独立测定结果的绝对差值不得超过算术平均值的10%。

第四法 奥氏试剂滴定法

22 原理

在沸腾条件下，还原糖与过量奥氏试剂反应生成相当量的Cu_2O沉淀，冷却后加入盐酸使溶液呈酸性，并使Cu_2O沉淀溶解。然后加入过量碘溶液进行氧化，用硫代硫酸钠溶液滴定过量的碘，其反应式如下：

$C_6H_{12}O_6 + 2C_4H_2O_6KNaCu + 2H_2O \rightarrow C_6H_{12}O_7 + 2C_4H_4O_6KNa + CuO\downarrow$

葡萄糖或果糖　　络合物　　　　　　葡萄糖酸　酒石酸钾钠　氧化亚铜

$Cu_2O\downarrow + 2HCl \rightarrow 2CuCl + H_2O$

$2CuCl + 2KI + I_2 \rightarrow 2CuI_2 + 2KCl$

I_2（过剩的）$+ 2Na_2S_2O_3 \rightarrow Na_2S_4O_6 + 2NaI$

硫代硫酸钠标准溶液空白试验滴定量减去其样品试验滴定量得到一个差值，由此差值便可计算出还原糖的量。

23 试剂和材料

除非另有说明，本方法所用试剂均为分析纯，水为 GB/T 6682 规定的三级水。

23.1 试剂

23.1.1 盐酸（HCl）。

23.1.2 硫酸铜（$CuSO_4 \cdot 5H_2O$）。

23.1.3 酒石酸钾钠（$C_4H_4O_6KNa \cdot 4H_2O$）。

23.1.4 无水碳酸钠（Na_2CO_3）。

23.1.5 冰乙酸（$C_2H_4O_2$）。

23.1.6 磷酸氢二钠（$Na_2HPO_4 \cdot 12H_2O$）。

23.1.7 碘化钾（KI）。

23.1.8 乙酸锌 [$Zn(CH_3COO)_2 \cdot 2H_2O$]。

23.1.9 亚铁氰化钾 [$K_4Fe(CN)_6 \cdot 3H_2O$]。

23.1.10 可溶性淀粉。

23.1.11 粉状碳酸钙（$CaCO_3$）。

23.2 试剂配制

23.2.1 盐酸溶液（6 mol/L）：吸取盐酸 50.0 mL，加入已装入 30 mL 水的烧杯中，慢慢加水稀释至 100 mL。

23.2.2 盐酸溶液（1 mol/L）：吸取盐酸 84.0 mL，加入已装入 200 mL 水的烧杯中，慢慢加水稀释至 1 000 mL。

23.2.3 奥氏试剂：分别称取硫酸铜 5.0 g、酒石酸钾钠 300 g，无水碳酸钠 10.0 g、磷酸氢二钠 50.0 g，稀释至 1 000 mL，用细孔砂芯玻璃漏斗或硅藻土或活性炭过滤，贮于棕色试剂瓶中。

23.2.4 碘化钾溶液（250 g/L）：称取碘化钾 25.0 g，溶于水，移入 100 mL 容量瓶中，用水稀释至刻度，摇匀。

23.2.5 乙酸锌溶液：称取乙酸锌 21.9 g，加冰乙酸 3 mL，加水溶解并定容于 100 mL。

23.2.6 亚铁氰化钾溶液（106 g/L）：称取亚铁氰化钾 10.6 g，加水溶解并定容至 100 mL。

23.2.7 淀粉指示剂（5 g/L）：称取可溶性淀粉 0.50 g，加冷水 10 mL 调匀，搅拌下注入 90 mL 沸水中，再微沸 2 min，冷却。溶液于使用前制备。

23.3 标准品

23.3.1 硫代硫酸钠（$Na_2S_2O_3$），CAS：7772-98-7，优级纯或以上等级。

23.3.2 碘（I_2），CAS：7553-56-2，12190-71-5，优级纯或以上等级。

23.3.3 碘化钾（KI），CAS：7681-11-0，优级纯或以上等级。

23.4 标准溶液配制

23.4.1 硫代硫酸钠标准滴定储备液 [$c(Na_2S_2O_3) = 0.1$ mol/L]：按 GB/T 601 配制与标定。也可使用商品化的产品。

23.4.2 硫代硫酸钠标准滴定溶液 [$c(Na_2S_2O_3)$ = 0.032 3 mol/L]：精确吸取硫代硫酸钠标准滴定储备液（23.4.1）32.30 mL，移入 100 mL 容量瓶中，用水稀释至刻度。校正系数按式（6）计算

$$K = \frac{c}{0.032\ 3} \quad \cdots\cdots\cdots\cdots\cdots\cdots\cdots\cdots\cdots\cdots\cdots\cdots\cdots\cdots \quad (6)$$

式中：

c——硫代硫酸钠标准溶液的浓度，单位为摩尔每升（mol/L）。

23.4.3 碘溶液标准滴定储备液 [$c(I_2)$ = 0.1 mol/L]：按 GB/T 601 配置与标定。也可使用商品化的产品。

23.4.4 碘标准滴定溶液：[$c(I_2)$ = 0.016 15 mol/L]。精确吸取碘溶液标准滴定储备液（23.4.3）16.15 mL，移入 100 mL 容量瓶中，用水稀释至刻度。

24 仪器和设备

24.1 天平：感量为 0.1 mg。

24.2 水浴锅。

24.3 可调温电炉或性能相当的加热器具。

24.4 酸式滴定管：25 mL。

25 分析步骤

25.1 试样溶液的制备

25.1.1 将备检样品清洗干净。取 100 g（精确至 0.01 g）样品，放入高速捣碎机中，用移液管移入 100 mL 的水，以不低于 12 000 r/min 的转速将其捣成 1∶1 的匀浆。

25.1.2 称取匀浆样品 25 g（精确至 0.001 g），于 500 mL 具塞锥形瓶中（含有机酸较多的试样加粉状碳酸钙 0.5 g~2.0 g 调至中性），加水调整体积约为 200 mL。置 80 ℃±2 ℃ 水浴保温 30 min，其间摇动数次，取出加入乙酸锌溶液 5 mL 和亚铁氰化钾溶液 5 mL，冷却至室温后，转入 250 mL 容量瓶，用水定容至刻度。摇匀，过滤，澄清试样溶液备用。

25.2 Cu₂O 沉淀生成

吸取试样溶液 20.00 mL（若样品还原糖含量较高时，可适当减少取样体积，并补加水至 20 mL，使试样溶液中还原糖的量不超过 20 mg），加入 250 mL 锥形瓶中。然后加入奥氏试剂 50.00 mL，充分混合，用小漏斗盖上，在电炉上加热，控制在 3 min 中内加热至沸，并继续准确煮沸 5.0 min，将锥形瓶静置于冷水中冷却至室温。

25.3 碘氧化反应

取出锥形瓶，加入冰乙酸 1.0 mL，在不断摇动下，准确加入碘标准滴定溶液 5.00 mL~30.00 mL，其数量以确保碘溶液过量为准，用量筒沿锥形瓶壁快速加入盐酸 15 mL，立即盖上小烧杯，放置约 2 min，不时摇动溶液。

25.4 滴定过量碘

用硫代硫酸钠标准滴定溶液滴定过量的碘，滴定至溶液呈黄绿色出现时，加入淀粉指示剂 2 mL，

继续滴定溶液至蓝色褪尽为止，记录消耗的硫代硫酸钠标准滴定溶液体积（V_4）。

25.5 空白试验

按上述步骤进行空白试验（V_3），除了不加试样溶液外，操作步骤和应用的试剂均与测定时相同。

26 分析结果表述

试样品的还原糖按式（7）计算。

$$X = K \times (V_3 - V_4) \times \frac{0.001}{m \times V_5/250} \times 100 \quad\quad\quad\quad (7)$$

式中：

X——试样中还原糖的含量，单位为克每百克（g/100 g）；

K——硫代硫酸钠标准滴定溶液 $[c(Na_2S_2O_3) = 0.032\,3\,mol/L]$ 校正系数；

V_3——空白试验滴定消耗的硫代硫酸钠标准滴定溶液体积，单位为毫升（mL）；

V_4——试样溶液消耗的硫代硫酸钠标准滴定溶液体积，单位为毫升（mL）；

V_5——所取试样溶液的体积，单位为毫升（mL）；

m——试样的质量，单位为克（g）；

250——试样浸提稀释后的总体积，单位为毫升（mL）。

计算结果保留两位有效数字。

27 精密度

在重复性条件下获得的两次独立测定结果的绝对差值不得超过算术平均值的5%。

28 其他

当称样量为5 g时，定量限为0.25 g/100 g。

附录 A

A.1 相当于氧化亚铜质量的葡萄糖、果糖、乳糖、转化糖质量表

相当于氧化亚铜质量的葡萄糖、果糖、乳糖、转化糖质量表见表 A.1。

表 A.1　相当于氧化亚铜质量的葡萄糖、果糖、乳糖、转化糖质量表　　　单位：毫克

氧化亚铜	葡萄糖	果糖	乳糖（含水）	转化糖	氧化亚铜	葡萄糖	果糖	乳糖（含水）	转化糖
11.3	4.6	5.1	7.7	5.2	47.3	20.1	22.2	32.2	21.4
12.4	5.1	5.6	8.5	5.7	48.4	20.6	22.8	32.9	21.9
13.5	5.6	6.1	9.3	6.2	49.5	21.1	23.3	33.7	22.4
14.6	6.0	6.7	10.0	6.7	50.7	21.6	23.8	34.5	22.9
15.8	6.5	7.2	10.8	7.2	51.8	22.1	24.4	35.2	23.5
16.9	7.0	7.7	11.5	7.7	52.9	22.6	24.9	36.0	24.0
18.0	7.5	8.3	12.3	8.2	54.0	23.1	25.4	36.8	24.5
19.1	8.0	8.8	13.1	8.7	55.2	23.6	26.0	37.5	25.0
20.3	8.5	9.3	13.8	9.2	56.3	24.1	26.5	38.3	25.5
21.4	8.9	9.9	14.6	9.7	57.4	24.6	27.1	39.1	26.0
22.5	9.4	10.4	15.4	10.2	58.5	25.1	27.6	39.8	26.5
23.6	9.9	10.9	16.1	10.7	59.7	25.6	28.2	40.6	27.0
24.8	10.4	11.5	16.9	11.2	60.8	26.1	28.7	41.4	27.6
25.9	10.9	12.0	17.7	11.7	61.9	26.5	29.2	42.1	28.1
27.0	11.4	12.5	18.4	12.3	63.0	27.0	29.8	42.9	28.6
28.1	11.9	13.1	19.2	12.8	64.2	27.5	30.3	43.7	29.1
29.3	12.3	13.6	19.9	13.3	65.3	28.0	30.9	44.4	29.6
30.4	12.8	14.2	20.7	13.8	66.4	28.5	31.4	45.2	30.1
31.5	13.3	14.7	21.5	14.3	67.6	29.0	31.9	46.0	30.6
32.6	13.8	15.2	22.2	14.8	68.7	29.5	32.5	46.7	31.2
33.8	14.3	15.8	23.0	15.3	69.8	30.0	33.0	47.5	31.7
34.9	14.8	16.3	23.8	15.8	70.9	30.5	33.6	48.3	32.2
36.0	15.3	16.8	24.5	16.3	72.1	31.0	34.1	49.0	32.7
37.2	15.7	17.4	25.3	16.8	73.2	31.5	34.7	49.8	33.2
38.3	16.2	17.9	26.1	17.3	74.3	32.0	35.2	50.6	33.7
39.4	16.7	18.4	26.8	17.8	75.4	32.5	35.8	51.3	34.3
40.5	17.2	19.0	27.6	18.3	76.6	33.0	36.3	52.1	34.8
41.7	17.7	19.5	28.4	18.9	77.7	33.5	36.8	52.9	35.3
42.8	18.2	20.1	29.1	19.4	78.8	34.0	37.4	53.6	35.8
43.9	18.7	20.6	29.9	19.9	79.9	34.5	37.9	54.4	36.3
45.0	19.2	21.1	30.6	20.4	81.1	35.0	38.5	55.2	36.8
46.2	19.7	21.7	31.4	20.9	82.2	35.5	39.0	55.9	37.4

(续表)

氧化亚铜	葡萄糖	果糖	乳糖（含水）	转化糖	氧化亚铜	葡萄糖	果糖	乳糖（含水）	转化糖
83.3	36.0	39.6	56.7	37.9	125.0	54.6	59.9	85.1	57.3
84.4	36.5	40.1	57.5	38.4	126.1	55.1	60.4	85.9	57.8
85.6	37.0	40.7	58.2	38.9	127.2	55.6	61.0	86.7	58.3
86.7	37.5	41.2	59.0	39.4	128.3	56.1	61.6	87.4	58.9
87.8	38.0	41.7	59.8	40.0	129.5	56.7	62.1	88.2	59.4
88.9	38.5	42.3	60.5	40.5	130.6	57.2	62.7	89.0	59.9
90.1	39.0	42.8	61.3	41.0	131.7	57.7	63.2	89.8	60.4
91.2	39.5	43.4	62.1	41.5	132.8	58.2	63.8	90.5	61.0
92.3	40.0	43.9	62.8	42.0	134.0	58.7	64.3	91.3	61.5
93.4	40.5	44.5	63.6	42.6	135.1	59.2	64.9	92.1	62.0
94.6	41.0	45.0	64.4	43.1	136.2	59.7	65.4	92.8	62.6
95.7	41.5	45.6	65.1	43.6	137.4	60.2	66.0	93.6	63.1
96.8	42.0	46.1	65.9	44.1	138.5	60.7	66.5	94.4	63.6
97.9	42.5	46.7	66.7	44.7	139.6	61.3	67.1	95.2	64.2
99.1	43.0	47.2	67.4	45.2	140.7	61.8	67.7	95.9	64.7
100.2	43.5	47.8	68.2	45.7	141.9	62.3	68.2	96.7	65.2
101.3	44.0	48.3	69.0	46.2	143.0	62.8	68.8	97.5	65.8
102.5	44.5	48.9	69.7	46.7	144.1	63.3	69.3	98.2	66.3
103.6	45.0	49.4	70.5	47.3	145.2	63.8	69.9	99.0	66.8
104.7	45.5	50.0	71.3	47.8	146.4	64.3	70.4	99.8	67.4
105.8	46.0	50.5	72.1	48.3	147.5	64.9	71.0	100.6	67.9
107.0	46.5	51.1	72.8	48.8	148.6	65.4	71.6	101.3	68.4
108.1	47.0	51.6	73.6	49.4	149.7	65.9	72.1	102.1	69.0
109.2	47.5	52.2	74.4	49.9	150.9	66.4	72.7	102.9	69.5
110.3	48.0	52.7	75.1	50.4	152.0	66.9	73.2	103.6	70.0
111.5	48.5	53.3	75.9	50.9	153.1	67.4	73.8	104.4	70.6
112.6	49.0	53.8	76.7	51.5	154.2	68.0	74.3	105.2	71.1
113.7	49.5	54.4	77.4	52.0	155.4	68.5	74.9	106.0	71.6
114.8	50.0	54.9	78.2	52.5	156.5	69.0	75.5	106.7	72.2
116.0	50.6	55.5	79.0	53.0	157.6	69.5	76.0	107.5	72.7
117.1	51.1	56.0	79.7	53.6	158.7	70.0	76.6	108.3	73.2
118.2	51.6	56.6	80.5	54.1	159.9	70.5	77.1	109.0	73.8
119.3	52.1	57.1	81.3	54.6	161.0	71.1	77.7	109.8	74.3
120.5	52.6	57.7	82.1	55.2	162.1	71.6	78.3	110.6	74.9
121.6	53.1	58.2	82.8	55.7	163.2	72.1	78.8	111.4	75.4
122.7	53.6	58.8	83.6	56.2	164.4	72.6	79.4	112.1	75.9
123.8	54.1	59.3	84.4	56.7	165.5	73.1	80.0	112.9	76.5

(续表)

氧化亚铜	葡萄糖	果糖	乳糖（含水）	转化糖	氧化亚铜	葡萄糖	果糖	乳糖（含水）	转化糖
166.6	73.7	80.5	113.7	77.0	208.3	93.1	101.4	142.3	97.1
167.8	74.2	81.1	114.4	77.6	209.4	93.6	102.0	143.1	97.7
168.9	74.7	81.6	115.2	78.1	210.5	94.2	102.6	143.9	98.2
170.0	75.2	82.2	116.0	78.6	211.7	94.7	103.1	144.6	98.8
171.1	75.7	82.8	116.8	79.2	212.8	95.2	103.7	145.4	99.3
172.3	76.3	83.3	117.5	79.7	213.9	95.7	104.3	146.2	99.9
173.4	76.8	83.9	118.3	80.3	215.0	96.3	104.8	147.0	100.4
174.5	77.3	84.4	119.1	80.8	216.2	96.8	105.4	147.7	101.0
175.6	77.8	85.0	119.9	81.3	217.3	97.3	106.0	148.5	101.5
176.8	78.3	85.6	120.6	81.9	218.4	97.9	106.6	149.3	102.1
177.9	78.9	86.1	121.4	82.4	219.5	98.4	107.1	150.1	102.6
179.0	79.4	86.7	122.2	83.0	220.7	98.9	107.7	150.8	103.2
180.1	79.9	87.3	122.9	83.5	221.8	99.5	108.3	151.6	103.7
181.3	80.4	87.8	123.7	84.0	222.9	100.0	108.8	152.4	104.3
182.4	81.0	88.4	124.5	84.6	224.0	100.5	109.4	153.2	104.8
183.5	81.5	89.0	125.3	85.1	225.2	101.1	110.0	153.9	105.4
184.5	82.0	89.5	126.0	85.7	226.3	101.6	110.6	154.7	106.0
185.8	82.5	90.1	126.8	86.2	227.4	102.2	111.1	155.5	106.5
186.9	83.1	90.6	127.6	86.8	228.5	102.7	111.7	156.3	107.1
188.0	83.6	91.2	128.4	87.3	229.7	103.2	112.3	157.0	107.6
189.1	84.1	91.8	129.1	87.8	230.8	103.8	112.9	157.8	108.2
190.3	84.6	92.3	129.9	88.4	231.9	104.3	113.4	158.6	108.7
191.4	85.2	92.9	130.7	88.9	233.1	104.8	114.0	159.4	109.3
192.5	85.7	93.5	131.5	89.5	234.2	105.4	114.6	160.2	109.8
193.6	86.2	94.0	132.2	90.0	235.3	105.9	115.2	160.9	110.4
194.8	86.7	94.6	133.0	90.6	236.4	106.5	115.7	161.7	110.9
195.9	87.3	95.2	133.8	91.1	237.6	107.0	116.3	162.5	111.5
197.0	87.8	95.7	134.6	91.7	238.7	107.5	116.9	163.3	112.1
198.1	88.3	96.3	135.3	92.2	239.8	108.1	117.5	164.0	112.6
199.3	88.9	96.9	136.1	92.8	240.9	108.6	118.0	164.8	113.2
200.4	89.4	97.4	136.9	93.3	242.1	109.2	118.6	165.6	113.7
201.5	89.9	98.0	137.7	93.8	243.1	109.7	119.2	166.4	114.3
202.7	90.4	98.6	138.4	94.4	244.3	110.2	119.8	167.1	114.9
203.8	91.0	99.2	139.2	94.9	245.4	110.8	120.3	167.9	115.4
204.9	91.5	99.7	140.0	95.5	246.6	111.3	120.9	168.7	116.0
206.0	92.0	100.3	140.8	96.0	247.7	111.9	121.5	169.5	116.5
207.2	92.6	100.9	141.5	96.6	248.8	112.4	122.1	170.3	117.1

(续表)

氧化亚铜	葡萄糖	果糖	乳糖（含水）	转化糖	氧化亚铜	葡萄糖	果糖	乳糖（含水）	转化糖
249.9	112.9	122.6	171.0	117.6	291.6	133.2	144.2	199.9	138.6
251.1	113.5	123.2	171.8	118.2	292.7	133.8	144.8	200.7	139.1
252.2	114.0	123.8	172.6	118.8	293.8	134.3	145.4	201.4	139.7
253.3	114.6	124.4	173.4	119.3	295.0	134.9	145.9	202.2	140.3
254.4	115.1	125.0	174.2	119.9	296.1	135.4	146.5	203.0	140.8
255.6	115.7	125.5	174.9	120.4	297.2	136.0	147.1	203.8	141.4
256.7	116.2	126.1	175.7	121.0	298.3	136.5	147.7	204.6	142.0
257.8	116.7	126.7	176.5	121.6	299.5	137.1	148.3	205.3	142.6
258.9	117.3	127.3	177.3	122.1	300.6	137.7	148.9	206.1	143.1
260.1	117.8	127.9	178.1	122.7	301.7	138.2	149.5	206.9	143.7
261.2	118.4	128.4	178.8	123.3	302.9	138.8	150.1	207.7	144.3
262.3	118.9	129.0	179.6	123.8	304.0	139.3	150.6	208.5	144.8
263.4	119.5	129.6	180.4	124.4	305.1	139.9	151.2	209.2	145.4
264.6	120.0	130.2	181.2	124.9	306.2	140.4	151.8	210.0	146.0
265.7	120.6	130.8	181.9	125.5	307.4	141.0	152.4	210.8	146.6
266.8	121.1	131.3	182.7	126.1	308.5	141.6	153.0	211.6	147.1
268.0	121.7	131.9	183.5	126.6	309.6	142.1	153.6	212.4	147.7
269.1	122.2	132.5	184.3	127.2	310.7	142.7	154.2	213.2	148.3
270.2	122.7	133.1	185.1	127.8	311.9	143.2	154.8	214.0	148.9
271.3	123.3	133.7	185.8	128.3	313.0	143.8	155.4	214.7	149.4
272.5	123.8	134.2	186.6	128.9	314.1	144.4	156.0	215.5	150.0
273.6	124.4	134.8	187.4	129.5	315.2	144.9	156.5	216.3	150.6
274.7	124.9	135.4	188.2	130.0	316.4	145.5	157.1	217.1	151.2
275.8	125.5	136.0	189.0	130.6	317.5	146.0	157.7	217.9	151.8
277.0	126.0	136.6	189.7	131.2	318.6	146.6	158.3	218.7	152.3
278.1	126.6	137.2	190.5	131.7	319.7	147.2	158.9	219.4	152.9
279.2	127.1	137.7	191.3	132.3	320.9	147.7	159.5	220.2	153.5
280.3	127.7	138.3	192.1	132.9	322.0	148.3	160.1	221.0	154.1
281.5	128.2	138.9	192.9	133.4	323.1	148.8	160.7	221.8	154.6
282.6	128.8	139.5	193.6	134.0	324.2	149.4	161.3	222.6	155.2
283.7	129.3	140.1	194.4	134.6	325.4	150.0	161.9	223.3	155.8
284.8	129.9	140.7	195.2	135.1	326.5	150.5	162.5	224.1	156.4
286.0	130.4	141.3	196.0	135.7	327.6	151.1	163.1	224.9	157.0
287.1	131.0	141.8	196.8	136.3	328.7	151.7	163.7	225.7	157.5
288.2	131.6	142.4	197.5	136.8	329.9	152.2	164.3	226.5	158.1
289.3	132.1	143.0	198.3	137.4	331.0	152.8	164.9	227.3	158.7
290.5	132.7	143.6	199.1	138.0	332.1	153.4	165.4	228.0	159.3

（续表）

氧化亚铜	葡萄糖	果糖	乳糖（含水）	转化糖	氧化亚铜	葡萄糖	果糖	乳糖（含水）	转化糖
333.3	153.9	166.0	228.8	159.9	374.9	175.1	188.2	257.9	181.6
334.4	154.5	166.6	229.6	160.5	376.0	175.7	188.8	258.7	182.2
335.5	155.1	167.2	230.4	161.0	377.2	176.3	189.4	259.4	182.8
336.6	155.6	167.8	231.2	161.6	378.3	176.8	190.1	260.2	183.4
337.8	156.2	168.4	232.0	162.2	379.4	177.4	190.7	261.0	184.0
338.9	156.8	169.0	232.7	162.8	380.5	178.0	191.3	261.8	184.6
340.0	157.3	169.6	233.5	163.4	381.7	178.6	191.9	262.6	185.2
341.1	157.9	170.2	234.3	164.0	382.8	179.2	192.5	263.4	185.8
342.3	158.5	170.8	235.1	164.5	383.9	179.7	193.1	264.2	186.4
343.4	159.0	171.4	235.9	165.1	385.0	180.3	193.7	265.0	187.0
344.5	159.6	172.0	236.7	165.7	386.2	180.9	194.3	265.8	187.6
345.6	160.2	172.6	237.4	166.3	387.3	181.5	194.9	266.6	188.2
346.8	160.7	173.2	238.2	166.9	388.4	182.1	195.5	267.4	188.8
347.9	161.3	173.8	239.0	167.5	389.5	182.7	196.1	268.1	189.4
349.0	161.9	174.4	239.8	168.0	390.7	183.2	196.7	268.9	190.0
350.1	162.5	175.0	240.6	168.6	398.5	187.3	201.0	274.4	194.2
351.3	163.0	175.6	241.4	169.2	391.8	183.8	197.3	269.7	190.6
352.4	163.6	176.2	242.2	169.8	392.9	184.4	197.9	270.5	191.2
353.5	164.2	176.8	243.0	170.4	394.0	185.0	198.5	271.3	191.8
354.6	164.7	177.4	243.7	171.0	395.2	185.6	199.2	272.1	192.4
355.8	165.3	178.0	244.5	171.6	396.3	186.2	199.8	272.9	193.0
356.9	165.9	178.6	245.3	172.2	397.4	186.8	200.4	273.7	193.6
358.0	166.5	179.2	246.1	172.8	399.7	187.9	201.6	275.2	194.8
359.1	167.0	179.8	246.9	173.3	400.8	188.5	202.2	276.0	195.4
360.3	167.6	180.4	247.7	173.9	401.9	189.1	202.8	276.8	196.0
361.4	168.2	181.0	248.5	174.5	403.1	189.7	203.4	277.6	196.6
362.5	168.8	181.6	249.2	175.1	404.2	190.3	204.0	278.4	197.2
363.6	169.3	182.2	250.0	175.7	405.3	190.9	204.7	279.2	197.8
364.8	169.9	182.8	250.8	176.3	406.4	191.5	205.3	280.0	198.4
365.9	170.5	183.4	251.6	176.9	407.6	192.0	205.9	280.8	199.0
367.0	171.1	184.0	252.4	177.5	408.7	192.6	206.5	281.6	199.6
368.2	171.6	184.6	253.2	178.1	409.8	193.2	207.1	282.4	200.2
369.3	172.2	185.2	253.9	178.7	410.9	193.8	207.7	283.2	200.8
370.4	172.8	185.8	254.7	179.2	412.1	194.4	208.3	284.0	201.4
371.5	173.4	186.4	255.5	179.8	413.2	195.0	209.0	284.8	202.0
372.7	173.9	187.0	256.3	180.4	414.3	195.6	209.6	285.6	202.6
373.8	174.5	187.6	257.1	181.0	415.4	196.2	210.2	286.3	203.2

(续表)

氧化亚铜	葡萄糖	果糖	乳糖（含水）	转化糖	氧化亚铜	葡萄糖	果糖	乳糖（含水）	转化糖
416.6	196.8	210.8	287.1	203.8	453.7	216.5	231.3	313.4	224.1
417.7	197.4	211.4	287.9	204.4	454.8	217.1	232.0	314.2	224.7
418.8	198.0	212.0	288.7	205.0	456.0	217.8	232.6	315.0	225.4
419.9	198.5	212.6	289.5	205.7	457.1	218.4	233.2	315.9	226.0
421.1	199.1	213.3	290.3	206.3	458.2	219.0	233.9	316.7	226.6
422.2	199.7	213.9	291.1	206.9	459.3	219.6	234.5	317.5	227.2
423.3	200.3	214.5	291.9	207.5	460.5	220.2	235.1	318.3	227.9
424.4	200.9	215.1	292.7	208.1	461.6	220.8	235.8	319.1	228.5
425.6	201.5	215.7	293.5	208.7	462.7	221.4	236.4	319.9	229.1
426.7	202.1	216.3	294.3	209.3	463.8	222.0	237.1	320.7	229.7
427.8	202.7	217.0	295.0	209.9	465.0	222.6	237.7	321.6	230.4
428.9	203.3	217.6	295.8	210.5	466.1	223.3	238.4	322.4	231.0
430.1	203.9	218.2	296.6	211.1	467.2	223.9	239.0	323.2	231.7
431.2	204.5	218.8	297.4	211.8	468.4	224.5	239.7	324.0	232.3
432.3	205.1	219.5	298.2	212.4	469.5	225.1	240.3	324.9	232.9
433.5	205.1	220.1	299.0	213.0	470.6	225.7	241.0	325.7	233.6
434.6	206.3	220.7	299.8	213.6	471.7	226.3	241.6	326.5	234.2
435.7	206.9	221.3	300.6	214.2	472.9	227.0	242.2	327.4	234.8
436.8	207.5	221.9	301.4	214.8	474.0	227.6	242.9	328.2	235.5
438.0	208.1	222.6	302.2	215.4	475.1	228.2	243.6	329.1	236.1
439.1	208.7	223.2	303.0	216.0	476.2	228.8	244.3	329.9	236.8
440.2	209.3	223.8	303.8	216.7	477.4	229.5	244.9	330.8	237.5
441.3	209.9	224.4	304.6	217.3	478.5	230.1	245.6	331.7	238.1
442.5	210.5	225.1	305.4	217.9	479.6	230.7	246.3	332.6	238.8
443.6	211.1	225.7	306.2	218.5	480.7	231.4	247.0	333.5	239.5
444.7	211.7	226.3	307.0	219.1	481.9	232.0	247.8	334.4	240.2
445.8	212.3	226.9	307.8	219.8	483.0	232.7	248.5	335.3	240.8
447.0	212.9	227.6	308.6	220.4	484.1	233.3	249.2	336.3	241.5
448.1	213.5	228.2	309.4	221.0	485.2	234.0	250.0	337.3	242.3
449.2	214.1	228.8	310.2	221.6	486.4	234.7	250.8	338.3	243.0
450.3	214.7	229.4	311.0	222.2	487.5	235.3	251.6	339.4	243.8
451.5	215.3	230.1	311.8	222.9	488.6	236.1	252.7	340.7	244.7
452.6	215.9	230.7	312.6	223.5	489.7	236.9	253.7	342.0	245.8

注：还原糖含量以麦芽糖计算。

GB 5009.8—2016

中华人民共和国国家标准

食品安全国家标准
食品中果糖、葡萄糖、蔗糖、麦芽糖、乳糖的测定

2016-12-23 发布

2017-06-23 实施

中华人民共和国国家卫生和计划生育委员会
国家食品药品监督管理总局 发布

前 言

本标准代替 GB/T 5009.8—2008《食品中蔗糖的测定》、GB/T 18932.22—2003《蜂蜜中果糖、葡萄糖、蔗糖、麦芽糖含量的测定方法 液相色谱示差折光检测法》、GB/T 22221—2008《食品中果糖、葡萄糖、蔗糖、麦芽糖、乳糖的测定高效液相色谱法》。

本标准与 GB/T 5009.8—2008 相比，主要变化如下：
——标准名称修改为"食品安全国家标准食品中果糖、葡萄糖、蔗糖、麦芽糖、乳糖的测定"；
——增加了部分样品前处理。

食品安全国家标准
食品中果糖、葡萄糖、蔗糖、麦芽糖、乳糖的测定

1 范围

本标准规定了食品中果糖、葡萄糖、蔗糖、麦芽糖、乳糖的测定方法。

本标准第一法适用于食品中果糖、葡萄糖、蔗糖、麦芽糖、乳糖的测定，第二法适用于食品中蔗糖的测定。

"第一法"高效液相色谱法，本法适用于谷物类、乳制品、果蔬制品、蜂蜜、糖浆、饮料等食品中果糖、葡萄糖、蔗糖、麦芽糖和乳糖的测定。

"第二法"酸水解－莱因－埃农氏法，本法适用于食品中蔗糖的测定。

第一法 高效液相色谱法

2 原理

试样中的果糖、葡萄糖、蔗糖、麦芽糖和乳糖经提取后，利用高效液相色谱柱分离，用示差折光检测器或蒸发光散射检测器检测，外标法进行定量。

3 试剂和材料

除非另有说明，本方法所用试剂均为分析纯，水为GB/T 6682规定的一级水。

3.1 试剂

3.1.1 乙腈：色谱纯。

3.1.2 乙酸锌 $[Zn(CH_3COO)_2 \cdot 2H_2O]$。

3.1.3 亚铁氰化钾 $\{K_4[Fe(CN)_6] \cdot 3H_2O\}$。

3.1.4 石油醚：沸程30 ℃～60 ℃。

3.2 试剂配制

3.2.1 乙酸锌溶液：称取乙酸锌21.9 g，加冰乙酸3 mL，加水溶解并稀释至100 mL。

3.2.2 亚铁氰化钾溶液：称取亚铁氰化钾10.6 g，加水溶解并稀释至100 mL。

3.3 标准品

3.3.1 果糖（$C_6H_{12}O_6$，CAS号：57-48-7）纯度为99%或经国家认证并授予标准物质证书的

标准物质。

3.3.2 葡萄糖（$C_6H_{12}O_6$，CAS号：50-99-7）纯度为99%或经国家认证并授予标准物质证书的标准物质。

3.3.3 蔗糖（$C_{12}H_{22}O_{11}$，CAS号：57-50-1）纯度为99%或经国家认证并授予标准物质证书的标准物质。

3.3.4 麦芽糖（$C_{12}H_{22}O_{11}$，CAS号：69-79-4）纯度为99%或经国家认证并授予标准物质证书的标准物质。

3.3.5 乳糖（$C_6H_{12}O_6$，CAS号：63-42-3）纯度为99%或经国家认证并授予标准物质证书的标准物质。

3.4 标准溶液配制

3.4.1 糖标准贮备液（20 mg/mL）：分别称取上述经过96 ℃±2 ℃干燥2 h的果糖、葡萄糖、蔗糖、麦芽糖和乳糖各1 g，加水定容于50 mL，置于4 ℃密封可贮藏一个月。

3.4.2 糖标准使用液：分别吸取糖标准贮备液1.00 mL、2.00 mL、3.00 mL、5.00 mL于10 mL容量瓶、加水定容，分别相当于2.0 mg/mL、4.0 mg/mL、6.0 mg/mL、10.0 mg/mL浓度标准溶液。

4 仪器和设备

4.1 天平：感量为0.1 mg。

4.2 超声波振荡器。

4.3 磁力搅拌器。

4.4 离心机：转速≥4 000 r/min。

4.5 高效液相色谱仪，带示差折光检测器或蒸发光散射检测器。

4.6 液相色谱柱：氨基色谱柱，柱长250 mm，内径4.6 mm，膜厚5 μm，或具有同等性能的色谱柱。

5 试样的制备和保存

5.1 试样的制备

5.1.1 固体样品

取有代表性样品至少200 g，用粉碎机粉碎，并通过2.0 mm圆孔筛，混匀，装入洁净容器，密封，标明标记。

5.1.2 半固体和液体样品（除蜂蜜样品外）

取有代表性样品至少200 g（mL），充分混匀，装入洁净容器，密封，标明标记。

5.1.3 蜂蜜样品

本结晶的样品将其用力搅拌均匀：有结晶析出的样品，可将样品瓶盖塞紧后置于不超过60 ℃的水浴中温热，待样品全部溶化后，搅匀，迅速冷却至室温以备检验用。在融化时应注意防止水分浸入。

5.2 保存

蜂蜜等易变质试样置于0 ℃~4 ℃保存。

6 分析步骤

6.1 样品处理

6.1.1 脂肪小于10%的食品

称取粉碎或混匀后的试样0.5 g～10 g（含糖量≤5 %时称取10 g；含糖量5 %～10 %时称取5 g；含糖量10 %～40 %时称取2 g；含糖量≥40 %时称取0.5 g）（精确到0.001 g）于100 mL容量瓶中，加水约50 mL溶解，缓慢加入乙酸锌溶液和亚铁氰化钾溶液各5 mL，加水定容至刻度，磁力搅拌或超声30 min，用干燥滤纸过滤，弃去初滤液，后续滤液用0.45 μm微孔滤膜过滤或离心获取上清液过0.45 μm微孔滤膜至样品瓶，供液相色谱分析。

6.1.2 糖浆、蜂蜜类

称取混匀后的试样1 g～2 g（精确到0.001 g）于50 mL容量瓶，加水定容至50 mL，充分摇匀，用干燥滤纸过滤，弃去初滤液，后续滤液用0.45 μm微孔滤膜过滤或离心获取上清液过0.45 μm微孔滤膜至样品瓶，供液相色谱分析。

6.1.3 含二氧化碳的饮料

吸取混匀后的试样于蒸发皿中，在水浴上微热搅拌去除二氧化碳，吸取50.0 mL移入100 mL容量瓶中，缓慢加入乙酸锌溶液和亚铁氰化钾溶液各5 mL，用水定容至刻度，摇匀，静置30 min，用干燥滤纸过滤，弃去初滤液，后续滤液用0.45 μm微孔滤膜过滤或离心获取上清液过0.45 μm微孔滤膜至样品瓶，供液相色谱分析。

6.1.4 脂肪大于10 %的食品

称取粉碎或混匀后的试样5 g～10 g（精确到0.001 g）置于100 mL具塞离心管中，加入50 mL石油醚，混匀，放气，振摇2 min，1 800 r/min离心15 min，去除石油醚后重复以上步骤至去除大部分脂肪。蒸发残留的石油醚，用玻璃棒将样品捣碎并转移至100 mL容量瓶中，用50 mL水分两次冲洗离心管，洗液并入100 mL容量瓶中，缓慢加入乙酸锌溶液和亚铁氰化钾溶液各5 mL，加水定容至刻度，磁力搅拌或超声30 min，用干燥滤纸过滤，弃去初滤液，后续滤液用0.45 μm微孔滤膜过滤或离心获取上清液过0.45 μm微孔滤膜至样品瓶，供液相色谱分析。

6.2 色谱参考条件

色谱条件应当满足果糖、葡萄糖、蔗糖、麦芽糖和乳糖之间的分离度大于1.5。色谱图参见附录A中图A.1和图A.2。

a）流动相：乙腈＋水＝70＋30（体积比）；
b）流动相流速：1.0 mL/min；
c）柱温：40 ℃；
d）进样量：20 μL；
e）示差折光检测器条件：温度40 ℃；
f）蒸发光散射检测器条件：飘移管温度：80 ℃～90 ℃；氮气压力：350 kPa；撞击器：关。

6.3 标准曲线的制作

将糖标准使用液标准依次按上述推荐色谱条件上机测定，记录色谱图峰面积或峰高，以峰面积或峰高为纵坐标，以标准工作液的浓度为横坐标，示差折光检测器采用线性方程；蒸发光散射检测器采

6.4 试样溶液的测定

将试样溶液注入高效液相色谱仪中，记录峰面积或峰高，从标准曲线中查得试样溶液中糖的浓度。可根据具体试样进行稀释（n）。

6.5 空白试验

除不加试样外，均按上述步骤进行。

7 分析结果的表述

试样中目标物的含量按式（1）计算，计算结果需扣除空白值：

$$X = \frac{(\rho - \rho_0) \times V \times n}{m \times 1\,000} \times 100 \quad\cdots\cdots\cdots\cdots\cdots\cdots\cdots\cdots\cdots\cdots\cdots\cdots\cdots (1)$$

式中：

X——试样中糖（果糖、葡萄糖、蔗糖、麦芽糖和乳糖）的含量，单位为克每百克（g/100 g）；
ρ——样液中糖的浓度，单位为毫克每毫升（mg/mL）；
ρ_0——空白中糖的浓度，单位为毫克每毫升（mg/mL）；
V——样液定容体积，单位为毫升（mL）；
n——稀释倍数；
m——试样的质量，单位为克（g）或毫升（mL）；
1 000——换算系数；
100——换算系数。

糖的含量≥10 g/100 g时，结果保留三位有效数字，糖的含量<10 g/100 g时，结果保留两位有效数字。

8 精密度

在重复条件下获得的两次独立测定结果的绝对差值不得超过算术平均值的10 %。

9 其他

当称样量为10 g时，果糖、葡萄糖、蔗糖、麦芽糖和乳糖检出限为0.2 g/100 g。

第二法 酸水解－莱因－埃农氏法

10 原理

本法适用于各类食品中蔗糖的测定：试样经除去蛋白质后，其中蔗糖经盐酸水解转化为还原糖，按还原糖测定。水解前后的差值乘以相应的系数即为蔗糖含量。

11 试剂和溶液

除非另有说明，本方法所用试剂均为分析纯，水为 GB/T 6682 规定的三级水。

11.1 试剂

11.1.1 乙酸锌 [Zn(CH$_3$COO)$_2$·2H$_2$O]。
11.1.2 亚铁氰化钾 {K$_4$[Fe(CN)$_6$]·3H$_2$O}。
11.1.3 盐酸 (HCl)。
11.1.4 氢氧化钠 (NaOH)。
11.1.5 甲基红 (C$_{15}$H$_{15}$N$_3$O$_2$)：指示剂。
11.1.6 亚甲蓝 (C$_{16}$H$_{18}$ClN$_3$S·3H$_2$O)：指示剂。
11.1.7 硫酸铜 (CuSO$_4$·5H$_2$O)。
11.1.8 酒石酸钾钠 (C$_4$H$_4$O$_6$KNa·4H$_2$O)。

11.2 试剂配制

11.2.1 乙酸锌溶液：称取乙酸锌 21.9 g，加冰乙酸 3 mL，加水溶解并定容于 100 mL。
11.2.2 亚铁氰化钾溶液：称取亚铁氰化钾 10.6 g，加水溶解并定容至 100 mL。
11.2.3 盐酸溶液 (1+1)：量取盐酸 50 mL，缓慢加入 50 mL 水中，冷却后混匀。
11.2.4 氢氧化钠 (40 g/L)：称取氢氧化钠 4 g，加水溶解后，放冷，加水定容至 100 mL。
11.2.5 甲基红指示液 (1 g/L)：称取甲基红盐酸盐 0.1 g，用 95 % 乙醇溶解并定容至 100 mL。
11.2.6 氢氧化钠溶液 (200 g/L)：称取氢氧化钠 20 g，加水溶解后，放冷，加水并定容至 100 mL。
11.2.7 碱性酒石酸铜甲液：称取硫酸铜 15 g 和亚甲蓝 0.05 g，溶于水中，加水定容至 1 000 mL。
11.2.8 碱性酒石酸铜乙液：称取酒石酸钾钠 50 g 和氢氧化钠 75 g，溶解于水中，再加入亚铁氰化钾 4 g，完全溶解后，用水定容至 1 000 mL，贮存于橡胶塞玻璃瓶中。

11.3 标准品

葡萄糖 (C$_6$H$_{12}$O$_6$，CAS 号：50-99-7) 标准品：纯度≥99%，或经国家认证并授予标准物质证书的标准物质。

11.4 标准溶液配制

葡萄糖标准溶液 (1.0 mg/mL)：称取经过 98 ℃~100 ℃ 烘箱中干燥 2 h 后的葡萄糖 1 g (精确 0.001 g)，加水溶解后加入盐酸 5 mL，并用水定容至 1 000 mL。此溶液每毫升相当于 1.0 mg 葡萄糖。

12 仪器和设备

12.1 天平：感量为 0.1 mg。
12.2 水浴锅。
12.3 可调温电炉。

12.4 酸式滴定管：25 mL。

13 试样的制备和保存

13.1 试样的制备

13.1.1 固体样品
取有代表性样品至少 200 g，用粉碎机粉碎，混匀，装入洁净容器，密封，标明标记。

13.1.2 半固体和液体样品
取有代表性样品至少 200 g（mL），充分混匀，装入洁净容器，密封，标明标记。

13.2 保存
蜂蜜等易变质试样于 0 ℃～4 ℃保存。

14 分析步骤

14.1 试样处理

14.1.1 含蛋白质食品
称取粉碎或混匀后的固体试样 2.5 g～5 g（精确到 0.001 g）或液体试样 5 g～25 g（精确到 0.001 g），置 250 mL 容量瓶中，加水 50 mL，缓慢加入乙酸锌溶液 5 mL 和亚铁氰化钾溶液 5 mL，加水至刻度，混匀，静置 30 min，用干燥滤纸过滤，弃去初滤液，取后续滤液备用。

14.1.2 含大量淀粉的食品
称取粉碎或混匀后的试样 10 g～20 g（精确到 0.001 g），置 250 mL 容量瓶中，加水 200 mL，在 45 ℃水浴中加热 1 h，并时时振摇，冷却后加水至刻度，混匀，静置，沉淀。吸取 200 mL 上清液于另一 250 mL 容量瓶中，缓慢加入乙酸锌溶液 5 mL 和亚铁氰化钾溶液 5 mL，加水至刻度，混匀，静置 30 min，用干燥滤纸过滤，弃去初滤液，取后续滤液备用。

14.1.3 酒精饮料
称取混匀后的试样 100 g（精确到 0.01 g），置于蒸发皿中，用（40 g/L）氢氧化钠溶液中和至中性，在水浴上蒸发至原体积的 1/4 后，移入 250 mL 容量瓶中，缓慢加入乙酸锌溶液 5 mL 和亚铁氰化钾溶液 5 mL，加水至刻度，混匀，静置 30 min，用干燥滤纸过滤，弃去初滤液，取后续滤液备用。

14.1.4 碳酸饮料
称取混匀后的试样 100 g（精确到 0.01 g）于蒸发皿中，在水浴上微热搅拌除去二氧化碳后，移入 250 mL 容量瓶中，用水洗蒸发皿，洗液并入容量瓶，加水至刻度，混匀后备用。

14.2 酸水解

14.2.1 吸取 2 份试样各 50.0 mL，分别置于 100 mL 容量瓶中。
14.2.1.1 转化前：一份用水稀释至 100 mL。
14.2.1.2 转化后：另一份加（1+1）盐酸 5 mL，在 68 ℃～70 ℃水浴中加热 15 min，冷却后加甲基红指示液 2 滴，用 200 g/L 氢氧化钠溶液中和至中性，加水至刻度。

14.3 标定碱性酒石酸铜溶液
吸取碱性酒石酸铜甲液 5.0 mL 和碱性酒石酸铜乙液 5.0 mL 于 150 mL 锥形瓶中，加水 10 mL，加入2粒~4粒玻璃珠，从滴定管中加葡萄糖标准溶液约9 mL，控制在2 min中内加热至沸，趁热以每两秒一滴的速度滴加葡萄糖，直至溶液颜色刚好褪去，记录消耗葡萄糖总体积，同时平行操作三份，取其平均值，计算每10 mL（碱性酒石酸甲、乙液各5 mL）碱性酒石酸铜溶液相当于葡萄糖的质量（mg）。

注：也可以按上述方法标定4 mL~20 mL碱性酒石酸铜溶液（甲、乙液各半）来适应试样中还原糖的浓度变化。

14.4 试样溶液的测定

14.4.1 预测滴定：吸取碱性酒石酸铜甲液5.0 mL和碱性酒石酸铜乙液5.0 mL于同一150 mL锥形瓶中，加入蒸馏水10 mL，放入2粒~4粒玻璃珠，置于电炉上加热，使其在2 min内沸腾，保持沸腾状态15 s，滴入样液至溶液蓝色完全褪尽为止，读取所用样液的体积。

14.4.2 精确滴定：吸取碱性酒石酸铜甲液5.0 mL和碱性酒石酸铜乙液5.0 mL于同一150 mL锥形瓶中，加入蒸馏水10 mL，放入几粒玻璃珠，从滴定管中放出的（转化前样液14.2.1.1或转化后样液14.2.1.2）样液（比预测滴定14.4.1预测的体积少1 mL），置于电炉上，使其2 min内沸腾，维持沸腾状态2 min，以每两秒一滴的速度徐徐滴入样液，溶液蓝色完全褪尽即为终点，分别记录转化前样液（14.2.1.1）和转化后样液（14.2.1.2）消耗的体积（V）。

注：对于蔗糖含量在0.x%水平的样品，可以采用反滴定的方式进行测定。

15 分析结果的表述

15.1 转化糖的含量

试样中转化糖的含量（以葡萄糖计）按式（2）进行计算：

$$R = \frac{A}{m \times \frac{50}{250} \times \frac{V}{100} \times 1\,000} \times 100 \quad\quad\quad\quad\quad (2)$$

式中：

R——试样中转化糖的质量分数，单位为克每百克（g/100 g）；

A——碱性酒石酸铜溶液（甲、乙液各半）相当于葡萄糖的质量，单位为毫克（mg）；

m——样品的质量，单位为克（g）；

50——酸水解（14.2）中吸取样液体积，单位为毫升（mL）；

250——试样处理（14.1）中样品定容体积，单位为毫升（mL）；

V——滴定时平均消耗试样溶液体积，单位为毫升（mL）；

100——酸水解（14.2）中定容体积，单位为毫升（mL）；

1 000——换算系数；

100——换算系数。

注：样液（14.2.1.1）的计算值为转化前转化糖的质量分数R_1，样液（14.2.1.2）的计算值为转化后转化糖的质量分数R_2。

15.2 蔗糖的含量

试样中蔗糖的含量X按式（3）计算：

$$X = (R_2 - R_1) \times 0.95 \quad\cdots\cdots\cdots\cdots\cdots\cdots\cdots\cdots\cdots\cdots\cdots\cdots\cdots\cdots \quad(3)$$

式中：

X——试样中蔗糖的质量分数，单位为克每百克（g/100 g）；

R_2——转化后转化糖的质量分数，单位为克每百克（g/100 g）；

R_1——转化前转化糖的质量分数，单位为克每百克（g/100 g）；

0.95——转化糖（以葡萄糖计）换算为蔗糖的系数。

蔗糖含量≥10 g/100 g 时，结果保留三位有效数字，蔗糖含量<10 g/100 g 时，结果保留两位有效数字。

16 精密度

在重复性条件下获得的两次独立测定结果的绝对差值不得超过算术平均值的 10 %。

17 其他

当称样量为 5 g 时，定量限为 0.24 g/100 g。

附录 A
色谱图

果糖、葡萄糖、蔗糖、麦芽糖和乳糖标准物质的蒸发光散射检测色谱图见图 A.1。

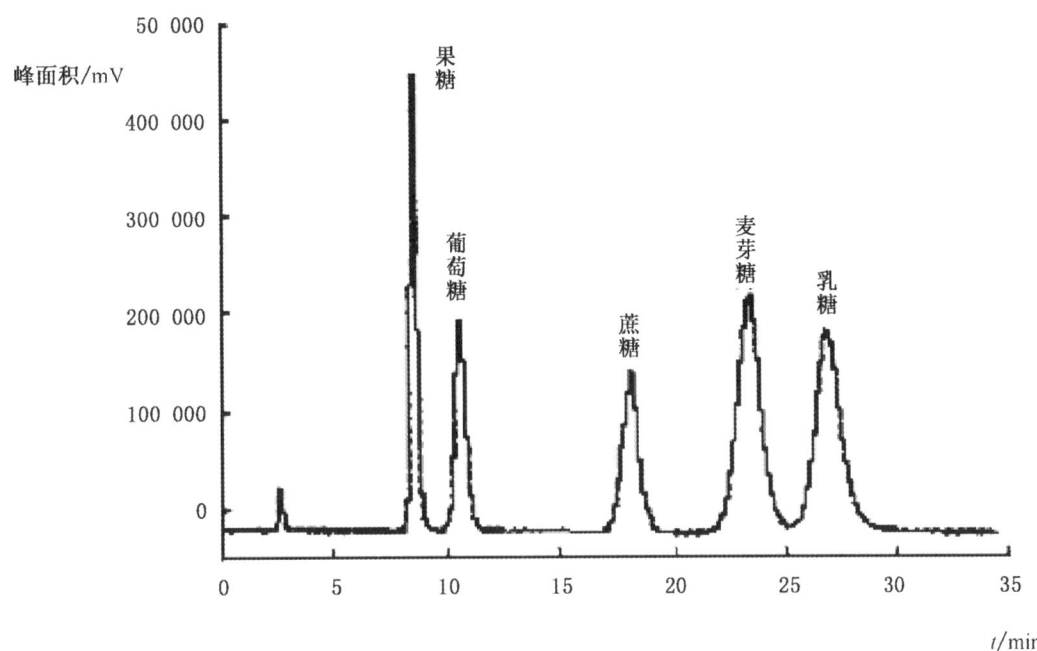

图 A.1 果糖、葡萄糖、蔗糖、麦芽糖和乳糖标准物质的蒸发光散射检测色谱图

果糖、葡萄糖、蔗糖、麦芽糖和乳糖标准物质的示差折光检测色谱图见图 A.2。

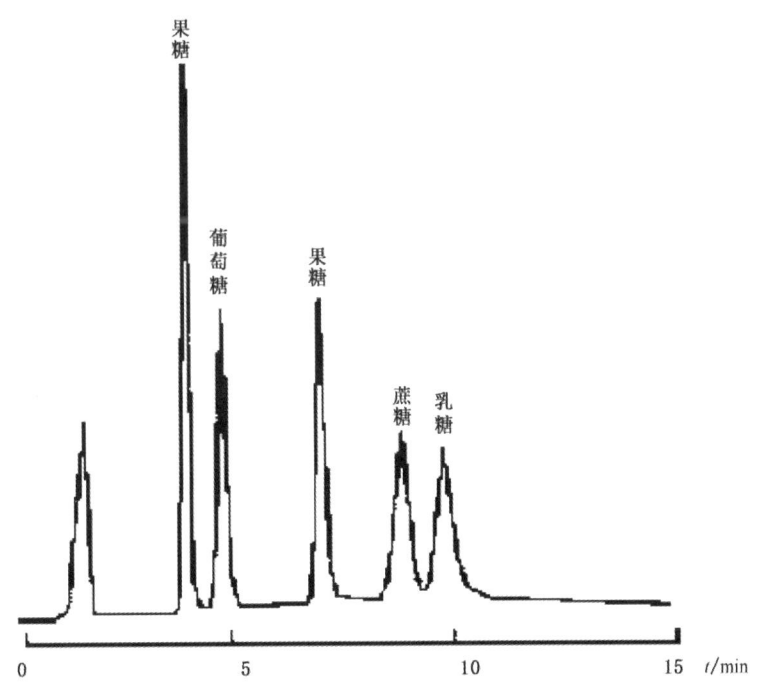

图 A.2 果糖、葡萄糖、蔗糖、麦芽糖和乳糖标准物质的示差折光检测色谱图

GB

中华人民共和国国家标准

GB 5009.266—2016

食品安全国家标准
食品中甲醇的测定

2016-12-23 发布　　　　　　　　　　2017-06-23 实施

中华人民共和国国家卫生和计划生育委员会
国家食品药品监督管理总局　发布

前　言

本标准代替 GB/T 5009.48—2003《蒸馏酒与配制酒卫生标准的分析方法》、GB/T 15038—2006《葡萄酒、果酒通用分析方法》和 GB/T 394.2—2008《酒精通用分析方法》中甲醇的测定方法。

本标准与 GB/T 5009.48—2003 相比，主要变化如下：

——标准名称修改为"食品安全国家标准　食品中甲醇的测定"；
——修改了标准的适用范围；
——修改了气相色谱的测定条件；
——删除了原标准方法中的比色法。

食品安全国家标准
食品中甲醇的测定

1 范围

本方法规定了酒精、蒸馏酒、配制酒及发酵酒中甲醇的测定方法。

本方法适用于酒精、蒸馏酒、配制酒及发酵酒中甲醇的测定。

2 原理

蒸馏除去发酵酒及其配制酒中不挥发性物质,加入内标(酒精、蒸馏酒及其配制酒直接加入内标),经气相色谱分离,氢火焰离子化检测器检测,以保留时间定性,外标法定量。

3 试剂和材料

除非另有说明,本方法所用试剂均为分析纯,水为GB/T 6682规定的二级水。

3.1 试剂

乙醇(C_2H_6O):色谱纯。

3.2 试剂配制

乙醇溶液(40%,体积分数):量取40 mL乙醇,用水定容至100 mL。

3.3 标准品

3.3.1 甲醇(CH_4O,CAS号:67-56-1):纯度≥99%,或经国家认证并授予标准物质证书的标准物质。

3.3.2 叔戊醇($C_5H_{12}O$,CAS号:75-85-4):纯度≥99%。

3.4 标准溶液配制

3.4.1 甲醇标准储备液(5 000 mg/L):准确称取0.5 g(精确至0.001 g)甲醇至100 mL容量瓶中,用乙醇溶液定容至刻度,混匀,0 ℃~4 ℃低温冰箱密封保存。

3.4.2 叔戊醇标准溶液(20 000 mg/L):准确称取2.0 g(精确至0.001 g)叔戊醇至100 mL容量瓶中,用乙醇溶液定容至100 mL,混匀,0 ℃~4 ℃低温冰箱密封保存。

3.4.3 甲醇系列标准工作液:分别吸取0.5 mL、1.0 mL、2.0 mL、4.0 mL、5.0 mL甲醇标准储备液,于5个25 mL容量瓶中,用乙醇溶液定容至刻度,依次配制成甲醇含量为100 mg/L、200 mg/L、400 mg/L、800 mg/L、1 000 mg/L系列标准溶液,现配现用。

4 仪器和设备

4.1 气相色谱仪，配氢火焰离子化检测器（FID）。

4.2 分析天平：感量为 0.1 mg。

5 分析步骤

5.1 试样前处理

5.1.1 发酵酒及其配制酒

吸取 100 mL 试样于 500 mL 蒸馏瓶中，并加入 100 mL 水，加几颗沸石（或玻璃珠），连接冷凝管，用 100 mL 容量瓶作为接收器（外加冰浴），并开启冷却水，缓慢加热蒸馏，收集馏出液，当接近刻度时，取下容量瓶，待溶液冷却到室温后，用水定容至刻度，混匀。吸取 10.0 mL 蒸馏后的溶液于试管中，加入 0.10 mL 叔戊醇标准溶液，混匀，备用。

5.1.2 酒精、蒸馏酒及其配制酒

吸取试样 10.0 mL 于试管中，加入 0.10 mL 叔戊醇标准溶液，混匀，备用；当试样颜色较深，按照 5.1.1 操作。

5.2 仪器参考条件

仪器参考条件列出如下：
a）色谱柱：聚乙二醇石英毛细管柱，柱长 60 m，内径 0.25 mm，膜厚 0.25 μm，或等效柱；
b）色谱柱温度：初温 40 ℃，保持 1 min，以 4.0 ℃/min 升到 130 ℃，以 20 ℃/min 升到 200 ℃，保持 5 min；
c）检测器温度：250 ℃；
d）进样口温度：250 ℃；
e）载气流量：1.0 mL/min；
f）进样量：1.0 μL；
g）分流比：20∶1。

5.3 标准曲线的制作

分别吸取 10 mL 甲醇系列标准工作液于 5 个试管中，然后加入 0.10 mL 叔戊醇标准溶液，混匀，测定甲醇和内标叔戊醇色谱峰面积，以甲醇系列标准工作液的浓度为横坐标，以甲醇和叔戊醇色谱峰面积的比值为纵坐标，绘制标准曲线（甲醇及内标叔戊醇标准的气相色谱图见图 A.1）。

5.4 试样溶液的测定

将制备的试样溶液注入气相色谱仪中，以保留时间定性，同时记录甲醇和叔戊醇色谱峰面积的比值，根据标准曲线得到待测液中甲醇的浓度。

6 分析结果的表述

6.1 试样中甲醇的含量按式（1）算：

$$X = \rho \quad \cdots\cdots\cdots\cdots\cdots\cdots\cdots\cdots\cdots\cdots\cdots\cdots\cdots (1)$$

式中：

X——试样中甲醇的含量，单位为毫克每升（mg/L）；

ρ——从标准曲线得到的试样溶液中甲醇的浓度，单位为毫克每升（mg/L）。

计算结果保留三位有效数字。

6.2 试样中甲醇含量（测定结果需要按100%，酒精度折算时）按式（2）计算：

$$X = \frac{\rho}{C \times 1\,000} \quad \cdots\cdots\cdots\cdots\cdots\cdots\cdots\cdots\cdots\cdots (2)$$

式中：

X——试样中甲醇的含量，单位为克每升（g/L）；

ρ——从标准曲线得到的试样溶液中甲醇的浓度，单位为毫克每升（mg/L）；

C——试样的酒精度；

1 000——换算系数。

计算结果保留三位有效数字。

注：试样的酒精度按照GB 5009.225测定。

7 精密度

在重复性测定条件下获得的两次独立测定结果的绝对差值不超过其算术平均值的10%。

8 其他

方法检出限为7.5 mg/L，定量限为25 mg/L。

附录 A
甲醇及内标叔戊醇标准的气相色谱图

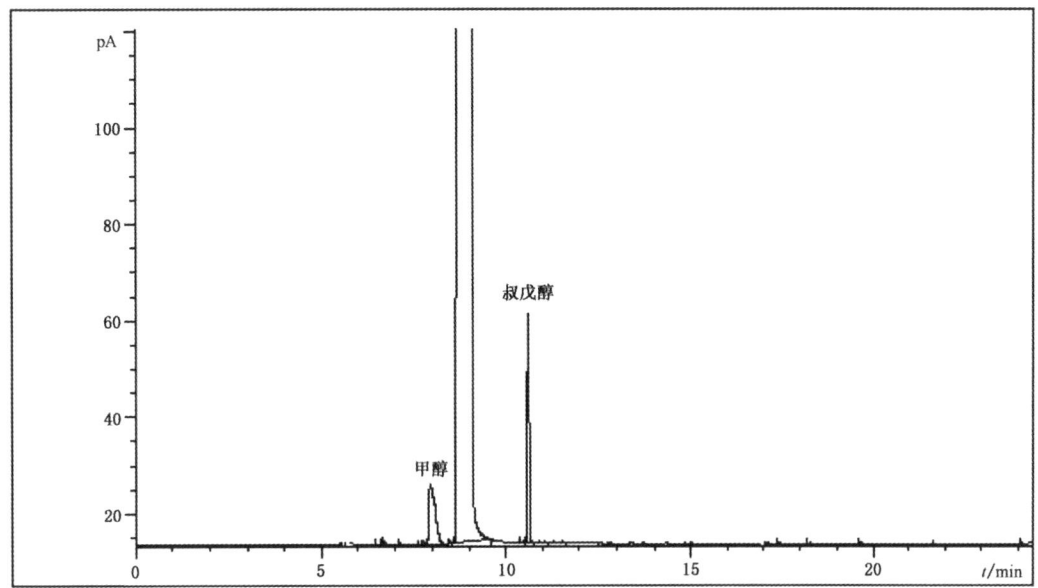

图 A.1 甲醇及内标叔戊醇标准的气相色谱图

GB

中华人民共和国国家标准

GB 8951—2016

食品安全国家标准
蒸馏酒及其配制酒生产卫生规范

2016-12-23 发布　　　　　　　　　　　　　　　　2017-12-23 实施

中华人民共和国国家卫生和计划生育委员会
国家食品药品监督管理总局　　发布

前 言

本标准代替 GB 8951—1988《白酒厂卫生规范》。

本标准与 GB 8951—1988 相比,主要变化如下:

——标准名称修改为"食品安全国家标准 蒸馏酒及其配制酒生产卫生规范";

——修改了标准结构;

——修改了标准适用范围;

——增加了配制酒生产相关要求。

食品安全国家标准
蒸馏酒及其配制酒生产卫生规范

1 范围

本标准规定了蒸馏酒（白酒）、蒸馏酒的配制酒生产过程中原料采购、加工、包装、贮存和运输等环节的场所、设施、人员的基本要求和管理准则。

本标准适用于蒸馏酒（白酒）、蒸馏酒的配制酒的生产。

2 术语和定义

GB 14881—2013 中的术语和定义适用于本标准。

3 选址及厂区环境

应符合 GB 14881—2013 第 3 章的相关规定。

4 厂房和车间

4.1 设计和布局

4.1.1 应符合 GB 14881—2013 中 4.1 的相关规定。

4.1.2 根据生产工艺需要，原料贮存、原料处理或提取加工、培菌或制曲、制酒、基酒贮存、调配、成品包装、成品贮存应设置独立的厂房或车间，并有效分隔。

4.2 建筑内部结构与材料

应符合 GB 14881—2013 中 4.2 的相关规定。

4.3 白酒厂房设计特性要求

4.3.1 纯菌种培养车间（室）

4.3.1.1 无菌室的设计与设施应符合无菌操作的工艺技术要求。

4.3.1.2 菌种培养车间（室）内环境应避免杂菌污染纯菌种，应符合纯种微生物生长、繁殖、活动的工艺技术要求。

4.3.2 制曲车间

4.3.2.1 制曲车间的设计与设施应能满足配料、成型、培养、贮存、粉碎的工艺技术要求，应利于制曲微生物的生长和繁殖。

4.3.2.2 制曲车间应按照工艺要求划分相应的功能区域，包括粉碎区、曲块成型区、培养区、贮存区等。

4.3.2.3 根据工艺需要，粉碎区应有除杂、防尘设施，粉尘浓度应符合相关要求。

4.3.2.4 培养区、贮存区应有符合工艺要求的通风措施。

4.3.3 原料粉碎车间

4.3.3.1 根据工艺要求，原料需要粉碎的，应有独立的原料粉碎车间，车间应能满足原料除杂、粉碎、防尘的工艺技术要求。

4.3.3.2 配制酒的原材料粉碎车间，应安装捕尘设备、排风设施或设置专用厂房（操作间），避免交叉污染。

4.3.3.3 车间内的除尘设施应保证室内粉尘浓度符合相关要求；架空构件和设备的安装应便于清理，防止和减少粉尘积聚。

4.3.4 制酒车间

4.3.4.1 固态法制酒车间的设计与设施应满足固态法制酒条件下配料、糊化、糖化、发酵、蒸馏的工艺技术要求。窖、池、缸、箱等发酵容器应有利于酿酒微生物的生长与繁殖。

4.3.4.2 半固态法制酒车间的设计与设施应满足半固态法制酒条件下配料、蒸煮、接种、糖化、发酵、蒸馏的工艺技术要求。槽、池、缸、罐等发酵容器应有利于酿酒微生物的生长和繁殖。

4.3.4.3 液态法制酒车间应满足液态法制酒条件下配料、蒸煮、糖化、发酵、蒸馏的工艺技术要求。发酵区域应与其他区域分开，并有良好的调温设施。

4.3.4.4 厂房内应根据生产需要设置相应的功能区域，如晾堂操作区、发酵区、馏酒区等功能区域。

4.3.4.5 蒸馏区域应保持清洁，无积水。

4.3.5 如有基酒暂存区域的，应划分固定区域，贮酒容器应做好标识并加盖；该区域应通风良好，便于清洁

4.3.6 包装车间

4.3.6.1 应设有与生产能力相匹配的包装车间，应远离锅炉房和原材料粉碎、制曲、驻曲等粉尘较多的场所。

4.3.6.2 包装车间的设计与设施应满足洗瓶、灌装、压盖、装箱等工艺技术要求。

4.3.6.3 包装车间应满足工艺和食品安全要求，根据生产需要应具备相应的功能区域，如更衣区、包装材料暂存区、待包装酒暂存区、洗瓶区、成品灌装区等。

4.3.6.4 包装车间各区域按不同的卫生要求进行控制和管理。成品灌装区从洗瓶到压盖生产过程的设备和链道应采用防尘、防异物的设施；从更衣区进入成品灌装区入口处应设置洗手和干手设施；人员进入成品灌装区应着工作服、鞋、帽，保持整洁并定期消毒；包装车间应严格控制非工作人员进出。

4.3.7 成品库

4.3.7.1 成品库的容量应与生产能力相适应，符合国家相关规定。

4.3.7.2 成品库内应阴凉、干燥，不得与可能影响酒体质量的物品混存。

4.4 配制酒厂房设计特性要求

4.4.1 根据生产工艺需要，配制酒生产区应设置原料处理区、制酒区、贮酒区、灌装区等区域。

4.4.2 若设置制酒区，应满足配料、发酵或提取、调配、澄清处理的要求。

5 设施与设备

5.1 设施

5.1.1 应符合 GB 14881—2013 中 5.1 的相关规定

5.1.2 酒糟存放设施

应有便于存放和清理的设施。

5.1.3 供汽设施

5.1.3.1 应配备与生产能力相适应的供汽系统。

5.1.3.2 供汽设施、设备应定期检查、维护、保养。

5.2 设备

应符合 GB 14881—2013 中 5.2 的相关规定。

6 卫生管理

6.1 应符合 GB 14881—2013 第 6 章的相关规定。

6.2 应对与酒体直接接触的容器、机械设备、管道、工器具等建立相应的卫生管理制度。

6.3 灌装区应有防虫措施。

7 原料、食品添加剂和相关产品

7.1 应符合 GB 14881—2013 第 7 章的相关规定。

7.2 生产使用的原料应符合国家相关标准要求，应有采购记录和验收记录，不得使用发霉、变质或含有毒、有害物以及被有毒、有害物污染的原料生产。

7.3 采购与酒体直接接触的材料或物料时，应有易迁移的醇溶性有害成分含量检测报告，如重金属、邻苯二甲酸酯等。

8 生产过程的食品安全控制

8.1 白酒生产过程的食品安全控制

8.1.1 应符合 GB 14881—2013 第 8 章的相关规定。

8.1.2 生产场地环境等应按工艺要求进行清理，保持整洁卫生。

8.1.3 生产过程应防止有害生物污染，出现异常时应及时处理。

8.1.4 生产过程中应监测不良代谢产物产生情况，如氨基甲酸乙酯，必要时采取措施控制。

8.1.5 原酒贮存过程中宜监测易迁移的醇溶性有害成分的含量，如重金属、邻苯二甲酸酯等。

8.2 配制酒生产过程的食品安全控制

8.2.1 原料处理和提取过程的控制

8.2.1.1 车间应设置专用的工器具清洗或消毒场所，对原料处理车间、提取车间、原料处理和提取过程中使用的设备、工器具、容器、管道及其附件进行清洗或消毒管理。

8.2.1.2 生产过程中使用的原料、辅料、加工助剂等应符合相应的要求，并建立管理制度和操作规程。

8.2.2 澄清处理和灌装

8.2.2.1 调配好的半成品酒应根据稳定性实验结果，采取相应的处理措施。

8.2.2.2 根据酒精度、总糖及 pH，确定杀菌及灌装方式（冷灌装或热灌装）。

9 检验

应符合 GB 14881—2013 第 9 章的相关规定。

10 产品的贮存和运输

应符合 GB 14881—2013 第 10 章的相关规定。

11 产品召回管理

应符合 GB 14881—2013 第 11 章的相关规定。

12 培训

应符合 GB 14881—2013 第 12 章的相关规定。

13 管理制度和人员

应符合 GB 14881—2013 第 13 章的相关规定。

14 记录和文件管理

应符合 GB 14881—2013 第 14 章的相关规定。

GB

中华人民共和国国家标准

GB/T 12696—2016

食品安全国家标准
发酵酒及其配制酒生产卫生规范

2016-12-23 发布

2017-12-23 实施

中华人民共和国国家卫生和计划生育委员会
国家食品药品监督管理总局 发布

前 言

本标准代替 GB 12696—1990《葡萄酒厂卫生规范》、GB 12697—1990《果酒厂卫生规范》和 GB 12698—1990《黄酒厂卫生规范》。

本标准与 GB 12696—1990、GB 12697—1990 和 GB 12698—1990 相比，主要变化如下：

——标准名称修改为"食品安全国家标准　发酵酒及其配制酒生产卫生规范"；

——修改了标准适用范围；

——修改了标准结构；

——增加了产品召回和管理的要求；

——增加了培训的要求；

——增加了管理制度和人员的要求；

——增加了附录 A "葡萄酒（果酒）加工过程的微生物监控程序指南"、附录 B "黄酒加工过程的微生物监控程序指南"、附录 C "配制酒加工过程的微生物监控程序指南"。

食品安全国家标准
发酵酒及其配制酒生产卫生规范

1 范围

本标准规定了发酵酒及其配制酒生产过程中原料采购、加工、包装、贮存和运输等环节的场所、设施、人员的基本要求和管理准则。

本标准适用于葡萄酒、果酒（发酵型）、黄酒以及发酵酒的配制酒的生产。

2 规术语和定义

GB 14881—2013 中的术语和定义适用于本标准。

3 选址及厂区环境

应符合 GB 14881—2013 第 3 章的相关规定。

4 厂房和车间

4.1 设计和布局

应符合 GB 14881—2013 中 4.1 的规定。

4.2 建筑内部结构与材料

应符合 GB 14881—2013 中 4.2 的规定。

4.3 葡萄酒（果酒）厂房设计要求

4.3.1 根据生产工艺需要，葡萄酒（果酒）生产区应划分为葡萄（水果）原料加工区、发酵区、贮存陈酿区、原酒后加工区、灌装区等，各区域应布局合理。

4.3.2 葡萄酒（果酒）的酒窖应保持卫生，墙面和天花板的材料应具有防潮功能。酒窖应具有一定的通风功能，根据生产需要可以进行温度和湿度的控制。

4.3.3 葡萄酒（果酒）原酒生产企业应根据生产工艺需要合理设计厂房。

4.4 黄酒厂房设计特性要求

根据生产工艺需要，黄酒生产区应设置原料仓库、制曲、制酒、灌装、贮存陈酿等区域，各区域应布局合理。

4.5 配制酒厂房设计特性要求

4.5.1 根据生产工艺需要，配制酒生产区应设置原料处理区、制酒区、储酒区、灌装区等区域。
4.5.2 若设置制酒区，应能满足配料、发酵或提取、调配、澄清处理的要求。

5 设施与设备

5.1 应符合 GB 14881—2013 第 5 章的相关规定。
5.2 新不锈钢罐在使用前应进行酸洗和钝化。
5.3 葡萄酒（果酒）及配制酒若采用水泥池发酵或储酒时，水泥池内壁应涂有防腐层，防腐层应满足以下要求：

a) 无毒，耐酸、耐碱、耐腐蚀，对酒的风味无任何不良影响；
b) 应有很强的附着力，不应脱落；
c) 应具有光滑平整的表面；
d) 应有较高的机械强度、致密的结构和足够的厚度，不应渗漏；
e) 敷设工艺应简单易行。

5.4 起泡葡萄酒（果酒）发酵罐应符合相关的要求。
5.5 葡萄酒（果酒）橡木桶在使用前应根据其使用情况，采用水清洗、蒸汽熏蒸法、酸碱浸泡法、酒精浸泡法、熏硫等其中一种或几种方法进行处理，保持清洁卫生。
5.6 仅生产葡萄酒（果酒）原酒的厂区应根据生产需要合理配置设施与设备。
5.7 黄酒生产中传统的工器具应易于清洁和保养。

6 卫生管理

应符合 GB 14881—2013 第 6 章的相关规定。

7 原料、食品添加剂和食品相关产品

7.1 葡萄酒（果酒）及其配制酒原料

7.1.1 应符合 GB 14881—2013 中 7.1 和 7.2 的规定。
7.1.2 采购葡萄（水果）原料，应有采购记录和验收记录。采购记录应详细记录原料的品种、产地。原料应符合 GB 2763 中的相关规定。
7.1.3 采购的国产葡萄汁（果汁）或原酒，应是取得生产许可证的产品。采购时，应索取葡萄汁（果汁）或原酒生产企业的相应有效资质及详细的生产过程记录材料，包括原料信息、加工工艺信息、食品添加剂和食品加工助剂使用信息等内容，并有相应的检验合格证明文件。应按国家有关规定或标准要求对葡萄汁（果汁）或原酒进行验收。
7.1.4 采购进口葡萄汁（果汁），应向供货方索取有效的产品信息和检验检疫证明。
7.1.5 采购进口原酒，应向供货方索取有效的原酒信息（品种、工艺、食品添加剂使用情况等）和检验检疫证明。
7.1.6 发酵过程中使用的酵母、乳酸菌、食品加工助剂及其他辅料等应符合相应的要求，并制定

管理制度和操作规程。

7.1.7 特种葡萄酒（果酒）及其配制酒所用原料应符合其生产工艺或相关标准对原料的特殊要求。

7.2 黄酒及其配制酒原料

7.2.1 应符合 GB 14881—2013 中 7.1 和 7.2 的规定。

7.2.2 使用的粮食原料应有采购记录和验收记录，应符合相关食品安全国家标准，不得使用发霉、变质或含有毒、有害物以及被有毒、有害物污染的原料。

7.2.3 生产特型黄酒的原料应使用普通食品原料、国家批准的既是食品又是药品的物品及新食品原料目录中的产品，并符合相应的要求。

7.3 食品添加剂

7.3.1 应符合 GB 14881—2013 中 7.3 的规定。

7.3.2 黄酒生产中调色用焦糖色应符合 GB 1886.64 和 GB 2760 中的相关规定。

7.3.3 黄酒生产中助滤用硅藻土应符合 GB 14936 中的相关规定。

7.4 食品相关产品

应符合 GB 14881—2013 中 7.4 的规定。

8 葡萄酒（果酒）生产过程的食品安全控制

8.1 发酵

8.1.1 葡萄（水果）加工前后，应对发酵车间、发酵过程中使用的设备、工器具、容器、管道及其附件进行清洗或消毒。车间应设置专用的工器具清洗、消毒场所。

8.1.2 发酵过程中应监测不良代谢产物产生情况，如赭曲霉毒素 A 和氨基甲酸乙酯，必要时采取适当的控制措施。

8.2 原酒贮存与陈酿

8.2.1 原酒贮存、陈酿、运输和周转容器应用无毒、无害、无异味、抗腐蚀、易清洗的材料。使用前应进行清洗或杀菌。

8.2.2 贮存和陈酿过程中应合理控制温度，并适量使用二氧化硫，适时分离酒脚，防止原酒氧化或微生物繁殖。

8.3 稳定处理

葡萄酒（果酒）稳定处理过程中使用的加工助剂在使用之前应进行确定添加量的试验。

8.4 过滤和灌装

8.4.1 灌装使用的输酒管路、装酒机、储酒罐、过滤机等，应经过灭菌操作，保证输酒管路和装酒机卫生。半成品酒在进入灌装机前应经过过滤除菌或其他方式灭菌。

8.4.2 过滤器应定期清洗，更换滤膜、滤棒、滤芯。

8.4.3 灌装前，空瓶应清洗干净，经检查无污物、无杂质、无破损后方可使用。使用的瓶盖（塞）应确保清洁卫生。每日生产结束后，灌装设备应进行清洗和灭菌操作。

8.4.4 葡萄酒（果酒）若进行热处理如巴氏杀菌处理，采用的升温或其他技术不应引起酒的外观、香气和口感的明显变化。

8.5 微生物监控

可建立葡萄酒（果酒）加工过程的微生物监控程序，包括生产环境的微生物监控和生产过程中的微生物监控，参见附录 A。

9 黄酒生产过程的食品安全控制

9.1 原料处理

9.1.1 制曲

9.1.1.1 制曲发酵间及过程中使用的仪器、设备、工器具等应进行清洗，必要时应进行消毒。

9.1.1.2 纯种制曲中对使用的菌种应制定管理制度及操作规程。

9.1.2 浸米

原料使用应采取先进先出的原则，浸米容器和工器具应采用无毒、无害、无异味、抗腐蚀、易清洗的材料，使用前应清洗干净。

9.1.3 蒸（煮）饭

9.1.3.1 蒸（煮）饭用的仪器、设备、输送管道等工器具及盛器应符合食品安全要求。

9.1.3.2 糊化后采用合适的方式进行冷却，如摊冷、风冷、水淋，饭冷后应尽快投料使用。

9.2 制酒

9.2.1 发酵

9.2.1.1 发酵前后，应对发酵场所、发酵过程中使用的设备、工器具、容器、管道及附件应进行清洗或消毒。应设置专用的工器具清洗、消毒场所。

9.2.1.2 发酵过程中使用的麦曲、酒药、酵母、食品加工助剂及其他辅料等，应制定管理制度和操作规程。

9.2.1.3 发酵过程中应做好温度控制管理，以及糖度、酒精度和酸度的监测。

9.2.1.4 发酵过程中应监测不良代谢产物产生情况，如氨基甲酸乙酯，必要时采取适当的控制措施。

9.2.2 压榨过滤

9.2.2.1 压榨过滤场所的地面、墙壁及使用的设备容器应清洁或消毒。压榨过滤用的滤布、滤板应符合安全要求。

9.2.2.2 压滤机应保持清洁及滤孔畅通，滤布应定期清洗或消毒。

9.2.2.3 压榨用压缩空气应进行过滤。

9.2.3 煎酒

9.2.3.1 煎酒设备及容器具等应定期清洗或消毒。

9.2.3.2 煎酒过程中应监控煎酒温度和时间。

9.2.4 原酒贮存及陈酿

9.2.4.1 用于原酒贮存与陈酿的容器应安全无害，使用前应进行清洗或消毒。

9.2.4.2 原酒运输和周转容器应采用无毒、无害、无异味、抗腐蚀、易清洗的材料。使用前应进行清洗或消毒。

9.2.5 勾兑、过滤和灌装

9.2.5.1 过滤和灌装场所的地面、墙壁及使用的设备、容器应定期清洁或消毒。

9.2.5.2 勾兑完成的半成品酒，不宜存放时间过长，必要时进行冷冻处理。

9.2.5.3 半成品酒在进入灌装机前应经过过滤除菌或加温灭菌，或者灌装封盖后加温灭菌。

9.2.5.4 灌装前，空瓶应清洗干净，经检查无污物、无杂质、无破损后方可使用。使用的瓶盖（塞）应确保清洁卫生。

9.2.5.5 灌装好的透明瓶装酒或杀菌后的透明瓶装酒应进行灯光检测，检验人员应实行定时轮换制。

9.3 微生物监控

可建立黄酒加工生产环境和过程的微生物监控程序，参见附录B。

10 配制酒生产过程的食品安全控制

10.1 原料处理和提取

10.1.1 原料处理和提取前后，应对原料处理车间、提取车间、原料处理和提取过程中使用的设备、工器具、容器、管道及其附件进行清洗或消毒。车间应设置专用的工器具清洗或消毒场所。

10.1.2 生产过程中使用的原料、辅料、加工助剂等应符合相应的要求，并制定管理制度和操作规程。

10.2 澄清处理和灌装

10.2.1 调配好的基酒应根据稳定性试验结果，采取相应的澄清处理措施。

10.2.2 根据酒精度、总糖及pH，确定杀菌及灌装方式。

10.3 微生物监控

酒精度≤20%vol的配制酒应建立生产环境和加工过程的微生物监控程序，参见附录C。

11 包装

应符合GB 14881—2013中8.5的规定。

12 检验

应符合GB 14881—2013第9章的相关规定。

13 产品的贮存和运输

应符合GB 14881—2013第10章的相关规定。

14 产品召回管理

应符合 GB 14881—2013 第 11 章的相关规定。

15 培训

应符合 GB 14881—2013 第 12 章的相关规定。

16 管理制度和人员

应符合 GB 14881—2013 第 13 章的相关规定。

17 记录和文件管理

应符合 GB 14881—2013 第 14 章的相关规定。

附录 A
葡萄酒（果酒）加工过程的微生物监控程序指南

A.1 葡萄酒（果酒）加工过程的微生物监控要求见表 A.1。

表 A.1　　　　　　　　葡萄酒（果酒）加工过程的微生物监控要求

监控项目		建议取样点	建议监控微生物	建议监控频率	建议监控指标限值
生产过程微生物监控	灌酒设备（灌装机、管路、酒瓶、瓶盖）	成品酒	菌落总数	按产品批次	结合生产实际情况明确指示限值

A.2 微生物监控指标不符合情况的处理要求：各监控点的监控结果应当符合监控指标的限值并保持稳定，当出现轻微不符合时，可通过增加取样频次等措施加强监控；当出现严重不符合时，应当立即纠正，同时查找问题原因，以确定是否需要对微生物监控程序采取相应的纠正措施。

附录 B
黄酒加工过程的微生物监控程序指南

B.1 黄酒加工过程的微生物监控要求见表 B.1。

表 B.1 黄酒加工过程的微生物监控要求

监控项目		建议取样点	建议监控微生物	建议监控频率	建议监控指标限值
生产过程的微生物监控	灌酒设备（灌装机、管路酒瓶瓶盖）	成品酒	菌落总数	按产品批次	结合生产实际情况明确指示限值

B.2 微生物监控指标不符合情况的处理要求：各监控点的监控结果应当符合监控指标的限值并保持稳定，当出现轻微不符合时，可通过增加取样频次等措施加强监控；当出现严重不符合时，应当立即纠正，同时查找问题原因，以确定是否需要对微生物监控程序采取相应的纠正措施。

附录 C
配制酒加工过程的微生物监控程序指南

C.1 配制酒加工过程的微生物监控要求见表 C.1。

表 C.1 配制酒加工过程的微生物监控要求

监控项目		建议取样点	建议监控微生物	建议监控频率	建议监控指标限值
酒中微生物	原酒（酒精度≤20%vol）、待灌装酒	储酒设备阀门处	菌落总数	自检，定期	结合生产情况明确指示限值
	成品酒	灌装压塞后	菌落总数	按产品批次	结合生产实际情况明确指示限值

C.2 微生物监控指标不符合情况的处理要求：各监控点的监控结果应当符合监控指标的限值并保持稳定，当出现轻微不符合时，可通过增加取样频次等措施加强监控；当出现严重不符合时，应当立即纠正，同时查找问题原因，以确定是否需要对微生物监控程序采取相应的纠正措施。

GB

中华人民共和国国家标准

GB 2761—2017

食品安全国家标准
食品中真菌毒素限量

2017-03-17 发布　　　　　　　　　　　　　　2017-09-17 实施

中华人民共和国国家卫生和计划生育委员会
国家食品药品监督管理总局　　发布

前 言

本标准代替 GB 2761—2011《食品安全国家标准 食品中真菌毒素限量》。

本标准与 GB 2761—2011 相比，主要变化如下：

——修改了应用原则；

——增加了葡萄酒和咖啡中赭曲霉毒素 A 限量要求；

——增加了特殊医学用途配方食品、辅食营养补充品、运动营养食品、孕妇及乳母营养补充食品中真菌毒素限量要求；

——删除了表 1 中酿造酱后括号注解；

——更新了检验方法标准号；

——修改了附录 A。

食品安全国家标准
食品中真菌毒素限量

1 范围

本标准规定了食品中黄曲霉毒素 B_1、黄曲霉毒素 M_1、脱氧雪腐镰刀菌烯醇、展青霉素、赭曲霉毒素 A 及玉米赤霉烯酮的限量指标。

2 术语与定义

2.1 真菌毒素

真菌在生长繁殖过程中产生的次生有毒代谢产物。

2.2 可食用部分

食品原料经过机械手段（如谷物碾磨、水果剥皮、坚果去壳、肉去骨、鱼去刺、贝去壳等）去除非食用部分后，所得到的用于食用的部分。

注1：非食用部分的去除不可采用任何非机械手段（如粗制植物油精炼过程）。

注2：用相同的食品原料生产不同产品时，可食用部分的量依生产工艺不同而异。如用麦类加工麦片和全麦粉时，可食用部分按100%计算；加工小麦粉时，可食用部分按出粉率折算。

2.3 限量

真菌毒素在食品原料和（或）食品成品可食用部分中允许的最大含量水平。

3 应用原则

3.1 无论是否制定真菌毒素限量，食品生产和加工者均应采取控制措施，使食品中真菌毒素的含量达到最低水平。

3.2 本标准列出了可能对公众健康构成较大风险的真菌毒素，制定限量值的食品是对消费者膳食暴露量产生较大影响的食品。

3.3 食品类别（名称）说明（附录A）用于界定真菌毒素限量的适用范围，仅适用于本标准。当某种真菌毒素限量应用于某一食品类别（名称）时，则该食品类别（名称）内的所有类别食品均适用，有特别规定的除外。

3.4 食品中真菌毒素限量以食品通常的可食用部分计算，有特别规定的除外。

4 指标要求

4.1 黄曲霉毒素 B₁

4.1.1 食品中黄曲霉毒素 B₁ 限量指标见表1。

表1 食品中黄曲霉毒素 B₁ 限量指标

食品类别（名称）	限量（μg/kg）
谷物及其制品	
玉米、玉米面（渣、片）及玉米制品	20
稻谷[a]、糙米、大米	10
小麦、大麦、其他谷物	5.0
小麦粉、麦片、其他去壳谷物	5.0
豆类及其制品	
发酵豆制品	5.0
坚果及籽类	
花生及其制品	20
其他熟制坚果及籽类	5.0
油脂及其制品	
植物油脂（花生油、玉米油除外）	10
花生油、玉米油	20
调味品	
酱油、醋、酿造酱	5.0
特殊膳食用食品	
婴幼儿配方食品	
婴儿配方食品[b]	0.5（以粉状产品计）
较大婴儿和幼儿配方食品[b]	0.5（以粉状产品计）
特殊医学用途婴儿配方食品	0.5（以粉状产品计）
婴幼儿辅助食品	
婴幼儿谷类辅助食品	0.5
特殊医学用途配方食品[b]（特殊医学用途婴儿配方食品涉及的品种除外）	0.5（以固态产品计）
辅食营养补充品[c]	0.5
运动营养食品[b]	0.5
孕妇及乳母营养补充食品[c]	0.5

注：[a] 稻谷以糙米计。
　　[b] 以大豆及大豆蛋白制品为主要原料的产品。
　　[c] 只限于含谷类、坚果和豆类的产品。

4.1.2 检验方法：按 GB 5009.22 规定的方法测定。

4.2 黄曲霉毒素 M_1

4.2.1 食品中黄曲霉毒素 M_1 限量指标见表2。

表2　食品中黄曲霉毒素 M_1 限量指标

食品类别（名称）	限量 μg/kg
乳及乳制品[a]	0.5
特殊膳食用食品 　婴幼儿配方食品 　　婴儿配方食品[b] 　　较大婴儿和幼儿配方食品[b] 　　特殊医学用途婴儿配方食品 　　特殊医学用途配方食品[b]（特殊医学用途婴儿配方食品涉及的品种除外） 　辅食营养补充品[c] 　运动营养食品[b] 　孕妇及乳母营养补充食品[c]	 0.5（以粉状产品计） 0.5（以粉状产品计） 0.5（以粉状产品计） 0.5（以固态产品计） 0.5 0.5 0.5

注：[a] 乳粉按生乳折算。
　　[b] 以乳类及乳蛋白制品为主要原料的产品。
　　[c] 只限于含乳类的产品。

4.2.2 检验方法：按 GB 5009.24 规定的方法测定。

4.3 脱氧雪腐镰刀菌烯醇

4.3.1 食品中脱氧雪腐镰刀菌烯醇限量指标见表3。

表3　食品中脱氧雪腐镰刀菌烯醇限量指标

食品类别（名称）	限量 μg/kg
谷物及其制品 　玉米、玉米面（渣、片） 　大麦、小麦、麦片、小麦粉	 1 000 1 000

4.3.2 检验方法：按 GB 5009.111 规定的方法测定。

4.4 展青霉素

4.4.1 食品中展青霉素限量指标见表4。

表 4　　食品中展青霉素限量指标

食品类别（名称）[a]	限量 μg/kg
水果及其制品	
水果制品（果丹皮除外）	50
饮料类	
果蔬汁类及其饮料	50
酒类	50

注：[a] 仅限于以苹果、山楂为原料制成的产品。

4.4.2　检验方法：按 GB 5009.185 规定的方法测定。

4.5　赭曲霉毒素 A

4.5.1　食品中赭曲霉毒素 A 限量指标见表 5。

表 5　　食品中赭曲霉毒素 A 限量指标

食品类别（名称）	限量 μg/kg
谷物及其制品	
谷物[a]	5.0
谷物碾磨加工品	5.0
豆类及其制品	
豆类	5.0
酒类	
葡萄酒	2.0
坚果及籽类	
烘焙咖啡豆	5.0
饮料类	
研磨咖啡（烘焙咖啡）	5.0
速溶咖啡	10.0

注：[a] 稻谷以糙米计。

4.5.2　检验方法：按 GB 5009.96 规定的方法测定。

4.6　玉米赤霉烯酮

4.6.1　食品中玉米赤霉烯酮限量指标见表 6。

表 6　食品中玉米赤霉烯酮限量指标

食品类别（名称）	限量 μg/kg
谷物及其制品	
小麦、小麦粉	60
玉米、玉米面（渣、片）	60

4.6.2　检验方法：按 GB 5009.209 规定的方法测定。

附录 A
食品类别（名称）说明

A.1 食品类别（名称）说明见表 A.1。

表 A.1　　　　　　　　　　　食品类别（名称）说明

水果及其制品	新鲜水果（未经加工的、经表面处理的、去皮或预切的、冷冻的水果） 　　浆果和其他小粒水果 　　其他新鲜水果（包括甘蔗） 水果制品 　　水果罐头 　　水果干类 　　醋、油或盐渍水果 　　果酱（泥） 　　蜜饯凉果（包括果丹皮） 　　发酵的水果制品 　　煮熟的或油炸的水果 　　水果甜品 　　其他水果制品
谷物及其制品 （不包括焙烤制品）	谷物 　　稻谷 　　玉米 　　小麦 　　大麦 　　其他谷物［例如粟（谷子）、高粱、黑麦、燕麦、荞麦等］ 谷物碾磨加工品 　　糙米 　　大米 　　小麦粉 　　玉米面（渣、片） 　　麦片 　　其他去壳谷物（例如小米、高粱米、大麦米、黍米等） 谷物制品 　　大米制品（例如米粉、汤圆粉及其他制品等） 小麦粉制品 　　生湿面制品（例如面条、饺子皮、馄饨皮、烧麦皮等） 　　生干面制品 　　发酵面制品 　　面糊（例如用于鱼和禽肉的拖面糊）、裹粉、煎炸粉 　　面筋 　　其他小麦粉制品 玉米制品 　　其他谷物制品［例如带馅（料）面米制品、八宝粥罐头等］

(续表)

豆类及其制品	豆类（干豆、以干豆磨成的粉）
	豆类制品
	    非发酵豆制品（例如豆浆、豆腐类、豆干类、腐竹类、熟制豆类、大豆蛋白膨化食品、大豆素肉等）
	    发酵豆制品（例如腐乳类、纳豆、豆豉、豆豉制品等）
	    豆类罐头

坚果及籽类	生干坚果及籽类
	    木本坚果（树果）
	    油料（不包括谷物种子和豆类）
	    饮料及甜味种子（例如可可豆、咖啡豆等）
	坚果及籽类制品
	    熟制坚果及籽类（带壳、脱壳、包衣）
	    坚果及籽类罐头
	    坚果及籽类的泥（酱）（例如花生酱等）
	    其他坚果及籽类制品（例如腌渍的果仁等）

乳及乳制品	生乳 巴氏杀菌乳 灭菌乳 调制乳 发酵乳 炼乳 乳粉 乳清粉和乳清蛋白粉（包括非脱盐乳清粉） 干酪 再制干酪 其他乳制品（包括酪蛋白）

油脂及其制品	植物油脂
	动物油脂（例如猪油、牛油、鱼油、稀奶油、奶油、无水奶油）
	油脂制品
	    氢化植物油及以氢化植物油为主的产品（例如人造奶油、起酥油等）
	    调和油
	    其他油脂制品

调味品	食用盐
	味精
	食醋
	酱油
	酿造酱
	调味料酒
	香辛料类
	    香辛料及粉
	    香辛料油
	    香辛料酱（例如芥末酱、青芥酱等）
	    其他香辛料加工品
	水产调味品
	    鱼类调味品（例如鱼露等）
	    其他水产调味品（例如蚝油、虾油等）
	复合调味料（例如固体汤料、鸡精、鸡粉、蛋黄酱、沙拉酱、调味清汁等）
	其他调味品

(续表)

饮料类	包装饮用水 　　矿泉水 　　纯净水 　　其他包装饮用水 果蔬汁类及其饮料（例如苹果汁、苹果醋、山楂汁、山楂醋等） 　　果蔬汁（浆） 　　浓缩果蔬汁（浆） 　　其他果蔬汁（肉）饮料（包括发酵型产品） 蛋白饮料 　　含乳饮料（例如发酵型含乳饮料、配制型含乳饮料、乳酸菌饮料等） 　　植物蛋白饮料 　　复合蛋白饮料 　　其他蛋白饮料 碳酸饮料 茶饮料 咖啡类饮料 植物饮料 风味饮料 固体饮料［包括速溶咖啡、研磨咖啡（烘焙咖啡）］ 其他饮料
酒类	蒸馏酒（例如白酒、白兰地、威士忌、伏特加、朗姆酒等） 配制酒 发酵酒（例如葡萄酒、黄酒、啤酒等）
特殊膳食用食品	婴幼儿配方食品 　　婴儿配方食品 　　较大婴儿和幼儿配方食品 　　特殊医学用途婴儿配方食品 婴幼儿辅助食品 　　婴幼儿谷类辅助食品 　　婴幼儿罐装辅助食品 特殊医学用途配方食品（特殊医学用途婴儿配方食品涉及的品种除外） 其他特殊膳食用食品（例如辅食营养补充品、运动营养食品、孕妇及乳母营养补充食品等）

第六部分　进出口

中华人民共和国出入境检验检疫行业标准

SN/T 1886—2007

进出口水果和蔬菜预包装指南

Guide of prepackaging for export and import fruit and vegetables

2007-04-06 发布　　　　　　　　　　　　　　2007-10-16 实施

中华人民共和国
国家质量监督检验检疫总局　　发布

前　言

本标准的附录 A 为资料性附录。

本标准由国家认证认可监督管理委员会提出并归口。

本标准起草单位：中华人民共和国天津出入境检验检疫局等。

本标准主要起草人：王利兵、李秀平、冯智劼、闫婧、郭顺、胡新功。

本标准系首次发布的出入境检验检疫行业标准。

进出口水果和蔬菜预包装指南

1 范围

本标准规定了进出口水果和蔬菜预包装的卫生要求。

本标准适用于水果和蔬菜的预包装。

2 术语和定义

下列术语和定义适用于本标准。

2.1 预包装 prepackaging

对产品可能遇到的伤害,采取保护方法防止产品品质退化使其保持新鲜,并显示给消费者。

3 预包装材料

预包装的材料应符合健康和卫生的标准并且能保护产品。可以使用以下材料:

——便于携带的塑料薄膜和纸包,或塑料薄膜和纸包、塑料板;

——便于携带的网套,或由网套和塑料、纤维胶、纺织纤维或同类材料做成的包;

——平面或底由硬纸板、塑料或木浆做成的浅盘或盒子(盒子的高需大于 25 mm)。包装材料应有显示功能的表示面和颜色,比如薄膜应是透明的,黄瓜包装应显其绿色。应使产品在视觉上的瑕疵,不能因其设计、颜色、网孔的大小等所掩盖。

——采用在水果生长期间进行套袋包裹。即在花后幼果期即给果品套上特制的防护纸袋,套袋纸应由 100% 木浆纸构成,应具有透气、防水、防虫等性能。

——复合保鲜纸袋包装。外层用塑料薄膜,内层用纸基材料袋,且两层之间加入能均匀放出一定量的二氧化碳或山梨酸气体的保鲜剂。塑料薄膜应具有防水性和适当的透气性,使得保鲜袋外部的氧气向袋内渗透,保证水果的正常呼吸。而二氧化碳、乙烯气体向薄膜外渗透。水分和二氧化碳(CO_2)分子在纸袋内停留时间长,保鲜剂可持久发挥作用。纸基材料袋应具有抵御害虫、灰尘等有害物质对水果侵害的能力,纸袋作为保鲜剂的载体,同时应防止保鲜剂直接与水果接触。纸袋透气度应保证保鲜剂释收的二氧化碳(CO_2)和山梨酸气体能透过纸张的孔隙扩散到水果表面。

4 预包装分类

预包装应保持产品的自然品质,清楚地显示给消费者。适当的包装定量应适合消费者的需求,同时便于销售。主要的预包装分类:

a）直接应用伸缩薄膜

主要用于包装大体积的单个水果或蔬菜（如柑橘类水果，温室的黄瓜、莴苣、莴苣头、圆头卷心菜等）。

b）对浅盘或盒子应用裹包薄膜

专门用于小体积的水果或蔬菜。将几个包装在一起。它由裹包薄膜（通常是收缩的薄膜）包裹的浅盘或盒子构成。

裹包薄膜由浅盘或盒子较长的一侧捆至另一侧以留下缺口。在包装完成后，较短的两侧可以进行空气流通（因为较高的相对湿度会加速由细菌引起的污染）。这种预包装特别适合于那些由于蒸发而水分流失特别快的水果和蔬菜。

不损坏薄膜，应不能从包装中拿出任何一个产品。包装薄膜一般用热接合，平行于容器（浅盘或盒子）的较长方。包装定量一般不超过 1 kg。

c）对浅盘或盒子应用薄膜构成完整的包装

用于小体积的水果和蔬菜，将几个包装在一起。采用能渗透水蒸气的薄膜（如带有抗凝结层的聚乙烯薄膜）。

单向的收缩薄膜应等同或略宽于浅盘或盒子的最大尺寸（长度）。双向收缩薄膜应该比浅盘或盒子的最大尺寸宽，以使薄膜收缩后能盖住浅盘或盒子较短方的边缘。

拉伸薄膜一般用热封，平行于浅盘或盒子的较长方。拉伸薄膜一般贴缚于盒子底部。

d）网套预包装

主要用于不易受机械损坏影响的、较小的水果和蔬菜。将几个包装在一起。

网套在填充之前先封闭一端，装满之后封闭另一端，这样就形成封闭的包。当采用直径可增大的网套时，应保证在放入产品后，最终直径不超过原直径的三倍。

网套一般用于球形的产品（如柑橘类水果，洋葱和马铃薯等）。包装定量一般在 1 kg～3 kg。

e）网袋预包装

使用情况类似 d），网袋底部的闭合口可在包装前或制作网袋时做好，第二个闭合口在填充东西后封合。包装定量一般在 1 kg～3 kg。这个系统也可用于大定量包装，有时可至 15 kg（特殊的马铃薯）。

f）塑料薄膜和纸包预包装

使用情况类似 d）和 e），包装定量一般不超过 2 kg，包装可能被打孔，见 g）。

塑料薄膜封合后可能会收缩。

g）可携带的塑料薄膜和纸包或网套预包装

使用情况类似 d）。底和侧面的部分已经由包装生产商或包装者做好，形成一个"半套"。在包装填充前，装入产品后，上面封合，并且留一定长度以便携带包裹。包装定量一般在 2 kg～3 kg。

h）盒子预包装

相对于前面提到的其他系统，用折叠的盒子预包装更加手工化。这种包装主要用在昂贵的水果收获时（如猕猴桃或其他国外进口的水果），或其他易受机械伤害的水果（如樱桃、草莓、黑莓）盒子能被直接填装，置放于运输箱中。

5 预包装应用

水果和蔬菜只有符合相关食品质量标准才能被预包装，常见蔬菜和水果的预包装参见附录 A。

6 包装（预包装）前的处理

包装（预包装）前所有的商品应根据相关质量标准分类。
根据蔬菜和水果的种类，实行不同的初步处理方法，如：
——洗或干刷蔬菜的根部；
——磨光苹果；
——去掉菜花外面损坏的叶子；
——去掉洋葱松散的表皮；
——去掉莴苣头，圆头的卷心菜等外面的叶子；
——去掉大头菜的花茎。

7 标记

建议每个预包装包裹或预包装单元根据产品的特点和经销的需要，应标志以下内容：
——产品名称；
——级别（根据相关质量标准）；
——包装公司名称（通常是公司的地点和名称）；
——包装日期；
——包装内商品的净重；
——零售价格；
——每千克的价格（这项不是必需的要求）；
——品种；
——产品的产地。

附录 A
（资料性附录）
预包装的应用

A.1 蔬菜

常见蔬菜预包装见表 A.1。

表 A.1　　常见蔬菜预包装

蔬菜	a	b	c	d	e	f	g	h
芦笋[1)	+	+	+			+		
小玉米			+					
甜菜根				+	+	+	+	
芽甘蓝				+	+	+		
结球莴苣、莴苣头[5)	+					+	+	
胡萝卜（无叶子）				+	+	+		
胡萝卜（有叶子）						+	+	
花椰菜	+						+	
芹菜（无叶子）	+			+	+	+	+	
芹菜（有叶子）						+		
大白菜	+					+	+	
菜豆·四季豆（在豆荚中）		+						
黄瓜	+					+	+	
羽衣甘蓝						+		
莳萝	+					+		
茄子	+				+	+		
茴香	+					+		
大蒜			+	+	+			
朝鲜蓟	+	+	+		+	+		
山葵	+				+	+		
青蒜[1)	+					+	+	
甜瓜	+						+	
混合蔬菜（切碎的）[2)		+	+		+	+		
洋葱（干）				+	+		+	
洋葱（有叶子）					+			
欧芹					+	+	+	
豌豆·青豆（去壳去皮）		+			+	+	+	+

(续表)

蔬菜	a	b	c	d	e	f	g	h
马铃薯[3]				+	+	+	+	
萝卜（无叶子）				+	+	+		
萝卜（有叶子）[1]					+			
大黄	+					+	+	
圆头卷心菜[4]	+					+	+	
皱叶甘蓝[5]	+					+	+	
菠菜		+	+			+		
南瓜、笋瓜	+			+				
糖豆（有豆荚）		+	+					
小甜玉米	+						+	
番茄		+	+	+	+	+	+	
菊苣	+				+		+	

[1] 捆扎包装。
[2] 只能用网"套"。
[3] 包装好的马铃薯应避光保存。
[4] 只适用于即摘的卷心菜。
[5] 只适用于有结实的连接，并较少受到机械损伤的种类。

A.2 温带水果

常见温带水果预包装见表 A.2。

表 A.2　　常见温带水果预包装

温带水果	a	b	c	d	e	f	g	h
苹果		+	+	+		+	+	+
杏		+	+	+			+	+
越橘			+					+
黑莓			+					+
醋栗		+	+			+		+
葡萄		+	+					+
樱桃		+	+					+
桃子、油桃		+	+			+	+	+
梨子		+	+			+	+	+
李子		+	+			+	+	+
温柏		+	+					+
覆盆子、黑莓		+	+					+
红浆果		+	+					+
酸樱桃		+	+			+		+
草莓		+	+					+

A.3 亚热带和热带水果

常见亚热带和热带水果预包装见表 A.3。

表 A.3　　　　　　　　　　　　　常见亚热带和热带水果预包装

亚热带和热带水果	a	b	c	d	e	f	g	h
鳄梨	+	+	+		+	+		
香蕉		+	+			+		
柚子				+	+	+	+	
梅	+	+	+		+	+		
猕猴桃		+	+		+	+		+
柠檬		+	+	+	+	+	+	
橘子		+	+	+	+	+	+	
杧果[1]	+	+	+		+	+		+
莽吉柿、倒捻子			+					+
甜橙	+	+	+	+	+	+	+	
番木瓜	+							+
菠萝	+					+		+
石榴		+	+		+	+	+	+
山榄果、人心果、赤铁科果实								+
甜酸豆果			+					+

[1] 除去易受低氧气浓度影响的种类。

中华人民共和国出入境检验检疫行业标准

SN/T 2455—2010

进出境水果检验检疫规程

Rules for the inspection and quarantine of fruit for import and export

2010-01-10 发布　　　　　　　　　　　　　　　　2010-07-16 实施

中华人民共和国
国家质量监督检验检疫总局　发布

前　言

本标准附录 A 为资料性附录。

本标准由国家认证认可监督管理委员会提出并归口。

本标准起草单位：中华人民共和国广东出入境检验检疫局。

本标准主要起草人：郭权、何日荣、陈思源、林宗炘、钟伟强、陈晓路。

本标准系首次发布的出入境检验检疫行业标准。

进出境水果检验检疫规程

1 范围

本标准规定了进出境水果的检验检疫方法和检验检疫结果的判定。
本标准适用于进出境水果的检验检疫。

2 规范性引用文件

下列文件中的条款通过本标准的引用而成为本标准的条款。凡是注日期的引用文件，其随后所有的修改单（不包括勘误的内容）或修订版均不适用于本标准，然而，鼓励根据本标准达成的协议的各方研究是否可使用这些文件的最新版本。凡是不注日期的引用文件，其最新版本适用于本标准。

GB/T 8210—1978　出口柑橘鲜果检验方法
SN/T 0188　进出口商品重量鉴定规程　衡器鉴重
SN/T 0626—1997　出口速冻蔬菜检验规程

3 术语和定义

3.1 水果　fruit

新鲜水果、保鲜水果与冷冻水果果实。

4 检验检疫依据

4.1 进境国家或地区的植物检验检疫法律法规和相关要求。
4.2 政府间的双边植物检验检疫协定、协议、议定书、备忘录。
4.3 中国进出境植物检验检疫法律法规及其相关规定。
4.4 进境植物检疫许可证、贸易合同和信用证等文本中订明的植物检验检疫要求。

5 果园、包装厂注册登记

5.1 果园注册登记

出境水果果园应经所在地检验检疫机构考核，取得注册登记资格。

5.2 包装厂注册登记

出境水果包装厂应经所在地检验检疫机构考核，取得注册登记资格。

6 检验检疫准备

6.1 审核报检所附单证资料是否齐全有效，报检单填写是否完整、真实，与进境植物检疫许可证、输出国官方植检证书、贸易合同（或信用证）、装箱单、发票等资料内容是否相符。进境水果应进行植检证书真伪性核查，有网上证书核查要求的应进行网上核查。

6.2 查阅有关法律法规和技术资料，确定检验检疫依据及检验检疫要求。

6.3 了解输出国产地疫情或输入国检验检疫要求，明确检验检疫规定。

7 现场检验检疫

7.1 检验检疫工具

瓷盘或白色硬质塑料纸、手持放大镜、毛刷、指形管、酒精瓶、酒精、剪刀、镊子、样品袋、标签、记号笔、照明设备、照相机等。查验有冷处理要求的进境水果还需要标准水银温度计、搅拌棒、保温壶、洁净的碎冰块、蒸馏水等工具和材料进行冷处理水果果温探针校正检查。

7.2 核查货证

7.2.1 进境水果核查货证

核查核对集装箱等运输工具、所装载货物的号码与封识、货物的标签、品名、唛头、封箱标志、规格、批号、产地、日期、数量、质量、件数、包装、原产国的果园或包装厂的名称或代码等是否与报检单证相符、是否符合第 4 章规定的检验检疫要求。

核查水果的种类、数（质）量，并检查其间是否夹带、混装未报检的水果品种，是否符合关于进境水果指定入境口岸的规定。经香港和澳门地区中转进入内地的进境水果，要核对货物、封识是否与经国家质量监督检验检疫总局认可的港澳地区检验机构出具的确认证明文件内容相符。

有热处理要求的进境水果应核查植物检疫证书上的热处理技术指标及处理设施等注明内容是否符合第 4 章规定的检验检疫要求。有冷处理要求的进境水果应核查植物检疫证书上的冷处理温度、处理时间和集装箱号码封识号及附加声明等注明内容，以及由输出国官员签字盖章的果温探针校正记录等，是否符合第 4 章规定的检验检疫要求。

7.2.2 出境水果核查货证

核对包装上的唛头标记、水果的件数和质量等是否与报检相符。

出境水果应来自经检疫注册登记的果园和包装厂，符合注册登记管理的有关要求。出境查验时还应核对果园、包装厂注册登记证书或其复印件，及水果包装箱上的水果种类、产地、果园和包装厂名称或注册号以及批次号等信息，是否符合第 4 章规定的检验检疫要求。果园与包装厂不在同一辖区的，还应核查产地供货证明，并对供货证明的数量进行核销。

7.3 运输工具及装载容器检验检疫

检查装运水果的集装箱、汽车、飞机或船舶等运输工具是否干净，有无有害生物、土壤、杂草或其他污染物。

7.4 进境水果冷处理核查

对有冷处理要求的进境水果，核查由船运公司下载的冷处理记录、检查果温探针安插的位置及对果温探针进行校正检查,是否符合第4章规定的检验检疫要求。

7.5 出境水果处理

有特殊处理要求的出境水果,包括出口前冷处理、运输途中冷处理、出口前蒸热处理和蒸热低温杀虫处理等处理,应按相关要求和处理指标进行处理,出具相应的处理报告和植检证书,在植物检疫证书中应包含冷处理或热处理相关信息。

7.6 包装物检验检疫

7.6.1 抽样前检查整批包装是否完整、有无破损,检查内外包装有无虫体、霉菌、杂草、土壤、枝叶及其他污染物。

7.6.2 带木包装或其他植物性包装材料的,按相关规定实施检疫。

7.7 抽样与取样

有双边植物检验检疫协定要求的、按双边协定要求进行抽查;无双边协定要求的,按随机和代表性原则多点抽样检查,抽查件数和取样数量如下:

a)进境水果

以每一检验检疫批为单位进行抽查取样,抽查件数和取样数量见表1。可根据国内外近期有害生物的发生情况及口岸有害生物的截获情况,在范围内相应地调整抽查件数和取样数量。初次进口的水果品种及以往查验发现可疑疫情的,适当增加抽查件数。

表1 进境水果抽查取样数量表

水果总数/件	抽查数量/件	取样量/kg
≤500	10（不足10件的,全部查验）	0.5~5
501~1 000	11~15	6~10
1 001~3 000	16~20	11~15
3 001~5 000	21~25	16~20
5 001~50 000	26~100	21~50
>50 000	100	50

b)出境水果

以每一检验检疫批为单位进行抽查取样,按水果总件数的2%~5%（不少于5件）随机开箱抽查,按货物的0.1%~0.5%（不少于5kg）随机抽取样品,可根据国内近期有害生物的发生情况在范围内适当调整抽查件数和取样数量。

7.8 货物检验检疫

7.8.1 大船运输的,分上、中、下三层边卸货边检查。

7.8.2 集装箱装载运输的,必要时在集装箱中间卸出60 cm的通道进行查验。

7.8.3 抽样逐个检查水果是否带虫体、枝叶、土壤和病虫为害状。重点检查果柄、果蒂、果脐及其他凹陷部位;害虫检查包括实蝇类、鳞翅目、介壳虫、蓟马、蚜虫、瘿蚊、螨类等虫体（如卵、幼虫、蛹及成虫）及其为害状,如虫孔、褐腐斑点、斑块、水渍状斑、边缘呈褐色的圆孔等;病害检包括霉变、腐烂、畸形、变色、斑点、波纹等病害症状。

收集各种虫体、病虫果及其他可疑的样品，放入样品袋或指形管，作好标记并送实验室检验鉴定。进境水果还应根据实际进境的水果品种和数（质）量，对进境动植物检疫许可证进行核销。

7.9 现场剖果

7.9.1 剖果数量。

对抽查的水果现场剖果检疫。对于进境水果，以每一检验检疫批为单位按表2的规定进行剖果，首先剖检可疑果。发现有可疑疫情的，适当增加剖果数量。

表2 现场剖果数量表

水果个体大小	剖果数量
个体较小的水果，如葡萄、荔枝、龙眼、樱桃等	每一抽查件数不少于0.5kg
中等个体的水果，如杧果、柑橘类、苹果、梨等	每一抽查件数不少于5个
个体较大的水果，如西瓜、榴梿、菠萝蜜等	每批不少于5个
香蕉	总件数5 000件以下的，不少于5kg；总件数大于等于5 000件的，不少于10kg

对于出境水果，参照进境水果现场剖果数量进行剖果检查。

7.9.2
剖果后仔细检查果实内有无昆虫虫卵、幼虫及其为害状，有无霉变；收集可疑的样品，放入样品袋、作好标记并送实验室检验鉴定。

7.10 视频监控及拍照或录像

进境水果还应对查验过程按相关要求进行视频摄录保存。查验发现有害生物或可疑疫情的，对有害生物及疑受为害的果实、包装箱及装载的运输工具进行拍照或录像。

7.11 现场查验记录

记录内容包括：查验日期地点、单证核对情况、抽查数量、有害生物发现情况、现场查验人员、相关照片录像等。

8 实验室检验检疫

8.1 品质检验

8.1.1 感官检验

8.1.1.1 外观卫生检验
结合现场查验，检查果面有无破损、是否洁净，是否沾染泥土或不洁污染物。

8.1.1.2 品种规格检验
结合现场查验，检查品种是否具有本品种固有的色泽、形状，检验品种和规格是否符合相关标准规定。

8.1.1.3 风味检验
品尝其风味和口感是否具有本品种固有的风味和滋味，有无异味。

8.1.1.4 杂质检验

结合现场检验检疫,检查果实是否带有本身的废弃部分及外来物质。

8.1.1.5 缺陷检验

进境水果按 GB/T 8210—1987 中 5.4 执行。

出境水果按输入国家或地区要求执行。

8.1.1.6 可食部分检验

进境水果按 GB/T 8210—1987 中 5.7.3 执行。

出境水果按输入国家或地区要求执行。

8.1.1.7 可溶性固形物检验

进境水果按 GB/T 8210—1987 中 5.7.5 执行。

出境水果按输入国家或地区要求执行。

8.1.2 重量鉴定

进境水果按 SN/T 0188 执行。

出境水果按输入国家或地区要求执行。

8.1.3 微生物检验

进境水果按 SN/T 0626—1997 中 5.7 执行。

出境水果按输入国家或地区要求执行。

8.1.4 理化检验

进境水果果实中的糖、酸、维生素含量的测定方法按 GB/T 8210 执行。

出境水果按输入国家或地区要求执行。

8.1.5 有毒有害物质检验

根据输入国家或地区规定或标准,或合同信用证规定的方法进行有毒有害物质如重金属、农药残留等项目的检验;如无指定方法,按国家标准或检验检疫行业标准检验。

8.2 有害生物检疫鉴定

8.2.1 病害检疫鉴定

对抽取的样品进行仔细的症状检查,检查有无发霉、腐烂等典型病害症状,发现可疑症状的进一步做病原检查。

8.2.2 害虫、螨类检疫鉴定

将现场检验检疫中发现的害虫螨类样本和可疑病虫害水果放入白瓷盘,在光线充足条件下逐袋逐个进行剖果与检查,检查是否有蛆状或其他害虫,将截获的害虫置于解剖镜或显微镜下检验鉴定。

对难以直接鉴定的幼虫、卵、蛹,应进行饲养,需要时连同样品一并置于昆虫饲养箱中进行饲养,成虫羽化后进行鉴定。

8.2.3 杂草检疫鉴定

将截获的杂草籽置于解剖镜或显微镜下或用其他方法进行检验鉴定。

9 结果评定与处置

9.1 合格评定

根据本标准检验检疫结果,对照第 4 章规定的检验检疫要求,综合判定是否合格。感官检验项目如无指定要求，附录 A 供参考。

经检验检疫，符合第 4 章规定的检验检疫要求的，评定为合格。

9.2 不合格评定

检验检疫结果有下列情况之一的水果，评定为不合格：

——发现检疫性有害生物的；

——发现禁止进境物的；

——发现协定应检有害生物的；

——发现包装箱上的产地、种植者或果园、包装厂、官方检验检疫标志等不符合检验检疫议定书要求或其他相关规定的；

——有毒有害物质检出量超过相关安全卫生标准规定的；

——发现水果检疫处理无效的；

——发现其他不符合第 4 章规定的。

9.3 不合格的处理

进境的，应实施检疫除害处理。无有效处理方法的，予以退货或销毁。

出境的，应针对情况进行除害处理或换货处理，并对处理后的货物进行复检，复检仍不合格的货物，作不准出境处理。

附录 A
（资料性附录）
水果感官指标

表 A.1　　　　　　　　　　　　　　水果感官指标表

项目	判断	
	合格	不合格
包装	清洁，牢固	变形，不清洁
质量	符合规定	少于规定，或大于规定 2%
卫生	果面洁净，不沾染泥土或为不洁物污染	果面不洁，附有泥土等
形状	具该品种应有的果形特征	畸形
异品种	≤2%	>2%
风味	具该品种正常的风味，无异味	有异味
杂质	不带有水果本身的废弃部分及外来物质	带有水果本身的废弃部分及外来物质
缺陷	一般缺陷或严重缺陷合计≤10%，其中严重缺陷<3%	一般缺陷和严重缺陷合计>10%，其中严重缺陷>3%

注：上述项目中，杂质、卫生、风味、缺陷四项中有一项不合格，整批判为不合格；其余项目中有两项不合格，整批判为不合格。

中华人民共和国出入境检验检疫行业标准

SN/T 4069—2014

输华水果检疫风险考察评估指南

Guidelines for onsite assessment of quarantine risk of fresh fruit exported to P. R. of China

2014-11-19 发布

2015-05-01 实施

中华人民共和国
国家质量监督检验检疫总局 发布

前　言

本标准按照 GB/T 1.1—2009 给出的规则起草。

本标准由国家认证认可监督管理委员会提出并归口。

本标准起草单位：中华人民共和国广东出入境检验检疫局、中国检验检疫科学研究院。

本标准主要起草人：吴佳教、林莉、何日荣、刘海军、陈乃中、武目涛、李春苑、胡学难。

输华水果检疫风险考察评估指南

1 范围

本标准规定了赴外考察评估输华水果检疫风险的对象、要求和程序。
本标准为检疫专家赴外考察评估输华水果检疫风险提供指南。
本标准适用于检疫专家赴外考察评估输华水果检疫风险。

2 规范性引用文件

下列文件对于本文件的应用是必不可少的。凡是注日期的引用文件，仅所注日期的版本适用于本文件。凡是不注日期的引用文件，其最新版本（包括所有的修改单）适用于本文件。

GB/T 20478　植物检疫术语
GB/T 23694　风险管理　术语

3 术语和定义

GB/T 20478 和 GB/T 23694 界定的以及下列术语和定义适用于本文件。

3.1 风险　risk

某一事件发生的概率和其后果的组合。通常仅应用于至少有可能会产生负面结果的情况。

3.2 风险管理　risk management

在本标准中特指有害生物风险管理，即评价和选择降低有害生物传入和扩散风险的方案。

3.3 产地　original area

某种物品的生产、出产或制造的地点。常指某种物品的主要生产地。

3.4 考察　investigation

在本标准中特指官方评估的过程，意为中方检验检疫机构派出检疫专家赴外对水果等原产地进行实地观察调查。

3.5 产地考察　produced–area investigation

产地考察分为植物产地考察和动物产地考察。
植物产地考察是指植物检疫机构在水果等植物种子、苗木等繁殖材料和水果等植物产品生产地（原种场、良种场、苗圃以及其他繁育基地）进行考察。

3.6 议定书 protocol

经过谈判、协商而制定的共同承认、共同遵守的文件。

4 对象

考察的输华水果是指首次申请输华，或提出解除禁止进境，或已签定了准入协议（如议定书等）并处于出口季节中的水果。

5 要求

赴外考察专家需熟悉检验检疫相关法律法规，尤其是水果检疫相关的法律法规；收集并掌握双方签订的考察水果的有关协议（如议定书）以及与之相关的技术资料信息，如风险分析报告；掌握中方关注的有害生物基础信息。

赴外考察专家需科学、客观和公正。

考察评估内容包括有害生物的监测计划、防治措施和输华果园、包装厂、储藏和冷处理设施、检疫卫生条件、管理措施，以及准入协议（如议定书等）中列明的其他要求。

6 程序

6.1 由水果输出国家或地区的官方机构发出邀请函，邀约中方检验检疫机构派出检疫专家赴外考察。

6.2 中方检验检疫机构受理申请后，依据相关检验检疫法规条例规定，确定 2 名或以上赴外考察专家。组成专家小组。

6.3 专家小组成员按对方邀请函以及相关批文和规定办理出入境手续。

6.4 赴外专家实施考察同时填写相应的考察评估表（参见附录 A、附录 B 和附录 C）。

6.5 为了客观评估检疫风险，赴外专家赴外考察期间，对考察过程中的了解的原则性信息可适时与对方专家做技术层面上的交流。

6.6 赴外专家返回后，对各考察报告表做出评估意见，并形成考察评估报告初稿，参见附录 D。报告初稿提交，由国家质检总局确定不少于 5 人组成的专家组作进一步审议，形成考察评估报告终稿，上报质检总局。

6.7 国家质检总局将考察评估报告终稿以公函形式回复给邀请方，并明确作出是否允许向中方输出水果或是否同意解除禁止相关水果进境的答复。

6.8 申请方如对考察评估结果有异议的，可向我方检验检疫机构提出，我方检验检疫机构将于 30 个工作日内作出回复。

7 结果判定

以外派专家现场考察评估表的信息为基础，由外派专家小组作出评估意见，并形成评估报告初稿，以审核专家组形成的评估报告终稿作为依据，判定输华水果检疫风险，并提出是否允许同意水果输华或是否同意解除禁止水果进境的建议。

附录 A
（资料性附录）
针对官方职能部门的考察评估表

序号	内容	评估结果	备注
1	是否能提供目标水果品种、产区分布、种植面积和采收季节等方面的基本信息	□是 □否	
2	是否能提供目标水果销售情况信息	□是 □否	
3	水果此前是否已向其他国家或地区出口？如是，请列举出口的国家或地区以及各自年出口量	□是 □否	列举：
4	拟输华水果的果园是否经国家植保部门（NPPO）或检疫机构注册登记？如是，请提供名单	□是 □否	
5	拟输华水果的包装厂是否经国家植保部门（NPPO）或检疫机构注册登记？如是，请提供名单	□是 □否	
6	是否能提供果园申请注册登记和审批的相关程序文件	□是 □否	
7	是否能提供包装厂申请注册登记和审批的相关程序文件	□是 □否	
8	是否存在没有通过注册登记的果园？如是，请陈述原因	□是 □否	原因：
9	是否存在没有通过注册登记的包装厂？如是，请陈述原因	□是 □否	原因：
10	是否对每个注册果园质量体系运行情况进行复审？如是，请出示相关报告，并说明复审的频率	□是 □否	频率：
11	是否对每个注册包装厂质量体系运行情况进行复审？如是，请出示相关报告，并说明复审的频率	□是 □否	频率：
12	是否制订了有害生物田间综合防控计划？如是，请陈述或出示相关依据	□是 □否	
13	如果发现检疫性有害生物，是否有相应的执行程序文件？如有，请提供	□是 □否	
14	果实采收前，是否对果园开展合格评定？如有，请出示相关的记录	□是 □否	
15	针对发现中方关注的有害生物，是否有相应的应急措施计划？如有，请陈述或出示相关材料	□是 □否	
16	是否建立了实蝇等有害生物非疫区或非疫产地或非疫生产点（如有要求）？	□是 □否	

（续表）

序号	内容	评估结果	备注
17	是否有非疫区或非疫产区或非疫生产点的维护详细措施（如有要求）？如有，请提供	□是 □否	
18	非疫区或非疫产区的维护是否达到效果（如有要求）？重点查看相关记录	□是 □否	
19	是否有针对实蝇类害虫如地中海实蝇的监测方案（如有要求）？如有，请出示相关资料	□是 □否	
20	是否有针对中方关注的其他有害生物如苹果蠹蛾等的监测方案（如有要求）？如有，请出示相关资料	□是 □否	
21	是否有中方关注的其他有害生物如火疫病的田间和实验室检测要求方案（如有要求）？如有，请出示相关资料	□是 □否	
22	出口前检疫操作相关要求是否明确？重点是了解检查比例、方法和相应的记录	□是 □否	
23	抽查3份此前的出口前检疫记录（如果有），是否发现需对方解释之处	□是 □否	
24	出口前检疫过程中发现不符合要求的水果，是否会及时处理？请陈述具体处理措施	□是 □否	措施：
25	是否明确双方达成的检疫除害处理指标和操作规程（如有要求）	□是 □否	
26	是否对负责签发检疫除害处理（如有要求）报告的官员进行过培训？如有，请出示相关记录	□是 □否	
27	是否建立了药剂（农药、杀菌剂等）和肥料的采购和使用管理制度？如是，请出示相关依据	□是 □否	
评估意见			

附录 B
（资料性附录）
针对水果包装厂的考察评估表

包装厂名：　　　　　　　　　　　　　　　地址：
登记证号：　　　　　　　　　　　　　　　考察日期：

序号	内容	评估结果	备注
1	是否经国家植保部门（NPPO）或检疫机构注册登记？如是，请出示批准的文件	□是 □否	
2	是否将所有职责，特别是质量管理体系的职责明确分工？如是，请出示相关依据	□是 □否	
3	是否定期对自身的质量管理体系运行情况进行内容审核？如是，请告知审核的频率。并请出示相关记录	□是 □否	频率：
4	相关员工是否经过专业培训？如是，请陈述或出示相关依据	□是 □否	
5	培训的内容是否涉及中方关注的有害生物内容，如是，请陈述或出示相关依据	□是 □否	
6	是否具备较完备的果实溯源体系	□是 □否	
7	是否配备了质量检测技术员	□是 □否	
8	质量检测技术员是否有资质（专业背景或接受相应的培训）？如是，请陈述或出示相关记录	□是 □否	
9	质量检测员是否了解中方关注的有害生物	□是 □否	
10	质量检测员是否掌握双方同意的注册果园与相应的编码	□是 □否	
11	质量检测是否以不含有害生物为重点	□是 □否	
12	质量检测项目是否包括不含叶片	□是 □否	
13	抽查3份此前的质量检测记录，是否发现需对方解释之处	□是 □否	
14	是否有处理残次果和枝叶残体的相关规定或具体做法	□是 □否	
15	包装厂是否有防止有害生物再感染的措施	□是 □否	

(续表)

序号	内容	评估结果	备注
16	包装厂布局是否合理？重点考察是否能做到防止有害生物交差感染	□是 □否	
17	车间是否有充足的照明	□是 □否	
18	包装/贮藏区域是否清洁？重点考察是否不含泥土、植物残体等	□是 □否	
19	不能及时加工的原料果与加工过的水果是否能独立存放	□是 □否	
20	已经通过自检的水果是否能与未开展自检的水果分开存放	□是 □否	
21	经检疫待装运的输华水果是否会单独存放	□是 □否	
22	是否明确出口前检疫操作有相关要求？重点是了解检查比例，方法和相应的记录	□是 □否	
23	抽查3份此前的出口前检疫记录（如果有），是否发现需要对方解释之处	□是 □否	
24	出口前检疫过程中发现不符合要求的果，是否会及时处理？请陈述具体处理措施	□是 □否	具体措施：
25	是否具备相应的检疫除害处理措施（如有要求），指热水处理、蒸热处理、冷处理、熏蒸处理或辐照处理	□是 □否	
26	是否明确双方达成的检疫除害处理指标和操作规程（如有要求）	□是 □否	
27	负责签发检疫除害处理（如有要求）报告的官员是否有资质？请陈述或提供依据	□是 □否	
28	该实施此前是否已应用于针对其他国家或地区需求的水果检疫除害处理？如有，请告知处理指标	□是 □否	指标：
29	负责签发除害处理（如有要求）报告的官员是否此前针对其他国家需求签发过类似的除害处理报告	□是 □否	
30	包装箱是否符合双方协议要求	□是 □否	
31	包装箱上的信息是否符合双方协议要求	□是 □否	
32	水果清洗剂、杀菌剂和蜡等生物杀灭剂或产品保护剂的使用是否有相关规定？如是，请陈述或出示依据	□是 □否	
评估意见			

附录 C
（资料性附录）
针对果园的考察评估表

果园名称： 　　　　　　　　　　　　　　　　地址：
登记证号： 　　　　　　　　　　　　　　　　考察日期：

序号	内容	评估结果	备注
1	是否经国家植保部门（NPPO）或检疫机构注册登记？如是，请出示批准的文件	□是 □否	
2	是否将所有职责，特别是质量管理体系的职责明确分工？如是，请出示相关依据	□是 □否	
3	是否定期对自身的质量管理体系运行情况进行内容修改？如是，请告知审核的频率，并请出示相关记录	□是 □否	频率：
4	是否建立了药剂（农药、杀菌剂等）和肥料的采购和使用管理制度？如是，请出示相关依据	□是 □否	
5	是否有专业技术人员负责农药（农药、杀菌剂等）和肥料管理和使用？如有，请出示相关依据	□是 □否	
6	是否配备了植保技术员	□是 □否	
7	植保技术员是否有资质（专业背景或相应的培训），如是，请陈述或出示相关记录	□是 □否	
8	相关员工是否经过了专业培训？如是，请陈述或出示相关依据	□是 □否	
9	培训的内容是否涉及中国关注的有害生物内容，如是，请陈述或出示相关依据	□是 □否	
10	是否制订了有害生物综合防治计划？如有，请出示相关依据	□是 □否	
11	是否开展针对实蝇类害虫如地中海实蝇的监测（如果有要求）？如有，请出示相关记录	□是 □否	
12	实蝇监测方法是否符合中方要求（使用的诱剂和诱捕器、布点规划、维护频率与方法等）？重点查看相关记录	□是 □否	
13	是否开展针对中方关注的其他有害生物如苹果蠹蛾等的监测（如有要求）？如有，请出示相关记录	□是 □否	
14	其他有害生物监测方法是否符合中方要求（使用的诱剂和诱捕器、布点规划、维护频率与方法等）？重点查看相关记录	□是 □否	
15	是否开展中方关注的其他有害生物如火疫病的田间和实验室检测活动（如有要求）？如有，请陈述方法并出示相关记录	□是 □否	

(续表)

序号	内容	评估结果	备注
16	是否建立了实蝇等有害生物非疫区或非疫产地或非疫生产点（如有要求）	□是 □否	
17	是否有非疫区或非疫产区或非疫生产点的维护详细措施（如有要求）？如有，请提供	□是 □否	
18	非疫区或非疫产区或非疫生产点的维护是否达到效果（如有要求）？重点查看相关记录	□是 □否	
19	针对发现的中方关注的有害生物，是否有相应的应急措施计划？如有，请陈述或出示相关材料	□是 □否	
20	是否有果实采收的成熟度识别标准（如有要求）？如有，请出示相关材料	□是 □否	
21	果实从果园采收后到运抵包装厂之前是否有防止有害生物再感染的措施？如有，请陈述	□是 □否	
22	植保技术员是否能回答出该地区发生的主要有害生物及防控措施要领	□是 □否	
23	植保技术员或果园其他人员是否能回答出中方关注的主要有害生物	□是 □否	
24	监测方法（如有要求）是否科学？重点考察布点真实，诱剂是否有效等环节	□是 □否	
25	田间是否保持卫生整洁（如是否及时清除落果）。如不是，对方是否给出合理解释	□是 □否	解释：
26	田间区块编号是否易于识别和溯源	□是 □否	
27	田间果样目测调查是否发现了中方关注的有害生物？调查果数	□是 □否	果样数：
28	田间落果目测调查是否发现了中方关注的有害生物？调查果数	□是 □否	果样数：
29	田间树体目测调查是否发现了中方关注的有害生物？调查样数	□是 □否	样数：
30	监测（如果有）维护人员是否能说出监测操作技术要领	□是 □否	
31	监测（如果有）维护人员是否能说出近年来监测结果	□是 □否	
32	相关人员是否掌握采收时机（成熟度）	□是 □否	
33	相关人员是否知晓采后防止有害生物再感染措施	□是 □否	
评估意见			

附录 D
（资料性附录）
考察报告大纲

前言

人员和考察目的。概述考察评估任务完成情况以及取得的成效。

一、赴外考察准备

包括信息收集情况、考察依据和计划制订情况，以及其他与考察任务相关的工作准备。

二、考察评估

介绍完成的主体考察任务，各项任务开展和执行情况；详细介绍考察评估的新发现，对资料和现场印证情况进行介绍，并开展科学评估，提出各项考察重点内容潜在的有害生物风险，以及关键控制方法的建议。

三、工作建议

提出考察评估中发现的问题和风险控制的关键点，及其解决问题的综合建议。提出后续工作重点或下一步措施建议。

四、工作体会

阐述考察评估工作中较成功的做法或值得推广的工作经验。

五、附表或附图

列出考察评估过程中的资料信息。包括表格、图片或关键文字资料等。

六、署名

列出参与考察的人员信息。

ICS 65.020.20
B 05

中华人民共和国国家标准

GB/T 20496—2006

进口葡萄苗木疫情监测规程

Guidelines for quarantine surveillance
on imported grape seedlings

2006-09-19 发布　　　　　　　　　　　　2007-03-01 实施

中华人民共和国国家质量监督检验检疫总局
中国国家标准化管理委员会　发布

前 言

本标准的附录 A、附录 B、附录 C、附录 D 均为资料性附录。

本标准由中华人民共和国农业部提出。

本标准由农业部种植业管理司归口。

本标准主要起草单位：全国农业技术推广服务中心。

本标准参加起草单位：国家质检总局动植物检疫实验所、河北省植保总站、山西省植保站、宁夏回族自治区植保站。

本标准主要起草人：王福祥、朱水芳、柯汉英、李俊林、张增福、李先誉。

进口葡萄苗木疫情监测规程

1 范围

本标准适用于所有国（境）外进口葡萄苗木进境检疫放行后种植期间的疫情监测。

2 术语和定义

下列术语和定义适用于本标准。

2.1 葡萄苗木 grape seedlings

可供繁殖用的葡萄苗（含试管苗）、接穗、插条、叶片、芽体等。

2.2 疫情监测 pest surveillance

通过调查、检测或其他程序确定有害生物发生或不存在的官方过程。

3 监测的有害生物

3.1 昆虫类

3.1.1 南美按实蝇 *Anastrepha fraterculus* （Wiedemann）

3.1.2 昆士兰果实蝇 *Bactrocera tryoni* （Froggatt）

3.1.3 美国白蛾 *Hyphantria cunea* （Drury）

3.1.4 柳扁蛾 *Phassus excrescens* Butler

3.1.5 柑橘粉蚧 *Planococcus citri* （Rissd）

3.1.6 日本金龟子 *Popillia japonica* Newman

3.1.7 梨圆盾蚧 *Quadraspidiotus pemiciosus* （Comst.）

3.1.8 葡萄根瘤蚜 *Daktulosphaira vitifoliae* （Fitch）

3.2 线虫类

3.2.1 长针线虫属 *Longidorus* spp.

3.2.2 根结线虫属 *Meloidogyne* spp.

3.2.3 拟毛刺线虫属 *Paratrichodorus* spp.

3.2.4 短体线虫属 *Pratylenchus* spp.

3.2.5 毛刺线虫属 *Trichodorus* spp.

3.2.6 柑橘半穿刺线虫 *Tylenchulus semipenetrans* Cobb

3.2.7 剑线虫属 *Xiphinema* spp.

3.3 真菌类

3.3.1 蔓枯病菌 *Cryptosporella viticola*（Reddick）Shear

3.3.2 炭疽病菌 *Glomerella cingulata*（Stoneman）Sqaulding et Schrenk

3.3.3 黑腐病菌 *Guignardia bidwellii*（Ell）Viala et Ravaz

3.3.4 咖啡美洲叶斑病菌 *Mycena citricolor*（Berk. et Curt.）Sacc.

3.3.5 霜霉病菌 *Plasmopora viticola*（Bark. et Curt.）Berl. et de Toni

3.3.6 黑痘病菌 *Sphaceloma ampelinum* de Bary

3.3.7 白粉病菌 *Uncinula necato*（Achw.）Burr.

3.4 细菌类

3.4.1 葡萄根癌细菌 *Agrobacterium tumefaciens*（Smith et Townsend）Conn.

3.4.2 葡萄癌肿病菌 *Agrobacterium vitis*

3.4.3 葡萄黑木病菌 *Grapevine boisnoir phytoplasma*

3.4.4 葡萄金黄化植原体 *Grapevine flavescence doree phytoplasma*

3.4.5 葡萄细菌性疫病菌 *Xylophilus ampelinus*（Panagopoulos）Willems et al.

3.5 病毒类

3.5.1 南芥菜花叶病毒 *Arabis mosaic virus*

3.5.2 葡萄斑点病毒 *Grapevine fleck virus*

3.5.3 烟草环斑病毒 *Tobacco ringspot virus*

3.5.4 番茄环斑病毒 *Tomato ringspot virus*

3.5.5 葡萄扇叶病毒 *Grapevine fan leaf virus*

3.5.6 葡萄卷叶相关病毒 1、2、3 *Grapevine leafroll associated virus* 1.2.3

3.5.7 葡萄栓皮综合征 *Rugose wood complex*

3.6 杂草类

分枝列当 *Orobanche ramosa* L.。

3.7 检疫审批单中提出的其他有害生物

监测的有害生物以检疫审批单上提出的要求为准，执行本标准时应相应调整。

4 部分监测的有害生物田间调查及危害状识别

部分监测的有害生物田间调查及危害状识别参见附录 A。

5 部分监测的有害生物实验室检验

部分监测的有害生物实验室检验参见附录 B。

6 修剪工具管理

葡萄种苗的修剪工具要专管专用,每次使用前应消毒。

7 疫情监测程序

7.1 育苗期监测

7.1.1 前期检查

7.1.1.1 口岸调离运输监管

经口岸检疫放行后,货主不得擅自拆包或改变指定种植地点。到达隔离或种植地点后检疫机构查验有关单证。

7.1.1.2 开包验单

必须有植物检疫人员在场,检疫人员核对进口葡萄种苗的品种、数量,检查包装物、铺垫材料有无有害生物,作好检查记录。

7.1.1.3 抽样

500株以下（含500株）,全部检查；500株以上开包后分上、中、下三层,每层按大五点取样,抽样检查数量不少于500株。

7.1.1.4 检查

重点查看芽眼、茎蔓表皮,主要检查是否带土壤、虫瘿、菌瘿、杂草及病害症状。必要时作室内检查并填写初检登记表（见表1）。

表1　　　　　　　　　　　　进口葡萄苗木初检登记表

检查日期：

收货日期：

储藏条件：

包装编号	开包抽样情况		
	未发现	待查	发现
1			
2			
3			
4			
5			
6			
处理意见			

7.1.1.5 处理

7.1.1.5.1 入圃种植

未发现病虫害或发现一般病虫害经处理后拆包入盆或入圃种植。室内检验发现监测的有害生物，经处理合格的（处理方法参见附录C），放在花盆或隔离苗圃进行试种。生长期间进一步观察。处理不合格的，按检疫机构的要求处理。

7.1.1.5.2 销毁

确诊发现监测的有害生物，且无法进行有效处理的，销毁全部种苗。包装材料应全部销毁，不得移作他用或随意丢弃。

7.1.1.5.3 PRA分析

发现本规程所列有害生物以外的我国未见报道的新有害生物，立即开展风险分析，没有条件进行风险分析的应立即向上级检疫机构报告。有害生物风险大的种苗按应监测的有害生物对待，有处理方法的处理后种植，没有处理方法的销毁。风险小的病虫按一般病虫害对待。

7.1.2 盆栽土、苗床和幼苗处理

植物检疫机构监督引种单位进行苗床和幼苗处理。

7.1.2.1 盆栽土或苗床处理：每立方米用40%毒死蜱乳油0.3 g加15 g~20 g五氯硝基苯或加70%甲基托布津混匀。

7.1.2.2 幼苗处理：每15 d喷施800倍~1000倍液甲基托布津或多菌灵。

7.1.3 育苗期间检疫检验

7.1.3.1 检疫检验时间

进行三次检查，分别在催根期（须根生长至2片叶）、出苗期（植株生长出4片~5片叶）和成苗期（出圃前10天）进行。

7.1.3.2 检疫检验

7.1.3.2.1 调查方法：500株以下的，逐株检；500株以上的，棋盘式10点取样法，每点不少于10株，取样最少数量不少于500株。随带手持放大镜，仔细察看有无监测的有害生物发生，并每点拔1株仔细观察根部有无蚜虫、介壳虫卵和病斑。可疑标本送室内检验。

7.1.3.2.2 育苗后期管理：少量盆栽苗继续留在盆中接受生长期间的检疫；对于大量需移栽苗木，未发现监测的有害生物，符合出圃条件的，集中种植在检疫部门指定的地方，周围500 m内不得种植果树、蔬菜类作物。发现本规程所列有害生物，按检疫机构意见销毁或药剂处理。发现我国未见报道的新有害生物，按7.1.1.5.3处理。

7.2 生长期间检疫检验

7.2.1 检疫检验时间

分两年进行。第一年三次，分别为苗期、花期和后期；第二年五次，分别为萌芽期、新梢生长期、花期、果粒生长期和采收后期。

7.2.2 检疫检验方法

盆栽苗逐株检查：田间苗在田间踏查的基础上，采取抽样调查法（同育苗期）。检查有无褐腐、叶片皱缩、扭曲，有无僵果、黑果，必要时作室内检验，并填写检疫检验登记表（见表2）。

表 2　　　　　　　　　　　　　　　　　检疫检验记录表

检查场地编号	面积	株数	品种	检疫日期
检查情况				

处理意见：

检疫员：

7.2.3　有害生物处理

发现监测的有害生物，检疫机构根据情况，立即采取全部或部分处理或销毁，并对葡萄园进行封锁和处理。发现病害葡萄种植地的处理可参见附录 D。

7.3　出具疫情监测报告

经两年监测出具监测报告，详见表 3。

表 3　　　　　　　　　　　　　　　引进种苗入境后疫情监测报告

引种单位：		联系人：	联系电话：
审批单位：		审批单编号：	审批数量：
植物名称：		品种名称：	
种苗来源国（地区）：		引进数量：	
种植地点：		种植面积：	种植日期：
应检有害生物名单： （中文名和学名）			

疫情监测结果：

a）发现危险性有害生物及危害程度：

b）发现可疑有害生物及危害程度：

处理意见：
1. 符合国家检疫要求，入境后检疫合格。
2. 发现危险性有害生物，经处理（处理方法附后），应继续检疫　年，不宜再次引进。
3. 发现危险性有害生物，对全部种苗作销毁处理。
4. 其他处理意见：

检疫实施单位（植物检疫专用章）
专职检疫员（签字）
年　月　日

注：本报告一式三联，第一联交引种单位，作为再次引进同一种苗的依据之一；第二联由检疫实施单位留存；第三
　　联交检疫审批单位。

附录 A
（资料性附录）
部分监测的有害生物田间调查及危害状识别

A.1 昆虫类

A.1.1 南美按实蝇 *Anastrepha fraterculus*（Wiedemann）

是热带美洲地区重要的水果害虫之一。严重危害番石榴、杧果、柑橘、葡萄和李属水果。雌虫在果皮下产卵，在果皮上留下产卵痕，除此之外，在危害早期很难发现其他为害状。幼虫在果实内蛀食，形成很多孔道，并最终导致果实腐烂。

A.1.2 昆士兰果实蝇 *Bactrocera（Bactrocera）tryoni*（Froggatt）

危害苹果、杏、葡萄、鳄梨、腰果、无花果、番石榴、番荔枝、葡萄柚、枇杷、杧果、李、辣椒、番茄等重要经济果蔬作物，成虫将卵产于果皮下，幼虫在果实内取食危害，引起果实脱落，品质降低以至腐烂。

A.1.3 美国白蛾 *Hyphantria cunea*（Drury）

是典型的杂食性害虫，危害多种阔叶树，如桑、白蜡槭、胡桃、苹果、葡萄、李、樱桃、柿、榆和柳树等200多种植物。危害时取食叶肉，吐丝做网巢，有的网巢长达1 m以上。幼虫群集网中为害，严重时全株树叶被吃光，造成长势衰弱，抗逆性低下，果实品质降低，部分枝条甚至整株死亡。

A.1.4 柑橘粉蚧 *Planococcus citri*（Rissd）

为害柑橘、柚、橙、柠檬、杧果、菠萝、葡萄、香蕉、龙眼等多种植物的嫩梢嫩枝、果实、叶和根。被害果瘦小，表面有絮状污染物。果蒂被害时，可引起落果。该虫向体外排泄含糖液体，可招致蚁类上树，植物表面霉菌大量繁殖，使果表和叶面乌黑，严重影响植物生长和果实品质。

A.1.5 日本金龟子 *Popillia japonica* Newman

为多食性害虫，已发现近300种寄主植物，其中包括葡萄、苹果、草莓、树莓、樱桃、梨、桃、玫瑰、杜鹃、蜀葵、锦葵等重要经济作物。

幼虫在地下为害，取食根部，切断根系使其枯死，严重时引起植物大面积死亡。成虫善飞翔，危害植物叶片，取食叶肉及叶表皮，仅剩叶脉，取食花影响授粉，危害果实，使果表受损或将果实咬洞、穿孔。成虫对水果气味及黄颜色趋性强。

A.1.6 梨圆盾蚧 *Quadraspidiotus pemiciosus*（Comst.）

可为害300多种植物，主要寄主为苹果、梨，其次为葡萄、樱桃、海棠、杏、桃、山楂等。严重为害果树的枝条，重者枯死；果实受害后，出现红晕，形成小红圈，品质降低。

A.1.7 葡萄根瘤蚜 *Daktulosphaira vitifoliae*（Fitch）

仅为害葡萄属（*Vitis*）植物（葡萄及野生葡萄）。成若虫刺吸叶、根的汁液，分叶瘿型和根瘤型两型。欧洲系统葡萄上只有根瘤型，美洲系统上两型都有。叶瘿型：被害叶向叶背凸起成囊状，虫在瘿内吸食、繁殖，重者叶畸形萎缩，生育不良，甚至枯死。根瘤型：粗根被害形成瘿瘤，后瘿瘤变褐腐烂，皮层开裂，须根被害形成菱角形根瘤。

A.2 线虫类

A.2.1 长针线虫属 *Longidorus* spp.

可危害多种水果，为害植物根部导致根系受损伤、发育受阻，有时近根尖处肿胀形成虫瘿。虫口密度大时，地上部生长衰弱。若有此类线虫传播的病毒存在时，线虫取食传毒，病毒在植物上的特异症状发展、逐步表现出来。

A.2.2 根结线虫属 *Meloidogyne* spp.

可危害多种水果，主要为害植株根部及其他地下器官导致其形成肿瘤，常称其为根结，根结初期一般为黄白色、表面光滑，以后逐渐变为黄褐色、表面粗糙。在根结上还可以长出不定须根，须根受侵染后又形成根结，如此反复侵染，便形成乱发状须根团，地上部表现为生长矮小、黄化等衰退症状。根结线虫偶尔也可以侵染地上部的茎和叶形成瘿瘤。

A.2.3 拟毛刺线虫属 *Paratrichodorus* spp.

可危害多种水果，为害植物根部尤其是新根，导致根系变黑、缩短残缺，地上部褪绿、矮化。若有此类线虫传播的病毒存在时，线虫取食传毒，病毒在植物上的特异症状发展、逐步表现出来。

A.2.4 短体线虫属 *Pratylenchus* spp.

可危害多种水果，主要为害寄主植物的根部和其他地下部器官，偶尔侵染地上部如茎、果等，受侵染部位的组织变为黑褐色，呈水浸状，表面有伤痕，根部粗短、腐烂，地上部则表现为生长矮化、凋萎或死亡。

A.2.5 毛刺线虫属 *Trichodorus* spp.

可危害多种水果，症状同拟毛刺线虫。

A.2.6 剑线虫属 *Xiphinema* spp.

可危害多种水果，症状同长针线虫。

A.3 真菌类

A.3.1 蔓枯病菌 *Cryptosporella viticola* (Reddick) Shear

新梢、果粒、老蔓表现症状。新梢基部产生黑褐色、不整形稍隆起病斑。如果老蔓有越冬旧病斑，新梢抽出后不久突然枯萎。果粒感病后，表面变灰色，后期上面密生黑色小粒点，果粒逐渐干缩成僵果。老蔓产生暗褐条斑，病菌能侵入韧皮部和木质部，到秋季病蔓表皮纵裂成丝状，切开病蔓，可见内部已腐朽变色。在主蔓上有老病斑时，除表现上述症状外，全株生长衰弱，节间缩短，叶片细小褪色以至萎蔫或卷缩。上述发病部位到后期均着生黑色小粒点，为病原的分生孢子器。

A.3.2 炭疽病菌 *Glomerella cingulata* (Stoneman) Sqaulding et Schrenk

可发生在果粒、穗轴、叶片、卷须和新梢等部位，但主要为害果粒。幼果表面呈现黑色、圆形、蝇粪状病斑，由于幼果较酸，果肉坚硬，病斑仅限于表皮，且不扩大，不发展，也不形成分生孢子。果粒典型症状从着色期开始，此时果粒柔软多汁，病斑扩大较快。病斑初呈淡褐色，圆形，有的扩大到半个果粒面，病斑表面密生黑色小粒点，天气潮湿时排出绯红色黏质孢子块，病果粒逐渐干枯最后成僵果。

叶脉、叶柄等部位出现长椭圆形病斑，深褐色，表面隐约可见绯红色分生孢子块，但不如在果粒明显。叶上病斑数量一般发生不多，对树叶无明显影响，也不致引起落叶。

穗轴、果梗产生 1 cm~2 cm 的长椭圆形深褐色病斑，但葡萄成熟时，也有长条穗轴表现症状，使整穗果粒干缩，潮湿时病部表面长绯红色病原菌。

卷须感病常枯死，表面长绯红色病原菌。

A.3.3 黑腐病菌 *Guignardia bidwellii* (Ell) Viala et Ravaz

主要为害果穗，也可侵害叶片、叶柄和新生枝蔓。

果实发病，先在果面上发生紫黑色圆形病斑，直径5 mm～10 mm，逐渐扩大后，病斑略凹陷，中部灰色，边缘褐色。随着病斑继续扩大，果粒逐渐软腐，失水后干缩，变成黑色有棱角的僵果。上面着生黑色小粒点，即病菌的分生孢子器或子囊壳。空气潮湿时涌出孢子角。病僵果常常挂在枝蔓上。

叶片发病，叶脉间先呈现针尖状红褐色近圆形小斑点，直径2 mm～3 mm，以后逐渐扩大，中央灰白色，外部褐色，边缘黑色，后期病斑上产生许多黑色粒状小点，即分生孢子器，沿病斑排成环状。

新生蔓及叶柄发病，产生椭圆形、深褐色病斑，微凹陷，其上散生小黑点。

A.3.4 咖啡美洲叶斑病菌 *Mycena citricolor* (Berk. et Curt) Sacc.

寄主范围涉及50余科500余种植物。病菌可侵染叶片、幼枝和幼果。病叶上病斑一般为圆形、椭圆形，黑褐色，中心点为橘黄色，有时穿孔，病斑直径6 mm～13 mm。幼果受侵也产生圆形病斑。产芽体阶段在病斑上表面长出毛发状菌丝体（1 mm～4 mm长），天气潮湿时，病斑下表面也可长出菌丝体。病害侵染严重时，可造成全部叶片脱落。

A.3.5 霜霉病菌 *Plasmopora viticola* (Berk. et Curt.) Berl. et de Toni

主要为害葡萄的叶片，也能侵害嫩梢、花和幼果等柔嫩部分。叶片发病，最初为细小的不定形淡黄色水渍状斑点，以后逐渐扩大，在叶片正面出现黄色或褐色的不规则形病斑，边缘界限不明显，常数个病斑合并成多角形大斑。病斑背面产生白色的霜状霉层。发病严重时，叶片焦枯卷缩而早期脱落；嫩梢、叶柄、果梗等发病，初产生水渍状淡黄色病斑，以后变为黄褐色至褐色，形状不规则，天气潮湿时，表面密生白色霜状霉层。天气干旱时，病斑组织干缩下陷，生长停滞，甚至扭曲或枯死；花及幼果受害，病斑初为浅绿色，后呈深褐色，病粒变硬，也可产生霜状霉层，不久即皱缩脱落。较大的果粒感病时，呈现红褐色斑，后僵化裂开，着色后不再感病。

A.3.6 黑痘病菌 *Sphaceloma ampelinum* de Bary

主要侵染植株的幼嫩绿色部分，如果穗、果梗、叶片、叶柄、新梢及卷须等，叶片发病，开始出现针头大小红褐色至黑褐色斑点，周围有淡黄色的晕圈，以后逐渐扩大，形成直径1 mm～4 mm的近圆形或不规则形的病斑，中央灰白色，稍凹陷，边缘暗褐色或紫褐色。后期病斑干枯破裂，形成穿孔。叶脉上病斑呈菱形，并凹陷，灰色或灰褐色，边缘暗褐色。叶脉受害后，由于组织干枯，常使叶片扭曲、皱缩，甚至枯死。穗轴及小穗轴受害，则全穗或部分小穗发育不良，甚至枯死。果梗受害可使果粒干枯脱落或僵化。绿色穗粒染病呈现褐色圆斑，以后中部变成灰白色，稍凹陷，边缘红色或紫色，似"鸟眼"状，病斑直径可达3 mm～8 mm，后期病斑硬化或龟裂，穗粒变小，味酸质硬，丧失经济价值。穗粒后期染病，常开裂畸形。成熟穗粒染病，只在果皮表面出现僵斑，影响品质。新梢、蔓、叶柄或卷须受害时，初为圆形或不规则形褐色小斑，以后呈灰黑色，边缘深褐色或紫色，中部凹陷开裂，形成溃疡病。病梢生长停滞以至萎缩干枯，叶柄出现病斑较晚。葡萄苗期嫩梢染病严重时枯死。

A.3.7 白粉病菌 *Uncinula necato* (Achw.) Burr.

主要为害叶片、新生枝蔓、穗轴及果实等绿色组织。

嫩叶发病，先在叶表产生灰白色，无明显边缘的病斑，其上覆灰白色粉状物即病菌的菌丝体和分生孢子。发病较重时，整个叶片盖满白粉，叶片凹凸不平，有时能产生小黑点，是病菌的闭囊壳。严重时，病叶卷缩、枯萎，甚至脱落。

穗轴和新生枝蔓发病，表面覆盖灰白色粉状物，其下为羽状纹向四周蔓延形成褐色斑或不规则形黑褐色斑，严重时，穗轴、果梗变脆，枝蔓不能成熟。

果实受害，果面覆盖一层白粉，擦去白粉后，果实表面为褐色芒状花纹或褐至紫褐色不定形斑。

严重受害的果粒，变成黑色，被一层白粉。天气潮湿时，受害的较大果粒，易发生纵裂，腐烂。有的病果粒，因部分表皮细胞死亡后停止生长，而成为畸形果。幼果受害，覆盖白粉的果粒易枯萎脱落。

A.4 细菌类

A.4.1 葡萄金黄化植原体 *Grapevine flavescence doree phytoplasma*

典型症状出现在夏季，在最敏感的品种上，叶片黄化，由于植株木质化不好，枝条下垂，嫩枝节间缩短、坏死，有时出现纵向排列的黑色疱斑，叶片变硬、变脆、叠加排列呈伞状，白葡萄品种叶片变成金黄色，而黑葡萄品种叶片变成红色，在初秋，叶片上沿叶脉有时出现奶油黄色至褐色的斑点开花前发病，花序干枯，或引起果实干瘪、果硬、味苦，失去经济价值。

葡萄卷叶、栓皮病、扇叶的黄化株系都和葡萄金黄化植原体引起的症状有相似之处。但卷叶和栓皮病叶片卷曲并黄化，而葡萄金黄病除有黄化卷叶外，还沿叶脉出现奶油黄色斑点或角斑，叶片变硬和变脆，并且枝条木质化程度低，有黑色色斑，扇叶黄化株系引起叶片叶脉黄斑，但不卷叶或引起叶变脆，另外其他病害都不引起金黄化植原体特有的瘪果。

A.4.2 葡萄细菌性疫病菌 *Xylophilus ampelinus*（Panagopoulos）Willems et al.

仅为害葡萄。侵染芽、短枝、幼嫩枝梢、叶柄、花、果粒、主茎和叶片。主要的症状为溃疡斑。早春，病枝的芽抽不出来，或者生长矮化，甚至枯死。由于病茎形成层增生，往往表现轻度肿胀，同时皮层出现裂缝，逐渐变深变长，发展为溃疡斑。幼嫩枝梢基部节间处形成浅黄色斑点，向上不断扩展、颜色转深、开裂、最后形成溃疡斑。春末，许多木质化的枝条，也会形成裂缝，最后形成溃疡斑。夏天，如半边叶柄发病表现溃疡后，可导致半边叶片坏死，症状十分明显。溃疡斑也会在第1或第2的花柄或果柄上出现，偶尔发生叶斑或叶缘坏死。不一定出现菌脓。

A.5 病毒类

A.5.1 南芥菜花叶病毒 *Arabis mosaic virus*

寄主范围很广，达174属200多种植物。植物受害后主要表现为叶片斑驳和点斑、矮化以及畸形（包括耳突）。症状在不同寄主上表现不同，而且随株系、栽培品种、季节以及年份不同而变化。此外在许多植物上还表现为潜伏感染而不显症。

A.5.2 烟草环斑病毒 *Tobacco ringspot virus*

寄主范围很广，可侵染300多种植物。其中葡萄染病后植株生长缓慢、矮化，叶片产生褪绿环或水浸状斑，也产生斑驳、畸形并具不规则锯齿形或宽叶柄叶缘，病株易受冻害，第二年结果减少。树干纹孔状，有沟，韧皮部异常增厚并呈海绵状。

A.5.3 番茄环斑病毒 *Tomato ringspot virus*

寄主范围很广，能侵染105属170余种单、双子叶植物。病毒本身株系很多，在葡萄上的症状因不同地区以及不同品种具有较大差异。在北美洲地区，总的来说冷的地区发病重。一般在病毒感染第一年的葡萄上，症状不明显或只有少数枝条叶上具环斑症状，并且这些叶部症状并不是在整个生长季节都具有。这便使得第一年发病的植株很难发现到。第二年症状要明显得多，而畸形主要表现为叶片比健康叶小（三分之一大小，侵染后在较短的一段时间内叶片上也可出现环斑症状，但不是主要诊断依据），枝条变小，节间缩短，在寒冷地区病芽冬天死亡增多导致新出芽数量明显减少。果穗减少而且果实发育不均匀，产量明显降低，第三年在寒冷地区发病植株只在葡萄基部才能长出新的枝条，并且很少能结果。在湿度高的地方，可能叶部和地上部分症状不太明显，但果穗只有正常植株三分之一，果实发育不均匀，是最典型的症状。有些株系引起叶片黄化或黄脉症。

附录 B
（资料性附录）
部分监测的有害生物实验室检验

B.1 昆虫类

B.1.1 南美按实蝇 *Anastrepha fraterculus* (Wiedemann)

成虫：体长约 12 mm，黄褐色，单眼三角区黑色。中胸背板黄褐色，具 3 条白黄色纵纹，沟中部有一褐色小斑，横缝至小盾片鲜黄色。后胸背板和后小盾片 2 侧黑色。中胸后背片 2 侧和后小盾片均具褐色斑纹。胸鬃黄褐色至黑色；毛被黄褐色。腹侧鬃纤细。翅色带橘黄色或褐色。前缘带与 S 带通常在 R_{4+5} 脉上相接；倒 V 带与 S 带分离，但翅的斑纹偶有变异（如有的前缘带与 S 带不连。墨西哥类型 V 带与 S 带相连）。足全部黄褐色，前足腿节有 1 列褐色腹鬃，中足腹节具 1 根黑色端刺。腹部黄褐色。（腹末）卵器鞘长 1.65 mm~2.1 mm，粗，端部渐细。锉器上有 4 排~5 排钩状物。产卵器长 1.0 mm~1.95 mm，粗，基部加宽，其梢部长 0.25 mm~0.27 mm，有齿部分之前缢缩。齿钝圆，着生于产卵器末端一半左右处。卵器基部黄褐色，端部暗棕黄色。雄腹末抱握器长约 0.35 mm，基部中等粗大，端部明显扁平，较窄，钝。齿位于偏基的中间部位。

幼虫：老熟幼虫口脊 7 条~11 条。前气门指状突 9 个~13 个。腹节无背刺。

B.1.2 昆士兰果实蝇 *Bactrocera* (*Bactrocera*) *tryoni* (Froggatt)

成虫：头部黄褐色，中颜板具 1 对梨形黑色颜面斑。中胸背板大部红褐色，中间自前缘伸至横缝的 1 对狭纵条，肩胛与横缝之间的 2 个斑点以及缝后中央的 1 个倒喇叭形斑纹均为黑色。缝后具 1 对黄色侧纵条，肩胛、背侧胛均呈黄色。小盾片除基部 1 黑色狭横带外，余全黄色。足大部分黄至红褐色，后胫节黑褐色至黑色。翅前缘带暗褐色，狭而长，自翅基直达翅尖。臀条暗褐色，较宽，伸达后缘。腹部第 1 背板暗褐色，第 2 背板基本黄褐色，第 3 至第 5 背板的色斑多有变化：深色型大部分为污褐色，淡色型的中间黄褐色区域阔而长，中央的 1 条暗褐色纵纹细而不明显。第 5 背板具腺斑 1 对。雌虫第 3 背板具栉毛。雌虫产卵管基节红褐色，约 1.3 mm，其末端尖锐，具亚端刚毛 4 对。

卵：长 0.8 mm~1.0 mm，乳白色至乳黄色，梭形。

幼虫：3 龄幼虫体长 8 mm~11 mm，口脊 9 条~12 条。前气门指状突 9 个~12 个。气门毛端部分枝，背、腹丛 12 根~17 根，每侧丛 5 根~9 根。

B.1.3 美国白蛾 *Hyphantria cunea* (Drury)

成虫：赤褐色，圆筒形，体长 6 mm~15 mm，宽 2.1 mm~3.0 mm。头部黑色，具细粒状突起。触角 10 节，锤状部 3 节，其长度超过触角全长一半，端节椭圆形。前胸背板前缘弧状凹入，前缘角有 1 个较大的齿状突起，与之相连的还有 5 个~6 个锯齿状突起，前半部密布粒状突起。鞘翅两侧自基缘向后几乎平行延伸，至翅后四分之一处急剧收缩。雄虫的鞘翅斜面两侧有两对钩状突起，上面 1 对较大，尖钩状，向上弯曲，下面 1 对较小，位于鞘翅边缘，无尖钩，稍隆起。雌虫鞘翅斜面仅有稍微隆起的瘤粒，无尖钩。

幼虫：成熟幼虫体肥胖，长 8.5 mm~15 mm，宽 3.5 mm~4 mm，乳白色。体长 12 节，体壁皱褶。头部大部分被前胸背板覆盖，背面中央有 1 白色中线，前额密被黄褐色短柔毛。体向腹节弯曲，胸部特别粗，具 1 条白色而稍向下陷的中线，中线后端较大。胸部侧面中间有 1 浅黄色的骨化片，长 1.5 mm~1.8 mm，斜向，其下方有 1 黄褐色的椭圆形气门。

蛹：体长 7 mm~15 mm。前蛹期体乳白色，可见触角轮廓，锤状部 3 节，复眼暗褐色。前胸背板前缘凹入，两侧密布乳白色锯齿状突起，且密布浅褐色柔毛。中胸背具 1 瘤突，后胸背板中央有 1 纵向凹入，后缘具 1 束浅褐色毛。腹部各节后缘中部有 1 列浅褐色毛，第 6 节毛呈倒"V"形。后蛹期体转浅黄色，复眼和上 K 黑色，触角可见柄节、鞭节 6 节和锤状部 3 节，前胸背板两侧锯齿状突起呈褐色，鞘翅渐向背中吻合，斜面具 1 对明显突起。

B.1.4　柑橘粉蚧　*Planococcus citri*（Rissd）

雌成虫：体卵圆形，淡红色或淡绿色，体长 2.4 mm~3 mm，全体被白蜡，背中腺上蜡粉较薄。体缘有 18 对白色/蜡丝，向后渐变长。眼明显，无旁孔。触角 8 节，节细长，各节长度有变化，但一般第 2、3、8 节较长。口针达中足基节间。足发达，前足基节与胫节具有透明的孔；趾冠毛 1 对，爪冠毛长于爪，且端稍膨大。在第 4~5 腹节腹板间有 1 大腹脐。肛环发达，有内外列孔及 6 根环毛。尾瓣在肛环两旁很突出，其腹面有一狭长的硬化条纹和 5 根长度不一的毛。多孔腺分布于体腹面，第 5~9 腹节腹板上较多，呈横带状分布。管状腺在腹面边缘成群，腹部腹板上成横列，体背缘有少量。刺孔群 18 对，末对刺孔群有两锥刺、一群三孔腺及 3 根~4 根小的细趾毛；其余刺孔群仅有二锥刺，一群三孔腺，无细趾毛，锥刺亦比末对刺孔群的小，背裂很发达，且裂唇常硬化。体背面的毛较长而粗，腹面的毛纤细。

雄成虫：体长约 0.8 mm，栗褐色或黄褐色，前翅为浅蓝色半透明状，腹末有白色细长尾丝 1 对。

卵：椭圆形，淡黄或橙黄色，产于雌成虫腹末的卵囊内。

幼虫：初孵椭圆形，体扁平，淡黄色，无蜡粉和蜡丝，触角和足都很发达，腹末有尾丝 1 对。第 2 与第 3 龄若虫与雌成虫相似，但个体较小，体被有蜡粉和蜡丝，但较薄。

B.1.5　日本金龟子　*Popillia japonica* Newman

成虫：体卵圆形，长 9 mm~15 mm，宽 4 mm~7 mm；带强金属光泽；前胸、头、足、小盾片墨绿色，鞘翅黄褐色至赤褐色；鞘翅外、内端缘暗绿色；臀板基部有 2 个白色毛斑；腹部 15 节腹板中央两侧中部各着生 1 列白色刚毛，刚毛列在腹侧分别聚成 1 毛斑，6 对毛斑不被鞘翅覆盖。唇基倒簸箕形，强卷；前缘加厚并上翘，厚度为其宽度的四分之一至八分之三，前角近 100 度水平夹角；顶观，头顶前至唇基前缘部呈平坦的斜截面；额唇基沟中断或消失；唇基除基中部外刻点粗密交合成皱刻状；额和唇基中部刻点连续，适中粗密，排列均匀，点径与点间近等；头顶常具哑铃形无刻点区；触角 9 节，鞭部 5 节；须中部纵凹。前胸背板宽胜于长，强隆弓，侧缘前段向前弧弯收拢；前角锐，后角钝角形，基缘向后方突出，并在小盾片前凹入，后缘边框近完整；侧区小凹陷 1 对；盘区刻点与额部刻点近等，较疏，两侧刻点渐粗密，在前侧区及小凹陷周围刻点多交合或至少点径大于点间。小盾片圆三角形，常具不规则刻点。鞘翅扁平、短，向后收狭，露现部分前臀板；肩疣，端疣发达；具缘膜；鞘翅缝角间具有 1 对小齿；鞘翅背面 6 条点行，行 2 散乱并在近端部五分之四处消失；行间平坦；点行刻点粗密深凹，点径一般大于点间。臀板强隆，具鳞状横刻纹；前臀板具有白色刚毛。中胸腹突前伸较明显，胸腹部布满白毛。足粗壮；前足胫端部外侧具 2 个相连大齿，内侧中端具 1 距。后足胫节内侧无刺列，但有一个长毛列。雄性外生殖器的阳基侧突向端尖细，端部下弯强，背面马鞍状，前侧缘凹弯强，前侧缘与后侧缘成圆弧弯折，端尖腹面小纵脊与阳基侧突腹片极接近；阳茎基片端缘弧凹深；阳茎内骨阔大；内阳茎囊长形，中部一侧有一长条形毛区，毛区后具一粗壮骨片，骨片端半部具 3 个~6 个大尖齿，侧面观成整齐的齿轮状。雌性生殖器的卵巢与输卵管总长近 2 倍于交配囊，交配囊端部不膨大；受精囊肾形，附腺圆形。

卵：刚产的卵乳白色，呈圆形，直径 1 mm，之后变成长卵形，长 1.5 mm，宽 1 mm，色也渐加深。

幼虫：体白色，呈"C"形弯曲，体长 18 mm～25 mm，上颚极发达，黑褐色，尾节极膨大，蓝色或黑色；腹毛区具一横弧状肛裂，且具 2 列相向短刚毛，每列 6 根。幼虫 3 个龄期，头壳宽度分别为 1.2 mm、1.9 mm、3.1 mm。

蛹：阔纺锤形，长 14 mm，宽 7 mm，灰白色至黄褐色，跗肢活动自如，离蛹。

B.1.6 梨圆盾蚧 *Quadraspidiotus pemiciosus* (Comst.)

若虫：初孵时很小，体长仅 0.2 mm，橘黄色，椭圆形，上下极扁平，腹部末端生有 2 根刚毛，具触角、足，能爬动。不久即固定，体背形成白色、灰白色介壳。2 龄若虫介壳近圆形，直径 0.6 mm～0.8 mm，灰白色或黑色。介壳中部隆起，正中央有一乳头状突，突起周围下陷，下陷的外围又呈一轮圈状突。介壳下虫体较介壳略小，鲜黄色，触角、足尚存但无行动能力，腹部末端已形成臀板区。

雌成虫介壳及虫体：介壳圆形，稍隆起，灰。脱皮壳黄色，位于介壳中央或略偏。成虫体短卵圆形，腹部向臀板渐尖。臀叶 2 对，第 1 对彼此较接近，其顶端钝圆，外侧边有凹刻，有时内边也有小凹刻，第 2 对较小，靠近第 1 对，其外边有大凹刻。臀板第 1 切口和第 2 切口有 2 个臀棘，较细，不明显。第 2 对臀叶向前臀板边缘有 3 个翼状臀棘。有厚皮槌。阴门周腺无。

雄成虫介壳及虫体：介壳在 2 龄若虫基础上向腹端方向加大，极少有向前后两端加大的。介壳加大部分灰白色，其中不夹杂若虫蜕皮。成虫体长 0.6 mm，翅展 1.2 mm 左右，体淡橘黄色，眼点黑色。中胸前盾片色略深呈横带状，前翅长大，并拢后长约腹部的 1 倍，外缘近圆形，翅脉简单，白色。腹部末端的性刺细长。

蛹：龄蛹体橘黄色，眼点紫色，触角、足等肉芽状，白色透明，腹部末端有 2 条短刚毛，体长 1 mm。2 龄蛹体橘黄色，眼点黑色，触角、足正常，无色，腹部末端性刺芽明显，较 1 龄蛹稍微长。

B.1.7 葡萄根瘤蚜 *Daktulosphaira vitifoliae* (Fitch)

葡萄根瘤蚜有 3 种形态（或 4 种形态），即无翅型（根瘤型、叶瘿型）、有翅型（有翅产性型）、有性型。前 2 种为孤雌生殖，第 3 种为两性生殖。

根瘤型：成虫体卵圆形，长 1.2 mm～1.5 mm，黄色至黄褐色，无翅，无腹管。体背有黑瘤：头部 4 个，胸节各 6 个，腹节各 4 个。触角 3 节，第 3 节有 1 感觉圈。眼由 3 个小眼组成，红色。卵长椭圆形，长 0.3 mm，淡黄色至暗黄色。若虫共 4 龄。

叶瘿型：体近圆形，黄色，无翅，体背面凹凸不平，无黑瘤。触角端部有 5 毛。卵和若虫与根瘤型相近，但色较浅。

有翅型：成虫长椭圆形，前宽后狭，长约 0.9 mm，黄至橙黄色，触角第 3 节有 2 个感觉圈，顶端有 5 毛。卵和若虫同根瘤型，3 龄出现灰黑色翅芽。

有性型：雌成虫约 0.38 mm，雄 0.32 mm。黄至黄褐色，无翅，无口器，触角同叶瘿型。雄外生殖器乳头状，突出腹末。有性型蚜虫是由有翅型蚜虫所产的卵孵化出来的。其卵大的孵化成雌虫，卵小的孵化成雄虫。

B.2 线虫类

B.2.1 长针线虫属 *Longidorus* spp.

雌雄虫线形，虫体细长（3 mm～10 mm）。食道前体部细长、后部膨大呈长圆筒形，整个食道呈长瓶状，齿针（odontostylet）呈长针状，齿尖针（odontostyle）基部平滑、不分叉，齿托（odontophore）基部不膨大成凸缘状，齿针导环为单环通常距头端 2 倍头宽内。

B.2.2 根结线虫属 *Meloidogyne* spp.

根结线虫的雌雄虫是异形的。成熟雌虫球形，具突出的颈部，角质不规则加厚，口针细弱、长度一般短于25 μm，排泄孔位于中食道球前水平处，阴门和肛门位于末端，无尾，会阴部有指纹状花纹，无胞囊期，卵不留在体内而是产在体外的胶质卵囊中，刺激寄主形成根瘤；雄虫线形，头部不缢缩，头架和口针强壮，食道峡部粗短，泄殖腔口位于近末端，无交合伞；2龄幼虫前期呈线形，可移动，头部不缢缩，头架和口针细弱，尾后部透明，虫体在后期膨大固着；3、4龄幼虫在2龄幼虫的角质层内形成，豆荚状，无口针。

B.2.3 拟毛刺线虫属 *Paratrichodorus* spp.

虫体粗短呈雪茄形或腊肠形，瘤针向腹面弯、背部呈弓状，食道前部细、后部膨大，整个食道呈长瓶状。热杀死后，虫体角质层显著膨胀；雌虫双卵巢、对生，阴道长约为阴门处体宽的三分之一；雄虫热杀死后虫体直或略向腹面弯。

B.2.4 短体线虫属 *Pratylenchus* spp.

雌雄虫为线形，虫体粗短，头部低平，头部高度通常小于头基环直径的二分之一，口针粗短（11 μm ~ 25 μm），基部球发达，食道腺覆盖肠的腹面。雌虫单生殖腺，有后阴子宫囊。雄虫交合伞伸到尾端。

B.2.5 毛刺线虫属 *Trichodorus* spp.

虫体粗短呈雪茄形或腊肠形，瘤针（onchiostyle）向腹面弯、背部呈弓状，食道前部细、后部膨大，整个食道呈长瓶状。热杀死后，虫体角质层不膨胀或膨胀不明显；雌虫双卵巢、对生，阴道长约为阴门处体宽的二分之一；雄虫热杀死后虫体后部向腹面弯，虫体呈"J"形。

B.2.6 剑线虫属 *Xiphinema* spp.

雌雄虫线形、细长，体长1.5 mm ~ 6 mm，食道形态同长针线虫，齿尖针基部分叉，齿托基部膨大呈凸缘状，齿针导环为双环，位于近齿尖针基部附近。

B.3 真菌类

B.3.1 蔓枯病菌 *Cryptosporella viticola* (Reddick) Shear

子座埋于基物内，多腔，扁形，（440 μm ~ 470 μm）×（110 μm ~ 130 μm）。分生孢子器黑褐色，烧瓶状，几个联合埋生在轮廓不整齐的子座中。分生孢子有大小两种，均无色，单胞。一种为圆柱形或长纺锤形，稍弯曲，大小（5 μm ~ 10 μm）×（1.5 μm ~ 2.0 μm）；另一种为丝状，常为钩形，大小（20 μm ~ 40 μm）×1 μm。有性世代不常见。子囊壳黑褐色，球形，壳壁薄，孔口短。子囊无色，圆筒形或纺锤形。子囊孢子无色，单胞，长椭圆形，子囊之间生有侧丝。

B.3.2 炭疽病菌 *Glomerella cingulata* (Stoneman) Sqaulding et Schrenk

病菌产生分生孢子，椭圆形、圆筒形，无色，单胞，大小（10.3 μm ~ 15 μm）×（3.3 μm ~ 4.7 μm）。萌发时产生隔膜，成为双胞。分生孢子在分生孢子盘上发生。分生孢子梗无色，单胞，大小（12 μm ~ 26 μm）×（3.5 μm ~ 4 μm）。

B.3.3 黑腐病菌 *Guignardia bidwellii* (Ell) Viala et Ravaz

分生孢子器和子囊壳在寄主表皮下形成。分生孢子器球形或扁球形，壳壁厚，黑色，大小80 μm ~ 180 μm，内壁着生分生孢子梗，丝状，梗端着生分生孢子。分生孢子卵圆形或圆形，无色，单胞，大小（8 μm ~ 11 μm）×（6 μm ~ 8 μm）。子囊球形或近圆形，孔口不突出，壳壁厚。子囊棍棒状，大小（62 μm ~ 80 μm）×（9 μm ~ 12 μm），内有8个子囊孢子，有时具侧丝。子囊孢子长椭圆形，或近圆形，无色，单胞，大小（12 μm ~ 17 μm）×（5 μm ~ 7 μm）。

B.3.4 咖啡美洲叶斑病菌 *Mycena citricolor* (Berk. et Curt.) Sacc.

病菌无性阶段的侵染体是橘黄色芽胞，一般6天~10天内可从病斑上产生。有性阶段为黄色伞菌，在菌褶上着生少数担孢子。孢梗很小，黄色，菌盖薄，膜质，半球形到钟形、下陷或在中心具脐状突起，后略呈扁平，光滑无毛，有辐射状条纹，直径 1.5 mm～2.5 mm，边缘很尖。菌柄呈直刚毛状，约 0.1 cm～1.5 cm 长。菌褶不多，远隔、黄色、蜡质。担子呈棍棒状，（14 μm～17 μm）×（4 μm～5 μm）。担子体小，椭圆形或卵圆形，下部细尖、透明、无小油滴或仅有（4 μm～5 μm）×2.5 μm 的小油滴，产芽体有一黄色实心的小柄，上着生芽胞，小柄细长，0.2 mm，圆柱形，成熟时弯曲，基部直径 0.12 mm，芽胞头下直径 0.05 mm。芽胞直径平均 0.36 mm，实心、革质、坚硬，扁球形或椭球形，芽胞外生，有气生、辐射状菌丝体。

B.3.5 霜霉病菌 *Plasmopora viticola*（Berk. et Curt.）Berl. et de Toni

胞囊梗由气孔伸出，1 根～20 根成簇状，无色，大小（300 μm～400 μm）×（7 μm～9 μm），单轴分枝 3 次～6 次，一般分枝 2 次～3 次，两次分枝间互成直角。最后枝端长 2 个～4 个小梗，短小，顶端着生一个孢子囊。孢子囊无色，倒卵形至圆形，大小（12 μm～30 μm）×（8 μm～18 μm）。孢子囊在水中萌发时产生 6 个～9 个游动孢子。游动孢子无色，有两根鞭毛，后失去鞭毛，变成圆形静止孢子，静止后产生芽管，由气孔侵入寄主。病菌有性世代形成卵孢子。卵孢子多在葡萄生长后期于病叶内形成，圆球形，褐色，厚壁，直径 30 μm～35 μm。

B.3.6 黑痘病 *Sphaceloma ampelinum* de Bary

在果园中常见的是病菌无性世代。分生孢子盘生在寄主表皮下的病组织中，突破表皮后，长出分生孢子梗及分生孢子。分生孢子梗短，无色，单胞，顶端着生分生孢子。分生孢子无色，单胞，长圆形或卵圆形，稍弯，中部缢缩，大小（5 μm～6 μm）×（2.5 μm～3.5 μm），孢子内有两个油球。

B.3.7 白粉病菌 *Uncinula necato*（Achw.）Burr

营养菌丝白色，无性阶段为 *Oidium* spp. 型，分生孢子椭圆形或卵圆形，内含颗粒体，大小为（16 μm～21 μm）×（28 μm～36 μm），单胞，无色，呈念珠状串生。很少形成闭囊壳。闭囊壳散生，黑褐色，直径 80 μm～100 μm，有 10 支～30 支附属丝。附属丝基部褐色，有分隔，不分枝，顶端向一方卷曲，长度为闭囊壳的 2 倍～3 倍。闭囊壳内包藏 4 个～6 个子囊。子囊一端稍突起，无色，椭圆形，大小（50 μm～60 μm）×（25 μm～35 μm），内含 4 个～6 个子囊孢子。子囊孢子无色，单胞，椭圆形，大小（20 μm～25 μm）×（10 μm～12 μm）。

B.4 细菌类

B.4.1 葡萄金黄化植原体 *Grapevine flavescence doree phytoplasma*

可采用植原体 Nested – PCR 及 RFLP 进行检测鉴定，具体操作如下：

B.4.1.1 材料准备

B.4.1.1.1 新鲜植物材料

植原体病害的病原分布于维管束系统中，整个植株中分布不均匀，在寒冷地区冬天，地上部分病原含量低或已全部死亡，第二年病原从地下部分运输到地上部分，取样时值得注意。

B.4.1.1.2 仪器设备

PCR 仪、冷冻离心机及离心管（5.0 mL，1.5 mL，0.5 mL）、紫外分光光度计、精密天平、加样器、研钵、水浴锅、振荡器、电泳仪、电泳槽、紫外检测仪及配套照相机和胶卷。

B.4.1.1.3 试剂

B.4.1.1.3.1 研磨液（100 mL）

$K_2HPO_4 \cdot 3H_2O$　　　　　　　　　　2.17 g

K_2HPO_4　　　　　　　　　　　　　　0.4 g

蔗糖	10 g
BSA（Fraction V）	0.15 g
PVP – 10	2 g
pH7.6，高压灭菌	4 ℃，2 个月

B.4.1.1.3.2　DNA 提取液

Tris – HCl	10 mmol/L
EDTA	100 mmol/L
NaCl	250 mmol/L
蛋白酶 K 5 mg/mL	–20 ℃

10 % 十二烷肌氨酸钠

异丙醇

三氯甲烷 + 异戊醇（24 + 1）

苯酚 + 三氯甲烷 + 异戊醇（25 + 24 + 1）

TE：10 mmol/L Tris – HCl，1 mmol/L EDTA，pH8.0，高压灭菌，室温保存

质量浓度为 10% 的 SDS

5 mol/L NaCl，高压灭菌，室温保存

CTAB/NaCl（10 mL）：10 % CTAB 在 0.7 mol/L NaCl 中（4.1 g NaCl 在 80 mL 双蒸水中，慢加 10 g CTAB，加热搅拌）

70% 乙醇

1 × TAE

5 × TBE：54 g Tris 碱，27.5 g 硼酸，20 mL 0.5 mol/L EDTA（pH8.0）

B.4.1.1.3.3　电泳加样缓冲液

0.25% 溴酚蓝，0.25% 二甲苯青 FF，质量浓度为 40% 的蔗糖水溶液。

溴化乙锭（EB）：贮备液 10 mg/mL 使用液 0.5 μg/mL。

B.4.1.2　步骤

B.4.1.2.1　植原体 DNA 的提取

B.4.1.2.1.1　取所选新鲜材料的韧皮部及叶中脉 2 g～3 g，用 1.5 mL 离心管（下同）或干材料 0.3 g，加入液氮研磨，再加入抽提缓冲液 4 mL 充分研磨，4 ℃ 13 000 r/min，15 min，弃上清。

B.4.1.2.1.2　加入 8 mL DNA 提取液，160 μL 蛋白酶 K（5 mg/mL），轻摇混匀，加入 880 μL 10 % 十二烷肌氨酸钠，混匀，在 55 ℃ 温育 1 h～2 h，4 ℃ 6 000 r/min，10 min，取上清。

B.4.1.2.1.3　加入三分之二体积（400 μL）异丙醇到上清液中，轻轻混匀，–20 ℃ 保持至少 30 min，4 ℃ 8 000 r/min，15 min，弃上清。

B.4.1.2.1.4　加入 3 mL TE 缓冲液，加入 150 μL 10% SDS，60 μL 蛋白酶 K，轻轻彻底混匀，37 ℃ 温育 30 min～60 min。

B.4.1.2.1.5　加 525 μL 15 mol/L NaCl 混匀，再加入 420 μL CTAB/NaCl 溶液混匀，65 ℃ 温育 10 min。

B.4.1.2.1.6　加入等体积（600 μL）三氯甲烷 + 异戊醇（24 + 1）混匀，4 ℃ 6 000 r/min，5 min，重复直至无中白色层。

B.4.1.2.1.7　上层水相加入等体积（500 μL）苯酚 + 三氯甲烷 + 异戊醇（25 + 24 + 1），混匀，4 ℃ 6 000 r/min，5 min。

B.4.1.2.1.8 上清液加入三分之二体积（400 μL）异丙醇，混匀，-20 ℃保持至少30 min，4 ℃ 12 000 r/min，10 min，弃上清液。

B.4.1.2.1.9 加入500 μL 17 %乙醇洗涤，过夜，4 ℃ 6 000 r/min，20 min。可洗涤两次。

B.4.1.2.1.10 加入100 μL TE 混匀溶解。

B.4.1.2.2 植原体 DNA 的浓度及纯度测定

取10 μL 样品+1 990 μL TE，用紫外分光光度计测 DNA 浓度和纯度。2 000 μL TE 为对照。DNA 浓度按式（1）计算：

$$c = A_{260} \times 50 \times D/1\,000 \quad\quad\quad\quad\quad (1)$$

式中：

c——DNA 浓度，单位为微克每微升（μg/μL）；

A_{260}——吸收光程为1 cm、波长为260 nm 时 DNA 吸光值；

D——测定 DNA 溶液的稀释倍数。

DNA 的纯度按式（2）计算：

$$P = A_{260}/A_{280} \quad\quad\quad\quad\quad (2)$$

式中：

P——DNA 的纯度，比值应大于1.7，表明蛋白等杂质去除较充分；

A_{260}——吸收光程为1 cm、波长为260 nm 时 DNA 吸光值；

A_{280}——吸收光程为1 cm、波长为280 nm 时 DNA 吸光值。

B.4.1.2.3 PCR 及 Nested - PCR

B.4.1.2.3.1 PCR

反应体积为50 μL（1×PCR Buffer, 10 ng DNA, 200 μmol/L dNTP, 200 μmol/L 引物对 R16mF2/R

16mR2，1.25 U Taq 酶）

10×PCR Buffer（含 Mg 离子）	5 μL
10 mmol/L dNTP	1 μL
10 mmol/L 引物 R16mF2	1 μL
10 μmol/L 引物 R16mR1	1 μL
植原体 DNA 模板	(50 ng) 1.75 μL
Taq DNA 聚合酶	(5 U/μL) 0.25 μL
无菌双蒸水	40 μL
	总体积 50 μL

加入矿物油，防止蒸发。

反应循环为：

88 ℃ 15 min，

93 ℃ 3 min，50 ℃ 80 s，72 ℃ 90 s，

93 ℃ 40 s，50 ℃ 80 s，72 ℃ 90 s，35 个循环，

最后72 ℃ 保温8 min。

B.4.1.2.3.2 Nested - PCR

取第一次直接 PCR 产物1 μL 稀释40 倍，取1 μL 为 Nest - PCR 模板，引物对为 R16mF2/R2，退火温度由50 ℃ 改为55 ℃，其他条件同第一次 PCR。

B.4.1.2.4 琼脂糖电泳

B.4.1.2.4.1 1%琼脂糖凝胶制备

200 mL 1×TAE，加入1 g电泳级琼脂糖水浴煮沸溶解，封板灌胶，半小时后在封口膜上加样。

B.4.1.2.4.2 加样

5 μL 扩增产物 + 2 μL Loading Buffer。

1 μL Marker + 2 μL Loading Buffer + 4 μL TAE 缓冲液。

Marker 为 Lambda DNA/Hind Ⅲ + EcoRI。

B.4.1.2.4.3 电泳

电泳1.5 h左右，用0.5 μg/mL（化乙锭（EB）染色30 min～40 min，250 nm～320 nm紫外光观察，PCR产物分别为1.5 kb和1.2 kb。

B.4.1.2.5 FRLF鉴定

B.4.1.2.5.1 酶解

20 μL 酶解总体积：加9 μL双蒸水，2 μL AluI（MseI）酶缓冲液，8 μL PCR反应产物，1 μL AluI（MseI或其他所需内切酶）酶液，40 μL矿物油，37 ℃恒温保持16 h～18 h。

B.4.1.2.5.2 丙烯酰/电泳

a）配液

5%聚丙烯酰胺	5 mL
无菌双蒸水	18 mL
30%的（丙烯酰胺+甲酰胺）（29+1）	4.2 mL
10×TBE	25 mL
20%过硫酸氨	0.2 mL
TEMED	25 μL

b）制胶

1）选配套的玻板，垫片，梳子，洗净晾干；

2）装好玻板，垫片，梳子，斜放灌胶；

3）灌胶要快，要均匀，聚丙烯酰胺和甲叉聚丙烯酰胺有毒。

c）加样及染色

1）0.5 h后加1×TBE缓冲液；

2）加样5 μL 酶解液 + 2 μL Loading Buffer

3 μL Marker + 2 μL Loading Buffer + 2 μL TBE 缓冲液

PCR DNA Marker：100 bp Ladder；

3）电压80 V，2 h左右；

4）0.5 μg/mL 乙锭染色，250 nm～320 nm紫外光观察记录并照相。

B.4.1.3 结果判断

阳性结果：经过巢式PCR扩增得到一条1.2 kb DNA产物，经AluI、MseI和RseI得特异的RFLP图谱（和阳性对照一样）。

阴性结果：无PCR特异扩增或有扩增RFLP图谱不一样。

如有阳性结果，需做进一步的DNA测序和同源性分析或送交上级检测部门验证。

B.4.2 葡萄细菌性疫病菌 *Xylophilus ampelinus* (Panagopoulos) Willems et al.

B.4.2.1 分离培养

病材料应力求新鲜，用自来水彻底冲洗并吸去多余水分。选择病健交界处，用解剖刀切取小块组织，在无菌培养皿的水滴中磨碎，然后在琼脂平板上用划线法进行分离。平皿置25 ℃ ~27 ℃培养72 h或更长时间，检查出现的菌落。

B.4.2.2 鉴定

上述分离到的菌株，应进行鉴别。葡萄疫病菌很容易与黄单胞菌属中的其他4个种相区分，最大的特点是该菌不能水解七叶苷，而且是具有较强的脲酶活性。必要时需做致病性试验。接种用的菌，要求菌龄48 h，菌液浓度为每1 mL含有10^6个~10^7个细菌。选择幼嫩的葡萄枝条，用蘸满菌液的针，刺伤枝条接种。

B.5 病毒类

B.5.1 南芥菜花叶病毒 Arabis mosaic virus

该病毒在一些草本指示植物上产生典型症状。在昆诺阿藜（Chenopodium quinoa）和苋色藜（C. amaranticolor）上首先出现局部褪绿，然后是系统性斑驳；在黄瓜（Cucumis sativus）子叶上引起局部褪绿和沿脉变色或出现黄斑；在菜豆（Phaseolus vulgaris）表现为局部褪绿、坏死和畸形；在矮牵牛（Petniahybrde）上先是呈现局部褪绿或小型坏死环斑，接着是系统环斑和线纹或明脉。但是，并非所有毒株（如啤酒花株系 ArMV - H）都产生这些明显症状，或所有传染都能产生症状。基于这种原因，以及由于 ArMV 通常是和草莓潜环斑病毒（SL5V）混合侵染，具有相同的线虫介体并产生相似的症状，因此，利用血清学鉴定更为准确。

另一种检测方法是利用 cDNA 克隆斑点杂交试验，这种方法至少已在两个实验室中建立。

B.5.2 烟草环斑病毒 Tobacco ringspot virus

在防虫温室或网室里种植1年~2年，在各生长阶段，观察其叶片是否有异常或症状，取可疑病株的幼嫩部位和取无症状表现的植株的同样部位，进行以下检验。

B.5.2.1 接种鉴别寄主

普通烟（Nicotiana tabacum）white Burley 品种：产生局部褪绿环斑或坏死斑，系统褪绿斑和橡叶，最后无症带毒。

菜豆（Phaseolus vulgaris）Pnto 品种：产生局部坏死环斑，以后为系统坏死环斑，生长点坏死顶枯。

B.5.2.2 血清学检测

推荐 DAS - ELISA。影响 ELISA 的因素较多，其中 TRSV 抗血清的特异性最为重要，必须用特异性强的抗血清，选择适宜的工作浓度，并设阴、阳性对照，以提高 ELISA 检测的准确性。

B.5.2.3 分子生物学检测

现在能用 PCR 以及核酸杂交准确地检测本病毒。

B.5.3 番茄环斑病毒 Tomato ringspot virus

B.5.3.1 PCR 检测方法

该病毒是我国公布的一类禁止进境检疫性有害生物，是严重危害苹果、葡萄、梨、桃、樱桃、草莓等许多水果类作物和大豆的主要病毒。ToRSV 寄主范围、症状、病毒形态、大小等特性很难与同类病毒相区分。而且该病毒株系多、血清型多，在寄主体内病毒浓度很低，分布也不均，这些都给检疫诊断带来很大困难，即使用高灵敏度的 ELISA 技术，也难以准确检测。Gnesbach 根据复制酶基因设计的引物，能扩增所有的番茄环斑病毒株系。国家出入境检验检疫局动植物检疫实验所克隆了复制酶基因片段，并建立了 ToRSV 的检测试剂盒。

B.5.3.1.1 材料准备

B.5.3.1.1.1 引物

根据病毒的聚合酶基因来设计合成的，其序列为：

U1（5′→3′）GACGAAGTTATCAATGGCAGC（互补）；

D1（5′→3′）TCCGTCCAATCACGCGAATA（同源）。

B.5.3.1.1.2 阳性对照

ToRSV 复制酶克隆。

B.5.3.1.1.3 实验设备

20 μL、200 μL 和 1 000 μL 加样枪各 1 支及配套的灭菌枪头若干，1.5 mL 灭菌 Ependorf 管若干，研钵，冰壶，紫外分光光度计，冷冻台式离心机，液氮罐，电泳仪，微型琼脂糖水平电泳槽，紫外透射仪，暗室，水平仪，水平台，20 μL 加样枪及配套枪头，微波炉，一次性手套，保鲜膜。

B.5.3.1.1.4 实验试剂

巯基乙醇，水饱和苯酚，异戊醇，三氯甲烷，3 mol/L 乙酸钠 pH5.2，乙醇。

TE（pH8.0）：10 mmol/L Tris – HCl pH8.0；

1 mmol/L EDTA pH8.0；

提取缓冲液（100 mL）：0.75 g 甘氨酸 + 80 mL DDW，用 NaOH 调 pH 到 9.0；

0.292 g NaCl；

0.2 mL 0.5 mol/LEDTA；

2 g SDS（十二烷基磺酸钠）；

1 g SLS（十二烷肌酸钠）；

溶解，并定容到 100 mL，高压灭菌，室温保存。

核酸分子量标准 DNA/HindⅢ + EcoRI；

5 μg/mL 化乙锭（EB）：200 mL 蒸馏 + 100 μL 10 mg/mL EB；

50 × TAE（1 000 mL）：242 g Tris；

57.1 mL 冰乙酸；

100 mL 0.5 mol/LEDTA（pH8.0）；

1% 琼脂糖：2 g 琼脂糖 + 200 mL 1 × TAE，加热溶解；

10 × Loading：0.25% 酚蓝；

0.25% 二甲苯蓝；

30% 甘油。

B.5.3.1.2 材料准备步骤

B.5.3.1.2.1 总核酸的提取

称取新鲜植物组织（包括显症叶片和健康叶片），于液氮中研磨，加入 3 体积水饱和酚，0.5% 巯基乙醇，3 体积低盐提取缓冲液（0.1 mol/L 甘氨酸 – 氯化钠，50 mmol/L NaCl，1 mmol/L EDDA，2% SDS，1% SLS，pH9.0），摇动 5 min，4 ℃ 12 000 r/min 离心 10 min；转移上相；加入十分之一体积 pH5.2 的 3 mol/L 乙酸钠，0.6 体积异丙醇，小心混匀，−20 ℃ 放置 2 h，4 ℃ 12 000 r/min 离心 20 min，弃上清，用 1 mL 70% 乙醇洗涤沉淀，4 ℃ 12 000 r/min 离心 20 min，弃上清，用 1 mL 70% 乙醇洗涤沉淀，4 ℃ 12 000 r/min 离心 5 min，弃上清，空气中干燥后，用适当体积的 TE 悬浮沉淀。

B.5.3.1.2.2 cDNA 的合成

在 0.5 mL 微量离心管中加入总核酸 0.5 μL（1 μg），互补引物 D1（10 μmol/L）3 μL，DDW9.0

μL，86 ℃ 5 min，取出后于冰上冷却 2 min，加入 RNAsin0.5 μL，5×RTbuffer 4 μL，10 mmol/L dNTP 2 μL，AMV-RT（3U/μL）1 μL，40 ℃ 60 min。即为 cDNA。

B.5.3.1.2.3 PCR 反应

向 0.5 mL 离心管中加入下列物质：DDW 40 μL，引物 U1，D1（10 μmol/L）各 1 μL，10 mmol/L dNTP 1 μL，10×PCR buffer 5 μL，cDNA 1 μL，矿物油 20 μL，88 ℃ 10 min 后，加入 Taq DNA 聚合酶（1 U/μL）1 μL。PCR 程序为：94 ℃ 3 min，60 ℃ 92 s，72 ℃ 90 s，94 ℃ 40 s，60 ℃ 90 s，72 ℃ 90 s，30 个循环；72 ℃7 min。

B.5.3.1.2.4 琼脂糖电泳

1% 琼脂糖，1×TAE，加样 5 μL~15 μL，80 V 恒压 1 h，溴化乙锭染色后，紫外灯下观察结果。

B.5.3.1.3 结果与分析

如 PCR 产物电泳结果，只出现一条明亮的带，其位置在 PCR 分子量标准 500 bp 下方，与预期两引物扩增的 449 bp 片段相接近，与阳性对照相一致，而健康对照和阴性对照没有出现这条带。这说明这条带是特异性的 PCR 反应产物。

检测样品最好作进一步的检测证实，如 Southern 杂交，PCR 产物测序。或提交上级检疫部门作进一步的复查。

B.5.3.2 双抗体夹心酶联技术规程（碱性磷酸酯酶）

双抗体夹心酶联（DAS-ELISA）可广泛应用于病毒、细菌等微生物的检测中，它简单、灵敏、迅速，是目前应用最广的血清学方法。

B.5.3.2.1 材料准备

B.5.3.2.1.1 样品抽提缓冲液：溶于 1 000 mL 1×PBST

无水亚硫酸钠	1.3 g
聚乙烯吡咯烷酮（MW 24-40000）	20.0 g
叠氮化钠	0.2 g
卵清白蛋白	2.0 g
Tween-20	20.0 g

pH9.6

4.0 ℃ 保存

B.5.3.2.1.2 包被缓冲液：溶于蒸馏水中至 1 000 mL。

无水碳酸钠	1.59 g
碳酸氢钠	2.93 g
叠氮化钠	0.2 g

pH9.6

4.0 ℃ 保存

B.5.3.2.1.3 PBST 缓冲液：溶于蒸馏水中至 1 000 mL。

NaCl	8.0 g
Na_2HPO_4（无水）	1.15 g
KH_2PO_4（无水）	0.2 g
KC	10.2 g
Tween-20	0.5 mL

pH7.4

B.5.3.2.1.4 ECI buffer：溶于 1 000 mL 1×PBST。

牛血清白蛋白（BSA）	2.0 g
聚乙烯吡咯烷酮（PVP）	20.0 g
叠氮化钠	0.2 g

pH7.4

4 ℃保存

B.5.3.2.1.5 底物缓冲液：溶于 800 mL 蒸馏水中。

MgCl	0.1 g
叠氮化钠	0.2 g
二乙醇胺	97.0 mL

用盐酸调节 pH9.8，用蒸馏水定容到 1 000 mL，4 ℃保存。

B.5.3.2.2 具体步骤

B.5.3.2.2.1 包被板：按照标签上的稀释倍数，用 1 倍包被缓冲稀释浓缩的包被抗体。混合均匀。一般 8 个孔配 1 mL 或 96 孔的板准备 10 mL。每孔加 100 μL，置湿盒中，室温下放置 4 h，或普通冰箱中（4 ℃）过夜。

B.5.3.2.2.2 洗板：把孔中的包被抗体倒出，用 1 倍 PBST 装满每个孔，然后快速把板倒空，重复 4 次~8 次。洗完以后，拿着板在折叠的毛巾上拍几次，使孔中不留液体。

B.5.3.2.2.3 加入样品：称量（种子需浸泡，待吸足水）后加 1∶(5~10) 样品抽提缓冲液（植物组织重量∶缓冲液体积），研碎，对照同法处理备用。

B.5.3.2.2.4 按照设计的加样表格，加入 100 μL 样品到每个孔中，加入 100 μL 阳性汁液至阳性孔中，加 100 μL 抽提缓冲液到缓冲液空白对照孔中。把板放入湿盒中，室温培育 2 h，或普通冰箱中过度。

B.5.3.2.2.5 洗板：把孔中的包被抗体倒出，用 1 倍 PBST 装满每个孔，然后快速把板倒空，重复 4 次~8 次。洗完以后，拿着板在折叠的毛巾上拍几次，使孔中不留液体。

B.5.3.2.2.6 加入酶标物：临用之前 10 min，配制酶标物，一般 8 个孔配 1 mL 或 96 个孔的板准备 10 mL。每个孔中加入 100 μL，放在一个湿盒中，室温培育 2 h。

B.5.3.2.2.7 洗板：同上次一样，用 1 倍 PBST 洗 4 次~8 次。

B.5.3.2.2.8 加入底物 PNP 溶液：配制浓度为 1 mg/mL 的 PNP 溶液：在上一步培育结束大约 15 min 之前，取 5 mL 室温下的 PNP 缓冲液，然后加入一片 PNP（每片 PNP 可以配制 5 mL PNP 溶液，浓度为 1 mg/mL。注意：不能接触 PNP 药片或把 PNP 溶液暴露于强光下，光线或污染物能够引阴性孔呈现背景颜色）。

每孔加入 100 μL PNP 溶液。在一湿盒中培育 30 min~60 min。

B.5.3.2.2.9 终止反应：加入 50 μL 3 mol/L 氢氧化钠，终止显颜色反应。

B.5.3.2.3 结果分析

通过眼睛观察，或用酶联仪在 405 nm 下读数来判断结果。有颜色出现的孔表明结果为阳性，没有明显的颜色形成表明结果为阴性。只有当阳性对照孔是阳性，缓冲液对照孔保持没有颜色，检测的结果才有效。若培育的时间超过 60 min，只要阴性对照孔保持没有颜色，结果可以接受。

附录 C
（资料性附录）
苗木药剂处理方法

C.1 药剂浸泡法
用50%辛硫磷乳油1 500倍浸泡1 min（每捆枝=10根~20根）；每1 000条用药液10 kg~12 kg。

C.2 药剂熏蒸法
在26.7 ℃时，用甲烷密闭熏蒸，用量为36 g/m³~40 g/m³密闭3 h。

附录 D
（资料性附录）
大田有害生物的处理

D.1 检疫机构视有害生物风险情况，将发现的病株拔除或将发现病株同批进口葡萄种苗全部拔除，集中销毁。

D.2 对病株周围或整个种植地块的土壤进行消毒，每立方米用40%毒死蜱乳油0.3 g和每立方米15 g～20 g五氯硝基苯或70%甲基托布津混匀进行杀虫和灭菌。

D.3 病株周围5 m～6 m见方的所有植株喷施800倍～1 000倍70%甲基托布津或40%多菌灵和喷施杀虫剂。